Duden Français

Bildwörterbuch

Deutsch und Französisch

Duden Français
Bildwörterbuch
Deutsch und Französisch

Herausgegeben
von der Dudenredaktion
in Zusammenarbeit mit Daniel Moskowitz,
Université de Paris

Bibliographisches Institut Mannheim/Wien/Zürich
Dudenverlag

Redaktionelle Koordination:
Werner Scholze-Stubenrecht

Redaktion des deutschen Texts:
Kurt Dieter Solf und weitere
Mitarbeiter der Dudenredaktion (Mannheim)

Redaktion des französischen Texts:
Daniel Moskowitz, unter Mitarbeit
von Florence Herbulot, Ina Jacoub,
Michel Jacoub, Andréas Kunert,
Henri Moskowitz, Christian Nugue (Paris)

Graphische Gestaltung:
Jochen Schmidt (Mannheim)

CIP-Kurztitelaufnahme der Deutschen Bibliothek

Duden Français: Bildwörterbuch Dt. u. Franz. /
hrsg. von d. Dudenred. in Zusammenarbeit mit
Daniel Moskowitz. – Mannheim; Wien; Zürich:
Bibliographisches Institut, 1981.
ISBN 3-411-01954-9
NE: Moskowitz, Daniel [Hrsg.]

Textverarbeitung und Lichtsatzsteuerung:
Siemens Programmsystem TEAM und Satzsystem Diacos
Bibliographisches Institut AG und Zechnersche Buchdruckerei Speyer
Druck und Einband: Klambt-Druck GmbH, Speyer
Printed in Germany
ISBN 3-411-01954-9

Vorwort

Dieses deutsch-französische Bildwörterbuch entstand auf der Grundlage der 3., vollständig neu bearbeiteten Auflage des deutschen Bildwörterbuches, das als Band 3 der Reihe «Der Duden in 10 Bänden» erschienen ist. Den französischen Text erarbeitete Professor Daniel Moskowitz, Directeur de la traduction de l'École Supérieure d'Interprètes et de Traducteurs (E.S.I.T.) de l'Université de la Sorbonne Nouvelle (Paris III), mit einem Team französischer Übersetzer und Fachwissenschaftler.

Bilder können bestimmte Informationen schneller und deutlicher vermitteln als Erklärungen und Beschreibungen. Die Abbildung läßt uns häufig sehr viel leichter den Gegenstand erkennen, der mit einem bestimmten Wort bezeichnet wird, als eine noch so treffende Definition des Wortes.

Auch im Umgang mit einer fremden Sprache – ob wir sie nun lernen oder lehren, ob wir sie gut oder weniger gut beherrschen – ist die bildliche Darstellung eine nützliche Hilfe. Die Bildtafeln in diesem Buch zeigen die wichtigsten Dinge aus allen Bereichen des Lebens jeweils in ihrem thematischen Zusammenhang. Auf einer einzigen aufgeschlagenen Doppelseite finden wir eine Tafel, die den Wortschatz eines ganzen Gebietes illustriert, dazu die zugehörigen exakten deutschen Bezeichnungen und die korrekten französischen Entsprechungen. Die thematische Gliederung erspart mühsames Nachschlagen der einzelnen Wörter, da man sich über einen ganzen Sachbereich mit einem Blick informieren kann. Außerdem werden alle Wörter noch einmal gesondert in je einem deutschen und einem französischen Register in alphabetischer Reihenfolge verzeichnet.

Diese Konzeption und die Tatsache, daß die Wortauswahl in hohem Maße gerade die speziellen und fachbezogenen Wörter berücksichtigt, machen den Duden Français zu einer unentbehrlichen Ergänzung jedes deutsch-französischen Wörterbuches.

Wir danken allen Firmen, Institutionen und Fachleuten, die uns bei der Beschaffung und Gestaltung des Bildmaterials unterstützt haben.

Mannheim, 1981

Der Wissenschaftliche Rat
der Dudenredaktion

Préface

Le dictionnaire en images allemand-français est établi à partir du Bildwörterbuch, qui constitue le volume 3 de la collection Duden de dictionnaires allemands en 10 volumes. La version française est l'équivalent de l'original allemand, dont elle suit la maquette d'aussi près que possible. Elle a été établie par des enseignants de l'École Supérieure d'Interprètes et de Traducteurs de l'Université de la Sorbonne Nouvelle (Paris III), avec la collaboration de quelques spécialistes et l'assistance de nombreux techniciens et artisans français.

Des images transmettent certaines informations plus facilement et plus rapidement que des explications et descriptions. Une image permet souvent d'identifier bien plus facilement l'objet désigné par un mot donné qu'une définition de ce mot, aussi précise soit-elle.

Chaque double page comprend une planche illustrant le vocabulaire d'un domaine complet, avec les noms allemands précis et leurs équivalents français. L'articulation thématique évite la recherche fastidieuse des divers termes en fournissant sur une seule double page toute l'information relative à un domaine complet. La présentation du texte et la présence d'un index par langue permettent d'utiliser le présent dictionnaire comme dictionnaire allemand-français à double entrée.

Cette conception et le fait que le thésaurus comprend une forte proportion de termes spécialisés ou techniques font de ce dictionnaire le complément indispensable de tout dictionnaire allemand-français ou français-allemand.

Je tiens à remercier tout particulièrement Madame Marion Bathily, qui a accepté de se charger de la tâche fastidieuse que représente la correction des épreuves.

Daniel Moskowitz

Abkürzungen im deutschen Text

ähnl.	ähnlich	*mundartl.*	mundartlich
alem.	alemannisch	*n*	Neutrum
altchristl.	altchristlich	*nd.*	niederdeutsch
automat.	automatisch	*obd.*	oberdeutsch
bayr.	bayrisch	*od.*	oder
bergm.	bergmännisch	*österr.*	österreichisch
Bez.	Bezeichnung	*pl*	Plural
christl.	christlich	*schemat.*	schematisch
darg.	dargestellt	*scherzh.*	scherzhaft
dicht.	dichterisch	*schwäb.*	schwäbisch
dt.	deutsch	*schweiz.*	schweizerisch
elektr.	elektrisch	*seem.*	seemännisch
engl.	englisch	*sg*	Singular
etrusk.	etruskisch	*sog.*	sogenannt
f	Femininum	*südd.*	süddeutsch
fam.	familiär	*südwestd.*	südwestdeutsch
früh.	früher	*stud.*	studentisch
griech.	griechisch	*techn.*	technisch
internat.	international	*ugs.*	umgangssprachlich
landsch.	landschaftlich	*versch.*	verschiedene
m	Maskulinum	*verw.*	verwandt
mitteld.	mitteldeutsch	*z.B.*	zum Beispiel

Abréviations utilisées dans le texte français

anal.	analogue	*f.*	féminin
égal.	également	*fam.*	familier
ELF	expression ou terme figurant dans un arrêté pris en application du décret n° 72-19 du 7 janvier 1972 relatif à l'enrichissement de la langue française	*m.*	masculin
		var.	variétés

Inhaltsverzeichnis

Die arabischen Ziffern sind die Nummern der Bildtafeln

Table des matières

Les nombres arabes sont les numéros de planche

Inhaltsverzeichnis

Table des matières

Inhaltsverzeichnis

Table des matières

Tiere und Pflanzen

Animaux et plantes

1-8 Atommodelle *n*
– ***modèles*** m ***atomiques***
1 das Atommodell des Wasserstoffs *m* (H)
– *le modèle de l'atome* m *d'hydrogène* m *(H)*
2 der Atomkern, ein Proton *n*
– *le noyau atomique, un proton*
3 das Elektron
– *l'électron* m
4 der Elektronenspin
– *le spin de l'électron* m
5 das Atommodell des Heliums *n* (He)
– *le modèle de l'atome* m *d'hélium* m *(He)*
6 die Elektronenschale
– *l'orbite* f *de l'électron* m
7 das Pauli-Prinzip
– *le principe de Pauli*
8 die abgeschlossene Elektronenschale des Na-Atoms *n* (Natriumatoms)
– *les orbites* f *stationnaires de l'atome* m *de Na (atome de sodium* m*)*
9-14 Molekülstrukturen *f* (Gitterstrukturen)
– ***structures*** f ***des molécules*** f *(structures* f *cristallines)*
9 der Kochsalzkristall
– *le cristal de chlorure* m *de sodium* m
10 das Chlorion
– *l'ion* m *chlorure*
11 das Natriumion
– *l'ion* m *sodium*
12 der Cristobalitkristall
– *le cristal de cristobalite* f
13 das Sauerstoffatom
– *l'atome* m *d'oxygène* m
14 das Siliciumatom
– *l'atome* m *de silicium* m
15 **die „Energietreppe"** (mögliche Quantensprünge *m*) des Wasserstoffatoms *n*
– ***les niveaux*** m ***d'énergie*** f *(sauts* m *quantiques possibles) de l'atome* m *d'hydrogène* m
16 der Atomkern (das Proton)
– *le noyau atomique (le proton)*
17 das Elektron
– *l'électron* m
18 das Niveau des Grundzustands *m*
– *l'état* m *fondamental*
19 der angeregte Zustand
– *l'état* m *excité*
20-25 die Quantensprünge *m*
– ***les sauts*** m ***quantiques***
20 die Lyman-Serie
– *la série de Lyman*
21 die Balmer-Serie
– *la série de Balmer*
22 die Paschen-Serie
– *la série de Pascher*
23 die Bracket-Serie
– *la série de Brackett*
24 die Pfund-Serie
– *la série de Pfund*
25 das freie Elektron
– *l'électron* m *libre*
26 das Bohr-Sommerfeldsche Atommodell des H-Atoms *n*
– *le modèle atomique de Bohr-Sommerfeld de l'atome* m *d'H*
27 die Energieniveaus *n* des Elektrons *n*
– *les niveaux* m *énergétiques de l'électron* m
28 **der spontane Zerfall** eines radioaktiven Materials *n*
– ***la désintégration spontanée*** *d'une matière radioactive*
29 der Atomkern
– *le noyau atomique*
30-31 das Alphateilchen (α, die Alphastrahlung, der Heliumatomkern)
– *le rayonnement alpha (α, la particule alpha, le noyau d'hélium* m*)*
30 das Neutron
– *le neutron*
31 das Proton
– *le proton*
32 das Betateilchen (β, die Betastrahlung, das Elektron)
– *le rayonnement béta (β, la particule béta, l'électron* m*)*
33 die Gammastrahlung (γ, eine harte Röntgenstrahlung)
– *le rayonnement gamma (γ, un rayonnement Roentgen dur)*
34 **die Kernspaltung:**
– ***la fission nucléaire:***
35 der schwere Atomkern
– *le noyau atomique lourd*
36 der Neutronenbeschuß
– *le bombardement neutronique*
37-38 die Kernbruchstücke *n*
– *les fragments* m *de fission* f
39 das freigesetzte Neutron
– *le neutron libéré*
40 die Gammastrahlung (γ)
– *le rayonnement gamma* (γ)
41 **die Kettenreaktion**
– ***la réaction en chaîne*** f
42 das kernspaltende Neutron
– *le neutron qui désintègre le noyau*
43 der Kern vor der Spaltung
– *le noyau avant la fission*
44 das Kernbruchstück
– *le fragment de fission* f
45 das freigesetzte Neutron
– *le neutron libéré*
46 die wiederholte Kernspaltung
– *la nouvelle fission nucléaire*
47 das Kernbruchstück
– *le fragment de fission* f
48 **die kontrollierte Kettenreaktion in einem Atomreaktor** *m*
– ***la réaction en chaîne*** f ***contrôlée dans un réacteur atomique***
49 der Atomkern eines spaltbaren Elements *n*
– *le noyau atomique d'un élément fissile*
50 der Beschuß durch ein Neutron *n*
– *le bombardement par un neutron*
51 das Kernbruchstück (der neue Atomkern)
– *le fragment de fission* f *(le nouveau noyau atomique)*
52 das freiwerdende Neutron
– *le neutron libéré*
53 die absorbierten Neutronen *n*
– *les neutrons* m *absorbés*
54 der Moderator, eine Bremsschicht aus Graphit *m*
– *le modérateur, une couche de ralentissement* m *en graphite* m
55 die Wärmeableitung (Energiegewinnung)
– *la dissipation de chaleur* f *(la production d'énergie* f*)*
56 die Röntgenstrahlung
– *le rayonnement Roentgen (les rayons X)*
57 der Beton- und Bleischutzmantel
– *le caisson de réacteur* m *en béton* m *et plomb* m
58 **die Blasenkammer** zur Sichtbarmachung der Bahnspuren *f* energiereicher ionisierender Teilchen *n*
– ***la chambre à bulles*** f *pour visualisation* f *des trajectoires* f *de particules* f *ionisantes à haute énergie* f
59 die Lichtquelle
– *la source lumineuse*
60 die Kamera
– *l'appareil* m *photographique*
61 die Expansionsleitung
– *le réservoir d'expansion* f
62 der Lichtstrahlengang
– *la marche des rayons* m *lumineux*
63 der Magnet
– *l'électro-aimant* m
64 der Strahlungseintritt
– *l'entrée* f *du rayonnement* m
65 der Spiegel
– *le miroir*
66 die Kammer
– *la chambre*

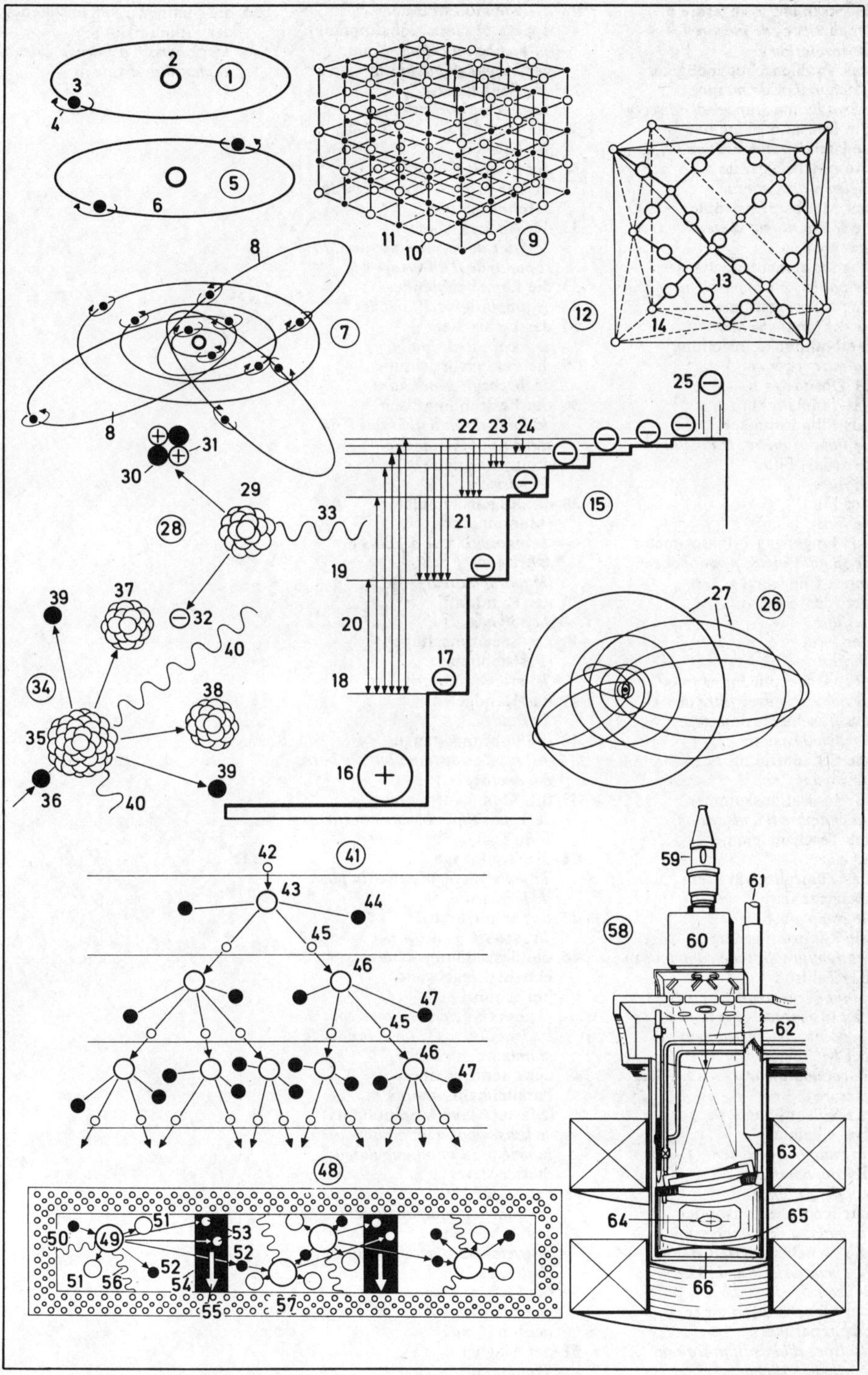
1
2
3
4
5
6
7
8
9
10
11
12
13
14
15
16
17
18
19
20
21
22
23
24
25
26
27
28
29
30
31
32
33
34
35
36
37
38
39
40
41
42
43
44
45
46
47
48
49
50
51
52
53
54
55
56
57
58
59
60
61
62
63
64
65
66

1-23 Strahlungsmeßgeräte *n*
– ***appareils*** **m** ***de mesure*** **f** ***d'irradiation*** **f**
1 das Strahlenschutzmeßgerät
– *l'appareil* m *de mesure* f *d'irradiation* f *(appareil «direct»)*
2 die Ionisationskammer
– *la chambre d'ionisation* f
3 die Innenelektrode
– *l'électrode* f *interne*
4 der Meßbereichswähler
– *le commutateur d'étendue* f *de mesure* f
5 das Instrumentengehäuse
– *le boîtier de l'appareil* m
6 das Ableseinstrument
– *le cadran de lecture* f
7 die Nullpunkteinstellung
– *la mise à zéro* m
8-23 Dosimeter *n*
– *les dosimètres* m
8 das Filmdosimeter
– *le filmdosimètre, le dosifilm*
9 der (das) Filter
– *le filtre*
10 der Film
– *le film*
11 das Fingerring-Filmdosimeter
– *le filmdosimètre personnel en forme* f *de bague* f
12 der (das) Filter
– *le filtre*
13 der Film
– *le film*
14 der Deckel mit Filter *m od. n*
– *le couvercle avec filtre* m
15 das Taschendosimeter
– *le stylodosimètre*
16 die Schauöffnung
– *le voyant*
17 die Ionisationskammer
– *la chambre d'ionisation* f
18 die Taschenklemme
– *le clip*
19 das Zählrohrgerät (der Geigerzähler)
– *le compteur Geiger*
20 die Zählrohrfassung
– *la monture du tube compteur* m
21 das Zählrohr
– *le tube compteur*
22 das Instrumentengehäuse
– *le boîtier de l'instrument* m
23 der Meßbereichswähler
– *le commutateur d'étendue* f *de mesure* f
24 die Wilsonsche Nebelkammer
– *la chambre de détente* f *de Wilson (chambre à condensation* f)
25 der Kompressionsboden
– *le plateau de compression* f
26 die Nebelkammeraufnahme
– *le cliché de la chambre de Wilson*
27 der Nebelstreifen einer Alphapartikel
– *la trace d'ionisation* f *d'une particule* f *alpha*
28 **die Kobaltbestrahlungsapparatur** (*ugs.* Kobaltbombe)
– ***la bombe au cobalt*** m, *un générateur de rayons* m
29 das Säulenstativ
– *la colonne portante*
30 die Halteseile *n*
– *les câbles* m
31 der Strahlenschutzkopf
– *l'écran* m *protecteur contre les rayonnements* m
32 der Abdeckschieber
– *le tiroir de recouvrement* m, *la commande d'ouverture* f
33 die Lamellenblende
– *le diaphragme à lamelles* f
34 das Lichtvisier
– *le localisateur lumineux*
35 die Pendelvorrichtung
– *le dispositif pendulaire*
36 der Bestrahlungstisch
– *la table de radiothérapie* f *(la table radiothérapique)*
37 die Laufschiene
– *la glissière*
38 **der Kugelmanipulator** (Manipulator)
– ***le manipulateur à joints*** m ***sphériques*** *(le manipulateur)*
39 der Handgriff
– *la poignée*
40 der Sicherungsflügel (Feststellhebel)
– *le levier de sûreté* f
41 das Handgelenk
– *la rotule*
42 die Führungsstange
– *le bras de transmission* f *(la barre conductrice)*
43 die Klemmvorrichtung
– *le dispositif de blocage* m *(de serrage* m*)*
44 die Greifzange
– *la pince manipulatrice (la pince de préhension* f*)*
45 das Schlitzbrett
– *la tablette à encoches* f
46 die Bestrahlungsschutzwand, eine Bleisiegelwand [im Schnitt]
– *l'écran* m *de protection* f *contre les irradiations* f, *un écran* m *de plomb* m *[en coupe* f*]*
47 der Greifarm eines Parallelmanipulators *m* (Master-Slave-Manipulators)
– *le bras-robot d'un manipulateur jumelé* m *(d'un manipulateur master-slave)*
48 der Staubschutz
– *le manchon antipoussière*
49 **das Zyklotron**
– ***le cyclotron*** *(l'accélérateur* m *de particules* f*)*
50 die Gefahrenzone
– *la zone dangereuse (la zone à accès* m *limité)*
51 der Magnet
– *l'aimant* m
52 die Pumpen *f* zur Entleerung der Vakuumkammer
– *les pompes* f *à faire le vide dans la chambre à vide* m

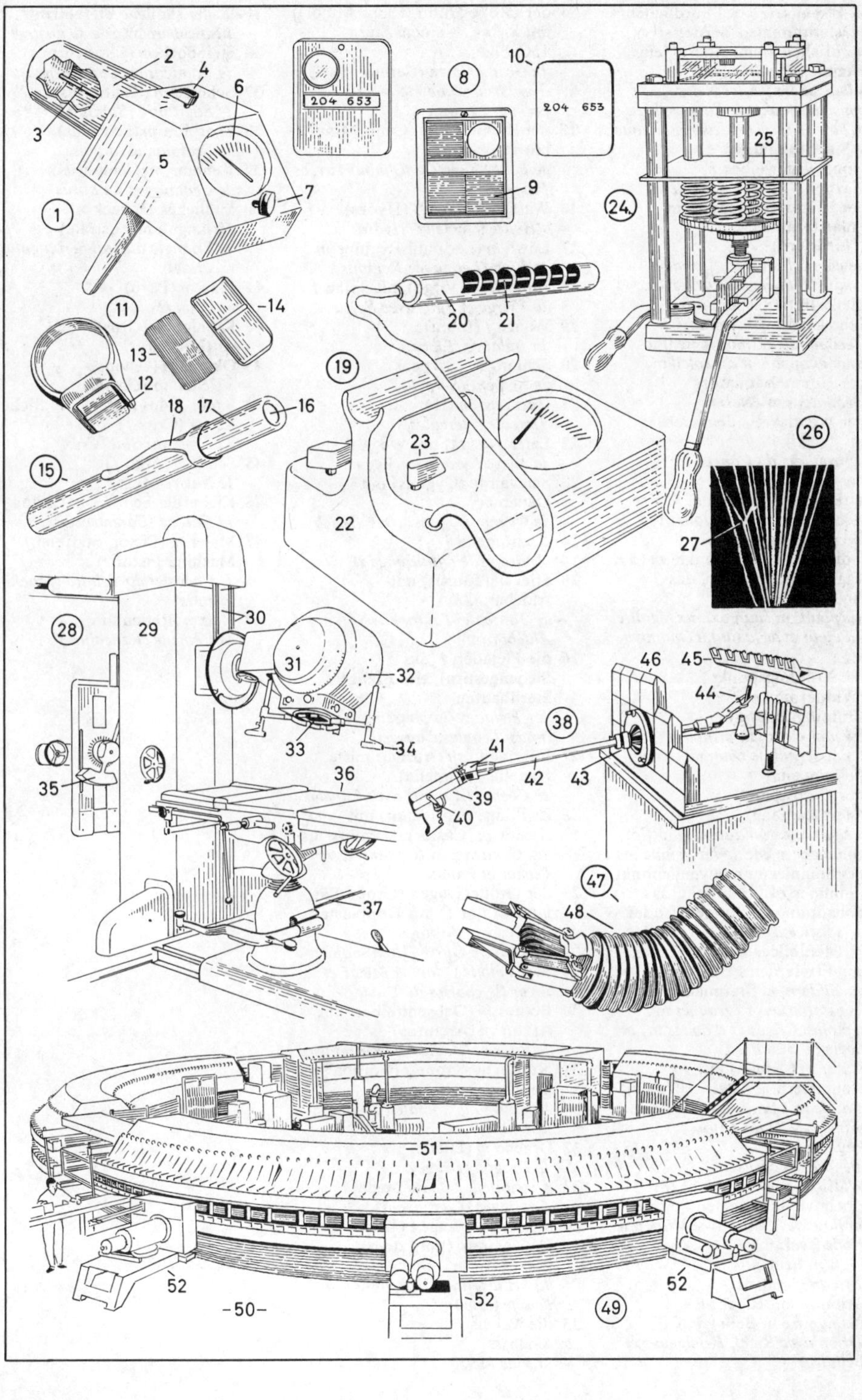
204 653
204 653

1-35 Sternkarte *f* des nördlichen Fixsternhimmels *m* (der nördlichen Hemisphäre), eine Himmelskarte
– ***planisphère*** f *céleste des constellations* f *de l'hémisphère* m *boréal, une carte astronomique*

1-8 Einteilung des Himmelsgewölbes *n*
– *division* f *de la voûte céleste*

1 der Himmelspol mit dem Polarstern *m* (Nordstern)
– *le pôle céleste avec l'étoile* f *polaire (l'étoile du nord* m*)*

2 die Ekliptik (scheinbare Jahresbahn der Sonne)
– *l'écliptique* m *(mouvement* m *annuel apparent du soleil* m*)*

3 der Himmelsäquator
– *l'équateur* m *céleste*

4 der Wendekreis des Krebses *m*
– *le tropique du Cancer*

5 der Grenzkreis der Zirkumpolarsterne *m*
– *le cercle limite des étoiles* f *circumpolaires*

6-7 die Äquinoktialpunkte *m* (die Tagundnachtgleiche, das Äquinoktium)
– *les points* m *équinoxiaux (égalité* f *du jour et de la nuit, l'équinoxe* m*)*

6 der Frühlingspunkt (Widderpunkt, Frühlingsanfang)
– *l'équinoxe* m *du printemps (le point vernal, le commencement du printemps)*

7 der Herbstpunkt (Herbstanfang)
– *l'équinoxe* m *d'automne* m *(le commencement de l'automne* m*)*

8 der Sommersonnenwendepunkt (Sommersolstitialpunkt, das Solstitium, die Sonnenwende)
– *le solstice d'été* m

9-48 Sternbilder *n* (*Vereinigung von* Fixsternen *m*, Gestirnen *n zu Bildern*) **u. Sternnamen** *m*
– ***constellations*** f *(groupes* m *d'étoiles* f *fixes et d'astres* m*)* ***et noms*** m ***d'étoiles*** f

9 Adler *m* (Aquila) mit Hauptstern *m* Altair *m* (Atair)
– *l'Aigle* m *(Aquila) avec l'étoile* f *principale Altaïr (Atair)*

10 Pegasus *m*
– *Pégase (Pegasus)*

11 Walfisch *m* (Cetus) mit Mira *f*, einem veränderlichen Stern *m*
– *la Baleine (Cetus) avec Mira, une étoile* f *variable*

12 Fluß *m* Eridanus
– *Eridan (Eridanus)*

13 Orion *m* mit Rigel *m*, Beteigeuze u. Bellatrix *f*
– *Orion avec Rigel, Bételgeuse et Bellatrix*

14 der Große Hund (Canis Major) mit Sirius *m*, einem Stern 1. Größe
– *le Grand Chien (Canis major) avec Sirius, une étoile de première grandeur*

15 der Kleine Hund (Canis Minor) mit Prokyon *m*
– *le Petit Chien (Canis minor) avec Procyon*

16 Wasserschlange *f* (Hydra)
– *l'Hydre* f *femelle (Hydra)*

17 Löwe *m* (Leo) mit Regulus *m*
– *le Lion (Leo) avec Regulus*

18 Jungfrau *f* (Virgo) mit Spika *f*
– *la Vierge (Virgo) avec Spica*

19 Waage *f* (Libra)
– *la Balance (Libra)*

20 Schlange *f* (Serpens)
– *le Serpent (Serpens)*

21 Herkules *m* (Hercules)
– *Hercule (Hercules)*

22 Leier *f* (Lyra) mit Wega *f*
– *la Lyre (Lyra) avec Véga*

23 Schwan *m* (Cygnus) mit Deneb *m*
– *le Cygne (Cygnus) avec Deneb*

24 Andromeda *f*
– *Andromède (Andromeda)*

25 Stier *m* (Taurus) mit Aldebaran *m*
– *le Taureau (Taurus) avec Aldébaran*

26 die Plejaden *f* (das Siebengestirn), ein offener Sternhaufen
– *les Pléiades (la poussinière), un amas d'étoiles* f *ouvert*

27 Fuhrmann *m* (Auriga) mit Kapella *f* (Capella)
– *le Cocher (Auriga) avec Capella*

28 Zwillinge *m* (Gemini) mit Kastor *m* (Castor) u. Pollux *m*
– *les Gémeaux* m *(Gemini) avec Castor et Pollux*

29 der Große Wagen (Große Bär, Ursa Major *f*) mit Doppelstern *m* Mizar u. Alkor *m*
– *la Grande Ourse (Ursa major) avec l'étoile* f *double Mizar et Alcor (le chariot de David)*

30 Bootes *m* (Ochsentreiber) mit Arktur *m* (Arcturus)
– *le Bouvier (Boötes) avec Arcturus*

31 Nördliche Krone *f* (Corona Borealis)
– *la Couronne boréale (Corona Borealis)*

32 Drache *m* (Draco)
– *le Dragon (Drago)*

33 Kassiopeia *f* (Cassiopeia)
– *Cassiopée (Cassiopeia)*

34 der Kleine Wagen (Kleine Bär, Ursa Minor *f*) mit dem Polarstern *m*
– *la Petite Ourse (Ursa minor) avec l'étoile* f *polaire*

35 die Milchstraße (Galaxis)
– *la Voie lactée*

36-48 der südliche Sternhimmel
– ***hémisphère*** m ***céleste austral***

36 Steinbock *m* (Capricornus)
– *le Capricorne (Capricornus)*

37 Schütze *m* (Sagittarius)
– *le Sagittaire (Sagittarius)*

38 Skorpion *m* (Scorpius)
– *le Scorpion (Scorpius)*

39 Kentaur *m* (Centaurus)
– *le Centaure (Centaurus)*

40 Südliches Dreieck *n* (Triangulum Australe)
– *le Triangle austral (Triangulus australe)*

41 Pfau *m* (Pavo)
– *le Paon (Pavo)*

42 Kranich *m* (Grus)
– *la Grue (Grus)*

43 Oktant *m* (Octans)
– *l'Octant* m *(Octans)*

44 Kreuz *n* des Südens, Südliches Kreuz (Crux *f*)
– *la Croix du Sud (Crux)*

45 Schiff *n* (Argo *f*)
– *le Navire (Argo)*

46 Kiel *m* des Schiffes *n* (Carina *f*)
– *la Carène (Carena)*

47 Maler *m* (Pictor, Staffelei *f*, Machina Pictoris)
– *le Chevalet du Peintre (Machina Pictoris)*

48 Netz *n* (Reticulum)
– *le Réticule (Reticulum)*

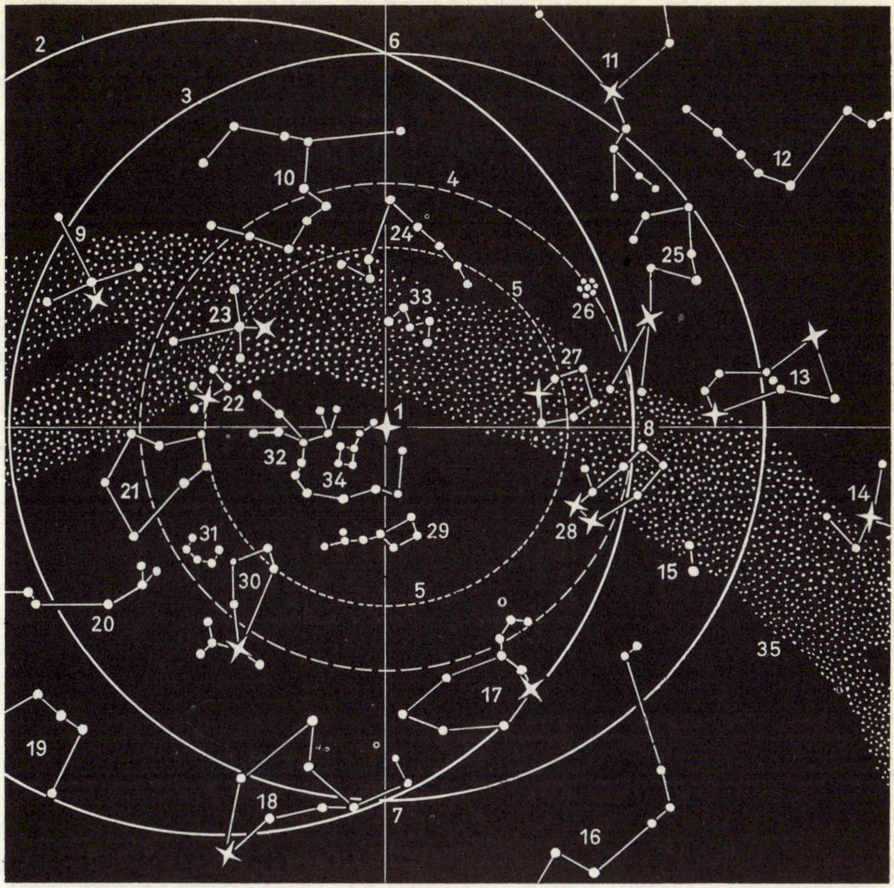
1
2
3
4
5
6
7
8
9
10
11
12
13
14
15
16
17
18
19
20
21
22
23
24
25
26
27
28
29
30
31
32
33
34
35

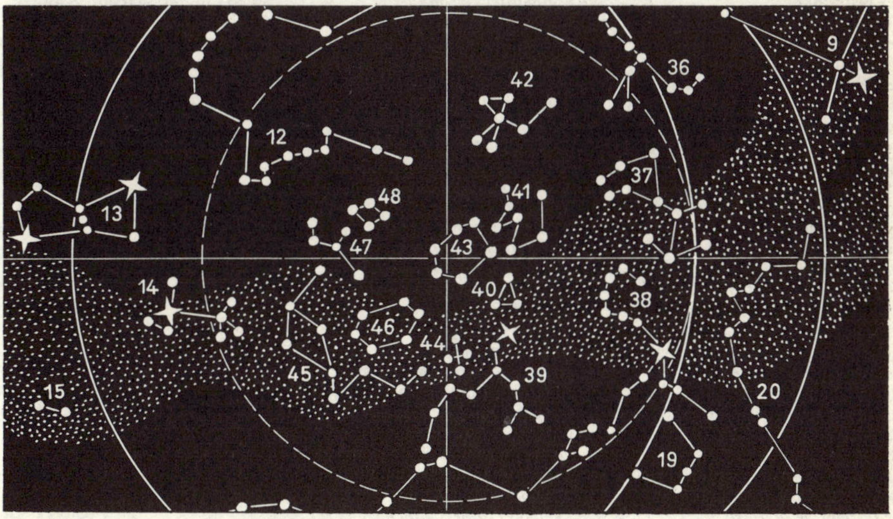
9
12
13
14
15
19
20
36
37
38
39
40
41
42
43
44
45
46
47
48

1-9 der Mond
– *la Lune*
1 die Mondbahn (der Mondumlauf um die Erde)
– *l'orbite* f *lunaire (la révolution de la lune autour de la terre)*
2-7 die Mondphasen *f* (der Mondwechsel)
– *les phases* f *de la Lune*
2 der Neumond
– *la nouvelle Lune*
3 die Mondsichel (der zunehmende Mond)
– *le croissant de Lune* f *(la Lune croissante)*
4 der Halbmond (das erste Mondviertel)
– *le premier quartier*
5 der Vollmond
– *la pleine Lune*
6 der Halbmond (das letzte Mondviertel)
– *le dernier quartier*
7 die Mondsichel (der abnehmende Mond)
– *le croissant de Lune* f *(la Lune décroissante)*
8 die Erde (Erdkugel)
– *la Terre (le globe terrestre)*
9 die Richtung der Sonnenstrahlen *m*
– *la direction des rayons* m *solaires*
10-21 die scheinbare Sonnenbahn zu Beginn *m* der Jahreszeiten *f*
– *le mouvement apparent du Soleil au début des saisons* f
10 die Himmelsachse
– *l'axe* m *du monde (la ligne des pôles* m*)*
11 der Zenit
– *le Zénith*
12 die Horizontalebene
– *l'horizon* m
13 der Nadir
– *le nadir*
14 der Ostpunkt
– *l'est* m
15 der Westpunkt
– *l'ouest* m
16 der Nordpunkt
– *le nord*
17 der Südpunkt
– *le sud*
18 die scheinbare Sonnenbahn am 21. Dezember *m*
– *le mouvement apparent du Soleil le 21 décembre* m
19 die scheinbare Sonnenbahn 21. März *m* u. 23. September *m*
– *le mouvement apparent du Soleil le 21 mars* m *et le 23 septembre* m
20 die scheinbare Sonnenbahn am 21. Juni *m*
– *le mouvement apparent du Soleil le 21 juin* m
21 die Dämmerungsgrenze
– *la zone limite du crépuscule*
22-28 die Drehbewegungen *f* der Erdachse
– *les mouvements* m *de rotation* f *de l'axe* m *de la Terre*
22 die Achse der Ekliptik
– *l'axe* m *de l'écliptique* m
23 die Himmelssphäre
– *la sphère céleste*
24 die Bahn des Himmelspols *m* (Präzession *f* und Nutation *f*)
– *l'orbite* f *du pôle* m *céleste (précession* f *et nutation* f*)*
25 die instantane Rotationsachse
– *l'axe* m *instantané de rotation* f
26 der Himmelspol
– *le pôle céleste*
27 die mittlere Rotationsachse
– *l'axe* m *moyen de rotation* f
28 die Polhodie
– *la polhodie*
29-35 Sonnen- und Mondfinsternis [nicht maßstäblich]
– *l'éclipse* f *de Soleil* m *et l'éclipse* f *de Lune* f *[échelle* f *non respectée]*
29 die Sonne
– *le Soleil*
30 die Erde
– *la Terre*
31 der Mond
– *la Lune*
32 die Sonnenfinsternis
– *l'éclipse* f *de Soleil* m
33 die Totalitätszone
– *l'éclipse* f *totale*
34-35 die Mondfinsternis
– *l'éclipse* f *de Lune* f
34 der Halbschatten
– *la pénombre*
35 der Kernschatten
– *l'ombre* f
36-41 die Sonne
– *le Soleil*
36 die Sonnenscheibe
– *le disque solaire*
37 Sonnenflecken *m*
– *les taches* f *solaires*
38 Wirbel *m* in der Umgebung von Sonnenflecken *m*
– *tourbillons* m *au voisinage des taches* f *solaires*
39 die Korona (Corona), der bei totaler Sonnenfinsternis oder mit Spezialinstrumenten *n* beobachtbare Sonnenrand
– *la couronne solaire observable lors d'une éclipse totale de Soleil* m *ou avec des instruments* m *spéciaux*
40 Protuberanzen *f*
– *les protubérances* f
41 der Mondrand bei totaler Sonnenfinsternis
– *le bord du disque lunaire lors d'une éclipse totale de Soleil* m
42-52 die Planeten *m* (das Planetensystem, Sonnensystem) [nicht maßstäblich] und die Planetenzeichen *n* (Planetensymbole)
– *les planètes* f *(le système planétaire, le système solaire) [échelle non respectée] et les symboles* m *des planètes* f
42 die Sonne
– *le Soleil*
43 der Merkur
– *Mercure*
44 die Venus
– *Vénus*
45 die Erde mit dem Erdmond *m*, ein Satellit *m* (Trabant)
– *la Terre et la Lune, un satellite*
46 der Mars mit zwei Monden *m*
– *Mars avec 2 satellites* m
47 die Planetoiden *m* (Asteroiden)
– *les astéroïdes* m
48 der Jupiter mit 14 Monden *m*
– *Jupiter avec 14 satellites* m
49 der Saturn mit 10 Monden *m*
– *Saturne avec 10 satellites* m
50 der Uranus mit fünf Monden *m*
– *Uranus avec 5 satellites* m
51 der Neptun mit zwei Monden *m*
– *Neptune avec 2 satellites* m
52 der Pluto
– *Pluton*
53-64 die Tierkreiszeichen *n* (Zodiakussymbole)
– *les signes* m *du Zodiaque*
53 Widder *m* (Aries)
– *le Bélier (Aries)*
54 Stier *m* (Taurus)
– *le Taureau (Taurus)*
55 Zwillinge *m* (Gemini)
– *les Gémeaux* m *(Gemini)*
56 Krebs *m* (Cancer)
– *le Cancer (Cancer)*
57 Löwe *m* (Leo)
– *le Lion (Leo)*
58 Jungfrau *f* (Virgo)
– *la Vierge (Virgo)*
59 Waage *f* (Libra)
– *la Balance (Libra)*
60 Skorpion *m* (Scorpius)
– *le Scorpion (Scorpius)*
61 Schütze *m* (Sagittarius)
– *le Sagittaire (Sagittarius)*
62 Steinbock *m* (Capricornus)
– *le Capricorne (Capricornus)*
63 Wassermann *m* (Aquarius)
– *le Verseau (Aquarius)*
64 Fische *m* (Pisces)
– *les Poissons* m *(Pisces)*

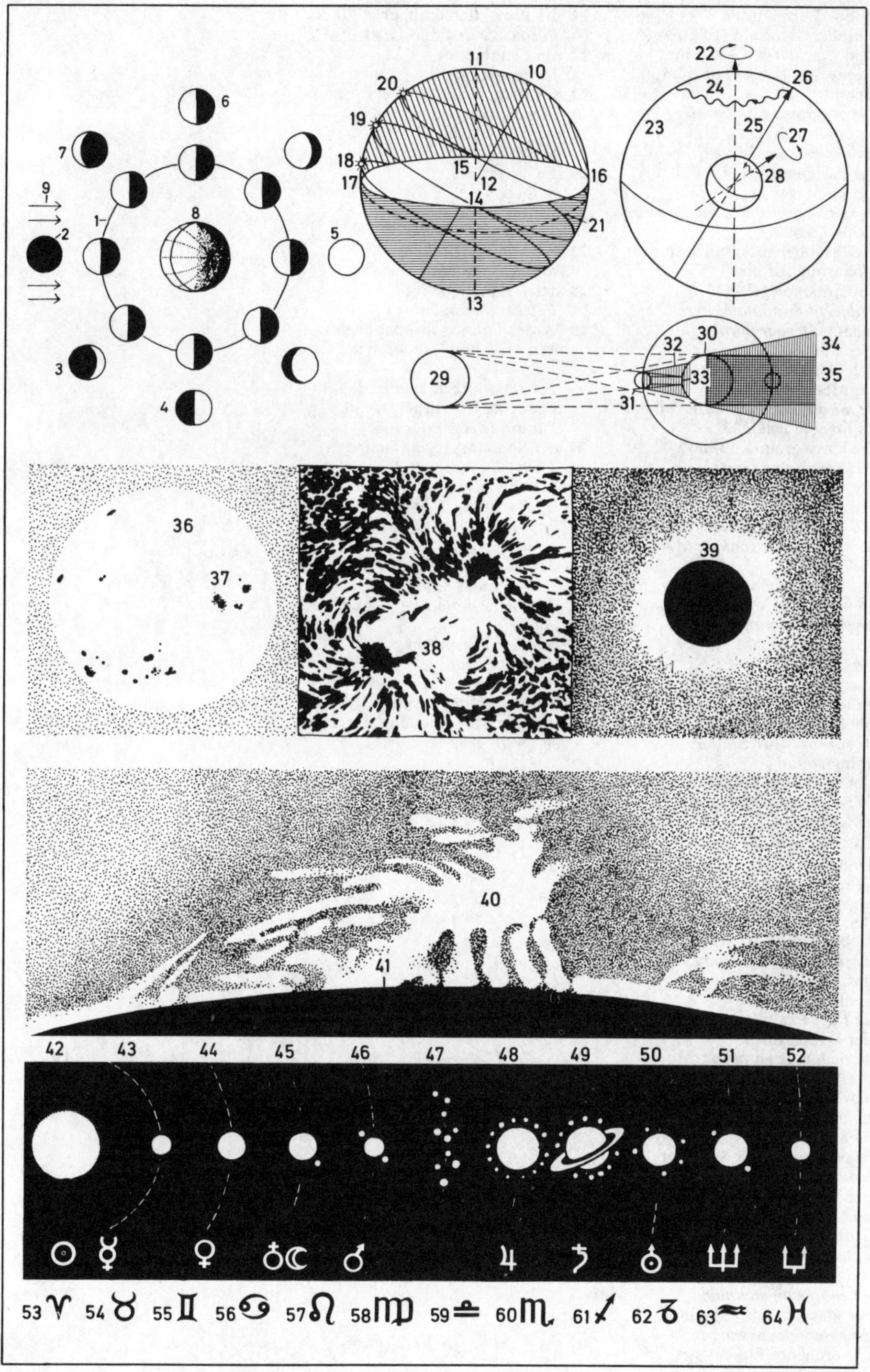
1
2
3
4
5
6
7
8
9
10
11
12
13
14
15
16
17
18
19
20
21
22
23
24
25
26
27
28
29
30
31
32
33
34
35
36
37
38
39
40
41
42
43
44
45
46
47
48
49
50
51
52
53
54
55
56
57
58
59
60
61
62
63
64

1-16 das Europäische Südobservatorium (ESO) auf dem *La Silla* in *Chile*, eine Sternwarte (Observatorium *n*) [Schnitt]
– *l'observatoire* m *austral européen ESO à* La Silla *(Chili), un observatoire [coupe]*
1 der Hauptspiegel von 3,6 m Durchmesser *m*
– *le miroir principal d'un diamètre* m *de 3,6 m*
2 die Primärfokuskabine mit der Halterung für die Sekundärspiegel *m*
– *l'objectif* m *primaire avec monture* f *pour miroirs* m *secondaires*
3 der Planspiegel für den Coudé-Strahlengang
– *le miroir plan pour observation* f *en foyer* m *coudé*
4 die Cassegrain-Kabine
– *le télescope de Cassegrain*
5 der Gitterspektrograph
– *le spectrographe à réseau* m
6 die spektrographische Kamera
– *la caméra électronique (d'André Lallemand)*
7 der Stundenachsenantrieb
– *le mécanisme d'entraînement* m *de l'axe* m *horaire*
8 die Stundenachse
– *l'axe* m *horaire*
9 das Hufeisen der Montierung
– *la monture «en fourche»* f
10 die hydraulische Lagerung
– *le support hydraulique*
11 Primär- und Sekundärfokuseinrichtungen *f*
– *les objectifs* m *primaires et secondaires*
12 das Kuppeldach (die Drehkuppel)
– *le toit en coupole* f *(la coupole pivotante)*
13 der Spalt (Beobachtungsspalt)
– *la fente d'observation* f
14 das vertikal bewegliche Spaltsegment
– *la trappe mobile*
15 der Windschirm
– *le rideau, le paravent*
16 der Siderostat
– *le sidérostat*
17-28 das Planetarium *Stuttgart* [Schnitt]
– *le planétarium de* Stuttgart *[coupe* f*]*
17 der Verwaltungs-, Werkstatt- und Magazinbereich
– *l'administration* f, *les ateliers* m *et les entrepôts* m
18 die Stahlspinne
– *la charpente métallique*
19 die glasvertafelte Pyramide
– *la pyramide de verre* m
20 die drehbare Bogenleiter
– *l'échelle* f *coudée rotative*
21 die Projektionskuppel
– *la coupole de projection* f
22 die Lichtblende
– *le diaphragme*
23 der Planetariumsprojektor
– *le projecteur*
24 der Versenkschacht
– *le puits*
25 das Foyer
– *le foyer*
26 der Filmvorführraum
– *la salle de projection* f
27 die Filmvorführkabine
– *la cabine de projection* f
28 der Gründungspfahl
– *le pilier de fondation* f
29-33 das Sonnenobservatorium *Kitt Peak* bei *Tucson, Ariz.* [Schnitt]
– *l'observatoire* m *solaire, la tour solaire de* Kitt Peak *près de* Tucson *(Arizona) [coupe]*
29 der Sonnenspiegel (Heliostat)
– *l'héliostat* m
30 der teilweise unterirdische Beobachtungsschacht
– *le puits d'observation* f *semi-souterrain*
31 der wassergekühlte Windschutzschild
– *l'écran* m *protecteur refroidi par eau* f
32 der Konkavspiegel
– *le miroir concave*
33 der Beobachtungs- und Spektrographenraum
– *la salle d'observation* f *abritant le spectrographe*

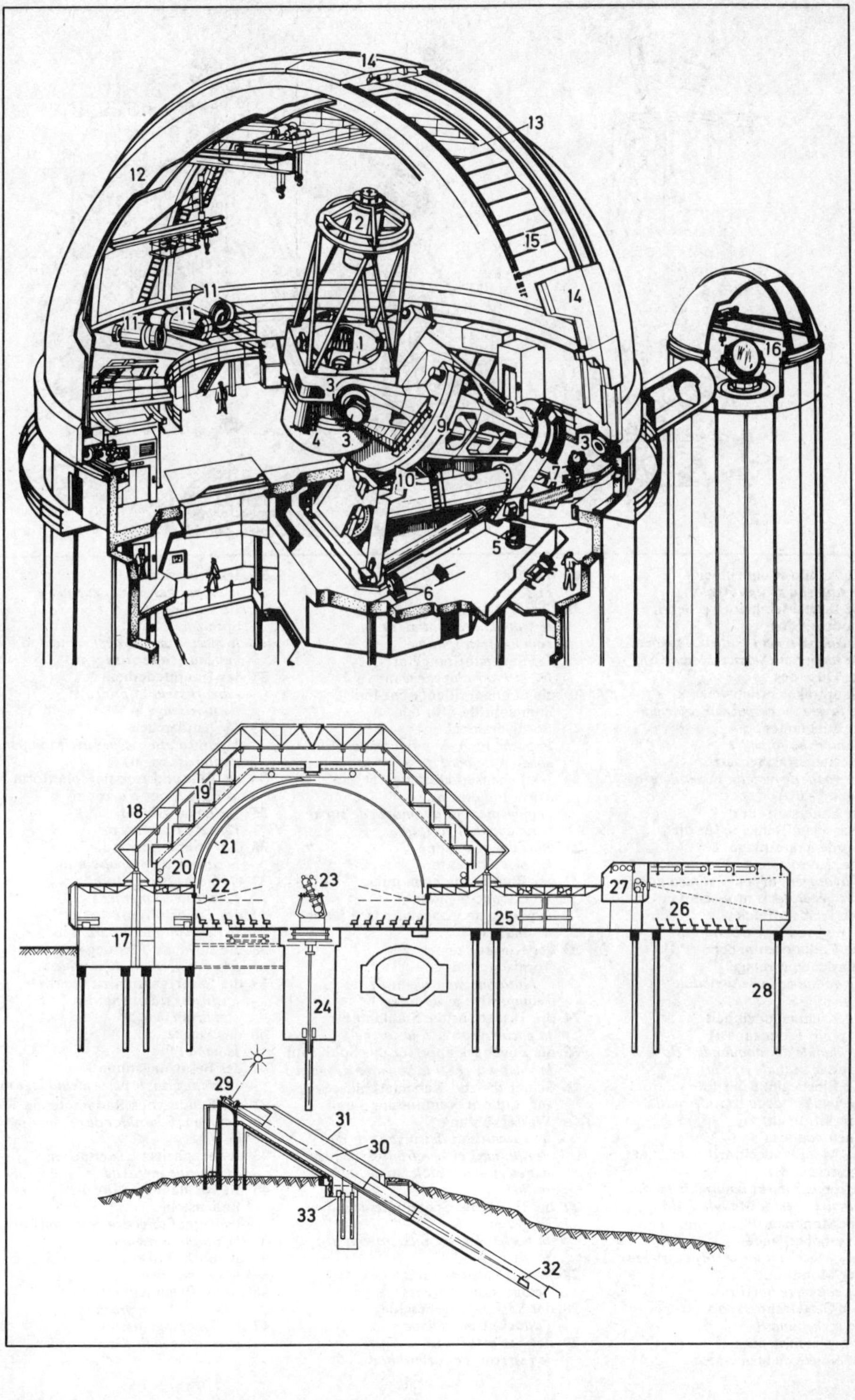
14
13
12
2
15
14
11
11
11
16
1
3
8
4
3
9
3
7
10
5
6
19
18
21
20
22
23
27
26
25
17
28
24
29
31
30
33
32

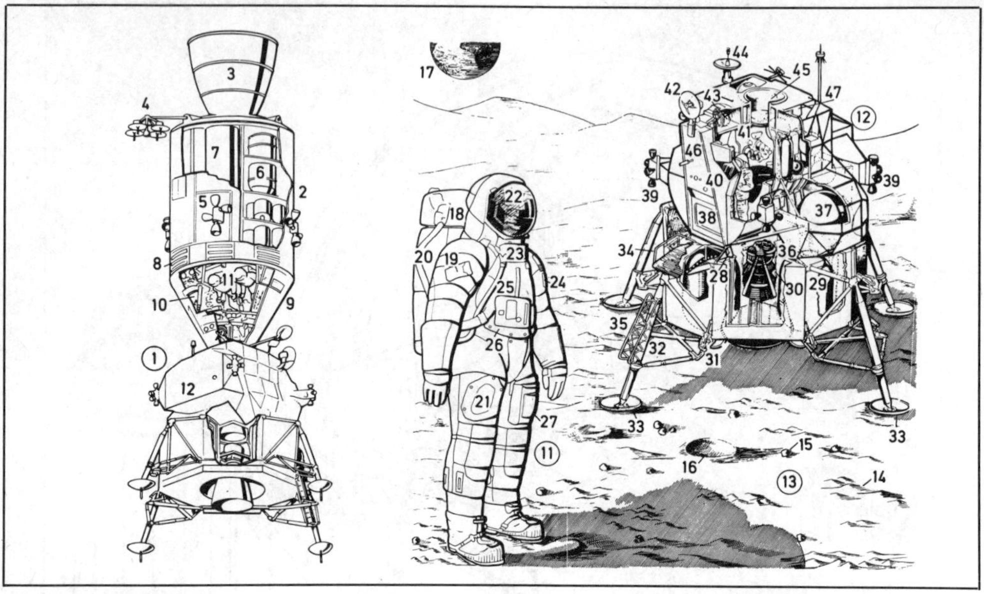

1 die Apollo-Raumeinheit
– *le vaisseau spatial Apollo*
2 die Betriebseinheit (das Service module, SM)
– *le compartiment moteur, le module de service* m *(Service Module SM)*
3 die Düse des Hauptraketentriebwerks *n*
– *la tuyère du propulseur principal*
4 die Richtantenne
– *l'antenne* f *directive*
5 der Steuerraketensatz
– *le groupe de moteurs* m *verniers (de pilotage* m*)*
6 die Sauerstoff- und Wasserstofftanks *m* für die Bordenergieanlage
– *les réservoirs* m *d'oxygène* m *et d'hydrogène* m *pour l'alimentation* f *des générateurs* m *de bord* m
7 der Treibstofftank
– *le réservoir de carburant* m
8 die Radiatoren *m* der Bordenergieanlage
– *les radiateurs* m *du module d'énergie* f
9 die Kommandoeinheit (Apollo-Raumkapsel)
– *le module de commande* f *(la capsule spatiale Apollo)*
10 die Einstiegluke der Raumkapsel
– *l'écoutille* f *de la capsule spatiale*
11 der Astronaut
– *l'astronaute* m
12 die Mondlandeeinheit (das Lunar module, LM)
– *le compartiment lunaire, le module lunaire (Lunar Module LM)*
13 die Mondoberfläche, eine Stauboberfläche
– *la surface lunaire, le sol poussiéreux*
14 der Mondstaub
– *la poussière lunaire*
15 der Gesteinsbrocken
– *la roche lunaire*
16 der Meteoritenkrater
– *le cratère de météorite* m
17 die Erde
– *la Terre*
18-27 der Raumanzug
– *le scaphandre spatial, la combinaison spatiale*
18 das Sauerstoffnotgerät
– *le réservoir d'oxygène* m
19 die Sonnenbrillentasche [mit Sonnenbrille *f* für den Bordgebrauch]
– *la poche réservée aux lunettes* f *de soleil* m *de bord* m
20 das Lebenserhaltungsgerät, ein Tornistergerät *n*
– *l'équipement* m *autonome de survie* f, *un appareil portatif*
21 die Zugangsklappe
– *le volet d'accès* m
22 der Raumanzughelm mit Lichtschutzblenden *f*
– *le casque de scaphandre* m *à filtres* m *solaires*
23 der Kontrollkasten des Tornistergeräts *n*
– *le boîtier de contrôle* m *de l'équipement* m *de survie* f
24 die Tasche für die Stablampe
– *la poche réservée à la torche*
25 die Zugangsklappe für das Spülventil
– *le volet d'accès à la soupape de purge* f
26 Schlauch- und Kabelanschlüsse *m* für Radio *n*, Ventilierung *f* und Wasserkühlung *f*
– *les raccords* m *des tuyaux* m *de ventilation* f *et de refroidissement* m *par eau* f *et des câbles* m *de liaison* f *radio* f
27 die Tasche für Schreibutensilien *n*, Werkzeug u.ä.
– *la poche réservée aux crayons* m , *outils* m, *etc.*
28-36 die Abstiegsstufe
– *l'étage* m *de descente* f
28 der Verbindungsbeschlag
– *l'attache* f *métallique*
29 der Treibstofftank
– *le réservoir de carburant* m
30 das Triebwerk
– *le propulseur, le moteur-fusée*
31 die Landegestell-Spreizmechanik
– *le mécanisme de déploiement* m *du système d'atterrissage* m
32 das Hauptfederbein
– *l'amortisseur* m *principal d'atterrissage* m
33 der Landeteller
– *le patin d'atterrissage* m *(le tampon d'atterrissage* m*)*
34 die Ein- und Ausstiegsplattform
– *la plate-forme d'accès* m
35 die Zugangsleiter
– *l'échelle* f *d'accès* m
36 das Triebwerkskardan
– *le cardan du propulseur* m
37-47 die Aufstiegsstufe
– *l'étage* m *de montée* f
37 der Treibstofftank
– *le réservoir de carburant* m
38 die Ein- und Ausstiegsluke
– *le sas d'accès* m, *l'écoutille* f
39 die Lageregelungstriebwerke *n*
– *les fusées* f *d'orientation* f *(de stabilisation* f*)*
40 das Fenster
– *le hublot*
41 der Besatzungsraum
– *l'habitacle* m, *le poste d'équipage* m
42 die Rendezvous-Radarantenne
– *l'antenne* f *du radar de rendez-vous* m
43 der Trägheitsmeßwertgeber
– *la centrale inertielle*
44 die Richtantenne für die Bodenstelle
– *l'antenne* f *directive de liaison* f *avec la station terrienne*
45 die obere Luke
– *le sas supérieur*
46 die Anflugantenne
– *l'antenne* f *d'approche* f
47 der Dockingeinschnitt
– *le système actif d'amarrage* m

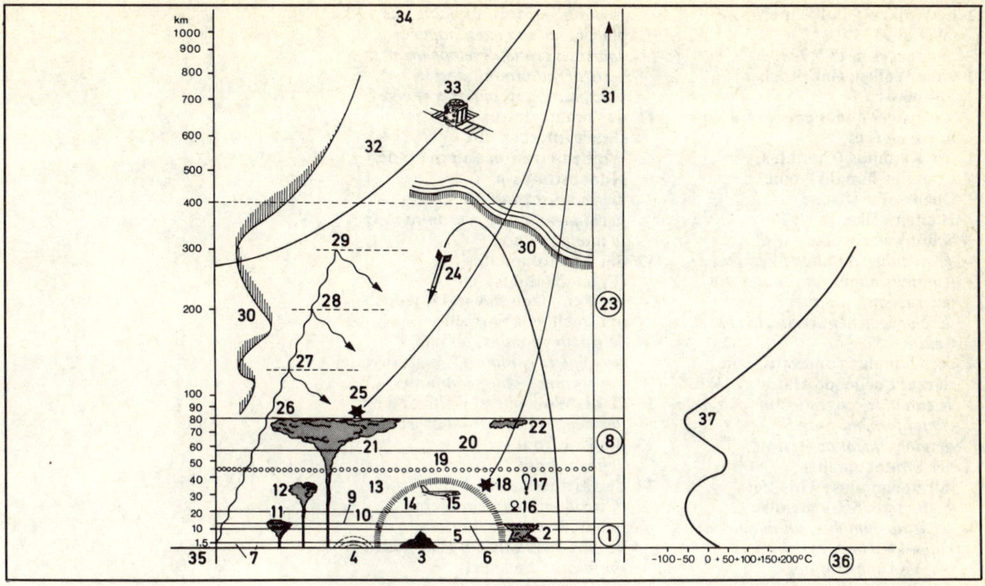

1 die Troposphäre
– la troposphère
2 Gewitterwolken *f*
– *les nuages* m *orageux*
3 der höchste Berg *Mount Everest* [8 882 m]
– *la plus haute montagne du monde, le* mont Everest *[8882 m]*
4 der Regenbogen
– *l'arc-en-ciel* m
5 die Starkwindschicht
– *le niveau des courants-jets* m *(jets-streams* m*)*
6 die Nullschicht (Umkehr der senkrechten Luftbewegungen *f*)
– *le niveau zéro (inversion* f *des mouvements* m *verticaux de l'air* m)
7 die Grundschicht
– *la couche de surface* f
8 die Stratosphäre
– la stratosphère
9 die Tropopause
– *la tropopause*
10 die Trennschicht (Schicht schwächerer Luftbewegungen *f*)
– *la couche de séparation* f *(couche* f *à faibles mouvements* m *de l'air* m)
11 die Atombombenexplosion
– *explosion* f *d'une bombe atomique*
12 die Wasserstoffbomben-explosion
– *explosion* f *d'une bombe à hydrogène* m
13 die Ozonschicht
– *la couche d'ozone* m
14 die Schallwellenausbreitung
– *la propagation des ondes* f *sonores*
15 das Stratosphärenflugzeug
– *l'avion* m *stratosphérique*
16 der bemannte Ballon
– *le ballon avec équipage* m
17 der Meßballon
– *le ballon sonde*
18 der Meteor
– *le météore*
19 die Obergrenze der Ozonschicht
– *la limite supérieure de la couche d'ozone* m
20 die Nullschicht
– *la couche D (la région D)*
21 der Krakatau-Ausbruch
– *l'éruption* f *du Krakatoa*
22 leuchtende Nachtwolken *f*
– *les nuages* m *lumineux*
23 die Ionosphäre
– l'ionosphère f
24 der Forschungsraketenbereich
– *le domaine d'exploration* f *par fusée* f
25 die Sternschnuppe
– *l'étoile* f *filante*
26 die Kurzwelle (Hochfrequenz)
– *les ondes* f *courtes (hautes fréquences* f*)*
27 die E-Schicht
– *la couche E (la région E)*
28 die F_1-Schicht
– *la couche F_1 (la région F_1)*
29 die F_2-Schicht
– *la couche F_2 (la région F_2)*
30 das Polarlicht
– *l'aurore* f *boréale*
31 die Exosphäre
– l'exosphère f
32 die Atomschicht
– *la couche atomique*
33 der Meßsatellitenbereich
– *le domaine d'exploration* f *par satellite* m
34 der Übergang zum Weltraum
– *le passage vers l'espace* m *interstellaire*
35 die Höhenskala
– *l'échelle* f *des altitudes* f
36 die Temperaturskala
– *l'échelle* f *des températures* f
37 die Temperaturlinie
– *la courbe des températures* f

1-19 Wolken *f* und Witterung *f* (Wetter *n*)
– ***les nuages*** m *et le temps*
1-4 die Wolken einheitlicher Luftmassen *f*
– ***les nuages*** m ***des masses*** f ***d'air*** m ***homogènes***
1 der Kumulus (Cumulus, Cumulus humilis), eine Quellwolke (flache Haufenwolke, Schönwetterwolke)
– *le cumulus, un nuage en boule* f *(cumulus humilis, un nuage de beau temps), un nuage à développement* m *vertical, à base* f *plate*
2 der Cumulus congestus, eine stärker quellende Haufenwolke
– *le cumulus congestus, un nuage cumuliforme à grand développement* m *vertical*
3 der Stratokumulus (Stratocumulus), eine tiefe, gegliederte Schichtwolke
– *le strato-cumulus, un nuage en nappe* f *(en banc* m*), composé de masses* f *importantes*
4 der Stratus (Hochnebel), eine tiefe, gleichförmige Schichtwolke
– *le stratus, un nuage en nappe* f *épaisse et uniforme, un brouillard élevé au-dessus du sol*
5-12 die Wolken *f* **an Warmfronten** *f*
– ***les nuages*** m ***de front*** m ***chaud***
5 die Warmfront
– *le front chaud*
6 der Zirrus (Cirrus), eine hohe bis sehr hohe Eisnadelwolke, dünn, mit sehr mannigfaltigen Formen *f*
– *le cirrus, un nuage de cristaux* m *de glace* f*, d'altitude* f *élevée ou très élevée, composé de filaments* m *fins aux formes* f *variables*
7 der Zirrostratus (Cirrostratus), eine Eisnadelschleierwolke
– *le cirro-stratus, un nuage de cristaux* m *de glace* f *en voile* m
8 der Altostratus, eine mittelhohe Schichtwolke
– *l'altostratus* m*, un nuage en nappe* f *d'altitude* f *moyenne*
9 der Altostratus praecipitans, eine Schichtwolke mit Niederschlag *m* (Fallstreifen) in der Höhe
– *l'altostratus precipitans, un nuage en nappe* f *avec des précipitations* f *à la partie supérieure*
10 der Nimbostratus, eine Regenwolke, vertikal sehr mächtige Schichtwolke, aus der Niederschlag *m* (Regen oder Schnee) fällt
– *le nimbo-stratus, un nuage de pluie* f*, un nuage en nappe* f *épaisse à grand développement* m *vertical qui produit des précipitations* f*, pluie* f *ou neige* f
11 der Fraktostratus (Fractostratus), ein Wolkenfetzen *m* unterhalb des Nimbostratus *m*
– *le fracto-stratus, un nuage déchiqueté qui se rencontre sous le nimbostratus*
12 der Fraktokumulus (Fractocumulus), ein Wolkenfetzen *m* wie 11, jedoch mit quelligen Formen *f*
– *le fracto-cumulus, un nuage déchiqueté comme 11, mais avec des formes* f *bourgeonnantes*
13-17 die Wolken *f* an Kaltfronten *f*
– ***les nuages*** m *de front* m *froid*
13 die Kaltfront
– *le front froid*
14 der Zirrokumulus (Cirrocumulus), eine feine Schäfchenwolke
– *le cirro-cumulus, un petit nuage en forme* f *de bille* f
15 der Altokumulus (Altocumulus), eine grobe Schäfchenwolke
– *l'altocumulus, un nuage en forme* f *de boule* f *qui donne un ciel pommelé*
16 der Altocumulus castellanus und der Altocumulus floccus, Unterformen zu 15
– *l'altocumulus* m *castellanus et l'altocumulus* m *floccus, formes* f *dérivées de 15*
17 der Kumulonimbus (Cumulonimbus), eine vertikal sehr mächtige Quellwolke, bei Wärmegewittern *n* unter 1-4 einzuordnen
– *le cumulo-nimbus, un nuage à très grand développement* m *vertical, à sommet* m *en enclume* f*; il se classe dans la catégorie 1-4 en cas d'ouragan* m *tropical*
18-19 die Niederschlagsformen *f*
– ***les différentes sortes*** f ***de précipitations*** f
18 der Landregen oder der verbreitete Schneefall, ein gleichförmiger Niederschlag *m*
– *la chute de pluie* f *ou de neige* f *sur une vaste région, des précipitations* f *de caractère* m *uniforme*
19 der Schauerniederschlag (Schauer), ein ungleichmäßiger (strichweise auftretender) Niederschlag *m*
– *l'averse* f*, des précipitations* f *intermittentes*

schwarze Pfeile = Kaltluft
weiße Pfeile = Warmluft
– *flèche noire = air froid*
flèche blanche = air chaud

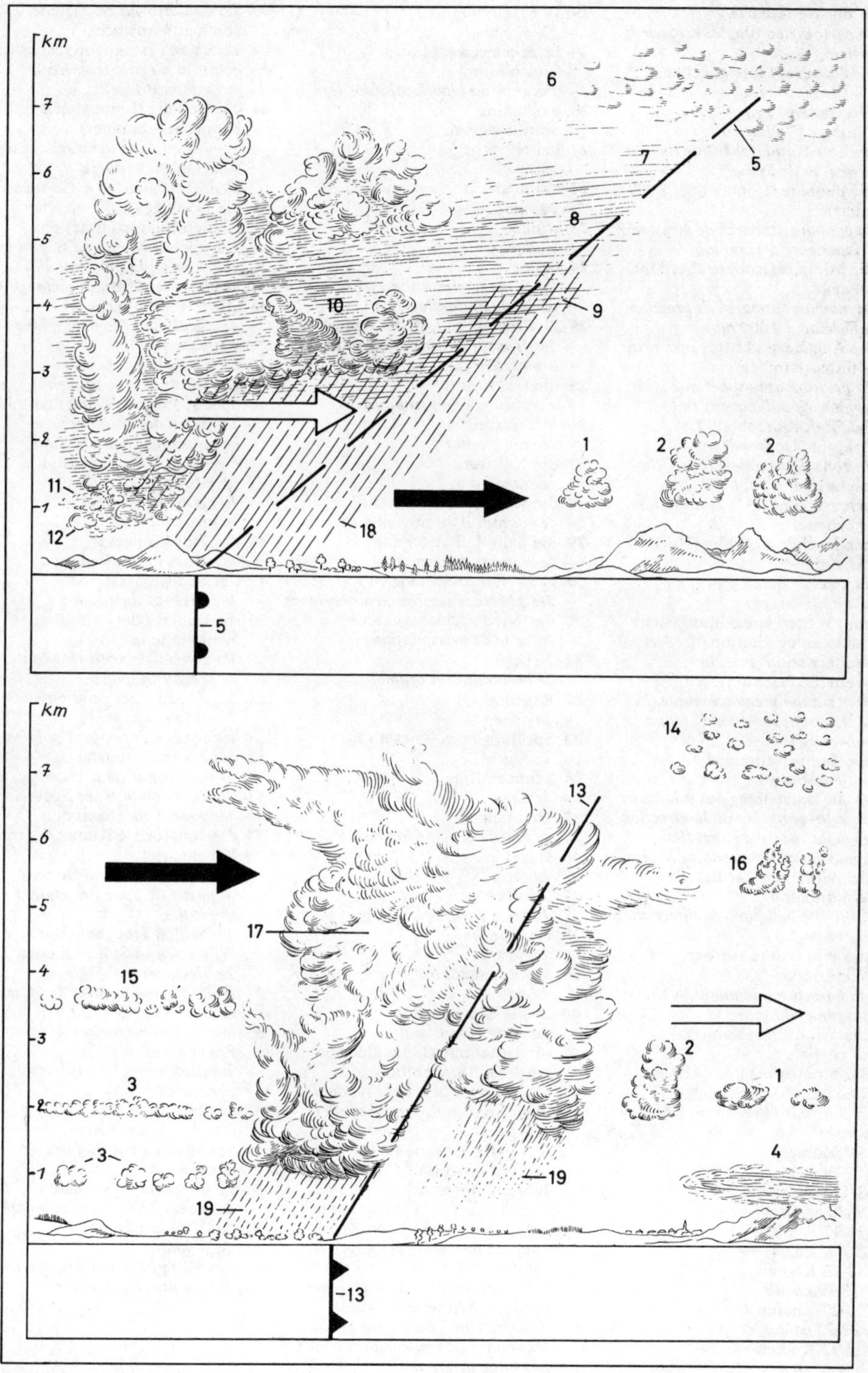
km
7
6
5
4
3
2
1
1
2
2
5
6
7
8
9
10
11
12
18
5
km
7
6
5
4
3
2
1
13
14
16
17
15
3
3
2
1
4
19
19
13

1-39 die Wetterkarte
– ***la carte météorologique, la carte météo***
1 die Isobare (Linie gleichen Luftdrucks *m* im Meeresniveau *n*)
– *l'isobare* f *(ligne* f *d'égale pression* f *atmosphérique au niveau* m *de la mer)*
2 die Pliobare (Isobare über 1 000 mbar)
– *la pliobare (isobare* f *de pression* f *supérieure à 1 000 mb)*
3 die Miobare (Isobare über 1 000 mbar)
– *la miobare (isobare* f *de pression inférieure à 1 000 mb)*
4 die Angabe des Luftdrucks *m* in Millibar *n* (mbar)
– *la pression atmosphérique donnée en millibars* m *(mb)*
5 das Tiefdruckgebiet (Tief, die Zyklone, Depression)
– *la zone de basse pression* f *(la dépression, le centre dépressionnaire, la perturbation, le cyclone)*
6 das Hochdruckgebiet (Hoch, die Antizyklone)
– *la zone de haute pression* f *(l'anticyclone* m*)*
7 eine Wetterbeobachtungsstelle (meteorolog. Station, Wetterstation) od. ein Wetterbeobachtungsschiff *n*
– *une station météorologique (la station d'observation* f*) ou un navire météo*
8 die Temperaturangabe
– *la température*
9-19 die Darstellung des Windes *m*
– ***la représentation de la direction et de la vitesse du vent*** *(les symboles* m *représentant le vent)*
9 der Windpfeil zur Bez. der Windrichtung
– *la flèche indiquant la direction du vent*
10 die Windfahne zur Bez. der Windstärke
– *la barbelure indiquant la vitesse (la force) du vent*
11 die Windstille (Kalme)
– *le calme*
12 1-2 Knoten *m* (1 Knoten = 1,852 km/h)
– *1-2 nœuds (1 nœud = 1,852 km/h)*
13 3-7 Knoten
– *3-7 nœuds*
14 8-12 Knoten
– *8-12 nœuds*
15 13-17 Knoten
– *13-17 nœuds*
16 18-22 Knoten
– *18-22 nœuds*
17 23-27 Knoten
– *23-27 nœuds*
18 28-32 Knoten
– *28-32 nœuds*
19 58-62 Knoten
– *58-62 nœuds*
20-24 Himmelsbedeckung *f* (Bewölkung)
– ***l'état*** m ***du ciel*** *(la nébulosité)*
20 wolkenlos
– *sans nuage* m
21 heiter
– *clair*
22 halbbedeckt
– *peu nuageux*
23 wolkig
– *nuageux*
24 bedeckt
– *couvert (la nébulosité est générale ou totale)*
25-29 Fronten *f* **u. Luftströmungen** *f*
– ***les fronts*** m ***et les courants*** m *atmosphériques*
25 die Okklusion
– *l'occlusion* f *(un front occlus)*
26 die Warmfront
– *le front chaud*
27 die Kaltfront
– *le front froid*
28 die warme Luftströmung
– *le courant d'air* m *chaud*
29 die kalte Luftströmung
– *le courant d'air* m *froid*
30-39 Wettererscheinungen *f*
– ***les phénomènes*** m ***météorologiques***
30 das Niederschlagsgebiet
– *la zone de précipitations* f
31 Nebel *m*
– *le brouillard (la brume)*
32 Regen *m*
– *la pluie*
33 Sprühregen *m* (Nieseln *n*)
– *la bruine*
34 Schneefall *m*
– *la neige*
35 Graupeln *n*
– *le grésil (la neige fondue)*
36 Hagel *m*
– *la grêle*
37 Schauer *m*
– *l'averse* f
38 Gewitter *n*
– *l'orage* m
39 Wetterleuchten *n*
– *l'éclair* m
40-58 die Klimakarte
– ***la carte climatique***
40 die Isotherme (Linie gleicher mittlerer Temperatur)
– *l'isotherme* f *(une ligne reliant les points* m *d'égale température* f *moyenne)*
41 die Nullisotherme (Linie durch alle Orte *m* mit 0 °C mittlerer Jahrestemperatur)
– *l'isotherme* f *0 °C (une ligne reliant les points* m *dont la température annuelle moyenne est de 0 °C)*
42 die Isochimene (Linie gleicher mittlerer Wintertemperatur)
– *l'isochimène* f *(une ligne reliant les points* m *d'égale température* f *moyenne hivernale)*
43 die Isothere (Linie gleicher Sommertemperatur)
– *l'isothère* f *(une ligne reliant les points* m *d'égale température* f *moyenne estivale)*
44 die Isohelie (Linie gleicher Sonnenscheindauer)
– *l'isohélie* f *(une ligne reliant les points* m *où la durée d'ensoleillement* m *est la même)*
45 die Isohyete (Linie gleicher Niederschlagssumme)
– *l'isohyète* f *(une ligne reliant les points* m *où la moyenne des précipitations* f *est la même)*
46-52 die Windsysteme *n*
– ***la circulation atmosphérique générale***
46-47 die Kalmengürtel *m*
– *les ceintures* f *de calme* m
46 der äquatoriale Kalmengürtel *m*
– *la région des calmes* m *équatoriaux (le pot au noir)*
47 die subtrop. Stillengürtel *m* (Roßbreiten *f*)
– *la région des calmes* m *subtropicaux*
48 der Nordostpassat
– *les alizés* m *du nord-est*
49 der Südostpassat
– *les alizés* m *du sud-est*
50 die Zonen *f* der veränderl. Westwinde *m*
– *les zones* f *de vents* m *variables de secteur* m *ouest*
51 die Zonen *f* der polaren Winde *m*
– *les zones* f *de vents* m *polaires*
52 der Sommermonsun
– *la mousson d'été* f
53-58 die Klimate *n* **der Erde**
– ***les zones*** f ***de climat*** m
53 das äquatoriale Klima: der trop. Regengürtel
– *le climat équatorial: la zone tropicale (la zone des pluies* f *tropicales)*
54 die beiden Trockengürtel *m:* die Wüsten- und Steppenzonen *f*
– *les deux zones* f *arides des régions* f *équatoriales: les déserts* m *et les steppes* f
55 die beiden warm-gemäßigten Regengürtel *m*
– *les deux zones* f *tempérées pluvieuses*
56 das boreale Klima (Schnee-Wald-Klima)
– *le climat boréal (la forêt de conifères* m*)*
57-58 die polaren Klimate *n*
– *les zones* f *de climat* m *polaire*
57 das Tundrenklima
– *la toundra*
58 das Klima ewigen Frostes *m*
– *les calottes* f *glaciaires*

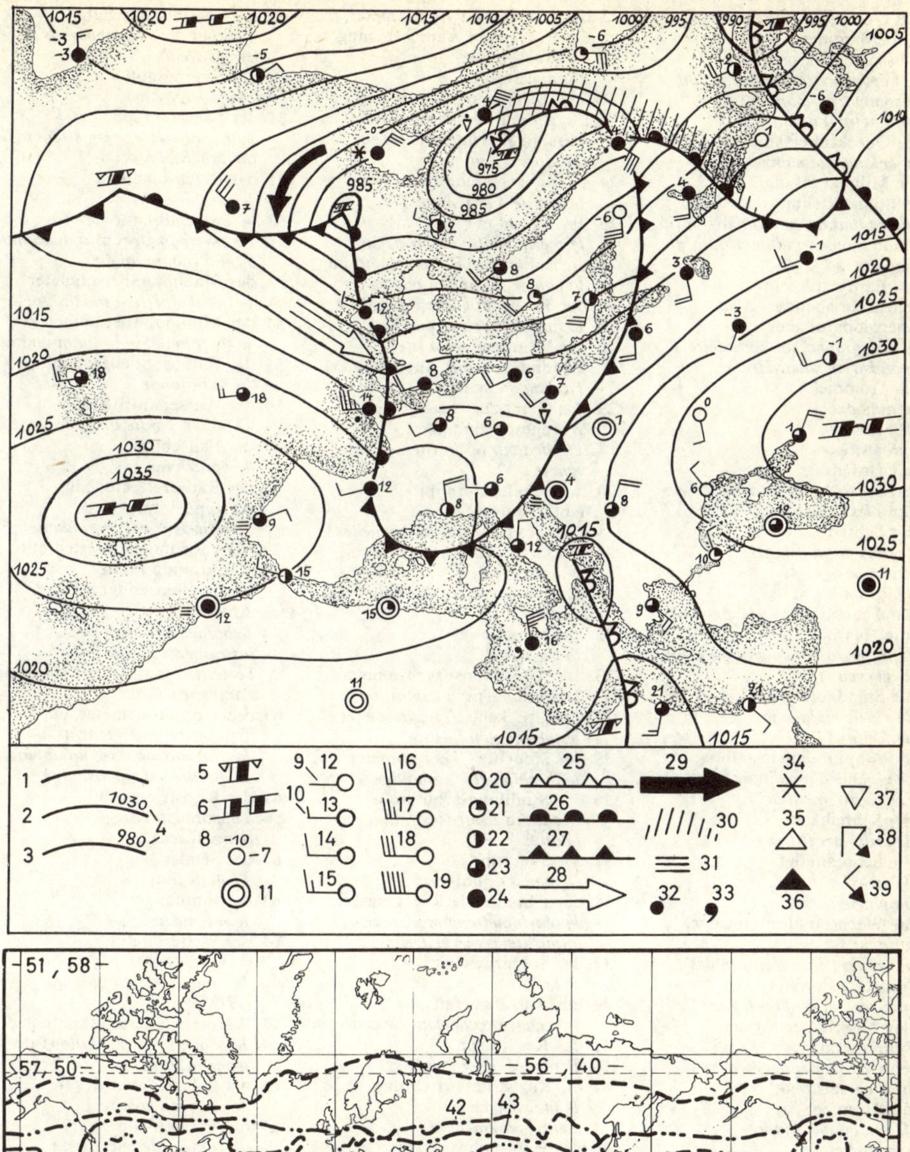
1015
1020
1025
1030
1035
1005
1000
995
990
1010
985
980
975
1
2
3
4
5
6
8
9
10
11
12
13
14
15
16
17
18
19
20
21
22
23
24
25
26
27
28
29
30
31
32
33
34
35
36
37
38
39

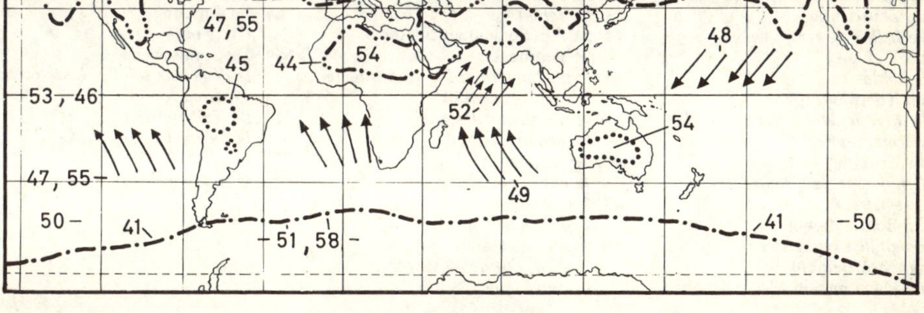
51, 58
57, 50
56, 40
42
43
47, 55
45
44
54
48
53, 46
52
49
50
41

1 das Quecksilberbarometer, ein Heberbarometer *n*, ein Flüssigkeitsbarometer *n*
– *le baromètre à mercure* m, *un baromètre à siphon* m, *un baromètre à liquide* m
2 die Quecksilbersäule
– *la colonne de mercure* m
3 die Millibarteilung (Millimeterteilung)
– *la graduation en millibars* m *(la graduation en millimètres* m *de mercure* m*)*
4 der Barograph, ein selbstschreibendes Aneroidbarometer
– *le barographe, un baromètre enregistreur anéroïde*
5 die Trommel
– *le tambour (le cylindre) enregistreur*
6 der Dosensatz
– *la série de boîtes* f *anéroïdes (les capsules* f *anéroïdes)*
7 der Schreibhebel
– *le bras portant le style*
8 der Hygrograph
– *l'hygromètre* m
9 das Feuchtigkeitsmeßelement (die Haarharfe)
– *le fil hygroscopique (le faisceau de cheveux* m*)*
10 die Standkorrektion
– *la vis de réglage* m *de lecture* f
11 die Amplitudeneinstellung
– *le réglage d'amplitude* f *de l'enregistrement* m
12 der Schreibarm
– *le bras enregistreur*
13 die Schreibfeder
– *le style (la plume encrée)*
14 die Wechselräder *n* für das Uhrwerk
– *les roues* f *interchangeables (roues* f *amovibles) du mouvement* m *d'horlogerie* f
15 der Ausschalter für den Schreibarm
– *le levier de dégagement* m *du bras enregistreur*
16 die Trommel
– *le tambour (cylindre) enregistreur*
17 die Zeitteilung
– *l'échelle* f *de temps* m
18 das Gehäuse
– *le boîtier*
19 der Thermograph
– *le thermomètre enregistreur (le thermographe)*
20 die Trommel
– *le tambour (le cylindre) enregistreur*
21 der Schreibhebel
– *l'aiguille* f *enregistreuse*
22 das Meßelement
– *l'élément* m *sensible (le capteur)*
23 das Silverdisk-Pyrheliometer, ein Instrument *n* zur Messung der Energie der Sonnenstrahlen *m*
– *le pyrhéliomètre à disque* m *d'argent* m, *un instrument de mesure* f *de l'intensité* f *des radiations* f *solaires*
24 die Silberscheibe
– *le disque d'argent* m
25 das Thermometer
– *le thermomètre de précision* f
26 die isolierende Holzverkleidung
– *le boîtier isolant en bois* m
27 der Tubus, mit Diaphragma *n*
– *le tube à diaphragmes* m
28 das Windmeßgerät (der Windmesser, das Anemometer)
– *l'anémomètre* m
29 das Gerät zur Anzeige der Windgeschwindigkeit *f*
– *l'indicateur* m *de vitesse* f *du vent* m
30 der Schalenstern mit Hohlschalen *f*
– *les tiges* f *portant les coupelles* f
31 das Gerät zur Anzeige der Windrichtung *f*
– *l'indicateur* m *de direction* f *du vent* m
32 die Windfahne
– *la girouette*
33 das Aspirationspsychrometer
– *le psychomètre à aspiration* f
34 das „trockene" Thermometer
– *le thermomètre «sec»*
35 das „feuchte" Thermometer
– *le thermomètre «humide»*
36 das Strahlungsschutzrohr
– *l'écran* m *contre les radiations* f *solaires*
37 das Saugrohr
– *le tube d'aspiration* f
38 der schreibende Regenmesser
– *le pluviomètre enregistreur, totalisateur-enregistreur*
39 das Schutzgehäuse
– *le boîtier*
40 das Auffanggefäß
– *le récipient collecteur (le collecteur)*
41 das Regendach
– *le rebord de protection* f
42 die Registriervorrichtung
– *le mécanisme d'enregistrement* m
43 das Heberrohr
– *le siphon*
44 der Niederschlagsmesser (Regenmesser)
– *le pluviomètre à lecture* f *directe*
45 das Auffanggefäß
– *le récipient collecteur* m *(le collecteur)*
46 der Sammelbehälter
– *la cuve*
47 das Meßglas
– *l'éprouvette* f *graduée*
48 das Schneekreuz
– *le dispositif de mesure* f *nivométrique*
49 die Thermometerhütte
– *l'abri* m *pour les appareils* m *enregistreurs*
50 der Hygrograph
– *l'hygromètre* m
51 der Thermograph
– *le thermomètre enregistreur* m *(le thermographe)*
52 das Psychrometer
– *le psychromètre*
53-54 Extremthermometer *n*
– *les thermomètres* m *à maximum* m *et à minimum* m
53 das Maximumthermometer
– *le thermomètre à maximum* m
54 das Minimumthermometer
– *le thermomètre à minimum* m
55 das Radiosondengespann
– *la radiosonde*
56 der Wasserstoffballon
– *le ballon gonflé à l'hydrogène* m
57 der Fallschirm
– *le parachute*
58 der Radarreflektor mit Abstandsschnur *f*
– *le réflecteur radar haubané*
59 der Instrumentenkasten mit Radiosonde *f* (ein Kurzwellensender *m*) und Antenne *f*
– *le boîtier contenant les instruments* m *ainsi que l'émetteur* m *à ondes* f *courtes et l'antenne* f *radio*
60 das Transmissometer, ein Sichtweitenmeßgerät *n*
– *le transmissomètre, un appareil de mesure* f *de la visibilité*
61 das Registriergerät
– *l'appareil* m *enregistreur (enregistreur* m*)*
62 der Sender
– *l'émetteur* m
63 der Empfänger
– *le récepteur*
64 der Wettersatellit (ITOS-Satellit)
– *le satellite météorologique (ITOS)*
65 Wärmeregulierungsklappen *f*
– *les volets* m *de régulation* f *de la température*
66 der Solarzellenausleger
– *le panneau solaire*
67 die Fernsehkamera
– *la caméra de télévision* f
68 die Antenne
– *l'antenne* f
69 der Sonnensensor
– *le détecteur solaire (le détecteur d'orientation* f*)*
70 die Telemetrieantenne
– *l'antenne* f *télémétrique*
71 das Radiometer
– *le radiomètre*

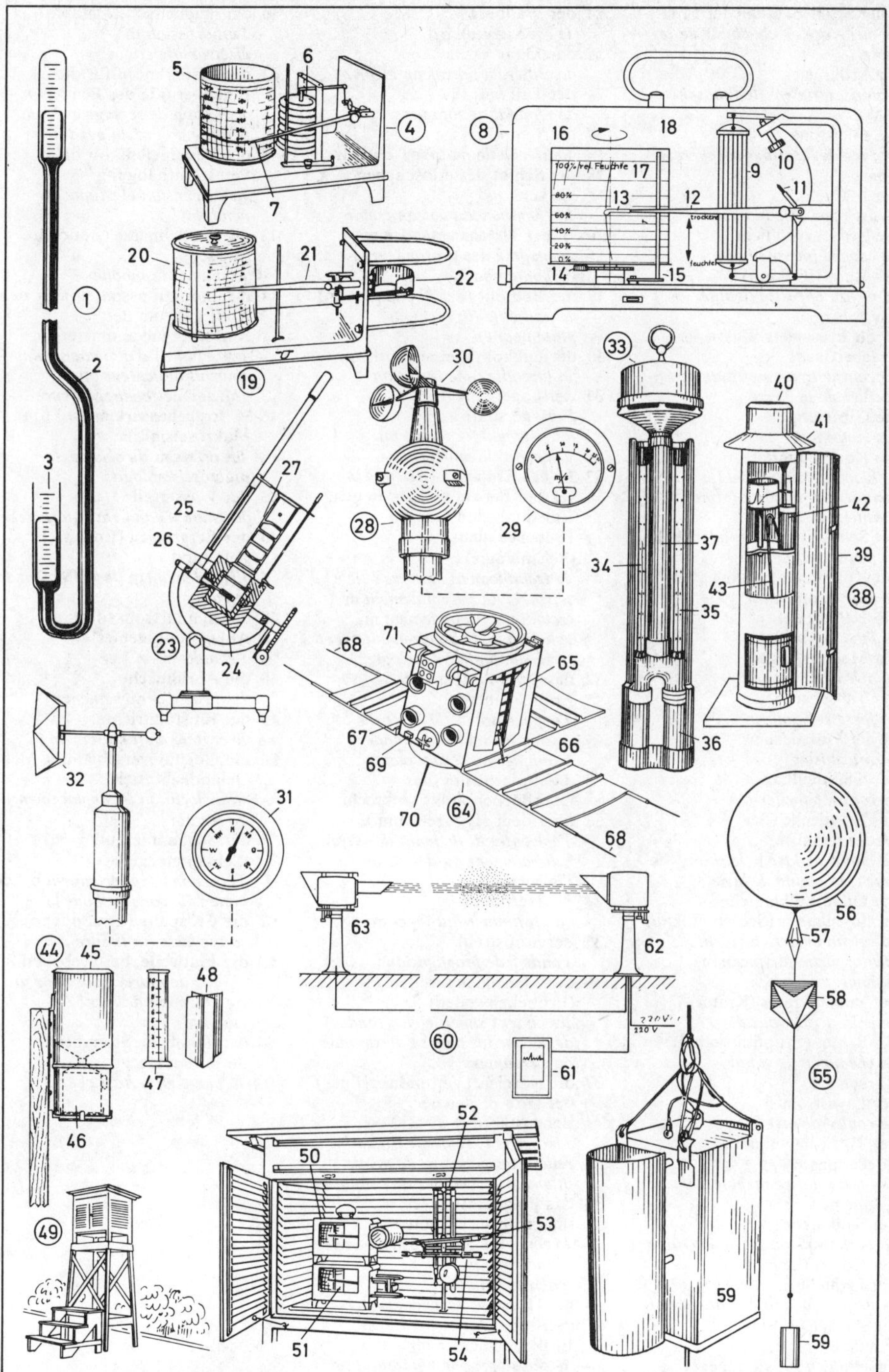
1
2
3
4
5
6
7
8
9
10
11
12
13
14
15
16
17
18
100% rel. Feuchte
80%
60%
40%
20%
0%
trocken
feucht
19
20
21
22
23
24
25
26
27
28
29
m/s
30
31
32
33
34
35
36
37
38
39
40
41
42
43
44
45
46
47
48
49
50
51
52
53
54
55
56
57
58
59
60
61
220 V
62
63
64
65
66
67
68
69
70
71

1-5 der Schalenaufbau der Erde
– *la structure en couches* f *de la terre*
1 die Erdkruste
– *l'écorce terrestre (le lithosphère, le sial)*
2 die Fließzone
– *la zone de flux (la pyrosphère, le sima)*
3 der Mantel
– *l'enveloppe* f *(le manteau)*
4 die Zwischenschicht
– *la couche intermédiaire*
5 der Kern (Erdkern)
– *le noyau terrestre (le nifé, la barysphère)*
6-12 die hypsometr. Kurve der Erdoberfläche
– *la courbe hypsométrique de la surface de la Terre*
6 die Gipfelung
– *les cimes* f
7 die Kontinentaltafel
– *le plateau continental (le socle continental, la plate-forme continentale)*
8 der Schelf (Kontinentalsockel)
– *la pente continentale*
9 der Kontinentalabhang
– *le talus continental*
10 die Tiefseetafel
– *le fond océanique*
11 der Meeresspiegel
– *le niveau de la mer*
12 der Tiefseegraben
– *la fosse sous-marine*
13-28 der Vulkanismus
– *le volcanisme*
13 der Schildvulkan
– *le volcan bouclier*
14 die Lavadecke (der Deckenerguß)
– *la nappe de lave* f *(le champ de lave* f*, la plaine de lave* f*)*
15 der tätige Vulkan, ein Stratovulkan *m* (Schichtvulkan)
– *le volcan en activité* f*, un stratovolcan* m *(volcan* m *composé)*
16 der Vulkankrater (Krater)
– *le cratère (du volcan)*
17 der Schlot (Eruptionskanal)
– *la cheminée (le canal d'éruption* f*)*
18 der Lavastrom
– *la coulée de lave* f
19 der Tuff (die vulkan. Lockermassen *f*)
– *le tuf (la masse meuble du volcan* m*)*
20 der Subvulkan
– *la poche volcanique souterraine*
21 der Geysir (Geiser, die Springquelle)
– *le geyser (la source jaillissante)*
22 die Wasser-und-Dampf-Fontäne
– *le jet d'eau* f *et de vapeur* f
23 die Sinterterrassen *f*
– *les terrasses* f *de travertin* m
24 der Wallberg
– *le cône (volcan* m*)*
25 das Maar
– *le cratère d'un volcan éteint*
26 der Tuffwall
– *le remblai de tuf* m
27 die Schlotbrekzie
– *la brèche de matière* f *éruptive*
28 der Schlot des erloschenen Vulkans *m*
– *la cheminée du volcan éteint*
29-31 der Tiefenmagmatismus
– *le magma des profondeurs* f *(hypomagma* m*)*
29 der Batholit (das Tiefengestein)
– *le batholite (la roche plutonienne)*
30 der Lakkolith, eine Intrusion
– *la laccolite, une intrusion*
31 der Lagergang, eine Erzlagerstätte
– *le gisement (le filon), un gisement de minerai* m
32-38 das Erdbeben (*Arten:* das tekton. Beben, vulkan. Beben, Einsturzbeben) **und die Erdbebenkunde** (Seismologie)
– *le tremblement de terre* f *(le séisme) (*var.: *tremblement* m *tectonique, tremblement* m *volcanique, l'effondrement* m*)* ***et la séismologie*** *(sismologie* f*)*
32 das Hypozentrum (der Erdbebenherd)
– *l'hypocentre* m *(le foyer du séisme, la source des ondes* f *sismiques ou séismiques)*
33 das Epizentrum (der Oberflächenpunkt senkrecht über dem Hypozentrum *n*)
– *l'épicentre* m *(le point de surface* f *directement au-dessus de l'hypocentre* m*)*
34 die Herdtiefe
– *la profondeur du foyer* m
35 der Stoßstrahl
– *l'onde* f *de propagation* f
36 die Oberflächenwellen *f* (Erdbebenwellen)
– *les ondes* f *superficielles (ondes* f *de séisme* m*, ondes* f *séismiques ou sismiques)*
37 die Isoseiste (Verbindungslinie *f* der Orte *m* gleicher Bebenstärke *f*)
– *l'isoséiste* f*, l'isosiste* f *(courbe reliant les points* m *de même intensité* f *séismique ou sismique)*
38 das Epizentralgebiet (makroseism. Schüttergebiet)
– *la zone de l'épicentre* m *(zone de tremblements* m *macroséismiques)*
39 der Horizontalseismograph (Seismometer *n*, Erdbebenmesser *m*)
– *le séismographe horizontal* *(le sismographe, le séismomètre, le sismomètre)*
40 der magnetische Dämpfer
– *l'amortisseur* m *électromagnétique*
41 der Justierknopf für die Eigenperiode des Pendels *n*
– *le bouton de réglage* m *de la période propre du pendule* m
42 das Federgelenk für die Pendelaufhängung
– *la suspension élastique du pendule*
43 die Pendelmasse (stationäre Masse)
– *la masse du mobile*
44 die Induktionsspulen *f* für den Anzeigestrom des Registriergalvanometers *n*
– *les bobines* f *d'induction* f *pour le courant indicateur du galvanomètre enregistreur*
45-54 Erdbebenwirkungen *f* (die Makroseismik)
– *les effets* m ***du séisme*** *(la macroséismologie)*
45 der Wasserfall
– *la chute d'eau* f *(la cataracte)*
46 der Bergrutsch (Erdrutsch, Felssturz)
– *l'éboulement* m *(le glissement de terrain* m*)*
47 der Schuttstrom (das Ablagerungsgebiet)
– *l'éboulis* m
48 die Abrißnische
– *la niche d'arrachement* m
49 der Einsturztrichter
– *le cratère d'effondrement* m
50 die Geländeverschiebung (der Geländeabbruch)
– *la dislocation (le déplacement) du terrain*
51 der Schlammerguß (Schlammkegel)
– *l'effusion* f *(épanchement* m*) de boue* f *(le cône de boue* f*)*
52 die Erdspalte (der Bodenriß)
– *la crevasse (la fissure)*
53 die Flutwelle, bei Seebeben *n*
– *le raz de marée causé par un tremblement de mer* f *(le tsunami)*
54 der gehobene Strand (die Strandterrasse)
– *la plage en terrasse* f

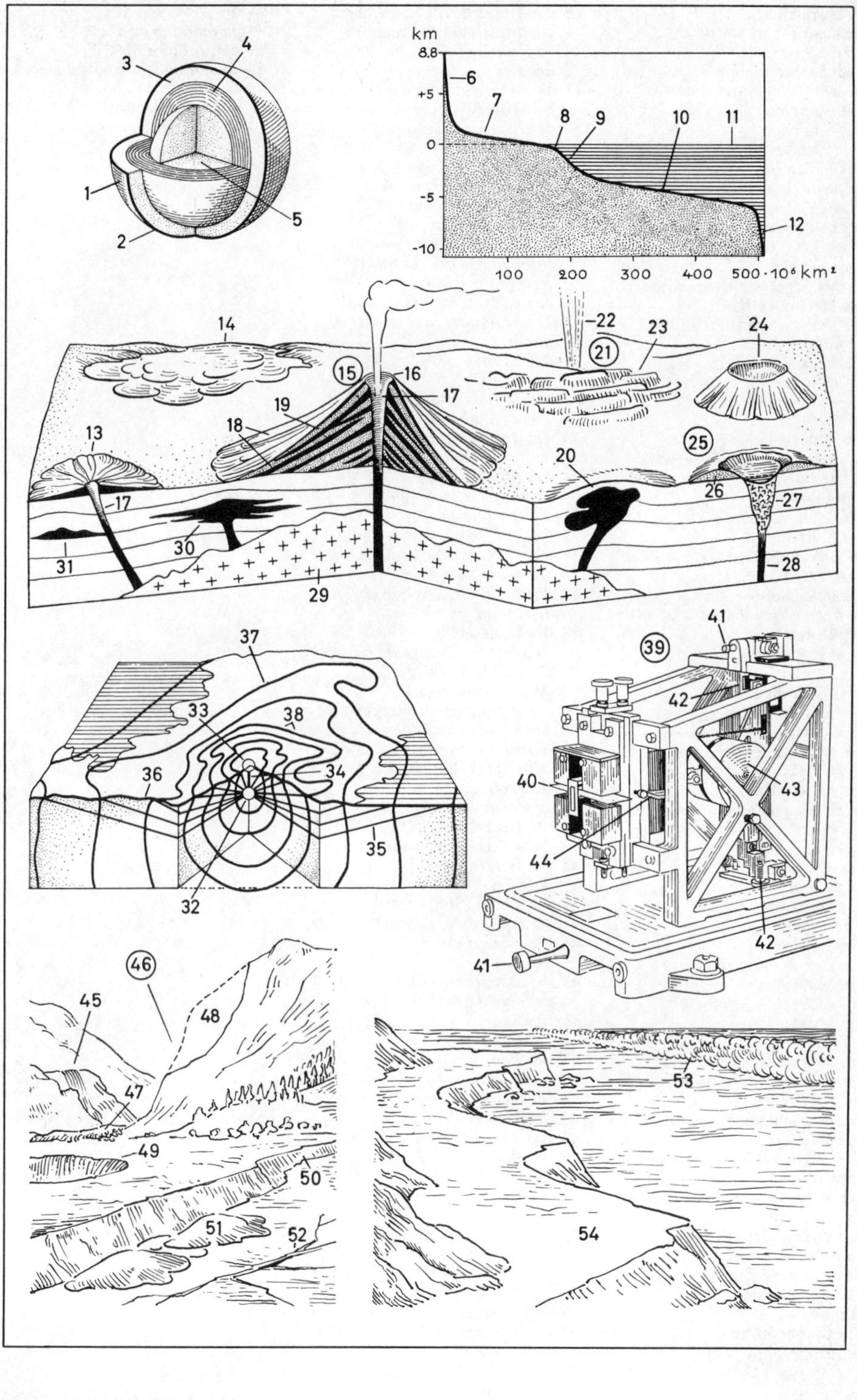

km
8.8
+5
0
-5
-10
100
200
300
400
500 · 10⁶ km²
1
2
3
4
5
6
7
8
9
10
11
12
13
14
15
16
17
18
19
20
21
22
23
24
25
26
27
28
29
30
31
32
33
34
35
36
37
38
39
40
41
42
43
44
45
46
47
48
49
50
51
52
53
54

1-33 Geologie
– ***géologie*** f
1 die Lagerung der Sedimentgesteine *n*
– *la stratification des roches* f *sédimentaires*
2 das Streichen
– *la direction structurale*
3 das Fallen (die Fallrichtung)
– *la pente (le pendage)*
4-20 die Gebirgsbewegungen *f*
– ***les mouvements orogéniques*** *(orogénie* f, *orogénèse* f, *tectogénèse* f*)*
4-11 das Bruchschollengebirge
– ***les blocs*** m ***faillés***
4 die Verwerfung (der Bruch)
– *la faille*
5 die Verwerfungslinie
– *la ligne de faille* f
6 die Sprunghöhe
– *le rejet*
7 die Überschiebung
– *le chevauchement (le charriage)*
8-11 zusammengesetzte Störungen *f*
– ***les rejets*** m ***composés***
8 der Staffelbruch
– *la faille en gradins* m *(la faille en escalier* m*)*
9 die Pultscholle
– *la faille en pupitre* m
10 der Horst
– *le bloc faillé (horst* m*)*
11 der Grabenbruch
– *le fossé tectonique*
12-20 das Faltengebirge
– ***la montagne en plissements*** m
12 die stehende Falte
– *le pli droit*
13 die schiefe Falte
– *le pli oblique (pli* m *déjeté)*
14 die überkippte Falte
– *le pli déversé*
15 die liegende Falte
– *le pli couché*
16 der Sattel (die Antiklinale)
– *l'anticlinal* m *(la voûte)*
17 die Sattelachse
– *l'axe* m *de l'anticlinal* m
18 die Mulde (Synklinale)
– *le synclinal (la gouttière)*
19 die Muldenachse
– *l'axe* m *synclinal* m
20 das Bruchfaltengebirge
– *la montagne à plis* m *faillés (plis-failles* m*)*
21 **das gespannte** (artesische) **Grundwasser**
– ***le système artésien des eaux*** f ***souterraines***
22 die wasserführende Schicht
– *la nappe phréatique captive*
23 das undurchlässige Gestein
– *la roche imperméable*
24 das Einzugsgebiet
– *l'aire* f *de drainage* m *(le bassin versant)*
25 die Brunnenröhre
– *le tubage du puits* m
26 das emporquellende Wasser, ein artesischer Brunnen *m*
– *la fontaine jaillissante, le puits artésien*
27 **die Erdöllagerstätte** an einer Antiklinale
– ***le gisement de pétrole*** m *dans un anticlinal*
28 die undurchlässige Schicht
– *la couche imperméable*
29 die poröse Schicht als Speichergestein *n*
– *la couche poreuse formant roche-magasin* f *(la roche réservoir* m*)*
30 das Erdgas, eine Gaskappe
– *le gaz naturel, une calotte de gaz* m
31 das Erdöl
– *le pétrole*
32 das Wasser (Randwasser)
– *l'eau* f *sous-jacente*
33 der Bohrturm
– *la tour de forage* m *(derrick* m*)*
34 das Mittelgebirge
– ***la moyenne montagne***
35 die Bergkuppe
– *le dôme montagneux*
36 der Bergrücken (Kamm)
– *la crête*
37 der Berghang (Abhang)
– *le versant*
38 die Hangquelle
– *la source à flanc* m *de coteau* m
39-47 das Hochgebirge
– ***la haute montagne***
39 die Bergkette, ein Bergmassiv *n*
– *la chaîne de montagnes* f, *un massif montagneux*
40 der Gipfel (Berggipfel, die Bergspitze)
– *le pic (la cime)*
41 die Felsschulter
– *l'épaulement* m *rocheux*
42 der Bergsattel
– *la passe*
43 die Wand (Steilwand)
– *la paroi raide, l'abrupt* m
44 die Hangrinne
– *le couloir*
45 die Schutthalde (das Felsgeröll)
– *le talus d'éboulis* m
46 der Saumpfad
– *le sentier muletier*
47 der Paß (Bergpaß)
– *le défilé (le col)*
48-56 das Gletschereis
– ***le glacier***
48 das Firnfeld (Kar)
– *le névé*
49 der Talgletscher
– *le glacier de vallée* f
50 die Gletscherspalte
– *la crevasse de glacier* m
51 das Gletschertor
– *l'arche* f *(la porte) de glacier* m
52 der Gletscherbach
– *le torrent glaciaire*
53 die Seitenmoräne (Wallmoräne)
– *la moraine latérale*
54 die Mittelmoräne
– *la moraine médiane*
55 die Endmoräne
– *la moraine terminale (la moraine frontale)*
56 der Gletschertisch
– *la table de glacier* m

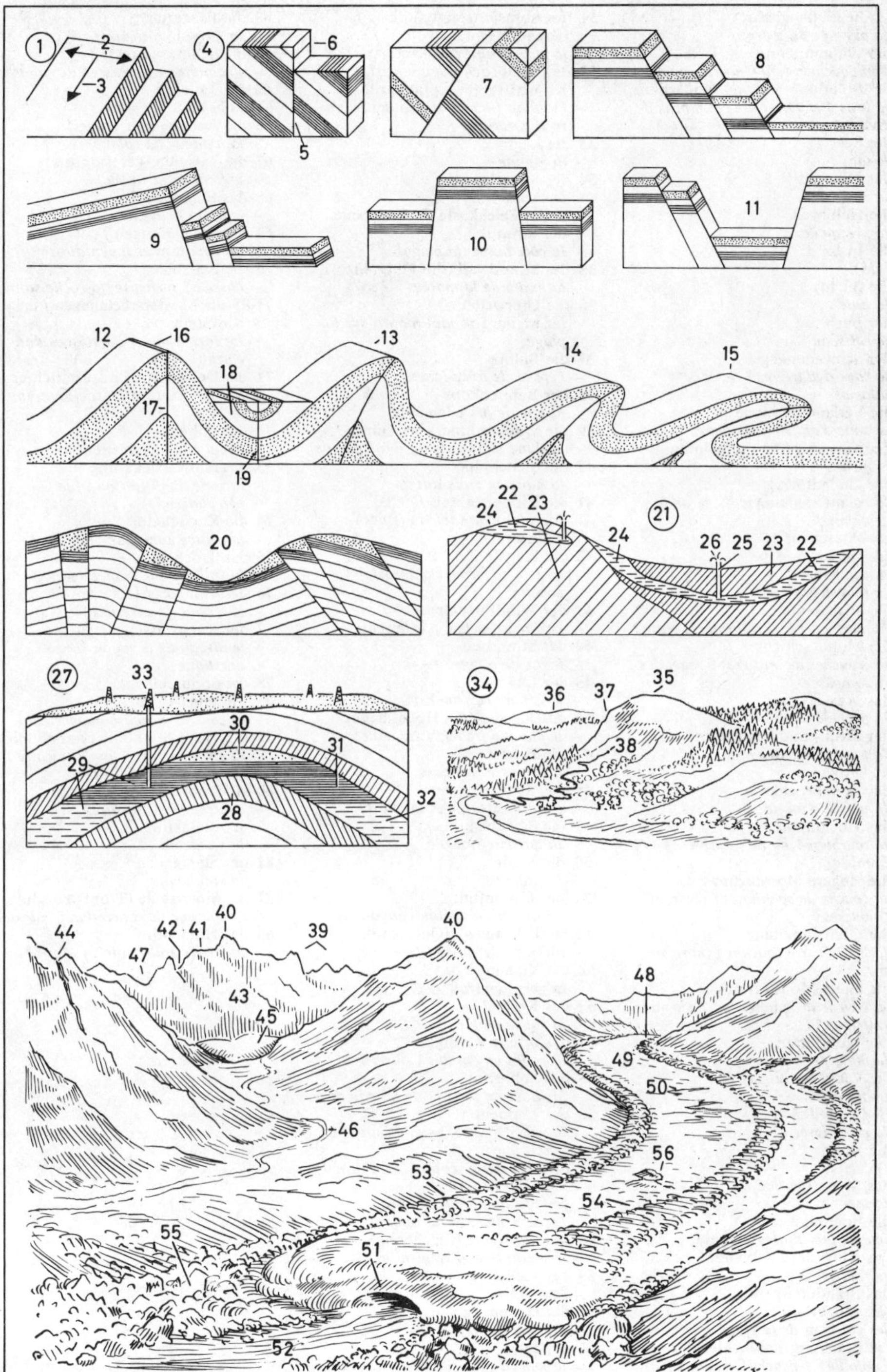

1
2
3
4
6
5
7
8
9
10
11
12
16
13
14
15
18
17
19
20
24
22
23
21
24
26
25
23
22
27
33
30
29
31
28
32
34
36
37
35
38
44
42
41
40
47
39
40
43
45
48
49
50
46
53
56
54
55
51
52

1-13 die Flußlandschaft
– ***le paysage de rivière*** f
1 die Flußmündung, ein Delta *n*
– *l'embouchure* f *du fleuve* m, *un delta*
2 der Mündungsarm, ein Flußarm *m*
– *le bras d'embouchure* f, *un bras de rivière* f
3 der See
– *le lac*
4 das Ufer
– *la rive*
5 die Halbinsel
– *la presqu'île*
6 die Insel
– *l'île* f
7 die Bucht
– *la baie*
8 der Bach
– *le ruisseau*
9 der Schwemmkegel
– *le cône d'alluvions* f *(le cône alluvial)*
10 die Verlandungszone
– *la zone d'alluvionnement* m
11 der Mäander (die Flußwindung)
– *le méandre*
12 der Umlaufberg
– *la colline contournée (l'éperon* m *sectionné)*
13 die Wiesenaue
– *la prairie*
14-24 das Moor
– ***la tourbière***
14 das Flachmoor
– *la tourbière basse (tourbière* f *plate)*
15 die Muddeschichten *f*
– *les couches de matières* f *végétales décomposées*
16 das Wasserkissen
– *la poche d'eau* f
17 der Schilf- und Seggentorf
– *la tourbe de roseaux* m *de laiches* f
18 der Erlenbruchtorf
– *la tourbe d'aunaie* f
19 das Hochmoor
– *la tourbière* f *haute (tourbière* f *bombée)*
20 die jüngere Moostorfmasse
– *la couche de sphaignes* f *récentes [mousses* f*]*
21 der Grenzhorizont
– *la limite entre couches* f *(horizons* m*)*
22 die ältere Moostorfmasse
– *la couche de sphaignes* f *anciennes [mousses* f*]*
23 der Moortümpel
– *la mare de tourbière* f
24 die Verwässerungszone
– *le marais*
25-31 die Steilküste
– ***la côte élevée***
25 die Klippe
– *l'écueil* m
26 das Meer (die See)
– *la mer*
27 die Brandung
– *le déferlement des vagues* f
28 das Kliff (der Steilhang)
– *la falaise*
29 das Brandungsgeröll (Strandgeröll)
– *les galets* m *de la plage*
30 die Brandungshohlkehle
– *l'entaille* f *(encoche* f, *rainure* f, *cannelure* f*) érodée par le déferlement*
31 die Abrasionsplatte (Brandungsplatte)
– *la plate-forme d'abrasion* f
32 das Atoll (das Lagunenriff, Kranzriff), ein Korallenriff *n*
– *l'atoll* m *(le récif à lagunes* f*), un récif corallien*
33 die Lagune
– *la lagune*
34 der Strandkanal
– *le chenal*
35-44 die Flachküste (Strandebene, der Strand)
– ***la côte basse*** *(la plage)*
35 der Strandwall (die Flutgrenze)
– *la limite de la marée*
36 die Uferwellen *f*
– *les vagues* f *venant mourir sur la plage*
37 die Buhne
– *l'épi* m *(le brise-lames)*
38 der Buhnenkopf
– *la tête de brise-lames* m
39 die Wanderdüne, eine Düne
– *la dune mouvante (la dune mobile)*
40 die Sicheldüne
– *la dune en croissant* m
41 die Rippelmarken *f*
– *les rides* f *de sable* m *(rides* f *éoliennes)*
42 die Kupste
– *la nebka (forme* f *d'abrasion* f *éolienne)*
43 der Windflüchter
– *l'arbre* m *incliné par le vent*
44 der Strandsee
– *le lac de rivage* m
45 der Cañon
– ***le cañon*** *(canyon* m*)*
46 das Plateau (die Hochfläche)
– *le plateau (relief* m *tabulaire)*
47 die Felsterrasse
– *la terrasse rocheuse*
48 das Schichtgestein
– *la roche stratifiée (la strate)*
49 die Schichtstufe
– *la terrasse fluviale*
50 die Kluft
– *la faille*
51 der Cañonfluß
– *la rivière du cañon (canyon* m*)*
52-56 Talformen *f* [Querschnitt]
– ***formes*** f ***de vallée*** f *[coupe* f*]*
52 die Klamm
– *la gorge en trait* m *de scie* f
53 das Kerbtal
– *la vallée en V* m
54 das offene Kerbtal
– *la vallée en entaille* f *ouverte*
55 das Sohlental
– *la vallée en fond* m *de bateau* m
56 das Muldental
– *la vallée évasée (en gouttière* f, *en berceau* m*)*
57-70 die Tallandschaft (das Flußtal)
– ***la vallée fluviale***
57 der Prallhang (Steilhang)
– *l'escarpement* m *(le versant raide)*
58 der Gleithang (Flachhang)
– *le versant de glissement* m
59 der Tafelberg
– *la mesa*
60 der Höhenzug
– *la ligne de crête* f
61 der Fluß
– *le cours d'eau* f *(le fleuve, la rivière)*
62 die Flußaue (Talaue)
– *le lit de hautes eaux* f
63 die Felsterrasse
– *la terrasse rocheuse*
64 die Schotterterrasse
– *la banquette (terrasse* f *de galets* m*)*
65 die Tallehne
– *la pente*
66 die Anhöhe (der Hügel)
– *la hauteur (la colline)*
67 die Talsohle (der Talgrund)
– *le fond de la vallée*
68 das Flußbett
– *le lit du fleuve* m
69 die Ablagerungen *f*
– *les dépôts* m *sédimentaires*
70 die Felssohle
– *l'assise* f *rocheuse (la roche saine)*
71-83 die Karsterscheinungen *f* im Kalkstein *m*
– ***les formations*** f ***karstiques*** *dans le calcaire*
71 die Doline, ein Einsturztrichter *m*
– *la doline, un cratère d'effondrement* m
72 das Polje
– *le poljé (les dépressions* f*)*
73 die Flußversickerung
– *la zone d'infiltration* f *(de percolation* f*)*
74 die Karstquelle
– *la source karstique*
75 das Trockental
– *la vallée sèche (vallée morte)*
76 das Höhlensystem
– *le réseau de cavernes* f
77 der Karstwasserspiegel
– *le niveau de la nappe d'eau* f *karstique*
78 die undurchlässige Gesteinsschicht
– *la couche rocheuse imperméable*
79 die Tropfsteinhöhle (Karsthöhle)
– *la grotte à concrétion* f *calcaire (grotte* f *à stalactites* f*)*
80-81 Tropfsteine *m*
– *concrétions* f *calcaires*
80 der Stalaktit
– *la stalactite*
81 der Stalagmit
– *la stalagmite*
82 die Sintersäule (Tropfsteinsäule)
– *la colonne de concrétion* f *calcaire*
83 der Höhlenfluß
– *la rivière souterraine*

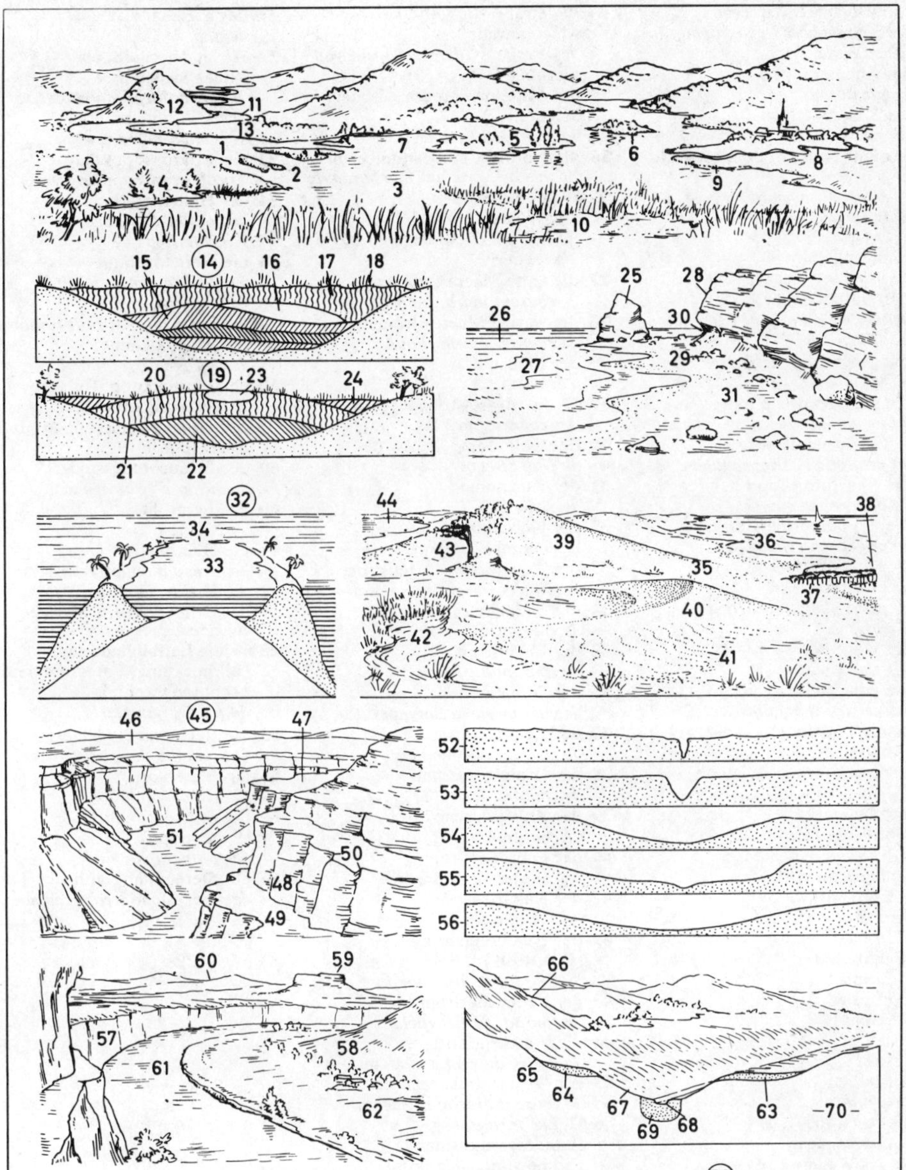
1
2
3
4
5
6
7
8
9
10
11
12
13
14
15
16
17
18
19
20
21
22
23
24
25
26
27
28
29
30
31
32
33
34
35
36
37
38
39
40
41
42
43
44
45
46
47
48
49
50
51
52
53
54
55
56
57
58
59
60
61
62
63
64
65
66
67
68
69
70
71
72
73
74
75
76
77
78
79
80
81
82
83

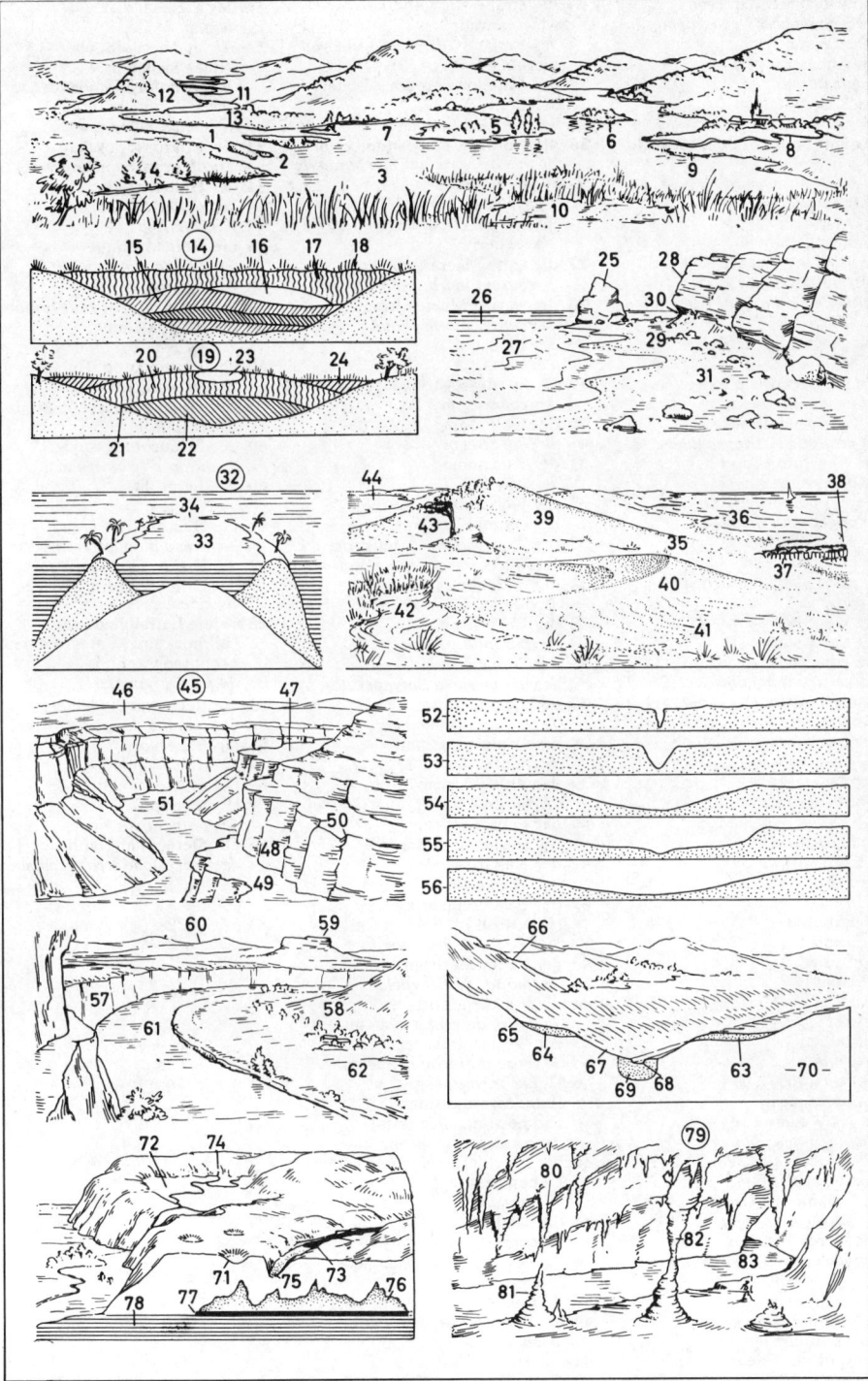

1-7 das Gradnetz der Erde
– ***les coordonnées* f *géographiques*** *(terrestres)*
1 der Äquator
– *l'équateur* m
2 ein Breitenkreis *m*
– *un parallèle*
3 der Pol (Nordpol oder Südpol *m*), ein Erdpol *m*
– *le pôle (pôle* m *nord ou pôle* m *sud), un pôle terrestre*
4 der Meridian (Längenhalbkreis)
– *le méridien*
5 der Nullmeridian
– *le méridien d'origine* f *(méridien de Greenwich)*
6 die geographische Breite
– *la latitude*
7 die geographische Länge
– *la longitude*
8-9 Kartennetzentwürfe ***m***
– ***la projection cartographique***
8 die Kegelprojektion
– *la projection conique*
9 die Zylinderprojektion
– *la projection cylindrique*
10-45 die Erdkarte (Weltkarte)
– ***le planisphère*** *(la carte du monde)*
10 die Wendekreise *m*
– *les tropiques* m
11 die Polarkreise *m*
– *les cercles* m *polaires*
12-18 die Erdteile ***m*** (Kontinente)
– ***les continents*** m
12-13 Amerika *n*
– *les Amériques* f
12 Nordamerika *n*
– *l'Amérique* f *du Nord*
13 Südamerika *n*
– *l'Amérique* f *du Sud*
14 Afrika *n*
– *l'Afrique* f
15-16 Eurasien *n*
– *l'Eurasie* f
15 Europa *n*
– *l'Europe* f
16 Asien *n*
– *l'Asie* f
17 Australien *n*
– *l'Australie* f
18 die Antarktis
– *l'Antarctique* m
19-26 das Weltmeer
– ***l'océan*** **m** ***mondial***
19 der Große (Stille, Pazif.) Ozean
– *l'océan* m *Pacifique*
20 der Atlantische Ozean
– *l'océan* m *Atlantique*
21 das Nördl. Eismeer
– *l'océan* m *Arctique (l'océan* m *glacial Arctique)*
22 das Südl. Eismeer
– *l'océan* m *Antarctique (l'océan* m *glacial Antarctique)*
23 der Indische Ozean
– *l'océan* m *Indien*
24 die Straße von Gibraltar, eine Meeresstraße
– *le détroit de Gilbraltar, un détroit maritime*
25 das Mittelmeer (europäische Mittelmeer)
– *la mer Méditerranée*
26 die Nordsee, ein Randmeer *n*
– *la mer de Nord, une mer bordière*
27-29 die Legende (Zeichenerklärung)
– ***la légende (l'explication*** **f** ***des signes*** m*)*
27 die kalte Meeresströmung
– *le courant marin froid*
28 die warme Meeresströmung
– *le courant marin chaud*
29 der Maßstab
– *l'échelle* f
30-45 die Meeresströmungen *f*
– ***les courants*** m
30 der Golfstrom
– *le Gulf stream*
31 der Kuroschio
– *le Kuro Shio*
32 der Nordäquatorialstrom
– *le courant équatorial nord*
33 der Äquatoriale Gegenstrom
– *le contre-courant équatorial*
34 der Südäquatorialstrom
– *le courant équatorial sud*
35 der Brasilstrom
– *le courant du Brésil*
36 der Somalistrom
– *le courant de la Somalie*
37 der Agulhasstrom
– *le courant des Agulhas*
38 der Ostaustralstrom
– *le courant austral oriental*
39 der Kalifornische Strom
– *le courant de Californie* f
40 der Labradorstrom
– *le courant du Labrador*
41 der Kanarienstrom
– *le courant des Canaries* f
42 der Humboldtstrom (Perustrom)
– *le courant de Humboldt*
43 der Benguellastrom
– *le courant de Benguela*
44 die Westwinddrift
– *la dérive du vent d'ouest* m
45 der Westaustralstrom
– *le courant austral occidental*
46-62 die Vermessung (Landesvermessung, Erdmessung, Geodäsie)
– ***la géodésie*** *(la topographie)*
46 die Nivellierung (geometrische Höhenmessung)
– *le nivellement*
47 die Meßlatte
– *la mire*
48 das Nivellierinstrument, ein Zielfernrohr *n*
– *le niveau, une lunette de visée* f
49 der trigonometrische Punkt
– *le point géodésique*
50 das Standgerüst
– *le chevalet*
51 das Signalgerüst
– *le mât*
52-62 der Theodolit, ein Winkelmeßgerät ***n***
– ***le théodolite, un goniomètre***
52 der Mikrometerknopf
– *le bouton micrométrique*
53 das Mikroskopokular
– *l'oculaire* m *du microscope*
54 der Höhenfeintrieb
– *le bouton du vernier d'inclinaison* f
55 die Höhenklemme
– *le blocage d'inclinaison* f
56 der Seitenfeintrieb
– *le bouton du vernier de rotation* f
57 die Seitenklemme
– *le blocage de rotation* f
58 der Einstellknopf für den Beleuchtungsspiegel
– *le bouton de réglage* m *du miroir d'éclairage* m
59 der Beleuchtungsspiegel
– *le miroir d'éclairage* m
60 das Fernrohr
– *la lunette*
61 die Querlibelle
– *le niveau à bulle* f *transversal*
62 die Kreisverstellung
– *le bouton de positionnement* m *du cercle*
63-66 die Luftbildmessung (Bildmessung, Fotogrammetrie, Fototopographie)
– ***la photogrammétrie***
63 die Reihenmeßkammer
– *la chambre de prise de vue* f
64 das Stereotop
– *le stéréophotographe*
65 der Storchschnabel (Pantograph)
– *le pantographe*
66 der Stereoplanigraph
– *le planigraphe stéréoscopique*

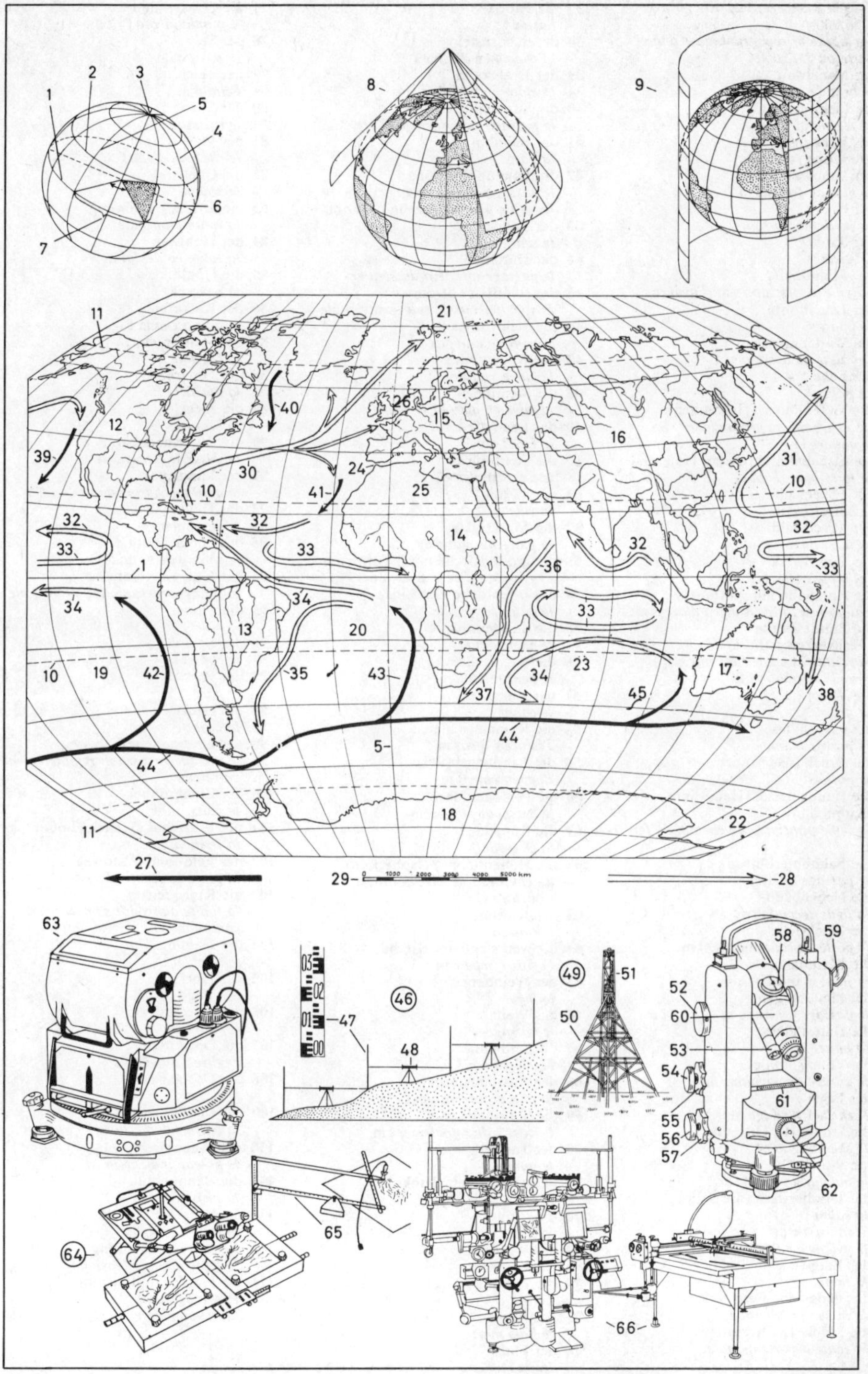
1
2
3
4
5
6
7
8
9
10
11
12
13
14
15
16
17
18
19
20
21
22
23
24
25
26
27
28
29
30
31
32
33
34
35
36
37
38
39
40
41
42
43
44
45
46
47
48
49
50
51
52
53
54
55
56
57
58
59
60
61
62
63
64
65
66
1000 2000 3000 4000 5000 km

1-114 die Kartenzeichen einer Karte 1:25 000
– ***les signes*** m ***topographiques*** *d'une carte au 1/25 000*
1 der Nadelwald
– *le bois de conifères* m
2 die Lichtung
– *la clairière*
3 das Forstamt
– *la maison forestière*
4 der Laubwald
– *le bois de feuillus* m
5 die Heide
– *la lande (la garrigue)*
6 der Sand
– *le sable*
7 der Strandhafer
– *l'élyme* m *des sables* m *(l'oyat* m*)*
8 der Leuchtturm
– *le phare*
9 die Wattengrenze
– *la laisse de basse mer* f
10 die Bake
– *la balise*
11 die Tiefenlinien *f* (Isobathen)
– *les courbes* f *de profondeur* f *(les isobathes* f*)*
12 die Eisenbahnfähre (das Trajekt)
– *le ferry-boat (le bac)*
13 das Feuerschiff
– *le bateau-phare*
14 der Mischwald
– *la forêt mixte*
15 das Buschwerk
– *les broussailles* f
16 die Autobahn mit Auffahrt *f*
– *l'autoroute* f *avec rampe* f *d'accès* m
17 die Bundesstraße (Fernverkehrsstraße)
– *la route nationale (la route de grande circulation* f*)*
18 die Wiese
– *la prairie*
19 die nasse Wiese
– *la prairie humide*
20 der Bruch (das Moor)
– *le marais*
21 die Hauptstrecke (Hauptlinie, Hauptbahn)
– *la ligne principale de chemin de fer* m
22 die Bahnunterführung
– *le passage inférieur*
23 die Nebenbahn
– *la ligne secondaire*
24 die Blockstelle
– *le poste de cantonnement* m
25 die Kleinbahn
– *la ligne à voie* f *étroite*
26 der Planübergang
– *le passage à niveau* m
27 die Haltestelle
– *la halte*
28 die Villenkolonie
– *le groupe de pavillons* m
29 der Pegel
– *l'échelle* f *d'étiage* m
30 die Straße III. Ordnung
– *le chemin vicinal*
31 die Windmühle
– *le moulin à vent* m
32 das Gradierwerk (die Saline)
– *la saline*
33 der Funkturm
– *le pylône de T.S.F.* f
34 das Bergwerk
– *la mine*
35 das verlassene Bergwerk
– *la mine abandonnée*
36 die Straße II. Ordnung
– *la route départementale*
37 die Fabrik
– *l'usine* f
38 der Schornstein
– *la cheminée d'usine* f
39 der Drahtzaun
– *la clôture en fil de fer* m
40 die Straßenüberfahrt
– *le passage supérieur (le pont)*
41 der Bahnhof
– *la gare*
42 die Bahnüberführung
– *le passage supérieur du chemin de fer* m *(le pont de chemin de fer* m*)*
43 der Fußweg
– *le sentier*
44 der Durchlaß
– *le passage inférieur du sentier*
45 der schiffbare Strom
– *la voie (le cours d'eau* f*) navigable*
46 die Schiffbrücke
– *le pont de bateaux* m
47 die Wagenfähre
– *le bac à voitures* f
48 die Steinmole
– *la jetée en pierre* f *(le môle)*
49 das Leuchtfeuer
– *le fanal*
50 die Steinbrücke
– *le pont en pierre* f
51 die Stadt
– *la ville*
52 der Marktplatz
– *la place du marché*
53 die große Kirche mit 2 Türmen *m*
– *la grande église à deux tours* f
54 das öffentliche Gebäude
– *le bâtiment public*
55 die Straßenbrücke
– *le pont routier*
56 die eiserne Brücke
– *le pont métallique*
57 der Kanal
– *le canal*
58 die Kammerschleuse
– *l'écluse* f *à sas* m
59 die Landungsbrücke
– *l'appontement* m
60 die Personenfähre
– *le bac pour piétons* m
61 die Kapelle
– *la chapelle*
62 die Höhenlinien *f* (Isohypsen)
– *les courbes* f *de niveau* m *(les isohypses* f*)*
63 das Kloster
– *le couvent*
64 die weit sichtbare Kirche
– *l'église* f *repère* m
65 der Weinberg
– *la vigne*
66 das Wehr
– *le barrage*
67 die Seilbahn
– *le téléphérique*
68 der Aussichtsturm
– *la tour d'observation* f
69 die Stauschleuse
– *l'écluse* f *de refoulement* m
70 der Tunnel
– *le tunnel*
71 der trigonometr. Punkt
– *le point géodésique*
72 die Ruine
– *la ruine*
73 das Windrad
– *l'éolienne* f
74 die Festung
– *le fort*
75 das Altwasser
– *le bras mort*
76 der Fluß
– *le cours d'eau* f*, le fleuve, la rivière*
77 die Wassermühle
– *le moulin à eau* f
78 der Steg
– *la passerelle*
79 der Teich
– *l'étang* m
80 der Bach
– *le ruisseau*
81 der Wasserturm
– *le château d'eau* f
82 die Quelle
– *la source*
83 die Straße I. Ordnung
– *la route principale*
84 der Hohlweg
– *la route en déblai* m
85 die Höhle
– *la caverne*
86 der Kalkofen
– *le four à chaux* f
87 der Steinbruch
– *la carrière*
88 die Tongrube
– *la glaisière*
89 die Ziegelei
– *la briqueterie*
90 die Wirtschaftsbahn
– *la desserte ferroviaire*
91 der Landeplatz
– *le quai de chargement* m
92 das Denkmal
– *le monument*
93 das Schlachtfeld
– *le champ de bataille* f
94 das Gut, eine Domäne
– *la ferme, une exploitation agricole*
95 die Mauer
– *le mur*
96 das Schloß
– *le château*
97 der Park
– *le parc*
98 die Hecke
– *la haie*
99 der unterhaltene Fahrweg
– *le chemin carrossable régulièrement entretenu*
100 der Ziehbrunnen
– *le puits*
101 der Einzelhof (Weiler, Einödhof)
– *la ferme isolée*
102 der Feld- und Waldweg
– *la piste, le chemin forestier*
103 die Kreisgrenze
– *la limite d'arrondissement* m*, de canton* m
104 der Damm
– *le remblai*
105 das Dorf
– *le village*
106 der Friedhof
– *le cimetière*
107 die Dorfkirche
– *l'église* f *du village*
108 der Obstgarten
– *le verger*
109 der Meilenstein
– *la borne kilométrique*
110 der Wegweiser
– *le poteau indicateur* m
111 die Baumschule
– *la pépinière*
112 die Schneise
– *la laie*
113 die Starkstromleitung
– *la ligne à haute tension* f
114 die Hopfenanpflanzung (der Hopfengarten)
– *la houblonnière*

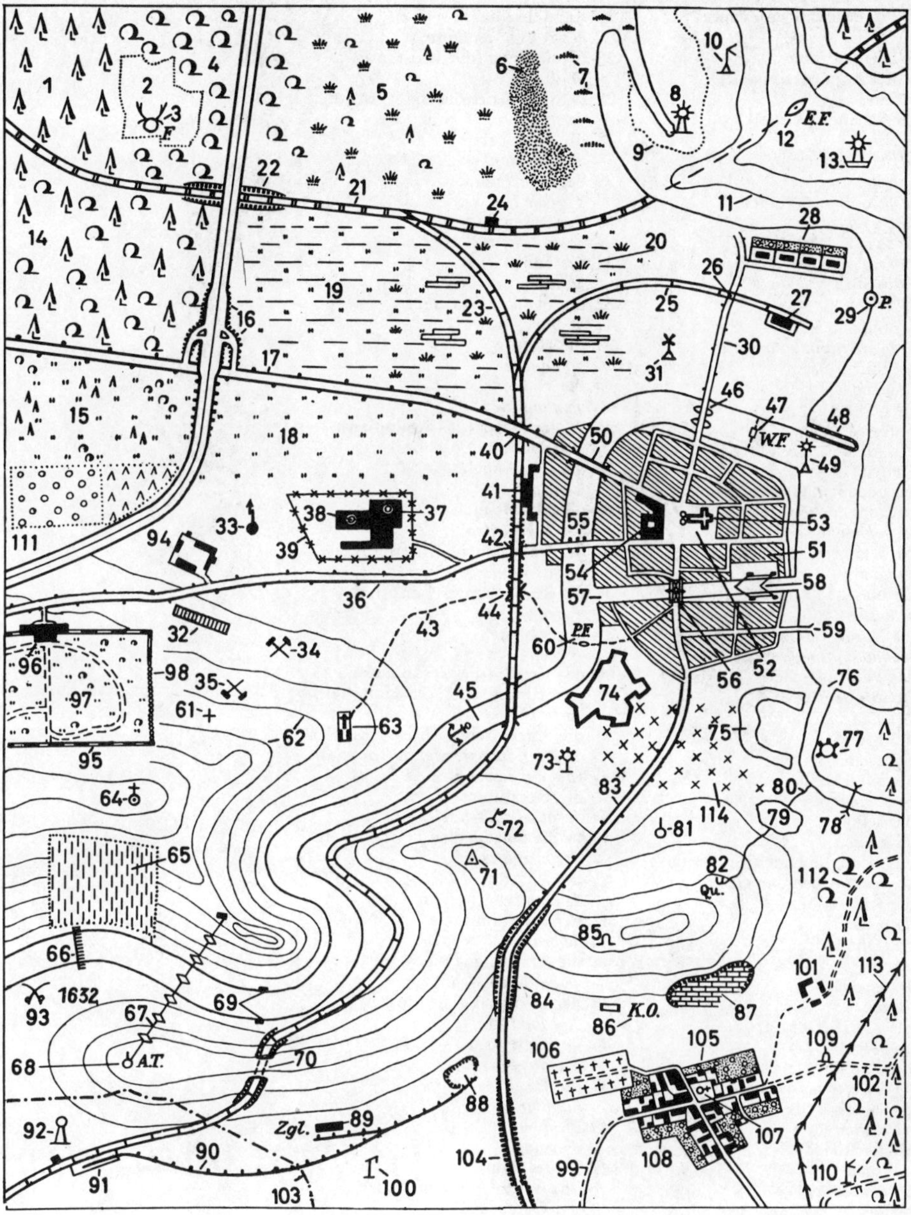
1
2
3
4
5
6
7
8
9
10
11
12
E.F.
13
14
15
16
17
18
19
20
21
22
23
24
25
26
27
28
29
P.
30
31
32
33
34
35
36
37
38
39
40
41
42
43
44
45
46
47
W.F.
48
49
50
51
52
53
54
55
56
57
58
59
60
P.F.
61
62
63
64
65
66
67
68
A.T.
69
70
71
72
73
74
75
76
77
78
79
80
81
82
Qu.
83
84
85
86
K.O.
87
88
89
Zgl.
90
91
92
93
1632
94
95
96
97
98
99
100
101
102
103
104
105
106
107
108
109
110
111
112
113
114

1-54 der menschliche Körper (Leib)
– *le corps humain*
1-18 der Kopf (das Haupt)
– *la tête*
1 der Scheitel (Wirbel)
– *le crâne*
2 das Hinterhaupt
– *l'occiput* m
3 das Kopfhaar (Haar)
– *la chevelure*
4-17 das Gesicht (Antlitz)
– *la face*
4-5 die Stirn
– *le front*
4 der Stirnhöcker
– *la bosse frontale latérale*
5 der Stirnwulst
– *la glabelle*
6 die Schläfe
– *la tempe*
7 das Auge
– *l'œil* m
8 das Jochbein (Wangenbein, der Backenknochen)
– *la pommette*
9 die Wange (Kinnbacke, Backe)
– *la joue*
10 die Nase
– *le nez*
11 die Nasen-Lippen-Furche
– *le sillon naso-génerien*
12 das Philtrum (die Oberlippenrinne)
– *le sillon sous-nasal*
13 der Mund
– *la bouche*
14 der Mundwinkel
– *la commissure des lèvres* f
15 das Kinn
– *le menton*
16 das Kinngrübchen (Grübchen)
– *la fossette mentonnière*
17 die Kinnlade
– *la mâchoire*
18 das Ohr
– *l'oreille* f
19-21 der Hals
– *le cou*
19 die Kehle (Gurgel)
– *la gorge*
20 *ugs.* die Drosselgrube
– *la fossette sus-sternale*
21 der Nacken (das Genick)
– *la nuque*
22-41 der Rumpf
– *le tronc*
22-25 der Rücken
– *le dos*
22 die Schulter
– *l'épaule* f
23 das Schulterblatt
– *l'omoplate* f
24 die Lende
– *les lombes* m *(la région lombaire)*
25 das Kreuz
– *les fosses* f *lombaires*
26 die Achsel (Achselhöhle, Achselgrube)
– *l'aisselle* f
27 die Achselhaare *n*
– *les poils* m *axillaires*
28-30 die Brust (der Brustkorb)
– *le thorax*
28-29 die Brüste (die Brust, Büste)
– *le sein*
28 die Brustwarze
– *le mamelon*
29 der Warzenhof
– *l'aréole* f
30 der Busen
– *la poitrine*
31 die Taille
– *la taille*
32 die Flanke (Weiche)
– *le flanc*
33 die Hüfte
– *la hanche*
34 der Nabel
– *le nombril*
35-37 der Bauch (das Abdomen)
– *l'abdomen* m *(le ventre)*
35 der Oberbauch
– *l'épigastre* m
36 der Mittelbauch
– *l'hypogastre* m
37 der Unterbauch (Unterleib)
– *le bas-ventre*
38 die Leistenbeuge (Leiste)
– *l'aine* f
39 die Scham
– *le pubis*
40 das Gesäß (die Gesäßbacke, *ugs.* Hinterbacke, das Hinterteil)
– *la fesse*
41 die Afterfurche
– *le sillon inter-fessier* m *(fam.: la raie des fesses* f*)*
42 die Gesäßfalte
– *le sillon sous-fessier*
43-54 die Gliedmaßen *f* (Glieder *n*)
– *les membres* m
43-48 der Arm
– *le membre supérieur*
43 der Oberarm
– *le bras*
44 die Armbeuge
– *le pli du coude* m
45 der Ellbogen (Ellenbogen)
– *le coude*
46 der Unterarm
– *l'avant-bras* m
47 die Hand
– *la main*
48 die Faust
– *le poing*
49-54 das Bein
– *le membre inférieur*
49 der Oberschenkel
– *la cuisse*
50 das Knie
– *le genou*
51 die Kniekehle (Kniebeuge)
– *le creux poplité*
52 der Unterschenkel
– *la jambe*
53 die Wade
– *le mollet*
54 der Fuß
– *le pied*

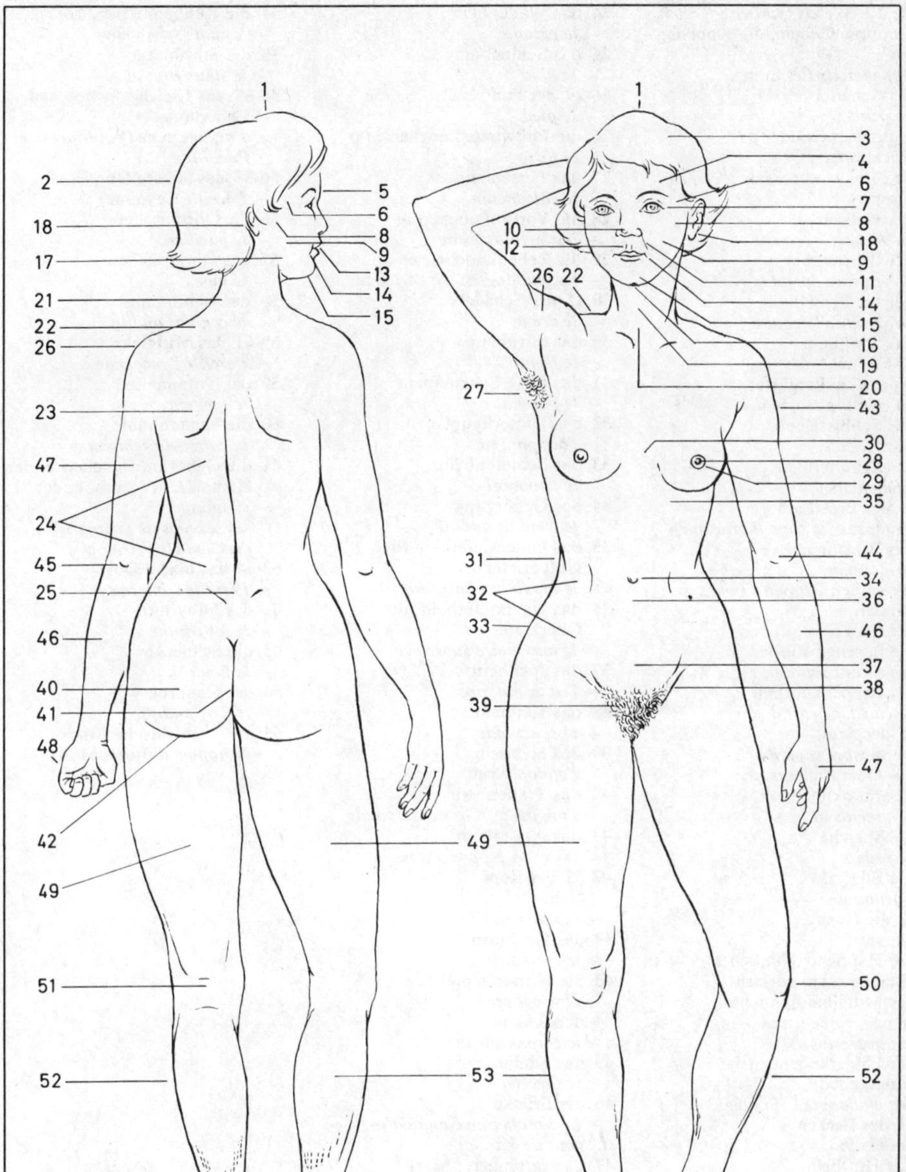
1
2
18
17
21
22
26
23
47
24
45
25
46
40
41
48
42
49
51
52
5
6
8
9
13
14
15
49
53
54
1
10
12
26 22
27
31
32
33
39
3
4
6
7
8
18
9
11
14
15
16
19
20
43
30
28
29
35
44
34
36
46
37
38
47
50
52

1-29 das Skelett (Knochengerüst, Gerippe, Gebein, die Knochen *m*)
– ***le squelette*** *(les os* m*)*
1 der Schädel
– *le crâne*
2-5 die Wirbelsäule (das Rückgrat)
– ***la colonne vertébrale*** *(l'épine* f *dorsale)*
2 der Halswirbel
– *la vertèbre cervicale*
3 der Brustwirbel
– *la vertèbre dorsale*
4 der Lendenwirbel
– *la vertèbre lombaire*
5 das Steißbein
– *le coccyx*
6-7 der Schultergürtel
– *la ceinture scapulaire*
6 das Schlüsselbein
– *la clavicule*
7 das Schulterblatt
– *l'omoplate* f
8-11 der Brustkorb
– ***le thorax*** *(la cage thoracique)*
8 das Brustbein
– *le sternum*
9 die echten Rippen *f* (wahren Rippen)
– *les côtes* f
10 die falschen Rippen *f*
– *les côtes* f *flottantes*
11 der Rippenknorpel
– *le cartilage costal*
12-14 der Arm
– ***le membre supérieur***
12 das Oberarmbein (der Oberarmknochen)
– *l'humérus* m
13 die Speiche
– *le radius*
14 die Elle
– *le cubitus*
15-17 die Hand
– ***la main***
15 der Handwurzelknochen
– *le carpe (os* m *carpiens)*
16 der Mittelhandknochen
– *le métacarpe (os* m *métacarpiens)*
17 der Fingerknochen (das Fingerglied)
– *les phalanges* f *du doigt*
18-21 das Becken
– ***le bassin***
18 das Hüftbein
– *l'os* m *iliaque*
19 das Sitzbein
– *l'ischion* m
20 das Schambein
– *le pubis*
21 das Kreuzbein
– *le sacrum*
22-25 das Bein
– ***la jambe*** *(le membre inférieur)*
22 das Oberschenkelbein
– *le fémur*
23 die Kniescheibe
– *la rotule*
24 das Wadenbein
– *le péroné*
25 das Schienbein
– *le tibia*
26-29 der Fuß
– ***le pied***
26 die Fußwurzelknochen *m*
– *le tarse*
27 das Fersenbein
– *le calcanéum*
28 die Vorfußknochen *m*
– *les métatarses* m
29 die Zehenknochen *m*
– *les phalanges* f *de l'orteil* m
30-41 der Schädel
– ***le crâne***
30 das Stirnbein
– *le frontal*
31 das linke Scheitelbein
– *le pariétal*
32 das Hinterhauptsbein
– *l'occipital* m
33 das Schläfenbein
– *le temporal*
34 der Gehörgang
– *le conduit auditif*
35 das Unterkieferbein (der Unterkiefer)
– *le maxillaire inférieur*
36 das Oberkieferbein (der Oberkiefer)
– *le maxillaire supérieur*
37 das Jochbein
– *l'os* m *malaire*
38 das Keilbein
– *le sphénoïde*
39 das Siebbein
– *l'ethmoïde* m
40 das Tränenbein
– *l'unguis* m *(l'os* m *lacrymal)*
41 das Nasenbein
– *les os* m *propres du nez* m
42-55 der Kopf [Schnitt]
– ***la tête*** *[coupe* f*]*
42 das Großhirn
– *le cerveau*
43 die Hirnanhangdrüse
– *l'hypophyse* f
44 der Balken
– *le corps calleux*
45 das Kleinhirn
– *le cervelet*
46 die Brücke
– *la protubérance annulaire (le pont de Varole)*
47 das verlängerte Mark
– *le bulbe*
48 das Rückenmark
– *la moelle épinière*
49 die Speiseröhre
– *l'œsophage* m
50 die Luftröhre
– *la trachée*
51 der Kehldeckel
– *l'épiglotte* f
52 die Zunge
– *la langue*
53 die Nasenhöhle
– *la fosse nasale*
54 die Keilbeinhöhle
– *le sinus sphénoïde*
55 die Stirnhöhle
– *le sinus frontal*
56-65 das Gleichgewichts- und Gehörorgan
– ***l'organe*** m ***de l'équilibre*** m ***et de l'audition*** f
56-58 das äußere Ohr
– ***l'oreille*** f ***externe***
56 die Ohrmuschel
– *le pavillon*
57 das Ohrläppchen
– *le lobe*
58 der Gehörgang
– *le conduit auditif*
59-61 das Mittelohr
– ***l'oreille*** f ***moyenne***
59 das Trommelfell
– *le tympan*
60 die Paukenhöhle
– *la caisse du tympan* m
61 die Gehörknöchelchen *n:* der Hammer, der Amboß, der Steigbügel
– *les osselets* m *: le marteau, l'enclume* f*, l'étrier* m
62-64 das innere Ohr
– ***l'oreille*** f ***interne***
62 das Labyrinth
– *le labyrinthe*
63 die Schnecke
– *le limaçon*
64 der Gehörnerv
– *le nerf auditif*
65 die Eustachische Röhre
– *la trompe d'Eustache*

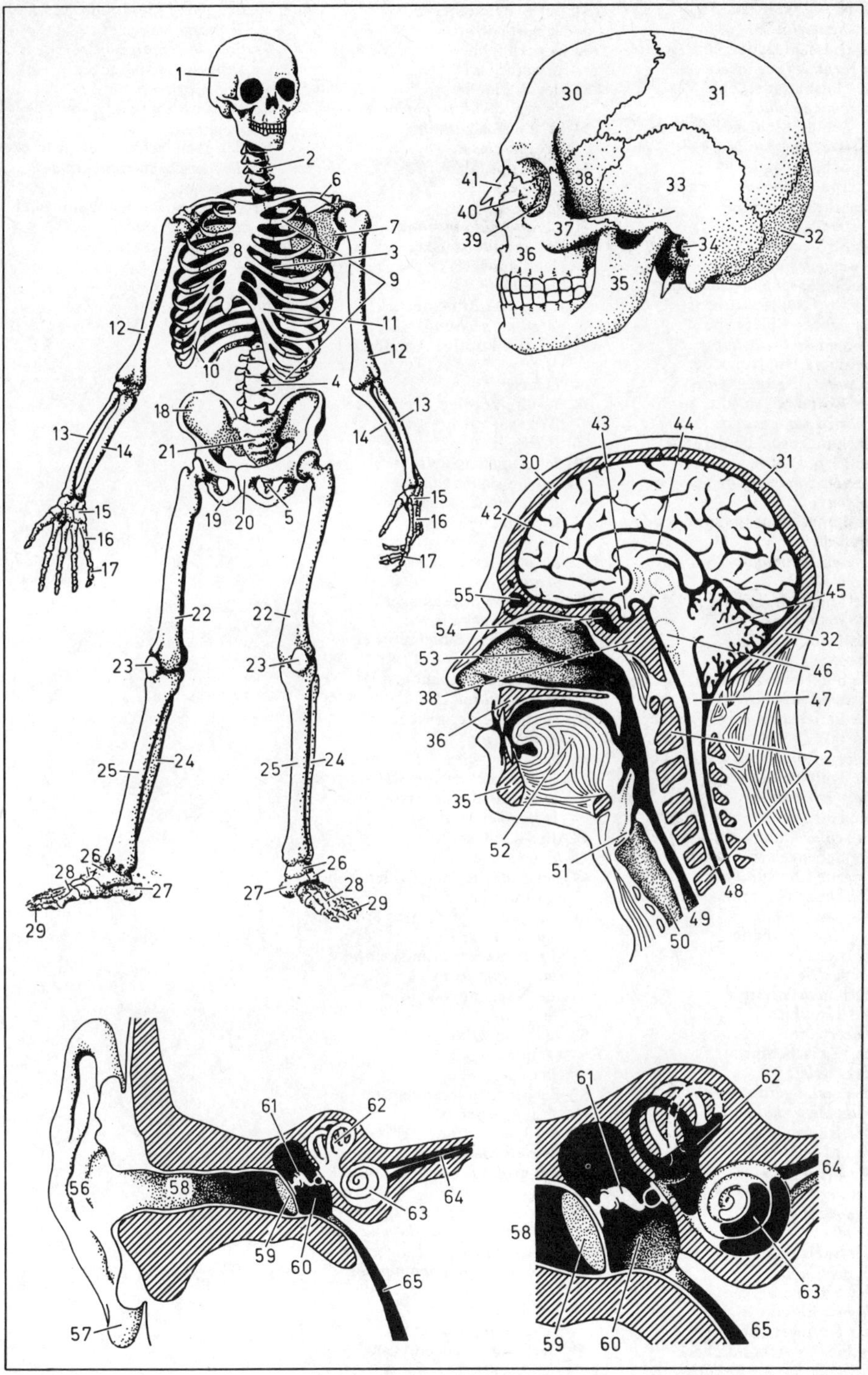
1 2 3 4 5 6 7 8 9 10 11 12 12 13 13 14 14 15 15 16 16 17 17 18 19 20 21 22 22 23 23 24 24 25 25 26 26 27 27 28 28 29 29
30 31 32 33 34 35 36 37 38 39 40 41
30 31 32 2 35 36 38 42 43 44 45 46 47 48 49 50 51 52 53 54 55
56 57 58 59 60 61 62 63 64 65
58 59 60 61 62 63 64 65

1-21 der Blutkreislauf
– *la circulation sanguine*
1 die Halsschlagader, eine Arterie
– *la carotide, une artère*
2 die Halsblutader, eine Vene
– *la veine jugulaire*
3 die Schläfenschlagader
– *l'artère* f *temporale*
4 die Schläfenvene
– *la veine temporale*
5 die Stirnschlagader
– *l'artère* f *frontale*
6 die Stirnvene
– *la veine frontale*
7 die Schlüsselbeinschlagader
– *l'artère* f *sous-clavière*
8 die Schlüsselbeinvene
– *la veine sous-clavière*
9 die obere Hohlvene
– *la veine cave supérieure*
10 der Aortenbogen (die Aorta)
– *l'aorte* f *(la crosse de l'aorte* f*)*
11 die Lungenschlagader [mit venösem Blut *n*]
– *l'artère* f *pulmonaire (sang* m *veineux)*
12 die Lungenvene [mit arteriellem Blut *n*]
– *la veine pulmonaire (sang* m *artériel)*
13 die Lungen *f*
– *les poumons* m
14 das Herz
– *le cœur*
15 die untere Hohlvene
– *la veine cave inférieure*
16 die Bauchaorta (absteigende Aorta)
– *l'aorte* f *abdominale*
17 die Hüftschlagader
– *l'artère* f *iliaque*
18 die Hüftvene
– *la veine iliaque*
19 die Schenkelschlagader
– *l'artère* f *fémorale*
20 die Schienbeinschlagader
– *l'artère* f *tibiale*
21 die Pulsschlagader
– *l'artère* f *radiale*
22-33 das Nervensystem
– *le système nerveux*
22 das Großhirn
– *le cerveau*
23 das Zwischenhirn
– *le cervelet*
24 das verlängerte Mark
– *le bulbe rachidien*
25 das Rückenmark
– *la mœlle épinière*
26 die Brustnerven *m*
– *les nerfs* m *rachidiens*
27 das Armgeflecht
– *le plexus brachial*
28 der Speichennerv
– *le nerf cubital*
29 der Ellennerv
– *le nerf radial*
30 der Hüftnerv (Beinnerv, Ischiasnerv) [hinten liegend]
– *le nerf sciatique [à l'arrière]*
31 der Schenkelnerv
– *le nerf crural*
32 der Schienbeinnerv
– *le nerf tibial*
33 der Wadennerv
– *le nerf sciatique poplité externe*
34-64 die Muskulatur
– *les muscles* m
34 der Kopfhalter (Nicker)
– *le muscle sterno-cléido-mastoïdien*
35 der Schultermuskel (Deltamuskel)
– *le deltoïde*
36 der große Brustmuskel
– *le grand pectoral*
37 der zweiköpfige Armmuskel (Bizeps)
– *le biceps*
38 der dreiköpfige Armmuskel (Trizeps)
– *le triceps*
39 der Armspeichenmuskel
– *le long supinateur*
40 der Speichenbeuger
– *le palmaire*
41 die kurzen Daumenmuskeln *m*
– *les muscles* m *de l'éminence* f *thénar*
42 der große Sägemuskel
– *le grand dentelé*
43 der schräge Bauchmuskel
– *le grand oblique*
44 der gerade Bauchmuskel
– *le grand droit de l'abdomen* m
45 der Schneidermuskel
– *le couturier*
46 der Unterschenkelstrecker
– *le vaste externe, le vaste interne*
47 der Schienbeinmuskel
– *le jambier antérieur*
48 die Achillessehne
– *le tendon d'Achille*
49 der Abzieher der großen Zehe, ein Fußmuskel *m*
– *l'abducteur* m *du gros orteil, un muscle du pied*
50 die Hinterhauptmuskeln *m*
– *les occipitaux* m
51 die Nackenmuskeln *m*
– *le splénius*
52 der Kapuzenmuskel (Kappenmuskel)
– *le trapèze*
53 der Untergrätenmuskel
– *le sous-épineux*
54 der kleine runde Armmuskel
– *le petit rond*
55 der große runde Armmuskel
– *le grand rond*
56 der lange Speichenstrecker
– *le long extenseur du pouce* m
57 der gemeinsame Fingerstrecker
– *l'extenseur* m *commun des doigts* m
58 der Ellenbeuger
– *le cubital postérieur*
59 der breite Rückenmuskel
– *le dorsal*
60 der große Gesäßmuskel
– *le grand fessier*
61 der zweiköpfige Unterschenkelbeuger
– *le biceps crural*
62 der Zwillingswadenmuskel
– *le jumeau*
63 der gemeinsame Zehenstrecker
– *l'extenseur* m *commun des orteils* m
64 der lange Wadenbeinmuskel
– *le long péronier*

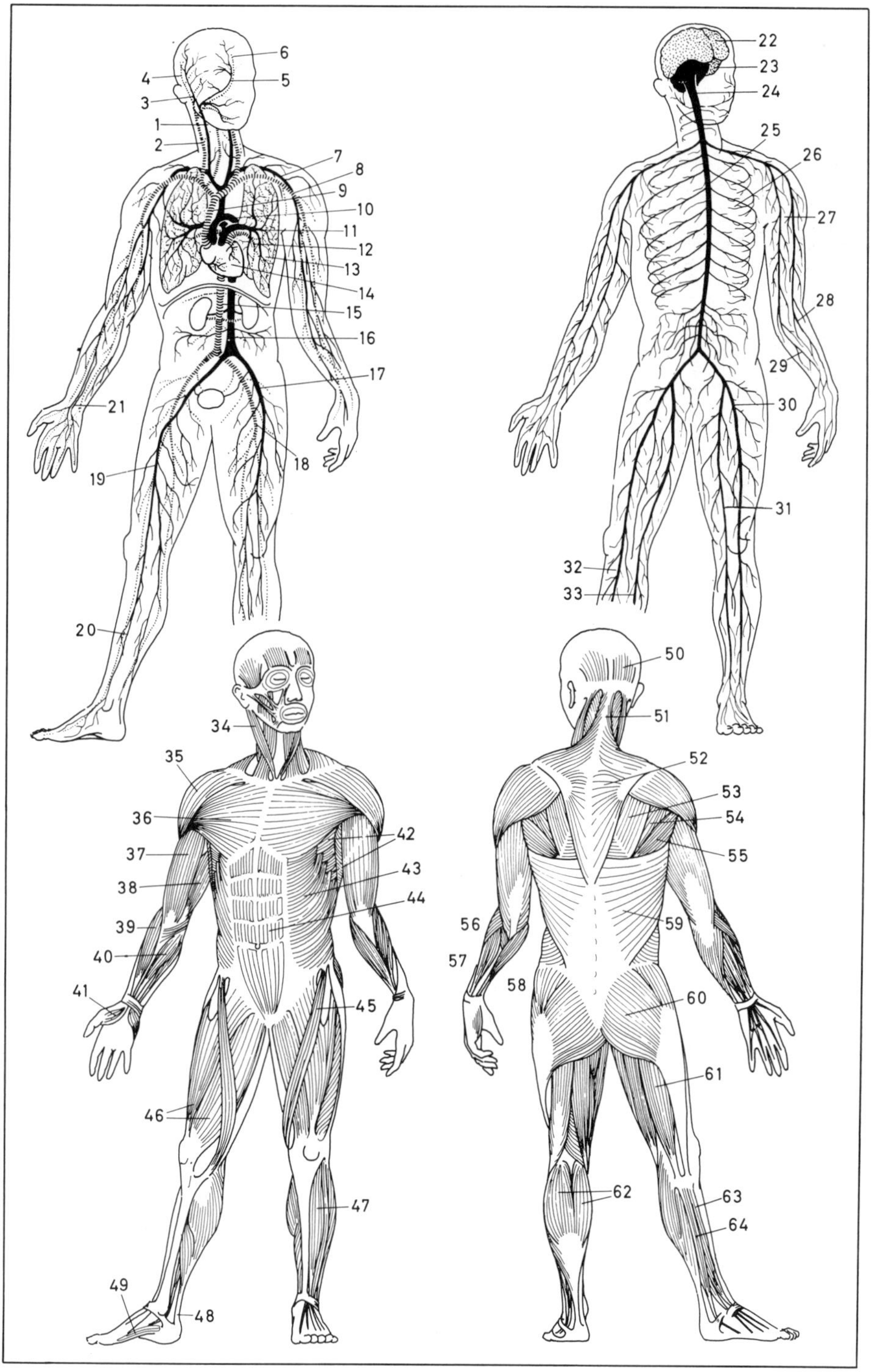
1
2
3
4
5
6
7
8
9
10
11
12
13
14
15
16
17
18
19
20
21
22
23
24
25
26
27
28
29
30
31
32
33
34
35
36
37
38
39
40
41
42
43
44
45
46
47
48
49
50
51
52
53
54
55
56
57
58
59
60
61
62
63
64

1-13 der Kopf und der Hals
– *la tête et le cou*
1 der Kopfhalter (Kopfnicker, Nicker)
– *le sterno-cléido-mastoïdien*
2 der Hinterhauptmuskel
– *le muscle occipital*
3 der Schläfenmuskel
– *le muscle temporal*
4 der Stirnmuskel
– *le muscle frontal*
5 der Ringmuskel des Auges *n*
– *l'orbiculaire* m *des paupières* f
6 mimische Gesichtsmuskeln *m*
– *les muscles* m *zygomatiques*
7 der große Kaumuskel
– *le masséter*
8 der Ringmuskel des Mundes *m*
– *l'orbiculaire* m *des lèvres* f
9 die Ohrspeicheldrüse
– *la glande parotide*
10 der Lymphknoten; *falsch:* die Lymphdrüse
– *le glanglion lymphatique*
11 die Unterkieferdrüse
– *la glande sous-maxillaire*
12 die Halsmuskeln *m*
– *le peaucier du cou*
13 der Adamsapfel [nur beim Mann]
– *la pomme d'Adam [chez l'homme* m *seulement]*
14-37 der Mund und der Rachen
– *la bouche et le pharynx*
14 die Oberlippe
– *la lèvre supérieure*
15 das Zahnfleisch
– *la gencive*
16-18 das Gebiß
– *la denture*
16 die Schneidezähne *m*
– *les incisives* f
17 der Eckzahn
– *la canine*
18 die Backenzähne *m*
– *les molaires* f
19 der Mundwinkel
– *la commissure des lèvres* f
20 der harte Gaumen
– *le palais*
21 der weiche Gaumen (das Gaumensegel)
– *le voile du palais*
22 das Zäpfchen
– *la luette*
23 die Gaumenmandel (Mandel)
– *l'amygdale* f
24 die Rachenhöhle (der Rachen)
– *le pharynx*
25 die Zunge
– *la lèvre*
26 die Unterlippe
– *la lèvre inférieure*
27 der Oberkiefer
– *la mâchoire supérieure*
28-37 der Zahn
– *la dent*
28 die Wurzelhaut
– *la coiffe de la racine*
29 der Zement
– *le cément*
30 der Zahnschmelz
– *l'émail* m
31 das Zahnbein
– *l'ivoire* m
32 das Zahnmark (die Pulpa)
– *la pulpe dentaire*
33 die Nerven *m* und Blutgefäße *n*
– *les nerfs* m *et les vaisseaux* m *sanguins*
34 der Schneidezahn
– *l'incisive* f
35 der Backenzahn
– *la molaire*
36 die Wurzel
– *la racine*
37 die Krone
– *la couronne*
38-51 das Auge
– *l'œil* m
38 die Augenbraue
– *le sourcil*
39 das Oberlid
– *la paupière supérieure*
40 das Unterlid
– *la paupière inférieure*
41 die Wimper
– *le cil*
42 die Iris (Regenbogenhaut)
– *l'iris* m
43 die Pupille
– *la pupille*
44 die Augenmuskeln *m*
– *les muscles* m *oculo-moteurs*
45 der Augapfel
– *le globe oculaire*
46 der Glaskörper
– *le corps vitré*
47 die Hornhaut
– *la cornée*
48 die Linse
– *le cristallin*
49 die Netzhaut
– *la rétine*
50 der blinde Fleck
– *la papille*
51 der Sehnerv
– *le nerf optique*
52-63 der Fuß
– *le pied*
52 die große Zehe (der große Zeh)
– *le gros orteil*
53 die zweite Zehe
– *le deuxième orteil*
54 die Mittelzehe
– *le troisième orteil*
55 die vierte Zehe
– *le quatrième orteil*
56 die kleine Zehe
– *le petit orteil*
57 der Zehennagel
– *l'ongle* m *de l'orteil* m
58 der Ballen
– *l'éminence* f *de l'articulation* f *métatarso- phalangienne*
59 der Wadenbeinknöchel (Knöchel)
– *la malléole externe*
60 der Schienbeinknöchel
– *la malléole interne*
61 der Fußrücken (Spann, Rist)
– *le dos du pied*
62 die Fußsohle
– *la plante du pied*
63 die Ferse (Hacke, der Hacken)
– *le talon*
64-83 die Hand
– *la main*
64 der Daumen
– *le pouce*
65 der Zeigefinger
– *l'index* m
66 der Mittelfinger
– *le majeur*
67 der Ringfinger
– *l'annulaire* m
68 der kleine Finger
– *l'auriculaire* m
69 der Speichenrand
– *le bord radial de la main*
70 der Ellenrand
– *le bord cubital de la main*
71 der Handteller (die Hohlhand)
– *la paume*
72-74 die Handlinien *f*
– *les lignes* f *de la main*
72 die Lebenslinie
– *la ligne de vie* f
73 die Kopflinie
– *la ligne de tête* f
74 die Herzlinie
– *la ligne de cœur* m
75 der Daumenballen
– *l'éminence* f *thénar*
76 das Handgelenk (die Handwurzel)
– *le poignet*
77 das Fingerglied
– *la phalange*
78 die Fingerbeere
– *la pulpe de la phalangette*
79 die Fingerspitze
– *le bout du doigt*
80 der Fingernagel (Nagel)
– *l'ongle du doigt*
81 das Möndchen
– *la lunule*
82 der Knöchel
– *le nœud de l'articulation* f *métacarpo- phalangienne*
83 der Handrücken
– *le dos de la main*

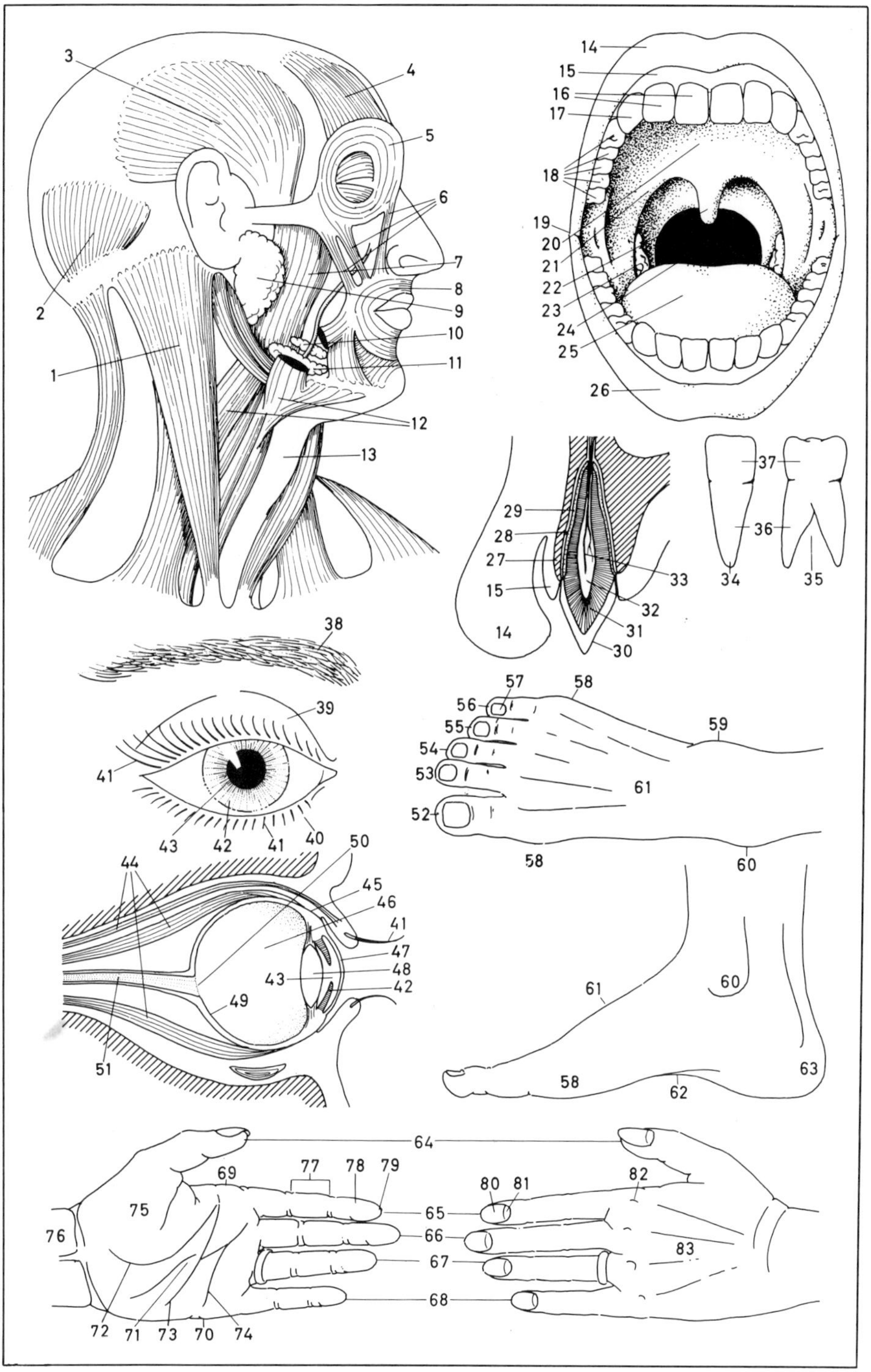
1
2
3
4
5
6
7
8
9
10
11
12
13
14
15
16
17
18
19
20
21
22
23
24
25
26
27
28
29
30
31
32
33
34
35
36
37
38
39
40
41
42
43
44
45
46
47
48
49
50
51
52
53
54
55
56
57
58
59
60
61
62
63
64
65
66
67
68
69
70
71
72
73
74
75
76
77
78
79
80
81
82
83

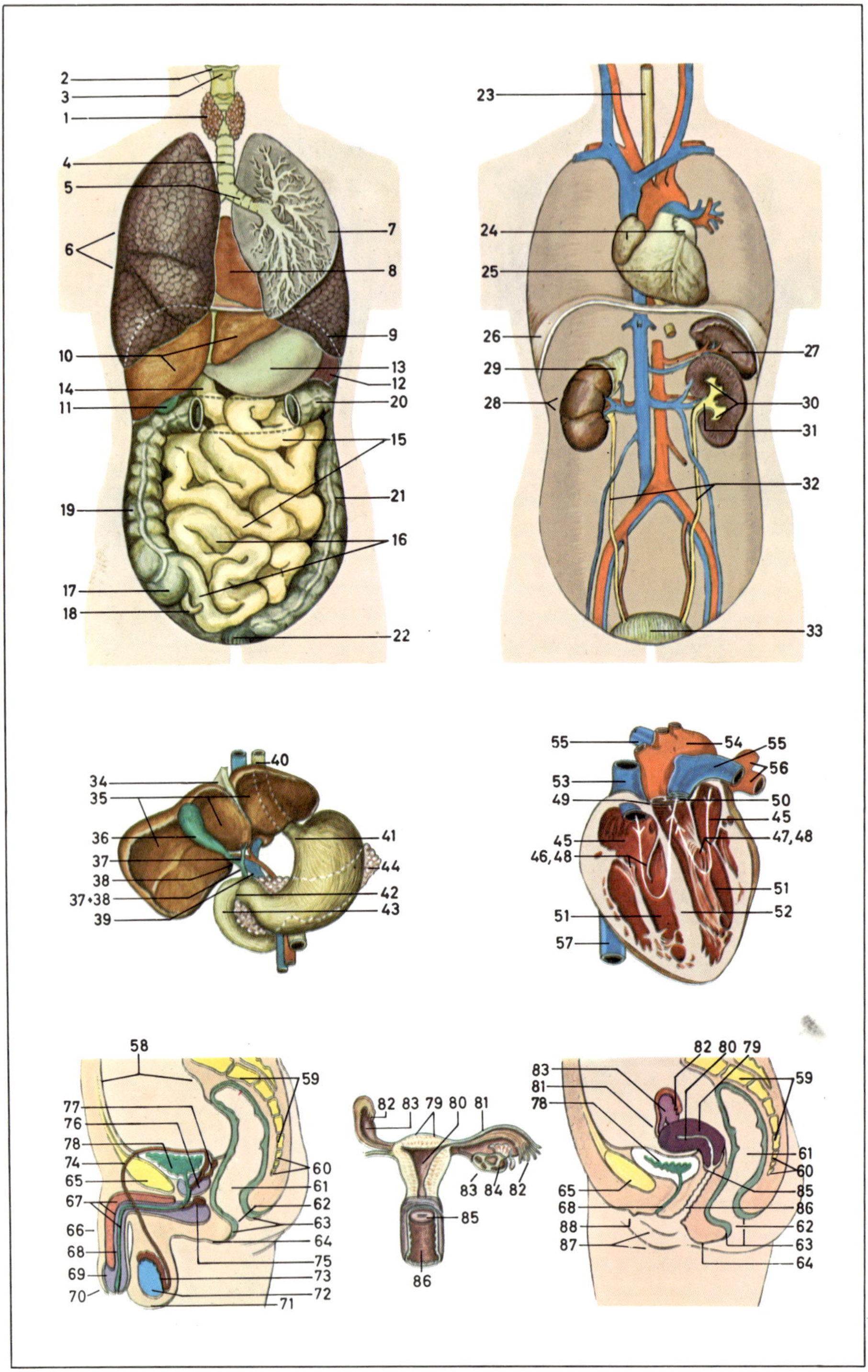
2
3
1
4
5
6
7
8
9
10
13
14
12
11
20
15
19
21
16
17
18
22
23
24
25
26
27
29
28
30
31
32
33
40
34
35
36
41
37
44
38
42
37+38
43
39
55
54
55
56
53
49
50
45
45
47,48
46,48
51
51
52
57
58
59
77
76
78
74
65
67
66
68
69
70
60
61
62
63
64
75
73
72
71
82 83 79 80 81
83 84 82
85
86
82 80 79
83
81
78
59
61
60
65
68
88
87
85
86
62
63
64

1-57 die inneren Organe *n* [von vorn]
– ***les organes*** m ***internes*** *[vus de face]*
1 die Schilddrüse
– *le corps thyroïde*
2-3 der Kehlkopf
– *le larynx*
2 das Zungenbein
– *l'os* m *hyoïde*
3 der Schildknorpel
– *le cartilage thyroïde*
4 die Luftröhre
– *la trachée*
5 der Luftröhrenast (die Bronchie)
– *les bronches* f
6-7 die Lunge
– *les poumons* m
6 der rechte Lungenflügel
– *le poumon droit*
7 der obere Lungenlappen [Schnitt]
– *le lobe supérieur du poumon [coupe f]*
8 das Herz
– *le cœur*
9 das Zwerchfell
– *le diaphragme*
10 die Leber
– *le foie*
11 die Gallenblase
– *la vésicule biliaire*
12 die Milz
– *la rate*
13 der Magen
– *l'estomac* m
14-22 der Darm
– ***l'intestin*** m
14-16 der Dünndarm
– ***l'intestin*** m ***grêle***
14 der Zwölffingerdarm
– *le duodénum*
15 der Leerdarm
– *le jéjunum*
16 der Krummdarm
– *l'iléon* m
17-22 der Dickdarm
– ***le gros intestin***
17 der Blinddarm
– *le cæcum*
18 der Wurmfortsatz
– *l'appendice* m
19 der aufsteigende Grimmdarm
– *le côlon ascendant*
20 der querliegende Grimmdarm
– *le côlon transverse*
21 der absteigende Grimmdarm
– *le côlon descendant*
22 der Mastdarm
– *le rectum*
23 die Speiseröhre
– *l'œsophage* m
24-25 das Herz
– *le cœur*
24 das Herzohr
– *l'oreillette* f
25 die vordere Längsfurche
– *le sillon inter-ventriculaire antérieur*
26 das Zwerchfell
– *le diaphragme*
27 die Milz
– *la rate*
28 die rechte Niere
– *le rein droit*
29 die Nebenniere
– *la capsule surrénale*
30-31 die linke Niere [Längsschnitt]
– *le rein gauche [coupe longitudinale]*
30 der Nierenkelch
– *le calice*
31 das Nierenbecken
– *le bassinet*
32 der Harnleiter
– *l'uretère* m
33 die Harnblase
– *la vessie*
34-35 die Leber [hochgeklappt]
– *le foie [rabattu]*
34 das Leberband
– *le hile du foie*
35 der Leberlappen
– *le lobe du foie*
36 die Gallenblase
– *la vésicule biliaire*
37-38 der gemeinsame Gallengang
– *le canal cholédoque*
37 der Lebergang
– *le canal hépatique*
38 der Gallenblasengang
– *le canal cystique*
39 die Pfortader
– *la veine porte*
40 die Speiseröhre
– *l'œsophage* m
41-42 der Magen
– *l'estomac* m
41 der Magenmund
– *le cardia*
42 der Pförtner
– *le pylore*
43 der Zwölffingerdarm
– *le duodénum*
44 die Bauchspeicheldrüse
– *le pancréas*
45-57 das Herz [Längsschnitt]
– ***le cœur*** *[coupe longitudinale]*
45 der Vorhof
– *l'oreillette* f
46-47 die Herzklappen *f*
– *les valvules* f *cardiaques*
46 die dreizipflige Klappe
– *la valvule tricuspide*
47 die Mitralklappe
– *la valvule mitrale*
48 das Segel
– *la valvule*
49 die Aortenklappe
– *la valvule sigmoïde de l'aorte* f
50 die Pulmonalklappe
– *la valvule sigmoïde de l'artère* f *pulmonaire*
51 die Herzkammer
– *le ventricule*
52 die Kammerscheidewand
– *la cloison interventriculaire*
53 die obere Hohlvene
– *la veine cave supérieure*
54 die Aorta
– *l'aorte* f
55 die Lungenschlagader
– *l'artère* f *pulmonaire*
56 die Lungenvene
– *les veines* f *pulmonaires*
57 die untere Hohlvene
– *la veine cave inférieure*
58 das Bauchfell
– *le péritoine*
59 das Kreuzbein
– *le sacrum*
60 das Steißbein
– *le coccyx*
61 der Mastdarm
– *le rectum*
62 der After
– *l'anus* m
63 der Schließmuskel
– *le sphincter anal*
64 der Damm
– *le périnée*
65 die Schambeinfuge
– *la symphyse pubienne*
66-77 die männl. Geschlechtsorgane *n* [Längsschnitt]
– ***les organes*** m ***génitaux masculins*** *[coupe longitudinale]*
66 das männliche Glied
– *la verge*
67 der Schwellkörper
– *le tissu érectile*
68 die Harnröhre
– *l'urètre* m
69 die Eichel
– *le gland*
70 die Vorhaut
– *le prépuce*
71 der Hodensack
– *le scrotum*
72 der rechte Hoden
– *le testicule droit*
73 der Nebenhoden
– *l'épididyme* m
74 der Samenleiter
– *le conduit séminal*
75 die Cowper-Drüse
– *la glande de Cowper*
76 die Vorsteherdrüse
– *la prostate*
77 die Samenblase
– *la vésicule séminale*
78 die Harnblase
– *la vessie*
79-88 die weibl. Geschlechtsorgane *n* [Längsschnitt]
– ***les organes*** m ***génitaux féminins*** *[coupe longitudinale]*
79 die Gebärmutter
– *l'utérus* m
80 die Gebärmutterhöhle
– *la cavité utérine*
81 der Eileiter
– *l'oviducte* m
82 die Fimbrien
– *les franges* f *de la trompe*
83 der Eierstock
– *l'ovaire* m
84 das Follikel mit dem Ei *n*
– *le follicule et l'ovule* m
85 der äußere Muttermund
– *le col de l'utérus* m *(le museau de tanche* f*)*
86 die Scheide
– *le vagin*
87 die Schamlippe
– *les lèvres* f
88 der Kitzler
– *le clitoris*

1-13 Notverbände *m*
– ***pansements*** m ***d'urgence*** f
1 der Armverband
– *le pansement du bras* m
2 das Dreieckstuch als Armtragetuch *n* (Armschlinge *f*)
– *l'écharpe* f *utilisée pour soutenir le bras*
3 der Kopfverband
– *la fronde de la tête*
4 das Verbandspäckchen
– *le paquet de pansements* m
5 der Schnellverband
– *le pansement adhésif*
6 die keimfreie Mullauflage
– *la gaze stérile*
7 das Heftpflaster
– *le sparadrap*
8 die Wunde
– *la blessure*
9 die Mullbinde
– *la bande de gaze* f *(la gaze)*
10 der behelfsmäßige Stützverband eines gebrochenen Gliedes *n*
– *les attelles* f *pour la fixation d'un membre brisé*
11 das gebrochene Bein
– *la jambe cassée*
12 die Schiene
– *l'attelle* f *(la gouttière, l'éclisse* f*)*
13 das Kopfpolster
– *le coussinet (secourisme* m*)*
14-17 Maßnahmen *f* **zur Blutstillung** (die Unterbindung eines Blutgefäßes *n*)
– ***soins*** m ***en cas*** m ***d'hémorragie*** f *(compression* f *d'un vaisseau sanguin)*
14 die Abdrückstellen *f* der Schlagadern *f*
– *les points* m *de compression* f *des artères* f
15 die Notaderpresse am Oberschenkel *m*
– *la pose d'un garrot à la cuisse*
16 der Stock als Knebel *m* (Drehgriff)
– *la canne utilisée pour serrer le garrot*
17 der Druckverband
– *le garrot*
18-23 die Bergung und Beförderung eines Verletzten *m* (Verunglückten)
– ***le sauvetage et le transport d'un blessé***
18 der Rautek-Griff (zur Bergung eines Verletzten *m* aus einem Unfallfahrzeug *n*)
– *transport* m *d'un blessé de la route*
19 der Helfer
– *le secouriste*
20 der Verletzte (Verunglückte)
– *le blessé sans connaissance* f *(la victime d'un accident)*
21 der Kreuzgriff
– *la chaise à porteur* m *(secourisme* m*)*
22 der Tragegriff
– *la torchette*
23 die Behelfstrage aus Stöcken *m* und einer Jacke
– *le brancard fait de bâtons* m *et d'une veste*
24-27 die Lagerung Bewußtloser *m* **und die künstliche Atmung** (Wiederbelebung)
– ***disposition*** f ***d'un blessé inanimé et respiration*** f ***artificielle*** *(la réanimation)*
24 die stabile Seitenlage (Nato-Lage)
– *la position latérale de sécurité* f
25 der Bewußtlose
– *la personne inanimée*
26 die Mund-zu-Mund-Beatmung (*Abart:* Mund-zu-Nase-Beatmung)
– *le bouche-à-bouche;* var.: *le bouche-à-nez*
27 die Elektrolunge, ein Wiederbelebungsapparat *m*, ein Atemgerät *n*
– *le réanimateur électrique, un appareil de réanimation* f*, un appareil respiratoire*
28-33 die Rettung bei Eisunfällen *m*
– ***secours*** m ***en cas*** m ***de rupture*** f ***d'une couche de glace*** f
28 der im Eis *n* Eingebrochene
– *la personne tombée à l'eau* f *à travers la glace*
29 der Retter
– *le sauveteur*
30 das Seil
– *la corde*
31 der Tisch (o.ä. Hilfsmittel *n*)
– *la table (ou un autre moyen de secours* m*)*
32 die Leiter
– *l'échelle* f
33 die Selbstrettung
– *l'auto-sauvetage* m
34-38 die Rettung Ertrinkender *m*
– ***secours*** m ***aux noyés*** m
34 der Befreiungsgriff bei Umklammerung *f*
– *le dégagement de l'étreinte* f
35 der Ertrinkende
– *le noyé*
36 der Rettungsschwimmer
– *le sauveteur*
37 der Achselgriff, ein Transportgriff *m*
– *la prise axillaire, une prise pour le transport du noyé*
38 der Hüftgriff
– *la prise par les hanches* f

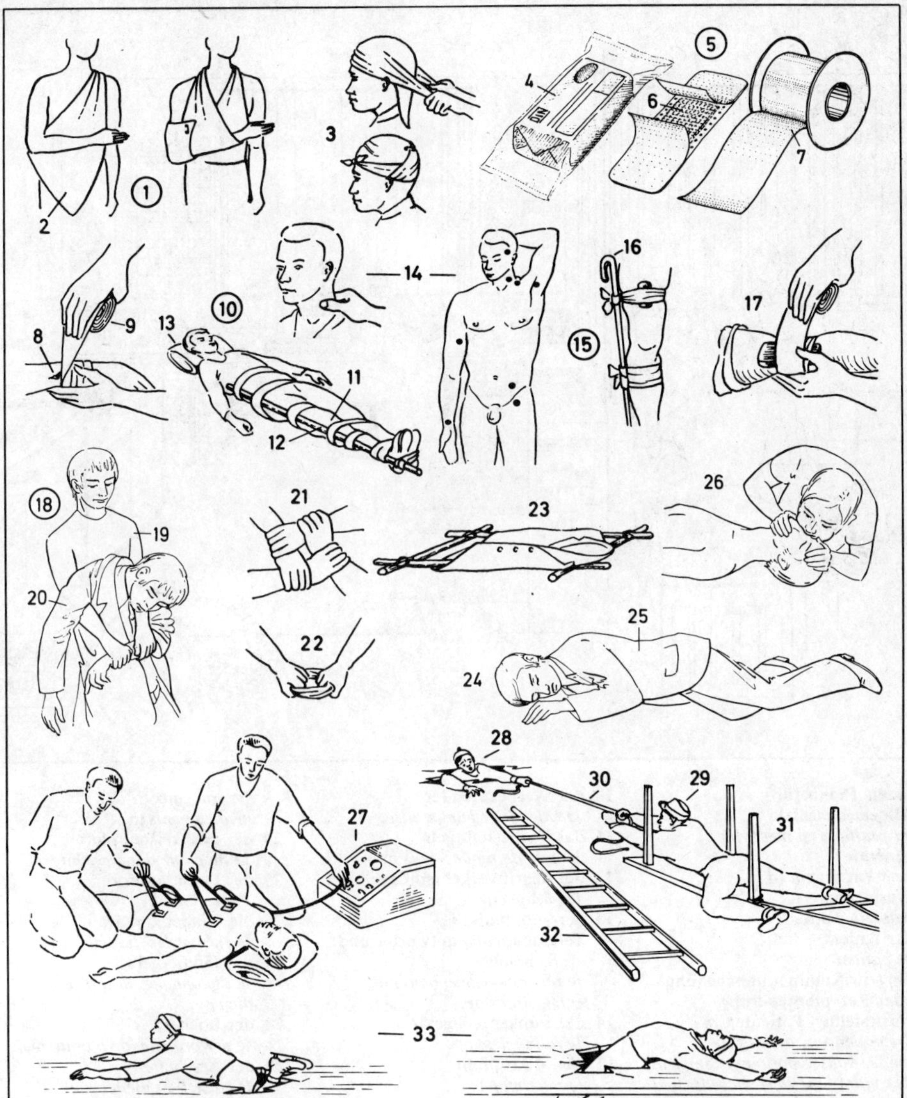
1
2
3
4
5
6
7
8
9
10
11
12
13
14
15
16
17
18
19
20
21
22
23
24
25
26
27
28
29
30
31
32
33
34
35
36
37
38

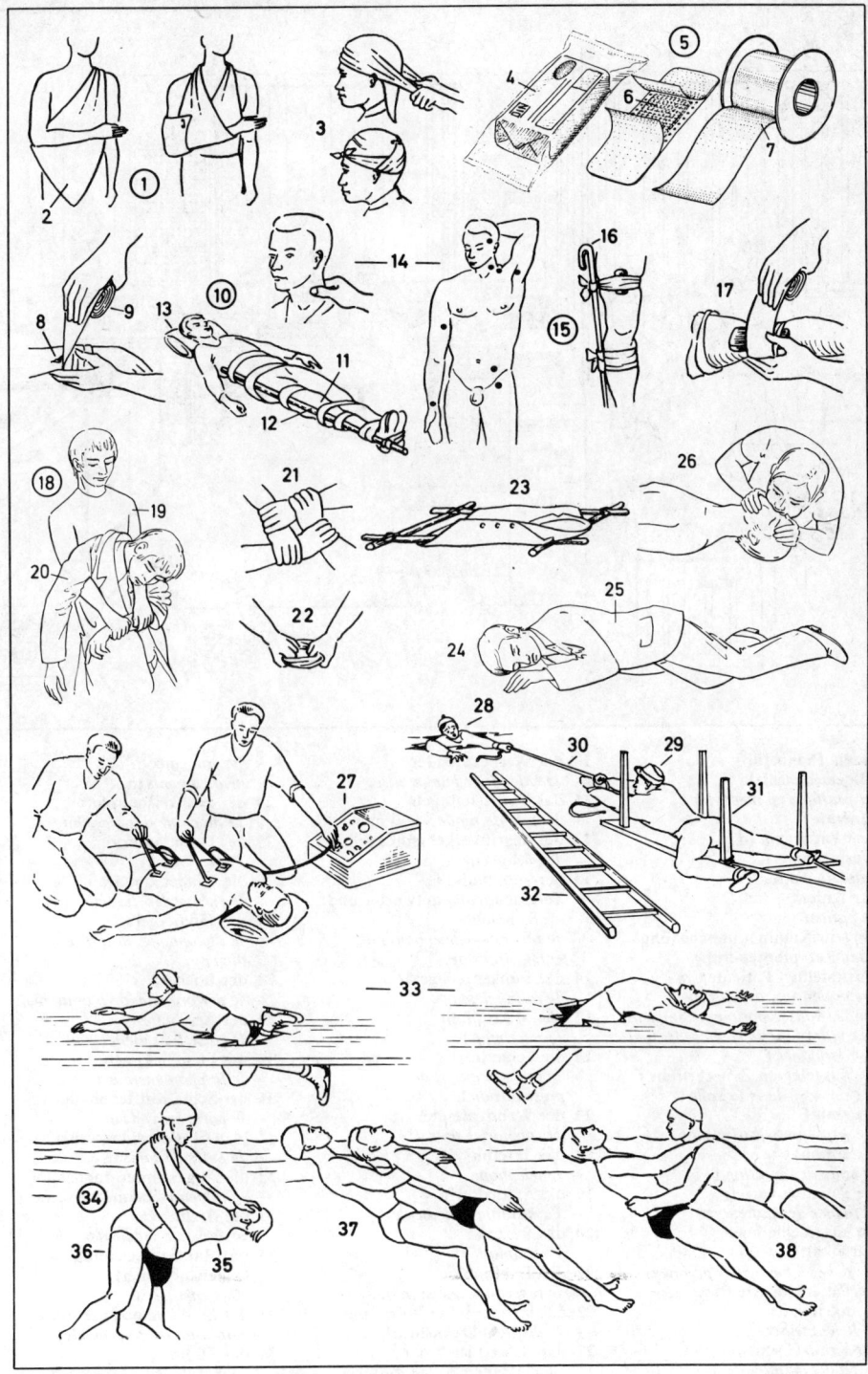

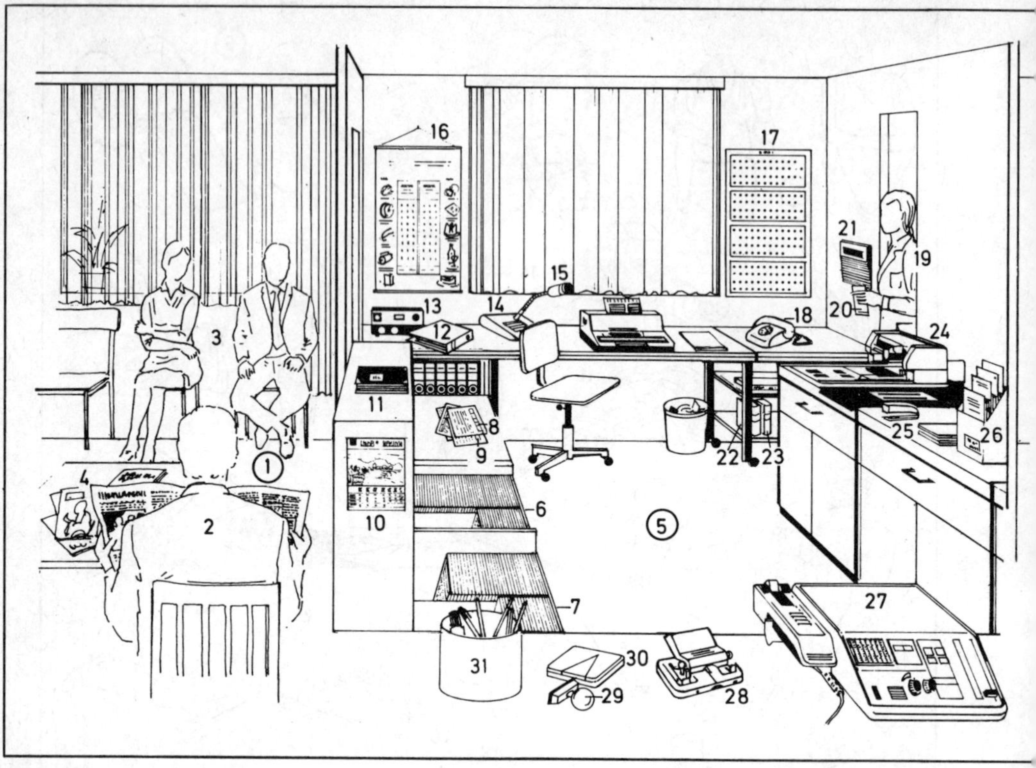

1-74 die Praxis für Allgemeinmedizin *f*
– ***la pratique en médecine*** f ***générale***
1 der Warteraum (das Wartezimmer)
– ***la salle d'attente*** f
2 der Patient
– *le patient*
3 die (zur Routineuntersuchung oder Rezepterneuerung) vorbestellten Patienten *m*
– *les patients* m *ayant pris rendez-vous* m *pour un examen* m *de routine* f *ou un renouvellement d'ordonnance* f
4 die ausgelegten Zeitschriften *f*
– *les revues* f *dans la salle d'attente* f
5 die Annahme (Aufnahme, Rezeption)
– *la salle de réception* f
6 die Patientenkartei
– *le fichier des patients* m
7 die ausgeschiedenen Karteikarten *f*
– *les fiches* f *médicales périmées*
8 die Patientenkarte (das Krankenblatt)
– *la fiche médicale*
9 der Krankenschein
– *la feuille de maladie* f
10 der Werbekalender
– *le calendrier publicitaire*
11 das Vorbestellbuch
– *le livre de rendez-vous* m
12 der Schriftverkehrsordner
– *le parapheur*
13 der automatische Telefonanrufbeantworter und -aufzeichner
– *le répondeur téléphonique enregistreur* m
14 das Funksprechgerät
– *le radiotéléphone*
15 das Mikrophon
– *le microphone*
16 die Schautafel
– *le tableau mural de présentation* f
17 der Wandkalender
– *le calendrier mural*
18 das Telefon
– *le téléphone*
19 die Arzthelferin
– *l'assistante* f *médicale*
20 das Rezept
– *l'ordonnance* f
21 der Telefonblock
– *le répertoire téléphonique*
22 das medizinische Wörterbuch
– *le dictionnaire médical*
23 die „Rote Liste" der zugelassenen Arzneimittel *n*
– *les tableaux* m *de médicaments* m
24 der Postfreistempler
– *la machine à affranchir*
25 der Drahthefter
– *l'agrafeuse* f
26 die Diabetikerkartei
– *le fichier des diabétiques* m
27 das Diktiergerät
– *le dictaphone, la machine à dicter*
28 der Locher
– *le perforateur (de bureau* m*)*
29 der Arztstempel
– *le cachet du médecin* m
30 das Stempelkissen
– *le tampon encreur* m
31 der Schreibstiftebehälter
– *le porte-crayons* m
32-74 der Behandlungsraum
– ***la salle de soins*** m
32 die Augenhintergrundstafel
– *le tableau d'acuité* f *visuelle*
33 die Arzttasche
– *la serviette médicale*
34 das Raumsprechgerät, ein Gegensprechgerät
– *l'interphone* m
35 der Medikamentenschrank
– *l'armoire* f *à pharmacie* f
36 der Tupferspender
– *le distributeur de coton* m

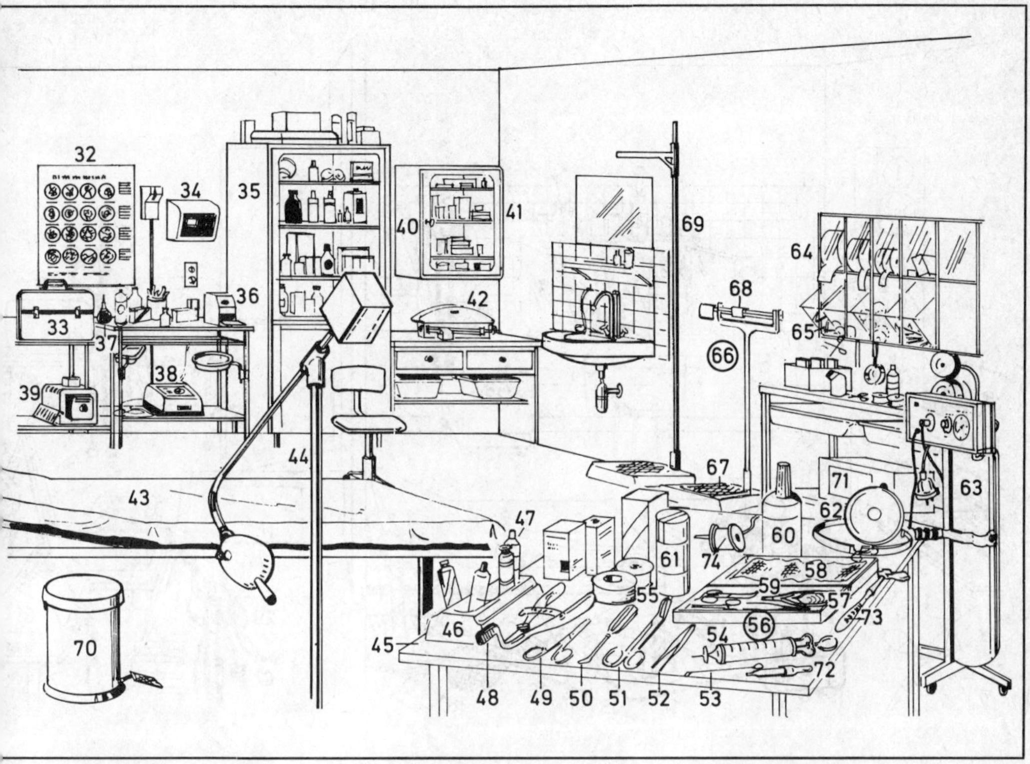

37 die Luftdusche (der Politzer-Ballon)
– *l'insufflateur* m *(la poire de Politzer)*
38 das Elektrotom
– *l'électrotome* m
39 der Dampfsterilisator
– *le stérilisateur à vapeur* f
40 das Wandschränkchen
– *l'armoire* f *murale*
41 die Ärztemuster *n*
– *les échantillons* m *médicaux*
42 die Babywaage
– *le pèse-bébé*
43 die Untersuchungsliege
– *la table d'examen* m
44 der Beleuchtungsstrahler
– *la lampe à faisceau* m *dirigé*
45 der Verbandstisch
– *la table de pansements* m
46 der Tubenständer
– *le porte-tubes*
47 die Salbentube
– *le tube de pommade* f
48-50 die Behandlungsinstrumente *n* für die kleine Chirurgie
– *les instruments* m *de petite chirurgie* f
48 der Mundsperrer
– *l'ouvre-bouche* m
49 die Kocher-Klemme
– *la pince Kocher*
50 der scharfe Löffel
– *la curette*
51 die gekröpfte Schere
– *les ciseaux* m *courbes*
52 die Pinzette
– *la pince*
53 die Knopfsonde
– *la sonde béquille*
54 die Spritze für Spülungen von Ohr *n* oder Blase *f*
– *la seringue vésicale*
55 das Heftpflaster
– *le sparadrap*
56 das chirurgische Nahtmaterial
– *le matériel de suture* f
57 die gebogene chrirurgische Nadel
– *une aiguille courbe à sutures* f
58 die sterile Gaze
– *la gaze stérile*
59 der Nadelhalter
– *la pince porte-aiguille* m
60 die Sprühdose zur Hautdesinfektion
– *la pissette de désinfection* f *cutanée*
61 der Fadenbehälter
– *le porte-fils*
62 der Augenspiegel
– *l'ophtalmoscope* m
63 das Vereisungsgerät für kryochirurgische Eingriffe *m*
– *l'appareil* m *de cryothérapie* f
64 der Pflaster- und Kleinteilespender
– *le distributeur de sparadrap* m *et de petites pièces* f
65 die Einmalinjektionsnadeln *f* und -spritzen *f*
– *les aiguilles* f *et les seringues* f *à usage* m *unique*
66 die Personenwaage, eine Laufgewichtswaage
– *le balance médicale, une balance à curseur* m
67 die Wiegeplattform
– *le plateau de balance* f
68 das Laufgewicht
– *le curseur de balance* f
69 der Körpergrößenmesser
– *la toise*
70 der Abfalleimer
– *le seau à pansements* m
71 der Heißluftsterilisator
– *le stérilisateur à air* m *chaud*
72 die Pipette
– *la pipette*
73 der Reflexhammer
– *le marteau à réflexes* m
74 der Ohrenspiegel
– *l'otoscope* m

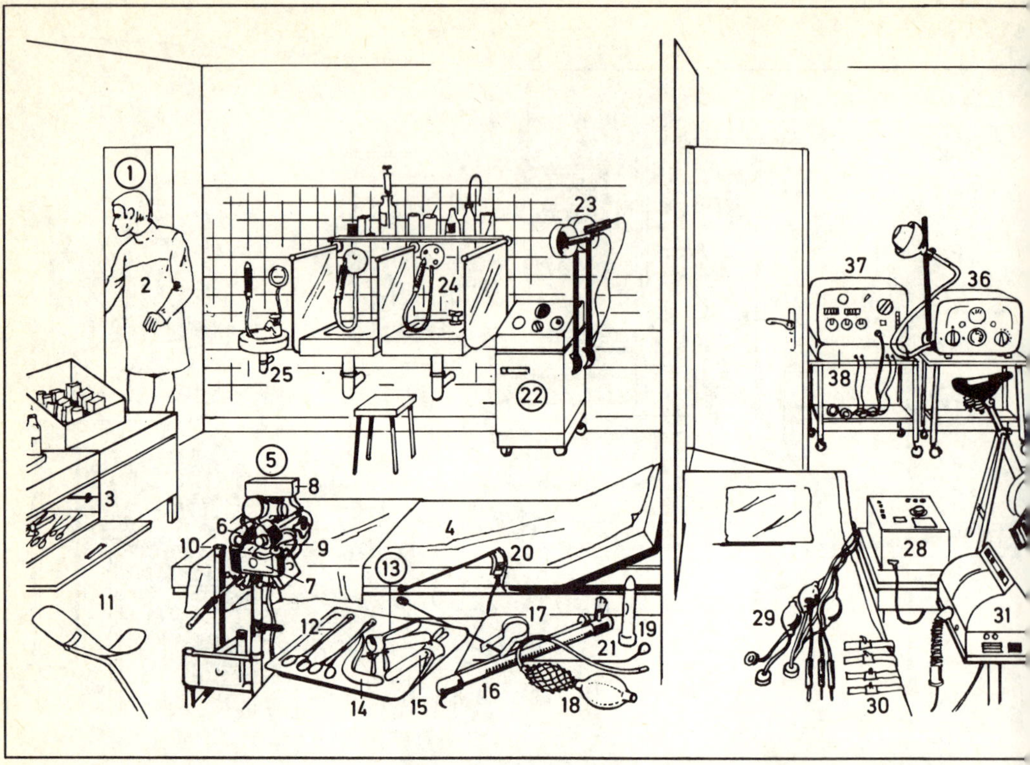

1 das Sprechzimmer (Konsultationszimmer)
– *le cabinet de consultation* f

2 der Arzt für Allgemeinmedizin *f* (der Allgemeinmediziner; *früh.:* der praktische Arzt)
– *le médecin de médecine* f *générale (le généraliste)*

3-21 gynäkologische und proktologische Untersuchungsinstrumente *n*
– ***instruments*** **m** ***d'examen*** **m** ***gynécologique ou proctologique***

3 die Vorwärmung der Instrumente *n* auf Körpertemperatur *f*
– *le réchauffage des instruments* m *à la température du corps*

4 die Untersuchungsliege
– *la table d'examen* m

5 das Kolposkop
– *le colposcope*

6 der binokulare Einblick
– *le binoculaire*

7 die Kleinbildkamera
– *l'appareil* m *pour photos* m *de petit format* m

8 die Kaltlichtbeleuchtung
– *la source de lumière* f *froide*

9 der Drahtauslöser
– *le déclencheur*

10 die Öse für den Beinhalter
– *le tube de fixation* f *de l'étrier* m

11 der Beinhalter (Beinkloben)
– *l'étrier*

12 die Kornzangen *f* (Tupferhalter)
– *la pince à pansements* m

13 das Scheidenspekulum (der Scheidenspiegel)
– *le spéculum [vaginal]*

14 das untere Blatt des Scheidenspiegels *m*
– *la branche inférieure du spéculum* m

15 die Platinöse (für Abstriche *m*)
– *la boucle de platine* m *(pour frottis* m*)*

16 das Rektoskop
– *le rectoscope*

17 die Biopsiezange für das Rektoskop
– *la pince à biopsie* f *pour le rectoscope*

18 der Luftinsufflator für die Rektoskopie
– *l'insufflateur* m *d'air* m *pour le rectoscope*

19 das Proktoskop
– *l'anuscope* m

20 der Harnröhrenkatheter (Urethroskop)
– *le fibroscope urinaire*

21 das Führungsgerät für das Proktoskop
– *la sonde de guidage* m *pour l'anuscope* m

22 das Diathermiegerät (Kurzwellengerät, Kurzwellenbestrahlungsgerät)
– *l'appareil* m *de diathermie* f *(appareil* m *à ondes* f *courtes)*

23 der Radiator
– *le radiateur de diathermie* f

24 die Inhaliereinrichtung
– *l'inhalateur* m

25 das Spülbecken (für Auswurf *m*)
– *le crachoir*

26-31 die Ergometrie
– ***l'ergométrie*** **f**

26 das Fahrradergometer
– *le cycloergomètre*

27 der Monitor (die Leuchtbildanzeige des EKG *n* und der Puls- und Atemfrequenz während der Belastung)
– *le moniteur (l'écran* m *de visualisation* f *de l'électrocardiogramme* m *et de la fréquence cardiaque et respiratoire pendant l'effort* m*)*

28 das EKG-Gerät (der Elektrokardiograph)
– *l'électrocardiographe* m

29 die Saugelektroden *f*
– *les électrodes* f *à ventouse* f *(pour les dérivations* f *précordiales)*

30 die Anschnallelektroden *f* zur Ableitung von den Gliedmaßen *f*
– *les électrodes* f *à sangles* f *pour les dérivations* f *standards*
31 das Spirometer (zur Messung der Atemfunktionen *f*)
– *le spiromètre (pour la mesure des fonctions* f *respiratoires)*
32 die Blutdruckmessung
– *la mesure de la pression sanguine*
33 der Blutdruckmesser
– *le tensiomètre (le sphygmomanomètre)*
34 die Luftmanschette
– *le brassard*
35 das Stethoskop (Hörrohr)
– *le stéthoscope*
36 das Mikrowellengerät für Bestrahlungen *f*
– *l'appareil* m *de traitement* m *par hyperfréquences* f
37 das Faradisiergerät (Anwendung *f* niederfrequenter Ströme *m* mit verschiedenen Impulsformen *f*)
– *l'appareil* m *de faradisation* f *(application* f *de courants* m *à basse fréquence* f *avec diverses formes* f *d'impulsions* f*)*
38 das automatische Abstimmungsgerät
– *l'appareil* m *d'accord* m *automatique*
39 das Kurzwellengerät mit Monode *f*
– *l'appareil* m *de traitement* m *par ondes* f *courtes à monode* f
40 der Kurzzeitmesser
– *le chronomicromètre*
41-59 das Labor (Laboratorium)
– ***le laboratoire***
41 die medizinisch-technische Assistentin (MTA)
– *la laborantine*
42 der Kapillarständer für die Blutsenkung
– *le portoir de tubes* m *capillaires pour la détermination de la vitesse de sédimentation* f
43 der Meßzylinder
– *l'éprouvette* f
44 die automatische Pipette
– *la pipette automatique*
45 die Nierenschale
– *le haricot (médecine* f*)*
46 das tragbare EKG-Gerät für den Notfalleinsatz
– *l'électrocardiographe* m *portatif pour les urgences* f
47 das automatische Pipettiergerät
– *le titrimètre automatique*
48 das thermokonstante Wasserbad
– *le bain-marie* m *thermostatique*
49 der Wasseranschluß mit Wasserstrahlpumpe *f*
– *le robinet avec trompe* f *à eau* f
50 die Färbeschale (für die Färbung der Blutausstriche *m*, Sedimente *n* und Abstriche *m*)
– *la cuve à coloration* f *(pour la coloration des frottis* m *sanguins, des sédiments* m *et des frottis* m*)*
51 das binokulare Forschungsmikroskop
– *le microscope binoculaire*
52 der Pipettenständer für die Photometrie
– *le portoir à pipettes* f *pour la photométrie*
53 das Rechen- und Auswertegerät für die Photometrie
– *le calculateur-analyseur de photométrie* f
54 das Photometer
– *le photomètre*
55 der Kompensationsschreiber
– *l'enregistreur* m *potentiométrique*
56 die Transformationsstufe
– *le poste transformateur* m
57 das Laborgerät
– *la verrerie et le matériel de laboratoire* m
58 die Harnsedimentstafel
– *le tableau des éléments* m *figurés urinaires*
59 die Zentrifuge
– *la centrifugeuse*

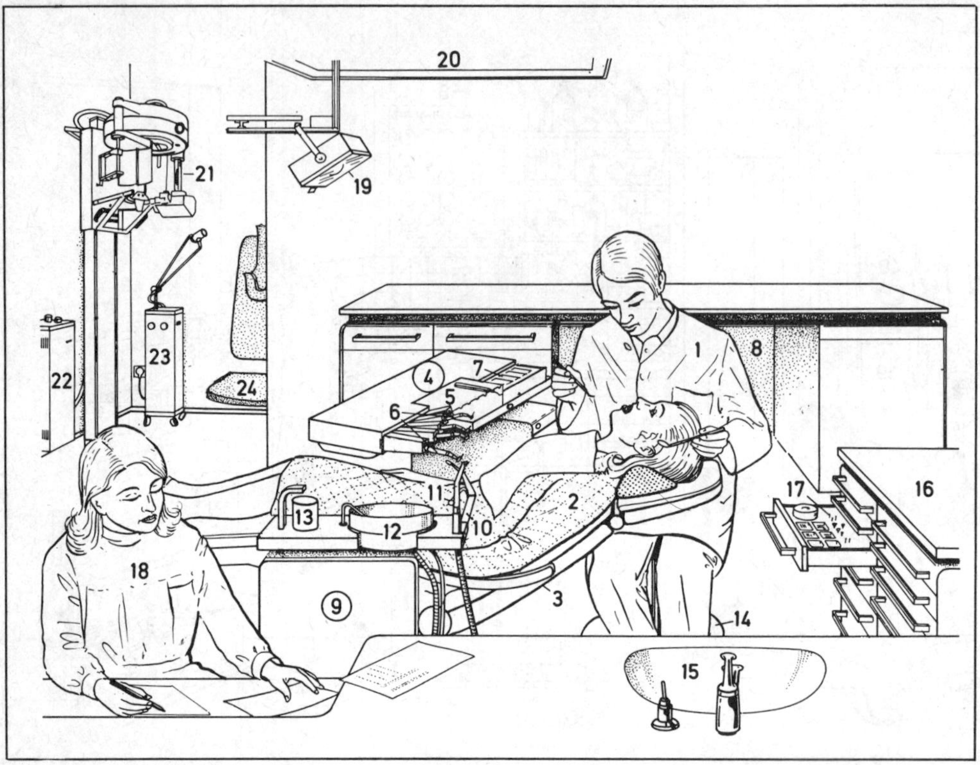

1 der Zahnarzt
– *le dentiste (le chirurgien dentiste)*
2 der Patient
– *le patient*
3 der Patientenstuhl (Behandlungsstuhl)
– *le fauteuil de dentiste* m
4 das Zahnarztgerät
– *la tablette porte-instrumentation* m
5 der Behandlungstray
– *le plateau à instruments* m
6 die Bohrinstrumente *n* mit verschiedenen Handstücken *n*
– *les fraises* f *avec diverses pièces-à-main* f
7 die Medikamentenkassette
– *le casier à médicaments* m
8 die Garage (für das Zahnarztgerät)
– *le bloc de rangement* m *de la tablette porte-instrumentation* m
9 die Helferineinheit
– *le bloc de l'assistante* f
10 die Mehrfachfunktionsspritze (für kaltes und warmes Wasser, Spray *m* oder Luft *f*)
– *l'insufflateur* m *multifonctionnel (d'eau* f *froide ou chaude, de spray* m *ou d'air* m*)*
11 die Absauganlage
– *la pompe à salive* f
12 das Speibecken
– *le crachoir*
13 das Wasserglas mit automatischer Füllung
– *le gobelet à remplissage* m *automatique*
14 der Arbeitssessel
– *le tabouret de dentiste* m
15 das Waschbecken
– *le lavabo*
16 der Instrumentenschrank
– *le meuble à instrumentation* f
17 das Bohrerfach
– *le tiroir à fraises* f
18 die Zahnarzthelferin
– *l'assistante* f *du dentiste* m
19 die Behandlungslampe
– *la lampe de dentiste* m
20 die Deckenleuchte
– *le plafonnier*
21 das Röntgengerät für Panoramaaufnahmen *f*
– *l'appareil* m *de radiographie* f *pour clichés* m *panoramiques*
22 der Röntgengenerator
– *le générateur de rayons* m *X*
23 das Mikrowellengerät, ein Bestrahlungsgerät *n*
– *l'appareil* m *à hyperfréquences* f, *un appareil d'irradiation* f
24 der Sitzplatz
– *le siège*
25 die Zahnprothese (der Zahnersatz, das künstliche Gebiß)
– *la prothèse dentaire (le dentier, l'appareil* m *dentaire)*
26 die Brücke (Zahnbrücke)
– *le bridge*
27 der zurechtgeschliffene Zahnstumpf
– *le chicot retaillé*
28 die Krone (*Arten:* Goldkrone, Jacketkrone)
– *la couronne;* var.: *la couronne en or* m, *la jaquette*
29 der Porzellanzahn
– *la dent en porcelaine* f
30 die Füllung (Zahnfüllung, *veralt.: Plombe)*
– *l'obturation* f*;* anc.: *le plombage*
31 der Stiftzahn (Ringstiftzahn)
– *la dent à pivot* m *(la couronne à pivot* m*)*
32 die Facette
– *la face*
33 der Ring
– *la couronne*
34 der Stift
– *le pivot*
35 die Carborundscheibe
– *le disque en carborundum* m
36 die Schmirgelscheibe
– *la meule en corindon* m

37 Kavitätenbohrer *m*
– *fraises* f *pour cavités* f
38 der Finierer (flammenförmige Bohrer)
– *la fraise flamme* f
39 Spaltbohrer *m* (Fissurenbohrer)
– *fraises* f *fissures* f
40 der Diamantschleifer
– *la fraise diamantée*
41 der Mundspiegel
– *le miroir à bouche* f
42 die Mundleuchte
– *la lampe à bouche* f
43 der Thermokauter (Kauter)
– *le thermocautère (le cautère)*
44 die Platin-Iridium-Elektrode
– *l'électrode* f *en platine* m *iridié*
45 Zahnreinigungsinstrumente *n*
– *instruments* m *à nettoyer les dents* f
46 die Sonde
– *la sonde*
47 die Extraktionszange
– *le davier*
48 der Wurzelheber (Stößel)
– *l'élévateur* m
49 der Knochenmeißel
– *le ciseau à os* m
50 der Spatel
– *la spatule*
51 das Füllungsmischgerät
– *le mélangeur de produit* m *d'obturation* f
52 die Synchronzeitschaltuhr
– *la minuterie synchrone*
53 die Injektionsspritze zur Anästhesierung (Nervbetäubung)
– *la seringue hypodermique pour anesthésie* f *locale (anesthésie* f *du nerf)*
54 die Injektionsnadel
– *l'aiguille* f *hypodermique*
55 der Matrizenspanner
– *la pince porte-matrice* m
56 der Abdrucklöffel
– *le porte-empreinte*
57 die Spiritusflamme
– *la lampe à alcool* m

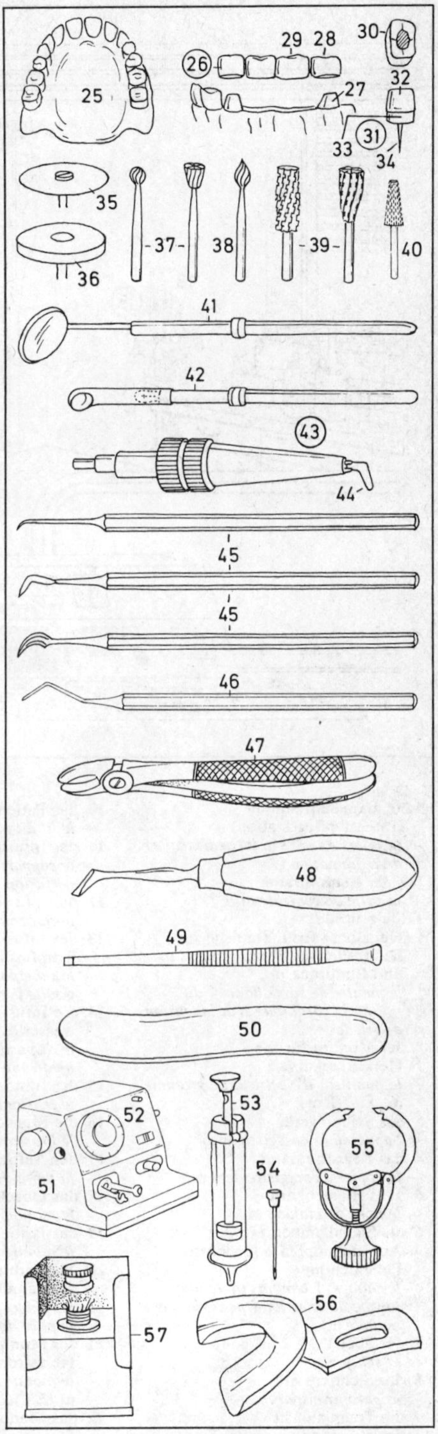

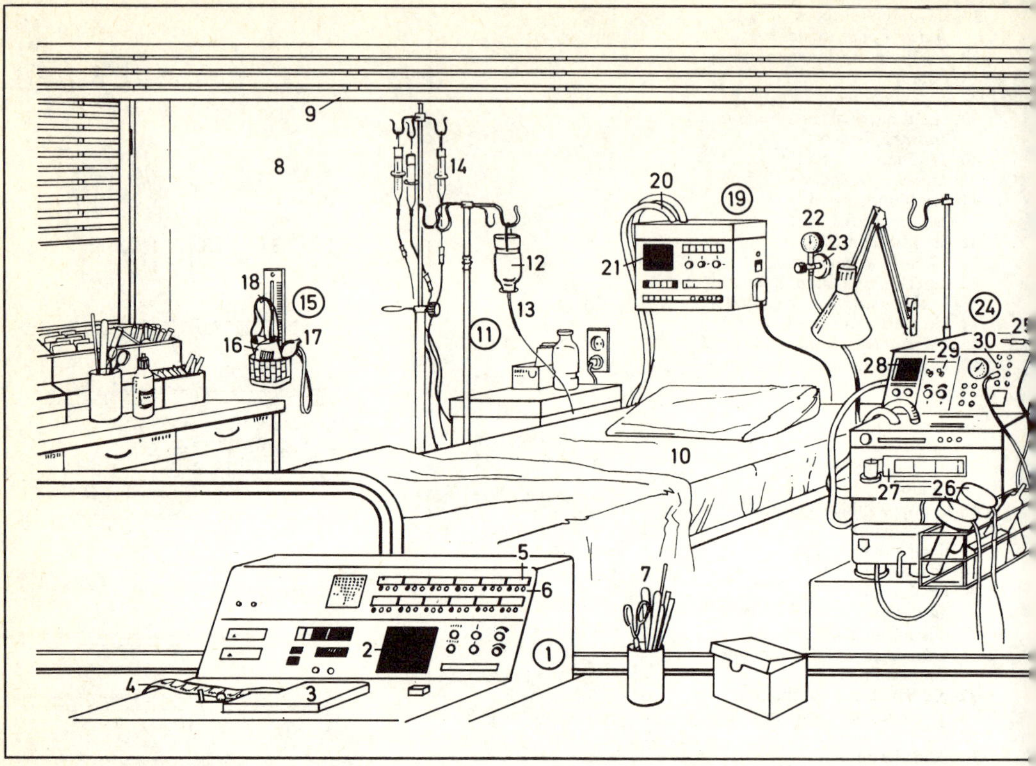

1-30 die Intensivstation (Intensivpflegestation)
– ***la salle* f *de soins* m *intensifs*** *(salle* f *de réanimation* f*)*
1-9 der Kontrollraum
– ***la salle de contrôle*** m
1 die zentrale Herzüberwachungsanlage zur Kontrolle von Herzrhythmus *m* und Blutdruck *m*
– *le pupitre de surveillance* f *du rythme* m *cardiaque et de la tension artérielle*
2 der Monitor für die Herzstromkurve
– *le moniteur d'électrocardiogramme* m *[E.C.G.* m*]*
3 das Schreibgerät
– *l'appareil* m *enregistreur* m
4 das Registrierpapier
– *le papier d'enregistrement* m
5 die Patientenkarte
– *le nom du malade* m
6 die Signallampen *f* (mit Anwahlknöpfen *n* für jeden Patienten *m*)
– *les lampes* f *témoins (avec une touche de sélection* f *pour chaque malade* m*)*
7 der Spatel
– *la spatule*
8 das Sichtfenster
– *la paroi transparente*
9 die Trennjalousie
– *la jalousie de séparation* f
10 das Patientenbett
– *le lit du malade* m
11 der Infusionsgeräteständer
– *le support pour diapositif* m *de perfusion* f
12 die Infusionsflasche
– *le flacon de perfusion* f
13 der Infusionsschlauch für Tropfinfusionen *f*
– *le tube pour perfusion* f *goutte à goutte* f
14 die Infusionseinrichtung für wasserlösliche Medikamente *n*
– *le dispositif de perfusion* f *pour médicaments* m *hydrosolubles*
15 der Blutdruckmesser
– *le tensiomètre*
16 die Manschette
– *le brassard*
17 der Aufblasballon
– *la poire de tensiomètre* m
18 das Quecksilbermanometer
– *le manomètre à mercure* m
19 das Bettmonitorgerät
– *le moniteur de lit* m
20 das Verbindungskabel zur zentralen Überwachungsanlage
– *les câbles* m *de connexion* f *au pupitre de surveillance* f
21 der Monitor für die Herzstromkurve
– *le moniteur d'électrocardiogramme* m *[E.C.G.* m*]*
22 das Manometer für die Sauerstoffzufuhr
– *le manomètre de distribution* f *d'oxygène* m
23 der Wandanschluß für die Sauerstoffbeatmung
– *le raccord mural de masque* m *à oxygène* m
24 die fahrbare Patientenüberwachungseinheit
– *l'appareil* m *mobile de surveillance* f *du malade* m
25 das Elektrodenkabel zum passageren Schrittmacher *m*
– *le câble d'électrode* f *de stimulateur* m *cardiaque temporaire*
26 die Elektroden *f* zur Elektroschockbehandlung
– *les électrodes* f *de défibrillation* f
27 die EKG-Registriereinheit
– *l'électrocardiographe* m
28 der Monitor zur Überwachung der Herzstromkurve
– *le moniteur d'électrocardiogramme* m *[E.C.G.* m*]*
29 die Bedienungsknöpfe *m* für die Einstellung des Monitors *m*
– *les boutons* m *de réglage* m *du moniteur*
30 die Bedienungsknöpfe *m* für die Schrittmachereinheit
– *les boutons* m *de commande* f *du stimulateur cardiaque*
31 der Herzschrittmacher
– ***le stimulateur cardiaque***
32 die Quecksilberbatterie
– *la batterie à mercure* m

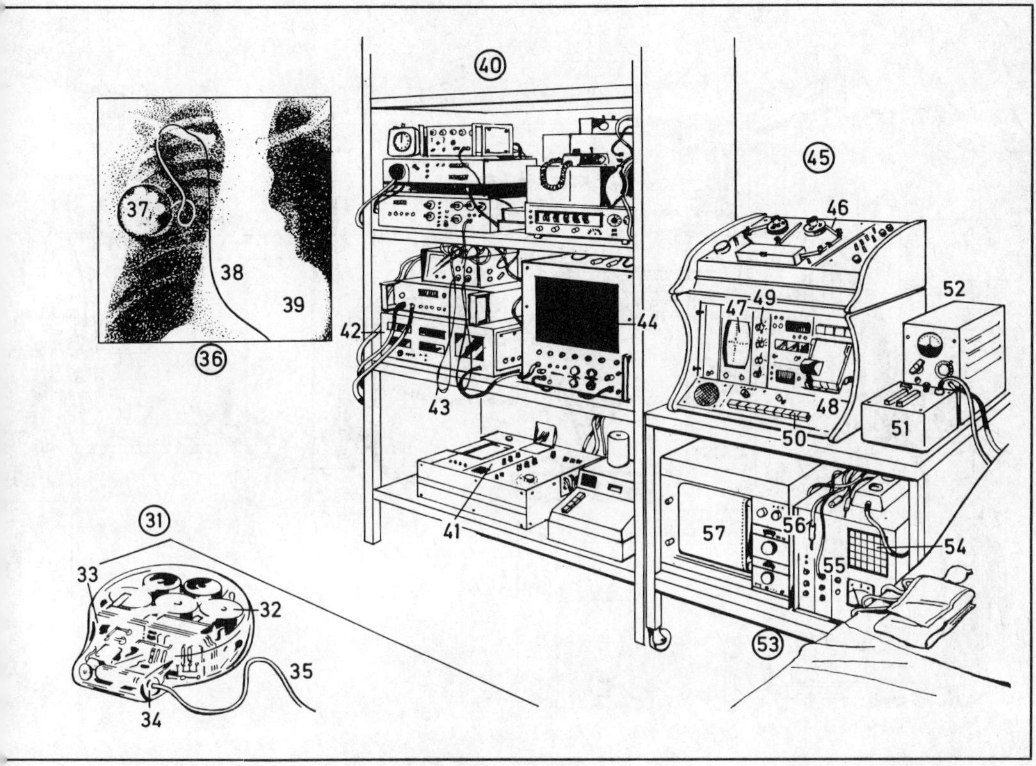

33 der programmierbare Taktgeber
– *le générateur d'impulsions* f *programmable*

34 der Elektrodenausgang
– *la sortie d'électrode* f

35 die Elektrode
– *l'électrode* f

36 die Herzschrittmacher-implantation
– *l'implantation* f *du stimulateur* m *cardiaque*

37 der intrakorporale Herzschrittmacher (Schrittmacher)
– *le stimulateur cardiaque intracorporel*

38 die transvenös geführte Elektrode
– *l'électrode* f *poussée par cathétérisme* m *intraveineux*

39 die Herzsilhouette im Röntgenbild *n*
– *la silhouette cardiaque vue aux rayons X* m

40 die Anlage zur Schrittmacherkontrolle
– *l'installation* f *de contrôle* m *du stimulateur cardiaque*

41 der EKG-Schreiber
– *l'électrocardiographe* m

42 der automatische Impulsmesser
– *le mesureur d'impulsions* f

43 das Verbindungskabel (EKG-Kabel) zum Patienten
– *le câble de connexion* f *du patient* m *(câble* m *E.C.G.)*

44 der Monitor zur optischen Kontrolle der Schrittmacherimpulse *m*
– *le moniteur pour contrôle* m *visuel des impulsions* f *du stimulateur*

45 der EKG-Langzeitanalysator
– *l'analyseur* m *d'E.C.G.* m *de longue durée* f

46 das Magnetband zur Aufnahme der EKG-Impulse *m* bei der Analyse
– *la bande magnétique d'enregistrement* m *des impulsions* f *de l'E.C.G.* m *analysé*

47 der Monitor zur EKG-Kontrolle
– *le moniteur de contrôle de l'E.C.G.* m

48 die automatische EKG-Rhythmusanalyse auf Papier *n*
– *l'analyse* f *automatique du rythme de l'E.C.G.* m *sur papier* m

49 die Einstellung der EKG-Amplitudenhöhe
– *le bouton d'ajustement* m *de l'amplitude* f *de l'E.C.G.* m

50 die Programmwahl für die EKG-Analyse
– *le clavier de sélection* f *du programme d'analyse* f *de l'E.C.G.* m

51 das Ladegerät für die Antriebsbatterien *f* des Patientengerätes *n*
– *le chargeur des batteries* f *du stimulateur du patient*

52 das Prüfgerät für die Batterien *f*
– *le contrôleur de batteries* f

53 das Druckmeßgerät für den Rechtsherzkatheter
– *le manomètre du cathétère cardiaque droit*

54 der Monitor zur Kurvenkontrolle
– *le moniteur de contrôle* m *de courbes* f

55 der Druckanzeiger
– *l'indicateur* m *de pression* f

56 das Verbindungskabel zum Papierschreiber *m*
– *le câble de connexion* f *à l'enregistreur* m *à bande* f

57 der Papierschreiber für die Druckkurven *f*
– *l'enregistreur* m *à bande* f *des courbes* f *de pression* f

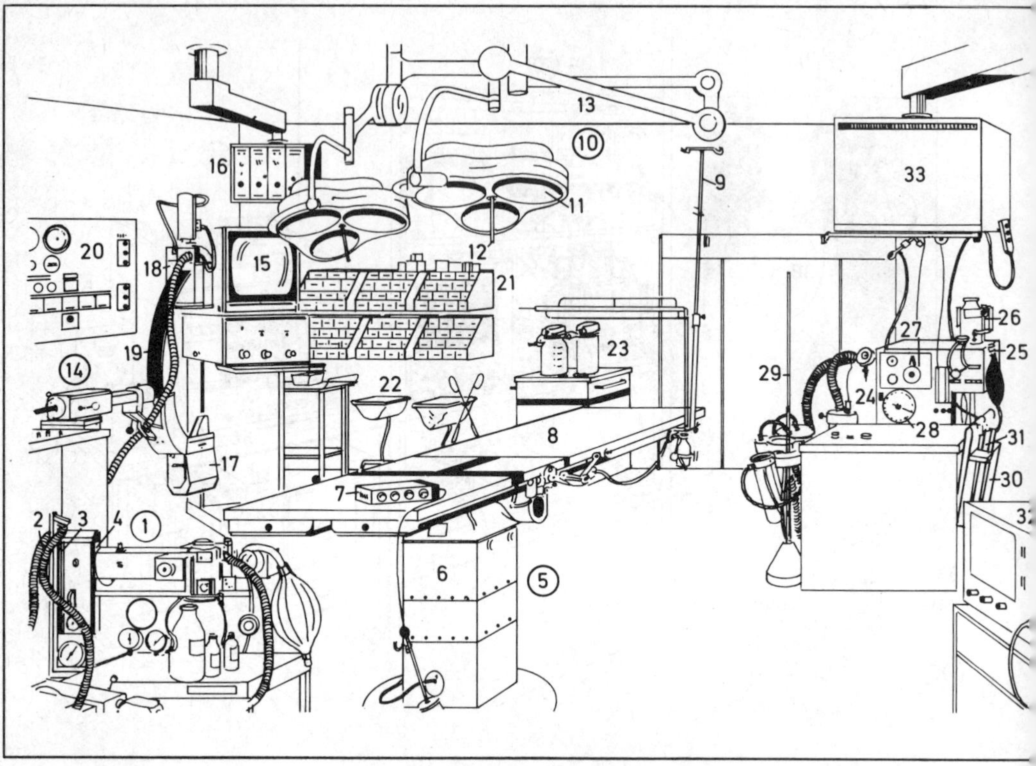

1-54 die chirurgische Abteilung (chirurgische Klinik)
– ***le service de chirurgie*** **f**
1-33 der Operationssaal (OP-Saal)
– ***la salle d'opération*** **f**
1 der Narkose- und Dauerbeatmungsapparat
– *l'appareil* m *d'anesthésie* f
2 die Inhalationsschläuche *m*
– *le tube* m *d'inhalation* f
3 der Durchflußmesser für Lachgas *n* (Distickstoffoxid, Stickstoffoxydul)
– *le débitmètre de gaz* m *hilarant (le protoxyde d'azote* m*)*
4 der Durchflußmesser für Sauerstoff *m*
– *le débitmètre d'oxygène* m
5 der aufgeständerte Operationstisch (OP-Tisch)
– *la table d'opération* f *sur socle* m
6 die Tischsäule
– *le socle de table* f
7 das Steuergerät
– *l'appareil* m *de commande* f
8 die verstellbare Operationstischfläche
– *la table d'opération* f *articulée*
9 der Ständer für Tropfinfusionen *f*
– *le support de perfusion* f
10 die schwenkbare schattenfreie Operationsleuchte (OP-Lampe)
– *le dispositif pivotant d'éclairage* m *sans ombre* f *portée*
11 das Leuchtelement
– *la lampe*
12 der Handgriff
– *la poignée*
13 der Schwenkarm
– *le bras orientable*
14 der fahrbare Röntgendurchleuchtungsapparat
– *l'appareil* m *mobile de radiologie* f
15 der Bildwandlermonitor
– *le moniteur du convertisseur* m *d'image* f
16 der Monitor [Rückseite]
– *le moniteur [face* f *arrière]*
17 die Röhreneinheit
– *le tube*
18 die Bildwandlereinheit
– *le convertisseur d'image* f
19 der C-Bogen
– *le bâti en C* m
20 die Schalttafel der Klimaanlage
– *le tableau de commande* f *du conditionnement d'air* m
21 das chirurgische Nahtmaterial
– *le matériel de sutures* f
22 der fahrbare Abfallbehälter
– *le seau à pansements* m
23 die Behälter *m* mit unsterilen Kompressen *f*
– *la boîte de compresses* f *non stériles*
24 das Narkose- und Dauerbeatmungsgerät
– *le respirateur artificiel*
25 der Respirator
– *la poche de contrôle* m *de la respiration*
26 der Fluothane- (Halothan-)Behälter
– *le réservoir de fluothane* m *(halothane* m*)*
27 die Ventilationseinstellung
– *le bouton de réglage* m *de la ventilation*
28 die Registriertafel mit Zeiger *m* für das Atemvolumen
– *le tableau d'enregistrement* m *avec indicateur* m *du volume respiratoire*
29 das Stativ mit Inhalationsschläuchen *m* und Druckmessern *m*
– *le statif avec tubes* m *d'inhalation* f *et manomètre* m
30 der Katheterbehälter
– *le porte-cathétères*
31 der steril verpackte Katheter
– *le cathétère sous emballage* m *stérile*

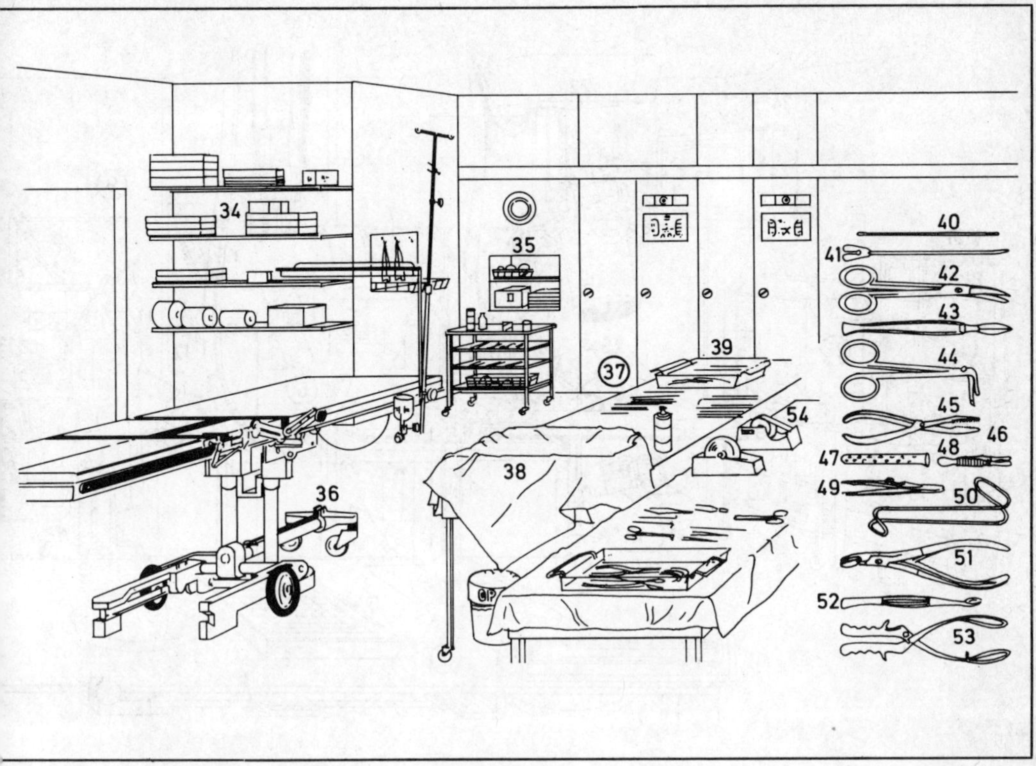

32 der Pulsschreiber (Sphygmograph)
– *le sphygmographe (l'enregistreur* m *d'impulsions* f*)*
33 der Monitor
– *le moniteur*
34-54 der Vorbereitungs- und Sterilisierraum
– *la salle de préparation* f *et de stérilisation* f
34 das Verbandsmaterial
– *les pansements* m
35 der Kleinsterilisator
– *le petit stérilisateur*
36 das Operationstischfahrgestell
– *le chariot de la table d'opération* f
37 der fahrbare Instrumententisch
– *la table d'instruments* m *mobile*
38 das sterile Tuch
– *le champ stérile*
39 der Instrumentenkorb
– *le plateau à instruments* m
40-53 die chirurgischen Instrumente *n*
– *les instruments* m *chirurgicaux*
40 die Knopfsonde
– *la sonde à boule* f *olivaire*
41 die Hohlsonde
– *la sonde cannelée*
42 die gebogene Schere
– *les ciseaux* m *courbes*
43 das Skalpell
– *le bistouri*
44 der Ligaturführer
– *la pince à ligature* f
45 die Sequesterzange
– *la pince à séquestre* m
46 die Branche
– *la branche de pince* f
47 das Dränrohr (Dränagerohr)
– *le drain*
48 die Aderpresse (Aderklemme)
– *le tourniquet*
49 die Arterienpinzette
– *la pince hémostatique*
50 der Wundhaken
– *l'écarteur* m *en fil* m
51 die Knochenzange
– *la pince-gouge*
52 der scharfe Löffel (die Kürette) für die Ausschabung (Kürettage)
– *la curette pour le curetage* m
53 die Geburtszange
– *le forceps*
54 die Heftpflasterrolle
– *le rouleau de sparadrap* m

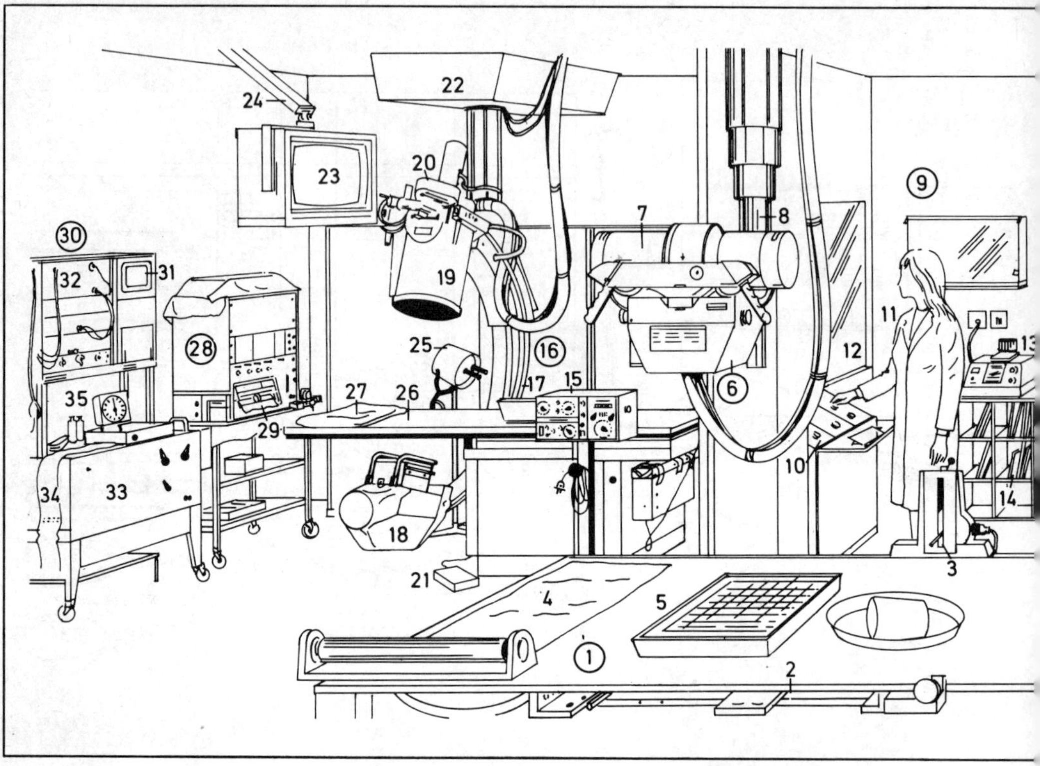

1-35 die Röntgenstation
– ***le service de radiologie*** f
1 der Röntgenuntersuchungstisch
– *la table d'examen* m *radiologique*
2 die Röntgenkassettenhalterung
– *le support de cassettes* f *X*
3 die Höheneinstellung für den Zentralstrahl bei Seitaufnahmen *f*
– *le réglage vertical du faisceau central pour clichés* m *latéraux*
4 die Kompresse bei Nieren- und Gallenaufnahmen *f*
– *la compresse pour radiographie* f *des reins* m *et des voies* f *biliaires (urographie* f *et cholecystographie* f*)*
5 die Instrumentenschale
– *le plateau d'instruments* m
6 die Röntgeneinrichtung zur Aufnahme von Nierenkontrastdarstellungen *f*
– *l'équipement* m *à rayons* m *X pour urétéro-pyélographie* f
7 die Röntgenröhre
– *le tube à rayons* m *X*
8 das ausfahrbare Röntgenstativ
– *le support télescopique du tube à rayons* m *X*
9 die zentrale Röntgenschaltstelle
– *la salle de commande* f *de radiographie* f
10 das Schaltpult
– *le pupitre de commande* f
11 die Röntgenassistentin
– *l'assistante* f *radiographe (la manipulatrice)*
12 das Blickfenster zum Angioraum *m* (Angiographieraum)
– *la fenêtre donnant sur la salle d'angiographie* f
13 das Oxymeter
– *l'oxymètre* m
14 die Kassetten *f* für Nierenaufnahmen *f*
– *les cassettes* f *pour urographie* f
15 das Druckspritzengerät für Kontrastmittelinjektionen *f*
– *l'appareil* m *pour injection* f *de produits* m *de contraste* m
16 das Röntgenbildverstärkergerät
– *l'amplificateur* m *de brillance* f
17 der C-Bogen
– *le bâti en C* m *(bâti* m *en col* m *de cygne* m*)*
18 der Röntgenkopf mit der Röntgenröhre
– *la tête de radiographie* f *avec le tube à rayons* m *X*
19 der Bildwandler mit der Bildwandlerröhre
– *le convertisseur d'image* f *avec le tube convertisseur* m
20 die Filmkamera
– *la caméra*
21 der Fußschalter
– *l'interrupteur* m *à pédale* f
22 die fahrbare Halterung
– *le support mobile*
23 der Monitor
– *le moniteur (écran* m *de contrôle* m*)*
24 der schwenkbare Monitorarm
– *le bras pivotant du moniteur*
25 die Operationslampe (OP-Lampe)
– *la lampe sans ombre* f *portée*
26 der angiographische Untersuchungstisch
– *la table d'angiographie* f
27 das Kopfkissen
– *l'oreiller* m
28 der Acht-Kanal-Schreiber
– *l'enregistreur* m *à huit canaux* m
29 das Registrierpapier
– *le papier d'enregistrement* m
30 der Kathetermeßplatz für die Herzkatheterisierung
– *le poste de mesure* f *pour cathétérisme* m *cardiaque*
31 der Sechs-Kanal-Monitor für Druckkurven *f* und EKG *n*
– *le moniteur à six canaux* m *pour courbes* f *de tension* f *et E.C.G.* m

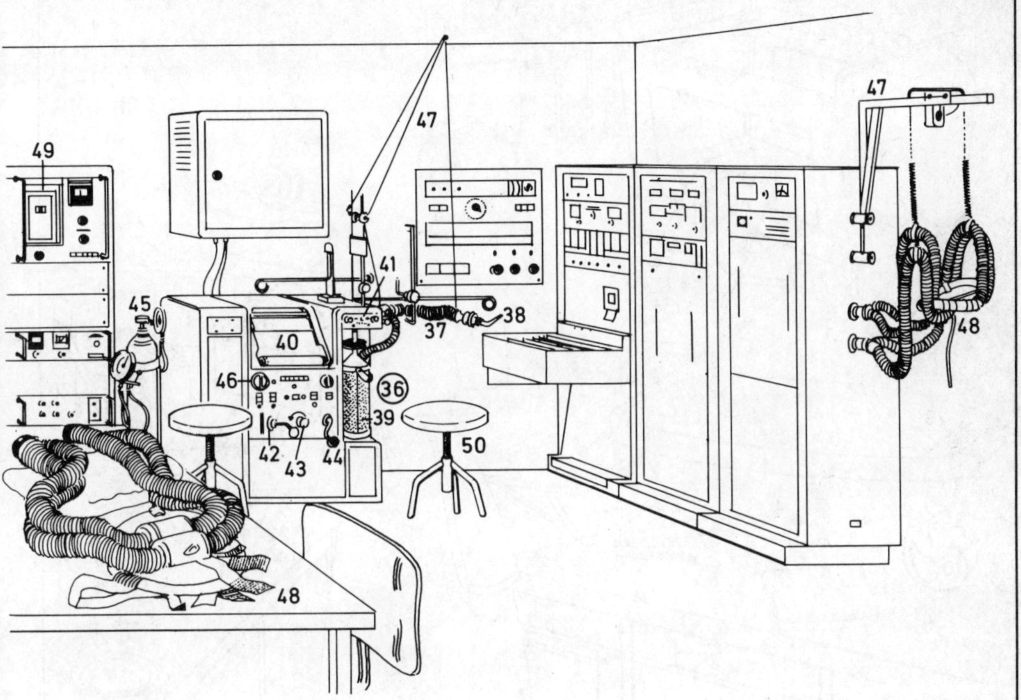

32 die Druckwandlereinschübe *m*
– *les tiroirs* m *de transducteur* m *de pression* f
33 die Papierregistriereinheit mit Entwickler *m* für die Fotoregistrierung
– *l'unité* f *de développement* m *avec révélateur* m *pour enregistrement* m *photographique*
34 das Registrierpapier
– *le papier d'enregistrement* m
35 der Kurzzeitmesser
– *le chronomètre*
36-50 Spirometrie *f*
– ***la spirométrie***
36 der Spirograph, für die Lungenfunktionsprüfung
– *le spirographe pour l'exploration* f *fonctionnelle respiratoire*
37 der Atemschlauch
– *le tube respiratoire*
38 das Mundstück
– *l'embout* m *buccal*
39 der Natronkalkabsorber
– *l'absorbeur* m *à chaux* f *sodée*
40 das Registrierpapier
– *le papier d'enregistrement* m
41 die Gasversorgungsregulierung
– *la régulation d'alimentation* f *en gaz* m
42 der O_2-Stabilisator
– *le stabilisateur de* O_2 m
43 die Drosselklappe
– *le robinet d'étranglement* m *(étrangleur* m*)*
44 die Absorberzuschaltung
– *le branchement de l'absorbeur* m
45 die Sauerstoffflasche
– *la bouteille d'oxygène* m
46 die Wasserversorgung
– *l'alimentation* f *en eau* f
47 die Schlauchhalterung
– *le support de tube* m *flexible*
48 die Gesichtsmaske
– *le masque*
49 der Meßplatz für den CO_2-Verbrauch
– *le poste de mesure* f *de la consommation de* CO_2 m
50 der Patientenhocker
– *le tabouret du patient* m

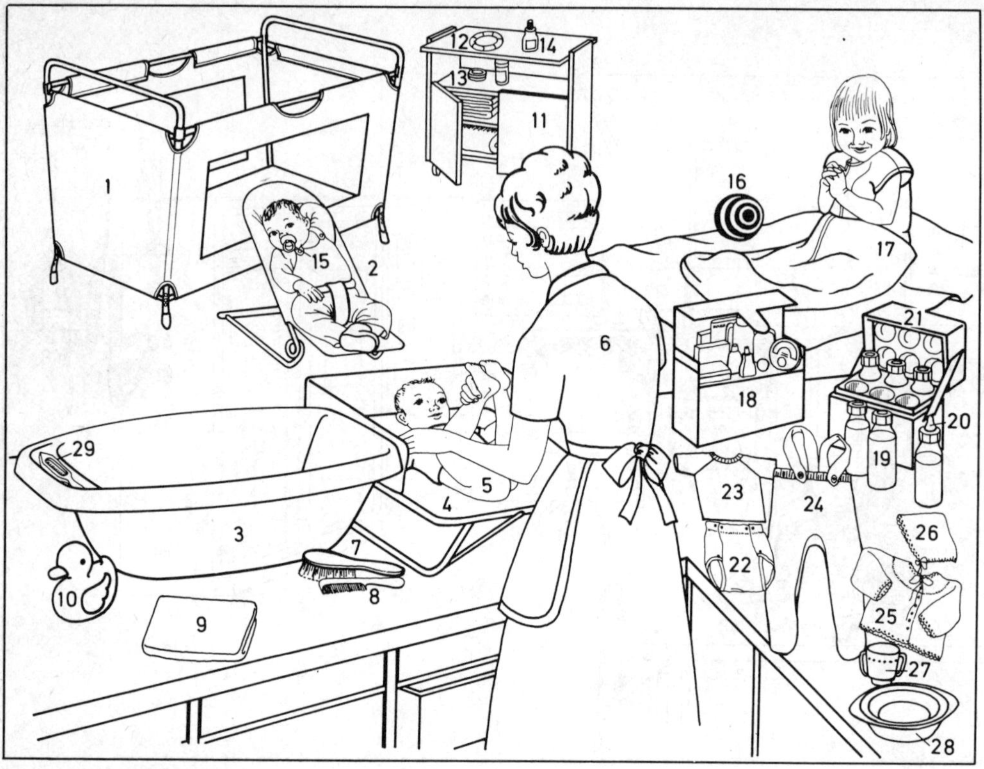

1 das Kinderreisebett
– *le lit d'enfant à roulettes* f
2 die Babywippe
– *siège de détente* f *(le siège de repos* m*)*
3 die Säuglingsbadewanne
– *la baignoire*
4 der Wickeltischaufsatz
– *le support à langer*
5 der Säugling (das Baby, Wickelkind)
– *le nourrisson (le bébé)*
6 die Mutter
– *la mère*
7 die Haarbürste
– *la brosse à cheveux* m
8 der Kamm
– *le peigne*
9 das Handtuch
– *la serviette*
10 die Schwimmente
– *le jouet flottant*
11 die Wickelkommode
– *la commode à layette* f
12 der Beißring
– *l'anneau* m *de dentition* f
13 die Cremedose
– *la boîte de crème* f
14 der Puderstreuer
– *la boîte de talc* m
15 der Lutscher (Schnuller)
– *la sucette*
16 der Ball
– *la balle*
17 der Babyschlafsack
– *le nid douillet (le nid d'ange* m*)*
18 die Pflegebox (Babybox)
– *la mallette pour nécessaire* m *de bébé* m
19 die Milchflasche
– *le biberon*
20 der Sauger
– *la tétine*
21 die Warmhaltebox (Flaschenbox)
– *la mallette à biberons* m
22 die Windelhose für Wegwerfwindeln *f*
– *la couche-culotte jetable*
23 das Kinderhemdchen
– *la brassière américaine*
24 die Strampelhose
– *la culotte pantin*
25 das Babyjäckchen
– *la brassière*
26 das Häubchen
– *le bonnet*
27 die Kindertasse
– *la tasse pour enfant* m
28 der Kinderteller, ein Warmhalteteller *m*
– *l'assiette* f *à bouillie* f, *une assiette* f *chauffante*

29 das Thermometer
– *le thermomètre*
30 der Stubenwagen, ein Korbwagen *m*
– *le berceau, un berceau en osier* m
31 die Stubenwagengarnitur
– *la garniture de berceau* m
32 der Baldachin
– *le baldaquin* m
33 der Kinderstuhl, ein Klappstuhl *m*
– *la chaise haute, une chaise pliante*
34 der Sichtfensterkinderwagen
– *le landeau à vision* f *panoramique*
35 das zurückklappbare Verdeck
– *la capote repliable*
36 das Sichtfenster
– *la fenêtre*
37 der Sportwagen
– *la poussette*
38 der Fußsack
– *la chancelière*
39 der Laufstall (das Laufställchen, Ställchen)
– *le parc pliant*
40 der Laufstallboden
– *le plancher du parc* m
41 die Bauklötze *m*
– *le jeu de construction* f
42 das Kleinkind
– *le petit enfant*
43 das Lätzchen
– *le bavoir*
44 der Rasselring
– *le hochet*
45 die Babyschuhe *m*
– *les chaussures* f *d'enfant* m
46 der Teddybär
– *l'ours* m *en peluche* f
47 das Töpfchen (der Topf)
– *le pot*
48 die Babytragetasche
– *la nacelle porte-bébé*
49 das Sichtfenster
– *la fenêtre*
50 die Haltegriffe *m*
– *les poignées* f

1-12 die Babykleidung
– *la layette*
1 die Ausfahrgarnitur
– *l'ensemble* m *de promenade* f
2 das Mützchen
– *le bonnet*
3 das Ausfahrjäckchen
– *le paletot*
4 der Pompon (Bommel)
– *le pompon*
5 die Babyschuhe *m*
– *les chaussons* m
6 das Achselhemdchen
– *la chemise*
7 das Schlupfhemdchen
– *la brassière américaine*
8 das Flügelhemdchen
– *la brassière croisante*
9 das Babyjäckchen
– *la brassière de tricot* m
10 das Windelhöschen
– *la culotte ouvrante*
11 das Strampelhöschen (der Babystrampler)
– *la grenouillère*
12 der zweiteilige Babydress
– *le deux-pièces pour bébé* m
13-30 die Kleinkinderkleidung
– *les vêtements* m *des petits* m
13 das Sommerkleidchen, ein Trägerkleidchen *n*
– *la robe d'été* m, *une robe à bretelles* f
14 der Flügelärmel
– *la manche volantée*
15 das gesmokte Oberteil
– *l'empiècement* m *à smocks* m
16 der Sommerhut (Sonnenhut)
– *le chapeau de soleil* m
17 der einteilige Jerseyanzug
– *la combinaison en jersey* m
18 der Vorderreißverschluß
– *la fermeture à glissière* f *devant*
19 der Overall
– *la salopette*
20 die Applikation
– *l'application* f
21 das Spielhöschen
– *la barboteuse*
22 der Spielanzug
– *la combinaison-short*
23 der Schlaf- und Strampelanzug
– *le pyjama*
24 der Bademantel
– *le peignoir de bain* m
25 die Kindershorts *pl*
– *la culotte courte*
26 die Hosenträger *m*
– *les bretelles* f
27 das Kinder-T-Shirt
– *le T-shirt (le tee-shirt)*
28 das Jerseykleidchen (Strickkleidchen)
– *la robe de tricot* m
29 die Stickerei
– *la broderie*
30 die Kindersöckchen *n*
– *les socquettes* f
31-47 die Schulkinderkleidung
– *les vêtements* m *d'écolier* m
31 der Regenmantel (Lodenmantel)
– *l'imperméable* m, *le loden*
32 die Lederhose (Lederhosen *pl*)
– *la culotte de peau* f
33 der Hirschhornknopf
– *le bouton en corne* f *de cerf* m
34 die Lederhosenträger *m*
– *les bretelles* f *de cuir* m
35 der Hosenlatz
– *le pont*
36 das Kinderdirndl
– *la robe paysanne* f
37 die Zierkordel (Zierverschnürung)
– *le lacet, un laçage décoratif*
38 der Schneeanzug (Steppanzug)
– *la combinaison de ski* m *(combinaison* f *matelassée)*
39 die Steppnaht
– *la surpiqûre*
40 die Latzhose
– *la salopette*
41 der Latzrock
– *le jumper*
42 die Strumpfhose
– *le collant*
43 der Nickipulli (Nicki)
– *le sweat-shirt en éponge velours* m
44 das Teddyjäckchen
– *le blouson imitation* f *fourrure* f
45 die Gamaschenhose
– *le pantalon à sous-pieds* m
46 der Mädchenrock
– *la jupe*
47 der Kinderpulli
– *le pull-over*
48-68 die Teenagerkleidung
– *les vêtements* m *junior* m
48 die Mädchenüberziehbluse
– *la marinière*
49 die Mädchenhose
– *le pantalon fillette* f
50 das Mädchenkostüm
– *le deux-pièces fillette* f
51 die Kostümjacke
– *la veste*
52 der Kostümrock
– *la jupe*
53 die Kniestrümpfe *m*
– *les mi-bas* m
54 der Mädchenmantel
– *le manteau fillette* f
55 der Mantelgürtel
– *la ceinture*
56 die Mädchentasche
– *le sac à bandoulière* f
57 die Wollmütze
– *le bonnet de laine* f
58 die Mädchenbluse
– *le chemisier*
59 der Hosenrock
– *la jupe-culotte*
60 die Knabenhose
– *le pantalon*
61 das Knabenhemd
– *la chemise*
62 der Anorak
– *l'anorak* m
63 die angeschnittenen Taschen *f*
– *les poches* f *coupées*
64 das Kapuzenband
– *le cordon de serrage* m *de la capuche*
65 der Strickbund
– *le bord-côtes tricot* m
66 der (die) Wetterparka
– *le parka*
67 der Durchziehgürtel
– *la ceinture coulissante*
68 die aufgesetzten Taschen *f*
– *les poches* f *plaquées*

1
2
3
4
5
6
7
8
9
10
11
12
13
14
15
16
17
18
19
20
21
22
23
24
25
26
27
28
29
30
31
32
33
34
35
36
37
38
39
40
41
42
43
44
45
46
47
48
49
50
51
52
53
54
55
56
57
58
59
60
61
62
63
64
65
66
67
68

30 Damenkleidung I (Winterkleidung)

1 das Nerzjäckchen
– *la veste de vison* m
2 der Rollkragenpullover
– *le pull-over à col* m *roulé*
3 der halsferne Rollkragen
– *le col-boule*
4 der Überziehpullover
– *la marinière de tricot* m
5 der Umschlagkragen
– *le col marin*
6 der Umschlagärmel
– *la manche à revers* m
7 der Rolli (Unterziehrolli)
– *le sous-pull*
8 der Kleiderrock
– *la robe-jumper*
9 die Reversbluse
– *le chemisier*
10 das Hemdblusenkleid, ein durchgeknöpftes Kleid
– *la robe-chemisier, une robe entièrement boutonnée*
11 der Kleidergürtel
– *la ceinture*
12 das Winterkleid
– *la robe d'hiver* m
13 die (der) Paspel
– *le passepoil*
14 die Manschette
– *la manchette*
15 der lange Ärmel
– *la manche longue*
16 die Steppweste (wattierte Steppweste)
– *le gilet matelassé*
17 die Steppnaht
– *la surpiqûre*
18 der Lederbesatz
– *la garniture de cuir* m
19 die lange Winterhose
– *le pantalon long d'hiver* m
20 der Ringelpulli
– *le pull-over rayé*
21 die Latzhose
– *la salopette*
22 die aufgesetzte Tasche
– *la poche plaquée*
23 die Brusttasche
– *la poche de poitrine* f
24 der Latz
– *la bavette*
25 das Wickelkleid
– *la robe portefeuille*
26 die Polobluse
– *le polo*
27 das Folklorekleid
– *la robe folklore* m
28 die Blümchenborte
– *le galon fleuri*
29 die Tunika (Tunique, das Tunikakleid)
– *la tunique*
30 der Armbund
– *le poignet*
31 das aufgesteppte Muster
– *les surpiqûres décoratives*
32 der Plisseerock
– *la jupe plissée*
33 das zweiteilige Strickkleid
– *le deux-pièces tricot* m
34 der Bootsausschnitt, ein Halsausschnitt *m*
– *le décolleté bateau* m
35 der Ärmelaufschlag
– *le revers de manche* f
36 der angeschnittene Ärmel
– *la manche kimono* m
37 das eingestrickte Muster
– *le dessin jacquard*
38 der Lumber
– *le blouson*
39 das Zopfmuster
– *le point torsade* f
40 die Hemdbluse (Hemdenbluse, Bluse)
– *la chemise*
41 der Schlaufenverschluß
– *la fermeture à brides* f
42 die Stickerei
– *la broderie*
43 der Stehkragen
– *le col officier* m
44 die Stiefelhose
– *le pantalon bouffant*
45 das Kasackkleid
– *le deux-pièces tunique* f
46 die Schleife
– *le nœud*
47 die Blende
– *l'empiècement* m
48 der Ärmelschlitz
– *la fente de la manche*
49 der Seitenschlitz
– *la fente de côté* m
50 das Chasuble
– *la chasuble*
51 der Seitenschlitzrock
– *la jupe fendue sur le côté*
52 der Untertritt
– *le pli Dior*
53 das Abendkleid
– *la robe du soir* m
54 der plissierte Trompetenärmel
– *la manche pagode* f *plissée*
55 die Partybluse
– *la blouse de cocktail* m
56 der Partyrock
– *la jupe de cocktail* m
57 der Hosenanzug
– *le costume pantalon* m
58 die Wildlederjacke
– *la veste en daim* m
59 der Pelzbesatz
– *la garniture de fourrure* f
60 der Pelzmantel (*Arten:* Persianer *m*, Breitschwanz, Nerz, Zobel)
– *le manteau de fourrure* f *(astrakan* m, *breitschwanz* m, *vison* m, *zibeline* f*)*
61 der Wintermantel (Tuchmantel)
– *le manteau d'hiver* m *(le manteau e drap* m*)*
62 der Ärmelpelzbesatz
– *le poignet de fourrure* f
63 der Pelzkragen
– *le col de fourrure* f
64 der Lodenmantel
– *le loden*
65 die Pelerine
– *la pèlerine*
66 **die Knebelknöpfe** ***m***
– *les boutons* m *olive* f
67 der Lodenrock
– *la jupe en loden* m
68 das Ponchocape
– *le manteau-cape*
69 die Kapuze
– *la capuche*

1
2
3
4
5
6
7
8
9
10
11
12
13
14
15
16
17
18
19
20
21
22
23
24
25
26
27
28
29
30
31
32
33
34
35
36
37
38
39
40
41
42
43
44
45
46
47
48
49
50
51
52
53
54
55
56
57
58
59
60
61
62
63
64
65
66
67
68
69

31 Damenkleidung II (Sommerkleidung)

1 das Kostüm
– *le costume tailleur* m *(le tailleur)*
2 die Kostümjacke
– *la veste de tailleur* m
3 der Kostümrock
– *la jupe de tailleur* m
4 die angeschnittene Tasche
– *la poche coupée*
5 die Ziernaht
– *la surpiqûre*
6 das Jackenkleid
– *l'ensemble* m *robe* f
7 die Paspel
– *le passepoil*
8 das Trägerkleid
– *la robe à bretelles* f
9 das Sommerkleid
– *la robe d'été* m
10 der Gürtel (Kleidergürtel)
– *la ceinture*
11 das zweiteilige Kleid
– *le deux-pièces*
12 die Gürtelschnalle
– *la boucle de ceinture* f
13 der Wickelrock
– *la jupe portefeuille* m
14 die Tubenlinie
– *la ligne tube* m
15 die Schulterknöpfe *m*
– *les boutons* m *d'épaule* f
16 der Fledermausärmel
– *les manches* f *chauve-souris* f
17 das Overdresskleid
– *la robe housse* f
18 die Kimonopasse
– *l'empiècement* m *kimono* m
19 der Bindegürtel
– *la ceinture nouée*
20 der Sommermantel
– *le manteau d'été* m
21 die abknöpfbare Kapuze
– *le capuchon amovible*
22 die Sommerbluse
– *le chemisier manches* f *courtes*
23 der Revers
– *le col*
24 der Rock
– *la jupe*
25 die Vorderfalte
– *le pli de devant*
26 das Dirndl (Dirndlkleid)
– *la robe paysanne* f
27 der Puffärmel
– *la manche ballon* m
28 der Dirndlschmuck
– *le collier folklore* m
29 die Dirndlbluse
– *la blouse paysanne* f
30 das Mieder
– *le corselet*
31 die Dirndlschürze
– *le tablier paysanne* f
32 der Spitzenbesatz (die Spitze), eine Baumwollspitze
– *la garniture de dentelle* f *(la dentelle, dentelle* f *de coton* m*)*
33 die Rüschenschürze
– *le tablier à volants* m
34 die Rüsche
– *le volant*
35 der Kasack
– *la tunique*
36 das Hauskleid
– *la robe d'intérieur* m
37 die Popelinejacke
– *la veste de popeline* f
38 das T-Shirt
– *le T-shirt (le tee-shirt)*
39 die Damenshorts *pl*
– *le short*
40 der Hosenaufschlag
– *le revers*
41 der Gürtelbund
– *la ceinture*
42 der Blouson
– *le blouson*
43 der Stretchbund
– *le bord-côtes élastique*
44 die Bermudas *pl*
– *le bermuda*
45 die Steppnaht
– *la surpiqûre*
46 der Rüschenkragen
– *le col à volants* m
47 der Knoten
– *le nœud*
48 der Hosenrock
– *la jupe-culotte*
49 das Twinset
– *le twin-set*
50 die Strickjacke
– *la veste tricot* m
51 der Pulli
– *le pull-over*
52 die Sommerhose
– *le pantalon d'été* m
53 der Overall
– *la combinaison de mécanicien* m
54 der Ärmelaufschlag
– *le revers de manche* f
55 der Reißverschluß
– *la fermeture à glissière* f
56 die aufgesetzte Tasche
– *la poche plaquée*
57 das Nickituch
– *le gavroche*
58 der Jeansanzug
– *le deux-pièces jeans*
59 die Jeansweste
– *la veste jeans*
60 die Jeans *pl* (Blue Jeans)
– *le jeans (blue jeans)*
61 die Schlupfbluse
– *la tunique*
62 der Krempelärmel
– *la manche retroussée*
63 der Stretchgürtel
– *la ceinture élastique*
64 das rückenfreie T-Shirt
– *le T-shirt dos* m *nu (le tee-shirt dos* m *nu)*
65 der Kasackpullover
– *la tunique tricot* m
66 der Tunnelgürtel
– *la ceinture coulissée*
67 der Sommerpulli
– *le pull-over d'été* m
68 der V-Ausschnitt
– *le décolleté en V*
69 der Umlegekragen
– *le col rabattu*
70 der Strickbund
– *le bord-côtes*
71 das Schultertuch (Dreieckstuch)
– *le châle (le châle triangulaire)*

1
2
3
4
5
6
7
8
9
10
11
12
13
14
15
16
17
18
19
20
21
22
23
24
25
26
27
28
29
30
31
32
33
34
35
36
37
38
39
40
41
42
43
44
45
46
47
48
49
50
51
52
53
54
55
56
57
58
59
60
61
62
63
64
65
66
67
68
69
70
71

1-15 die Damenunterkleidung (Damenunterwäsche, Damenwäsche, *schweiz.* die Dessous *n*)
– ***les sous-vêtements*** m ***féminins, lingerie*** f
1 der Büstenhalter (BH)
– *le soutien-gorge*
2 die Miederhose
– *le panty*
3 das Hosenkorselett
– *la gaine-culotte*
4 der Longline-Büstenhalter (lange BH)
– *le bustier*
5 der Elastikschlüpfer
– *la gaine*
6 der Strumpfhalter
– *la jarretelle*
7 das Unterhemd
– *la chemise américaine*
8 das Hosenhöschen in Slipform *f*
– *le boxer*
9 der Damenkniestrumpf
– *le mi-bas*
10 der Schlankformschlüpfer
– *la culotte à jambes* f
11 die lange Unterhose
– *le collant pied* m *nu*
12 die Strumpfhose
– *le collant*
13 der Unterrock
– *le fond de robe* f
14 der Halbrock
– *le jupon*
15 der Slip
– *le slip*
16-21 die Damennachtkleidung
– ***les vêtements*** m ***de nuit*** f ***féminins***
16 das Nachthemd
– *la chemise de nuit* f
17 der zweiteilige Hausanzug (Schlafanzug)
– *le pyjama*
18 das Oberteil
– *le haut de pyjama* m
19 die Hose
– *le pantalon de pyjama* m
20 der Haus- und Bademantel
– *le peignoir ou robe* f *d'intérieur* m
21 der Schlaf- und Freizeitanzug
– *le bloomer ou pyjama-short*
22-29 die Herrenunterwäsche (Herrenunterkleidung, Herrenwäsche)
– ***les sous-vêtements*** m ***masculins***
22 das Netzhemd (die Netzunterjacke)
– *le maillot de corps* m *filet* m
23 der Netzslip
– *le slip filet* m
24 der Deckverschluß
– *la doublure de braguette* f
25 die Unterjacke ohne Ärmel *m*
– *le maillot de corps* m
26 der Slip
– *le slip*
27 der Schlüpfer
– *le boxer*
28 die Unterjacke mit halben Ärmeln *m*
– *le gilet de corps* m *à manches* f *courtes (T-shirt* m, *tee-shirt* m*)*
29 die Unterhose mit langen Beinen *n*
– *le caleçon long*
30 der Hosenträger
– *les bretelles* f
31 der Hosenträgerklipp
– *la pince de bretelles* f
32-34 Herrensocken *f*
– ***chaussettes*** f
32 die knielange Socke
– *mi-bas* m
33 der elastische Sockenrand
– *la bande élastique*
34 die wadenlange Socke
– *mi-chaussettes* f
35-37 die Herrennachtkleidung
– ***les vêtements*** m ***de nuit*** f ***pour hommes*** m
35 der Morgenmantel
– *la robe de chambre* f
36 der Langform-Schlafanzug
– *le pyjama droit*
37 das Schlafhemd
– *la veste de nuit* f
38-47 Herrenhemden *n*
– ***chemises*** f ***d'homme*** m
38 das Freizeithemd
– *la chemise sport* m
39 der Gürtel
– *la ceinture*
40 das Halstuch
– *le foulard*
41 die Krawatte
– *la cravate*
42 der Krawattenknoten
– *le nœud de la cravate*
43 das Smokinghemd
– *la chemise de smoking* m
44 die Rüschen *f* (der Rüschenbesatz)
– *le plastron plissé*
45 die Manschette
– *la manchette*
46 der Manschettenknopf
– *le bouton de manchette* f
47 die Smokingschleife (Fliege)
– *le nœud papillon* m

1
2
3
4
5
6
7
8
9
10
11
12
13
14
15
16
17
18
19
20
21
22
23
24
25
26
27
28
29
30
31
32
33
34
35
36
37
38
39
40
41
42
43
44
45
46
47

1-67 die Herrenmode
– ***la mode masculine***
1 der Einreiher, ein Herrenanzug *m*
– *le complet droit*
2 die Jacke (der Rock, das Jackett)
– *la veste*
3 die Anzughose
– *le pantalon*
4 die Weste
– *le gilet*
5 der Aufschlag (Revers)
– *le revers*
6 das Hosenbein mit Bügelfalte
– *la jambe de pantalon* m *avec pli* m
7 der Smoking, ein Abendanzug
– *le smoking, une tenue de soirée* f
8 der Seidenrevers
– *le revers de soie* f
9 die Brusttasche
– *la poche de poitrine* f
10 das Einstecktuch (Ziertaschentuch)
– *la pochette*
11 die Smokingschleife
– *le nœud papillon* m
12 die Seitentasche
– *la poche extérieure*
13 der Frack, ein Gesellschaftsanzug *m*
– *l'habit* m, *un vêtement de cérémonie* f
14 der Frackschoß
– *la basque*
15 die weiße Frackweste
– *le gilet d'habit* m *blanc*
16 die Frackschleife
– *le nœud papillon* m *blanc*
17 der Freizeitanzug
– *le costume de week-end* m
18 die Taschenklappe (Patte)
– *le rabat de poche* f
19 der Frontsattel
– *l'empiècement* m
20 der Jeansanzug
– *le costume jeans*
21 die Jeansjacke
– *la veste jeans*
22 die Jeans *pl* (Blue Jeans)
– *le jeans (blue-jeans)*
23 der Hosenbund
– *la ceinture*
24 der Strandanzug
– *le costume de plage* f
25 die Shorts *pl*
– *le short*
26 die kurzärmelige Jacke
– *la saharienne*
27 der Sport-(Trainings-)Anzug
– *le survêtement*
28 die Trainingsjacke mit Reißverschluß *m*
– *le blouson de survêtement* m *avec fermeture* f *à glissière* f
29 die Trainingshose
– *le pantalon de survêtement* m
30 die Strickjacke
– *la veste tricot* m
31 der Strickkragen
– *le col en tricot* m
32 der Herrensommerpulli
– *le pull-over d'été* m *pour hommes* m
33 das kurzärmelige Hemd
– *la chemisette*
34 der Hemdenknopf
– *le bouton de chemise* f
35 der Ärmelaufschlag
– *le revers de manche* f
36 das Strickhemd
– *le polo*
37 das Freizeithemd
– *la chemise de sport* m
38 die aufgesetzte Hemdentasche
– *la poche plaquée*
39 die Freizeit-(Wander-)Jacke
– *la veste sport* m
40 die Kniebundhose
– *le pantalon de varappe* f
41 der Kniebund
– *le bas de jambe* f
42 der Kniestrumpf
– *le mi-bas*
43 die Lederjacke
– *la veste de cuir* m
44 die Arbeitslatzhose
– *la salopette*
45 der verstellbare Träger
– *les bretelles* f *réglables*
46 die Latztasche
– *la poche de poitrine* f
47 die Hosentasche
– *la poche de pantalon* m
48 der Hosenschlitz
– *la braguette*
49 die Zollstocktasche
– *la poche à mètre* m
50 das Karohemd
– *la chemise à carreaux* m
51 der Herrenpullover
– *le pull-over d'homme* m
52 der Skipullover
– *le pull-over de ski* m
53 die Unterziehstrickweste
– *le gilet de tricot* m
54 der Blazer
– *le blazer*
55 der Rockknopf
– *le bouton du veston*
56 der Arbeitsmantel (Arbeitskittel, „weiße Kittel")
– *la blouse de travail* m *(la blouse blanche)*
57 der Regentrenchcoat, ein Trenchcoat *m*
– *le trench-coat*
58 der Mantelkragen
– *le col*
59 der Mantelgürtel
– *la ceinture*
60 der Popeline-(Übergangs-)Mantel
– *le manteau (de demi-saison* f*) en popeline* f [en France: *un imperméable]*
61 die Manteltasche
– *la poche*
62 die verdeckte Knopfleiste
– *le boutonnage sous patte* f
63 der Tuchcaban
– *le caban*
64 der Mantelknopf
– *le bouton*
65 der Schal
– *le foulard*
66 der Tuchmantel
– *le manteau de drap* m
67 der Handschuh
– *le gant*

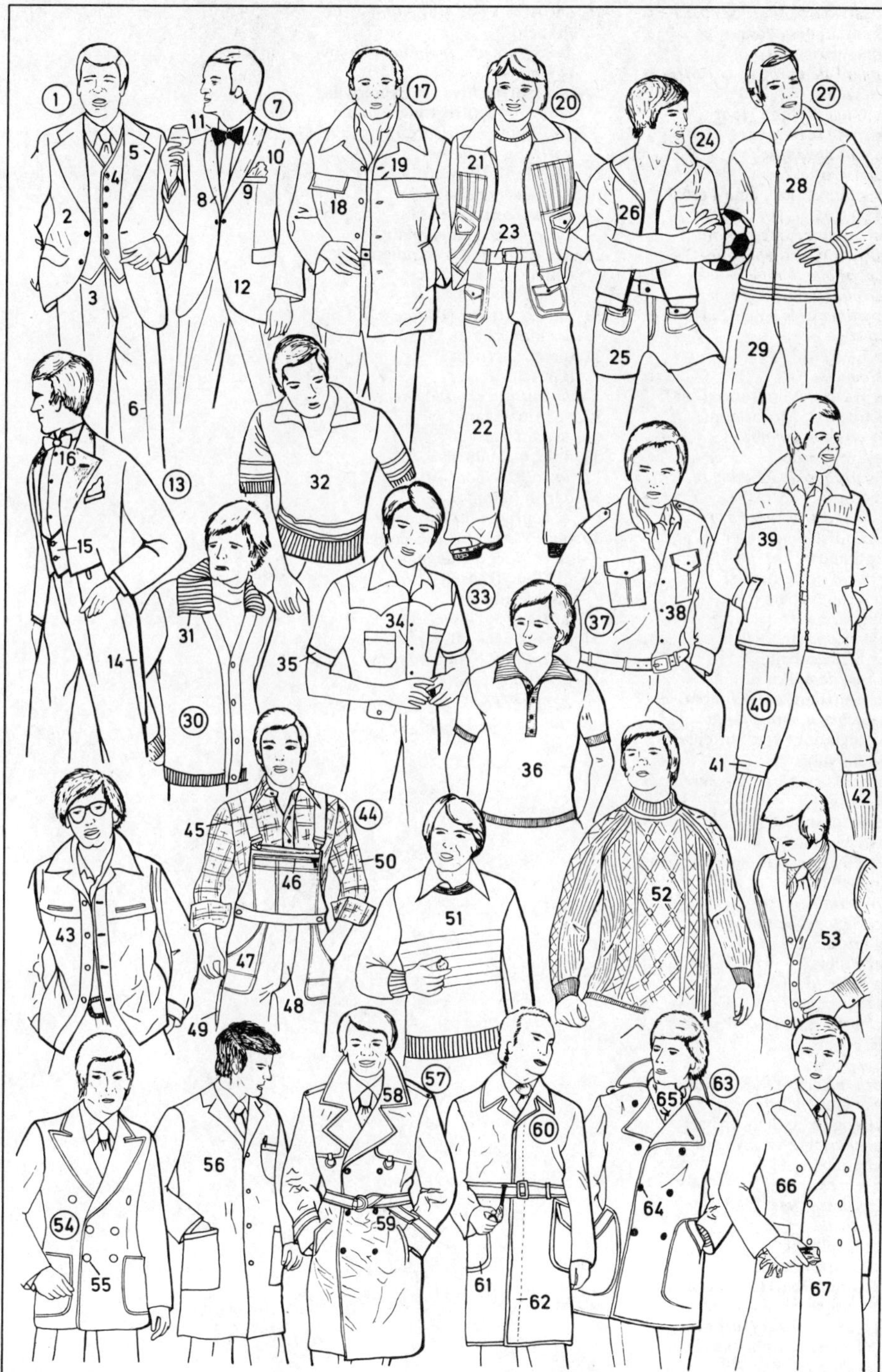
1
2
3
4
5
6
7
8
9
10
11
12
13
14
15
16
17
18
19
20
21
22
23
24
25
26
27
28
29
30
31
32
33
34
35
36
37
38
39
40
41
42
43
44
45
46
47
48
49
50
51
52
53
54
55
56
57
58
59
60
61
62
63
64
65
66
67

1-25 Bart- und Haartrachten *f* (Frisuren) **des Mannes** *m* (Männerfrisuren)
– ***coupes*** f ***de barbe*** m ***et coiffures*** f ***masculines***
1 das lange, offene Haar
– *les cheveux* m *longs*
2 die Allongeperücke (Staatsperücke, Lockenperücke), eine Perücke; *kürzer und glatter:* die Stutzperücke (Atzel), die Halbperücke (das Toupet)
– *la perruque longue bouclée (perruque Louis XIV); ne couvrant que le haut de la tête: le toupet*
3 die Locken *f*
– *les boucles* f
4 die Haarbeutelperücke (der Haarbeutel, Mozartzopf)
– *la perruque à bourse* f
5 die Zopfperücke
– *la perruque à la Cadogan*
6 der Zopf
– *le catogan (le cadogan)*
7 die Zopfschleife (das Zopfband)
– *le nœud de perruque* f
8 der Schnauzbart (*ugs.* Schnauzer)
– *la moustache*
9 der Mittelscheitel
– *la raie de milieu* m
10 der Spitzbart, ein Kinnbart *m*
– *la barbe en pointe (le bouc)*
11 der Igelkopf (*ugs.* Stiftenkopf, die Bürste)
– *la coupe en brosse* f *(cheveux* m *en brosse* f*)*
12 der Backenbart
– *les favoris* m
13 der Henriquatre, ein Spitz- und Knebelbart *m*
– *l'impériale* f
14 der Seitenscheitel
– *la raie de côté*
15 der Vollbart
– *la barbe longue*
16 der Stutzbart
– *la barbe carrée*
17 die Fliege
– *la mouche*
18 der Lockenkopf (Künstlerkopf)
– *la coiffure bouclée*
19 der englische Schnurrbart
– *la moustache en brosse* f
20 der Glatzkopf
– *la tête chauve*
21 die Glatze (*ugs.* Platte)
– *la calvitie*
22 der Kahlkopf
– *la calvitie totale*
23 der Stoppelbart (die Stoppeln *f*, Bartstoppeln)
– *la barbe de trois jours* m
24 die Koteletten *pl*; *früh.* Favoris
– *les pattes* f
25 die glatte Rasur
– *le visage rasé*
26 der Afro-Look (für Männer u. Frauen)
– *la coiffure afro (pour hommes* m *et femmes* f*)*
27-38 Haartrachten *f* (Frisuren) **der Frau** (Frauenfrisuren, Damen- und Mädchenfrisuren)
– ***coiffures de dame*** f
27 der Pferdeschwanz
– *la queue de cheval*
28 das aufgesteckte Haar
– *la coiffure à chignon* m
29 der Haarknoten (Knoten, Chignon, *ugs.* Dutt)
– *le chignon*
30 die Zopffrisur (Hängezöpfe *m*)
– *les nattes* f
31 die Kranzfrisur (Gretchenfrisur)
– *la coiffure en diadème* m
32 der Haarkranz
– *le diadème*
33 das Lockenhaar
– *la coiffure bouclée*
34 der Bubikopf
– *la coiffure à la garçonne*
35 der Pagenkopf (die Ponyfrisur)
– *la coiffure à frange* f
36 die Ponyfransen *f* (*ugs.* Simpelfransen)
– *la frange*
37 die Schneckenfrisur
– *la coiffure à macarons* m
38 die Haarschnecke
– *le macaron*

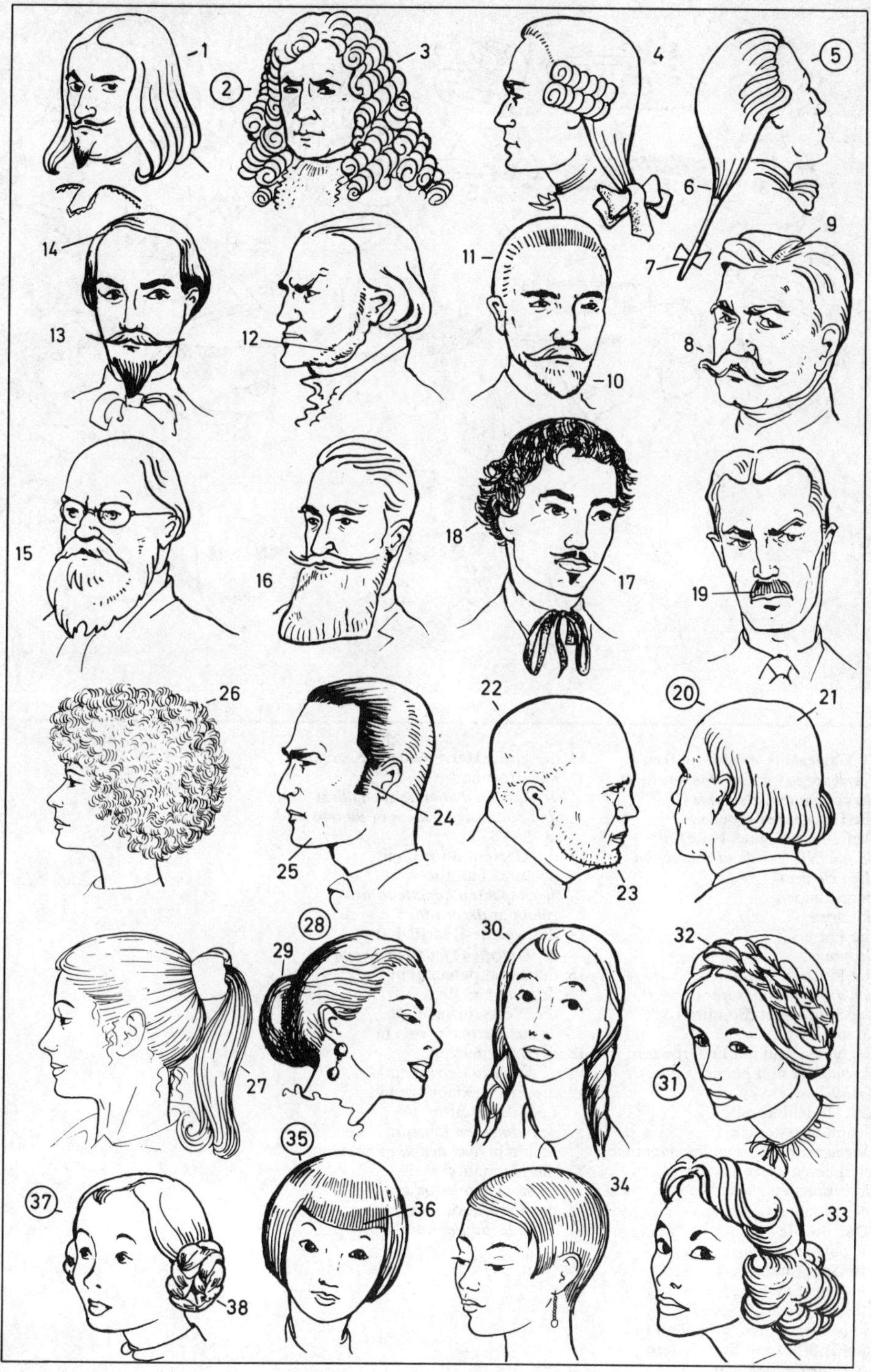
1
2
3
4
5
6
7
8
9
10
11
12
13
14
15
16
17
18
19
20
21
22
23
24
25
26
27
28
29
30
31
32
33
34
35
36
37
38

1-21 Damenhüte *m* **und -mützen** *f*
– ***les chapeaux*** m, ***les bonnets*** m ***et les casquettes*** f ***de dame*** f
1 die Hutmacherin beim Anfertigen *n* eines Hutes *m*
– *la modiste lors de la confection d'un chapeau*
2 der Stumpen
– *la forme*
3 die Form
– *le moule*
4 die Putzteile *m od. n*
– *les différentes parures* f
5 der Sonnenhut (Sombrero)
– *le sombrero*
6 der Mohairhut mit Federputz *m*
– *le chapeau* m *à plumes* f *en mohair* m
7 der Modellhut mit Schmuckgesteck *n*
– *le chapeau orné d'un bouquet* m
8 die Leinenmütze
– *la casquette de toile* f
9 die Mütze aus dicker Dochtwolle
– *le bonnet de grosse laine* f
10 die Strickmütze
– *le bonnet tricoté*
11 die Mohairstoffkappe
– *le bonnet en tissu* m *mohair* m
12 der Topfhut mit Steckfedern *f*
– *le chapeau à plumes* f
13 der große Herrenhut aus Sisal *m* mit Ripsband *n*
– *le chapeau d'homme* m *en fibre* f *de sisal* m *avec ruban* m *de reps* m
14 die Herrenhutform mit Schmuckband *n*
– *le chapeau d'homme* m *avec ruban* m *décoratif*
15 der weiche Haarfilzhut
– *le chapeau de feutre* m *de poil* m
16 der Japanpanamahut
– *le panama*
17 die Nerzschirmkappe
– *la casquette de vison* m
18 der Nerzpelzhut
– *le chapeau de vison* m
19 die Fuchspelzmütze mit Lederkopfteil *m*
– *le bonnet (en fourrure* f*) de renard* m *avec dessus* m *en cuir* m
20 die Nerzmütze
– *le bonnet de vison* m
21 der Florentinerhut
– *le chapeau florentin*

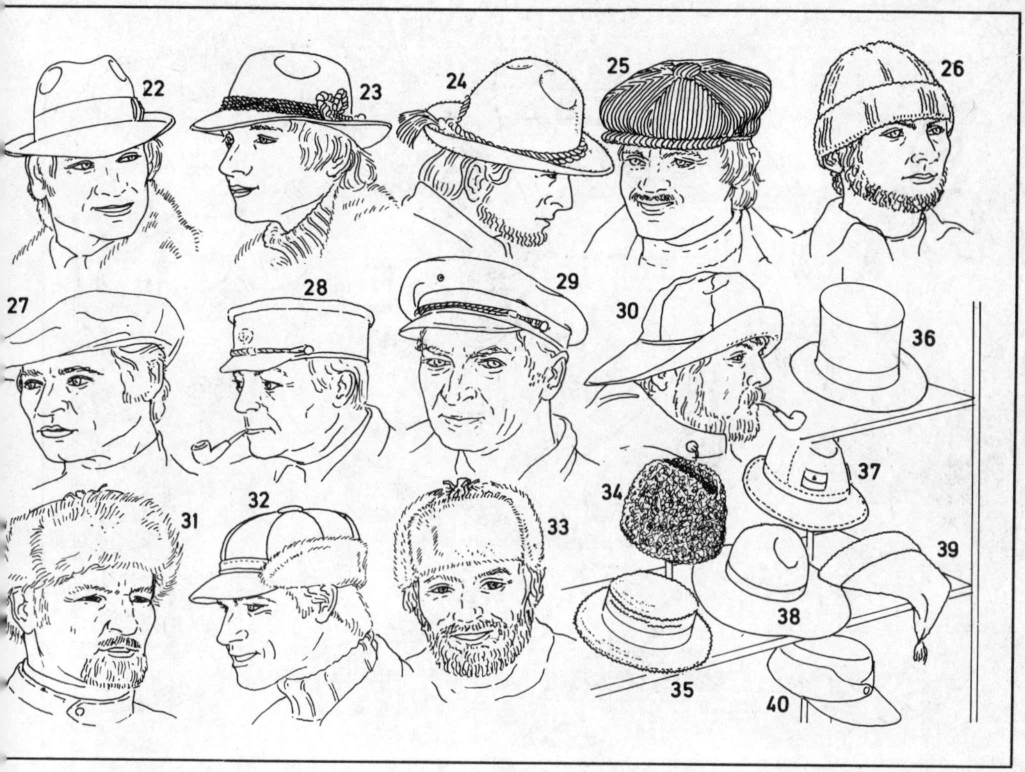

22-40 Herrenhüte *m* **und -mützen** *f*
– ***les chapeaux*** m, ***les casquettes*** f ***et les bonnets*** m ***d'homme*** m

22 der Filzhut im City-Stil *m*
– *le chapeau de feutre* m

23 der Lodenhut
– *le chapeau loden*

24 der Rauhhaarfilzhut mit Quasten *f*
– *le chapeau de feutre* m *de poil* m *rèche avec houppe* f

25 die Kordmütze
– *la casquette de velours* m

26 die Wollmütze
– *le bonnet de laine* f

27 die Baskenmütze
– *le béret basque*

28 die Schiffermütze (Prinz-Heinrich-Mütze)
– *la casquette prince* m *Heinrich, une casquette de marin* m

29 die Schirmmütze (Seglermütze)
– *la casquette de marin* m *avec visière* f

30 der Südwester
– *le suroît*

31 die Fuchsfellmütze mit Ohrenklappen *f*
– *la toque de fourrure* f *(de renard* m*) avec couvre-oreilles* m

32 die Ledermütze mit Fellklappen *f*
– *la casquette de cuir* m *avec couvre-oreilles* m *de fourrure* f

33 die Bisamfellmütze (Schiwago-Mütze)
– *le bonnet de musc* m

34 die Schiffchenmütze, eine Fell- oder Krimmermütze
– *la toque de fourrure* f*, une toque d'astrakan* m*, une toque de cosaque* m

35 der Strohhut (die Kreissäge)
– *le chapeau de paille* f *(le canotier)*

36 der (graue oder schwarze) Zylinder (Zylinderhut) aus Seidentaft *m*; *zusammenklappbar:* der Klapphut (Chapeau claque)
– *le chapeau haut de forme* f *(le haut-de-forme) de taffetas* m*;* à ressorts m: *le chapeau claque (le gibus)*

37 der Sommerhut aus Stoff *m* mit Täschchen *n*
– *le chapeau d'été* m *en tissu* m *avec pochette* f

38 der breitrandige Hut (Kalabreser, Zimmermannshut, Künstlerhut)
– *le chapeau mou à larges bords* m *(le chapeau d'artiste* m*)*

39 die Zipfelmütze (Skimütze)
– *le bonnet à pointe* f *(le bonnet de ski* m*)*

40 die Arbeitsmütze
– *la casquette*

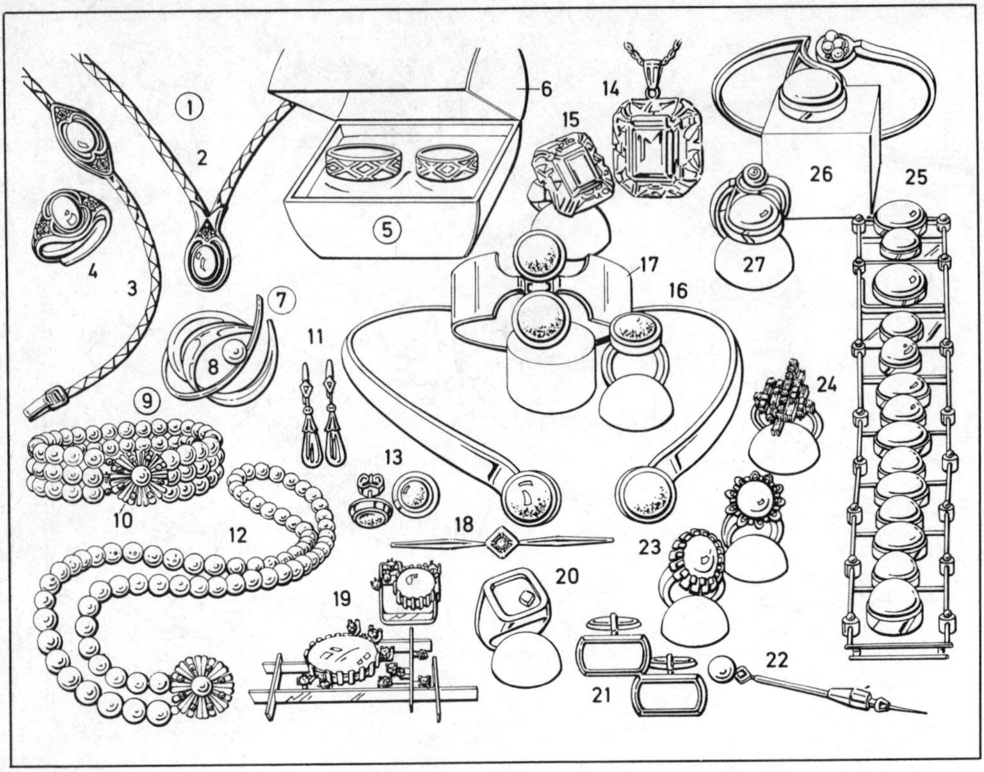

1 die Schmuckgarnitur (das Schmuckset)
– *la parure*
2 das Collier
– *le collier*
3 das Armband
– *le bracelet*
4 der Ring
– *la bague*
5 die Trauringe *m*
– *l'alliance* f
6 das Trauringkästchen
– *l'écrin* m *à alliances* f
7 die Brosche, eine Perlenbrosche
– *la broche*
8 die Perle
– *la perle*
9 das Zuchtperlenarmband
– *le bracelet en perles* f *de culture* f
10 die Schließe, eine Weißgoldschließe
– *le fermoir, un fermoir en or* m *blanc*
11 das Ohrgehänge
– *le pendant d'oreille* f
12 das Zuchtperlencollier
– *le collier en perles* f *de culture* f
13 die Ohrringe
– *les boucles* f *d'oreille* f
14 der Schmucksteinanhänger (Edelsteinanhänger)
– *le pendentif en pierres* f *fines (pierres* f *précieuses)*
15 der Schmucksteinring (Edelsteinring)
– *la bague en pierres* f *fines (pierres* f *précieuses)*
16 der Halsring
– *le tour de cou* m
17 der Armreif
– *le bracelet rigide*
18 die Anstecknadel mit Brillant *m*
– *la barrette avec brillant* m
19 der moderne Ansteckschmuck
– *la broche moderne*
20 der Herrenring
– *la bague d'homme* m *(la chevalière)*
21 die Manschettenknöpfe
– *les boutons* m *de manchette* f
22 die Krawattennadel
– *l'épingle* f *de cravate* f
23 der Brillantring mit Perle *f*
– *la bague perle* f *entourage* m *brillants* m
24 der moderne Brillantring
– *la bague brillants* m *moderne*
25 das Schmucksteinarmband (Edelsteinarmband)
– *le bracelet en pierres* f *fines (pierres* f *précieuses)*
26 der asymmetrische Schmuckreif
– *le bracelet rigide asymétrique*
27 der asymmetrische Schmuckring
– *la bague asymétrique*
28 die Elfenbeinkette
– *le collier d'ivoire* m
29 die Elfenbeinrose (Erbacher Rose)
– *la rose en ivoire* m *taillé*
30 die Elfenbeinbrosche
– *la broche en ivoire* m
31 die Schmuckkassette (Schmuckschatulle, der Schmuckkasten, das Schmuckkästchen)
– *le coffret à bijoux* m
32 die Perlenkette
– *le collier de perles* f
33 die Schmuckuhr
– *la montre bijou* m
34 die Echtkorallenkette
– *le collier de corail* m *véritable*
35 die Berlocken *f* (das Ziergehänge, der Charivari)
– *les breloques* f
36 die Münzenkette
– *la chaîne avec pièces* f
37 die Goldmünze
– *la pièce d'or* m
38 die Münzenfassung
– *l'entourage* m *de la pièce*
39 das Kettenglied
– *le maillon de la chaîne*
40 der Siegelring
– *la chevalière à monogramme* m
41 die Gravur (das Monogramm)
– *la gravure (le monogramme)*
42-86 die Schleifarten und Schlifformen *f*
– *les différentes tailles* f *de pierres* f
42-71 facettierte Steine
– *pierres* f *taillées à facettes* f
42-43 der normal facettierte Rundschliff
– *taille* f *ronde normale à facettes* f
44 der Brillantschliff
– *la taille brillant* m

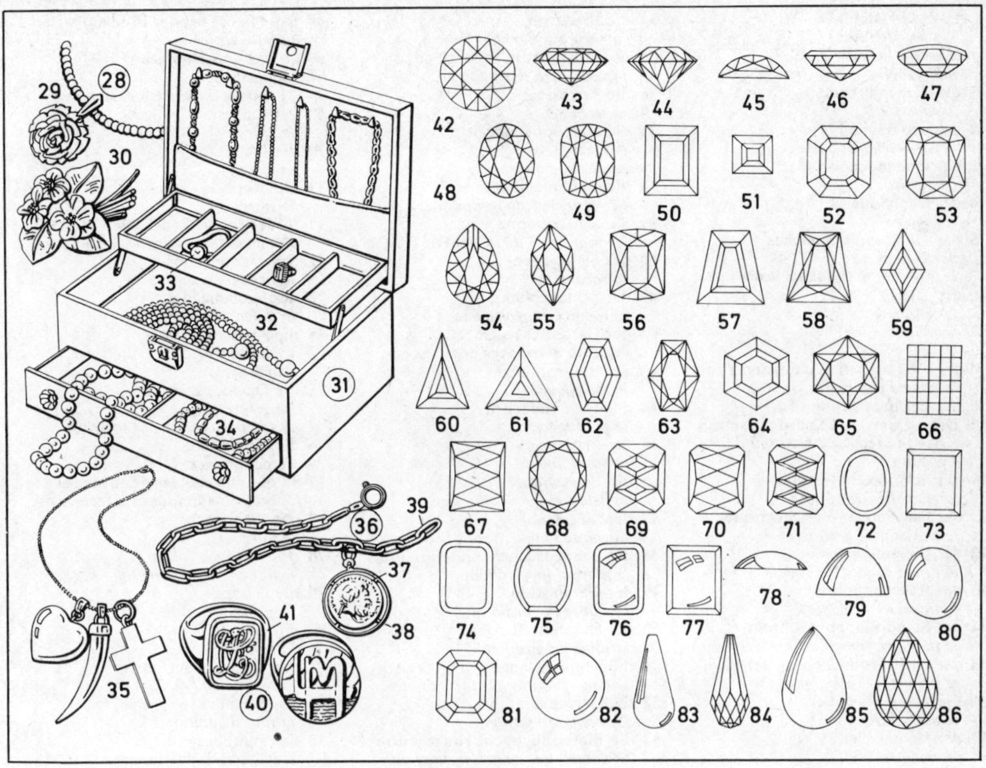

45 der Rosenschliff
– *la taille rose* f
46 die flache Tafel
– *la table plate*
47 die gemugelte Tafel
– *la table bombée*
48 der normal facettierte normale Schliff
– *la taille ovale normale*
49 der normal facettierte antike Schliff
– *la taille ancienne (la taille anglaise)*
50 der Rechteck-Treppenschliff
– *la taille rectangle* m *à angles* m *vifs*
51 der Karree-Treppenschliff
– *la taille carré* m *à angles* m *vifs*
52 der Achteck-Treppenschliff
– *la taille rectangle* m *à pans* m *coupés (octogonale, taille* f *émeraude* f*)*
53 der Achteck-Kreuzschliff
– *la taille octogonale à facettes* f *croisées*
54 die normal facettierte Birnenform
– *la taille poire* f
55 die Navette
– *la navette*
56 die normal facettierte Faßform
– *le coussin*
57 der Trapez-Treppenschliff
– *la taille trapèze* m *à angles* m *vifs*
58 der Trapez-Kreuzschliff
– *la taile trapèze* m *à facettes* f *croisées*
59 das Spießeck (der Rhombus) im Treppenschliff *m*
– *la taille losange* m *à angles* m *vifs*

60-61 das Dreieck *m* (der Triangel) im Treppenschliff
– *le triangle à angles* m *vifs*
62 das Sechseck (Hexagon) im Treppenschliff *m*
– *le six-pans à angles* m *vifs*
63 das ovale Sechseck (Hexagon) im Kreuzschliff *m*
– *le six-pans à facettes* f *croisées*
64 das runde Sechseck im Treppenschliff *m*
– *l'hexagone* m *à angles* m *vifs*
65 das runde Sechseck im Kreuzschliff *m*
– *l'hexagone* m *à facettes* f *croisées*
66 der Schachbrettschliff
– *la taille en damiers* m
67 der Triangelschliff
– *la taille en triangles* m
68-71 Phantasieschliffe *m*
– *tailles* f *fantaisie*
72-77 Ringsteine *m*
– *pierres* f *pour écussons* m
72 die ovale flache Tafel
– *la table plate ovale*
73 die rechteckige flache Tafel
– *la table plate rectangulaire*
74 die achteckige flache Tafel
– *la table plate rectangulaire à angles* m *ronds*
75 die Faßform
– *la table plate tonneau* m
76 die antike gemugelte Tafel
– *la table bombée à l'ancienne (à angles* m *ronds)*

77 die rechteckige gemugelte Tafel
– *la table bombée rectangulaire à angles* m *vifs*
78-81 Cabochons *m*
– *les cabochons* m
78 der runde Cabochon
– *le cabochon rond*
79 der runde Kegel
– *le cabochon pain* m *de sucre* m
80 der ovale Cabochon
– *le cabochon ovale*
81 der achteckige Cabochon
– *le cabochon octogonal*
82-86 Kugeln *f* und Pampeln *f*
– *boules* f *et pampilles* f
82 die glatte Kugel
– *la boule lisse*
83 die glatte Pampel
– *la pampille lisse*
84 die facettierte Pampel
– *la pampille à facettes* f
85 der glatte Tropfen
– *la goutte lisse*
86 das facettierte Briolett
– *la goutte à briolet* m

1-53 das freistehende Einfamilienhaus
– ***l'habitation*** f *(la maison)* ***individuelle***
1 das Kellergeschoß
– *le sous-sol*
2 das Erdgeschoß (Parterre)
– *le rez-de-chaussée*
3 das Obergeschoß
– *l'étage* m
4 der Dachboden
– *le grenier*
5 das Dach, ein ungleiches Satteldach *n*
– *le toit, un toit à double pente* f
6 die Traufe
– *la gouttière*
7 der First
– *le faîte*
8 der Ortgang mit Winddielen *f*
– *le rive de pignon* m
9 der Dachvorsprung (das Dachgesims), ein Sparrengesims *n*
– *l'avant-toit* m, *un avant-toit à chevrons* m
10 der Schornstein (Kamin)
– *la cheminée (la souche)*
11 der Dachkanal (die Dachrinne)
– *le chéneau de gouttière*
12 der Einlaufstutzen
– *le tuyau coudé (le coude)*
13 das Regenabfallrohr
– *le tuyau de descente* f
14 das Standrohr, ein Gußrohr *n*
– *le tuyau en fonte* f
15 der Giebel (die Giebelseite)
– *le pignon (le côté pignon)*
16 die Wandscheibe
– *le mur en verre* m
17 der Haussockel
– *le soubassement*
18 die Loggia
– *la loggia*
19 das Geländer
– *la balustrade*
20 der Blumenkasten
– *la jardinière*
21 die zweiflügelige Loggiatür
– *la porte de la loggia à deux battants* m
22 das zweiflügelige Fenster
– *la fenêtre à deux vantaux* m
23 das einflügelige Fenster
– *la fenêtre à un vantail* m
24 die Fensterbrüstung mit Fensterbank *f*
– *l'appui* m *(l'allège* f*) de fenêtre*
25 der Fenstersturz
– *le linteau*
26 die Fensterleibung
– *l'embrasure* f
27 das Kellerfenster
– *le soupirail*
28 der Rolladen
– *le volet roulant (le store à enroulement)*
29 der Rolladenaussteller
– *le bras de projection* f *du store*
30 der Fensterladen (Klappladen)
– *les persiennes* f *(les contrevents* m, *les volets* m*)*
31 der Ladenfeststeller
– *l'arrêt* m *de persienne* f
32 die Garage, mit Geräteraum *m*
– *le garage et le débarras*
33 das Spalier
– *l'espalier* m
34 die Brettertür
– *la porte en planches* f
35 das Oberlicht mit Kreuzsprosse *f*
– *l'imposte* f *à croisillon* m
36 die Terrasse
– *la terrasse*
37 die Gartenmauer mit Abdeckplatten *f*
– *la murette dallée*
38 die Gartenleuchte
– *l'éclairage* m *de jardin* m
39 die Gartentreppe
– *les marches* f *de la terrasse* f
40 der Steingarten
– *la rocaille*
41 der Schlauchhahn
– *le robinet d'arrosage* m
42 der Gartenschlauch
– *le tuyau d'arrosage* m
43 der Rasensprenger
– *le tourniquet*
44 das Planschbecken
– *la pataugeoire*
45 der Plattenweg
– *le pas d'âne* m
46 die Liegewiese
– *la pelouse*
47 der Liegestuhl
– *la chaise longue (fam.: le transat)*
48 der Sonnenschirm (Gartenschirm)
– *le parasol de jardin* m
49 der Gartenstuhl
– *la chaise de jardin* m
50 der Gartentisch
– *la table de jardin* m
51 die Teppichstange
– *la barre à battre les tapis* m
52 die Garageneinfahrt
– *l'accès* m *au garage*
53 die Einfriedung, ein Holzzaun *m*
– *la clôture, une clôture à claire-voie* f
54-57 die Siedlung
– ***le lotissement résidentiel***
54 das Siedlungshaus
– *la maison de lotissement* m
55 das Schleppdach
– *le toit en appentis* m
56 die Schleppgaube (Schleppgaupe)
– *la lucarne sur toit* m *en appentis* m *(chatière* f*)*
57 der Hausgarten
– *le jardin particulier*
58-63 das Reihenhaus, gestaffelt
– ***la maison en bandes*** f, ***décalée***
58 der Vorgarten
– *la jardinet*
59 der Pflanzenzaun
– *la haie vive*
60 der Gehweg
– *le trottoir*
61 die Straße
– *la rue*
62 die Straßenleuchte (Straßenlaterne, Straßenlampe)
– *le lampadaire (*autrefois: *le réverbère, le bec de gaz* m*)*
63 der Papierkorb
– *la corbeille à papier* m
64-68 das Zweifamilienhaus
– ***la maison à deux logements*** m
64 das Walmdach
– *le toit en croupe* f
65 die Haustür
– *la porte d'entrée* f
66 die Eingangstreppe
– *le perron*
67 das Vordach
– *l'auvent* m
68 das Pflanzen- oder Blumenfenster
– *la baie vitrée*
69-71 das Vier-Familien-Doppelhaus
– ***la maison à quatre logements*** m
69 der Balkon
– *le balcon*
70 der Glaserker
– *la véranda*
71 die Markise
– *le store*
72-76 das Laubenganghaus
– ***l'immeuble*** m *à galeries* f *couvertes*
72 das Treppenhaus
– *la cage d'escalier* m
73 der Laubengang
– *la galerie couverte*
74 die Atelierwohnung
– *le studio d'artiste* m *(atelier* m *d'artiste* m*)*
75 die Dachterrasse, eine Liegeterrasse
– *la toiture-terrasse, un solarium*
76 die Grünfläche
– *l'espace* m *vert*
77-81 das mehrstöckige Zeilenhaus
– ***le bloc d'habitations*** f ***à 'etages*** m
77 das Flachdach
– *le toit plat*
78 das Pultdach
– *le toit en appentis* m
79 die Garage
– *le garage*
80 die Pergola
– *la pergola*
81 das Treppenhausfenster
– *la fenêtre de l'escalier* m
82 das Hochhaus
– *la tour d'habitation* f
83 das Penthouse (die Dachterrassenwohnung)
– *l'attique* m, *l'étage* m *hors-toit*
84-86 das Wochenendhaus, ein Holzhaus *n*
– ***la résidence secondaire,*** *une maison en bois* m
84 die waagerechte Bretterschalung
– *le mur de planches* f
85 der Natursteinsockel
– *le soubassement en pierre* f *de taille* f
86 das Fensterband
– *la baie vitrée*

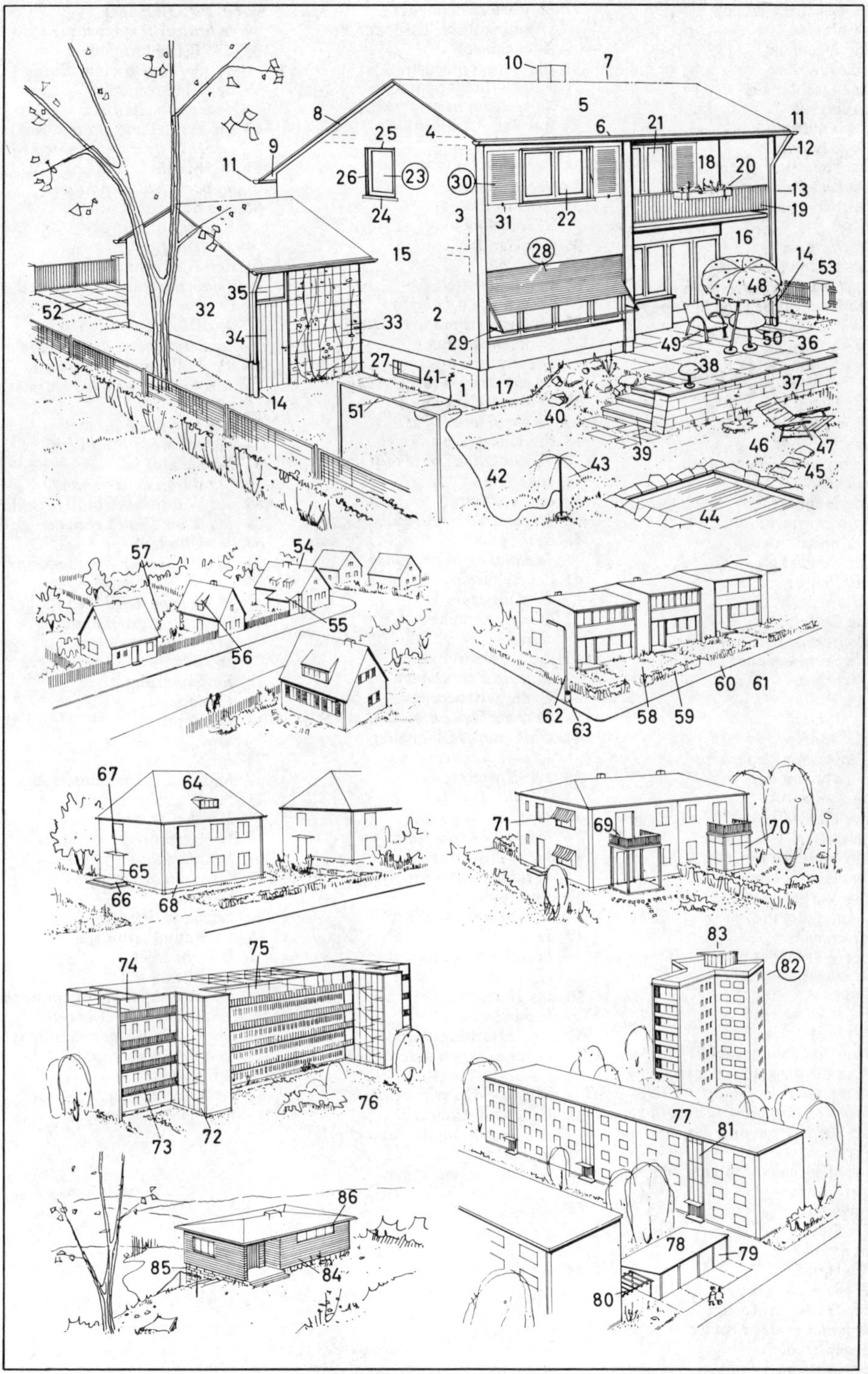
10
7
5
8
25
4
6
21
11
12
9
11
26
23
30
18
20
13
19
24
3
31
22
16
15
28
14
53
35
32
48
52
33
2
34
29
49
50
36
27
38
41
37
14
1
17
51
40
39
46
47
42
43
45
44
57
54
55
56
62
63
58
59
60
61
67
64
65
66
68
71
69
70
83
75
82
74
76
73
72
77
81
86
78
79
85
84
80

1-29 das Dachgeschoß
– ***le grenier***
1 die Dachhaut
– *la couverture*
2 das Dachfenster
– *la lucarne*
3 das Laufbrett
– *la passerelle*
4 die Steigleiter (Dachleiter)
– *l'échelle* f *de couvreur* m
5 der Schornstein (Kamin, die Esse)
– *la cheminée*
6 der Dachhaken
– *le crochet de couvreur* m
7 die Dachgaube (Dachgaupe, Gaube, Gaupe)
– *la lucarne*
8 das Schneefanggitter
– *le garde-neige*
9 die Dachrinne
– *le chéneau*
10 das Fallrohr
– *le tuyau de chute* f *d'eau* f *pluviale*
11 das Hauptgesims (Dachgesims)
– *la corniche du toit*
12 der Spitzboden
– *les combles* m
13 die Falltür
– *la trappe*
14 die Bodenluke
– *l'ouverture* f *de la trappe*
15 die Sprossenleiter
– *l'échelle* f
16 der Holm
– *le montant*
17 die Sprosse
– *l'échelon* m *(le barreau)*
18 der Dachboden
– *le grenier*
19 der Holzverschlag (Verschlag)
– *la cloison de bois* m
20 die Bodenkammertür
– *la porte de la mansarde*
21 das Vorhängeschloß (Vorlegeschloß)
– *le cadenas*
22 der Wäschehaken
– *le crochet de la corde à linge* m
23 die Wäscheleine
– *la corde à linge* m
24 das Ausdehnungsgefäß (Expansionsgefäß) der Heizung
– *le réservoir de dilatation* f *(le vase d'expansion* f*) du chauffage*
25 die Holztreppe und das Treppengeländer
– *l'escalier en bois* m *et la rampe*
26 die Wange
– *le limon*
27 die Stufe
– *la marche*
28 der Handlauf
– *la main courante*
29 der Geländerpfosten
– *le jambage de la rampe*
30 der Blitzableiter
– *le paratonnerre*
31 **der Schornsteinfeger** (Kaminkehrer, Essenkehrer)
– ***le ramoneur***
32 die Sonne mit dem Kugelschlagapparat *m*
– *le hérisson avec le boulet*
33 das Schultereisen
– *la raclette*
34 der Rußsack
– *le sac à suie* f
35 der Stoßbesen
– *l'écouvillon* m
36 der Handbesen
– *le balai*
37 der Besenstiel
– *le manche à balai* m
38-81 die Warmwasserheizung, eine Sammelheizung (Zentralheizung)
– ***le chauffage central à eau*** f
38-43 der Heizraum
– ***la chaufferie***
38 die Koksfeuerung
– *l'installation* f *de chauffage* m *au coke*
39 die Aschentür
– *la porte de cendrier* m
40 der Fuchs
– *le canal de la cheminée*
41 das Schüreisen
– *le pique-feu*
42 die Ofenkrücke
– *le râble*
43 die Kohlenschaufel
– *la pelle à charbon* m
44-60 die Ölfeuerung
– ***le chauffage au mazout*** m
44 der Öltank (Ölbehälter)
– *la cuve à mazout* m
45 der Einsteigschacht
– *le puits d'accès* m
46 der Schachtdeckel
– *le couvercle du puits*
47 der Einfüllstutzen
– *la tubulure de remplissage* m
48 der Domdeckel
– *le couvercle du dôme*
49 das Tankbodenventil
– *la soupape du fond du réservoir*
50 das Heizöl
– *le mazout*
51 die Entlüftungsleitung
– *la canalisation d'aération* f
52 die Entlüftungskappe
– *le clapet d'aération* f
53 die Ölstandsleitung
– *la canalisation de niveau* m *de mazout* m
54 der Ölstandsanzeiger
– *l'indicateur* m *de niveau* m *du mazout* m
55 die Saugleitung
– *la canalisation d'aspiration* f
56 die Rücklaufleitung
– *la canalisation de retour* m
57 der Zentralheizungskessel (Ölheizungskessel)
– *la chaudière du chauffage central (chaudière* f *à mazout* m*)*
58-60 der Ölbrenner
– ***le brûleur à mazout*** m
58 das Frischluftgebläse
– *la soufflerie d'air* m *frais*
59 der Elektromotor
– *le moteur électrique*
60 die verkleidete Brenndüse
– *le bec brûleur sous revêtement* m
61 die Fülltür
– *la porte d'alimentation* f
62 das Schauglas (die Kontrollöffnung)
– *le voyant*
63 der Wasserstandsmesser
– *l'indicateur* m *de niveau* m *d'eau* f
64 das Kesselthermometer
– *le thermomètre de la chaudière*
65 der Füll- und Ablaßhahn
– *le robinet de remplissage* m *et de purge* f
66 das Kesselfundament
– *le socle de la chaudière*
67 die Schalttafel
– *le tableau de commande* f
68 der Warmwasserboiler (Boiler)
– *le ballon d'eau* f *chaude*
69 der Überlauf
– *la canalisation de trop-plein* m
70 das Sicherheitsventil
– *la soupape de sûreté* f
71 die Hauptverteilerleitung
– *la conduite principale ascendante*
72 die Isolierung
– *l'isolation* f
73 das Ventil
– *la valve*
74 der Vorlauf
– *la canalisation d'alimentation* f
75 das Regulierventil
– *la valve de réglage* m
76 der Heizkörper
– *le radiateur*
77 die Heizkörperrippe (das Element)
– *l'élément de radiateur* m
78 der Raumthermostat
– *le thermostat*
79 der Rücklauf
– *la canalisation de retour* m *(la canalisation descendante)*
80 die Rücklaufsammelleitung
– *la conduite principale descendante*
81 der Rauchabzug
– *le conduit de fumée* f

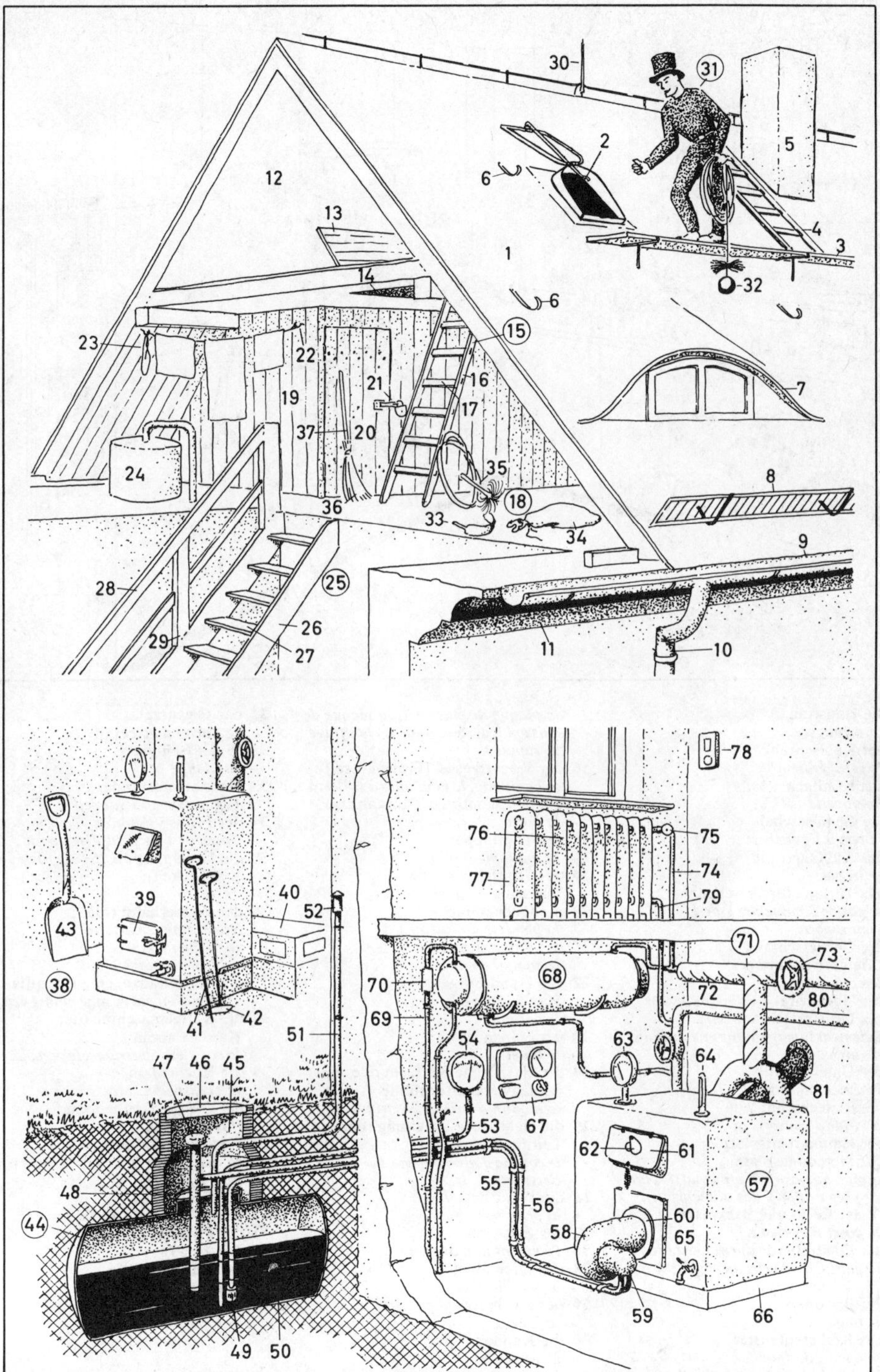
1
2
3
4
5
6
7
8
9
10
11
12
13
14
15
16
17
18
19
20
21
22
23
24
25
26
27
28
29
30
31
32
33
34
35
36
37
38
39
40
41
42
43
44
45
46
47
48
49
50
51
52
53
54
55
56
57
58
59
60
61
62
63
64
65
66
67
68
69
70
71
72
73
74
75
76
77
78
79
80
81

1 die Hausfrau
– *la ménagère*
2 der Kühlschrank
– *le réfrigérateur*
3 das Kühlfach
– *la clayette*
4 die Gemüseschale
– *le bac à légumes* m
5 das Kühlaggregat
– *le freezer*
6 das Türfach für Flaschen *f*
– *le casier à bouteilles* f *de la contre-porte*
7 der Gefrierschrank (Tiefgefrierschrank)
– *le congélateur*
8 der Oberschrank (Hängeschrank), ein Geschirrschrank *m*
– *l'élément* m *suspendu, une armoire à vaisselle* f
9 der Unterschrank
– *l'élément* m *bas*
10 die Besteckschublade
– *le tiroir à couverts* m
11 der Hauptarbeitsplatz (Vorbereitungsplatz)
– *le plan de travail* m *principal (le plan de préparation* f *des aliments* m*)*
12-17 der Koch- und Backplatz
– ***le poste de cuisson*** f
12 der Elektroherd (*auch:* Gasherd)
– *la cuisinière électrique (*égal.: *la cuisinière à gaz* m*)*
13 der Backofen
– *le four*
14 das Backofenfenster
– *le hublot du four*
15 die Kochplatte (automatische Schnellkochplatte)
– *la plaque de cuisson* f, *la plaque de cuisson* f *automatique à chauffage* m *rapide*
16 der Wasserkessel (Flötenkessel)
– *la bouilloire, la bouilloire à sifflet* m
17 der Wrasenabzug (Dunstabzug)
– *la hotte*
18 der Topflappen
– *la manique*
19 der Topflappenhalter
– *l'accroche-manique* m
20 die Küchenuhr
– *la pendule de cuisine* f
21 der Kurzzeitmesser
– *le compte-minutes*
22 das Handrührgerät (der Handrührer)
– *le batteur*
23 der Schlagbesen
– *le fouet*
24 die elektrische Kaffeemühle, eine Schlagwerkkaffeemühle
– *le moulin à café* m *électrique*
25 die elektrische Zuleitung (das Leitungskabel)
– *le cordon d'alimentation* f *électrique*
26 die Wandsteckdose
– *la prise murale*
27 der Eckschrank
– *l'élément* m *d'angle* m
28 das Drehtablett
– *le plateau tournant*
29 der Kochtopf
– *le faitout*
30 die Kanne
– *la verseuse*
31 das Gewürzregal
– *l'étagère* f *à épices* f
32 das Gewürzglas
– *le flacon à épices* f
33-36 der Spülplatz
– ***la plonge***
33 der Abtropfständer
– *l'égouttoir* m *à vaisselle* f
34 der Frühstücksteller
– *l'assiette* f *de petit déjeuner* m
35 die Geschirrspüle (Spüle, das Spülbecken)
– *l'évier* m
36 der Wasserhahn (die Wassermischbatterie)
– *le robinet d'eau* f, *le robinet-mélangeur*
37 die Topfpflanze, eine Blattpflanze
– *la plante en pot* m, *une plante verte*
38 die Kaffeemaschine (der Kaffeeautomat)
– *la cafetière électrique, le percolateur*
39 die Küchenlampe
– *la suspension*
40 der Geschirrspülautomat (Geschirrspüler, die Geschirrspülmaschine)
– *la machine à laver la vaisselle* f *(le lave-vaisselle)*
41 der Geschirrwagen
– *le panier à vaisselle* f
42 der Eßteller
– *l'assiette* f
43 der Küchenstuhl
– *la chaise de cuisine* f
44 der Küchentisch
– *la table de cuisine* f

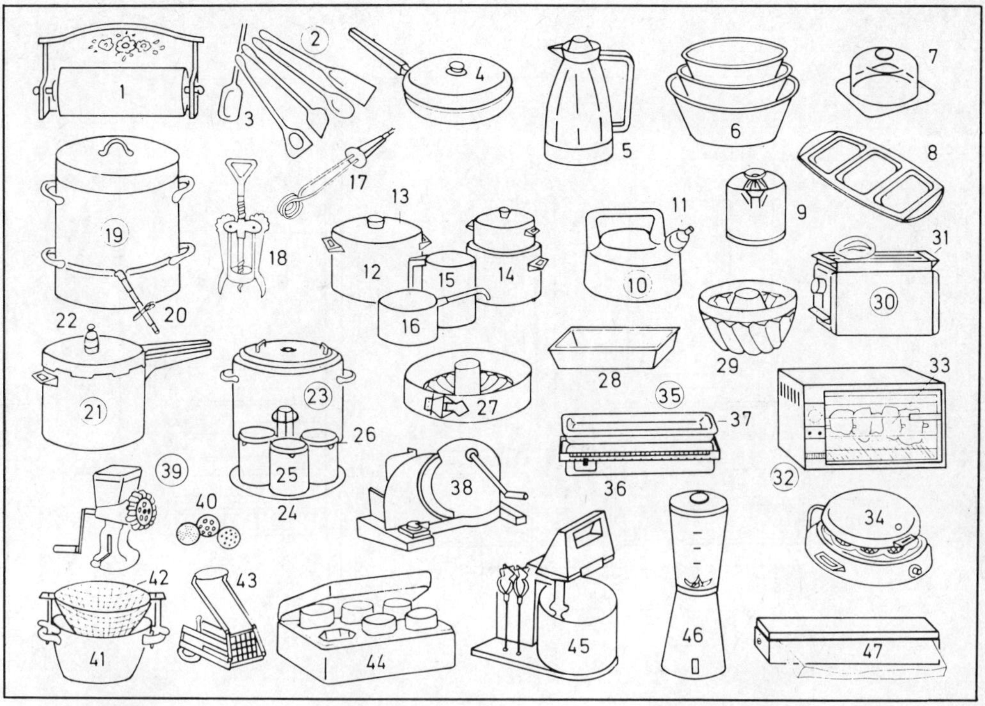

1 der Allzweckabroller mit Allzwecktüchern *n* (Papiertüchern)
– *le distributeur de papier* m *ménage* m
2 die Kochlöffelgarnitur
– *le jeu d'ustensiles* m *en bois* m
3 der Rührlöffel
– *la cuillère en bois* m
4 die Bratpfanne
– *la sauteuse*
5 die Isolierkanne
– *la verseuse isolante*
6 Küchenschüsseln *f*
– *saladiers* m
7 die Käseglocke
– *la cloche à fromages* m
8 das Kabarett
– *le plat à hors d'œuvre* m *(le plat à compartiments* m*)*
9 die Saftpresse für Zitrusfrüchte *f*
– *le presse-agrumes*
10 der Flötenkessel
– *la bouilloire à sifflet* m
11 die Flöte
– *le sifflet à vapeur* f
12-16 die Geschirrserie
– *le jeu de casseroles* f
12 der Kochtopf (Fleischtopf)
– *le faitout*
13 der Topfdeckel
– *le couvercle*
14 der Bratentopf
– *la cocotte*
15 der Milchtopf
– *le pot à lait* m
16 die Stielkasserolle
– *la casserole*
17 der Tauchsieder
– *le thermo-plongeur*
18 der Hebelkorkenzieher
– *le tire-bouchon à levier* m
19 der Entsafter
– *l'extracteur* m *de jus* m *[inconnu en France]*
20 die Schlauchklemme
– *la pince à tube* m
21 der Schnellkochtopf (Dampfkochtopf)
– *la marmite à pression* f
22 das Überdruckventil
– *la soupape de sécurité* f
23 der Einkocher (Einwecker)
– *le stérilisateur*
24 der Einweckeinsatz
– *le porte-bocaux*
25 das Einweckglas (Weckglas)
– *le bocal*
26 der Einweckring
– *le joint de couvercle* m *(rondelle* f*)*
27 die Springform
– *le moule démontable*
28 die Kastenkuchenform
– *le moule à cake* m
29 die Napfkuchenform
– *le moule à kouglof* m
30 der Toaster
– *le grille-pain*
31 der Brötchenröstaufsatz
– *le support pour petits pains* m
32 der Grill
– *la rôtissoire*
33 der Grillspieß
– *la broche*
34 der Waffelautomat
– *le gaufrier électrique*
35 die Laufgewichtswaage
– *la balance de ménage* m
36 das Laufgewicht
– *le poids-curseur*
37 die Waagschale
– *le plateau*
38 der Allesschneider
– *la machine à découper*
39 der Fleischhacker
– *le hachoir à viande* f
40 die Schneidscheiben *f*
– *les grilles* f
41 der Pommes-frites-Topf
– *la friteuse*
42 der Drahteinsatz
– *le panier de la friteuse* f
43 der Pommes-frites-Schneider
– *le coupe-frites*
44 der Joghurtbereiter
– *la yaourtière*
45 die Kleinküchenmaschine
– *le robot de cuisine* f
46 der Mixer
– *le mixer*
47 das Folienschweißgerät
– *le soude-sacs*

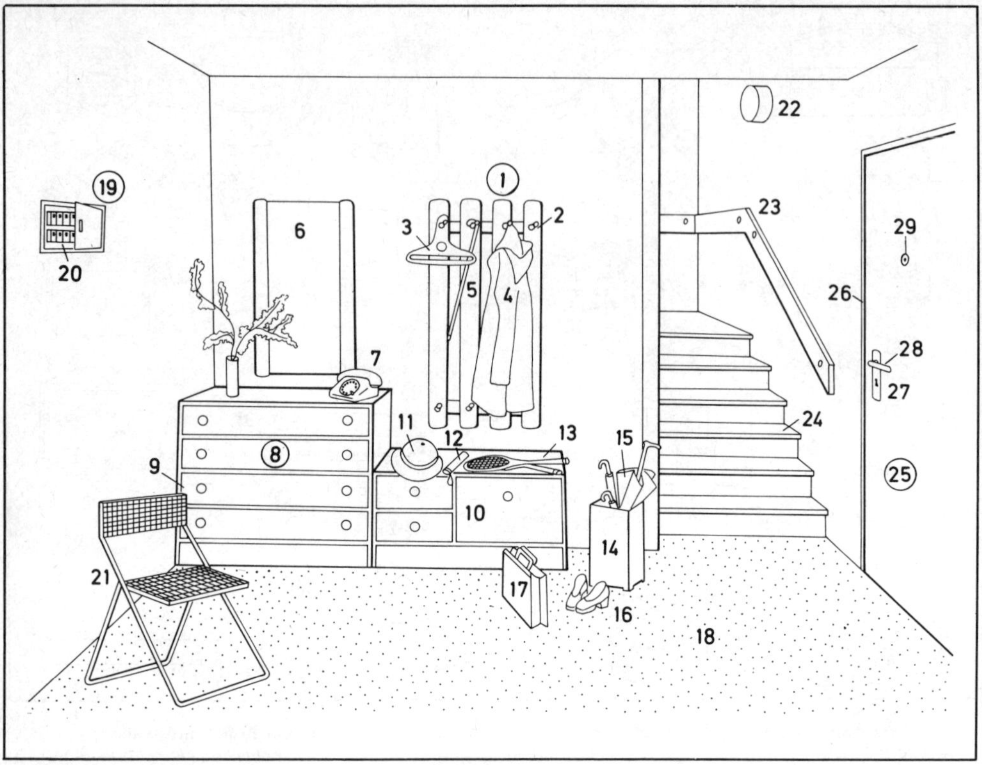

1-29 die Diele (der Flur, Korridor, Vorraum, Vorplatz)
– ***l'entrée*** f *(le vestibule, le couloir)*
1 die Garderobe (Flurgarderobe, Garderobenwand)
– *le porte-manteaux*
2 der Kleiderhaken
– *la patère*
3 der Kleiderbügel
– *le cintre à vêtements* m
4 das Regencape
– *la cape imperméable*
5 der Spazierstock
– *la canne*
6 der Garderobenspiegel
– *la glace*
7 das Telefon
– *le téléphone*
8 der Schuh-Mehrzweck-Schrank
– *l'armoire* f *à chaussures* f *fourre-tout*
9 die Schublade
– *le tiroir*
10 die Sitzbank
– *le banc*
11 der Damenhut
– *le chapeau de dame* f
12 der Taschenschirm
– *le parapluie pliant*
13 die Tennisschläger *m*
– *les raquettes* f *de tennis* m
14 der Schirmständer
– *le porte-parapluies*
15 der Regenschirm
– *le parapluie*
16 die Schuhe *m*
– *les chaussures* f
17 die Aktentasche
– *le porte-documents (l'attaché-case* m*)*
18 der Teppichboden
– *la moquette*
19 der Sicherungskasten
– *le coffret électrique*
20 der Sicherungsautomat
– *le disjoncteur*
21 der Stahlrohrstuhl
– *la chaise en tube* m *métallique*
22 die Treppenleuchte
– *l'applique* f *d'éclairage* m *de l'escalier* m
23 der Handlauf
– *la main-courante*
24 die Treppenstufe
– *la marche*
25 die Abschlußtür (Korridortür)
– *la porte d'entrée* f
26 der Türrahmen
– *le chambranle*
27 das Türschloß
– *la serrure*
28 die Türklinke
– *le bec-de-cane* f
29 das Guckloch (der Spion)
– *le judas*

1 die Stollenanbauwand (Schrankwand)
– *le meuble à éléments* m
2 der Stollen
– *le casier* m
3 das Bücherregal
– *le rayonnage de bibliothèque* f
4 die Bücherreihe
– *la rangée de livres* m
5 die Anbauvitrine
– *l'élément* m *vitrine* f
6 der Unterschrank
– *l'élément bas*
7 das Schrankelement
– *l'élément* m *armoire* f
8 der Fernseher
– *le téléviseur*
9 die Stereoanlage
– *la chaîne haute-fidélité* f *(hi-fi)*
10 die Lautsprecherbox
– *le baffle*
11 der Pfeifenständer
– *le râtelier à pipes* f
12 die Pfeife
– *la pipe*
13 der Globus
– *la mappemonde*
14 der Messingkessel
– *la bouilloire en laiton* m
15 das Fernrohr
– *la longue-vue*
16 die Aufsatzuhr
– *la pendule de cheminée* f
17 die Porträtbüste
– *le buste*
18 das mehrbändige Lexikon
– *l'encyclopédie* f *en plusieurs volumes* m
19 der Raumteiler
– *l'élément en épi* m
20 der Barschrank (das Barfach)
– *le bar*
21-26 die Polsterelementgruppe
– le salon tapissier
21 der Polstersessel (Fauteuil)
– *le fauteuil*
22 die Armlehne
– *l'accoudoir* m
23 das Sitzkissen
– *le coussin de siège* m
24 das Sofa
– *le canapé*
25 das Rückenkissen
– *le dossier*
26 die Rundecke
– *le fauteuil d'angle* m
27 das Sofakissen
– *le coussin*
28 der Couchtisch
– *la table basse*
29 der Aschenbecher
– *le cendrier*
30 das Tablett
– *le plateau*
31 die Whiskyflasche
– *la bouteille de whisky* m *(le flacon à whisky* m*)*
32 die Sodawasserflasche
– *le siphon*
33-34 die Eßgruppe
– le coin repas **m**
33 der Eßtisch
– *la table*
34 der Stuhl
– *la chaise*
35 der Store
– *le panneau de voilage* m
36 die Zimmerpflanzen *f*
– *les plantes* f *d'appartement* m

1 der Schlafzimmerschrank, ein Hochschrank *m*
– *l'armoire* f *de chambre* f *à coucher, une armoire haute*
2 das Wäschefach
– *l'étagère* f *à linge* m
3 der Korbstuhl
– *le fauteuil en rotin* m
4-13 das Doppelbett (*ähnl.:* das französische Bett)
– *le lit deux personnes* f *(le lit à la française)*
4-6 das Bettgestell
– *le lit*
4 das Fußende (der *od.* das Fußteil)
– *le pied du lit (le dosseret de pied* m*)*
5 der Bettkasten
– *le bois de lit* m
6 das Kopfende (der *od.* das Kopfteil)
– *la tête du lit (le dosseret de tête* f*)*
7 die Tagesdecke
– *le dessus de lit* m
8 die Schlafdecke, eine Steppdecke
– *la couverture, une couverture piquée*
9 das Bettuch (Bettlaken), ein Leintuch
– *le drap, un drap de lin* m
10 die Matratze, eine Schaumstoffauflage mit Drellüberzug *m*
– *le matelas, un matelas de mousse* f *recouvert de coutil* m
11 das Keilkissen
– *le traversin* [ici: type allemand]
12-13 das Kopfkissen
– *l'oreiller* m
12 der Kopfkissenbezug
– *la taie d'oreiller* m
13 das Inlett
– *l'oreiller* m
14 das Bücherregal (der Regalaufsatz)
– *l'étagère* f *bibliothèque* f
15 die Leselampe
– *la lampe de chevet*
16 der elektrische Wecker
– *le réveil électrique*
17 die Bettkonsole
– *le meuble de chevet* m
18 die Schublade
– *le tiroir*
19 die Schlafzimmerlampe
– *l'applique* f *d'éclairage* m
20 das Wandbild
– *le tableau*
21 der Bilderrahmen
– *le cadre*
22 der Bettvorleger
– *la descente de lit* m
23 der Teppichboden
– *la moquette*
24 der Frisierstuhl
– *le tabouret de coiffeuse* f
25 die Frisierkommode
– *la coiffeuse*
26 der Parfümzerstäuber
– *le vaporisateur à parfum* m
27 das (der) Parfümflakon
– *le flacon de parfum* m
28 die Puderdose
– *le poudrier*
29 der Frisierspiegel
– *la glace de coiffeuse* f

1-11 die Eßgruppe
– ***le coin repas*** m
1 der Eßtisch
– *la table*
2 das Tischbein
– *le pied de table* f
3 die Tischplatte
– *le plateau de table* f
4 der (das) Set
– *le set de table* f
5 das Gedeck
– *le couvert*
6 der Suppenteller (tiefe Teller)
– *l'assiette* f *creuse*
7 der flache Teller
– *l'assiette* f *plate*
8 die Suppenterrine
– *la soupière*
9 das Weinglas
– *le verre à vin* m
10 der Eßzimmerstuhl
– *la chaise*
11 die Sitzfläche
– *l'assise* f
12 die Deckenlampe (Hängelampe)
– *la suspension*
13 die Übergardinen
– *les doubles rideaux* m
14 die Gardine
– *le panneau de voilage* m
15 die Gardinenleiste
– *la boîte à rideaux* m
16 der Bodenteppich
– *le tapis*
17 der Hängeschrank
– *l'élément* m *suspendu*
18 die Glastür
– *la porte vitrée*
19 der Einlegeboden
– *la tablette*
20 das Sideboard
– *le buffet bas*
21 die Besteckschublade
– *le tiroir à couverts* m
22 die Wäscheschublade
– *le tiroir à linge* m *de table* f
23 der Sockel
– *l'embase* f
24 das runde Tablett
– *le plateau rond*
25 die Topfpflanze
– *la plante en pot* m
26 der Geschirrschrank (die Vitrine)
– *l'armoire* f *à vaisselle* f, *la vitrine*
27 das Kaffeegeschirr
– *le service à café* m
28 die Kaffeekanne
– *la cafetière*
29 die Kaffeetasse
– *la tasse à café* m
30 die Untertasse
– *la soucoupe*
31 das Milchkännchen
– *le crémier*
32 die Zuckerdose
– *le sucrier*
33 das Eßgeschirr
– *le service de table* f

1 der Eßtisch
– *la table de la salle à manger*
2 das Tafeltuch, ein Damasttuch *n*
– *la nappe, une nappe damassée*
3-12 das Gedeck
– ***le couvert*** [pour une personne]
3 der Grundteller (Unterteller)
– *l'assiette* f *de présentation* f
4 der flache Teller (Eßteller)
– *l'assiette* f *plate*
5 der tiefe Teller (Suppenteller)
– *l'assiette* f *creuse*
6 der kleine Teller, für die Nachspeise (das Dessert)
– *l'assiette* f *à dessert* m
7 das Eßbesteck
– *le couvert*
8 das Fischbesteck
– *le couvert à poisson* m
9 die Serviette (das Mundtuch)
– *la serviette de table* f
10 der Serviettenring
– *le rond de serviette* f
11 das Messerbänkchen
– *le porte-couteau* m
12 die Weingläser *n*
– *les verres* m *à vin* m
13 die Tischkarte
– *le carton de table* f
14 der Suppenschöpflöffel (die Suppenkelle)
– *la louche*
15 die Suppenschüssel (Terrine)
– *la soupière*
16 der Tafelleuchter (Tischleuchter)
– *le chandelier* m *de table* f
17 die Sauciere (Soßenschüssel)
– *la saucière*
18 der Soßenlöffel
– *la cuiller à sauce* f
19 der Tafelschmuck
– *la décoration de table* f
20 der Brotkorb
– *la corbeille à pain* m
21 das Brötchen
– *le petit pain* m
22 die Scheibe Brot *n* (die Brotscheibe)
– *la tranche de pain* m
23 die Salatschüssel
– *le saladier*
24 das Salatbesteck
– *le couvert à salade* f
25 die Gemüseschüssel
– *le légumier*
26 die Bratenplatte
– *le plat à rôti* m
27 der Braten
– *le rôti*
28 die Kompottschüssel
– *le compotier*
29 die Kompottschale
– *la coupe à compote* f
30 das Kompott
– *la compote*
31 die Kartoffelschüssel
– *le légumier*
32 der fahrbare Anrichtetisch
– *la desserte roulante*
33 die Gemüseplatte
– *le plat de légumes* m
34 der Toast
– *le toast*
35 die Käseplatte
– *le plateau à fromages* m
36 die Butterdose
– *le beurrier*
37 das belegte Brot
– *la tartine*
38 der Brotbelag
– *la garniture de la tartine*
39 das Sandwich
– *le sandwich*
40 die Obstschale
– *la coupe à fruits* m
41 die Knackmandeln *f* (*auch:* Kartoffelchips *m*, Erdnüsse *f*)
– *les amandes* f (égal.: *les chips* f, *les cacahuètes* f)
42 die Essig- und Ölflasche
– *l'huilier* m
43 das Ketchup
– *le ketchup (la sauce anglaise)*
44 die Anrichte
– *le dressoir*
45 die elektrische Warmhalteplatte
– *le chauffe-plats électrique*
46 der Korkenzieher
– *le tire-bouchon*

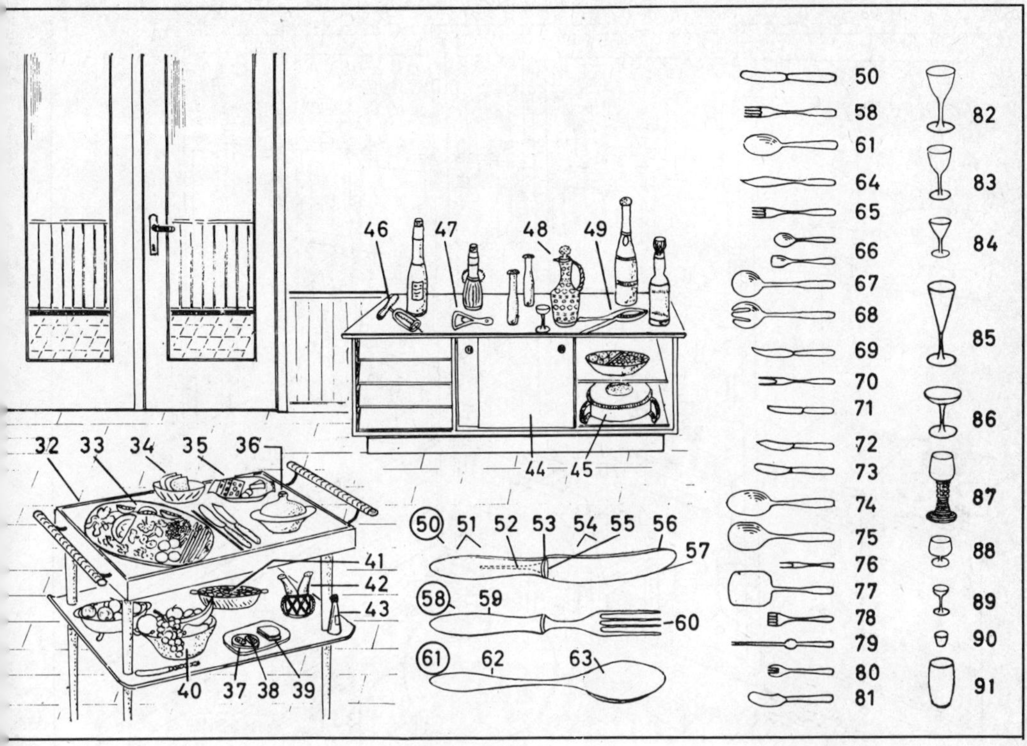

47 der Kronenkorköffner, ein Flaschenöffner *m*
– *le décapsuleur (l'ouvre-bouteille* m*)*
48 die Likörkaraffe
– *le carafon à liqueur* f
49 der Nußknacker
– *le casse-noix*
50 das Messer
– *le couteau*
51 das Heft (der Griff)
– *le manche*
52 die Angel
– *la soie*
53 die Zwinge
– *la virole*
54 die Klinge
– *la lame*
55 die Krone
– *la mitre*
56 der Rücken
– *le dos*
57 die Schneide
– *le tranchant*
58 die Gabel
– *la fourchette*
59 der Stiel
– *le manche*
60 die Zinke
– *la dent*
61 der Löffel (Eßlöffel, Suppenlöffel)
– *la cuiller à soupe*
62 der Stiel
– *le manche*
63 der Schöpfteil
– *le cuilleron*
64 das Fischmesser
– *le couteau à poisson* m
65 die Fischgabel
– *la fourchette à poisson* m
66 der Dessertlöffel (Kompottlöffel)
– *la cuiller à entremets* m
67 der Salatlöffel
– *la cuiller à salade* f
68 die Salatgabel
– *la fourchette à salade* f
69-70 das Vorlegebesteck
– *le couvert à servir*
69 das Vorlegemesser
– *le couteau à servir*
70 die Vorlegegabel
– *la grande fourchette (fourchette* f *à servir)*
71 das Obstmesser
– *le couteau à fruits* m
72 das Käsemesser
– *le couteau à fromage* m
73 das Buttermesser
– *le couteau à beurre* m
74 der Gemüselöffel, ein Vorlegelöffel *m*
– *la cuiller à légumes* m*, une cuiller à servir*
75 der Kartoffellöffel
– *la cuiller à pommes de terre* f
76 die Sandwichgabel
– *la fourchette à sandwich* m
77 der Spargelheber
– *la pelle à asperges* f
78 der Sardinenheber
– *la fourchette à sardines* f
79 die Hummergabel
– *la fourchette à homards* m
80 die Austerngabel
– *la fourchette à huîtres* f
81 das Kaviarmesser
– *le couteau à caviar* m
82 das Weißweinglas
– *le verre à vin* m *blanc*
83 das Rotweinglas
– *le verre à vin* m *rouge*
84 das Südweinglas (Madeiraglas)
– *le verre à madère* m
85-86 die Sektgläser
– *les verres à champagne* m
85 das Spitzglas
– *la flûte*
86 die Sektschale, ein Kristallglas *n*
– *la coupe*
87 der Römer
– *le verre à vin* m *du Rhin*
88 die Kognakschale
– *le verre ballon*
89 die Likörschale
– *le verre à liqueur* f
90 das Schnapsglas
– *le verre à eau-de-vie* f
91 das Bierglas
– *le verre à bière* f

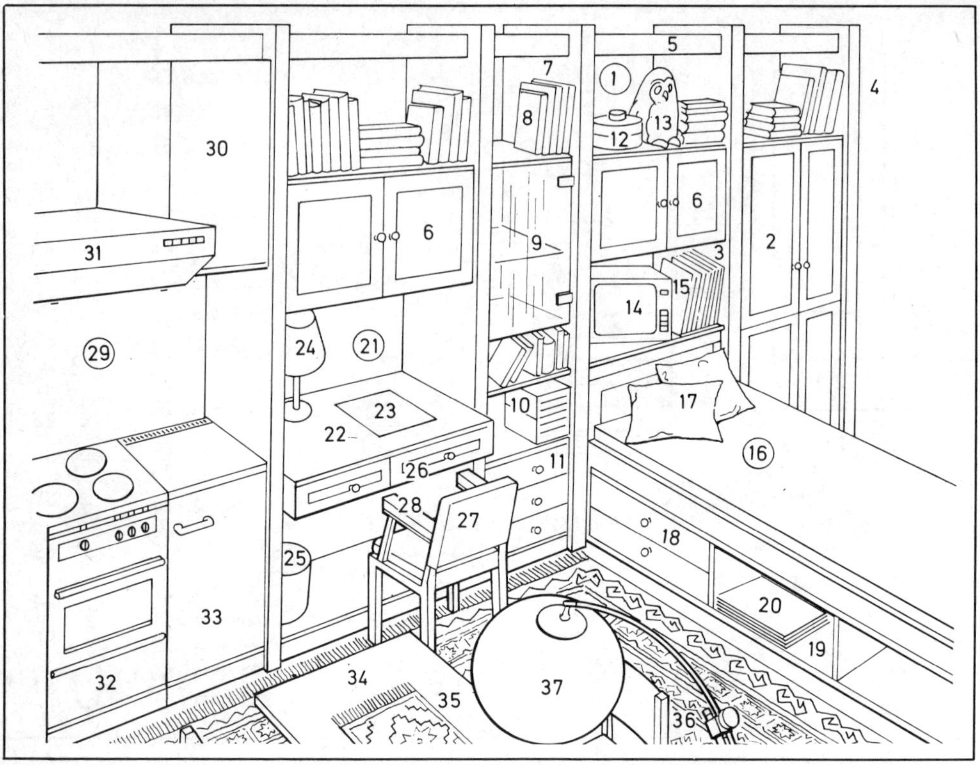

1 die Apartmentwand (Schrankwand, Regalwand, Studiowand)
– *le mural*
2 die Schrankfront
– *l'élément* m *armoire* f
3 der Korpus
– *le recueil*
4 der Stollen
– *le casier*
5 die Blende
– *la corniche*
6 das zweitürige Schrankelement
– *l'élément* m *deux portes* f
7 das Bücherregal (Vitrinenregal)
– *l'étagère* f *à livres* m *(la niche de vitrine* f*)*
8 die Bücher *n*
– *les livres* m
9 die Vitrine
– *la vitrine*
10 die Karteikästen *m*
– *les fichiers* m
11 die Schublade
– *le tiroir*
12 die Konfektdose
– *la bonbonnière*
13 das Stofftier
– *l'animal* m *en tissu* m
14 der Fernseher
– *le téléviseur*
15 die Schallplatten *f*
– *les disques* m
16 die Bettkastenliege
– *le lit encastrable*
17 das Sofakissen
– *le coussin*
18 die Bettkastenschublade
– *le tiroir de lit* m
19 das Bettkastenregal
– *le casier de lit* m
20 die Zeitschriften *f*
– *les journaux* m
21 der Schreibplatz
– *la niche secrétaire* m
22 der Schreibtisch
– *le secrétaire*
23 die Schreibunterlage
– *le sous-main*
24 die Tischlampe
– *la lampe de table* f
25 der Papierkorb
– *le panier à papier* m *(la corbeille à papier* m*)*
26 die Schreibtischschublade
– *le tiroir du secrétaire*
27 der Schreibtischsessel
– *le fauteuil de bureau* m
28 die Armlehne
– *l'accoudoir* m
29 die Küchenwand (Anbauküche)
– *le mur cuisine (les éléments* m *de cuisine* f*)*
30 der Oberschrank
– *l'élément* m *haut*
31 der Wrasenabzug (die Dunsthaube)
– *la hotte*
32 der Elektroherd
– *la cuisinière électrique*
33 der Kühlschrank
– *le réfrigérateur*
34 der Eßtisch
– *la table*
35 der Tischläufer
– *le tapis de table* f
36 der Orientteppich
– *le tapis d'Orient* m
37 die Stehlampe
– *le lampadaire*

1 das Kinderbett, ein Doppelbett *n* (Etagenbett)
– *le lit d'enfant* m, *des lits* m *superposés*
2 der Bettkasten
– *le tiroir de rangement* m
3 die Matratze
– *le matelas*
4 das Kopfkissen
– *l'oreiller* m
5 die Leiter
– *l'échelle*
6 der Stoffelefant, ein Kuscheltier *n* (Schlaftier)
– *l'éléphant* m *d'étoffe* f *(de chiffon* m*)*
7 der Stoffhund
– *le chien d'étoffe* f *(de chiffon* m*)*
8 das Sitzkissen
– *le pouf*
9 die Ankleidepuppe
– *la poupée-mannequin*
10 der Puppenwagen
– *la voiture de poupée* f
11 die Schlafpuppe
– *la poupée*
12 der Baldachin
– *le baldaquin*
13 die Schreibtafel
– *le tableau noir*
14 die Rechensteine *m*
– *le boulier*
15 das Plüschpferd zum Schaukeln *n* und Ziehen *n*
– *le cheval en peluche* f *à bascule* f *et à roulettes* f
16 die Schaukelkufen *f*
– *les patins-bascules* m
17 das Kinderbuch
– *le livre d'enfant* m
18 das Spielemagazin
– *le coffret de jeux* m
19 das Mensch-ärgere-dich-nicht-Spiel
– *le jeu des petits chevaux* m [équivalent français]
20 das Schachbrett
– *l'échiquier* m
21 der Kinderzimmerschrank
– *l'armoire* f *de chambre* f *d'enfant* m
22 die Wäscheschublade
– *le tiroir à linge* m
23 die Schreibplatte
– *l'abattant* m *secrétaire* m
24 das Schreibheft
– *le cahier*
25 die Schulbücher *n*
– *les livres de classe* f
26 der Bleistift (*auch:* Buntstift *m*, Filzstift, Kugelschreiber)
– *le crayon (*égal.: *le crayon de couleur* f, *le crayon-feutre, le crayon à bille* f, *le stylo à bille* f*)*
27 der Kaufladen (Kaufmannsladen)
– *l'épicerie* f
28 der Verkaufsstand
– *le comptoir*
29 der Gewürzständer
– *l'étagère* f *à épices* f
30 die Auslage
– *la vitrine*
31 das Bonbonsortiment
– *les bonbons* m *assortis*
32 die Bonbontüte
– *le cornet à bonbons* m
33 die Waage
– *la balance*
34 die Ladenkasse
– *la caisse*
35 das Kindertelefon
– *le téléphone-jouet*
36 das Warenregal
– *les casiers* m *à marchandises* f
37 die Holzeisenbahn
– *le train en bois* m
38 der Muldenkipper, ein Spielzeugauto *n*
– *le camion-benne, une voiture-jouet*
39 der Hochbaukran
– *la grue*
40 der Betonmischer
– *la bétonnière*
41 der große Plüschhund
– *le grand chien en peluche* f
42 der Würfelbecher
– *le cornet à dés* m

1-20 die Vorschulerziehung
– ***l'éducation* f *préscolaire***
1 die Kindergärtnerin
– *la jardinière d'enfants* m
2 der Vorschüler
– *l'enfant* m
3 die Bastelarbeit
– *le travail manuel*
4 der Klebstoff
– *la colle*
5 das Aquarellbild
– *l'aquarelle* f
6 der Aquarellkasten
– *la boîte de peintures* f
7 der Malpinsel
– *le pinceau pour l'aquarelle* f
8 das Wasserglas
– *le verre d'eau* f
9 das Puzzle
– *le puzzle*
10 der Puzzlestein
– *la pièce de puzzle* m
11 die Buntstifte *m* (Wachsmalstifte)
– *les crayons* m *de couleur* f *(crayons* m *gras)*
12 die Knetmasse (Plastilinmasse)
– *la pâte à modeler*
13 Knetfiguren *f* (Plastilinfiguren)
– *les sujets* m *modelés*
14 das Knetbrett
– *la planche à modeler*
15 die Schultafelkreide
– *la craie (le bâton de craie* f*)*
16 die Schreibtafel (Tafel)
– *le tableau*
17 die Rechensteine *m*
– *les cubes* m *de boulier* m
18 der Faserschreibstift
– *le marqueur*
19 das Formlegespiel
– *le jeu de reconnaissance* f *des formes* f
20 die Spielergruppe
– *le groupe de joueurs* m
21-32 das Spielzeug
– ***les jouets*** m
21 das Kubusspiel
– *le jeu de cubes* m
22 der mechanische Baukasten
– *le jeu de constructions* f *mobiles*
23 die Kinderbücher *n*
– *les livres* m *d'image* f
24 der Puppenwagen, ein Korbwagen
– *le berceau de poupée* f, *un berceau d'osier* m
25 die Babypuppe
– *le baigneur*
26 der Baldachin
– *le baldaquin*
27 die Bauklötze *m*
– *le jeu de constructions* f *en bois* m
28 das hölzerne Bauwerk
– *la construction en bois* m
29 die Holzeisenbahn
– *le train jouet*
30 der Schaukelteddy
– *l'ours* m *à bascule* f
31 der Puppensportwagen
– *la poussette de poupée* f
32 die Ankleidepuppe
– *la poupée mannequin*
33 das Kind im Kindergartenalter *n*
– *l'enfant* m *d'âge* m *préscolaire*
34 die Garderobenablage
– *le vestiaire*

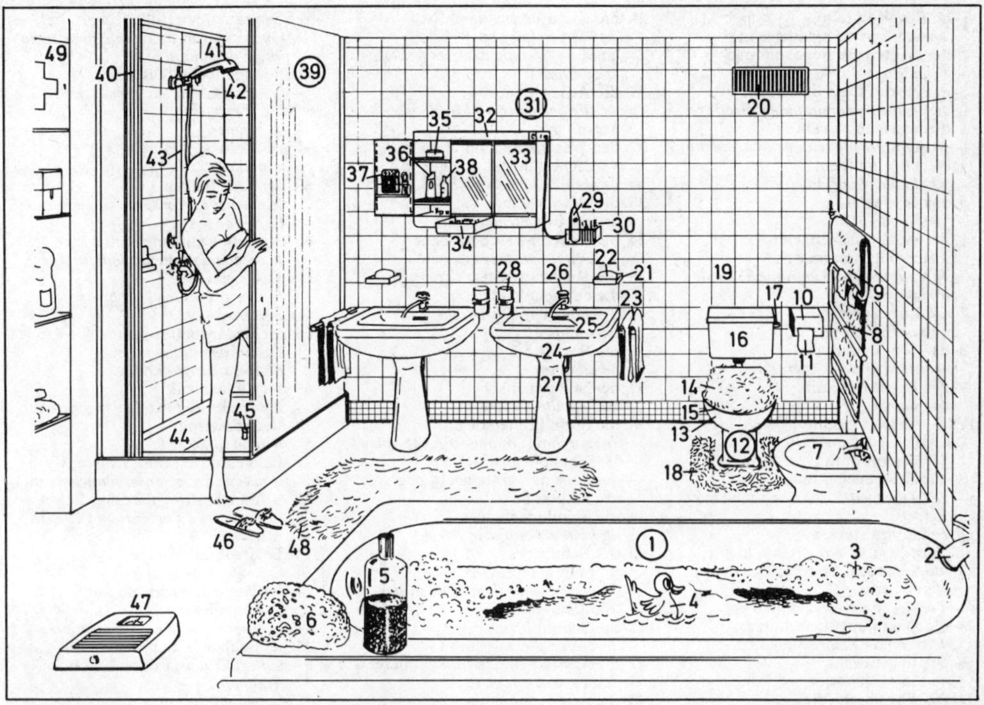

1 die Badewanne
– *la baignoire*
2 die Mischbatterie für kaltes und warmes Wasser
– *le robinet mélangeur*
3 das Schaumbad
– *le bain moussant*
4 die Schwimmente
– *le canard de caoutchouc* m
5 das Badesalz
– *les sels de bain* m
6 der Badeschwamm
– *l'éponge de toilette* f
7 das Bidet
– *le bidet*
8 der Handtuchhalter
– *le porte-serviettes*
9 das Frottierhandtuch
– *la serviette-éponge*
10 der Toilettenpapierhalter
– *le distributeur de papier* m *hygiénique*
11 das Toilettenpapier (Klosettpapier, *ugs.* Klopapier), eine Rolle Kreppapier *n*
– *le papier hygiénique*
12 die Toilette (das Klosett, *ugs.* Klo, der Abort, *ugs.* Lokus)
– *les cabinets* m *(le W.C., les W.C.* m*)*
13 das Klosettbecken
– *la cuvette de cabinet* m
14 der Klosettdeckel mit Frottierüberzug
– *l'abattant* m *de cuvette* f *avec dessus* m *en éponge* f
15 die Klosettbrille
– *la lunette*
16 der Wasserkasten
– *la chasse d'eau* f
17 der Spülhebel
– *le levier de la chasse d'eau* f
18 die Klosettumrahmung (Klosettumrandung)
– *le contour de cuvette* f
19 die Wandkachel
– *le carreau*
20 die Abluftöffnung
– *la bouche d'aération* f
21 die Seifenschale
– *le porte-savon*
22 die Seife
– *le savon*
23 das Handtuch
– *la serviette*
24 das Waschbecken
– *le lavabo*
25 der Überlauf
– *le trop-plein*
26 der Kalt- und Warmwasserhahn
– *le robinet d'eau* f *froide-eau* f *chaude*
27 der Waschbeckenfuß mit dem Siphon *m*
– *la console*
28 das Zahnputzglas (der Zahnputzbecher)
– *la verre à dents* f *(le gobelet à dents* f*)*
29 die elektrische Zahnbürste
– *la brosse à dents* f *électrique*
30 die Zahnbürsteneinsätze *m*
– *les brosses* f *de rechange*
31 der Spiegelschrank
– *l'armoire* f *de toilette* f *à miroirs* m
32 die Leuchtröhre
– *le tube fluorescent*
33 der Spiegel
– *le miroir*
34 das Schubfach
– *le tiroir*
35 die Puderdose
– *le poudrier*
36 das Mundwasser
– *l'eau* f *dentifrice*
37 der elektrische Rasierapparat
– *le rasoir électrique*
38 das Rasierwasser (After-shave, die After-shave-Lotion)
– *la lotion de rasage* m *(l'after-shave* m, *la lotion d'après-rasage* m*)*
39 die Duschkabine
– *la cabine de douche* f
40 der Duschvorhang
– *le rideau de douche* f
41 die verstellbare Handbrause (Handdusche)
– *la douchette réglable*
42 der Brausenkopf
– *le pommeau de la douche*
43 die Verstellstange
– *le rail de réglage* m
44 das Fußbecken (die Duschwanne)
– *le récepteur de douche* f
45 der Wannenablauf (das Überlaufventil)
– *l'écoulement* m *(le trop-plein)*
46 der Badepantoffel
– *la pantoufle de bain* m
47 die Personenwaage
– *le pèse-personne*
48 der Badevorleger (die Bademattе)
– *le tapis de bain*
49 die Hausapotheke
– *la pharmacie de ménage* m

1-20 Bügelgeräte *n*
– ***appareils*** m ***de repassage*** m
1 der elektrische Bügelautomat
– *la machine à repasser*
2 der elektrische Fußschalter
– *la pédale de commande* f *électrique*
3 die Walzenbewicklung
– *la garniture molletonnée du rouleau*
4 die Bügelmulde
– *la plaque chauffante*
5 das Bettlaken
– *le drap de lit* m
6 das elektrische Bügeleisen (der Leichtbügelautomat)
– *le fer à repasser électrique (le fer de voyage* m*)*
7 die Bügelsohle
– *la semelle du fer*
8 der Temperaturwähler
– *le sélecteur de température* f
9 der Bügeleisengriff
– *la poignée*
10 die Anzeigeleuchte
– *le voyant lumineux*
11 der Dampf-, Spray- und Trockenbügelautomat
– *le fer à vapeur* f, *à vaporisateur* m *et à sec*
12 der Einfüllstutzen
– *l'orifice* m *de remplissage* m
13 die Spraydüse zum Befeuchten *n* der Wäsche
– *l'orifice* m *de vaporisation* f
14 die Dampfaustrittsschlitze
– *le canal de vaporisation* f
15 der Bügeltisch
– *la table à repasser*
16 das Bügelbrett (die Bügelunterlage)
– *le plateau de la table à repasser*
17 der Bügelbrettbezug
– *la garniture de plateau* m
18 die Bügeleisenablage
– *le repose-fer*
19 das Aluminiumgestell
– *le piètement en aluminium* m
20 das Ärmelbrett
– *la jeannette*
21 die Wäschetruhe
– *le coffre à linge* m
22 die schmutzige Wäsche
– *le linge sale*
23-34 Wasch- und Trockengeräte *n*
– ***appareils*** m ***de lavage*** m ***et de séchage*** m
23 die Waschmaschine (der Waschvollautomat)
– *la machine à laver (la machine à laver automatique, ..le lave-linge)*
24 die Waschtrommel
– *le tambour laveur*
25 der Sicherheitstürverschluß
– *le verrouillage de sécurité* f *de la porte*
26 der Drehwählschalter
– *le sélecteur de programme* m
27 die Mehrkammer-fronteinspülung
– *le bac à produits* m *lessiviels (avec compartiments* m *multiples)*
28 der Trockenautomat, ein Abluftwäschetrockner
– *le sèche-linge électrique à air* m *pulsé*
29 die Trockentrommel
– *le panier de séchage* m
30 die Fronttür mit den Abluftschlitzen *m*
– *la porte frontale avec les fentes* f *d'aération* f
31 die Arbeitsplatte
– *la surface de travail* m *(le plan de travail* m*)*
32 der Wäschetrockner (Wäscheständer)
– *le séchoir sur pieds* m
33 die Wäscheleine
– *les fils* m *d'étendage* m
34 der Scherenwäschetrockner
– *le séchoir sur pieds* m *en X*
35 die Haushaltsleiter, eine Leichtmetalleiter
– *l'escabeau* m *(le marchepied) métallique*
36 die Wange
– *le montant*
37 der Stützschenkel
– *la béquille d'appui* m
38 die Stufe (Leiterstufe)
– *la marche (la marche d'escabeau* m*)*
39-43 Schuhpflegemittel *n*
– ***produits*** m *d'entretien* m *pour chaussures* f
39 die Schuhcremedose
– *la boîte de cirage* m
40 der Schuhspray, ein Imprägnierspray *m*
– *la bombe pour l'entretien* m *des chaussures* f
41 die Schuhbürste
– *la brosse à chaussures* f
42 die Auftragebürste für Schuhcreme *f*
– *la brosse à cirage* m
43 die Schuhcremetube
– *le tube de cirage* m
44 die Kleiderbürste
– *la brosse à habits* m
45 die Teppichbürste
– *la brosse à tapis* m
46 der Besen (Kehrbesen)
– *le balai*
47 die Besenborsten
– *les soies* f *du balai*
48 der Besenkörper
– *la monture du balai*
49 der Besenstiel
– *le manche du balai*
50 das Schraubgewinde
– *le filetage*
51 die Spülbürste (Abwaschbürste)
– *la brosse à vaisselle* f
52 die Kehrschaufel
– *la pelle à poussière* f
53-86 die Bodenpflege
– ***l'entretien*** m *des sols* m
53 der Handfeger (Handbesen)
– *la balayette*
54 der Putzeimer (Scheuereimer, Aufwascheimer)
– *le seau*
55 das Scheuertuch (Putztuch, *nd.* Feudel)
– *la serpillière (la wassingue)*
56 die Scheuerbürste
– *la brosse à récurer*
57 der Teppichkehrer
– *le balai mécanique*
58 der Handstaubsauger
– *l'aspirateur* m *balai* m
59 die Umschalttaste
– *le levier de commutation* f *(le sélecteur de position* f*)*
60 der Gelenkkopf
– *la rotule de suceur* m
61 die Staubbeutelfüllanzeige
– *l'indicateur* m *de remplissage* m *(la jauge de poussière* f*)*
62 die Staubbeutelkassette
– *le logement du sac à poussière* f
63 der Handgriff
– *la poignée*
64 das Rohr
– *le manche*
65 der Kabelhaken
– *le crochet du cordon d'alimentation* f
66 das aufgewundene Kabel
– *le cordon d'alimentation enroulé*
67 die Kombidüse
– *le suceur universel (la brosse universelle)*
68 der Bodenstaubsauger
– *l'aspirateur-traîneau* m *(l'aspirateur-chariot* m*)*
69 das Drehgelenk
– *le raccord du flexible d'aspiration* f
70 das Ansatzrohr
– *le tube rallonge* f
71 die Kehrdüse *(ähnl: Klopfdüse)*
– *le suceur à tapis* m *et planchers* m
72 die Saugkraftregulierung
– *le régulateur d'aspiration* f *(de succion* f*)*
73 die Staubfüllanzeige
– *la jauge de poussière* f
74 der Nebenluftschieber zur Luftregulierung
– *le levier régulateur d'aspiration* f
75 der Schlauch (Saugschlauch)
– *le flexible d'aspiration* f *(le tuyau flexible)*
76 das Kombinations-teppichpflegegerät
– *l'aspiro-batteur-sha* m *(shampoigneur)*
77 die elektrische Zuleitung
– *le cordon électrique*
78 die Gerätsteckdose
– *la prise de courant* m
79 der Teppichklopfvorsatz *(ähnl.:* Teppichschamponiervorsatz, Teppichbürstvorsatz)
– *le raccord de l'aspiro-batteur* m, *de la shampooineuse (shampoigneuse), de la brosse aspirante*
80 der Allzwecksauger (Trocken- und Naßsauger)
– *l'aspirateur* m *universel*
81 die Lenkrolle
– *la roulette orientable*
82 das Motoraggregat
– *le bloc moteur*
83 der Deckelverschluß
– *le verrouillage du couvercle*
84 der Grobschmutzschlauch
– *le flexible d'aspiration* f *des grosses pièces* f
85 das Spezialzubehör für Grobschmutz *m*
– *l'accessoire* m *spécial pour grosses pièces* f
86 der Staubbehälter
– *la cuve à poussière* f
87 der Einkaufswagen
– *le chariot à provisions* f *(le caddie)*

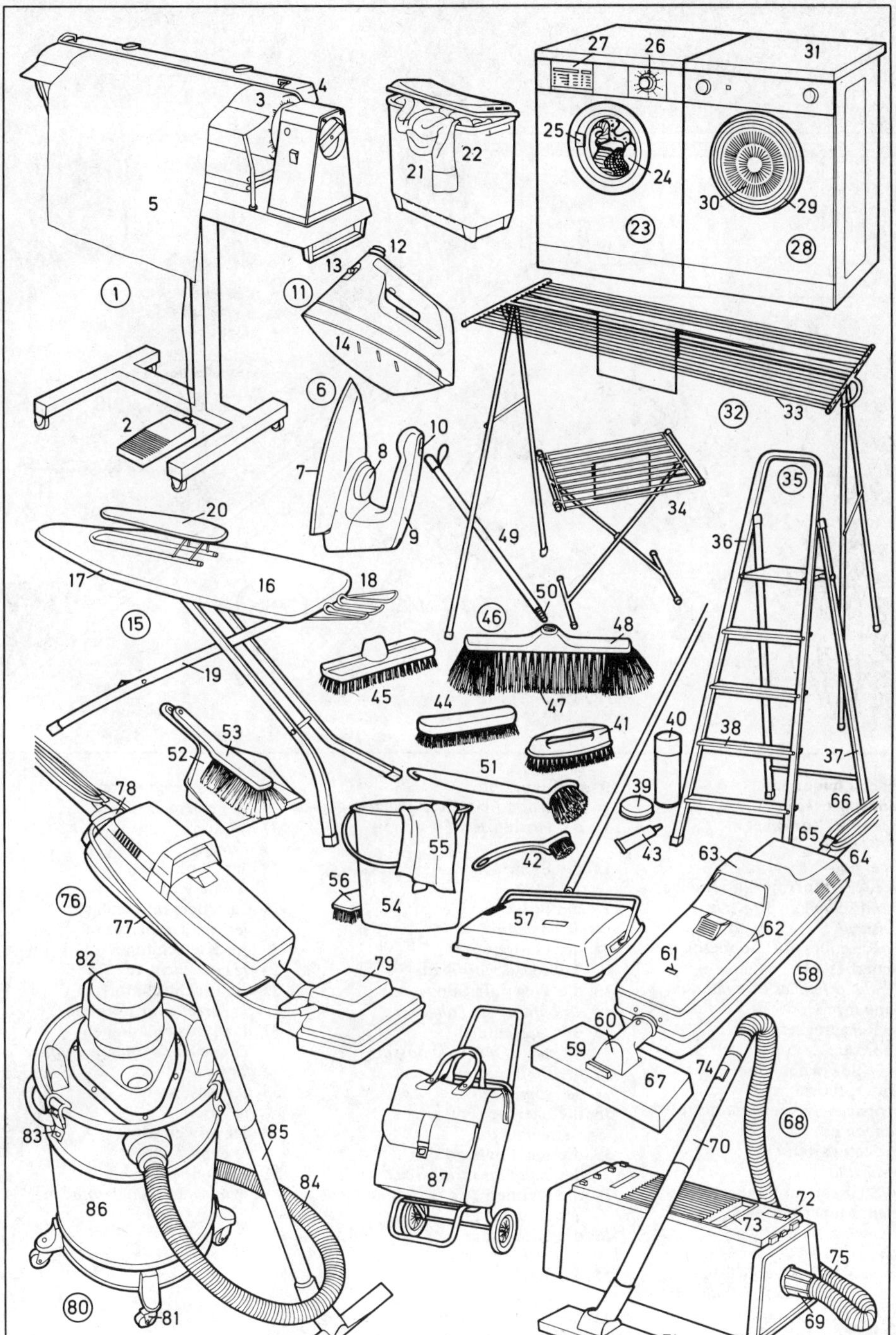
1
2
3
4
5
6
7
8
9
10
11
12
13
14
15
16
17
18
19
20
21
22
23
24
25
26
27
28
29
30
31
32
33
34
35
36
37
38
39
40
41
42
43
44
45
46
47
48
49
50
51
52
53
54
55
56
57
58
59
60
61
62
63
64
65
66
67
68
69
70
71
72
73
74
75
76
77
78
79
80
81
82
83
84
85
86
87

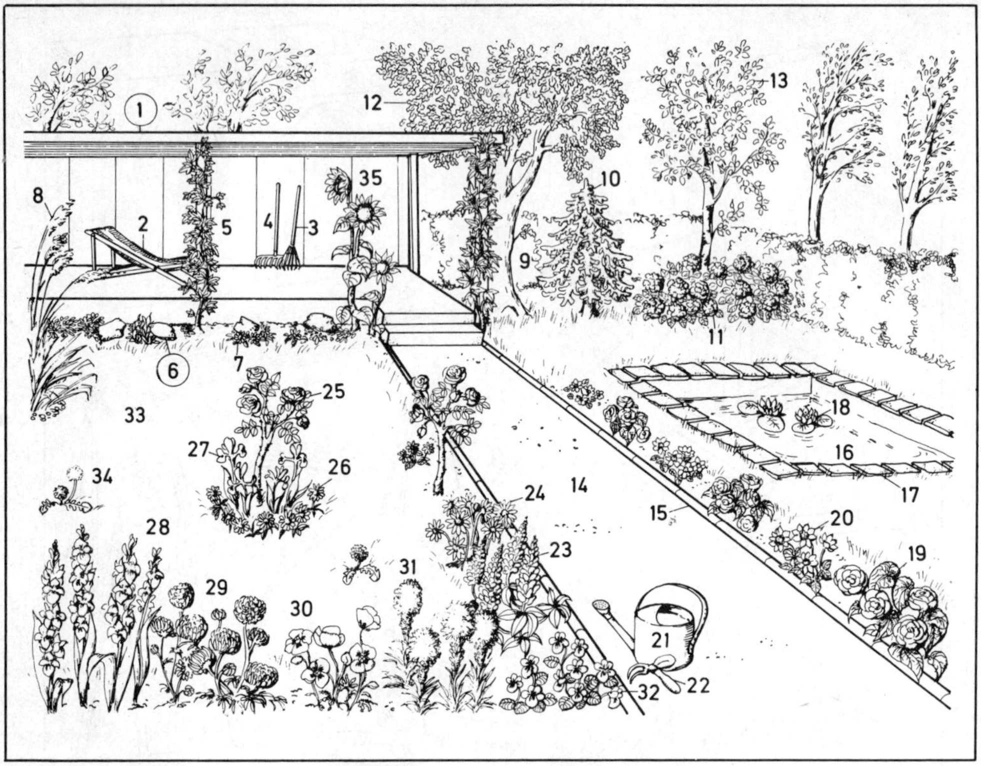

1-35 der Ziergarten (Blumengarten)
– ***le jardin d'agrément*** m
1 die Pergola
– *la pergola*
2 der Liegestuhl (die Gartenliege)
– *la chaise longue (*fam.*: le transat)*
3 der Rasenbesen (Laubbesen, Fächerbesen)
– *le balai à feuilles* f *(le balai à gazon* m*)*
4 der Rasenrechen
– *le râteau*
5 der Wilde Wein, eine Kletterpflanze
– *la vigne vierge, une plante grimpante*
6 der Steingarten
– *la rocaille*
7 die Steingartenpflanzen *f*; *Arten:* Mauerpfeffer *m*, Hauswurz *f*, Silberwurz *f*, Blaukissen *n*
– *les plantes de rocaille* f; var.: *le poivre de muraille* f, *la joubarbe, la dryade, l'aubrietia* f
8 das Pampasgras
– *le gynérium (l'herbe* f *des pampas* f*)*
9 die Gartenhecke
– *la haie vive*
10 die Blaufichte
– *l'épicéa* m (ici: *Picea pungens glauca)*
11 die Hortensien *f*
– *les hortensias* m
12 die Eiche
– *le chêne*
13 die Birke
– *le bouleau*
14 der Gartenweg
– *l'allée* f *de jardin* m
15 die Wegeinfassung
– *la bordure de l'allée* f
16 der Gartenteich
– *la pièce d'eau* f *(le bassin)*
17 die Steinplatte
– *le rebord dallé*
18 die Seerose
– *le nénuphar*
19 die Knollenbegonien *f*
– *les bégonias* m *tubéreux*
20 die Dahlien *f*
– *les dahlias* m
21 die Gießkanne
– *l'arrosoir* m
22 der Krehl
– *la démarieuse*
23 die Edellupine
– *le lupin polyphylle*
24 die Margeriten *f*
– *les marguerites* f
25 die Hochstammrose
– *la rose à haute tige* f
26 die Gartengerbera
– *la gerbéra*
27 die Iris
– *l'iris* m
28 die Gladiolen *f*
– *les glaïeuls*
29 die Chrysanthemen *f*
– *les chrysanthèmes* m
30 der Klatschmohn
– *le coquelicot* m
31 die Prachtscharte
– *la sarrette (la serratula)*
32 das Löwenmäulchen
– *la gueule-de-loup (le muflier des jardins)*
33 der Rasen
– *le gazon*
34 der Löwenzahn
– *la dent-de-lion*
35 die Sonnenblume
– *le tournesol (l'hélianthe* m*)*

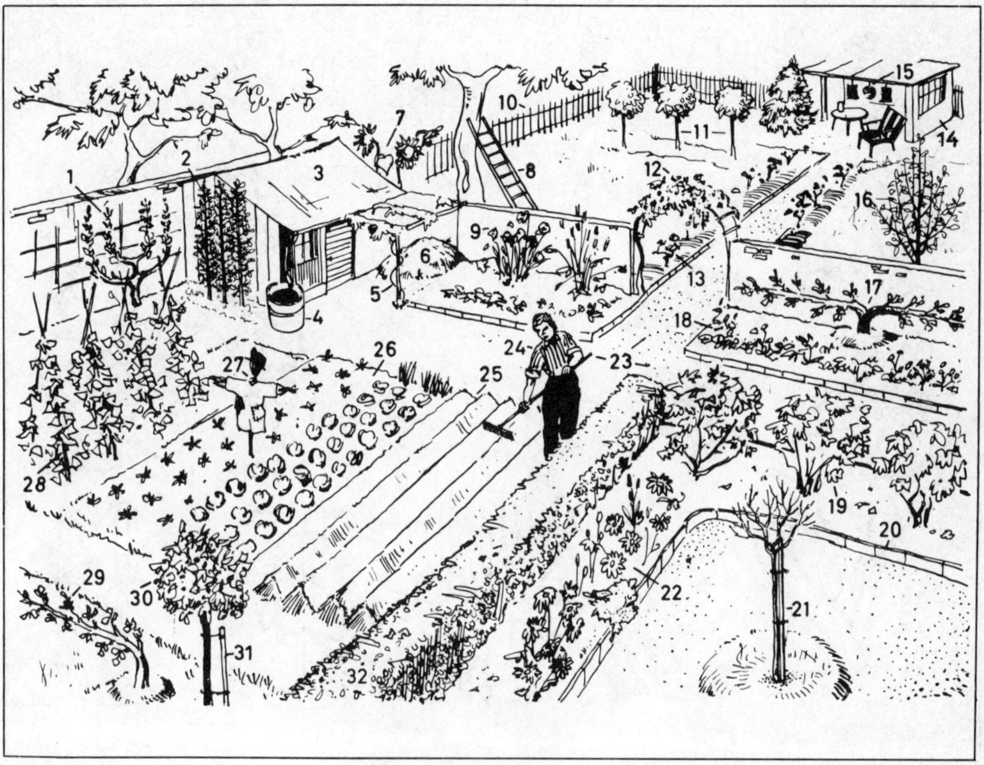

1-32 der Kleingarten (Schrebergarten, Gemüse- und Obstgarten)
– ***le jardinet*** *(le jardin potager et fruitier)*
1, 2, 16, 17, 29 Zwergobstbäume m (Spalierobstbäume, Formobstbäume)
– *arbres* m *fruitiers nains (arbres taillés, arbres* m *fruitiers en espalier* m*)*
1 die Verrierpalmette, ein Wandspalierbaum *m*
– *la palmette candélabre, un arbre en espalier* m
2 der senkrechte Schnurbaum (Kordon)
– *l'arbre* m *taillé en cordon* m
3 der Geräteschuppen
– *la cabane à outils* m
4 die Regentonne
– *la tonne à eau* f *de pluie* f
5 die Schlingpflanze
– *la plante volubile*
6 der Komposthaufen
– *le tas de terreau* m *(le tas de compost* m*)*
7 die Sonnenblume
– *le tournesol (l'hélianthe* m*)*
8 die Gartenleiter
– *l'échelle* f *de jardin* m
9 die Staude (Blumenstaude)
– *la plantule, l'arbrisseau* m
10 der Gartenzaun (Lattenzaun, das Staket)
– *la clôture en lattis* m *(clôture* f *à claire-voie* f*)*
11 der Beerenhochstamm
– *l'arbuste* m *à baies* f *à haute tige* f
12 die Kletterrose, am Spalierbogen *m*
– *le rosier grimpant sur arceau* m *en espalier* m
13 die Buschrose (der Rosenstock)
– *le rosier en buisson* m *(rosier* m *nain)*
14 die Sommerlaube (Gartenlaube)
– *la gloriette (la tonnelle)*
15 der Lampion (die Papierlaterne)
– *le lampion (la lanterne vénitienne)*
16 der Pyramidenbaum, die Pyramide, ein freistehender Spalierbaum *m*
– *l'arbre taillé en pyramide, la pyramide horizontale, un arbre en espalier* m *détaché*
17 der zweiarmige, waagerechte Schnurbaum (Kordon)
– *le cordon horizontal à deux bras* m, *un arbre en espalier* m *mural*
18 die Blumenrabatte, ein Randbeet *n*
– *la plate-bande, un parterre de fleurs* f *en bordure* f
19 der Beerenstrauch (Stachelbeerstrauch, Johannisbeerstrauch)
– *l'arbuste à baies* f *(le groseillier à maquereau* m, *le groseillier)*
20 die Zementleisteneinfassung
– *la bordure de ciment* m
21 der Rosenhochstamm (Rosenstock, die Hochstammrose)
– *le rosier à haute tige* f *(le rosier, la rose à haute tige* f*)*
22 das Staudenbeet
– *la planche de plantes* f *vivaces*
23 der Gartenweg
– *l'allée de jardin* m
24 der Kleingärtner (Schrebergärtner)
– *le jardinier amateur (le jardinier du dimanche)*
25 das Spargelbeet
– *la planche d'asperges* f
26 das Gemüsebeet
– *la planche de légumes* m
27 die Vogelscheuche
– *l'épouvantail* m
28 die Stangenbohne, eine Bohnenpflanze an Stangen *f* (Bohnenstangen)
– *les haricots* m *à rames* f, *une rame de haricots* m
29 der einarmige, waagerechte Schnurbaum (Kordon)
– *le cordon horizontal simple*
30 der Obsthochstamm (hochstämmige Obstbaum)
– *l'arbre* m *fruitier à haute tige* f
31 der Baumpfahl
– *le tuteur*
32 die Hecke
– *la haie vive*

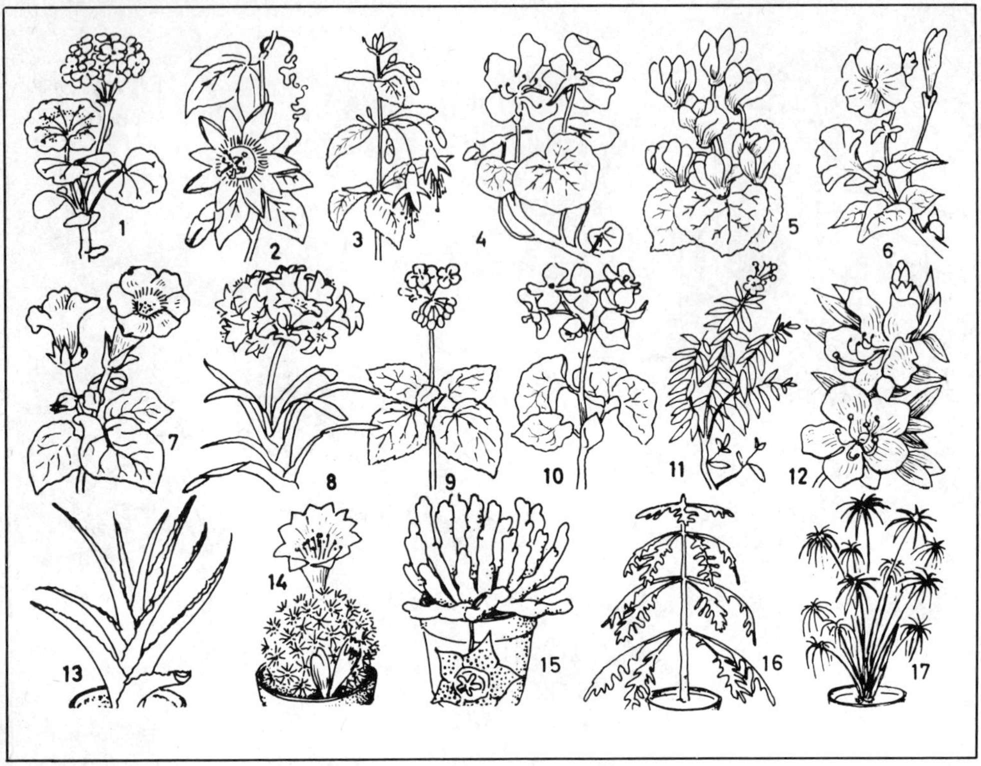

1 die Pelargonie (der Storchschnabel), ein Geraniengewächs *n*
– *le pélargonium (le géranium), une géraniacée*

2 die Passionsblume (Passiflora), eine Kletterpflanze *f*
– *la passiflore (la fleur de la Passion), une pariétale*

3 die Fuchsie (Fuchsia), ein Nachtkerzengewächs *n*
– *le fuchsia, une œnothéracée*

4 die Kapuzinerkresse (Blumenkresse, das Tropaeolum)
– *la capucine, une tropéolée*

5 das Alpenveilchen (Cyclamen), ein Primelgewächs *n*
– *le cyclamen, une primulacée*

6 die Petunie, ein Nachtschattengewächs *n*
– *le pétunia, une solanacée*

7 die Gloxinie (Sinningia), ein Gesneriengewächs *n*
– *la gloxinie, une gesnériacée*

8 die Klivie (Clivia), ein Amaryllisgewächs *n* (Narzissengewächs)
– *la clivie, une amaryllidacée*

9 die Zimmerlinde (Sparmannia), ein Lindengewächs *n*
– *le tilleul nain (le sparmannia), une tiliacée*

10 die Begonie (Begonia, das Schiefblatt)
– *le bégonia, une bégoniacée*

11 die Myrte (Brautmyrte, Myrtus)
– *le myrte, une myrtacée*

12 die Azalee (Azalea), ein Heidekrautgewächs *n*
– *l'azalée* f, *une éricacée*

13 die Aloe, ein Liliengewächs *n*
– *l'aloès* m, *une liliacée*

14 der Igelkaktus (Kugelkaktus, Echinopsis, Epsis)
– *l'échinocactus* m *(le coussin de belle-mère* f*)*

15 der Ordenskaktus (die Stapelia, eine Aasblume, Aasfliegenblume, Ekelblume), ein Seidenpflanzengewächs *n*
– *le stapélia (la stapélie), une asclépiadacée*

16 die Zimmertanne (Schmucktanne, eine Araukarie)
– *l'araucaria* m, *un conifère*

17 das Zypergras (der Cyperus alternifolius), ein Ried- oder Sauergras *n*
– *le souchet (le cypérus), une cypéracée*

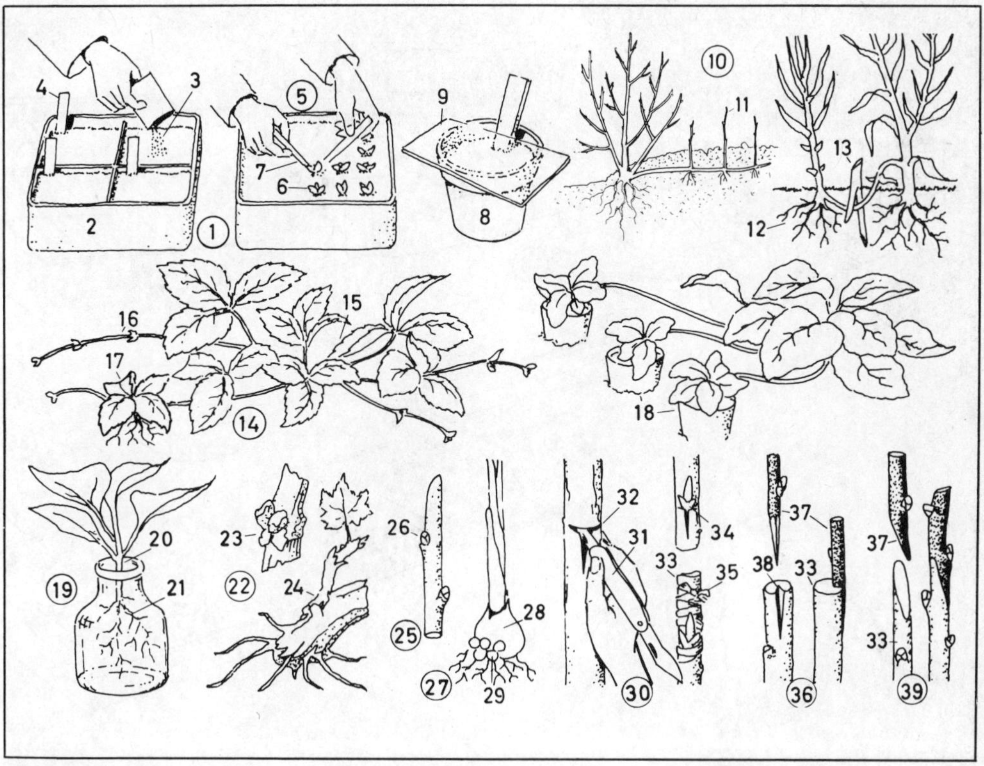

1 die Aussaat
– *l'ensemencement* m
2 die Aussaatschale (Saatschale)
– *la terrine à semis* m
3 der Samen
– *la graine (la semence)*
4 das Namensschild
– *l'étiquette* f
5 das Verstopfen (Pikieren, Verpflanzen, Umpflanzen, Versetzen, Umsetzen)
– *le repiquage*
6 der Sämling
– *le plant*
7 das Pflanzholz
– *le plantoir*
8 der Blumentopf (die Scherbe, *md.* der Blumenasch, *obd.* der Blumenscherben), ein Pflanztopf *m*
– *le pot à fleurs* f, *un pot à semis* m
9 die Glasscheibe
– *la plaque de verre* m
10 die Vermehrung durch Ableger *m*
– *le marcottage en archet* m *(le couchage simple)*
11 der Ableger
– *la marcotte* f
12 der bewurzelte Ableger
– *la marcotte enracinée*
13 die Astgabel zur Befestigung
– *l'épingle* f *de fixation* f
14 die Vermehrung durch Ausläufer *m*
– *le marcottage par stolons* m
15 die Mutterpflanze
– *la plante mère* f
16 der Ausläufer (Fechser)
– *le stolon (le jet, le rejet)*
17 der bewurzelte Sproß
– *la plantule enracinée*
18 das Absenken in Töpfe *m*
– *le marcottage en pot* m
19 der Wassersteckling
– *le bouturage dans l'eau*
20 der Steckling
– *la bouture*
21 die Wurzel
– *la racine*
22 der Augensteckling an der Weinrebe
– *le bouturage de la vigne par boutures* f *d'œil* m *(boutures* f *anglaises)*
23 das Edelauge, eine Knospe
– *la bouture d'œil* m, *un bouton*
24 der ausgetriebene Steckling
– *le plant de bouture* f
25 der Holzsteckling
– *la bouture ligneuse*
26 die Knospe
– *le bourgeon*
27 die Vermehrung durch Brutzwiebeln *f*
– *la multiplication par caïeux* m
28 die alte Zwiebel
– *le bulbe*
29 die Brutzwiebel
– *le caïeu (le cayeu)*
30-39 die Veredlung
– ***la greffe*** *(ente* f*)*
30 die Okulation (das Okulieren)
– *la greffe en écusson* m *par œil* m *levé*
31 das Okuliermesser
– *le greffoir*
32 der T-Schnitt
– *l'incision* f *en T*
33 die Unterlage
– *le sujet*
34 das eingesetzte Edelauge
– *le greffon mis en place* f
35 der Bastverband
– *la ligature de raphia* m
36 das Pfropfen (Spaltpfropfen)
– *la greffe en fente* f
37 das Edelreis (Pfropfreis)
– *le greffon*
38 der Keilschnitt
– *l'incision* f *en coin* m
39 die Kopulation (das Kopulieren)
– *la greffe à l'anglaise*

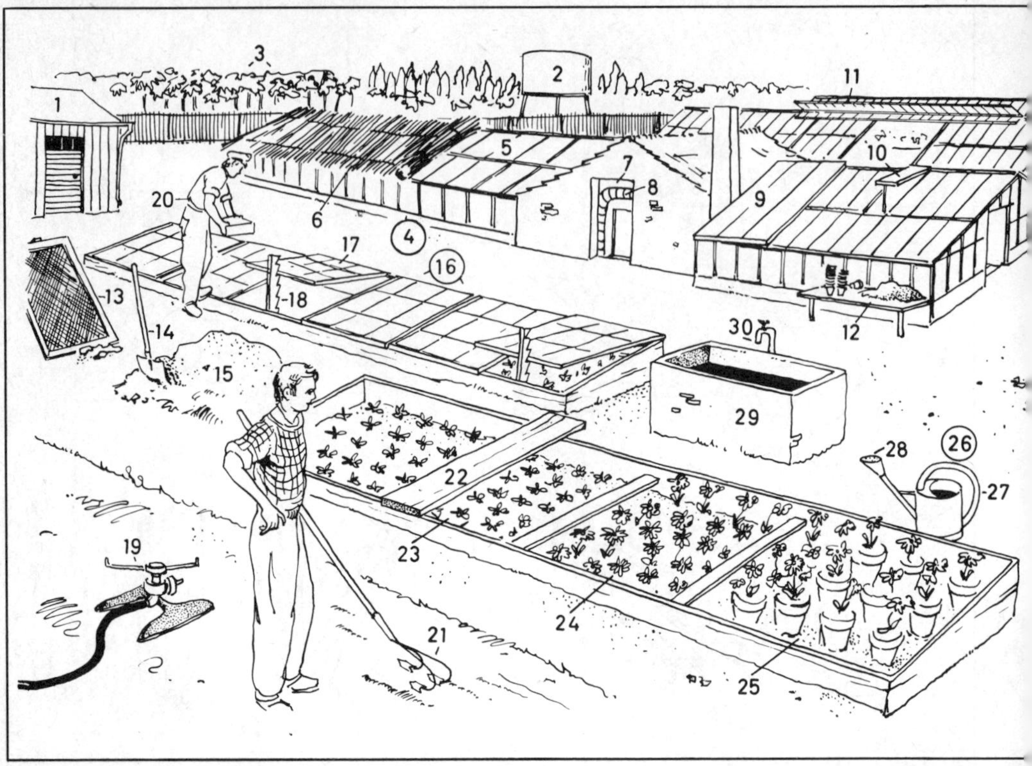

1-51 der Gartenbaubetrieb (die Gärtnerei, der Erwerbsgartenbau)
– ***l'entreprise*** f ***de production*** f ***horticole*** *et maraîchère (l'exploitation* f *d'un jardin de rapport* m*)*
1 der Geräteschuppen
– *la remise à outils* m
2 der Hochbehälter (das Wasserreservoir)
– *le réservoir surélevé*
3 die Gartenbaumschule, eine Baumschule
– *la pépinière*
4 das Treibhaus (Warmhaus, Kulturhaus, Kaldarium)
– *la serre chaude (la forcerie)*
5 das Glasdach
– *le toit vitré*
6 die Rollmatte (Strohmatte, Rohrmatte, Schattenmatte)
– *le paillasson (la claie)*
7 der Heizraum
– *la chaufferie (la salle de chauffe* f*)*
8 das Heizrohr (die Druckrohrleitung)
– *le tube de chauffage* m *(la conduite à haute pression* f*)*
9 das Deckbrett (der Deckladen, das Schattenbrett, Schattierbrett)
– *la planche de recouvrement* m
10-11 die Lüftung
– *l'aération* f
10 das Lüftungsfenster (die Klapplüftung)
– *la fenêtre d'aération* f *(le panneau à tabatière* f*)*
11 die Firstlüftung
– *le panneau d'aération* f *coulissant*
12 der Pflanzentisch
– *la table à empoter*
13 der Durchwurf (das Erdsieb, Stehsieb, Wurfgitter)
– *le crible à béquille* f *(le crible à terreau* m*)*
14 die Erdschaufel (Schaufel)
– *la pelle à terreau* m
15 der Erdhaufen (die kompostierte Erde, Komposterde, Gartenerde)
– *le tas de terre* f *(le compost, la terre végétale)*
16 das Frühbeet (Mistbeet, Warmbeet, Treibbeet, der Mistbeetkasten)
– *la couche chaude*
17 das Mistbeetfenster (die Sonnenfalle)
– *le châssis de couche* f
18 das Lüftungsholz (Luftholz)
– *la cale d'aération* f *(l'aération* f *à crémaillère* f*)*
19 der Regner (das Beregnungsgerät, der Sprenger, Sprinkler)
– *l'arroseur rotatif (le tourniquet)*
20 der Gärtner (Gartenbauer, Gartenbaumeister, Handelsgärtner)
– *le jardinier (l'horticulteur* m*, le maraîcher)*
21 der Handkultivator
– *le cultivateur à main* f
22 das Laufbrett
– *la passerelle*
23 verstopfte (pikierte) Pflänzchen *n*
– *les jeunes plants* m *repiqués*
24 getriebene Blumen *f* [Frühtreiberei]
– *les fleurs* f *précoces (fleurs* f *forcées)*
25 Topfpflanzen *f* (eingetopfte, vertopfte Pflanzen)
– *les plantes* f *en pots* m
26 die Bügelgießkanne
– *l'arrosoir* m *à anse* f
27 der Bügel (Schweizerbügel)
– *l'anse* f
28 die Gießkannenbrause
– *la pomme d'arrosoir* m

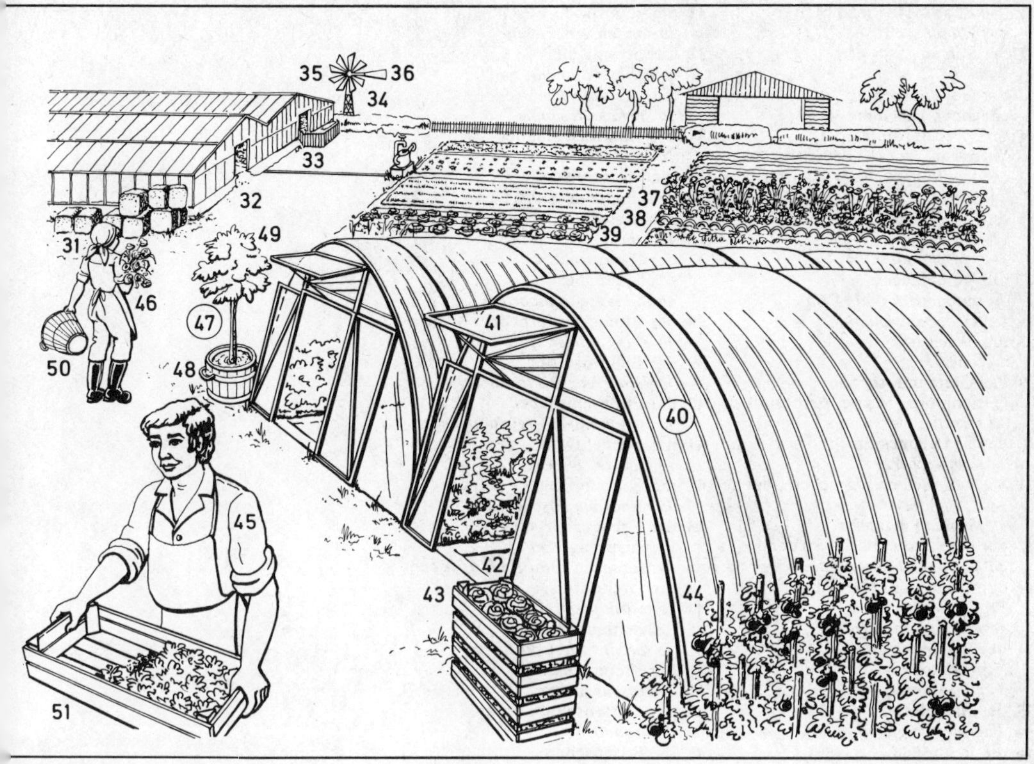

29 das Wasserbassin (der Wasserbehälter)
– *le bac à eau* f
30 das Wasserrohr mit Wasser *n*
– *le tuyau d'eau* f
31 der Torfmullballen
– *la balle de tourbe* f
32 das Warmhaus
– *la serre chaude*
33 das Kalthaus
– *la serre froide*
34 der Windmotor
– *l'éolienne* f
35 das Windrad
– *la roue à ailettes* f *(à aubes* f, *à palettes* f*)*
36 die Windfahne
– *l'empennage* m
37 das Staudenbeet, ein Blumenbeet *n*
– *la plate-bande, une planche de fleurs* f
38 die Ringeinfassung
– *la bordure d'arceaux* m
39 das Gemüsebeet
– *la planche de légumes* m
40 der Folientunnel (das Foliengewächshaus)
– *l'abri-serre* m *(le tunnel plastique)*
41 die Lüftungsklappe
– *le vasistas*
42 der Mittelgang
– *l'allée centrale* f
43 die Gemüseversandsteige (Gemüsesteige)
– *les cageots* m *de légumes* m
44 die Stocktomate (Tomatenstaude)
– *le plant de tomates* f
45 der Gartenbaugehilfe
– *l'aide-jardinier* m
46 die Gartenbaugehilfin
– *l'aide-jardinier* f
47 die Kübelpflanze
– *la plante en baquet* m
48 der Kübel
– *le baquet à plante* f
49 das Orangenbäumchen
– *le jeune plant d'oranger* m
50 der Drahtkorb
– *le panier en fil* m *métallique*
51 der Setzkasten
– *la boîte portoir de semis* m

1 das Pflanzholz (Setzholz)
– *le plantoir à crosse* f
2 der Spaten
– *la bêche*
3 der Gartenbesen
– *le balai à gazon* m
4 der Rechen (die Harke)
– *le râteau*
5 die Häufelhacke (der Häufler)
– *le buttoir*
6 das Erdschäufelchen (die Pflanzkelle)
– *le transplantoir*
7 die Kombihacke
– *la serfouette à main* f *(la serfouette «piochon»)*
8 die Sichel
– *la faucille*
9 das Gartenmesser (die Gartenhippe, Hippe, Asthippe)
– *la serpette*
10 das Spargelmesser
– *le coupe-asperges*
11 die Baumschere (Astschere, der Astschneider)
– *l'échenilloir élagueur*
12 der halbautomatische Spaten
– *la bêche semi-automatique*
13 der Dreizinkgrubber (die Jätekralle)
– *la griffe à trois dents* f
14 der Baumkratzer (Rindenkratzer)
– *l'émoussoir* m
15 der Rasenlüfter
– *l'aérateur à gazon* m
16 die Baumsäge (Astsäge)
– *la scie d'élagage* m
17 die batteriebetriebene Heckenschere
– *le taille-haies autonome*
18 die Motorgartenhacke
– *la motobineuse*
19 die elektrische Handbohrmaschine
– *la perceuse à main* f
20 das Getriebe
– *la transmission*
21 das Anbau-Hackwerkzeug
– *les deux jeux* m *de fraises* f
22 der Obstpflücker
– *le cueille-fruits*
23 die Baumbürste (Rindenbürste)
– *la brosse-émoussoir*
24 die Gartenspritze zur Schädlingsbekämpfung
– *le pulvérisateur à insecticide* m
25 das Sprührohr
– *la lance d'aspersion* f
26 der Schlauchwagen
– *l'enrouleur* m *mobile*
27 der Gartenschlauch
– *le tuyau d'arrosage* m
28 der Motorrasenmäher
– *la tondeuse à moteur* m
29 der Grasfangkorb
– *le bac récupérateur (bac* m *à herbe* f*)*
30 der Zweitaktmotor
– *le moteur à deux temps* m
31 der elektrische Rasenmäher
– *la tondeuse électrique*
32 das Stromkabel
– *le câble d'alimentation* f
33 das Messerwerk
– *la surface de coupe* f
34 der Handrasenmäher
– *la tondeuse mécanique*
35 die Messerwalze
– *le cylindre de coupe* f
36 das Messer
– *la lame*
37 der Rasentraktor (Aufsitzmäher)
– *la tondeuse autoportée*
38 der Bremsarretierhebel
– *le levier d'arrêt* m *du frein*
39 der Elektrostarter
– *le démarreur électrique*
40 der Fußbremshebel
– *la commande de frein* m *à pied* m
41 das Schneidwerk
– *le bloc de coupe* f
42 der Kippanhänger
– *la remorque basculante*
43 der Kreisregner, ein Rasensprenger *m*
– *l'arroseur* m *rotatif, un arroseur*
44 die Drehdüse
– *le tourniquet*
45 der Schlauchnippel
– *le raccord fileté du tuyau*
46 der Viereckregner
– *l'arroseur* m *fixe*
47 der Gartenschubkarren
– *la brouette*
48 die Rasenschere
– *la cisaille à gazon* m
49 die Heckenschere
– *la cisaille à haies* f
50 die Rosenschere
– *le sécateur*

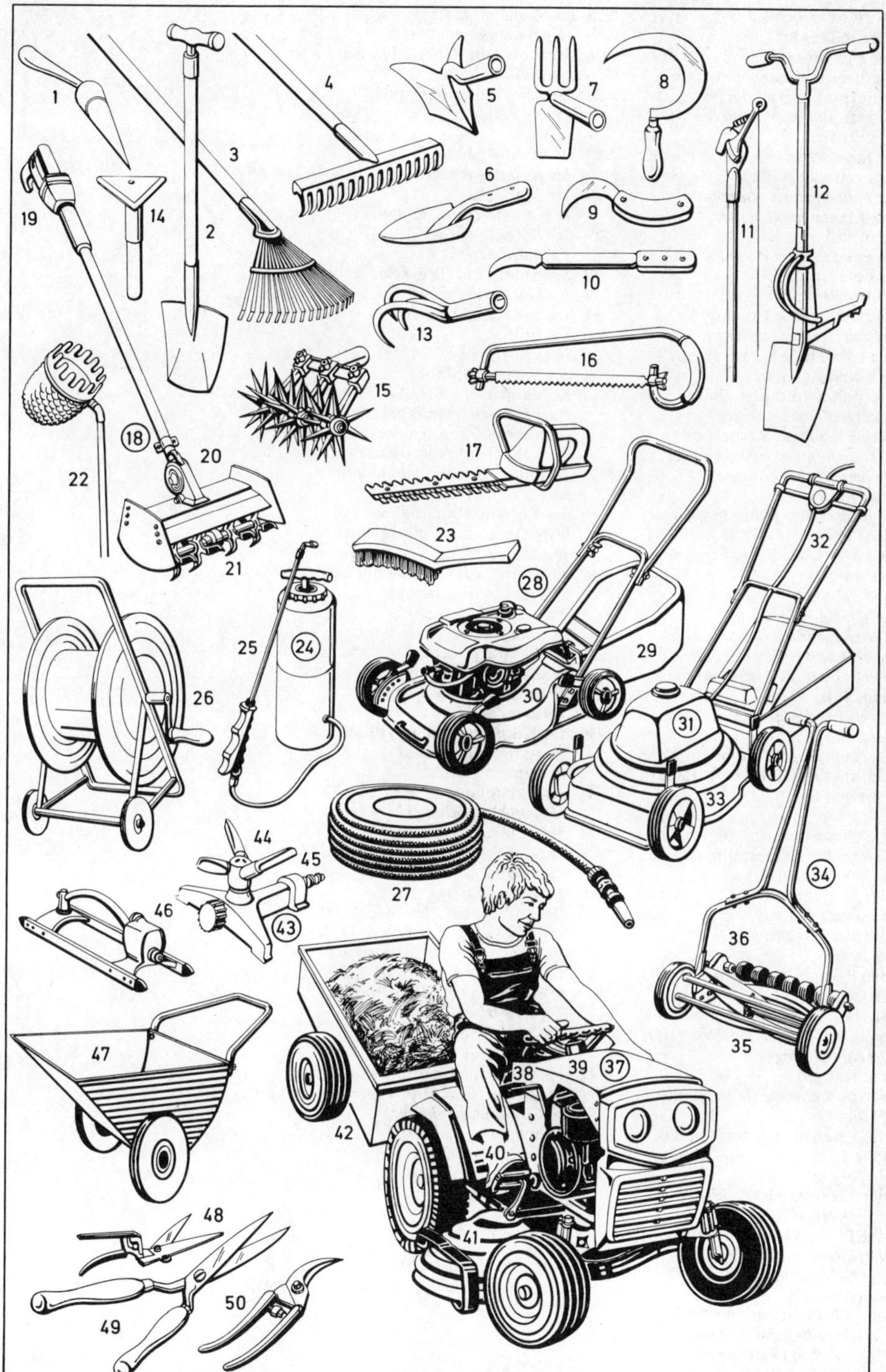
1
2
3
4
5
6
7
8
9
10
11
12
13
14
15
16
17
18
19
20
21
22
23
24
25
26
27
28
29
30
31
32
33
34
35
36
37
38
39
40
41
42
43
44
45
46
47
48
49
50

1-11 Hülsenfrüchte *f* (Leguminosen)
– ***les légumineuses*** f
1 die Erbsenpflanze, ein Schmetterlingsblütler *m*
– *le pois, une papilionacée*
2 die Erbsenblüte
– *la fleur de pois* m
3 das gefiederte Blatt
– *la feuille pennée du pois*
4 die Erbsenranke, eine Blattranke
– *la vrille foliaire du pois*
5 das Nebenblatt
– *la stipule du pois*
6 die Hülse, eine Fruchthülle
– *la gousse, une capsule*
7 die Erbse [der Samen (Same)]
– *le pois [la graine]*
8 die Bohnenpflanze, eine Kletterpflanze; *Sorten:* Gemüsebohne, Kletter- oder Stangenbohne, Feuerbohne; *kleiner:* Zwerg- oder Buschbohne
– *le haricot, une plante grimpante;* var.: *le haricot vert, le haricot à rames* f, *le haricot d'Espagne, le haricot nain*
9 die Bohnenblüte
– *la fleur de haricot* m
10 der rankende Bohnenstengel
– *la tige vrillée de haricot* m
11 die Bohne [die Hülse mit den Samen *m*]
– *le haricot [la gousse avec les graines* f*]*
12 die Tomate (der Liebesapfel, Paradiesapfel, *österr.* Paradeis, Paradeiser)
– *la tomate*
13 die Gurke (*schwäb. Guckummer, österr.* der Kümmerling)
– *le concombre*
14 der Spargel
– *l'asperge* f
15 das Radieschen
– *le radis*
16 der Rettich (*bayr.-österr.* Radi)
– *le radis noir*
17 die Mohrrübe (*obd.* gelbe Rübe, *md. obd.* Möhre, *nd.* Wurzel)
– *la carotte longue*
18 die Karotte
– *la carotte ronde (le grelot des Halles* f*)*
19 die Petersilie (Federselli, das Peterlein)
– *le persil*
20 der Meerrettich (*österr.* Kren)
– *le raifort*
21 der Porree (Lauch, Breitlauch)
– *le poireau*
22 der Schnittlauch
– *la ciboulette*
23 der Kürbis; *ähnl.:* die Melone
– *la citrouille;* anal.: *le melon*
24 die Zwiebel (Küchenzwiebel, Gartenzwiebel)
– *l'oignon* m
25 die Zwiebelschale
– *la pelure d'oignon* m
26 der Kohlrabi (Oberkohlrabi)
– *le chou-rave*
27 der (die) Sellerie (Eppich, *österr.* Zeller)
– *le céleri*
28-34 Krautpflanzen *f*
– ***les légumes-feuilles*** m
28 der Mangold
– *la bette (la blette, la poirée)*
29 der Spinat
– *l'épinard* m
30 der Rosenkohl (Brüsseler Kohl)
– *le chou de Bruxelles*
31 der Blumenkohl (*österr.* Karfiol)
– *le chou-fleur*
32 der Kohl (Kopfkohl, Kohlkopf), ein Kraut *n*; *Zuchtformen:* Weißkohl (Weißkraut, *ugs.* Kappes), Rotkohl (Rotkraut, Blaukraut)
– *le chou;* var.: *chou cabus ou chou pommé, chou rouge*
33 der Wirsing (Wirsingkohl, Wirsching, das Welschkraut)
– *le chou de Milan*
34 der Blätterkohl (Grünkohl, Krauskohl, Braunkohl, Winterkohl)
– *le chou frisé*
35 die Schwarzwurzel
– *le salsifis (la scorsonère)*
36-40 Salatpflanzen *f*
– ***les salades*** f
36 der Kopfsalat (Salat, grüner Salat, die Salatstaude)
– *la laitue*
37 das Salatblatt
– *la feuille de salade* f
38 der Feldsalat (Ackersalat, die Rapunze, Rapunzel, das Rapunzlein, Rapünzchen)
– *la mâche (la doucette)*
39 die Endivie (der Endiviensalat)
– *l'endive* f
40 die Chicorée (die Zichorie, Salatzichorie)
– *la chicorée;* var.: *la scarole, la chicorée frisée*
41 die Artischocke
– *l'artichaut* m
42 der Paprika (spanische Pfeffer)
– *le poivron (le piment, le piment de Cayenne, le piment d'Espagne)*

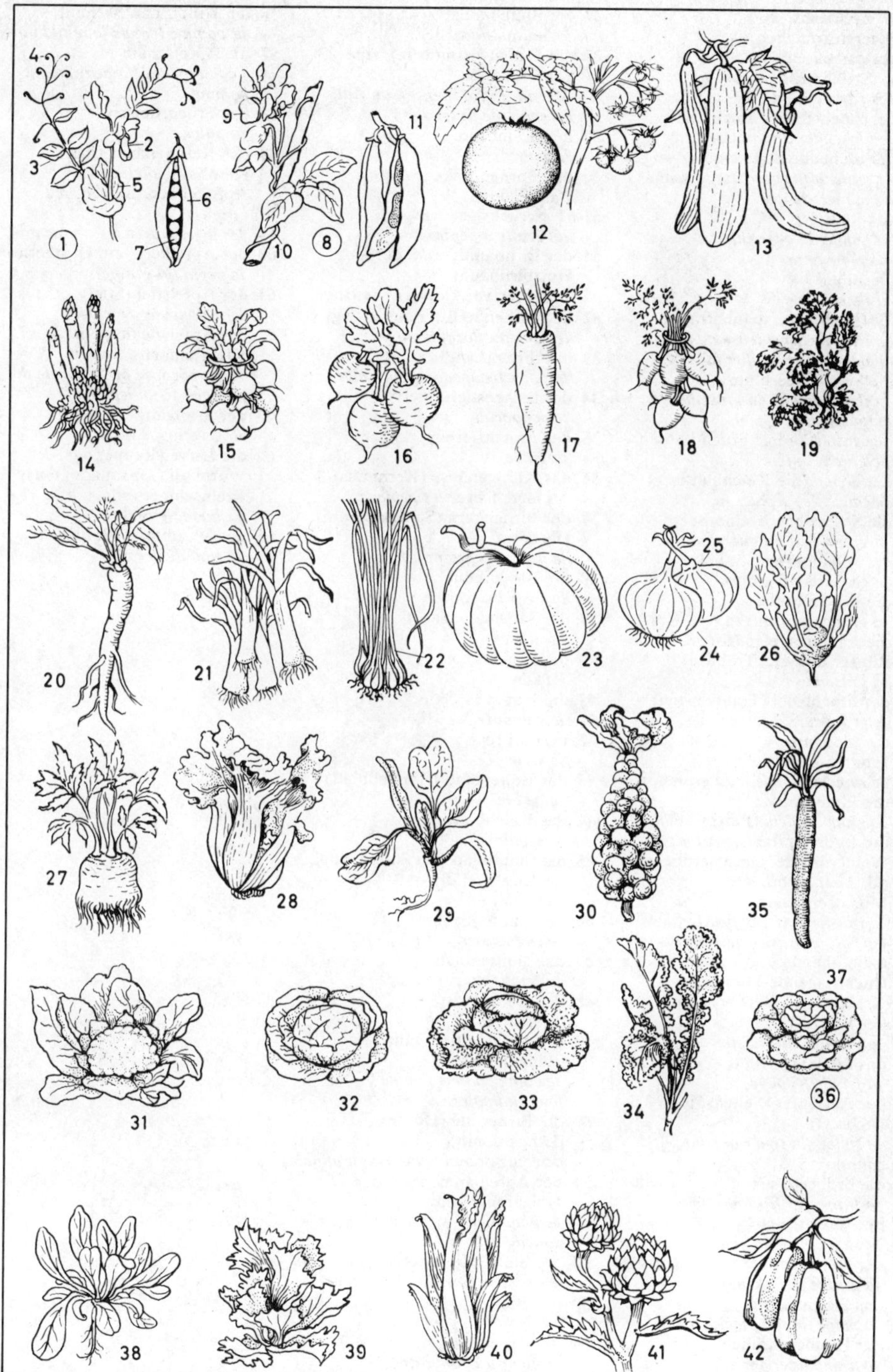
1
2
3
4
5
6
7
8
9
10
11
12
13
14
15
16
17
18
19
20
21
22
23
24
25
26
27
28
29
30
31
32
33
34
35
36
37
38
39
40
41
42

1-30 Beerenobst *n*
(Beerensträucher *m*)
– ***les baies*** f
1-15 Steinbrechgewächse *n*
– ***les ribésiacées*** f
1 der Stachelbeerstrauch
– *le groseillier à maquereau* m
2 der blühende Stachelbeerzweig
– *le rameau florifère du groseillier à maquereau* m
3 das Blatt
– *la feuille du groseillier à maquereau* m
4 die Blüte
– *la fleur*
5 die Stachelbeerspannerraupe
– *la chenille arpenteuse de la phalène du groseillier* m
6 die Stachelbeerblüte
– *la fleur [détail] du groseillier à maquereau* m
7 der unterständige Fruchtknoten
– *l'ovaire* m *infère*
8 der Kelch (die Kelchblätter *n*)
– *le calice (les sépales* m*)*
9 die Stachelbeere, eine Beere
– *la groseille à maquereau* m
10 der Johannisbeerstrauch
– *le groseillier à grappe*
11 die Fruchttraube
– *la grappe de fruits* m
12 die Johannisbeere (*österr.* Ribisel, *schweiz.* Trübli *n*)
– *la groseille*
13 der Fruchtstiel (Traubenstiel)
– *le pédoncule*
14 der blühende Johannisbeerzweig
– *le rameau florifère du groseillier*
15 die Blütentraube
– *la grappe à fleurs* f *du groseillier*
16 die Erdbeerpflanze; *Arten:* die Walderdbeere, Gartenerdbeere od. Ananaserdbeere, Monatserdbeere
– *le fraisier;* var.: *le fraisier des bois* m, *le fraisier des jardins* m
17 die blühende und fruchttragende Pflanze
– *la plante en fleurs* f *et en fruits* m
18 der Wurzelstock
– *le rhizome du fraisier*
19 das dreiteilige Blatt
– *la feuille trifoliée*
20 der Ausläufer (Seitensproß, Fechser)
– *le stolon (la tige rampante, le courant)*
21 die Erdbeere, eine Scheinfrucht
– *la fraise, un fruit multiple*
22 der Außenkelch
– *le calice et le calicule*
23 der Samenkern (Samen, Kern)
– *la graine (un akène)*
24 das Fruchtfleisch
– *la pulpe (le réceptacle charnu)*
25 der Himbeerstrauch
– *le framboisier*
26 die Himbeerblüte
– *la fleur du framboisier*
27 die Blütenknospe (Knospe)
– *le bouton floral*
28 die Frucht (Himbeere), eine Sammelfrucht
– *le fruit (la framboise), un fruit composé de drupéoles* f
29 die Brombeere
– *la mûre*
30 die Dornenranke
– *l'aiguillon* m
31-61 Kernobstgewächse *n*
– ***les fruits à pépins*** m
31 der Birnbaum; *wild:* der Holzbirnbaum
– *le poirier;* var.: *le poirier sauvage*
32 der blühende Birnbaumzweig
– *le rameau florifère du poirier*
33 die Birne [Längsschnitt]
– *la poire [coupe longitudinale]*
34 der Birnenstiel (Stiel)
– *le pédoncule*
35 das Fruchtfleisch
– *la pulpe*
36 das Kerngehäuse (Kernhaus)
– *les loges* f *avec les pépins* m
37 der Birnenkern (Samen), ein Obstkern
– *le pépin (la graine)*
38 die Birnenblüte
– *la fleur du poirier*
39 die Samenanlage
– *l'ovule* m
40 der Fruchtknoten
– *l'ovaire* m
41 die Narbe
– *le stigmate*
42 der Griffel
– *le style*
43 das Blütenblatt (Blumenblatt)
– *le pétale*
44 das Kelchblatt
– *le sépale*
45 das Staubblatt (der Staubbeutel, das Staubgefäß)
– *l'étamine* f
46 der Quittenbaum
– *le cognassier*
47 das Quittenblatt
– *la feuille du cognassier*
48 das Nebenblatt
– *la stipule*
49 die Apfelquitte (Quitte) [Längsschnitt]
– *le coing pomme [coupe longitudinale]*
50 die Birnquitte (Quitte) [Längsschnitt]
– *le coing poire [coupe longitudinale]*
51 der Apfelbaum; *wild:* der Holzapfelbaum
– *le pommier;* var.: *le pommier sauvage*
52 der blühende Apfelzweig
– *le rameau florifère du pommier*
53 das Blatt
– *la feuille du pommier*
54 die Apfelblüte
– *la fleur du pommier*
55 die welke Blüte
– *la fleur fanée*
56 der Apfel [Längsschnitt]
– *la pomme [coupe longitudinale]*
57 die Apfelschale
– *l'épiderme* m *(la peau) de la pomme*
58 das Fruchtfleisch
– *la pulpe*
59 das Kerngehäuse (das Kernhaus, *obd.* der Apfelbutzen, Butzen, *md.* Griebs)
– *les loges* f *avec les pépins* m
60 der Apfelkern, ein Obstkern *m*
– *le pépin (la graine)*
61 der Apfelstiel (Stiel)
– *le pédoncule*
62 der Apfelwickler, ein Kleinschmetterling *m*
– *la carpocapse ou la pyrale des pommes* f, *un lépidoptère*
63 der Fraßgang
– *la galerie du ver* m
64 die Larve (Raupe, *ugs.* der Wurm, die Obstmade) eines Kleinschmetterlings *m*
– *la larve (le ver)*
65 das Wurmloch (Bohrloch)
– *le trou de ver* m

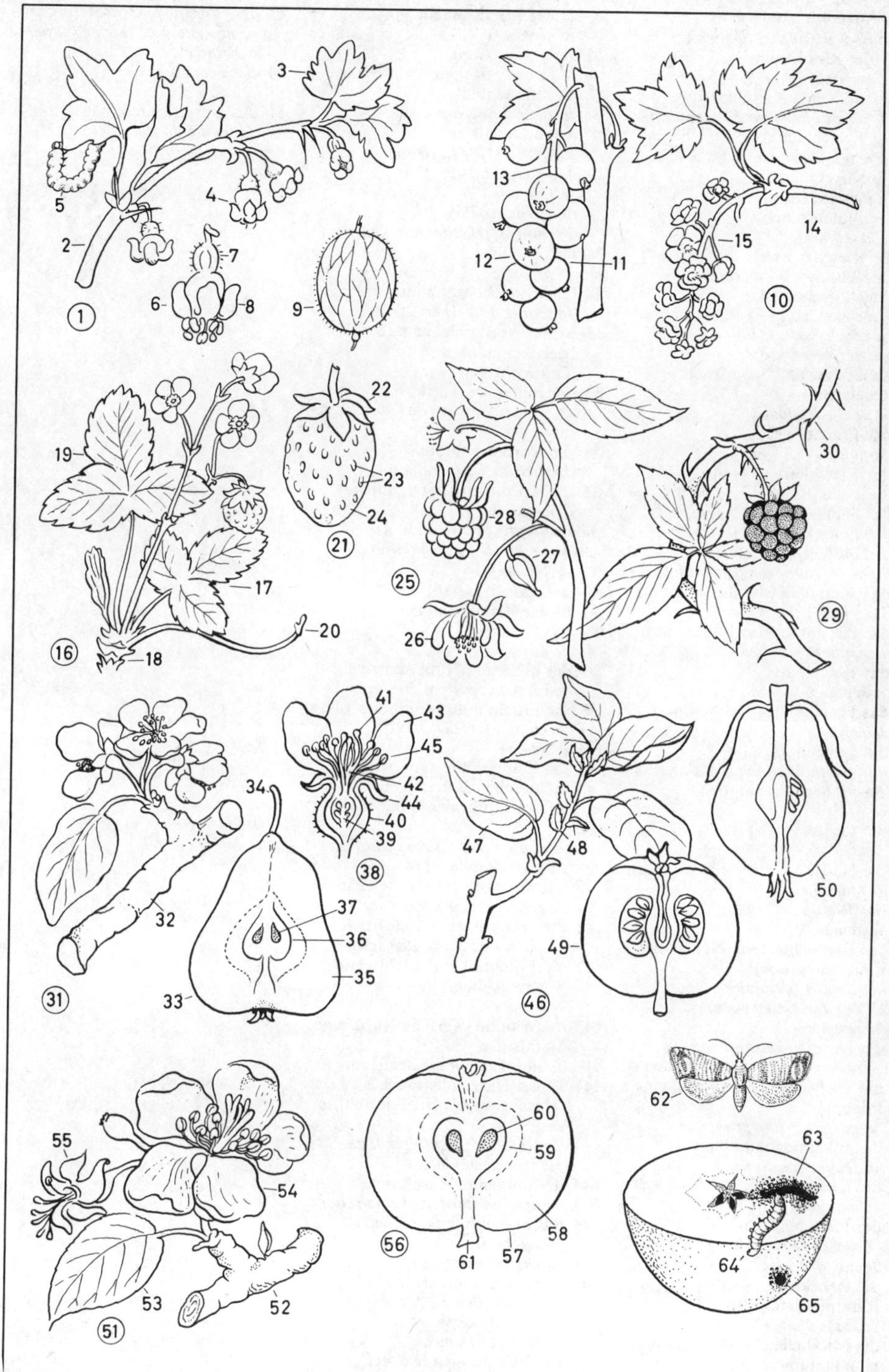
1
2
3
4
5
6
7
8
9
10
11
12
13
14
15
16
17
18
19
20
21
22
23
24
25
26
27
28
29
30
31
32
33
34
35
36
37
38
39
40
41
42
43
44
45
46
47
48
49
50
51
52
53
54
55
56
57
58
59
60
61
62
63
64
65

1-36 Steinobstgewächse *n*
– ***fruits à noyaux*** m *(drupes* f*)*
1-18 der Kirschbaum
– ***le cerisier***
1 der blühende Kirschzweig
– *le rameau florifère du cerisier* m
2 das Kirschbaumblatt
– *la feuille du cerisier*
3 die Kirschblüte
– *la fleur du cerisier*
4 der Blütenstengel
– *la tige florale*
5 die Kirsche; *Arten:* Süß- oder Herzkirsche, Wild- oder Vogelkirsche, Sauer- oder Weichselkirsche, Schattenmorelle
– *la cerise;* var.: *le bigarreau, la guigne, la griotte, la merise*
6-8 die Kirsche (Kirschfrucht) [Querschnitt]
– ***la cerise*** *[coupe]*
6 das Fruchtfleisch
– *la pulpe*
7 der Kirschkern
– *le noyau*
8 der Samen
– *l'amande* f *(la graine)*
9 die Blüte [Querschnitt]
– *la fleur [coupe longitudinale]*
10 das Staubblatt (der Staubbeutel)
– *l'étamine* f *(l'anthère* f*)*
11 das Kronblatt (das Blütenblatt)
– *le pétale*
12 das Kelchblatt
– *le sépale*
13 das Fruchtblatt (der Stempel)
– *le carpelle*
14 die Samenanlage im mittelständigen Fruchtknoten *m*
– *l'ovule* m *à placentation* f *centrale*
15 der Griffel
– *le style*
16 die Narbe
– *le stigmate*
17 das Blatt
– *la feuille*
18 das Blattnektarium (Nektarium, die Honiggrube)
– *le nectaire pétiolaire*
19-23 der Zwetschgenbaum
– ***le prunier***
19 der fruchttragende Zweig
– *le rameau fructifère du prunier*
20 die Zwetschge (Zwetsche), eine Pflaume
– *la quetsche, une prune*
21 das Pflaumenbaumblatt
– *la feuille du prunier*
22 die Knospe
– *le bourgeon*
23 der Pflaumenkern (Zwetschgenkern)
– *le noyau*
24 die Reneklode (Reineclaude, Rundpflaume, Ringlotte)
– *la reine-claude*
25 die Mirabelle (Wachspflaume), eine Pflaume
– *la mirabelle, une prune*
26-32 der Pfirsichbaum
– ***le pêcher***
26 der Blütenzweig
– *le rameau florifère du pêcher*
27 die Pfirsichblüte
– *la fleur du pêcher*
28 der Blütenansatz
– *l'insertion* f *de la fleur*
29 das austreibende Blatt
– *la jeune feuille*
30 der Fruchtzweig
– *le rameau fructifère du pêcher*
31 der Pfirsich
– *la pêche*
32 das Pfirsichbaumblatt
– *la feuille du pêcher*
33-36 der Aprikosenbaum (*österr.* Marillenbaum)
– ***l'abricotier*** m
33 der blühende Aprikosenzweig
– *le rameau florifère de l'abricotier* m
34 die Aprikosenblüte
– *la fleur de l'abricotier* m
35 die Aprikose (*österr.* Marille)
– *l'abricot* m
36 das Aprikosenbaumblatt
– *la feuille de l'abricotier* m
37-51 Nüsse *f*
– ***les fruits*** m ***secs***
37-43 der Walnußbaum (Nußbaum)
– ***le noyer***
37 der blühende Nußbaumzweig
– *le rameau florifère du noyer*
38 die Fruchtblüte (weibliche Blüte)
– *le chaton femelle (fleurs* f *femelles)*
39 der Staubblütenstand (die männlichen Blüten *f*, das Kätzchen mit den Staubblüten *f*)
– *le chaton mâle (fleurs* f *mâles avec les étamines* f*)*
40 das unpaarig gefiederte Blatt
– *la feuille imparipennée du noyer*
41 die Walnuß, eine Steinfrucht
– *la noix, une drupe déhiscente*
42 die Fruchthülle (Fruchtwand, weiche Außenschale)
– *le brou*
43 die Walnuß (welsche Nuß), eine Steinfrucht
– *la noix, une drupe déhiscente*
44-51 der Haselnußstrauch (Haselstrauch), ein Windblütler *m*
– ***le noisetier*** *(le coudrier), une plante anémophile*
44 der blühende Haselzweig
– *le rameau florifère du noisetier*
45 das Staubblütenkätzchen (Kätzchen)
– *le chaton mâle*
46 der Fruchtblütenstand
– *le chaton femelle*
47 die Blattknospe
– *le bourgeon apical*
48 der fruchttragende Zweig
– *le rameau fructifère*
49 die Haselnuß, eine Steinfrucht
– *la noisette, une nucule [variété* f *d'akène* m*]*
50 die Fruchthülle
– *le calice*
51 das Haselstrauchblatt
– *la feuille du noisetier*

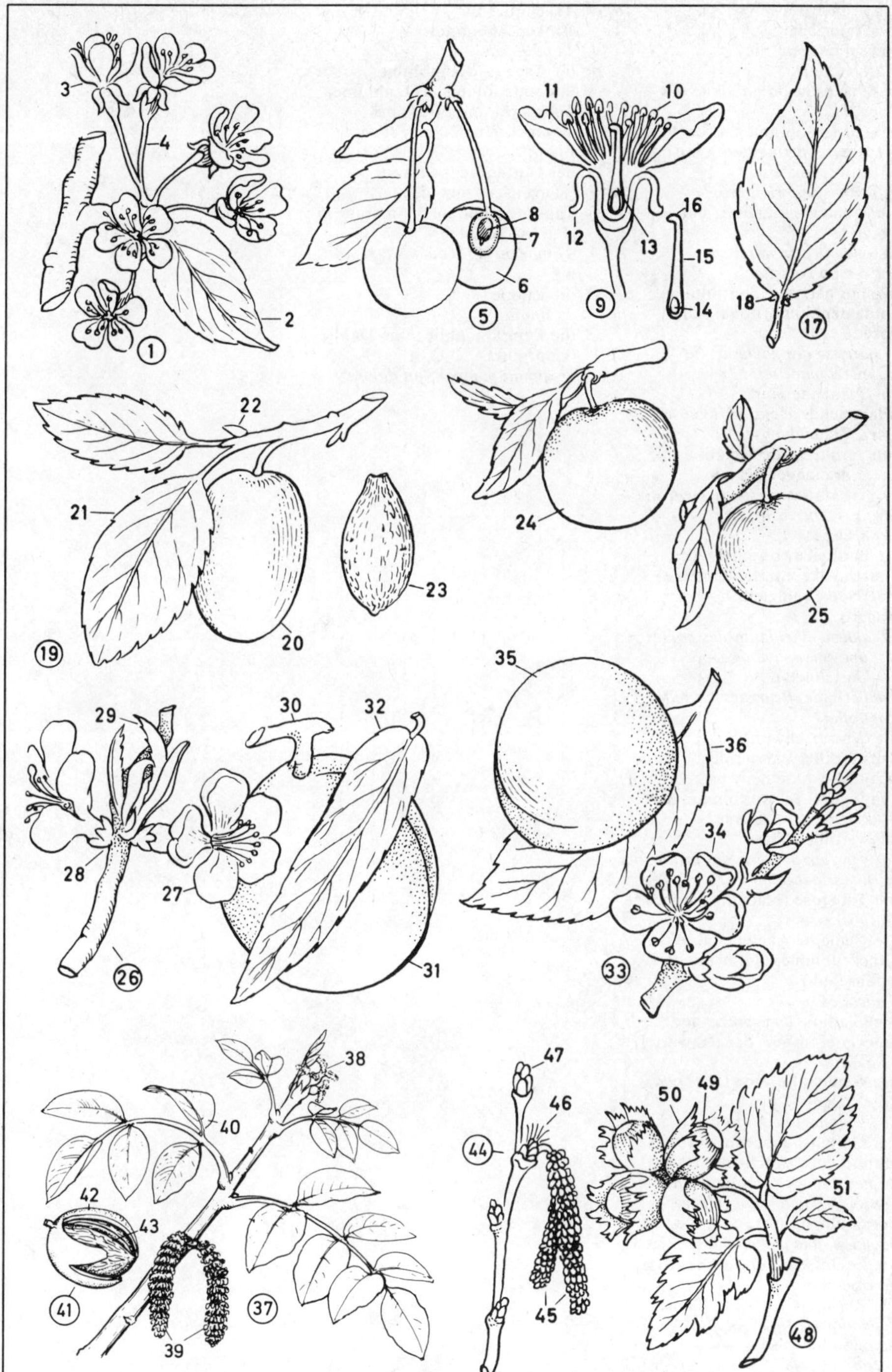
1
2
3
4
5
6
7
8
9
10
11
12
13
14
15
16
17
18
19
20
21
22
23
24
25
26
27
28
29
30
31
32
33
34
35
36
37
38
39
40
41
42
43
44
45
46
47
48
49
50
51

1 das Schneeglöckchen (Märzglöckchen, Märzblümchen, die Märzblume)
– *le perce-neige (la galanthe des neiges* f*)*
2 das Gartenstiefmütterchen (Pensee, Gedenkemein), ein Stiefmütterchen *n*
– *la pensée, une violacée*
3 die Trompetennarzisse, eine Narzisse
– *la jonquille, un narcisse*
4 die Weiße Narzisse (Dichternarzisse, Sternblume, Studentenblume); *ähnl.:* die Tazette
– *le narcisse des poètes* m *(la jeannette blanche)*
5 das Tränende Herz (Flammende Herz, Hängende Herz, Frauenherz, Jungfernherz, die Herzblume), ein Erdrauchgewächs *n*
– *le cœur de Jeannette (le cœur de Marie, le dicentra), une fumariacée*
6 die Bartnelke (Büschelnelke, Fleischnelke, Studentennelke), eine Nelke (Näglein *n*, *österr.* Nagerl)
– *la jalousie (l'œillet* m *des poètes* m*), une caryophyllacée*
7 die Gartennelke
– *l'œillet* m *des fleuristes* m *(œillet* m *giroflée)*
8 die Wasserschwertlilie (Gelbe Schwertlilie, Wasserlilie, Schilflilie, Drachenwurz, Tropfwurz, Schwertblume, der Wasserschwertel), eine Schwertlilie (Iris)
– *l'iris* m *flambe, l'iris des jardins* m*, une iridacée*
9 die Tuberose (Nachthyazinthe)
– *la tubéreuse*
10 die Gemeine Akelei (Aglei, Glockenblume, Goldwurz, der Elfenschuh)
– *l'ancolie* f
11 die Gladiole (Siegwurz, der Schwertel, *österr.* das Schwertel)
– *le glaïeul*
12 die Weiße Lilie, eine Lilie (*obd.* Gilge, Ilge)
– *le lis blanc, une liliacée*
13 der Gartenrittersporn, ein Hahnenfußgewächs *n*
– *le pied d'alouette (la dauphinelle consoude), une renonculacée*
14 der Staudenphlox, ein Phlox *m*
– *le phlox, une polémoniacée*
15 die Edelrose (Chinesische Rose)
– *la rose*
16 die Rosenknospe, eine Knospe
– *le bouton de rose*
17 die gefüllte Rose
– *la rose double*
18 der Rosendorn, ein Stachel *m*
– *l'épine* f
19 die Gaillardie (Kokardenblume)
– *la gaillarde*
20 die Tagetes (Samtblume, Studentenblume, Totenblume, Tuneserblume, Afrikane)
– *la tagète (l'œillet* m *d'Inde, la rose d'Inde)*
21 der Gartenfuchsschwanz (Katzenschwanz, das Tausendschön), ein Amarant *m* (Fuchsschwanz)
– *l'amarante* f *(la queue de renard* m*)*
22 die Zinnie
– *le zinnia*
23 die Pompondahlie, eine Dahlie (Georgine)
– *le dahlia pompon, un dahlia*

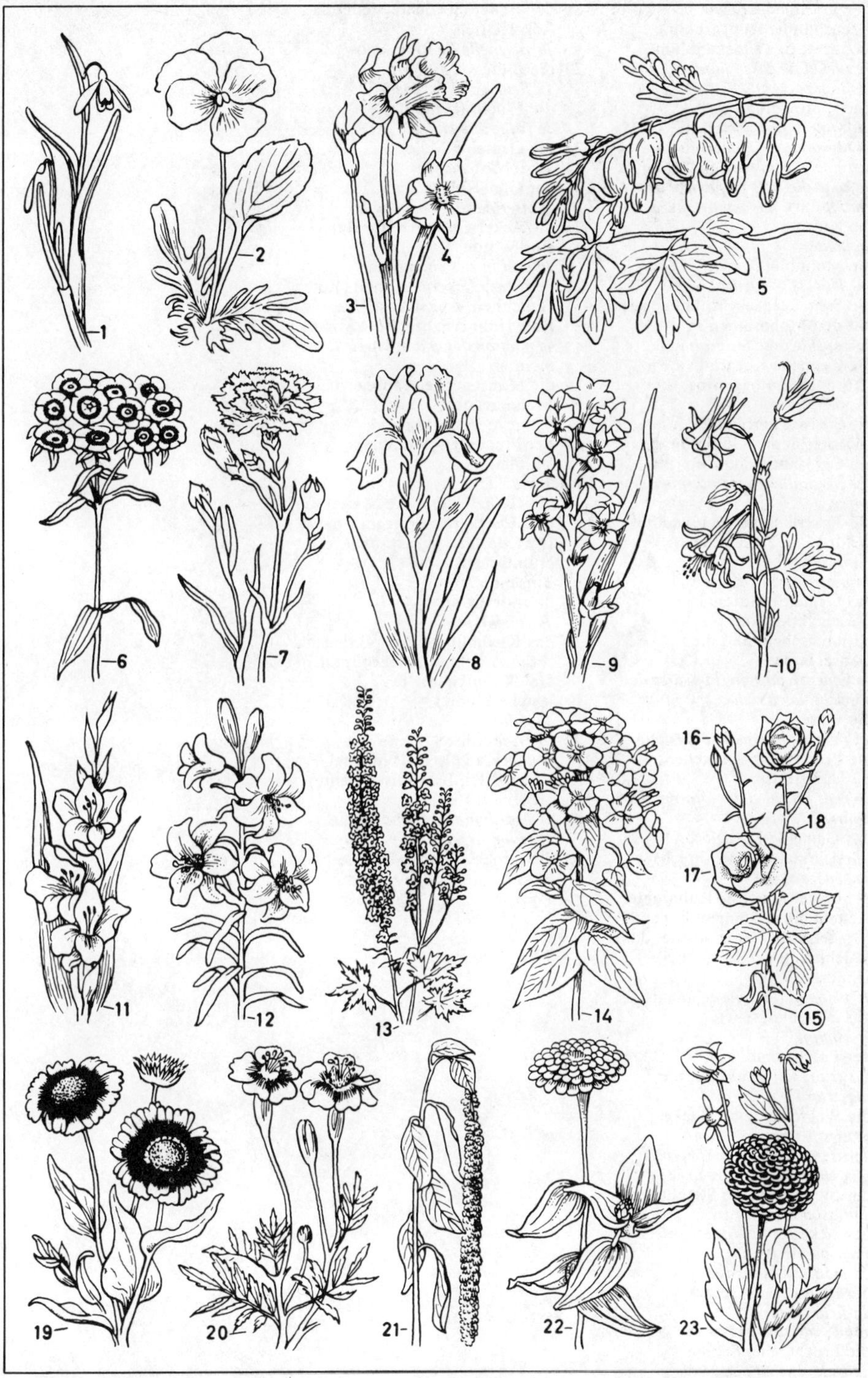
1
2
3
4
5
6
7
8
9
10
11
12
13
14
15
16
17
18
19
20
21
22
23

1 die Kornblume (Zyane, Kreuzblume, Hungerblume, Tremse), eine Flockenblume
– *le bleuet (le casse-lunettes), une centaurée*

2 der Klatschmohn (Klappermohn, *österr.* Feldmohn, die Feuerblume, *schweiz.* Kornrose), ein Mohn *m*
– *le coquelicot (le coquelicot des champs* m*), une papavéracée*

3 die Knospe
– *le bouton*

4 die Mohnblüte
– *la fleur de coquelicot* m

5 die Samenkapsel (Mohnkapsel) mit den Mohnsamen *m*
– *la capsule avec les graines* f

6 die Gemeine Kornrade (Kornnelke, Roggenrose)
– *la nielle*

7 die Saatwucherblume (Wucherblume, Goldblume), ein Chrysanthemum *n*
– *le chrysanthème (la marguerite dorée)*

8 die Ackerkamille (Feldkamille, Wilde [Taube] Kamille, Hundskamille)
– *la matricaire camomille*

9 das Gemeine Hirtentäschel (Täschelkraut, das Hirtentäschelkraut, die Gänsekresse)
– *la bourse à pasteur (la bourse de capucin, la capselle)*

10 die Blüte
– *la fleur de la bourse à pasteur*

11 die Frucht (das Schötchen), in Täschchenform *f*
– *le fruit (la silicule) en forme de bourse* f

12 das Gemeine Kreuzkraut (Greiskraut, der Beinbrech)
– *le séneçon*

13 der Löwenzahn (die Kuhblume, Kettenblume, Sonnenblume, „Pusteblume", Augenwurz, das Milchkraut, der Kuhlattich, Hundslattich)
– *le pissenlit (la dent de lion* m*)*

14 das Blütenköpfchen
– *le capitule*

15 der Fruchtstand
– *les fruits* m *(les akènes* m *à aigrettes* f*)*

16 die Wegrauke, eine Rauke (Ruke, Runke)
– *le sisymbre officinal (l'herbe* f *aux chantres* m*, le vélar)*

17 das Steinkraut (die Steinkresse)
– *l'alysson* m

18 der Ackersenf (Wilde Senf, Falsche Hederich)
– *la moutarde sauvage*

19 die Blüte
– *la fleur de la moutarde sauvage*

20 die Frucht, eine Schote
– *le fruit, une silique*

21 der Hederich (Echte Hederich, Ackerrettich)
– *la ravenelle (le radis sauvage)*

22 die Blüte
– *la fleur de la ravenelle*

23 die Frucht (Schote)
– *le fruit, une silique*

24 die Gemeine Melde
– *l'arroche* f *hastée*

25 der Gänsefuß
– *l'ansérine* f *(le chénopode)*

26 die Ackerwinde (Drehwurz), eine Winde
– *le liseron des champs* m

27 der (das) Ackergauchheil (Rote Gauchheil, Augentrost, die Rote Hühnermyrte, Rote Miere)
– *le mouron des champs* m *(le faux mouron)*

28 die Mäusegerste (Taubgerste, Mauergerste)
– *l'orge* m *des rats* m

29 der Flughafer (Windhafer, Wildhafer)
– *l'ivraie* f

30 die Gemeine Quecke (Zwecke, das Zweckgras, Spitzgras, der Dort, das Pädergras); *ähnl.:* die Hundsquecke, die Binsenquecke (der Strandweizen)
– *le chiendent*

31 das Kleinblütige Knopfkraut (Franzosenkraut, Hexenkraut, Goldknöpfchen, die Wucherblume)
– *le galinsoge*

32 die Ackerdistel (Ackerkratzdistel, Felddistel, Haferdistel, Brachdistel), eine Distel
– *le chardon des champs* m *(le chardon argenté), un chardon*

33 die Große Brennessel, eine Nessel
– *l'ortie* f

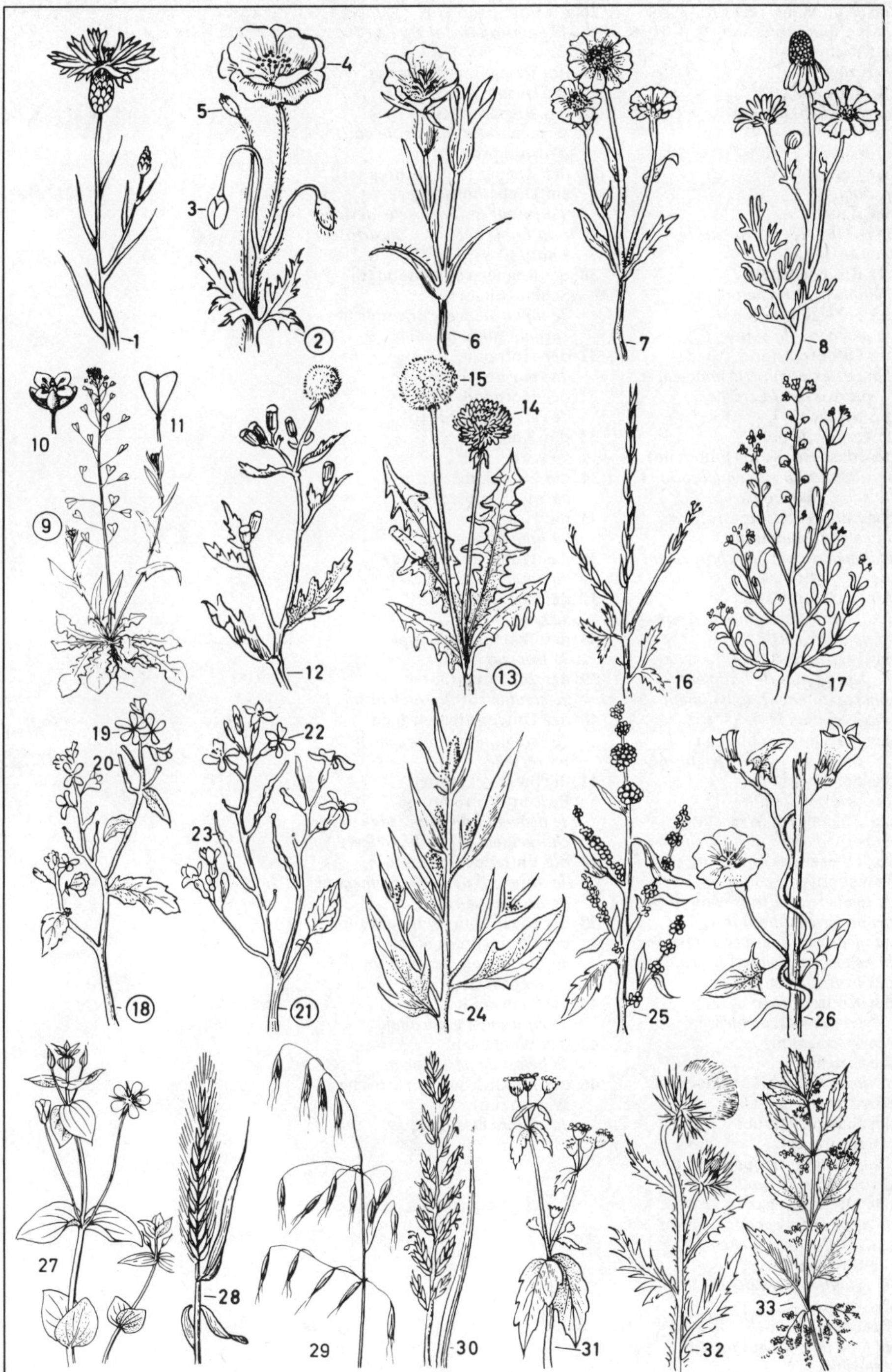
1
2
3
4
5
6
7
8
9
10
11
12
13
14
15
16
17
18
19
20
21
22
23
24
25
26
27
28
29
30
31
32
33

1 das Wohnhaus
– *la maison d'habitation* f
2 der Reittierstall
– *l'écurie* f
3 die Hauskatze
– *le chat domestique*
4 die Bäuerin
– *la fermière*
5 der Besen
– *le balai*
6 der Bauer
– *le fermier (le cultivateur, le paysan)*
7 der Rindviehstall
– *l'étable* f *(la vacherie)*
8 der Schweinestall
– *la porcherie (la soue)*
9 der Offenfreßstand
– *l'auge* f *extérieure (la mangeoire, le nourrisseur, la crèche)*
10 das Schwein
– *la cochon (le porc)*
11 der (das) Hochsilo (Futtersilo)
– *le silo-tour ou silo en élévation* f *(le silo à fourrage* m*)*
12 das Silobeschickungsrohr
– *la colonne montante d'alimentation* f *(de chargement* m*)*
13 der (das) Güllesilo
– *le silo (la cuve) à purin* m *à parois* f *imputrescibles*
14 das Nebengebäude
– *la dépendance (le bâtiment annexe, attenant, le bâtiment d'exploitation* f*)*
15 der Maschinenschuppen
– *la remise (le hangar, le garage)*
16 das Schiebetor
– *la porte coulissante*
17 der Zugang zur Werkstatt
– *la porte d'accès* m *à l'atelier* m
18 der Dreiseitenkipper, ein Transportfahrzeug *n*
– *le tombereau à trois côtés* m *(la benne basculante à trois panneaux* m *latéraux amovibles, la remorque à benne* f *basculante des trois côtés* m*)*
19 der Kippzylinder
– *le vérin de basculement* m *(de renversement* m*)*
20 die Deichsel
– *le timon (le bras d'attelage* m*, la barre de traction* f*)*
21 der Stallmiststreuer (Dungstreuer)
– *l'épandeur* m *de fumier* m *(le distributeur de fumier* m*)*
22 das Streuaggregat
– *le dispositif d'épandage* m *(le châssis du distributeur)*
23 die Streuwalze
– *le cylindre distributeur*
24 der bewegliche Kratzboden
– *le fond (le plateau) racleur amovible*
25 die Bordwand
– *le panneau latéral (le bord)*
26 die Gitterwand
– *le panneau à claire-voie* f *(le hayon)*
27 das Beregnungsfahrzeug
– *le véhicule d'arrosage* m
28 das Regnerstativ
– *le support (le châssis, le bâti) d'arrosage* m
29 der Regner (Schwachregner), ein Drehstrahlregner
– *l'arroseur* m *(l'arroseur-dévidoir* m *à faible débit* m*), un arroseur rotatif*
30 die Regnerschläuche *m* (die Schlauchleitung)
– *le tuyau souple d'arrosage* m *enroulé sur le dévidoir*
31 der Hofraum
– *la cour de ferme* f
32 der Hofhund
– *le chien de garde* f
33 das Kalb
– *le veau*
34 die Milchkuh
– *la vache laitière*
35 die Hofhecke
– *la haie de clôture* f
36 das Huhn (die Henne)
– *la poule*
37 der Hahn
– *le coq*
38 der Traktor (Schlepper)
– *le tracteur*
39 der Schlepperfahrer
– *le conducteur de tracteur* m
40 der Universalladewagen
– *la remorque de chargement* m *universelle*
41 die [hochgeklappe] Pick-up-Vorrichtung
– *le dispositif de ramassage* m *(de chargement* m*) replié (relevé)*
42 die Entladevorrichtung
– *le dispositif de déchargement* m *(le distributeur)*
43 der (das) Folienschlauchsilo, ein Futtersilo *m od. n*
– *le silo en polythène* m*, un silo à fourrage* m
44 die Viehweide
– *le pâturage (le pacage)*
45 das Weidevieh
– *le bétail de pâturage* m
46 der Elektrozaun (elektrische Weidezaun)
– *la clôture électrique*

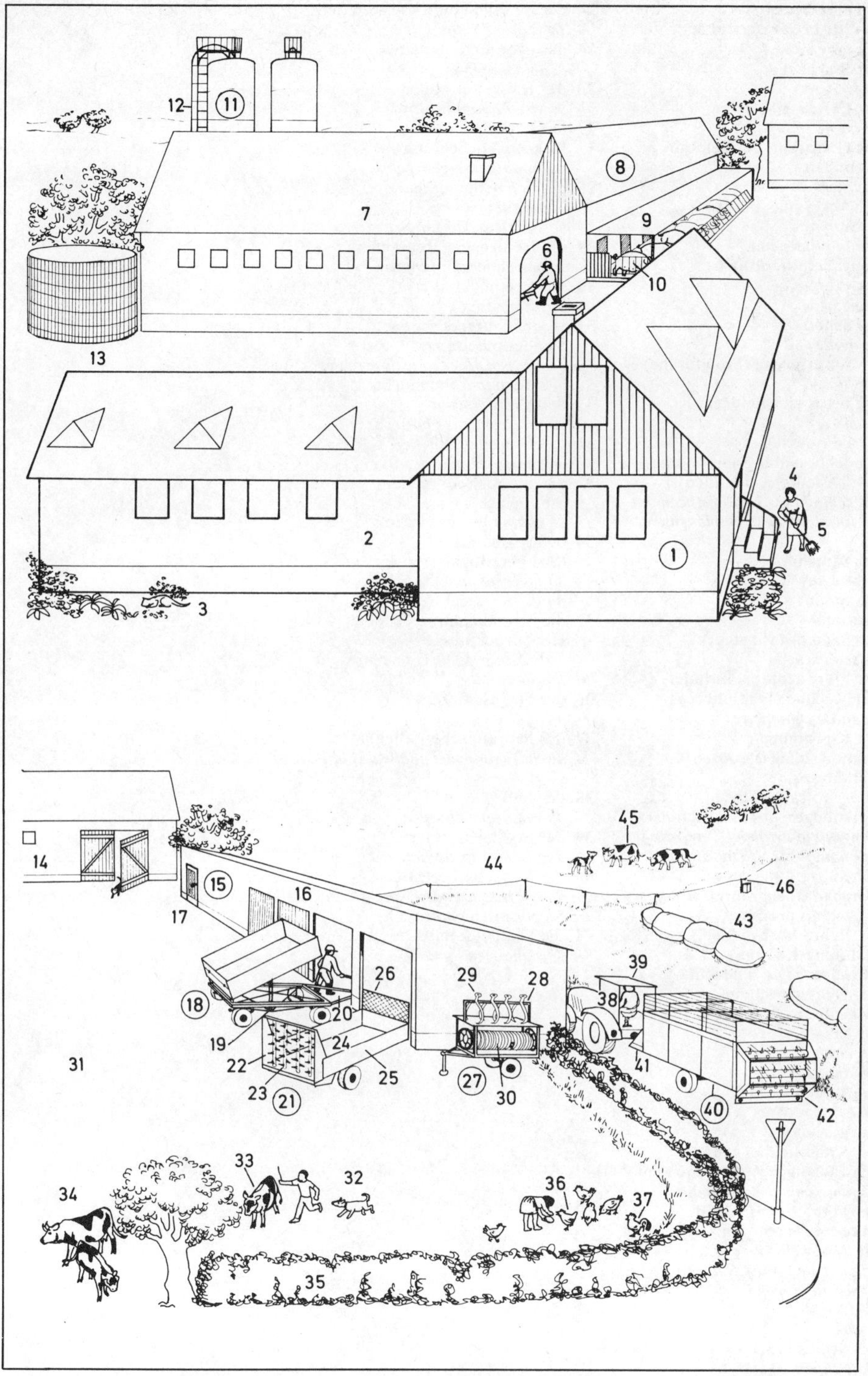

1
2
3
4
5
6
7
8
9
10
11
12
13
14
15
16
17
18
19
20
21
22
23
24
25
26
27
28
29
30
31
32
33
34
35
36
37
38
39
40
41
42
43
44
45
46

1-41 Feldarbeiten *f*
– *travaux* m *des champs* m
(travaux m *agricoles)*
1 der Brachacker
– *la jachère*
2 der Grenzstein
– *la borne cadastrale*
3 der Grenzrain, ein Feldrain *m* (Rain, Ort)
– *la lisière du champ*
4 der Acker (das Feld)
– *le champ*
5 der Landarbeiter
– *l'ouvrier* m *agricole*
6 der Pflug
– *la charrue*
7 die Scholle
– *la motte*
8 die Ackerfurche (Pflugfurche)
– *le sillon*
9 der Lesestein (Feldstein)
– *la pierre*
10-12 die Aussaat (Bodenbestellung, Bestellung, Feldbestellung, das Säen)
– *les semailles* f *(l'ensemencement* m*) [*pour le blé: *l'emblavement* m*]*
10 der Sämann
– *le semeur*
11 das Sätuch
– *le semoir*
12 das Saatkorn (Saatgut)
– *la semence*
13 der Flurwächter (Flurhüter, Feldwächter, Feldhüter)
– *le garde champêtre*
14 der Kunstdünger (Handelsdünger); *Arten:* Kalidünger, Phosphorsäuredünger, Kalkdünger, Stickstoffdünger
– *l'engrais* m *artificiel (l'engrais* m *chimique);* var.: *l'engrais* m *potassique, l'engrais* m *phosphaté, l'engrais* m *de chaux* f*, l'engrais* m *azoté*
15 die Fuhre Mist *m* (der Stalldünger, Dung)
– *la charretée de fumier* m
16 das Ochsengespann
– *l'attelage* m *de bœufs* m
17 die Flur
– *les champs* m
18 der Feldweg
– *le chemin de campagne* f
19-30 die Heuernte
– *la fenaison*
19 der Kreiselmäher mit Schwadablage *f* (der Schwadmäher)
– *la moissonneuse-javeleuse*
20 der Verbindungsbalken
– *la barre d'attelage* m
21 die Zapfwelle
– *la prise de force* f *(l'axe* m *de prise* f *de force* f*)*
22 die Wiese
– *le pré*
23 der Schwad (Schwaden)
– *l'andain* m
24 der Kreiselheuer (Kreiselzetter)
– *la faneuse rotative*
25 das gebreitete (gezettete) Heu
– *le foin épandu*
26 der Kreiselschwader
– *le vire-andain rotatif*
27 der Ladewagen mit Pick-up-Vorrichtung
– *la ramasseuse-chargeuse*
28 der Schwedenreuter, ein Heureuter
– *le siccateur, un fanoir*
29 die Heinze, ein Heureuter
– *le perroquet, un fanoir*
30 der Dreibockreuter
– *le fanoir tripode*
31-41 die Getreideernte und Saatbettbereitung *f*
– *la moisson (la récolte de céréales* f*) et la préparation du sol*
31 der Mähdrescher
– *la moissonneuse-batteuse*
32 das Getreidefeld
– *le champ de céréales* f
33 das Stoppelfeld (der Stoppelacker)
– *le champ en chaume* m
34 der Strohballen (Strohpreßballen)
– *la balle de paille* f *(balle* f *de paille* f *pressée)*
35 die Strohballenpresse, eine Hochdruckpresse
– *la presse à paille* f*, une presse à haute densité* f
36 der Strohschwad
– *l'éteule* f
37 der hydraulische Ballenlader
– *le chargeur hydraulique de balles* f
38 der Ladewagen
– *la remorque chargée*
39 der Stallmiststreuer
– *l'épandeur* m *de fumier* m
40 der Vierscharbeetpflug
– *la charrue à quatre socs* m *pour labour* m *en planches* f
41 die Saatbettkombination
– *le semoir en lignes* f

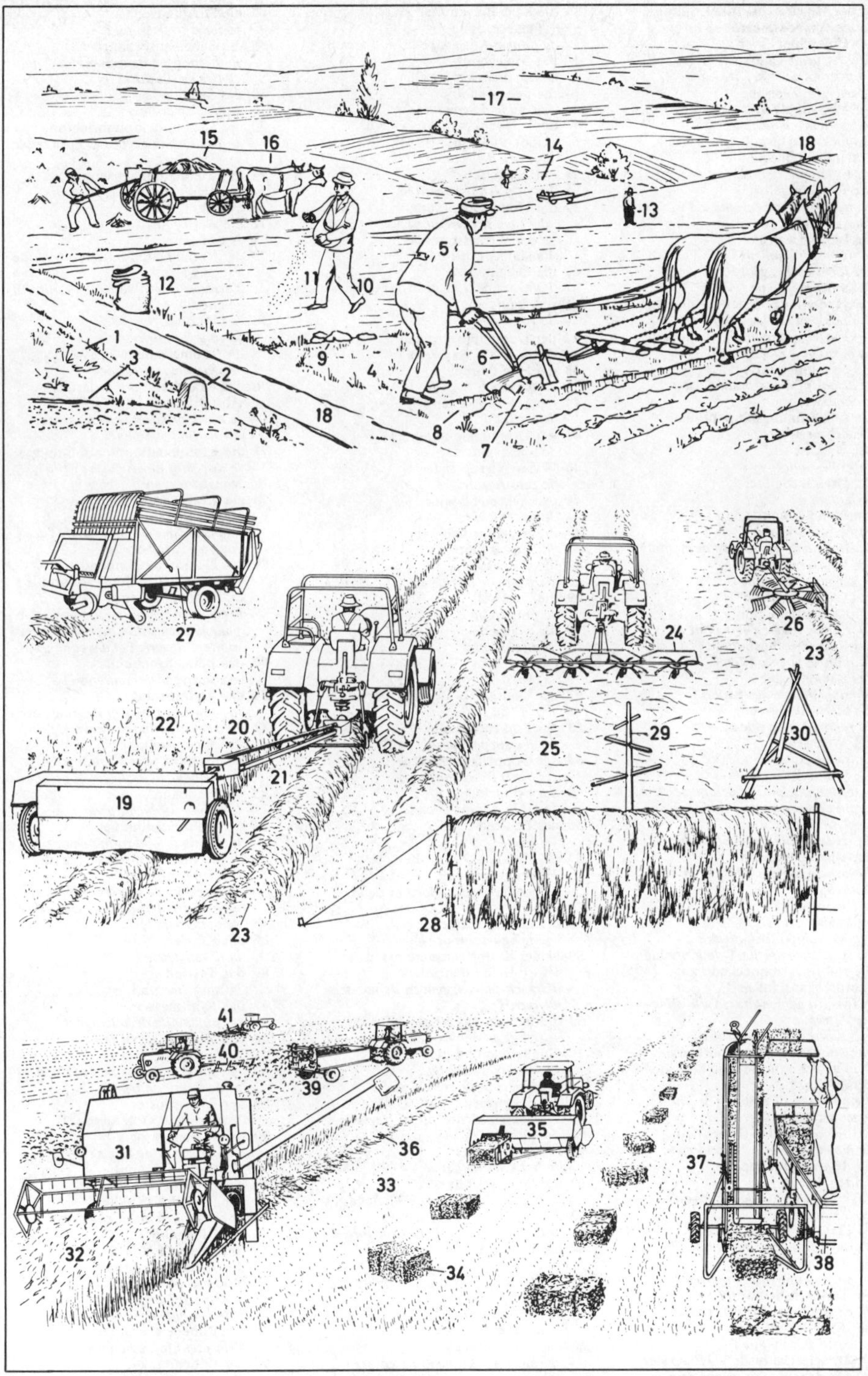
17
15
16
14
18
13
5
12
11
10
1
9
6
3
2
4
18
8
7
27
24
26
23
22
20
29
30
25
21
19
23
28
41
40
39
31
36
35
33
37
32
34
38

1-33 der Mähdrescher (die Kombine)
– ***la moissonneuse-batteuse***
1 der Halmteiler
– *le diviseur de chaumes* m
2 die Ährenheber *m*
– *le releveur d'épis* m
3 der Messerbalken
– *la barre de coupe* f
4 die Pick-up-Haspel, eine Federzinkenhaspel
– ELF: *le rabatteur (le pick-up)*
5 der Haspelregeltrieb
– *le mécanisme de commande* f *(du releveur* m*)*
6 die Einzugswalze
– *le dispositif d'amenée* f
7 der Kettenschrägförderer
– *le tablier élévateur*
8 der Hydraulikzylinder für die Schneidwerkverstellung
– *le verin (commandant la hauteur de la barre de coupe* f*)*
9 die Steinfangmulde
– *le dispositif d'élimination* f *de cailloux* m
10 die Entgrannungseinrichtung
– *l'ébarbeur* m
11 der Dreschkorb
– *la grille-panier*
12 die Dreschtrommel
– *le batteur*
13 die Wendetrommel, zur Strohzuführung
– *le tambour de guidage* m *de la paille*
14 der Hordenschüttler
– *le secoueur de paille* f
15 das Gebläse für die Druckwindreinigung
– *la buse de tuyère* f *d'aspiration* f
16 der Vorbereitungsboden
– *la table de préparation* f
17 das Lamellensieb
– *le crible de menues pailles* f
18 die Siebverlängerung
– *la rallonge du crible* m
19 das Wechselsieb
– *un crible plus fin*
20 die Kornschnecke
– *une vis sans fin* f *[pour amener le grain dans la trémie]*
21 die Überkehrschnecke
– *la vis sans fin* f *vers l'ébarbeur* m
22 der Überkehrauslauf
– *l'évacuation* f *des barbes* f *et de l'enveloppe* f
23 der Korntank
– *la trémie*
24 die Korntankfüllschnecke
– *la vis d'alimentation* f *de la trémie*
25 die Zubringerschnecken *f* zum Korntankauslauf *m*
– *les vis* f *d'alimentation* f *du vidage de la trémie*
26 das Korntankauslaufrohr
– *le conduit de vidage* m *[de la trémie]*
27 die Fenster *n* zur Beobachtung der Tankfüllung
– *l'ouverture* f *de contrôle* m *[du remplissage de la trémie]*
28 der Sechszylinder-Dieselmotor
– *le moteur Diesel six cylindres* m
29 die Hydraulikpumpe mit Ölbehälter *m*
– *la pompe hydraulique avec réservoir* m *d'huile* f
30 das Triebachsvorgelege
– *l'arbre* m *de transmission* f
31 die Triebradbereifung
– *le pneu (d'une roue* f *motrice)*
32 die Lenkachsbereifung
– *le pneu (d'une roue* f *directrice)*
33 der Fahrerstand
– *le poste de conduite* f
34-39 der selbstfahrende Feldhäcksler
– ***l'ensileuse*** f ***à maïs*** m ***automotrice***
34 die Schneidtrommel (Häckseltrommel)
– *le tambour de coupe* f
35 das Maisgebiß
– *le bec à maïs* m
36 die Fahrerkabine
– *la cabine du conducteur*
37 der schwenkbare Auswurfturm (Überladeturm)
– *le tuyau d'éjection* f
38 der Auspuff
– *le pot d'échappement* m
39 die Hinterradlenkung
– *une roue arrière directrice*
40-45 der Wirbelschwader
– ***l'andaineur*** m ***rotatif***
40 die Gelenkwelle
– *l'arbre* m *de transmission* f *à cardan* m
41 das Laufrad
– *la roue*
42 der Doppelfederzinken
– *les dents* f *à ressort* m
43 die Handkurbel
– *la manivelle*
44 der Schwadrechen
– *le râteau*
45 der Dreipunktanbaubock
– *le trois-points*
46-58 der Wirbelwender
– ***le roto-faneur***
46 der Ackerschlepper
– *le tracteur*
47 die Anhängedeichsel
– *la barre à trous* m
48 die Gelenkwelle
– *l'arbre* m *de transmission* f *à cardan*
49 die Zapfwelle
– *la prise de force* f
50 das Getriebe
– *le mécanisme*
51 das Tragrohr
– *le châssis*
52 der Kreisel
– *le plateau tournant*
53 das Zinkentragrohr
– *la tige-support des dents* f
54 der Doppelfederzinken
– *les dents* f *à ressort* m
55 der Schutzbügel
– *la bride de protection* f
56 das Laufrad
– *la roue*
57 die Handkurbel für die Höhenverstellung
– *la manivelle de réglage* m *de la hauteur*
58 die Laufradverstellung
– *le réglage des roues* f
59-84 der Kartoffelsammelroder (Kartoffelbunkerroder)
– ***l'arracheur-chargeur*** m ***de pommes de terre*** f
59 die Bedienungsstangen *f* für die Aufzüge *m* des Rodeorgans *n*, des Bunkers *m* und die Deichselverstellung
– *les leviers* m *de commande* f
60 die höhenverstellbare Zugöse
– *l'anneau* m *d'attelage* m *[réglable en hauteur* f*]*
61 die Zugdeichsel
– *la barre d'attelage* m
62 die Deichselstütze
– *la béquille [de la barre d'attelage* m*]*
63 der Gelenkwellenanschluß
– *le branchement de la prise de force* f
64 die Druckwalze
– *le cylindre compresseur*
65 das Getriebe für die Motorhydraulik
– *le mécanisme du système hydraulique*
66 das Scheibensech
– *le coutre en disque* m *(le coutre circulaire)*
67 die Dreiblattschar
– *le soc à trois lames* f
68 der Scheibensechantrieb
– *le mécanisme de commande* f *du coutre en disque* m
69 das Siebband
– *le crible élévateur*
70 die Siebbandklopfeinrichtung
– *le dispositif de secousses* f *[du crible* m *élévateur]*
71 das Mehrstufengetriebe
– *le démultiplicateur à plusieurs vitesses* f
72 die Auflegematte
– *le chargeur*
73 der Krautabstreifer (die rotierende Flügelwalze)
– *l'arracheur* m *d'herbes* f *(le rotor à ailettes* f*)*
74 das Hubrad
– *la roue élévatrice*
75 die Taumelzellenwalze
– *le séparateur oscillant*
76 das Krautband mit federnden Abstreifern *m*
– *le transporteur d'herbes* f *avec arracheurs* m *souples*
77 die Krautbandklopfeinrichtung
– *le dispositif de secousses* f *[du transporteur* m *d'herbes* f*]*
78 der Krautbandantrieb mit Keilriemen *m*
– *le mécanisme de commande* f *à courroie* f *trapézoïdale*
79 das Gumminoppenband zur Feinkraut-, Erdklumpen- und Steinabsonderung
– *la courroie cloutée en caoutchouc* m *pour la séparation des tiges* f*, des mottes* f *de terre* f *et des cailloux* m
80 das Beimengenband
– *le convoyeur d'impuretés* f
81 das Verleseband
– *la table de visite* f *et de triage* m
82 die Gummischeibenwalzen *f* für die Vorsortierung
– *les rouleaux* m *à disques* m *en caoutchouc* m *assurant le premier tri*
83 das Endband
– *la bande de déchargement* m
84 der Rollbodenbunker
– *la trémie à fond* m *mouvant*
85-96 die Rübenerntemaschine (der Bunkerköpfroder)
– ***l'arracheur de betteraves*** f *(une arracheuse-décolleteuse-chargeuse de betteraves* f*)*
85 der Köpfer
– *la décolleteuse*
86 das Tastrad
– *la roue directrice*
87 das Köpfmesser
– *le couteau de décolletage* m
88 das Tasterstützrad mit Tiefenregulierung *f*
– *la roue d'appui* m *avec ajustement* m *de la profondeur*
89 der Rübenputzer
– *le décrotteur de betteraves* f
90 der Blattelevator
– *l'élévateur* m *de fanes* f
91 die Hydraulikpumpe
– *la pompe hydraulique*
92 der Druckluftbehälter
– *le réservoir à air* m *comprimé*
93 der Ölbehälter
– *le réservoir d'huile* f
94 die Spannvorrichtung für den Rübenelevator
– *le dispositif de réglage* m *de tension* f *de l'élévateur* m *de betteraves* f
95 das Rübenelevatorband
– *l'élévateur* m *de betteraves* f
96 der Rübenbunker
– *la trémie*

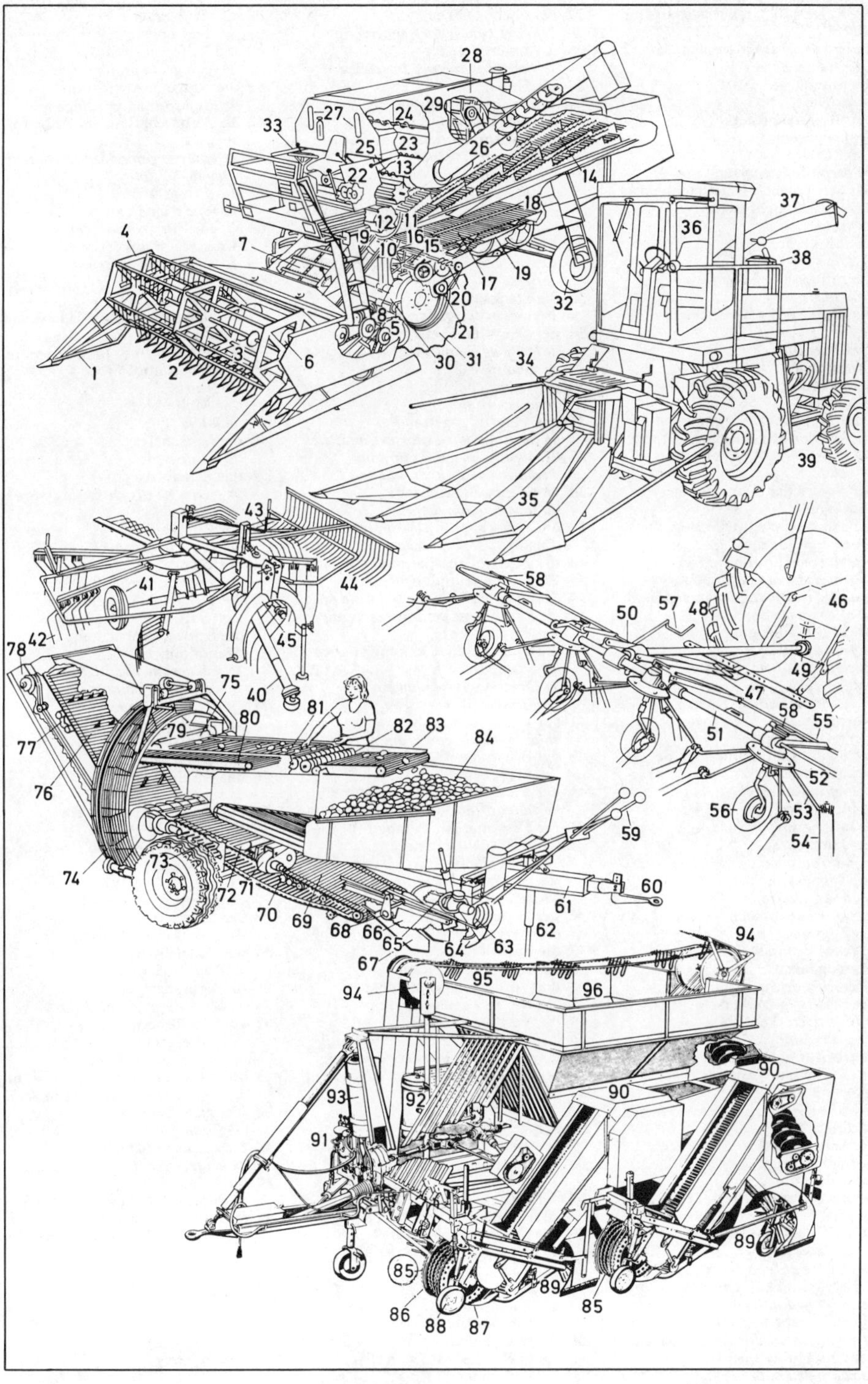
1
2
3
4
5
6
7
8
9
10
11
12
13
14
15
16
17
18
19
20
21
22
23
24
25
26
27
28
29
30
31
32
33
34
35
36
37
38
39
40
41
42
43
44
45
46
47
48
49
50
51
52
53
54
55
56
57
58
59
60
61
62
63
64
65
66
67
68
69
70
71
72
73
74
75
76
77
78
79
80
81
82
83
84
85
86
87
88
89
90
91
92
93
94
95
96

1 **der Karrenpflug,** ein Einscharpflug *m* [früh.]
– ***la charrue à avant-train*** m *(la charrue monosoc)*
2 der Handgriff
– *la poignée*
3 der Pflugsterz (Sterz)
– *le mancheron*
4-8 **der Pflugkörper**
– ***le corps de la charrue***
4 das Streichblech (Abstreichblech, Panzerabstreichblech)
– *le versoir*
5 das Molterbrett
– *le talon*
6 die Pflugsohle (Sohle)
– *la semelle*
7 die (das) Pflugschar (Schar)
– *le soc*
8 die Griessäule
– *l'étançon* m
9 der Grindel (Gründel, Grendel, Pflugbaum)
– *l'age* m *(la perche, le timon)*
10 das Messersech (Pflugmesser, der *od.* das Pflugkolter), ein Sech *n*
– *le coutre*
11 der Vorschäler (Vorschneider)
– *la rasette*
12 der Führungssteg (Quersteg, das Querzeug) für die Kettenselbstführung
– *la traverse d'attelage* m *pour le guidage automatique des chaînes* f *(d'attelage* m*)*
13 die Selbsthaltekette (Führungskette)
– *la chaîne d'attelage* m *(la chaîne-guide)*
14-19 **der Pflugkarren** (Karren, die Karre)
– ***l'avant-train*** m
14 der Stellbügel (Stellbogen, die Brücke, das Joch)
– *l'étrier* m *(la travée, le joug)*
15 das Landrad
– *la roue de support* m
16 das Furchenrad
– *la roue de sillon* m
17 die Zughakenkette (Aufhängekette)
– *la chaîne de traction* f
18 die Zugstange
– *la barre de traction* f
19 der Zughaken
– *le crochet de traction* f
20 **der Schlepper** (Ackerschlepper, Traktor, Trecker, die Zugmaschine)
– ***le tracteur agricole***
21 das Fahrerhausgestänge (der Überrollbügel)
– *le cadre de la cabine (l'arceau* m *de sécurité* f*)*
22 der Sattelsitz
– *le siège*
23 die Zapfwellenschaltung
– *le changement de vitesse* f *de la prise de force* f
24-29 **die Hubhydraulik** (der Kraftheber)
– ***le système de levage*** m ***hydraulique***
24 der Hydraulikkolben
– *le bélier hydraulique*
25 die Hubstrebenverstellung
– *le réglage de la tringle de levage* m
26 der Anschlußrahmen
– *le cadre de remorque* f
27 der obere Lenker
– *la barre conductrice supérieure*
28 der untere Lenker
– *la barre conductrice inférieure*
29 die Hubstrebe
– *la tringle de levage* m
30 die Anhängekupplung
– *le dispositif d'attelage* m *[de la remorque]*
31 die lastschaltbare Motorzapfwelle (Zapfwelle)
– *la prise de force* f *moteur (la prise de force* f *indépendante)*
32 das Ausgleichsgetriebe
– *l'engrenage* f *différentiel (le différentiel)*
33 die Steckachse
– *l'essieu* m *full-floating*
34 der Wandlerhebel
– *le levier de changement* m *du couple moteur* m
35 die Gangschaltung
– *le levier de vitesse* f
36 das Feinstufengetriebe
– *la transmission à vitesses* f *multiples*
37 die hydraulische Kupplung
– *l'embrayage* m *hydraulique*
38 das Zapfwellengetriebe
– *la transmission de prise* f *de force* f
39 die Fahrkupplung (Kupplung)
– *l'embrayage* m *principal*
40 die Zapfwellenschaltung, mit Zapfwellenkupplung *f*
– *le changement de vitesse* f *de la prise de force* f *avec embrayage* m *(de prise* f *de force* f*)*
41 die hydraulische Lenkung mit dem Wendegetriebe *n*
– *la direction hydraulique avec transmission* f *réversible*
42 der Kraftstoffbehälter
– *le réservoir de carburant* m *[gazole* m*]*
43 der Schwimmerhebel
– *le levier flottant*
44 der Vierzylinder-Dieselmotor
– *le moteur Diesel quatre cylindres* m
45 die Ölwanne mit Pumpe *f* für die Druckumlaufschmierung
– *le carter d'huile* f *avec pompe* f *assurant la lubrification par circulation* f *forcée*
46 der Frischölbehälter
– *le réservoir d'huile* f *fraîche*
47 die Spurstange
– *la barre d'accouplement* m
48 der Vorderachspendelbolzen
– *le pivot de l'essieu* m *avant*
49 die Vorderachsfederung
– *la suspension de l'essieu* m *avant*
50 die vordere Anhängevorrichtung
– *le dispositif d'attelage* m *à l'avant* m
51 der Kühler
– *le radiateur*
52 der Ventilator
– *le ventilateur*
53 die Batterie
– *la batterie*
54 der (das) Ölbadluftfilter
– *le filtre à air* m *à bain* m *d'huile* f
55 **der Grubber** (Kultivator)
– ***le cultivateur*** *(le canadien)*
56 der Profilrahmen
– *le cadre*
57 die Federzinke
– *la dent à ressort* m
58 die (das) Schar, ein[e] Doppelherzschar *f u. n* (*ähnl.:* Meißelschar)
– *le soc de charrue* f
59 das Stützrad
– *la roue d'appui* m
60 die Tiefeneinstellung
– *le réglage de profondeur* f
61 die Anhängevorrichtung
– *le dispositif d'accrochage* m
62 **der Volldrehpflug,** ein Anbaupflug *m*
– ***la charrue réversible*** *(la charrue type* m *1/2 tour)*
63 das Pflugstützrad
– *la roue d'appui* m
64-67 **der Pflugkörper, ein Universalpflugkörper** *m*
– ***le corps de la charrue***
64 das Streichblech
– *le versoir*
65 die (das) Pflugschar (Schar), ein[e] Spitzschar *f u. n*
– *le soc de charrue* f *(le soc à pointe* f*)*
66 die Pflugsohle
– *la semelle*
67 das Molterbrett
– *le talon*
68 der Vorschäler
– *l'écrouteuse* f
69 das Scheibensech
– *le coutre en disque* m *(le coutre circulaire)*
70 der Pflugrahmen
– *le cadre de charrue* f
71 der Grindel
– *l'age* m *(la perche, le timon)*
72 die Dreipunktkupplung
– *l'attelage* m *à trois points* m
73 die Schwenkvorrichtung (das Standdrehwerk)
– *le mécanisme basculant (le mécanisme à bascule* f*)*
74 **die Drillmaschine**
– ***le semoir en ligne*** f
75 der Säkasten
– *la boîte à semence* f
76 das Säschar
– *le coutre rayonneux*
77 das Saatleitungsrohr, ein Teleskoprohr
– *le tube d'arrivée* f, *un tube télescopique*
78 der Saatauslauf
– *l'appareil* m *distributeur*
79 der Getriebekasten
– *la boîte d'engrenages* m
80 das Antriebsrad
– *la roue de commande* f
81 der Spuranzeiger
– *l'indicateur* m *de sillon* m
82 **die Scheibenegge,** ein Aufsattelgerät *n*
– ***le pulvériseur à disques*** m
83 die x-förmige Scheibenanordnung
– *la disposition des disques* m *en X*
84 die glatte Scheibe
– *le disque plein*
85 die gezackte Scheibe
– *le disque crénelé*
86 die Schnellkupplung
– *le dispositif d'attelage* m *rapide*
87 **die Saatbettkombination**
– ***l'attelage*** m ***herse-émotteuse*** f
88 die dreifeldrige Zinkegge
– *la herse à trois sections* f
89 der dreifeldrige Zweiwalzenkrümler
– *l'émotteuse* f *à trois sections* f
90 der Tragrahmen
– *le bâti fixe*

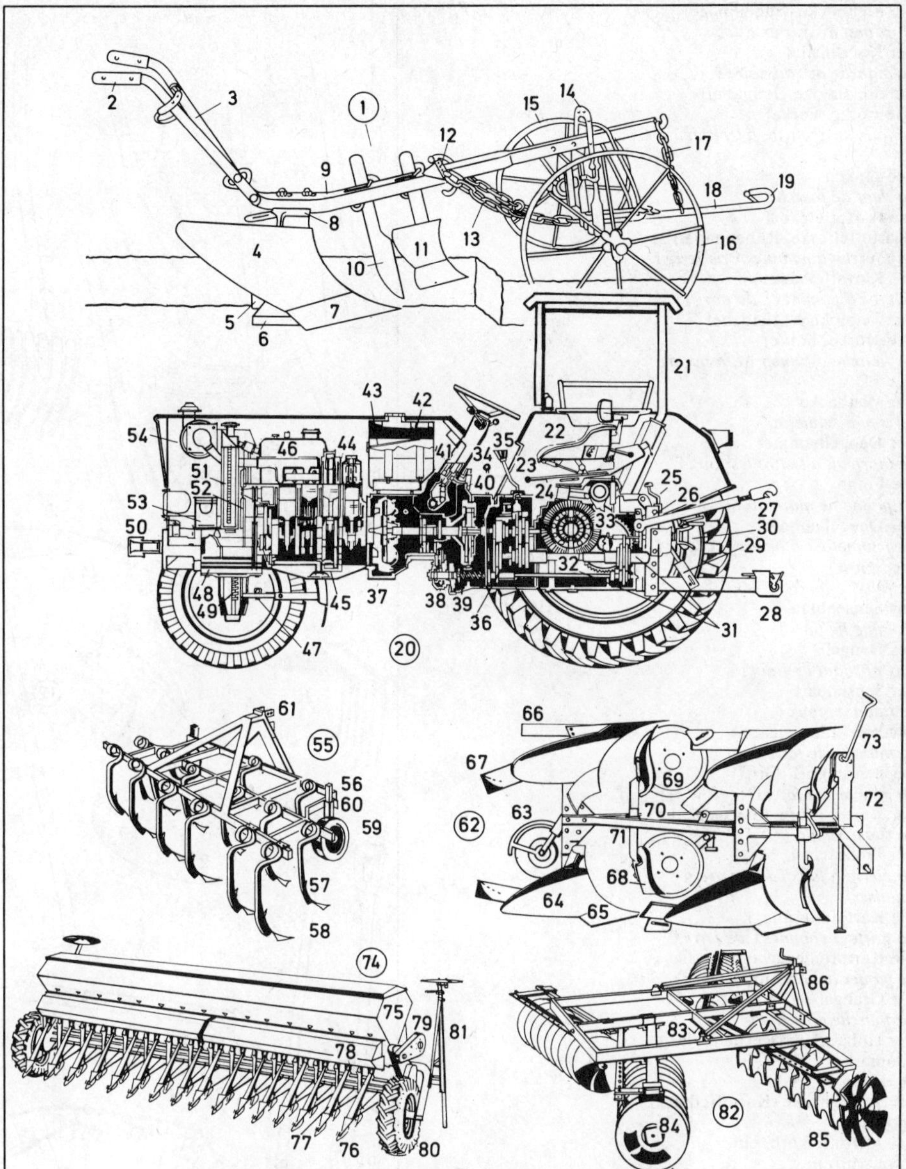
1
2
3
4
5
6
7
8
9
10
11
12
13
14
15
16
17
18
19
20
21
22
23
24
25
26
27
28
29
30
31
32
33
34
35
36
37
38
39
40
41
42
43
44
45
46
47
48
49
50
51
52
53
54
55
56
57
58
59
60
61
62
63
64
65
66
67
68
69
70
71
72
73
74
75
76
77
78
79
80
81
82
83
84
85
86
87
88
89
90

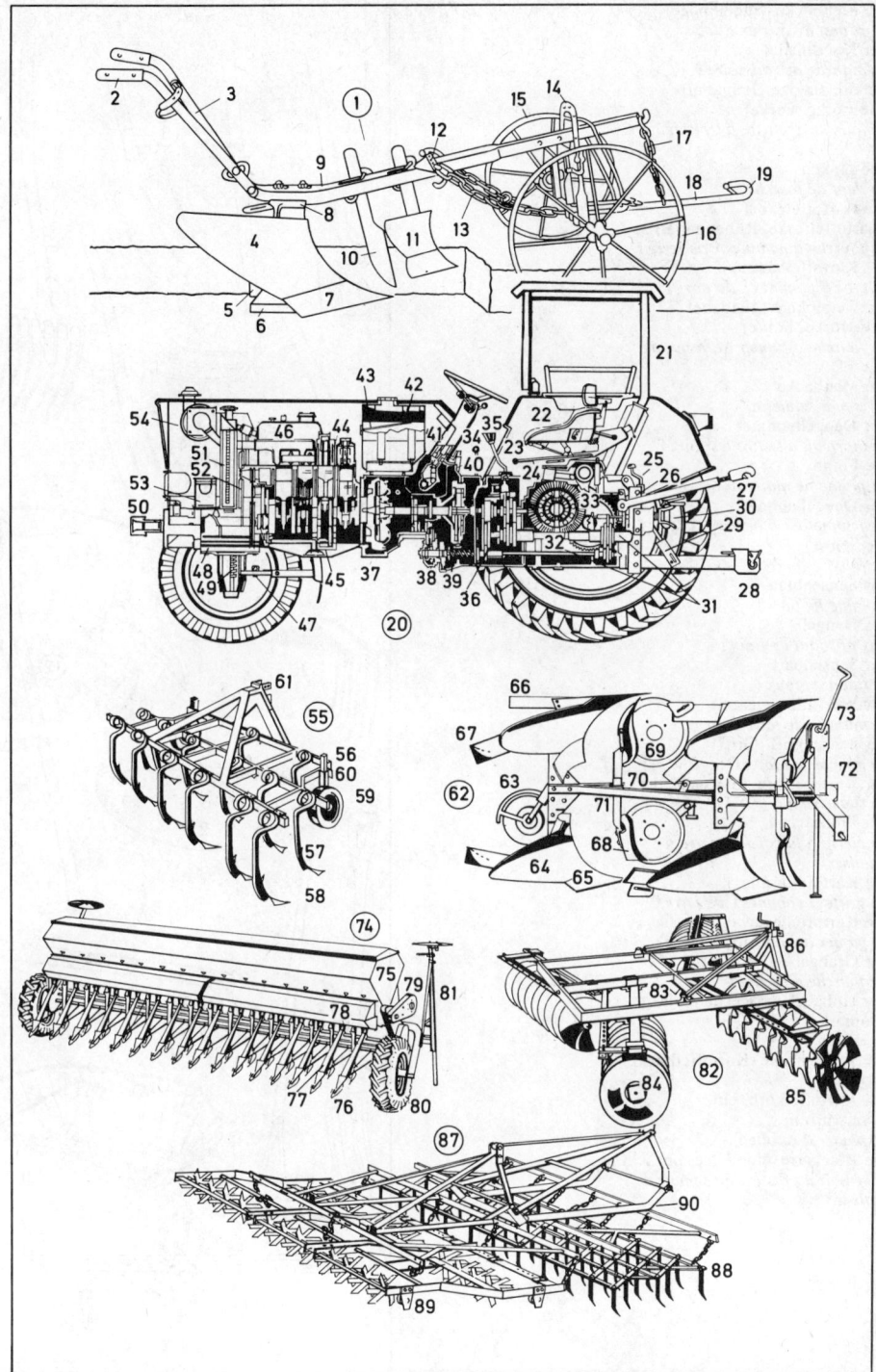

1 die Ziehhacke (Bügelhacke)
– *la ratissoire à tirer*
2 der Hackenstiel
– *le manche de ratissoire* f
3 die dreizinkige Heugabel (Heuforke, Forke)
– *la fourche à foin* m, *à trois dents* f
4 der Zinken
– *la dent de fourche* f
5 die Kartoffelgabel (Kartoffelforke, Rübengabel)
– *la fourche à pommes* f *de terre* f
6 die Kartoffelhacke
– *le croc à pommes* f *de terre* f
7 die vierzinkige Mistgabel (Mistforke, Forke)
– *la fourche à fumier* m, *à quatre dents* f
8 die Misthacke
– *le croc à fumier* m
9 der Dengelhammer
– *le marteau à battre les faux* f
10 die Finne
– *la panne de marteau* m
11 der Dengelamboß
– *l'enclumette* f *à battre les faux* f
12 die Sense
– *la faux*
13 das Sensenblatt
– *la lame de faux* f
14 der Dengel
– *le tranchant de faux* f
15 der Sensenbart
– *le talon de faux* f
16 der Wurf (Sensenstiel)
– *le manche de faux* f
17 der Sensengriff (Griff)
– *la poignée de faux* f
18 der Sensenschutz (Sensenschuh)
– *le couvre-lame*
19 der Wetzstein
– *la pierre à faux* f *(la pierre à aiguiser)*
20 die Kartoffelkralle
– *la griffe à pommes* f *de terre* f
21 die Kartoffellegewanne
– *le panier à plants* m
22 die Grabgabel
– *la fourche à bécher*
23 der Holzrechen (Rechen, die Heuharke)
– *le râteau*
24 die Schlaghacke (Kartoffelhacke)
– *la houe*
25 der Kartoffelkorb, ein Drahtkorb *m*
– *le panier à récolte* f
26 die Kleekarre, eine Kleesämaschine
– *le semoir à bras* m, *un semoir à trèfle* m

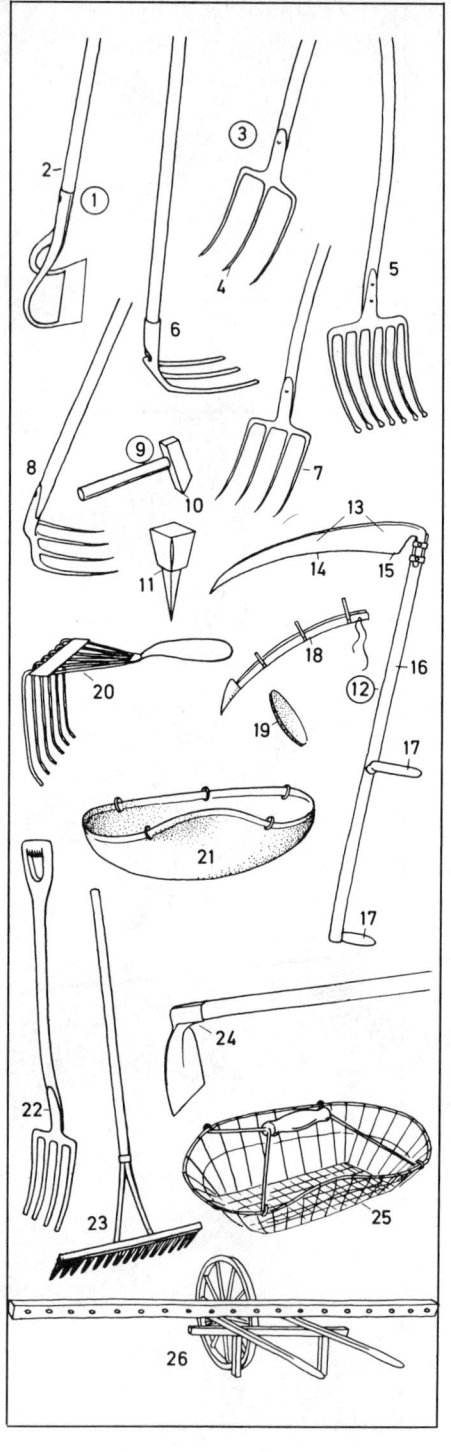

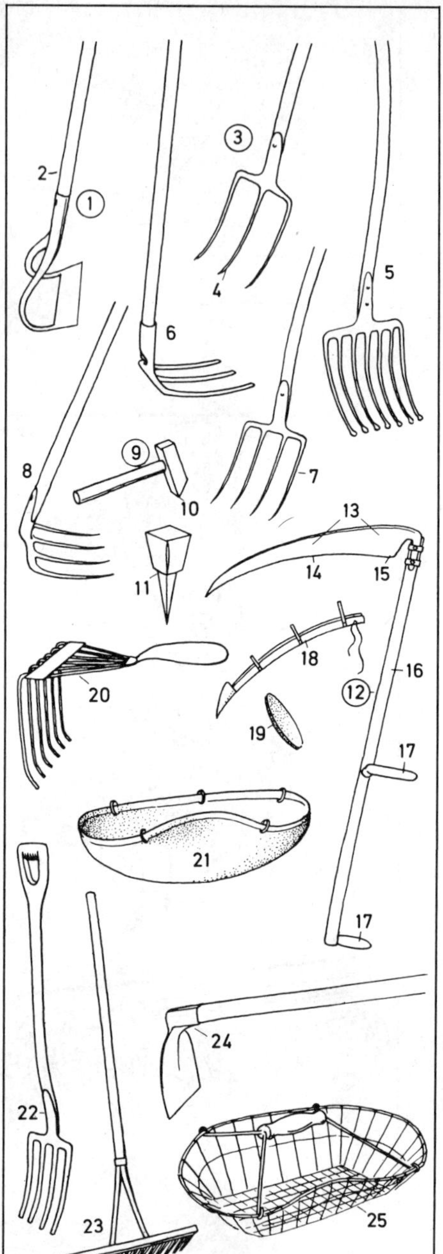

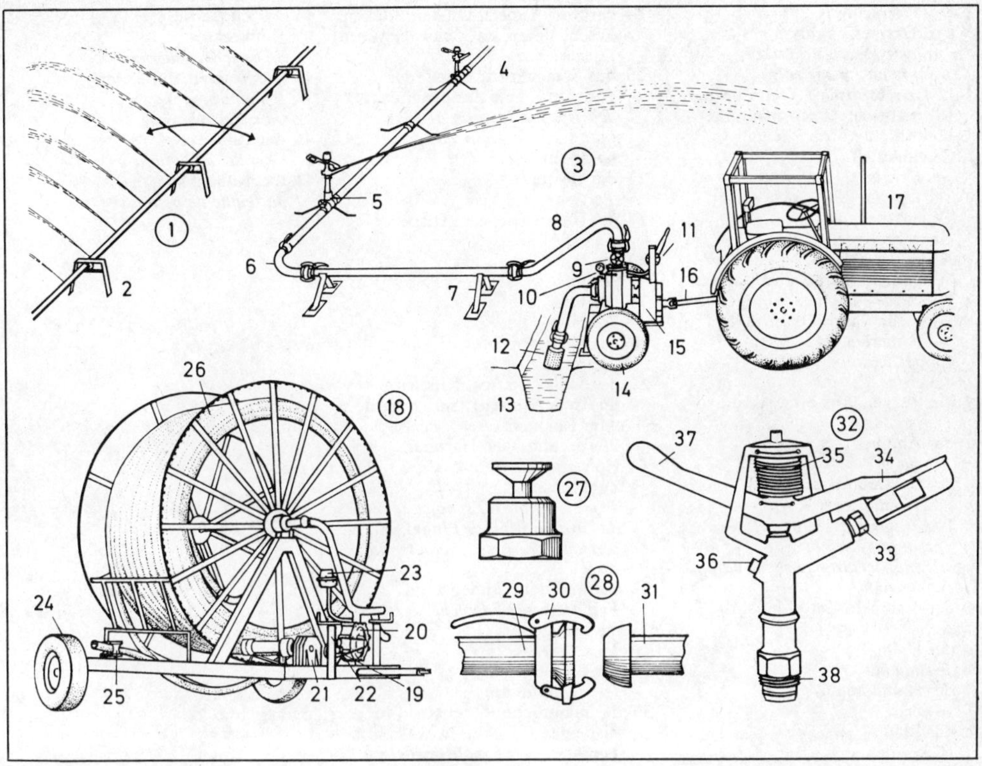

1 das Düsenschwenkrohr
– *la rampe d'arrosage* m *oscillante*
2 der Lagerstützbock
– *l'étrier* m *support*
3 die vollbewegliche Beregnungsanlage
– *le dispositif d'arrosage* m *mobile*
4 der Kreisregner
– *l'arroseur* m *rotatif*
5 die Standrohrkupplung
– *le raccord de tuyau* m
6 der Kardanbogen
– *le coude à cardan* m
7 der Stützbock
– *le support de tuyau* m
8 der Pumpenanschlußbogen
– *le coude de raccordement* m *de pompe* f
9 der Druckanschluß
– *la tubulure de refoulement* m
10 das Manometer
– *le manomètre*
11 die Evakuierungspumpe
– *la pompe d'évacuation* f
12 der Saugkorb
– *la crépine d'aspiration* f
13 der Graben
– *la rigole d'arrosage* m
14 das Fahrgestell für die Schlepperpumpe
– *le châssis de la pompe commandée par la prise de force* f *du tracteur*
15 die Schlepperpumpe
– *la pompe commandée par la prise de force* f *du tracteur*
16 die Gelenkwelle
– *l'arbre articulé (l'arbre* m *à cardan* m*)*
17 der Schlepper
– *le tracteur*
18 der Beregnungsautomat für Großflächen *f*
– *l'arroseur* m *pour grandes surfaces* f
19 der Antriebsstutzen
– *la tubulure d'entraînement* m
20 die Turbine
– *la turbine*
21 das Getriebe
– *le réducteur*
22 die verstellbare Wagenabstützung
– *la béquille ajustable*
23 die Evakuierungspumpe
– *la pompe d'évacuation* f
24 das Laufrad
– *la roue portante*
25 die Rohrführung
– *le guide-tuyau*
26 das PE-Rohr (Polyesterrohr)
– *le tuyau en polyester* m
27 die Regendüse
– *la buse d'arrosage* m
28 das Schnellkupplungsrohr mit Kardangelenkkupplung *f*
– *le tuyau à raccord* m *instantané avec joint* m *à cardan* m
29 der (das) Kardan-M-Teil
– *la pièce mâle de raccord* m *instantané*
30 die Kupplung
– *l'accouplement* m
31 das (der) Kardan-V-Teil
– *la pièce femelle de raccord* m *instantané*
32 der Kreisregner, ein Feldregner *m*
– *l'arroseur* m *circulaire*
33 die Düse
– *la buse*
34 der Schwinghebel
– *le levier oscillant*
35 die Schwinghebelfeder
– *le ressort de levier* m *oscillant*
36 der Stopfen
– *le bouchon*
37 das Gegengewicht
– *le contrepoids*
38 das Gewinde
– *le filetage*

1-47 Feldfrüchte *f* (Ackerbauerzeugnisse *n*, Landwirtschaftsprodukte)
– ***les produits*** m ***agricoles***

1-37 Getreidearten *f* (Getreide *n*, Körnerfrüchte *f*, Kornfrüchte, Mehlfrüchte, Brotfrüchte, Zerealien *pl*)
– ***les céréales*** f

1 der Roggen (*auch:* das Korn; „Korn" bedeutet oft Hauptbrotfrucht *f*, in Norddeutschland: Roggen *m*, in Süddeutschland und Italien: Weizen *m*, in Schweden: Gerste *f*, in Schottland: Hafer *m*, in Nordamerika: Mais *m*, in China: Reis *m*)
– *le seigle*

2 die Roggenähre, eine Ähre
– *l'épi* m

3 das Ährchen
– *l'épillet* m

4 das Mutterkorn, ein durch einen Pilz *m* entartetes Korn [mit Dauermyzelgeflecht]
– *l'ergot* m *de seigle* m *(un sclérote), un grain parasité par un champignon*

5 der bestockte Getreidehalm
– *la tige*

6 der Halm
– *le chaume*

7 der Halmknoten
– *le nœud*

8 das Blatt (Getreideblatt)
– *la feuille*

9 die Blattscheide (Scheide)
– *la gaine*

10 das Ährchen
– *l'épillet* m

11 die Spelze
– *la glume*

12 die Granne
– *l'arête* f

13 das Samenkorn (Getreidekorn, Korn, der Mehlkörper)
– *le caryopse*

14 die Keimpflanze
– *le grain germé*

15 das Samenkorn
– *le grain*

16 der Keimling
– *le germe*

17 die Wurzel
– *la racine*

18 das Wurzelhaar
– *la radicelle*

19 das Getreideblatt
– *la feuille de blé* m

20 die Blattspreite (Spreite)
– *le limbe*

21 die Blattscheide
– *la gaine*

22 das Blatthäutchen
– *la ligule*

23 der Weizen
– *le blé*

24 der Spelt (Spelz, Dinkel, Blicken, Fesen, Vesen, das Schwabenkorn)
– *l'épeautre* m

25 das Samenkorn; *unreif:* der Grünkern, eine Suppeneinlage
– *le caryopse, le grain de blé* m*;* non mûri: *le grain vert pour potage* m

26 die Gerste
– *l'orge* m

27 die Haferrispe, eine Rispe
– *l'avoine* f

28 die Hirse
– *le millet*

29 der Reis
– *le riz*

30 das Reiskorn
– *le grain de riz* m

31 der Mais (*landsch.* Kukuruz, türkische Weizen); *Sorten:* Puff- oder Röstmais, Pferdezahnmais, Hartmais, Hülsenmais, Weichmais, Zuckermais
– *le maïs (le blé d'Espagne, le blé de Turquie, le blé de l'Inde);* var.: *perlé, denté, vitreux, vêtu, tendre, sucré*

32 der weibliche Blütenstand
– *l'inflorescence* f *femelle*

33 die Lieschen *pl*
– *les spathes* f

34 der Griffel
– *les stigmates* m

35 der männliche Blütenstand in Rispen *f*
– *l'inflorescence* f *mâle (épillets* m *en panicule* m*)*

36 der Maiskolben
– *l'épi* m *de maïs* m

37 das Maiskorn
– *le grain de maïs (le caryopse)*

38-45 Hackfrüchte *f*
– ***les plantes*** f ***sarclées***

38 die Kartoffel (*österr.* der Erdapfel, Herdapfel, die Grundbirne, *schweiz.* die Erdbirne), eine Knollenpflanze; *Sorten:* die runde, rundovale, plattovale, lange Kartoffel, Nierenkartoffel; nach Farben: die weiße, gelbe, rote, blaue Kartoffel
– *la pomme de terre, un tubercule [*forme: *ronde, ovale, allongée, réniforme;* couleur: *blanche, jaune, rouge, violette]*

39 die Saatkartoffel (Mutterknolle)
– *le plant (le tubercule germé)*

40 die Kartoffelknolle (Kartoffel, Knolle)
– *la pomme de terre (le tubercule)*

41 das Kartoffelkraut
– *la feuille*

42 die Blüte
– *la fleur*

43 die giftige Beerenfrucht (der Kartoffelapfel)
– *la baie non comestible (la baie de pomme* f *de terre)*

44 die Zuckerrübe, eine Runkelrübe
– *la betterave sucrière*

45 die Wurzel (Rübe, der Rübenkörper)
– *la racine charnue*

46 der Rübenkopf
– *le collet de betterave* f

47 das Rübenblatt
– *la feuille de betterave* f

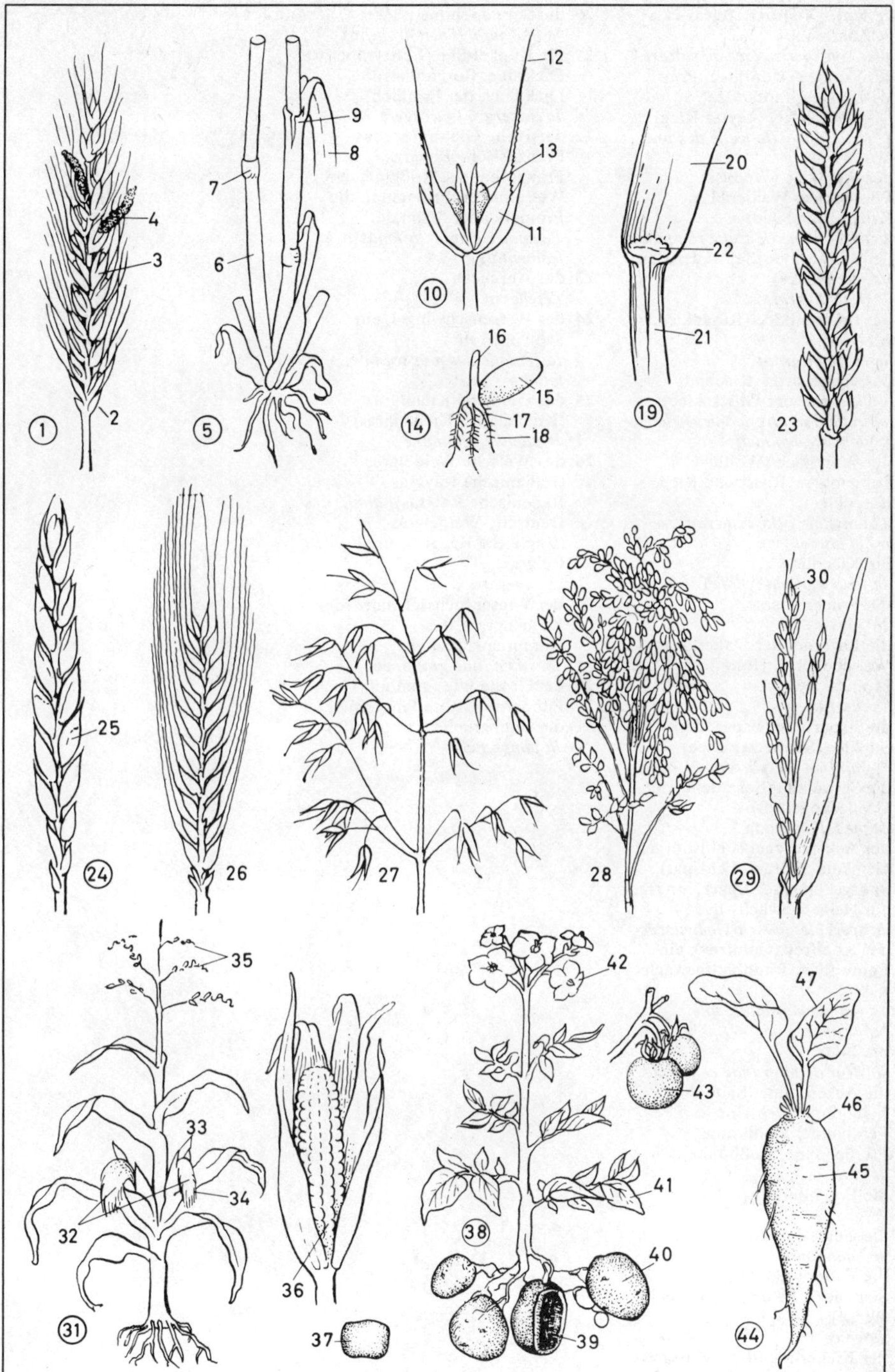
1
2
3
4
5
6
7
8
9
10
11
12
13
14
15
16
17
18
19
20
21
22
23
24
25
26
27
28
29
30
31
32
33
34
35
36
37
38
39
40
41
42
43
44
45
46
47

1-28 Futterpflanzen *f* **für den Feldfutterbau**
– ***plantes*** f ***fourragères de culture*** f
1 der Rotklee (Kopfklee, Rote Wiesenklee, Futterklee, Deutsche Klee, Steyrer Klee)
– *le trèfle rouge (le trèfle des prés* m*)*
2 der Weißklee (Weiße Wiesenklee, Weidenklee, Kriechende Klee)
– *le trèfle blanc (le trèfle rampant)*
3 der Bastardklee (Schwedenklee, *nd.* die Alsike)
– *le trèfle hybride*
4 der Inkarnatklee (Rosenklee, Blutklee)
– *le trèfle incarnat*
5 das vierblättrige Kleeblatt (*volkstüml.:* der Glücksklee)
– *le trèfle à quatre feuilles* f *(le trèfle porte-bonheur)*
6 der Wundklee (Wollklee, Tannenklee, Russische Klee, Bärenklee)
– *l'anthyllide* f *(la vulnéraire, le trèfle jaune)*
7 die Kleeblüte
– *la fleur de l'anthyllide* f
8 die Fruchthülse
– *la gousse*
9 die Luzerne (der Dauerklee, Welsche Klee, Hohe Klee, Monatsklee)
– *la luzerne*
10 die Esparsette (Esper, der Süßklee, Schweizer Klee)
– *le sainfoin (l'esparcette* f*)*
11 die Serradella (Serradelle, der Große Vogelfuß)
– *le pied d'oiseau* m
12 der Ackerspörgel (Feldspörgel, Gemeine Spörgel, Feldspark, Spörgel, Spergel, Spark, Sperk), ein Nelkengewächs *n*
– *la spergule, une caryophyllacée*
13 der Komfrey (Comfrey), ein Beinwell *m*, Rauhblattgewächs *n*
– *la grande consoude, une borraginacée*
14 die Blüte
– *la fleur de la grande consoude*
15 die Ackerbohne (Saubohne, Feldbohne, Gemeine Feldbohne, Viehbohne, Pferdebohne, Roßbohne)
– *la fève*
16 die Fruchthülse
– *la gousse*
17 die Gelbe Lupine
– *le lupin jaune*
18 die Futterwicke (Ackerwicke, Saatwicke, Feldwicke, Gemeine Wicke)
– *la vesce*
19 der Kicherling (die Deutsche Kicher, Saatplatterbse, Weiße Erve)
– *la gesse*
20 die Sonnenblume
– *le tournesol (l'héliotrope* m*)*
21 die Runkelrübe (Futterrübe, Dickrübe, Burgunderrübe, Dickwurz, der Randich)
– *la betterave fourragère*
22 der Hohe Glatthafer (das Französische Raygras, Franzosengras, Roßgras, der Wiesenhafer, Fromental, die Fromändaner Schmale)
– *l'avoine* f *élevée (la fenasse, le fromental)*
23 das Ährchen
– *l'épillet* m
24 der Wiesenschwingel, ein Schwingel *m*
– *la fétuque des prés* m*, une fétuque*
25 das Gemeine Knaulgras (Knäuelgras, Knauelgras)
– *le dactyle pelotonné*
26 das Welsche Weidelgras (Italienische Raygras, Italienische Raigras), *ähnl.:* das Deutsche Weidelgras (Englische Raygras, Englische Raigras)
– *le ray-grass*
27 der Wiesenfuchsschwanz (das Kolbengras), ein Ährenrispengras *n*
– *le vulpin, une graminée*
28 der Große Wiesenknopf (Große Pimpernell, Rote Pimpernell, die Bimbernelle, Pimpinelle)
– *la pimprenelle*

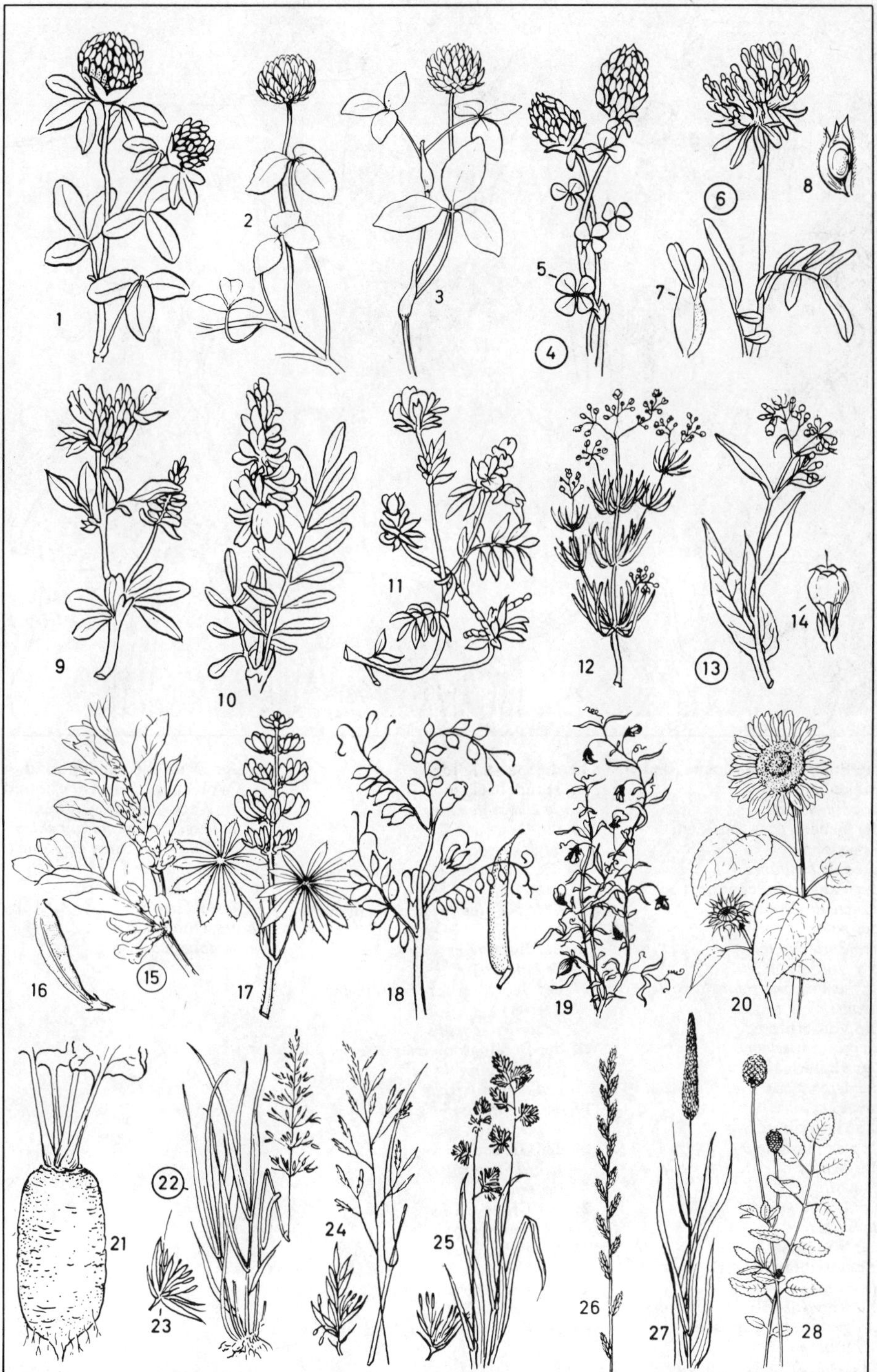
1
2
3
4
5
6
7
8
9
10
11
12
13
14
15
16
17
18
19
20
21
22
23
24
25
26
27
28

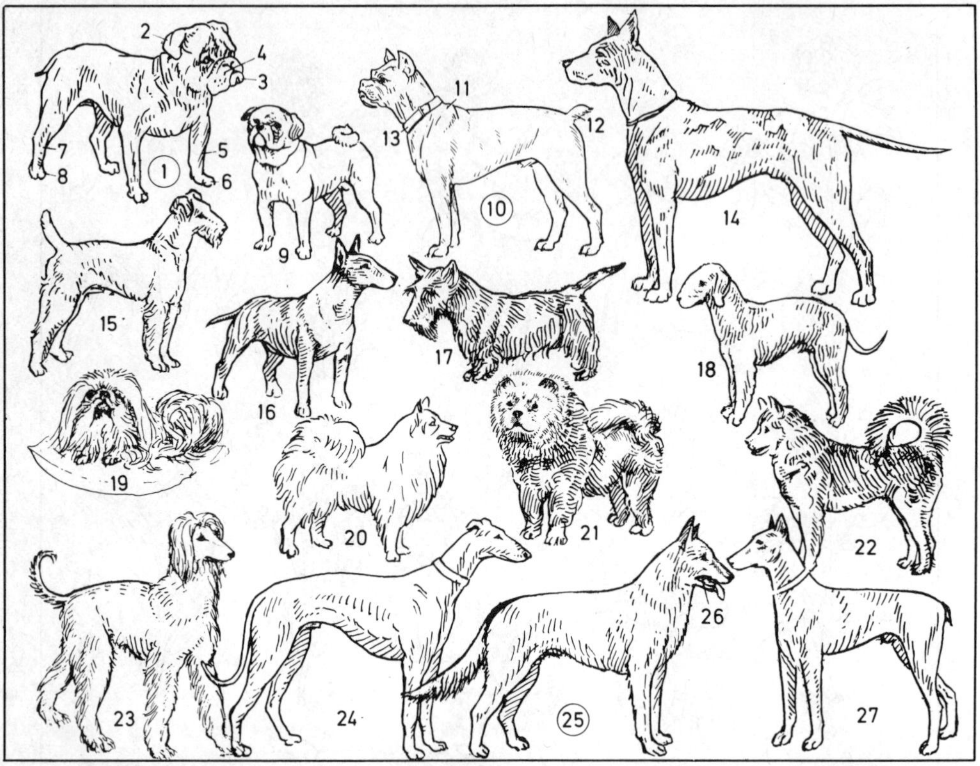

1 die Englische Bulldogge (der Bullenbeißer)
– *le bouledogue*
2 der Behang (das Ohr), ein Rosenohr *n*
– *l'oreille pendante*
3 der Fang (die Schnauze)
– *la gueule (le museau)*
4 die Nase
– *le nez (le mufle)*
5 der Vorderlauf
– *le membre antérieur (la patte avant)*
6 die Vorderpfote
– *le pied (antérieur)*
7 der Hinterlauf
– *le membre postérieur (la patte arrière)*
8 die Hinterpfote
– *le pied (postérieur)*
9 der Mops
– *le carlin*
10 der Boxer
– *le boxer*
11 der Widerrist (Schulterblatthöcker)
– *le garrot*
12 die Rute (der Hundeschwanz), ein gestutzter (kupierter) Schwanz *m*
– *la queue du chien, une queue coupée*
13 die Halsung (das Hundehalsband)
– *le collier de chien* m
14 die Deutsche Dogge
– *le dogue danois*
15 der Foxterrier (Drahthaarfox, Fox)
– *le fox-terrier (le fox à poil* m *dur, le fox)*
16 der Bullterrier
– *le bull-terrier*
17 der Scotchterrier (Schottische Terrier)
– *le terrier écossais*
18 der Bedlingtonterrier
– *le bedlington (le bedlington-terrier)*
19 der Pekinese
– *le pékinois*
20 der Großspitz
– *le grand spitz (le loulou)*
21 der Chow-Chow
– *le chow-chow*
22 der Polarhund
– *le chien esquimau*
23 der Afghane
– *le lévrier afghan*
24 der Greyhound, ein Hetzhund *m*
– *le greyhound, un chien courant*
25 der Deutsche Schäferhund (Wolfshund), ein Diensthund *m*, Wach- und Begleithund
– *le berger allemand, un chien d'utilité* f, *un chien de garde* f *et de compagnie* f
26 die Lefzen *f* (Lippen)
– *les babines* f
27 der Dobermann
– *le doberman*

28-31 die Hundegarnitur
– ***le nécessaire pour chiens*** **m**
28 die Hundebürste
– *la brosse à chien* m
29 der Hundekamm
– *l'étrille* f
30 die Leine (Hundeleine, der Riemen); *für Jagdzwecke:* Schweißriemen
– *la laisse*
31 der Maulkorb
– *la muselière*
32 der Freßnapf (Futternapf)
– *l'écuelle* f
33 der Knochen
– *l'os* m
34 der Neufundländer
– *le terre-neuve*
35 der Schnauzer
– *le schnauzer*
36 der Pudel, *ähnl. u. kleiner:* der Zwergpudel
– *le caniche (*plus petit: *le caniche nain)*
37 der Bernhardiner
– *le saint-bernard*
38 der Cockerspaniel
– *le cocker spaniel*
39 der Kurzhaardackel (Dachshund, Teckel), ein Erdhund *m*
– *le teckel (basset) à poil* m *ras, le basset allemand*
40 der Deutsche Vorstehhund
– *le braque allemand*
41 der Setter (Englischer Vorstehhund)
– *le setter anglais, un chien d'arrêt* m
42 der Schweißhund (Spürhund)
– *le braque*
43 der Pointer, ein Spürhund *m*
– *le pointer, un chien d'arrêt* m

1-6 Reitkunst *f* (die Hohe Schule, das Schulreiten)
– ***l'équitation*** f *(la haute école)*
1 die Piaffe
– *le piaffer*
2 der Schulschritt
– *le pas*
3 die Passage (der spanische Tritt)
– *le passage (le pas espagnol)*
4 die Levade
– *la levade (la pesade)*
5 die Kapriole
– *la cabriole*
6 die Kurbette
– *la courbette*
7-25 das Geschirr
– ***le harnais*** *(le harnachement)*
7-13 das Zaumzeug (der Zaum)
– *la bride (le filet, le bridon)*
7-11 das Kopfgestell
– ***le harnachement de tête*** f
7 der Nasenriemen
– *la muserole*
8 das Backenstück
– *le montant*
9 der Stirnriemen
– *le frontal*
10 das Genickstück
– *la têtière*
11 der Kehlriemen
– *la sous-gorge*
12 die Kinnkette (Kandarenkette)
– *la gourmette*
13 die Kandare (Schere)
– *le mors*
14 der Zughaken
– *le boucleteau d'attelle* f
15 das Spitzkumt, ein Kumt *n* (Kummet)
– *le collier*
16 die Schalanken *pl*
– *l'ornement* m *du collier (la cocarde)*
17 der Kammdeckel
– *la sellette (la dossière)*
18 der Bauchgurt
– *la sous-ventrière (la sangle)*
19 der Sprenggurt
– *le mantelet*
20 die Aufhaltekette
– *la chaîne de flèche* f
21 die Deichsel
– *le timon (la flèche)*
22 der Strang
– *le trait*
23 der Bauchnotgurt
– *la fausse sous-ventrière*
24 der Zuggurt
– *le trait*
25 die Zügel *m*
– *la rêne (la guide)*
26-36 das Sielengeschirr (Blattgeschirr)
– ***le harnachement de poitrail*** m
26 die Scheuklappe
– *l'œillère* f
27 der Aufhaltering
– *la chaînette*
28 das Brustblatt
– *le poitrail*
29 die Gabel
– *les bras du dessus-de-cou*
30 der Halsriemen
– *le dessus-de-cou*
31 der Kammdeckel
– *le mantelet*
32 der Rückenriemen
– *le surdos*
33 der Zügel
– *la rêne (la guide)*
34 der Schweifriemen
– *la croupière*
35 der Strang
– *le trait*
36 der Bauchgurt
– *la sous-ventrière*
37-49 Reitsättel *m*
– ***les selles*** f
37-44 der Bocksattel
– ***la selle de cavalerie*** f *(selle d'armes* f*)*
37 der Sattelsitz
– *le siège*
38 der Vorderzwiesel
– *le pommeau (l'arçon* m *avant)*
39 der Hinterzwiesel
– *le troussequin (l'arçon* m *arrière)*
40 das Seitenblatt
– *le quartier*
41 die Trachten *pl*
– *la matelassure*
42 der Bügelriemen
– *l'étrivière* f
43 der Steigbügel
– *l'étrier* m
44 der Woilach
– *la couverture de selle* f
45-49 die Pritsche (der englische Sattel)
– ***la selle anglaise*** *(selle de chasse* f*)*
45 der Sitz
– *le siège*
46 der Sattelknopf
– *le pommeau*
47 das Seitenblatt
– *le quartier*
48 die Pausche
– *le faux quartier*
49 das Sattelkissen
– *le troussequin*
50-51 Sporen *pl* [*sg* der Sporn]
– ***les éperons*** m
50 der Anschlagsporn
– *l'éperon* m *à mollette*
51 der Anschnallsporn
– *l'éperon* m *à la chevalière*
52 das Hohlgebiß
– *le mors*
53 das Maulgatter
– *le mors de force* f
54 der Striegel
– *l'étrille* f
55 die Kardätsche
– *la brosse de pansage* m

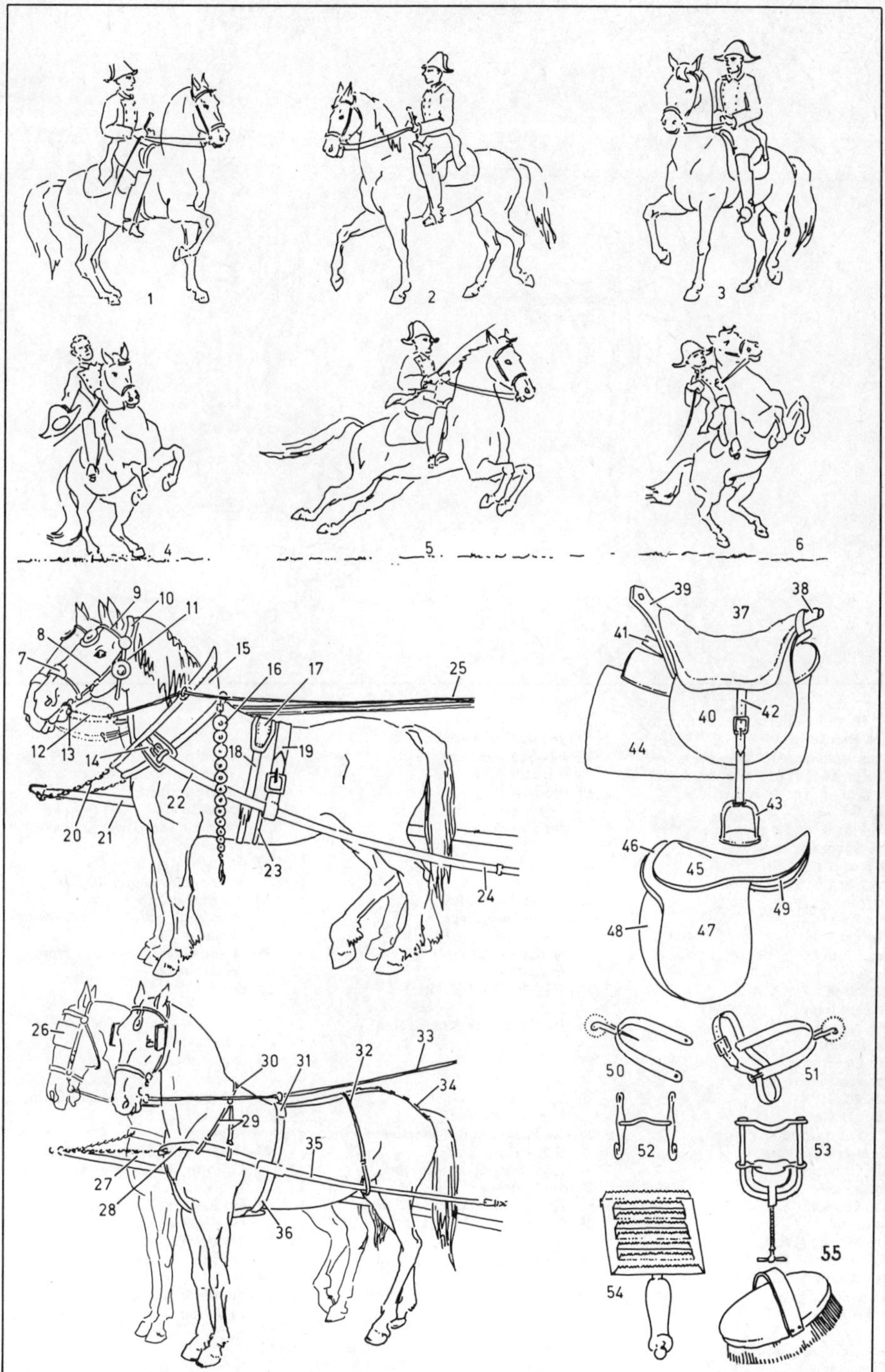

1
2
3
4
5
6
7
8
9
10
11
12
13
14
15
16
17
18
19
20
21
22
23
24
25
26
27
28
29
30
31
32
33
34
35
36
37
38
39
40
41
42
43
44
45
46
47
48
49
50
51
52
53
54
55

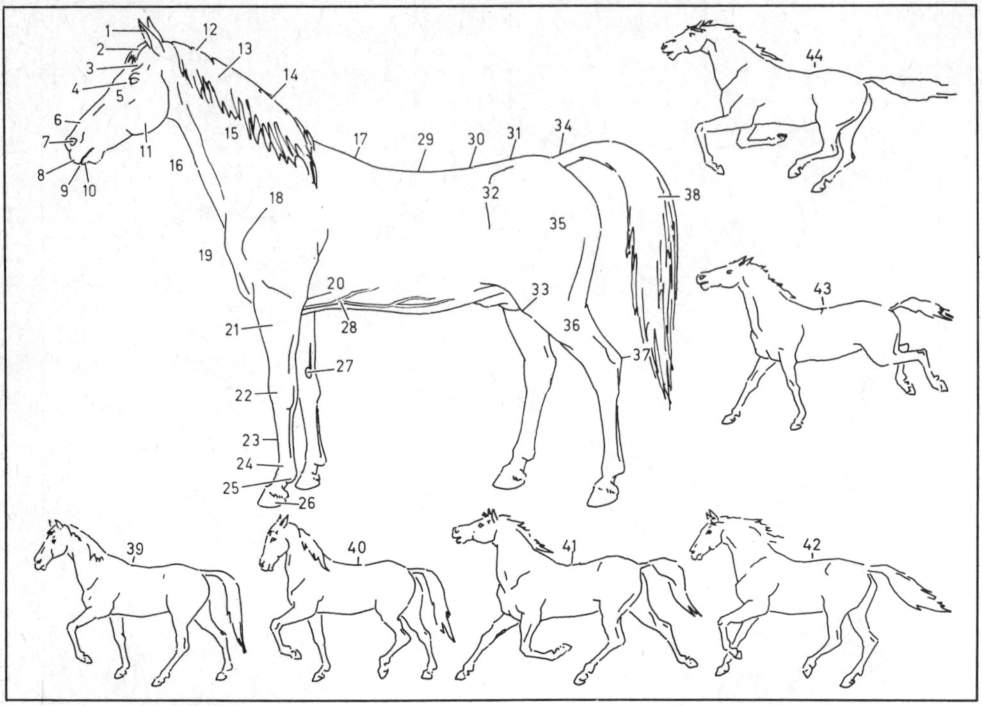

1-38 die äußere Form (das Exterieur) des Pferdes *n*
– ***la morphologie*** *du cheval*
1-11 der Kopf (Pferdekopf)
– ***la tête*** *(la tête du cheval)*
1 das Ohr
– *l'oreille* f
2 der Schopf
– *le toupet*
3 die Stirn
– *le front*
4 das Auge
– *l'œil* m
5 das Gesicht
– *la face*
6 die Nase
– *le chanfrein*
7 die Nüster
– *le naseau*
8 die Oberlippe
– *la lèvre supérieure*
9 das Maul
– *la bouche*
10 die Unterlippe
– *la lèvre inférieure*
11 die Ganasche
– *la ganache*
12 das Genick
– *la nuque*
13 die Mähne (Pferdemähne)
– *la crinière*
14 der Kamm (Pferdekamm)
– *l'encolure* f
15 der Hals *m*
– *le cou*
16 der Kehlgang (die Kehle)
– *la gorge*
17 der Widerrist
– *le garrot*
18-27 die Vorhand
– ***le membre antérieur***
18 das Schulterblatt
– *l'épaule* f
19 die Brust
– *le poitrail*
20 der Ellbogen
– *le coude*
21 der Vorarm
– *l'avant-bras* m
22-26 der Vorderfuß
– ***le pied antérieur***
22 das Vorderknie (die Vorderfußwurzel)
– *le genou*
23 der Mittelfuß (Röhre)
– *le canon*
24 die Köte (das Kötengelenk)
– *le boulet*
25 die Fessel
– *le paturon*
26 der Huf
– *le pied (le sabot)*
27 die Kastanie des Pferdes *n*, eine Schwiele
– *la châtaigne, un durillon*
28 die Sporader
– *la veine thoracique externe*
29 der Rücken (Pferderücken)
– *le dos*
30 die Lende (Nierengegend)
– *les reins*
31 die Kruppe (Pferdekruppe, das Kreuz)
– *la croupe*
32 die Hüfte
– *la hanche*
33-37 die Hinterhand
– ***le membre postérieur***
33 die Kniescheibe
– *le grasset*
34 die Schweifrübe
– *l'attache* f *de la queue*
35 die Hinterbacke
– *la cuisse*
36 die Hose (der Unterschenkel)
– *la jambe*
37 das Sprunggelenk
– *le jarret (la pointe du jarret)*
38 der Schweif (Schwanz, Pferdeschweif, Pferdeschwanz)
– *la queue*
39-44 die Gangarten *f* des Pferdes *n*
– ***les allures*** f
39 der Schritt
– *le pas*
40 der Paßgang
– *l'amble* m
41 der Trab
– *le trot*
42 der Handgalopp (kurze Galopp, Canter)
– *le galop*
43-44 der Vollgalopp (gestreckte Galopp, die Karriere)
– *le grand galop*
43 die Karriere beim Auffußen *n* (Aufsetzen) der beiden Vorderfüße *m*
– *le poser des antérieurs* m
44 die Karriere beim Schweben *n* mit allen vier Füßen *m*
– *la période de suspension* f

Abkürzungen: *m.* = männlich; *k.* = kastriert; *w.* = weiblich; *j.* = das Jungtier
– *Abréviations:* m. = *mâle;* ch. = *châtré;* f. = *femelle;* p. = *le petit*

1-2 Großvieh *n* (Vieh)
– *le gros bétail*

1 das Rind, ein Horntier *n*, ein Wiederkäuer *m*; *m.* der Stier (Bulle); *k.* der Ochse; *w.* die Kuh; *j.* das Kalb
– *le boviné, une bête à cornes* f, *un ruminant;* m. *le taureau;* ch. *le bœuf;* f. *la vache;* p. *le veau*

2 das Pferd; *m.* der Hengst; *k.* der Wallach; *w.* die Stute; *j.* das Füllen (Fohlen)
– *le cheval;* m. *l'étalon* m *(cheval entier);* ch. *le hongre;* f. *la jument;* p. *le poulain (la pouliche)*

3 der Esel
– *l'âne* m; f. *l'ânesse* f

4 der Saumsattel (Tragsattel)
– *le bât*

5 der Saum (die Traglast)
– *la charge*

6 der Quastenschwanz
– *la queue*

7 die Quaste
– *la touffe de crins* m

8 das Maultier, ein Bastard *m* von Eselhengst *m* und Pferdestute *f*
– *le mulet (le croisement d'un âne et d'une jument)*

9 das Schwein, ein Paarhufer *m*; *m.* der Eber; *w.* die Sau; *j.* das Ferkel
– *le cochon, le porc, un suidé artiodactyle;* m. *le verrat;* f. *la truie;* p. *le goret (le porcelet, le cochon de lait* m*)*

10 der Schweinsrüssel (Rüssel)
– *le groin*

11 das Schweinsohr
– *l'oreille* f

12 das Ringelschwänzchen
– *la queue en tire-bouchon* m

13 das Schaf; *m.* der Schafbock (Bock, Widder); *k.* der Hammel; *j.* das Lamm
– *le mouton;* m. *le bélier;* ch. *le mouton;* f. *la brebis;* p. *l'agneau* m

14 die Ziege (Geiß)
– *la chèvre;* m. *le bouc;* p. *le chevreau, la chevrette*

15 der Ziegenbart
– *la barbiche*

16 der Hund, ein Leonberger *m*; *m.* der Rüde; *w.* die Hündin; *j.* der Welpe
– *le chien, un chien de berger* m; f. *la chienne;* p. *le chiot*

17 die Katze, eine Angorakatze; *m.* der Kater
– *le chat, un chat angora;* m. *le matou;* f. *la chatte;* p. *le chaton*

18-36 Kleinvieh *n*
– ***la basse-cour***

18 das Kaninchen; *m.* der Rammler (Bock); *w.* die Häsin
– *le lapin;* m. *le bouquin;* f. *la lapine;* p. *le lapereau*

19-36 Geflügel *n*
– ***la volaille***

19-26 das Huhn
– ***le poulet***

19 die Henne
– *la poule*

20 der Kropf
– *le jabot*

21 der Hahn; *k.* der Kapaun
– *le coq;* ch. *le chapon*

22 der Hahnenkamm
– *la crête*

23 der Wangenfleck
– *l'oreillon* m

24 der Kinnlappen
– *le barbillon*

25 der Sichelschwanz
– *les faucilles* f *de la queue*

26 der Sporn
– *l'ergot* m

27 das Perlhuhn
– *la pintade;* p. *le pintadeau*

28 der Truthahn (Puter); *w.* die Truthenne (Pute)
– *le dindon;* f. *la dinde;* p. *le dindonneau*

29 das Rad
– *la roue*

30 der Pfau
– *le paon;* f. *la paonne*

31 die Pfauenfeder
– *la plume de paon* m

32 das Pfauenauge
– *l'ocelle* f

33 die Taube; *m.* der Täuberich
– *le pigeon;* f. *la pigeonne;* p. *le pigeonneau*

34 die Gans; *m.* der Gänserich (Ganser, *nd.* Ganter); *j. nd.* das Gössel
– *l'oie;* m. *le jars;* p. *l'oison* m

35 die Ente; *m.* der Enterich (Erpel); *j.* das Entenküken
– *le canard;* f. *la cane;* p. *le caneton*

36 die Schwimmhaut
– *la palmure*

1-27 die Geflügelhaltung (Intensivhaltung)
– ***l'élevage*** m ***avicole***
1-17 die Bodenhaltung
– ***l'élevage*** m ***sur litière*** f
1 der Hühneraufzuchtstall (Kükenstall)
– *la poussinière*
2 das Küken
– *le poussin*
3 die Schirmglucke
– *l'éleveuse* f *artificielle*
4 die verstellbare Futterrinne
– *la mangeoire*
5 der Junghennenstall
– *le poulailler d'élevage* m
6 die Tränkrinne
– *l'abreuvoir* m
7 der Wasserzulauf
– *le tuyau d'eau* f
8 die Einstreu
– *la litière*
9 die Junghenne
– *le poulet*
10 die Lüftungsvorrichtung
– *le ventilateur*
11-17 die Mastgeflügelzucht
– ***l'élevage*** m ***de poulets*** m
11 der Scharraum (Tagesraum)
– *le poulailler*
12 das Masthuhn
– *le poulet (la poulette)*
13 der Futterautomat
– *la mangeoire automatique*
14 die Haltekette
– *la chaîne d'alimentation* f
15 das Futterrohr
– *la goulotte d'alimentation* f
16 die automatische Rundtränke (Selbsttränke)
– *l'abreuvoir* m *automatique*
17 die Lüftungsvorrichtung
– *le ventilateur*
18 die Batteriehaltung (Käfighaltung)
– *la batterie de ponte* f
19 die Batterie (Legebatterie)
– *la cage supérieure*
20 der Etagenkäfig (Stufenkäfig, Batteriekäfig)
– *la cage inférieure*
21 die Futterrinne
– *la mangeoire*
22 die Eierlängssammlung
– *la bande transporteuse de récolte* f *des œufs* m
23-27 die automatische Futterzuführung und Entmistung
– ***le système automatique d'alimentation*** m ***et d'enlèvement*** m *des déjections* f
23 das Schnellfütterungssystem für die Batteriefütterung (die Futtermaschine)
– *l'alimentation* f *automatique pour la batterie*
24 der Einfülltrichter
– *le silo*
25 das Futtertransportband (die Futtertransportkette, Futterkette)
– *la bande transporteuse d'alimentation* f *des mangeoires* f
26 die Wasserleitung
– *l'alimentation* f *en eau* f
27 das Kottransportband
– *la bande transporteuse d'enlèvement* m *des déjections* f
28 der Schlupfbrüter
– *l'armoire* f *d'incubation* f *et d'éclosion* f
29 die Vorbruttrommel
– *le ventilateur de la chambre d'incubation* f
30 der Schlupfteil
– *l'éclosoir* m
31 der Metallschlupfwagen
– *le chariot de métal* m *portant les casiers* m *à œufs* m
32 die Metallschlupfhorde
– *le casier à œufs* m
33 der Vorbruttrommelantrieb
– *le moteur du ventilateur*
34-53 die Eierproduktion
– ***la production d'œufs*** m
34 die Eiersammelvorrichtung (Eiersammlung)
– *le système de récolte* f *des œufs* m
35 die Niveauförderung
– *la bande transporteuse*
36 die Einquersammlung
– *la table de calibrage* m
37 der Antriebsmotor
– *le moteur d'entraînement* m
38 die Einsortiermaschine
– *la trieuse*
39 die Rollenzufuhr
– *le chariot de transport* m
40 der Durchleuchtungsspiegel
– *l'écran* m *de mirage* m
41 die Absaugvorrichtung zum Eiertransport *m*
– *le système de transport* m *à dépression* f
42 das Ablagebord für leere und volle Höckereinsätze *m*
– *l'étagère* f *pour les plateaux* m *à œufs* m *pleins ou vides*
43 die Eierwaagen *f*
– *la pesée*
44 die Klassensortierung
– *le calibrage*
45 der Höckereinsatz
– *le plateau à œufs* m
46 die vollautomatische Eierverpackungsmaschine
– *l'emballeuse* f *automatique*
47 die Durchleuchtungskabine
– *l'installation* f *de mirage* m
48 der Durchleuchtungstisch
– *la table de mirage* m
49-51 die Auflegevorrichtung
– *le système d'alimentation* f
49 die Vakuumabsaugvorrichtung
– *le transporteur à dépression* f
50 der Vakuumschlauch
– *le tuyau souple à vide* m
51 der Anfuhrtisch
– *la table d'alimentation* f
52 die automatische Zählung und Gewichtsklassensortierung *f*
– *la trieuse-calibreuse automatique*
53 der Verpackungsentstapler
– *le distributeur de boîtes* f
54 der Fußring
– *la bague*
55 die Geflügelmarke
– *la marque d'aile* f
56 das Zwerghuhn (Bantamhuhn)
– *la poule naine*
57 die Legehenne
– *la poule pondeuse*
58 das Hühnerei (Ei)
– *l'œuf* m *de poule* f
59 die Kalkschale (Eierschale), eine Eihülle
– *la coquille, l'enveloppe* f *de l'œuf* m
60 die Schalenhaut
– *la membrane coquillère*
61 die Luftkammer
– *la chambre à air* m
62 das Eiweiß (*österr.* Eiklar)
– *le blanc de l'œuf* m *(l'albumen* m*)*
63 die Hagelschnur (Chalaza)
– *la chalaze*
64 die Dotterhaut
– *la membrane vitelline*
65 die Keimscheibe (der Hahnentritt)
– *le blastoderme*
66 das Keimbläschen
– *la cicatricule (le disque germinatif)*
67 der (das) weiße Dotter
– *le blastocœle (la cavité de segmentation* f*)*
68 das Eigelb (der *od.* das gelbe Dotter)
– *le jaune (le vitellus)*

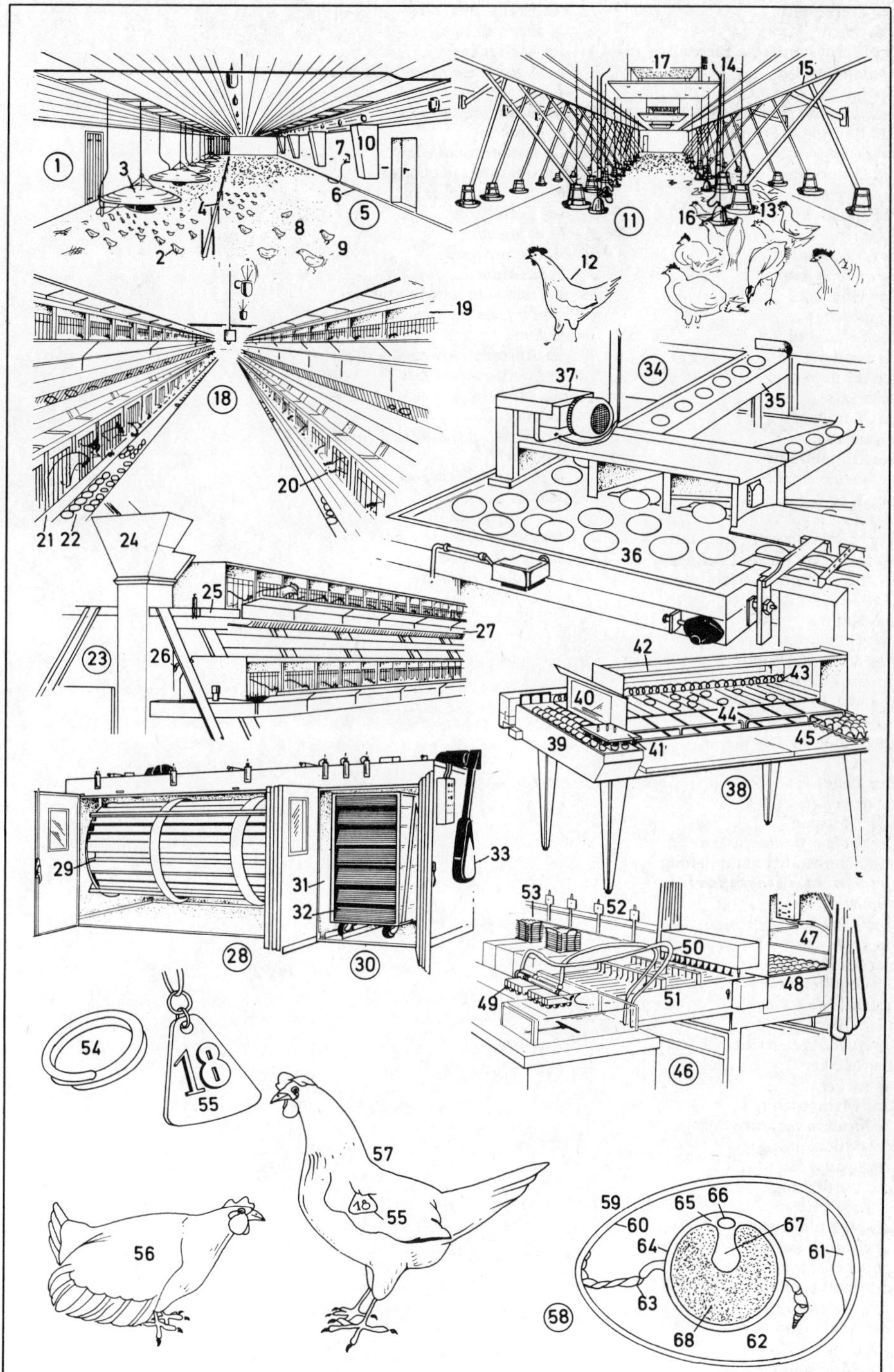
1
2
3
4
5
6
7
10
8
9
11
12
13
14
15
16
17
18
19
20
21
22
23
24
25
26
27
28
29
30
31
32
33
34
35
36
37
38
39
40
41
42
43
44
45
46
47
48
49
50
51
52
53
54
55
18
56
57
58
59
60
61
62
63
64
65
66
67
68

1 **der Pferdestall**
– ***l'écurie*** f
2 der Pferdestand (die Pferdebox, Box)
– *la stalle (le box)*
3 der Futtergang
– *le couloir de circulation* f
4 das Reitpony (Pony)
– *le poney*
5 die Gitterwand
– *les barres* f
6 die Einstreu
– *la litière*
7 der Strohballen
– *la balle de paille* f
8 das Oberlicht
– *la lucarne*
9 **der Schafstall**
– ***la bergerie***
10 das Mutterschaf
– *la brebis*
11 das Lamm
– *l'agneau* m
12 die Doppelraufe
– *le râtelier à foin* m
13 das Heu
– *le foin*
14 **der Milchviehstall** (Kuhstall)
– ***l'étable*** f ***de vaches*** f ***laitières***
15-16 die Anbindevorrichtung
– *l'attache* f
15 die Kette
– *la chaîne*
16 der Aufhängeholm
– *la barre de fixation* f
17 die Milchkuh
– *la vache laitière*
18 das Euter
– *le pis*
19 die Zitze
– *le trayon (la tette)*
20 die Kotrinne
– *la rigole à fumier* m
21 die Schubstangenentmistung
– *les barres* f *d'évacuation* f *du fumier*
22 der Kurzstand
– *la stalle courte*
23 **der Melkstand,** ein Fischgrätenmelkstand *m*
– ***la salle de traite*** f
24 die Arbeitsgrube
– *le couloir de service* m
25 der Melker
– *le vacher*
26 das Melkgeschirr
– *le faisceau trayeur*
27 die Milchleitung
– *le tuyau à lait* m
28 die Luftleitung
– *le tube d'air* m
29 die Vakuumleitung
– *le tuyau à vide* m *(le tuyau de pulsation* f*)*
30 der Melkbecher
– *le gobelet trayeur*
31 das Schauglas
– *la jauge (le viseur)*
32 das Milchsammel- und Luftverteilerstück
– *le collecteur-pulsateur*
33 der Entlastungstakt
– *la phase de repos* m
34 der Melktakt
– *la phase d'aspiration* f *(la phase de succion* f*)*
35 **der Schweinestall** (Saustall)
– ***la porcherie***
36 die Läuferbucht (der Läuferkoben, Koben)
– *la loge à porcelets* m
37 der Futtertrog
– *la mangeoire*
38 die Trennwand
– *le bas-flanc*
39 das Schwein, ein Läufer *m*
– *le goret, un jeune porc (un jeune cochon)*
40 die Abferkel-Aufzucht-Bucht
– *la loge de mise* f *bas*
41 die Muttersau (Sau)
– *la truie*
42 die Ferkel *n* (Sauferkel *[bis 8 Wochen]*)
– *le porcelet [le cochon de lait jusqu'à 8 semaines* f*]*
43 das Absperrgitter
– *les barres de mise* f *bas*
44 die Jaucherinne
– *la rigole à purin* m

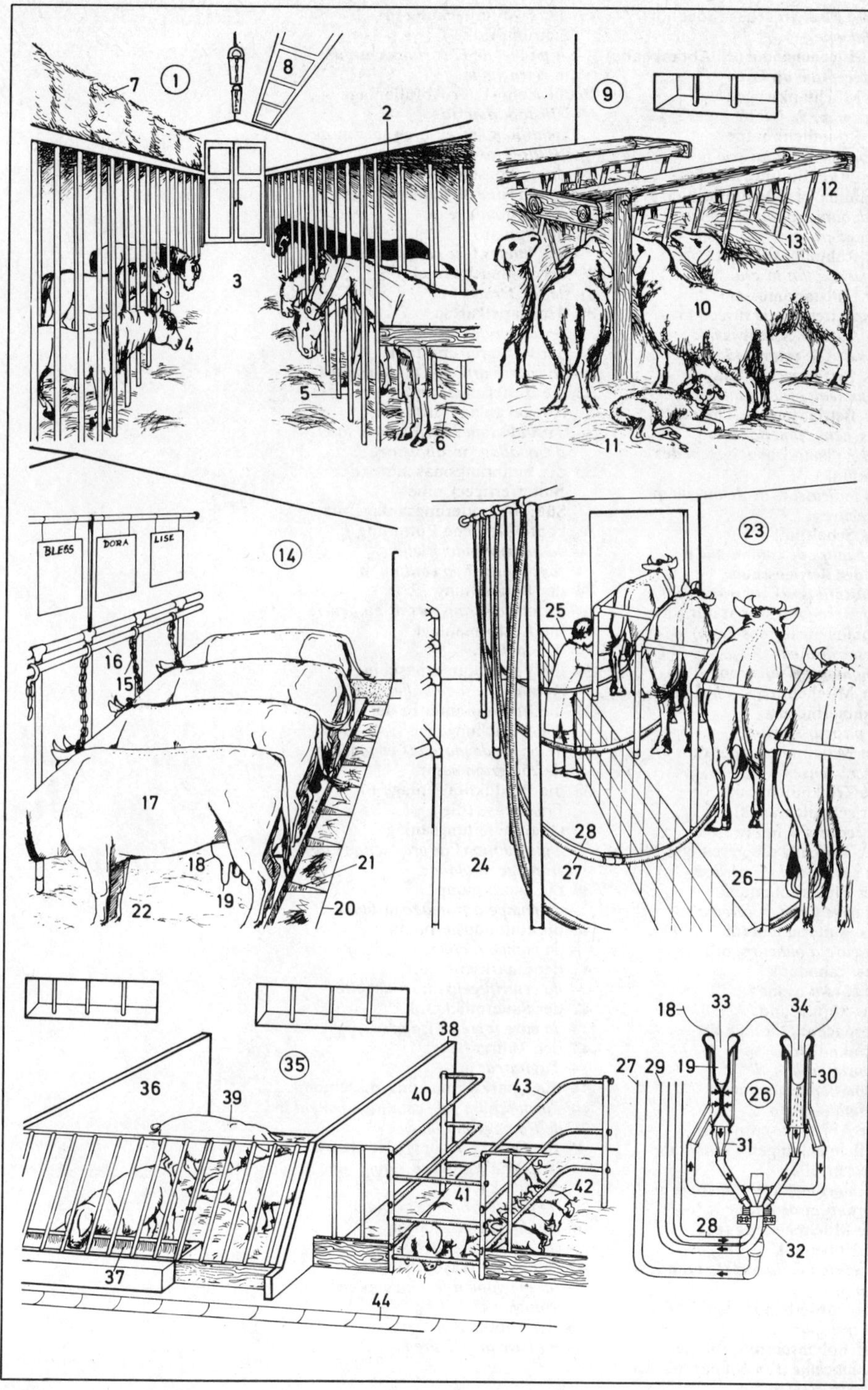
1
7
8
2
3
4
5
6
9
12
13
10
11
14
BLESS
DORA
LISE
16
15
17
18
19
22
21
20
23
25
24
28
27
26
18
33
34
27
29
19
30
26
31
28
32
35
36
39
38
40
43
41
42
37
44

1-48 die Molkerei (der Milchhof)
– ***la laiterie***
1 die Milchannahme (die Abtankhalle)
– ***la réception du lait***
2 der Milchtankwagen
– *le camion de lait* m
3 die Rohmilchpumpe
– *la pompe à lait* m *cru*
4 der Durchflußmesser (die Meßuhr), ein Ovalradzähler *m*
– *le débitmètre, un compteur à roues* f *ovales*
5 der Rohmilchsilotank
– *la cuve à lait* m *cru*
6 der Füllstandmesser
– *l'indicateur* m *de niveau* m
7 die zentrale Schaltwarte
– ***la salle de commande*** f
8 das Betriebsschaubild
– *le tableau synoptique*
9 das Betriebsablaufschema
– *le schéma fonctionnel*
10 die Füllstandsanzeiger *m* des Silotanks
– *les indicateurs* m *de niveau* m *des cuves* f
11 das Schaltpult
– *le pupitre de commande* f
12-48 der Betriebsraum
– ***l'installation*** f ***de traitement*** m
12 der Reinigungsseparator (die Homogenisiermaschine)
– *le stérilisateur (l'homogénéisateur* m*)*
13 der Milcherhitzer; *ähnl.:* der Rahmerhitzer
– *le pasteurisateur*
14 der Magermilchseparator
– *l'écrémeuse* f
15 die Trinkmilchtanks (Frischmilchtanks)
– *les cuves* f *à lait* m *frais*
16 der Tank für die gereinigte Milch
– *la cuve à lait* m *stérilisé*
17 der Magermilchtank
– *la cuve à lait* m *écrémé*
18 der Buttermilchtank
– *la cuve à babeurre* m
19 der Rahmtank
– *la cuve à crème* f
20 die Abfüll- und Verpackungsanlage für Trinkmilch *f*
– *l'installation* f *de conditionnement* m *et d'emballage* m
21 die Abfüllmaschine für Milchpackungen *f, ähnl.:* der Becherfüller
– *la machine de remplissage* m *de cartons* m *de lait* m
22 die Milchpackung (der Milchbeutel)
– *le carton de lait* m *(la brique de lait* m*)*
23 das Förderband
– *le transporteur*
24 der Folienschrumpftunnel
– *la machine d'emballage* m *sous film* m *rétractable*
25 die Zwölferpackung in Schrumpffolie *f*
– *le paquet de 12 cartons sous film* m *rétractable*
26 die Zehn-Liter-Abfüllanlage
– *l'installation* f *de conditionnement* m *en sacs* m *de 10 litres* m
27 die Folienschweißanlage
– *la machine de fermeture* f *par thermosoudage* m
28 die Folien *f*
– *les feuilles* f *de plastique* m
29 der Schlauchbeutel
– *le sac fermé*
30 der Stapelkasten
– *le carton de transport* m
31 der Rahmreifungstank
– *la cuve d'affinage* m *de crème* f
32 die Butterungs- und Abpackanlage (Butterei)
– *l'installation* f *de moulage* m *et d'emballage* m *du beurre*
33 die Butterungsmaschine (der Butterfertiger), eine Süßrahmbutterungsanlage für kontinuierliche Butterung *f*
– *la baratte industrielle fonctionnant en continu* m
34 der Butterstrang
– *le tube de transport* m *du beurre*
35 die Ausformanlage
– *la mouleuse*
36 die Verpackungsmaschine
– *la machine à emballer*
37 die Markenbutter in der 250-g-Packung
– *le beurre de marque* f *en pains* m *de 250 grammes* m
38 die Produktionsanlage für Frischkäse (die Quarkbereitungsanlage)
– *l'installation* f *de production* f *de fromage* m *blanc*
39 die Quarkpumpe
– *la pompe à fromage* m *blanc*
40 die Rahmdosierpumpe
– *la pompe à crème* f
41 der Quarkseparator
– *la centrifugeuse à caillebotte* f
42 der Sauermilchtank
– *la cuve à crème* f *aigre*
43 der Rührer
– *l'agitateur* m
44 die Quarkverpackungsmaschine
– *l'installation* f *de conditionnement* m *de fromage* m *blanc*
45 die Quarkpackung (der Quark, Topfen, Weißkäse; *ähnl.:* der Schichtkäse)
– *le pot de fromage* m *blanc*
46 die Deckelsetzstation
– *la capsuleuse de bouteilles* f
47 der Schnittkäsebetrieb
– *la machine à fromage* m *en tranches* f
48 der Labtank
– *la cuve de présure* f

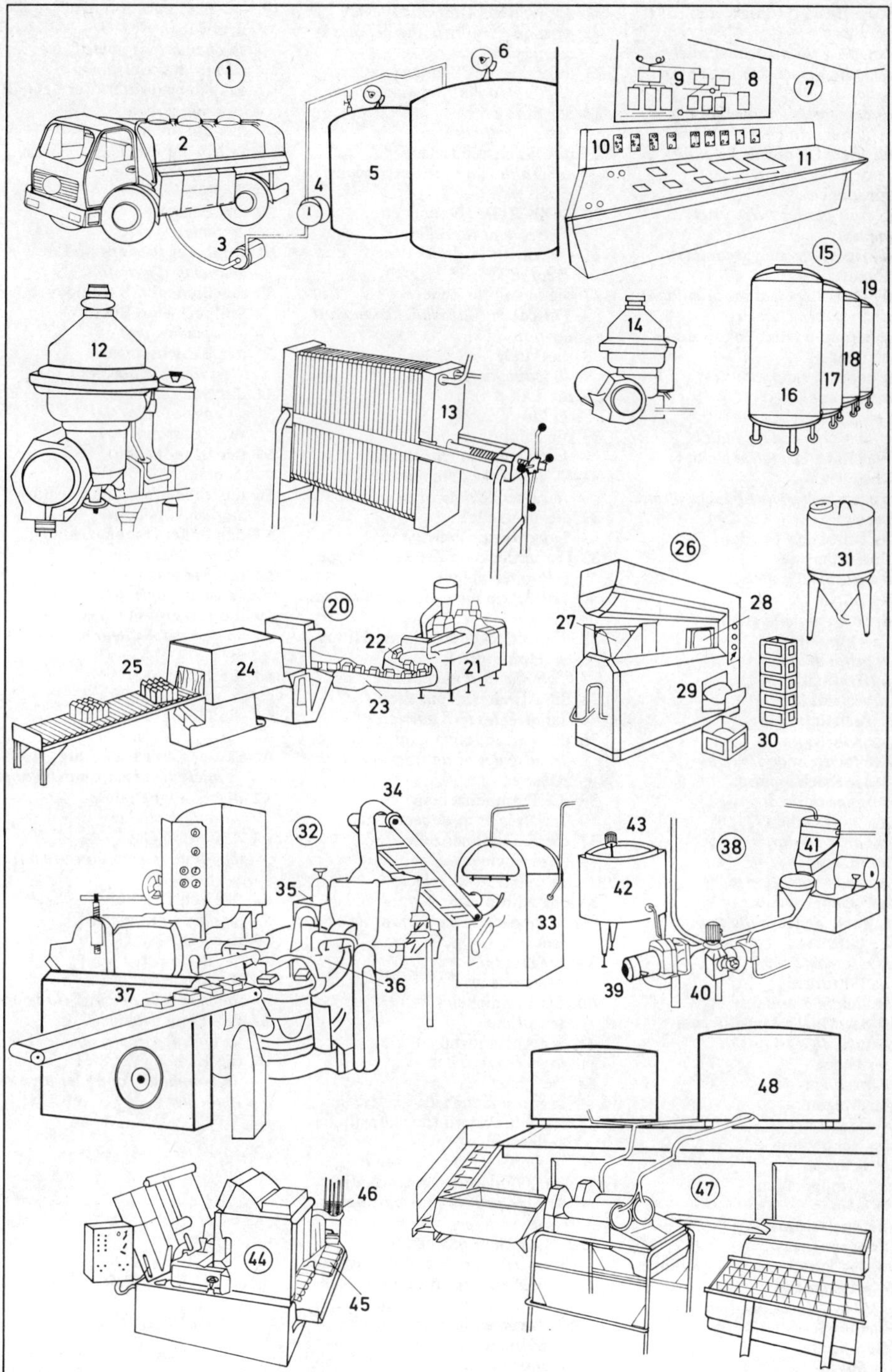
1
2
3
4
5
6
7
8
9
10
11
12
13
14
15
16
17
18
19
20
21
22
23
24
25
26
27
28
29
30
31
32
33
34
35
36
37
38
39
40
41
42
43
44
45
46
47
48

1-25 die Biene (Honigbiene, Imme)
– ***l'abeille*** f *(la mouche à miel* m*)*
1, 4, 5 die Kasten *f* (Klassen) der Biene
– ***les catégories*** f *d'abeilles* f
1 die Arbeiterin (Arbeitsbiene)
– *l'ouvrière* f *(l'abeille* f *neutre)*
2 die drei Nebenaugen *n* (Stirnaugen)
– *les trois ocelles* f *(les yeux* m *simples)*
3 das Höschen (der gesammelte Blütenstaub)
– *la pelote de pollen* m *(la culotte) sur les pattes* f *arrière*
4 die Königin (Bienenkönigin, der Weisel)
– *la reine (la reproductrice)*
5 die Drohne (das Bienenmännchen)
– *le faux-bourdon (le mâle)*
6-9 das linke Hinterbein einer Arbeiterin
– ***la patte postérieure gauche d'une ouvrière***
6 das Körbchen für den Blütenstaub
– *la corbeille à pollen* m
7 die Bürste
– *la brosse à pollen* m
8 die Doppelklaue
– *la griffe double*
9 der Haftballen
– *la pelote adhésive*
10-19 der Hinterleib der Arbeiterin
– ***l'abdomen*** m ***de l'ouvrière*** f
10-14 der Stechapparat
– ***l'organe*** m *de défense* f
10 der Widerhaken
– *la barbe du dard*
11 der Stachel
– *le dard (l'aiguillon* m*)*
12 die Stachelscheide
– *la gaine de l'aiguillon* m
13 die Giftblase
– *le réservoir à venin* m
14 die Giftdrüse
– *la glande à venin* m
15-19 der Magen-Darm-Kanal
– ***le tube digestif***
15 der Darm
– *l'intestin* m
16 der Magen
– *l'estomac* m
17 der Schließmuskel
– *le sphincter*
18 der Honigmagen
– *le jabot*
19 die Speiseröhre
– *l'œsophage* m
20-24 das Facettenauge (Netzauge, Insektenauge)
– ***l'œil*** m ***à facettes*** f *(œil* m *composé)*
20 die Facette
– *la facette*
21 der Kristallkegel
– *le cône cristallin*
22 der lichtempfindl. Abschnitt
– *la zone sensorielle (les cellules* f *rétiniennes)*
23 die Faser des Sehnervs *m*
– *la fibre du nerf optique*
24 der Sehnerv
– *le nerf optique*
25 das Wachsplättchen
– *les écailles* f *de cire (les plaques* f *cirières)*
26-30 die Zelle (Bienenzelle)
– ***l'alvéole*** m *(la cellule)*
26 das Ei
– *l'œuf* m
27 die bestiftete Zelle
– *l'alvéole* m *(la cellule) contenant l'œuf* m
28 die Made
– *la jeune larve* f
29 die Larve
– *la larve*
30 die Puppe
– *la nymphe (la chrysalide)*
31-43 die Wabe (Bienenwabe)
– ***le rayon de miel*** m *(le gâteau)*
31 die Brutzelle
– *l'alvéole* m *à couvain* m
32 die verdeckelte Zelle mit Puppe *f* (Puppenwiege)
– *l'alvéole* m *operculé contenant la nymphe*
33 die verdeckelte Zelle mit Honig *m* (Honigzelle)
– *l'alvéole* m *à miel* m *operculé*
34 die Arbeiterinnenzellen *f*
– *les alvéoles* m *d'ouvrières* f
35 die Vorratszellen *f*, mit Pollen *m*
– *les alvéoles* m *de stockage* m *de pollen* m
36 die Drohnenzellen *f*
– *les alvéoles* m *de mâles* m
37 die Königinnenzelle (Weiselwiege)
– *la cellule de la reine*
38 die schlüpfende Königin
– *la nouvelle reine sortant de sa cellule*
39 der Deckel
– *l'opercule* m
40 das Rähmchen
– *le cadre*
41 der Abstandsbügel
– *la pièce d'écart* m
42 die Wabe
– *le rayon artificiel*
43 die Mittelwand (der künstliche Zellenboden)
– *la feuille de cire* f *gaufrée*
44 der Königinnenversandkäfig
– *la cage pour le transport de la reine*
45-50 der Bienenkasten (die Ständerbeute, Blätterbeute), ein Hinterlader *m*, mit Längsbau *m* (ein Bienenstock *m*, eine Beute)
– ***la ruche en bois*** m
45 der Honigraum mit den Honigwaben *f*
– *le magasin à miel* m *avec les rayons* m
46 der Brutraum mit den Brutwaben *f*
– *la chambre de ponte* f *avec les rayons* m *à couvain* m
47 das Absperrgitter (der Schied)
– *la grille à reine* f
48 das Flugloch
– *le trou de vol* m
49 das Flugbrettchen
– *la planche de vol* m
50 das Fenster
– *la fenêtre*
51 veralteter Bienenstand *m*
– *le rucher d'autrefois*
52 der Bienenkorb (Stülpkorb, Stülper), eine Beute
– *la ruche en paille* f
53 der Bienenschwarm
– *l'essaim* m *d'abeilles* f
54 das Schwarmnetz
– *le gobe-abeilles (le cueille-essaim)*
55 der Brandhaken
– *le croc*
56 das Bienenhaus (Apiarium)
– *le rucher moderne*
57 der Imker (Bienenzüchter)
– *l'apiculteur* m
58 der Bienenschleier
– *le voile d'apiculteur* m
59 die Imkerpfeife
– *la pipe d'apiculteur* m *(l'enfumoir* m*)*
60 die Naturwabe
– *le rayon naturel*
61 die Honigschleuder
– *l'extracteur* m *centrifuge*
62-63 der Schleuderhonig (Honig)
– *le miel extrait par centrifugation* f
62 der Honigbehälter
– *le seau à miel* m
63 das Honigglas
– *le pot de miel* m *en verre* m *(le bocal)*
64 der Scheibenhonig
– *le miel en rayon* m
65 der Wachsstock
– *le rat de cave* f
66 die Wachskerze
– *la chandelle de cire* f *(la bougie)*
67 das Bienenwachs
– *le bloc de cire* f *d'abeilles* f
68 die Bienengiftsalbe
– *la pommade contre les piqûres d'abeilles* f

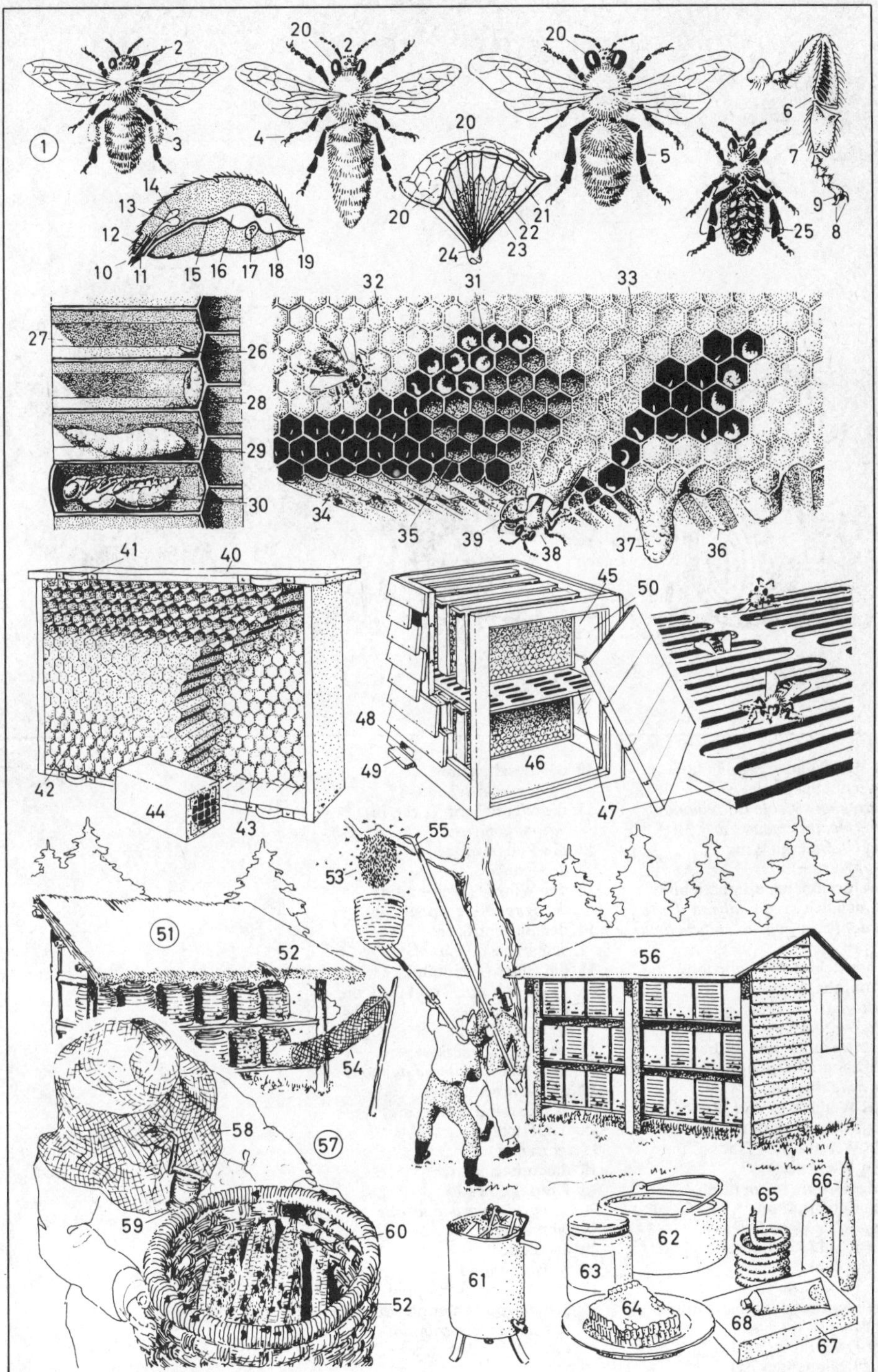
2
20
2
20
1
3
4
6
20
5
7
14
13
12
20
21
9
10
11
15
16
17
18
19
22
23
24
25
8
32
31
33
27
26
28
29
30
34
35
39
38
37
36
41
40
45
50
48
49
46
42
44
43
47
55
53
51
52
56
54
58
57
59
60
52
61
62
63
64
65
66
68
67

1-21 das Weinbergsgelände (Weinbaugelände)
– ***la région viticole*** *(la région vinicole, les coteaux* m*)*

1 der Weinberg (Wingert, Weingarten) in Drahtrahmenspaliererziehung *f*
– *le vignoble avec treillis* m *de (fil* m *de) fer* m *pour la culture de la vigne*

2-9 der Rebstock (Weinstock, die Weinrebe, Rebe)
– ***la vigne***

2 die Weinranke
– *le sarment (le pampre)*

3 der Langtrieb (Schoß, die Lotte)
– *la vrille de vigne* f

4 das Weinrebenblatt (Rebenblatt)
– *la feuille de vigne* f

5 die Weintraube (Traube) mit den Weinbeeren *f*
– *la grappe de raisin* m

6 der Rebenstamm
– *le pied de vigne* f *(le cep)*

7 der Pfahl (Rebstecken, Stickel, Weinpfahl)
– *l'échalas* m *(le paisseau)*

8 die Drahtrahmenabspannung
– *le câble de retenue* f

9 der Drahtrahmen (das Drahtrahmengerüst)
– *le treillis de (fil* m *de) fer* m

10 der Lesebehälter
– *le baquet à vendange* f

11 die Weinleserin (Leserin)
– *la vendangeuse*

12 die Rebenschere
– *le sécateur*

13 der Winzer (Weinbauer)
– *le vigneron (le viticulteur)*

14 der Büttenträger
– *le porteur de hotte* f

15 die Bütte (Weinbütte, Traubenhotte, Tragbütte, die *od.* das Logel)
– *la hotte*

16 der Maischetankwagen
– *le conteneur-citerne de moût* m

17 die Traubenmühle
– *le pressoir à raisins* m

18 der Trichter
– *la trémie*

19 die aufsteckbare Dreiseitenwand
– *la paroi amovible à trois panneaux* m

20 das Podest
– *la plate-forme*

21 der Weinbergschlepper, ein Schmalspurschlepper *m*
– *le tracteur vigneron, un tracteur à voie* f *étroite*

1-22 der Weinkeller (Lagerkeller, Faßkeller, das Faßlager)
– ***la cave à vin*** m *(le cellier)*
1 das Gewölbe
– *la voûte*
2 das Lagerfaß
– *le tonneau sur chantier* m *(le fût)*
3 der Weinbehälter, ein Betonbehälter
– *la cuve à vin* m, *une cuve enbéton* m
4 der Edelstahlbehälter (*auch:* Kunststofftank)
– *la cuve en acier* m *spécial (*égal.: *la cuve en matière* f *plastique)*
5 das Propeller-Schnellrührgerät
– *l'agitateur* m *à hélice* f
6 der Propellerrührer
– *l'hélice* f
7 die Kreiselpumpe
– *la pompe centrifuge*
8 der (das) Edelstahl-Schichtfilter
– *le filtre à sédiments* m *en acier* m *spécial*
9 der halbautomatische Rundfüller
– *l'embouteilleuse* f *circulaire semi-automatique*
10 die halbautomatische Naturkorken-Verschließmaschine
– *le presse-bouteilles semi-automatique (la machine à boucher les bouteilles* f*)*
11 das Flaschenlager (Flaschengestell)
– *le casier à bouteilles* f
12 der Kellereigehilfe
– *le caviste*
13 der Flaschenkorb
– *le panier à bouteilles* f
14 die Weinflasche
– *la bouteille à vin* m
15 die Weinstütze
– *le pichet à vin* m
16 die Weinprobe
– *la dégustation de vin* m
17 der Weinküfermeister
– *le maître de chai* m
18 der Weinküfer
– *le dégustateur*
19 das Weinglas
– *le verre à vin* m
20 das Schnelluntersuchungsgerät
– *l'appareil* m *d'examen* m *rapide*
21 die Horizontaltraubenpresse
– *le pressoir horizontal*
22 das Sprühgerät
– *l'humidificateur* m

1-19 Obstschädlinge *m*
– ***parasites* m *des fruits* m**
1 der Schwammspinner (Großkopf)
– *le bombyx disparate (le zigzag, le spongieux)*
2 die Eiablage (der Schwamm)
– *la ponte des œufs* m
3 die Raupe
– *la chenille*
4 die Puppe
– *la nymphe*
5 die Apfelgespinstmotte, eine Gespinstmotte
– *l'hyponomeute* f *du pommier, un tinéidé*
6 die Larve
– *la larve*
7 das Gespinstnetz (Raupennest)
– *le cocon, le réseau de soie* f
8 die Raupe beim Skelettierfraß *m*
– *la chenille squelettisant la feuille*
9 der Fruchtschalenwickler (Apfelschalenwickler)
– *la pyrale des pommes* f *(le carpocapse)*
10 der Apfelblütenstecher (Apfelstecher, Blütenstecher, Brenner), ein Rüsselkäfer *m*
– *l'anthonome* m *du pommier*
11 die angestochene vertrocknete Blüte
– *le bouton floral desséché après attaque* f *du parasite, «le clou de girofle* m*»*
12 das Stichloch
– *le trou de ponte* f
13 der Ringelspinner
– *le bombyx à livrée* f
14 die Raupe
– *la chenille*
15 die Eier *n*
– *les œufs* m
16 der Kleine Frostspanner (Frostnachtspanner, Waldfrostspanner, Frostschmetterling), ein Spanner *m*
– *la phalène (l'hibernie* f *défeuillante), un géométridé*
17 die Raupe
– *la chenille*
18 die Kirschfliege (Kirschfruchtfliege), eine Bohrfliege
– *la mouche des cerises* f *[Rhagoletis cerasi], une mouche à fruits* m
19 die Larve (Made)
– *la larve (l'asticot* m*)*
20-27 Rebenschädlinge *m*
– ***parasites* m *de la vigne***
20 der Falsche Mehltau, ein Mehltaupilz *m*, eine Blattfallkrankheit
– *le mildiou de la vigne* f *(le faux oïdium), un champignon qui provoque la chute des feuilles* f
21 die Lederbeere
– *le grain desséché (le mildiou de la grappe)*
22 der Traubenwickler
– *la tordeuse de la grappe, la pyrale de la vigne*
23 der Heuwurm, die Raupe der ersten Generation
– *la chenille de la 1ère génération*
24 der Sauerwurm, die Raupe der zweiten Generation
– *la chenille de la 2ème génération*
25 die Puppe
– *la nymphe (la pupe)*
26 die Wurzellaus, eine Reblaus
– *le puceron des racines* f *de la vigne, un phylloxera, un aphidé*
27 die gallenartige Wurzelanschwellung (Wurzelgalle, Nodosität, Tuberosität)
– *les nodosités* f *des radicelles* f*, les radicelles* f *galeuses (boursouflées)*
28 der Goldafter
– *le cul brun, le cul doré*
29 die Raupe
– *la chenille*
30 das Gelege
– *la ponte des œufs* m
31 das Überwinterungsnest
– *le nid de feuilles* f *(le nid d'hibernation* f*)*
32 die Blutlaus, eine Blattlaus
– *le puceron lanigère ou lanifère, un aphidé*
33 der Blutlauskrebs, eine Wucherung
– *la prolifération consécutive à la piqûre du puceron*
34 die Blutlauskolonie
– *la colonie de pucerons* m
35 die San-José-Schildlaus, eine Schildlaus
– *le pou de San-José, une cochenille*
36 die Larven *f* [*männl.* länglich, *weibl.* rund]
– *les larves* f *mâles allongées et les larves* f *femelles arrondies*
37-55 Ackerschädlinge *m* (Feldschädlinge)
– ***parasites* m *des cultures* f**
37 der Saatschnellkäfer, ein Schnellkäfer *m*
– *le taupin des moissons* f*, un élatéridé*
38 der Drahtwurm, die Larve des Saatschnellkäfers *m*
– *le ver fil* m *de fer, une larve du taupin*
39 der Erdfloh
– *l'altise* f *des crucifères* f *(la puce de terre* f*, le tiquet)*
40 die Hessenfliege (Hessenmücke), eine Gallmücke
– *la cécidomyie destructive (la mouche de Hesse), un diptère gallicole*
41 die Larve
– *la larve*
42 die Wintersaateule, eine Erdeule
– *la noctuelle des céréales* f*, un noctuidé*
43 die Puppe
– *la nymphe*
44 die Erdraupe, eine Raupe
– *la chenille de la noctuelle, l'agrotis* m
45 der Rübenaaskäfer
– *le silphe opaque de la betterave*
46 die Larve
– *la larve*
47 der Große Kohlweißling
– *la piéride du chou*
48 die Raupe des Kleinen Kohlweißlings *m*
– *la chenille de la piéride du chou*
49 der Derbrüßler, ein Rüsselkäfer *m*
– *le charançon, un curculionidé*
50 die Fraßstelle
– *le trou du charançon*
51 das Rübenälchen, eine Nematode (ein Fadenwurm *m*)
– *l'anguillule* f *de la betterave, un nématode*
52 der Kartoffelkäfer (Koloradokäfer)
– *le doryphore*
53 die ausgewachsene Larve
– *la larve prête à la nymphose*
54 die Junglarve
– *la jeune larve*
55 die Eier *n*
– *les œufs* m

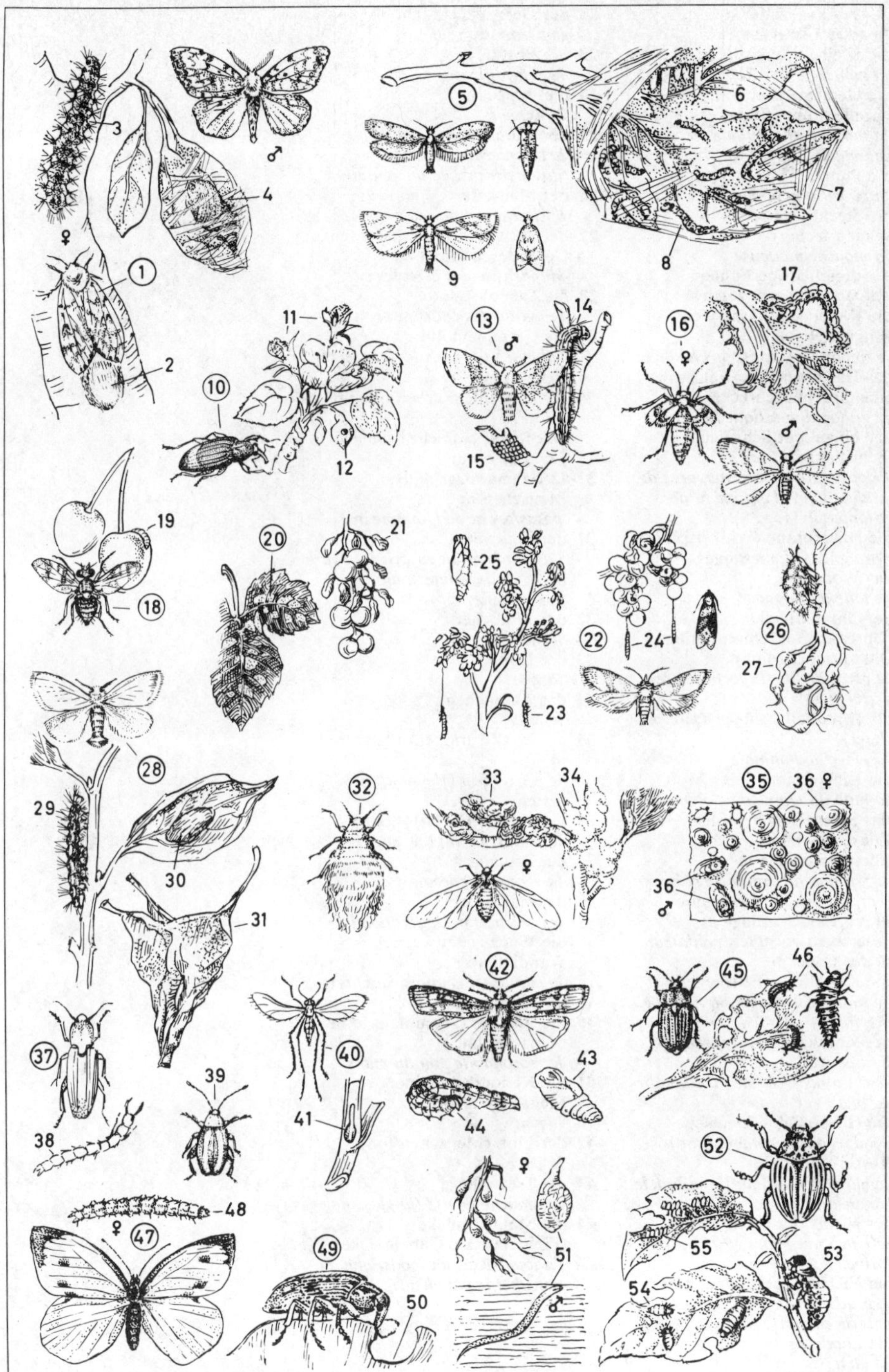
1
2
3
4
♀
♂
5
6
7
8
9
10
11
12
13
♂
14
15
16
♀
17
♂
18
19
20
21
22
23
24
25
26
27
28
29
30
31
32
33
34
♀
35
36 ♀
36
♂
37
38
39
40
41
42
43
44
45
46
47
♀
48
49
50
51
♀
♂
52
53
54
55

81 Hausungeziefer, Vorratsschädlinge und Schmarotzer

1-14 Hausungeziefer *n*
– ***insectes*** m ***domestiques***
1 die Kleine Stubenfliege
– *la mouche caniculaire*
2 die Gemeine Stubenfliege (Große Stubenfliege)
– *la mouche domestique ou commune*
3 die Puppe (Tönnchenpuppe)
– *la pupe (la nymphe)*
4 die Stechfliege (der Wadenstecher)
– *la mouche piqueuse*
5 der dreigliedrige Fühler
– *l'antenne* f *à trois branches* f
6 die Kellerassel (Assel), ein Ringelkrebs *m*
– *le cloporte de cave* f, *un crustacé*
7 das Heimchen (die Hausgrille), eine Grabheuschrecke
– *le grillon domestique (le cri-cri)*
8 der Flügel mit Schrillader *f* (Schrillapparat *m*)
– *l'élytre* f *sonore avec nervure* f *de stridulation* f *(l'organe* m *de stridulation* f*)*
9 die Hausspinne (Winkelspinne)
– *l'araignée* f *domestique*
10 das Wohnnetz
– *la toile d'araignée* f
11 der Ohrenkriecher (Ohrenkneifer, Ohrenhöhler, Ohrwurm, Öhrling)
– *le perce-oreille (la forficule, le dermoptère)*
12 die Hinterleibszange (Raife *pl*, Cerci)
– *la pince abdominale*
13 die Kleidermotte, eine Motte
– *la mite (la teigne des vêtements* m*)*
14 das Silberfischchen (der Zuckergast), ein Borstenschwanz *m*
– *le lépisme saccharin (le poisson d'argent* m*), un thysanoure*
15-30 Vorratsschädlinge *m*
– ***insectes*** m ***nuisibles,*** *prédateurs* m *des stocks* m
15 die Käsefliege (Fettfliege)
– *la mouche à asticot, la mouche piophile*
16 der Kornkäfer (Kornkrebs, Kornwurm)
– *le charançon du blé (la calandre du blé)*
17 die Hausschabe (Deutsche Schabe, der Schwabe, Franzose, Russe, Kakerlak)
– *la blatte domestique (le cafard, le cancrelat)*
18 der Mehlkäfer (Mehlwurm)
– *le ténébrion-meunier (le ver de farine* f*)*
19 der Vierfleckige Bohnenkäfer
– *le bruche du haricot, le bruche du pois (le cusson)*
20 die Larve
– *la larve*
21 die Puppe
– *la nymphe*
22 der Dornspeckkäfer
– *le dermeste*
23 der Brotkäfer
– *le cafard jaune*
24 die Puppe
– *la nymphe*
25 der Tabakkäfer
– *le lasioderme du tabac (lasioderme* m *de la cigarette)*
26 der Maiskäfer
– *le charançon du maïs*
27 der Leistenkopfplattkäfer, ein Getreideschädling *m*
– *un parasite des céréales* f
28 die Dörrobstmotte
– *la pyrale des fruits* m *secs*
29 die Getreidemotte
– *l'alucite* f *des céréales* f, *la teigne des blés* m
30 die Getreidemottenraupe im Korn *n*
– *la chenille d'alucite* f *dans le grain de blé* m
31-42 Schmarotzer *m* des Menschen *m*
– ***parasites*** m *de l'homme* m
31 der Spulwurm
– *l'ascaride* m *ou ascaris (l'oxyure* m, *le ver intestinal), un lombricoïde*
32 das Weibchen
– *la femelle*
33 der Kopf
– *la tête*
34 das Männchen
– *le mâle*
35 der Bandwurm, ein Plattwurm *m*
– *le ver solitaire (le ténia), un cestode*
36 der Kopf, ein Haftorgan *n*
– *le scolex, un organe suceur*
37 der Saugnapf
– *la ventouse buccale*
38 der Hakenkranz
– *les crochets* m *de fixation* f
39 die Wanze (Bettwanze, Wandlaus)
– *la punaise (la punaise des lits* m*), un hétéroptère*
40 die Filzlaus (Schamlaus, eine Menschenlaus)
– *le morpion (le pou du pubis)*
41 die Kleiderlaus (eine Menschenlaus)
– *le pou*
42 der Floh (Menschenfloh)
– *la puce*
43 die Tsetsefliege
– *la mouche tsé-tsé (la glossine)*
44 die Malariamücke (Fiebermücke, Gabelmücke)
– *l'anophèle* m, *un moustique qui transmet le paludisme*

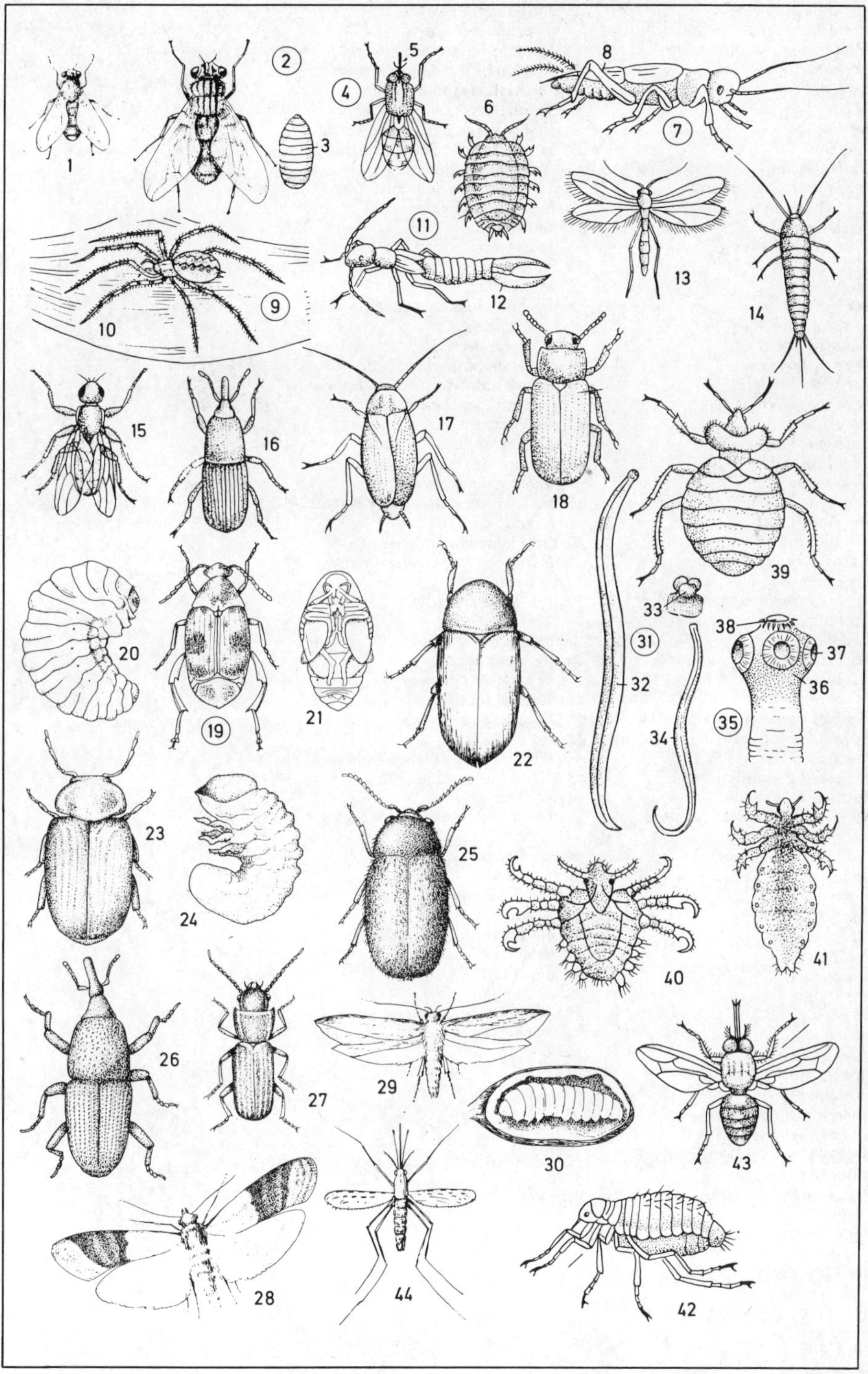
1
2
3
4
5
6
7
8
9
10
11
12
13
14
15
16
17
18
19
20
21
22
23
24
25
26
27
28
29
30
31
32
33
34
35
36
37
38
39
40
41
42
43
44

1 der Maikäfer, ein Blatthornkäfer *m*
– *le hanneton, un coléoptère lamellicorné*
2 der Kopf
– *la tête*
3 der Fühler
– *l'antenne* f
4 der Halsschild
– *le prothorax (le corselet)*
5 das Schildchen
– *l'écusson* m
6-8 die Gliedmaßen *f* (Extremitäten)
– *les pattes* f
6 das Vorderbein
– *la patte antérieure*
7 das Mittelbein
– *la patte médiane*
8 das Hinterbein
– *la patte postérieure*
9 der Hinterleib
– *l'abdomen* m
10 die Flügeldecke (der Deckflügel)
– *l'élytre* f
11 der Hautflügel (häutige Flügel)
– *l'aile* f *membraneuse*
12 der Engerling, eine Larve
– *le ver blanc (le man), une larve*
13 die Puppe
– *la nymphe*
14 der Prozessionsspinner, ein Nachtschmetterling *m*
– *la processionnaire du chêne, un papillon nocturne*
15 der Schmetterling
– *le papillon*
16 die gesellig wandernden Raupen *f*
– *les chenilles* f *processionnaires*
17 die Nonne (der Fichtenspinner)
– *la nonne (le bombyx moine, le moine)*
18 der Schmetterling
– *le papillon*
19 die Eier *n*
– *les œufs* m
20 die Raupe
– *la chenille*
21 die Puppe
– *la nymphe*
22 der Buchdrucker, ein Borkenkäfer *m*
– *la bostryche de l'épicéa (le scolyte), un ipidé*
23-24 das Fraßbild [Fraßgänge *m* unter der Rinde]
– *les galeries* f *creusées sous l'écorce* f
23 der Muttergang
– *la galerie maternelle*
24 der Larvengang
– *la galerie larvaire*
25 die Larve
– *la larve*
26 der Käfer
– *le coléoptère*
27 der Kiefernschwärmer (Fichtenschwärmer, Tannenpfeil), ein Schwärmer *m*
– *le sphinx du pin, un sphingidé*
28 der Kiefernspanner, ein Spanner *m*
– *le phalène du pin, un géométridé*
29 der männliche Schmetterling
– *le papillon mâle*
30 der weibliche Schmetterling
– *le papillon femelle*
31 die Raupe
– *la chenille*
32 die Puppe
– *la nymphe*
33 die Eichengallwespe, eine Gallwespe
– *le cynips du chêne*
34 der Gallapfel, eine Galle
– *la gale du chêne (la noix de galle* f, *la galle du Levant)*
35 die Wespe
– *l'insecte* m *ailé, le cynips*
36 die Larve in der Larvenkammer
– *la larve dans son nid* m
37 die Zwiebelgalle an der Buche
– *la galle du hêtre*
38 die Fichtengallenlaus
– *le chermès (le puceron du sapin), un aphidé*
39 der Wanderer (die Wanderform)
– *le puceron au stade ailé*
40 die Ananasgalle
– *la galle de l'ananas* m
41 der Fichtenrüßler
– *le charançon du pin*
42 der Käfer
– *l'insecte parfait, le coléoptère*
43 der Eichenwickler, ein Wickler *m*
– *la tordeuse verte du chêne, un tortricidé*
44 die Raupe
– *la chenille*
45 der Schmetterling
– *le papillon*
46 die Kieferneule (Forleule)
– *la noctuelle du pin*
47 die Raupe
– *la chenille*
48 der Schmetterling
– *le papillon*

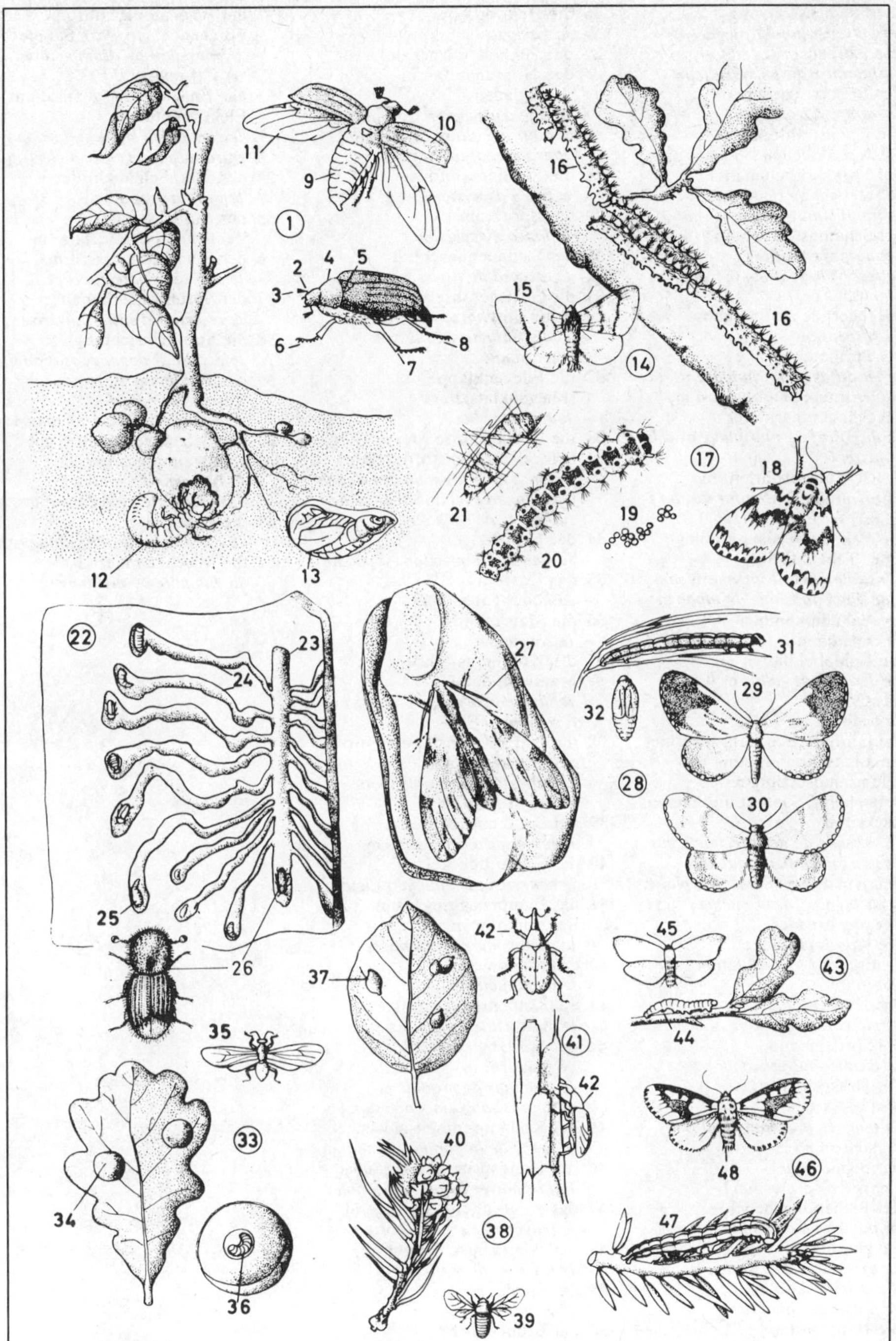
1
2
3
4
5
6
7
8
9
10
11
12
13
14
15
16
16
17
18
19
20
21
22
23
24
25
26
26
27
28
29
30
31
32
33
34
35
36
37
38
39
40
41
42
42
43
44
45
46
47
48

1 die Flächenspritzung
– *la pulvérisation en surface* f
2 das Aufbauspritzgerät
– *la monture du pulvérisateur*
3 der Breitspritzrahmen
– *la rampe d'aspersion* f
4 die Flachstrahldüse
– *la buse d'éjection* f *à jet* m *plan*
5 der Spritzbrühebehälter
– *le réservoir de bouillie* f *antiparasitaire (phytosanitaire)*
6 der Schaumstoffbehälter für die Schaummarkierung
– *le réservoir de mousse* f *pour marquage* m
7 die federnde Aufhängung
– *la suspension*
8 der Sprühnebel
– *le jet diffusé en brouillard* m, *la pulvérisation en brouillard* m
9 der Schaummarkierer
– *le dispositif de marquage* m *à la mousse*
10 die Schaumzufuhrleitung
– *le tuyau souple d'alimentation* f *en mousse* f
11 die Vakuumbegasungsanlage einer Tabakfabrik
– *l'installation* f *de gazage* m *sous vide d'une fabrique de tabac* m
12 die Vakuumkammer
– *la chambre à vide* m
13 die Rohtabakballen *m*
– *les balles* f *de tabac* m *brut*
14 das Gasrohr
– *la conduite de gaz* m
15 die fahrbare Begasungskammer zur Blausäurebegasung von Baumschulsetzlingen *m*, Setzreben *f*, Saatgut und leeren Säcken *m*
– *le véhicule de désinfection* f *par l'acide* m *cyanhydrique des plants* m *de pépinière* f, *des plants* m *de vigne* f, *des semences* f *et des sacs* m *vides*
16 die Kreislaufanlage
– *le dispositif de circulation* f *du gaz*
17 das Hordenblech
– *le plateau de séchage* m
18 die Spritzpistole
– *le pistolet-pulvérisateur*
19 der Drehgriff für die Strahlverstellung
– *la poignée tournante pour le réglage du jet*
20 der Schutzbügel
– *l'anse* f *de protection* f
21 der Bedienungshebel
– *la manette de commande* f
22 das Strahlrohr
– *la lance de pulvérisation* f
23 die Rundstrahldüse
– *le diffuseur circulaire*
24 die Handspritze
– *la pompe manuelle*
25 der Kunststoffbehälter
– *la cartouche en matière* f *plastique*
26 die Handpumpe
– *la gâchette*
27 das Pendelspritzgestänge für den Hopfenanbau in Schräglagen *f*
– *la tige d'aspersion* f *à balancier* m *pour la culture du houblon dans les champs* m *pentus*
28 die Pistolenkopfdüse
– *le bec d'aspersion* f
29 das Spritzrohr
– *la lance d'aspersion* f
30 der Schlauchanschluß
– *le raccord de tuyau* m
31 die Giftlegeröhre zum Auslegen *n* von Giftweizen *m*
– *le distributeur de blé* m *empoisonné*
32 die Fliegenklappe (Fliegenklatsche)
– *le tue-mouches*
33 die Reblauslanze (der Schwefelkohlenstoffinjektor)
– *la lance de traitement des vignes* f *phylloxérées (l'injecteur* m *de sulfure* m *de carbone* m*)*
34 der Fußtritt
– *la soupape d'injection* f *à pédale* f
35 das Gasrohr
– *la lance d'injection* f
36 die Mausefalle
– *la souricière*
37 die Wühlmaus- und Maulwurfsfalle
– *la taupière, le piège à taupes* f *et à campagnols* m
38 die fahrbare Obstbaumspritze, eine Karrenspritze
– *le pulvérisateur mobile pour arbres* m *fruitiers*
39 der Spritzmittelbehälter
– *le réservoir d'insecticide* m
40 der Schraubdeckel
– *le couvercle, le bouchon fileté*
41 das Pumpenaggregat mit Benzinmotor *m*
– *la motopompe à essence* f
42 das Manometer
– *le manomètre*
43 die Kolbenrückenspritze
– *le pulvérisateur portatif à piston* m
44 der Spritzbehälter mit Windkessel *m*
– *le réservoir de produit* m *antiparasitaire sous pression* f
45 der Kolbenpumpenschwengel
– *le levier de la pompe à piston* m
46 das Handspritzrohr mit Düse *f*
– *la lance avec buse* f *d'éjection* f
47 das aufgesattelte Sprühgerät
– *le pulvérisateur semi-porté*
48 der Weinbergschlepper
– *le tracteur de vigneron* m
49 das Gebläse
– *le ventilateur*
50 der Brühebehälter
– *le réservoir de bouillie* f *phytosanitaire*
51 die Weinrebenzeile
– *la rangée de vigne* f
52 der Beizautomat für die Trockenbeizung von Saatgut *n*
– *l'appareil* m *de désinfection* f *à sec des semences* f
53 das Entstaubungsgebläse mit Elektromotor *m*
– *le ventilateur de désinfection* f *entraîné par un moteur électrique*
54 der (das) Schlauchfilter
– *le filtre à manche* m
55 der Absackstutzen
– *l'embout* m *d'ensachage* m
56 der Entstaubungsschirm
– *le sac de désinfection* f
57 der Sprühwasserbehälter
– *le réservoir d'eau* f *pulvérisée*
58 die Sprüheinrichtung
– *le dispositif de pulvérisation* f
59 das Förderaggregat mit Mischschnecke *f*
– *le convoyeur à vis* f *mélangeuse*
60 der Beizpulverbehälter mit Dosiereinrichtung *f*
– *le réservoir de poudre* f *désinfectante avec doseur* m
61 die Fahrrolle
– *la roulette (roue* f *de guidage* m*)*
62 die Mischkammer
– *la chambre de mélange* m

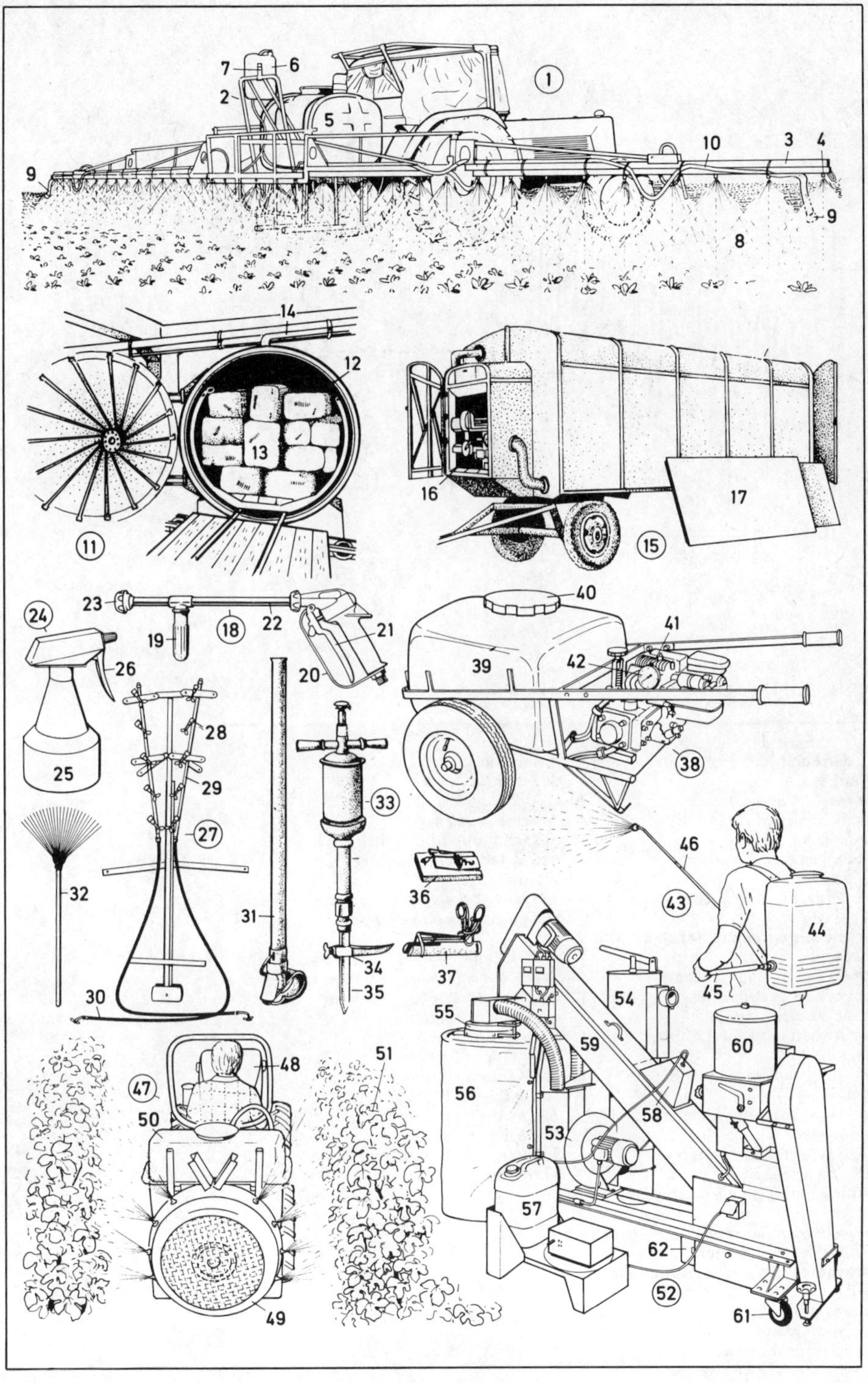
1
2
3
4
5
6
7
8
9
10
11
12
13
14
15
16
17
18
19
20
21
22
23
24
25
26
27
28
29
30
31
32
33
34
35
36
37
38
39
40
41
42
43
44
45
46
47
48
49
50
51
52
53
54
55
56
57
58
59
60
61
62

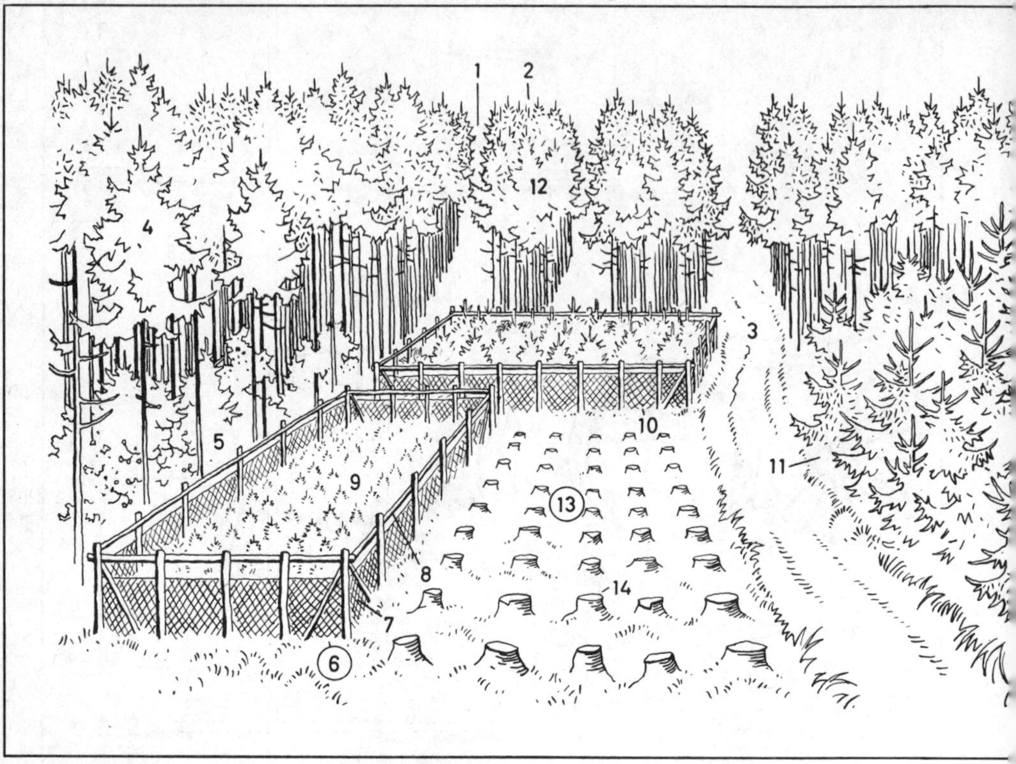

1-34 der Forst (das Holz), ein Wald *m*
– ***la forêt*** *(le bois)*
1 die Schneise (das Gestell)
– *la laie*
2 das Jagen (die Abteilung)
– *la parcelle*
3 der Holzabfuhrweg, ein Waldweg *m*
– *la voie de transport* m *de bois* m, *un chemin forestier*
4-14 die Kahlschlagwirtschaft
– ***le système de coupe*** f ***à blanc-étoc*** *(le blanc-étoc)*
4 der Altbestand (das Altholz, Baumholz)
– *le vieux peuplement, une haute futaie*
5 das Unterholz (der Unterstand)
– *le sous-bois*
6 der Saatkamp, ein Kamp *m* (Pflanzgarten, Forstgarten, Baumschule *f*); *andere Art:* der Pflanzkamp
– *la plantation (la pépinière)*
7 das Wildgatter (Gatter), ein Maschendrahtzaun *m* (Kulturzaun)
– *la clôture (le grillage contre le gibier), un treillis de fil* m *de fer* m
8 die Sprunglatte
– *la barre de protection* f *(empêchant le gibier de sauter)*
9 die Kultur (Saat)
– *le semis (la culture)*
10-11 der Jungbestand
– *le jeune peuplement*
10 die Schonung (die Kultur nach beendeter Nachbesserung *f*, Nachpflanzung)
– *la réserve (la plantation après repiquage* m, *le bois en défen(d)s* m*)*
11 die Dickung
– *le peuplement de quinze années* f
12 das Stangenholz (die Dickung nach der Astreinigung)
– *les hauts fûts* m *(le peuplement après élagage* m*)*
13 der Kahlschlag (die Schlagfläche, Blöße)
– *la coupe à blanc-étoc*
14 der Wurzelstock (Stock, Stubben, *ugs.* Baumstumpf)
– *la souche*

15-37 der Holzeinschlag (Hauungsbetrieb)
– ***la coupe en exploitation*** f

15 das gerückte (gepolterte) Langholz
– *les troncs* m *empilés*

16 die Schichtholzbank, ein Raummeter *n* Holz, der Holzstoß
– *le stère de bois* m *empilé, un mètre cube de bois* m

17 der Pfahl
– *le pieu*

18 der Waldarbeiter (Forstwirt) beim Wenden *n*
– *l'ouvrier* m *forestier tournant une bille*

19 der Stamm (Baumstamm, das Langholz)
– *le tronc (la bille, le long bois)*

20 der Haumeister beim Numerieren *n*
– *le chef de chantier* m *en train de numéroter*

21 die Stahlmeßkluppe
– *le pied à coulisse* f *en acier* m

22 die Motorsäge (beim Trennen *n* eines Stammes *m*)
– *la tronçonneuse (en train de couper un tronc)*

23 der Schutzhelm mit Augenschutz *m* und Gehörschutzkapseln *f*
– *le casque de protection* f *avec visière* f *et protection* f *acoustique*

24 die Jahresringe *m*
– *les cernes* m *(couches* f *annuelles, anneaux* m, *cercles* m *annuels)*

25 der hydraulische Fällheber
– *le vérin de fixation* f

26 die Schutzkleidung [orangefarbene Bluse *f*, grüne Hose *f*]
– *les vêtements* m *protecteurs [chemise* f *orange, pantalon* m *vert]*

27 das Fällen mit Motorsäge *f*
– *l'abattage* m *avec une tronçonneuse* f

28 die ausgeschnittene Fallkerbe
– *l'entaille* f *(l'encoche* m*)*

29 der Fällschnitt
– *le trait de scie* f

30 die Tasche mit Fällkeil *m*
– *la poche avec coin* m *(d'abattage* m*)*

31 der Abschnitt
– *le tronçon de bois* m

32 das Freischneidegerät zur Beseitigung von Unterholz *n* und Unkraut *n*
– *la scie de dégagement* m *pour couper le sous-bois et les mauvaises herbes* f

33 der Anbausatz mit Kreissäge *f* (oder Schlagmesser *n*)
– *la scie circulaire (ou couteau* m *frappeur) adaptable*

34 die Motoreinheit
– *le moteur*

35 das Gebinde mit Sägekettenhaftöl *n*
– *le bidon d'huile* f *adhérente pour chaînes* f *à scier*

36 der Benzinkanister
– *le bidon d'essence* f

37 das Fällen von Schwachholz *n* (Durchforsten *n*)
– *l'abattage* m *du menu bois (l'éclaircissage* m*)*

1 die Axt
– *la hache*
2 die Schneide
– *le tranchant*
3 der Stiel
– *le manche*
4 der Scheitkeil mit Einsatzholz *n* und Ring *m*
– *le coin (à abattre) avec insert* m *en bois* m *et anneau* m
5 der Spalthammer
– *le merlin de bûcheron* m *(la hache pour fendre le bois)*
6 die Sapine (der Sappie, Sappel)
– *le pic, un tourne-billes*
7 der Wendehaken
– *le tourne-billes (le crochet à grumes* f*)*
8 das Schäleisen
– *le décortiqueur*
9 der Fällheber mit Wendehaken *m*
– *le coin de fixation* f *avec crochet à grumes* f
10 der Kluppmeßstock mit Reißer *m*
– *le compas forestier*
11 die Heppe (das *od.* der Gertel), ein Haumesser *n*
– *la serpe (pour couper et élaguer)*
12 der Revolvernumerierschlägel
– *le marteau numéroteur rotatif*
13 die Motorsäge
– *la tronçonneuse*
14 die Sägekette
– *la chaîne à scier*
15 die Sicherheitskettenbremse mit Handschutz *m*
– *le frein de sécurité* f *(pour la chaîne à scier) avec protège-mains* m
16 die Sägeschiene
– *le guide-chaîne*
17 die Gashebelsperre
– *le blocage de l'accélérateur* m
18 die Entästungsmaschine
– *la machine à émonder*
19 die Vorschubwalzen *f*
– *les cylindres* m *d'avancement* m
20 das Gelenkmesser
– *la lame articulée*
21 der Hydraulikarm
– *le vérin hydraulique*
22 der Spitzenabschneider
– *l'outil* m *de tranchage* m *des pointes* f
23 die Stammholzentrindung
– *l'écorçage* m *des grumes* f
24 die Vorschubwalze
– *le cylindre d'avancement* m
25 der Lochrotor
– *le rotor à lames* f
26 das Rotormesser
– *la lame rotative*
27 der Waldschlepper (zum Transport *m* von Schicht- und Schwachholz *n* innerhalb des Waldes *n*)
– *le tracteur forestier (pour le transport de bois* m *en forêt* f*)*
28 der Ladekran
– *la grue de chargement* m
29 der Holzgreifer
– *le grappin à bois* m
30 die Laderunge
– *le rancher*
31 die Knicklenkung
– *la direction pivotante (la direction par châssis* m *articulé)*
32 das Rundholzpolter
– *la pile de grumes* f
33 die Numerierung
– *le tronc numéroté*
34 der Stammholzschlepper (Skidder)
– *le skidder*
35 der Frontschild
– *la plaque frontale*
36 das überschlagfeste Sicherheitsverdeck
– *la cabine avec arceau* m *de sécurité* f
37 die Knicklenkung
– *la direction pivotante (la direction par châssis* m *articulé)*
38 die Seilwinde
– *le treuil à câble* m
39 die Seilführungsrolle
– *le rouleau de guidage* m *du câble*
40 der Heckschild
– *la plaque arrière*
41 das freihängende Stammholz
– *les grumes* f *soulevées*
42 der Straßentransport von Langholz *n*
– *le transport routier des grumes* f
43 der Zugwagen
– *le véhicule tracteur*
44 der Ladekran
– *la grue de chargement* m
45 die hydraulische Ladestütze
– *la béquille hydraulique*
46 die Seilwinde
– *le treuil à câble* m
47 die Runge
– *le rancher*
48 der Drehschemel
– *la sellette d'accouplement* m *articulée*
49 der Nachläufer
– *la remorque*

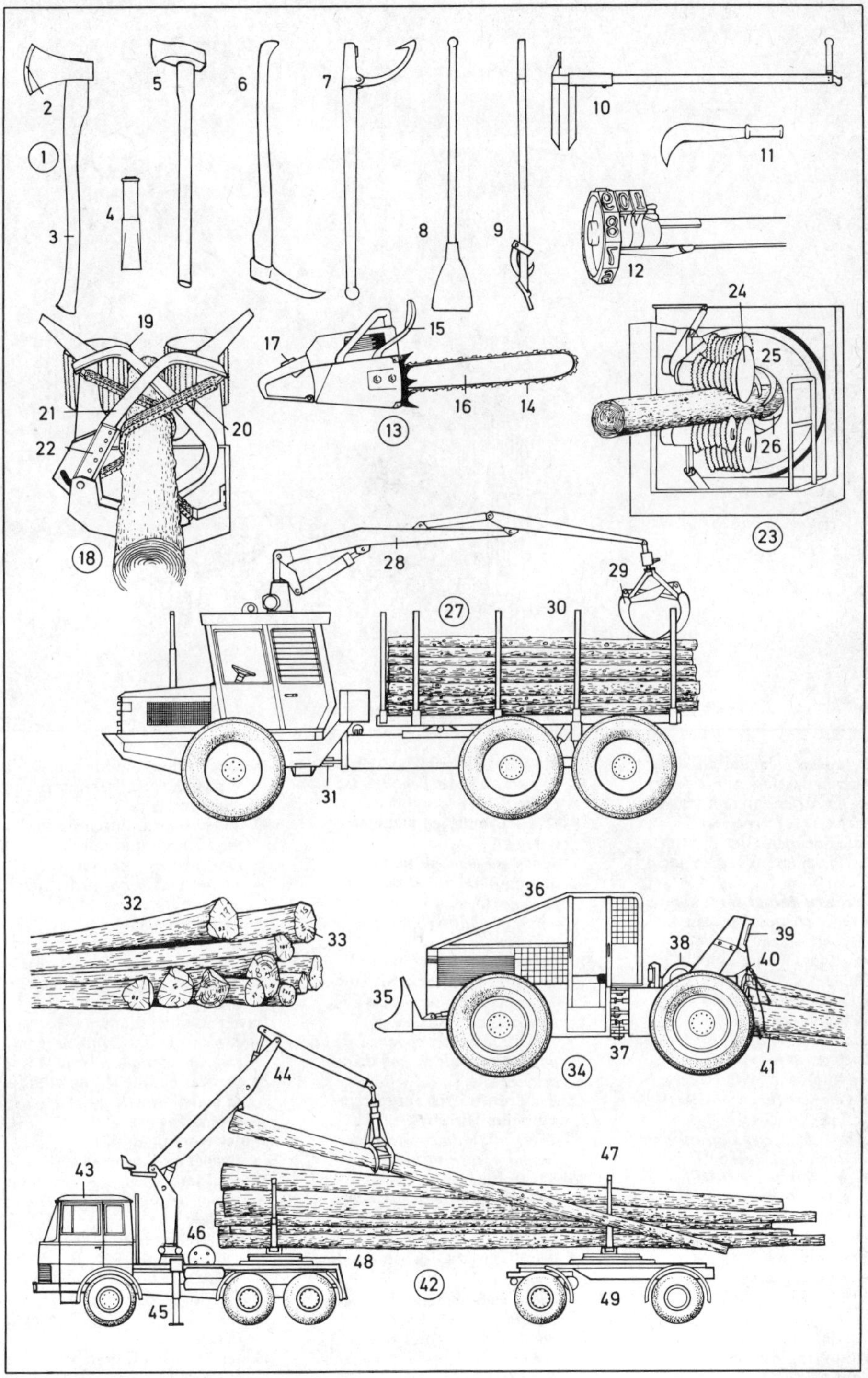
1
2
3
4
5
6
7
8
9
10
11
12
13
14
15
16
17
18
19
20
21
22
23
24
25
26
27
28
29
30
31
32
33
34
35
36
37
38
39
40
41
42
43
44
45
46
47
48
49

1-52 Jagden *f* (Jagdarten, die Jägerei, das Jagen, Weidwerk*)
– ***la chasse*** *(les différents modes* m *de chasse* f, *la vénerie)*
1-8 die Suchjagd (der Pirschgang, das Pirschen im Jagdrevier *n*, Revier)
– ***la chasse devant soi (l'approche*** f*) sur le terrain de chasse* f *(la pirsche)*
1 der Jäger (Weidmann*, Schütze)
– *le chasseur (le veneur)*
2 der Jagdanzug
– *la tenue de chasse* f *(le costume de chasseur* m*)*
3 der Rucksack (Weidsack*)
– *la gibecière (la carnassière)*
4 die Pirschbüchse
– *le fusil de chasse* f *(la carabine)*
5 der Jagdhut (Jägerhut)
– *le chapeau de chasse* f *(la casquette de chasse* f*)*
6 das Jagdglas, ein Fernglas
– *les jumelles* f *de campagne* f
7 der Jagdhund
– *le chien de chasse* f

* In der Jägersprache auch Waidwerk, Waidmann, Waidsack

8 die Fährte (Spur, das Trittsiegel)
– *la piste (la trace, l'empreinte* f *de pas* m*)*
9-12 die Brunftjagd und die Balzjagd
– ***la chasse pendant le rut*** (mammifères m*)* ***et pendant la pariade*** (oiseaux)
9 der Jagdschirm (Schirm)
– *l'abri* m *(le poste)*
10 der Jagdstuhl (Ansitzstuhl, Jagdsitz, Jagdstock, Sitzstock)
– *la canne-siège de chasse* f
11 der balzende Birkhahn
– *le petit tétras à l'époque* f *de la parade nuptiale (le coq de bruyère* f*)*
12 der Brunfthirsch (brünstige, röhrende Hirsch)
– *le cerf au brame* m *(cerf* m *bramant) (cerf* m *bramant)*
13 das Rottier bei der Äsung
– *la biche en train de viander*
14-17 der Anstand (Ansitz)
– *l'affût* m *à la murette*
14 der Hochsitz (Hochstand, die Jagdkanzel, Kanzel, Wildkanzel)
– *l'observatoire* m *surélevé (le mirador)*
15 das Rudel in Schußweite *f*
– *la harde (la harpaille) à portée* f *de tir* m

16 der Wechsel (Wildwechsel)
– *le passage du gibier (la passée de gibier* m*)*
17 der Rehbock, durch Blattschuß *m* getroffen und durch Fangschuß *m* getötet
– *le chevreuil (le brocard) touché à l'épaule et achevé*
18 der Jagdwagen
– *la voiture de chasse* f
19-27 Fangjagden *f*
– ***la chasse aux pièges*** m *et aux engins* m
19 der Raubwildfang
– *le piégeage des carnassiers* m *(le piégeage des nuisibles* m*)*
20 die Kastenfalle (Raubwildfalle)
– *la boîte-piège (le piège à carnassiers* m*)*
21 der Köder (Anbiß)
– *l'appât* m *(l'amorce* f*)*
22 der Marder, ein Raubwild *n*
– *la martre, un carnassier (un prédateur)*
23 das Frettieren (die Erdjagd auf Kaninchen *n*)
– *le furetage (la chasse au lapin* m *avec le furet)*
24 das Frettchen (Frett, Kaninchenwiesel)
– *le furet*
25 der Frettchenführer
– *le fureteur*

26 der Bau (Kaninchenbau, die Kaninchenhöhle)
– *le terrier (le terrier de lapin* m*)*

27 die Haube (Kaninchenhaube, das Netz) über dem Röhrenausgang *m*
– *le filet (la bourse, la poche) au-dessus du trou de sortie* f *(de la gueule)*

28 die Wildfutterstelle (Winterfutterstelle)
– *le ratelier à fourrage* m *pour l'hiver* m

29 der Wilderer (Raubschütz, Wildfrevler, Jagdfrevler, Wilddieb)
– *le braconnier*

30 der Stutzen, ein kurzes Gewehr *n*
– *la petite carabine*

31 die Sauhatz (Wildschweinjagd)
– *courre le sanglier (la traque au sanglier)*

32 die Wildsau (Sau, das Wildschwein)
– *le cochon (le sanglier, la laie)*

33 der Saupacker (Saurüde, Rüde, Hatzrüde, Hetzhund; *mehrere:* die Meute, Hundemeute)
– *le chien dressé à la chasse du sanglier (le chien de meute;* plusieurs: *la meute)*

34-39 die Treibjagd (Kesseljagd, Hasenjagd, das Kesseltreiben)
– ***la battue*** *(la chasse en rond* m*, la chasse au chaudron* m*)*

34 der Anschlag
– *la mise en joue*

35 der Hase (Krumme, Lampe), ein Haarwild *n*
– *le lièvre (le roussin, l'oreillard* m*, le couard), un gibier à poil* m

36 der Apport (das Apportieren)
– *le rapport du gibier*

37 der Treiber
– *le rabatteur*

38 die Strecke (Jagdbeute)
– *le tableau de chasse* f

39 der Wildwagen
– *la voiture à gibier* m

40 die Wasserjagd (Entenjagd)
– *la chasse au gibier d'eau* f *(chasse à la sauvagine, chasse au canard)*

41 der Wildentenzug, das Federwild
– *le vol (le passage) de canards* m *sauvages, le gibier à plumes* f

42-46 die Falkenbeize (Beizjagd, Beize, Falkenjagd, Falknerei)
– ***la chasse au faucon*** *(la fauconnerie)*

42 der Falkner (Falkenier, Falkenjäger)
– *le fauconnier*

43 das Zieget, ein Fleischstück *n*
– *le pât, un morceau de viande* f

44 die Falkenhaube (Falkenkappe)
– *le chaperon du faucon*

45 die Fessel
– *la longe (la courroie)*

46 der Falke, ein Beizvogel, ein Falkenmännchen *n* (Terzel *m*) beim Schlagen *n* eines Reihers *m*
– *un faucon mâle (le tiercelet) fondant sur un héron*

47-52 die Hüttenjagd
– ***la chasse en hutte*** f *(l'affût* m *au grand duc)*

47 der Einfallbaum
– *l'arbrisseau* m *de pose* f *des becs* m *droits*

48 der Uhu (Auf), ein Reizvogel *m* (Lockvogel)
– *le grand duc, un oiseau-appât, l'appelant* m

49 die Krücke (Jule)
– *le piquet (le perchoir)*

50 der angelockte Vogel, eine Krähe
– *l'oiseau* m *attiré, une corneille*

51 die Krähenhütte (Uhuhütte), eine Hütte (Schießhütte, Ansitzhütte)
– *la hutte (hutte* f *d'affût* m*)*

52 die Schießluke
– *la meurtrière (le créneau, la guignette)*

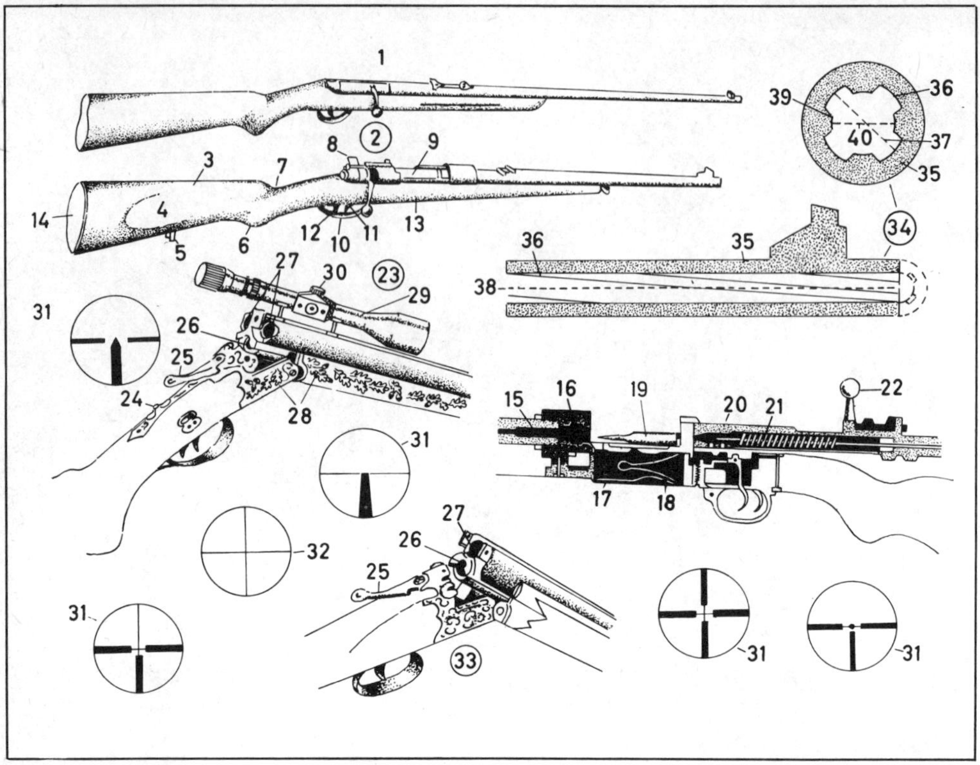

1-40 Sportwaffen *f* (Jagdgewehre *n*)
– **armes** f *sportives (fusils* m *de chasse* f*)*
1 der Einzellader
– *la carabine à un coup*
2 die Repetierbüchse, eine Handfeuerwaffe (Schußwaffe), ein Mehrlader *m* (Magazingewehr *n*)
– *la carabine à répétition* f *automatique, une arme à feu* m *portative, une arme à plusieurs coups* m *(fusil* m *à magasin* m*)*
3, 4, 6,13 die Schäftung
– *la monture*
3 der Kolben
– *la crosse*
4 die Backe [an der linken Seite]
– *la joue (face* f *gauche)*
5 der Riemenbügel
– *le porte-bretelle*
6 der Pistolengriff
– *la poignée de pistolet* m
7 der Kolbenhals
– *le col de la crosse*
8 der Sicherungsflügel
– *la sûreté (le verrou de sûreté* f*)*
9 das Schloß (Gewehrschloß)
– *la culasse*
10 der Abzugbügel
– *le pontet*
11 der Druckpunktabzug
– *la gâchette*
12 der Stecher
– *la détente*
13 der Vorderschaft
– *le fût*
14 der Rückschlaghinderer (die Gummikolbenkappe)
– *la plaque de couche* f *de la poignée*
15 das Patronenlager
– *le chargeur*
16 der Hülsenkopf
– *la boîte de culasse* f
17 das Patronenmagazin
– *le magasin de cartouches* f
18 die Zubringerfeder
– *le ressort d'apport* m
19 die Munition
– *la munition*
20 die Kammer
– *la culasse mobile*
21 der Schlagbolzen
– *le percuteur*
22 der Kammerstengel
– *le levier d'armement* m
23 der Drilling, ein kombiniertes Gewehr *n*, ein Selbstspanner *m*
– *le drilling (la carabine superposée à trois canons* m*), un fusil à détente* f *automatique*
24 der Umschaltschieber (*bei verschiedenen Waffen:* die Sicherung)
– *la sûreté à glissière* f
25 der Verschlußhebel
– *le levier de verrouillage* m
26 der Büchsenlauf
– *le canon à âme* f *rayée*
27 der Schrotlauf
– *le canon lisse (le canon à plombs* m*)*
28 die Jagdgravur
– *la gravure décorative*
29 das Zielfernrohr
– *la lunette de visée* f
30 Schrauben *f* für die Absehenverstellung
– *les vis* f *micrométriques de reglage* m *de visée* f
31-32 das Absehen (Zielfernrohrabsehen)
– *le viseur*
31 versch. Absehensysteme *n*
– *différents systèmes* m *de visée* f
32 das Fadenkreuz
– *le réticule à fourchette* f
33 die Bockflinte
– *le fusil à deux canons* m *superposés (le fusil à canon* m *double)*
34 der gezogene Gewehrlauf
– *le canon rayé*

35 die Laufwandung
– *le tube (la paroi) du canon*
36 der Zug
– *la rayure*
37 das Zugkaliber
– *le calibre des rayures* f
38 die Seelenachse
– *l'axe* m *de l'âme* f
39 das Feld
– *la paroi intérieure du canon*
40 das Bohrungs- oder Felderkaliber (Kaliber)
– *le calibre du fusil*
41-48 Jagdgeräte *n*
– ***accessoires*** **m** ***de chasse*** **f**
41 der Hirschfänger
– *le coutelas*
42 der Genickfänger (das Weidmesser, Jagdmesser)
– *le poignard (le couteau de chasse* f*)*
43-47 Lockgeräte *n* **zur Lockjagd**
– ***appeaux*** **m** *(appelants* m*)* ***pour attirer le gibier***
43 der Fiepblatter (Rehblatter, die Rehfiepe)
– *l'appeau* m *pour le chevreuil*
44 die Hasenklage (Hasenquäke)
– *l'appeau* m *pour le lièvre*
45 die Wachtellocke
– *l'appeau* m *pour la caille*
46 der Hirschruf
– *l'appeau* m *pour le cerf*
47 die Rebhuhnlocke
– *l'appeau* m *pour la perdrix*
48 der Schwanenhals, eine Bügelfalle
– *le piège «col de cygne», un piège à mâchoires* f
49 die Schrotpatrone
– *la cartouche à plombs* m
50 die Papphülse
– *la douille en carton* m
51 die Schrotladung
– *la charge de plombs* m
52 der Filzpfropf
– *la bourre*
53 das rauchlose Pulver (*andere Art:* Schwarzpulver)
– *la poudre sans fumée* f *(poudre noire)*
54 die Patrone
– *la cartouche*
55 das Vollmantelgeschoß
– *la balle pleine*
56 der Weichbleikern
– *la balle à tête de plomb* m
57 die Pulverladung
– *la charge de poudre* f
58 der Amboß
– *le culot*
59 das Zündhütchen
– *l'amorce* f
60 das Jagdhorn
– *la trompe (le cor de chasse* f*)*
61-64 das Waffenreinigungsgerät
– *les instruments* m *de nettoyage* m
61 der Putzstock
– *la baguette de nettoyage* m
62 die Laufreinigungsbürste
– *l'écouvillon* m *(la brosse)*
63 das Reinigungswerg
– *l'étoupe* f
64 die Reinigungsschnur
– *le cordon*
65 die Visiereinrichtung
– *le viseur*
66 die Kimme
– *le cran de mire* f
67 die Visierklappe
– *la planche de hausse* f
68 die Visiermarke
– *la graduation*
69 der Visierschieber
– *le curseur (le coulisseau)*
70 die Raste
– *la butée*
71 das Korn
– *le guidon*
72 die Kornspitze
– *le sommet du guidon*
73 Ballistik *f*
– ***la balistique***
74 die Mündungswaagerechte
– *l'horizontale* f *de l'ouverture* f
75 der Abgangswinkel
– *l'angle* m *au niveau*
76 der Erhöhungswinkel (Elevationswinkel)
– *l'angle d'élévation* f
77 die Scheitelhöhe
– *la flèche*
78 der Fallwinkel
– *l'angle* m *de chute* f
79 die ballist. Kurve
– *la courbe balistique (la trajectoire)*

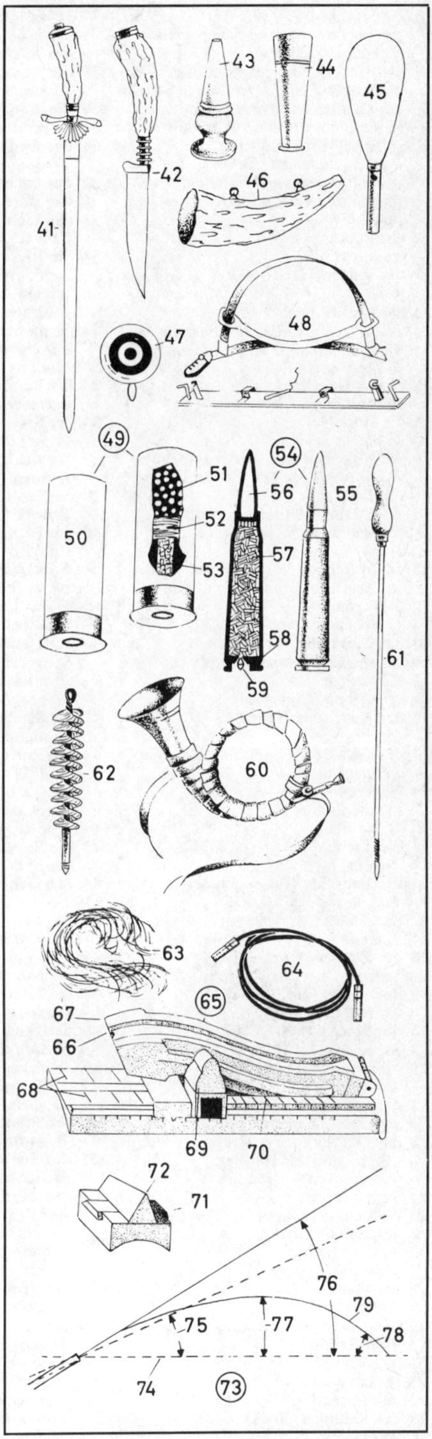

1-27 das Rotwild (Edelwild)
– ***le gros gibier*** *(grand gibier, gibier de haute vénerie* f*)*
1 das Tier (Edeltier, Rottier, die Hirschkuh), ein Schmaltier *n* od. ein Gelttier *n*; *mehrere:* Kahlwild *n, das Junge: (weibl.)* Wildkalb *n, (männl.)* Hirschkalb *n*
– *la biche (la femelle du cerf), une jeune biche ou une biche adulte;* plusieurs: *un troupeau de biches;* le petit: *le faon*
2 der Lecker
– *la langue*
3 der Träger (Hals)
– *le cou*
4 der Brunfthirsch
– *le cerf (cerf* m *mâle); le faon mâle, le hère [de 6 mois à un an], le daguet [à deux ans]*
5-11 das Geweih
– ***les bois*** m *(la ramure)*
5 die Rose
– *la meule*
6 die Augensprosse (der Augsproß)
– *le maître-andouiller (l'andouiller* m *d'œil* m*)*
7 die Eissprosse (der Eissproß)
– *le surandouiller (l'andouiller* m *de fer* m*)*
8 die Mittelsprosse (der Mittelsproß)
– *la chevillure (l'andouiller* m *moyen)*
9 die Krone
– *la trochure*
10 das Ende (die Sprosse)
– *les épois* m *d'empaumure* f
11 die Stange
– *le merrain (la perche)*
12 der Kopf (das Haupt)
– *la tête*
13 das Geäse (der Äser, das Maul)
– *la gueule*
14 die Tränengrube (Tränenhöhle)
– *le larmier*
15 das Licht
– *l'œil* m
16 der Lauscher (Loser, Luser)
– *l'oreille* f
17 das Blatt
– *l'épaule* f
18 der Ziemer
– *le cimier*
19 der Wedel (die Blume)
– *la queue*
20 der Spiegel
– *la serviette*
21 die Keule
– *le cuissot*
22 der Hinterlauf
– *la jambe de derrière* m
23 das Geäfter (die Afterklaue, Oberklaue, der Heufler, Oberrücken)
– *l'os* m *(l'ergot* m*)*
24 die Schale (Klaue)
– *le sabot (le pied)*
25 der Vorderlauf
– *la jambe de devant*
26 die Flanke
– *le flanc*
27 der Kragen (Brunftkragen, die Brunftmähne)
– *le corsage*
28-39 das Rehwild
– ***le chevreuil***
28 der Rehbock (Bock)
– *le brocard*
29-31 das Gehörn (die Krone, *bayr.*-östr. das Gewichtl)
– ***les bois*** m *(les cornes* f*)*
29 die Rose
– *la meule*
30 die Stange mit den Perlen *f*
– *le merrain avec les perlures* f
31 das Ende
– *l'époi* m
32 der Lauscher
– *l'oreille* f
33 das Licht
– *l'œil* m
34 die Ricke (Geiß, Rehgeiß, das Reh), ein Schmalreh *n* (Kitzreh) od. ein Altreh *n* (Geltreh, Altricke *f*, Altgeiß)
– *la chevrette (le chevreuil femelle), une chevrette vierge ou une chevrette adulte*
35 der Ziemer (Rehziemer)
– *le cimier*
36 der Spiegel
– *la roze (la serviette)*
37 die Keule
– *le cuissot*
38 das Blatt
– *l'épaule* f
39 das Kitz, *(männl.)* Bockkitz, *(weibl.)* Rehkitz
– *le faon (le chevrillard), un faon mâle ou un faon femelle*
40-41 das Damwild
– *le daim*
40 der Damhirsch (Dambock), ein Schaufler *m, (weibl.)* das Damtier
– *le daim (daim mâle), un cervidé à bois* m *palmés,* fem. *la daine*
41 die Schaufel
– *la paumure (la palmature)*
42 der Rotfuchs, *(männl.)* Rüde, *(weibl.)* die Fähe (Fähin), *das Junge:* der Welpe
– *le renard roux (renard commun);* fem. *la renarde*
43 die Seher *m*
– *les yeux* m
44 das Gehör
– *l'oreille* f
45 der Fang (das Maul)
– *la gueule*
46 die Pranten (Branten, Branken)
– *les pattes* f
47 die Lunte (Standarte, Rute)
– *la queue*
48 der Dachs, *(männl.)* Dachsbär, *(weibl.)* die Dächsin
– *le blaireau*
49 der Pürzel (Bürzel, Schwanz, die Rute)
– *la queue*
50 die Prante (Brante, Branke)
– *les pattes* f
51 das Schwarzwild, *(männl.)* der Keiler (das Wildschwein, die Sau) *(weibl.)* die Bache (Sau), *das Junge:* der Frischling
– *la bête noire;* ici: *le sanglier mâle (le solitaire);* fem. *la laie;* tous les deux: *le sanglier;* le petit: *le marcassin*
52 die Federn *f* (der Kamm)
– *les soies* f
53 das Gebrech (Gebräch, der Rüssel)
– *le museau (le boutoir, le groin)*
54 der untere Hauzahn (Hauer), *beide unteren Hauzähne:* das Gewaff, *(bei der Bache)* die Haken, *beide oberen Hauzähne:* die Haderer *f*
– *la défense*
55 das Schild (bes. dicke Haut *f* auf dem Blatt *n)*
– *la peau de l'épaule* f*, une peau particulièrement épaisse*
56 die Schwarte (Haut)
– *la peau (le cuir)*
57 das Geäfter
– *les gardes* m *(les ergots* m*)*
58 der Pürzel (Bürzel, Schmörkel, das Federlein)
– *la queue en tire-bouchon* m *terminée par un panache*
59 der Hase (Feldhase), *(männl.)* Rammler, *(weibl.)* Setzhase (die Häsin)
– *le lièvre de plaine* f *(l'oreillard* m*);* fem. *la hase*
60 der Seher (das Auge)
– *l'œil* m
61 der Löffel
– *l'oreille* f
62 die Blume
– *la queue*
63 der Hinterlauf (Sprung)
– *la patte de derrière* m
64 der Vorderlauf
– *la patte de devant* m
65 das Kaninchen
– *le lapin*
66 der Birkhahn (Spielhahn, kleine Hahn)
– *le petit coq de bruyère* f *(le petit tétras, le tétras-lyre, le coq des bouleaux* m*)*
67 der Schwanz (das Spiel, der Stoß, die Leier, Schere)
– *la queue (la lyre)*
68 die Sichelfedern *f*
– *les pennes* f *rectrices (les faucilles* f*)*
69 das Haselhuhn
– *la gélinotte des bois* m *(la poule des bois* m*, la poule des coudriers* m*)*
70 das Rebhuhn
– *la perdrix*
71 das (der) Schild
– *le fer à cheval* m
72 der Auerhahn (Urhahn, große Hahn)
– *le grand tétras (le grand coq de bruyère* f*)*
73 der Federbart (Kehlbart, Bart)
– *la barbe (barbe de plumes* f*)*
74 der Spiegel
– *la tache blanche*
75 der Schwanz (Stoß, Fächer, das Ruder, die Schaufel)
– *la queue en éventail* m
76 der Fittich (die Schwinge)
– *les pennes* f *rémiges*
77 der Edelfasan (Jagdfasan), ein Fasan *m, (männl.)* Fasanenhahn, *(weibl.)* Fasanenhenne
– *le faisan,* fem. *la faisane (le coq faisan, la poule faisane)*
78 das Federohr (Horn)
– *l'aigrette* f
79 der Fittich (das (der) Schild)
– *l'aile* f
80 der Schwanz (Stoß, das Spiel)
– *la queue*
81 das Bein (der Ständer)
– *la patte*
82 der Sporn
– *l'ergot* m
83 die Schnepfe (Waldschnepfe)
– *la bécasse*
84 der Stecher (Schnabel)
– *le bec*

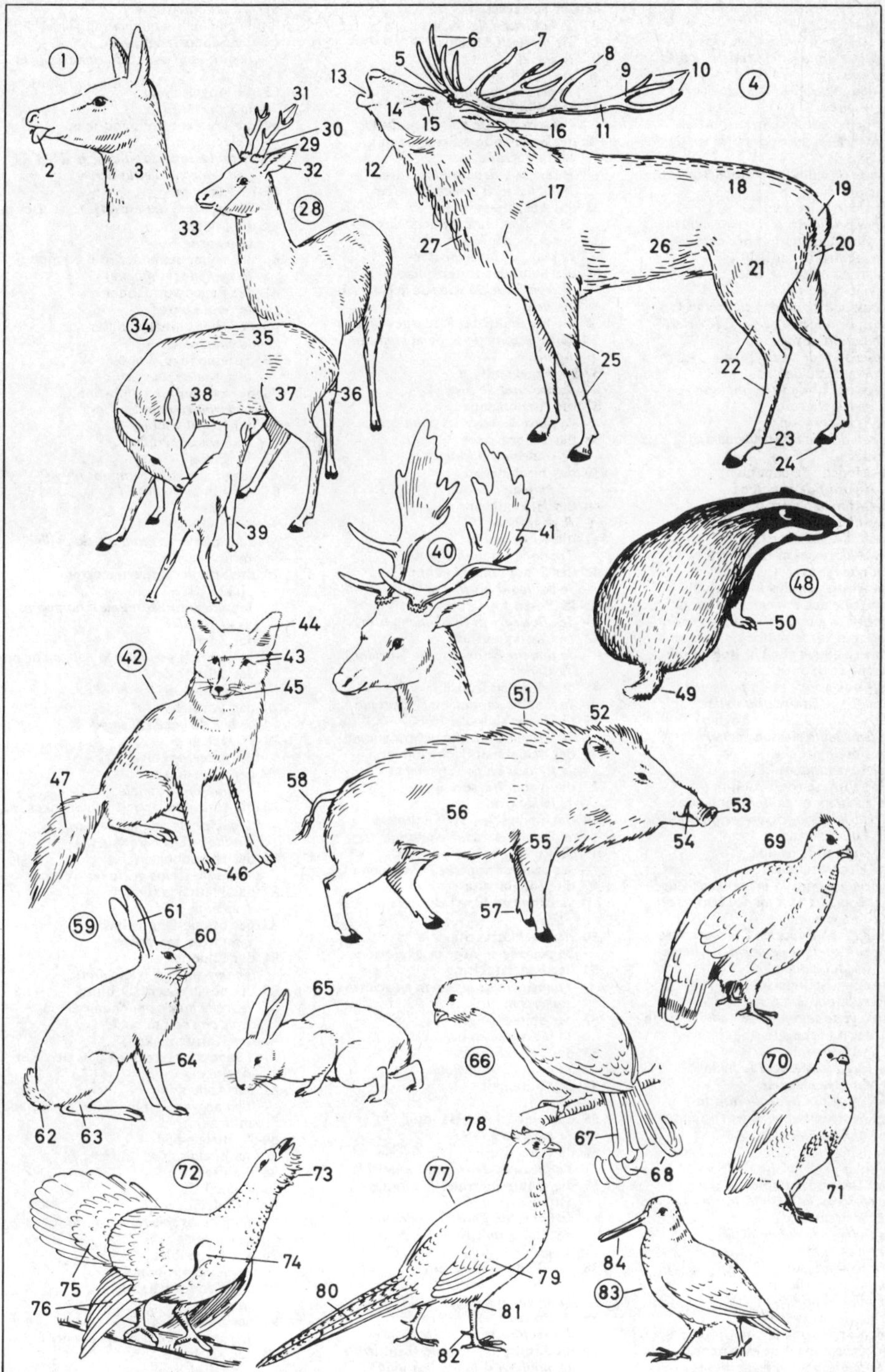
1
2
3
4
5
6
7
8
9
10
11
12
13
14
15
16
17
18
19
20
21
22
23
24
25
26
27
28
29
30
31
32
33
34
35
36
37
38
39
40
41
42
43
44
45
46
47
48
49
50
51
52
53
54
55
56
57
58
59
60
61
62
63
64
65
66
67
68
69
70
71
72
73
74
75
76
77
78
79
80
81
82
83
84

1-19 die Fischzucht
– ***la pisciculture***
1 der Hälter im fließenden Wasser *n*
– *la caisse grillagée (le châssis) au fil de l'eau* f
2 der Handkescher (Ketscher)
– *l'épuisette* f
3 das halbovale Fischtransportfaß
– *le tonnelet à poissons* m *(le vivier)*
4 die Stande
– *la cuve (le bidon) de transport* m *des poissons* m
5 der Überlaufrechen
– *la grille de la rigole d'écoulement* m
6 der Forellenteich; *ähnl.:* der Karpfenteich, ein Brut-, Vorstreck-, Streck- oder Abwachsteich *m*
– *le bassin d'élevage* m *de truites* f; égal.: *l'étang* m *à carpes* f, *le vivier, le bassin d'élevage* m, *de grossissement* m, *la frayère*
7 der Wasserzulauf
– *l'arrivée* f *d'eau* f *(la conduite d'amenée* f *d'eau)*
8 der Wasserablauf
– *la canalisation d'écoulement* m *d'eau* f
9 der Mönch (Teichmönch)
– *le dispositif de vidange* f
10 das Mönchabsperrgitter
– *la grille de retenue* f *(le filtre)*
11-19 die Fischbrutanstalt
– ***l'établissement*** m *de pisciculture* f *(l'alevinage* m*)*
11 das Abstreifen des Laichhechts *m*
– *la récolte des œufs* m *(du frai) de brochet* m *par pressions* f *légères des doigts* m *sur le ventre du poisson*
12 der Fischlaich (Laich, Rogen, die Fischeier *n*)
– *le frai (les œufs* m *du poisson femelle, la laitance du mâle)*
13 der weibliche Fisch (Rogner)
– *la femelle (le poisson rogué)*
14 die Forellenzucht
– *l'élevage* m *de truites* f
15 der kalifornische Brutapparat
– *l'incubateur* m *californien (le bac d'éclosion* f, *la frayère artificielle)*
16 die Forellenbrut
– *les œufs* m *de truite* f
17 das Hechtbrutglas
– *l'incubateur* m *(la bouteille de Zug, une bouteille sans fond* m *renversée)*
18 der Langstromtrog
– *l'auge* f *d'incubation* f *à courant* m *d'eau* f *continu (le bac d'alevinage* m, *de stabulation* f*)*
19 die Brandstettersche Eierzählplatte
– *la clayette de comptage* m *des œufs* m
20-94 das Sportangeln (die Angelfischerei)
– ***la pêche*** *(la pêche à la ligne)*
20-31 das Grundangeln
– ***la pêche à la ligne de fond*** m
20 der Wurf mit abgezogener Schnur
– *la canne à lancer* m
21 die Klänge *m*
– *le fil de réserve* f *(le fil déroulé)*
22 das Tuch oder Papier *n*
– *le morceau de tissu* m *ou de papier* m
23 der Rutenhalter
– *le support de cannes* f *(le repose-cannes)*
24 die Köderdose
– *la boîte d'esches* f
25 der Fischkorb
– *le panier de pêche* f
26 der Karpfenansitz vom Boot *n* aus
– *la pêche à la carpe en barque* f
27 das Ruderboot (Fischerboot)
– *la barque de pêche* f *(le canot à rames* f*)*
28 der Setzkescher
– *la bourriche (la nasse)*
29 die Köderfischsenke
– *le carrelet*
30 die Stake
– *la perche (la gaffe)*
31 das Wurfnetz
– *l'épervier* m *(le filet de pêche* f*)*
32 der beidhändige Seitwurf mit Stationärrolle
– *le lancer à deux mains* f *avec moulinet* m *à tambour* m *fixe*
33 die Ausgangsstellung
– *la position initiale (de départ* m*)*
34 der Abwurfpunkt
– *le point de lancement* m
35 die Bahn der Rutenspitze
– *la trajectoire du scion de la canne à pêche* f
36 die Flugbahn des Ködergewichts *n*
– *la trajectoire de la ligne plombée amorcée*
37-94 Angelgeräte *n*
– ***le matériel de pêche*** f
37 die Anglerzange
– *la pince à serrer les plombs* m
38 das Filiermesser
– *le couteau à découper*
39 das Fischmesser
– *le couteau à écailler*
40 der Hakenlöser
– *le dégorgeoir*
41 die Ködernadel
– *l'aiguille* f *à amorcer*
42 der Schonrachenspanner
– *le baillon à brochet* m
43-48 Posen *f*
– ***les flotteurs*** m *(les bouchons* m*)*
43 das Korkgleitfloß
– *le flotteur en liège* m *(le bouchon) fusiforme*
44 die Kunststoffpose
– *le flotteur en matière* f *plastique*
45 die Federkielpose
– *le flotteur avec plume* f *(la plume)*
46 der Schaumstoffschwimmer
– *le flotteur en polystyrène* m
47 die ovale Wasserkugel
– *le buldo oval*
48 die bleibeschwerte Gleitpose
– *le flotteur-glisseur plombé*
49-58 Ruten *f*
– ***les cannes*** f *à pêche* f *(les gaules* f*)*
49 die Vollglasrute
– *la canne en fibre* f *de verre* m *plein*
50 der Preßkorkgriff
– *la poignée en liège* m *aggloméré*
51 der Federstahlring
– *l'anneau* m *de départ* m *en acier* m *à ressorts* m
52 der Spitzenring
– *la tête de scion* m
53 die Teleskoprute
– *la canne télescopique*
54 das Rutenteil
– *le brin*
55 das umwickelte Handteil
– *la poignée gainée*
56 der Laufring
– *l'anneau* m *de corps* m *amovible*
57 die Kohlefiberrute, *ähnl.:* die Hohlglasrute
– *la canne en fibre* f *de carbone* m; égal.: *la canne en fibre* f *de verre* m *creux*
58 der Weitwurfring, ein Stahlbrückenring
– *l'anneau* m *bridge*
59-64 Rollen *f*
– ***les moulinets*** m
59 die Multiplikatorrolle (Multirolle)
– *le moulinet à multiplication* f
60 die Schnurführung
– *le guide-fil*
61 die Stationärrolle
– *le moulinet à tambour* m *fixe*
62 der Schnurfangbügel
– *le pick-up (l'anse* f *de ramassage* m *du fil)*
63 die Angelschnur
– *la ligne (le fil)*
64 die Wurfkontrolle mit dem Zeigefinger *m*
– *le ramassage du fil avec le doigt pour en contrôler la dérive*
65-76 Köder *m*
– ***les appâts*** m *(les esches* f, *les leurres* m*)*
65 die Fliege
– *la mouche*
66 der Nymphenköder (die Nymphe)
– *la nymphe (la manne)*
67 der Regenwurmköder
– *le ver de terre* f
68 der Heuschreckenköder
– *la sauterelle*
69 der einteilige Wobbler
– *le devon en une partie*
70 der zweiteilige Langwobbler
– *le devon en deux parties* f
71 der Kugelwobbler
– *le devon sphérique*
72 der Pilker
– *le poisson cuiller imitant un vif*
73 der Blinker (Löffel)
– *la cuiller*
74 der Spinner
– *la cuiller avec écailles* f *(la cuiller tachetée)*
75 der Spinner mit verstecktem Haken
– *la cuiller écaillée munie d'hameçons* m *dissimulés*
76 der Zocker
– *la monture oscillante à poisson* m *mort*
77 der Wirtel
– *l'émerillon* m
78 das Vorfach
– *le bas de ligne* f *(l'empile* f*)*
79-87 Haken *m*
– ***les hameçons*** m
79 der Angelhaken
– *l'hameçon* m *simple*
80 die Hakenspitze mit Widerhaken *m*
– *la pointe (le crochet, le dard) à ardillon* m *(à barbillon* m*)*
81 der Hakenbogen
– *la courbe de la tige (la tige courbée)*
82 das Plättchen (Öhr)
– *l'œillet* m
83 der offene Doppelhaken
– *l'hameçon* m *double*
84 der Limerick
– *l'hameçon* m *anglais droit*
85 der geschlossene Drilling
– *le triple hameçon (l'hameçon* m *à trois crochets* m *scellés)*
86 der Karpfenhaken
– *l'hameçon* m *à carpe* f *(l'hameçon* m *à cran* m*)*
87 der Aalhaken
– *l'hameçon* m *à anguille* f *(l'hameçon* m *droit)*
88-92 Bleigewichte *n*
– ***les plombs*** m
88 die Bleiolive
– *l'olive* f
89 die Bleikugeln *f*
– *les plombs sphériques* m *(la plombée)*
90 das Birnenblei
– *le plomb piriforme*
91 das Grundsucherblei
– *la sonde*
92 das Seeblei
– *le plomb pour la pêche en mer* f
93 der Fischpaß
– *l'échelle* f *à poissons* m
94 das Schockernetz
– *le guideau (le gord)*

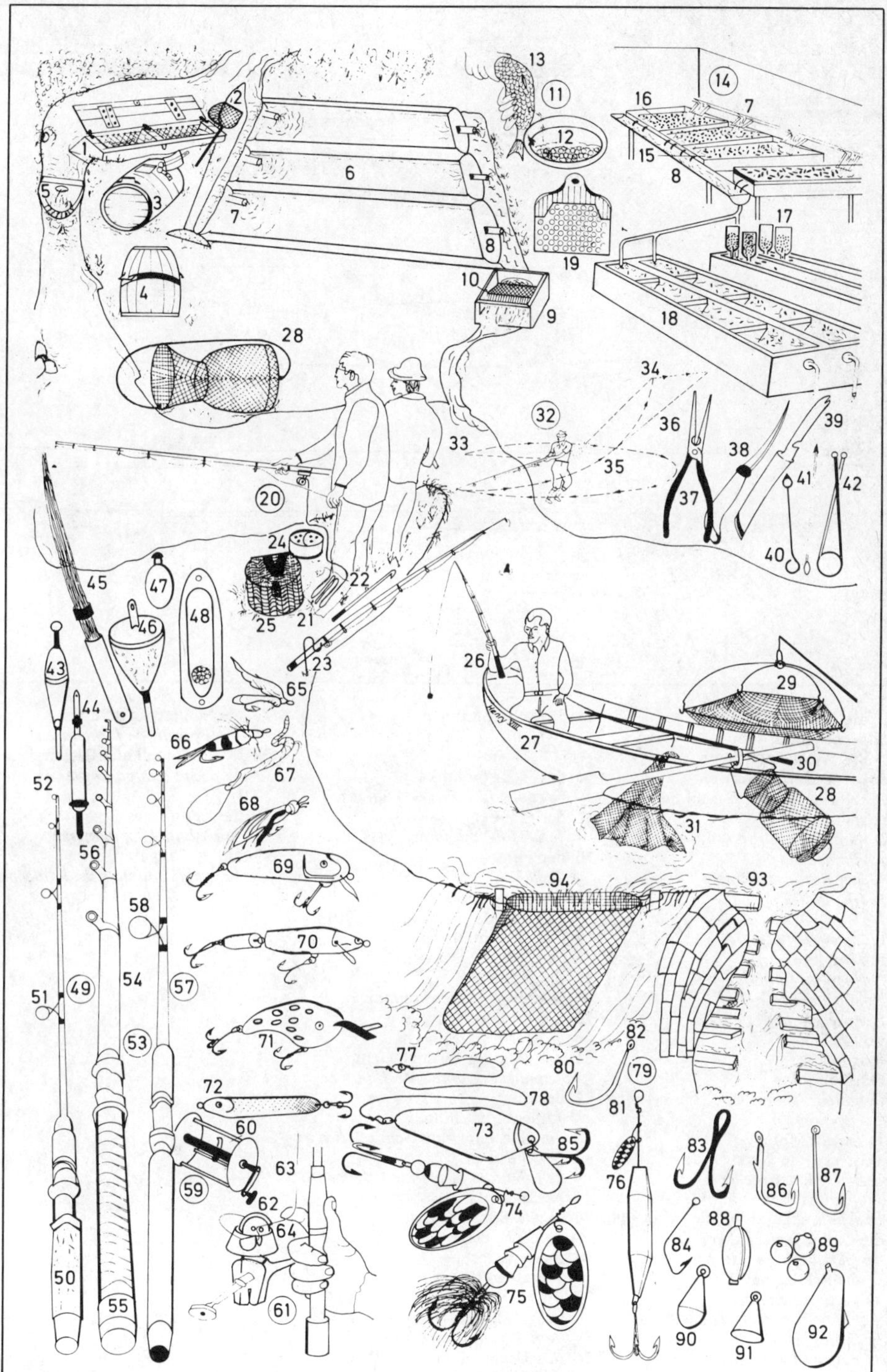
1
2
3
4
5
6
7
8
9
10
11
12
13
14
15
16
17
18
19
20
21
22
23
24
25
26
27
28
29
30
31
32
33
34
35
36
37
38
39
40
41
42
43
44
45
46
47
48
49
50
51
52
53
54
55
56
57
58
59
60
61
62
63
64
65
66
67
68
69
70
71
72
73
74
75
76
77
78
79
80
81
82
83
84
85
86
87
88
89
90
91
92
93
94

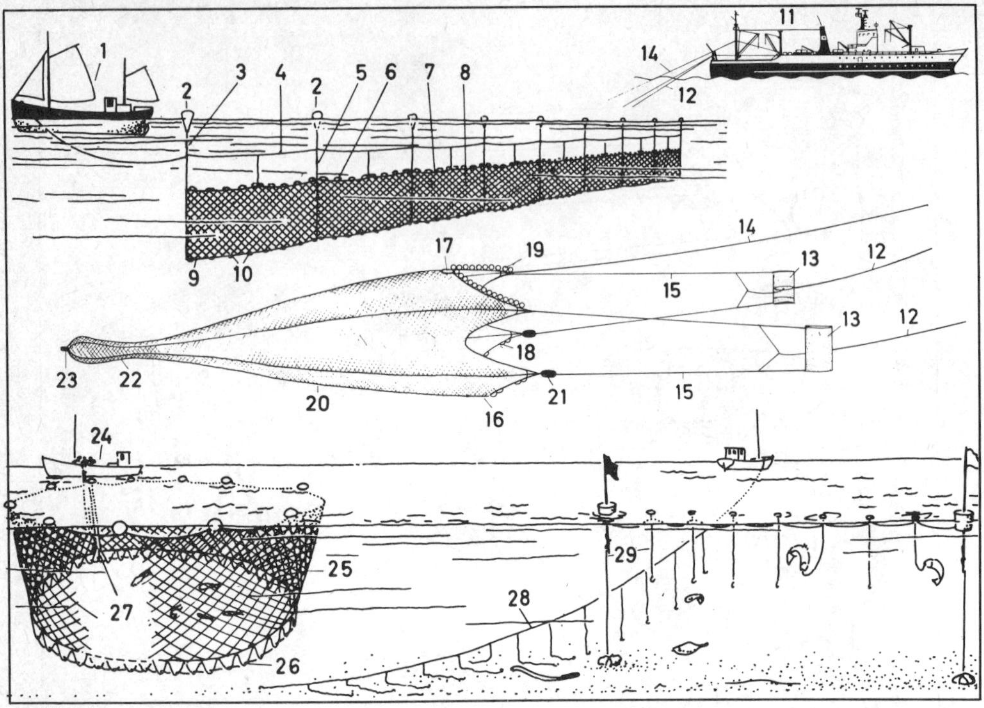

1-23 die Hochseefischerei
– la pêche hauturière
1-10 die Treibnetzfischerei
– la pêche au filet dérivant
1 der Heringslogger (Fischlogger, Logger)
– *le harenguier (drifter* m, *lougre* m, *dundee* m*)*
2-10 das Heringstreibnetz
– le filet dérivant
2 die Boje (Brail)
– *la bouée (le flotteur)*
3 das Brailtau
– *l'orin* m *du flotteur*
4 das Fleetreep
– *l'aussière* f *(haussière* f*)*
5 die Zeising
– *l'aiguillette* f
6 das Flottholz
– *le flotteur en bois* m
7 das Sperreep
– *la fincelle (flotte* f*)*
8 das Netz (die Netzwand)
– *le filet (filet* m *vertical)*
9 das Untersimm
– *la souillardière (ralingue* f *de pied* m*)*
10 die Grundgewichte *n*
– *les plombs* m *de lest* m
11-23 die Schleppnetzfischerei
– la pêche au chalut
11 das Fangfabrikschiff, ein Fischtrawler
– *le navire usine, un chalutier*
12 die Kurrleine
– *la fune*
13 die Scherbretter *n*
– *le panneau divergent (divergent* m*)*
14 das Netzsondenkabel
– *le câble du sonar de chalut* m
15 der Stander
– *le bras de chalut* m
16 der Flügel
– *l'aile* f
17 die Netzsonde
– *le sonar de chalut* m
18 das Grundtau
– *la corde de ventre* m
19 die Kugeln *f*
– *les sphères* f *de chalut* m
20 der Bauch (Belly)
– *le ventre de chalut* m
21 das 1800-kg-Eisengewicht
– *le poids en fonte* f *de 1800 kg*
22 der Stert
– *la poche de chalut* m
23 die Codleine zum Schließen *n* des Sterts *m*
– *le ruban de fermeture* f *de la poche*
24-29 die Küstenfischerei
– la pêche côtière
24 das Fischerboot
– *le bateau de pêche* f
25 die Ringwade, ein ringförmig ausgefahrenes Treibnetz *n*
– *le filet cernant (filet tournant)*
26 das Drahtseil zum Schließen *n* der Ringwade
– *la ralingue de fermeture* f *du filet*
27 die Schließvorrichtung
– *le dispositif de fermeture* f
28-29 die Langleinenfischerei
– *la pêche à la palangre (palancre* f*)*
28 die Langleine
– *la palangre* f *(palancre* f*)*
29 die Stellangel
– *l'empile* f *munie d'un hameçon*

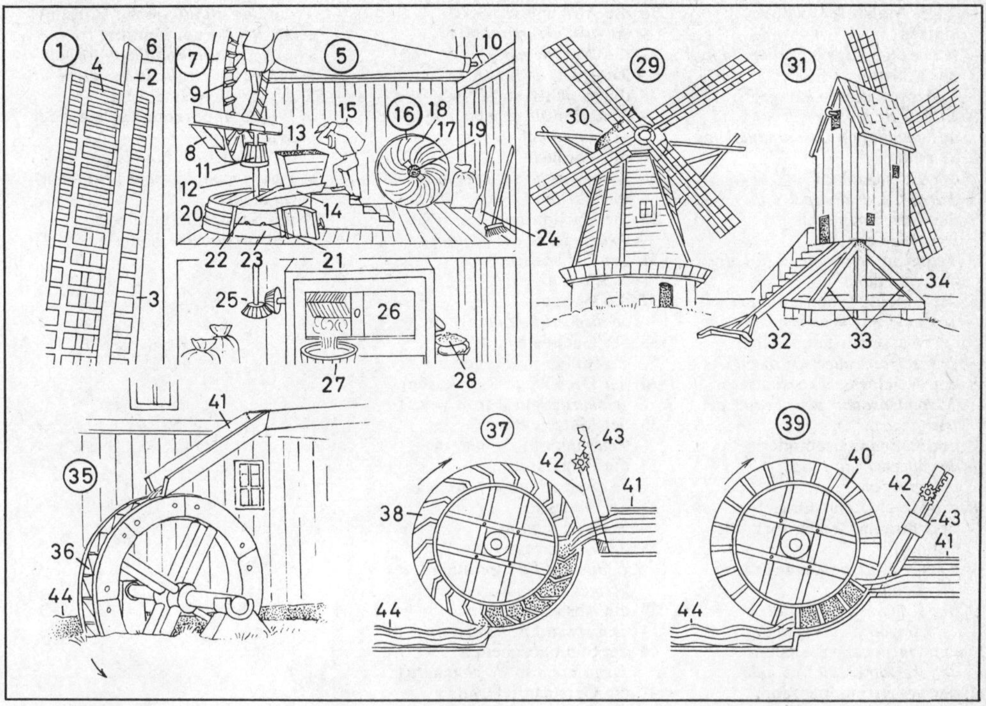

1-34 die Windmühle
– ***le moulin à vent*** m
1 der Windmühlenflügel
– *l'aile* f *du moulin à vent* m *(le volant du moulin à vent* m*)*
2 die Windrute
– *le bras du volant*
3 die Saumlatte
– *la lamelle (le cadre)*
4 die Windtür
– *le volet*
5 die Flügelwelle (Radwelle)
– *l'arbre* m *(entraîné par les ailes* f*)*
6 der Flügelkopf
– *la tête de l'aile* f
7 das Kammrad
– *la roue à dents* f *de bois* m
8 die Radbremse
– *le frein de la roue*
9 der Holzzahn
– *l'alluchon* m *(la dent de bois* m*)*
10 das Stützlager
– *la crapaudine (le palier)*
11 das Windmühlengetriebe (der Trilling)
– *l'engrenage* m *du moulin à vent* m
12 das Mühleisen
– *le gros fer*
13 die Gosse
– *la trémie*
14 der Rüttelschuh
– *le sabot de la trémie*
15 der Müller
– *le meunier*
16 der Mühlstein
– *la meule*
17 der Hauschlag (die Luftfurche)
– *la rainure*
18 die Sprengschärfe (Mahlfurche)
– *le tranchant*
19 das Mühlsteinauge
– *l'œillard* m *de meule* f
20 die Bütte (das Mahlsteingehäuse)
– *la cuve (la caisse des meules* f*)*
21 der Mahlgang
– *la paire de meules* f
22 der Läuferstein (Oberstein)
– *la meule courante (la meule supérieure)*
23 der Bodenstein
– *la meule dormante (la meule gisante)*
24 die Holzschaufel
– *la pelle en bois* m
25 der Kegeltrieb (Winkeltrieb)
– *l'engrenage* m *conique(l'engrenage* m *d'angle* m*)*
26 der Rundsichter
– *le crible rond (le sas)*
27 der Holzbottich
– *le baquet en bois* m
28 das Mehl
– *la farine*
29 die holländ. Windmühle
– *le moulin (à vent* m*) hollandais*
30 die drehbare Windmühlenhaube
– *la calotte pivotante du moulin*
31 die Bockmühle
– *le moulin sur pile* f
32 der Stert
– *la queue du moulin*
33 das Bockgerüst
– *le pied sur pile* f
34 der Königsbaum
– *le pivot central*
35-44 die Wassermühle
– ***le moulin à eau*** f *(le moulin hydraulique)*
35 das oberschlächtige Zellenrad, ein Mühlrad *n* (Wasserrad)
– *la roue à augets* m *(la roue àgodets* m*) mue en dessus, une roue de moulin* m, *une roue hydraulique*
36 die Schaufelkammer (Zelle)
– *l'auget* m *(le godet)*
37 das mittelschlächtige Mühlrad
– *la roue hydraulique mue dans le milieu*
38 die gekrümmte Schaufel
– *l'aube* f *courbée*
39 das unterschlächtige Mühlrad
– *la roue hydraulique mue en dessous*
40 die gerade Schaufel
– *l'aube* f *droite (l'aube* f *rectiligne)*
41 das Gerinne
– *le bief d'amont* m
42 das Mühlwehr
– *le batardeau de moulin* m
43 der Wasserüberfall
– *le déversoir*
44 der Mühlbach (Mühlgraben)
– *le bief du moulin (le bief d'aval* m*)*

1-41 die Malzbereitung (das Mälzen)
– ***le maltage*** *(la préparation du malt)*
1 der Mälzturm (die Malzproduktionsanlage)
– *la tour de maltage* m*(l'installation* f *de production* f *de malt* m*)*
2 der Gersteeinlauf
– *l'arrivée* f *de l'orge* f
3 die Waschetage mit Druckluftwäsche *f*
– *l'étage* m *de lavage* m *(à l'air* m*comprimé)*
4 der Ablaufkondensator
– *le condensateur d'écoulement* m
5 der Wasserauffangbehälter
– *le réservoir-collecteur d'eau* f
6 der Weichwasserkondensator
– *le condensateur pour l'eau* f *de trempage* m
7 der Kältemittelsammler
– *le collecteur du fluide* m*frigorigène*
8 die Weich-Keim-Etage (der Feuchtraum, Weichstock, die Tenne)
– *l'étage* m *de trempage* m *et de germination* f
9 der Kaltwasserbehälter
– *le réservoir d'eau* f *froide*
10 der Warmwasserbehälter
– *le réservoir d'eau* f *chaude*
11 der Wasserpumpenraum
– *la salle des pompes* f *à eau* f
12 die Pneumatikanlage
– *l'installation* f *pneumatique*
13 die Hydraulikanlage
– *l'installation* f *hydraulique*
14 der Frisch- und Abluftschacht
– *la cheminée d'aération* f
15 der Exhauster
– *le ventilateur*
16-18 die Darretagen *f*
– ***les étages*** m ***de touraille*** *f (le séchoir de malt* m*)*
16 die Vordarre
– *l'étage* m *de séchage* m *(et de torréfaction* f*)*
17 der Brennerventilator
– *le ventilateur de touraillage* m
18 die Nachdarre
– *l'étage* m *de dessication* f
19 der Darrablaufschacht
– *le conduit d'évacuation* f *du séchoir* m
20 der Fertigmalztrichter
– *la trémie de malt* m
21 die Trafostation
– *le poste de transformateurs* m
22 die Kältekompressoren *m*
– *les compresseurs frigorifiques*
23 das Grünmalz (Keimgut)
– *le malt vert (l'orge* f *germante)*
24 die drehbare Horde
– *le système de touraille* f *rotatif*
25 die zentrale Schaltwarte mit dem Schaltschaubild *n*
– *le poste de commande* f *avec tableau* m *synoptique*
26 die Aufgabeschnecke
– *la vis d'alimentation* f
27 die Waschetage
– *l'étage* m *de lavage* m
28 die Weich-Keim-Etage
– *l'étage* m *de trempage* m *et de germination* f
29 die Vordarre
– *l'étage* m *de séchage* m *(et de torréfaction* f*)*
30 die Nachdarre
– *l'étage* m *de dessication* f
31 der Gerstesilo
– *le silo à orge* f
32 die Waage
– *le dispositif de pesage* m
33 der Gersteelevator
– *l'élévateur* m *à orge* f
34 der Drei-Wege-Kippkasten
– *le distributeur à trois voies* f
35 der Malzelevator
– *l'élévateur* m *de malt* m
36 die Putzmaschine
– *le dispositif de nettoyage* m
37 der Malzsilo
– *le silo à malt* m
38 die Keimabsaugung
– *le dispositif d'aspiration* f *des germes* m
39 die Absackmaschine
– *le dispositif* m *d'ensachage* m
40 der Staubabscheider
– *l'aspirateur* m *de poussière* f
41 die Gersteanlieferung
– *la réception de l'orge* f
42-53 der Sudprozeß im Sudhaus *n*
– ***la cuisson dans la salle de brassage*** m
42 der Vormaischer zum Mischen *n* von Schrot *n* und Wasser *n*
– *l'hydrateur* m *pour le mélange de farine* f *et d'eau* f
43 der Maischbottich zum Einmaischen *n* des Malzes *n*
– *le macérateur pour l'empâtage* m*de la farine*
44 die Maischpfanne (der Maischkessel) zum Kochen *n*der Maische
– *la cuve-matière (la chaudière) pour la cuisson de la trempe*
45 die Pfannenhaube
– *la calotte (le dôme) de la cuve*
46 das Rührwerk
– *l'agitateur* m
47 die Schiebetür
– *la porte coulissante*
48 die Wasserzuflußleitung
– *la conduite d'amenée* f *d'eau* f
49 der Brauer (Braumeister, Biersieder)
– *le brasseur (le maître-brasseur, le chef-brasseur)*
50 der Läuterbottich zum Absetzen *n* der Rückstände *m* (Treber) und Abfiltrieren *n* der Würze
– *la cuve de clarification* f *pour laisser se déposer la drêche (les résidus* m*) et pour filtrer le moût*
51 die Läuterbatterie zur Prüfung der Würze auf Feinheit *f*
– *la batterie de rectification* f *pour l'examen* m *de la finesse du moût*
52 der Hopfenkessel (die Würzpfanne) zum Kochen *n* der Würze
– *la chaudière à houblon* m *(la cuve à moût* m*) pour la cuisson du moût*
53 das Schöpfthermometer
– *le thermomètre plongeur*

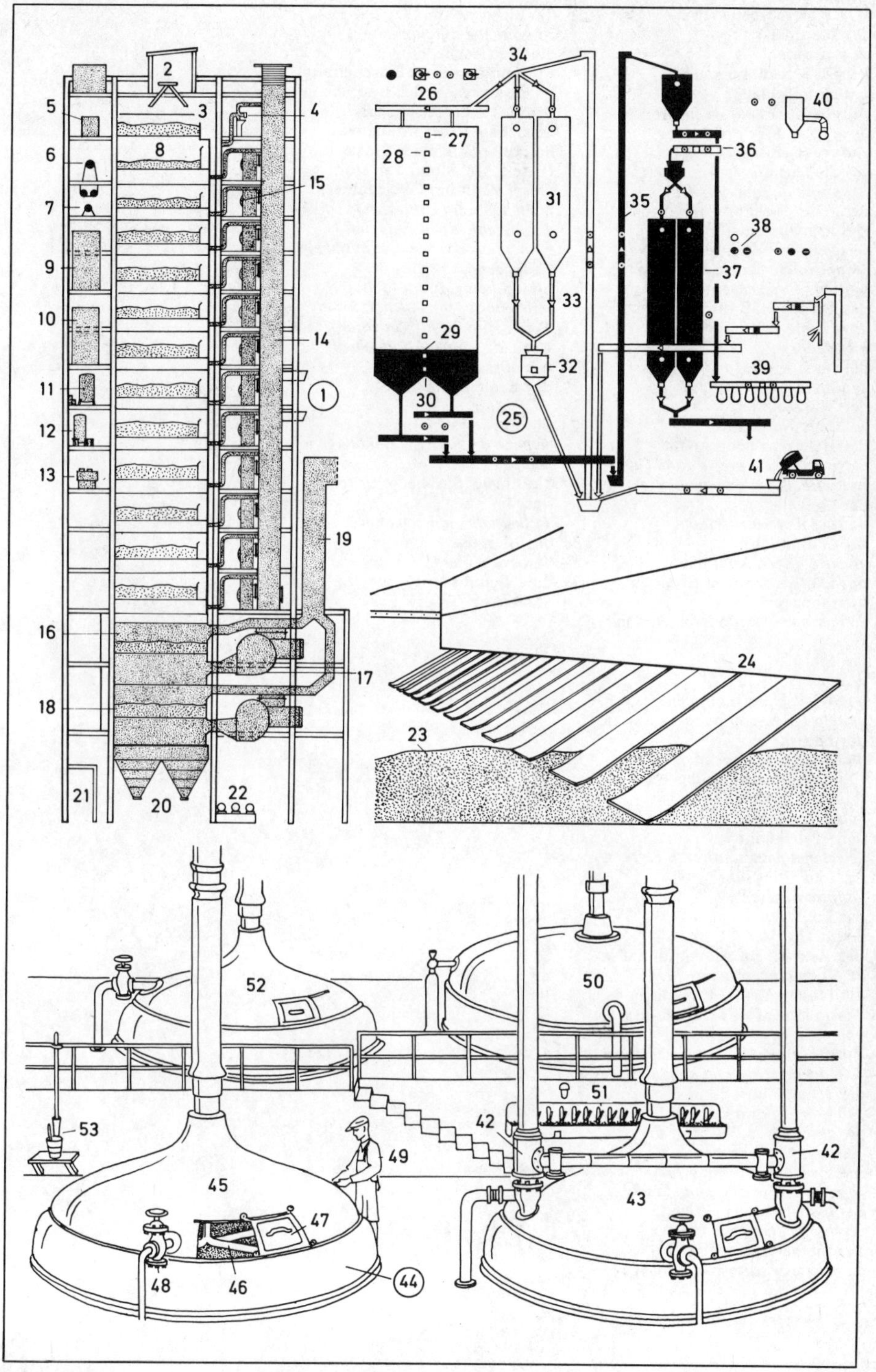
1
2
3
4
5
6
7
8
9
10
11
12
13
14
15
16
17
18
19
20
21
22
23
24
25
26
27
28
29
30
31
32
33
34
35
36
37
38
39
40
41
42
43
44
45
46
47
48
49
50
51
52
53

1-31 die Bierbrauerei (Brauerei, das Brauhaus)
– ***la brasserie***
1-5 die Würzekühlung und Trubausscheidung
– ***le refroidissement du moût et la séparation de la drêche*** *(les matières* f *en suspension* f*)*
1 das Steuerpult
– *le pupitre de commande* f
2 der Whirlpool zur Heißtrubausscheidung
– *le séparateur du type whirlpool (pour l'enlèvement* m *à chaud des matières* f *en suspension* f*)*
3 das Dosiergefäß für Kieselgur *f*
– *le système de dosage* m *du kieselguhr* m
4 der (das) Kieselgurfilter
– *le filtre à kieselguhr* m
5 der Würzekühler
– *le bac refroidisseur*
6 der Hefereinzuchtapparat
– *l'appareil* m *de préparation* f *de la levure biologiquement pure*
7 der Gärkeller
– *la cave de fermentation* f
8 der Gärbottich
– *la cuve de fermentation* f
9 das Gärthermometer (Maischethermometer)
– *le thermomètre (de fermentation* f*)*
10 die Maische
– *le moût*
11 das Kühlschlangensystem
– *le refroidissement par serpentin* m
12 der Lagerkeller
– *la cave de stockage* m
13 das Mannloch zum Lagertank *m*
– *le trou d'homme (le sas) our l'accès* m *au réservoir de stockage* m
14 der Anstichhahn
– *le robinet pour soutirer la bière*
15 der (das) Bierfilter
– *le filtre à bière* f
16 das Faßlager
– *le stockage des fûts* m
17 das Bierfaß, ein Aluminiumfaß *n*
– *le fût en aluminium* m
18 die Flaschenreinigungsanlage
– *l'installation* f *de lavage* m *des bouteilles* f
19 die Flaschenreinigungsmaschine
– *la machine à laver les bouteilles* f
20 die Schaltanlage
– *l'armoire* f *de commande* f
21 die gereinigten Flaschen *f*
– *les bouteilles* f *propres*
22 die Flaschenabfüllung
– *le remplissage des bouteilles* f
23 der Gabelstapler
– *le chariot élévateur*
24 der Bierkastenstapel
– *la palette de cartons* m *de bière* f
25 die Bierdose
– *la boîte métallique*
26 die Bierflasche, eine Europaflasche mit Flaschenbier *n*; *Biersorten:* helles Bier, dunkles Bier, Pilsener Bier, Münchener Bier, Malzbier, Starkbier (Bockbier, Bock), Porter, Ale, Stout, Salvator, Gose, Weißbier (Weizenbier), Schwachbier (Dünnbier)
– *la bouteille de bière* f, *une bouteille conforme aux normes* f *européennes;* sortes de bière: *blonde, brune, Pils, munichoise, sans alcool, forte, Porter, Ale, Stout, Salvator, Gose, de froment, faiblement alcoolisée*
27 der Kronenverschluß
– *la capsule*
28 die Einwegpackung
– *le pack de bière* f *(l'emballage* m *perdu)*
29 die Einwegflasche (Wegwerfflasche)
– *la bouteille non consignée*
30 das Bierglas
– *le verre à bière* f
31 die Schaumkrone
– *la mousse*

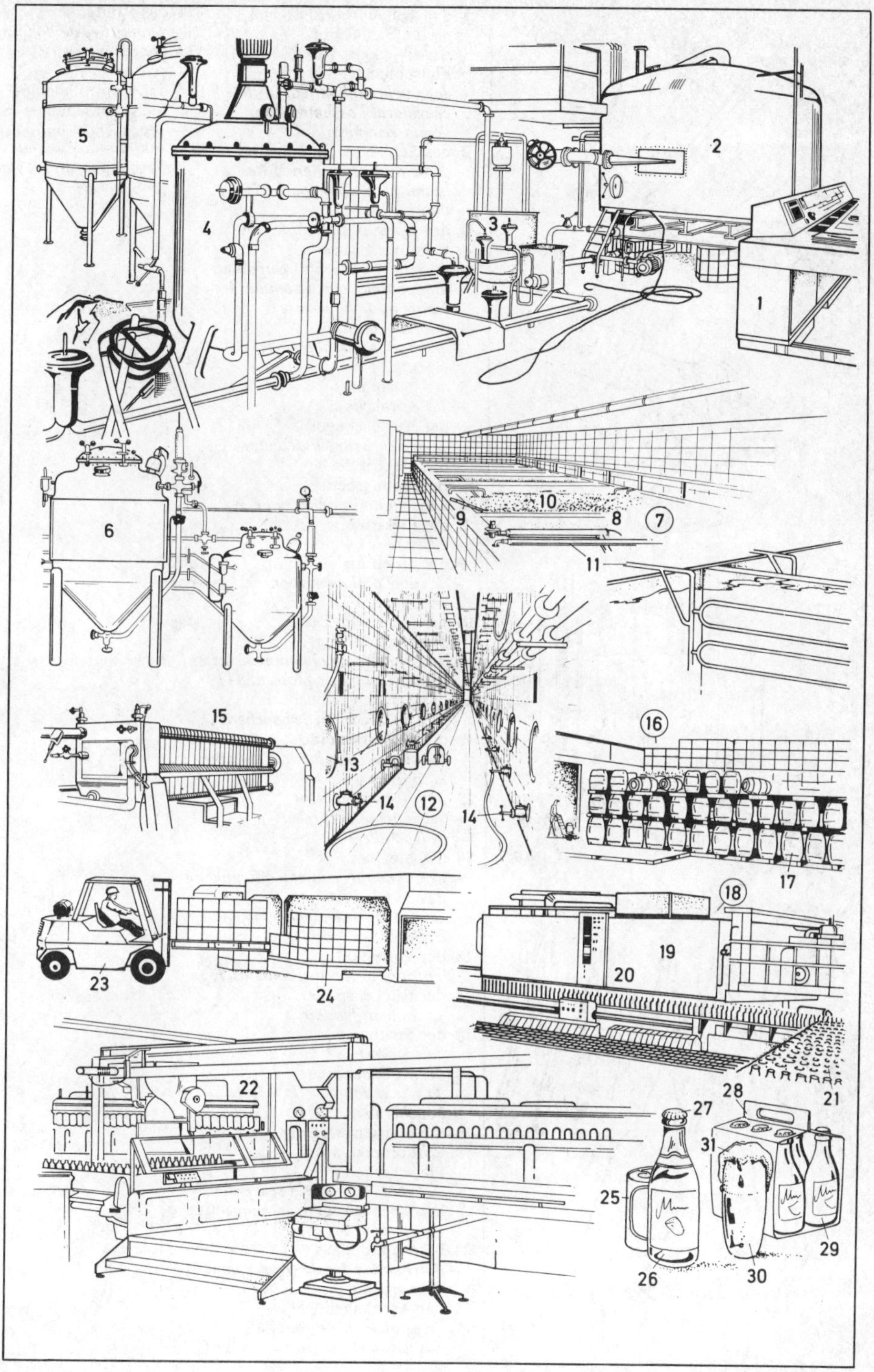
1
2
3
4
5
6
7
8
9
10
11
12
13
14
14
15
16
17
18
19
20
21
22
23
24
25
26
27
28
29
30
31

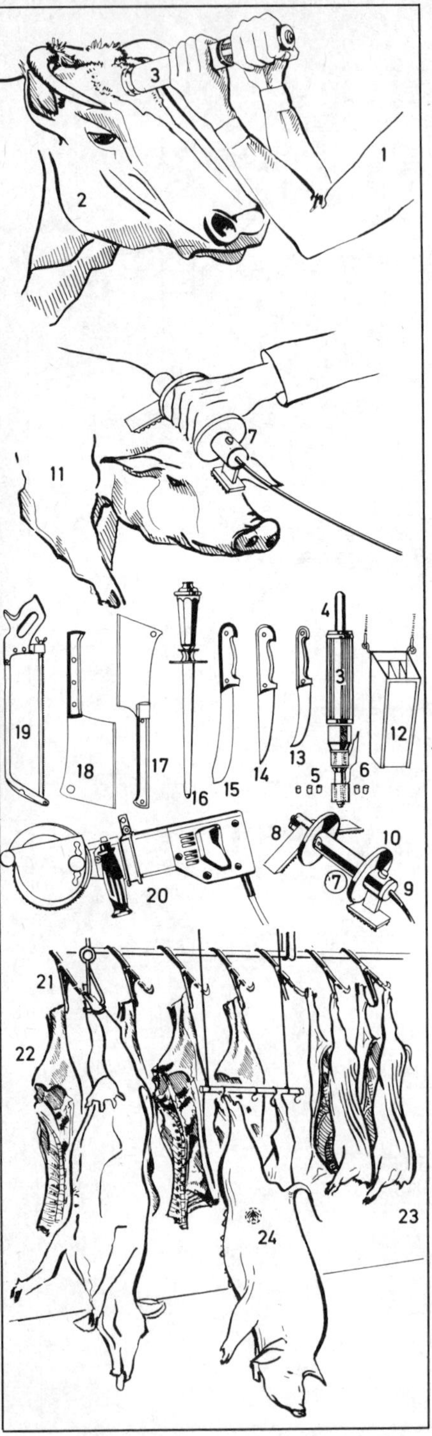

1 der Schlächter (Fleischer, *nordd.* Schlachter, *südd.*Metzger, *österr.* Fleischhauer)
– *le boucher (l'abatteur* m, *le chevillard, l'assommeur* m, *l'équarrisseur* m*)*
2 das Schlachtvieh, ein Rind *n*
– *le bétail de boucherie* f *(les animaux* m *d'embouche* f*), un bœuf*
3 das Bolzenschußgerät, ein Betäubungsgerät *n*
– *le pistolet à cheville* f *percutante, un appareil pour assommer les bœufs* m *de boucherie* f
4 der Schußbolzen
– *la cheville percutante (le percuteur)*
5 die Patronen *f*
– *les cartouches* f
6 der Auslösebügel
– *le déclencheur (la détente)*
7 das elektrische Betäubungsgerät
– *l'assommoir* m *électrique*
8 die Elektrode
– *l'électrode* f
9 die Zuleitung
– *le câble d'alimentation* f*électrique*
10 der Handschutz (die Schutzisolierung)
– *la garde (le protège-mains, le disque isolant de protection* f*)*
11 das Schlachtschwein
– *le porc (le cochon de boucherie* f*)*
12 die Messerscheide
– *l'étui* m *à couteaux* m *(la gaine, le fourreau)*
13 das Abhäutemesser
– *le couteau à écorcher (àdépouiller)*
14 das Stechmesser
– *le saignoir (le couteau à saigner)*
15 das Blockmesser
– *le couteau de boucher* m *à pointe* f *relevée*
16 der Wetzstahl
– *l'affiloir* m *(le fusil à aiguiser)*
17 der Rückenspalter
– *le couteau-fendoir*
18 der Spalter
– *le couperet*
19 die Knochensäge
– *la scie à désosser (la scie de boucher* m*)*
20 die Fleischzerlegesäge zum Portionieren *n* von Fleischteilen *n*
– *la scie à dépecer (la scie pour découper la viande en morceaux* m*, en quartiers* m*)*
21-24 das Kühlhaus
– ***la chambre froide*** *(l'entrepôt* m *frigorifique)*
21 der Aufhängebügel
– *le pendoir (le crochet de suspension* f*, le croc, l'allonge* f*)*
22 das Rinderviertel
– *le quartier de bœuf* m
23 die Schweinehälfte
– *le demi-porc*
24 der Kontrollstempel des Fleischbeschauers *m*
– *le cachet de contrôle* m *sanitaire apposé par l'inspecteur* m *des viandes* f *de boucherie* f

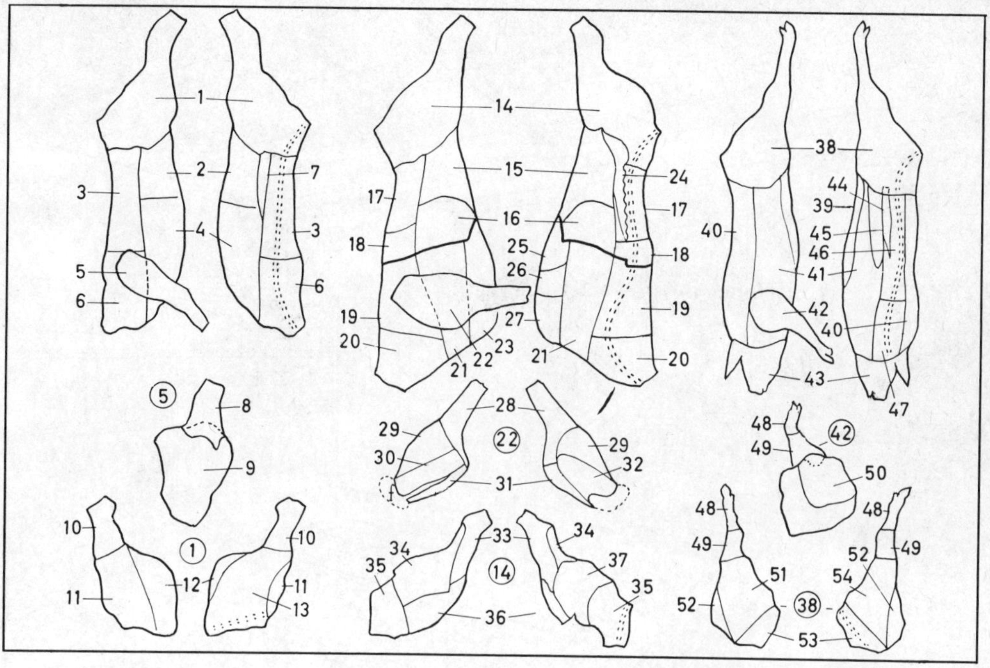

linke Seite: Fleischseite;
rechte Seite: Knochenseite
– *à gauche: la viande;*
à droite: les os m

1-13 das Kalb
– ***le veau***
1 die Keule mit Hinterhachse *f* (*südd.* Hinterhaxe *f*)
– *le cuisseau avec le jarret de derrière* m
2 der Bauch
– *le flanchet*
3 das Kotelett (Kalbskotelett)
– *la longe avec les côtes* f *de veau* m
4 die Brust (Kalbsbrust)
– *la poitrine de veau* m *(le tendron)*
5 der Bug mit Vorderhachse *f* (*südd.* Vorderhaxe *f*)
– *l'épaule* f *avec le jarret de devant* m
6 der Hals
– *le collet avec le carré découvert (avec les côtes* f *découvertes)*
7 das Filet (Kalbsfilet)
– *le filet de veau* m
8 die Vorderhachse
– *le jarret de devant* m
9 der Bug
– *l'épaule* f *de veau* m
10 die Hinterhachse (*südd.* Hinterhaxe)
– *le jarret de derrière* m
11 das Nußstück
– *la sous-noix*
12 das Frikandeau
– *la noix pâtissière*
13 die Oberschale
– *le quasi*
14-37 das Rind
– ***le bœuf***
14 die Keule mit Hinterhesse *f*
– *la cuisse avec la jambe (le jarret, le trumeau) de derrière* m
15-16 die Lappen *m*
– *les flanchets* m
15 die Fleischdünnung
– *le flanchet*
16 die Knochendünnung
– *le tendron*
17 das Roastbeef
– *l'aloyau* m
18 die Hochrippe
– *l'entrecôte* f *(la côte première, la côte couverte à la noix)*
19 die Fehlrippe
– *la surlonge (les basses côtes* f, *le paleron)*
20 der Kamm
– *le collier*
21 die Spannrippe
– *le plat de côtes* f *découvert*
22 der Bug mit Vorderhesse *f*
– *l'épaule* f *avec la jambe (le jarret, le trumeau) de devant* m
23 die Brust (Rinderbrust)
– *la poitrine de bœuf* m
24 das Filet (Rinderfilet)
– *le filet de bœuf* m
25 die Nachbrust
– *la poitrine (morceau* m *arrière, le tendron)*
26 die Mittelbrust
– *la poitrine (morceau* m *intermédiaire, le tendron)*
27 das Brustbein
– *la poitrine proprement dite (le poitrail)*
28 die Vorderhesse
– *la jambe (le jarret) de devant* m *(la crosse, le trumeau)*
29 das dicke Bugstück
– *la macreuse*
30 das Schaufelstück
– *le paleron*
31 das falsche Filet
– *le plat de côtes* f
32 der Schaufeldeckel
– *le jumeau*
33 die Hinterhesse
– *le gîte-gîte*
34 das Schwanzstück
– *le gîte à la noix*
35 die Blume
– *la culotte (le cimier de bœuf* m*)*
36 die Kugel
– *la tranche grasse*
37 die Oberschale
– *le tende de tranche* f
38-54 das Schwein
– ***le porc***
38 der Schinken mit dem Eisbein *n* und dem Spitzbein *n*
– *le jambon avec le jambonneau et le pied*
39 die Wamme
– *le ventre*
40 der Rückenspeck
– *le lard dorsal (la bardière, la longe)*
41 der Bauch
– *la poitrine de porc* m
42 der Bug mit Eisbein *n* und Spitzbein *n*
– *l'épaule* f *avec le jambonneau et le pied*
43 der Kopf (Schweinskopf)
– *la tête de porc* m
44 das Filet (Schweinefilet)
– *le filet de porc* m
45 der Flomen
– *la panne de porc* m
46 das Kotelett (Schweinekotelett)
– *la côtelette de porc* m
47 der Kamm (Schweinekamm)
– *l'échine de porc* m
48 das Spitzbein
– *le pied de porc* m
49 das Eisbein
– *le jambonneau*
50 das dicke Stück
– *la palette*
51 das Schinkenstück
– *le jambon de manche* m
52 die Nuß
– *la noix de jambon* m
53 der Schinkenspeck
– *la pointe de filet* m
54 die Oberschale
– *le jambon démangé*

1-30 die Fleischerei (das Fleischerfachgeschäft, *obd./westd.* Metzgerei, Schlächterei, *nd.* Schlachterei)
– ***la boucherie-charcuterie***
1-4 Fleischwaren *pl*
– ***les morceaux*** m ***de viande*** f
1 der Knochenschinken
– *le jambon à l'os* m
2 die Speckseite
– *la flèche de lard* m *(le quartier de lard* m, *la tranche de bacon* m*)*
3 das Dörrfleisch (Rauchfleisch)
– *la viande séchée (la viande fumée)*
4 das Lendenstück
– *le morceau de filet* m
5 das Schweinefett (Schweineschmalz)
– *le saindoux (l'axonge* f*)*
6-11 Wurstwaren *pl*
– ***les saucisses*** f *(la charcuterie)*
6 das Preisschild
– *l'étiquette* f *de prix* m
7 die Mortadella
– *la mortadelle*
8 das Brühwürstchen (Würstchen, Siedewürstchen); *Arten:* „Wiener", „Frankfurter"
– *la petite saucisse à bouillir;* sortes f: *la saucisse de Vienne, la saucisse de Francfort, la saucisse de Strasbourg*
9 der Preßsack (Preßkopf)
– *le fromage de tête* f
10 der Fleischwurstring (die „Lyoner")
– *la saucisse longue en anneau* m *(la saucisse de Lyon)*
11 die Bratwurst
– *la saucisse à griller*
12 die Kühltheke
– *la vitrine réfrigérante*
13 der Fleischsalat
– *la salade de viande* f
14 die Aufschnittware
– *la viande froide en tranches* f *(la charcuterie en tranches* f*)*
15 die Fleischpastete
– *le pâté (la terrine)*
16 das Hackfleisch (Gehackte, Schabefleisch, Geschabte, Gewiegte)
– *la viande hachée (le hachis)*
17 das Eisbein
– *le jambonneau*
18 der Sonderangebotskorb
– *la corbeille d'offres* f *spéciales (de promotions* f*)*
19 die Sonderpreistafel
– *la liste des prix* m *de promotion* f
20 das Sonderangebot
– *le produit en promotion* f
21 die Tiefkühltruhe
– *le congélateur*
22 das abgepackte Bratenfleisch
– *le rôti préemballé*
23 das tiefgefrorene Fertiggericht
– *le plat préparé (cuisiné) surgelé (congelé)*
24 das Hähnchen
– *le poulet*
25 Konserven *f* (Vollkonserven; *mit beschränkter Haltbarkeit:* Präserven *f*)
– *les conserves* f *(les conserves* f *longue durée* f*;* avec date f limite de vente f: *semi-conserves f)*
26 die Konservendose
– *la boîte de conserve* f
27 die Gemüsekonserve
– *la boîte de conserve* f *de légumes* m
28 die Fischkonserve
– *la boîte de conserve* f *de poisson* m
29 die Remoulade
– *le bocal de sauce* f *remoulade*
30 die Erfrischungsgetränke *n*
– *les boissons* f *rafraîchissantes (désaltérantes)*

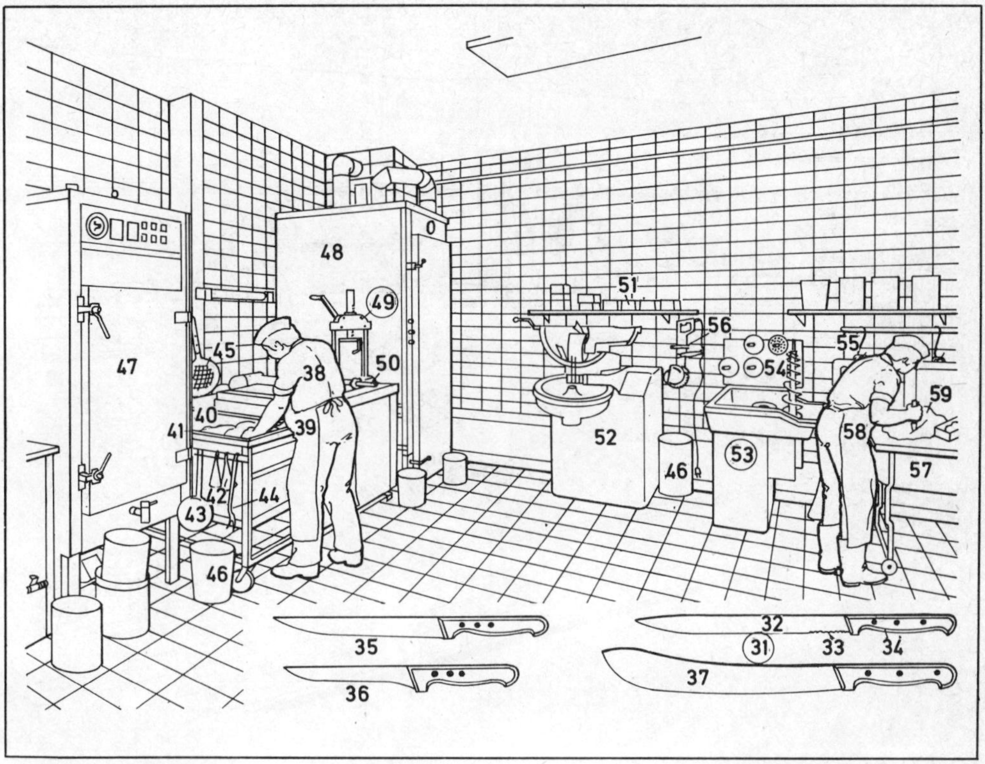

31-59 die Wurstküche (der Zubereitungsraum)
– ***la cuisine*** (*l'office* f ou m) ***de la charcuterie (le lieu de préparation*** f *des saucisses* f*)*

31-37 Fleischermesser *n* (Metzgermesser, Schlächtermesser)
– ***les couteaux*** m ***de boucher*** m

31 das Aufschnittmesser
– *le couteau à découper*

32 die Messerklinge
– *la lame de couteau* m

33 die Sägezahnung
– *la denture du couteau*

34 das Messerheft
– *le manche du couteau*

35 das Fleischmesser
– *le couteau à viande* f *(le couteau à dépecer)*

36 das Ausbeinmesser
– *le couteau à désosser*

37 das Blockmesser
– *le couteau à pointe* f *relevée*

38 der Fleischermeister (Fleischer, *obd./westd.* Metzger, Schlächter, *nd.* Schlachter)
– *le boucher (le maître boucher)*

39 die Fleischerschürze
– *le tablier de cuisine* f

40 die Mengmulde (*nd.* Schlachtermolle, Molle)
– *le pétrin à viande* f *(la cuve de malaxage* m, *de pétrissage* m*)*

41 der (das) Brät (das Bratwurstfüllsel, die Wurstmasse)
– *la chair à saucisse* f *(le hachis, la farce)*

42 die Schabglocke
– *le racloir*

43 der Schaumlöffel
– *l'écumoire* m

44 die Wurstgabel
– *la fourchette à chair* f *à saucisse* f

45 das Brühsieb
– *la passoire*

46 der Abfalleimer
– *la boîte à déchets* m *(la poubelle, la boîte à ordures* f*)*

47 der Kochschrank mit Backeinrichtung *f* für Dampf *m* oder Heißluft *f*
– *le réchaud-buffet (le fourneau) avec dispositif* m *de production* f *de vapeur* f *ou d'air* m *chaud pour la cuisson à l'étuvée (à l'étouffée* f*)*

48 die Räucherkammer
– *le fumoir*

49 der Handwurstfüller (Tischwurstfüller)
– *la machine à remplir les boyaux* m *à saucisses* f

50 das Füllrohr
– *le tube d'alimentation* f *(l'entonnoir* m *de remplissage* m*)*

51 die Gemüsebehälter *m*
– *les bocaux* m *de légumes* m

52 der Kutter für die Brätherstellung
– *la machine à préparer la chair à saucisse* f

53 der Fleischwolf (die Faschiermaschine)
– *le hachoir (le hache-viande)*

54 die Passierscheiben *f*
– *les plaques* f *de fond* m *à trous* m *(les grilles* f *avec couteau* m *hacheur)*

55 der Fleischhaken
– *le tendoir (l'esse* f, *l'allonge* f, *le croc à viande* f*)*

56 die Knochensäge
– *la scie à désosser (la scie de boucher* m*)*

57 die Hackbank
– *l'étal* m

58 der Fleischergeselle beim Zerlegen *n*
– *le garçon (le commis) boucher découpant la viande*

59 das Fleischstück
– *le morceau de viande* f

1-54 der Verkaufsraum der Bäckerei (Feinbäckerei, Konditorei)
– ***la boulangerie*** *(la boulangerie-pâtisserie)*
1 die Verkäuferin
– *la vendeuse*
2 das Brot (der Brotlaib, Laib)
– *le pain*
3 die Krume
– *la mie*
4 die Kruste (Brotrinde)
– *la croûte*
5 das Endstück (*n*orddt. die Kante)
– *le croûton*
6-12 Brotsorten *f*
– ***sortes*** f ***de pains*** m
6 das Rundbrot (Landbrot, ein Mischbrot *n*)
– *le pain rond (la miche, la boule, le pain de campagne* f*, le pain boulot), un pain bis*
7 das kleine Rundbrot
– *la petite boule*
8 das Langbrot, ein Roggenmischbrot *n*
– *le pain long, un pain de seigle* m
9 das Weißbrot
– *le pain blanc*
10 das Kastenbrot (*ugs.* Kommißbrot), ein Vollkornbrot *n*
– *le pain moulé (le pain de munition* f*), un pain complet*
11 der Stollen (Weihnachtsstollen, Christstollen)
– *le stolle de Dresde (le gâteau de Noël)*
12 das französische Weißbrot (die Baguette)
– *le pain blanc français (la baguette, la flûte)*

13-16 Brötchen *n* (*norddt.* Rundstücke, *landsch.* Wecke *m*, Wecken *m*, Semmeln *f*)
– ***petits pains*** m
13 die Semmel (*auch:* der Salzkuchen)
– *le petit pain chapelet*
14 das Weizenbrötchen (Weißbrötchen, *auch:* Salzbrötchen, Mohnbrötchen, Kümmelbrötchen)
– *le petit pain de froment* m *(le petit pain blanc fendu,* égal.: *le petit pain au sel, le petit pain au pavot, au cumin)*
15 das Doppelbrötchen
– *le petit pain double*
16 das Roggenbrötchen
– *le petit pain au seigle*
17-47 Konditoreiwaren *pl*
– ***la pâtisserie*** *(les gâteaux* m*)*
17 die Sahnerolle
– *le cornet feuilleté à la crème*
18 die Pastete, eine Blätterteigpastete
– *le vol-au-vent (la bouchée), un gâteau en pâte* f *feuilletée*
19 die Biskuitrolle
– *le biscuit roulé (le roulé)*
20 das Törtchen
– *la tartelette*
21 die Cremeschnitte
– *la tranche de gâteau* m *à la crème*
22-24 Torten *f*
– ***gâteaux*** m *à la crème (flans* m*) et tartes* f *aux fruits* m
22 die Obsttorte (*Arten:* Erdbeertorte, Kirschtorte, Stachelbeertorte; Pfirsichtorte, Rhabarbertorte)
– *la tarte aux fruits* m (var.: *tarte aux fraises* f, *tarte aux cerises* f *(clafoutis* m*), tarte aux groseilles* f *à maquereau, tarte aux pêches* f*, tarte à la rhubarbe)*
23 die Käsetorte
– *le gâteau au fromage*
24 die Cremetorte (*auch:* Sahnetorte, *Arten:* Buttercremetorte, Schwarzwälder Kirschtorte)
– *le gâteau à la crème (*égal.: *flan* m*;* var.: *le gâteau garni de crème* f *au beurre, le clafoutis de la Forêt-Noire)*
25 die Tortenplatte
– *le plat à gâteau* m
26 der Baiser (die Meringe, *schweiz.* Meringue)
– *la meringue*
27 der Windbeutel
– *le chou à la crème*
28 die Schlagsahne (*österr.* das Schlagobers)
– *la crème fouettée (la crème Chantilly)*
29 der Berliner Pfannkuchen (Berliner)
– *la boule de Berlin (le «Krapfen», le beignet viennois, le beignet soufflé)*
30 das Schweinsohr
– *le palmier*
31 die Salzstange (*auch:* Kümmelstange)
– *le bâtonnet salé (*égal.: *le bâtonnet au cumin)*
32 das Hörnchen
– *le croissant*
33 der Napfkuchen (Topfkuchen, *oberdt.* Gugelhupf)
– *le kouglof ou kugelhof*
34 der Kastenkuchen mit Schokoladenüberzug *m*
– *le gâteau moulé nappé (enrobé) de chocolat* m

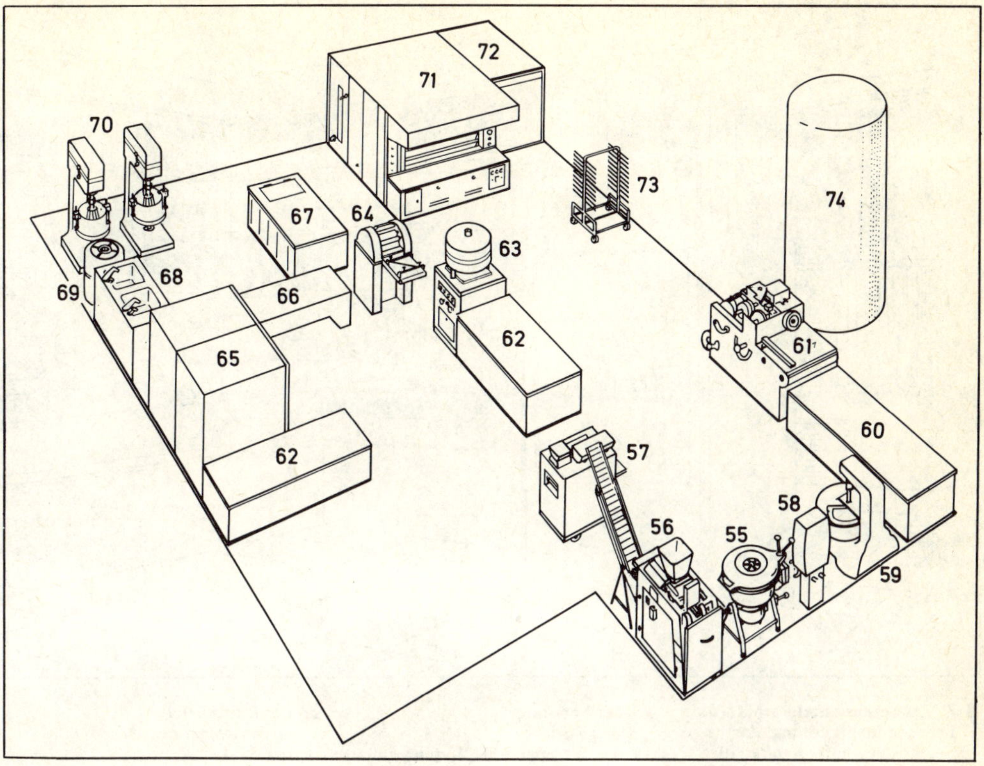

35 das Streuselgebäck
– *le biscuit saupoudré de rognures* f *de pâte* f
36 der Mohrenkopf
– *la profiterole au chocolat (le nègre en chemise* f*)*
37 die Makrone
– *le macaron*
38 die Schnecke (*landsch.* Schneckennudel)
– *l'escargot (le petit pain aux raisins* m*)*
39 der Amerikaner
– *le gâteau américain*
40 der Einback
– *le pain de mie* f
41 der Hefezopf
– *la tresse*
42 der Frankfurter Kranz
– *la couronne de Francfort*
43 der Blechkuchen (*Arten:* Streuselkuchen, Zuckerkuchen, Zwetschgenkuchen)
– *le gâteau en tranches* f (var.: *le gâteau garni de rognures* f *de pâte* f, *le gâteau couvert de sucre* m *glace, le gâteau aux quetsches)*
44 die Brezel (Laugenbrezel)
– *le bretzel*
45 die Waffel
– *la gaufre*
46 der Baumkuchen
– *le gâteau monté (la pièce montée)*
47 der Tortenboden
– *le fond de tarte* f *(l'abaisse* f*)*
48-50 abgepackte Brotsorten *f*
– ***pains*** m *préemballés*
48 das Vollkornbrot (*auch:* Weizenkeimbrot)
– *le pain complet* (égal.: *le pain aux germes* m *de blé* m*)*
49 der Pumpernickel
– *le pain noir de Westphalie (le «Pumpernickel»)*
50 das Knäckebrot
– *le pain croustillant (la galette suédoise)*
51 der Lebkuchen
– *le pain d'épice(s)* f
52 das Mehl (*Arten:* Weizenmehl, Roggenmehl)
– *la farine* (var.: *la farine de froment* m *(de blé* m*), la farine de seigle* m*)*
53 die Hefe
– *le levain (la levure de boulanger* m*)*
54 der Zwieback (Kinderzwieback)
– *la biscotte*
55-74 der Backraum (die Backstube)
– ***le fournil***
55 die Knetmaschine
– *le pétrin (la pétrisseuse)*
56-57 die Brotanlage
– ***l'unité*** f *de fabrication* f *du pain*
56 die Teigteilmaschine
– *la machine à découper la pâte (le découpe-pâte)*
57 die Wirkanlage
– *l'unité* f *de façonnage* m *(de mise* f *en forme* f*)*
58 das Wassermisch- und -meßgerät
– *l'appareil* m *de mélange* m *et de dosage* m *de l'eau* f *et de la farine*
59 der Mixer
– *le malaxeur (le batteur, le mélangeur, le mixeur)*
60 der Arbeitstisch
– *la table de travail* m
61 die Brötchenanlage
– *l'unité* f *de fabrication* f *des petits pains* m
62 der Arbeitstisch
– *la table de travail* m
63 die Teigteil- und Rundwirkmaschine
– *la machine à découper et à façonner la pâte*
64 die Hörnchenwickelmaschine
– *la machine à façonner les croissants* m
65 Frosteranlagen *f*
– *le congélateur (le freezer)*
66 das Fettbackgerät
– *la friteuse (la bassine à friture* f*)*
67-70 die Konditorei
– ***l'unité*** f *de fabrication* f *de pâtisserie* f
67 der Kühltisch
– *la table de refroidissement* m
68 die Spüle
– *l'évier* m
69 der Kocher
– *le réchaud*
70 die Rühr- und Schlagmaschine
– *le batteur-mélangeur*
71 der Etagenofen (Backofen)
– *le four à étages* m *(le four de boulanger* m*)*
72 der Gärraum
– *la chambre de fermentation* f *(de levage* m *de la pâte)*
73 der Gärwagen
– *le chariot de la chambre de fermentation* f
74 die Mehlsiloanlage
– *le silo à farine* f

1-87 das Lebensmittelgeschäft (die Lebensmittelhandlung, das Feinkostgeschäft, *veraltet:* die Kolonialwarenhandlung), ein Einzelhandelsgeschäft *n*
– ***le magasin d'alimentation*** f *(l'épicerie* f, *l'épicerie* f *fine), un magasin de détail* m

1 die Schaufensterauslage
– *l'étalage* m

2 das Plakat (Werbeplakat)
– *l'affiche* f *publicitaire*

3 die Kühlvitrine
– *la vitrine réfrigérée*

4 die Wurstwaren *pl*
– *la charcuterie*

5 der Käse
– *le fromage*

6 das Brathähnchen
– *le poulet à rôtir*

7 die Poularde, eine gemästete Henne
– *la poularde*

8-11 Backzutaten *f*
– ***les produits*** m ***pour la pâtisserie***

8 die Rosinen *f*; *ähnl.:* Sultaninen
– *les raisins* m *secs*

9 die Korinthen *f*
– *les raisins* m *de Corinthe*

10 das Zitronat
– *le citronnat (le citron confit)*

11 das Orangeat
– *l'orangeat (l'orange* f *confite)*

12 die Neigungswaage, eine Schnellwaage
– *la balance automatique*

13 der Verkäufer
– *le vendeur*

14 das Warengestell (Warenregal)
– *les rayonnages* m

15-20 Konserven *f*
– ***les conserves*** f

15 die Büchsenmilch (Dosenmilch)
– *le lait condensé (le lait en boîte* f*)*

16 die Obstkonserve
– *les fruits* m *en conserve* f

17 die Gemüsekonserve
– *les légumes* m *en conserve* f

18 der Fruchtsaft
– *le jus de fruits* m

19 die Ölsardinen *f*, eine Fischkonserve
– *les sardines* f *à l'huile* f, *une conserve de poisson* m

20 die Fleischkonserve
– *la viande en conserve* f

21 die Margarine
– *la margarine*

22 die Butter
– *le beurre*

23 das Kokosfett, ein Pflanzenfett *n*
– *la graisse végétale*

24 das Öl; *Arten:* Tafelöl, Salatöl; Olivenöl, Sonnenblumenöl, Weizenkeimöl, Erdnußöl
– *l'huile* f *(*var.: *huile* f *de table* f, *d'olives* f, *de tournesol* m, *de germes* m *de blé* m, *d'arachides* f*)*

25 der Essig
– *le vinaigre*

26 der Suppenwürfel
– *le potage en tablettes* f *(en cubes* m*)*

27 der Brühwürfel
– *le consommé en cubes* m

28 der Senf
– *la moutarde*

29 die Essiggurke
– *le cornichon au vinaigre* m

30 die Suppenwürze
– *l'arôme* m *pour potages* m

31 die Verkäuferin
– *la vendeuse*

32-34 Teigwaren *pl*
– ***les pâtes*** f ***alimentaires***

32 die Spaghetti *pl*
– *les spaghetti* m

33 die Makkaroni *pl*
– *les macaroni* m

34 die Nudeln *f*
– *les nouilles* f

35-39 Nährmittel *pl*
– ***produits*** m ***alimentaires***

35 die Graupen *f*
– *l'orge* m *perlé*

36 der Grieß
– *la semoule*

37 die Haferflocken *f*
– *les flocons* m *d'avoine* f

38 der Reis
– *le riz*

39 der Sago
– *le tapioca*

40 das Salz
– *le sel*

41 der Kaufmann (Händler), ein Einzelhändler *m*
– *le commerçant, un commerçant-détaillant*

42 die Kapern *f*
– *les câpres* f
43 die Kundin
– *la cliente*
44 der Kassenzettel
– *la fiche de caisse* f
45 die Einkaufstasche
– *le sac à provisions* f
46-49 Packmaterial *n*
– ***les matériaux*** **m** ***d'emballage*** **m**
46 das Einwickelpapier
– *le papier d'emballage* m
47 der Klebestreifen
– *le ruban adhésif*
48 der Papierbeutel
– *le sac en papier* m
49 die spitze Tüte
– *le cornet*
50 das Puddingpulver
– *l'entremets* m *en sachet* m
51 die Konfitüre
– *la configure*
52 die Marmelade
– *la marmelade*
53-55 Zucker *m* – ***le sucre***
53 der Würfelzucker
– *le sucre en morceaux* m
54 der Puderzucker
– *le sucre en poudre* f
55 der Kristallzucker, eine Raffinade
– *le sucre cristallisé*
56-59 Spirituosen *pl*
– ***les spiritueux*** **m**
56 der Korn, ein klarer Schnaps *m* (Branntwein)
– *l'alcool* m *de grains* m

57 der Rum
– *le rhum*
58 der Likör
– *la liqueur*
59 der Weinbrand (Kognak)
– *le cognac*
60-64 Wein *m* **in Flaschen** *f*
– ***vins*** **m** ***en bouteilles*** **f**
60 der Weißwein
– *le vin blanc*
61 der Chianti
– *le chianti*
62 der Wermut
– *le vermouth*
63 der Sekt (Schaumwein)
– *le vin mousseux (le mousseux)*
64 der Rotwein
– *le vin rouge*
65-68 Genußmittel *n*
– ***les stimulants*** **m**
65 der Kaffee (Bohnenkaffee)
– *le café (café en grains* m*)*
66 der Kakao
– *le cacao*
67 die Kaffeesorte
– *la variété de café* m
68 der Teebeutel
– *le thé en sachets* m
69 die elektr. Kaffeemühle
– *le moulin à café* m *électrique*
70 die Kaffeeröstmaschine
– *le torréfacteur*
71 die Rösttrommel
– *le tambour de torréfaction* f
72 die Probierschaufel
– *la pelle de prélèvement* m

73 die Preisliste
– *le tableau des prix* m *du jour* m
74 die Tiefkühltruhe
– *le congélateur*
75-86 Süßwaren *pl*
– ***la confiserie***
75 das (der) Bonbon
– *le bonbon*
76 die Drops *m*
– *les bonbons acidulés*
77 die Karamelle
– *les caramels* m
78 die Schokoladentafel
– *la tablette de chocolat* m
79 die Bonbonniere
– *la boîte de chocolats* m
80 die Praline (das Praliné), ein Konfekt *n*
– *un chocolat (une crotte de chocolat* m*)*
81 der Nougat (Nugat)
– *le nougat*
82 das Marzipan
– *la pâte d'amandes* f
83 die Weinbrandbohne
– *la bouchée à la liqueur*
84 die Katzenzunge
– *la langue de chat* m
85 der Krokant
– *la nougatine*
86 die Schokoladentrüffel
– *les truffes* f *au chocolat*
87 das Tafelwasser (Selterswasser, der Sprudel)
– *l'eau* f *de table* f *(l'eau* f *minérale, l'eau* f *gazeuse)*

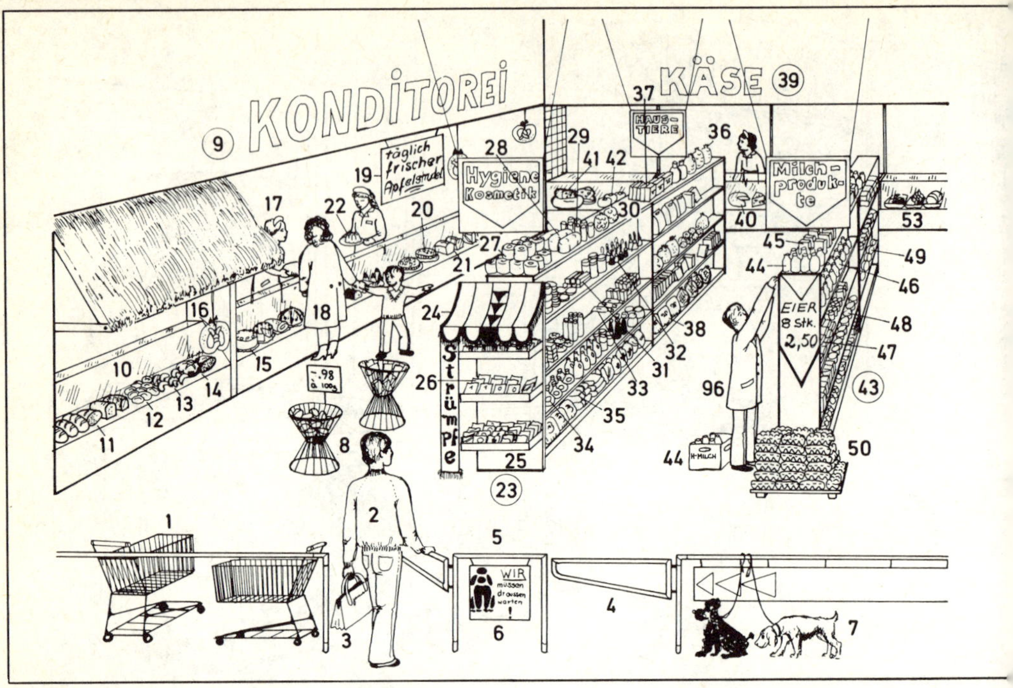

1-95 der Supermarkt, ein Selbstbedienungsgeschäft *n* für Lebensmittel *n*
– ***le supermarché,*** *un magasin d'alimentation* f *libre service* m
1 der Einkaufswagen
– *le caddie*
2 der Kunde (Käufer)
– *le client (l'acheteur* m*)*
3 die Einkaufstasche
– *le sac à provisions* f
4 der Zugang zum Verkaufsraum *m*
– *le portillon d'entrée* f
5 die Absperrung (Barriere)
– *la barrière*
6 das Hundeverbotsschild
– *le panneau interdisant l'entrée* f *des chiens* m
7 die angeleinten Hunde *m*
– *les chiens* m *attachés*
8 der Verkaufskorb
– *la corbeille de présentation* f
9 die Backwarenabteilung (Brotabteilung, Konditoreiabteilung)
– ***le rayon boulangerie-pâtisserie*** f
10 die Backwarenvitrine
– *la vitrine*
11 die Brotsorten *f*
– *les variétés* f *de pain* m
12 die Brötchen *n*
– *les petits pains* m
13 die Hörnchen *n*
– *les croissants* m
14 das Landbrot
– *le pain de campagne* f
15 die Torte
– *le gâteau*
16 die Jahresbrezel *[südd.]*, eine Hefebrezel
– *le bretzel [inconnu en France sous forme de grand pain]*
17 die Verkäuferin
– *la vendeuse*
18 die Kundin (Käuferin)
– *la cliente (l'acheteuse* f*)*
19 das Angebotsschild
– *le panonceau pour offres* f *spéciales*
20 die Obsttorte
– *la tarte aux fruits* m
21 der Kastenkuchen
– *le cake*
22 der Napfkuchen
– *le kouglof ou kugelhof*
23 die Kosmetikgondel, eine Gondel (ein Verkaufsregal *n*)
– ***la gondole de produits*** m ***de beauté*** f *(une gondole, une étagère)*
24 der Baldachin
– *le baldaquin*
25 das Strumpffach
– *le présentoir à bas* m
26 die Strumpfpackung
– *le sachet de bas* m
27-35 Körperpflegemittel (Kosmetika) *n*
– ***cosmétiques*** m
27 die Cremedose (Creme; *Arten:* Feuchtigkeitscreme *f*, Tagescreme *f*, Nachtcreme *f*, Handcreme *f*)
– *le pot de crème* f *(*var.: *crème* f *hydratante, crème* f *de jour* m, *crème* f *de nuit* f, *crème* f *pour les mains* f*)*
28 die Wattepackung
– *le paquet de coton* m *hydrophile*
29 die Puderdose
– *la boîte de poudre* f
30 die Packung Wattebäuschchen *n*
– *le paquet de cotons* m *à démaquiller*
31 die Zahnpastapackung
– *le tube de pâte* f *dentifrice*
32 der Nagellack
– *le vernis à ongles* m
33 die Cremetube
– *le tube de crème* f
34 der Badezusatz
– *les sels* m *de bain* m
35 Hygieneartikel *m*
– *articles* m *d'hygiène* f
36-37 die Tiernahrung
– *aliments* m *pour animaux* m
36 die Hundevollkost
– *l'aliment* m *complet pour chiens* m
37 die Packung Hundekuchen *m*
– *le biscuit de chien* m
38 die Packung Katzenstreu *f*
– *la sciure pour chat* m
39 die Käseabteilung
– ***le rayon fromages*** m
40 der Käselaib
– *la meule de fromage* m
41 der Schweizer Käse (Emmentaler) mit Löchern *n*
– *le fromage suisse (Emmental) à trous* m
42 der Edamer (Edamer Käse), ein Rundkäse
– *le fromage de Hollande (Edam), un fromage en boule* f
43 die Milchproduktegondel
– *la gondole des produits* m *laitiers*
44 die H-Milch (haltbare, hocherhitzte und homogenisierte Milch)
– *le lait longue conservation* f
45 der Milchbeutel
– *le lait en briques* f *carton* m
46 die Sahne
– *la crème*
47 die Butter
– *le beurre*
48 die Margarine
– *la margarine*
49 die Käseschachtel
– *le fromage en boîte* f

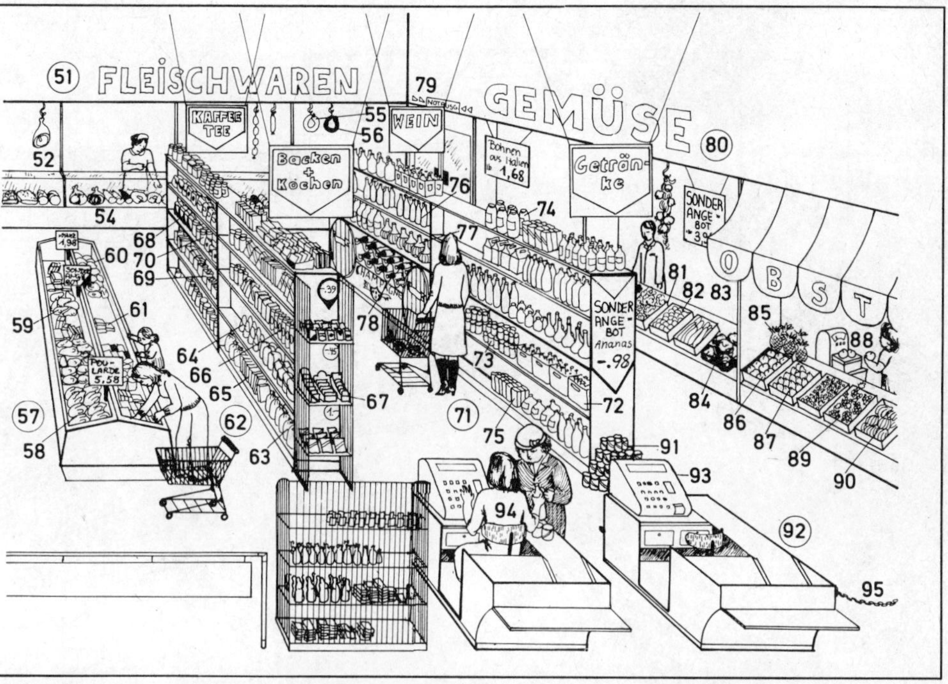

50 die Eierpackung
– *les œufs en boîte* f
51 die Frischfleischabteilung (Fleischwarenabteilung)
– ***le rayon boucherie*** f
52 der Knochenschinken
– *le jambon de pays* m
53 die Fleischwaren *pl*
– *les viandes* f
54 die Wurstwaren *pl*
– *les saucissons* m
55 der Fleischwurstring
– *la saucisse*
56 der Rotwurstring (die Blutwurst)
– *le boudin*
57 die Tiefkühlbox
– *le congélateur*
58-61 das Gefriergut
– ***les produits*** m ***surgelés***
58 die Poularde
– *la poularde*
59 der Putenschlegel
– *la cuisse de dinde* f
60 das Suppenhuhn
– *la poule*
61 das Gefriergemüse
– *les légumes* m *surgelés*
62 die Back- und Nährmittelgondel
– ***la gondole des produits*** m ***pâtissiers et alimentaires***
63 das Weizenmehl
– *la farine de blé* m
64 der Zuckerhut
– *le pain de sucre* m
65 die Packung Suppennudeln *f*
– *le paquet de pâtes* f *à potage* m
66 das Speiseöl
– *l'huile* f
67 die Gewürzpackung
– *le paquet d'épices* f
68-70 die Genußmittel *n*
– ***les stimulants*** m
68 der Kaffee
– *le café*
69 die Teeschachtel
– *le paquet de thé* m
70 der lösliche Pulverkaffee (Instantkaffee)
– *le café soluble (café instantané)*
71 die Getränkegondel
– ***la gondole des boissons*** f
72 der Bierkasten (Kasten Bier *n*)
– *le pack de bière* f
73 die Bierdose (das Dosenbier)
– *la bière en boîtes* f
74 die Fruchtsaftflasche
– *la bouteille de jus* m *de fruits* m
75 die Fruchtsaftdose
– *le jus de fruits* m *en boîte* f
76 die Weinflasche
– *la bouteille de vin* m
77 die Chiantiflasche
– *la bouteille de chianti* m
78 die Sektflasche
– *la bouteille de vin* m *mousseux*
79 der Notausgang
– *la sortie de secours* m
80 die Obst- und Gemüseabteilung
– ***le rayon légumes*** m ***et fruits*** m
81 der Gemüsekorb
– *le cageot de légumes* m
82 die Tomaten *f*
– *les tomates* f
83 die Gurken *f*
– *les concombres* m
84 der Blumenkohl
– *le chou-fleur*
85 die Ananas
– *l'ananas* m
86 die Äpfel *m*
– *les pommes* f
87 die Birnen *f*
– *les poires* f
88 die Obstwaage
– *la balance*
89 die Weintrauben *f*
– *les raisins* m
90 die Bananen *f*
– *les bananes* f
91 die Konservendose
– *la boîte de conserves* f
92 der Kassenstand (die Kasse)
– ***la caisse***
93 die Registrierkasse
– *la caisse enregistreuse*
94 die Kassiererin
– *la caissière*
95 die Sperrkette
– *la chaîne*

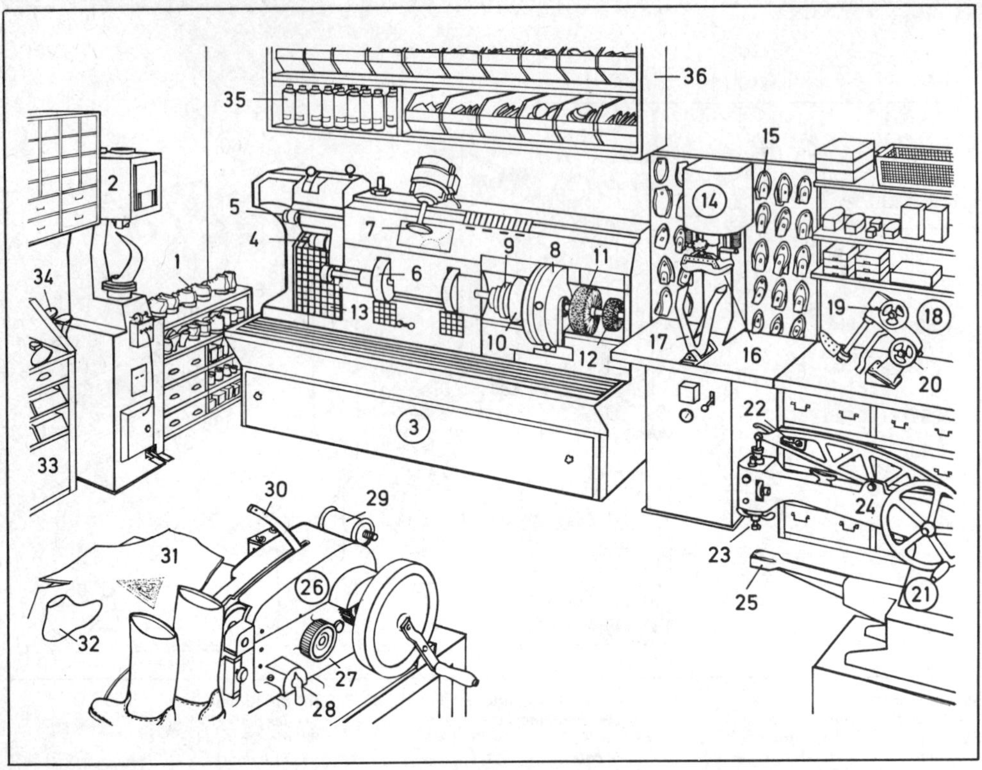

1-68 die Schuhmacherwerkstatt (*landsch.* Schusterwerkstatt)
– *l'atelier* m *de cordonnier* m *(la cordonnerie)*

1 die fertigen (reparierten) Schuhe *m*
– *les chaussures* f *réparées (ressemelées)*

2 die Durchnähmaschine
– *la machine à piquer (à ressemeler)*

3 die Ausputzmaschine
– *la machine de finissage* m

4 der Absatzfräser
– *la fraise à talon* m

5 die Wechselfräser *m*
– *les fraises* f *de rechange* m

6 die Schleifscheibe
– *la meule*

7 der Bimskreisel
– *le disque de ponçage* m

8 der Antrieb
– *l'organe* m *d'entraînement* m

9 der Schnittdrücker
– *le poussoir*

10 die Schwabbelscheibe
– *le disque de polissage* m *en toile* f *de coton* m *(la meule à polir, le polissoir)*

11 die Polierbürste
– *la brosse à polir*

12 die Roßhaarbürste
– *la brosse de crin* m

13 die Absaugung
– *la grille d'aspiration* f

14 die automatische Sohlenpresse
– *la presse à monter les semelles* f *automatique*

15 die Preßplatte
– *les moules* m *(les accessoires* m *de presse* f*)*

16 das Preßkissen
– *le coussinet amortisseur (le patin amortisseur)*

17 die Andruckbügel *m*
– *le pied presseur (le socle, l'enclume* f*)*

18 der Ausweitapparat
– *la machine à élargir les chaussures* f

19 die Verstellvorrichtung für Weite *f*
– *le dispositif de réglage* m *de la largeur*

20 die Verstellvorrichtung für Länge *f*
– *le dispositif de réglage* m *de la longueur*

21 die Nähmaschine
– *la machine à coudre*

22 die Stärkeverstellung
– *le dispositif de réglage* m *de la tension du fil*

23 der Fuß
– *la barre à aiguille* f *(le presseur)*

24 das Schwungrad
– *le volant*

25 der Langarm
– *le pied-de-biche*

26 die Doppelmaschine
– *la machine à piquer (à monter les semelles* f*)*

27 der Fußanheber
– *le relève-presseur (le dispositif de levage* m*)*

28 die Vorschubeinstellung
– *la manette d'avancement* m

29 die Fadenrolle
– *la bobine (la canette, le dévidoir)*

30 der Fadenführer
– *le guide-fil*

31 das Sohlenleder
– *le cuir à semelle* f

32 der Leisten
– *la forme (l'embauchoir* m*)*

33 der Arbeitstisch
– *la table de travail* m *(l'établi* m*)*

34 der Eisenleisten
– *la forme métallique (l'embauchoir* m *en fer* m*)*

35 die Farbsprühdose
– *le pulvérisateur de teinture* f

36 das Materialregal
– *l'étagère* f *de rangement* m *du matériel de cordonnier* m *(des crépins* m*, du saint-crépin)*

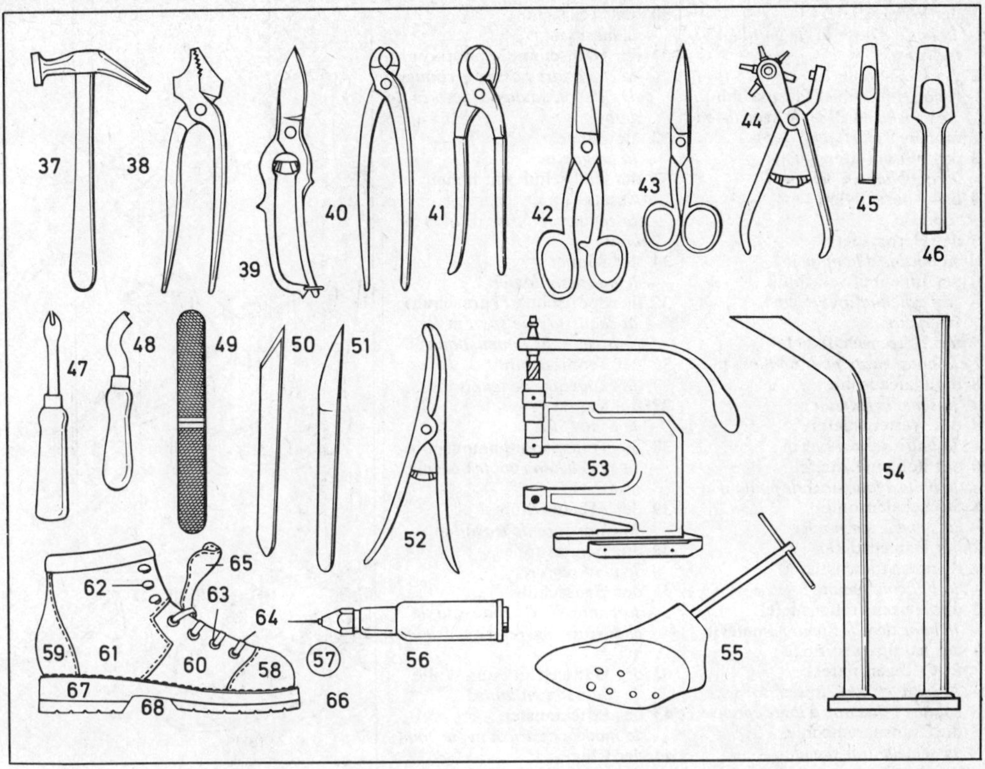

37 der Schusterhammer
– *le marteau de cordonnier* m
38 die Falzzange
– *la pince multiprise*
39 die Bodenlederschere
– *la cisaille articulée*
40 die kleine Beißzange
– *les tenailles* f *russes*
41 die große Beißzange (Kneifzange)
– *les grosses tenailles* f
42 die Oberlederschere
– *les grands ciseaux* m *pour couper les empeignes* f
43 die Fadenschere
– *les ciseaux* m *de lingère* f
44 die Revolverlochzange
– *l'emporte-pièce* m *«revolver» (la pince emporte-pièce* m *à barillet* m *de six tubes* m*)*
45 das Locheisen
– *l'emporte-pièce* m
46 das Henkellocheisen
– *l'emporte-pièce* m *à poignée* f
47 der Stiftenzieher
– *le tire-clous (le pied-de-biche)*
48 das Randmesser
– *le tranchet à faire les bords* m *(le buis)*
49 die Schuhmacherraspel
– *la râpe de cordonnier*
50 das Schustermesser
– *le couteau de cordonnier* m
51 das Schärfmesser
– *le tranchet*
52 die Kappenheberzange
– *la pince à bout* m *renforcé*
53 die Ösen-, Haken- und Druckknopfeinsetzmaschine
– *la machine à poser les œillets* m, *les crochets* m *et les boutons-pression* m
54 der Arbeitsständer (Eisenfuß)
– *l'enclume* f *(le socle de travail* m *à formes* f *métalliques)*
55 der Weitfixleisten
– *l'embauchoir* m *tendeur*
56 das Nagelheft
– *la poignée à poinçon* m
57 der Stiefel
– *la chaussure montante (la chaussure de marche* f*)*
58 die Vorderkappe
– *le bout dur (renforcé, bombé)*
59 die Hinterkappe
– *le contrefort*
60 das Vorderblatt
– *l'empeigne* f *(la claque)*
61 das Seitenteil (das Quartier)
– *le quartier de tige* f
62 der Haken
– *le crochet*
63 die Öse
– *l'œillet* m
64 das Schnürband
– *le lacet*
65 die languette *(le soufflet lorsque cousue des deux côtés* m*)*
66 die Sohle
– *la semelle*
67 der Absatz
– *le talon*
68 das Gelenk
– *la cambrure*

101 Schuhe — *Chaussures*

1 der Winterstiefel
– *la botte d'hiver* m *(le bottillon isotherme)*
2 die PVC-Sohle (Kunststoffsohle, Plastiksohle)
– *la semelle en PVC (la semelle en matière* f *plastique)*
3 das Plüschfutter
– *la doublure en peluche* f
4 das Anoraknylon
– *le nylon*
5 der Herrenstiefel
– *la bottine d'homme* m
6 der Innenreißverschluß
– *la fermeture à glissière* f *intérieure*
7 der Herrenschaftstiefel
– *la botte haute pour hommes* m
8 die Plateausohle
– *la semelle plateau* m
9 der Westernstiefel
– *la botte de cow-boy* m
10 der Fohlenfellstiefel
– *la botte à fourrure* f *de poulain* m
11 die Schalensohle
– *la semelle surmoulée*
12 der Damenstiefel (Damenstraßenstiefel)
– *la botte de femme* f
13 der Herrenstraßenstiefel
– *la botte de ville* f *pour hommes* m
14 der nahtlos gespritzte PVC-Regenstiefel
– *la botte en PVC injecté sans couture* f *(la botte à toute épreuve* f*)*
15 die Transparentsohle
– *la semelle translucide*
16 die Stiefelkappe
– *le bout de botte* f
17 das Trikotfutter
– *la doublure en tricot* m *(tricotée)*
18 der Wanderstiefel
– *la chaussure de marche* f *(la chaussure montante, le botillon)*
19 die Profilsohle
– *la semelle profilée à crampons* m *(à crans* m*, à crantage* m *antidérapant)*
20 der gepolsterte Schaftrand
– *le haut de tige* f *rembourré (matelassé)*
21 die Verschnürung
– *les lacets* m *(le laçage)*
22 die Badepantolette
– *la mule de bain* m
23 das Oberteil aus Frottierstoff
– *l'empeigne* f *en tissu* m *éponge*
24 die Pololaufsohle
– *la semelle extérieure*
25 der Pantoffel
– *la mule (la pantoufle)*
26 das Breitkordoberteil
– *l'empeigne* f *en velours* m *côtelé*
27 der Spangenpumps
– *le soulier de bal* m *(le haut-talon, le soulier à brides* f*, décolleté)*
28 der hohe Absatz (Stöckelabsatz)
– *le talon aiguille* f
29 der Pumps
– *l'escarpin* m
30 der Mokassin
– *le mocassin*
31 der Halbschuh (Schnürschuh)
– *la chaussure basse (la chaussure de ville* f*, le soulier à lacets* m*, le derby)*
32 die Zunge
– *la languette*
33 der Halbschuh mit hohem Absatz
– *la chaussure basse à talon* m *haut*
34 der Slipper
– *le mocassin loafer*
35 der Sportschuh (Turnschuh)
– *la chaussure de sport* m *(la chaussure de gymnastique* f*)*
36 der Tennisschuh
– *la chaussure de tennis* m
37 die Kappe
– *le contrefort*
38 die Transparentgummisohle
– *la semelle en caoutchouc* m *translucide*
39 der Arbeitsschuh
– *la chaussure de travail* m
40 die Schutzkappe
– *le bout renforcé*
41 der Hausschuh
– *la pantoufle (le chausson, la chaussure légère, d'appartement* m*)*
42 der Hüttenschuh aus Wolle
– *le chausson en laine* f
43 das Strickmuster
– *le modèle de tricot* m *(le point)*
44 der Clog
– *le sabot semelle* f *bois* m
45 die Holzsohle
– *la semelle en bois* m
46 das Oberteil aus Softrindleder
– *l'empeigne* f *en cuir* m *souple*
47 der Töffel
– *le sabot semelle* f *plastique* m
48 die Dianette
– *le nu-pied (la chaussure de plage* f*)*
49 die Sandalette
– *la sandalette*
50 das orthopädische Fußbett
– *la semelle orthopédique intérieure*
51 die Sandale
– *la sandale*
52 die Schuhschnalle
– *la boucle*
53 der Slingpumps
– *le soulier à bride* f *à talon* m *haut*
54 der Stoffpumps
– *l'escarpin* m *en toile* f *(l'espadrille* f*)*
55 der Keilabsatz
– *la semelle compensée*
56 der Lernlaufkinderschuh
– *la chaussure de marche* f *pour enfants* m

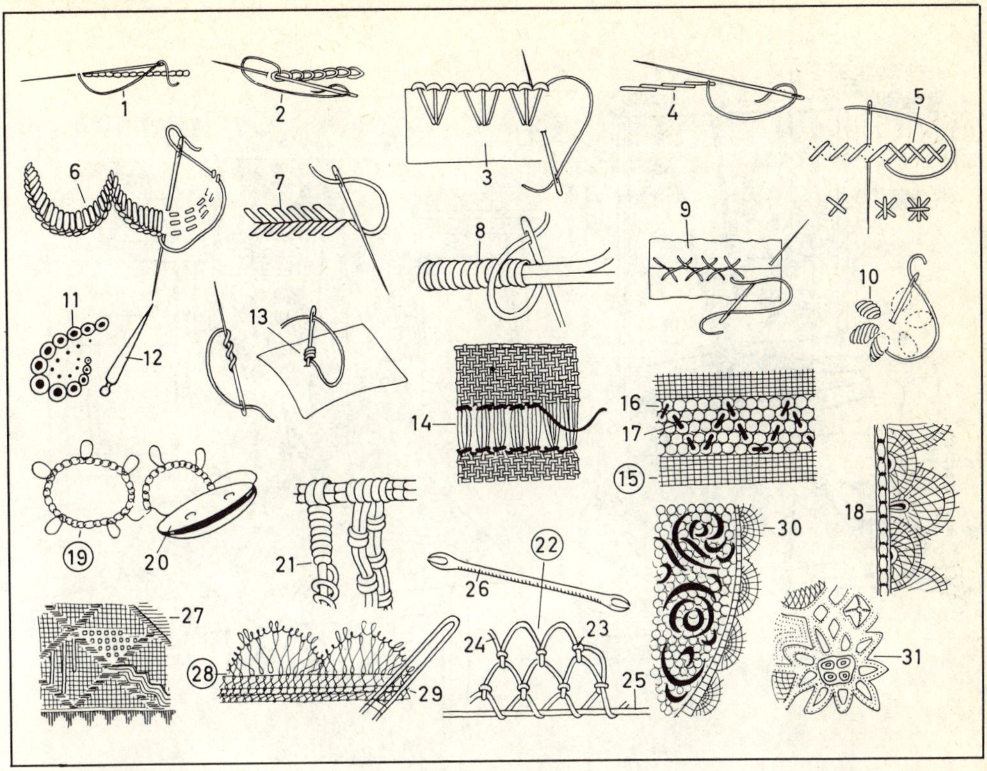

1 die Steppnaht
– *le point de piqûre* f
2 der Kettenstich
– *le point de chaînette* f
3 der Zierstich
– *le point de fantaisie* f
4 der Stielstich
– *le point de tige* f
5 der Kreuzstich
– *le point de croix* f
6 der Langettenstich
– *le point de feston* m
7 der Zopfstich
– *le point d'épine* f
8 der Schnurstich
– *le point de bourdon* m *(le point de cordonnet* m*)*
9 der Hexenstich
– *le point de chausson* m
10 die Plattsticharbeit (Flachsticharbeit, Flachstickarbeit)
– *le plumetis*
11 die Lochstickerei
– *la broderie anglaise*
12 der Lochstecher
– *le poinçon*
13 der Knötchenstich (Knotenstich)
– *le point d'arme* f
14 die Durchbrucharbeit (der Hohlsaum)
– *les jours* m
15 die Tüllarbeit (Tüllspitze)
– *la broderie sur tulle* m
16 der Tüllgrund (Spitzengrund)
– *le fond de tulle* m
17 der Durchzug
– *le point de reprise* f
18 die Klöppelspitze; *Arten:* Valenciennesspitzen, Brüsseler Spitzen
– *la dentelle aux fuseaux* m *(*var.: *dentelle de Valenciennes, dentelle de Bruxelles)*
19 die Schiffchenarbeit (Frivolitätenarbeit, Okkiarbeit, Occhiarbeit)
– *la frivolité*
20 das Schiffchen
– *la navette*
21 die Knüpfarbeit (das Makramee)
– *le macramé*
22 die Filetarbeit (Netzarbeit, das Filament)
– *le filet*
23 die Filetschlinge (der Filetknoten)
– *la maille (le nœud)*
24 der Filetfaden
– *le fil à filet* m
25 der Filetstab
– *le moule*
26 die Filetnadel (Netznadel, Schütze, Filiernadel)
– *la navette*
27 die Ajourarbeit (Durchbrucharbeit)
– *la broderie sur filet* m
28 die Gabelhäkelei (Gimpenhäkelei)
– *la dentelle à la fourche*
29 die Häkelgabel
– *la fourche*
30 die Nadelspitzen *f* (Nähspitzen, die Spitzenarbeit); *Arten:* Reticellaspitzen, Venezianerspitzen, Alençonspitzen; *ähnl.* mit Metallfaden *m:* die Filigranarbeit
– *la dentelle à l'aiguille* f *(*var.: *dentelle reticella, point* m *de Venise, point* m *d'Alençon, avec fil métallique: filigrane* m*)*
31 die Bändchenstickerei (Bändchenarbeit)
– *la dentelle Renaissance*

1-27 das Damenschneideratelier
– ***l'atelier*** m ***de tailleur*** m ***pour dames*** f

1 der Damenschneider
– *le tailleur pour dames* f

2 das Maßband (Bandmaß), ein Metermaß *n*
– *le mètre ruban, un centimètre*

3 die Zuschneideschere
– *les ciseaux* m *de coupe* f *(les ciseaux* m *de tailleur* m*)*

4 der Zuschneidetisch
– *la table de coupe* f

5 das Modellkleid
– *la robe modèle* m

6 die Schneiderpuppe (Schneiderbüste)
– *le mannequin de tailleur* m

7 der Modellmantel
– *le manteau modèle* m

8 die Schneidernähmaschine
– *la machine à coudre de tailleur* m

9 der Antriebsmotor
– *le moteur d'entraînement* m

10 der Treibriemen
– *la courroie de transmission* f

11 die Fußplatte
– *la pédale*

12 das Nähmaschinengarn (die Garnrolle)
– *le fil à coudre, une bobine de fil* m

13 die Zuschneideschablone
– *l'équerre* f *de patronnage* m

14 das Nahtband (Kantenband)
– *l'extra-fort* m *(l'extrafort* m*)*

15 die Knopfschachtel
– *la boîte de boutons* m

16 der Stoffrest
– *la chute de tissu* m

17 der fahrbare Kleiderständer
– *le portemanteau mobile*

18 der Flächenbügelplatz
– *la table de repassage* m

19 die Büglerin
– *la repasseuse*

20 das Dampfbügeleisen
– *le fer à vapeur* f

21 die Wasserzuleitung
– *le tuyau d'arrivée* f *d'eau* f

22 der Wasserbehälter
– *le réservoir d'eau* f

23 die neigbare Bügelfläche
– *le plan de repassage* m *inclinable*

24 die Bügeleisenschwebevorrichtung
– *le portique de guidage* m *du fer à repasser*

25 die Saugwanne für die Dampfabsaugung
– *le bac d'aspiration* f *de vapeur* f

26 die Fußschalttaste für die Absaugung
– *la pédale d'aspiration* f

27 der aufgebügelte Vliesstoff
– *le non-tissé repassé*

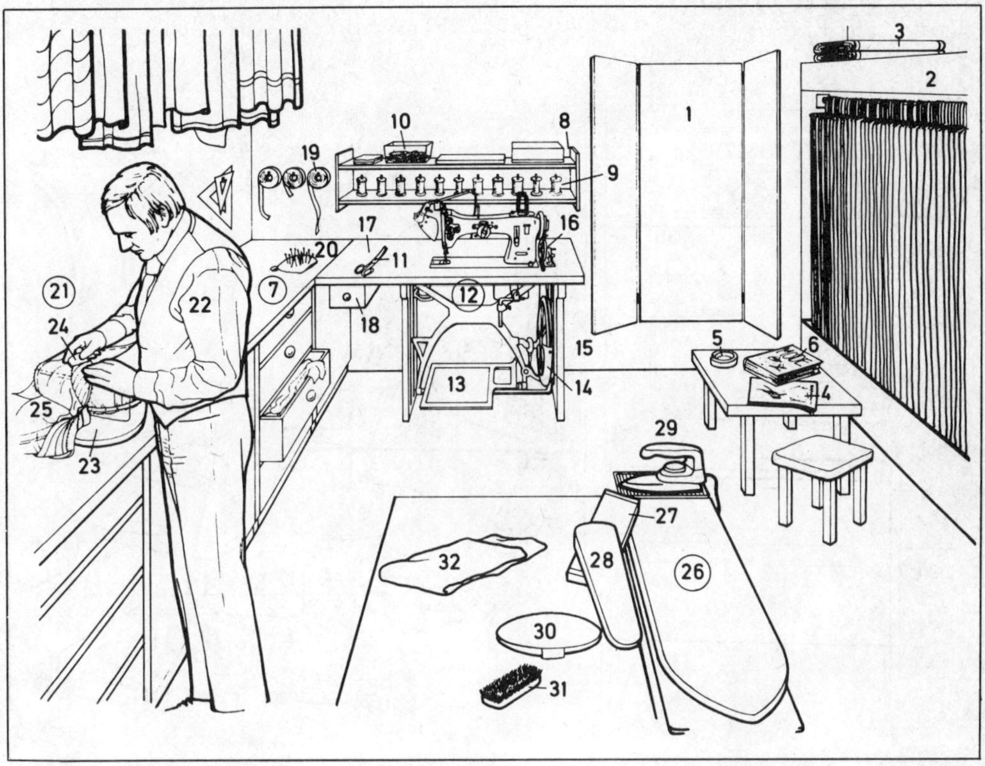

1-32 das Herrenschneideratelier
– ***l'atelier*** **m *de tailleur*** **m *pour hommes*** m

1 der dreiteilige Spiegel
– *le miroir triple*

2 die Stoffbahnen *f*
– *les coupes* f *de tissu* m

3 der Anzugstoff
– *le tissu pour costumes* m

4 das Modejournal
– *le journal de mode* f *(la revue de mode* f*)*

5 der Aschenbecher
– *le cendrier*

6 der Modekatalog
– *le catalogue de mode* f

7 der Arbeitstisch
– *la table de travail* m

8 das Wandregal
– *l'étagère* f *murale*

9 die Nähgarnrolle
– *la bobine de fil* m *à coudre*

10 die Nähseidenröllchen *n*
– *les fusettes* f *de soie* f *à coudre*

11 die Handschere
– *les ciseaux* m *de tailleur* m

12 die kombinierte Elektro- und Tretnähmaschine
– *la machine à coudre mixte, électrique et à pédale* f

13 der Tritt
– *la pédale*

14 der Kleiderschutz
– *le protège-jupe*

15 das Schwungrad
– *le volant*

16 der Unterfadenumspuler
– *le bobinage de canette* f

17 der Nähmaschinentisch
– *la table de machine* f *à coudre*

18 die Nähmaschinenschublade
– *le tiroir de machine* f *à coudre*

19 das Kantenband
– *l'extra-fort* m *(l'extrafort* m*)*

20 das Nadelkissen
– *la pelote à épingles* f

21 die Anzeichnerei
– *le marquage à la craie*

22 der Herrenschneider
– *le tailleur pour hommes* m

23 das Formkissen
– *la forme de tailleur* m

24 die Schneiderkreide
– *la craie tailleur* m

25 das Werkstück
– *la pièce*

26 der Dampfbügler
– *la table de repassage* m *à la vapeur*

27 der Schwenkarm
– *le bras pivotant*

28 das Bügelformkissen
– *la jeannette*

29 das Bügeleisen
– *le fer à repasser*

30 das Handbügelkissen
– *la moufle de repassage* m

31 die Stoffbürste
– *la brosse à habits* m

32 das Bügeltuch
– *la pattemouille*

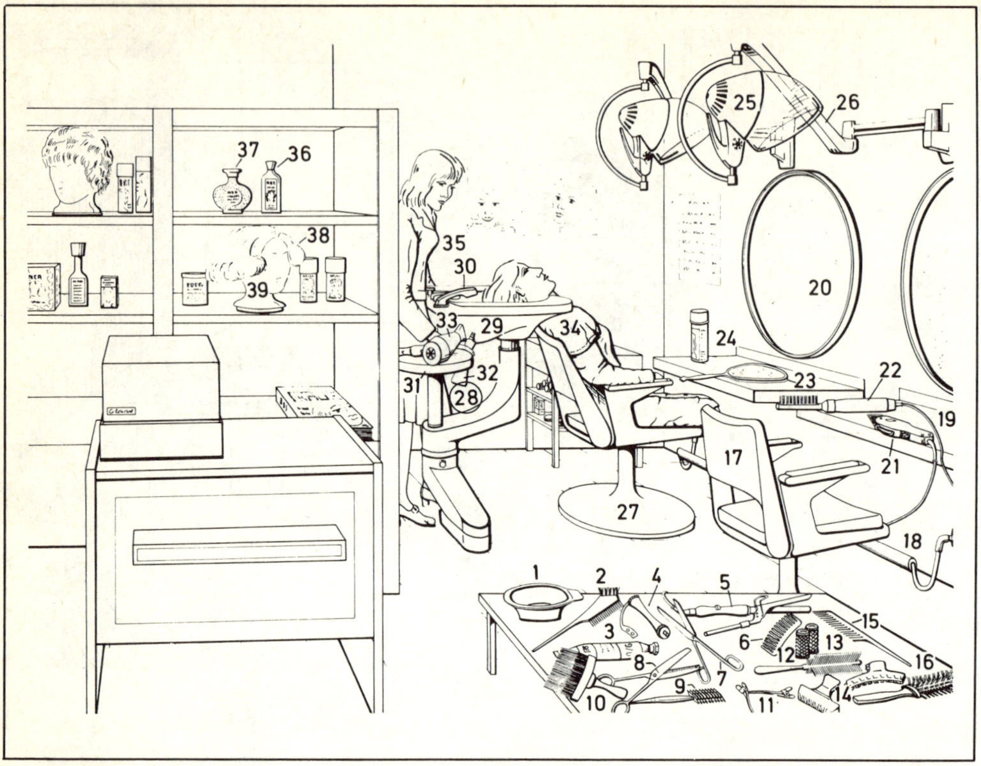

1-39 der Damenfrisiersalon (Damensalon) und Kosmetiksalon
– ***le salon de coiffure*** f ***pour dames*** f *(l'institut* m *de beauté* f*)*
1-16 Frisierutensilien *n*
– ***ustensiles*** m ***de coiffure*** f
1 die Schale für das Blondiermittel
– *la cuvette contenant l'agent* m *de décoloration* f *(le produit décolorant)*
2 die Strähnenbürste
– *la brosse à démêler les cheveux* m
3 die Blondiermitteltube
– *le tube d'agent* m *de décoloration* f *(de produit* m *décolorant)*
4 der Färbelockenwickel
– *le rouleau à mise* f *en plis* m *utilisé lors de la teinture des cheveux* m
5 die Brennschere
– *le fer à friser*
6 der Einsteckkamm
– *le peigne de parure* f *(le peigne à chignon* m*)*
7 die Haarschneideschere
– *les grands ciseaux* m *de coiffeur* m *(les ciseaux* m *de coupe* f*)*
8 die Effilierschere
– *les ciseaux* m *à effiler (à désépaissir)*
9 das Effiliermesser
– *le rasoir effileur (le rasoir à désépaissir)*
10 die Haarbürste
– *le blaireau*
11 der Haarclip
– *la pince à cheveux* m *(la barrette)*
12 der Lockenwickler (Lockenwickel)
– *le bigoudi (le rouleau à mise* f *en plis* m*)*
13 die Lockwellbürste
– *la brosse à boucler les cheveux* m *(la brosse à cheveux* m *radiale)*
14 die Lockenklammer
– *la pince à boucle* f *de cheveux* m
15 der Frisierkamm
– *le démêloir (le gros peigne)*
16 die Stachelbürste
– *la brosse à cheveux* m *en soies* f *dures*
17 der verstellbare Frisierstuhl
– *le fauteuil de coiffeur* m *réglable (ajustable)*
18 die Fußstütze
– *le repose-pieds*
19 der Frisiertisch
– *la coiffeuse (la table-coiffeuse)*
20 der Frisierspiegel
– *le miroir mural (à supports* m *muraux) du salon de coiffure* f
21 der Haarschneider
– *la tondeuse*
22 der Fönkamm
– *le peigne soufflant (le peigne chauffant, à jet* m *d'air* m *chaud, le peigne sèche-cheveux)*
23 der Handspiegel
– *le miroir à main* f
24 das Haarspray (das Haarfixativ)
– *la laque pour cheveux* m *(le fixatif)*
25 die Trockenhaube, eine Schwenkarmhaube
– *le casque sèche-cheveux (le séchoir), un casque à bras* m *support orientable (adaptable, pivotant)*
26 der Haubenschwenkarm
– *le bras support orientable (adaptable, pivotant)*
27 der Tellerfuß
– *l'assise (le socle) du fauteuil*
28 die Waschanlage
– *le lavabo pour le lavage des cheveux* m
29 das Haarwaschbecken
– *la cuvette de lavabo* m *(la cuvette lave-cheveux)*
30 die Handbrause
– *la douche à main* f
31 das Serviceplateau
– *la table porte-objets (la desserte)*
32 die Shampooflasche
– *la bouteille de shampooing* m
33 der Fön
– *le sèche-cheveux*
34 der Frisierumhang
– *le peignoir*
35 die Friseuse
– *la coiffeuse*
36 die Parfumflasche
– *le flacon de parfum* m
37 die Flasche mit Toilettenwasser *n*
– *le flacon d'eau* f *de toilette* f
38 die Perücke (Zweitfrisur)
– *la perruque (le postiche, les cheveux* m *postiches)*
39 der Perückenständer
– *la tête à perruque* f *(le porte-perruque)*

1-42 der Herrensalon
– ***le salon de coiffure*** f ***pour hommes*** m
1 der Friseur (Friseurmeister, *schweiz.* Coiffeur)
– *le coiffeur (le maître-coiffeur)*
2 der Arbeitskittel (Friseurkittel)
– *la blouse de coiffeur* m
3 die Frisur (der Haarschnitt)
– *la coupe de cheveux* m *(la coiffure)*
4 der Frisierumhang (Haarschneidemantel)
– *le peignoir*
5 der Papierkragen
– *le col de papier* m
6 der Frisierspiegel
– *le miroir mural (à supports* m *muraux) du salon de coiffure* f
7 der Handspiegel
– *le miroir à main* f
8 die Frisierleuchte
– *l'applique* f *murale (la lampe d'éclairage* m*)*
9 das Toilettenwasser
– *l'eau* f *de toilette* f
10 das Haarwasser (der Haarwaschzusatz)
– *la lotion capillaire (le tonique, la lotion revitalisante)*
11 die Haarwaschanlage
– *le lavabo pour le lavage des cheveux* m
12 das Waschbecken
– *la cuvette de lavabo* m *(la cuvette lave-cheveux)*
13 die Handdusche (Handbrause)
– *la douche à main* f
14 die Mischbatterie
– *la robinetterie mélangeuse (les robinets* m *mélangeurs, le mélangeur, le mitigeur)*
15 die Steckdosen *f*, z.B. für den Fönanschluß
– *les prises* f *de sèche-cheveux* m
16 der verstellbare Frisierstuhl
– *le fauteuil de coiffeur* m *réglable (ajustable)*
17 der Verstellbügel
– *la barre (l'arceau* m*) de réglage* m
18 die Armlehne
– *l'accoudoir* m *(le bras du fauteuil)*
19 die Fußstütze
– *le repose-pieds*
20 das Haarwaschmittel
– *le shampooing*
21 der Parfümzerstäuber
– *le vaporisateur de parfum* m
22 der Haartrockner (Fön)
– *le sèche-cheveux*
23 der Haarfestiger in der Spraydose
– *l'atomiseur* m *(la bombe) de fixatif* m *pour cheveux* m
24 die Handtücher *n*, zur Haartrocknung
– *les serviettes* f *de toilette* f *pour sécher les cheveux* m
25 die Tücher für Gesichtskompressen *f*
– *les petites serviettes* f *pour compresses* f *faciales*
26 das Kreppeisen
– *le fer à crêper les cheveux* m
27 der Nackenpinsel
– *le blaireau*
28 der Frisierkamm
– *le peigne de coiffeur* m *(le peigne fin, le démêloir)*
29 der Heißluftkamm
– *le peigne à jet* m *d'air* m *chaud (le peigne soufflant, le peigne sèche-cheveux)*
30 die Thermobürste
– *la brosse à jet* m *d'air* m *chaud (la brosse chauffante)*
31 der Frisierstab (Lockenformer)
– *le fer à friser (le fer à coiffer)*
32 die Haarschneidemaschine
– *la tondeuse électrique*
33 die Effilierschere
– *les ciseaux* m *à effiler (à désépaissir)*
34 die Haarschneideschere, *ähnl.:* die Modellierschere
– *les grands ciseaux* m *de coiffeur* m, égal.: *les ciseaux* m *«sculpteurs»* m
35 das Scherenblatt
– *la lame (le tranchant) des ciseaux* m
36 das Schloß
– *le pivot (l'entablure* f, *l'articulation* f*)*
37 der Schenkel
– *la branche*
38 das Rasiermesser
– *le rasoir à main* f
39 der Messergriff
– *le manche*
40 die Rasierschneide
– *le tranchant (le fil) du rasoir*
41 das Effiliermesser
– *le rasoir effileur (le rasoir à désépaissir)*
42 der Meisterbrief
– *le brevet de maîtrise* f *(le diplôme de maître-coiffeur* m*)*

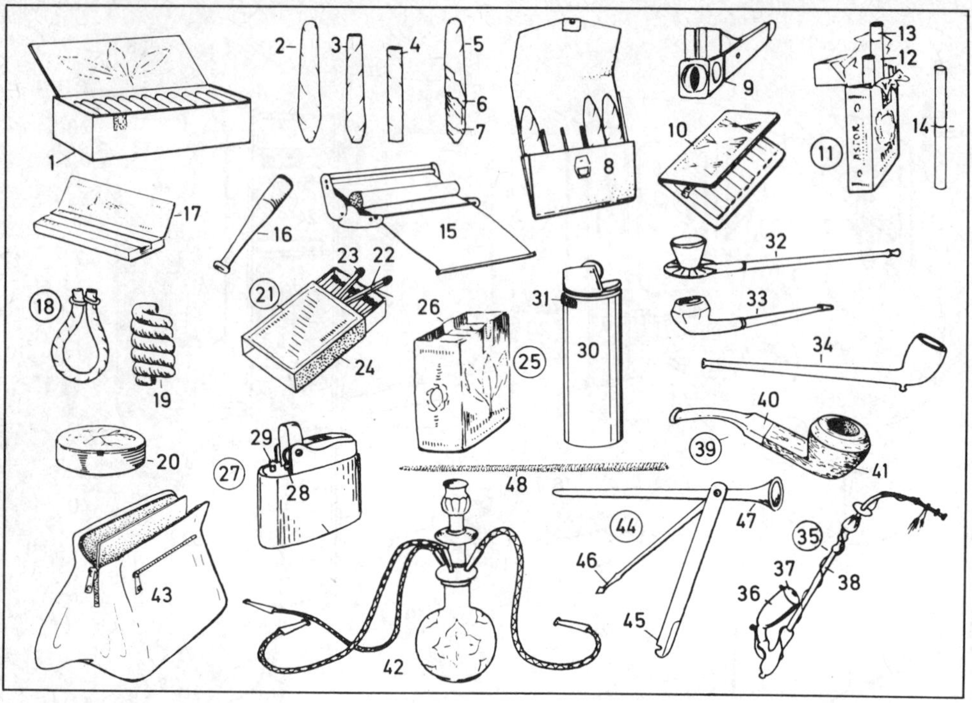

1 die Zigarrenkiste
– *la boîte de cigares* m
2 die Zigarre; *Arten:* Havanna, Brasil, Sumatra
– *le cigare;* var.: *Havane, Brésil, Sumatra*
3 das (der, *ugs.* die) Zigarillo
– *le cigarillo*
4 der Stumpen
– *le bout coupé*
5 das Deckblatt
– *la cape (la robe)*
6 das Umblatt
– *la sous-cape (la première enveloppe)*
7 die Einlage
– *la tripe (l'intérieur* m*)*
8 das Zigarrenetui
– *l'étui* m *à cigares* m *(le porte-cigares)*
9 der Zigarrenabschneider
– *le coupe-cigares*
10 das Zigarettenetui
– *l'étui* m *à cigarettes* f *(le porte-cigarettes)*
11 die Zigarettenschachtel
– *le paquet de cigarettes* f
12 die Zigarette, eine Filterzigarette
– *la cigarette, une cigarette-filtre*
13 das Mundstück; *Arten:* Korkmundstück, Goldmundstück
– *le bout;* var.: *le bout-liège, le bout doré*
14 die Papirossa
– *la cigarette à bouquin* m
15 die Zigarettenmaschine (der Zigarettenwickler)
– *la rouleuse*
16 die Zigarettenspitze
– *le fume-cigarettes*
17 das Zigarettenpapierheftchen
– *la cartouche de papier* m *à cigarettes* f
18 der Rollentabak
– *le tabac roulé (le rôle)*
19 der Kautabak; *ein Stück:* der Priem
– *le tabac à chiquer;* un fragment: *la chique*
20 die Schnupftabaksdose, mit Schnupftabak *m*
– *la tabatière [contenant le tabac à priser]*
21 die Streichholzschachtel (Zündholzschachtel)
– *la boîte d'allumettes* f
22 das Streichholz (Zündholz)
– *l'allumette* f
23 der Schwefelkopf (Zündkopf)
– *le bout soufré (la tête soufrée)*
24 die Reibfläche
– *le frottoir*
25 das Paket (Päckchen) Tabak *m*; *Arten:* Feinschnitt, Krüllschnitt, Navy Cut
– *le paquet de tabac* m ; var.: *la coupe fine (le scaferlati), le caporal, la coupe marine*
26 die Banderole (Steuerbanderole, Steuermarke)
– *la vignette fiscale*
27 das Benzinfeuerzeug
– *le briquet à essence* f
28 der Feuerstein
– *la pierre à briquet* m
29 der Docht
– *la mèche*
30 das Gasfeuerzeug, ein Einwegfeuerzeug (Wegwerffeuerzeug)
– *le briquet à gaz* m, *un briquet à jeter*
31 die Flammenregulierung
– *la molette de réglage* m *de la flamme*
32 der Tschibuk
– *le chibouk (la chibouque)*
33 die kurze Pfeife
– *la pipe courte*
34 die Tonpfeife
– *la pipe en terre* f
35 die lange Pfeife
– *la pipe longue*
36 der Pfeifenkopf
– *le fourneau de pipe* f
37 der Pfeifendeckel
– *le couvercle de pipe* f
38 das Pfeifenrohr
– *le tuyau de pipe* f
39 die Bruyèrepfeife
– *la pipe de bruyère* f
40 das Pfeifenmundstück
– *l'embout* m
41 die (sandgestrahlte oder polierte) Bruyèremaserung
– *le veinage (obtenu par sablage ou polissage de la racine de bruyère* f*)*
42 die (das) Nargileh, eine Wasserpfeife
– *le narguilé (ou narghilé), une pipe à eau* f
43 der Tabaksbeutel
– *la blague à tabac* m
44 das Raucherbesteck (Pfeifenbesteck)
– *le nécessaire du fumeur de pipe* f
45 der Auskratzer
– *le coupe-carbone*
46 der Pfeifenreiniger
– *le bourre-pipe*
47 der Stopfer
– *le cure-pipe*
48 der Pfeifenreinigungsdraht
– *le nettoie-pipe*

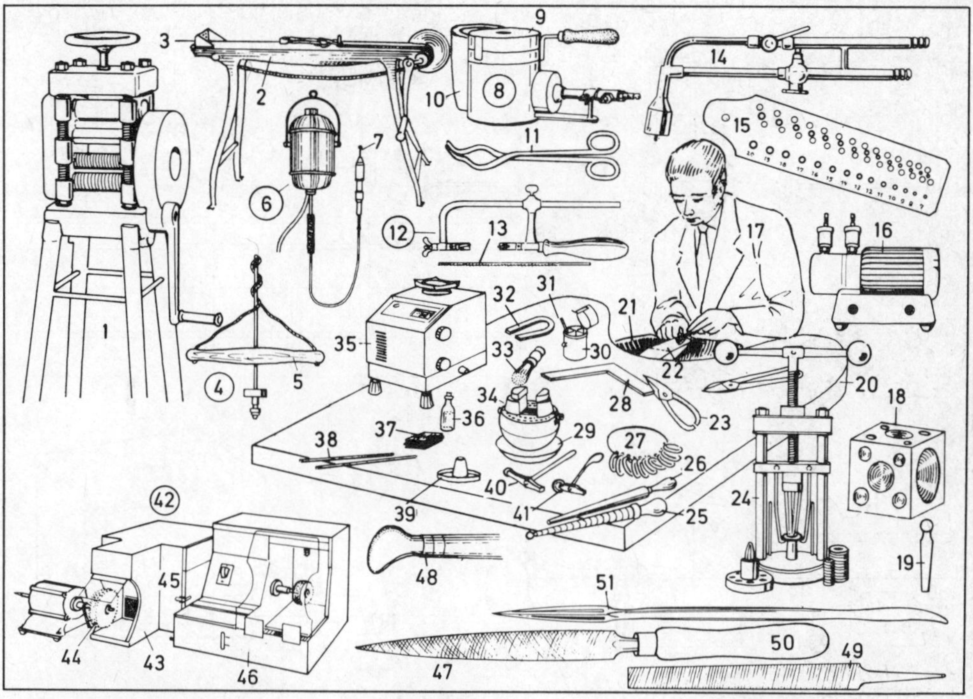

1 die Draht- und Blechwalze
– *le laminoir pour fil* m *et plané* m
2 die Ziehbank
– *le banc à étirer*
3 der Draht (Gold- oder Silberdraht)
– *le fil (fil* m *d'or* m *ou d'argent* m*)*
4 der Dreul (Drillbohrer)
– *le drille*
5 das Querholz
– *la poignée*
6 die elektrische Hängebohrmaschine
– *la perceuse électrique*
7 der Kugelfräser mit Handstück *n*
– *la pièce à main* f *avec fraise* f
8 der Schmelzofen
– *le four de fonte* f
9 der Schamottedeckel
– *le couvercle*
10 der Graphittiegel
– *le creuset en graphite* m
11 die Tiegelzange
– *la pince de fondeur* m
12 die Bogensäge
– *la scie de bijoutier* m
13 das Laubsägeblatt
– *la lame de scie* f *de bijoutier* m
14 die Lötpistole
– *le chalumeau*
15 das Gewindeschneideisen
– *la filière*
16 das Zylinderlötgebläse
– *le compresseur*
17 der Goldschmied
– *le bijoutier, l'orfèvre* m
18 die Würfelanke (Anke, der Vertiefstempel)
– *le dé à cambrer*
19 die Punze
– *la bouterolle*
20 das Werkbrett
– *l'établi* m
21 das Werkbrettfell
– *la peau*
22 der Feilnagel
– *la cheville*
23 die Blechschere
– *la cisaille*
24 die Trauringmaschine (Trauring-Weitenänderungsmaschine)
– *le balancier pour anneaux* m
25 der Ringstock
– *le triboulet métrique*
26 der Ringriegel
– *le triboulet*
27 das Ringmaß
– *l'annelier* m
28 der Stahlwinkel
– *l'équerre* f
29 das Linsenkissen, ein Lederkissen
– *le coussin d'orfèvre* m
30 die Punzenbüchse
– *la boîte à poinçons* m
31 die Punze
– *le poinçon*
32 der Magnet
– *l'aimant* m
33 die Brettbürste (der Brettpinsel)
– *la brosse d'orfèvre* m
34 die Gravierkugel
– *la boule de graveur* m
35 die Gold- und Silberwaage, eine Präzisionswaage
– *le trébuchet, une balance de précision* f
36 das Lötmittel
– *le fondant*
37 die Glühplatte, aus Holzkohle *f*
– *le charbon [la plaque de charbon* m *de bois* m*]*
38 die Lötstange
– *la soudure (la baguette d'apport* m*)*
39 der Lötborax
– *le borax*
40 der Fassonhammer
– *le marteau à façonner*
41 der Ziselierhammer
– *le marteau à ciseler*
42 die Poliermaschine
– *le tour à polir*
43 der Tischexhauster (Tischstaubsauger)
– *l'aspirateur* m *de table* f
44 die Polierbürste
– *la brosse à polir*
45 der Staubsammelkasten
– *la boîte d'aspiration* f
46 das Naßbürstgerät
– *la machine à polir en milieu* m *humide*
47 die Rundfeile
– *la lime queue* f *de rat* m *(la queue-de-rat)*
48 der Blutstein (Roteisenstein)
– *le brunissoir*
49 die Flachfeile
– *la lime plate*
50 das Feilenheft
– *le manche de lime* f
51 der Polierstahl
– *le grattoir*

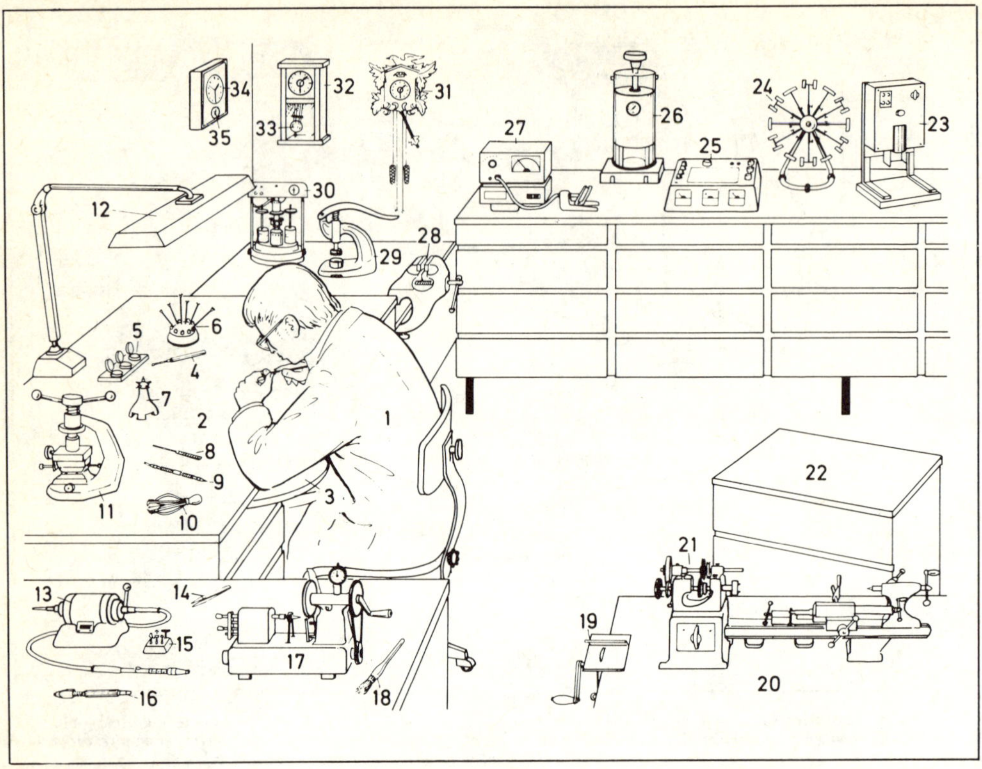

1 der Uhrmacher
– *l'horloger* m
2 der Werktisch
– *l'établi* m
3 die Armauflage
– *le repose-bras*
4 der Ölgeber
– *le pique-huile*
5 der Ölblock für Kleinuhren *f*
– *l'huilier* m *pour montres* f
6 der Schraubenziehersatz
– *le jeu de tournevis* m
7 der Zeigeramboß
– *l'enclume* f *à aiguilles* f
8 die Glättahle, eine Reibahle
– *l'alésoir* m, *l'équarrissoir* m
9 das Federstegwerkzeug
– *l'outil* m *à poser et enlever les barrettes* f *à ressorts* m
10 der Abheber für Armbanduhrzeiger *m*
– *l'outil* m *presto pour enlever les aiguilles* f *de montre-bracelet* f
11 der Gehäuseschlüssel
– *la potence à ouvrir et fermer les boîtes* f *de montre* f *étanche*
12 die Arbeitslampe, eine Mehrzweckleuchte
– *la lampe d'établi* m
13 der Mehrzweckmotor
– *le moteur multi-usage*
14 die Kornzange (Pinzette)
– *les brucelles* f
15 die Poliermaschinenaufsätze *m*
– *les meules* f
16 das Stiftenklöbchen
– *le mandrin à main* f
17 die Rolliermaschine (der Rollierstuhl) zum Rollieren *n*, Polieren *n*, Arrondieren *n* und Kürzen *n* von Wellen *f*
– *le tour à pivoter pour rouler, polir, arrondir et raccourcir les pivots* m
18 der Staubpinsel
– *le pinceau*
19 der Abschneider für Metallarmbänder *n*
– *la cisaille pour bracelets* m *métalliques*
20 die Präzisions-Kleindrehmaschine (Kleindrehbank, der Uhrmacherdrehstuhl)
– *le tour d'horloger* m *(le tour de précision* f*)*
21 das Keilriemenvorgelege
– *le renvoi à courroie* f *trapézoïdale*
22 der Werkstattmuli für Ersatzteile *n*
– *la layette de rangement* m *des pièces* f *de rechange* m
23 die Vibrations-reinigungsmaschine
– *l'appareil* m *de nettoyage* m *par ultrasons* m
24 das Umlaufprüfgerät für automatische Uhren *f*
– *l'appareil* m *rotatif à contrôler les montres* f *automatiques*
25 das Meßpult für die Überprüfung elektronischer Bauelemente *n*
– *le pupitre de mesure* f *pour contrôle* m *de composants électroniques*
26 das Prüfgerät für wasserdichte Uhren *f*
– *l'appareil* m *à contrôler l'étanchéité* f *des montres* f
27 die Zeitwaage
– *le chronocomparateur*
28 der Schraubstock
– *l'étau* m
29 die Einpreßvorrichtung für armierte Uhrgläser *n*
– *la potence de pose* f *des verres* m *armés (verres* m *à bague* f *de tension* f*)*
30 der Reinigungsautomat für die konventionelle Reinigung
– *la machine automatique de nettoyage* m *traditionnel*
31 die Kuckucksuhr (Schwarzwälderuhr)
– *le coucou (une horloge à coucou* m *de la Forêt-Noire)*
32 die Wanduhr (der Regulator)
– *la pendule murale (l'horloge* f *de paroi* f*, le régulateur)*
33 das Kompensationspendel
– *le pendule à gril (le pendule de Harrison, le pendule compensateur* m*)*
34 die Küchenuhr
– *la pendule de cuisine* f
35 die Kurzzeituhr (der Kurzzeitwecker)
– *le compte-minutes (le minuteur)*

1 die elektronische Armbanduhr
– *la montre-bracelet (la montre) électronique*
2 die Digitalanzeige (eine Leuchtdiodenanzeige, *auch:* Flüssigkristallanzeige)
– *l'affichage* m *numérique, un affichage à diodes électroluminescentes (LED);* égal.: *un affichage à cristaux* m *liquides*
3 der Stunden- und Minutenknopf
– *le poussoir heures-minutes* f
4 der Datums- und Sekundenknopf
– *le poussoir date-secondes* f
5 das Armband
– *le bracelet*
6 das Stimmgabelprinzip (Prinzip der Stimmgabeluhr *f*)
– *le principe du diapason (le principe de la montre à diapason* m*)*
7 die Antriebsquelle (eine Knopfzelle)
– *la source d'électricité (une pile bouton)*
8 die elektronische Schaltung
– *le circuit électronique*
9 das Stimmgabelelement (Schwingelement)
– *le diapason (l'élément* m *vibrant)*
10 das Klinkenrad
– *la roue à rochet* m
11 das Räderwerk
– *le rouage de montre* f
12 der große Zeiger
– *l'aiguille* f *des minutes* f
13 der kleine Zeiger
– *l'aiguille* f *des heures* f
14 das Prinzip der elektronischen Quarzuhr *f*
– *le principe de la montre à quartz* m *électronique*
15 der Quarz (Schwingquarz)
– *le quartz (le quartz vibrant)*
16 die Frequenzunterteilung (integrierte Schaltungen *f*)
– *la division de fréquence* f *(circuits* m *intégrés)*
17 der Schrittschaltmotor
– *le moteur pas-à-pas*
18 der Decoder
– *le décodeur*
19 die Terminuhr (der Wecker, die Weckuhr)
– *le réveil (le réveil-matin)*
20 die Digitalanzeige mit Fallblattziffern *f*
– *l'affichage* m *numérique à chiffres* m *pivotants*
21 die Sekundenanzeige
– *l'affichage* m *des secondes* f
22 die Abstelltaste
– *le bouton d'arrêt* m
23 das Stellrad
– *la molette de réglage* m
24 die Standuhr
– *l'horloge* f *(la pendule de parquet* m*)*
25 das Zifferblatt
– *le cadran*
26 das Uhrgehäuse
– *le coffre (le cabinet d'une horloge de parquet* m*)*
27 das Pendel (das *od.* der Perpendikel)
– *la pendule*
28 das Schlaggewicht
– *le poids de sonnerie* f
29 das Ganggewicht
– *le poids moteur*
30 die Sonnenuhr
– *le cadran solaire*
31 die Sanduhr (Eieruhr)
– *le sablier*
32-43 das Springbild der automatischen Armbanduhr *f* (Uhr mit automatischem Aufzug *m*, Selbstaufzug)
– ***la vue éclatée d'une montre-bracelet automatique*** *(la montre à remontage* m *automatique)*
32 die Schwingmasse (der Rotor)
– *la masse oscillante (le volant, le rotor) de remontoir* m *automatique*
33 der Stein (Lagerstein), ein synthetischer Rubin
– *la pierre d'horlogerie* f*, un rubis synthétique*
34 die Spannklinke
– *le cliquet de remontage* m
35 das Spannrad
– *la roue à cliquet* m *de remontage* m
36 das Uhrwerk
– *le mouvement d'horlogerie* f
37 die Werkplatte
– *la platine*
38 das Federhaus
– *le barillet*
39 die Unruh
– *le balancier*
40 das Ankerrad
– *la roue d'échappement* m
41 das Aufzugsrad
– *la roue de couronne* f
42 die Krone (der Kronenaufzug)
– *la couronne de remontoir* m
43 das Antriebswerk
– *le mécanisme moteur* m

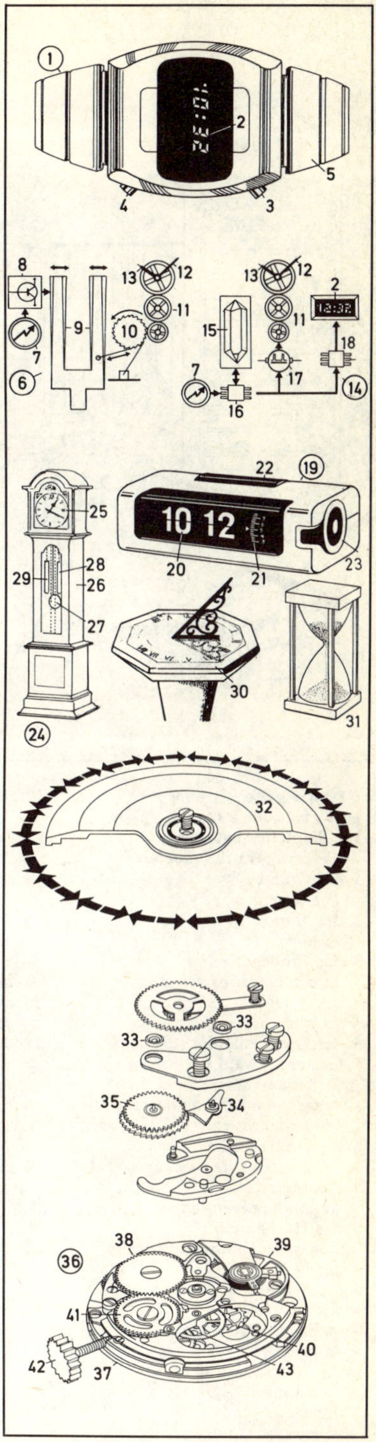

1-19 der Verkaufsraum
– ***le magasin de vente*** f
1-4 die Brillenanprobe
– ***l'essayage*** m ***des lunettes*** f
1 der Optiker
– *l'opticien* m
2 der Kunde
– *le client*
3 das Probegestell
– *la monture sans verres* m
4 der Spiegel
– *la glace*
5 der Gestellständer (die Gestellauswahl, Brillenauswahl)
– *le présentoir de montures* f *(pour choisir les montures* f*)*
6 die Sonnenbrille
– *les lunettes* f *de soleil* m
7 das Metallgestell
– *la monture métallique*
8 das Horngestell
– *la monture plastique (style* m *écaille* f*)*
9 die Brille
– *les lunettes* f
10-14 das Brillengestell
– ***la monture de lunettes*** f
10 die Gläserfassung
– *la monture*
11 der Steg
– *le pont*
12 der Padsteg
– *la plaquette*
13 der Bügel
– *la branche*
14 das Bügelscharnier
– *la charnière*
15 das Brillenglas, ein Bifokalglas *n* (Zweistärkenglas)
– *le verre de lunettes* f, *un verre à double foyer* m *(bifocal)*
16 der Handspiegel
– *le miroir à main* f
17 das Fernglas
– *une paire de jumelles* f *(les jumelles)*
18 das monokulare Fernrohr (der Tubus)
– *la longue-vue*
19 das Mikroskop
– *le microscope*

20-47 die Optikerwerkstatt
– ***l'atelier*** m ***d'opticien*** m
20 der Arbeitstisch
– *la table de travail* m
21 das Universalzentriergerät
– *le focomètre universel (pour centrer le verre par rapport à l'œil* m*)*
22 die Zentriersaugeraufnahme
– *le support de centrage* m
23 der Zentriersauger
– *la ventouse de centrage* m
24 der Brillenglas-Randbearbeitungsautomat
– *l'appareil* m *automatique pour le façonnage des verres* m *de lunettes* f
25 die Formscheiben *f* für den Randbearbeitungsautomaten *m*
– *le tableau de calibres* m *pour le travail automatique*
26 die eingesetzte Formscheibe
– *le calibre monté sur l'appareil* m
27 die mitdrehende Kopierscheibe
– *la copie verre* m *à verre* m
28 die Schleifscheibenkombination
– *le jeu de meules* f
29 das Steuergerät
– *l'appareil* m *de commande* f
30 das Maschinenteil
– *le mécanisme*
31 der Kühlwasseranschluß
– *l'arrivée* f *d'eau* f *de refroidissement* m
32 die Reinigungsflüssigkeit
– *le liquide de dégraissage* m, *un produit de nettoyage* m
33 der Scheitelbrechwertmesser
– *le fronto-focomètre*
34 das Zentrier-, Saugerandrück- und Metallaufblockgerät
– *l'appareil* m *à centrer et à ventouser*
35 Schleifscheibenkombination *f* und Schlifformen *f*
– *le jeu de meules* f *pour façonner le verre*
36 die Vorschleifscheibe
– *la meule de dégrossissage* m
37 die Feinschleifscheibe für Plus- und Minusfacette *f*
– *la meule de finition* f *pour biseautage* m *des verres* m *positifs et négatifs*
38 die Feinschleifscheibe für Spezialfacette *f* und Flachfacette *f*
– *la meule de finition* f *pour biseautage* m *des verres* m *spéciaux ou plats à facette* f
39 das Plankonkavglas mit Flachfacette *f*
– *le verre plan-concave* m *avec facette* f *plate*
40 das Plankonkavglas mit Spezialfacette *f*
– *le verre plan-concave* m *avec facette* f *spéciale*
41 das Konkavkonvexglas mit Spezialfacette *f*
– *le verre concave-convexe avec facette* f *spéciale*
42 das Konkavkonvexglas mit Minusfacette *f*
– *le verre concave-convexe avec facette* f *négative*
43 der ophthalmologische Prüfplatz
– *l'équipement* m *ophtalmologique*
44 der Phoropter mit Ophthalmometer *n* und Augenrefraktometer *n*
– *l'ophtalmomètre* m *et le réfractomètre*
45 der Probiergläserkasten
– *la boîte d'essai* m *de verres* m
46 der Sehzeichenkollimator
– *le support de projection* f *de lettres* f
47 der Sehzeichenprojektor
– *le projecteur*

1 das Laboratoriums- und Forschungsmikroskop *System Leitz* [teilweise im Schnitt]
– *le microscope de recherche* f *équipé d'un système optique* Leitz *[coupe* f *partielle]*
2 das Stativ
– *le statif (la potence, la monture)*
3 der Stativfuß
– *le pied (le socle-support)*
4 der Grobtrieb
– *la vis macrométrique (le bouton de mise au point* f, *de déplacement* m *rapide)*
5 der Feintrieb
– *la vis micrométrique (le bouton de mise au point* f *précise, de déplacement* m *lent)*
6 der Beleuchtungsstrahlengang
– *le trajet du faisceau lumineux*
7 die Beleuchtungsoptik
– *l'optique* f *(les lentilles* f*) d'éclairage* m
8 die Kondensoreinrichtung
– *le condenseur (le condensateur)*
9 der Mikroskoptisch (Objekttisch)
– *la platine (le porte-objet)*
10 die Kreuztischeinrichtung
– *la platine à chariot* m *croisé*
11 der Objektivrevolver
– *le revolver à objectifs* m *(le porte-objectifs, la tourelle porte-objectifs* m*)*
12 der Binokulartubus
– *le tube binoculaire*
13 die Umlenkprismen *n*
– *les prismes* m *de déviation* f
14 das Durchlichtmikroskop mit Kamera *f* und Polarisationseinrichtung *f System Zeiss*
– *le microscope à transmission* f *de type* m Zeiss *avec appareil photographique et polariseur* m *(le microscope polarisant de microphotographie* f*)*
15 der Tischsockel
– *le socle-support de la platine (le module porte-platine)*
16 der Aperturblendenschieber
– *le curseur (le coulisseau) du diaphragme d'ouverture* f
17 der Universaldrehtisch
– *la platine rotative universelle*
18 die Objektivbrücke
– *le (module) porte-objectifs* m
19 die Bildweiche
– *le module d'observation* f
20 das (der) Kamerateil
– *la chambre photographique*
21 die Einstellscheibe
– *l'écran* m *de mise au point* f
22 die Diskussionstubusanordnung
– *la pièce de fixation* f *des tubes* m *de discussion* f
23 das Großfeld-Metallmikroskop, ein Auflichtmikroskop *n*
– *le microscope de métallographie* f *à grand champ* m, *un microscope à lumière* f *réfléchie (à éclairage* m *incident)*
24 die Projektionsmattscheibe
– *le (verre) dépoli de projection* f
25 die Großbildkamera
– *l'appareil* m *photo (de) grand format* m
26 die Kleinbildkamera
– *l'appareil* m *photo (de) petit format* m
27 die Bodenplatte
– *le socle (l'embase* f*)*
28 das Lampenhaus
– *le module d'éclairage* m *(la boîte à lumière* f*)*
29 der drehbare Kreuztisch
– *la platine à chariot* m *croisé rotative*
30 der Objektivrevolver
– *le revolver à objectifs* m *(le porte-objectifs, la tourelle porte-objectifs* m*)*
31 das Operationsmikroskop
– *le microscope chirurgical*
32 das Säulenstativ
– *le statif (la potence, le support) à colonne* f *réglable*
33 die Objektfeldbeleuchtung
– *la lampe d'éclairage* m *du champ de l'objet* m
34 das Fotomikroskop
– *le microscope de microphotographie* f
35 die Kleinbildkassette
– *le magasin (de) petit format* m
36 der zusätzliche Fotoausgang für Großformat- oder Fernsehkamera *f*
– *la prise photo pour caméra* f *de grand format* m *ou de télévision* f
37 das Oberflächenprüfgerät
– *le microscope pour l'étude* f *de la couche superficielle des pièces* f *usinées*
38 der Lichtschnittubus
– *le tube à coupes* f *optiques*
39 der Zahntrieb
– *la crémaillère*
40 das Großfeldstereomikroskop mit Zoomeinstellung *f*
– *le microscope stéréoscopique équipé d'un zoom à grand champ* m
41 das Zoomobjektiv
– *le zoom (l'objectif* m *à focale* f *variable)*
42 das optische Feinstaubmeßgerät
– *le compteur de poussières* f *micrométrique*
43 die Meßkammer
– *la chambre de mesure* f
44 der Datenausgang
– *la sortie des données* f
45 der Analogausgang
– *la sortie analogique*
46 der Meßbereichwähler
– *le sélecteur des zones* f *de mesure* f *(des plages* f *d'étude* f*)*
47 die digitale Datenanzeige
– *l'affichage* m *numérique*
48 das Eintauchrefraktometer, zur Nahrungsmitteluntersuchung
– *le réfractomètre à immersion* f *de contrôle* m *alimentaire*
49 das Mikroskopphotometer
– *le microscope à photomètre* m
50 die Photometerlichtquelle
– *la source lumineuse du photomètre (la cellule photo-électrique)*
51 die Meßeinrichtung (der Photovervielfacher)
– *le dispositif de mesure* f *(le photomultiplicateur ou cellule à multiplication* f *d'électrons* m*)*
52 die Lichtquelle für die Übersichtsbeleuchtung
– *la source lumineuse de l'éclairage* m *d'ensemble* m
53 der Elektronikschrank
– *le bloc électronique*
54 das universelle Großfeldmikroskop
– *le microscope universel à grand champ* m
55 der Fotostutzen, für Kamera *f* oder Projektionsaufsatz *m*
– *l'adaptateur* m *(le raccord) pour appareil* m *photographique ou accessoire* m *de projection* f
56 der Drehknopf zum Einstellen *n* des Okularabstandes *m*
– *le bouton de mise au point* f *de l'oculaire* m
57 die Filteraufnahme
– *le logement du filtre*
58 die Handauflage
– *le support d'appui* m
59 das Lampenhaus für die Auflichtbeleuchtung
– *le module d'éclairage* m *par reflexion* f *(la boîte à lumière* f*)*
60 der Lampenhausanschluß für die Durchlichtbeleuchtung
– *la prise de branchement* m *du module d'éclairage* m *par transparence* f
61 das Großfeldstereomikroskop
– *le microscope stéréoscopique à grand champ* m
62 die Wechselobjektive *n*
– *les objectifs* m *interchangeables*
63 die Auflichtbeleuchtung
– *l'éclairage* m *incident*
64 die vollautomatische Mikroskopkamera, eine Aufsatzkamera
– *l'appareil* m *photo de microscope* m *entièrement automatique, un appareil photographique à adaptateur* m
65 die Filmkassette
– *le magasin du film photographique*
66 der Universalkondensor zum Forschungsmikroskop 1 *n*
– *le condenseur universel du microscope de recherche* f
67 die Universalmeßkammer für die Photogrammetrie (der Phototheodolit)
– *la chambre métrique universelle de photogrammétrie* f *(le photothéodolite)*
68 die Meßbildkamera
– *l'appareil* m *de photogrammétrie* f
69 das Motornivellier, ein Kompensatornivellier *n*
– *le niveau à moteur* m, *un niveau à compensateur* m
70 das elektro-optische Streckenmeßgerät
– *le tachéomètre électro-optique*
71 die Stereomeßkammer
– *l'appareil* m *de stéréométrie* f
72 die horizontale Basis
– *le bras de support* m *horizontal*
73 der Sekundentheodolit
– *le théodolite universel*

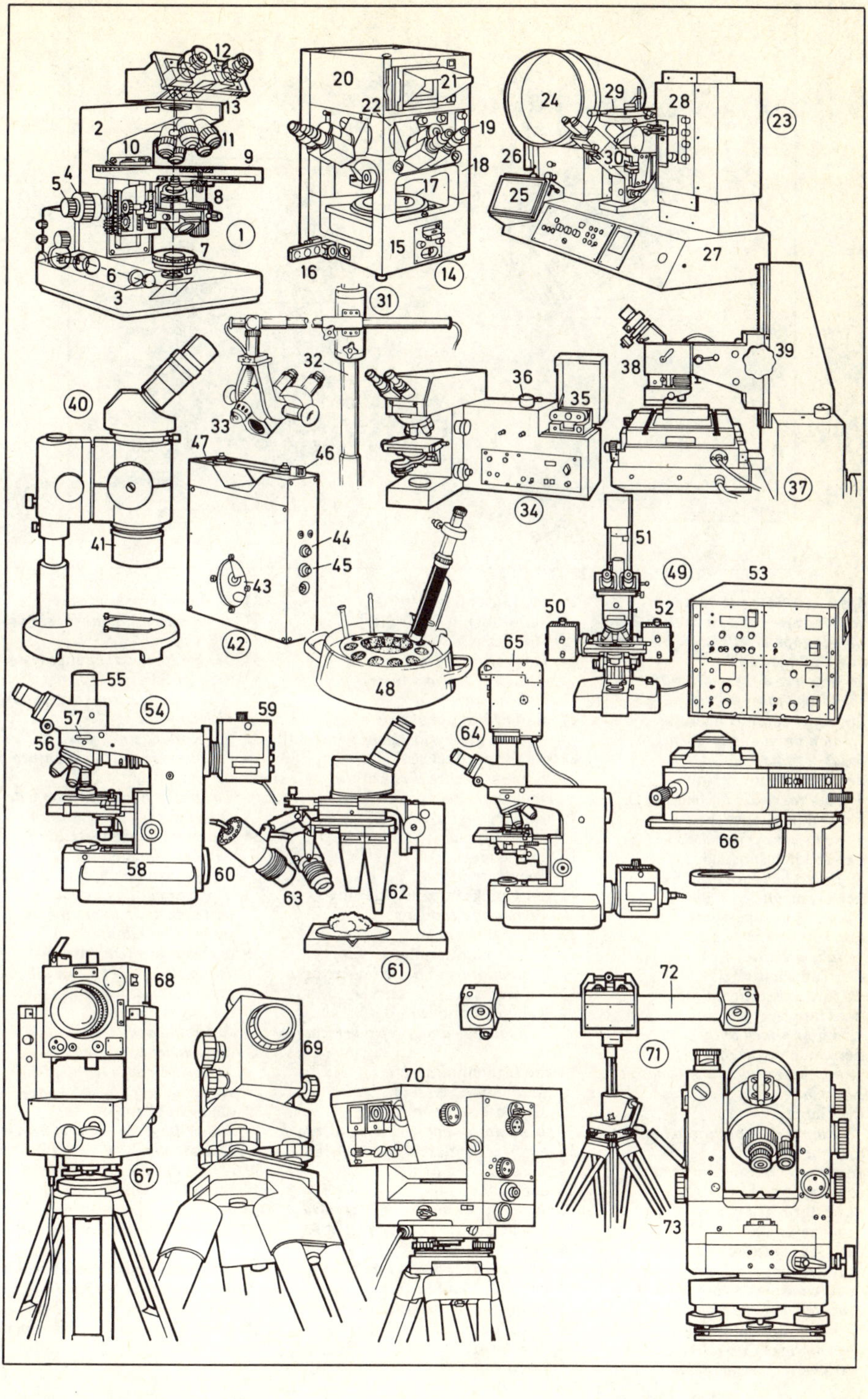
1
2
3
4
5
6
7
8
9
10
11
12
13
14
15
16
17
18
19
20
21
22
23
24
25
26
27
28
29
30
31
32
33
34
35
36
37
38
39
40
41
42
43
44
45
46
47
48
49
50
51
52
53
54
55
56
57
58
59
60
61
62
63
64
65
66
67
68
69
70
71
72
73

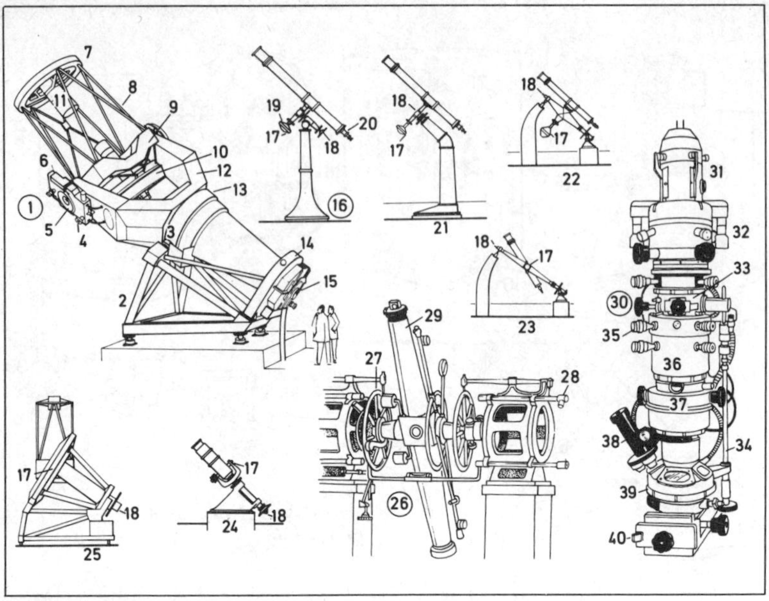

1 das 2,2-m-Spiegelteleskop
– *le télescope à miroir* m *de 2,2 m* *(le télescope à reflexion* f*)*
2 das Untergestell
– *la structure de support* m *(le socle-support)*
3 die Axial-radial-Lagerung
– *la monture à déplacements* m *axial et radial*
4 das Deklinationsgetriebe
– *le mécanisme de déclinaison* f
5 die Deklinationsachse
– *l'axe* m *des déclinaisons* f
6 das Deklinationslager
– *le palier de déclinaison* f
7 der Frontring
– *l'anneau* m *supérieur*
8 der Tubus
– *le tube à claire-voie* f
9 das Tubusmittelteil
– *la partie centrale du tube*
10 der Hauptspiegel
– *le miroir principal*
11 der Umlenkspiegel
– *le miroir de déviation* f *(le miroir secondaire)*
12 die Gabel
– *la fourche (la monture en fourche* f*)*
13 die Abdeckung
– *la pièce de recouvrement* m *(le carénage, la chape)*
14 das Führungslager
– *le palier-guide*
15 der Hauptantrieb der Stundenachse
– *le mécanisme de commande* f *principal de l'axe* m *horaire*
16-25 Fernrohrmontierungen *f*
– *les montures* f *de télescope* m *(de lunette* f *astronomique)*
16 das Linsenfernrohr (der Refraktor) in deutscher Montierung
– *le télescope à lentilles* f *(le réfracteur) sur monture* f *«allemande»*
17 die Deklinationsachse
– *l'axe* m *des déclinaisons* f
18 die Stundenachse
– *l'axe* m *horaire (l'axe* m *du monde)*
19 das Gegengewicht
– *le contrepoids*
20 das Okular
– *l'oculaire* m
21 die Knicksäulenmontierung
– *la monture coudée*
22 die englische Achsenmontierung
– *la monture «anglaise» à axe* m
23 die englische Rahmenmontierung
– *la monture «anglaise» à berceau* m
24 die Gabelmontierung
– *la monture «en fourche»* f
25 die Hufeisenmontierung
– *la monture «en fer* m *à cheval»* m
26 der Meridiankreis
– *le cercle méridien*
27 der Teilkreis
– *le cercle gradué (le limbe vertical de calage* m*)*
28 das Ablesemikroskop
– *le microscope de lecture* f
29 das Meridianfernrohr
– *la lunette méridienne*
30 das Elektronenmikroskop
– *le microscope électronique*
31-39 die Mikroskopröhre
– *le tube électronique (le corps du microscope)*
31 das Strahlenerzeugungssystem (der Strahlkopf)
– *le canon à électrons* m *(la source d'électrons* m*)*
32 die Kondensorlinsen *f*
– *le condenseur (le condensateur)*
33 die Objektschleuse
– *l'orifice* m *d'introduction* f *de l'objet* m *(de la préparation)*
34 die Objekttischverstellung (Objektverschiebung)
– *la tige commandant le déplacement de la grille porte-objet (de la platine, du porte-échantillon)*
35 der Aperturblendentrieb
– *le bouton de réglage* m *du diaphragme d'ouverture* f
36 die Objektivlinse
– *la lentille de l'objectif* m
37 das Zwischenbildfenster
– *la fenêtre d'observation* f *(le viseur) de la première image*
38 die Fernrohrlupe
– *la lunette d'observation* f *(la lunette-loupe)*
39 das Endbildfenster (der Endbildleuchtschirm)
– *la fenêtre d'observation* f *de l'image* f *finale (le viseur de l'écran* m *fluorescent)*
40 die Aufnahmekammer für Film- bzw. Plattenkassetten *f*
– *la chambre photographique recevant une cassette de film* m *ou plaques* f

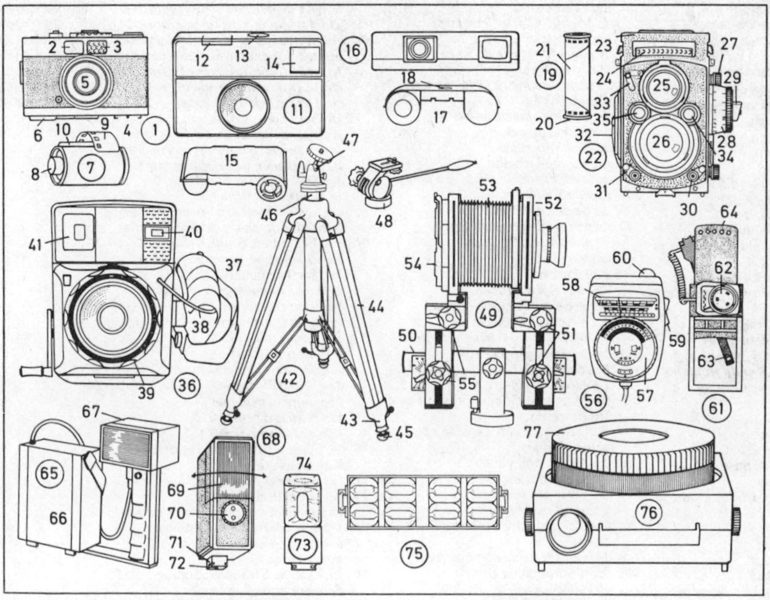

1 die Kleinbild-Kompaktkamera
– *l'appareil* m *photographique petit format* m *(le 24 x 36)*
2 der Sucherausblick
– *la fenêtre du viseur*
3 das Belichtungsmesserfenster
– *la fenêtre du posemètre (de la cellule)*
4 der Zubehörschuh
– *la griffe de fixation* f *d'accessoires* m
5 das versenkbare Objektiv
– *l'objectif* m *rentrant*
6 die Rückspulkurbel (Rückwickelkurbel)
– *la manivelle de rembobinage* m
7 die Kleinbildkassette (Kleinbildpatrone) 135
– *la cartouche de pellicule* f *petit format* m *135*
8 die Filmspule
– *la bobine de pellicule* f
9 der Film mit dem „Einfädelschwanz" *m*
– *la pellicule avec l'amorce* f *de chargement* m
10 das Kassettenmaul
– *la fente de la cartouche*
11 die Kassettenkamera
– *l'appareil* m *photographique à cassettes* f
12 die Auslösetaste
– *le bouton de déclenchement* m
13 der Blitzwürfelanschluß
– *la fixation du cube à éclairs* m *(du flash-cube)*
14 der quadratische Sucher
– *le viseur carré*
15 die Filmkassette 126 (Instamatic-Kassette)
– *la cassette de pellicule* f *format* m *126 (la cassette Instamatic)*
16 die Pocketkamera (Kleinstbildkamera)
– *l'appareil* m *photographique de poche* f
17 die Kleinstbildkassette 110
– *la cassette très petit format* m *110*
18 das Bildnummernfenster
– *la fenêtre de lecture* f *du numéro*
19 der Rollfilm 120
– *la pellicule en rouleau* m *120*
20 die Rollfilmspule
– *la bobine*
21 das Schutzpapier
– *le papier de protection* f
22 die zweiäugige Spiegelreflexkamera
– *l'appareil* m *photographique reflex* m *à deux objectifs* m
23 der aufklappbare Sucherschacht
– *le viseur à capuchon* m
24 das Belichtungsmesserfenster
– *la fenêtre du posemètre (de la cellule)*
25 das Sucherobjektiv
– *l'objectif* m *de visée* f
26 das Aufnahmeobjektiv
– *l'objectif* m *de prise* f *de vue* f
27 der Spulenknopf
– *le bouton de l'axe* m *de bobine* f
28 die Entfernungseinstellung
– *le bouton de mise* f *au point (de réglage* m *de la distance)*
29 der Nachführbelichtungsmesser
– *la commande du posemètre* m *couplé (de la cellule couplée)*
30 der Blitzlichtanschluß
– *la prise de flash* m
31 der Auslöser
– *le bouton de déclenchement* m
32 die Filmtransportkurbel
– *la manivelle d'avancement* m *du film (manivelle d'armement* m*)*
33 der Blitzschalter
– *le commutateur du flash*
34 das Blendeneinstellrad
– *le bouton de réglage* m *du diaphragme (de l'ouverture* f*)*
35 das Zeiteinstellrad
– *le bouton de réglage* m *du temps de pose* f
36 die Großformathandkamera (Pressekamera)
– *l'appareil* m *de reportage* m *grand format* m
37 der Handgriff
– *la poignée*
38 der Drahtauslöser
– *le déclencheur souple*
39 der Rändelring zur Entfernungseinstellung
– *la bague moletée de mise* f *au point (de réglage* m *de la distance)*
40 das Entfernungsmesserfenster
– *la fenêtre du télémètre*
41 der Mehrformatsucher
– *le viseur multiformat*
42 das Rohrstativ (Dreibein)
– *le pied tubulaire (à trois branches* f*)*
43 das Stativbein
– *la semelle du pied*
44 der Rohrschenkel
– *la branche du pied*
45 der Gummifuß
– *l'embout* m *en caoutchouc* m
46 die Mittelsäule
– *la colonne centrale*
47 der Kugelgelenkkopf
– *la rotule*
48 der Kinonivellierkopf
– *la tête cinéma* m *(la tête 3 D)*
49 die Großformatbalgenkamera
– *la chambre grand format* m *à soufflet* m
50 die optische Bank
– *le banc d'optique* f
51 die Standartenverstellung
– *la noix de réglage* m *frontale*
52 die Objektivstandarte
– *la platine d'objectif* m
53 der Balgen
– *le soufflet*
54 das Kamerarückteil
– *le dos de la chambre*
55 die Rückteilverstellung
– *la noix de réglage* m *arrière*
56 der Handbelichtungsmesser (Belichtungsmesser)
– *le posemètre*
57 die Rechenscheibe
– *le calculateur du posemètre*
58 die Anzeigeskalen *f* mit Anzeigenadel *f*
– *les échelles* f *avec l'aiguille* f *de mesure* f
59 die Meßbereichswippe
– *le commutateur de sensibilité* f
60 die Diffusorkalotte für Lichtmessungen *f*
– *la calotte diffusante pour mesure* f *en lumière* f *incidente*
61 die Belichtungsmeßkassette für Großbildkameras *f*
– *le châssis à posemètre* m
62 das Meßgerät
– *l'appareil* m *de mesure* f
63 die Meßsonde
– *la cellule (la sonde)*
64 der Kassettenschieber
– *le volet du châssis*
65 das zweiteilige Elektronenblitzgerät
– *le flash à accumulateur* m *séparé*
66 das (der) Generatorteil (die Batterie)
– *l'accumulateur* m *(la batterie)*
67 die Blitzlampe (der Blitzstab)
– *la lampe flash* m
68 das einteilige Elektronenblitzgerät
– *le flash compact*
69 der schwenkbare Reflektor
– *le réflecteur orientable*
70 die Photodiode
– *la photodiode*
71 der Sucherfuß
– *le sabot de fixation* f
72 der Mittenkontakt
– *le contact central*
73 das Würfelblitzgerät
– *le flash à cubes* m
74 der Würfelblitz
– *le flashcube*
75 die Flashbar *(AGFA)*
– *la barrette flash* m *(AGFA)*
76 der Diaprojektor
– *le projecteur pour diapositives* f
77 das Rundmagazin
– *le carrousel*

1-105 die Systemkamera
– ***l'appareil* m *photographique à objectifs* m *interchangeables***
1 die einäugige Kleinbild-Spiegelreflexkamera
– *l'appareil* m *photographique petit format* m *reflex* m *mono-objectif*
2 das Kameragehäuse
– *le boîtier*
3-8 das Objektiv, ein Normalobjektiv
– *l'objectif* m, *un objectif normal (de focale* f *normale)*
3 der Objektivtubus
– *le barillet d'objectif* m
4 die Entfernungsskala in Metern *m* und Feet *m*
– *l'échelle* f *de mise au point* f *(des distances* f*) en mètres* m *et pieds* m
5 der Blendenring
– *la bague de diaphragme* m
6 die Frontlinsenfassung mit Filteranschluß *m*
– *la monture de la lentille frontale avec fixation* f *pour filtres* m
7 die Frontlinse
– *la lentille frontale*
8 der Rändelring zur Scharfeinstellung
– *la bague moletée de mise au point* f
9 die Tragriemenöse
– *l'œillet* m *de fixation* f *de la courroie*
10 das Batteriefach
– *le logement de pile* f
11 der Schraubdeckel
– *le bouchon à vis* f
12 die Rückspulkurbel
– *la manivelle de rembobinage* m
13 der Batteriehauptschalter
– *l'interrupteur* m *de batterie* f
14 der Blitzlichtanschluß für F- und X-Kontakt *m*
– *la prise de flash* m *F et X*
15 der Spannhebel für den Selbstauslöser
– *le levier d'armement* m *du déclencheur à retardement* m
16 der Schnellschalthebel
– *le levier d'avancement* m *de la pellicule*
17 das Bildzählwerk
– *le compteur de vues* f
18 der Auslöseknopf
– *le bouton de déclenchement* m
19 der Verschlußzeitenknopf
– *le bouton de réglage* m *des temps de pose* m *(des vitesses* f*)*
20 der Zubehörschuh
– *la griffe à accessoires* m
21 der Blitzlicht-Mittenkontakt
– *le contact central pour flash* m
22 der Suchereinblick (das Sucherokular) mit Korrekturlinse *f*
– *la fenêtre (l'oculaire* m*) du viseur avec lentille* f *correctrice*
23 die Kamerarückwand
– *le dos de l'appareil* m
24 die Filmandruckplatte
– *le presse-film*
25 der Filmmitnehmer des Schnelladesystems *n*
– *la griffe d'entraînement* m *de pellicule* f *du système de chargement* m *rapide*
26 die Transportzahntrommel
– *les pignons* m *d'entraînement* m *de la pellicule*
27 der Rückspulfreilauf
– *le débrayage de rembobinage* m
28 das Filmfenster (Negativfenster, Bildfenster, die Bildbühne)
– *la fenêtre de prise* f *de vue* f
29 der Rückspulmitnehmer
– *l'entraînement* m *de rembobinage* m
30 der Stativgewindeanschluß
– *l'écrou* m *du pied*
31 das Spiegelreflexsystem
– *le système reflex*
32 das Objektiv
– *l'objectif* m
33 der Reflexspiegel
– *le miroir reflex*
34 das Bildfenster
– *la fenêtre de prise* f *de vue* f
35 der Bildstrahlengang
– *le trajet lumineux de la visée*
36 der Meßstrahlengang
– *le trajet lumineux de la mesure*
37 die Meßzelle
– *la cellule photoélectrique*
38 der Hilfsspiegel
– *le miroir auxiliaire*
39 die Einstellscheibe
– *le verre dépoli de mise* f *au point*
40 die Bildfeldlinse
– *la lentille de champ* m
41 das Pentadachkantprisma
– *le pentaprisme en toit* m
42 das Okular
– *l'oculaire* m
43-105 das Systemzubehör
– ***les accessoires* m *du système***
43 die Wechselobjektive *n*
– *les objectifs* m *interchangeables*
44 das Fischaugenobjektiv (Fischauge)
– *l'objectif* m *fish-eye* m
45 das Weitwinkelobjektiv (die kurze Brennweite)
– *l'objectif* m *grand angle* m *(de courte focale* f*)*
46 das Normalobjektiv
– *l'objectif* m *normal*
47 die mittlere Brennweite
– *l'objectif* m *de focale* f *moyenne*
48 das Teleobjektiv (die lange Brennweite)
– *le télé-objectif (de longue focale* f*)*
49 das Fernobjektiv (die Fernbildlinse)
– *l'objectif* m *de très grande focale* f
50 das Spiegelobjektiv
– *l'objectif* m *à miroir* m
51 das Sucherbild
– *le champ du viseur*
52 das Signal für die manuelle Einstellung
– *l'indicateur* m *de commande* f *manuelle*
53 der Mattscheibenring
– *l'anneau* m *dépoli*
54 das Mikroprismenraster (Mikrospaltbildfeld)
– *la grille de microprismes* m
55 der Schnittbildindikator (die Meßkeile *m*)
– *le stigmomètre (le prisme de mesure* f*)*
56 die Blendenskala
– *l'échelle* f *des diaphragmes* m
57 der Belichtungsmesserzeiger
– *l'aiguille* f *du posemètre* m
58-66 auswechselbare Einstellscheiben *f*
– *les verres* m *de visée* f *interchangeables*
58 die Vollmattscheibe mit Mikroprismenraster
– *le verre dépoli à microprismes* m
59 die Vollmattscheibe mit Prismenraster *n* und Schnittbildindikator *m*
– *le verre dépoli à stigmomètre* m
60 die Vollmattscheibe ohne Einstellhilfsmittel *n*
– *le verre dépoli sans accessoire* m *de mise* f *au point*
61 die Mattscheibe mit Gitterteilung *f*
– *le verre dépoli à quadrillage* m
62 das Prismenraster für Objektive *n* hoher Öffnung *f*
– *l'anneau* m *de microprismes* m *pour objectifs* m *de grande ouverture* f
63 das Prismenraster für Objektive ab Lichtstärke $f = 1{:}3{,}5$
– *l'anneau* m *de microprismes* m *pour objectifs* m *d'ouverture* f *à partir de 1/3,5*
64 die Fresnellinse mit Mattscheibenring *m* und Schnittbildindikator *m*
– *la lentille de Fresnel avec anneau* m *dépoli et stigmomètre* m
65 die Vollmattscheibe mit feinmattiertem Mittenfleck *m* und Meßskalen *f*
– *le verre dépoli avec zone* f *centrale à grain* m *fin et réticule* m *gradué*
66 die Mattscheibe mit Klarglasfleck *m* und doppeltem Fadenkreuz *n*
– *le verre dépoli avec zone* f *centrale claire et double réticule* m
67 die Datenrückwand zum Einbelichten *n* von Aufnahmedaten *n*
– *le dos spécial pour enregistrement* m *des données* f *de prise* f *de vue* f
68 der Sucherlichtschacht
– *le viseur à capuchon* m
69 der auswechselbare Prismensucher
– *le viseur interchangeable à prisme* m
70 das Pentadachkantprisma
– *le pentaprisme en toit* m
71 der Winkelsucher
– *le viseur à renvoi* m *d'angle* m
72 die Korrekturlinse
– *la lentille corrective*
73 die Augenmuschel (Okularmuschel)
– *l'œilleton* m *de l'oculaire* m
74 das Einstellfernrohr
– *l'oculaire* m *réglable*
75 der Batterieanschluß
– *le raccord de batterie* f
76 der Batteriehandgriff für den Kameramotor
– *la poignée à piles* f *pour le moteur*
77 die Schnellschußkamera
– *l'appareil* m *à prise* f *de vue* f *rapide*
78 der ansetzbare Kameramotor
– *le moteur d'avancement* m *démontable*
79 die externe Stromversorgung
– *l'alimentation* f *externe*
80 das Zehn-Meter-Filmmagazin
– *le magasin pour 10 m de film* m
81-98 Naheinstell- und Makrogeräte *n*
– *dispositifs* m *de macrophotographie* f *(de prise* f *de vues* f *rapprochées)*
81 der Zwischentubus
– *le tube rallonge* f
82 der Adapterring
– *la bague d'adaptation* f
83 der Umkehrring
– *la bague d'inversion* f
84 das Objektiv in Retrostellung *f*
– *l'objectif* m *en position* f *inversée*
85 das Balgengerät (Balgennaheinstellgerät)
– *le soufflet*
86 der Einstellschlitten
– *la glissière de réglage* m
87 der Diakopiervorsatz
– *l'adaptateur* m *pour reproduction* f *de diapositives* f
88 der Diakopieradapter
– *le porte-diapositive*
89 der Mikrofotoansatz
– *le dispositif de microphotographie* f
90 das Reprostativ
– *le pied de reproduction* f
91 die „Spinnenbeine" *n.*
– *les branches* f *du pied*
92 das Reproduktionsgestell (der Reproständer, Kopierständer)
– *le support de reproduction* f
93 der Reproarm
– *le bras du support*
94 das Makrostativ (der Makroständer)
– *le pied de macrophotographie* f
95 die Tischeinsatzplatten *f* für das Makrostativ
– *les platines* f *interchangeables pour le pied de macrophotographie*
96 die Einlegescheibe
– *la rondelle*
97 der Lieberkühn-Reflektor
– *le réflecteur Lieberkühn*
98 die Kreuztischeinrichtung
– *la platine à coordonnées* f
99 das Tischstativ
– *le pied de table* f
100 das Schulterstativ
– *la poignée crosse* f
101 der Drahtauslöser
– *le déclencheur souple*
102 der Doppeldrahtauslöser
– *le déclencheur souple double*
103 die Kameratasche (Bereitschaftstasche)
– *le sac d'appareil* m *(le sac tout-pr*
104 der Objektivköcher
– *l'étui* m *d'objectif* m
105 der Weichleder-Objektivköcher
– *le sac d'objectif* m *en cuir* m *sou*

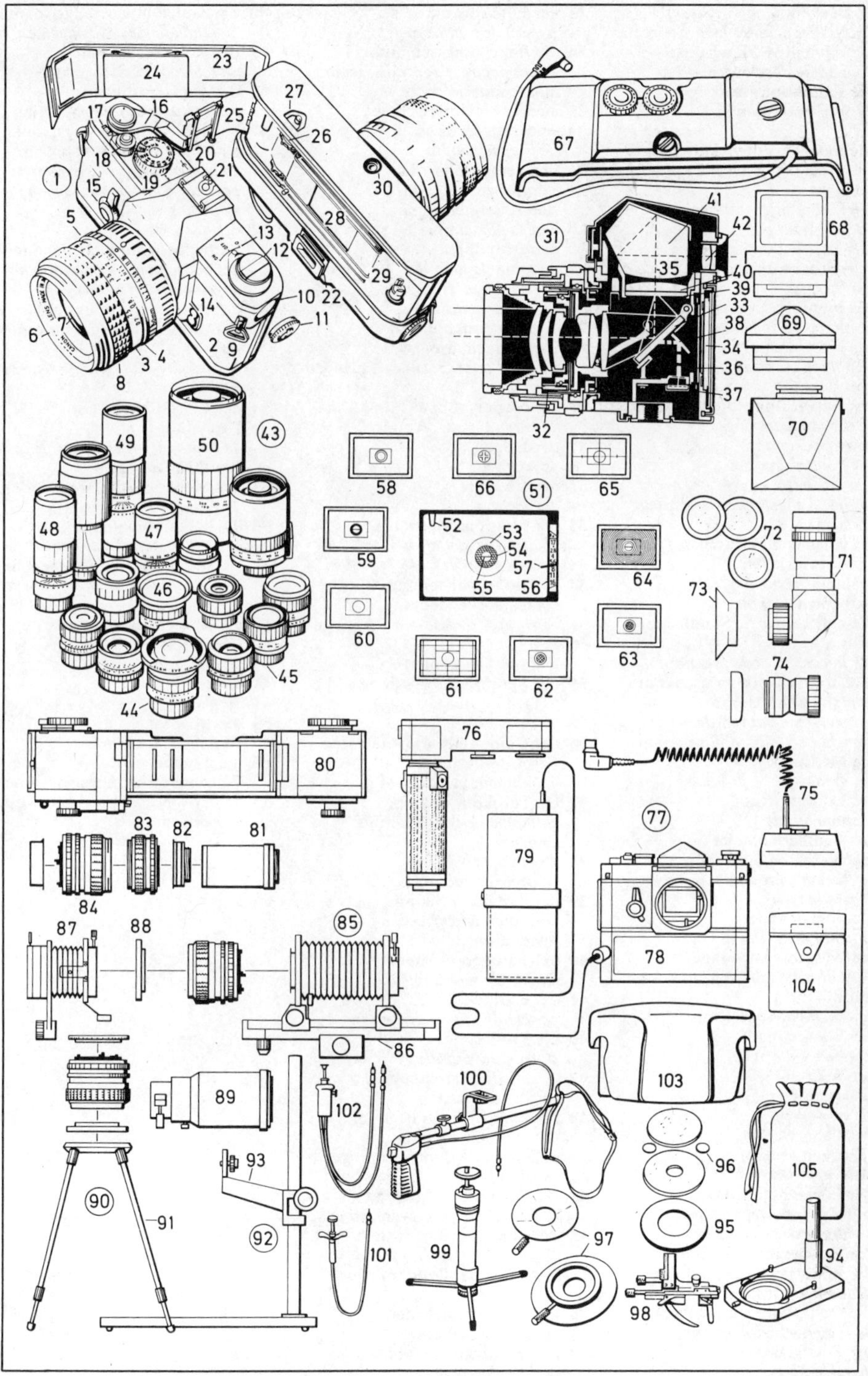
1
2
3
4
5
6
7
8
9
10
11
12
13
14
15
16
17
18
19
20
21
22
23
24
25
26
27
28
29
30
31
32
33
34
35
36
37
38
39
40
41
42
43
44
45
46
47
48
49
50
51
52
53
54
55
56
57
58
59
60
61
62
63
64
65
66
67
68
69
70
71
72
73
74
75
76
77
78
79
80
81
82
83
84
85
86
87
88
89
90
91
92
93
94
95
96
97
98
99
100
101
102
103
104
105

1-60 Dunkelkammergeräte *n*
– ***équipements*** m ***de laboratoire*** m
1 die Filmentwicklungsdose
– *la cuve de développement* m
2 die Einsatzspirale
– *la spire porte-film* m
3 die Mehretagen-Entwicklungsdose
– *la cuve à développement* m *multiple*
4 die Mehretagen-Filmspirale
– *la spire multiple*
5 die Tageslichteinspuldose
– *la cuve à chargement* m *en plein jour* m
6 das Filmfach
– *le récepteur de bobine* f
7 der Filmtransportknauf
– *le bouton d'entraînement* m *du film*
8 das Entwicklungsthermometer
– *le thermomètre de développement* m
9 die Faltflasche für Entwicklerlösung *f*
– *le flacon souple pour révélateur* m
10 die Chemikalienflaschen *f* für Erstentwickler *m*, Stopphärtebad *n*, Farbentwickler *m*, Bleichfixierbad *n*, Stabilisator *m*
– *les flacons* m *pour premier révélateur* m, *bain* m *d'arrêt* m *tannant, révélateur* m *chromogène, bain* m *de blanchiment* m, *stabilisateur* m
11 die Mensuren *f*
– *les éprouvettes* f *graduées*
12 der Einfülltrichter
– *l'entonnoir* m
13 das Badthermometer (Schalenthermometer)
– *le thermomètre (le thermomètre à cuvette* f*)*
14 die Filmklammer
– *la pince pour film* m
15 die Wässerungswanne (das Wässerungsgerät, der Bildwascher)
– *la cuvette de rinçage* m
16 der Wasserzulauf
– *l'arrivée* f *d'eau* f
17 der Wasserablauf
– *le départ d'eau* f *(le trop-plein)*
18 der Laborwecker (Kurzzeitwecker)
– *le compte-temps de laboratoire* m
19 der Filmagitator (das Filmdosenbewegungsgerät)
– *l'entraîneur* m *de tambour* m
20 die Entwicklungsdose (*auch:* die Bildtrommel)
– *le tambour de développement* m
21 die Dunkelkammerleuchte
– *la lanterne de laboratoire* m
22 die Filterglasscheibe
– *le verre filtre*
23 der Filmtrockner
– *le séchoir à films* m
24 die Belichtungsschaltuhr
– *le posemètre d'agrandissement* m *à minuterie* f
25 die Entwicklungsschale
– *la cuvette de développement* m
26 der Vergrößerer (das Vergrößerungsgerät, der Vergrößerungsapparat)
– *l'agrandisseur* m
27 das Grundbrett
– *la table (la platine)*
28 die geneigte Tragsäule
– *la colonne inclinée*
29 der Lampenkopf (das Lampengehäuse)
– *la tête d'éclairement* m *(la boîte à lumière* f*)*
30 die Negativbühne (Filmbühne)
– *le porte-négatif*
31 der Balgen
– *le soufflet*
32 das Objektiv
– *l'objectif* m
33 der Friktionsfeintrieb
– *l'entraînement* m *de mise* f *au point à friction* f
34 die Höhenverstellung (Maßstabsverstellung)
– *le réglage de hauteur* f *(réglage* m *de rapport* m *d'agrandissement* m*)*
35 der Vergrößerungsrahmen (die Vergrößerungskassette)
– *le margeur*
36 der Coloranalyser (Analyser, Farbfilterbestimmer)
– *l'analyseur* m *couleur* f
37 die Farbkontrollampe
– *la lampe de contrôle* m *de couleur* f
38 das Meßkabel
– *le câble de mesure* f
39 der Zeitabgleichknopf
– *le bouton de correction* f *de temps* m *de pose* f
40 der Farbvergrößerer
– *l'agrandisseur* m *couleur* f
41 der Gerätekopf
– *la tête de l'agrandisseur* m
42 die Profilsäule
– *la colonne profilée*
43-45 der Farbmischkopf
– *la tête couleur* f
43 die Purpurfiltereinstellung (Magentaeinstellung)
– *le bouton de filtrage* m *magenta (pourpre)*
44 die Gelbfiltereinstellung
– *le bouton de filtrage* m *jaune*
45 die Blaugrünfiltereinstellung (Cyaneinstellung)
– *le bouton de filtrage* m *cyan (bleu-vert)*
46 das (der) Einstellfilter
– *le filtre escamotable*
47 die Entwicklungszange
– *la pince à papier* m
48 die Papierentwicklungstrommel
– *le tambour de développement* m
49 der Rollenquetscher
– *le rouleau d'essorage* m
50 das Papiersortiment
– *l'assortiment* m *de papier* m
51 das Farbvergrößerungspapier, eine Packung Fotopapier *n*
– *le papier d'agrandissement* m *couleur* f, *une pochette de papier* m *photographique*
52 die Farbentwicklungschemikalien *f*
– *les produits* m *chimiques pour développement* m *couleur*
53 der Papierbelichtungsmesser (Vergrößerungsbelichtungsmesser)
– *le posemètre d'agrandissement* m
54 der Einstellknopf mit Papierindex *m*
– *le bouton d'affichage* m *de la sensibilité du papier*
55 der Meßkopf (die Meßsonde)
– *la cellule de mesure* f
56 die halbautomatische Thermostatentwicklungsschale
– *la cuvette de développement* m *semi-automatique à thermostat* m
57 die Schnelltrockenpresse (Heizpresse)
– *la glaceuse*
58 die Hochglanzfolie
– *la plaque polie*
59 das Spanntuch
– *la toile de tension* f
60 die automatische Walzenentwicklungsmaschine
– *la développeuse automatique à rouleaux* m

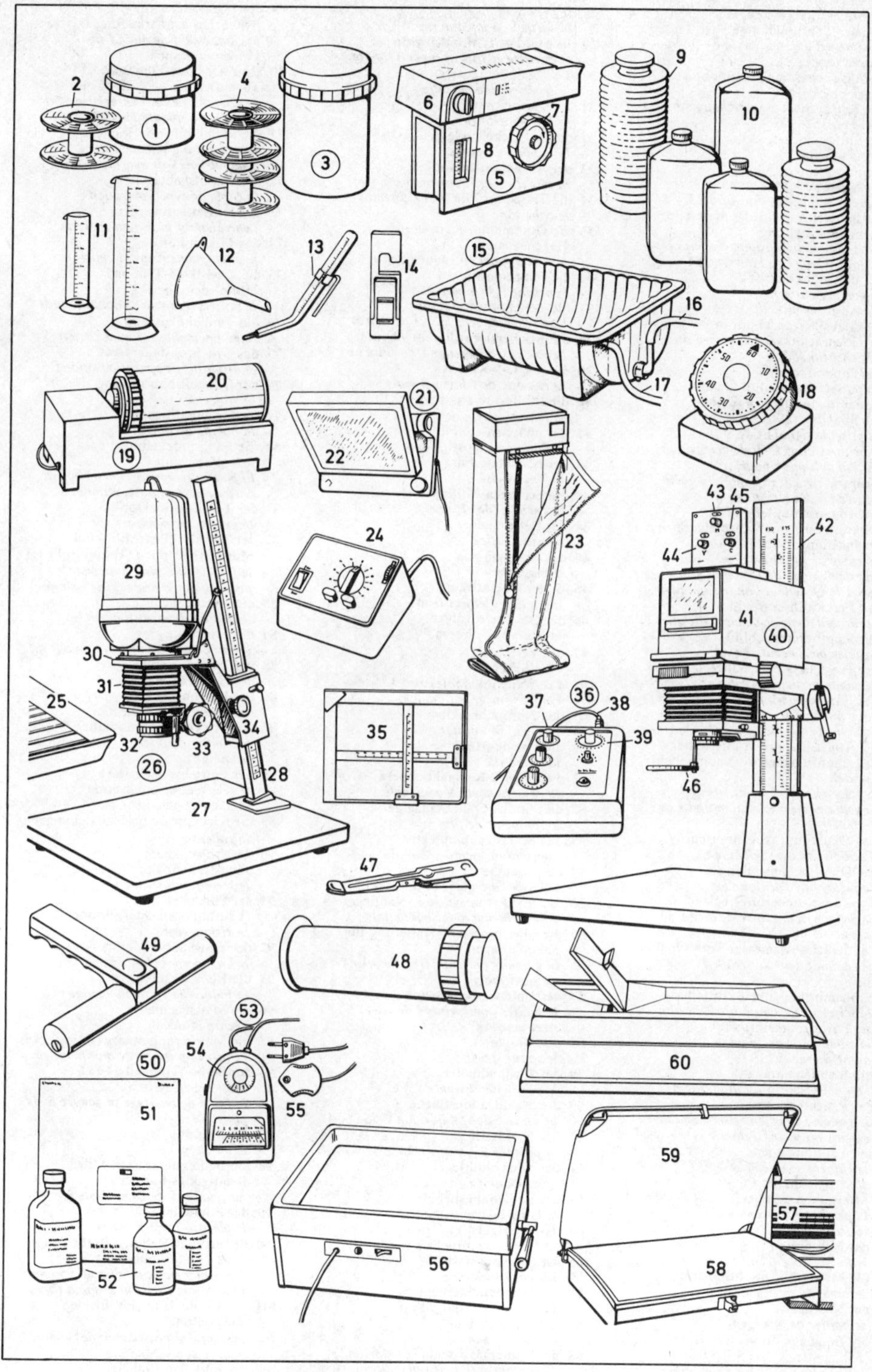
1
2
3
4
5
6
7
8
9
10
11
12
13
14
15
16
17
18
19
20
21
22
23
24
25
26
27
28
29
30
31
32
33
34
35
36
37
38
39
40
41
42
43
44
45
46
47
48
49
50
51
52
53
54
55
56
57
58
59
60

1 **die Schmalfilmkamera**, eine Super-8-Tonfilmkamera
– ***la caméra d'amateur*** m, *une caméra sonore super 8*
2 das auswechselbare Zoomobjektiv (Varioobjektiv)
– *l'objectif* m *zoom* m *interchangeable (le zoom)*
3 die Entfernungseinstellung und die manuelle Brennweiteneinstellung
– *le réglage de mise* f *au point et le réglage manuel de l'ouverture* f
4 der Blendenring für die manuelle Blendeneinstellung
– *la bague des diaphragmes* m *pour le réglage manuel de l'ouverture* f
5 der Batteriehandgriff
– *la poignée batterie* f
6 der Auslöser mit Drahtauslöseranschluß *m*
– *le déclencheur avec le raccord du déclencheur souple*
7 der Pilotton- oder Impulsgeberanschluß für das Tonaufnahmegerät *n* (beim Zweibandverfahren)
– *la prise de signal* m *de synchronisation* f *ou de générateur* m *d'impulsions* f *pour l'enregistrement* m *sonore [pour le procédé à double bande* f*]*
8 die Tonanschlußleitung für Mikrophon *n* oder Zuspielgerät *n* (beim Einbandverfahren *n*)
– *le câble de raccordement* m *du microphone ou de la source sonore [pour le procédé à bande* f *unique]*
9 der Fernauslöseranschluß
– *le raccord du déclencheur à distance* f
10 der Kopfhöreranschluß
– *la prise pour écouteurs* m
11 der Einstellsystemschalter
– *le commutateur de réglage* m
12 der Filmgeschwindigkeitsschalter
– *le commutateur de vitesse* f *de prise* f *de vue* f
13 der Tonaufnahme-Wahlschalter für automatischen oder manuellen Betrieb
– *le sélecteur de prise* f *de son* m *pour fonctionnement* m *automatique ou manuel*
14 das Okular mit Augenmuschel *f*
– *l'oculaire* m *avec œilleton* m
15 die Dioptrieneinstellung
– *le réglage de l'oculaire* m
16 der Tonaussteuerungsregler
– *le réglage de niveau* m *de prise* f *de son* m
17 der Belichtungsmesser-Wahlschalter
– *le commutateur de cellule* f
18 die Filmempfindlichkeitseinstellung
– *le sélecteur de sensibilité* f *du film*
19 die Powerzoomeinrichtung
– *la commande de zoom* m *automatique*
20 die Blendenautomatik
– *l'automatisme* m *du diaphragme*
21 **das Pistentonsystem**
– ***le système pour enregistrement*** m ***sonore sur piste*** f ***latérale***
22 die Tonfilmkamera
– *la caméra sonore*
23 der ausziehbare Mikrophonausleger
– *la perche de microphone* m *télescopique*
24 das Mikrophon
– *le microphone (*f *am.: le micro)*
25 die Mikrophonanschlußleitung
– *le câble du microphone*
26 **das Mischpult**
– ***le boîtier de mixage*** m
27 die Eingänge für verschiedene Tonquellen *f*
– *les entrées* f *pour les différentes sources* f *sonores*
28 der Kameraausgang
– *la sortie vers la caméra*
29 **die Super-8-Tonfilmkassette**
– ***la cassette de film*** m ***super 8 sonore***
30 das Kassettenfenster
– *la fenêtre de la cassette*
31 die Vorratsspule
– *la bobine débitrice*
32 die Aufwickelspule
– *la bobine réceptrice*
33 der Aufnahmetonkopf
– *la tête d'enregistrement* m *du son*
34 die Transportrolle (der Capstan)
– *le cabestan*
35 die Gummiandruckrolle (der Gegencapstan)
– *le contre-galet en caoutchouc* m
36 die Führungsnut
– *l'encoche* f *de guidage* m
37 die Belichtungssteuernut
– *l'encoche* f *de sensibilité* f *de film* m
38 die Konversionsfiltereingabenut
– *l'encoche* f *d'insertion* f *de filtre* m
39 **die Single-8-Kassette**
– ***la cassette de film*** m ***8 mm***
40 die Bildfensteraussparung
– *la fenêtre d'exposition* f
41 der unbelichtete Film
– *le film non exposé (film* m *vierge)*
42 der belichtete Film
– *le film exposé*
43 **die Sechzehn-Millimeter-Kamera**
– ***la caméra (de) 16 mm***
44 der Reflexsucher
– *le viseur reflex*
45 das Magazin
– *le magasin*
46-49 **der Objektivkopf**
– ***la platine d'objectifs*** m
46 der Objektivrevolver
– *la platine revolver* m
47 das Teleobjektiv
– *le téléobjectif*
48 das Weitwinkelobjektiv
– *l'objectif* m *grand angle* m
49 das Normalobjektiv
– *l'objectif* m *normal*
50 die Handkurbel
– *la manivelle*
51 **die Super-8-Kompaktkamera**
– ***la caméra super 8 compacte***
52 die Filmverbrauchsanzeige
– *le compteur de film* m
53 das Makrozoomobjektiv
– *l'objectif* m *macro-zoom* m
54 der Zoomhebel
– *le levier de réglage* m *du zoom*
55 die Makrovorsatzlinse (Nahlinse)
– *la lentille macro (la bonnette)*
56 die Makroschiene (Halterung für Kleinvorlagen *f*)
– *la glissière porte-objet* m *de prise* f *de vue* f *macro*
57 **das Unterwassergehäuse**
– ***le boîtier pour prises*** f ***de vues*** f ***sous-marines***
58 der Diopter
– *le viseur sportif*
59 der Abstandhalter
– *la perche de distance* f
60 die Stabilisationsfläche
– *la surface de stabilisation* f
61 der Handgriff
– *la poignée*
62 der Verschlußriegel
– *le verrouillage*
63 der Bedienungshebel
– *le levier de commande* f
64 das Frontglas
– *la fenêtre de prise* f *de vue* f
65 **der Synchronstart**
– ***la synchronisation***
66 die Filmberichterkamera
– *la caméra de reportage* m
67 der Kameramann
– *le cameraman*
68 der Kameraassistent (Tonassistent)
– *l'assistant* m *(l'assistant* m *de prise* f *de son* m*)*
69 der Handschlag zur Synchronstartmarkierung
– *le claquement de main* f *de synchronisation* f
70 **die Zwei-Band-Film- und Tonaufnahme**
– ***la prise de vue*** f ***et l'enregistrement*** m ***sonore à double bande*** f
71 die impulsgebende Kamera
– *la caméra à générateur* m *d'impulsions* f *de synchronisation* f
72 das Impulskabel
– *le câble de synchronisation* f
73 der Kassettenrecorder
– *l'enregistreur* m *à mini-cassette* f
74 das Mikrophon
– *le microphone (*f*am.: le micro)*
75 **die Zwei-Band-Ton- und Filmwiedergabe**
– ***la projection sonore à double bande*** f
76 die Tonbandkassette
– *le magnétophone à mini-cassette* f
77 das Synchronsteuergerät
– *le dispositif de synchronisation* f
78 der Schmalfilmprojektor
– *le projecteur*
79 die Originalfilmspule
– *la bobine de film* m
80 die Fangspule, eine Selbstfangspule
– *la bobine réceptrice (une bobine à enroulement* m *automatique)*
81 **der Tonfilmprojektor**
– ***le projecteur sonore***
82 der Tonfilm (Pistenfilm) mit Magnetrandspur *f* (Tonpiste, Piste)
– *le film sonore pisté avec piste* f *magnétique latérale (piste* f *sonore)*
83 die Aufnahmetaste
– *le bouton d'enregistrement* m
84 die Tricktaste
– *le bouton de truquage* m *(trucage* m*)*
85 der Lautstärkeregler
– *le réglage de niveau* m
86 die Löschtaste
– *le bouton d'effacement* m
87 der Trickprogrammschalter
– *le commutateur de programme* m *de truquage* m
88 der Betriebsartschalter
– *le sélecteur de mode* m *de fonctionnement* m
89 die Klebepresse für Naßklebungen *f*
– *la colleuse*
90 der schwenkbare Filmstreifenhalter
– *le serre-film articulé*
91 **der Filmbetrachter** (Laufbildbetrachter, Editor)
– ***la visionneuse***
92 der schwenkbare Spulenarm
– *le bras porte-bobines* m *mobile*
93 die Rückwickelkurbel
– *la manivelle de rembobinage* m
94 die Mattscheibe
– *l'écran* m *dépoli*
95 die Markierungsstanze (Filmstanze)
– *l'emporte-pièce* m *de marquage* m
96 **der Sechs-Teller-Film- und -Ton-Schneidetisch**
– ***la table de montage*** m ***sonore à six plateaux*** m
97 der Monitor
– *le moniteur*
98 die Bedienungstasten *f* (der Betätigungsbrunnen)
– *les touches* f *de commande* f
99 der Filmteller
– *le plateau porte-films* m
100 der erste Tonteller, z.B. für den Live-Ton (Originalton)
– *le premier plateau de bande* f *sonore pour le son live (son original* m*)*
101 der zweite Tonteller, für den Zuspielton
– *le second plateau de bande* f *sonore pour le son secondaire*
102 die Bild-Ton-Einheit
– *l'ensemble* m *son-image* m

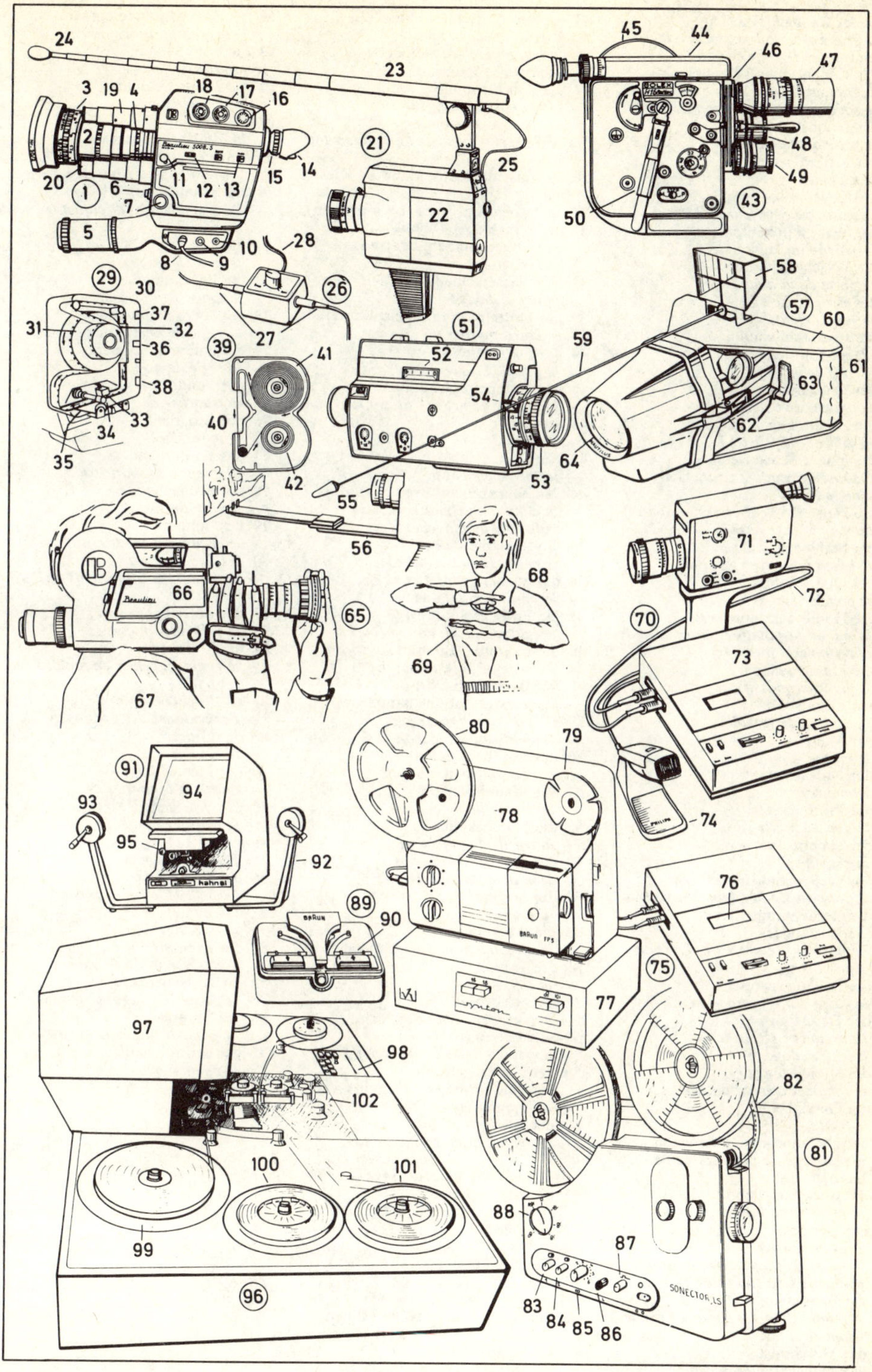
1
2
3
4
5
6
7
8
9
10
11
12
13
14
15
16
17
18
19
20
21
22
23
24
25
26
27
28
29
30
31
32
33
34
35
36
37
38
39
40
41
42
43
44
45
46
47
48
49
50
51
52
53
54
55
56
57
58
59
60
61
62
63
64
65
66
67
68
69
70
71
72
73
74
75
76
77
78
79
80
81
82
83
84
85
86
87
88
89
90
91
92
93
94
95
96
97
98
99
100
101
102
Beaulieu
hahnel
BRAUN
SONECTOR LS

1-49 der Rohbau [Hausbau]
– ***le gros œuvre*** *[la construction d'une maison]*
1 das Kellergeschoß (Souterrain), aus Stampfbeton *m*
– *le soubassement en béton* m *damé*
2 der Betonsockel
– *le socle de béton* m
3 das Kellerfenster
– *le soupirail*
4 die Kelleraußentreppe
– *l'escalier* m *extérieur de la cave*
5 das Waschküchenfenster
– *la fenêtre de la buanderie*
6 die Waschküchentür
– *la porte de la buanderie*
7 das Erdgeschoß
– *le rez-de-chaussée*
8 die Backsteinwand (Ziegelsteinwand)
– *le mur de briques* f
9 der Fenstersturz
– *le linteau de fenêtre* f
10 die äußere Fensterleibung
– *le tableau de fenêtre* f
11 die innere Fensterleibung
– *l'ébrasement* m *(ébrasure* f*) de fenêtre* f
12 die Fensterbank (Fenstersohlbank)
– *l'appui* m *de fenêtre* f *(l'allège* f*)*
13 der Stahlbetonsturz
– *le linteau de béton* m *armé*
14 das Obergeschoß
– *le premier étage*
15 die Hohlblocksteinwand
– *le mur de parpaings* m *creux (le mur d'agglomérés* m *creux)*
16 die Massivdecke
– *le plancher massif*
17 die Arbeitsbühne
– *l'estrade* f *de travail* m
18 der Maurer
– *le maçon*
19 der Hilfsarbeiter
– *le manœuvre*
20 der Mörtelkasten
– *l'auge* f *à mortier* m
21 der Schornstein
– *la cheminée*
22 die Treppenhausabdeckung
– *le panneau de la cage d'escalier* m
23 die Gerüststange (der Gerüstständer)
– *l'écoperche* f *(étamperche* f*, échasse* f*, pointier* m*)*
24 die Brüstungsstreiche
– *le garde-corps (garde-fou* m*)*
25 der Gerüstbug
– *l'entretoise* f *(étrésillon* m*) d'échafaudage* m
26 die Streichstange
– *le sommier d'échafaudage* m
27 der Gerüsthebel
– *le boulin*
28 der Dielenbelag (Bohlenbelag)
– *le platelage (la plate-forme de madriers* m*)*
29 das Sockelschutzbrett
– *la planche (la latte) de garde* f
30 der Gerüstknoten, mit Ketten- od. Seilschließen *f*
– *le nœud d'échafaudage* m *avec chaînette* f *ou câble* m *de sûreté* f
31 der Bauaufzug
– *le monte-charge (l'élévateur* m*) de chantier* m
32 der Maschinist
– *le conducteur mécanicien*
33 die Betonmischmaschine, ein Freifallmischer *m*
– *la bétonnière, un mélangeur à tambour* m *tournant*
34 die Mischtrommel
– *le tambour mélangeur*
35 der Aufgabekasten
– *le chargeur (la caisse de chargement* m*)*
36 die Zuschlagstoffe [Sand *m*, Kies *m*]
– *les agrégats* m *[sable* m*, gravier* m*]*
37 die Schiebkarre (Schubkarre, der Schiebkarren, Schubkarren)
– *la brouette*
38 der Wasserschlauch
– *le tuyau d'eau* f
39 die Mörtelpfanne (Speispfanne)
– *le bac à mortier* m
40 der Steinstapel
– *la pile de briques* f
41 das gestapelte Schalholz
– *la pile de planches* f *de coffrage* m
42 die Leiter
– *l'échelle* f
43 der Sack Zement *m*
– *le sac de ciment* m
44 der Bauzaun, ein Bretterzaun *m*
– *la clôture du chantier* m*, une palissade de planches* f
45 die Reklamefläche
– *le panneau publicitaire*
46 das aushängbare Tor
– *la porte démontable*
47 die Firmenschilder *n*
– *les plaques* f *des entreprises* f
48 die Baubude (Bauhütte)
– *la baraque de chantier* m
49 der Baustellenabort
– *les latrines* f pl de chantier m
50-57 das Mauerwerkzeug
– ***les outils*** m ***du maçon***
50 das Lot (der Senkel)
– *le fil à plomb* m
51 der Maurerbleistift
– *le crayon de maçon* m
52 die Maurerkelle
– *la truelle de maçon* m
53 der Maurerhammer
– *le marteau de maçon* m
54 der Schlegel
– *la massette*
55 die Wasserwaage
– *le niveau à bulle* f *d'air* m
56 die Traufel
– *la taloche*
57 das Reibebrett
– *le bouclier (la taloche)*
58-68 Mauerverbände *m*
– ***appareils*** m ***de construction*** f
58 der NF-Ziegelstein (Normalformat-Ziegelstein)
– *la brique pleine calibrée*
59 der Läuferverband
– *l'appareil* m *en panneresses* f
60 der Binder- od. Streckerverband
– *l'appareil* m *en boutisses* f
61 die Abtreppung
– *le bout en attente* f *(le bout en escalier* m*)*
62 der Blockverband
– *l'appareil* m *anglais*
63 die Läuferschicht
– *l'assise* f *de panneresses* f
64 die Binder- od. Streckerschicht
– *l'assise* f *de boutisses* f
65 der Kreuzverband
– *l'appareil* m *croisé*
66 der Schornsteinverband
– *l'appareil* m *de cheminée* f
67 die erste Schicht
– *la première assise*
68 die zweite Schicht
– *la deuxième assise*
69-82 die Baugrube
– ***la fouille*** *(l'excavation* f*)*
69 die Schnurgerüstecke
– *le chevalet pour tirer au cordeau*
70 das Schnurkreuz
– *l'axe* m *repère* m *de piquetage* m *(de cordes* f*)*
71 das Lot
– *le fil à plomb* m
72 die Böschung
– *le talus*
73 die obere Saumdiele
– *la règle de niveau* m *supérieur*
74 die untere Saumdiele
– *la règle de niveau* m *inférieur*
75 der Fundamentgraben
– *la tranchée de fondation* f
76 der Erdarbeiter
– *le terrassier*
77 das Förderband
– *la bande transporteuse*
78 der Erdaushub
– *les déblais* m
79 der Bohlenweg
– *le chemin en madriers* m
80 der Baumschutz
– *la ceinture de protection* f *de l'arbre* m
81 der Löffelbagger
– *la pelle mécanique*
82 der Tieflöffel
– *le godet de pelle* f *en fouille* f *(en rétro* m*)*
83-91 Verputzarbeiten *f*
– ***l'exécution*** f ***des enduits*** m
83 der Gipser
– *le plâtrier*
84 der Mörtelkübel
– *l'auge* m *à mortier* m
85 das Wurfsieb
– *la claie*
86-89 das Leitergerüst
– ***l'échafaudage*** m
86 die Standleiter
– *l'échelle* f *(les montants* m*)*
87 der Belag
– *le platelage*
88 die Kreuzstrebe
– *l'étrésillon* m *(le croisillon)*
89 die Zwischenlatte
– *le garde-corps (garde-fou* m*)*
90 die Schutzwand
– *la grille de protection* f
91 der Seilrollenaufzug
– *le palan à câble* m

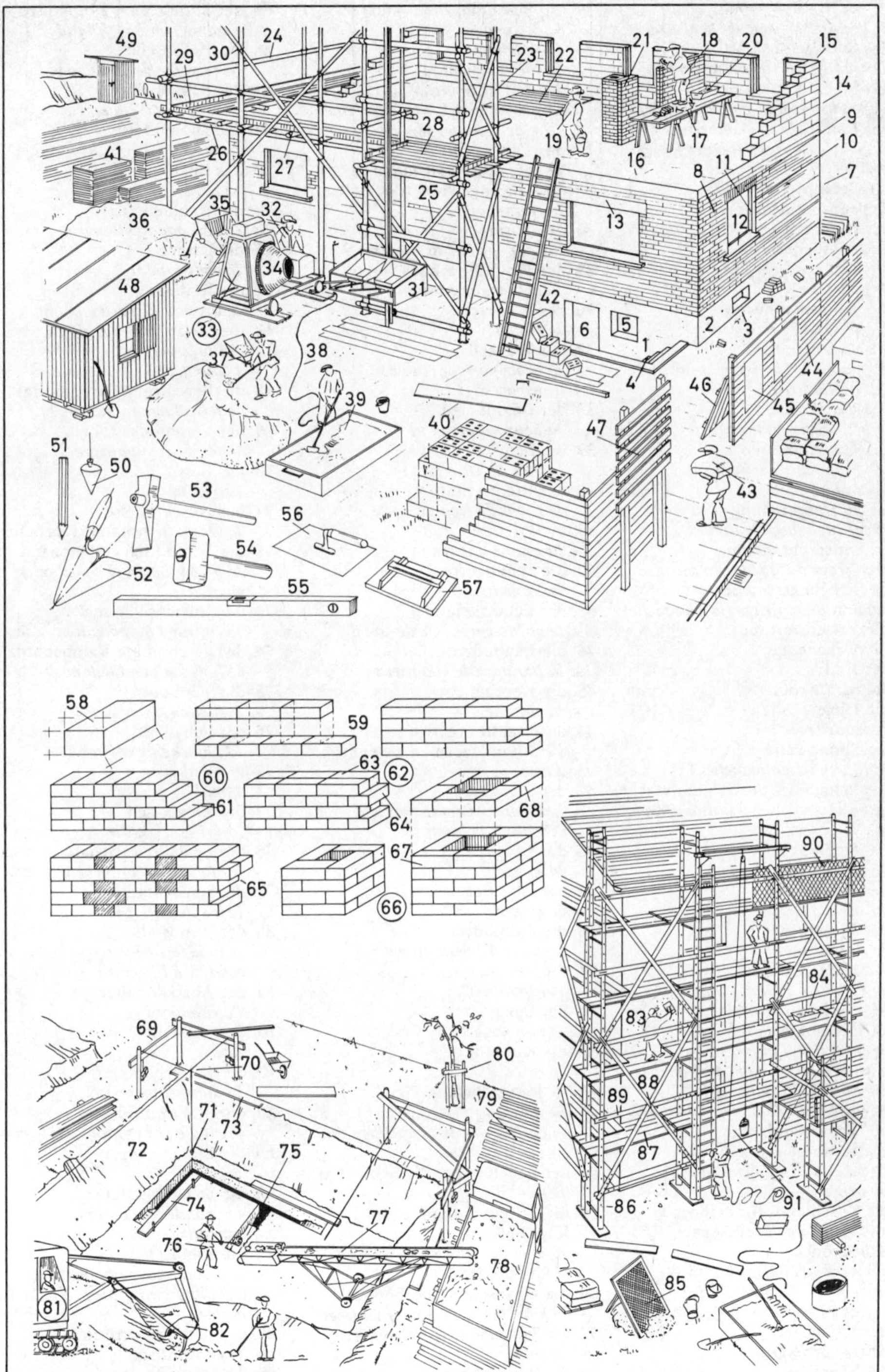
1
2
3
4
5
6
7
8
9
10
11
12
13
14
15
16
17
18
19
20
21
22
23
24
25
26
27
28
29
30
31
32
33
34
35
36
37
38
39
40
41
42
43
44
45
46
47
48
49
50
51
52
53
54
55
56
57
58
59
60
61
62
63
64
65
66
67
68
69
70
71
72
73
74
75
76
77
78
79
80
81
82
83
84
85
86
87
88
89
90
91

1-89 der Stahlbetonbau
– ***la construction en béton*** m ***armé***
1 das Stahlbetonskelett
– *l'ossature* f *en béton* m *armé*
2 der Stahlbetonrahmen
– *l'encadrement* m *en béton* m *armé*
3 der Randbalken (Unterzug)
– *la poutre de rive* f *(poutre* f *maîtresse)*
4 die Betonpfette
– *la panne en béton* m
5 der Unterzug
– *la poutre maîtresse*
6 die Voute
– *le gousset*
7 die Schüttbetonwand
– *le mur en béton* m *coulé*
8 die Stahlbetondecke
– *le plafond en béton* m *armé*
9 der Betonarbeiter, beim Glattstrich *m*
– *le bétonneur au lissage* m
10 das Anschlußeisen
– *le fer de reprise* f *(fer* m *de raccord* m*)*
11 die Stützenschalung
– *le coffrage du poteau* m
12 die Unterzugschalung
– *le coffrage de la poutre maîtresse*
13 die Schalungssprieße
– *l'étai* m *du coffrage (la chandelle)*
14 die Verschwertung
– *l'étrésillonnage* m
15 der Keil
– *la cale (le coin)*
16 die Diele
– *le madrier*
17 die Spundwand
– *le rideau de palplanches* f
18 das Schalholz (die Schalbretter *n*)
– *le bois (les planches* f*) de coffrage* m
19 die Kreissäge
– *la scie circulaire*
20 der Biegetisch
– *la table à couder*
21 der Eisenbieger
– *le ferrailleur*
22 die Handeisenschere
– *la cisaille à main* f
23 das Bewehrungseisen (Armierungseisen)
– *le fer à béton* m *(fer* m *d'armature* f, *rond* m *à béton* m*)*
24 der Bimshohlblockstein
– *le parpaing en béton* m *de ponce* f
25 die Trennwand, eine Bretterwand
– *la palissade, une cloison de planches* f
26 die Zuschlagstoffe *m* [Kies *m* und Sand *m* verschiedener Korngröße]
– *les agrégats* m *[gravier* m *et sable* m *de granulométrie* f *variable]*
27 das Krangleis
– *la voie de la grue*
28 die Kipplore
– *le wagonnet basculant*
29 die Betonmischmaschine
– *la bétonnière*
30 der Zementsilo
– *le silo à ciment* m
31 der Turmdrehkran
– *la grue à tour* f *pivotante, une grue de chantier* m
32 das Fahrgestell
– *le châssis de translation* f
33 das Gegengewicht (der Ballast)
– *le contrepoids*
34 der Turm
– *la tour (pylône* m*) de grue* f
35 das Kranführerhaus
– *la cabine du grutier* m
36 der Ausleger
– *la flèche*
37 das Tragseil
– *le câble porteur (câble* m *de transport* m*)*
38 der Betonkübel
– *la benne à béton* m
39 der Schwellenrost
– *la voie de traverses* f
40 der Bremsschuh
– *le sabot de frein* m
41 die Pritsche
– *la rampe d'accès* m
42 die Schubkarre
– *la brouette*
43 das Schutzgeländer
– *le garde-corps (garde-fou* m*)*
44 die Baubude
– *la baraque de chantier* m
45 die Kantine
– *la cantine*
46 das Stahlrohrgerüst
– *l'échafaudage* m *en tubes* m *d'acier* m
47 der Ständer
– *l'écoperche* f *(étamperche* f, *échasse* f, *pointier* m*)*
48 der Längsriegel
– *la moise*
49 der Querriegel
– *le boulin*
50 die Fußplatte
– *le patin d'échafaudage* m
51 die Verstrebung
– *l'entretoise* f
52 der Belag
– *le platelage*
53 die Kupplung
– *le raccord*
54-76 Betonschalung *f* u. Bewehrung *f* (Armierung)
– ***le coffrage et le ferraillage du béton***
54 der Schalboden (die Schalung)
– *le fond de coffrage* m
55 die Seitenschalung eines Randbalkens *m*
– *la joue de coffrage* m *d'une poutre de rive* f
56 der eingeschnittene Boden
– *le plancher avec poutre* f *armée*
57 die Traverse (der Tragbalken)
– *la solive*
58 die Bauklammer
– *le crampon*
59 der Sprieß, eine Kopfstütze
– *l'étai* m, *un étai frontal*
60 die Heftlasche
– *la traverse de jonction* f
61 das Schappelholz
– *le chapeau d'étaiement* m
62 das Drängbrett
– *la fasce*
63 das Bugbrett
– *la jambe de force* f
64 das Rahmenholz
– *le bois équarri (longrine* f*)*
65 die Lasche
– *le couvre-joint*
66 die Rödelung
– *le tasseau d'écartement* m
67 die Stelze (Spange, „Mauerstärke")
– *l'entretoise* f
68 die Bewehrung (Armierung)
– *le ferraillage (armature* f*)*
69 der Verteilungsstahl
– *le fer* m *de répartition* f
70 der Bügel
– *l'étrier* m
71 das Anschlußeisen
– *la crosse (d'armature* f *du béton)*
72 der Beton (Schwerbeton)
– *le béton (béton* m *lourd ou compact)*
73 die Stützenschalung
– *le coffrage du poteau* m
74 das geschraubte Rahmenholz
– *le bois équarri boulonné*
75 die Schraube
– *le boulon*
76 das Schalbrett
– *la planche de coffrage* m
77-89 Werkzeug *n*
– ***l'outillage*** m
77 das Biegeeisen
– *la griffe à couder*
78 der verstellbare Schalungsträger
– *le support de branche* f *réglable*
79 die Stellschraube
– *la vis de réglage* m
80 der Rundstahl
– *le rond (en acier* m*) (fer* m *rond, rond* m *á béton* m*)*
81 der Abstandhalter
– *l'écarteur* m
82 der Torstahl
– *l'acier* m *Tor*
83 der Betonstampfer
– *la dame à béton* m
84 die Probewürfelform
– *le moule pour éprouvette* f *cubique*
85 die Monierzange
– *la pince à ferrailler*
86 die Schalungsstütze
– *la chandelle (l'étai* m*) à crémaillère* f
87 die Handschere
– *la cisaille coupe-boulons* m *(cisaille* f *américaine, cisaille* f *à main* f*)*
88 der Betoninnenrüttler
– *le pervibrateur*
89 die Rüttelflasche
– *l'aiguille* f *de pervibration* f

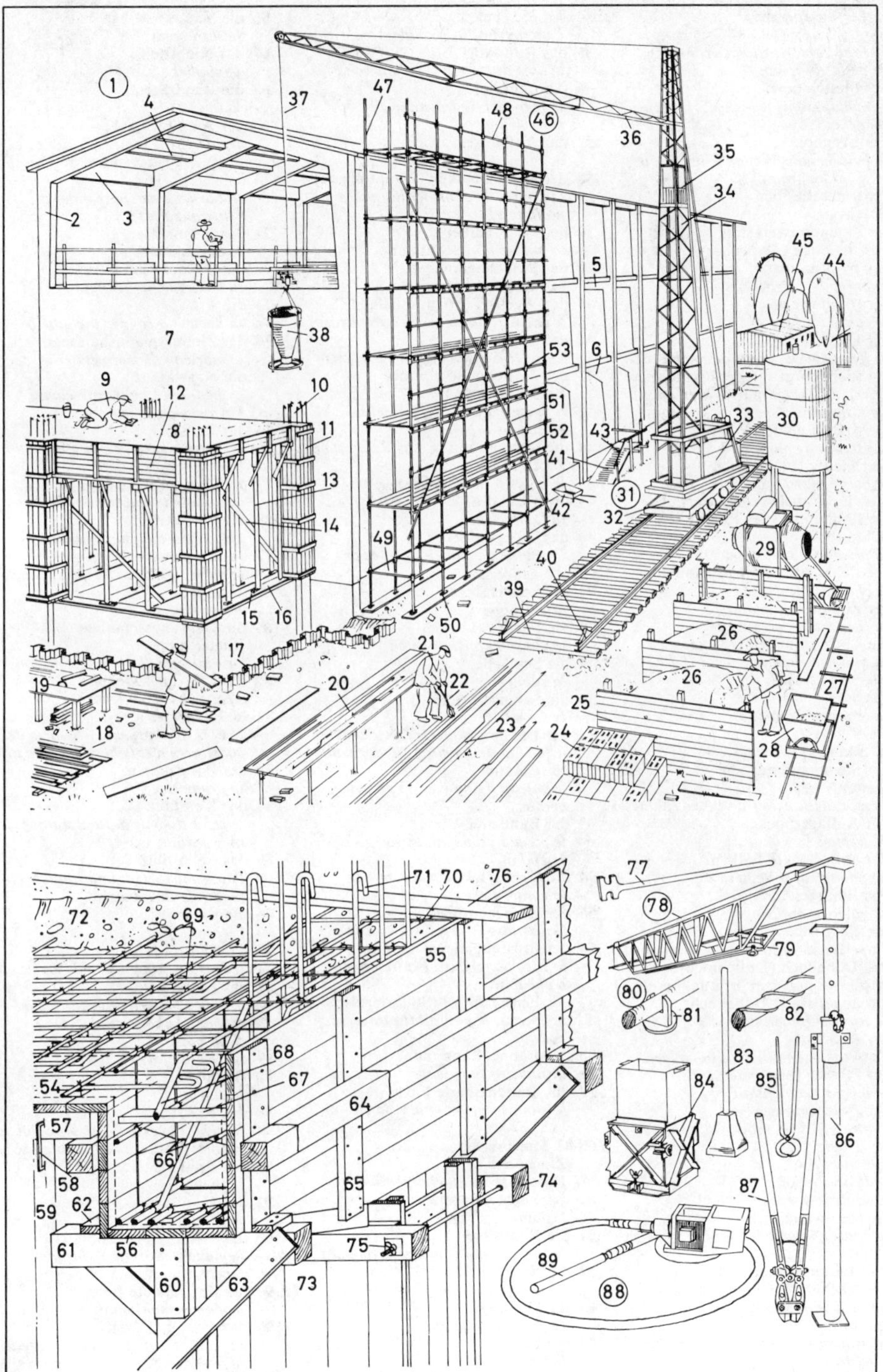
1
2
3
4
5
6
7
8
9
10
11
12
13
14
15
16
17
18
19
20
21
22
23
24
25
26
27
28
29
30
31
32
33
34
35
36
37
38
39
40
41
42
43
44
45
46
47
48
49
50
51
52
53
54
55
56
57
58
59
60
61
62
63
64
65
66
67
68
69
70
71
72
73
74
75
76
77
78
79
80
81
82
83
84
85
86
87
88
89

1-59 der Zimmerplatz (Abbindeplatz)
– ***le chantier*** *(chantier d'assemblage* m *de la charpente)*
1 der Bretterstapel
– *l'empilage* m *de planches* f, *le tas de planches* f
2 das Langholz
– *le bois de construction* f, *le bois de long (la longrine)*
3 der Sägeschuppen
– *la scierie*
4 die Zimmererwerkstatt
– *l'atelier* m *de charpentier* m
5 das Werkstattor
– *la porte de l'atelier* m
6 der Handwagen
– *le chariot à bras* m
7 der Dachstuhl
– *la ferme (la charpente de comble* m*)*
8 der Richtbaum, mit der Richtkrone
– *le mât de faîtage* m *avec le bouquet de faîtage* m
9 die Bretterschalung
– *la cloison de planches* f
10 das Kantholz (Bauholz)
– *le bois équarri (bois avivé, bois d'œuvre* m, *bois de construction* f*)*
11 die Reißbühne (der Reißboden, Schnürboden)
– *la plate-forme de travail* m
12 der Zimmerer (Zimmermann)
– *le charpentier*
13 der Zimmermannshut
– *le chapeau de charpentier* m
14 die Ablängsäge, eine Kettensäge
– *la tronçonneuse, une scie à chaîne* f, *une scie articulée*
15 der Steg
– *la traverse de la scie*
16 die Sägekette
– *la chaîne de la scie*
17 der Stemmapparat (die Kettenfräse)
– *la mortaiseuse (la fraiseuse à chaîne* f*)*
18 der Auflagerbock
– *le tréteau*
19 der aufgebockte Balken
– *la poutre sur tréteau* m
20 das Bundgeschirr
– *la caisse à outils* m
21 die elektrische Bohrmaschine
– *la perceuse (la foreuse électrique)*
22 das Dübelloch (Dollenloch)
– *le trou de goujon* m *(trou de cheville* f*)*
23 das angerissene Dübelloch
– *le trou de goujon* m *tracé*
24 der Abbund
– *l'assemblage* m *de bois* m *équarri*
25 der Pfosten (Stiel, die Säule)
– *le poteau (le montant)*
26 der Zwischenriegel
– *l'entretoise* f, *la moise, la traverse*
27 die Strebe
– *la contre-fiche*
28 der Haussockel
– *le soubassement*
29 die Hauswand
– *le mur de la maison (mur* m *extérieur)*
30 die Fensteröffnung
– *l'ouverture* f *de fenêtre* f, *la baie*
31 die äußere Leibung
– *le tableau*
32 die innere Leibung
– *l'embrasure* f
33 die Fensterbank (Sohlbank)
– *l'appui* m *de fenêtre* f *(l'allège* f*)*
34 der Ringanker
– *l'ancrage* m, *le chaînage*
35 das Rundholz
– *le bois de grume* f, *le bois rond*
36 die Laufdielen *f*
– *le plancher de travail* m, *le planchéiage*
37 das Aufzugseil
– *la corde de monte-charge* m
38 der Deckenbalken (Hauptbalken)
– *la poutre de plancher* m *(poutre* f *maîtresse)*
39 der Wandbalken
– *la poutre porte-cloison* m
40 der Streichbalken
– *la poutre de bordure* f
41 der Wechsel (Wechselbalken)
– *le chevêtre, la solive d'enchevêtrure* f
42 der Stichbalken
– *la solive d'assemblage* m *à tenon* m
43 der Zwischenboden (die Einschubdecke)
– *le faux plafond (le plafond à entrevous* m*)*
44 die Deckenfüllung, aus Koksasche *f*, Lehm *m* u.a.
– *le hourdis, le remplissage*
45 die Traglatte
– *la lambourde*
46 das Treppenloch
– *la trémie d'escalier* m, *la cage d'escalier* m
47 der Schornstein
– *la cheminée*
48 die Fachwerkwand
– *la cloison en charpente* f
49 die Schwelle
– *la sablière*
50 die Saumschwelle
– *le sommier*
51 der Fensterstiel, ein Zwischenstiel *m*
– *le poteau de fenêtre* f, *le dormant*
52 der Eckstiel
– *le poteau d'angle* m, *le poteau cornier*
53 der Bundstiel
– *le poteau principal, le poteau de refend* m
54 die Strebe, mit Versatz *m*
– *la contre-fiche*
55 der Zwischenriegel
– *l'entretoise* f, *la moise, la traverse*
56 der Brüstungsriegel
– *la lisse d'appui* m, *l'entretoise d'appui* m
57 der Fensterriegel (Sturzriegel)
– *le linteau, le poitrail (la traverse dormante)*
58 das Rähm (Rähmholz)
– *la sablière supérieure*
59 das ausgemauerte Fach
– *le pan de maçonnerie* f, *la cloison maçonnée*

60-82 Handwerkszeug *n* **des Zimmerers** *m*
– ***l'outillage*** m ***du charpentier***
60 der Fuchsschwanz
– *l'égoïne* f
61 die Handsäge
– *la scie à main* f, *la scie à refendre*
62 das Sägeblatt
– *la lame de la scie*
63 die Lochsäge
– *la scie à guichet* m
64 der Hobel
– *le rabot*
65 der Stangenbohrer
– *la tarière*
66 die Schraubzwinge
– *le serre-joint*
67 das Klopfholz
– *le maillet*
68 die Bundsäge
– *la scie passe-partout dite «à 2 mains* f*»*
69 der Anreißwinkel
– *l'équerre* f *à lame* f *d'acier* m *(l'équerre* f *à chapeau* m *d'ajusteur* m*)*
70 das Breitbeil
– *la hachette de charpentier* m, *l'(h)erminette* f
71 das Stemmeisen
– *le ciseau à bois* m
72 die Bundaxt (Stoßaxt)
– *la besaïgue (la bisaïgue)*
73 die Axt
– *la hache, la cognée à équarrir*
74 der Zimmermannshammer
– *le marteau de charpentier* m
75 die Nagelklaue
– *le pied-de-biche (le tire-clous, l'arrache-clous* m*)*
76 der Zollstock
– *le mètre pliant, le mètre à 5 branches* f
77 der Zimmermannsbleistift
– *le crayon de charpentier* m
78 der Eisenwinkel
– *l'équerre* f *métallique à 90°*
79 das Zugmesser
– *la plane (le couteau à deux manches* m*)*
80 der Span
– *le copeau*
81 die Gehrungsschmiege (Stellschmiege)
– *la sauterelle (la fausse équerre)*
82 der Gehrungswinkel
– *l'équerre* f *d'onglet* m *(l'équerre* f *à 45°)*

83-96 Bauhölzer *n*
– ***le bois de charpente*** f *(le bois de construction* f, *le bois d'œuvre* m*)*
83 der Rundstamm
– *la grume*
84 das Kernholz
– *le cœur du bois* m *(le duramen, le bois parfait)*
85 das Splintholz
– *l'aubier* m *(le bois imparfait, le bois fendu, le faux bois)*
86 die Rinde
– *l'écorce* f
87 das Ganzholz
– *le bois de brin* m, *le bois en état* m
88 das Halbholz
– *le bois d'équarrissage* m *(le bois refendu, le bois mi-plat, le demi-bois)*
89 die Waldkante (Fehlkante, Baumkante)
– *la flache*
90 das Kreuzholz
– *le débit sur quartier* m *(le débit sur mailles* f, *le bois coupé en croix* f*)*
91 das Brett
– *la planche*
92 das Hirnholz
– *le bois de bout* m
93 das Herzbrett (Kernbrett)
– *la planche de cœur* m *(la planche de moelle* f*)*
94 das ungesäumte Brett
– *la planche non équarrie, en grume* f
95 das gesäumte Brett
– *la planche équarrie (la planche à arêtes vives* f, *la planche avivée)*
96 die Schwarte (der Schwartling)
– *la dosse*

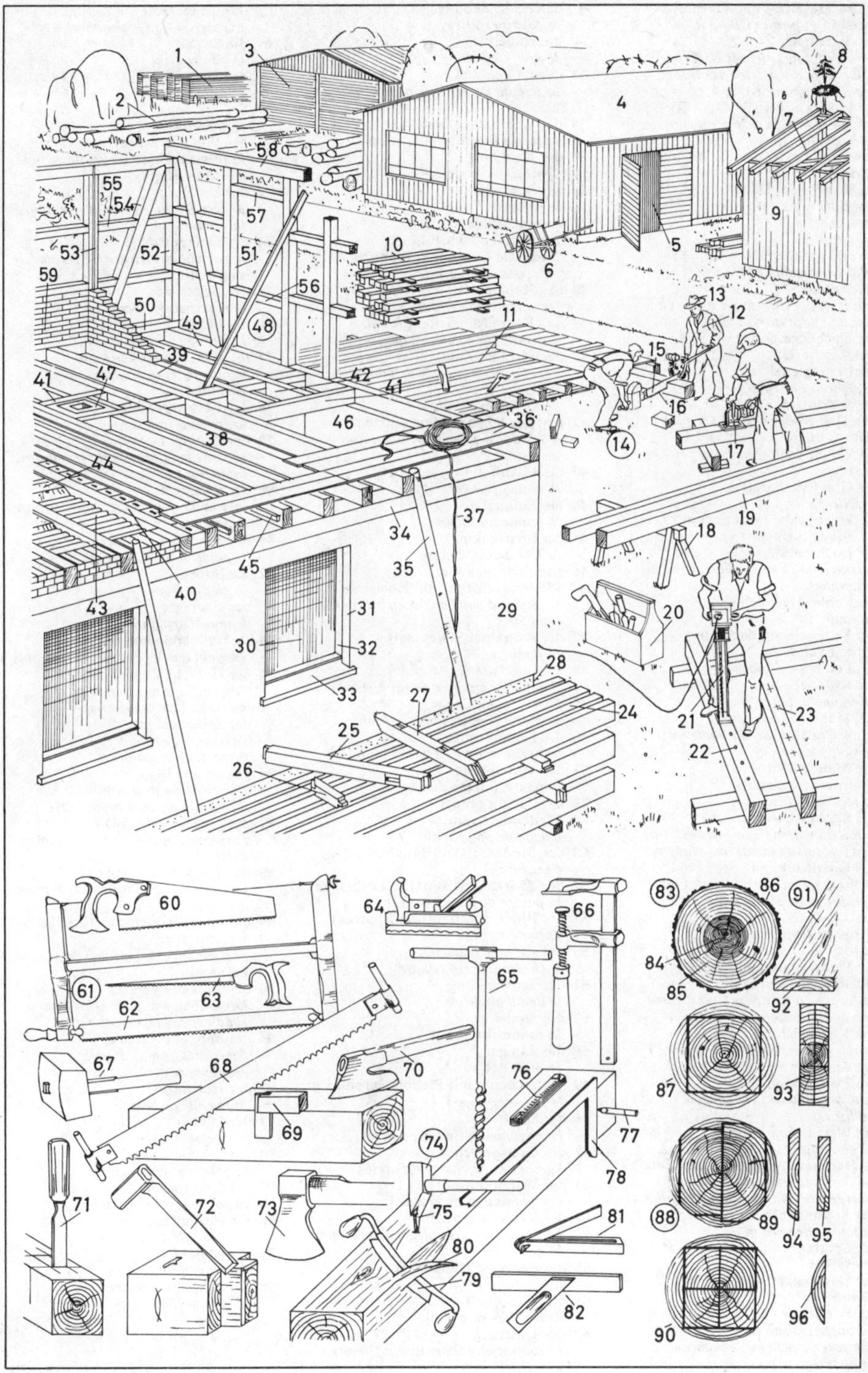
1
2
3
4
5
6
7
8
9
10
11
12
13
14
15
16
17
18
19
20
21
22
23
24
25
26
27
28
29
30
31
32
33
34
35
36
37
38
39
40
41
42
43
44
45
46
47
48
49
50
51
52
53
54
55
56
57
58
59
60
61
62
63
64
65
66
67
68
69
70
71
72
73
74
75
76
77
78
79
80
81
82
83
84
85
86
87
88
89
90
91
92
93
94
95
96

1-26 Dachformen *f* und Dachteile *n*
– ***formes*** f *et parties* f *du toit*
1 das Satteldach
– *le toit en selle* f *(le toit en dos* m *d'âne* m, *le toit à deux versants* m, *le toit à deux pans* m*)*
2 der First (Dachfirst)
– *le faîte, le faîtage, la ligne de faîtage* m
3 der Ortgang
– *l'avant-toit* m *(le dessous de toit* m, *la rive)*
4 die Traufe (der Dachfuß)
– *la gouttière (le chéneau)*
5 der Giebel
– *le pignon*
6 die Dachgaube (Dachgaupe)
– *la lucarne rampante*
7 das Pultdach
– *le toit en appentis* m *(le toit à un pan, le toit à un versant)*
8 das Dachliegefenster
– *la tabatière*
9 der Brandgiebel
– *le pignon coupe-feu*
10 das Walmdach
– *le toit en croupe* f *(le toit à quatre arêtiers* m*)*
11 die Walmfläche
– *la croupe*
12 der Grat (Dachgrat)
– *l'arêtier* m
13 die Walmgaube (Walmgaupe)
– *la lucarne à croupe* f
14 der Dachreiter
– *le lanterneau (la tourelle à cheval* m, *le cavalier)*
15 die Kehle (Dachkehle)
– *la noue*
16 das Krüppelwalmdach (der Schopfwalm)
– *le toit à croupe* f *faîtière*
17 der Krüppelwalm
– *la croupe faîtière*
18 das Mansarddach
– *le toit à la Mansart ou Mansard (le comble mansardé)*
19 das Mansardfenster (Mansardenfenster)
– *la fenêtre mansardée*
20 das Sägedach (Sheddach)
– *le toit à sheds* m *(le toit en dents* f *de scie* f, *le toit à redents ou redans* m*)*
21 das Oberlichtband
– *le vitrage (la rangée de vitres* f *pour l'éclairage* m *par la toiture)*
22 das Zeltdach
– *le toit en tente* f *(le toit en pavillon* m*)*
23 die Fledermausgaube (Fledermausgaupe)
– *la lucarne à tabatière* f *(la lucarne ronde, la chatière)*
24 das Kegeldach
– *le toit conique (la tourelle à base* f *ronde, le toit en poivrière* f*)*
25 die Zwiebelkuppel
– *le dôme à bulbe* f *(la coupole bulbeuse)*
26 die Wetterfahne
– *la girouette*
27-83 Dachkonstruktionen *f* aus Holz *n* (Dachverbände *m*)
– ***charpentes*** f ***de combles*** m *(fermes* f*)*
27 das Sparrendach
– *le toit à chevrons* m
28 der Sparren
– *le chevron*
29 der Dachbalken
– *l'entrait* m
30 die Windrispe
– *l'écharpe* f *(l'entretoise* f *de contreventement* m, *le poinçon rampant)*
31 der Aufschiebling
– *le coyau extérieur*
32 die Außenwand
– *le mur extérieur*
33 der Balkenkopf
– *la tête de poutre* f *(le bout d'entrait* m*)*
34 das Kehlbalkendach
– *la ferme à entrait* m *retroussé*
35 der Kehlbalken
– *l'entrait* m *retroussé*
36 der Sparren
– *le chevron*
37 zweifachstehender Kehlbalkendachstuhl
– *le comble à entrait* m *retroussé et à poinçons* m *latéraux*
38 das Kehlgebälk
– *les entraits* m *retroussés*
39 das Rähm (die Seitenpfette)
– *la panne (la sablière supérieure)*
40 der Pfosten (Stiel)
– *le poinçon (le poteau, le montant)*
41 der Bug
– *l'aisselier* m
42 einfachstehender Pfettendachstuhl
– *le comble à panne* f *et à poinçon* m *unique*
43 die Firstpfette
– *la panne faîtière*
44 die Fußpfette
– *la panne inférieure*
45 der Sparrenkopf
– *la tête de chevron* m
46 zweifachstehender Pfettendachstuhl, mit Kniestock *m*
– *le comble à poinçons* m *latéraux et à jambettes* f
47 der Kniestock (Drempel)
– *la jambette*
48 die Firstlatte (Firstbohle)
– *le faîte (le madrier de faîtage* m*)*
49 die einfache Zange
– *la moise simple (le tirant haut)*
50 die Doppelzange
– *la moise double (le tirant moisé)*
51 die Mittelpfette
– *la panne intermédiaire*
52 zweifachliegender Pfettendachstuhl
– *le comble polygonal*
53 der Binderbalken (Bundbalken)
– *l'entrait* m
54 der Zwischenbalken (Deckenbalken)
– *la poutre de plancher* m
55 der Bindersparren (Bundsparren)
– *l'arbalétrier* m
56 der Zwischensparren
– *le chevron intermédiaire*
57 der Schwenkbug
– *le lien d'angle* m
58 die Strebe
– *la contre-fiche*
59 die Zangen *f*
– *les moises* f
60 Walmdach *n* mit Pfettendachstuhl *m*
– *le toit en croupe* f
61 der Schifter
– *l'empannon* m *de long pan* m
62 der Gratsparren
– *l'arêtier* m *(le chevron d'arête* f*)*
63 der Walmschifter
– *l'empannon* m *de croupe* f
64 der Kehlsparren
– *l'empannon* m *à noulet* m *(le noulet, la noue)*
65 das doppelte Hängewerk
– *le comble à plancher* m *suspendu*
66 der Hängebalken
– *l'entrait* m *suspendu*
67 der Unterzug
– *la sous-poutre (la poutre inférieure, le soffite)*
68 die Hängesäule
– *le poinçon (la clé pendante)*
69 die Strebe
– *la contre-fiche*
70 der Spannriegel
– *le tirant*
71 der Wechsel
– *le chevêtre*
72 der Vollwandträger
– *la ferme à âme* f *pleine (le comble sur chandelles* f*)*
73 der Untergurt
– *la semelle inférieure (la membrure inférieure)*
74 der Obergurt
– *la semelle supérieure (la membrure supérieure)*
75 der Brettersteg
– *le planchéiage (l'âme* f*)*
76 die Pfette
– *la panne*
77 die tragende Außenwand
– *le mur porteur extérieur (la paroi portante)*
78 der Fachwerkbinder
– *la ferme à treillis* m
79 der Untergurt
– *la semelle inférieure (la membrure inférieure)*
80 der Obergurt
– *la semelle supérieure (la membrure supérieure)*
81 der Pfosten
– *le poinçon (la chandelle)*
82 die Strebe
– *la contre-fiche*
83 das Auflager
– *le mur d'appui* m
84-98 Holzverbindungen *f*
– ***assemblages*** m ***des pièces*** f ***de bois*** m
84 der einfache Zapfen
– *l'assemblage* m *à tenon* m *et mortaise* f *(le tenon simple)*
85 der Scherzapfen
– *l'assemblage* m *à enfourchement* m *(l'enfourchement* m*)*
86 das gerade Blatt
– *l'assemblage* m *à entaille* f *(l'assemblage* m *à mi-bois* m*)*
87 das gerade Hakenblatt
– *l'assemblage* m *à trait* m *de Jupiter droit*
88 das schräge Hakenblatt
– *l'assemblage* m *à trait* m *de Jupiter simple*
89 die schwalbenschwanzförmige Überblattung
– *l'assemblage* m *à mi-bois* m *à queue* f *d'aronde* f
90 der einfache Versatz
– *l'assemblage* m *à embrèvement* m *simple (l'embrèvement* m*)*
91 der doppelte Versatz
– *l'assemblage* m *à double épaulement* m
92 der Holznagel
– *la cheville de bois* m
93 der Dollen
– *le goujon*
94 der Schmiedenagel
– *la pointe à tête* f *large*
95 der Drahtnagel
– *la pointe à tête* f *conique*
96 die Hartholzkeile *m*
– *les coins de bois* m *dur*
97 die Klammer
– *le clameau à deux pointes* f
98 der Schraubenbolzen
– *le boulon fileté*

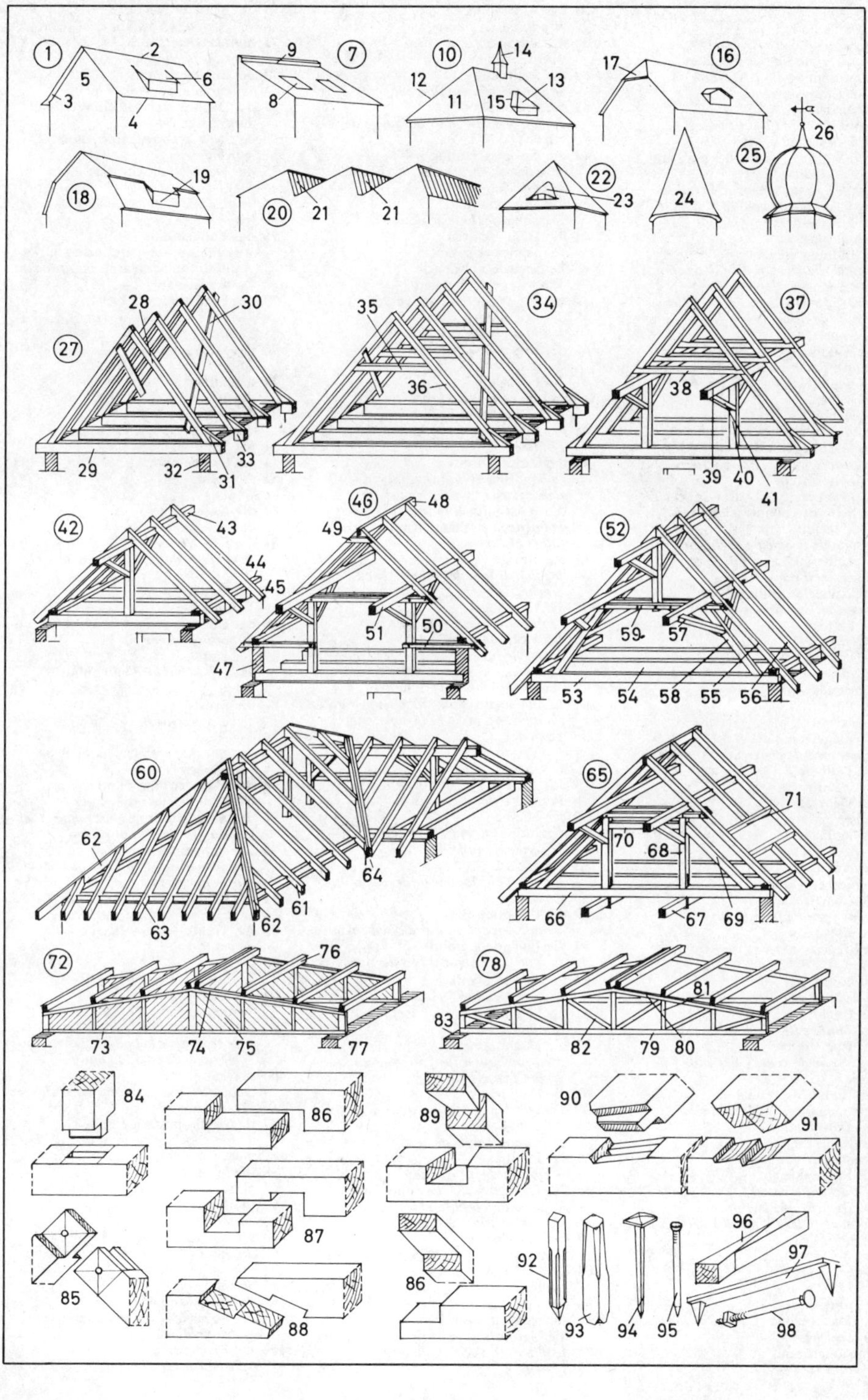
1
2
3
4
5
6
7
8
9
10
11
12
13
14
15
16
17
18
19
20
21
21
22
23
24
25
26
27
28
29
30
31
32
33
34
35
36
37
38
39
40
41
42
43
44
45
46
47
48
49
50
51
52
53
54
55
56
57
58
59
60
61
62
62
63
64
65
66
67
68
69
70
71
72
73
74
75
76
77
78
79
80
81
82
83
84
85
86
87
88
89
86
90
91
92
93
94
95
96
97
98

1 das Ziegeldach
– *le toit de tuiles* f
2 die Biberschwanz-Doppeldeckung
– *la couverture de tuiles* f *plates chevauchantes (la couverture de tuiles* f *à recouvrement* m*)*
3 der Firstziegel
– *la tuile faîtière (la tuile galbée)*
4 der Firstschlußziegel
– *la tuile faîtière de dernier rang* m
5 die Traufplatte
– *la tuile de batellement* m *(la tuile de rive* f*, la tuile d'égout* m*)*
6 der Biberschwanz
– *la tuile plate*
7 der Lüftungsziegel
– *la tuile chatière (la tuile d'aération* f*)*
8 der Gratziegel (Walmziegel)
– *la tuile arêtière (la tuile d'arêtier* m*, la tuile de faîte* m *cornière, la tuile de croupe* f*)*
9 die Walmkappe
– *la tuile faîtière d'about* m
10 die Walmfläche
– *la croupe*
11 die Kehle
– *la noue (le noulet)*
12 das Dachliegefenster
– *la lucarne faîtière (la tabatière)*
13 der Schornstein
– *la cheminée*
14 die Schornsteineinfassung, aus Zinkblech *n*
– *le solin de la souche en zinc* m
15 der Leiterhaken
– *le crochet d'échelle* f
16 die Schneefangstütze
– *le crochet du pare-neige*
17 die Lattung
– *le lattis*
18 die Lattenlehre
– *le gabarit d'écartement* m *(la jauge d'écartement* m*)*
19 der Sparren
– *le chevron*
20 der Ziegelhammer
– *le marteau de couvreur* m *(la tille)*
21 das Lattbeil
– *l'assette* f *(asseau* m*)*
22 das Deckfaß
– *l'auget* m
23 der Faßhaken
– *le crochet d'auget* m
24 der Ausstieg
– *la lucarne d'accès* m *au toit* m
25 die Giebelscheibe
– *le mur pignon (le pignon)*
26 die Zahnleiste
– *la baguette de rive* f *(la bordure de rive* f*)*
27 das Windbrett
– *le dessous de toit* m *en voliges* f
28 die Dachrinne
– *la gouttière (le chéneau)*
29 das Regenrohr
– *le tube de descente* f *des eaux* f *de pluie* f
30 der Einlaufstutzen
– *la naissance (le moignon, la conduite d'amenée* f*)*
31 die Rohrschelle
– *le collier*
32 der Rinnenbügel
– *le crochet (la patte)*
33 die Dachziegelschere
– *le coupe-tuiles (la pince à découper les tuiles* f*)*
34 das Arbeitsgerüst
– *l'échafaudage* m
35 die Schutzwand
– *le garde-corps*
36 das Dachgesims
– *la corniche*
37 die Außenwand
– *le mur extérieur*
38 der Außenputz
– *l'enduit* m *extérieur*
39 die Vormauerung
– *l'arasement* m
40 die Fußpfette
– *la panne inférieure (la sablière)*
41 der Sparrenkopf
– *la tête de chevron* m *(la queue de vache* f*)*
42 die Gesimsschalung
– *la volige de la corniche (le coffre de la corniche)*
43 die Doppellatte
– *la chanlatte (la latte double)*
44 die Dämmplatten *f*
– *les panneaux* m *isolants*
45-60 Dachziegel ***m*** und Dachziegeldeckungen *f*
– *tuiles* f ***et couverture*** f ***en tuiles*** f
45 das Spließdach
– *le toit à éclisse* f
46 der Biberschwanzziegel
– *la tuile plate*
47 die Firstschar
– *la rangée de tuiles* f *faîtières (le rang de faîtage* m*)*
48 der Spließ
– *l'éclisse* f
49 das Traufgebinde
– *le batellement (la rangée de tuiles* f *débordeuses, le rang de gouttière* f*)*
50 das Kronendach (Ritterdach)
– *le toit de tuiles* f *à talon* m *(le toit à joints* m *rompus)*
51 die Nase
– *le talon de la tuile plate (le tenon, le crochet)*
52 der Firstziegel
– *la tuile faîtière (l'enfaîteau* m*)*
53 das Hohlpfannendach
– *le toit de tuiles* f *creuses (la toiture flamande)*
54 die Hohlpfanne (S-Pfanne)
– *la tuile creuse sans emboîtement* m *(la tuile en S* m*, la tuile flamande, la panne)*
55 der Verstrich
– *le solin de faîtage* m
56 das Mönch-Nonnen-Dach
– *la toiture romaine*
57 die Nonne
– *la tuile canal (la tuile de dessous* m*, la tégole, la tuile femelle)*
58 der Mönch
– *la tuile mâle (la tuile de dessus* m*, la «canali»)*
59 die Falzpfanne
– *la tuile mécanique à emboîtement* m
60 die Flachdachpfanne
– *la tuile mécanique à recouvrement* m
61-89 das Schieferdach
– *le toit d'ardoise* f
61 die Schalung
– *le voligeage*
62 die Dachpappe
– *le carton bitumé (le carton-pierre, le carton feutre bitumé)*
63 die Dachleiter
– *l'échelle* f *plate de couvreur* m
64 der Länghaken
– *le crochet d'arrêt* m
65 der Firsthaken
– *le crochet de faîtage* m
66 der Dachbock (Dachstuhl)
– *le chevalet d'échafaudage* m *(le tréteau, l'étrier* m*)*
67 der Bockstrang
– *le cordage*
68 die Schlinge (der Knoten)
– *le nœud*
69 der Leiterhaken
– *le crochet de service* m
70 die Gerüstdiele
– *le plancher d'échafaudage* m *(le plateau)*
71 der Schieferdecker
– *le couvreur en ardoise* f
72 die Nageltasche
– *la poche à clous* m
73 der Schieferhammer
– *le marteau d'ardoisier* m
74 der Dachdeckerstift, ein verzinkter Drahtnagel *m*
– *le clou à ardoise* f*, une pointe galvanisée*
75 der Dachschuh, ein Bast- oder Hanfschuh *m*
– *l'espadrille* f*, une chaussure à semelle* f *de corde* f
76 das Fußgebinde
– *les ardoises* f *de batellement* m *(les ardoises* f *débordeuses, les ardoises* f *de chéneau* m*)*
77 der Eckfußstein
– *l'ardoise* f *d'angle* m *(l'ardoise* f *cornière)*
78 das Deckgebinde
– *la couverture d'ardoises* f
79 das Firstgebinde
– *les ardoises* f *faîtières*
80 die Ortsteine *m*
– *les ardoises de pignon* m
81 die Fußlinie
– *la ligne de base* f
82 die Kehle
– *la noue*
83 die Kastenrinne
– *le chéneau encaissé*
84 die Schieferschere
– *le coupe-ardoises (la machine à couper l'ardoise* f*)*
85 der Schieferstein
– *l'ardoise* f
86 der Rücken
– *le bord apparent*
87 der Kopf
– *le chef de base* f *d'une ardoise (la tête)*
88 die Brust
– *le bord recouvert*
89 das Reiß
– *la ligne de pureau* m *(la ligne de recouvrement* m*)*
90-103 Pappdeckung *f* und Wellasbestzementdeckung *f*
– *le toit en papier* m ***goudronné*** *et le toit en fibrociment* m *ondulé*
90 das Pappdach
– *le toit en carton* m *bitumé (le toit en carton-pierre* m*)*
91 die Bahn [parallel zur Traufe]
– *le lé [parallèle à la gouttière]*
92 die Traufe
– *la gouttière*
93 der First
– *le faîte (le faîtage)*
94 der Stoß
– *le joint*
95 die Bahn [senkrecht zur Traufe]
– *le lé vertical de la bande de carton* m *[perpendiculaire à la gouttière]*
96 der Pappnagel
– *la pointe à papier* m *bitumé (le clou à tête* f *large)*
97 das Wellasbestzementdach
– *le toit en fibrociment* m *ondulé (le toit en amiante-ciment* m *ondulé)*
98 die Welltafel
– *la plaque ondulée*
99 die Firsthaube
– *la faîtière*
100 die Überdeckung
– *le chevauchement (le recouvrement)*
101 die Holzschraube
– *la vis à bois* m
102 der Regenzinkhut
– *le chapeau galvanisé (la cuvette galvanisée)*
103 die Bleischeibe
– *la rondelle en plomb* m

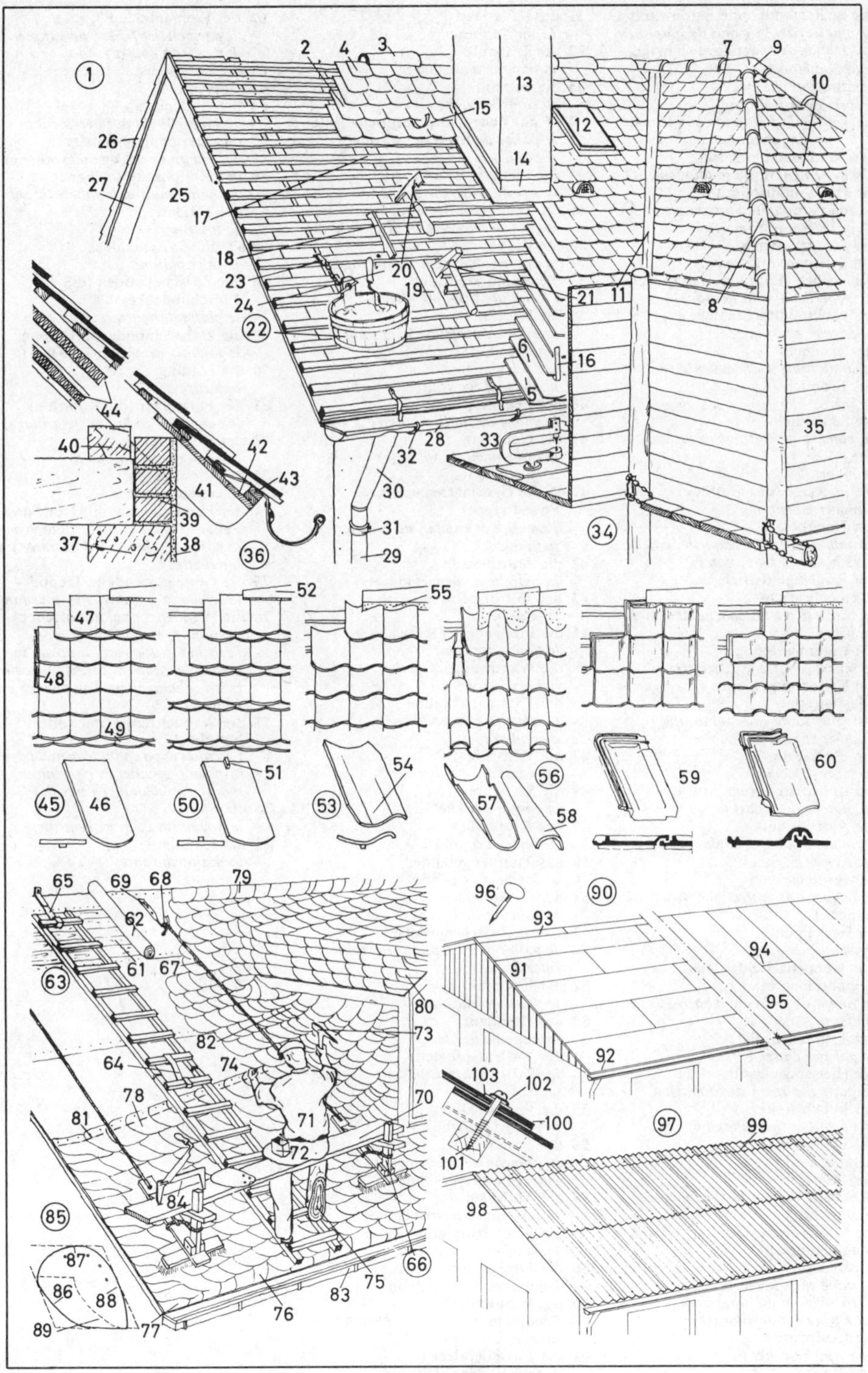
1
2
3
4
5
6
7
8
9
10
11
12
13
14
15
16
17
18
19
20
21
22
23
24
25
26
27
28
29
30
31
32
33
34
35
36
37
38
39
40
41
42
43
44
45
46
47
48
49
50
51
52
53
54
55
56
57
58
59
60
61
62
63
64
65
66
67
68
69
70
71
72
73
74
75
76
77
78
79
80
81
82
83
84
85
86
87
88
89
90
91
92
93
94
95
96
97
98
99
100
101
102
103

1 die Kellerwand, eine Betonwand
– *le mur de cave* f *(le mur de sous-sol* m, *le mur de soubassement* m*), un mur en béton* m
2 das Bankett (der Fundamentstreifen)
– *la semelle (la fondation sur semelle* f, *le mur de fondation* f*)*
3 der Fundamentvorsprung
– *l'embasement* m *(le soubassement)*
4 die Horizontalisolierung
– *la couche isolante horizontale (l'arasement* m *sanitaire)*
5 der Schutzanstrich
– *l'enduit* m *(le revêtement)*
6 der Bestich (Rapputz, Rauhputz)
– *le crépi (l'enduit* m *hourdé)*
7 die Backsteinflachschicht
– *le pavage en brique* f
8 das Sandbett
– *le lit de sable* m *(le couchis)*
9 das Erdreich
– *le sol*
10 die Seitendiele
– *la planche de coffrage* m *latéral*
11 der Pflock
– *le piquet*
12 die Packlage (das Gestück)
– *l'empierrement* m
13 der Unterbeton
– *la dalle béton* m *(le béton de semelle* f, *le béton de fondation* f*)*
14 der Zementglattstrich (Zementestrich)
– *la chape lissée (la couche de ciment* m *lissé)*
15 die Untermauerung
– *le mur d'échiffre* m *(l'échiffre* m*)*
16 die Kellertreppe, eine Massivtreppe
– *l'escalier* m *de sous-sol* m, *un escalier en dur* m
17 die Blockstufe
– *la marche pleine*
18 die Antrittsstufe (der Antritt)
– *la marche de départ* m
19 die Austrittsstufe
– *la marche palière (la plaquette d'arrivée* f*)*
20 der Kantenschutz
– *la baguette de protection* f *du nez de marche* f
21 die Sockelplatte
– *la plaque de garde* f
22 das Treppengeländer, aus Metallstäben *m*
– *la rampe d'escalier* m *à barreaux* m *de fer* m
23 der Treppenvorplatz
– *le palier d'entrée* f
24 die Hauseingangstür
– *la porte d'entrée* f *de la maison*
25 der Fußabstreifer
– *le décrottoir (le paillasson)*
26 der Plattenbelag
– *le dallage*
27 das Mörtelbett
– *le bain de mortier* m *(la chape de mortier* m*)*
28 die Massivdecke, eine Stahlbetonplatte
– *le plancher en dur* m *(la dalle armée, la dalle en béton* m *armé)*
29 das Erdgeschoßmauerwerk
– *le mur du rez-de-chaussée*
30 die Laufplatte
– *la volée d'escalier* m *en béton* m
31 die Keilstufe
– *la sous-marche*
32 die Trittstufe
– *la marche d'escalier* m
33 die Setzstufe
– *la contre-marche*
34-41 das Podest (der Treppenabsatz)
– ***le palier de repos*** m *(le palier d'escalier* m*)*
34 der Podestbalken
– *la poutre palière*
35 die Stahlbetonrippendecke
– *le plancher nervuré en béton* m *armé*
36 die Rippe
– *la poutre apparente (la nervure)*
37 die Stahlbewehrung
– *l'armature* f *(le ferraillage)*
38 die Druckplatte
– *la dalle de structure* f *(la dalle de compression* f*)*
39 der Ausgleichestrich
– *la chape d'égalisation* f
40 der Feinestrich
– *la chape de finition* f *lissée*
41 der Gehbelag
– *le revêtement de sol* m *(la couche d'usure* f*)*
42-44 die Geschoßtreppe, eine Podesttreppe
– ***l'escalier*** m ***rompu, un escalier en paliers*** m
42 die Antrittsstufe
– *la marche de départ* m
43 der Antrittspfosten
– *le pilastre*
44 die Freiwange (Lichtwange)
– *le limon apparent*
45 die Wandwange
– *le faux limon*
46 die Treppenschraube
– *la cheville d'assemblage* m *d'escalier* m
47 die Trittstufe
– *la marche d'escalier* m
48 die Setzstufe
– *la contre-marche*
49 das Kropfstück
– *le limon recourbé*
50 das Treppengeländer
– *la rampe d'escalier* m
51 der Geländerstab
– *le balustre (le barreau)*
52-62 das Zwischenpodest
– ***le palier*** m ***de repos*** m *(le palier intermédiaire)*
52 der Krümmling
– *le quartier tournant*
53 der Handlauf
– *la main courante*
54 der Austrittspfosten
– *le pilastre palier (le pilastre d'arrivée* f*)*
55 der Podestbalken
– *la poutre palière*
56 das Futterbrett
– *la planche de revêtement* m *(la planche de contre-marche* f*)*
57 die Abdeckleiste
– *la latte de recouvrement* m
58 die Leichtbauplatte
– *le panneau isolant léger*
59 der Deckenputz
– *l'enduit* m *de plafond* m
60 der Wandputz
– *l'enduit* m *mural (le revêtement de mur* m*)*
61 die Zwischendecke
– *le faux plafond (le hourdis)*
62 der Riemenboden
– *le parquet (les frises* f *de parquet, les lames* f *de bois* m*)*
63 die Sockelleiste
– *la plinthe*
64 der Abdeckstab
– *la baguette de recouvrement* m
65 das Treppenhausfenster
– *la fenêtre de la cage d'escalier* m
66 der Hauptpodestbalken
– *la poutre maîtresse palière (la solive)*
67 die Traglatte
– *le tasseau*
68-69 die Zwischendecke
– *le faux plafond*
68 der Zwischenboden (die Einschubdecke)
– *le plafond à entrevous* m
69 die Zwischenbodenauffüllung
– *le hourdis de remplissage* m
70 die Lattung
– *le lattis*
71 der Putzträger (die Rohrung)
– *le support d'enduit* m *(le grillage)*
72 der Deckenputz
– *l'enduit* m *de plafond* m
73 der Blindboden
– *le lambourdage*
74 der Parkettboden, mit Nut *f* und Feder *f* (Nut- u. Federriemen *m*)
– *le parquet à lames* f *à rainures* f *et languettes* f
75 die viertelgewendelte Treppe
– *l'escalier* m *à quartier* m *tournant*
76 die Wendeltreppe, mit offener Spindel *f*
– *l'escalier* m *tournant à noyau* m *creux (l'escalier* m *à vis* f, *l'escalier* m *en colimaçon* m, *l'escalier* m *en hélice* f*)*
77 die Wendeltreppe, mit voller Spindel *f*
– *l'escalier* m *en colimaçon* m *à noyau* m *plein (l'escalier* m *circulaire monté sur colonne* f *centrale)*
78 die Spindel
– *le noyau (la colonne centrale)*
79 der Handlauf
– *la main courante*

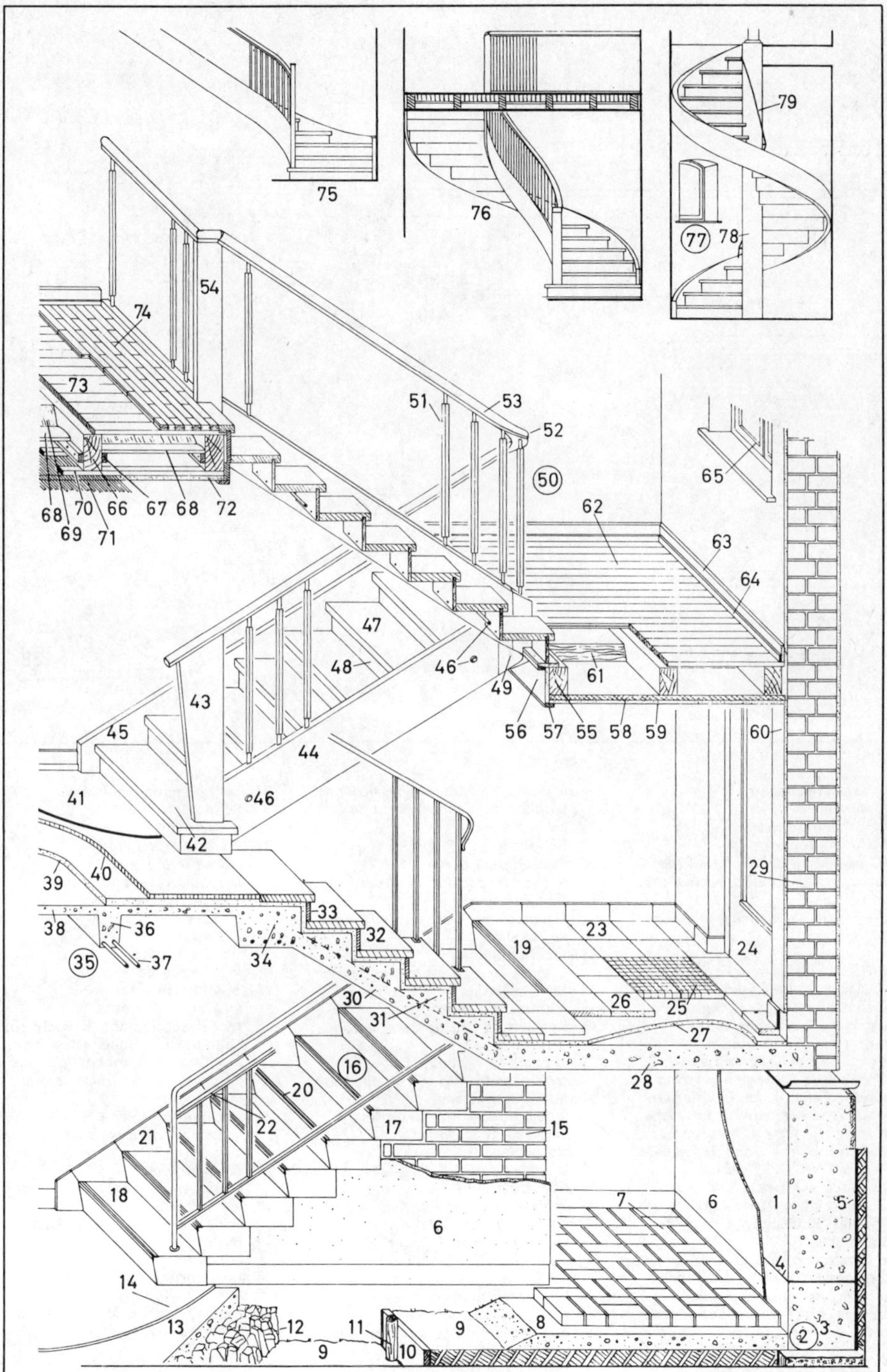
75
76
77
78
79
54
74
73
51
53
52
50
65
68
70
66
67
68
72
69
71
62
63
64
47
48
46
49
61
43
45
56
57
55
58
59
60
44
41
46
42
40
39
29
38
36
35
37
34
33
32
19
23
24
30
31
26
25
27
16
28
20
22
21
17
15
18
6
7
6
1
5
4
14
13
12
11
9
10
9
8
2
3

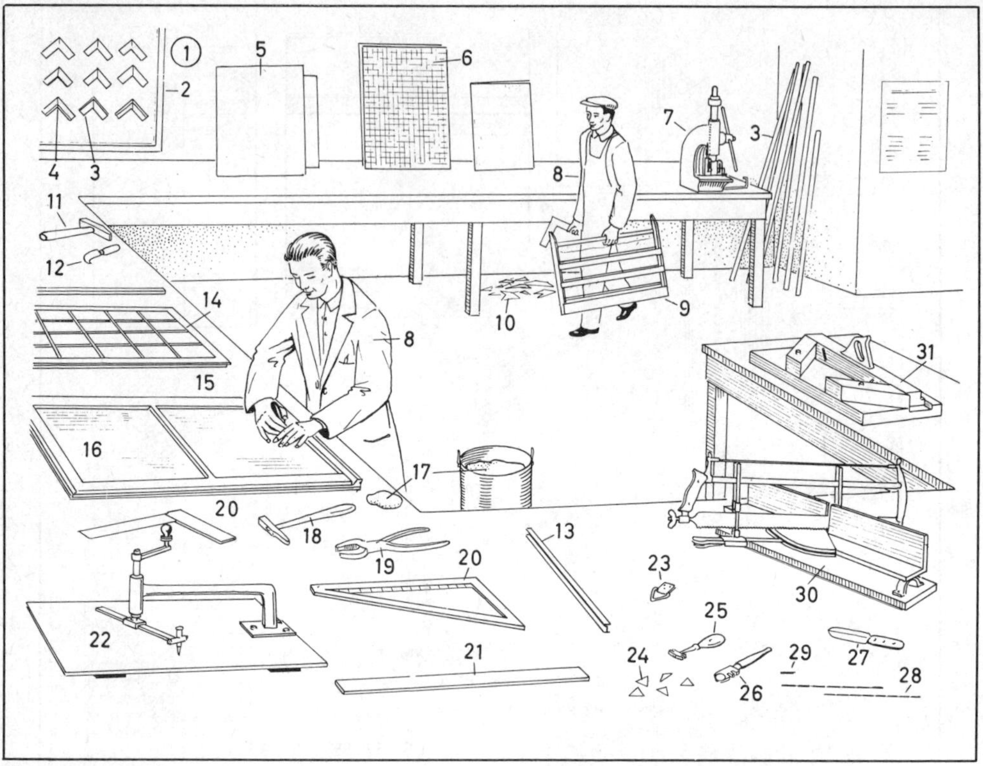

1 die Glaserwerkstatt
– *l'atelier* m *de vitrier* m
2 die Leistenproben *f* (Rahmenproben)
– *les modèles* m *de moulures* f *(de baguettes* f*) pour encadrement* m
3 die Leiste
– *la moulure (la baguette, le listel)*
4 die Gehrung
– *l'onglet* m
5 das Flachglas; *Arten:* Fensterglas, Mattglas, Musselinglas, Kristallspiegelglas, Dickglas, Milchglas, Verbundglas, Panzerglas (Sicherheitsglas)
– *le verre plat;* var.: *le verre à vitres* f, *le verre dépoli, le verre mousseline* f, *le verre à glace* f, *la glace (le verre épais), le verre opaque, le verre type* m *triplex (le verre de sécurité* f *feuilleté), le verre armé (le verre de sécurité* f, *le verre* sécurit*)*
6 das Gußglas; *Arten:* Kathedralglas, Ornamentglas, Rohglas, Butzenglas, Drahtglas, Linienglas
– *le verre coulé;* var.: *le verre cathédrale, le verre de décoration* f, *le verre brut (le verre non poli), le verre en cul* m *de bouteille* f, *le verre armé, le verre strié*
7 die Gehrungssprossenstanze
– *l'estampeuse* f *d'onglets* m
8 der Glaser (*z.B.* Bauglaser, Rahmenglaser, Kunstglaser)
– *le vitrier;* catégories f: *le vitrier de bâtiment* m, *l'encadreur* m, *le maître verrier*
9 die Glastrage (der Glaserkasten)
– *le chevalet portatif du vitrier*
10 die Glasscherbe
– *le morceau de verre* m *(les débris* m *de verre* m*)*
11 der Bleihammer
– *le marteau à plomb* m
12 das Bleimesser
– *le couteau à plomb* m
13 die Bleirute (Bleisprosse, der Bleisteg)
– *la baguette à rainure* f *pour le sertissage des vitres* f *avec du plomb*
14 das Bleiglasfenster
– *la fenêtre aux vitres* f *serties au plomb* m *(le vitrail)*
15 der Arbeitstisch
– *la table de travail* m *(l'établi* m*)*
16 die Glasscheibe (Glasplatte)
– *la vitre (le carreau de fenêtre* f*)*
17 der Glaserkitt (Kitt)
– *le mastic à vitres* f *(le lut de vitrier* m*)*
18 der Stifthammer (Glaserhammer)
– *le marteau de vitrier* m *à bec* m *plat et à manche* m *mince*
19 die Glaserzange (Glasbrechzange, Kröselzange)
– *la pince à gruger*
20 der Schneidewinkel
– *l'équerre* f *coupe-verre* m
21 das Schneidelineal (die Schneideleiste)
– *la règle*
22 der Rundglasschneider (Zirkelschneider)
– *le compas coupe-verre* m *(le coupe-verre circulaire)*
23 die Öse
– *l'attache* f
24 die Glaserecke
– *le morceau de verre* m
25-26 Glasschneider *m*
– *les coupe-verre* m
25 der Glaserdiamant (Krösel), ein Diamantschneider *m*
– *le diamant de vitrier* m *(la pointe de diamamt* m*), un coupe-verre à diamant* m
26 der Stahlrad-Glasschneider
– *le coupe-verre à molettes* f *en acier* m
27 das Kittmesser
– *le couteau à mastiquer*
28 der Stiftdraht
– *la tige de pointes* f *détachables*
29 der Stift
– *la pointe*
30 die Gehrungssäge
– *la scie à onglet* m
31 die Gehrungsstoßlade (Stoßlade)
– *la boîte à recaler (la presse à onglet* m*)*

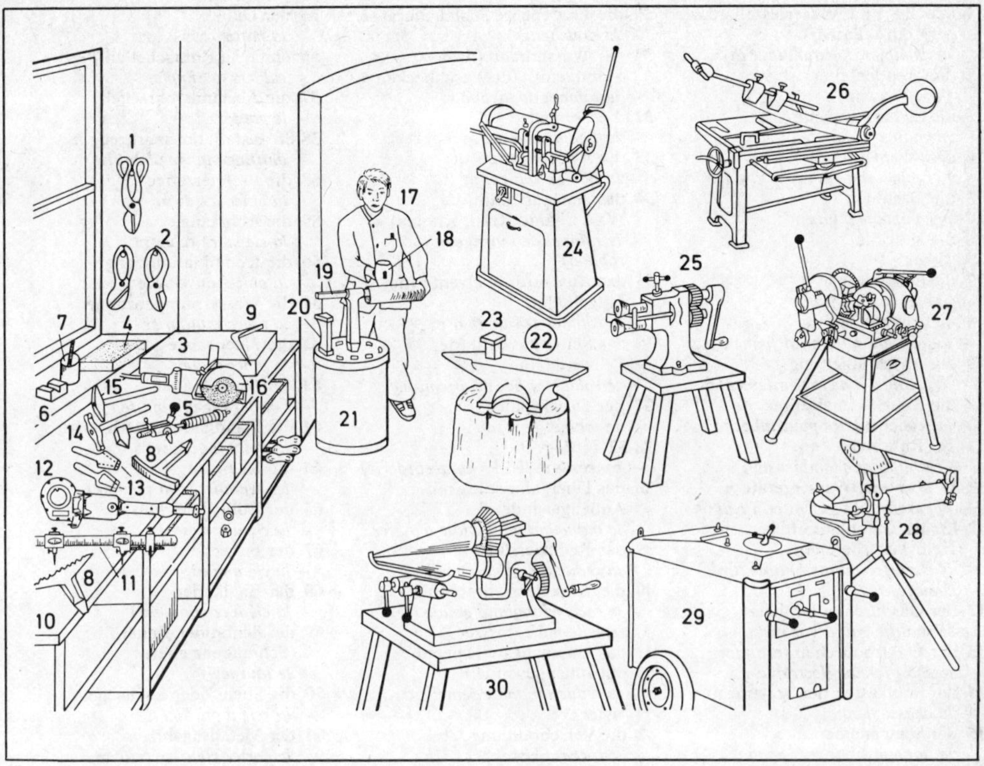

1 die Blechschere
– *la cisaille*
2 die Winkelschere
– *la cisaille à chantourner*
3 die Richtplatte
– *la plaque à dresser (le marbre à dresser)*
4 die Schlichtplatte
– *la plaque à planer*
5-7 das Propangaslötgerät
– *le chalumeau à propane* m
5 der Propangaslötkolben, ein Hammerlötkolben *m*
– *le fer à souder à propane* m, *un fer à souder à marteau* m
6 der Lötstein, ein Salmiakstein *m*
– *la pierre à souder, une pierre ammoniacale*
7 das Lötwasser (Flußmittel)
– *l'esprit* m *de sel* m *(le décapant)*
8 der Sickenstock, zum Formen *n* von Wülsten *m* (Sicken *f*, Sieken, Secken)
– *le bigorneau pour façonnage* m *de bourrelets* m *(moulures* f*)*
9 die Winkelreibahle, eine Reibahle
– *l'alésoir* m *coudé, un alésoir*
10 die Werkbank
– *l'établi* m
11 der Stangenzirkel
– *le trusquin*
12 die elektrische Handschneidkluppe
– *la filière électrique*
13 das Locheisen
– *l'emporte-pièce* m
14 der Sickenhammer
– *le marteau à bigorner*
15 der Kornhammer
– *le marteau à pointes* f
16 die Trennschleifmaschine
– *la tronçonneuse à meule* f
17 der Klempner (*obd.* Spengler, *schweiz.* Stürzner)
– *le ferblantier*
18 der Holzhammer
– *le maillet*
19 das Horn
– *la bigorne*
20 die Faust
– *le tasseau*
21 der Klotz
– *le billot*
22 der Amboß
– *l'enclume* f
23 der Tasso
– *le tas*
24 die Kreissägemaschine
– *la scie circulaire*
25 die Sicken-, Bördel- und Drahteinlegemaschine
– *la machine à moulurer, border et sertir*
26 die Tafelschere (Schlagschere)
– *la cisaille-guillotine*
27 die Gewindeschneidmaschine
– *la machine à fileter*
28 die Rohrbiegemaschine
– *la machine à cintrer les tubes* m
29 der Schweißtransformator
– *le transformateur de soudage* m
30 die Biegemaschine (Rundmaschine) zum Biegen *n* von Trichtern *m*
– *la machine à cintrer pour le façonnage des entonnoirs* m

1 der Gas- und Wasserinstallateur (*ugs.:* Installateur)
– *le plombier (l'installateur* m*)*
2 die Treppenleiter
– *l'escabeau* m
3 die Sicherheitskette
– *la chaîne de sûreté* f
4 das Absperrventil
– *le robinet d'arrêt* m
5 die Gasuhr
– *le compteur à gaz* m
6 die Konsole
– *la console*
7 die Steigleitung
– *la colonne montante*
8 die Abzweigleitung
– *la dérivation (le branchement)*
9 die Anschlußleitung
– *la tuyauterie de raccordement* m
10 die Rohrsägemaschine
– *la scie circulaire pour tubes* m
11 der Rohrbock
– *l'établi* m *de plombier* m
12-25 Gas- und Wassergeräte *n*
– *appareils* m ***à gaz*** m ***et à eau*** f
12-13 der Durchlauferhitzer, ein Heißwasserbereiter
– *le chauffe-eau instantané, un chauffe-eau*
12 der Gasdurchlauferhitzer
– *le chauffe-eau à gaz* m
13 der Elektrodurchlauferhitzer
– *le chauffe-eau électrique*
14 der Spülkasten der Toilette
– *la chasse d'eau* f
15 der Schwimmer
– *le flotteur*
16 das Ablaufventil
– *la cloche*
17 das Spülrohr
– *la conduite de vidange* f
18 der Wasserzufluß
– *la canalisation d'arrivée* f *d'eau* f
19 der Bedienungshebel
– *le levier de manœuvre* f
20 der Heizungskörper (Zentralheizungskörper, Radiator)
– *le radiateur*
21 die Radiatorrippe
– *l'élément* m *de radiateur* m
22 das Zweirohrsystem
– *le système à deux tuyaux* m
23 der Vorlauf
– *la conduite de départ* m
24 der Rücklauf
– *la conduite de retour* m
25 der Gasofen
– *le radiateur à gaz* m
26-37 Armaturen *f*
– *la robinetterie*
26 der Siphon (Geruchsverschluß)
– *le siphon*
27 die Einlochmischbatterie für Waschbecken *n*
– *le robinet mélangeur*
28 der Warmwassergriff
– *le robinet d'eau* f *chaude*
29 der Kaltwassergriff
– *le robinet d'eau* f *froide*
30 die ausziehbare Schlauchbrause
– *la douchette*
31 der Wasserhahn (das Standventil) für Waschbecken *n*
– *le robinet de lavabo* m
32 die Spindel
– *la tige de robinet* m
33 die Abdeckkappe
– *la tête de robinet* m
34 das Auslaufventil (der Wasserhahn, Kran, Kranen)
– *le robinet de puisage* m *(le robinet)*
35 das Auslaufdoppelventil (der Flügelhahn)
– *le robinet 1/4 de tour* m
36 das Schwenkventil (der Schwenkhahn)
– *le robinet à bec* m *orientable*
37 der Druckspüler
– *le robinet-poussoir*
38-52 Fittings *n*
– *raccords* m *[ELF: la raccorderie]*
38 das Übergangsstück mit Außengewinde *n*
– *le mamelon mâle-mâle à visser*
39 das Reduzierstück
– *la réduction mâle-femelle*
40 die Winkelverschraubung
– *le raccord union à coude* m *femelle-mâle à visser*
41 das Übergangsreduzierstück mit Innengewinde *n*
– *la réduction mâle-femelle à visser*
42 die Verschraubung
– *le raccord vissé*
43 die Muffe
– *le manchon*
44 das T-Stück
– *le té*
45 die Winkelverschraubung mit Innengewinde *n*
– *le raccord union à coude* m *mâle à visser-femelle à visser*
46 der Bogen
– *le coude grand rayon 90°*
47 das T-Stück mit Abgangsinnengewinde *n*
– *le té femelle*
48 der Deckenwinkel
– *le raccord applique*
49 der Übergangswinkel
– *le coude réducteur 90°*
50 das Kreuzstück
– *la croix*
51 der Übergangswinkel mit Außengewinde *n*
– *le coude 90° femelle-mâle à visser*
52 der Winkel
– *le coude 90°*
53-57 Rohrbefestigungen *f*
– *attaches* f ***de tubes*** m
53 das Rohrband
– *le collier à contrepartie* f *et embase* f *plate*
54 das Abstandsrohrband
– *le collier à contrepartie* f *et embase* f *taraudée*
55 der Dübel
– *la patte à vis* f
56 einfache Rohrschellen *f*
– *colliers* m *simples*
57 die Abstandsrohrschelle
– *le pontet*
58-86 Installationswerkzeug *n*
– *outillage* m ***de plombier*** m
58 die Brennerzange
– *la pince à gaz* m
59 die Rohrzange
– *la clé serre-tubes* m
60 die Kombinationszange
– *la pince universelle*
61 die Wasserpumpenzange
– *la pince multiprise*
62 die Flachzange
– *la pince plate*
63 der Nippelhalter
– *l'outil* m *à emboîture* f
64 die Standhahnmutternzange
– *la pince à écrous* m
65 die Kneifzange
– *les tenailles* f *(la tenaille)*
66 der Rollgabelschlüssel
– *la clé à molette* f
67 der Franzose
– *la clé anglaise*
68 der Engländer
– *la clé à crémaillère* f
69 der Schraubendreher (Schraubenzieher)
– *le tournevis*
70 die Stich- oder Lochsäge
– *la scie à guichet* m
71 der Metallsägebogen
– *le porte-scie à métaux* m
72 der Fuchsschwanz
– *la scie égoïne*
73 der Lötkolben
– *le fer à souder*
74 die Lötlampe
– *la lampe à souder*
75 das Dichtband (Gewindeband)
– *le ruban d'étanchéité* f
76 das Lötzinn
– *la soudure d'étain* m
77 der Fäustel
– *la massette*
78 der Handhammer
– *le marteau à main* f
79 die Wasserwaage
– *le niveau à bulle* f
80 der Schlosserschraubstock
– *l'étau* m *à pied* m *tournant*
81 der Rohrschraubstock
– *l'étau* m *à tube* m
82 der Rohrbieger
– *la cintreuse de tubes* m
83 die Biegeform
– *le cintre*
84 der Rohrabschneider
– *le coupe-tubes*
85 die Gewindeschneidkluppe
– *la filière à main* f
86 die Gewindeschneidmaschine
– *la machine à fileter*

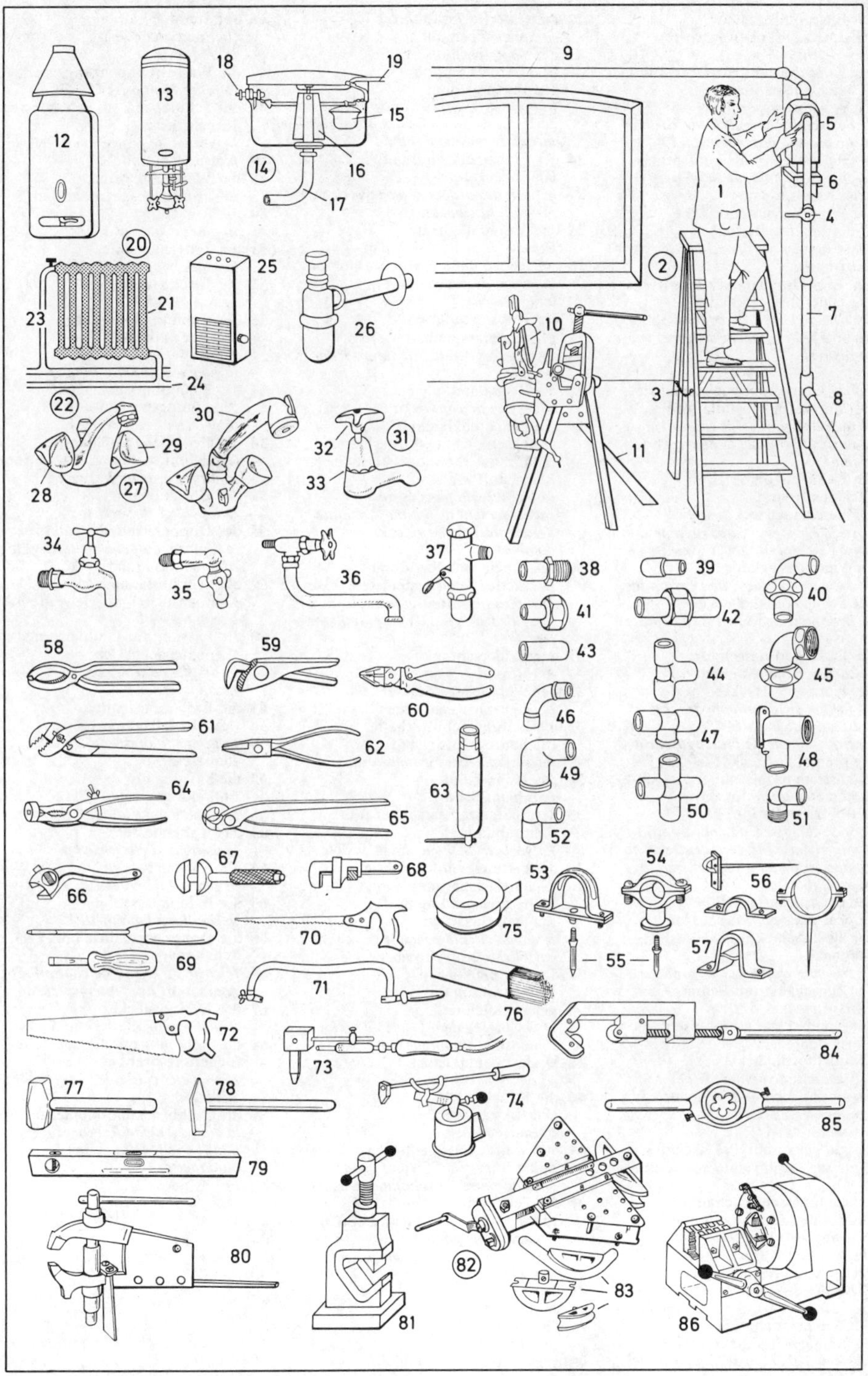
1
2
3
4
5
6
7
8
9
10
11
12
13
14
15
16
17
18
19
20
21
22
23
24
25
26
27
28
29
30
31
32
33
34
35
36
37
38
39
40
41
42
43
44
45
46
47
48
49
50
51
52
53
54
55
56
57
58
59
60
61
62
63
64
65
66
67
68
69
70
71
72
73
74
75
76
77
78
79
80
81
82
83
84
85
86

1 der Elektroinstallateur
– *l'électricien* m *(installateur* m *électricien)*
2 der Klingeltaster (Türtaster) für Schutzkleinspannung *f* (Schwachstrom *m*)
– *le bouton de sonnette* f *(de carillon* m *de porte* f*) basse tension* f
3 die Haussprechstelle mit Ruftaste *f*
– *le poste téléphonique privé avec touche* f *d'appel* m
4 der Wippenschalter [für die Unterputzinstallation]
– *l'interrupteur* m *à bascule* f *à encastrer*
5 die Schutzkontaktsteckdose [für die Unterputzinstallation]
– *le socle de prise* f *de courant* m *de sécurité* f *(à contact* m *de terre* f*) [à encastrer]*
6 die Schutzkontakt-Doppelsteckdose [für die Aufputzinstallation]
– *le socle de 2 prises* f *de courant* m *de sécurité* f *(à contact* m *de terre* f*) [en saillie* f*]*
7 die Zweifachkombination (Schalter *m* und Schutzkontaktsteckdose *f*)
– *le socle 2 postes* m *(interrupteur* m *et prise* f *de courant* m *de sécurité* f*)*
8 die Vierfachsteckdose
– *le socle de 4 prises* f *de courant* m
9 der Schutzkontaktstecker
– *la fiche mâle de sécurité* f *(à contact* m *de terre* f*)*
10 die Verlängerungsschnur
– *le cordon prolongateur* m
11 der Kupplungsstecker
– *la fiche mâle de prolongateur* m
12 die Kupplungsdose
– *la fiche femelle de prolongateur* m
13 die dreipolige Steckdose [für Drehstrom *m*] mit Nulleiter *m* und Schutzkontakt *m* für die Aufputzinstallation
– *le socle de prise* f *de courant* m *3 P [pour triphasé* m*] avec neutre* m *et contact* m *de terre* f*, pour montage* m *en saillie* f
14 der Drehstromstecker
– *la fiche mâle pour triphasé* m
15 das elektrische Läutewerk (der Summer)
– *la sonnerie électrique (le ronfleur)*
16 der Zugschalter mit Schnur *f*
– *l'interrupteur* m *à tirette* f
17 der Dimmer [zur stufenlosen Einstellung des Glühlampenlichts *n*]
– *le variateur de lumière* f *[pour réglage* m *continu de l'intensité* f *lumineuse de lames* f *à incandescence* f*]*
18 der gußgekapselte Paketschalter
– *l'interrupteur* m *rotatif sous boîtier* m *étanche en fonte* f
19 der Leitungsschutzschalter (Sicherungsschraubautomat)
– *le disjoncteur miniature (le disjoncteur à visser)*
20 der Sicherungsdruckknopf
– *le bouton de réarmement* m
21 die Paßschraube, der Paßeinsatz [für Schmelzsicherungen *f* und Sicherungsschraubautomaten *m*]
– *la vis de calibrage* m *[pour fusibles* m *et disjoncteurs* m *à visser]*
22 die Unterflurinstallation
– *la boîte de parquet* m
23 der Kippanschluß für die Starkstrom- und die Fernmeldeleitung
– *la boîte de parquet* m *pivotante à socles* m *de prises* f *de courant* m *force* f *et téléphonique*
24 der Einbauanschluß mit Klappdeckel *m*
– *la boîte de parquet* m *à couvercle* m *pivotant (à clapet* m*)*
25 der Anschlußaufsatz
– *le socle de prises* f *de sol* m
26 die Taschenlampe, eine Stablampe
– *la lampe de poche* f*, une lampe-torche*
27 die Trockenbatterie (Taschenlampenbatterie)
– *la pile sèche (pile* f *de lampe* f *de poche* f*)*
28 die Kontaktfeder
– *le ressort de contact* m
29 die Leuchtenklemme (Buchsenklemme, Lüsterklemme), teilbar, aus thermoplastischem Kunststoff *m*
– *la barrette de plots* m *de raccordement* m *thermoplastiques détachables (la barrette de dominos* m*)*
30 das Einziehstahlband mit Suchfeder *f* und angenieteter Öse
– *le ruban tire-fils* m *en acier* m *à goupille* f *de guidage* m *et œillet* m *rivé*
31 der Zählerschrank
– *le coffret de compteur* m
32 der Wechselstromzähler
– *le compteur d'électricité* f
33 die Leitungsschutzschalter *m* (Sicherungsautomaten)
– *les disjoncteurs* m *miniatures*
34 das Isolierband
– *le ruban isolant*
35 der Schmelzeinsatzhalter (die Schraubkappe)
– *l'alvéole* m *de bouchon* m *fusible*
36 die Leitungsschutzsicherung (Schmelzsicherung), eine Sicherungspatrone mit Schmelzeinsatz *m*
– *le coupe-circuit à fusible* m*, une cartouche fusible rechargeable*
37 der Kennmelder [je nach Nennstrom *m* farbig gekennzeichnet]
– *le voyant [couleur* f *variable selon l'intensité* f *nominale]*
38-39 das Kontaktstück
– *la pièce de contact* m
40 die Kabelschelle (Plastikschelle)
– *l'attache* f *plastique*
41 das Vielfachmeßgerät (der Spannungs- und Strommesser)
– *le multimètre (le voltampèremètre)*
42 die Feuchtraummantelleitung aus thermoplastischem Kunststoff *m*
– *le câble sous gaine* f *thermoplastique pour locaux* m *humides*
43 der Kupferleiter
– *le conducteur en cuivre* m
44 die Stegleitung
– *le câble méplat*
45 der elektrische Lötkolben
– *le fer à souder électrique*
46 der Schraubendreher (Schraubenzieher)
– *le tournevis*
47 die Wasserpumpenzange
– *la pince multiprise* f
48 der Schutzhelm aus schlagfestem Kunststoff *m*
– *le casque de protection* f *en plastique* m *antichoc*
49 der Werkzeugkoffer
– *la sacoche (le sac) à outils* m
50 die Rundzange
– *la pince à becs* m *ronds*
51 der Seitenschneider
– *la pince coupante de côté* m
52 die Taschensäge
– *la scie bocfil*
53 die Kombinationszange
– *la pince universelle*
54 der Isoliergriff
– *la poignée isolante*
55 der Spannungssucher (Spannungsprüfer)
– *le détecteur de tension* f
56 die elektrische Glühlampe (Allgebrauchslampe, Glühbirne)
– *la lampe à incandescence* f
57 der Glaskolben
– *l'ampoule* f *de verre* m
58 der Doppelwendelleuchtkörper
– *le filament à double boudinage* m *(le filament bispiralé)*
59 die Schraubfassung (der Lampensockel mit Gewinde *n*)
– *le culot à vis* f
60 die Fassung für Glühlampen *f* (Leuchtensockel *m*)
– *la douille pour lampe* f *à incandescence* f
61 die Entladungslampe (Leuchtstofflampe)
– *la lampe fluorescente (le tube fluorescent)*
62 die Fassung für Entladungslampen *f*
– *la douille pour lampe* f *fluorescente*
63 das Kabelmesser
– *le couteau d'électricien* m
64 die Abisolierzange
– *la pince à dénuder*
65 die Bajonettfassung
– *la douille à baïonnette* f
66 die Dreipolsteckdose mit Schalter *m*
– *le socle de prise* f *de courant* m *à 3 contacts* m *avec interrupteur* m
67 der Dreipolstecker
– *la fiche mâle à 3 broches* f
68 die Sicherung mit Sicherungsdraht *m*
– *le coupe-circuit avec fil* m *fusible (le fusible)*
69 die Glühbirne mit Bajonettfassung *f*
– *la lampe à incandescence* f *à culot* m *à baïonnette* f *(la lampe à baïonnette* f*)*

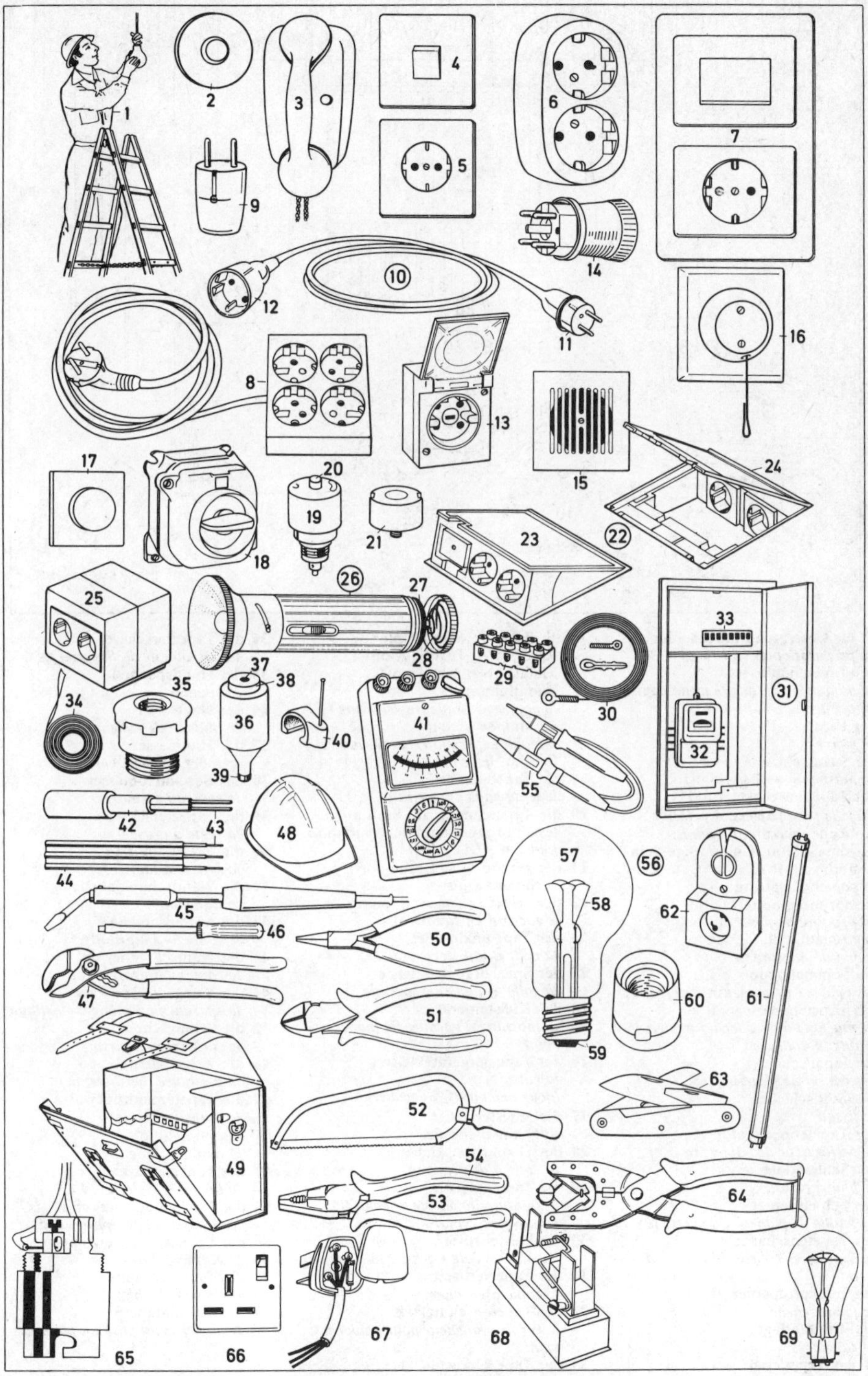
1
2
3
4
5
6
7
8
9
10
11
12
13
14
15
16
17
18
19
20
21
22
23
24
25
26
27
28
29
30
31
32
33
34
35
36
37
38
39
40
41
42
43
44
45
46
47
48
49
50
51
52
53
54
55
56
57
58
59
60
61
62
63
64
65
66
67
68
69

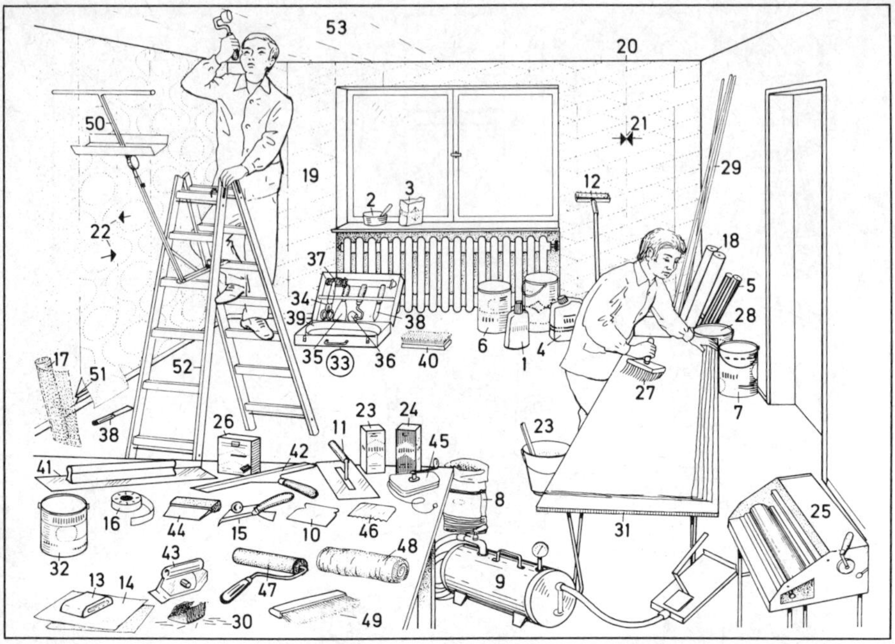

1-17 die Untergrundvorbehandlung
– ***la préparation des surfaces*** **f**
1 der Tapetenablöser
– *le produit de décollage* m *de papier* m *peint*
2 der Gips
– *le plâtre*
3 die Spachtelmasse
– *le mastic (bouche-pores* m*)*
4 der Tapetenwechselgrund
– *la colle pour papiers* m *peints*
5 die Rollenmakulatur (*ähnl.:* Stripmakulatur, Untertapete), ein Unterlagsstoff *m*
– *le papier d'apprêt* m
6 das Grundiermittel
– *la peinture d'apprêt* m
7 das Fluatmittel
– *le pot de fluorure* m
8 die Feinmakulatur
– *les chutes* f *de papier* m *d'apprêt* m
9 das Tapetenablösegerät
– *la machine à décoller les papiers* m *peints (décolleuse* f*)*
10 der Japanspachtel
– *le grattoir de plâtrier* m
11 die Glättscheibe
– *le lissoir*
12 der Tapetenperforator
– *le perforateur de papiers* m *peints*
13 der Schleifklotz
– *le bloc à poncer*
14 das Schleifpapier
– *la feuille de papier* m *de verre* m
15 der Tapetenschaber
– *le couteau décolleur de papier* m *peint*
16 das Indikatorpapier
– *le papier cache*
17 die Rißunterlage
– *le calicot*
18-53 das Tapezieren
– ***la pose du papier peint***
18 die Tapete (*Arten:* Papier-, Rauhfaser-, Textil-, Kunststoff-, Metall-, Naturwerkstoff-, Wandbildtapete)
– *le papier peint (*genres: *tenture* f *ingrain, en tissu* m, *plastique, métallique, le matériau* m *naturel [bois* m, *liège* m*], tapisserie* f*)*
19 die Tapetenbahn
– *le lé de papier* m *peint*
20 die Tapetennaht, auf Stoß *m*
– *les lés* m *posés bord* m *à bord* m *(à joints* m *vifs)*
21 der gerade Ansatz (Rapport)
– *le raccord droit*
22 der versetzte Ansatz
– *le raccord en sautoir* m
23 der Tapetenkleister
– *la colle à tapisser*
24 der Spezialtapetenkleister
– *la colle (à tapisser) spéciale*
25 das Kleistergerät
– *la machine à encoller (le papier peint)*
26 der Tapeziergerätekleister
– *la colle (pour machine* f *à encoller)*
27 die Kleisterbürste
– *la brosse à encoller*
28 der Dispersionskleber
– *la colle à dispersion* f
29 die Tapetenleiste
– *la bordure de papier* m *peint (la cimaise ou cymaise)*
30 die Leistenstifte
– *les pointes* f *de tapissier* m
31 der Tapeziertisch
– *la table à encoller*
32 der Tapetenschutzlack
– *le vernis protecteur pour papier* m *peint*
33 der Tapezierkasten
– *la valise de tapissier* m
34 die Tapezierschere
– *les ciseaux* m *de tapissier* m
35 der Handspachtel
– *la spatule*
36 der Nahtroller
– *le rouleau de colleur* m
37 das Haumesser
– *le sabre de peintre* m
38 das Beschneidmesser
– *le couteau à émarger*
39 die Tapezierschiene
– *la règle à araser*
40 die Tapezierbürste
– *la brosse à tapisser*
41 die Wandschneidekelle
– *le tranchoir*
42 die Abreißschiene
– *le couteau à maraufler*
43 der Nahtschneider
– *le couteau à araser*
44 der Kunststoffspachtel
– *la spatule en matière* f *plastique*
45 die Schlagschnur
– *le cordeau marqueur*
46 der Zahnspachtel
– *la bertholée (bertholet* m*)*
47 die Tapetenandrückwalze
– *le rouleau à étaler*
48 das Flanelltuch
– *le tissu de flanelle* f
49 der Tapezierwischer
– *la brosse à étaler*
50 das Deckentapeziergerät
– *le té télescopique (porte-lé* m*)*
51 der Eckenschneidewinkel
– *la cornière à araser*
52 die Tapezierleiter
– *l'échelle* f *double*
53 die Deckentapete
– *le papier peint posé au plafond*

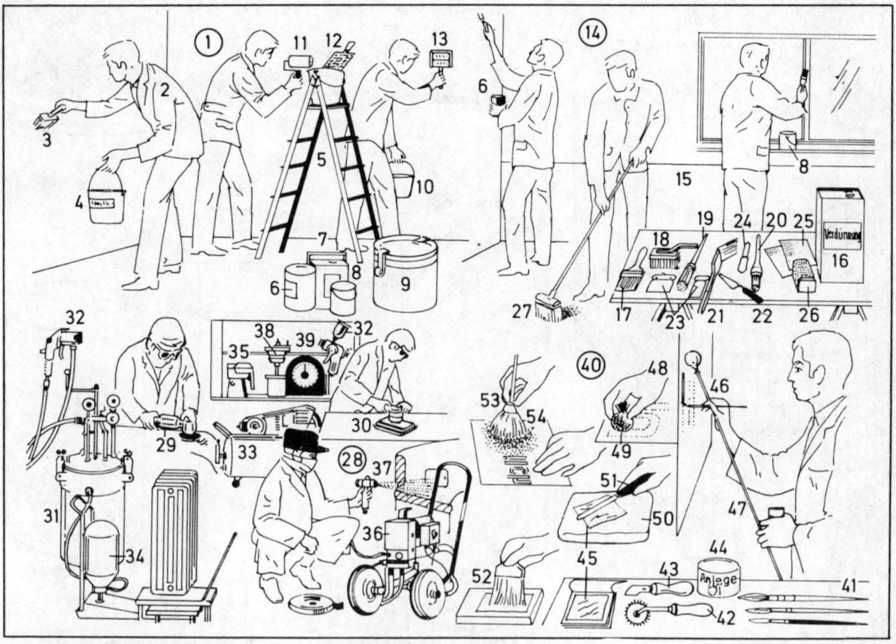

1 das Malen (Anstreichen)
– ***la peinture***
2 der Maler (Lackierer)
– *le peintre (en bâtiment* m*)*
3 die Streichbürste
– *la brosse à badigeonner*
4 die Dispersionsfarbe
– *la peinture à dispersion* f
5 die Stehleiter (Doppelleiter)
– *l'échelle* f *pliante (triquet* m*)*
6 die Farbendose
– *la boîte de peinture* f
7-8 die Farbenkannen *f*
– *les pots* m *de peinture* f
7 die Kanne mit Handgriff *m*
– *le pot à poignée* f *fixe*
8 die Kanne mit Traghenkel *m*
– *le pot à anse* f
9 der Farbenhobbock
– *le camion (de peinture* f*)*
10 der Farbeimer
– *le seau de peinture* f
11 der Farbroller (die Farbrolle)
– *le rouleau à peindre*
12 das Abstreifgitter
– *la grille essoreuse*
13 die Musterwalze
– *le rouleau à pochoir* m
14 das Lackieren
– ***le laquage***
15 der Ölsockel
– *le soubassement peint à l'huile* f
16 die Lösungsmittelkanne
– *le bidon de diluant* m
17 der Flächenstreicher
– *le pinceau plat*
18 die Stupfbürste
– *la brosse à encoller*
19 der Ringpinsel
– *le pinceau rond*
20 der Kluppenpinsel
– *le pinceau à rechampir*
21 der Heizkörperpinsel
– *le pinceau pour radiateurs* m
22 der Malspachtel
– *la spatule de peintre* m
23 der Japanspachtel
– *le couteau étendeur*
24 das Kittmesser
– *le couteau à mastiquer (spatule* f *de vitrier* m*)*
25 das Schleifpapier
– *le papier de verre* m
26 der Schleifklotz
– *le bloc à poncer*
27 der Fußbodenstreicher
– *le balai*
28 das Schleifen und Spritzen *n*
– ***le ponçage et la peinture au pistolet*** m
29 die Schleifmaschine
– *la ponceuse*
30 der Rutscher
– *la ponceuse vibrante*
31 der Spritzkessel
– *le réservoir d'air* m
32 die Spritzpistole
– *le pistolet à peinture* f
33 der Kompressor
– *le compresseur*
34 das Flutgerät zum Fluten *n* von Heizkörpern *m* u.ä.
– *l'appareil* m *de remplissage* m *en eau* f *de radiateurs* m, *etc..*
35 die Handspritzpistole
– *le pistolet à peinture* f *à main* f
36 die Anlage für das luftlose Spritzen
– *l'équipement* m *pour peinture* f *sans air* m
37 die luftlose Spritzpistole
– *le pistolet à peinture* f *sans air* m
38 der Auslaufbecher zur Viskositätsmessung
– *la coupe consistométrique pour mesurer la viscosité (viscosimètre* m *pour peinture* f*)*
39 der Sekundenmesser
– *le compte-secondes*
40 das Beschriften und Vergolden *n*
– ***le marquage et la dorure***
41 der Schriftpinsel
– *le pinceau à lettres* f
42 das Pausrädchen
– *la roulette à calquer*
43 das Schablonenmesser
– *le couteau-pochoir*
44 das Anlegeöl
– *l'huile* f *d'applique* f
45 das Blattgold
– *l'or* m *d'applique* f *(or* m *en feuilles* f*) (feuille* f *d'or* m*)*
46 das Konturieren
– *la peinture au trait* m
47 der Malstock
– *le bâton de peinture* f
48 das Aufpausen der Zeichnung
– *le ponçage du dessin* m
49 der Pausebeutel
– *le sac de ponçage* m
50 das Vergolderkissen
– *le coussin à or* m
51 das Vergoldermesser
– *le couteau à or* m
52 das Anschießen des Blattgoldes *n*
– *la prise de la feuille d'or* m
53 das Ausfüllen der Buchstaben *m* mit Stupffarbe *f*
– *le remplissage des lettres* f *avec de la peinture*
54 der Stupfpinsel
– *le pinceau à dorer*

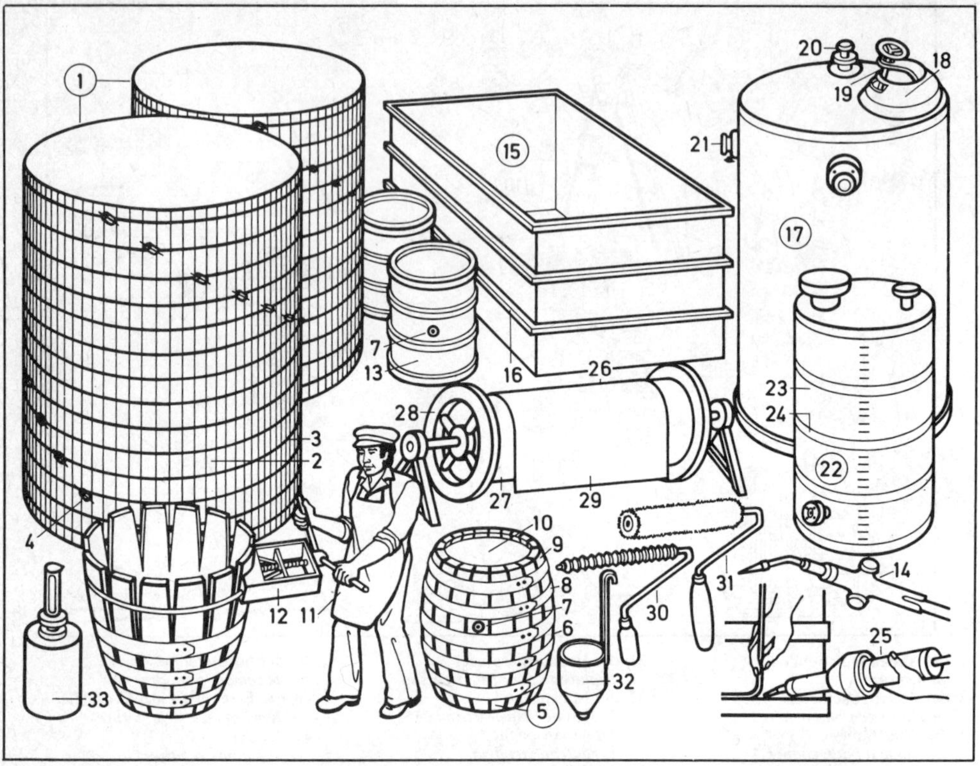

1-33 die Böttcherei und Behälterbauerei
– *la tonnellerie et la construction de réservoirs* m
1 der Bottich
– *la cuve*
2 der Mantel aus Umhölzern *n,* Stäben *m*
– *la claie circulaire à lamelles* f *en bois* m *et à ferrures* f
3 der Rundeisenreifen
– *le cercle métallique*
4 das Spannschloß
– *le tendeur*
5 das Faß
– *le tonneau (le fût, la futaille, la barrique)*
6 der Faßrumpf
– *le corps du tonneau (la bouge, la panse)*
7 das Spundloch
– *la bonde*
8 der Faßreifen (das Faßband)
– *le cercle (le cerceau)*
9 die Faßdaube
– *la douve*
10 der Faßboden
– *le fond du tonneau (le couvercle)*
11 der Böttcher
– *le tonnelier*
12 der Faßzieher
– *l'appareil* m *de cerclage* m
13 das eiserne Rollringfaß
– *le bidon (le fût métallique cerclé)*
14 der Autogenschweißbrenner
– *le chalumeau oxyacétylénique*
15 der Beizbottich, aus Thermoplasten *m*
– *le bac de teinture* f *en matière* f *thermoplastique*
16 der Verstärkungsreifen aus Profileisen
– *le raidisseur profilé*
17 der Lagerbehälter, aus glasfaserverstärktem Polyesterharz (GFP) *n*
– *le réservoir de stockage* m *(la citerne) en résine* f *polyester armée de fibres* f *de verre* m
18 das Mannloch
– *le trou d'homme* m *(l'orifice* m *de nettoiement* m*)*
19 der Mannlochdeckel, mit Spindel *f*
– *le couvercle à tige* f
20 der Flanschstutzen
– *le raccord à brides* f
21 der Blockflansch
– *l'obturateur* m
22 der Meßbehälter
– *le réservoir gradué*
23 der Mantel
– *la paroi*
24 der Schrumpfring
– *la frette*
25 die Heißluftpistole
– *le pistolet à air* m *chaud*
26 das Rohrstück, aus glasfaserverstärktem Kunstharz (GFK) *n*
– *le tube en résine* f *synthétique armée de fibres* f *de verre* m
27 das Rohr
– *le cylindre*
28 der Flansch
– *la flasque de support* m *du cylindre*
29 die Glasmatte, das Glasgewebe
– *le tissu de fibres* f *de verre* m
30 die Rillenwalze
– *le cylindre cannelé*
31 die Lammfellrolle
– *le rouleau en peau* f *de mouton* m
32 der Viskosebecher
– *le viscosimètre (la louche, le gobelet doseur)*
33 das Härterdosiergerät
– *le doseur de durcisseur* m

1-25 die Kürschnerwerkstatt
– ***l'atelier* m *de pelleterie* f**
1 der Kürschner
– *le pelletier (le fourreur)*
2 die Dampfspritzpistole
– *le pulvérisateur (le pistolet à vapeur* f*)*
3 das Dampfbügeleisen
– *le fer (à repasser) à vapeur* f
4 die Klopfmaschine
– *la batteuse*
5 die Schneidemaschine zum Auslassen *n* der Felle *n*
– *la machine à découper pour allonger les fourrures* f
6 das unzerschnittene Fell
– *la fourrure non découpée*
7 die Auslaßstreifen *m*
– *la fourrure découpée en lanières* f
8 die Pelzwerkerin (Pelznäherin)
– *la pelletière (la couturière)*
9 die Pelznähmaschine
– *la machine à coudre les fourrures* f
10 das Gebläse für die Auslaßtechnik
– *le ventilateur*
11-21 Felle *n*
– *fourrures* f
11 das Nerzfell
– *la fourrure de vison* m
12 die Haarseite
– *le côté poil* m *(la fourrure)*
13 die Lederseite
– *le côté cuir* m *(la peau)*
14 das geschnittene Fell
– *la fourrure découpée*
15 das Luchsfell vor dem Auslassen *n*
– *la fourrure de lynx* m *avant découpe* f *et allongement* m
16 das ausgelassene Luchsfell
– *la fourrure de lynx* m *allongée*
17 die Haarseite
– *le côté poil* m *(la fourrure)*
18 die Lederseite
– *le côté cuir* m *(la peau)*
19 das ausgelassene Nerzfell
– *la fourrure de vison* m *allongée*
20 das zusammengesetzte Luchsfell
– *la fourrure de lynx* m *assemblée*
21 das Breitschwanzfell
– *la fourrure d'astrakan* m *(de Breitschwanz* m, *de mouton* m *de Perse* f*)*
22 der Pelzstift
– *la pointe de pelletier* m
23 die Pelzwerkerin (Pelzschneiderin)
– *la pelletière*
24 der Nerzmantel
– *le manteau de vison* m
25 der Ozelotmantel
– *le manteau d'ocelot* m

1-73 die Tischlerwerkstatt (Tischlerei; Schreinerei)
– ***l'atelier*** m ***de menuisier*** m *(la menuiserie)*
1-28 das Tischlerwerkzeug
– ***les outils*** m ***de menuisier*** m
1 die Holzraspel
– *la râpe à bois* m
2 die Holzfeile
– *la lime à bois* m
3 die Stichsäge (Lochsäge)
– *la scie à guichet* m
4 der Fuchsschwanzgriff
– *le manche de la scie à guichet* m *(la poignée ouverte)*
5 der Vierkantholzhammer (Klüpfel, Klöpfel)
– *le maillet plat (le maillet à tête* f *rectangulaire)*
6 der Tischlerwinkel
– *l'équerre* f *de menuisier* m
7-11 Beitel *m*
– ***l'outillage*** m ***à creuser***
7 der Stechbeitel (das Stemmeisen)
– *le ciseau biseauté (le ciseau de menuisier* m*)*
8 der Lochbeitel (das Locheisen)
– *le bédane à bois* m *(le bec d'âne* m*)*
9 der Hohlbeitel (das Hohleisen)
– *la gouge*
10 das Heft
– *le manche*
11 der Kantbeitel
– *le ciseau biseauté à brides* f *(le ciseau à bords* m *biseautés)*
12 der Leimkessel mit Wasserbad *n*
– *le chauffe-colle à bain-marie* m
13 der Leimtopf, ein Einsatz *m* für Tischlerleim *m*
– *le pot de colle* f *forte (de colle* f *en tablettes* f, *à base* f *de gélatine* f, *de «colle de Lyon»)*
14 die Schraubzwinge
– *le serre-joint à coller (le sergent)*
15-28 Hobel *m* (Handhobel)
– ***l'outillage*** m ***à façonner*** *(les rabots* m *à main* f*)*
15 der Schlichthobel
– *le rabot plat (à recaler)*
16 der Schrupphobel (Doppelhobel)
– *le riflard (le rabot à dégrossir, la demi-varlope)*
17 der Zahnhobel
– *le rabot à dents* f *(le rabot denté)*
18 die Nase
– *la poignée (le nez, la corne, le pommeau du rabot)*
19 der Keil
– *le coin*
20 das Hobeleisen (Hobelmesser)
– *le fer*
21 das Keilloch
– *la lumière*
22 die Sohle
– *la semelle (le talon)*
23 die Wange (Backe)
– *la joue*
24 der Kasten (Hobelkasten)
– *le fût*
25 der Simshobel
– *le guillaume*
26 der Grundhobel
– *la guimbarde*
27 der Schabhobel
– *la wabstringue*
28 der Schiffshobel
– *le rabot cintré*
29-37 die Hobelbank
– ***l'établi*** m ***de menuisier*** m
29 der Fuß
– *le pied de l'établi* m
30 die Vorderzange
– *la presse d'établi* m
31 der Spannstock
– *le bloc de serrage* m *(la mâchoire, le mors mobile)*
32 die Druckspindel
– *la vis de presse* f
33 das Zangenbrett
– *le mors (la mâchoire) fixe*
34 die Bankplatte
– *le plateau d'établi* m
35 die Beilade
– *le râtelier*
36 der Bankhaken (das Bankeisen)
– *la griffe d'établi* m
37 die Hinterzange
– *la presse arrière de l'établi* m *(la presse parisienne)*
38 der Tischler (Schreiner)
– *le menuisier (l'ébéniste* m*)*
39 die Rauhbank (der Langhobel)
– *la varlope (le rabot long)*
40 die Hobelspäne
– *les copeaux* m
41 die Holzschraube
– *la vis à bois* m
42 das Schränkeisen (der Sägensetzer)
– *le tourne-à-gauche*
43 die Gehrungslade
– *la boîte à coupes* f *(la boîte à onglets* m*)*
44 der gerade Fuchsschwanz
– *l'égoïne* f, *une scie à dosseret* m *(la scie d'encadreur* m*)*
45 die Dickenhobelmaschine
– *la raboteuse (la machine à tirer d'épaisseur* f*)*
46 der Dickentisch, mit Tischwalzen *f*
– *la table de rabotage* m *mobile avec les rouleaux* m *entraîneurs*
47 der Rückschlagschutz
– *l'écran* m *antiprojection* f
48 der Späneauswurf
– *le capot d'évacuation* f *des copeaux* m
49 die Kettenfräsmaschine
– *la mortaiseuse à chaîne* f
50 die endlose Fräskette
– *la chaîne à mortaiser (dentée, articulée) sans fin* f
51 die Holzeinspannvorrichtung
– *le volant de serrage* m *du bois*
52 die Astlochfräsmaschine
– *la perceuse à dénoder*
53 der Astlochfräser
– *la fraise à dénoder*
54 das Schnellspannfutter
– *les mandrins* m *à serrage* m *rapide*
55 der Handhebel
– *le levier à main* f *(la manette)*
56 der Wechselhebel
– *le levier de débrayage* m
57 die Format- und Besäumkreissäge
– *la scie circulaire pour mise* f *au format et délignage* m
58 der Hauptschalter
– *l'interrupteur* m *principal (le bouton de commande* f*)*
59 das Kreissägeblatt
– *la lame de scie* f *circulaire*
60 das Handrad zur Höheneinstellung
– *le volant de réglage* m *en hauteur* f
61 die Prismaschiene
– *la glissière prismatique (en V* m *renversé)*
62 der Rahmentisch
– *la table porte-pièce amovible*
63 der Ausleger
– *la potence*
64 der Besäumtisch
– *la table de délignage* m
65 der Linealwinkel
– *le guide d'onglet* m
66 das Linealhandrädchen
– *le volant de réglage* m *du guide*
67 der Klemmhebel
– *le levier de serrage* m *(de blocage* m*)*
68 die Plattenkreissäge
– *la scie circulaire pour exécuter les plates-bandes* f *des panneaux* m
69 der Schwenkmotor
– *le moteur coulissant*
70 die Plattenhalterung
– *le dispositif de fixation* f *des panneaux* m
71 der Sägeschlitten
– *le chariot de scie* f
72 das Pedal zur Anhebung der Transportrollen *f*
– *la pédale de levage* m *des galets* m *transporteurs*
73 die Tischlerplatte
– *le panneau de lamellé* m *collé*

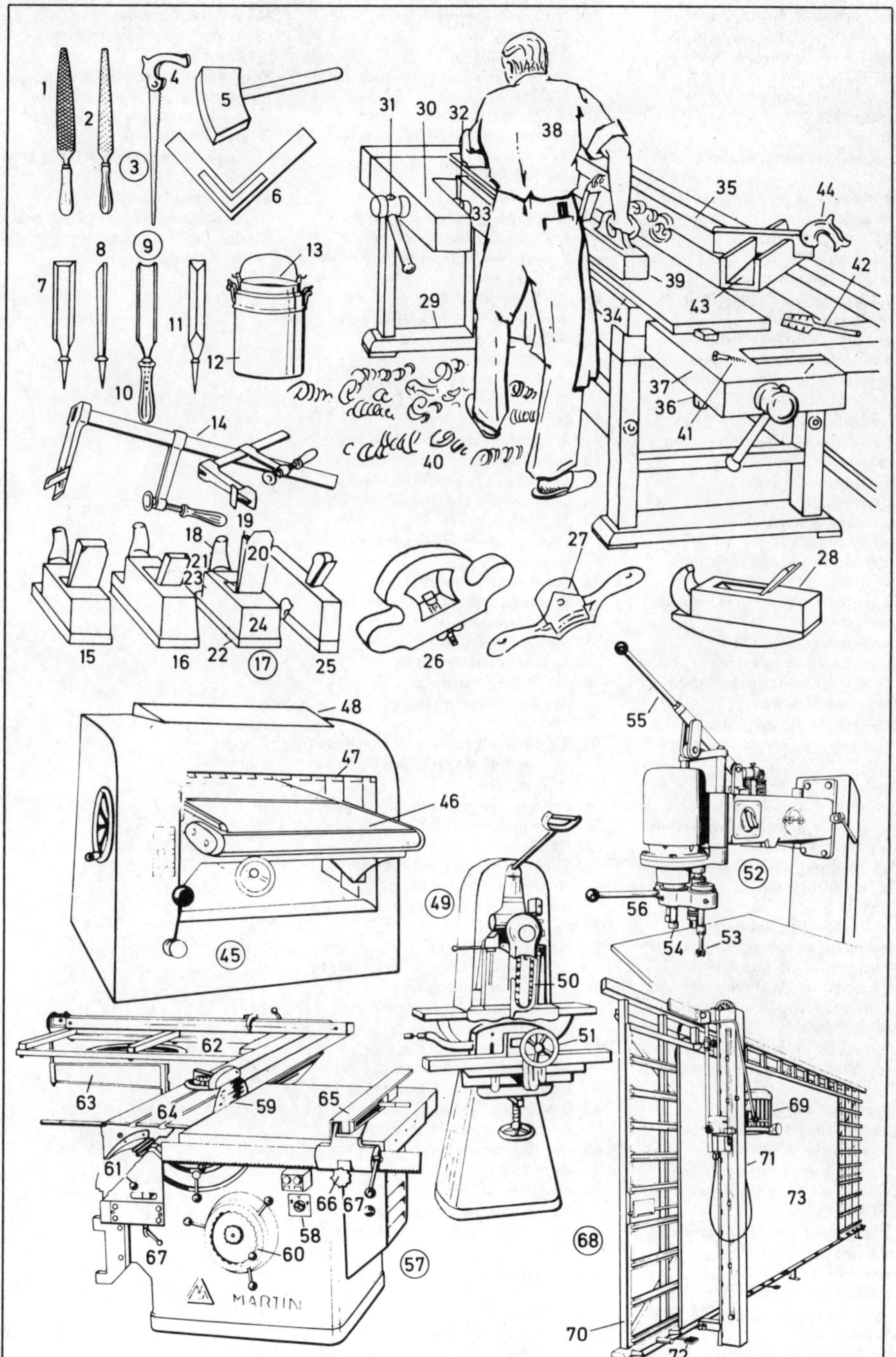
1
2
3
4
5
6
7
8
9
10
11
12
13
14
15
16
17
18
19
20
21
22
23
24
25
26
27
28
29
30
31
32
33
34
35
36
37
38
39
40
41
42
43
44
45
46
47
48
49
50
51
52
53
54
55
56
57
58
59
60
61
62
63
64
65
66
67
68
69
70
71
72
73
MARTIN

1 die Furnierschälmaschine
– *la dérouleuse à placage* m *(la machine à dérouler le bois)*
2 das Furnier
– *la feuille de placage* m *(le placage)*
3 die Furnierzusammenklebemaschine
– *la machine à joindre (les placages* m*)*
4 der Nylonfadenkops
– *la cannette de fil* m *de nylon* m
5 die Nähvorrichtung
– *le dispositif d'assemblage* m *(la machine à coudre)*
6 die Dübelbohrmaschine
– *la machine à enfoncer les goujons* m *(la goujonneuse)*
7 der Bohrmotor mit Hohlwellenbohrer *m*
– *le moteur actionnant un arbre porte-mèche creux*
8 das Handrad für den Spannbügel
– *le volant de serrage* m
9 der Spannbügel
– *la bride de serrage* m
10 die Spannpratze
– *la griffe de serrage* m *(la cale de serrage* m*)*
11 die Anschlagschiene
– *la butée (la tige de butée* f*)*
12 die Kantenschleifmaschine
– *la dégauchisseuse*
13 die Spannrolle mit Ausleger *m*
– *le tambour de tension* f *à potence* f
14 die Schleifbandregulierschraube
– *la vis de réglage* m *de la bande (la courroie) abrasive*
15 das endlose Schleifband
– *la bande (la courroie) abrasive sans fin* f
16 der Bandspannhebel
– *le tendeur de bande* f *(le levier de serrage* m *de la bande)*
17 der neigbare Auflagetisch
– *la table porte-pièce inclinable*
18 die Bandwalze
– *le rouleau de bande* f *abrasive*
19 das Winkellineal für Gehrungen *f*
– *le guide à onglets* m
20 die aufklappbare Staubhaube
– *le dépoussiéreur (l'aspirateur* m*, le collecteur de poussière* f*)*
21 die Tiefenverstellung des Auflagetisches *m*
– *le dispositif de réglage* m *de la table en profondeur* f
22 das Handrad für die Tischhöhenverstellung
– *le volant de réglage* m *de la table en hauteur* f
23 die Klemmschraube für die Tischhöhenverstellung
– *la vis de réglage* m *de la table en hauteur* f
24 die Tischkonsole
– *la console*
25 der Maschinenfuß
– *le socle (le pied) du bâti de la machine*
26 die Kantenklebemaschine
– *la machine à joindre (à coller) (l'encolleuse* f*)*
27 das Schleifrad
– *la meule*
28 die Schleifstaubabsaugung
– *le dépoussiéreur (le dispositif d'aspiration* f *de la poussière de meulage* m*)*
29 die Klebevorrichtung
– *le dispositif de collage* m *des surfaces* f *jointives des assemblages* m
30 die Einbandschleifmaschine
– *la ponceuse à bande* f
31 die Bandabdeckung
– *le capotage de la bande abrasive*
32 die Bandscheibenverkleidung
– *le carter de la poulie de tension* f *de la bande*
33 der Exhauster
– *le dépoussiéreur (l'extracteur* m *de poussière* f*)*
34 der Rahmenschleifschuh
– *le tampon (le patin) de ponçage* m *amovible*
35 der Schleiftisch
– *la table de ponçage* m
36 die Feineinstellung
– *le dispositif d'ajustage* m *(de réglage* m *de précision* f*)*
37 die Feinschnitt- und Fügemaschine
– *la machine de précision* f *à scier et à rainer*
38 der Sägewagen (das Säge- und Hobelaggregat) mit Kettenantrieb *m*
– *le chariot (transportant scie* f *circulaire et rabot* m*) à commande* f *par chaîne* f
39 die nachgeführte Kabelaufhängung
– *le support de câble* m *à coulisse* f
40 der Luftabsaugstutzen
– *la tubulure d'aspiration* f *des poussières* f
41 die Transportschiene
– *la glissière d'amenage* m *(de transport* m*, de manutention* f*)*
42 die Rahmenpresse
– *la presse à cadrer (la cadreuse)*
43 der Rahmenständer
– *le montant de cadre* m
44 das Werkstück, ein Fensterrahmen *m*
– *un châssis de fenêtre* f*, la pièce à usiner*
45 die Druckluftzuleitung
– *la conduite d'arrivée* f *d'air* m *comprimé*
46 der Druckzylinder
– *le cylindre compresseur (le vérin pneumatique)*
47 der Druckstempel
– *le patin de piston* m
48 die Rahmeneinspannung
– *le dispositif de serrage* m *amovible*
49 die Furnierschnellpresse
– *la presse de plaquage* m *(à plaquer) rapide*
50 der Preßboden
– *le plateau supérieur de la presse (le bâti)*
51 der Preßdeckel
– *la table de pressage* m *(la presse)*
52 der Preßstempel
– *le piston de la presse*

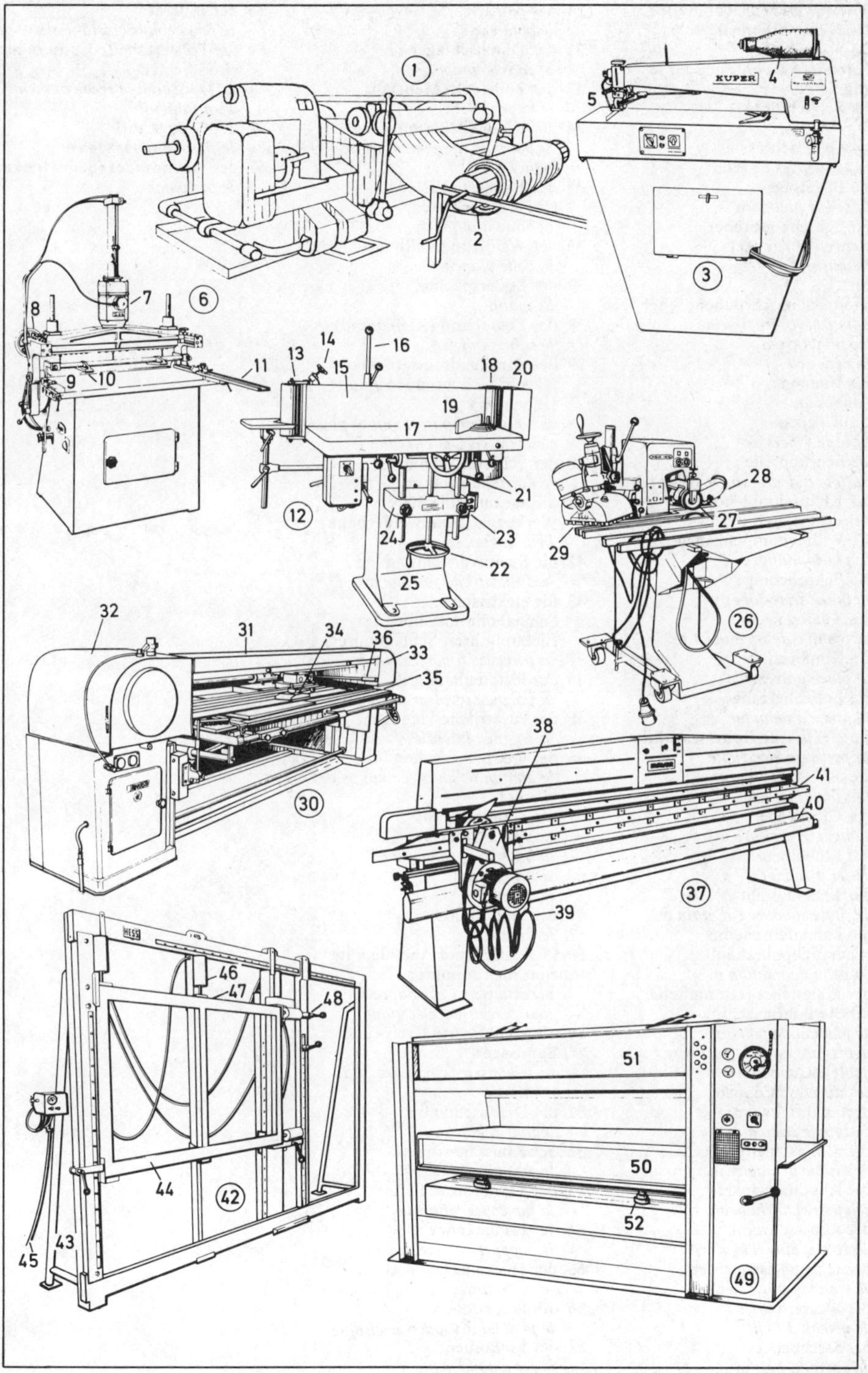
1
2
3
4
5
KUPER
6
7
8
9
10
11
12
13
14
15
16
17
18
19
20
21
22
23
24
25
26
27
28
29
30
31
32
33
34
35
36
37
38
39
40
41
42
43
44
45
46
47
48
49
50
51
52
HESS

1-34 der Werkzeugschrank für das Heimwerken (Basteln, Do-it-yourself)
– *l'armoire* f *d'outils* m *pour le bricolage*
1 der Schlichthobel
– *le rabot plat*
2 der Gabelschlüsselsatz
– *le jeu de clés* f *plates*
3 die Bügelsäge
– *la scie à archet* m
4 der Schraubendreher (Schraubenzieher)
– *le tournevis*
5 der Kreuzschlitzschraubendreher
– *le tournevis cruciforme*
6 die Sägeraspel
– *la râpe-scie*
7 der Hammer
– *le marteau*
8 die Holzraspel
– *la râpe à bois* m
9 die Schruppfeile
– *la lime à dégrossir (le riflard)*
10 der Kleinschraubstock
– *l'étau* m *à agrafe* f
11 die Wasserpumpenzange
– *la pince multiprise* f
12 die Eckrohrzange
– *la pince serre-tubes* m
13 die Kneifzange
– *la tenaille de menuisier* m
14 die Kombizange
– *la pince universelle*
15 die Entisolierzange
– *la pince à dénuder*
16 die elektrische Bohrmaschine
– *la perceuse électrique*
17 die Stahlsäge
– *la scie à métaux* m
18 der Gipsbecher
– *l'auget* m *à plâtre* m
19 der Lötkolben
– *le fer à souder*
20 der Lötzinndraht
– *le fil de soudure* f *d'étain* m
21 die Lammfellscheibe (Lammfellpolierhaube)
– *la peau de mouton* m
22 der Polierteller (Gummiteller) für die Bohrmaschine
– *le plateau de polissage* m, *accessoire* m *de la perceuse*
23 Schleifscheiben *f*
– *les disques* m *à polir*
24 der Drahtbürstenteller
– *la brosse circulaire*
25 das Tellerschleifpapier
– *le disque de papier* m *abrasif*
26 der Anschlagwinkel
– *l'équerre* f *à chapeau* m
27 der Fuchsschwanz
– *la scie égoïne (l'égoïne* f*)*
28 der Universalschneider
– *le couteau universel*
29 die Wasserwaage
– *le niveau à bulle* f
30 der Stechbeitel
– *le ciseau à bois* m
31 der Körner
– *le pointeau*
32 der Durchschläger
– *le chasse-goupille*
33 der Zollstock (Maßstab)
– *le mètre pliant*
34 der Kleinteilekasten
– *la boîte de rangement* m *de petites pièces* f
35 der Werkzeugkasten (Handwerkskasten)
– *la boîte à outils* m
36 der Weißleim (Kaltleim)
– *la colle blanche*
37 der Malerspachtel
– *la spatule*
38 das Lassoband (Klebeband)
– *le ruban adhésif*
39 der Sortimentseinsatz mit Nägeln *m*, Schrauben *f* und Dübeln *m*
– *la boîte à compartiments* m *pour clous* m, *vis* f *et chevilles* f
40 der Schlosserhammer
– *le marteau rivoir* m
41 die zusammenlegbare Werkbank (Heimwerkerbank)
– *l'établi étau* m
42 die Spannvorrichtung
– *le dispositif de serrage* m
43 die elektrische Schlagbohrmaschine (der Elektrobohrer, Schlagbohrer)
– *la perceuse à percussion* f
44 der Pistolenhandgriff
– *la poignée revolver* m
45 der zusätzliche Handgriff
– *la poignée latérale*
46 der Getriebeschalter
– *le bouton de changement* m *de vitesse* f
47 der Handgriff mit Abstandshalter *m*
– *la butée de profondeur* f
48 der Bohrkopf
– *le mandrin*
49 der Spiralbohrer
– *le foret*
50-55 Zusatz- und Anbaugeräte zum Elektrobohrer
– *accessoires* m *et adaptations* f *pour perceuse* f *électrique*
50 die kombinierte Kreis- und Bandsäge
– *la scie mixte [circulaire et à ruban* m*]*
51 die Drechselbank
– *le tour à bois* m
52 der Kreissägevorsatz
– *la scie circulaire*
53 der Vibrationsschleifer
– *la ponceuse vibrante*
54 der Bohrständer
– *le support de perceuse* f
55 der Heckenscherenvorsatz
– *le taille-haies*
56 die Lötpistole
– *le pistolet à souder électrique*
57 der Lötkolben
– *le fer à souder*
58 der Blitzlöter
– *le fer à souder instantané*
59 die Polsterarbeit, das Beziehen eines Sessels
– *la tapisserie, le recouvrement d'un fauteuil*
60 der Bezugsstoff
– *le tissu d'ameublement* m
61 der Heimwerker (Selbstwerker)
– *le bricoleur*

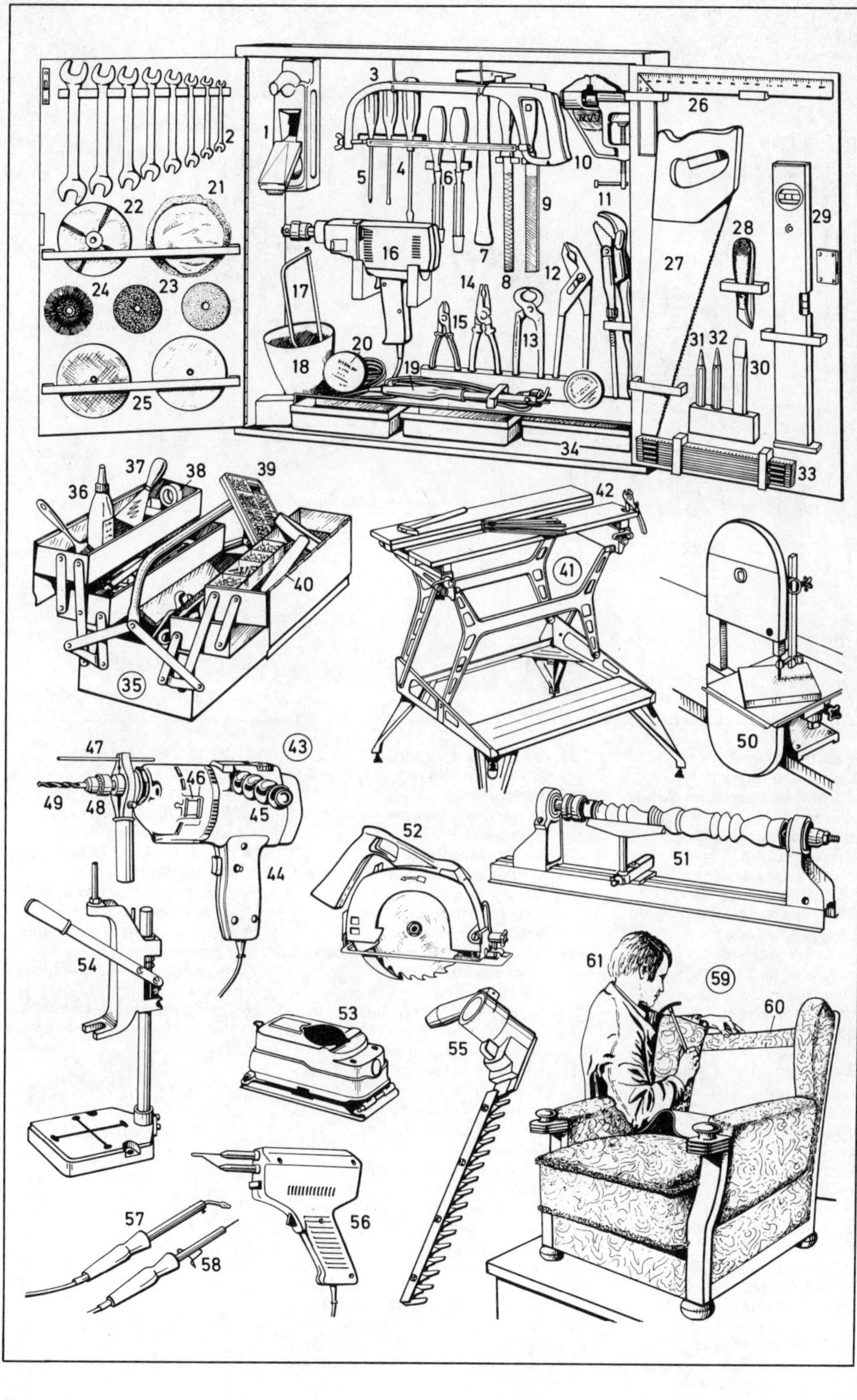
1
2
3
4
5
6
7
8
9
10
11
12
13
14
15
16
17
18
19
20
21
22
23
24
25
26
27
28
29
30
31
32
33
34
35
36
37
38
39
40
41
42
43
44
45
46
47
48
49
50
51
52
53
54
55
56
57
58
59
60
61

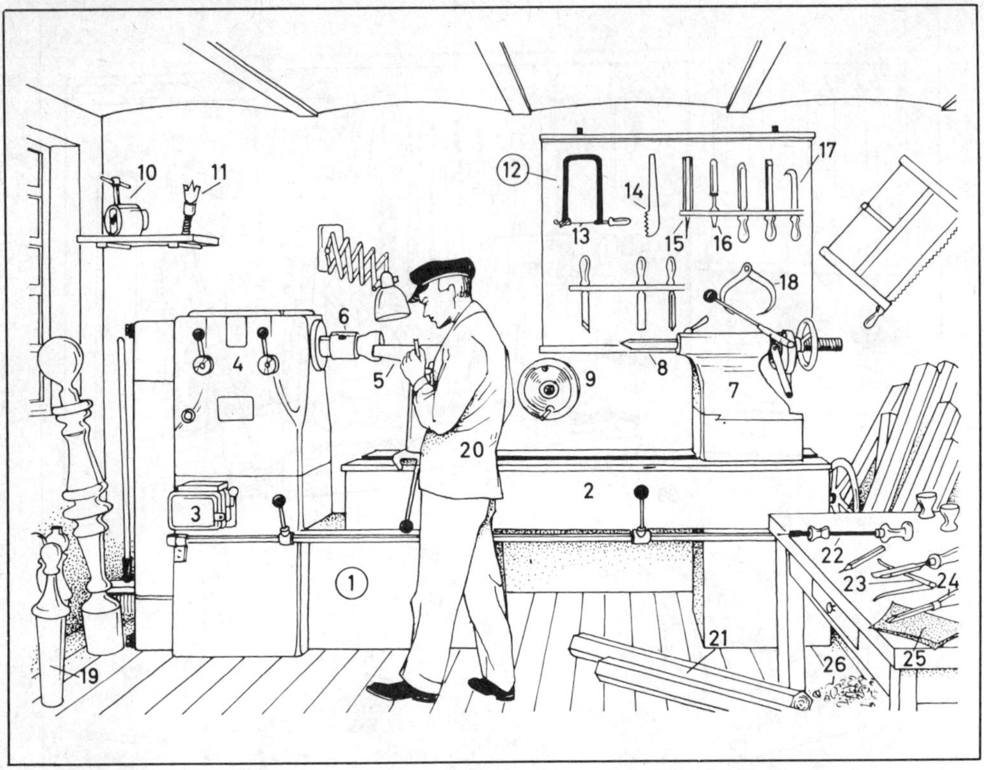

1-26 die Drechslerei (Drechslerwerkstatt)
– ***la tournerie*** *(l'atelier* m *de tourneur* m*)*

1 die Holzdrehbank (Drechselbank)
– *le tour à dégauchir*

2 die Drechselwange (Drehbankwange)
– *la glissière du banc*

3 der Anlaßwiderstand
– *le rhéostat (la résistance) de démarrage* m

4 der Getriebekasten
– *la boîte de vitesses* f

5 die Handvorlage (Werkzeugauflage)
– *le porte-outil*

6 das Spundfutter
– *le mandrin creux*

7 der Reitstock
– *la poupée mobile*

8 die Spitzdocke
– *la pointe vive*

9 der Wirtel (Quirl), eine Schnurrolle mit Mitnehmer *m*
– *la poulie à corde* f, *une poulie àgorge* f *et toc* m *d'entraînement* m

10 das Zweibackenfutter
– *le mandrin à deux mors* m

11 der Dreizack (Zwirl)
– *la mèche à bois* m *à 3 pointes* f

12 die Laubsäge
– *la scie à chantourner (la scie àdécouper)*

13 das Laubsägeblatt
– *la lame de scie* f *à chantourner*

14, 15, 24 Drechselwerkzeuge (Drechslerdrehstähle *m*)
– *outils* m *de tourneur*

14 der Gewindesträhler (Strähler, Schraubstahl), zum Holzgewindeschneiden *n*
– *le peigne à fileter le bois*

15 die Drehröhre, zum Vordrehen *n*
– *la mèche à bois* m *creuse*

16 der Löffelbohrer (Parallelbohrer)
– *la mèche à cuiller* f

17 der Ausdrehhaken
– *l'alésoir* m

18 der Tastzirkel (Greifzirkel, Außentaster)
– *le compas d'épaisseur* f

19 der gedrechselte Gegenstand (die gedrechselte Holzware)
– *l'objet* m *tourné*

20 der Drechslermeister (Drechsler)
– *le maître-tourneur (le tourneur)*

21 der Rohling (das unbearbeitete Holz)
– *la pièce brute (le bois non usiné)*

22 der Drillbohrer
– *la drille*

23 der Lochzirkel (Innentaster)
– *le compas d'alésage* m *(le maître-à-danser)*

24 der Grabstichel (Abstechstahl, Plattenstahl)
– *le ciseau de tourneur* m *(le burin de tourneur* m*)*

25 das Glaspapier (Sandpapier, Schmirgelpapier)
– *le papier de verre* m *(le papier émeri)*

26 die Drehspäne *m* (Holzspäne)
– *les tournures* f *(copeaux* m *de bois* m*)*

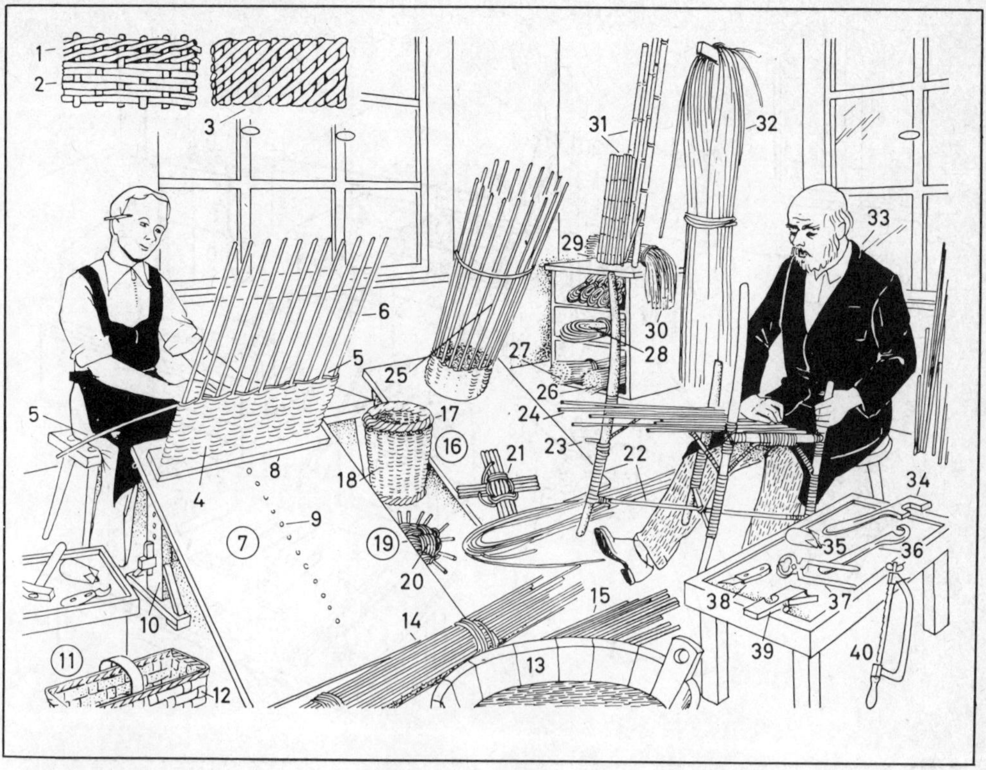

1-40 die Korbmacherei (Korbflechterei)
– ***la vannerie***
1-4 Flechtarten ***f***
– ***points*** m ***de tressage*** m *(modes* m *d'entrelacement* m*)*
1 das Drehergeflecht
– *le tressage en torsade* f *(en fleur* f *de lys* m*)*
2 das Köpergeflecht
– *le tressage à brin* m *perdu (devant 2 derrière 1)*
3 das Schichtgeflecht
– *le tressage en crocane* f *simple*
4 das einfache Geflecht, ein Flechtwerk *n*
– *l'ouvrage* m *tressé (l'ouvrage* m *de vannerie* f*)*
5 der Einschlag
– *le brin de clôture* f
6 die Stake
– *le montant*
7 das Werkbrett
– *la planche de travail* m
8 die Querleiste
– *la traverse*
9 das Einsteckloch
– *le trou de fixation* f *de la traverse*
10 der Bock
– *le chevalet*
11 der Spankorb
– *le panier en copeaux* m
12 der Span
– *le copeau (l'éclat* m *de bois* m*)*
13 der Einweichbottich
– *le bac de trempage* m
14 die Weidenruten *f* (Ruten)
– *les verges* f *d'osier* m *(les brins* m*, la botte)*
15 die Weidenstöcke *m* (Stöcke)
– *les baguettes* f *d'osier* m
16 der Korb, eine Flechtarbeit
– *la corbeille, un ouvrage de vannerie* f
17 der Zuschlag (Abschluß)
– *la bordure*
18 das Seitengeflecht
– *la clôture*
19 der Bodenstern
– *la base (le fond) en forme* f *d'étoile* f
20 das Bodengeflecht
– *la clôture de fond* m
21 das Bodenkreuz
– *la croisée de fond* m *(les bâtons* m *de croisée* f *ligaturés)*
22-24 die Gestellarbeit
– ***le travail sur monture*** f *(sur bâti* m*)*
22 das Gestell
– *la monture (le bâti)*
23 der Splitt
– *l'éclisse* f *(le brin dépassant du pied de la monture)*
24 die Schiene
– *la canne (la baguette garnissant le fond d'un fauteuil)*
25 das Gerüst
– *la charpente (les montants* m*)*
26 das Gras; *Arten:* Espartogras, Alfagras (Halfagras)
– *les graminées* f*;* var.: *sparte* m, *alfa* m
27 das Schilf (Rohrkolbenschilf)
– *le roseau*
28 die Binse (Chinabinsenschnur)
– *le jonc (la lanière de jonc* m*)*
29 das Raffiabast (Bast)
– *le raphia*
30 das Stroh
– *la paille*
31 das Bambusrohr
– *le bambou*
32 das Peddigrohr (span. Rohr, der Rotang)
– *le rotin ou rotang*
33 der Korbmacher (Korbflechter)
– *le vannier*
34 das Biegeeisen
– *le fer à cintrer*
35 der Reißer
– *le fendoir*
36 das Klopfeisen
– *la batte*
37 die Beißzange
– *les tenailles* f
38 das Putzmesser (der Ausstecher)
– *l'épluchoir* m
39 der Schienenhobel
– *le rabot*
40 die Bogensäge
– *la scie à archet* m dite *«violon»* m

1-8 die Esse mit dem Schmiedefeuer *n*
– ***la forge et le feu de forge*** f

1 die Esse
– *la forge*

2 die Feuerschaufel
– *la pelle à feu* m

3 der Löschwedel
– *l'arrosoir* m

4 die Feuerkratze
– *l'attisoir* m *(le tisonnier)*

5 der Schlackenhaken
– *le ringard*

6 die Luftzuführung
– *l'arrivée* f *d'air* m

7 der Rauchfang
– *la hotte*

8 der Löschtrog
– *le bac de trempe* f

9 der Schmiedelufthammer
– *le marteau-pilon pneumatique*

10 der Hammerbär
– *la masse tombante*

11-16 der Amboß
– ***l'enclume*** f

11 der Amboß
– *l'enclume* f

12 das Vierkanthorn
– *la bigorne conique*

13 das Rundhorn
– *la bigorne pyramidale*

14 der Voramboß
– *la table auxiliaire*

15 der Backen
– *le patin*

16 der Stauchklotz
– *le refouloir*

17 die Lochplatte
– *l'affûteuse* f

18 der Werkzeugschleifbock
– *l'affûteuse* f

19 die Schleifscheibe
– *la meule d'affûtage* m

20 der Flaschenzug
– *la moufle*

21 die Werkbank
– *l'établi* m

22-39 Schmiedewerkzeuge *n*
– ***outils*** m ***de forgeron*** m

22 der Vorschlaghammer
– *le marteau à frapper devant*

23 der Schmiedehandhammer
– *le marteau à main* f *(le marteau de forgeron* m*)*

24 die Flachzange
– *les tenailles* f *droites*

25 die Rundzange
– *les tenailles* f *à coquilles* f *rondes*

26 die Teile des Hammers *m*
– *les parties* f *du marteau*

27 die Pinne
– *la panne*

28 die Bahn
– *la table*

29 das Auge
– *l'œil* m

30 der Stiel
– *le manche*

31 der Keil
– *l'angrois* m

32 der Abschroter
– *le tranchet (le tranchet d'enclume* f*)*

33 der Flachhammer
– *la masse à pans* m

34 der Kehlhammer
– *la tranche à chaud* m

35 der Schlichthammer
– *le marteau à planer*

36 der Rundlochhammer
– *le marteau à poinçon* m

37 die Winkelzange
– *les tenailles* f *angulaires*

38 der Schrotmeißel
– *la tranche à froid* m

39 das Dreheisen
– *le fer à cintrer*

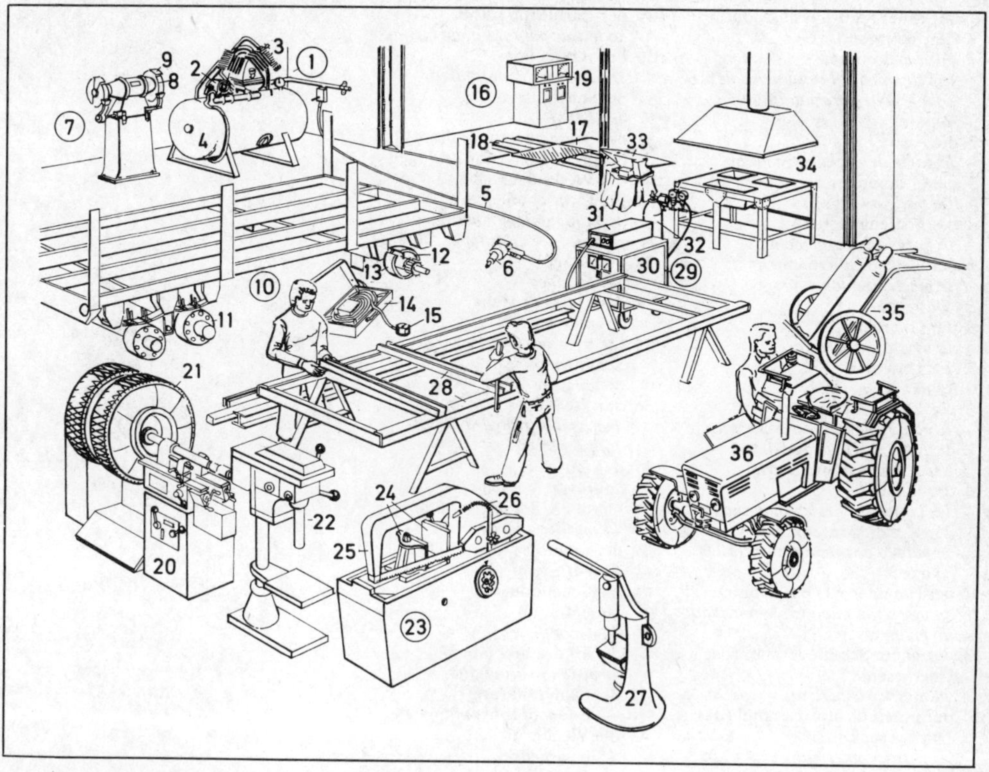

1 die Druckluftanlage
– *l'installation* f *à air* m *comprimé*
2 der Elektromotor
– *le moteur électrique*
3 der Kompressor
– *le compresseur*
4 der Druckluftkessel
– *le réservoir d'air* m *comprimé*
5 die Druckluftleitung
– *la canalisation d'air* m *comprimé*
6 der Druckluftschlagschrauber
– *le tournevis à frapper pneumatique (le tournevis à percussion* f *pneumatique)*
7 das Schleifgerät (die Werkstattschleifmaschine)
– *le touret (l'affûteuse* f *d'atelier* m*)*
8 die Schleifscheibe
– *la meule*
9 die Schutzhaube
– *le carter de protection* f
10 der Anhänger
– *la remorque*
11 die Bremstrommel
– *le tambour de frein* m
12 die Bremsbacke
– *la mâchoire de frein* m
13 der Bremsbelag
– *la garniture de frein* m
14 der Prüfkasten
– *la valise de contrôle* m
15 das Druckluftmeßgerät
– *le manomètre*
16 der Bremsprüfstand, ein Rollenbremsprüfstand
– *le banc d'essai* m *des freins* m, *un banc d'essai* m *de frein* m *à rouleaux* m
17 die Bremsgrube
– *la fosse*
18 die Bremsrolle
– *le rouleau de freinage* m
19 das Registriergerät
– *l'enregistreur* m
20 die Bremstrommel-Feindrehmaschine
– *le tour de précision* f *pour freins* m *de tambour* m
21 das Lkw-Rad
– *la roue de camion* m
22 das Bohrwerk
– *la perceuse (verticale à colonne* f*)*
23 die Schnellsäge, eine Bügelsäge
– *la scie rapide, une scie alternative*
24 der Schraubstock
– *l'étau* m
25 der Sägebügel
– *le bâti de scie* f
26 die Kühlmittelzuführung
– *la canalisation de réfrigérant* m
27 die Nietmaschine
– *la riveteuse (la riveuse)*
28 das Anhängerchassis im Rohbau *m*
– *le châssis de remorque* f *en construction* f
29 das Schutzgasschweißgerät
– *le poste de soudage* m *en atmosphère* f *inerte*
30 der Gleichrichter
– *le redresseur*
31 das Steuergerät
– *l'appareil* m *de commande* f *(le contrôleur)*
32 die CO_2-Flasche
– *la bouteille de* CO_2 m
33 der Amboß
– *l'enclume* f
34 die Esse mit dem Schmiedefeuer
– *la forge avec le feu de forge* f
35 der Autogenschweißwagen
– *le chariot de soudage* m *autogène*
36 das Reparaturfahrzeug, ein Traktor *m*
– *le véhicule en réparation* f, *un tracteur*

139 Freiform- und Gesenkschmiede (Warmmassivumformung)

1 der Rillenherd-Durchstoßofen zum Wärmen *n* von Rundmaterialien *n*
– *le four poussant continu à sole* f *à grille* f *pour le réchauffage de ronds* m
2 die Ausfallöffnung
– *la porte de déchargement* m
3 die Gasbrenner *m*
– *les brûleurs à gaz* m
4 die Bedienungstür
– *la porte de chargement* m
5 der Gegenschlaghammer
– *le marteau-pilon à contre-frappe* f
6 der Oberbär
– *la masse supérieure*
7 der Unterbär
– *la masse inférieure*
8 die Bärführung
– *le guidage de la masse mobile*
9 der hydraulische Antrieb
– *l'entraînement* m *électrique*
10 der Ständer
– *les jambages* m, *les montants* m
11 der Kurzhubgesenkhammer
– *le pilon d'estampage* m *à faible course* f
12 der Hammerbär (Bär, Hammer)
– *la masse de pilon* m, *le marteau de pilon* m
13 der obere Schmiedesattel (das Obergesenk)
– *la matrice supérieure*
14 der untere Schmiedesattel (das Untergesenk)
– *la matrice inférieure*
15 der hydraulische Antrieb
– *l'entraînement* m *hydraulique*
16 der Hammerständer
– *le bâti de pilon* m
17 die Schabotte (der Amboß)
– *la chabotte (l'enclume* f*)*
18 die Gesenkschmiede- und Kalibrierpresse
– *la presse d'estampage* m *et de calibrage* m
19 der Maschinenständer
– *le montant de presse* f
20 die Tischplatte
– *la table de presse* f
21 die Lamellenreibungskupplung
– *l'embrayage* m *à disques* m
22 die Preßluftzuleitung
– *la canalisation d'air* m *comprimé*
23 das Magnetventil
– *l'électrovalve* f
24 der Lufthammer
– *le marteau-pilon autocompresseur*
25 der Antriebsmotor
– *le moteur d'entraînement* m
26 der Schlagbär
– *la masse de pilon* m
27 der Fußsteuerhebel
– *la pédale de commande* f
28 das freiformgeschmiedete (vorgeschmiedete) Werkstück
– *la pièce forgée (ébauchée) au marteau-pilon*
29 der Bärführungskopf
– *la tête de guidage* m *de la masse*
30 der Bärzylinder
– *le cylindre de marteau* m
31 die Schabotte
– *la chabotte*
32 der Schmiedemanipulator (Manipulator) zum Bewegen *n* des Werkstücks *n* beim Freiformschmieden *n*
– *le manipulateur pour déplacer la pièce forgée en frappe* f *libre*
33 die Zange
– *les tenailles*
34 das Gegengewicht
– *le contrepoids*
35 die hydraulische Schmiedepresse
– *la presse à forger hydraulique*
36 der Preßkopf
– *l'ensemble* m *hydraulique coiffant la presse*
37 das Querhaupt
– *la traverse principale*
38 der obere Schmiedesattel
– *la matrice supérieure*
39 der untere Schmiedesattel
– *la matrice inférieure*
40 die Schabotte (der Unteramboß)
– *la chabotte*
41 der Hydraulikkolben
– *le piston hydraulique*
42 die Säulenführung
– *les colonnes* f *de guidage* m
43 die Wendevorrichtung
– *le retourneur*
44 die Krankette
– *la chaîne de palan* m
45 der Kranhaken
– *le crochet de palan* m
46 das Werkstück
– *la pièce forgée*
47 der gasbeheizte Schmiedeofen
– *le four de forge* f *à gaz* m
48 der Gasbrenner
– *le brûleur à gaz* m
49 die Arbeitsöffnung
– *l'ouverture* f *de chargement* m
50 der Kettenschleier
– *le rideau de chaînes* f
51 die Aufzugstür
– *la porte levante*
52 die Heißluftleitung
– *la conduite d'air* m *chaud*
53 der Luftvorwärmer
– *le réchauffeur d'air* m
54 die Gaszufuhr
– *l'alimentation* f *en gaz* m
55 die Türaufzugsvorrichtung
– *le dispositif de levage* m *de la porte*
56 der Luftschleier
– *le rideau d'air* m

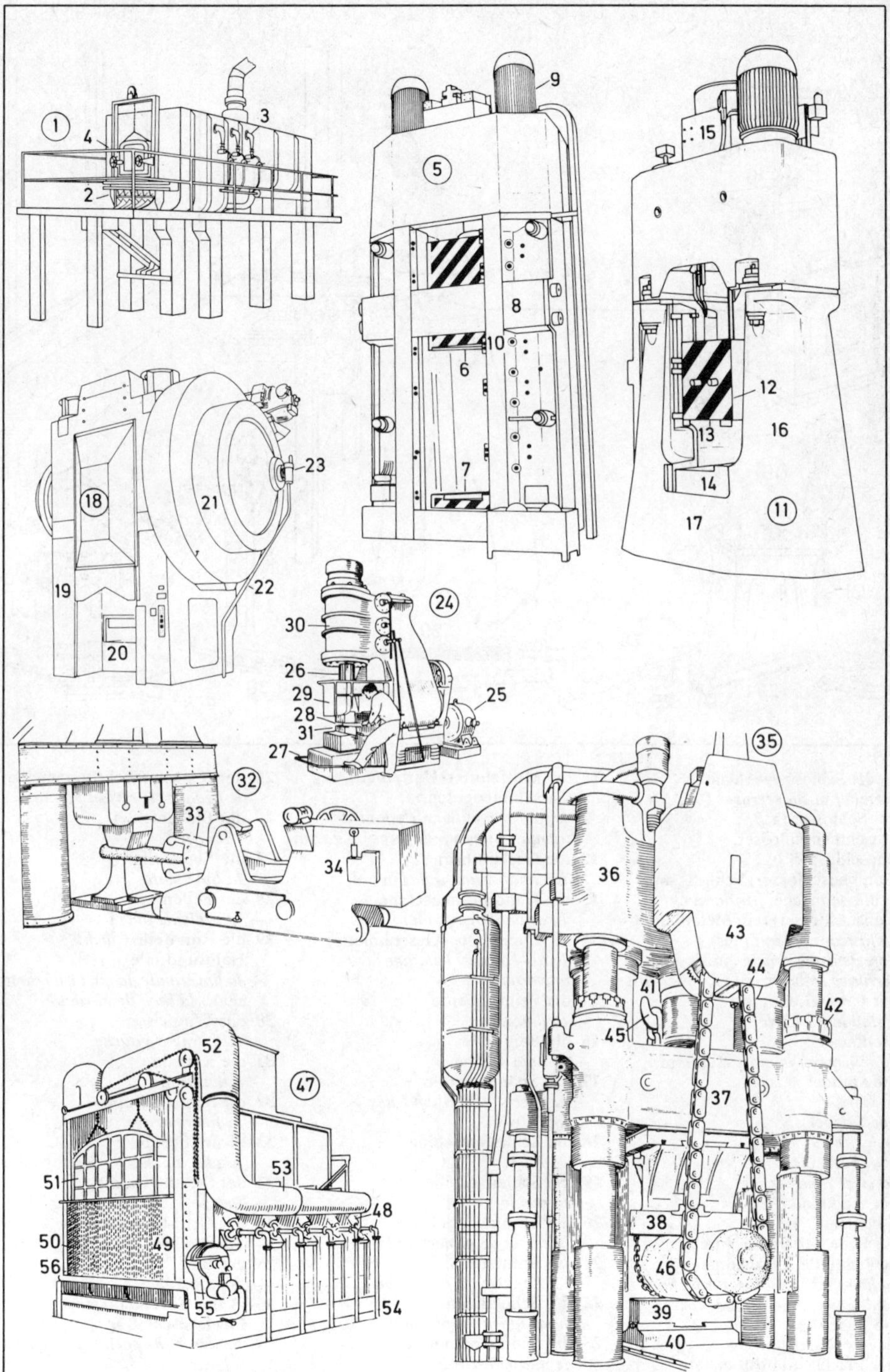
1
2
3
4
5
6
7
8
9
10
11
12
13
14
15
16
17
18
19
20
21
22
23
24
25
26
27
28
29
30
31
32
33
34
35
36
37
38
39
40
41
42
43
44
45
46
47
48
49
50
51
52
53
54
55
56

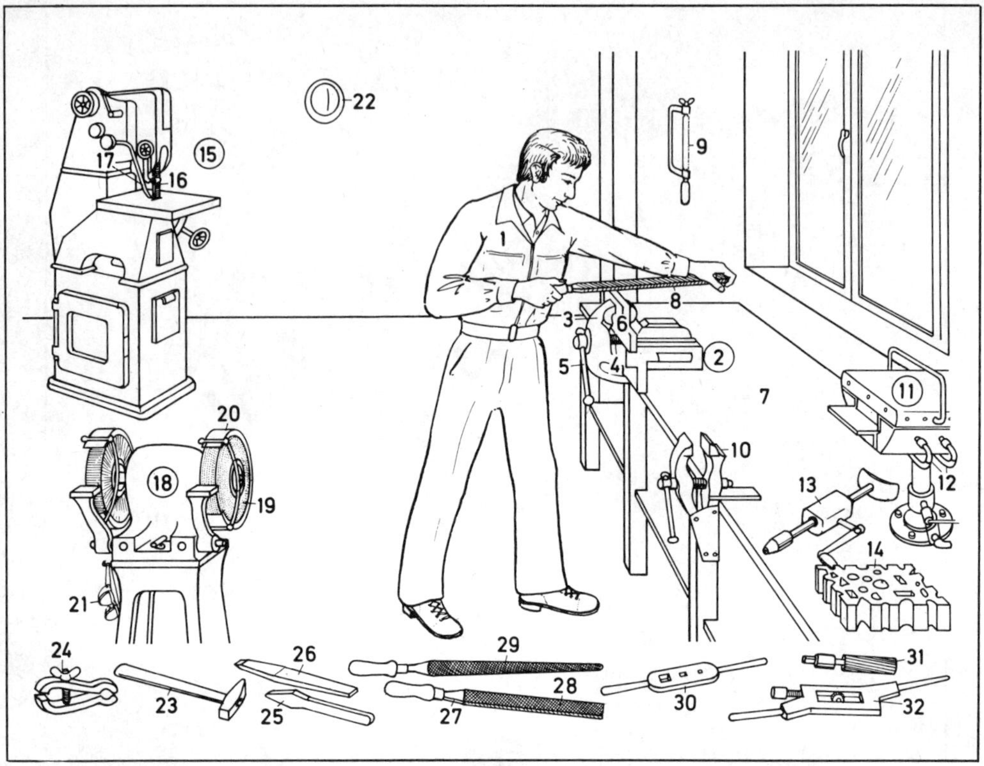

1-22 die Schlosserwerkstatt
– *l'atelier* m *du serrurier*
1 der Schlosser (*z.B.* Maschinenschlosser, Bauschlosser, Stahlbauschlosser, Schloß- und Schlüsselmacher; *früh. auch:* Kunstschlosser), ein Metallbauer *m*
– *l'ajusteur* m (exemples: *l'ajusteur-mécanicien* m, *le serrurier en bâtiment* m, *le serrurier)*
2 der Parallelschraubstock
– *l'étau* m *parallèle*
3 die Backe
– *la mâchoire (le mors d'étau* m*)*
4 die Spindel
– *la vis*
5 der Knebel
– *le levier*
6 das Werkstück
– *la pièce à usiner*
7 die Werkbank
– *l'établi* m
8 die Feile (*Arten:* Grobfeile, Schlichtfeile, Präzisionsfeile)
– *la lime* (var.: *lime* f *bâtarde, lime* f *mi-douce, lime* f *douce)*
9 die Bügelsäge
– *la scie à archet* m
10 der Flachschraubstock, ein Zangenschraubstock *m*
– *l'étau* m *à pied* m
11 der Muffelofen (Härteofen), ein Gasschmiedeofen *m*
– *le four à moufle* m *(le four de trempe* f*), un four de forge* f *à gaz* m
12 die Gaszuführung
– *la canalisation à gaz* m
13 die Handbohrmaschine
– *la drille (la chignole)*
14 die Lochplatte (Gesenkplatte)
– *le tas-étampe, l'étampe* f *universelle*
15 die Feilmaschine
– *la limeuse*
16 die Bandfeile
– *la lime à bande* f
17 das Späneblasrohr
– *la buse d'aspiration* f *des copeaux* m
18 die Schleifmaschine
– *le touret*
19 die Schleifscheibe
– *la meule*
20 die Schutzhaube
– *le carter de protection* f
21 die Schutzbrille
– *les lunettes de protection* f
22 der Schutzhelm
– *le casque de protection* f
23 der Schlosserhammer
– *le marteau-rivoir*
24 der Feilkloben
– *l'étau* m *à main* f *(l'étau* m *à vis* f*)*
25 der Kreuzmeißel (Spitzmeißel)
– *le bédane (le ciseau pointu)*
26 der Flachmeißel
– *le burin*
27 die Flachfeile
– *la lime plate*
28 der Feilenhieb
– *la taille de lime* f
29 die Rundfeile (*auch:* Halbrundfeile)
– *la lime ronde, la queue de rat* m*;* égal.: *la lime demi-ronde*
30 das Windeisen
– *le tourne-à-gauche*
31 die Reibahle
– *l'alésoir* m
32 die Schneidkluppe
– *la filière brisée*
33-35 der Schlüssel
– *la clef* *(la clé)*
33 der Schaft (Halm)
– *la tige*
34 der Griff (die Räute)
– *l'anneau* m
35 der Bart
– *le panneton*
36-43 das Türschloß, ein Einsteckschloß *n*
– *la serrure de porte* f*, une serrure à larder*
36 die Grundplatte (das Schloßblech)
– *le palâtre (le palastre)*

37 die Falle
– *le pêne demi-tour* m
38 die Zuhaltung
– *la gâchette*
39 der Riegel
– *le pêne dormant*
40 das Schlüsselloch
– *l'entrée* f *de serrure* f
41 der Führungszapfen
– *le pilier*
42 die Zuhaltungsfeder
– *le ressort de gâchette* f
43 die Nuß, mit Vierkantloch *n*
– *le fouillot*
44 das Zylinderschloß (Sicherheitsschloß)
– *la serrure cylindrique (serrure* f *de sûreté* f*)*
45 der Zylinder
– *le cylindre*
46 die Feder
– *le ressort*
47 der Arretierstift
– *la goupille*
48 der Sicherheitsschlüssel, ein Flachschlüssel *m*
– *la clé de sûreté* f, *une clé plate*
49 das Scharnierband
– *la paumelle double*
50 das Winkelband
– *la paumelle à équerre* f
51 das Langband
– *la penture droite*
52 der Meßschieber (die Schieblehre)
– *le pied à coulisse* f
53 die Fühlerlehre
– *le calibre à lames* f, *la jauge d'épaisseur* f
54 der Tiefenmeßschieber (die Tiefenlehre)
– *le calibre de profondeur* f, *le pied de profondeur* f
55 der Nonius
– *le vernier*
56 das Haarlineal
– *la règle de vérification* f
57 der Meßwinkel
– *l'équerre* f *de précision* f
58 die Brustleier
– *le vilebrequin*
59 der Spiralbohrer
– *le foret américain, la mèche hélicoïdale*
60 der Gewindebohrer (das Gewindeeisen)
– *le taraud*
61 die Gewindebacken *m*
– *les coussinets-peignes* m *de filière* f
62 der Schraubendreher (Schraubenzieher)
– *le tournevis*
63 der Schaber (*auch:* Dreikantschaber)
– *le grattoir;* égal.: *le grattoir triangulaire*
64 der Körner
– *le pointeau*
65 der Durchschlag
– *le chasse-goupille*
66 die Flachzange
– *la pince plate*
67 der Hebelvorschneider
– *la pince coupante en bout* m
68 die Rohrzange
– *la pince à gaz* m
69 die Kneifzange
– *la tenaille de menuisier* m

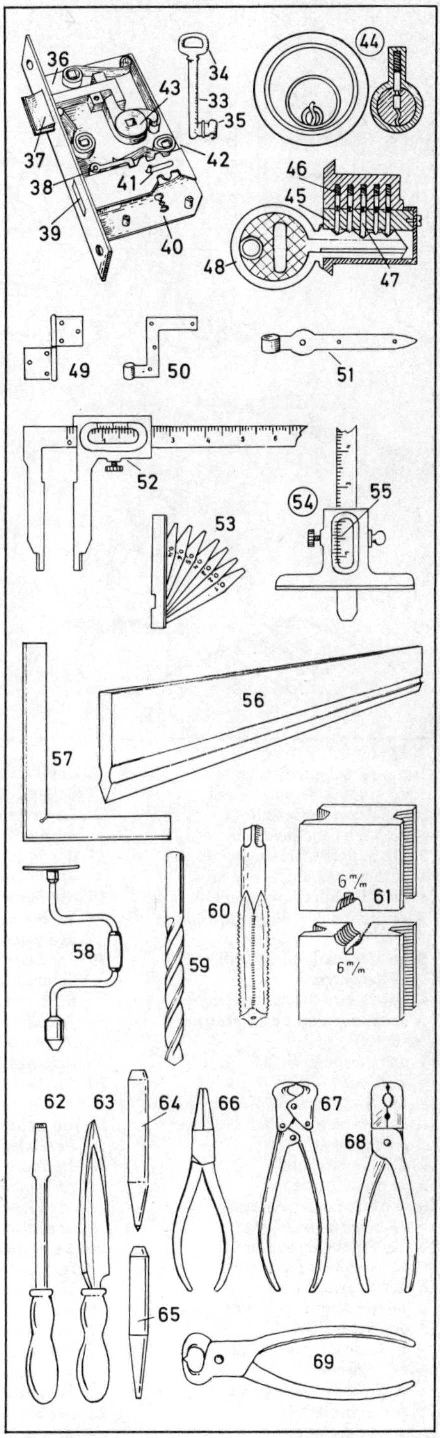

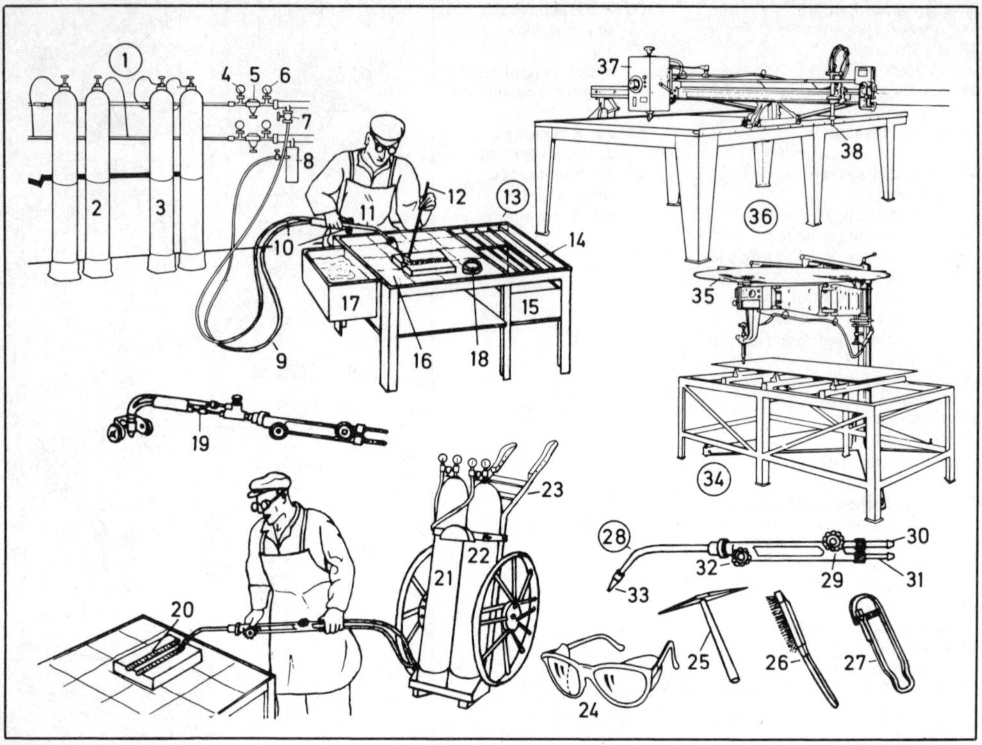

1 die Flaschenbatterie
– *la batterie de bouteilles* f
2 die Acetylenflasche
– *la bouteille d'acétylène* m
3 die Sauerstoffflasche
– *la bouteille d'oxygène* m
4 das Hochdruckmanometer
– *le manomètre haute pression* f *[H.P.]*
5 das Druckminderventil
– *le détendeur*
6 das Niederdruckmanometer
– *le manomètre basse pression* f *[B.P.]*
7 das Absperrventil
– *le robinet d'arrêt* m
8 die Niederdruck-Wasservorlage
– *le barboteur à eau* f *basse pression* f *[B.P.]*
9 der Gasschlauch
– *le tuyau à gaz* m
10 der Sauerstoffschlauch
– *le tuyau à oxygène* m
11 der Schweißbrenner
– *le chalumeau soudeur*
12 der Schweißstab
– *la baguette d'apport* m
13 der Schweißtisch
– *la table de soudage* m
14 der Schneidrost
– *la grille de coupage* m
15 der Schrottkasten
– *le bac à chutes* f
16 der Tischbelag, aus Schamottesteinen *m*
– *le revêtement de table* f *en briques* f *de chamotte* f
17 der Wasserkasten
– *le bac à eau* f
18 die Schweißpaste
– *le flux de soudage* m *(la pâte décapante)*
19 der Schweißbrenner, mit Schneidsatz *m* und Brennerführungswagen *m*
– *le chalumeau équipé d'une buse de coupe* f *et d'un guide à roulettes* f
20 das Werkstück
– *la pièce à souder*
21 die Sauerstoffflasche
– *la bouteille d'oxygène* m
22 die Acetylenflasche
– *la bouteille d'acétylène* m
23 der Flaschenwagen
– *le chariot à bouteilles* f
24 die Schweißerbrille
– *les lunettes* f *de soudeur* m
25 der Schlackenhammer
– *le marteau à piquer*
26 die Drahtbürste
– *la brosse métallique*
27 der Brenneranzünder
– *l'allumeur* m *de chalumeau* m
28 der Schweißbrenner
– *le chalumeau soudeur*
29 das Sauerstoffventil
– *le robinet d'oxygène* m
30 der Sauerstoffanschluß
– *le raccord d'oxygène* m
31 der Brenngasanschluß
– *le raccord de gaz* m *combustible*
32 das Brenngasventil
– *le robinet de gaz* m *combustible*
33 das Schweißmundstück
– *la buse de chalumeau* m *soudeur*
34 die Brennschneidemaschine
– *la machine d'oxycoupage* m
35 die Kreisführung
– *le gabarit circulaire*
36 die Universalbrennschneidemaschine
– *la machine d'oxycoupage* m *universelle*
37 der Steuerkopf
– *la tête de commande* f
38 die Brennerdüse
– *la buse de chalumeau* m *coupeur*

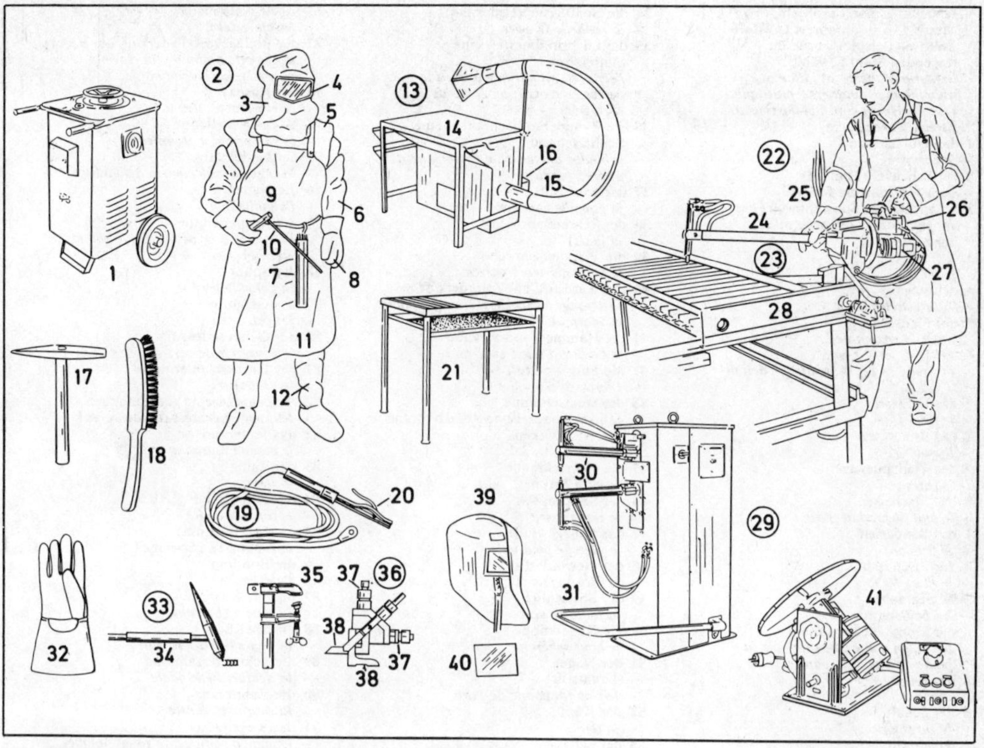

1 der Schweißtransformator (Schweißtrafo)
– *le transformateur de soudage* m
2 der Elektroschweißer
– *le soudeur à l'arc* m
3 die Schweißerschutzhaube
– *la coiffe de soudeur* m
4 das hochklappbare Schutzglas
– *le verre protecteur relevable*
5 der Schulterschutz
– *l'épaulière* f *(le coltin)*
6 der Ärmelschutz
– *le brassard de protection* f
7 der Elektrodenköcher
– *l'étui* m *à électrodes* f
8 der dreifingrige Schweißerhandschuh
– *la moufle de soudeur* m *à trois doigts* m
9 der Elektrodenhalter
– *le porte-électrode*
10 die Elektrode
– *l'électrode* f
11 die Lederschürze
– *le tablier de cuir* m
12 der Schienbeinschutz
– *la guêtre de protection* f
13 der Absaugeschweißtisch
– *la table de soudage* m *à aspiration* f
14 die Absaugetischfläche
– *le plateau de table* f *à aspiration* f
15 der Absaugeschwenkrüssel
– *le tuyau d'aspiration* f *pivotant*
16 der Abluftstutzen
– *la tubulure d'évacuation* f *d'air* m
17 der Schlackenhammer
– *le marteau à piquer*
18 die Stahldrahtbürste
– *la brosse métallique*
19 das Schweißkabel
– *le câble de soudage* m
20 der Elektrodenhalter
– *le porte-électrode*
21 der Schweißtisch
– *la table de soudage* m
22 die Punktschweißung
– *le soudage par points* m
23 die Punktschweißzange
– *la pince à souder*
24 der Elektrodenarm
– *le bras porte-électrode* m
25 die Stromzuführung (das Anschlußkabel)
– *l'amenée* f *de courant* m *(le câble d'alimentation* f*)*
26 der Elektrodenkraftzylinder
– *le vérin de pression* f *d'électrode* f
27 der Schweißtransformator
– *le transformateur de soudage* m
28 das Werkstück
– *la pièce à souder*
29 die fußbetätigte Punktschweißmaschine
– *la machine à souder par points* m *commandée par pédale* f
30 die Schweißarme *m*
– *les branches* f *de soudage* m
31 der Fußbügel für den Elektrodenkraftaufbau
– *la pédale commandant la pression d'électrode* f
32 der fünffingrige Schweißerhandschuh
– *le gant de soudeur* m *à cinq doigts* m
33 der Schutzgasschweißbrenner für die Schutzgasschweißung (Inertgasschweißung)
– *le chalumeau de soudage* m *à l'arc* m *en atmosphère* f *protégée (le chalumeau à gaz* m *inerte)*
34 die Schutzgaszuführung
– *l'alimentation* f *en gaz* m *inerte*
35 die Polzwinge (Werkstückklemme, Erdklemme, der Gegenkontakt)
– *la pince de mise* f *à la terre (la pince de masse* f*)*
36 die Kehlnahtmeßlehre
– *le calibre de joint* m *d'angle* m
37 die Feinmeßschraube (Mikrometerschraube)
– *la vis micrométrique*
38 der Meßschenkel
– *la branche de mesure* f
39 das Schutzschild (Schweißschutzschild)
– *la marque de soudeur* m
40 das Schweißhaubenglas
– *le verre de coiffe* f
41 der Kleindrehtisch
– *la petite table tournante*

143 Profile, Schrauben und Maschinenteile

[Herstellungsmaterial: Stahl, Messing, Aluminium, Kunststoff usw.; als Beispiel wurde im folgenden Stahl gewählt]
– *[matériaux: acier* m, *laiton* m, *aluminium* m, *matière* f *plastique, etc.; l'acier est choisi ci-dessous à titre* m *d'exemple* m*]*
1 das Winkeleisen
– *la cornière*
2 der Schenkel (Flansch)
– *l'aile* f *de cornière* f
3-7 Eisenträger (Baustahlträger) *m*
– ***les poutrelles*** f *[en acier* m *de construction* f*]*
3 das T-Eisen
– *le fer à T*
4 der Steg
– *l'aile* f *verticale*
5 der Flansch
– *l'aile* f *horizontale*
6 das Doppel-T-Eisen
– *la poutre en I* m *(la poutre en double T* m*)*
7 das U-Eisen
– *le fer à U* m
8 das Rundeisen
– *le rond*
9 das Vierkanteisen
– *le carré*
10 das Flacheisen
– *le plat (le produit plat)*
11 das Bandeisen
– *le feuillard*
12 der Eisendraht
– *le fil de fer* m
13-50 Schrauben *f*
– ***les boulons*** m *et vis* f
13 die Sechskantschraube
– *le boulon à tête* f *hexagonale (le boulon à tête* f *six-pans* m*)*
14 der Kopf
– *la tête*
15 der Schaft
– *le corps lisse*
16 das Gewinde
– *le filetage*
17 die Unterlegscheibe
– *la rondelle*
18 die Sechskantmutter
– *l'écrou* m *hexagonal (l'écrou* m *six-pans* m*)*
19 der Splint
– *la goupille fendue*
20 die Rundkuppe
– *le bout rond*
21 die Schlüsselweite
– *le surplat (la largeur sur pans* m*)*
22 die Stiftschraube
– *le goujon (le prisonnier)*
23 die Spitze
– *le bout du goujon*
24 die Kronenmutter
– *l'écrou* m *à créneaux* m *(l'écrou* m *crénelé)*
25 das Splintloch
– *le trou de goupille* f
26 die Kreuzschlitzschraube, eine Blechschraube
– *la vis à tête* f *cruciforme (la vis Phillips), une vis à tôle* f *(une vis taraudeuse, une vis Parker)*
27 die Innensechskantschraube
– *la vis à tête* f *cylindrique à six-pans* m *intérieur (la vis à six-pans* m *creux)*
28 die Senkschraube
– *le boulon à tête* f *fraisée*
29 die Nase
– *l'ergot* m *de boulon* m
30 die Gegenmutter (Kontermutter)
– *le contre-écrou*
31 der Zapfen
– *le téton de boulon* m
32 die Bundschraube
– *le boulon à embase* f
33 der Schraubenbund
– *l'embase* f
34 der Sprengring (Federring)
– *la rondelle Grower*
35 die Lochrundmutter, eine Stellmutter
– *l'écrou* m *cylindrique à trous* m *percés en croix* f, *un écrou de réglage* m
36 die Zylinderkopfschraube, eine Schlitzschraube
– *le boulon à tête* f *cylindrique, une vis à tête* f *fendue*
37 der Kegelstift
– *la goupille conique*
38 der Schraubenschlitz
– *la fente*
39 die Vierkantschraube
– *le boulon à tête* f *carrée*
40 der Kerbstift, ein Zylinderstift *m*
– *la goupille à encoches* f, *une goupille cylindrique*
41 die Hammerkopfschraube
– *le boulon à tête* f *en T* m
42 die Flügelmutter
– *l'écrou* m *à oreilles* f
43 die Steinschraube
– *le goujon de scellement* m *à picots* m
44 der Widerhaken
– *le picot*
45 die Holzschraube
– *la vis à bois* m
46 der Senkkopf
– *la tête fraisée*
47 das Holzgewinde
– *le filetage pour bois* m
48 der Gewindestift
– *la vis sans tête* f
49 der Stiftschlitz
– *la fente de vis* f
50 die Kugelkuppe
– *le bout sphérique*
51 der Nagel (Drahtstift)
– *le clou (la pointe de Paris)*
52 der Kopf
– *la tête*
53 der Schaft
– *la tige*
54 die Spitze
– *la pointe*
55 der Dachpappenstift
– *la pointe à papier* m *bitumé*
56 die Nietung (Nietverbindung, Überlappung)
– *le rivetage*
57-60 die Niete (der Niet)
– ***le rivet***
57 der Setzkopf, ein Nietkopf *m*
– *la tête*
58 der Nietenschaft
– *la tige*
59 der Schließkopf
– *la tête fermante*
60 die Nietteilung
– *le pas de rivetage* m
61 die Welle
– *l'arbre* m
62 die Fase
– *le chanfrein*
63 der Zapfen
– *le tourillon*
64 der Hals
– *le collet*
65 der Sitz
– *la portée*
66 die Keilnut
– *la rainure de clavetage* m
67 der Kegelsitz (Konus)
– *l'embase* f *conique*
68 das Gewinde
– *le filetage*
69 das Kugellager, ein Wälzlager *n*
– *le roulement à billes* f, *un roulement*
70 die Stahlkugel
– *la bille d'acier* m
71 der Außenring
– *la bague extérieure*
72 der Innenring
– *la bague intérieure*
73-74 die Nutkeile *m*
– ***les clavettes*** f
73 der Einlegekeil (Federkeil, die Feder)
– *la clavette ordinaire (la clavette normale, la clavette noyée)*
74 der Nasenkeil
– *la clavette à talon* m
75-76 das Nadellager
– ***le roulement à aiguilles*** f
75 der Nadelkäfig
– *la cage de roulement* m *à aiguilles* f
76 die Nadel
– *l'aiguille* f
77 die Kronenmutter
– *l'écrou* m *à créneaux* m *(l'écrou* m *crénelé)*
78 der Splint
– *la goupille fendue*
79 das Gehäuse
– *le carter*
80 der Gehäusedeckel
– *le couvercle de carter* m
81 der Druckschmiernippel
– *le graisseur*
82-96 Zahnräder *n* (Verzahnungen *f*)
– ***les roues*** f ***dentées*** *(les dentures* f*)*
82 das Stufenrad
– *le pignon à gradins* m
83 der Zahn
– *la dent*
84 der Zahngrund
– *le fond de dent* f
85 die Nut (Keilnut)
– *la rainure de clavetage* f
86 die Bohrung
– *l'alésage* m
87 das Pfeilstirnrad
– *la roue à chevrons* m
88 die Speiche
– *le rayon (le rai) de roue* f
89 die Schrägverzahnung
– *la denture hélicoïdale*
90 der Zahnkranz
– *la couronne dentée*
91 das Kegelrad
– *le pignon conique (la roue conique)*
92-93 die Spiralverzahnung
– ***la denture hélicoïdale gauche***
92 das Ritzel
– *le pignon*
93 das Tellerrad
– *la crémaillère circulaire*
94 das Planetengetriebe
– *l'engrenage* m *planétaire cylindrique (le train planétaire plan* m*)*
95 die Innenverzahnung
– *la denture intérieure*
96 die Außenverzahnung
– *la denture extérieure*
97-107 Bremsdynamometer *n*
– ***freins*** m *dynamométriques d'absorption* f
97 die Backenbremse
– *le frein à mâchoires* f
98 die Bremsscheibe
– *le disque de frein* m
99 die Bremswelle
– *l'arbre* m *de frein* m
100 der Bremsklotz (die Bremsbacke)
– *le sabot de frein* m *(la mâchoire de frein* m*)*
101 die Zugstange
– *le tirant*
102 der Bremslüftmagnet
– *l'électroaimant* m *desserreur de frein* m
103 das Bremsgewicht
– *le contrepoids de frein* m
104 die Bandbremse
– *le frein à bande* f
105 das Bremsband
– *la bande de frein* m
106 der Bremsbelag
– *la garniture de frein* m
107 die Stellschraube, zur gleichmäßigen Lüftung
– *la vis de réglage* m *pour un desserrage régulier*

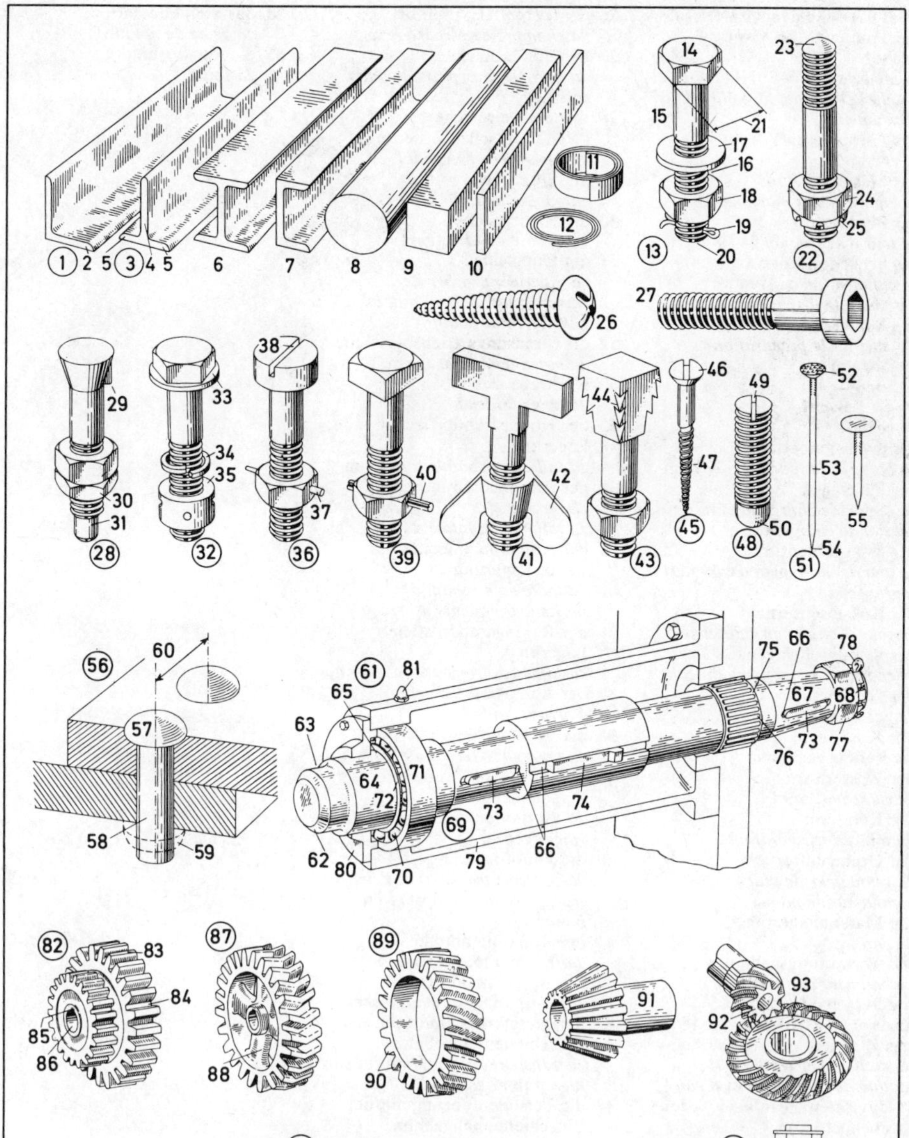
1 2 5 3 4 5 6 7 8 9 10 11 12 13 14 15 16 17 18 19 20 21 22 23 24 25 26 27
28 29 30 31 32 33 34 35 36 37 38 39 40 41 42 43 44 45 46 47 48 49 50 51 52 53 54 55
56 57 58 59 60 61 62 63 64 65 66 67 68 69 70 71 72 73 74 75 76 77 78 79 80 81
82 83 84 85 86 87 88 89 90 91 92 93
94 95 96 97 98 99 100 101 102 103 104 105 106 107

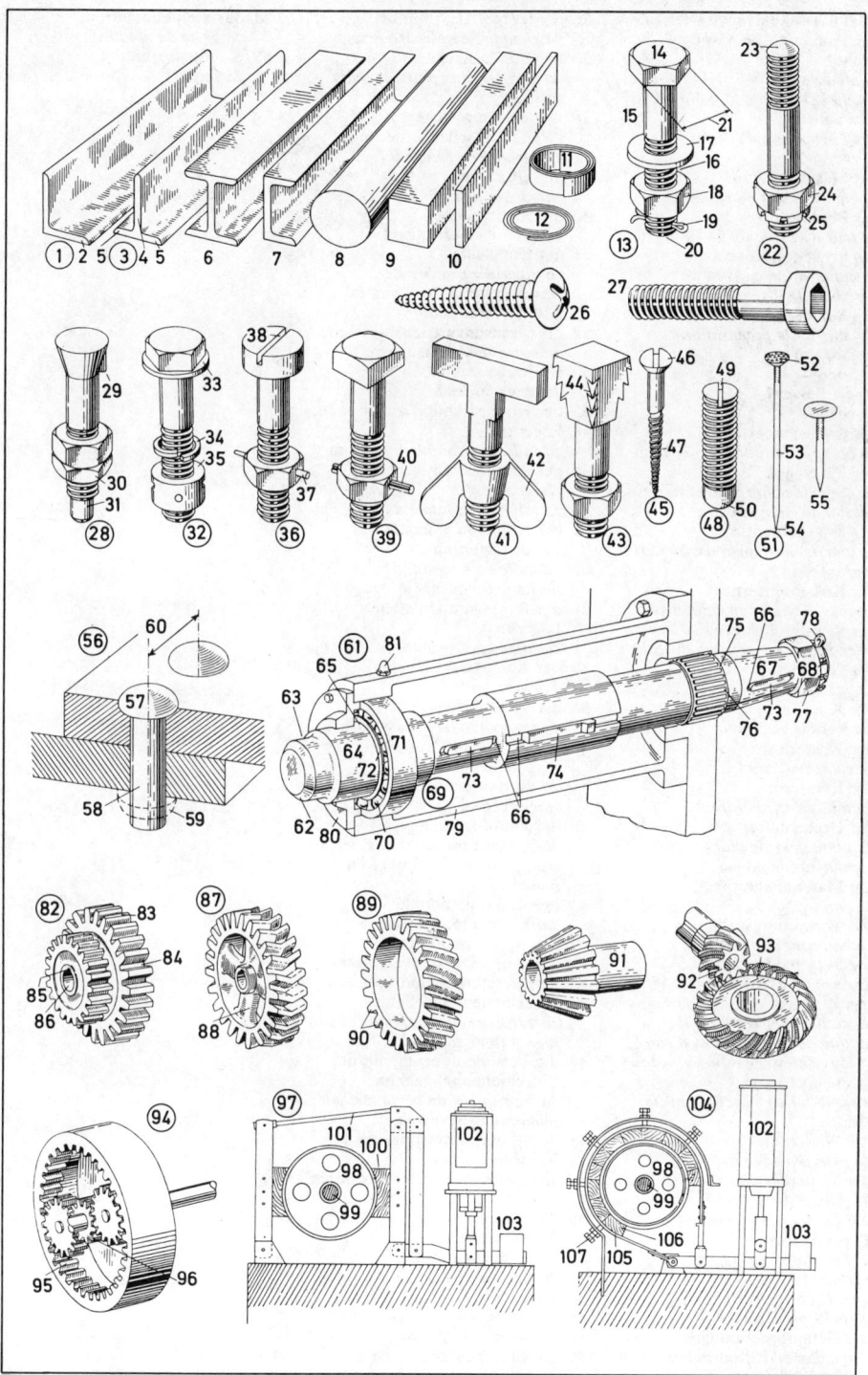

1-51 das Steinkohlenbergwerk (die Steinkohlengrube, Grube, Zeche)
– ***la mine de charbon*** m *(la mine de houille* f, *la mine, la houillère, le charbonnage)*
1 das Fördergerüst
– *le chevalement*
2 das Maschinenhaus
– *le bâtiment des machines* f
3 der Förderturm
– *la tour d'extraction* f
4 das Schachtgebäude
– *le bâtiment de puits* m *(le bâtiment de fosse* f*)*
5 die Aufbereitungsanlage
– *l'atelier* m *de préparation* f
6 die Sägerei
– *la scierie*
7-11 die Kokerei
– ***la cokerie***
7 die Koksofenbatterie
– *la batterie de fours* m *à coke* m
8 der Füllwagen
– *le wagon de chargement* m *(le chariot de chargement* m*)*
9 der Kokskohlenturm
– *la tour de charbon* m *à coke* m *(la tour à fines* f*)*
10 der Kokslöschturm
– *la tour d'extinction* f *du coke*
11 der Kokslöschwagen
– *le chariot d'extinction* f *du coke*
12 der Gasometer
– *le gazomètre*
13 das Kraftwerk
– *la centrale électrique*
14 der Wasserturm
– *le château d'eau* f
15 der Kühlturm
– *la tour de réfrigération* f
16 der Grubenlüfter
– *le ventilateur de puits* m *(le ventilateur de mine* f*)*
17 der Materiallagerplatz
– *le parc*
18 das Verwaltungsgebäude
– *le bâtiment administratif*
19 die Bergehalde
– *le terril (le crassier)*
20 das Klärwerk (die Kläranlage)
– *la station d'épuration* f *(la station de traitement* m *d'eau* f*)*
21-51 die Untertageanlagen *f* (der Grubenbetrieb)
– ***l'exploitation*** f ***au fond*** m *(le fond)*
21 der Wetterschacht
– *le puits d'aérage* m
22 der Wetterkanal
– *la galerie de ventilateur* m
23 die Gestellförderung mit Förderkörben *m*
– *l'extraction* f *par cages* f *à berlines* f
24 der Hauptschacht
– *le puits principal*
25 die Gefäßförderanlage
– *l'installation* f *d'extraction* f *par skip* m
26 der (*bergm.* das) Füllort
– *la chambre d'accrochage* m
27 der Blindschacht
– *la bure (le faux puits, le puits intérieur)*
28 die Wendelrutsche (Wendelrutschenförderung)
– *le descenseur hélicoïdal*
29 die Flözstrecke
– *la galerie de taille* f
30 die Richtstrecke
– *la galerie en direction* f
31 der Querschlag
– *la galerie au rocher (le travers-banc, le bouveau, la bovette, la bowette)*
32 die Streckenvortriebsmaschine
– *la machine de traçage* m
33-37 Strebe *m*
– ***longues tailles*** f
33 der Hobelstreb in flacher Lagerung
– *la taille horizontale à rabot* m
34 der Schrämstreb in flacher Lagerung
– *la taille horizontale à havage* m
35 der Abbauhammerstreb in steiler Lagerung
– *la taille en dressant à marteaux-piqueurs* m
36 der Rammstreb in steiler Lagerung
– *la taille en dressant au bélier* m
37 der Alte Mann
– *l'arrière-taille* f
38 die Wetterschleuse
– *le sas à air* m *(le sas d'aérage* m*)*
39 die Personenfahrung mit Personenzug;m.
– *la translation du personnel par wagonnets* m
40 die Bandförderung
– *la courroie transporteuse (le transporteur à courroie* f *ou à bande* f*)*
41 der Rohkohlenbunker
– *la trémie à tout-venant* m
42 das Beschickungsband
– *le transporteur de chargement* m
43 der Materialtransport mit der Einschienenhängebahn
– *le transport des matériaux* m *par monorail* m *suspendu*
44 die Personenfahrung mit der Einschienenhängebahn
– *la translation du personnel par monorail* m *suspendu*
45 der Materialtransport mit Förderwagen *m*
– *le transport de matériaux* m *par berlines* f
46 die Wasserhaltung
– *l'épuisement* m, *l'exhaure* m
47 der Schachtsumpf
– *le puisard de puits* m *(le bougnou)*
48 das Deckgebirge
– *les morts-terrains* m
49 das Steinkohlengebirge
– *le terrain carbonifère*
50 das Steinkohlenflöz
– *la veine de houille* f
51 die Verwerfung
– *la faille*

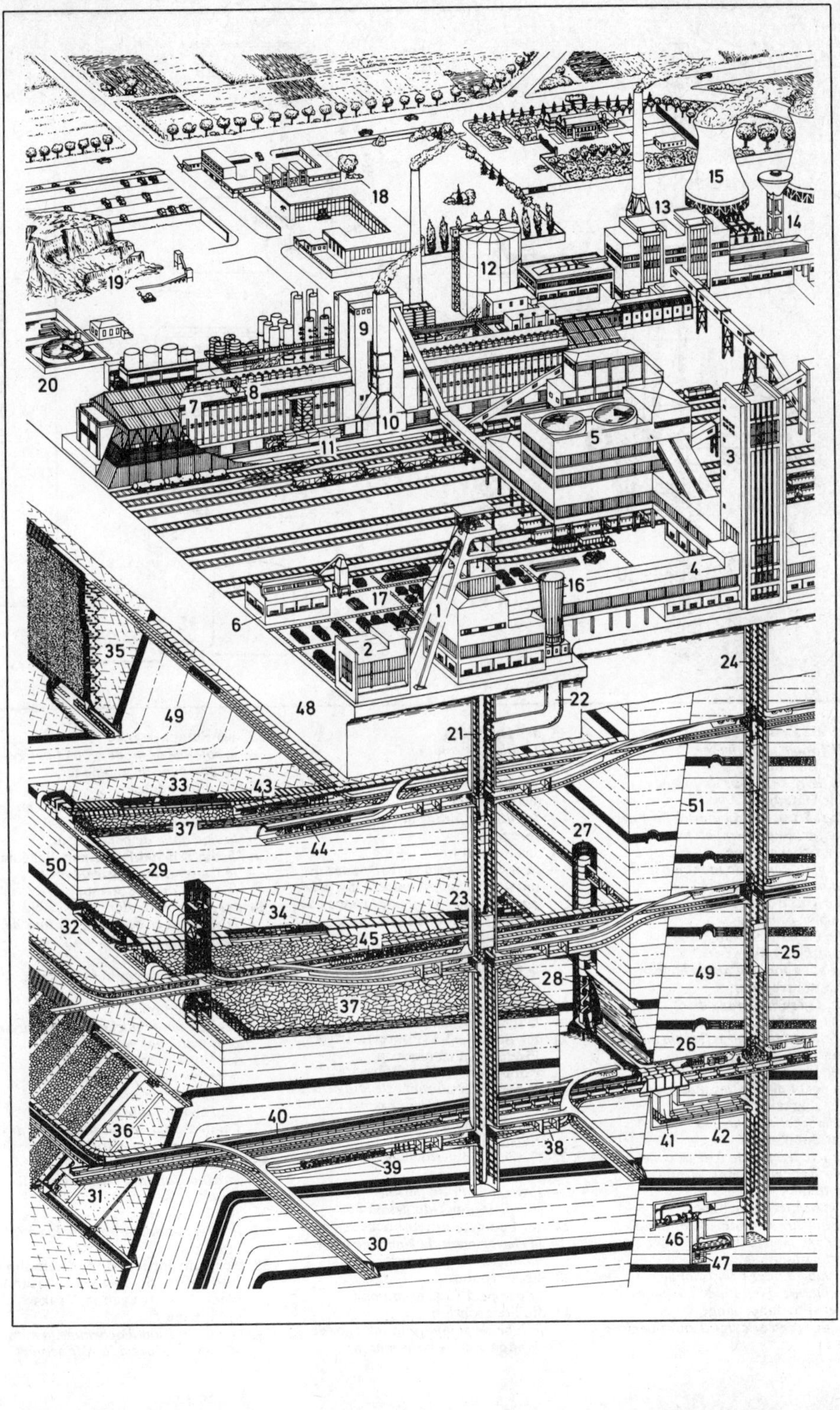
1
2
3
4
5
6
7
8
9
10
11
12
13
14
15
16
17
18
19
20
21
22
23
24
25
26
27
28
29
30
31
32
33
34
35
36
37
38
39
40
41
42
43
44
45
46
47
48
49
50
51

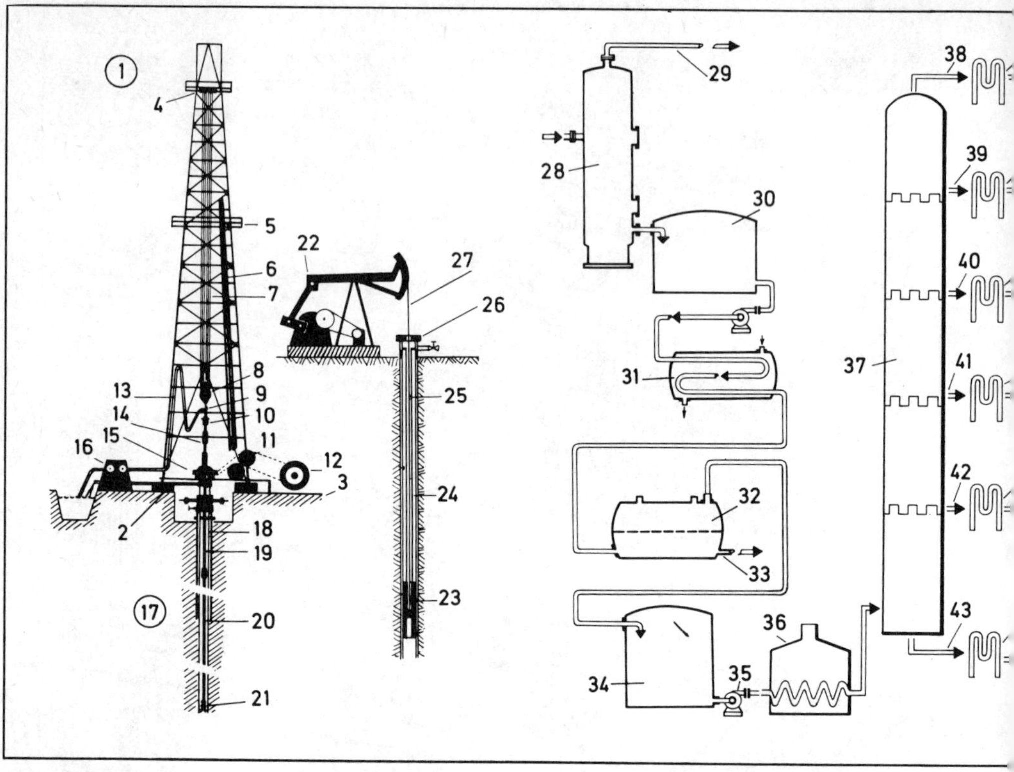

1-21 die Erdölbohrung
– ***le forage pétrolier***
1 der Bohrturm
– *le derrick (la tour de forage* m*)*
2 der Unterbau
– *la substructure du derrick (le massif de fondation* f *en béton* m*)*
3 die Arbeitsbühne
– *la plate-forme de montage* m *(le plancher de forage* m*)*
4 die Turmrollen *f*
– *le bloc-couronne*
5 die Gestängebühne, eine Zwischenbühne
– *la plate-forme d'accrochage* m
6 die Bohrrohre *n*
– *les tiges* f *de forage* m
7 das Bohrseil
– *le câble de forage* m *(le brin moteur* m*)*
8 der Flaschenzug
– *le palan mobile (les moufles* f*)*
9 der Zughaken
– *le crochet de levage* m
10 der Spülkopf
– *la tête d'injection* f *de la boue*
11 das Hebewerk, eine Winde
– *le treuil*
12 die Antriebsmaschine
– *le moteur d'entraînement* m *(le groupe moteur* m*)*
13 die Spülleitung
– *le tube à boue* f *(la colonne montante d'injection* f *de boue* f*)*
14 die Mitnehmerstange
– *la tige carrée (la tige d'entraînement* m*)*
15 der Drehtisch
– *la table de rotation* f
16 die Spülpumpe
– *la pompe à boue* f
17 das Bohrloch
– *le puits de forage* m *(le trou de forage* m*)*
18 das Standrohr
– *la remontée de boue* f *(l'espace* m *annulaire compris entre la tige et la paroi du puits où circule la boue qui remonte vers les bassins* m *de décantation* f*)*
19 das Bohrgestänge
– *le train de tiges* f *(les tiges* f *de forage* m*)*
20 die Verrohrung
– *le tubage (le cuvelage)*
21 der Bohrmeißel (Bohrer); *Arten:* Fischschwanzbohrer *m*, Rollenbohrer, Kernbohrgerät *n*
– *le trépan (la couronne de forage* m*);* var.: *le trépan à deux lames* f *ou fish tail, le trépan à molettes* f *dentées, le trépan à carotte* f
22-27 die Erdölgewinnung (Erdölförderung)
– ***l'extraction*** **f** ***du pétrole*** *(l'exploitation* f *du pétrole)*
22 der Pumpenantriebsbock
– *le chevalement de pompage* m *(le balancier de la pompe)*
23 die Tiefpumpe
– *la pompe à puits* m *profond*
24 die Steigrohre *n*
– *le tube de pompage* m *(la colonne montante de refoulement* m*)*
25 das Pumpgestänge
– *la colonne de production* f *(les tiges* f *de pompage* m, *tubing* m *)*
26 die Stopfbüchse
– *l'obturateur* m *(le presse-étoupe)*
27 die Polierstange
– *la tige polie de pompage* m
28-35 die Rohölaufbereitung [Schema]
– ***le traitement du pétrole brut*** *(l'épuration* f*) [schéma]*
28 der Gasabscheider
– *le séparateur de gaz* m *(la tour de dégazolinage* m*)*
29 die Gasleitung
– *la conduite de gaz* m *(le gazoduc, le feeder)*
30 der Naßöltank
– *le réservoir de stockage* m *du pétrole brut traité par voie* f *humide*
31 der Vorwärmer
– *le préchauffeur*
32 die Entwässerungs- und Entsalzungsanlage
– *l'unité* f *de déshydratation* f *et de dessalage* m *du pétrole brut*
33 die Salzwasserleitung
– *la canalisation d'évacuation* f *de l'eau* f *salée*
34 der Reinöltank
– *le réservoir de stockage* m *du pétrole brut épuré*
35 die Transportleitung für Reinöl *n* [zur Raffinerie oder zum Versand *m* mit Kesselwagen *m*, Tankschiff *n*, Pipeline *f*]
– *la canalisation d'acheminement* m *du pétrole épuré à la raffinerie et*

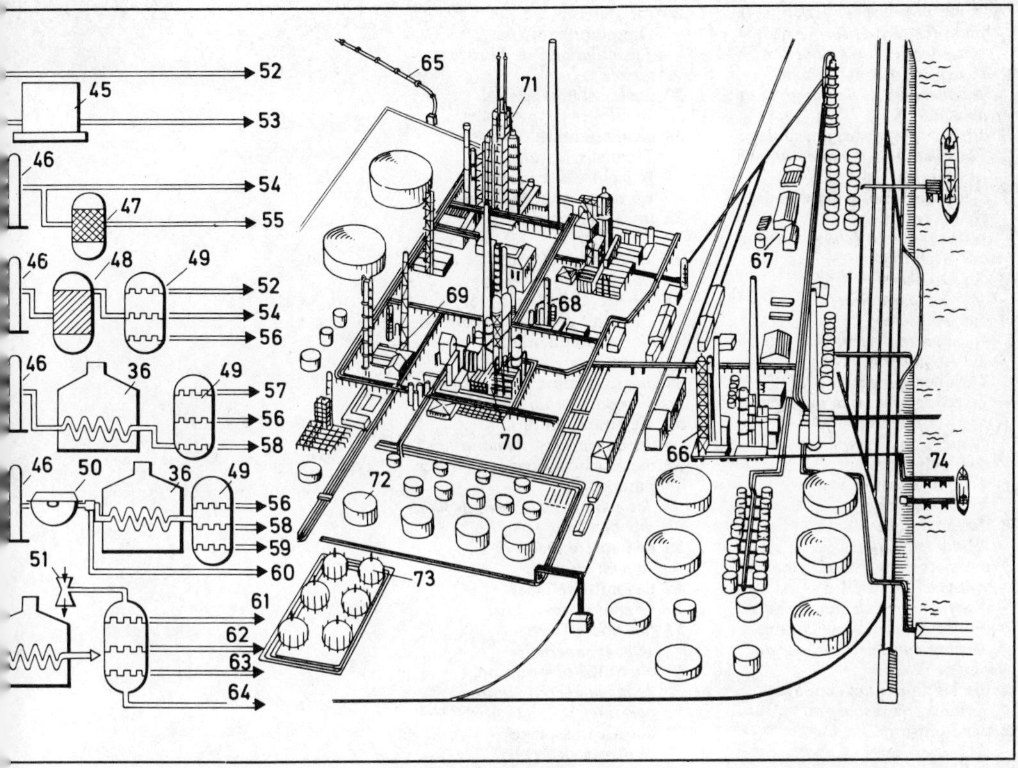

aux divers moyens m *de transport* m *(wagons-citernes* m, *..pétroliers* m *ou tankers* m, *pipe-lines* m *ou oléoducs* m*)*

36-64 die Rohölverarbeitung (Erdölverarbeitung) [Schema]
– ***le raffinage du pétrole brut*** *(la transformation du pétrole brut) [schéma]*

36 der Ölerhitzer (Röhrenofen)
– *le four tubulaire (le pipe still)*

37 die Destillationskolonne (der Fraktionierturm) mit den Kolonnenböden *m*
– *la tour de fractionnement* m *(la colonne de distillation* f *à plateaux* m *superposés)*

38 die Topgase *n*
– *les gazs* m *légers (accumulés au sommet de la colonne)*

39 die Leichtbenzinfraktion
– *la fraction d'essence* f *légère*

40 die Schwerbenzinfraktion
– *la fraction d'essence* f *lourde*

41 das Petroleum
– *le pétrole lampant*

42 die Gasölfraktion
– *la fraction de gas-oil* m *ou gazole* m

43 der Rückstand
– *les résidus* m *lourds (rassemblés au fond de la colonne)*

44 der Kühler
– *le condenseur*

45 der Verdichter (Kompressor)
– *le compresseur*

46 die Entschwefelungsanlage
– *l'unité* f *de désulfuration* f

47 die Reformieranlage
– *l'unité* f *de reformage* m *ou reforming* m

48 die katalytische Krackanlage
– *l'unité* f *de craquage* m *ou cracking* m *catalytique*

49 die Destillationskolonne
– *la tour de fractionnement* m *sous vide* m

50 die Entparaffinierung
– *l'unité* f *de déparaffinage* m

51 der Vakuumanschluß
– *le dispositif de production* f *de vide* m *(le canal d'aspiration* f*)*

52-64 Erdölerzeugnisse *n* (Erdölprodukte)
– ***les produits*** m ***dérivés du pétrole***

52 das Heizgas
– *le gaz de chauffage* m *(le fuel-gaz)*

53 das Flüssiggas
– *le gaz liquéfié (butane* m, *propane* m*)*

54 das Normalbenzin (Fahrbenzin)
– *l'essence* f *auto* f *(le carburant)*

55 das Superbenzin
– *l'essence* f *super (le supercarburant)*

56 der Dieseltreibstoff
– *le gazole (le diesel-oil, le carburant diesel)*

57 das Flugbenzin
– *l'essence* f *d'aviation* f *(le carburéacteur)*

58 das leichte Heizöl
– *le fuel-oil léger*

59 das schwere Heizöl
– *le fuel-oil lourd (le mazout)*

60 das Paraffin (Tankbodenwachs)
– *la paraffine*

61 das Spindelöl
– *le lubrifiant spindle (l'huile* f *légère)*

62 das Schmieröl
– *le lubrifiant (l'huile* f *lourde, l'huile* f *de graissage* m*)*

63 das Zylinderöl
– *l'huile* f *de graissage* m *pour cylindres* m

64 das Bitumen
– *le bitume*

65-74 die Erdölraffinerie (Ölraffinerie)
– ***la raffinerie de pétrole*** m

65 die Pipeline (Erdölleitung)
– *le pipe-line (l'oléoduc* m*)*

66 die Destillationsanlagen *f*
– *l'unité* f *de distillation* f

67 die Schmierölraffinerie
– *l'unité* f *de raffinage* m *d'huiles* f

68 die Entschwefelungsanlage
– *l'unité* f *de désulfuration* f

69 die Gastrennanlage
– *la tour de dégazolinage* m *(le séparateur de gaz* m*)*

70 die katalytische Krackanlage
– *l'unité* f *de craquage* m *catalytique*

71 die katalytische Reformieranlage
– *l'unité* f *de reformage* m *catalytique*

72 der Lagertank
– *le réservoir de stockage* m *cylindrique*

73 der Kugeltank
– *le réservoir de stockage* m *sphérique*

74 der Ölhafen
– *le port pétrolier*

1-39 **die Bohrinsel** (Förderinsel)
– ***plate-forme*** f ***de forage*** m *(plate-forme* f *de production* f*)*
1-37 **die Bohrturmplattform**
– ***les quartiers*** m *de forage* m *et d'habitation* f
1 die Energieversorgungsanlage
– *l'installation* f *d'alimentation* f *en énergie* f
2 die Abgasschornsteine *m* der Generatoranlage
– *les tuyaux* m *d'échappement* m *des générateurs* m
3 der Drehkran
– *la grue tournante*
4 das Rohrlager
– *le magasin à tubes* m
5 die Abgasrohre *n* der Turbinenanlage
– *les échappements* m *des turbines* f
6 das Materiallager
– *le magasin de matériaux* m
7 das Hubschrauberdeck
– *l'appontement* m *pour hélicoptères* m
8 der Fahrstuhl
– *le monte-charge*
9 die Vorrichtung zur Trennung von Gas *n* und Öl *n*
– *l'installation* f *de dégazage* m
10 die Probentrennvorrichtung
– *le vibrateur (le séparateur de carotte* f*)*
11 die Notfallabfackelanlage
– *la torche de secours* m
12 der Bohrturm
– *le derrick*
13 der Dieselkraftstofftank
– *le réservoir à gazole* m
14 der Bürokomplex
– *les bureaux* m
15 die Zementvorrattanks *m*
– *les bacs* m *à ciment* m
16 der Trinkwassertank
– *le réservoir d'eau* f *potable*
17 der Vorratstank für Salzwasser *n*
– *le réservoir d'eau* f *industrielle (eau* f *salée)*
18 die Tanks *m* für Hubschrauberkraftstoff *m*
– *les réservoirs* m *à carburant* m *pour hélicoptères* m
19 die Rettungsboote *n*
– *les bateaux* m *de sauvetage* m
20 der Fahrstuhlschacht
– *la trémie d'ascenseur* m
21 der Druckluftbehälter
– *le réservoir d'air* m *comprimé*
22 die Pumpanlage
– *l'installation* f *de pompage* m
23 der Luftkompressor
– *le compresseur d'air* m
24 die Klimaanlage
– *l'installation* f *de climatisation* f
25 die Meerwasserentsalzungsanlage
– *l'installation* f *de dessalement* m *d'eau* f *de mer* f
26 die Filteranlage für Dieselkraftstoff *m*
– *l'installation* f *de filtrage* m *de gazole* m
27 das Gaskühlaggregat
– *le réfrigérateur de gaz* m
28 das Steuerpult für die Trennvorrichtungen *f*
– *le pupitre de commande* f *des vibrateurs* m *séparateurs*
29 die Toiletten *f*
– *les toilettes* f
30 die Werkstatt
– *l'atelier* m
31 die Molchschleuse [der „Molch" dient zur Reinigung der Hauptölleitung]
– *le sas à furet* m
32 der Kontrollraum
– *le poste de contrôle* m
33 die Unterkünfte *f*
– *les quartiers* m *d'habitation* f
34 die Hochdruckzementierungspumpen *f*
– *les pompes* f *à ciment* m *haute pression* f
35 das untere Deck
– *le pont inférieur*
36 das mittlere Deck
– *le pont intermédiaire*
37 das obere Deck
– *le pont supérieur*
38 die Stützkonstruktion
– *la jacquette (l'ossature* f *portante)*
39 der Meeresspiegel
– *le niveau de la mer*

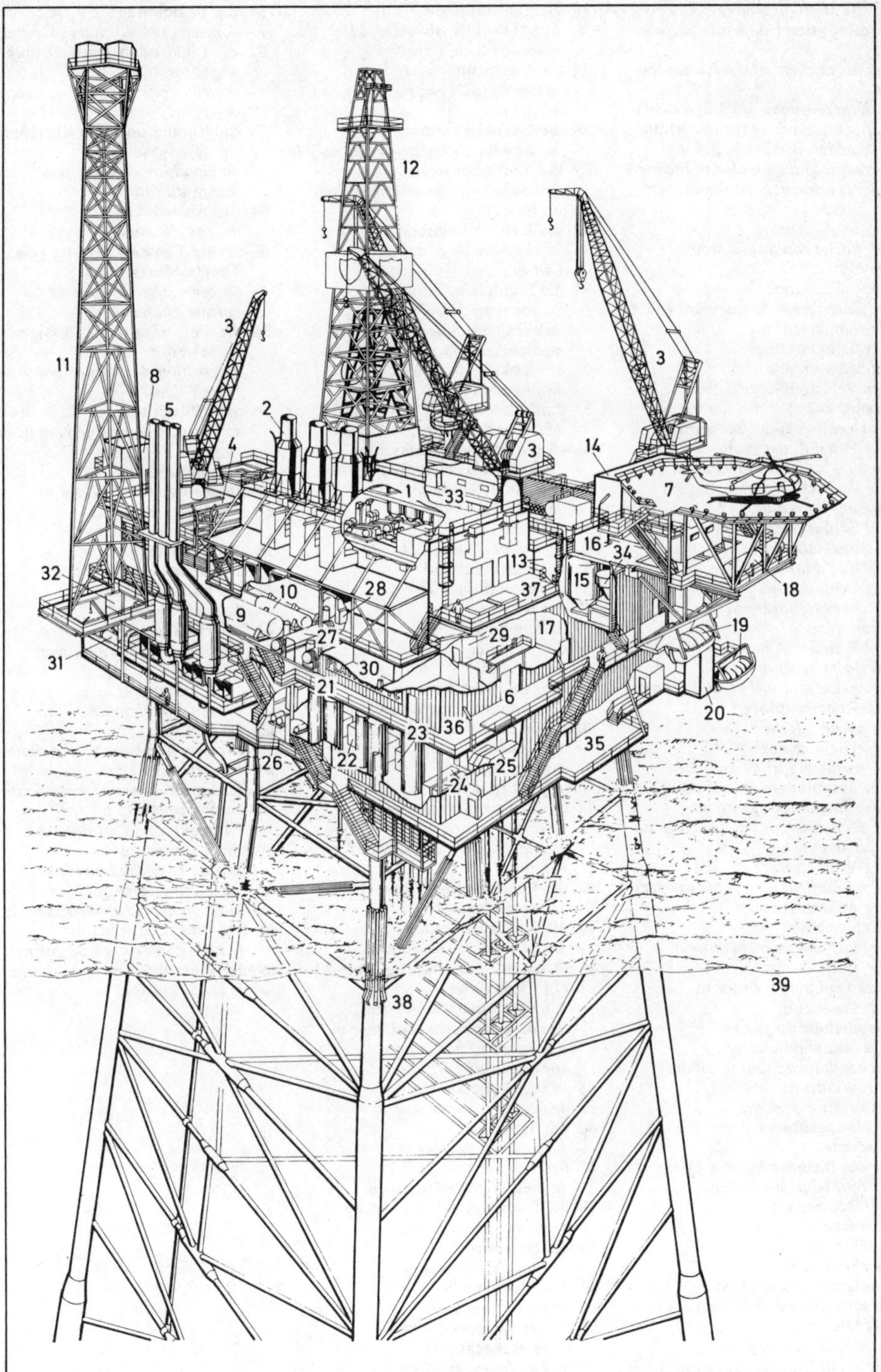
1
2
3
3
3
4
5
6
7
8
9
10
11
12
13
14
15
16
17
18
19
20
21
22
23
24
25
26
27
28
29
30
31
32
33
34
35
36
37
38
39

1-20 die Hochofenanlage
– ***l'installation* f *de haut fourneau* m**
1 der Hochofen, ein Schachtofen *m*
– *le haut fourneau, un four à cuve* f
2 der Schrägaufzug für Erz *n* und Zuschläge *m* oder Koks *m*
– *le monte-charge à plan* m *incliné pour le minerai et les fondants* m *ou le coke*
3 die Laufkatze
– *le chariot roulant (le treuil roulant)*
4 die Gichtbühne
– *la plate-forme du gueulard (ou de chargement* m*)*
5 der Trichterkübel
– *la benne-trémie*
6 der Verschlußkegel (die Gichtglocke)
– *la cloche de haut fourneau* m
7 der Hochofenschacht
– *la cuve de haut fourneau* m
8 die Reduktionszone
– *la zone de réduction* f
9 der Schlackenabstich (Schlackenabfluß)
– *le chiot à laitier* m
10 der Schlackenkübel
– *le chariot à laitier* m *(le chariot-cuve)*
11 der Roheisenabstich (Roheisenabfluß)
– *le chenal de coulée* f *de la fonte*
12 die Roheisenpfanne
– *la poche à fonte* f
13 der Gichtgasabzug
– *la sortie du gaz de gueulard* m
14 der Staubfänger (Staubsack), eine Entstaubungsanlage
– *le dépoussiéreur (le collecteur de poussières* f*)*
15 der Winderhitzer
– *le réchauffeur d'air* m *(le cowper)*
16 der außenstehende Brennschacht
– *le puits extérieur du cowper*
17 die Luftzuleitung
– *l'alimentation* f *en air* m
18 die Gasleitung
– *la conduite de gaz* m
19 die Heizwindleitung
– *la conduite de vent* m *chaud*
20 die Windform
– *la tuyère à vent* m
21-69 das Stahlwerk
– ***l'aciérie* f**
21-30 der Siemens-Martin-Ofen
– ***le four Martin-Siemens***
21 die Roheisenpfanne
– *la poche à fonte* f
22 die Eingußrinne
– *le chenal d'alimentation* f
23 der feststehende Ofen
– *le four fixe (ou stationnaire)*
24 der Ofenraum
– *le laboratoire du four*
25 die Beschickungsmaschine
– *la machine de chargement* m
26 die Schrottmulde
– *le récipient de riblons* m *(des mitrailles* f*, de ferrailles* f*)*
27 die Gasleitung
– *la conduite de gaz* m *(l'arrivée* f *de gaz* m*)*
28 die Gasheizkammer
– *la chambre de chauffage* m *du gaz*
29 das Luftzufuhrrohr
– *la conduite d'alimentation* f *en air* m
30 die Luftheizkammer
– *la chambre de chauffage* m *de l'air* m
31 die Stahlgießpfanne mit Stopfenverschluß *m*
– *la poche de coulée* f *d'acier* m *à quenouille* f *[vidange* f *par le bas]*
32 die Kokille
– *la lingotière*
33 der Stahlblock
– *le lingot d'acier* m
34-44 die Masselgießmaschine
– ***la machine à couler les gueuses* f**
34 das Eingießende
– *le bassin de coulée* f
35 die Eisenrinne
– *le chenal à fonte* f *liquide*
36 das Kokillenband
– *le ruban à lingotières* f
37 die Kokille
– *la lingotière*
38 der Laufsteg
– *la passerelle*
39 die Abfallvorrichtung
– *la goulotte d'évacuation* f
40 die Massel (das Roheisen)
– *la gueuse*
41 der Laufkran
– *le pont roulant*
42 die Roheisenpfanne mit Obenentleerung *f*
– *la poche à fonte* f *à vidange* f *par le haut*
43 der Gießpfannenschnabel
– *le bec de coulée* f
44 die Kippvorrichtung
– *le culbuteur (le basculeur)*
45-50 der Sauerstoffaufblaskonverter (LD-Konverter, Linz-Donawitz-Konverter)
– ***le convertisseur à soufflage* m** *d'oxygène* m *par le haut (le convertisseur LD)*
45 der Konverterhut
– *le bec de convertisseur* m
46 der Tragring
– *l'anneau* m *porteur*
47 der Konverterboden
– *le fond de convertisseur* m
48 die feuerfeste Ausmauerung
– *le garnissage réfractaire*
49 die Sauerstofflanze
– *la lance à oxygène* m
50 das Abstichloch
– *le trou de coulée* f
51-54 der Siemens-Elektro-Niederschachtofen
– ***le bas fourneau électrique Siemens***
51 die Begichtung
– *l'ouverture* f *de chargement* m
52 die Elektroden *f* [kreisförmig angeordnet]
– *les électrodes* f *[disposées en cercle* m*]*
53 die Ringleitung zum Abziehen *n* der Ofengase *n*
– *la circulaire d'évacuation* f *des gaz* m *du four*
54 der Abstich
– *le trou de coulée* f
55-69 der Thomaskonverter (die Thomasbirne)
– ***le convertisseur Thomas (la cornue Thomas)***
55 die Füllstellung für flüssiges Roheisen *n*
– *la position de chargement* m *en fonte* f *liquide*
56 die Füllstellung für Kalk *m*
– *la position de chargement* m *en chaux* f
57 die Blasstellung
– *la position de soufflage* m
58 die Ausgußstellung
– *la position de coulée* f
59 die Kippvorrichtung
– *le culbuteur (le basculeur)*
60 die Kranpfanne
– *la poche à anse* f
61 der Hilfskranzug
– *le palan auxiliaire du pont roulant*
62 der Kalkbunker
– *la trémie à chaux* f
63 das Fallrohr
– *le tuyau de descente* f *(de chute* f*)*
64 der Muldenwagen
– *le chariot à benne* f *basculante*
65 die Schrottzufuhr
– *l'alimentation* f *en riblons* m
66 der Steuerstand
– *le pupitre de commande* f
67 der Konverterkamin
– *la cheminée de convertisseur* m
68 das Blasluftzufuhrrohr
– *le tube d'injection* f *de gaz* m
69 der Düsenboden
– *le fond à tuyères* f

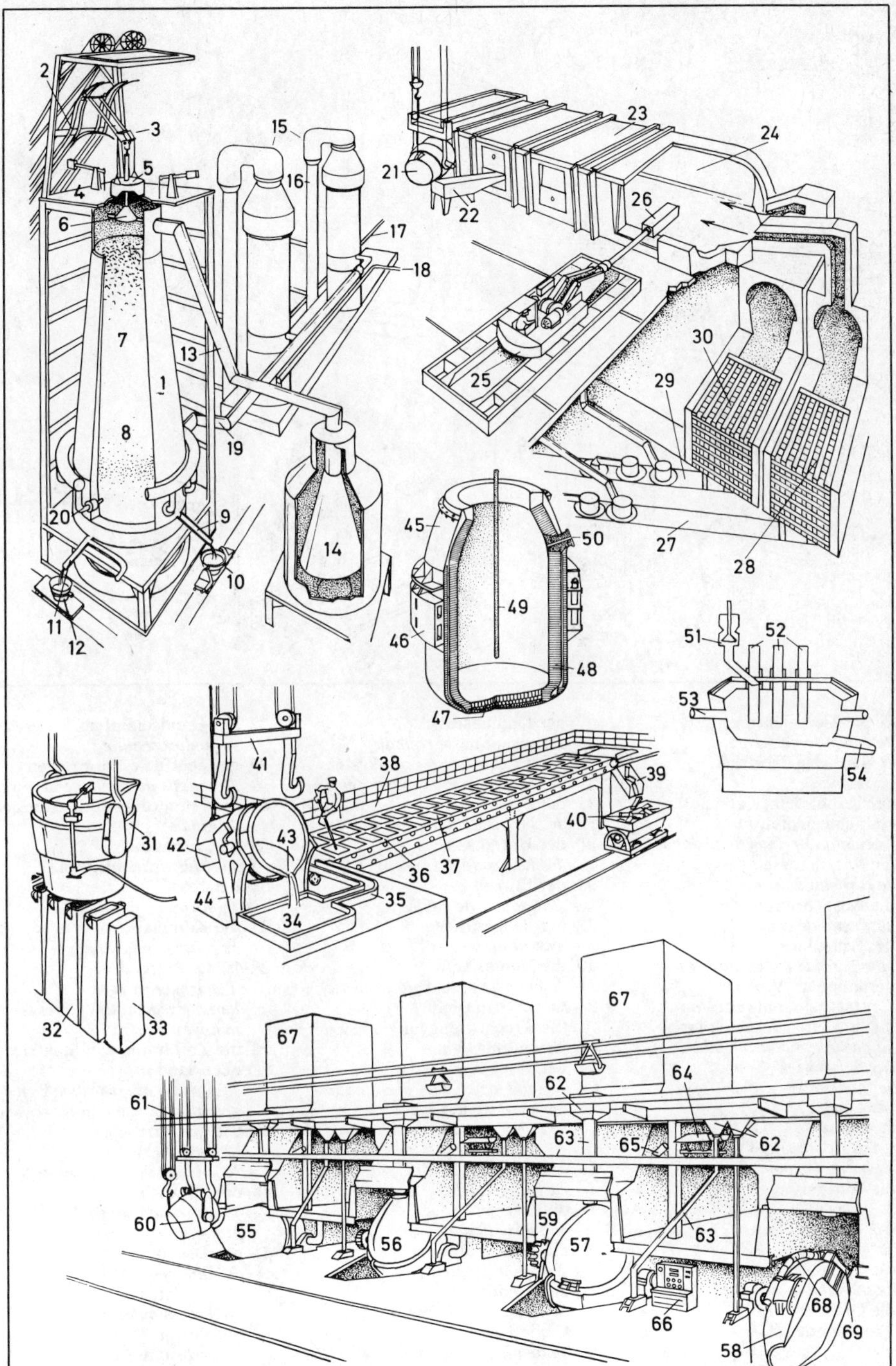
1
2
3
4
5
6
7
8
9
10
11
12
13
14
15
16
17
18
19
20
21
22
23
24
25
26
27
28
29
30
31
32
33
34
35
36
37
38
39
40
41
42
43
44
45
46
47
48
49
50
51
52
53
54
55
56
57
58
59
60
61
62
63
64
65
66
67
68
69

1-45 die Eisengießerei
– ***la fonderie de fer*** m
1-12 der Schmelzbetrieb
– ***la fusion***
1 der Kupolofen (Kuppelofen), ein Schmelzofen *m*
– *le cubilot, un four de fusion* f
2 die Windleitung
– *le carneau d'air* m
3 die Abstichrinne
– *le chenal de coulée* f
4 das Schauloch
– *le regard, le trou d'observation* f
5 der kippbare Vorherd
– *l'avant-creuset* m *basculant*
6 die fahrbare Trommelpfanne
– *la poche-tambour mobile*
7 der Schmelzer
– *le fondeur*
8 der Gießer
– *le couleur*
9 die Abstichstange
– *la barre de coulée* f
10 die Stopfenstange
– *la quenouille*
11 das flüssige Eisen
– *la fonte liquide*
12 die Schlackenrinne
– *le chenal à laitier* m
13 die Gießkolonne
– *l'équipe* f *de coulée* f
14 die Tragpfanne
– *la poche à fourche* f
15 die Traggabel
– *la fourche de poche* f
16 der Tragstiel
– *la queue de poche* f
17 der Krammstock
– *l'écrémoir* m, *le crémoir*
18 der geschlossene Formkasten
– *le châssis de moulage* m *fermé*
19 der Oberkasten
– *le châssis de dessus* m
20 der Unterkasten
– *le châssis de dessous* m
21 der Einguß
– *l'attaque* f *de coulée* f
22 der Steigertrichter
– *l'évent* m
23 die Handpfanne
– *la poche à main* f *(la pochette)*
24-29 der Strangguß (Senkrechtstrangguß)
– ***la coulée continue***
24 der absenkbare Gießtisch
– *la table de coulée* f *descendante*
25 der erstarrende Metallblock
– *le lingot en cours* m *de solidification* f
26 die feste Phase
– *la phase solide*
27 die flüssige Phase
– *la phase liquide*
28 die Wasserkühlung
– *le refroidissement par eau* f
29 die Kokillenwand
– *la paroi de la lingotière*
30-37 die Formerei
– ***le moulage*** *(l'atelier* m *de moulage* m*)*
30 der Former
– *le mouleur*
31 der Preßluftstampfer
– *le fouloir pneumatique*
32 der Handstampfer
– *le fouloir à main* f
33 der geöffnete Formkasten
– *le châssis de moulage* m *ouvert*
34 die Form (der Modellabdruck)
– *le moule*
35 der Formsand
– *le sable de moulage* m
36 der Kern
– *le noyau*
37 die Kernmarke
– *la portée de noyau* m
38-45 die Putzerei
– ***l'ébarbage*** m *et le parachèvement des pièces* f *moulées*
38 die Zuführung von Stahlkies *m* oder Sand *m*
– *le tuyau d'alimentation* f *en grenaille* f *d'acier* m *ou sable* m
39 das automatische Drehtischgebläse
– *le sablage à table* f *rotative*
40 der Streuschutz
– *la protection contre les projections* f
41 der Drehtisch
– *la table tournante*
42 das Gußstück
– *la pièce moulée*
43 der Putzer
– *l'ébarbeur* m *(le nettoyeur)*
44 die Preßluftschleifmaschine
– *la machine à meuler pneumatique*
45 der Preßluftmeißel
– *le burin pneumatique*

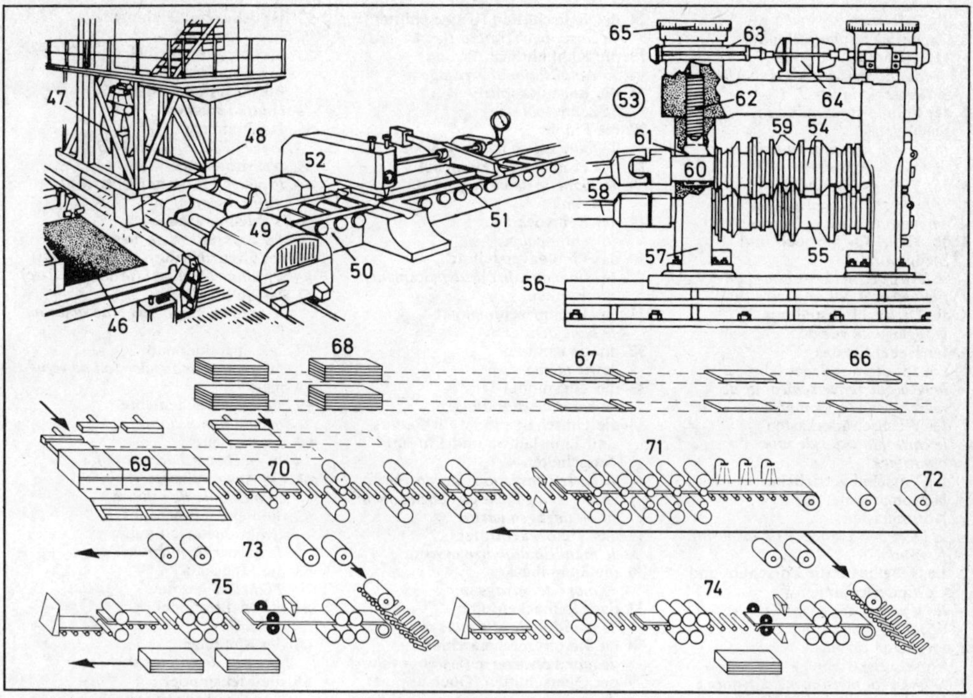

46-75 das Walzwerk
– le laminoir
46 der Tiefofen
– le four pit
47 der Tiefofenkran, ein Zangenkran *m* (Stripperkran)
– le pont roulant de four m *pit, un pont à pinces* f *(le pont démouleur)*
48 die Rohbramme (der gegossene Rohstahlblock)
– le lingot méplat (le lingot d'acier m *brut moulé)*
49 der Blockkippwagen
– le wagonnet basculeur de lingots m
50 die Blockstraße (der Rollgang)
– le train blooming (le train de rouleaux m*)*
51 das Walzgut (Walzstück)
– le laminé
52 die Blockschere
– la cisaille à blooms m
53 das Zweiwalzen-(Duo-)Gerüst
– la cage duo m
54-55 der Walzensatz
– le jeu de cylindres m
54 die Oberwalze
– le cylindre supérieur
55 die Unterwalze
– le cylindre inférieur
56-60 das Walzgerüst
– la cage de laminoir m
56 die Grundplatte
– la plaque d'assise f
57 der Walzenständer
– le montant de laminoir m
58 die Kuppelspindel
– l'arbre m *d'accouplement* m
59 das Kaliber
– la cannelure
60 das Walzenlager
– le palier de laminoir m
61-65 die Anstellvorrichtung
– le dispositif de serrage m
61 das Einbaustück
– l'empoise f *(la chaise) de laminoir* m
62 die Druckschraube
– la vis de serrage m
63 das Getriebe
– le réducteur
64 der Motor
– le moteur
65 die Anzeigevorrichtung mit Grob- und Feineinstellung *f*
– l'indicateur m *pour réglage* m *grossier et fin*
66-75 die Walzenstraße zur Herstellung von Bandstahl *m* [schematisch]
– le laminoir à feuillards m ***d'acier*** m *(le train à bandes* f*) [schéma]*
66-68 die Halbzeugzurichtung
– le parachèvement des demi-produits m
66 das Halbzeug
– le demi-produit
67 die Autogenschneideanlage
– le poste de découpage m *autogène*
68 der Fertigstapel
– la pile de feuilles f *finies*
69 die Stoßöfen *m*
– le four poussant
70 die Vorstraße
– le train ébaucheur (dégrossisseur, préparateur)
71 die Fertigstraße
– le train finisseur
72 die Haspel
– la bobineuse, l'enrouleuse
73 das Bundlager für den Verkauf
– le magasin de couronnes f *de feuillard* m *pour la vente*
74 die 5-mm-Scherenstraße
– le train de cisaillage m *5 mm*
75 die 10-mm-Scherenstraße
– le train de cisaillage m *10 mm*

1 **die Leit- und Zugspindeldrehmaschine** (Drehbank)
– ***le tour de production*** **f** ***à charioter et à fileter*** *(le tour)*
2 der Spindelstock mit dem Schaltgetriebe
– *la poupée fixe avec la boîte de vitesses* f *réglables*
3 der Vorlegeschalthebel
– *le levier de manœuvre* f *(de commande* f*) du réducteur*
4 der Hebel für Normal- und Steilgewinde
– *le levier de filetage* m *normal, filetage* m *à pas* m *rapide*
5 die Drehzahleinstellung
– *le réglage de vitesse* f
6 der Hebel für das Leitspindelwendegetriebe
– *le levier de renversement* m *de marche* f *de la vis mère* f
7 der Wechselräderkasten
– *le carter du train de roues* f *amovibles*
8 der Vorschubgetriebekasten (das Nortongetriebe, der Nortonkasten)
– *la boîte des avances* f *(le dispositif Norton)*
9 die Hebel *m* für die Vorschub- und Gewindesteigungen *f*
– *les leviers* m *de pas* m *d'avance* f *et de filetage* m
10 der Hebel für das Vorschubgetriebe
– *le levier du mécanisme d'avance* f
11 der Einschalthebel für Rechts- oder Linkslauf *m* der Hauptspindel
– *le levier de commande* f *de la marche à droite ou à gauche de la broche principale*
12 der Drehmaschinenfuß
– *le socle du tour*
13 das Handrad zur Längsschlittenbewegung
– *le volant (à main* f*) de déplacement* m *longitudinal du chariot*
14 der Hebel für das Wendegetriebe der Vorschubeinrichtung
– *le levier du renversement de marche* f *du dispositif d'avance* f
15 die Vorschubspindel
– *la vis de commande* f *du chariot*
16 die Schloßplatte
– *le tablier du chariot*
17 der Längs- und Plangangshebel
– *le levier de mouvement* m *longitudinal ou transversal*
18 die Fallschnecke zum Einschalten *n* der Vorschübe *m*
– *la vis sans fin* f *basculante d'engagement* m *des avances* f
19 der Hebel für das Mutterschloß der Leitspindel
– *le levier de l'écrou* m *embrayable de vis* f *mère* f
20 die Drehspindel (Arbeitspindel)
– *la broche*
21 der Stahlhalter
– *le porte-outil*
22 der Oberschlitten (Längssupport)
– *le coulisseau porte-outil (le chariot supérieur)*
23 der Querschlitten (Quersupport)
– *le coulisseau transversal (le chariot transversal)*
24 der Bettschlitten (Unterschlitten)
– *le corps de chariot* m *(le traînard)*
25 die Kühlmittelzuführung
– *la canalisation d'arrosage* m
26 die Reitstockspitze
– *la contre-pointe*
27 die Pinole
– *le fourreau de contre-poupée* f
28 der Pinolenfeststellknebel
– *la manette de blocage* m *du fourreau*
29 der Reitstock
– *la contre-poupée*
30 das Pinolenverstellrad
– *le volant à main* f *de déplacement* m *du fourreau*
31 das Drehmaschinenbett
– *le banc de tour* m
32 die Leitspindel
– *la vis mère* f
33 die Zugspindel
– *la barre de chariotage* m
34 die Umschaltspindel für Rechts- und Linkslauf *m* und Ein- und Ausschalten *n*
– *la barre d'inversion* f *de marche* f *à droite ou à gauche et d'engagement* m *ou dégagement* m
35 das Vierbackenfutter
– *le mandrin à quatre mors* m
36 die Spannbacke
– *le mors de serrage* m
37 das Dreibackenfutter
– *le mandrin à trois mors* m
38 **die Revolverdrehmaschine**
– ***le tour à revolver*** m *(le tour revolver)*
39 der Querschlitten (Quersupport)
– *le coulisseau transversal (le chariot transversal)*
40 der Revolverkopf
– *la tourelle revolver*
41 der Mehrfachmeißelhalter
– *le porte-outil multiple*
42 der Längsschlitten (Längssupport)
– *le chariot longitudinal (le traînard)*
43 das Handkreuz (Drehkreuz)
– *les croisillons* m *(le volant à croisillons* m*, le cabestan)*
44 die Fangschale für Späne *m* und Kühlschmierstoffe *m*
– *le bac à copeaux* m *et à huile* f
45-53 **Drehmeißel** *m* (Drehstähle)
– ***les outils*** m ***de tournage*** m
45 der Meißel (Klemmhalter) für Wendeschneidplatten *f*
– *l'outil* m *à plaquette* f *à jeter*
46 die Wendeschneidplatte (Klemmplatte) aus Hartmetall *n* oder Oxidkeramik *f*
– *la plaquette à jeter en carbure* m *métallique ou céramique* f *d'oxyde* m
47 Formen *f* der oxidkeramischen Wendeplatten *f*
– *les formes* f *de plaquettes* f *à jeter en céramique* f *d'oxyde* m
48 der Drehmeißel mit Hartmetallschneide *f*
– *l'outil* m *à plaquette* f *rapportée en carbure* m *métallique*
49 der Meißelschaft
– *le corps d'outil* m *[de tournage* m*]*
50 die aufgelötete Hartmetallplatte (Hartmetallschneide)
– *la plaquette de coupe* f *en carbure* m *(métallique) fixée par brasage* m
51 der Inneneckmeißel
– *l'outil* m *à dresser les fonds* m
52 der gebogene Drehmeißel
– *l'outil* m *coudé*
53 der Stechdrehmeißel (Abstechdrehmeißel, Einstechdrehmeißel)
– *l'outil à saigner*
54 das Drehherz
– *le toc (d'entraînement* m*)*
55 der Mitnehmer
– *le plateau à toc* m *(le plateau d'entraînement* m*)*
56-72 **Meßwerkzeuge** *n*
– ***les appareils*** m ***de mesure*** f
56 der Grenzlehrdorn (Kaliberdorn)
– *le calibre à limites* f *(le tampon lisse)*
57 das Sollmaß
– *le tampon «bon» (ou d'acceptation* f*)*
58 das Ausschußmaß
– *le tampon «mauvais» (ou de refus* m*)*
59 die Grenzrachenlehre
– *le calibre-mâchoires*
60 die Gutseite
– *la mâchoire d'acceptation* f
61 die Ausschußseite
– *la mâchoire de refus* m
62 die Feinmeßschraube (Mikrometerschraube)
– *le palmer (le micromètre)*
63 die Meßskala
– *l'échelle* f *graduée*
64 die Meßtrommel
– *le barillet*
65 der Meßbügel
– *le corps de palmer* m
66 die Meßspindel
– *la vis micrométrique*
67 der Meßschieber (die Schieblehre)
– *le pied à coulisse* f
68 der Tiefenmeßfühler
– *la jauge de profondeur* f
69 die Noniusskala
– *le vernier*
70 die Außenmeßfühler
– *les becs* m *de mesure* f *extérieure*
71 die Innenmeßfühler
– *les becs* m *de mesure* f *intérieure*
72 der Tiefenmeßschieber (die Tiefenlehre)
– *le calibre de profondeur* f *(le pied de profondeur* f*)*

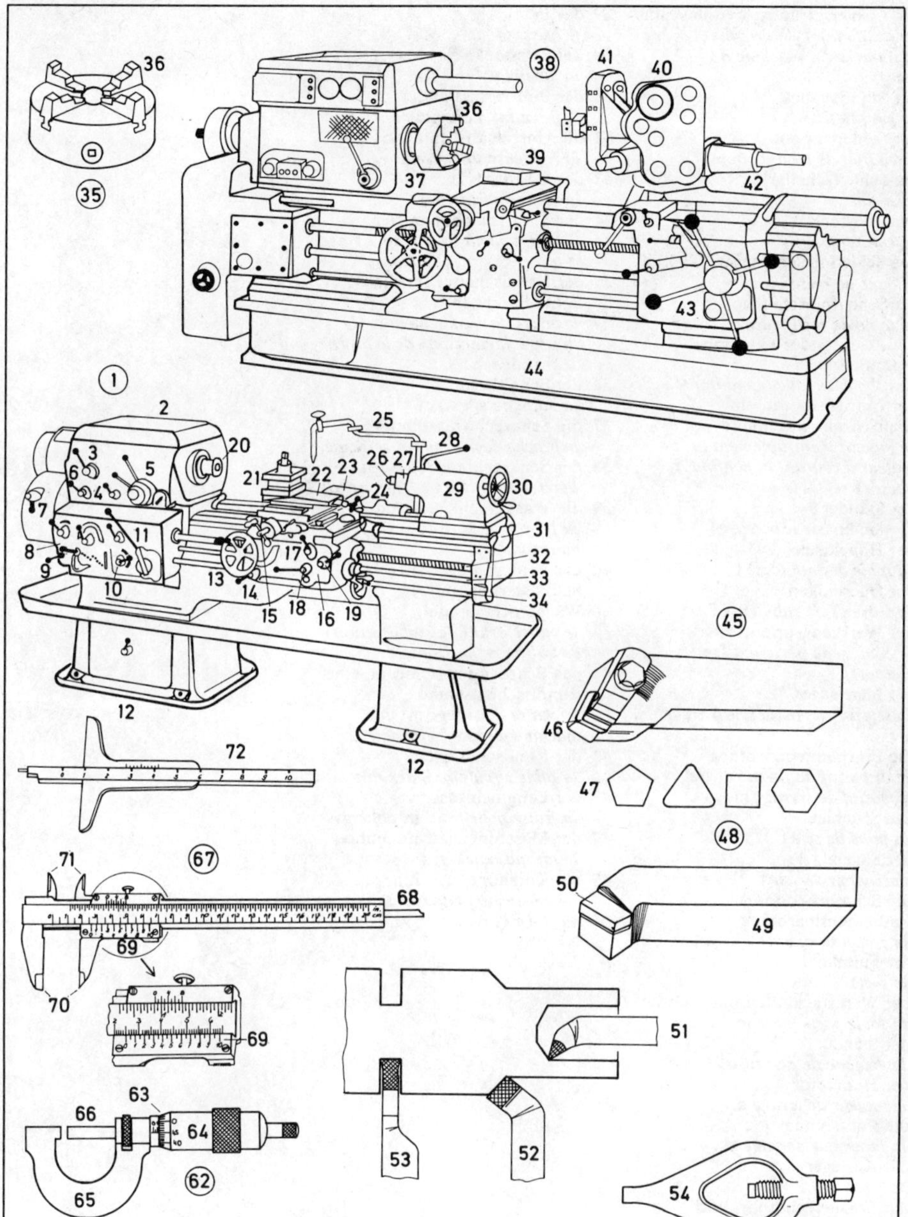
36
35
38
41
40
36
37
39
42
43
44
1
2
3
4
5
6
7
8
9
10
11
12
13
14
15
16
17
18
19
20
21
22
23
24
25
26
27
28
29
30
31
32
33
34
45
46
47
48
49
50
51
52
53
54
55
56
57
28 H7
58
59
45 h6
60
61
62
63
64
65
66
67
68
69
70
71
72

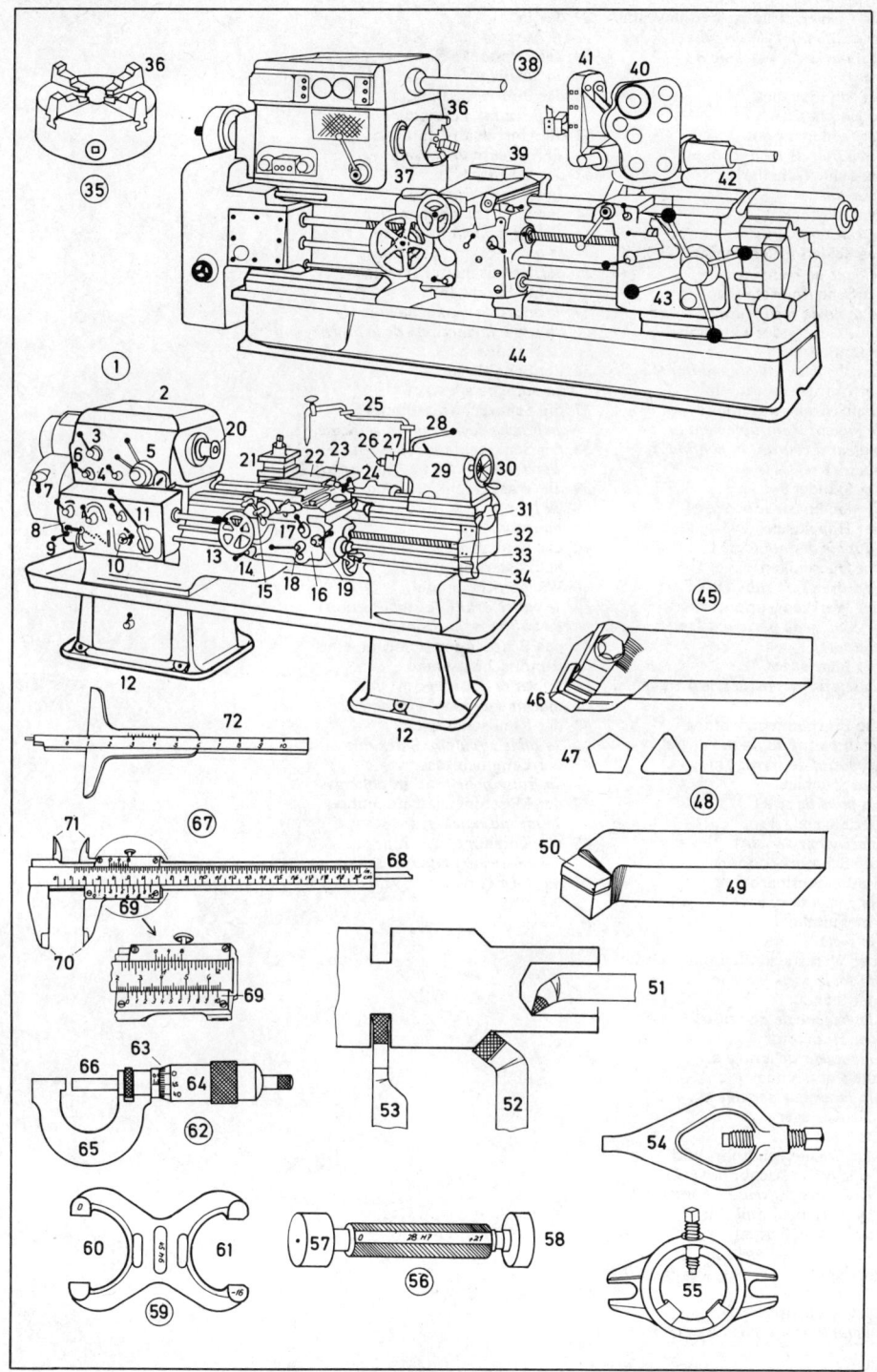

1 die Universalrundschleifmaschine
– *la rectifieuse cylindrique universelle (la machine à rectifier)*
2 der Spindelstock
– *la poupée fixe*
3 der Schleifsupport
– *le chariot de rectification* f
4 die Schleifscheibe
– *la meule*
5 der Reitstock
– *la contre-poupée*
6 das Schleifmaschinenbett
– *le banc de rectifieuse* f
7 der Schleifmaschinentisch
– *la table de rectifieuse* f
8 die Zweiständer-Langhobelmaschine
– *la raboteuse à deux montants* m
9 der Antriebsmotor, ein Gleichstrom-Regelmotor *m*
– *le moteur d'entraînement* m, *un moteur à courant* m *continu à vitesse* f *réglable*
10 der Ständer
– *le montant de raboteuse* f
11 der Hobeltisch
– *la table de raboteuse* f
12 der Querbalken
– *la traverse de raboteuse* f
13 der Werkzeugsupport
– *le coulisseau porte-outil* m *(le chariot)*
14 die Bügelsäge
– *la scie à étrier* m *(la scie à archet* m*)*
15 die Einspannvorrichtung
– *le dispositif de fixation* f *(le dispositif de serrage* m*)*
16 das Sägeblatt
– *la lame de scie* f
17 der Sägebügel
– *l'archet* m *de scie* f
18 die Schwenk- oder Radialbohrmaschine
– *la perceuse radiale*
19 die Fußplatte
– *le socle*
20 der Werkstückaufnahmetisch
– *la table porte-pièce* m
21 der Ständer
– *la colonne de perceuse* f
22 der Hubmotor
– *le moteur de levage* m
23 die Bohrspindel
– *la broche de perçage* m
24 der Ausleger
– *le bras radial*
25 das Waagerechtbohr- und -fräswerk (Tischbohrwerk)
– *l'aléseuse-fraiseuse* f *horizontale (la perceuse à table* f*)*
26 der Spindelkasten
– *la tête porte-broche* m
27 die Spindel
– *la broche*
28 der Kreuztisch
– *la table à mouvements* m *croisés*
29 das Bett
– *le banc*
30 der Setzstock
– *la lunette*
31 der Bohrwerksständer
– *le montant d'aléseuse* f
32 die Universalfräsmaschine
– *la fraiseuse universelle*
33 der Frästisch
– *la table de fraiseuse* f
34 der Tischvorschubantrieb
– *l'entraînement* m *d'avance* f *de la table*
35 der Hebelschalter für die Spindeldrehzahl
– *le levier de changement* m *de vitesse* f *de rotation* f *de la broche de fraisage* m
36 der Schaltkasten
– *la boîte de vitesses* f
37 die Senkrechtfrässpindel
– *la broche de fraisage* m *verticale*
38 der Senkrechtantriebskopf
– *la tête d'entraînement* m *vertical*
39 die Waagerechtfrässpindel
– *la broche de fraisage* m *horizontale*
40 das vordere Lager zur Stabilisierung der Waagerechtspindel
– *le palier avant de stabilisation* f *de la broche horizontale*
41 das Bearbeitungszentrum, eine Rundtischmaschine
– *le centre d'usinage* m, *une machine à table* f *circulaire*
42 der Rundschalttisch
– *la table circulaire indexable*
43 der Langlochfräser
– *la fraise pour trous* m *oblongs*
44 der Maschinengewindebohrer
– *le taraud machine* f
45 die Kurzhobelmaschine
– *l'étau-limeur* m *de rabotage* m *en mortaisage* m

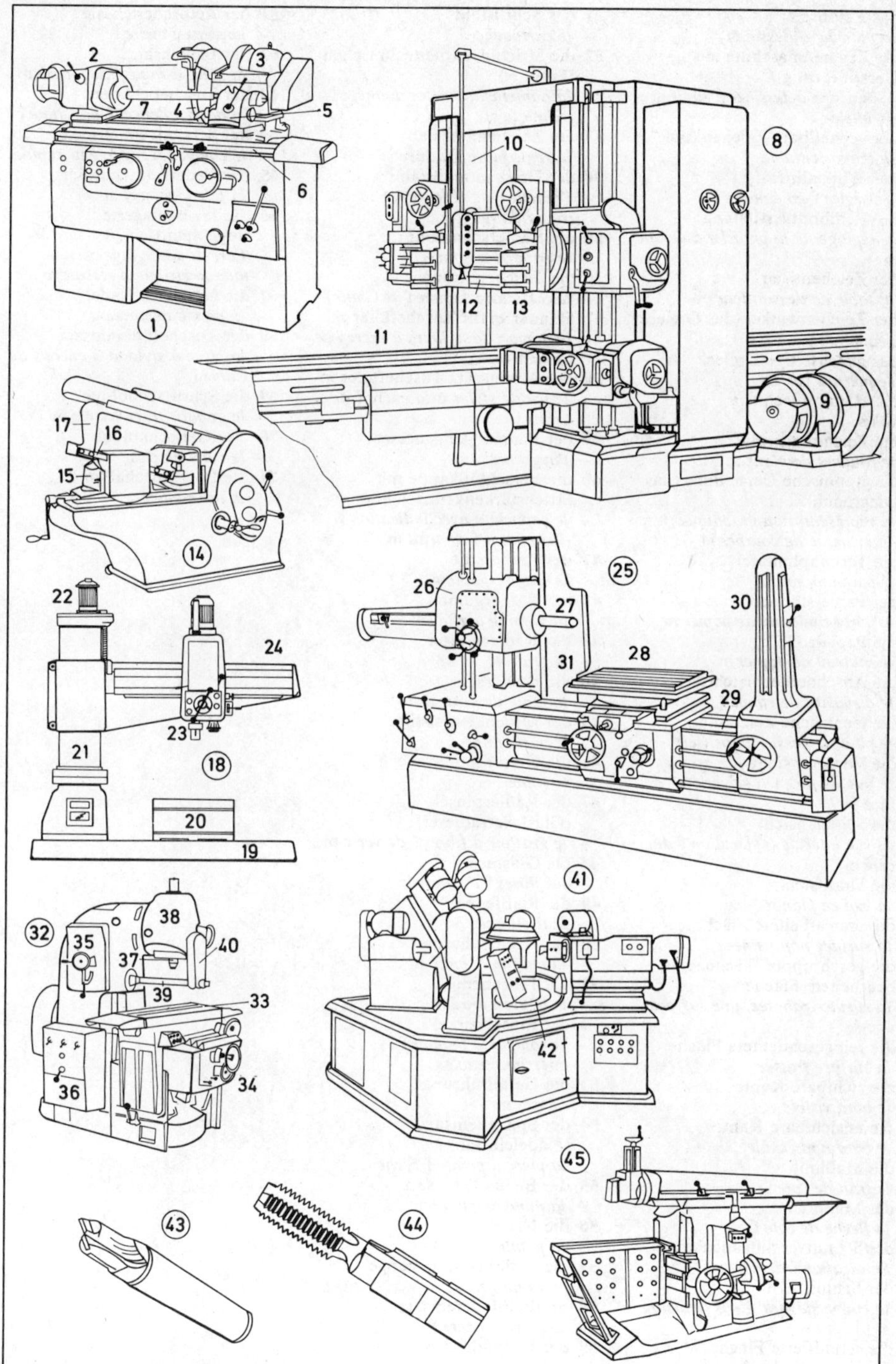
1
2
3
4
5
6
7
8
9
10
11
12
13
14
15
16
17
18
19
20
21
22
23
24
25
26
27
28
29
30
31
32
33
34
35
36
37
38
39
40
41
42
43
44
45

1 das Reißbrett
– *la planche à dessin* m
2 die Zeichenmaschine mit Geradführung *f*
– *la machine à dessiner à guide* m *parallèle*
3 der verstellbare Zeichenkopf
– *la tête orientable*
4 das Winkellineal
– *les règles* f *en équerre* f
5 die Reißbrettverstellung
– *le réglage de la planche à dessin* m
6 der Zeichentisch
– *la table de dessinateur* m
7 der Zeichenwinkel (das Dreieck)
– *l'équerre* f
8 das gleichseitige Dreieck
– *l'équerre* f *isocèle*
9 die Handreißschiene
– *le té*
10 die Zeichnungsrolle
– *le rouleau de plans* m
11 die graphische Darstellung (das Diagramm)
– *la représentation graphique (le diagramme de courbes* f*)*
12 die Terminplantafel
– *le planning mural*
13 der Papierständer
– *le porte-rouleaux de papier* m
14 die Papierrolle
– *le rouleau de papier* m
15 die Abschneidevorrichtung
– *le dispositif de coupe* f
16 die technische Zeichnung
– *le plan (le dessin industriel)*
17 die Vorderansicht
– *la vue de face* f *(l'élévation* f *de face* f*)*
18 die Seitenansicht
– *la vue latérale (l'élévation* f *de côté* m*)*
19 die Draufsicht
– *la vue en plan* m
20 die unbearbeitete Fläche
– *la surface non usinée*
21 die geschruppte Fläche, eine bearbeitete Fläche
– *la surface rabotée, une surface usinée*
22 die feingeschlichtete Fläche
– *la surface fraisée*
23 die sichtbare Kante
– *le bord visible*
24 die unsichtbare Kante
– *le bord non visible*
25 die Maßlinie
– *le trait de cote* f
26 der Maßpfeil
– *la flèche de cote* f
27 die Schnittverlaufsangabe
– *l'indication* f *de coupe* f
28 der Schnitt A-B
– *la coupe suivant A - B (la coupe A-B)*
29 die schraffierte Fläche
– *la surface hachurée*
30 die Mittellinie
– *l'axe* m
31 das Schriftfeld
– *le cartouche*
32 die Strichliste (die technischen Daten *pl*)
– *la nomenclature (les données* f *techniques)*
33 der Zeichenmaßstab
– *la règle plate graduée*
34 der Dreikantmaßstab
– *l'échelle* f *de réduction* f *triangulaire*
35 die Radierschablone
– *le gabarit à effacer*
36 die Tuschepatrone
– *la cartouche d'encre* f *de Chine* f
37 Ständer *m* für Tuschefüller *m*
– *le support de stylos* m *à encre* f *de Chine* f
38 der Arbeitssatz Tuschefüller *m*
– *le jeu de stylos* m *à encre* f *de Chine* f
39 der Feuchtigkeitsmesser
– *l'hygromètre* m
40 die Verschlußkappe mit Strichstärkenkennzeichnung
– *le capuchon avec indication* f *d'épaisseur* f *de trait* m
41 der Radierstift
– *le crayon-gomme*
42 der Radiergummi
– *la gomme à effacer*
43 das Radiermesser
– *le grattoir*
44 die Radierklinge
– *la lame de grattoir* m
45 der Minenklemmstift
– *le porte-mine*
46 die Graphitmine
– *la mine*
47 der Radierpinsel (Glasfaserradierer)
– *le grattoir à fibres* f *de verre* m
48 die Glasfasern *f*
– *les fibres* f *de verre* m
49 die Reißfeder
– *le tire-ligne*
50 das Kreuzscharnier
– *la charnière en X* m
51 die Teilscheibe
– *le bouton gradué*
52 der Einsatzzirkel
– *le compas à pointes* f *interchangeables*
53 die Geradführung
– *l'étrier* m
54 der Spitzeneinsatz (Nadeleinsatz)
– *la pièce à pointe* f *sèche*
55 der Bleinadeleinsatz
– *la mine de plomb* m
56 die Nadel
– *la pointe*
57 die Verlängerungsstange
– *la rallonge*
58 der Reißfedereinsatz
– *la pièce à encre* f
59 der Fallnullenzirkel
– *le balustre à pompe* f
60 die Fallstange
– *la pointe coulissante*
61 der Reißfedereinsatz
– *la pièce à encre* f
62 der Bleieinsatz
– *la pièce à mine* f *de plomb* m
63 der Tuschebehälter
– *le flacon d'encre* f *de Chine* f
64 der Schnellverstellzirkel
– *le compas à réglage* m *rapide*
65 das Federringscharnier
– *la tête à ressort* m
66 der federgelagerte Bogenfeintrieb
– *l'arc* m *de réglage* m *micrométrique à ressort* m
67 die gekröpfte Nadel
– *la pointe déportée*
68 der Tuschefüllereinsatz
– *la pièce à stylo* m *à encre* f *de Chine* f
69 die Schriftschablone
– *le gabarit trace-lettres* m
70 die Kreisschablone
– *le trace-cercles*
71 die Ellipsenschablone
– *le trace-ellipses*

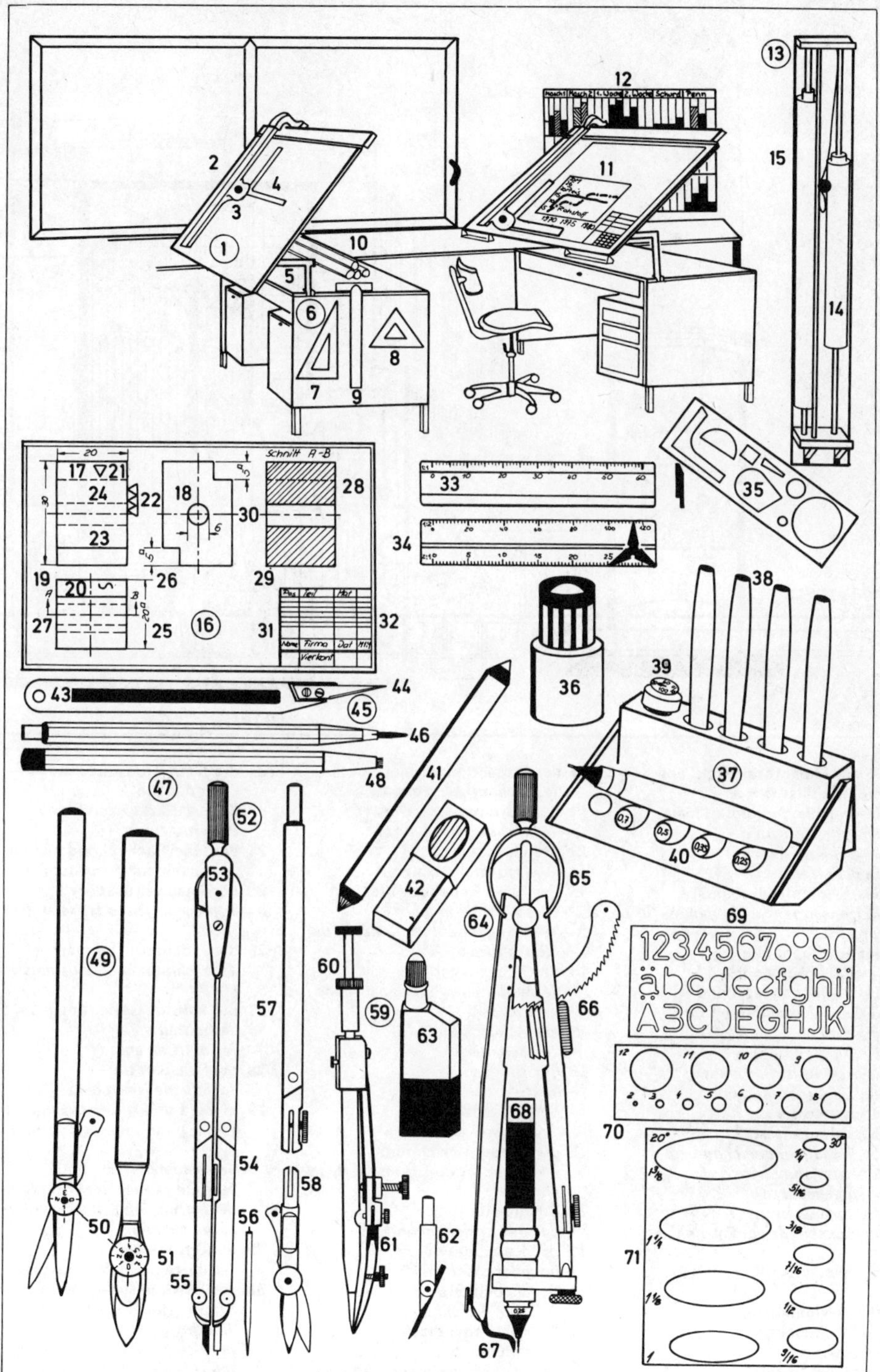
1
2
3
4
5
6
7
8
9
10
11
12
13
14
15
16
17
18
19
20
21
22
23
24
25
26
27
28
29
30
31
32
33
34
35
36
37
38
39
40
41
42
43
44
45
46
47
48
49
50
51
52
53
54
55
56
57
58
59
60
61
62
63
64
65
66
67
68
69
70
71
Schnitt A-B
Teil
Mat
Name
Firma
Dat
Vierkant
1234567o°90
äbcdeefghij
ABCDEGHJK

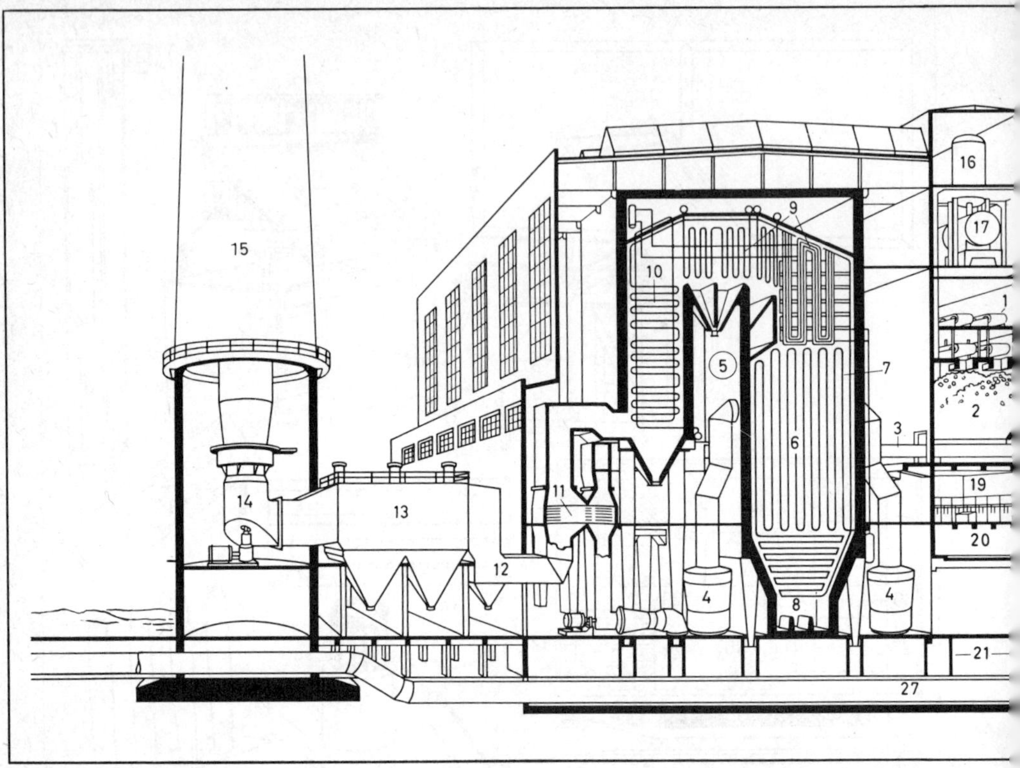

1-28 das Dampfkraftwerk, ein Elektrizitätswerk *n*
– ***la centrale thermique*** f, *une centrale électrique*

1-21 das Kesselhaus
– ***la chaufferie***

1 das Kohlenförderband
– *le transporteur à charbon* m *(le tapis roulant)*

2 der Kohlenbunker
– *le silo à charbon* m

3 das Kohlenabzugsband
– *le tapis d'évacuation* f *de charbon* m

4 die Kohlenmühle
– *le broyeur à charbon* m

5 der Dampfkessel, ein Röhrenkessel *m* (Strahlungskessel)
– *la chaudière, une chaudière à tubes* m *(chaudière à rayonnement* m*)*

6 die Brennkammer
– *la chambre de combustion* f

7 die Wasserrohre *n*
– *les tubes* m *d'eau* f

8 der Aschenabzug (Schlackenabzug)
– *le cendrier*

9 der Überhitzer
– *le surchauffeur*

10 der Wasservorwärmer
– *le préchauffeur d'eau* f

11 der Luftvorwärmer
– *le préchauffeur d'air* m

12 der Gaskanal
– *le carneau à gaz* m

13 der (das) Rauchgasfilter, ein Elektrofilter *m od. n*
– *le dépoussiéreur de fumée* f, *un électrofiltre* m

14 das Saugzuggebläse
– *le ventilateur de tirage* m *par aspiration* f

15 der Schornstein
– *la cheminée*

16 der Entgaser
– *le dégazeur*

17 der Wasserbehälter
– *le réservoir d'eau* f

18 die Kesselspeisepumpe
– *la pompe d'alimentation* f *de la chaudière* f

19 die Schaltanlage
– *la salle des commandes* f

20 der Kabelboden
– *la galerie des câbles* m

21 der Kabelkeller
– *la soute des câbles* m

22 das Maschinenhaus (Turbinenhaus)
– *la salle des machines* f *(la salle des turbines* f*)*

23 die Dampfturbine, mit Generator *m*
– *la turbine à vapeur* f *avec l'alternateur* m

24 der Oberflächenkondensator
– *le condenseur à surface* f

25 der Niederdruckvorwärmer
– *le préchauffeur à basse pression* f *[B.P.]*

26 der Hochdruckvorwärmer
– *le préchauffeur à haute pression* f *[H.P.]*

27 die Kühlwasserleitung
– *le conduit d'eau* f *de refroidissement* m

28 die Schaltwarte
– *la salle de contrôle* m

29-35 die Freiluftschaltanlage, eine Hochspannungsverteilungsanlage
– ***le poste extérieur de commutation*** f, *une installation de distribution* f *de courant* m *haute tension* f

29 die Stromschienen *f*
– *les barres* f *conductrices*

30 der Leistungstransformator, ein Wandertransformator *m*
– *le transformateur pour force* f *motrice, un transformateur mobile (un transformateur sur rails* m*)*

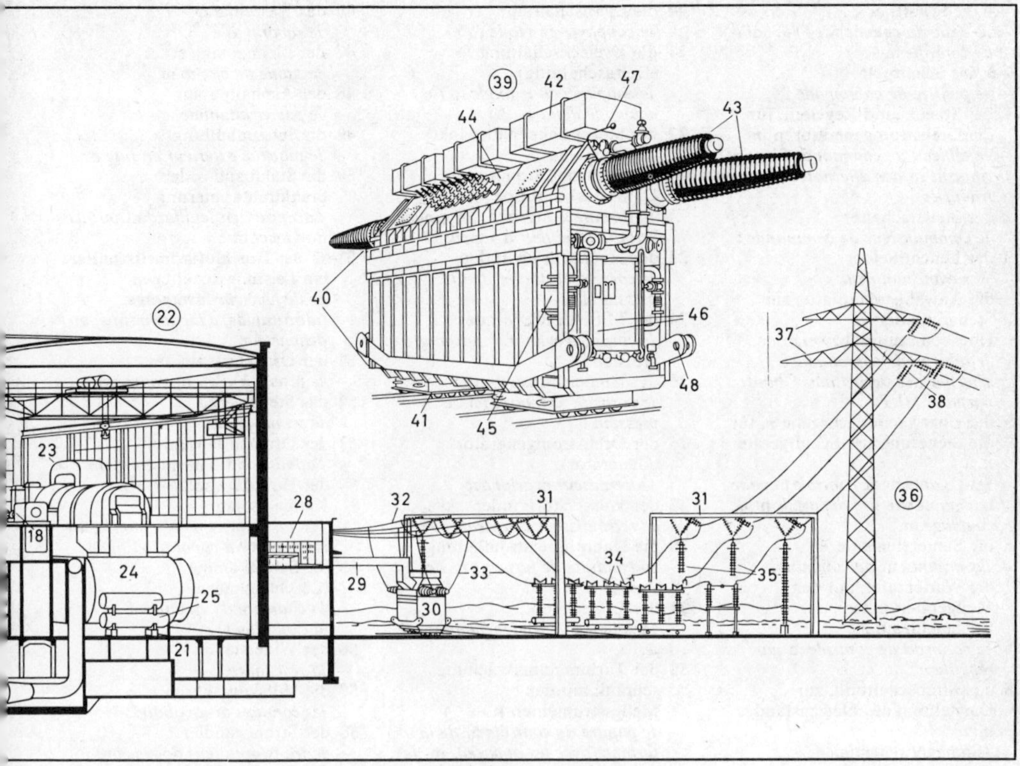

31 das Abspannungsgerüst
– *le portique des isolateurs* m
32 das Hochspannungsleitungsseil
– *la ligne de distribution* f *à haute tension* f
33 das Hochspannungsseil
– *le câble haute tension* f
34 der Druckluftschnellschalter (Leistungsschalter)
– *le disjoncteur instantané (ultra-rapide) à air* m *comprimé, un disjoncteur*
35 der Überspannungsableiter
– *le parafoudre*
36 der Freileitungsmast (Abspannungsmast), ein Gittermast *m*
– *le pylône (de haubanage* m*), un pylône en treillis* m
37 der Querträger (die Traverse)
– *l'entretoise* f *transversale (la traverse)*
38 der Abspannisolator (die Abspannkette)
– *l'isolateur-arrêt* m *(l'isolateur* m *d'ancrage* m*), la chaîne d'arrêt* m
39 **der Wandertransformator** (Leistungstransformator, Transformator, Trafo, Umspanner)
– ***le transformateur mobile*** *(le transformateur pour force* f *motrice, le transformateur sur rails* m*)*
40 der Transformator[en]kessel
– *la cuve du transformateur*
41 das Fahrgestell
– *le chariot de roulement* m *(le bogie ou boggie)*
42 das Ölausdehnungsgefäß
– *le conservateur d'huile* f
43 die Oberspannungsdurchführung
– *la traversée haute tension* f *[H.T.]*
44 die Unterspannungsdurchführungen *f*
– *la traversée basse tension* f *[B.T.]*
45 die Ölumlaufpumpe
– *la pompe de circulation* f *d'huile* f
46 der Öl-Wasser-Kühler
– *le réfrigérant hydraulique d'huile* f
47 das Funkenhorn
– *la corne d'éclateur* m
48 die Transportöse
– *l'œillet* m *d'accrochage* m *pour le transport*

1-8 die Schaltwarte
– ***la salle de commande*** f *(la salle de contrôle* m*)*
1-6 das Schaltpult
– ***le pupitre de commande*** f
1 der Steuer- und Regelteil, für die Drehstromgeneratoren *m*
– *le tableau de commande* f *et de contrôle* m *des alternateurs* m *triphasés*
2 der Steuerschalter
– *le commutateur de commande* f
3 der Leuchtmelder
– *le voyant lumineux*
4 die Anwahlsteuerplatte, zur Steuerung der Hochspannungsabzweige *m*
– *le tableau de commande* f *sélective des dérivations* f *haute tension* f *[H.T.]*
5 die Überwachungsorgane *n*, für die Steuerung der Schaltgeräte *n*
– *les organes* m *de contrôle* m *pour la commande des appareils* m *de couplage* m
6 die Steuerelemente *n*
– *les organes* m *de commande* f
7 die Wartentafel, mit den Meßgeräten *n* der Rückmeldeanlage
– *le panneau de contrôle* m *par répétition* f
8 das Blindschaltbild, zur Darstellung des Netzzustandes *m*
– *le tableau synoptique représentant l'état* m *du réseau*
9-18 der Transformator
– ***le transformateur***
9 das Ölausdehnungsgefäß
– *le conservateur d'huile* f
10 die Entlüftung
– *l'évent* m
11 der Ölstandsanzeiger
– *l'indicateur* m *de niveau* m *d'huile* f
12 der Durchführungsisolator
– *l'isolateur* m *de traversée* f
13 der Umschalter, für Oberspannungsanzapfungen *f*
– *le changeur de prises* f *haute tension* f *[H.T.]*
14 das Joch
– *la culasse*
15 die Primärwicklung (Oberspannungswicklung)
– *l'enroulement* m *primaire (enroulement* m *haute tension* f, *H.T.)*
16 die Sekundärwicklung (Unterspannungswicklung)
– *l'enroulement* m *secondaire (enroulement basse tension* f, *B.T.)*
17 der Kern (Schenkel)
– *le noyau*
18 die Anzapfungsverbindung
– *la prise*
19 die Transformatorenschaltung
– ***le couplage du transformateur***
20 die Sternschaltung
– *le couplage en étoile* f *(Y)*
21 die Dreieckschaltung (Deltaschaltung)
– *le couplage en triangle* m *(le couplage delta* m, Δ)
22 der Sternpunkt (Nullpunkt)
– *le point neutre*
23-30 die Dampfturbine, eine Dampfturbogruppe
– ***la turbine à vapeur*** f, *un groupe turbo-alternateur à vapeur* f
23 der Hochdruckzylinder
– *le corps (le cylindre) haute pression* f
24 der Mitteldruckzylinder
– *le corps (le cylindre) moyenne pression* f
25 der Niederdruckzylinder
– *le corps (le cylindre) basse pression* f
26 der Drehstromgenerator (Generator)
– *l'alternateur* m *triphasé*
27 der Wasserstoffkühler
– *le refroidisseur à hydrogène* m
28 die Dampfüberströmleitung
– *la conduite de passage* m *de la vapeur*
29 das Düsenventil
– *la soupape d'échappement* m *(le jet)*
30 der Turbinenüberwachungsschrank mit den Meßinstrumenten *n*
– *le pupitre de contrôle* m *de la turbine (avec les appareils* m *de mesure* f*)*
31 der Spannungsregler
– *le régulateur de tension* f
32 die Synchronisiereinrichtung
– *le synchroniseur*
33 der Kabelendverschluß
– ***la boîte d'extrémité*** f
34 der Leiter
– *le conducteur*
35 der Durchführungsisolator
– *l'isolateur* m *de traversée* f
36 die Wickelkeule
– *le cône de contrainte* f
37 das Gehäuse
– *le boîtier*
38 die Füllmasse
– *la matière isolante (le compound)*
39 der Bleimantel
– *la gaine de plomb* m
40 der Einführungsstutzen
– *le manchon d'entrée* f
41 das Kabel
– *le câble*
42 das Hochspannungskabel, für Dreiphasenstrom *m*
– ***le câble à haute tension*** f *pour courant triphasé* m
43 der Stromleiter
– *le conducteur*
44 das Metallpapier
– *le papier métallisé*
45 der Beilauf
– *le bourrage*
46 das Nesselband
– *le ruban huilé*
47 der Bleimantel
– *la gaine de plomb* m
48 das Asphaltpapier
– *le papier bitumé*
49 die Juteumhüllung
– *le matelas extérieur en jute* m
50 die Stahlband- oder Stahldrahtarmierung
– *l'armure* f *en feuillard* m *ou fils* m *d'acier* m
51-62 der Druckluftschnellschalter, ein Leistungsschalter *m*
– ***le disjoncteur instantané*** *(ultra-rapide) à air comprimé, un disjoncteur*
51 der Druckluftbehälter
– *le réservoir d'air* m *comprimé*
52 das Steuerventil
– *la vanne-pilote*
53 der Druckluftanschluß
– *l'admission* f *d'air* m *comprimé*
54 der Hohlstützisolator, ein Kappenisolator *m*
– *l'isolateur* m *support* m *creux, un isolateur* m *à capot* m *et tige* f
55 die Schaltkammer (Löschkammer)
– *la chambre d'extinction* f *(d'explosion* f*)*
56 der Widerstand
– *la résistance*
57 die Hilfskontakte *m*
– *les contacts* m *auxiliaires*
58 der Stromwandler
– *le transformateur de courant* m *(le transformateur d'intensité* f*)*
59 der Spannungswandler
– *le transformateur de tension* f
60 der Klemmenkasten
– *la boîte à bornes* f
61 das Funkenhorn
– *la corne d'éclateur* m
62 die Funkenstrecke
– *l'éclateur* m

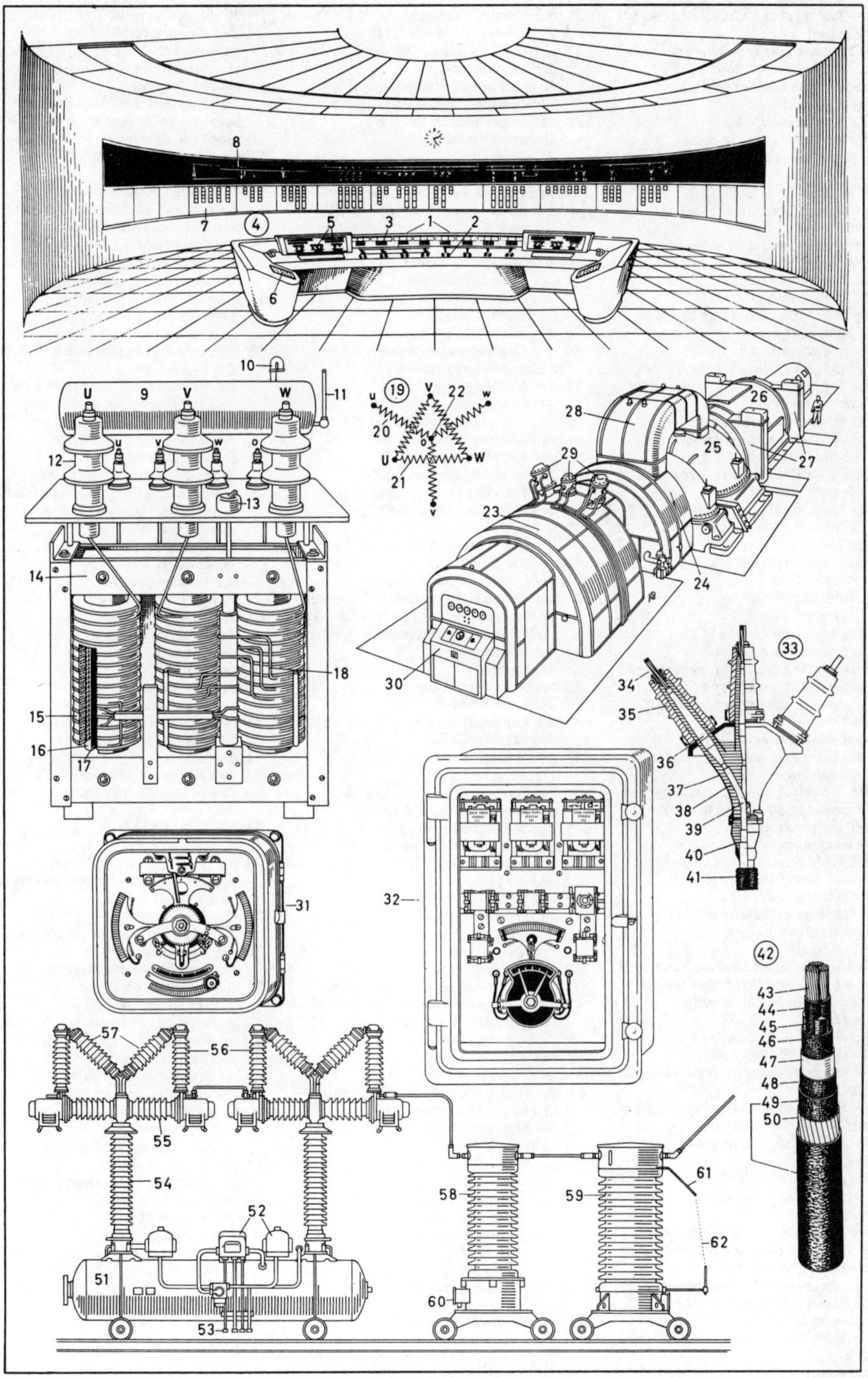
1
2
3
4
5
6
7
8
9
10
11
12
13
14
15
16
17
18
19
20
21
22
23
24
25
26
27
28
29
30
31
32
33
34
35
36
37
38
39
40
41
42
43
44
45
46
47
48
49
50
51
52
53
54
55
56
57
58
59
60
61
62
U
V
W
u
v
w
o

1 **der Brutreaktor** (schnelle Brüter) [Schema]
– ***le réacteur surrégénérateur rapide*** *[schéma* m *de principe* m*]*
2 der Primärkreislauf (primäre Natriumkreislauf)
– *le circuit primaire de refroidissement* m *(le circuit primaire de sodium* m*)*
3 der Reaktor
– *le réacteur*
4 die Brennelementstäbe *m* (der Kernbrennstoff)
– *les assemblages* m *d'éléments* m *combustibles (le combustible nucléaire, les grappes* f *d'éléments* m *combustibles)*
5 die Primärkreisumwälzpumpe
– *la pompe primaire*
6 der Wärmetauscher
– *l'échangeur* m *de chaleur* f
7 der Sekundärkreislauf (sekundäre Natriumkreislauf)
– *le circuit secondaire de refroidissement* m *(le circuit secondaire de sodium* m*)*
8 die Sekundärkreisumwälzpumpe
– *la pompe secondaire*
9 der Dampferzeuger
– *le générateur de vapeur* f
10 der Tertiärkreislauf (Kühlwasserkreislauf)
– *le circuit d'eau* f *de refroidissement* m
11 die Dampfleitung
– *la conduite de vapeur* f
12 die Speisewasserleitung
– *la conduite d'eau* f *d'alimentation* f
13 die Speisewasserpumpe
– *la pompe alimentaire*
14 die Dampfturbine
– *la turbine à vapeur* f
15 der Generator
– *l'alternateur* m
16 die Netzeinspeisung
– *le couplage au réseau* m *électrique*
17 der Kondensator
– *le condenseur*
18 das Kühlwasser
– *l'eau* f *de refroidissement* m
19 **der Kernreaktor,** ein Druckwasserreaktor *m* (das Kernkraftwerk, *ugs.* Atomkraftwerk)
– ***le réacteur nucléaire,*** *un réacteur à eau* f *sous pression* f *(la centrale nucléaire [*anc.: *la centrale atomique])*
20 die Betonhülle (das Reaktorgebäude)
– *l'écran* m *de béton* m *(le bâtiment du réacteur)*
21 der Sicherheitsbehälter aus Stahl *m* mit Absaugluftspalt *m*
– *l'enceinte* f *de confinement* m *en acier* m
22 der Reaktordruckbehälter
– *la cuve du réacteur (le caisson du réacteur)*
23 der Steuerantrieb des Reaktors
– *le mécanisme d'entraînement* m *des barres* f *de commande* f
24 die Absorberstäbe *m* (Steuerstäbe)
– *les barres* f *absorbantes (barres* f *de commande* f*)*
25 die Hauptkühlmittelpumpe
– *la pompe primaire de refroidissement* m
26 der Dampferzeuger
– *le générateur de vapeur* f
27 die Lademaschine für die Brennelemente *n*
– *la machine de chargement* m *des éléments* m *combustibles*
28 das Lagerbecken für die Brennelemente *n*
– *la piscine de stockage* m
29 die Reaktorkühlmittelleitung
– *la conduite de caloporteur* m
30 die Speisewasserleitung
– *la conduite d'eau* f *d'alimentation* f
31 die Frischdampfleitung
– *la conduite de vapeur* f *vive*
32 die Personenschleuse
– *le sas personnel*
33 der Turbinensatz
– *le groupe turbo-alternateur*
34 der Drehstromgenerator
– *l'alternateur* m *triphasé*
35 der Kondensator
– *le condenseur*
36 das Nebenanlagengebäude
– *le bâtiment annexe*
37 der Abluftkamin
– *la cheminée d'évacuation* f
38 der Rundlaufkran
– *le pont roulant circulaire*
39 der Kühlturm, ein Trockenkühlturm *m*
– *la tour de refroidissement* m, *un réfrigérant atmosphérique*
40 das Druckwasserprinzip [Schema]
– *le réacteur à eau* f *sous pression* f *[schéma* m *de principe* m*]*
41 der Reaktor
– *le réacteur*
42 der Primärkreislauf
– *le circuit primaire*
43 die Umwälzpumpe
– *la pompe primaire*
44 der Wärmetauscher (Dampferzeuger)
– *l'échangeur* m *de chaleur* f *(le générateur de vapeur* f*)*
45 der Sekundärkreislauf (Speisewasser-Dampf-Kreislauf)
– *le circuit secondaire (le circuit eau* f *- vapeur* f*)*
46 die Dampfturbine
– *la turbine à vapeur* f
47 der Generator
– *l'alternateur* m
48 das Kühlsystem
– *le système de refroidissement* m
49 das Siedewasserprinzip [Schema]
– *le réacteur à eau* f *bouillante [schéma* m *de principe* m*]*
50 der Reaktor
– *le réacteur*
51 der Dampf-Kondensat-Kreislauf
– *le circuit de vapeur* f *d'eau* f
52 die Dampfturbine
– *la turbine à vapeur* f
53 der Generator
– *l'alternateur* m
54 die Umwälzpumpe
– *la pompe de recirculation* f
55 das Kühlwassersystem (die Kühlung mit Flußwasser *n*)
– *le système de refroidissement* m *(le refroidissement à circuit* m *ouvert, le refroidissement direct)*
56 **die Atommüllagerung** im Salzbergwerk *n*
– ***le stockage de déchets*** m ***nucléaires*** *dans une mine de sel* m
57-68 die geologischen Verhältnisse *pl* des als Lagerstätte *f* für radioaktive Abfälle *m* (Atommüll) eingerichteten aufgelassenen Salzbergwerks
– *les données* f *géologiques d'une mine de sel* m *aménagée pour le stockage de déchets* m *radioactifs*
57 der Untere Keuper
– *le keuper inférieur*
58 der Obere Muschelkalk
– *le calcaire conchylien supérieur*
59 der Mittlere Muschelkalk
– *le calcaire conchylien moyen*
60 der Untere Muschelkalk
– *le calcaire conchylien inférieur*
61 die verstürzte Buntsandsteinscholle
– *le socle de grès* m *bigarré*
62 die Auslaugungsrückstände *m* des Zechsteins *m*
– *les résidus* m *de lixiviation* f *du zechstein (permien* m *supérieur)*
63 das Aller-Steinsalz
– *le sel de roche* f *de l'Aller*
64 das Leine-Steinsalz
– *le sel de roche* f *de la Leine*
65 das Staßfurt-Flöz (Kalisalzflöz)
– *la veine de Stassfurt (la veine de sel* m *potassique)*
66 das Staßfurt-Steinsalz
– *le sel de roche* f *de Stassfurt*
67 der Grenzanhydrit
– *l'anhydrite* m *limite*
68 der Zechsteinletten
– *la glaise de zechstein* m
69 der Schacht
– *le puits*
70 die Übertagebauten *m*
– *les installations* f *du jour*
71 die Einlagerungskammer
– *la chambre de stockage* m
72 die Einlagerung mittelaktiver Abfälle *m* im Salzbergwerk *n*
– *le stockage des déchets* m *à activité* f *moyenne*
73 die 511-m-Sohle
– *l'étage* m *511 m*
74 die Strahlenschutzmauer
– *la paroi de protection* f *contre les radiations* f
75 das Bleiglasfenster
– *le hublot en verre* m *au plomb* m
76 die Lagerkammer
– *la chambre de stockage* m
77 das Rollreifenfaß mit radioaktivem Abfall *m*
– *le fût cerclé contenant les déchets* m *radioactifs*
78 die Fernsehkamera
– *la caméra de télévision* f
79 die Beschickungskammer
– *la salle de manutention* f
80 das Steuerpult
– *le panneau de commande* f
81 die Abluftanlage
– *le système d'évacuation* f *d'air* m
82 der Abschirmbehälter
– *le château blindé*
83 die 490-m-Sohle
– *l'étage* m *490 m*

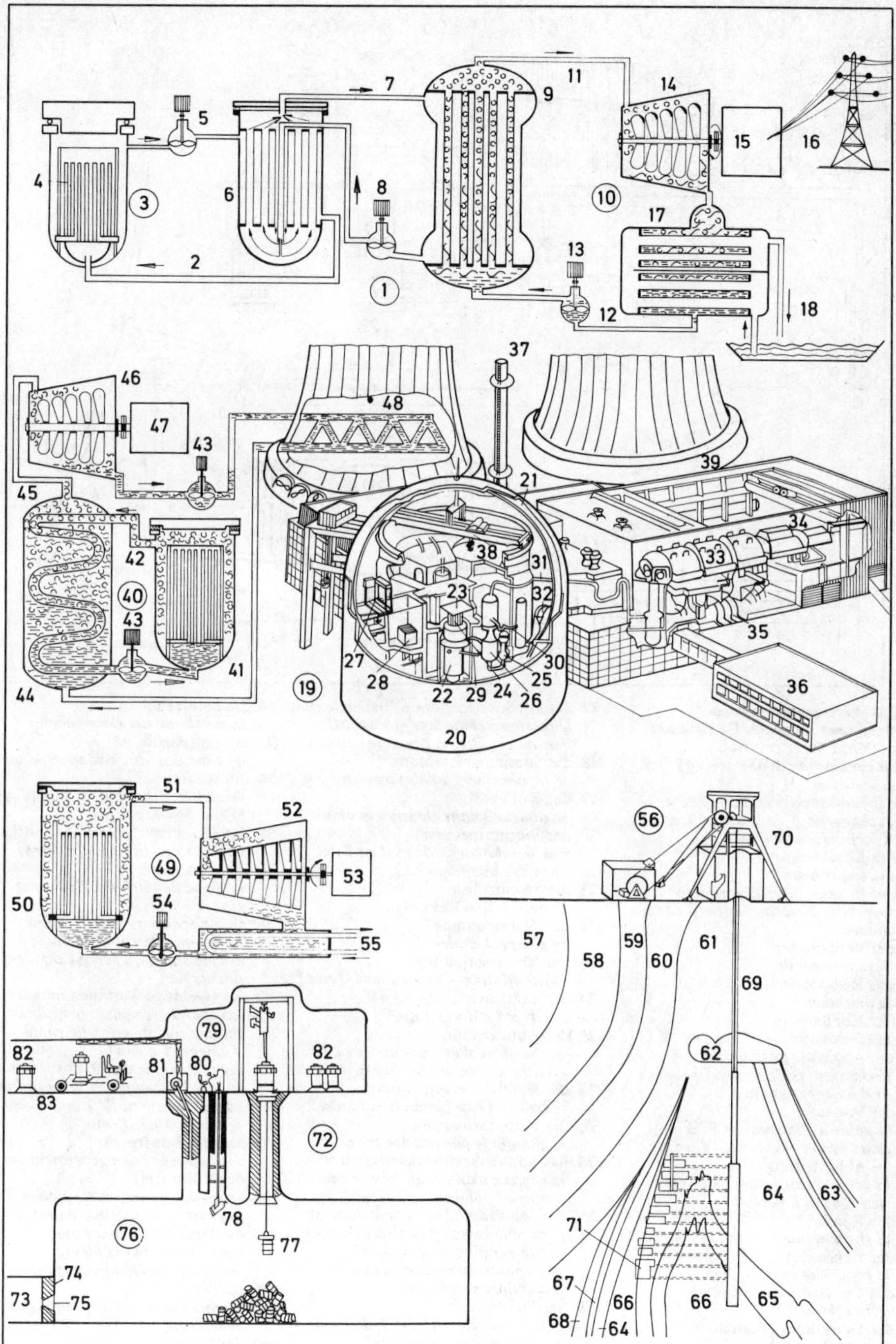
1
2
3
4
5
6
7
8
9
10
11
12
13
14
15
16
17
18
19
20
21
22
23
24
25
26
27
28
29
30
31
32
33
34
35
36
37
38
39
40
41
42
43
44
45
46
47
48
49
50
51
52
53
54
55
56
57
58
59
60
61
62
63
64
65
66
67
68
69
70
71
72
73
74
75
76
77
78
79
80
81
82
83

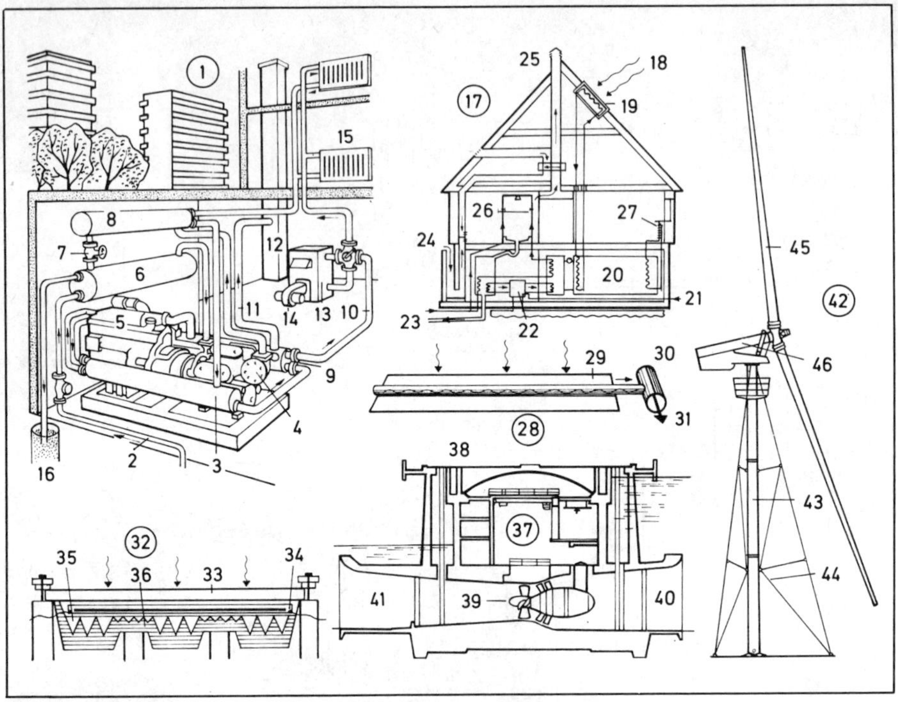

1 **das Wärmepumpensystem**
– ***le système de pompe* f *à chaleur* f**
2 der Grundwasserzufluß
– *la canalisation d'amenée* f *d'eau* f *souterraine*
3 der Kühlwasser-Wärmetauscher
– *l'échangeur* m *de chaleur* f *à eau* f *de refroidissement* m
4 der Kompressor
– *le compresseur*
5 der Erdgas- oder Dieselmotor
– *le moteur Diesel ou moteur à gaz* m *naturel*
6 der Verdampfer
– *l'évaporateur* m
7 das Reduzierventil
– *le détendeur*
8 der Kondensator
– *le condenseur*
9 der Abgaswärmetauscher
– *l'échangeur* m *de chaleur* f *pour gaz* m *d'échappement* m
10 der Vorlauf
– *la gaine d'alimentation* f *(la canalisation montante, l'aller* m*)*
11 die Abluftleitung
– *la gaine d'évacuation* f *de l'air* m *vicié (gaz* m *brûlés)*
12 der Kamin
– *la cheminée (le conduit des fumées* f*)*
13 der Heizkessel
– *la chaudière*
14 das Gebläse
– *la soufflante*
15 der Heizkörper (Radiator)
– *le radiateur*
16 der Sickerschacht
– *le puits de réinjection* f *(le puits perdu, le puisard)*
17-36 die Sonnenenergienutzung
– ***l'utilisation* f *de l'énergie* f *solaire***
17 das mit Sonnenenergie *f* beheizte Haus
– *la maison à chauffage* m *solaire (la maison chauffée à l'énergie* f *solaire)*
18 die Sonneneinstrahlung
– *le rayonnement solaire incident*
19 der Kollektor
– *le capteur solaire (le capteur plan)*
20 der Wärmespeicher
– *l'accumulateur* m *de chaleur* f *(le stockage thermique)*
21 die Stromzufuhr
– *l'alimentation* f *électrique*
22 die Wärmepumpe
– *la pompe à chaleur* f
23 die Abwasserleitung
– *la canalisation d'évacuation* f *d'eau* f
24 der Luftzutritt
– *l'arrivée* f *d'air* m *frais*
25 der Abluftkamin
– *la cheminée d'évacuation* f *de l'air* m *vicié (le conduit de l'air* m *vicié)*
26 die Heißwasserversorgung
– *le ballon d'eau* f *chaude sanitaire*
27 die Radiatorheizung
– *le chauffage par radiateurs* m
28 das Sonnenkraftwerkselement
– *le capteur plan* m*, un élément de centrale* f *solaire*
29 der Schwarzkollektor (mit Asphalt *m* beschichtetes Aluminiumblech)
– *le capteur plan* m *à surface* f *absorbante noire (avec plaque* f *d'aluminium* m *bitumée)*
30 das Stahlrohr
– *le tube en acier* m *noir (l'absorbeur* m*)*
31 das Wärmetransportmittel
– *le fluide caloporteur*
32 der Sonnenziegel
– *le capteur solaire (la tuile solaire)*
33 die Glasabdeckung
– *le vitrage protecteur*
34 die Solarzelle
– *la cellule solaire (la photopile)*
35 die Luftkanäle *m*
– *les canaux* m *de circulation* f *d'air* m
36 die Isolierung
– *l'isolation* f *(l'isolant* m *thermique, la couche calorifuge)*
37 **das Gezeitenkraftwerk** [Schnitt]
– ***l'usine* f *marémotrice*** *[coupe* f*]*
38 der Staudamm
– *la digue de retenue* f *(le barrage de séparation* f*)*
39 die doppeltwirkende Turbine
– *la turbine réversible (le bulbe à double sens* m*, l'hélice* f *à pales* f *orientables)*
40 der seeseitige Turbineneinlauf
– *le canal de remplissage* m *de la turbine côté* m *mer* f *(le canal d'amenée* f *d'eau* f*)*
41 der speicherseitige Turbineneinlauf
– *le canal de vidage* m *de la turbine côté* m *bassin* m *(le canal d'évacuation* f *d'eau* f*)*
42 **das Windkraftwerk**
– ***l'éolienne*** f *(l'aérogénérateur* m*)*
43 der Rohrturm
– *le pylône à tubes* m *(le pylône support* m*, le mât tubulaire)*
44 die Drahtseilabspannung
– *l'ancrage* m *par câbles* m *métalliques (l'haubanage* m*)*
45 der Rotor
– *l'hélice* f *bipale* f *(le rotor à pales* f *métalliques)*
46 der Generator und der Richtungsstellmotor
– *le générateur (la génératrice, l'alternateur* m*) et le servo-moteur d'orientation* f *(mécanisme* m *d'auto-orientation* f*)*

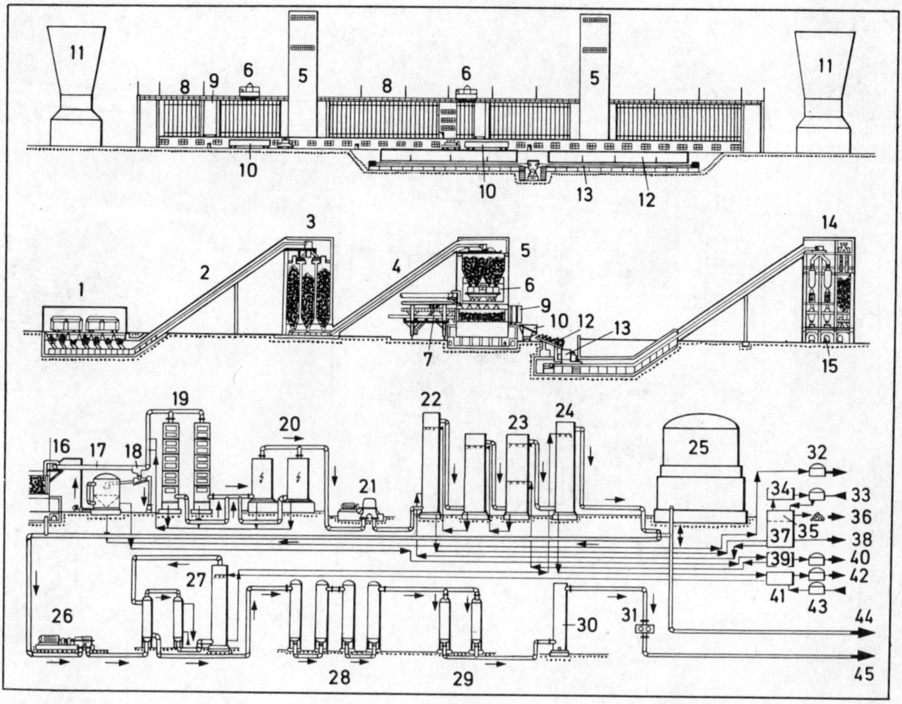

1-15 die Kokerei
– la cokerie
1 die Kokskohlenentladung
– *le déchargement du charbon à coke* m *(du charbon de carbonisation* f*)*
2 der Gurtförderer
– *le transporteur à bande* f *(le transporteur à courroie* f*)*
3 der Kokskohlenkomponentenbunker
– *le silo de charbons* m *à coke* m
4 der Kohlenturmgurtförderer
– *le transporteur de la tour à charbon* m
5 der Kohlenturm
– *la tour à charbon* m
6 der Füllwagen
– *le wagon de chargement* m *(le chariot de chargement* m*)*
7 die Koksausdrückmaschine
– *la défourneuse à coke* m
8 die Koksofenbatterie
– *la batterie de fours* m *à coke* m
9 der Kokskuchenführungswagen
– *le chariot guide-coke* m
10 der Löschwagen, mit Löschlok *f*
– *le chariot d'extinction* f *(le chariot extincteur) avec locomotive* f
11 der Löschturm
– *la tour d'extinction* f *du coke*
12 die Koksrampe
– *la rampe de défournement* m *du coke (l'aire* f *des fours* m *à coke* m*)*
13 das Koksrampenband
– *le transporteur de l'aire* f *des fours* m *à coke* m
14 die Grob- und Feinkokssieberei
– *l'installation* f *de criblage* m *(ou de triage* m*) du coke grossier et du coke fin (menu coke* m*)*
15 die Koksverladung
– *le chargement du coke*
16-45 die Kokereigasbehandlung
– le traitement du gaz de cokerie f
16 der Gasaustritt aus den Koksöfen *m*
– *la sortie du gaz des fours* m *à coke* m
17 die Gassammelleitung (Vorlage)
– *le collecteur de gaz* m
18 die Dickteerabscheidung
– *l'extraction* f *du goudron*
19 der Gaskühler
– *le refroidisseur de gaz* m
20 der (das) Elektrofilter
– *l'électrofiltre* m
21 der Gassauger
– *l'extracteur* m *de gaz* m
22 der Schwefelwasserstoffwascher
– *le laveur (le scrubber) d'acide* m *sulfhydrique (d'hydrogène* m *sulfuré)*
23 der Ammoniakwascher
– *le laveur (le scrubber) d'ammoniac* m
24 der Benzolwascher
– *le laveur (le scrubber) de benzène* m
25 der Gassammelbehälter
– *le réservoir collecteur* m *de gaz* m
26 der Gaskompressor
– *le compresseur de gaz* m
27 die Entbenzolung mit Kühler *m* und Wärmetauscher *m*
– *le débenzolage par réfrigérant* m *et échangeur* m *de chaleur* f
28 die Druckgasentschwefelung
– *la désulfuration du gaz comprimé*
29 die Gaskühlung
– *le refroidissement du gaz*
30 die Gastrocknung
– *le séchage du gaz*
31 der Gaszähler
– *le compteur à gaz* m
32 der Rohteerbehälter
– *le réservoir de goudron* m *brut*
33 die Schwefelsäurezufuhr
– *l'alimentation* f *en acide* m *sulfurique*
34 die Schwefelsäureerzeugung
– *la production d'acide* m *sulfurique*
35 die Ammoniumsulfatherstellung
– *la production de sulfate* m *d'ammonium* m
36 das Ammoniumsulfat
– *le sulfate d'ammonium* m
37 die Regenerieranlage zum Regenerieren *n* der Waschmedien *n*
– *l'installation* f *de régénération* f *des produits* m *de lavage* m
38 die Abwasserabfuhr
– *l'évacuation* f *des eaux* f *résiduaires*
39 die Entphenolung des Gaswassers *n*
– *la déphénolisation de l'eau* f *ammoniacale*
40 der Rohphenolbehälter
– *le réservoir de phénol* m *brut*
41 die Rohbenzolerzeugung
– *la production de benzène* m *brut*
42 der Rohbenzoltank
– *le réservoir de benzène* m *brut*
43 der Waschöltank
– *le réservoir d'huile* f *de lavage* m
44 die Niederdruckgasleitung
– *la conduite de gaz* m *basse pression* f *[B.P.]*
45 die Hochdruckgasleitung
– *la conduite de gaz* m *haute pression* f *[H.P.]*

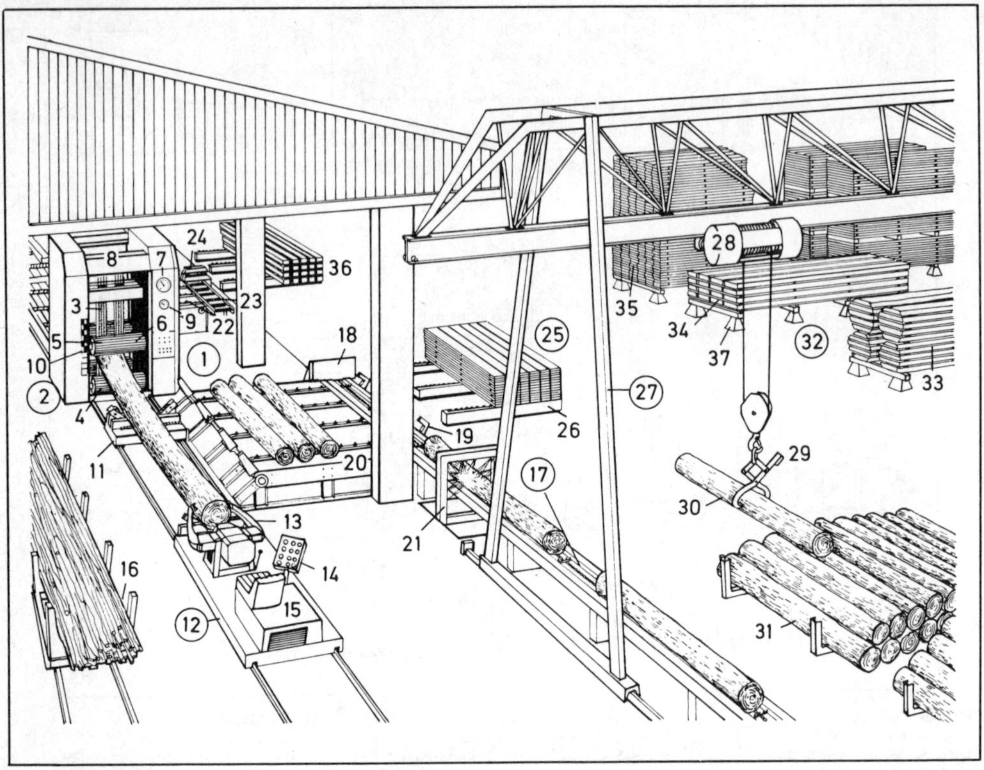

1 das Sägewerk (die Sägehalle)
– *la scierie*
2 das Vollgatter
– *la scie verticale (à châssis* m*) à lames* f *multiples*
3 die Sägeblätter *m*
– *les lames* f *de scie* f
4 die Einzugswalze
– *le rouleau entraîneur cannelé*
5 die Kletterwalze
– *le rouleau guide* m *(le rouleau grimpant)*
6 die Riffelung
– *la cannelure*
7 das Öldruckmanometer
– *le manomètre de pression* f *d'huile* f *(l'indicateur* m *de pression* f *d'huile* f*)*
8 der Gatterrahmen
– *le châssis de scie* f *(le cadre porte-lames* m*)*
9 der Vorschubanzeiger
– *l'indicateur* m *d'avance* f *de coupe* f
10 die Skala für die Durchlaßhöhe
– *l'échelle* f *de hauteur* f *de coupe* f
11 der Hilfswagen
– *le chariot auxiliaire*
12 der Spannwagen
– *le chariot de serrage* m *(à griffes* f*)*
13 die Spannzange
– *la pince de serrage* m *(les griffes* f*)*
14 die Fernbedienung
– *le boîtier de télécommande* f
15 der Antrieb für den Spannwagen
– *le bloc moteur* m *(le système d'entraînement* m *du chariot de serrage* m*)*
16 der Wagen für die Spreißel *m*
– *le chariot de déchets* m *de bois* m *(planchettes* f*, éclats* m *de bois* m*, copeaux* m*)*
17 der Blockzug (Spitzenblockzug)
– *le convoyeur de billes* f *(la chaîne d'avancement* m*)*
18 die Anschlagplatte
– *la plaque de butée* f *(le butoir, le heurtoir)*
19 die Blockauswerfer *m*
– *l'éjecteur* m *de billes* f
20 der Querförderer
– *le convoyeur (le transporteur) transversal*
21 die Waschanlage
– *le laveur*
22 der Kettenquerförderer für Schnittware *f*
– *le convoyeur (le transporteur) transversal de bois* m *scié à chaîne* f *sans fin* f
23 der Rollentisch
– *le chemin de roulement* m
24 die Untertischkappsäge
– *la scie de délignage* m
25 die Vorstapelung
– *la pile de planches* f *(l'empilage* m*)*
26 die Rollenböcke *m*
– *le support à rouleaux* m
27 der Portalkran
– *la grue à portique* m
28 der Kranmotor
– *le moteur de grue* f
29 der Schwedengreifer
– *la pince de serrage* m *orientable (le grappin)*
30 das Rundholz
– *la grume (le bois de grume* f*, le bois rond)*
31 das Rundholzpolter (Sortierpolter)
– *le dépôt de grumes* f *(le tas de grumes* f *sélectionnées)*
32 der Schnittholzplatz
– *le parc de planches* f *(le dépôt de bois* m *débité)*
33 die Blockware
– *les plots (le sciage en plots* m *reproduisant la bille)*
34 die Dielen *f*
– *les madriers* m
35 die Bretter *n*
– *les planches* f
36 die Kanthölzer *n*
– *le bois équarri (les poutrelles* f*, les traverses* f*)*
37 der Stapelstein
– *le support d'empilage* m *en ciment* m

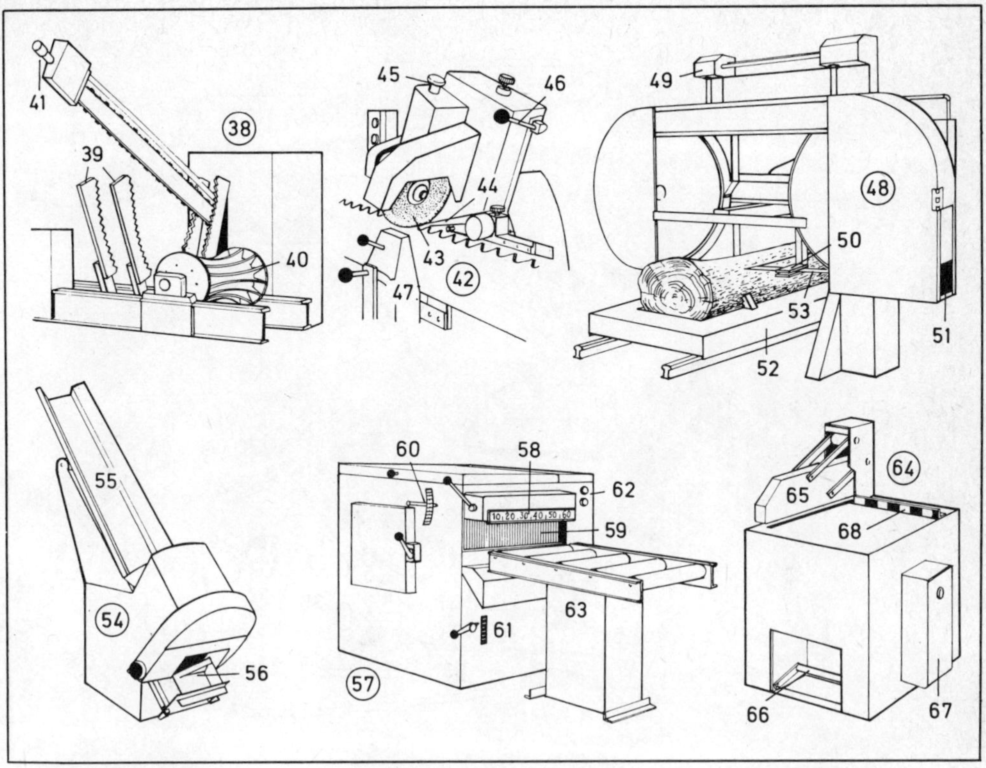

38 die automatische Kettenablängsäge
– *la tronçonneuse à chaîne* f *automatique*
39 die Stammholzhalter *m*
– *les pièces* f *d'appui* m
40 die Vorschubwalze
– *le rouleau entraîneur* m
41 die Kettenspannvorrichtung
– *le tendeur de chaîne* f
42 die automatische Sägenschärfmaschine
– *l'affûteuse* f *(la machine à affûter les lames* f *de scie* f*)*
43 die Schleifscheibe
– *la meule*
44 die Vorschubklinke
– *le doigt d'entraînement* m
45 die Tiefeneinstellung für die Schärfscheibe
– *le dispositif d'ajustage* m *de la meule*
46 der Ausheber für den Schärfkopf
– *le levier de débrayage* m *de l'arbre* m *porte-meule* m
47 die Haltevorrichtung für das Sägeblatt
– *le dispositif de serrage* m *de la lame de scie* f
48 die horizontale Blockbandsäge
– *la scie à ruban* m *horizontale*
49 die Höheneinstellung
– *le dispositif de réglage* m *de la hauteur de coupe* f
50 der Spanabstreifer
– *le frotteur de copeaux* m
51 die Späneabsaugung
– *l'aspirateur de copeaux* m
52 der Transportschlitten
– *le chariot transporteur*
53 das Bandsägeblatt
– *la lame de scie* f *à ruban* m
54 die automatische Brennholzsäge
– *la scie automatique pour le débitage du bois de chauffage* m
55 der Einwurfschacht
– *la goulotte d'alimentation* f
56 die Auswurföffnung
– *le bloc d'éjection* f
57 die Doppelbesäumsäge
– *la scie de délignage* m *à deux lames* f
58 die Breitenskala
– *l'échelle* f *d'épaisseur* f *de débit* m
59 die Rückschlagsicherung (Lamellen *f*)
– *l'écran* m *antiprotection (les lamelles* f *de protection* f*)*
60 die Höhenskala
– *l'échelle* f *de hauteur* f *de trait* m
61 die Vorschubskala
– *l'échelle* f *d'avance* f *de coupe* f
62 die Kontrollampen *f*
– *les voyants* m *lumineux*
63 der Aufgabetisch
– *la table porte-pièces* m
64 die Untertischkappsäge
– *la tronçonneuse animée d'un mouvement de va-et-vient* m
65 der automatische Niederhalter (mit Schutzhaube *f*)
– *le presseur automatique (avec carter* m *protecteur)*
66 der Fußschalter
– *l'interrupteur* m *au pied*
67 die Schaltanlage
– *le bloc de distribution* f
68 der Längenanschlag
– *la butée longitudinale*

1 der Steinbruch, ein Tagebau *m* (Abraumbau)
– ***la carrière,*** *une exploitation à ciel* m *ouvert*
2 der Abraum
– *les terrains* m *morts*
3 das anstehende Gestein
– *la face d'abattage* m
4 das Haufwerk (gelöste Gestein)
– *le déblai*
5 der Brecher, ein Steinbrucharbeiter *m*
– *le carrier*
6 der Keilhammer
– *la masse de carrier* m
7 der Keil
– *le coin*
8 der Felsblock
– *le bloc de roche* f
9 der Bohrer
– *le foreur*
10 der Schutzhelm
– *le casque protecteur*
11 der Bohrhammer (Gesteinsbohrer)
– *le marteau pneumatique (la perforatrice de roche* f*)*
12 das Bohrloch
– *le trou foré*
13 der Universalbagger
– *l'excavateur* m *universel*
14 die Großraumlore
– *le wagonnet de grande capacité* f *(le truc)*
15 die Felswand
– *la paroi rocheuse*
16 der Schrägaufzug
– *le monte-charge incliné*
17 der Vorbrecher
– *le préconcasseur*
18 das Schotterwerk
– *l'atelier* m *de concassage* m
19 der Grobkreiselbrecher; *ähnl.:* Feinkreiselbrecher (Kreiselbrecher)
– *le concasseur giratoire primaire;* anal.: *le concasseur giratoire*
20 der Backenbrecher
– *le concasseur à mâchoires* f
21 das Vibrationssieb
– *le crible vibrant*
22 das Steinmehl
– *le sable de broyage* m
23 der Splitt
– *le gravier de concassage* m
24 der Schotter
– *les pierres* f *concassées (le cailloutis)*
25 der Sprengmeister (Schießmeister)
– *l'artificier* m
26 der Meßstab
– *la jauge*
27 die Sprengpatrone
– *la cartouche*
28 die Zündschnur
– *le cordon d'allumage* m
29 der Füllsandeimer
– *le seau de sable* m *de remplissage* m *du trou de mine* f
30 der Quaderstein
– *la pierre de taille* f
31 die Spitzhacke
– *le pic*
32 die Brechstange
– *le levier (le pied de chèvre* f, *la pince)*
33 die Steingabel
– *la fourche à cailloux* m
34 der Steinmetz
– *le tailleur de pierres* f
35-38 Steinmetzwerkzeug *n*
– ***les outils*** m *du tailleur de pierres* f
35 der Fäustel
– *la massette*
36 der Klöpfel
– *le tampon (la batte)*
37 das Scharriereisen (Breiteisen)
– *la gradine*
38 das schwere Flächeneisen
– *le rustique*

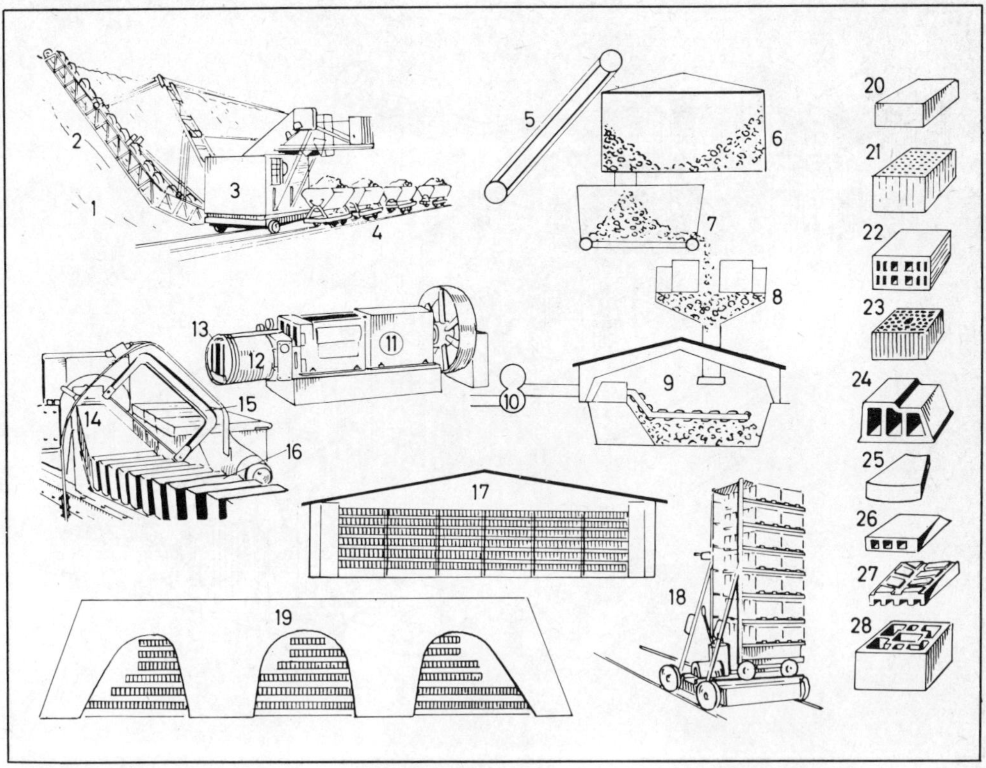

1 die Lehmgrube
– *la glaisière (la carrière d'argile* f*)*
2 der Lehm, ein unreiner Ton *m* (Rohton)
– *la glaise, une argile brute*
3 der Abraumbagger, ein Großraumbagger *m*
– *l'excavateur* m *de terrains* m *morts, un excavateur de grande capacité* f
4 die Feldbahn, eine Schmalspurbahn
– *le chemin de fer* m *à voie* f *étroite*
5 der Schrägaufzug
– *le monte-charge incliné*
6 das Maukhaus
– *la fosse*
7 der Kastenbeschicker (Beschicker)
– *le distributeur linéaire (distributeur* m*)*
8 der Kollergang (Mahlgang)
– *le broyeur à meules* f *verticales (broyeur* m*)*
9 das Walzwerk
– *le broyeur à cylindres* m
10 der Doppelwellenmischer (Mischer)
– *le mélangeur à double hélice* f
11 die Strangpresse (Ziegelpresse)
– *la mouleuse (l'étireuse* f*)*
12 die Vakuumkammer
– *la chambre à vide* m
13 das Mundstück
– *la filière*
14 der Tonstrang
– *le boudin d'argile* f *(le ruban d'argile* f*)*
15 der Abschneider (Ziegelschneider)
– *le coupeur (la coupeuse)*
16 der ungebrannte Ziegel (Rohling)
– *la brique crue (la brique verte)*
17 die Trockenkammer
– *la chambre de séchage* m
18 der Hubstapler (Absetzwagen)
– *le chariot élévateur* m *(chariot* m *déposeur)*
19 der Ringofen (Ziegelofen)
– *le four rond (four* m *à briques* f*)*
20 der Vollziegel (Ziegelstein, Backstein, Mauerstein)
– *la brique pleine (brique* f *de mur* m, *brique* f *cuite, brique* f *de maçonnerie* f*)*
21-22 die Lochziegel *m*
– *les briques* f *creuses*
21 der Hochlochziegel
– *la brique à perforation* f *verticale*
22 der Langlochziegel
– *la brique creuse tubulaire*
23 der Gitterziegel
– *la brique perforée en losanges* m
24 der Deckenziegel
– *la brique pontée de plancher* m
25 der Schornsteinziegel (Radialziegel)
– *la brique de cheminée* f *(brique* f *radiale)*
26 die Tonhohlplatte (der Hourdi, Hourdis, Hourdistein)
– *le hourdis*
27 die Stallvollplatte
– *la brique de pavement* m
28 der Kaminformstein
– *le boisseau*

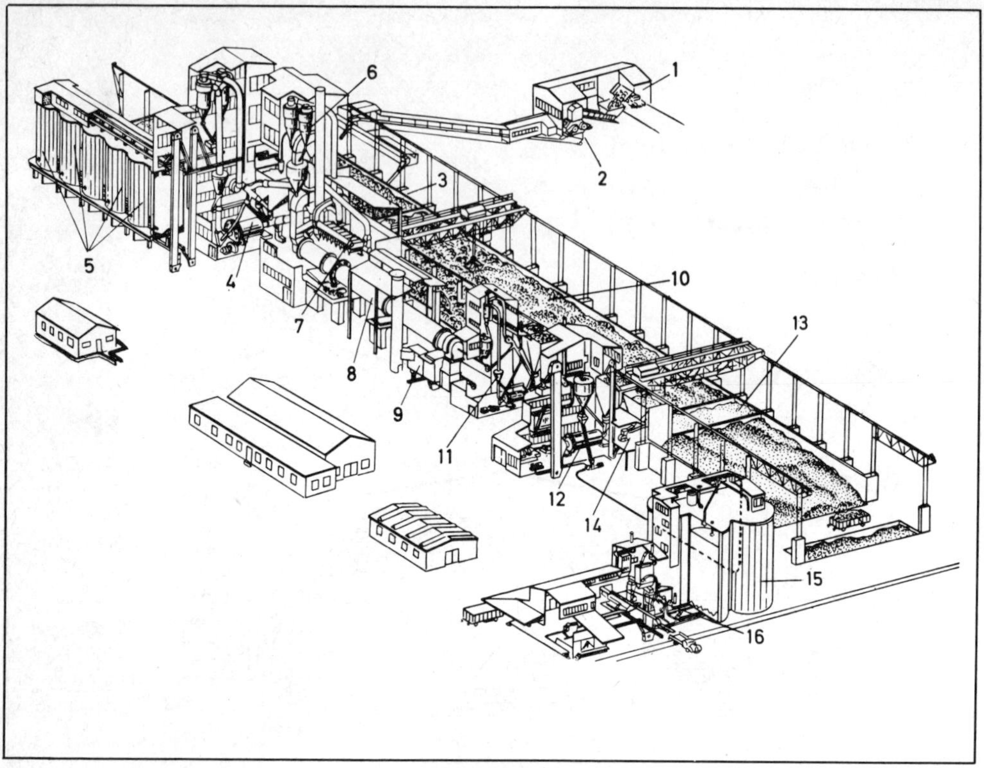

1 die Rohstoffe *m* (Kalkstein *m*, Ton *m* u. Kalksteinmergel *m*)
– *les matières* f *premières (calcaire* m, *argile* f *et calcaire* m *marneux)*
2 der Hammerbrecher
– *le concasseur à marteaux* m
3 das Rohmateriallager
– *le parc de matières* f *premières*
4 die Rohmühle zur Mahlung und gleichzeitigen Trocknung der Rohstoffe *m* unter Verwendung *f* der Wärmetauscherabgase *n*
– *le broyeur de matière* f *pour broyage* m *et séchage* m *simultanés des matières* f *premières avec utilisation* f *des gaz* m *perdus de l'échangeur* m *de chaleur* f
5 die Rohmehlsilos *m od. n* (Homogenisiersilos)
– *les silos* m *de farine* f *crue (silos* m *d'homogénéisation* f*)*
6 die Wärmetauscheranlage (der Zyklonwärmetauscher)
– *l'échangeur* m *de chaleur* f *(l'échangeur* m *de chaleur* f *à cyclone* m*)*
7 die Entstaubungsanlage (ein Elektrofilter *m od. n*) für die Wärmetauscherabgase *n* aus der Rohmühle
– *le dépoussiéreur (un électrofiltre pour les gaz* m *perdus de l'échangeur* m *de chaleur* f, *après leur passage* m *dans le broyeur de matière* f*)*
8 der Drehrohrofen
– *le four rotatif*
9 der Klinkerkühler
– *le refroidisseur de clinker* m
10 das Klinkerlager
– *le parc de clinker* m
11 das Primärluftgebläse
– *la soufflante d'air* m *primaire*
12 die Zementmahlanlage
– *le broyeur de ciment* m
13 das Gipslager
– *le parc à gypse* m
14 die Gipszerkleinerungsmaschine
– *le broyeur à gypse* m
15 der (das) Zementsilo
– *le silo à ciment* m
16 die Zementpackmaschinen *f* für Papierventilsäcke *m*
– *l'ensacheuse* f *de ciment* m *pour sacs* m *en papier* m *à valve* f

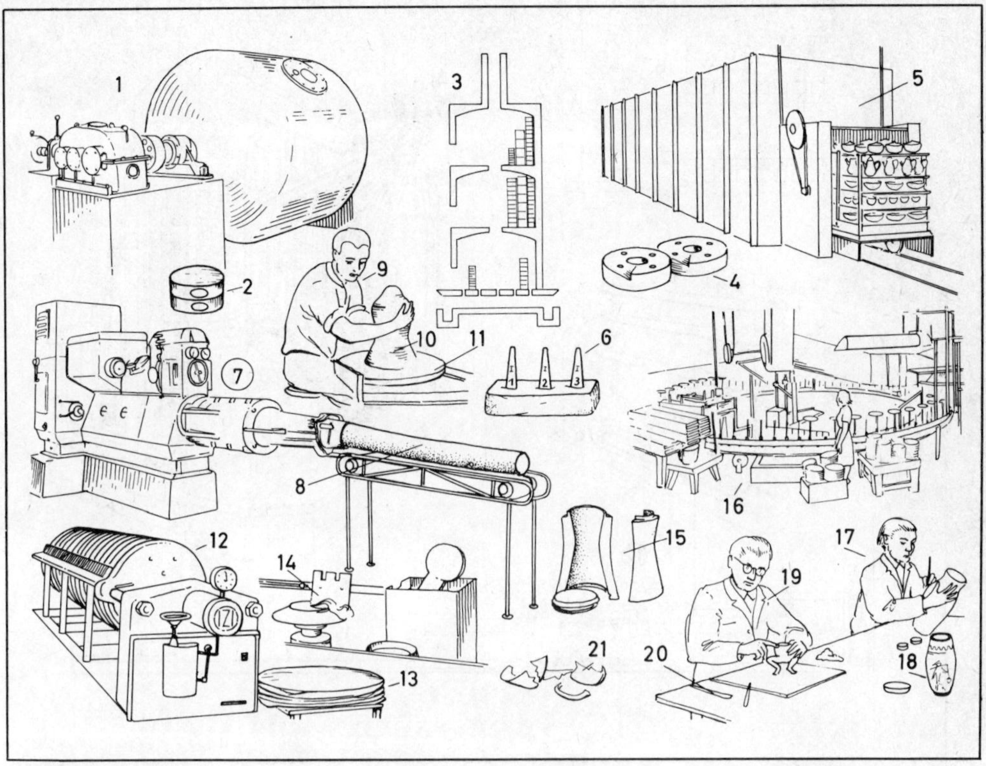

1 die Trommelmühle (Massemühle, Kugelmühle), zur Naßaufbereitung des Rohstoffgemenges *n*
– *le broyeur tubulaire (broyeur* m *à boulets* m*) pour la préparation de la pâte par voie* f *humide*

2 die Probekapsel, mit Öffnung *f* zur Beobachtung des Brennvorgangs *m*
– *les capsules* f *témoins avec une couverture pour observation* f *de la cuisson*

3 der Rundofen [Schema]
– *le four rond [schéma]*

4 die Brennform
– *le moule de chauffe* f

5 der Tunnelofen
– *le four tunnel* m

6 der Segerkegel, zum Messen *n* hoher Hitzegrade *m*
– *le cône de Seger (le cône pyrométrique) pour la mesure de températures* f *élevées*

7 die Vakuumpresse, eine Strangpresse
– *la presse à vide* m*, une presse d'extrusion* f *(produisant le colombin ou boudin* m*)*

8 der Massestrang
– *le colombin de pâte* f *(le boudin de pâte* f*)*

9 der Dreher, beim Drehen *n* eines Formlings *m*
– *le porcelainier ébauchant une pièce* f

10 der Hubel
– *la masse d'argile* f

11 die Drehscheibe; *ähnl.:* die Töpferscheibe
– *le tour de porcelainier* m*;* anal.: *le tour de potier* m

12 die Filterpresse
– *le filtre-presse*

13 der Massekuchen
– *le gâteau de filtre-presse* m

14 das Drehen, mit der Drehschablone
– *le calibrage*

15 die Gießform, zum Schlickerguß *m*
– *le moule pour la barbotine*

16 die Rundtischglasiermaschine
– *la machine circulaire de couverte* f

17 der Porzellanmaler
– *le peintre sur porcelaine* f

18 die handgemalte Vase
– *le vase peint à la main*

19 der Bossierer (Retuscheur)
– *le réparateur (le modeleur)*

20 das Bossierholz (Modellierholz, der Bossiergriffel)
– *la spatule de modeleur* m

21 die Porzellanscherben *f* (Scherben)
– *les débris* m *de porcelaine* f *(les tessons* m*)*

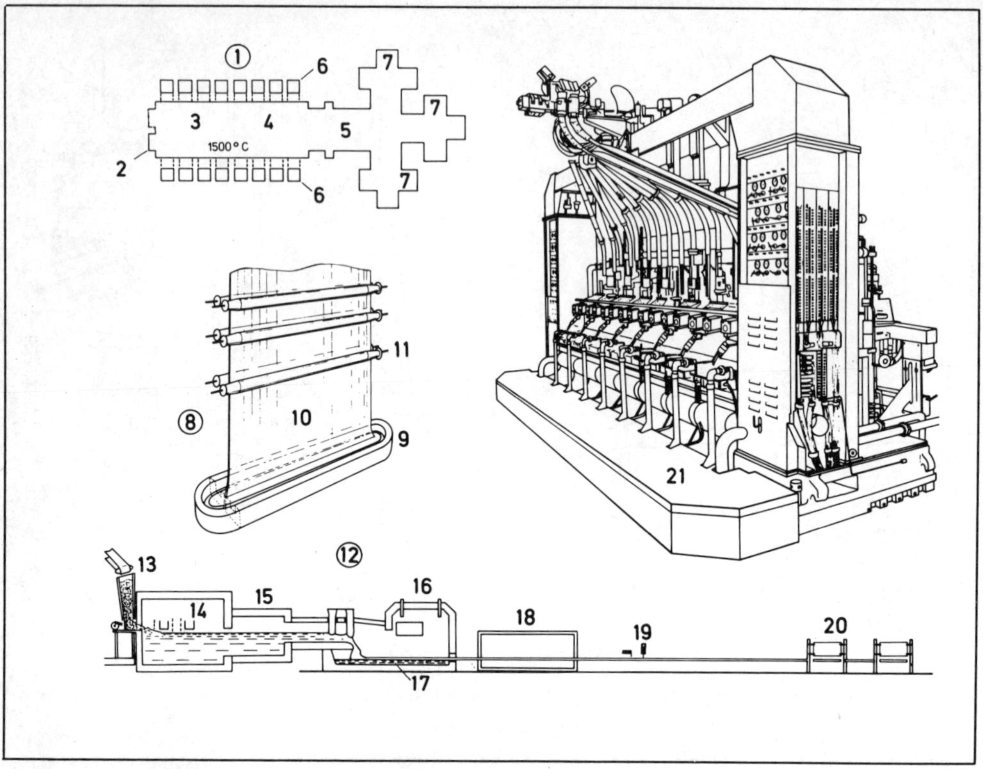

1-20 die Tafelglasherstellung (Flachglasherstellung)
– ***la production du verre à vitres*** *(du verre plat)*

1 die Glasschmelzwanne für das Fourcault-Verfahren [Schema]
– *le four à verre* m *à vitres* f *Fourcault [schéma]*

2 die Einlegevorbauten *m*, für die Gemengeeingabe
– *les niches* f *d'enfournement* m *de la composition (du mélange vitrifiable)*

3 die Schmelzwanne
– *le bassin de fusion* f *(le compartiment, la zone de fusion* f*)*

4 die Läuterwanne
– *le bassin d'affinage* m *(le compartiment, la zone d'affinage* m*)*

5 die Arbeitswannen *f*
– *l'avant-bassin* m

6 die Brenner
– *les brûleurs* m

7 die Ziehmaschinen *f*
– *les étireuses* f *(les machines* f *d'étirage* m*)*

8 die Fourcault-Glasziehmaschine
– *l'étireuse* f *Fourcault*

9 die Ziehdüse
– *la débiteuse*

10 das aufsteigende Glasband
– *la feuille de verre* m *ascendante*

11 die Transportwalzen *f*
– *les rouleaux* m *porteurs*

12 der Floatglasprozeß [Schema]
– *le procédé de verre* m *flotté (de verre* m *«float») [schéma]*

13 der Gemengetrichter
– *le distributeur de composition* f

14 die Schmelzwanne
– *le bassin de fusion* f

15 die Abstehwanne
– *la zone de braise* f

16 das Floatbad unter Schutzgas *n*
– *le bain de flottage* m *sous gaz* m *inerte*

17 das geschmolzene Zinn
– *l'étain* m *fondu*

18 der Rollenkühlofen
– *l'étenderie* f *à rouleaux* m *(la galerie de recuisson* f*)*

19 die Schneidevorrichtung
– *le dispositif de coupe* f

20 die Stapler *m*
– *les empileuses* f

21 die IS-(Individual-section-)Maschine, eine Flaschenblasmaschine
– *la machine «IS» (la machine sectionnelle), une machine de fabrication* f *du verre creux (verre* m *à bouteilles* f*)*

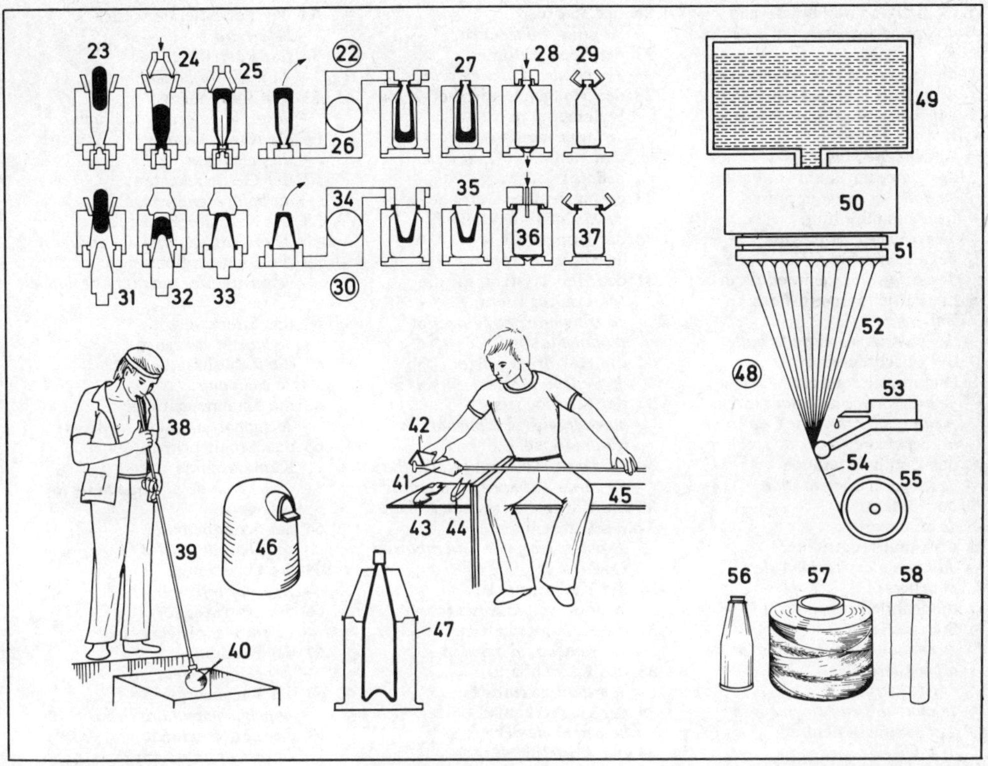

22-37 die Blasschemata *n*
– ***les procédés*** m ***de soufflage*** m
22 der doppelte Blasprozeß
– *le procédé soufflé-soufflé*
23 die Schmelzgutaufgabe
– *l'introduction* f *de la paraison*
24 das Vorblasen
– *le perçage*
25 das Gegenblasen
– *le contre-soufflage*
26 die Überführung von der Preßform in die Blasform
– *le transfert du moule ébaucheur au moule finisseur*
27 die Wiedererhitzung
– *le réchauffage (l'uniformisation* f*)*
28 das Blasen (die Vakuumformung)
– *le soufflage (le moulage sous vide* m*)*
29 der Fertiggutausstoß
– *la sortie du verre creux fini*
30 das Preß- und Blasverfahren
– *le procédé pressé-soufflé*
31 die Schmelzgutaufgabe
– *l'introduction* f *de la paraison*
32 der Preßstempel
– *le poinçon ébaucheur*
33 das Pressen
– *le pressage*
34 die Überführung von der Preßform in die Blasform
– *le transfert du moule ébaucheur au moule finisseur*
35 das Wiedererhitzen
– *le réchauffeur (l'uniformisation* f*)*
36 das Blasen (die Vakuumformung)
– *le soufflage par le vide*
37 der Fertiggutausstoß
– *la sortie du verre creux fini*
38-47 das Glasmachen (Mundblasen, die Formarbeit)
– ***le travail manuel du verre creux*** *(le soufflage à la bouche, le moulage par soufflage* m*)*
38 der Glasmacher (Glasbläser)
– *le souffleur de verre* m
39 die Glasmacherpfeife
– *la canne du souffleur*
40 das Külbel (Kölbchen)
– *la paraison (le poste, l'ébauche* f*)*
41 das mundgeblasene Kelchglas
– *le verre à pied* m *soufflé à la bouche*
42 die Pitsche, zum Formen *n* des Kelchglasfußes *m*
– *les planchettes* f *pour formage* m *du pied de verre* m
43 die Fassonlehre
– *le calibre de verrier* m
44 das Zwackeisen
– *les fers* m *à étrangler (les pinces* f *à étrangler)*
45 der Glasmacherstuhl
– *le banc de verrier* m
46 der verdeckte Glashafen
– *le pot fermé*
47 die Form, zum Einblasen *n* des vorgeformten Külbels *n*
– *le moule pour soufflage* m *de l'ébauche* f
48-55 die Herstellung von Textilglas *n*
– ***la production de verre*** m ***textile***
48 das Düsenziehverfahren
– *l'étirage* m *mécanique à travers des filières* f *(la production de fils* m *continus)*
49 der Glasschmelzofen
– *le four de fusion* f *du verre*
50 die Wanne mit Glasschmelze *f*
– *la cuve remplie de verre* m *fondu*
51 die Lochnippel *m*
– *les tétons* m *de filière* f
52 die Textilglas-Elementarfäden *m*
– *les filaments* m *primaires de verre* m
53 die Schlichtung
– *l'ensimage* m
54 der Spinnfaden
– *le fil (le filé) de verre* m
55 der Spulenkopf
– *la bobine*
56-58 Textilglasprodukte *n*
– ***les produits*** m ***en verre*** m ***textile***
56 das Textilglasgarn
– *le fil de silionne* f
57 das gefachte Textilglasgarn
– *le roving (le stratifil) en bobine* f
58 die Textilglasmatte
– *le feutre de verre* m*, le mat de verre* m

1-13 die Baumwollanlieferung
– ***l'approvisionnement* m *en coton* m**
1 die erntereife Baumwollkapsel
– *la capsule mûre du cotonnier*
2 der fertige Garnkötzer (Cops, Kops, die Bobine)
– *la cannette pour filés* m
3 der gepreßte Baumwollballen
– *la balle de coton* m *pressé*
4 die Juteumhüllung
– *l'enveloppe* f *de jute* m
5 der Eisenreifen
– *le cerclage (cercle* m *en fer* m*)*
6 die Partienummern *f* des Ballens *m*
– *les marquages* m *de la balle*
7 der Mischballenöffner (Baumwollereiniger)
– *le brise-balles de cotons* m *mélangés (nettoyeuse* f *de coton* m*, dépoussiéreuse* f *de coton* m*)*
8 das Zuführlattentuch
– *le tablier d'alimentation* f
9 der Füllkasten
– *la chargeuse*
10 der Staubsaugtrichter
– *la hotte d'aspiration* f *des poussières* f
11 die Rohrleitung, zum Staubkeller *m*
– *la conduite aboutissant à la cave à poussières* f
12 der Antriebsmotor
– *le moteur d'entraînement* m
13 das Sammellattentuch
– *le tablier de sortie* f
14 die Doppelschlagmaschine
– ***le batteur double***
15 die Wickelmulde
– *l'auge* f *des rouleaux* m *de nappe* f
16 der Kompressionshaken (Pressionshaken)
– *le levier de pression* f
17 der Maschineneinschalthebel
– *le levier de démarrage* m
18 das Handrad, zum Heben *n* und Senken *n* der Pressionshaken *m*
– *le volant de réglage* m *vertical du levier de pression* f
19 das bewegliche Wickelumschlagbrett
– *la planche mobile guide-nappe* m
20 die Preßwalzen *f*
– *les rouleaux* m *presseurs*
21 die Haube, für das Siebtrommelpaar
– *le carter des deux tambours* m *perforés*
22 der Staubkanal
– *le canal d'aspiration* f *des poussières* f
23 die Antriebsmotoren *m*
– *les moteurs* m *d'entraînement* m
24 die Welle, zum Antrieb *m* der Schlagflügel *m*
– *l'arbre* m *d'entraînement* m *du volant batteur* m
25 der dreiflüglige Schläger
– *le volant batteur* m *à trois règles* f
26 der Stabrost
– *la grille à barreaux* m
27 der Speisezylinder
– *le cylindre d'alimentation* f
28 der Mengenregulierhebel, ein Pedalhebel *m*
– *le levier régulateur d'alimentation* f*, un levier à pédale* f
29 das stufenlose Getriebe
– *le variateur de vitesse* f
30 der Konuskasten
– *le carter des cônes* m
31 das Hebelsystem, für die Materialregulierung
– *la tringlerie de réglages* m *d'alimentation* f
32 die Holzdruckwalze
– *le rouleau presseur en bois* m
33 der Kastenspeiser
– *la chargeuse à alimentation* f *automatique*
34 die Deckelkrempel (Karde, Kratze)
– ***la carde à chapeaux*** m *(carde* f*)*
35 die Kardenkanne, zur Ablage des Kardenbandes *n*
– *le pot de réception* f *du ruban de carde* f
36 der Kannenstock
– *le porte-pot de carde* f
37 die Kalanderwalzen *f*
– *les rouleaux d'appel* m
38 das Kardenband
– *le ruban de carde* f
39 der Hackerkamm
– *le peigne détacheur*
40 der Abstellhebel
– *le levier d'arrêt* m
41 die Schleiflager *n*
– *les paliers* m *de la molette d'aiguisage* m
42 der Abnehmer
– *le peigneur*
43 die Trommel (der Tambour)
– *le grand tambour*
44 die Deckelputzvorrichtung
– *le nettoyeur de chapeaux* m
45 die Deckelkette
– *la chaîne (chapelet* m*) de chapeaux* m
46 die Spannrollen *f*, für die Deckelkette
– *les galets* m *tendeurs de la chaîne de chapeaux* m
47 der Batteurwickel
– *le rouleau de nappe* f *du batteur*
48 das Wickelgestell
– *le guide du rouleau de nappe* f
49 der Antriebsmotor, mit Flachriemen *m*
– *le moteur d'entraînement* m *à courroie* f *plate*
50 die Hauptantriebsscheibe
– *la poulie principale d'entraînement* m
51 das Arbeitsprinzip der Karde
– *le schéma de principe* m *de la carde*
52 der Speisezylinder
– *le cylindre d'alimentation* f
53 der Vorreißer (Briseur)
– *le briseur*
54 der Vorreißerrost
– *la grille du briseur*
55 der Tambourrost
– *la grille du grand tambour*
56 die Kämmaschine
– ***la peigneuse***
57 der Getriebekasten
– *la boîte à engrenage* m
58 der Kehrstreckenwickel
– *le rouleau de nappe* f *d'étirage* m
59 die Bandverdichtung
– *le serrage des rubans* m *de nappe* f
60 das Streckwerk
– *le banc d'étirage* m
61 die Zähluhr
– *le compteur*
62 die Kammzugablage
– *le support de ruban* m *peigné*
63 das Arbeitsprinzip der Kämmaschine
– *le schéma de principe* m *de la peigneuse*
64 das Krempelband
– *le ruban de carde* f
65 die Unterzange
– *la pince inférieure*
66 die Oberzange
– *la pince supérieure*
67 der Fixkamm
– *le peigne nacteur*
68 der Kreiskamm
– *le peigne circulaire*
69 das Ledersegment
– *le secteur en cuir* m
70 das Nadelsegment
– *le secteur à dents* f
71 die Abreißzylinder *m*
– *les cylindres* m *(la table) d'arrachage* m
72 der Kammzug
– *le ruban peigné*

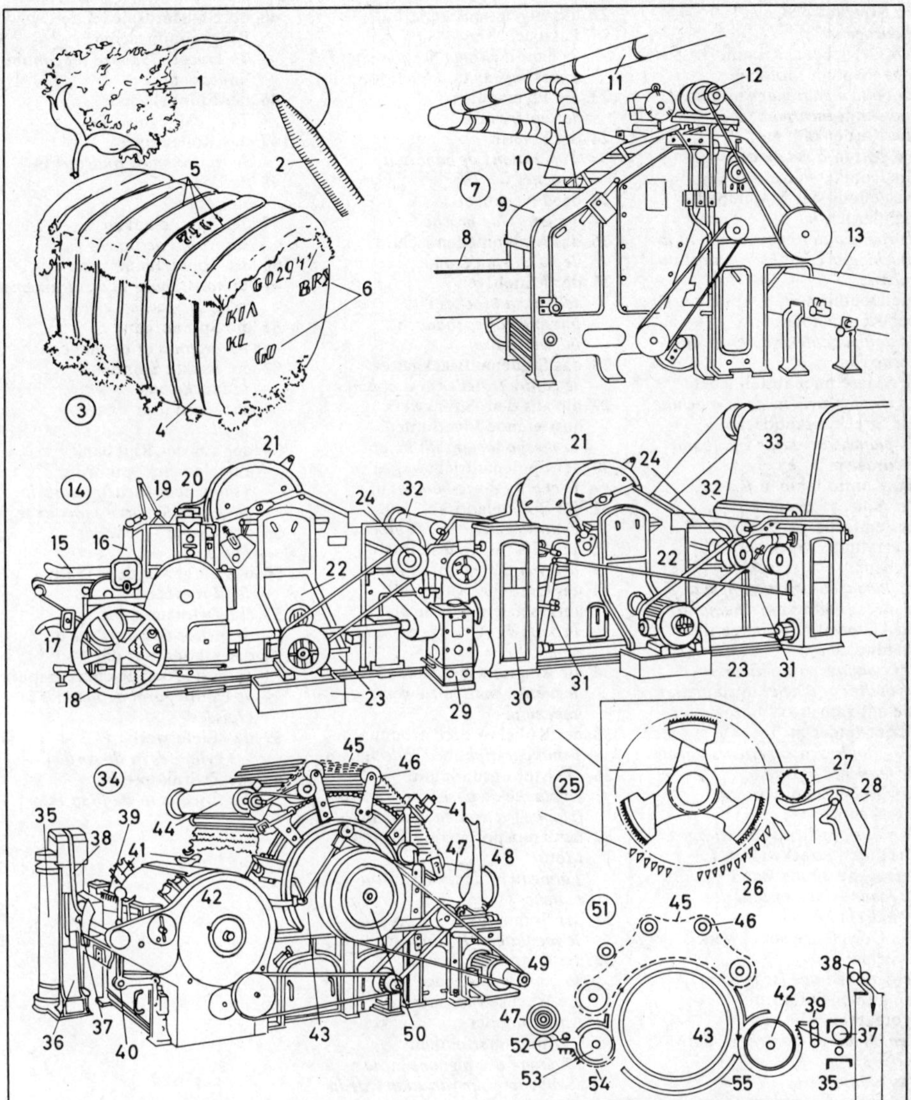
1
2
3
4
5
6
7
8
9
10
11
12
13
14
15
16
17
18
19
20
21
22
23
24
25
26
27
28
29
30
31
32
33
34
35
36
37
38
39
40
41
42
43
44
45
46
47
48
49
50
51
52
53
54
55
56
57
58
59
60
61
62
63
64
65
66
67
68
69
70
71
72

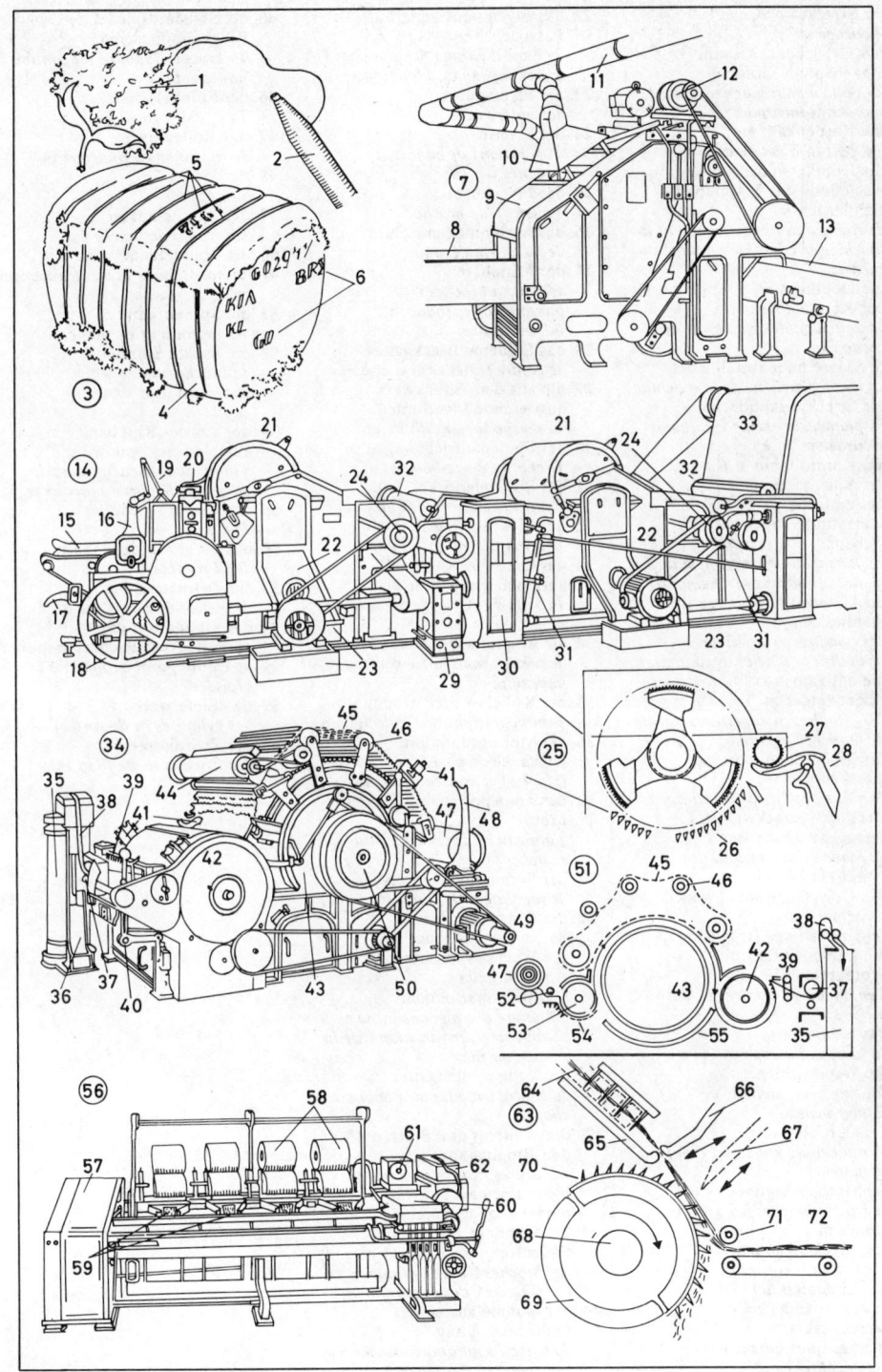

1 **die Strecke**
– ***l'étirage*** m
2 der Getriebekasten, mit eingebautem Motor *m*
– *la boîte à engrenage* m *avec moteur* m *incorporé*
3 die Kardenkannen *f*
– *les pots* m *à ruban* m
4 die Kontaktwalze, zur Abstellung der Maschine bei Bandbruch *m*
– *le rouleau détecteur, arrêtant la machine en cas* m *de rupture* f *du ruban*
5 die Doublierung (Doppelung) der Krempelbänder *n*
– *le doublage des rubans* m *de carde* f
6 der Maschinenabstellhebel
– *le levier d'arrêt* m *de la machine*
7 die Streckwerkabdeckung
– *la planche de garde* f *du banc d'étirage* m
8 die Kontrollampen *f*
– *les lampes* f *témoins*
9 das einfache Vierzylinderstreckwerk [Schema]
– *le banc d'étirage* m *simple à quatre cylindres* m *[schéma* m*]*
10 die Unterzylinder *m* (gerillte Stahlwalzen *f*)
– *les cylindres* m *inférieurs (cylindres* m *d'acier* m *cannelés)*
11 die mit Kunststoff bezogenen Oberzylinder *m*
– *les cylindres* m *supérieurs garnis de matière* f *plastique*
12 das grobe Band, vor dem Strecken *n*
– *le ruban grossier avant étirage* m
13 das durch Streckwalzen *f* verzogene dünne Band
– *le ruban mince sortant des cylindres* m *étireurs*
14 das Hochverzugstreckwerk [Schema]
– *le grand étirage [schéma* m*]*
15 die Lunteneinführung (Vorgarneinführung)
– *l'entonnoir* m *d'entrée* m *des mèches* f
16 das Laufleder
– *la lanière d'étirage* m
17 die Wendeschiene
– *la tringle (baguette* f*) de changement* m
18 die Durchzugwalze
– *le rouleau de pression* f *(rouleau* m *flotteur)*
19 der Hochverzugflyer
– *le banc à broches* f *à grand étirage* m
20 die Streckenkannen *f*
– *les pots* m *d'étirage* m
21 das Einlaufen der Streckenbänder *n* ins Streckwerk *n*
– *l'entrée* f *des rubans* m *dans le banc d'étirage* m
22 das Flyerstreckwerk, mit Putzdeckel *m*
– *le banc d'étirage* m *à broches* f *avec chapeau* m *de nettoyage* m
23 die Flyerspulen *f*
– *les bobines* f
24 die Flyerin
– *l'opération* f *de banc* m *à broches* f
25 der Flyerflügel
– *l'ailette* f *de broche* f
26 das Maschinenendschild
– *le flasque du banc*
27 der Mittelflyer
– *le banc à broches* f *intermédiaires (banc* m *intermédiaire)*
28 das Spulenaufsteckgatter
– *le cantre (ratelier* m *à bobines* f*)*
29 die aus dem Streckwerk *n* austretende Flyerlunte
– *la mèche sortant du banc*
30 der Spulenantriebswagen
– *le chariot porte-bobines* m
31 der Spindelantrieb
– *l'entraînement* m *des broches* f
32 der Maschinenabstellhebel
– *le levier d'arrêt* m *du banc*
33 der Getriebekasten, mit aufgesetztem Motor *m*
– *la boîte à engrenage* m *portant le moteur*
34 **die Ringspinnmaschine** (Trossel)
– ***le métier continu (le continu) à anneau*** m
35 der Kollektordrehstrommotor
– *le moteur triphasé à collecteur* m
36 die Motorgrundplatte
– *la plaque de base* f *du moteur (plaque* f *d'assise* f*, socle* m*)*
37 der Transportierring für den Motor
– *l'anneau* m *de levage* m *du moteur*
38 der Spinnregler
– *le régulateur de filage* m
39 der Getriebekasten
– *la boîte à engrenage* m
40 die Wechselradschere zur Änderung der Garnnummerfeinheit
– *la têtière des pignons* m *de change* m *pour variation* f *de la finesse du filé*
41 das volle Spulengatter
– *le cantre (ratelier* m *à bobines* f*) chargé*
42 die Wellen *f* und Stützen *f* für den Ringbankantrieb
– *les arbres* m *et montants* m *d'entraînement* m *de la plate-bande porte-anneaux* m
43 die Spindeln *f*, mit den Fadentrennern *m* (Separatoren)
– *les broches* f *avec antimariages* m *(plaques* f *de séparation* f*)*
44 der Sammelkasten der Fadenabsaugung
– *la boîte d'aspiration* f *des mèches* f *cassées*
45 **die Standardspindel** der Ringspinnmaschine
– ***la broche standard*** *du continu à anneau* m
46 der Spindelschaft
– *la tige de broche* f
47 das Rollenlager
– *le roulement à rouleaux* m
48 der Wirtel
– *la noix*
49 der Spindelhaken
– *le crochet de broche* f
50 die Spindelbank
– *la noix (poulie* f*) d'entraînement* m *de la broche*
51 die Spinnorgane *n*
– *les organes* m *de filage* m
52 die nackte Spindel
– *la broche nue*
53 das Garn (der Faden)
– *le fil*
54 der auf der Ringbank eingelassene Spinnring
– *l'anneau* m *encastré dans la plate-bande porte-anneaux* m
55 der Läufer (Traveller)
– *le curseur*
56 das aufgewundene Garn
– *le fil renvidé*
57 **die Zwirnmaschine**
– ***le métier de retordage*** m
58 das Gatter, mit den aufgesteckten Fachkreuzspulen *f*
– *le cantre garni de bobines* f *croisées*
59 das Lieferwerk
– *les cylindres* m *de sortie* f
60 die Zwirnkopse *m*
– *les fuseaux* m *de fil* m *retors*

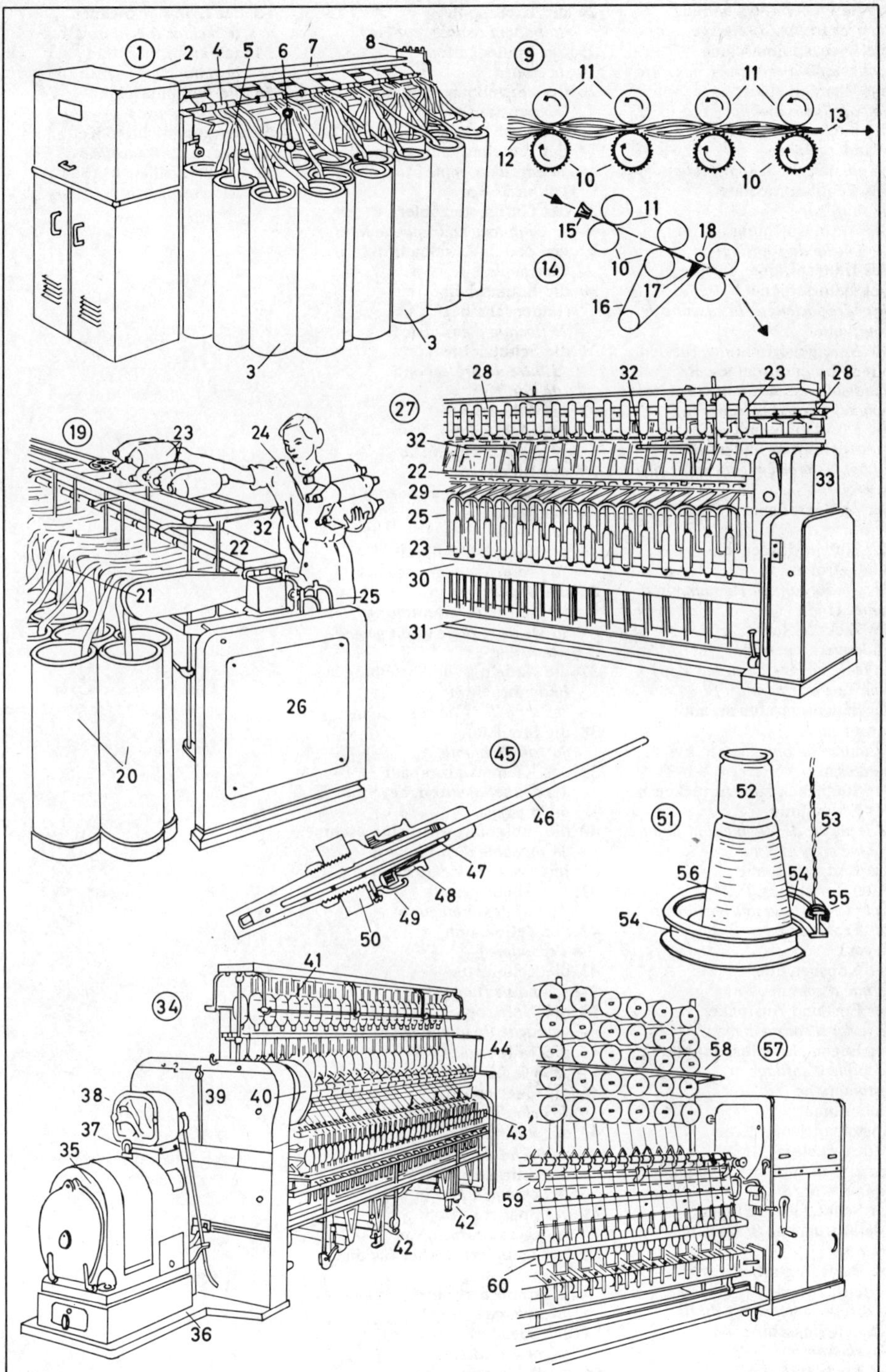
1
2
3
4
5
6
7
8
9
10
11
12
13
14
15
16
17
18
19
20
21
22
23
24
25
26
27
28
29
30
31
32
33
34
35
36
37
38
39
40
41
42
43
44
45
46
47
48
49
50
51
52
53
54
55
56
57
58
59
60

1-57 die Webereivorbereitung
– ***la préparation du tissage***
1 die Kreuzspulmaschine
– *le bobinoir à renvidage* m *croisé*
2 das Wandergebläse
– *la soufflante mobile*
3 die Laufschiene, für das Wandergebläse
– *la glissière de la soufflante*
4 das Ventilatorgebläse
– *le souffleur*
5 die Ausblasöffnung
– *la bouche de soufflage* m
6 das Haltegestänge, für die Ventilatorschiene
– *le cadre porteur de la glissière de soufflante* f
7 die Anzeigevorrichtung, für den Kreuzspulendurchmesser
– *l'indicateur* m *de diamètre* m *des bobines* f *croisées (cônes* m*)*
8 die Kreuzspule, mit kreuzgeführten Fäden *m*
– *la bobine croisée (cône* m*) à fils* m *croisés*
9 der Spulenrahmen
– *le cantre à cônes* m
10 der Nutenzylinder (die Schlitztrommel)
– *le cylindre cannelé (tambour* m *à fentes* f*)*
11 der Zickzackschlitz, zur Fadenverkreuzung
– *la fente en zig-zag* m *(en V* m*) pour le croisement du fil*
12 der Seitentragrahmen, mit Motor *m*
– *la têtière de renvideur* m *avec moteur* m
13 der Stellhebel, zum Abrücken *n* der Kreuzspule
– *le levier de dégagement* m *de la bobine croisée*
14 das Endgestell, mit Filtereinrichtung *f*
– *la têtière en bout* m *avec filtre* m
15 der Trosselkops
– *le cops*
16 der Kopsbehälter
– *le bac à cops* m
17 der Ein- und Ausrücker
– *le levier d'embrayage* m
18 der Bügel, zur Selbsteinfädlung
– *le guide d'enfilage* m *automatique*
19 die automat. Abstellvorrichtung, bei Fadenbruch *m*
– *le casse-fil [arrêt* m *automatique quand le fil casse]*
20 der Schlitzfadenreiniger
– *l'épurateur* m *de fil* m *à lumière* f *réglable*
21 die Belastungsscheibe, zur Fadenspannung
– *le disque de tension* f *du fil*
22 die Zettelmaschine
– *l'ourdissoir* m
23 der Ventilator
– *le ventilateur*
24 die Kreuzspule
– *la bobine croisée (cops* m*)*
25 das Spulengatter
– *le cantre*
26 der verstellbare Kamm (Expansionskamm)
– *le peigne extensible*
27 das Zettelmaschinengestell
– *le bâti d'ensouple* f *de l'ourdissoir* m
28 der Garnmeterzähler
– *le compteur métrique de fil* m
29 der Zettel (Zettelbaum)
– *l'ensouple* f
30 die Baumscheibe (Fadenscheibe)
– *le flasque d'ensouple* f
31 die Schutzleiste
– *la latte de protection* f *(de garde* f*)*
32 die Anlegewalze (Antriebswalze)
– *le cylindre entraîneur*
33 der Riemenantrieb
– *la transmission à courroie* f
34 der Motor
– *le moteur*
35 das Einschaltfußbrett
– *la pédale d'embrayage* m
36 die Schraube, zur Kammbreiteveränderung
– *la vis de réglage* m *du peigne extensible*
37 die Nadeln *f*, zur Abstellung bei Fadenbruch *m*
– *les lamelles* f *de casse-fil* m
38 die Streifstange
– *la tringle mobile*
39 das Klemmwalzenpaar
– *les deux rouleaux* m *de tension* f *de la nappe*
40 die Indigofärbeschlichtmaschine
– *la machine d'encollage* m *et de teinture* f *à l'indigo* m
41 das Ablaufgestell
– *le bâti de dérouleur* m
42 der Zettelbaum
– *l'ensouple* f
43 die Zettelkette
– *la chaîne (nappe* f*)*
44 der Netztrog
– *la bâche de mouillage* m
45 die Tauchwalze
– *le cylindre plongeur*
46 die Quetschwalze
– *le cylindre exprimeur*
47 der Färbetrog
– *la bâche de teinture* f
48 der Luftgang
– *le passage à l'air* m
49 der Spültrog
– *la bâche de rinçage* m
50 der Zylindertrockner für die Vortrocknung
– *le séchoir à cylindres* m *pour le préséchage*
51 der Speicherkompensator
– *le compensateur de tension* f
52 die Schlichtmaschine
– *l'encolleuse*
53 der Zylindertrockner
– *le séchoir à cylindres* m
54 das Trockenteilfeld
– *la rame élargisseuse*
55 die Bäummaschine
– *l'ensoupleuse* f
56 der geschlichtete Kettbaum
– *l'ensouple* f *encollée*
57 die Preßrollen *f*
– *les rouleaux* m *presseurs*

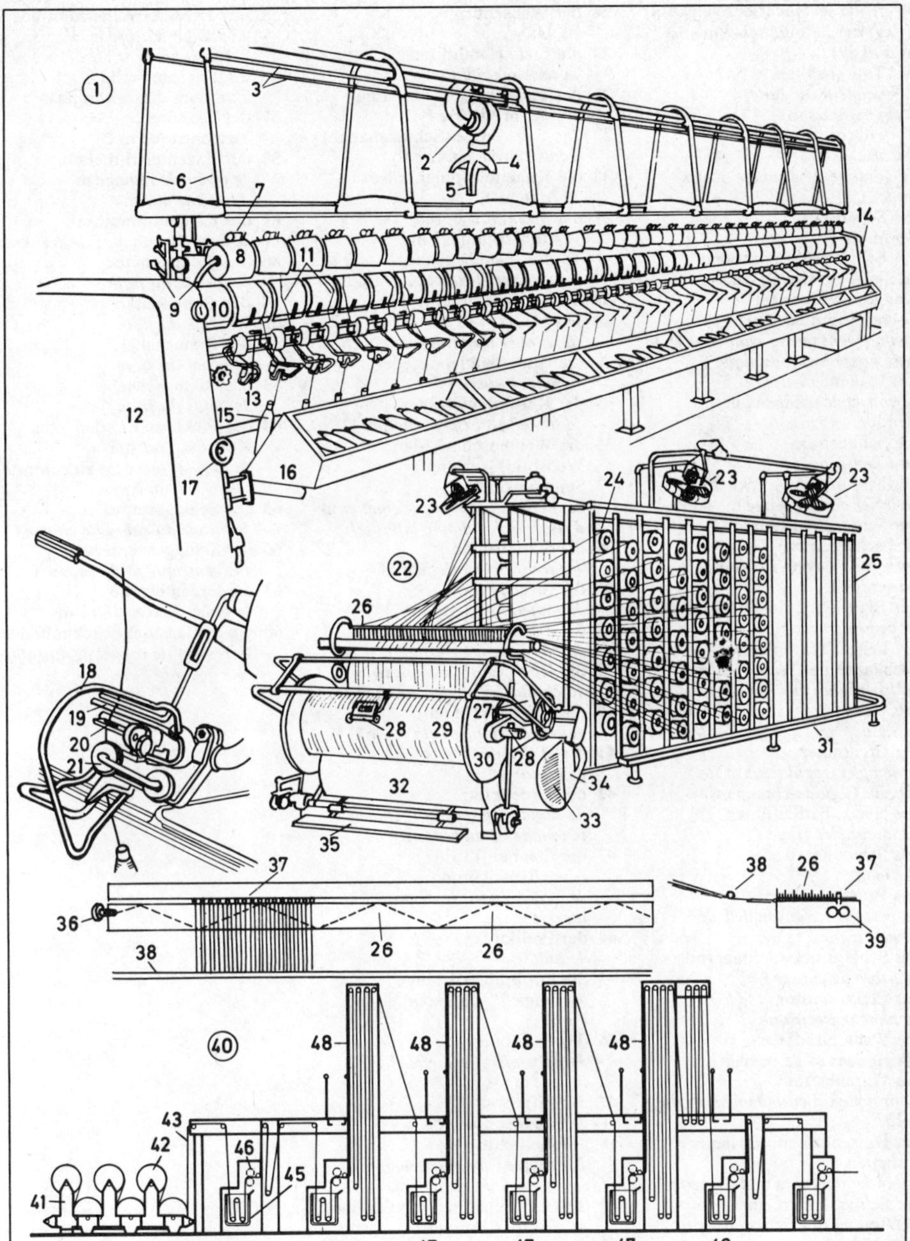
1
3
2
4
5
6
7
8
9
10
11
12
13
14
15
16
17
18
19
20
21
22
23
24
25
26
27
28
29
30
31
32
33
34
35
36
37
38
39
40
41
42
43
44
45
46
47
48
49
50
51
52
53
54
55
56
57

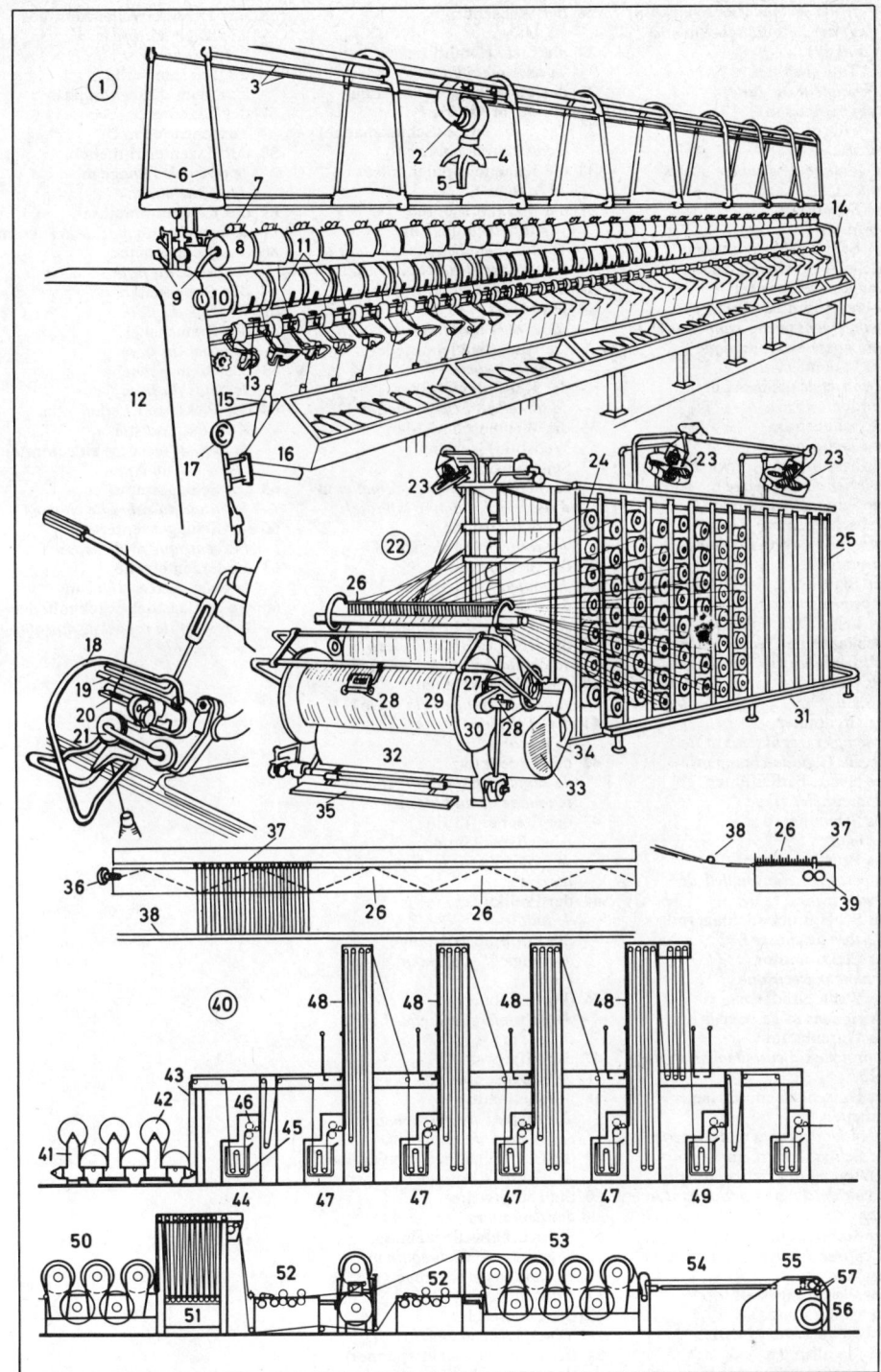

1 **die Webmaschine** (der Webstuhl)
– ***le m'etier automatique*** *(m'etier* m *à tisser)*
2 der Tourenzähler
– *le compteur de duites* f *(compte-tours* m*)*
3 die Führungsschiene der Schäfte *m*
– *la glissière de guidage* m *des lames* f
4 die Schäfte *m*
– *les lames* f
5 der Schußwechselautomat (Revolverwechsel), zum Kanettenwechsel *m*
– *le chargeur à barillet* m *avec changement* m *des cannettes* f *par chasse* f *automatique*
6 der Ladendeckel
– *le couvercle (chapeau* m*) du battant*
7 die Schußspule
– *la canette*
8 der Ein- und Ausrückhebel
– *le levier d'embrayage* m
9 der Schützenkasten, mit Webschützen *m*
– *la boîte à navettes* f *avec ses navettes* f
10 das Blatt (Riet, der Rietkamm)
– *le peigne (ros* m*)*
11 die Leiste (Warenkante, Webkante, der Webrand, Rand)
– *la lisière du tissu*
12 die Ware (das fertige Gewebe)
– *le tissu*
13 der Breithalter
– *le templet (régulateur* m *de largeur* f, *guide-champ* m*)*
14 der elektr. Fadenfühler
– *le tâteur électrique*
15 das Schwungrad
– *le volant*
16 das Brustbaumbrett
– *la poitrinière (ensouple* f *de devant* m*)*
17 der Schlagstock (Schlagarm)
– *le sabre de chasse* f
18 der Elektromotor
– *le moteur électrique*
19 die Wechselräder *n*
– *les pignons* m *de change* m
20 der Warenbaum
– *l'ensouple* f *d'enroulement* m *du tissu*
21 der Hülsenkasten, für leere Kanetten *f*
– *le boîtier des tubes* m *de canette* f
22 der Schlagriemen, zur Betätigung des Schlagarms *m*
– *le cuir de chasse* f *actionnant le sabre*
23 der Sicherungskasten
– *le coffret de coupe-circuit* m *fusible* m
24 das Webstuhlgestell (der Webstuhlrahmen)
– *le bâti du métier à tisser*
25 die Metallspitze
– *la pointe métallique de la navette*
26 der Webschütz
– *la navette*
27 die Litze (Drahtlitze)
– *la lisse métallique*
28 das Fadenauge (Litzenauge)
– *l'œillet* m *de lisse* f
29 das Fadenauge (Schützenauge)
– *l'œillet* m *de navette* f
30 die Kanette (Spulenhülse)
– *la canette*
31 die Metallhülse, für Tastfühlerkontakt *m*
– *le tube métallique établissant le contact avec le tâteur de navette* f
32 die Aussparung, für den Tastfühler
– *la rainure du tâteur de navette* f
33 die Kanettenklemmfeder
– *le pince-canette*
34 der Kettfadenwächter
– *la lamelle du casse-chaîne*
35 die Webmaschine (der Webstuhl) [schemat. Seitenansicht]
– *le métier automatique (métier* m *à tisser) [élévation* f *latérale]*
36 die Schaftrollen *f*
– *les rouleaux* m *de lisses* f
37 der Streichbaum
– *le rouleau porte-fil* m
38 die Teilschiene
– *la baguette d'enverjure* f
39 die Kette (der Kettfaden)
– *la chaîne (fil* m *de chaîne* f*)*
40 das Fach (Webfach)
– *le pas de chaîne* f *(la foule* f*)*
41 die Weblade
– *le battant*
42 der Ladenklotz
– *la semelle du battant (couche* f, *plaquage* m *du battant)*
43 der Stecher für die Abstellvorrichtung
– *le piqueur pour le dispositif d'arrêt* m
44 der Prellklotz
– *le butoir*
45 die Pufferabstellstange
– *la tringle d'effacement* m *du butoir*
46 der Brustbaum
– *la poitrinière (ensouple* f *de devant* m*)*
47 die Riffelwalze
– *le cylindre cannelé*
48 der Kettbaum
– *l'ensouple* f *de derrière* m *(ensouple* f *de tissage* m*)*
49 die Garnscheibe (Baumscheibe)
– *le plateau d'ensouple* f
50 die Hauptwelle
– *le vilebrequin*
51 das Kurbelwellenzahnrad
– *le pignon de vilebrequin* m
52 die Ladenschubstange
– *la bielle de semelle* f
53 die Ladenstelze
– *l'épée* f *de chasse* f
54 der Spanner (Schaftspanner)
– *le tendeur [du fil] de lisse* f
55 das Exzenterwellenzahnrad
– *le pignon d'arbre* m *à excentrique* m
56 die Exzenterwelle
– *l'arbre* m *à excentrique* m
57 der Exzenter
– *l'excentrique* m
58 der Exzentertritthebel
– *le levier de réglage* m *d'excentrique* m
59 die Kettbaumbremse
– *le frein d'ensouple* f *de derrière* m
60 die Bremsscheibe
– *le disque du frein*
61 das Bremsseil
– *le câble du frein*
62 der Bremshebel
– *le levier du frein*
63 das Bremsgewicht
– *le poids du frein*
64 der Picker mit Leder- oder Kunstharzpolster *n*
– *le taquet (tacot* m*) en cuir* m *ou résine* f *synthétique*
65 der Schlagarmpuffer
– *le butoir du sabre de chasse* f
66 der Schlagexzenter
– *l'excentrique* m *de chasse* f
67 die Exzenterrolle
– *le galet d'excentrique* m
68 die Schlagstock-Rückholfeder
– *le ressort de rappel* m *du sabre*

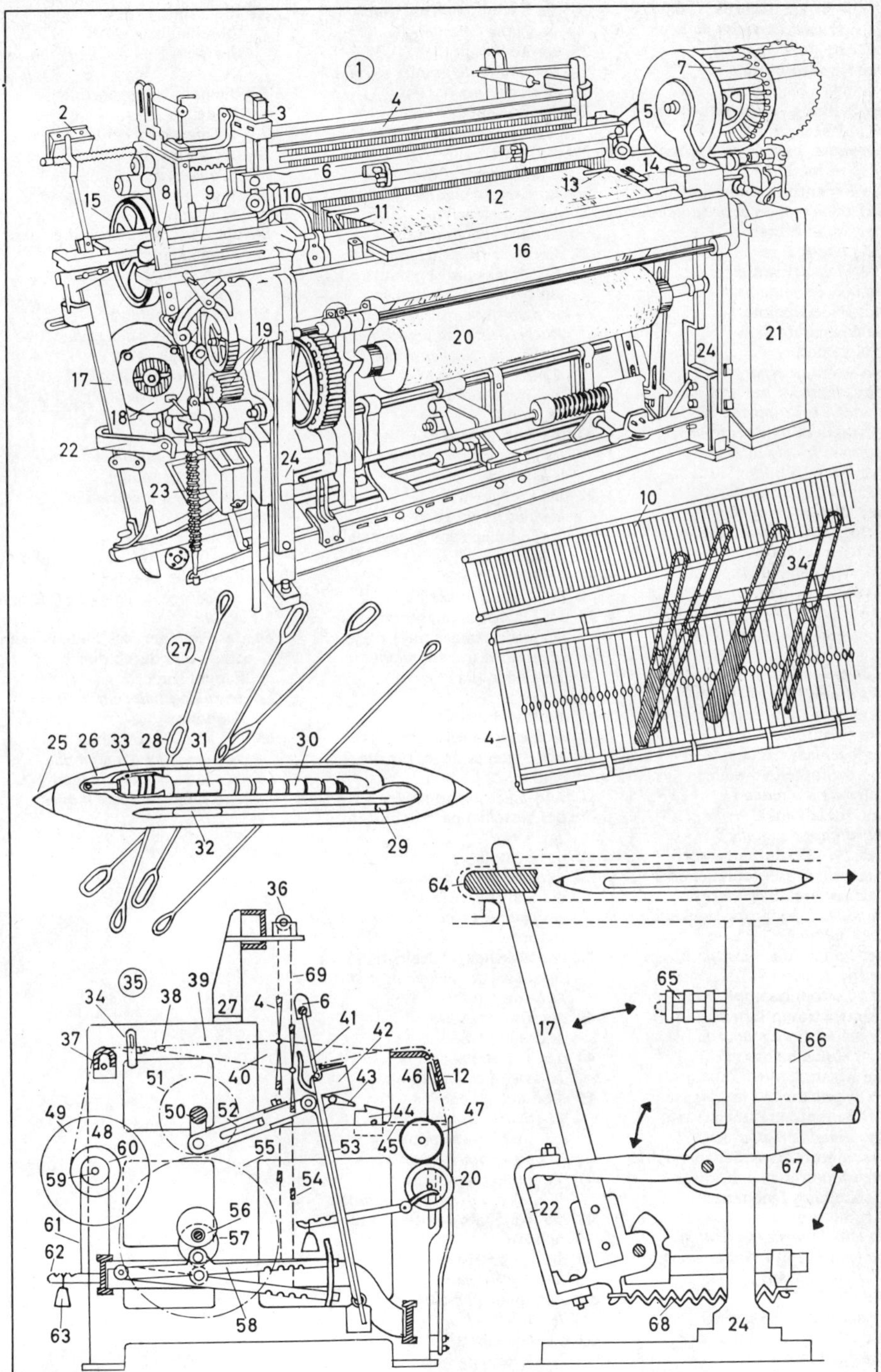
1
2
3
4
5
6
7
8
9
10
11
12
13
14
15
16
17
18
19
20
21
22
23
24
25
26
27
28
29
30
31
32
33
34
35
36
37
38
39
40
41
42
43
44
45
46
47
48
49
50
51
52
53
54
55
56
57
58
59
60
61
62
63
64
65
66
67
68
69

1-66 die Strumpffabrik
– ***la fabrique d'articles*** m ***chaussants*** *(de bas* m*)*

1 der Rundstuhl (die Rundstrickmaschine), zur Herstellung von Schlauchware *f*
– *le métier de tricotage* m *circulaire, pour la production de tissu* m *tubulaire*

2 die Fadenführerhaltestange
– *la tringle support* m *des guide-fils* m

3 der Fadenführer
– *le guide-fil*

4 die Flaschenspule
– *la bobine-bouteille*

5 der Fadenspanner
– *le tendeur de fil* m

6 das Schloß
– *l'élément* m *séparateur*

7 das Handrad, zur Führung des Fadens *m* hinter die Nadeln *f*
– *le volant de guidage* m *des fils* m *derrière les aiguilles* f

8 der Nadelzylinder
– *le cylindre à aiguilles* f

9 der Warenschlauch (die Schlauchware, Maschenware)
– *le tissu tubulaire*

10 der Warenbehälter
– *le bac à tissu* m

11 der Nadelzylinder [Schnitt]
– *le cylindre à aiguilles* f *[coupe* f*]*

12 die radial angeordneten Zungennadeln *f*
– *les aiguilles à crochet* m *disposées radialement*

13 der Schloßmantel
– *le logement des cames* f *d'aiguille* f

14 die Schloßteile *n od. m*
– *la came d'aiguille f*

15 der Nadelkanal
– *la rainure d'aiguille* f

16 der Zylinderdurchmesser; *zugleich:* Warenschlauchbreite *f*
– *le diamètre du cylindre à aiguilles* f*;* égal.: *largeur* f *du tissu tubulaire*

17 der Faden (das Garn)
– *le fil*

18 die Cottonmaschine, zur Damenstrumpffabrikation
– *le métier Cotton pour la fabrication de bas* m

19 die Musterkette
– *la chaîne modèle* m

20 der Seitentragrahmen
– *la têtière de métier* m

21 die Fontur (der Arbeitsbereich); *mehrfonturig:* gleichzeitige Herstellung *f* mehrerer Strümpfe *m*
– *la tête de métier* m *Cotton;* plusieurs têtes f: *production* f *de plusieurs bas* m

22 die Griffstange
– *le levier de commande* f

23 die Raschelmaschine (der Fangkettstuhl)
– *le métier Rachel (métier* m *à tricoter à mailles* f *Rachel)*

24 die Kette (der Kettbaum)
– *la chaîne (ensouple* f*)*

25 der Teilbaum
– *le cylindre de fonture* f *(cylindre* m *secteur* m*)*

26 die Teilscheibe
– *le disque de fonture* f

27 die Nadelreihe (Zungennadelreihe)
– *la rangée d'aiguilles* f

28 der Nadelbarren
– *la barre d'aiguilles* f

29 die Ware (Raschelware) [Gardinen- und Netzstoffe *m*],, auf dem Warenbaum *m*
– *le tissu (tissu* m *à mailles* f *Rachel) [tissus* m *pour rideaux* m *et filets* m*] sur l'ensouple* f *d'enroulement* m

30 das Handtriebrad
– *le volant*

31 die Antriebsräder *n* und der Motor
– *les pignons* m *d'entraînement* m *et le moteur*

32 das Preßgewicht
– *le poids de tirage* m

33 der Rahmen (das Traggestell)
– *le bâti*

34 die Grundplatte
– *la plaque d'assise* f

35 die Flachstrickmaschine (Handstrickmaschine)
– *le métier à tricoter rectiligne*

36 der Faden (das Garn)
– *le fil*

37 die Rückholfeder
– *le ressort de rappel* m

38 das Haltegestänge, für die Federn
– *la tringle support* m *des ressorts* m

39 der verschiebbare Schlitten
– *le chariot*

40 das Schloß
– *l'élément* m *séparateur*

41 die Schiebegriffe *m*
– *les poignées* f *de manœuvre* f *du chariot*

42 die Maschengrößeeinstellskala
– *le cadran de réglage* m *de la taille des mailles* f

43 der Tourenzähler
– *le compte-tours*

44 der Vorsetzhebel
– *le levier d'embrayage* m

45 die Laufschiene
– *la glissière du chariot*

46 die obere Nadelreihe
– *la rangée supérieure d'aiguilles* f

47 die untere Nadelreihe
– *la rangée inférieure d'aiguilles* f

48 der Warenabzug (die Ware)
– *le tricot*

49 die Spannleiste (Abzugleiste)
– *la tringle-tendeur*

50 das Spanngewicht
– *le poids tendeur*

51 das Nadelbett mit Strickvorgang *m*
– *la fonture en cours* m *de tricotage* m

52 die Zähne *m* des Abschlagkamms *m*
– *les dents* f *du peigne d'abattage* m m

53 die parallel angeordneten Nadeln *f*
– *les aiguilles* f *parallèles*

54 der Fadenführer
– *le guide-fil*

55 das Nadelbett
– *la fonture*

56 die Abdeckschiene, über den Zungennadeln *f*
– *le chapeau des aiguilles* f *à crochet* m

57 das Nadelschloß
– *le séparateur d'aiguilles* f

58 der Nadelsenker
– *le monte-aiguilles*

59 der Nadelheber
– *le baisse-aiguilles*

60 der Nadelfuß
– *le talon d'aiguille* f

61 die Zungennadel
– *l'aiguille* f *à crochet* m

62 die Masche
– *la maille*

63 das Durchstoßen der Nadel durch die Masche
– *le passage de l'aiguille* f *dans la maille*

64 das Auflegen des Fadens *m* auf die Nadel durch den Fadenführer
– *le guide-fil plaçant le fil sur l'aiguille* f

65 die Maschenbildung
– *la formation d'une maille*

66 das Maschenabschlagen
– *l'abattage* m *d'une maille*

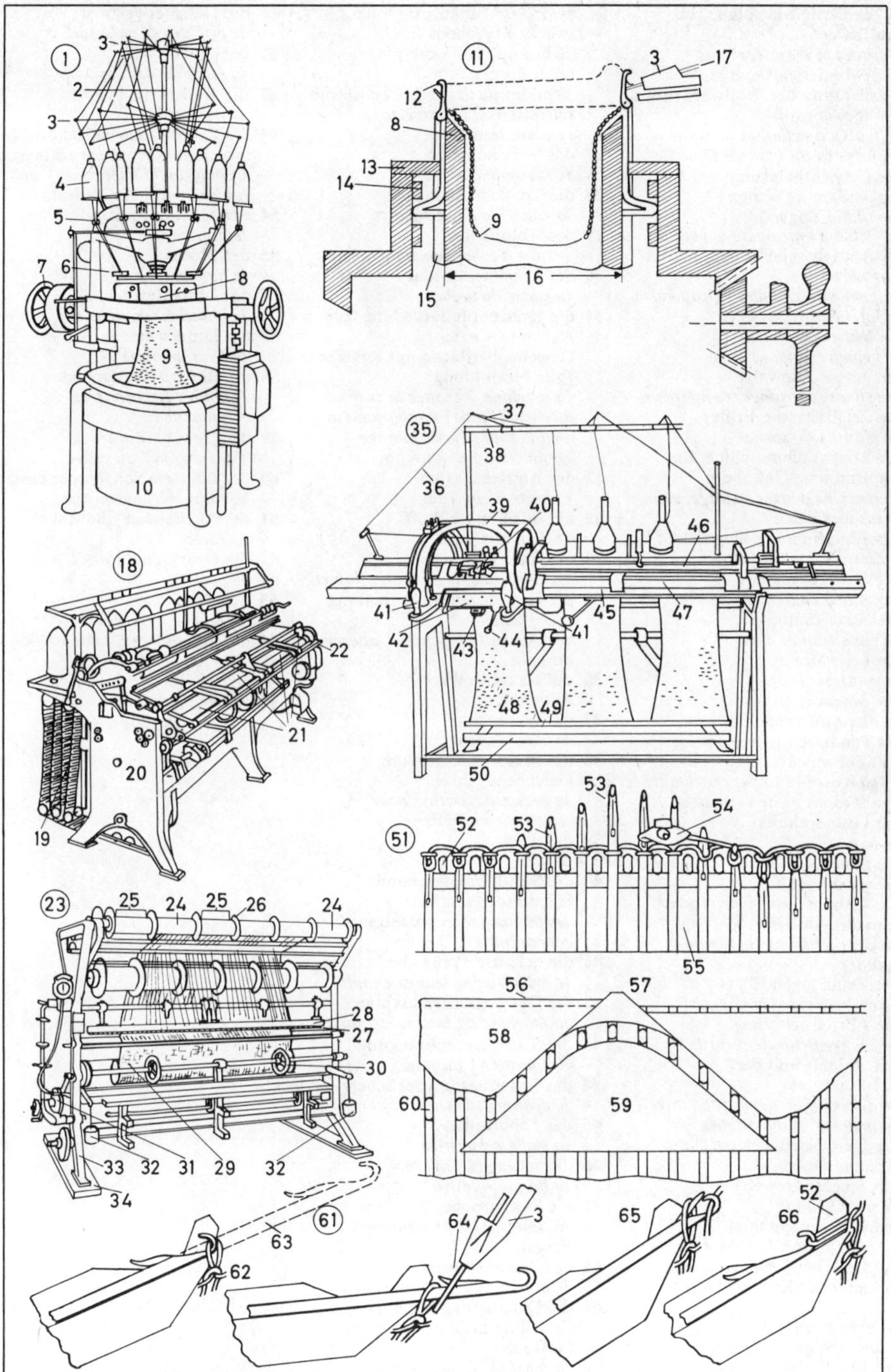
1
2
3
4
5
6
7
8
9
10
11
12
13
14
15
16
17
18
19
20
21
22
23
24
25
26
27
28
29
30
31
32
33
34
35
36
37
38
39
40
41
42
43
44
45
46
47
48
49
50
51
52
53
54
55
56
57
58
59
60
61
62
63
64
65
66

1-65 die Fertigbehandlung von Stoffen *m*
– ***l'apprêt*** m ***d'étoffes*** f
1 die Zylinderwalke, zur Verdichtung der Wollware (des Wollgewebes *n*)
– *le foulon à cylindres* m *pour feutrage* m *du tissu de laine* f
2 die Gewichtbelastung
– *les poids* m *de charge* f
3 die obere Zugwalze
– *le cylindre entraîneur supérieur*
4 die Antriebsscheibe der unteren Zugwalze
– *la poulie du cylindre entraîneur* m *inférieur*
5 die Warenleitwalze
– *le cylindre guide-tissu* m
6 die untere Zugwalze
– *le cylindre entraîneur* m *inférieur*
7 das Zugbrett (die Brille)
– *la planche de sortie* f
8 die Breitwaschmaschine, für empfindliche Gewebe *n*
– *la machine à laver au large, pour tissus* m *délicats*
9 das Einziehen des Gewebes *n*
– *l'alimentation* f *en tissu* m
10 der Getriebekasten
– *la boîte à engrenage* m
11 die Wasserleitung
– *la canalisation d'eau* f
12 die Leitwalze
– *le rouleau-guide*
13 der Spannriegel
– *le dispositif tendeur* m
14 die Pendelzentrifuge, zur Gewebeentwässerung
– *l'essoreuse* f *centrifuge oscillante pour l'essorage* m *du tissu*
15 der Grundrahmen
– *le bâti*
16 die Säule
– *le support*
17 das Gehäuse, mit rotierender Innentrommel *f*
– *la cuve contenant le tambour rotatif*
18 der Zentrifugendeckel
– *le couvercle de l'essoreuse* f
19 die Abstellsicherung
– *le coupe-circuit de sécurité* f
20 der Anlauf- und der Bremsautomat
– *le dispositif de démarrage* m *et freinage* m *automatiques*
21 die Gewebetrockenmaschine
– *la rame sécheuse*
22 das feuchte Gewebe
– *le tissu humide*
23 der Bedienungsstand
– *la plate-forme de service* m
24 die Gewebebefestigung, durch Nadel- oder Kluppenketten *f*
– *la fixation du tissu par chaînes* f *à picots* m *ou à pinces* f
25 der Elektroschaltkasten
– *le coffret de commande* f *électrique*
26 der Wareneinlauf in Falten *f*, zwecks Eingehens *n* (Schrumpfens, Krumpfens) beim Trocknen *n*
– *l'entrée* f *du tissu plissé en vue du rétrécissement (retrait* m*) pendant le séchage*
27 das Thermometer
– *le thermomètre*
28 die Trockenkammer
– *la chambre de séchage* m
29 das Abluftrohr
– *le tube d'échappement d'air* m
30 der Trocknerauslauf
– *la sortie du séchoir*
31 die Kratzenrauhmaschine, zum Aufrauhen *n* der Gewebeoberfläche mit Kratzen *f* zur Florbildung
– *la machine à gratter la surface du tissu à l'aide* f *de chardons* m *métalliques pour le lainage (production* f *de duvet* m*)*
32 der Antriebskasten
– *la boîte à engrenage* m
33 der ungerauhte Stoff
– *le tissu non gratté*
34 die Rauhwalzen *f*
– *les tambours* m *gratteurs (laineurs)*
35 die Gewebeablegevorrichtung (der Facher)
– *le dispositif de dépose* f *alternée du tissu*
36 die gerauhte Ware
– *le tissu gratté*
37 die Warenbank
– *le banc de pose* f
38 die Muldenpresse, zum Gewebebügeln *n*
– *la presse à cuvette* f *pour repassage* m *du tissu*
39 das Tuch
– *le tissu*
40 die Schaltknöpfe *m* und Schalträder *n*
– *les boutons* m *et volants* m *de commande* f
41 die geheizte Preßwalze
– *le cylindre presseur* m *chauffé*
42 die Gewebeschermaschine
– *la machine de tondage* m *du tissu*
43 die Scherfasernabsaugung
– *l'aspiration* f *du duvet*
44 das Schermesser (der Scherzylinder)
– *le cylindre tondeur*
45 das Schutzgitter
– *la grille protectrice*
46 die rotierende Bürste
– *la brosse rotative*
47 die Stoffrutsche
– *la descente d'alimentation* f *en tissu* m
48 das Schalttrittbrett
– *le marchepied d'embrayage* m
49 die Dekatiermaschine, zur Erzielung nichtschrumpfender Stoffe *m*
– *la machine à décatir pour la production de tissus* m *irrétrécissables*
50 die Dekatierwalze
– *le cylindre décatisseur*
51 das Stück
– *la pièce de tissu* m
52 die Kurbel
– *la manivelle*
53 die Zahnfarben-Walzendruckmaschine (Gewebedruckmaschine)
– *la machine d'impression* f *aux rouleaux* m *à dix couleurs* f
54 der Maschinengrundrahmen
– *le bâti*
55 der Motor
– *le moteur*
56 das Mitläufertuch
– *le blanchet (doublier* m*)*
57 die Druckware
– *le tissu imprimé*
58 die Elektroschaltanlage
– *le coffret électrique de commande* f
59 der Gewebefilmdruck
– *l'impression* f *au cadre*
60 der fahrbare Schablonenkasten
– *le cadre-pochoir mobile*
61 der Abstreicher (die Rakel)
– *la racle*
62 die Druckschablone
– *le pochoir*
63 der Drucktisch
– *la table d'impression* f
64 das aufgeklebte, unbedruckte Gewebe
– *le tissu encollé à imprimer*
65 der Textildrucker
– *l'imprimeur* m *de tissu* m

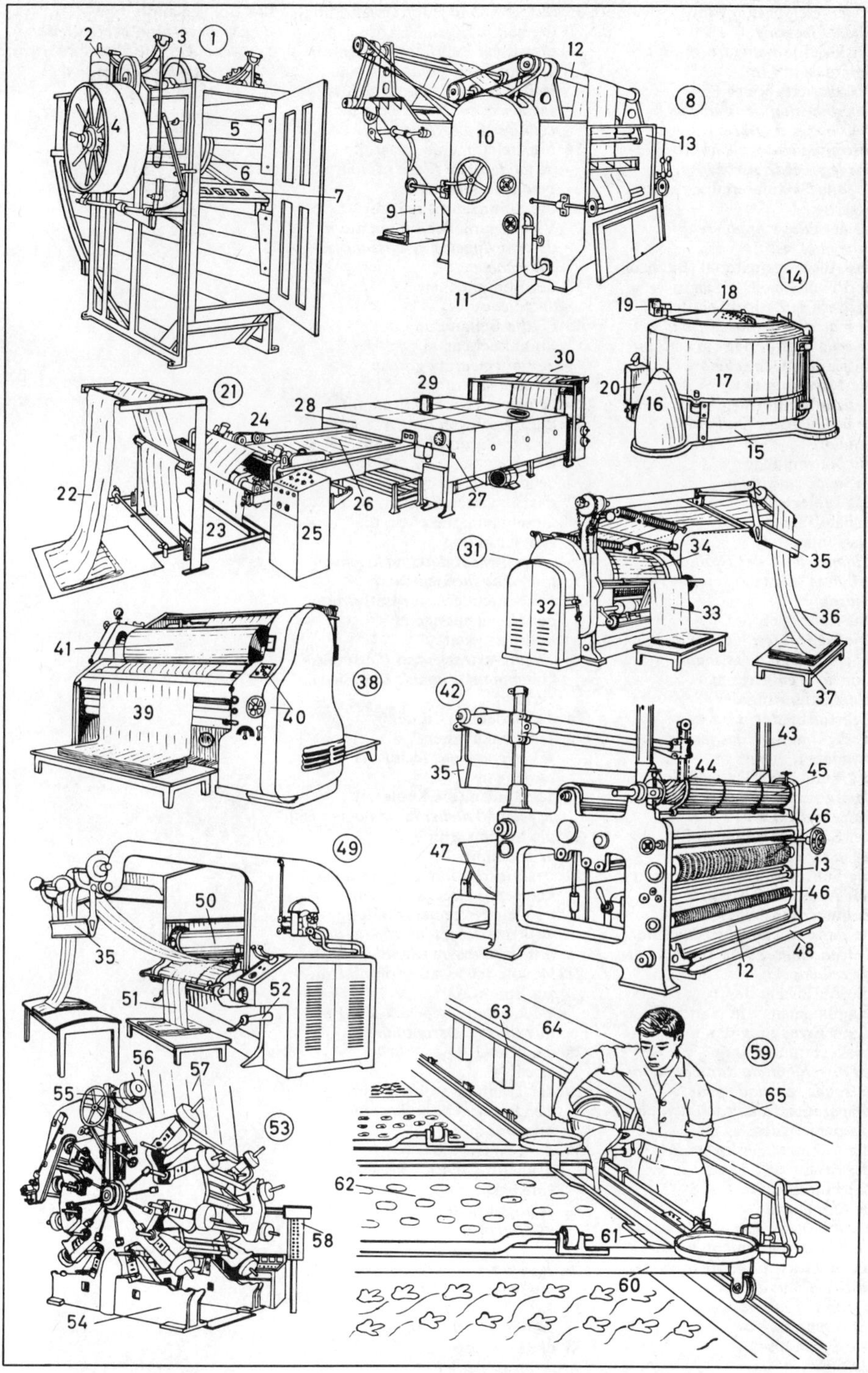
1
2
3
4
5
6
7
8
9
10
11
12
13
14
15
16
17
18
19
20
21
22
23
24
25
26
27
28
29
30
31
32
33
34
35
36
37
38
39
40
41
42
43
44
45
46
47
48
49
50
51
52
53
54
55
56
57
58
59
60
61
62
63
64
65

1-34 die Herstellung von **Viskosefasern** *f* (Viskosefilamentgarn *n*) und **Spinnfasern** *f* im Viskoseverfahren *n*
– *la production de* ***filaments*** m ***continus et de fibres*** f *discontinues de rayonne* f *viscose par le procédé viscose*
1-12 vom Rohmaterial *n* zur Viskose
– *de la matière première à la (rayonne) viscose*
1 das Ausgangsmaterial [Buchen- und Fichtenzellstoff *m* in Blättern *n*, Zellstoffplatten *f*]
– *le matériau de base* f *[feuilles* f *de cellulose* f *de hêtre* m *et de pin* m, *plaques* f *de cellulose* f*]*
2 die Mischung der Zellstoffblätter *n*
– *le mélange des feuilles* f *de cellulose* f
3 die Natronlauge
– *la soude caustique*
4 das Einlegen der Zellstoffblätter *n* in Natronlauge *f*
– *l'immersion* f *des feuilles* f *de cellulose* f *dans la soude caustique*
5 das Abpressen der überschüssigen Natronlauge
– *le pressurage de la soude caustique en excès* m
6 die Zerfaserung der Zellstoffblätter *n*
– *le déchiquetage des feuilles de cellulose* f
7 die Reife der Alkalizellulose
– *le mûrissement de l'alcalicellulose* f
8 der Schwefelkohlenstoff
– *le sulfure de carbone* m
9 die Sulfidierung (Umwandlung der Alkalizellulose in Zellulosexanthogenat *n*)
– *la sulfuration (conversion* f *de l'alcalicellulose* f *en xanthate* m *de cellulose* f*)*
10 die Auflösung des Xanthogenats *n* in Natronlauge *f*, zur Erzeugung der Viskosespinnlösung
– *la dissolution du xanthate dans la soude caustique pour préparation* f *de la solution de viscose* f *à filer*
11 die Vakuumlagerkessel *m*
– *les caves* f *à viscose* f
12 die Filterpressen *f*
– *le filtre-presse*
13-27 von der Viskosespinnmasse zum Viskosefilamentgarn *n*
– *de la viscose au fil de rayonne* f *viscose (fil* m *de viscose* f*)*
13 die Spinnpumpe
– *la pompe doseuse*
14 die Spinndüse
– *la filière*
15 das Spinnbad, zur Verwandlung der zähflüssigen Viskose *f* in plastische Zellulosefilamente *n*
– *le bain de coagulation* f *pour transformation* f *de la viscose visqueuse en filaments* m *de cellulose* f *plastiques*
16 die Galette, eine Glasrolle
– *le guide-fil de filage* m, *une poulie de verre* m
17 die Spinnzentrifuge, zur Vereinigung der Filamente *n*
– *la centrifugeuse réunissant les filaments* m
18 der Spinnkuchen
– *le gâteau*
19-27 die Behandlung des Spinnkuchens *m*
– *le traitement du gâteau*
19 die Entsäuerung
– *le lavage (désacidification* f*)*
20 die Entschwefelung
– *la désulfuration*
21 das Bleichen
– *le blanchiment*
22 das Avivieren (Weich- und Geschmeidigmachen, die Avivierung)
– *le traitement d'assouplissement* m *et d'adoucissement* m
23 das Schleudern, zur Entfernung der überschüssigen Badflüssigkeit
– *l'hydro-extracteur* m *(l'essoreuse* f*) éliminant le liquide du bain en excès* m
24 das Trocknen, in der Trockenkammer
– *le séchage dans la salle de séchage* m
25 das Spulen (die Spulerei)
– *le filage (l'atelier* m *de bobinage* m*)*
26 die Spulmaschine
– *le bobinoir*
27 das Viskosefilamentgarn auf konischer Kreuzspule zur textilen Weiterverarbeitung
– *le fil de viscose* f *sur cône* m *pour mise* f *en œuvre* f *textile*
28-34 von der Viskosespinnlösung zur Spinnfaser
– *de la solution de viscose* f *à filer aux fibres* f *discontinues*
28 das Kabel
– *le câble*
29 die Traufenwascheinrichtung
– *l'équipement* m *de lavage* m *par arrosage* m
30 das Schneidwerk, zum Schneiden *n* des Kabels *n* auf eine bestimmte Länge
– *le dispositif de coupe* f *du câble à une longueur déterminée*
31 der Faserbandetagentrockner
– *le sécheur de fibres* f *en nappes* f *multiples*
32 das Förderband
– *la bande transporteuse*
33 die Ballenpresse
– *le presse-balles*
34 der versandfertige Viskosespinnfaserballen
– *les balles* f *de fibres* f *de viscose* f *prêtes pour l'expédition* f

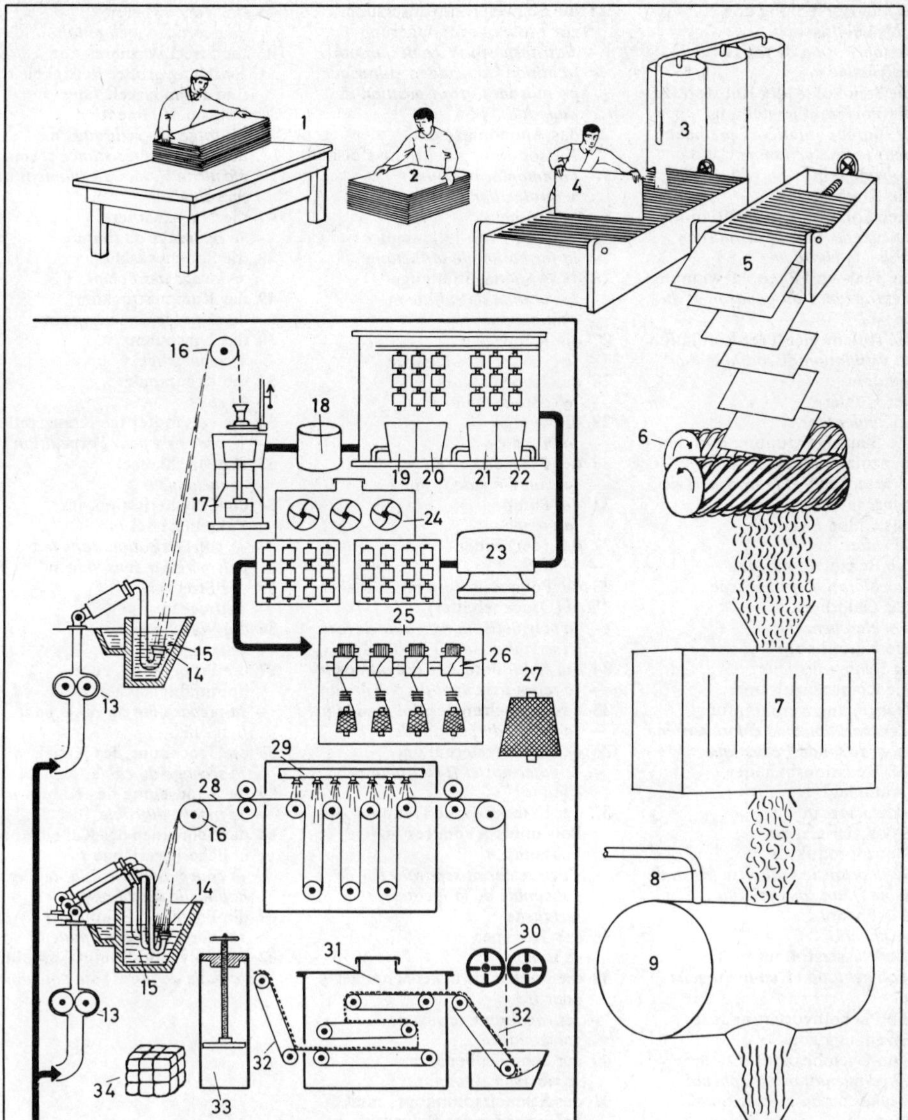
1
2
3
4
5
6
7
8
9
10
11
12
13
14
15
16
17
18
19
20
21
22
23
24
25
26
27
28
29
30
31
32
33
34

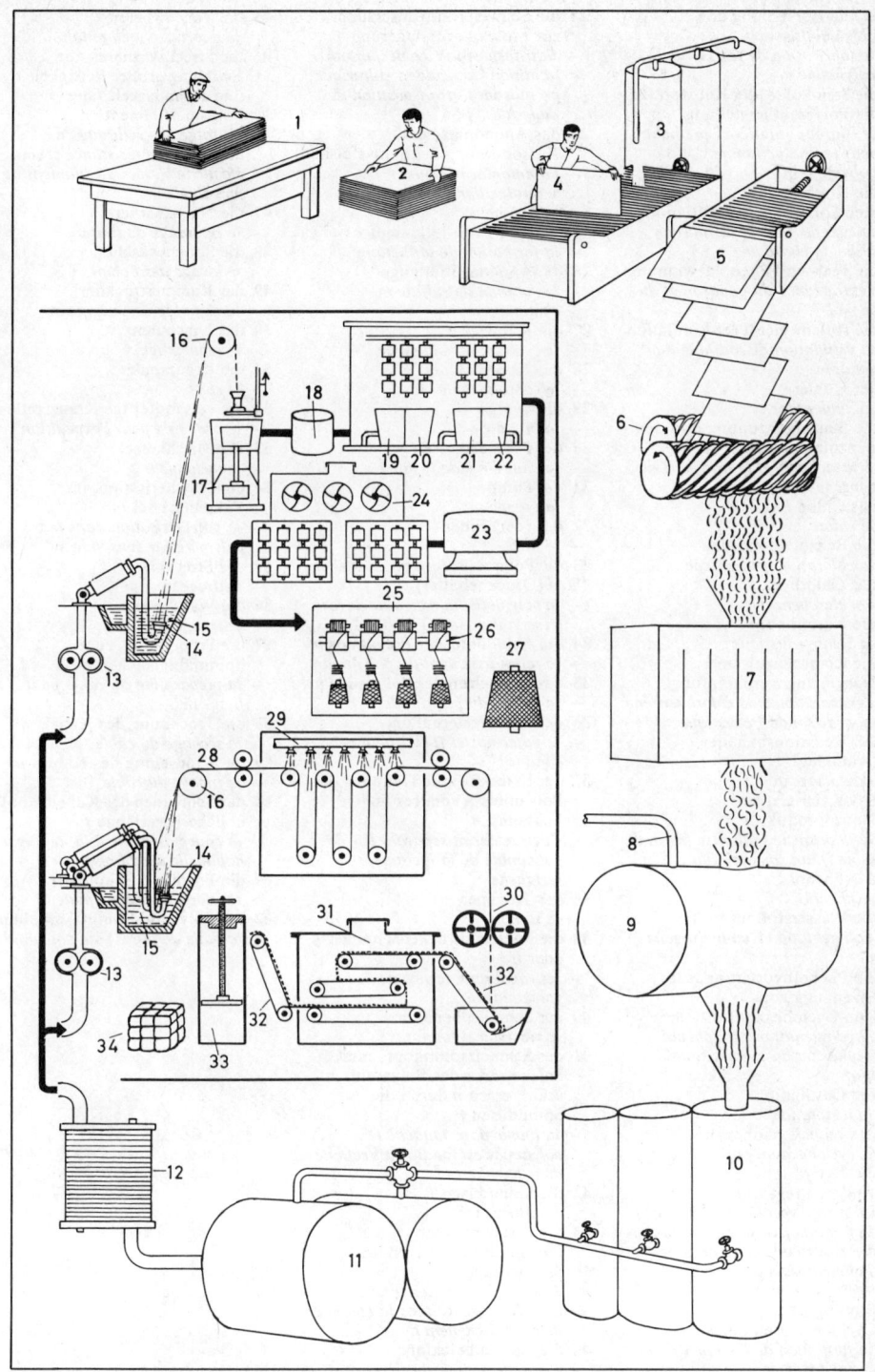

1-62 die Herstellung von **Polyamidfasern**
– *la fabrication de **fibres** f **de polyamide** m*
1 die Steinkohle [der Rohstoff für die Polyamidherstellung]
– *le charbon [matière* f *première pour la production de polyamide* m*]*
2 die Kokerei, zur Steinkohletrockendestillation
– *la cokerie pour la distillation sèche du charbon*
3 die Teer- und Phenolgewinnung
– *l'extraction* f *du goudron et du phénol*
4 die stufenweise Teerdestillation
– *la distillation discontinue du goudron*
5 der Kühler
– *le condenseur*
6 die Benzolgewinnung und der Benzolabtransport
– *l'extraction* f *et le transport du benzène*
7 das Chlor
– *le chlore*
8 die Benzolchlorierung
– *la chloration du benzène*
9 das Chlorbenzol
– *le chlorobenzène*
10 die Natronlauge
– *la soude caustique*
11 die Chlorbenzol- und Natronlaugeverdampfung
– *l'évaporation* f *de chlorobenzène* m *et de soude* f *caustique*
12 der Reaktionsbehälter (Autoklav)
– *l'autoclave* m
13 das Kochsalz, ein Nebenprodukt *n*
– *le chlorure de sodium* m *(sel* m *de table* f*), un sous-produit*
14 das Phenol
– *le phénol*
15 die Wasserstoffzuführung
– *l'alimentation* f *en hydrogène* m
16 die Phenolhydrierung, zur Erzeugung von Roh-Cyclohexanol *n*
– *l'hydrogénation* f *du phénol produisant du cyclohexanol brut*
17 die Destillation
– *la distillation*
18 das reine Cyclohexanol
– *le cyclohexanol pur*
19 die Dehydrierung
– *la déshydrogénation*
20 Bildung *f* von Cyclohexanon *n*
– *la formation de la cyclohexanone*
21 die Hydroxylaminzuleitung
– *l'alimentation* f *en hydroxylamine* f
22 Bildung *f* von Cyclohexanonoxim *n*
– *la formation de l'oxime* f *de la cyclohexanone*
23 die Schwefelsäurezusetzung, zur Molekularumlagerung
– *la transposition de Beckmann [addition* f *d'acide* m *sulfurique produisant la transposition des molécules* f*]*
24 das Ammoniak, zur Aussonderung der Schwefelsäure
– *l'ammoniac* m *pour neutralisation* f *de l'acide* m *sulfurique*
25 Bildung *f* von Laktamöl *n*
– *la formation de la lactame*
26 die Ammonsulfatlauge
– *la solution de sulfate* m *d'ammonium* m
27 die Kühlwalze
– *le cylindre refroidisseur*
28 das Kaprolaktam
– *le caprolactame*
29 die Waage
– *la bascule*
30 der Schmelzkessel
– *la chaudière de fusion* f
31 die Pumpe
– *la pompe*
32 das (der) Filter
– *le filtre*
33 die Polymerisation im Autoklav *m* (Druckbehälter)
– *la polymérisation en autoclave* m *(réservoir* m *sous pression* f*)*
34 die Abkühlung des Polyamids *n*
– *le refroidissement du polyamide*
35 das Schmelzen des Polyamids *n*
– *la fusion du polyamide*
36 der Paternosteraufzug
– *le pater-noster (l'élévateur* m *continu)*
37 der Extraktor, zur Trennung des Polyamids *n* vom restlichen Laktamöl *n*
– *l'extracteur* m *séparant le polyamide de la lactame résiduelle*
38 der Trockner
– *le séchoir*
39 die Polyamidtrockenschnitzel *n* oder *m*
– *les rognures* f *sèches de polyamide* m
40 der Schnitzelbehälter
– *le réservoir à rognures* f
41 der Schmelzspinnkopf, zum Schmelzen *n* des Polyamids *n* und Pressen *n* durch die Spinndüsen *f*
– *la toupie dans laquelle le polyamide est fondu, puis refoulé dans les filières* f
42 die Spinndüsen *f*
– *les filières* f
43 die Erstarrung der Polyamidfilamente *m*, im Spinnschacht *m*
– *la solidification des filaments* m *de polyamide* m *dans la colonne de refroidissement* m
44 die Garnaufwicklung
– *l'enroulement* m *du fil*
45 die Vorzwirnerei
– *le retordage préliminaire*
46 die Streckzwirnerei, zur Erzielung großer Festigkeit *f* und Dehnbarkeit *f* des Polyamidfilaments *n*
– *l'étirage* m *- retordage* m *assurant une résistance et une élasticité élevées du filament de polyamide* m
47 die Nachzwirnerei
– *le retordage de finition* f
48 die Spulenwäsche
– *le lavage des bobines* f
49 der Kammertrockner
– *la chambre de séchage* m
50 das Umspulen
– *le rebobinage*
51 die Kreuzspule
– *le cône*
52 die versandfertige Kreuzspule
– *le cône prêt pour l'expédition* f
53 der Mischkessel
– *le mélangeur*
54 die Polymerisation, im Vakuumkessel *m*
– *la polymérisation dans le polymériseur sous vide* m
55 das Strecken
– *l'étirage* m
56 die Wäscherei
– *le lavage*
57 die Präparation, zum Spinnfähigmachen *n*
– *la préparation du câble pour filage* m
58 die Trocknung des Kabels *n*
– *le séchage du câble*
59 die Kräuselung des Kabels *n*
– *le frisage du câble*
60 das Schneiden des Kabels *n* auf übliche Faserlänge *f*
– *la coupe du câble à la longueur habituelle des fibres* f
61 die Polyamid-Spinnfaser
– *les fibres* f *de polyamide* m
62 der Polyamid-Spinnfaserballen
– *la balle de fibres* f *de polyamide* m

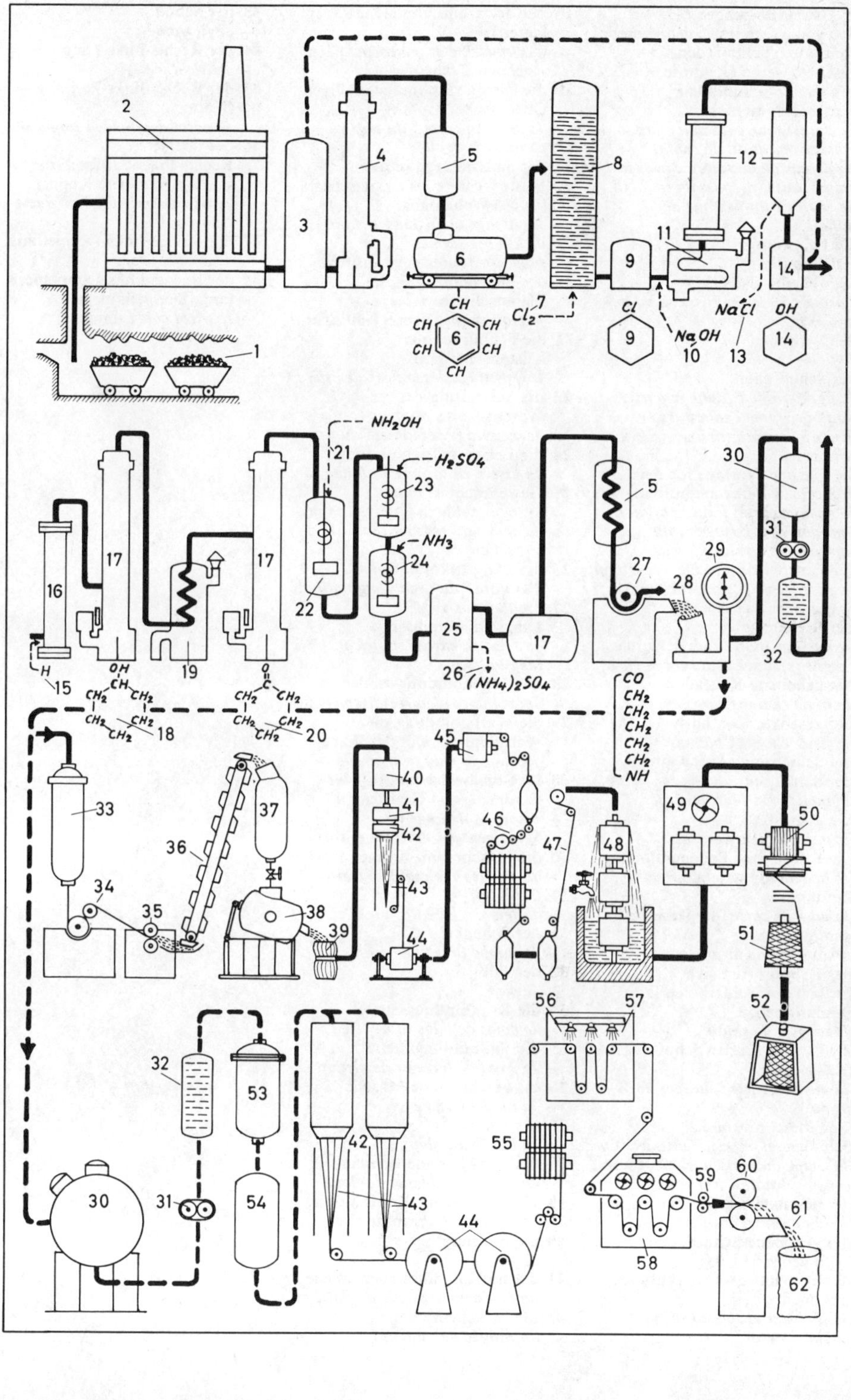
1
2
3
4
5
6
7
Cl_2
8
9
Cl
9
10
NaOH
11
12
12
13
NaCl
14
OH
14
CH
CH
CH
6
CH
CH
CH
15
H
16
17
17
18
OH
CH
CH_2
CH_2
CH_2
CH_2
CH_2
19
20
O
C
CH_2
CH_2
CH_2
CH_2
CH_2
21
NH_2OH
22
23
H_2SO_4
24
NH_3
25
26
$(NH_4)_2SO_4$
17
5
27
28
29
30
31
32
CO
CH_2
CH_2
CH_2
CH_2
CH_2
NH
33
34
35
36
37
38
39
40
41
42
43
44
45
46
47
48
49
50
51
52
30
31
32
53
54
42
43
44
55
56
57
58
59
60
61
62

1-29 Gewebebindungen *f* [schwarze Quadrate: gehobener Kettfaden, Schußfaden gesenkt; weiße Quadrate: gehobener Schußfaden, Kettfaden gesenkt]
– ***armures*** f *[carrés* m *noirs: pris* m *(passage* m *du fil de chaîne* f *au-dessus de la duite); carrés* m *blancs: laissé* m *(passage* m *du fil de chaîne* f *au-dessous de la duite)]*

1 die Leinwandbindung (Tuchbindung) [Gewebedraufsicht]
– *l'armure* f *«toile» [tissu* m *vu de dessus* m*]*

2 der Kettfaden
– *le fil de chaîne* f

3 der Schußfaden
– *le fil de trame* f *(duite* f*: partie* f *du fil de trame* f *allant d'une lisière à l'autre dans une pièce de tissu* m*)*

4 die Patrone [Vorlage für den Weber] zur Leinwandbindung
– *la mise en carte* f *[représentation* f *graphique à l'usage* m *du tisseur] de l'armure* f *«toile»*

5 der Fadeneinzug in die Schäfte *m*
– *le passage du fil dans les lames* f *(piquage* m *aux lames* f*)*

6 der Rieteinzug
– *le passage du fil dans le ros ou peigne (piquage* m *au ros)*

7 der gehobene Kettfaden
– *le fil de chaîne* f *levé*

8 der gesenkte Kettfaden
– *le fil de chaîne* f *baissé*

9 die Schnürung (Aufhängung der Schäfte *m*)
– *le remettage (rentrage* m*)*

10 die Trittfolge
– *le décochement vertical*

11 die Patrone zur Panamabindung (Würfelbindung, englische Bindung)
– *la mise en carte* f *de l'armure* f *«natté» (armure* f *cheviotte, armure* f *drap* m *anglais)*

12 der Rapport (der sich fortlaufend wiederholende Bindungsteil)
– *le rapport d'armure* f

13 die Patrone für den Schußrips *m* (Längsrips)
– *la mise en carte* f *du reps en trame* f

14 Gewebeschnitt *m* des Schußripses *m*, ein Kettschnitt *m*
– *la coupe du reps en trame* f, *une coupe suivant la trame*

15 der gesenkte Schußfaden
– *le fil de trame* f *baissé*

16 der gehobene Schußfaden
– *le fil de trame* f *levé*

17 der erste und zweite Kettfaden [gehoben]
– *les premier et second fils* m *de chaîne* f *[levés]*

18 der dritte und vierte Kettfaden [gesenkt]
– *les troisième et quatrième fils* m *de chaîne* f *[baissés]*

19 die Patrone für unregelmäßigen Querrips *m*
– *la mise en carte* f *du reps en chaîne* f *irrégulier*

20 der Fadeneinzug in die Leistenschäfte *m* (Zusatzschäfte für die Webkante)
– *le passage du fil dans les lames* f *de lisière* f *(lames* f *supplémentaires pour la lisière)*

21 der Fadeneinzug in die Warenschäfte *m*
– *le piquage aux lames* f *du tissu*

22 die Schnürung der Leistenschäfte *m*
– *le remettage des lames* f *de lisière* f

23 die Schnürung der Warenschäfte *m*
– *le remettage des lames* f *du tissu*

24 die Leiste in Tuchbindung *f*
– *la lisière en armure* f *«toile»*

25 Gewebeschnitt *m* des unregelmäßigen Querripses *m*
– *la coupe du reps en chaîne* f *irrégulier*

26 die Längstrikotbindung
– *l'armure* f *du tricot longitudinal*

27 die Patrone zur Längstrikotbindung
– *la mise en carte* f *du tricot longitudinal*

28 die Gegenbindungsstellen *f*
– *les points* m *d'entrecroisement* m

29 die Waffelbindung für Waffelmuster *n* in der Ware
– *l'armure* f *«nid* m *d'abeille* f*»*

30-48 Grundverbindungen *f* **der Gewirke** *n* **und Gestricke** *n*
– ***modes*** m ***de liage*** m ***fondamentaux dans les tricots*** m

30 die Masche, eine offene Masche
– *la maille, une maille ouverte*

31 der Kopf
– *la tête*

32 der Schenkel
– *la jambe (aile* f*) de maille* f

33 der Fuß
– *le pied*

34 die Kopfbindungsstelle
– *le point de liage* m *de tête* f

35 die Fußbindungsstelle
– *le point de liage* m *de pied* m

36 die geschlossene Masche
– *la maille fermée*

37 der Henkel
– *la boucle de charge* f

38 die schräge Fadenstrecke
– *la longueur oblique de flotté* m

39 die Schleife mit Kopfbindung *f*
– *la boucle à liage* m *de tête* f

40 die Flottung
– *le flotté*

41 die freilaufende Fadenstrecke
– *la longueur verticale de flotté* m

42 die Maschenreihe
– *la rangée de mailles* f

43 der Schuß
– *le fil tramé*

44 der Rechts-links-Fang
– *le tricot jersey*

45 der Rechts-links-Perlfang (Köper)
– *le tricot demi-côte* f *anglaise*

46 der übersetzte Rechts-links-Perlfang (der schräge, versetzte Köper)
– *le tricot demi-côte* f *anglaise transposée*

47 der Rechts-links-Doppelfang
– *le double jersey*

48 der Rechts-links-Doppelperlfang (Doppelköper)
– *le tricot côte* f *anglaise*

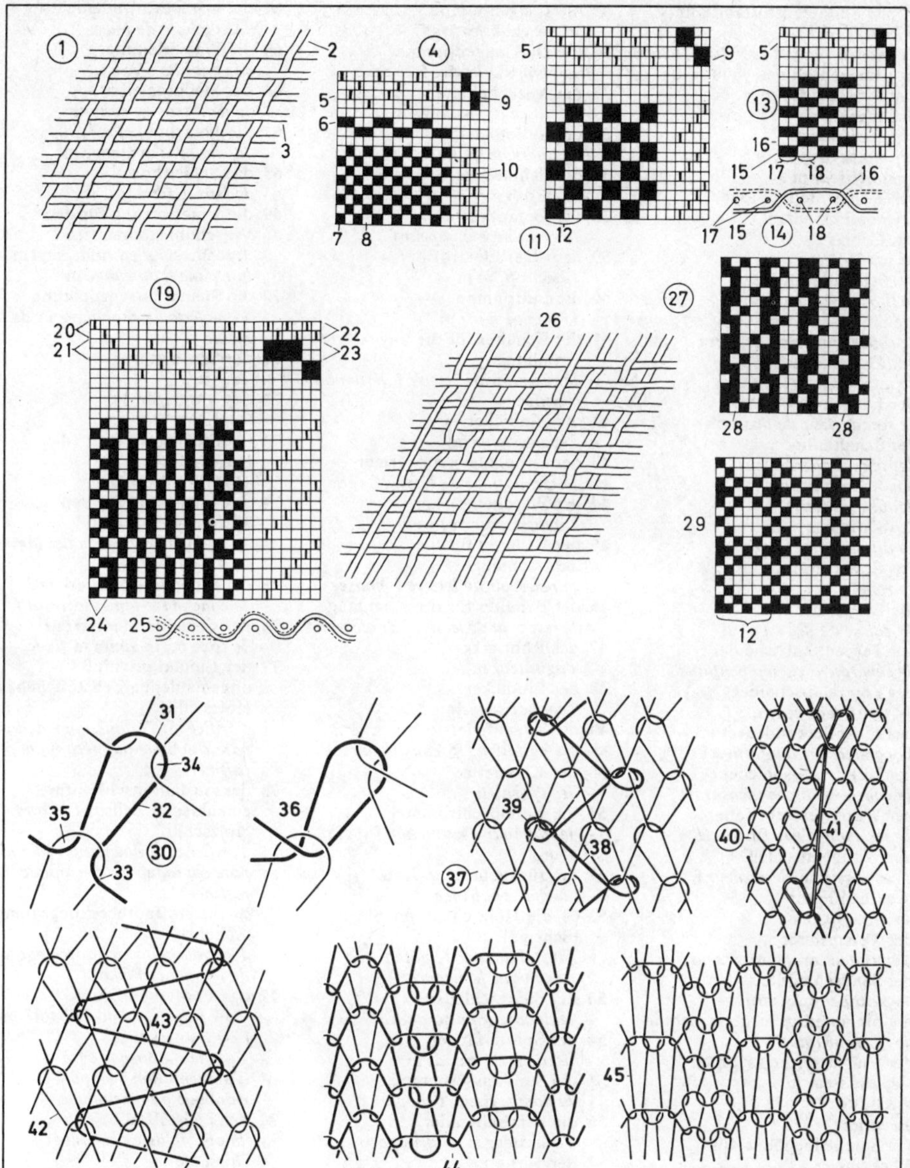
1
2
3
4
5
6
9
10
7
8
11
12
13
14
15
16
17
18
19
20
21
22
23
24
25
26
27
28
29
30
31
32
33
34
35
36
37
38
39
40
41
42
43
44
45
46
47
48

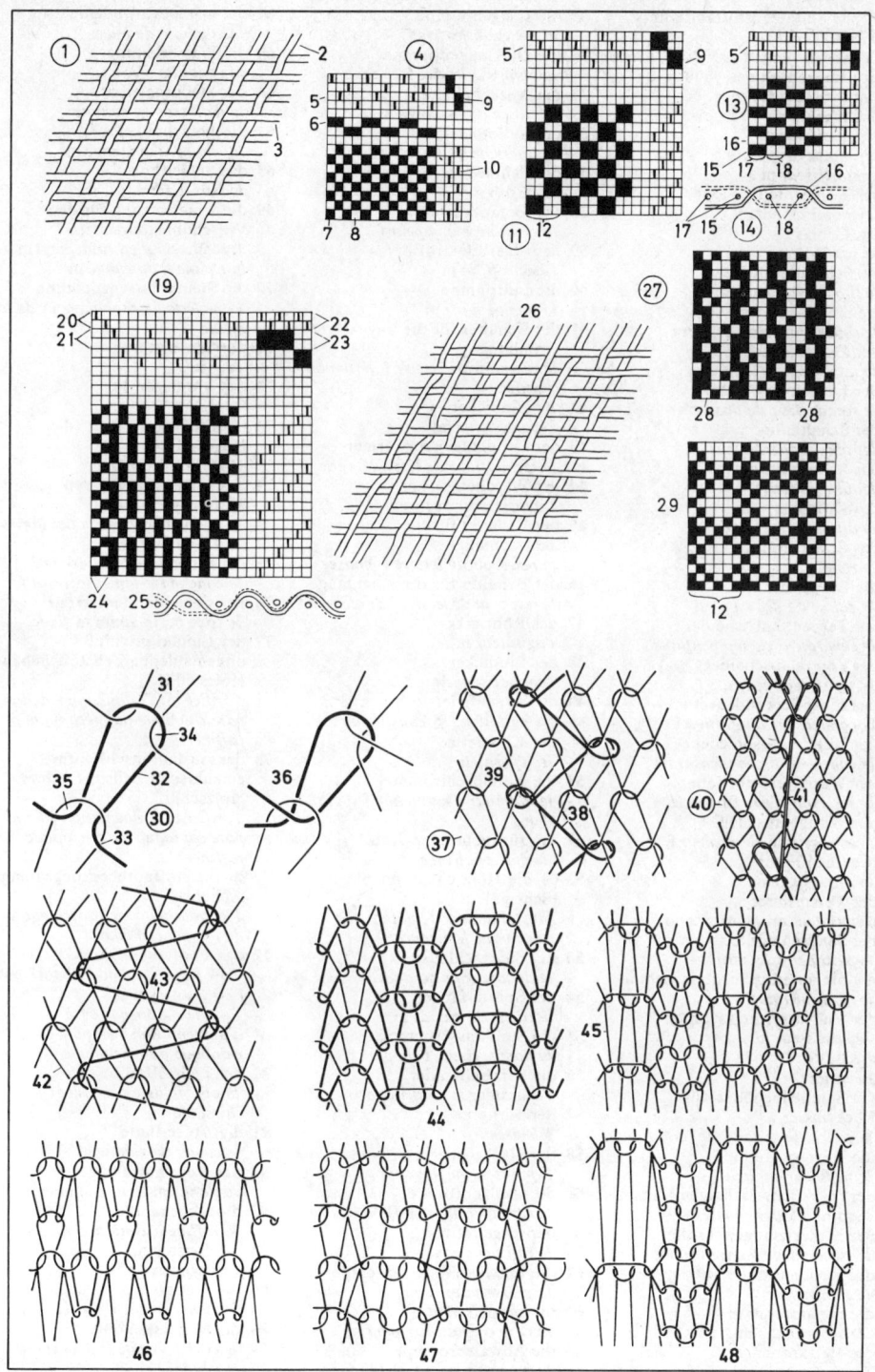

1-52 die Sulfatzellstoffabrik [im Schema]
– *l'usine* f *de pâte* f *au sulfate [schéma]*
1 die Hackmaschinen *f* mit Staubabscheider *m*
– *la coupeuse à bois* m *avec dépoussiéreur* m
2 der Rollsichter
– *l'assortisseur* m
3 der Zellenzuteilapparat
– *le doseur de pâte* f
4 das Gebläse
– *la soufflante*
5 die Schleudermühle
– *le broyeur centrifuge*
6 die Staubkammer
– *le collecteur de poussières* f
7 der Zellstoffkocher
– *le lessiveur*
8 der Laugenvorwärmer
– *le réchauffeur de lessive* f
9 der Schalthahn
– *le robinet distributeur*
10 das Schwenkrohr
– *le tube pivotant*
11 der Diffuseur
– *le diffuseur*
12 das Spritzventil
– *le robinet purgeur*
13 die Diffuseurbütte
– *la caisse de diffuseur* m
14 der Terpentinabscheider
– *le séparateur de térébenthine* f
15 der Zentralabscheider
– *le séparateur central*
16 der Einspritzkondensator
– *le condenseur d'injection* f
17 der Kondensatspeicher
– *le collecteur de condensat* m
18 der Warmwasserbehälter
– *le réservoir d'eau* f *chaude*
19 der Wärmetauscher
– *l'échangeur* m *de chaleur* f
20 der (das) Filter
– *le filtre*
21 der Vorsortierer
– *l'épurateur* m *dégrossisseur*
22 die Sandschleuder
– *l'épurateur* m *centrifuge*
23 die umlaufende Sortiermaschine
– *le classeur rotatif*
24 der Entwässerungszylinder
– *l'épaississeur* m
25 die Bütte
– *le cuvier*
26 der Sammelbehälter, für Rückwasser *n*
– *le collecteur d'eau* f *de retour* m
27 die Kegelstoffmühle
– *le raffineur conique*
28 der (das) Schwarzlaugenfilter
– *le filtre à lessive* f *noire*
29 der Schwarzlaugenbehälter
– *le réservoir de lessive* f *noire*
30 der Kondensator
– *le condenseur*
31 die Separatoren *m*
– *les séparateurs* m
32 die Heizkörper *m*
– *les corps* m *de chauffe* f
33 die Laugenpumpe
– *la pompe à lessive* f
34 die Dicklaugenpumpe
– *la pompe à lessive* f *épaisse*
35 der Mischbehälter
– *la caisse de mélange* m
36 der Sulfatbehälter
– *le réservoir de sulfate* m
37 der Schmelzlöser
– *le dissolveur*
38 der Dampfkessel
– *la chaudière à vapeur* f
39 der (das) Elektrofilter
– *l'électrofiltre* m
40 die Luftpumpe
– *la pompe à air* m
41 der Behälter für die ungeklärte Grünlauge
– *le réservoir de lessive* f *verte non clarifiée*
42 der Eindicker
– *l'épaississeur* m
43 der Grünlaugenvorwärmer
– *le réchauffeur de lessive* f *verte*
44 der Wascheindicker
– *l'épaississeur* m *laveur*
45 der Behälter für die Schwachlauge
– *le réservoir de lessive* f *épuisée*
46 der Behälter für die Kochlauge
– *le réservoir de lessive* f *de cuisson* f
47 das Rührwerk
– *l'agitateur* m
48 der Eindicker
– *l'épaississeur* m
49 die Kaustifizier-Rührwerke *n*
– *les agitateurs* m *caustificateurs*
50 der Klassierer
– *les épurateurs* m
51 die Kalklöschtrommel
– *le tambour d'extinction* f *de la chaux*
52 der rückgebrannte Kalk
– *la chaux calcinée*
53-65 die Holzschleifereianlage [Schema]
– *l'installation* f *de pâte* f *mécanique [schéma]*
53 der Stetigschleifer
– *le défibreur en continu*
54 der Splitterfänger
– *le trieur de nœuds* m
55 die Stoffwasserpumpe
– *la pompe à eau* f *de pâte* f
56 die Sandschleuder
– *l'épurateur* m *centrifuge*
57 der Sortierer
– *le classeur*
58 der Nachsortierer
– *l'épurateur* m *finisseur*
59 die Grobstoffbütte
– *la cuve à déchets* m *d'épuration* f
60 der Kegelrefiner
– *le raffineur conique*
61 die Entwässerungsmaschine
– *la presse-pâte*
62 die Eindickbütte
– *la cuve d'épaississement* m
63 die Abwasserpumpe
– *la pompe à eaux* f *résiduaires*
64 die Dampfschwadenleitung
– *la conduite de buées* f
65 die Wasserleitung
– *la conduite d'eau* f
66 der Stetigschleifer
– *le défibreur en continu*
67 die Vorschubkette
– *la chaîne d'amenage* m
68 das Schleifholz
– *le bois défibré*
69 die Untersetzung für den Vorschubkettenantrieb
– *le réducteur d'entraînement* m *de la chaîne d'amenage* m
70 die Steinschärfvorrichtung
– *la molette de rhabillage* m *de la meule*
71 der Schleifstein
– *la meule*
72 das Spritzrohr
– *le pisseur*
73 der Steilkegelrefiner (die Kegelmühle)
– *le raffineur conique*
74 das Einstellrad für den Mahlmesserabstand
– *le volant de réglage* m *des lames* f *du raffineur* m
75 der rotierende Messerkegel
– *le cône porte-lames* m *rotatif*
76 der stehende Messerkegel
– *le cône porte-lames* m *fixe*
77 der Einlaufanschluß für ungemahlenen Zellstoff *m* bzw. Holzschliff
– *l'orifice* m *d'admission* f *de la pâte chimique ou mécanique à raffiner*
78 der Auslaufanschluß für gemahlenen Zellstoff *m* bzw. Holzschliff
– *l'orifice* m *d'évacuation* f *de la pâte chimique ou mécanique raffinée*
79-86 die Stoffaufbereitungsanlage [Schema]
– *l'installation* f *de traitement* m *de la pâte [schéma]*
79 das Förderband zum Aufbringen *n* von Zellstoff *m* bzw. Holzschliff
– *la bande transporteuse d'alimentation* f *en pâte* f *chimique ou mécanique*
80 der Zellstoffauflöser
– *la pile défileuse de pâte* f *chimique*
81 die Ableerbütte
– *le cuvier de vidange* f
82 der Kegelaufschläger
– *le désintégrateur conique*
83 die Kegelmühle
– *le raffineur conique*
84 die Reistenmühle
– *le raffineur*
85 die Fertigbütte
– *le cuvier à pâte* f *épurée*
86 die Maschinenbütte
– *le cuvier de tête* f *(le cuvier de machine* f*)*

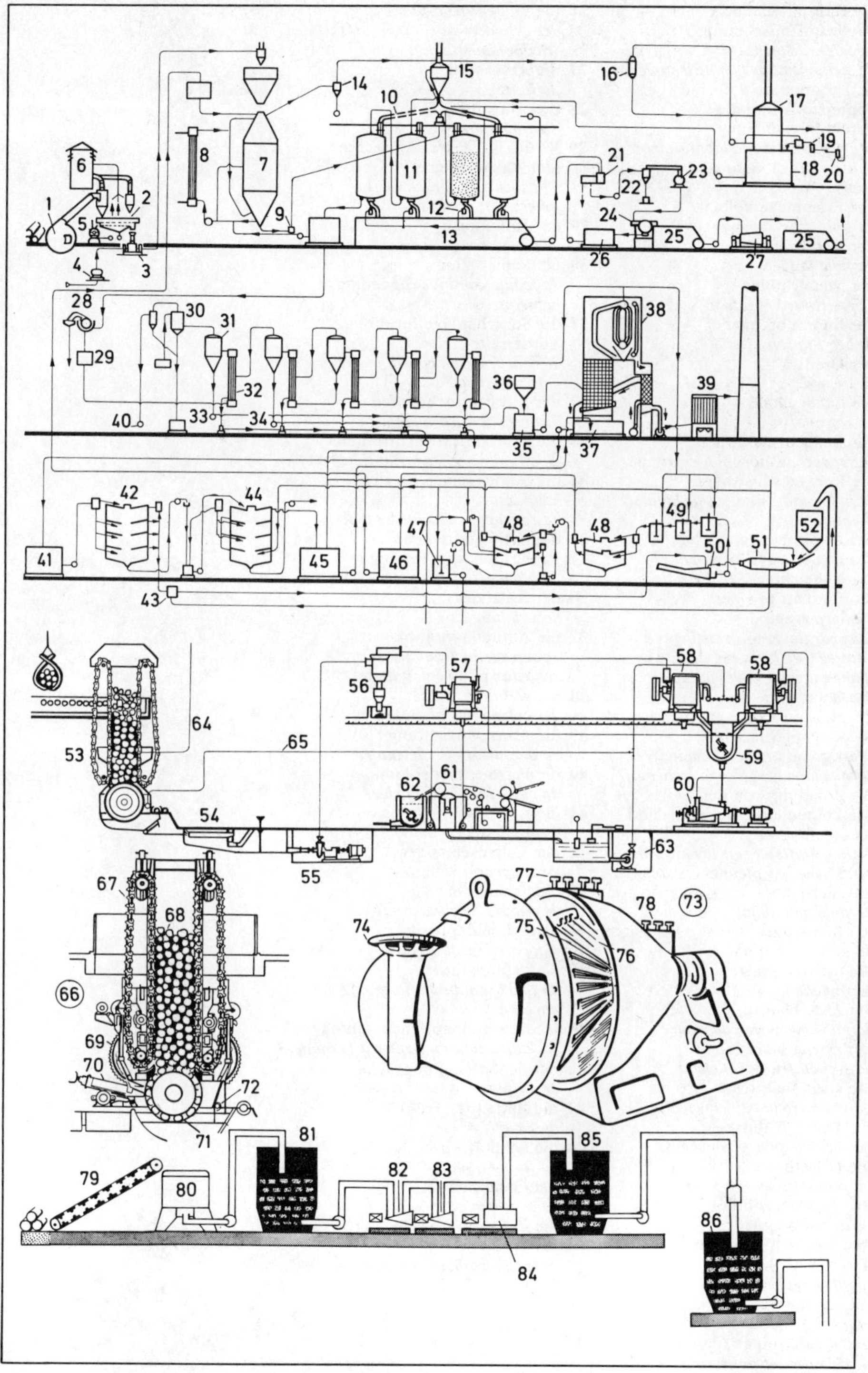
1
2
3
4
5
6
7
8
9
10
11
12
13
14
15
16
17
18
19
20
21
22
23
24
25
26
27
28
29
30
31
32
33
34
35
36
37
38
39
40
41
42
43
44
45
46
47
48
49
50
51
52
53
54
55
56
57
58
59
60
61
62
63
64
65
66
67
68
69
70
71
72
73
74
75
76
77
78
79
80
81
82
83
84
85
86

1 die Rührbütte, eine Papierstoffmischbütte
– *la caisse de mélange* m, *un cuvier de mélange* m *de la pâte à papier* m
2-10 Laborgeräte *n* für die Papierstoff- und die Papieruntersuchung
– *les appareils* m *de laboratoire* m *pour essais* m *de la pâte et du papier*
2 der Erlenmeyerkolben
– *la fiole d'Erlenmeyer*
3 der Mischzylinder
– *la fiole jaugée*
4 der Meßzylinder
– *l'éprouvette* f *graduée*
5 der Bunsenbrenner
– *le bec Bunsen*
6 der Dreifuß
– *le trépied*
7 die Laborschale
– *la capsule*
8 das Reagenzglasgestell
– *le support de tubes* m *à essais* m
9 die Rohgewichtswaage
– *la balance de mesure* f *de la force du papier*
10 der Dickenmesser
– *le micromètre [d'épaisseur* f*]*
11 die Rohrschleudern *f* vor dem Stoffauflauf *m* einer Papiermaschine
– *les épurateurs* m *centrifuges à l'entrée* f *de la caisse de tête* f *d'une machine à papier* m
12 das Standrohr
– *le tuyau vertical*
13-28 die Papiermaschine (Fertigungsstraße) [Schema]
– *la machine à papier* m *[schéma]*
13 die Zuleitung von der Maschinenbütte mit Sand- und Knotenfang *m*
– *l'alimentation* f *par le cuvier de tête* f *avec épurateur* m *et sablier* m
14 das Sieb
– *la toile métallique*
15 der Siebsauger
– *la caisse aspirante*
16 die Siebsaugwalze
– *le rouleau aspirant*
17 der erste Naßfilz
– *le premier feutre coucheur*
18 der zweite Naßfilz
– *le second feutre coucheur*
19 die erste Naßpresse
– *la première presse coucheuse*
20 die zweite Naßpresse
– *la seconde presse coucheuse*
21 die Offsetpresse
– *la presse offset*
22 der Trockenzylinder
– *le cylindre sécheur*
23 der Trockenfilz (*auch:* das Trockensieb)
– *le filtre sécheur*
24 die Leimpresse
– *la presse encolleuse*
25 der Kühlzylinder
– *le cylindre refroidisseur*
26 die Glättwalzen *f*
– *les cylindres* m *sécheurs (les frictionneurs* m*)*
27 die Trockenhaube
– *la hotte*
28 die Aufrollung
– *l'enroulage* m
29-35 die Rakelstreichmaschine (der Rakelstreicher)
– *la coucheuse à râcles* f *(la fonceuse à râcles* f*)*
29 das Rohpapier
– *le papier brut*
30 die Papierbahn
– *la feuille continue (la bande de papier* m*)*
31 die Streichanlage für die Vorderseite
– *la coucheuse du côté* m *feutre (du côté supérieur)*
32 der Infrarottrockenofen
– *l'étuve* f *à infrarouge* m
33 die beheizte Trockentrommel
– *le cylindre sécheur chauffé*
34 die Streichanlage für die Rückseite
– *la coucheuse du côté* m *toile*
35 die fertig gestrichene Papierrolle (der Tambour)
– *la bobine de papier* m *couché*
36 der Kalander
– *la calandre*
37 die Anpreßhydraulik
– *le serrage hydraulique des rouleaux* m *de calandre* f
38 die Kalanderwalze
– *le rouleau de calandre* f
39 die Abrollvorrichtung
– *la dérouleuse (le dévidoir)*
40 die Personenhebebühne
– *la plate-forme élévatrice*
41 die Aufrollvorrichtung
– *l'enrouleuse* f
42 der Rollenschneider
– *la coupeuse*
43 die Schalttafel
– *le pupitre de commande* f
44 der Schneidapparat
– *l'appareil* m *de coupe* f
45 die Papierbahn
– *la feuille continue (la bande de papier* m*)*
46-51 die Handpapierherstellung
– *la fabrication du papier à la main*
46 der Schöpfer (Büttgeselle)
– *le puiseur*
47 die Bütte (der Trog)
– *la cuve*
48 die Schöpfform
– *la forme à main* f
49 der Gautscher
– *le coucheur*
50 die Bauscht (Pauscht), fertig zum Pressen
– *le tympan prêt pour le passage à la presse*
51 der Filz
– *le feutre*

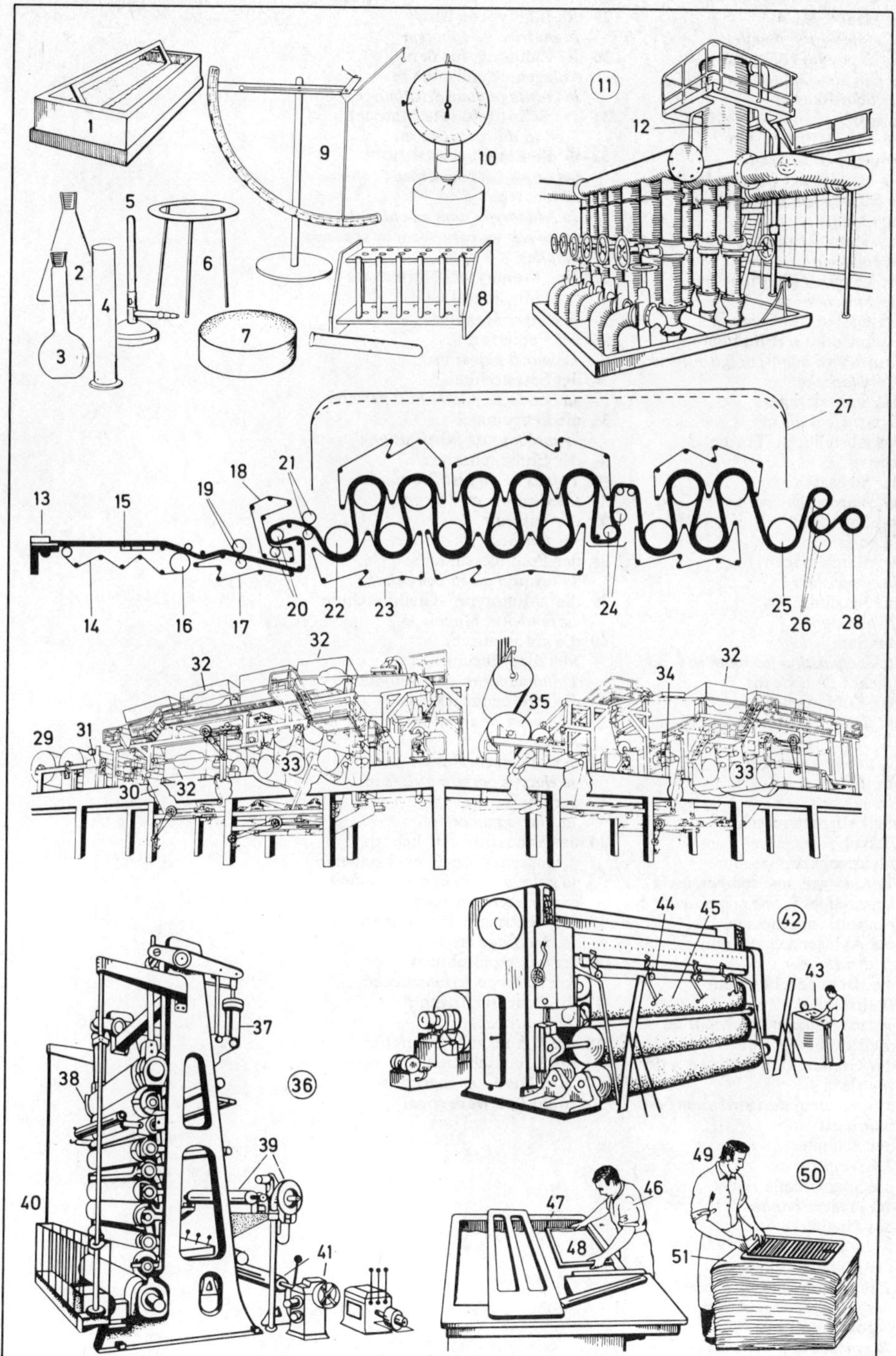
1
2
3
4
5
6
7
8
9
10
11
12
13
14
15
16
17
18
19
20
21
22
23
24
25
26
27
28
29
30
31
32
33
34
35
36
37
38
39
40
41
42
43
44
45
46
47
48
49
50
51

1 die Handsetzerei
– *la composition manuelle*
2 das Setzregal (Pultregal)
– *le rang de composition* f
3 der Schriftkasten
– *la casse*
4 der Steckschriftkasten
– *le meuble à casses* f
5 der Handsetzer (Setzer, Metteur)
– *le compositeur (le typographe,* fam.*: le typo)*
6 das Manuskript (Typoskript)
– *le manuscrit*
7 die Lettern *f* (Schrift)
– *les caractères* m
8 der Kasten, für Stege *m*, Füllmaterial *n* (Blindmaterial)
– *le meuble à lingots* m *(garnitures* f*) et blancs* m
9 das Stehsatzregal
– *le meuble à ais* m
10 das Abstellbrett (Formbrett)
– *l'ais* m
11 der Stehsatz
– *la composition conservée*
12 das Satzschiff
– *la galée*
13 der Winkelhaken
– *le composteur*
14 die Setzlinie
– *le lève-ligne*
15 der Satz
– *la composition (la matière* f*, les lignes* f *de texte* m*)*
16 die Kolumnenschnur
– *la ficelle [à lier les pages* f*]*
17 die Ahle
– *la pointe à corriger*
18 die Pinzette
– *les pinces* f
19 die Zeilensetzmaschine „Linotype" *f*, eine Mehrmagazinmaschine
– *la Linotype, une composeuse à lignes-blocs* f, *une composeuse à plusieurs magasins* m
20 der Ablegemechanismus
– *le distributeur*
21 die Satzmagazine *n* mit Matrizen *f*
– *les magasins* m *contenant les matrices* f
22 der Greifer, zum Ablegen *n* der Matrizen *f*
– *l'élévateur* m *de distribution* f *des matrices* f
23 der Sammler
– *l'assembleur* m
24 die Spatienkeile *m*
– *les espaces-bandes* m
25 das Gießwerk
– *le creuset*
26 die Metallzuführung
– *l'alimentateur* m *de creuset* m
27 der Maschinensatz (die gegossenen Zeilen *f*)
– *la composition mécanique (les lignes-blocs* m*)*
28 die Handmatrizen *f*
– *les matrices* f *à la main*
29 die Linotypematrize
– *la matrice de Linotype*
30 die Zahnung, für den Ablegemechanismus *m*
– *le crantage pour distribution* f
31 das Schriftbild (die Matrize)
– *l'œil* m *du caractère* m
32-45 die Einzelbuchstaben-Setz-und-Gießmaschine „Monotype" *f*
– *la Monotype, une machine à composer en caractères* m ***séparés mobiles***
32 die „Monotype"-Normalsetzmaschine (der Taster)
– *le clavier Monotype*
33 der Papierturm
– *la tour à papier* m
34 der Satzstreifen
– *la bande de papier* m *à perforer*
35 die Settrommel
– *le tambour de justification* f
36 der Einheitenzeiger
– *l'index* m *de justification* f *(l'indicateur* m *d'unités* f*)*
37 die Tastatur
– *les touches* f *du clavier*
38 der Preßluftschlauch
– *le tuyau d'air* m *comprimé*
39 die „Monotype"-Gießmaschine
– *la fondeuse Monotype*
40 die automatische Metallzuführung
– *l'alimenteur* m *automatique*
41 die Pumpendruckfeder
– *le ressort de compression* f *de la pompe*
42 der Matrizenrahmen
– *le châssis porte-matrices* m
43 der Papierturm
– *la tour à papier* m
44 das Satzschiff, mit Lettern *f* (gegossenen Einzelbuchstaben *m*)
– *la galée avec les lignes* f *fondues en caractères* m *séparés*
45 die elektrische Heizung
– *le chauffage électrique*
46 der Matrizenrahmen
– *le châssis porte-matrices* m
47 die Schriftmatrizen *f*
– *les matrices* f
48 die Klaue, zum Eingreifen *n* in die Kreuzschlittenführung
– *la rainure s'engageant sur le coulisseau transversal*

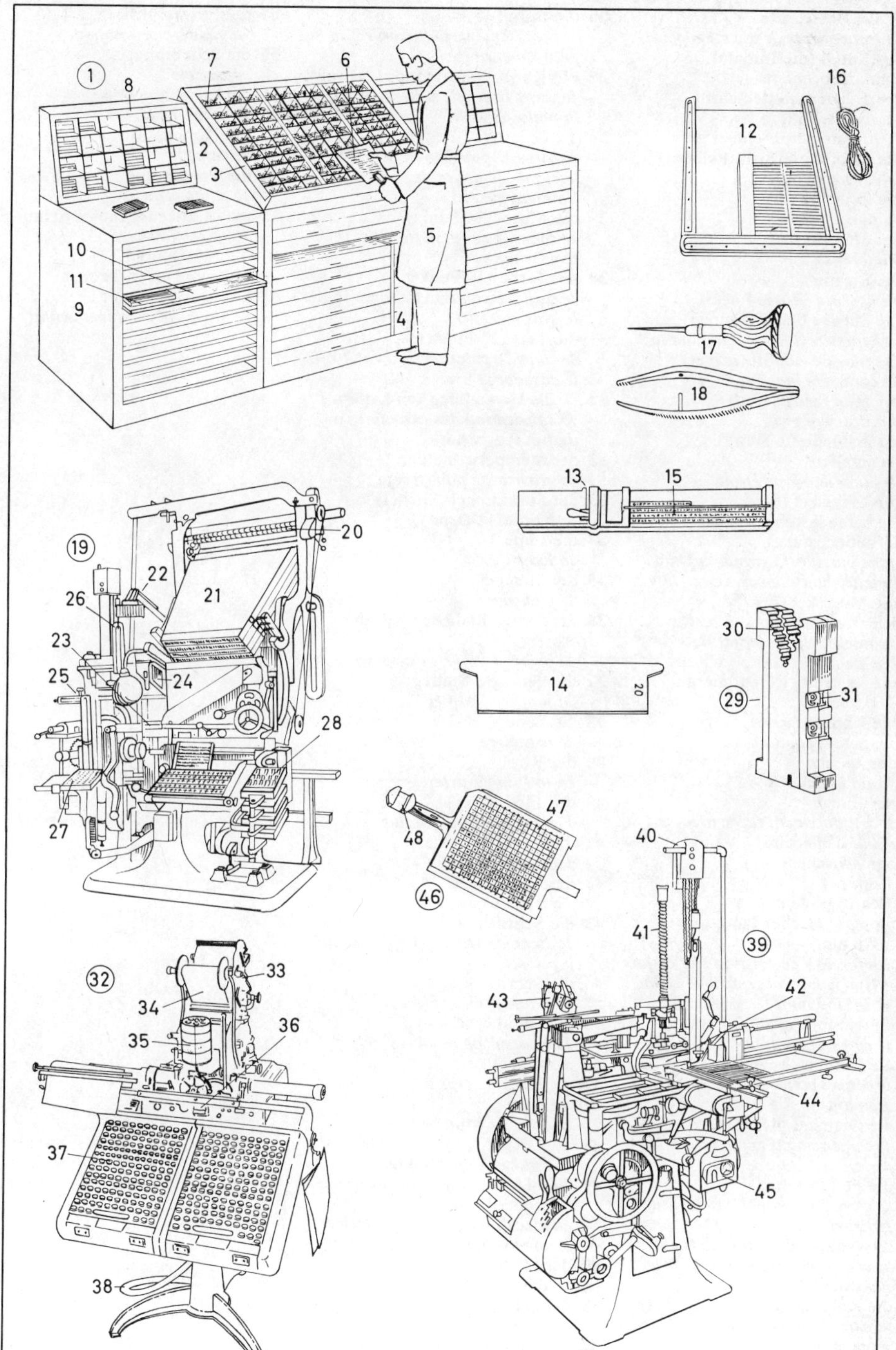
1
2
3
4
5
6
7
8
9
10
11
12
13
14
15
16
17
18
19
20
21
22
23
24
25
26
27
28
29
30
31
32
33
34
35
36
37
38
39
40
41
42
43
44
45
46
47
48

1-17 der Schriftsatz
– ***la composition** (le texte composé)*
1 das Initial (die Initiale)
– *l'initiale* f *(la lettrine)*
2 die dreiviertelfette Schrift (dreiviertelfett)
– *le caractère trois-quarts gras*
3 die halbfette Schrift (halbfett)
– *le caractère mi-gras*
4 die Zeile
– *la ligne*
5 der Durchschuß
– *l'interligne* f
6 die Ligatur
– *la ligature (lettres* f *liées)*
7 die kursive Schrift (kursiv)
– *le caractère italique (l'italique* m*)*
8 die magere Schrift (mager)
– *le caractère maigre*
9 die fette Schrift (fett)
– *le caractère gras*
10 die schmalfette Schrift (schmalfett)
– *le caractère gras étroit*
11 die Majuskel (der Versalbuchstabe, Versal, Großbuchstabe)
– *la majuscule (la grande capitale, la lettre haut-de-casse)*
12 die Minuskel (der Kleinbuchstabe)
– *la minuscule (la lettre bas-de-casse)*
13 die Sperrung (Spationierung)
– *l'approche* f
14 die Kapitälchen *n*
– *les petites capitales* f
15 der Absatz
– *la fin d'alinéa* m
16 der Einzug
– *le renfoncement (la rentrée, le début d'alinéa* m*)*
17 der Zwischenraum
– *l'espace* f
18 Schriftgrade *m* [ein typographischer Punkt *m* = 0,376 mm]
– ***les forces*** f ***de corps*** m *(les corps* m*) [un point typographique Didot = 0,3759 mm]*
19 die Nonplusultra (2 Punkt)
– *le corps 2 points* m *(le corps 2)*
20 die Brillant (3 Punkt)
– *le corps 3 points* m *(le corps 3, le diamant)*
21 die Diamant (4 Punkt)
– *le corps 4 points* m *(le corps 4, la perle)*
22 die Perl (5 Punkt)
– *le corps 5 points* m *(le corps 5, la parisienne)*
23 die Nonpareille (6 Punkt)
– *le corps 6 points* m *(le corps 6, la nonpareille)*
24 die Kolonel (Mignon, 7 Punkt)
– *le corps 7 points* m *(le corps 7, la mignonne)*
25 die Petit (8 Punkt)
– *le corps 8 points* m *(le corps 8, la gaillarde)*
26 die Borgis (9 Punkt)
– *le corps 9 points* m *(le corps 9, le petit romain)*
27 die Korpus (Garmond, 10 Punkt)
– *le corps 10 points* m *(le corps 10, la philosophie)*
28 die Cicero (12 Punkt)
– *le corps 12 points* m *(le corps 12, le cicéro, le douze, le Saint-Augustin)*
29 die Mittel (14 Punkt)
– *le corps 14 points* m *(le corps 14, le gros-texte)*
30 die Tertia (16 Punkt)
– *le corps 16 points* m *(le corps 16, le gros romain)*
31 die Text (20 Punkt)
– *le corps 20 points* m *(le corps 20, le paragon)*
32-37 die Herstellung von Lettern *f*
– ***la fabrication des caractères*** m *(lettres* f*, types* m*)*
32 der Stempelschneider
– *le graveur de poinçons* m
33 der Stahlstichel (Stichel)
– *le burin (l'échoppe* f*)*
34 die Lupe
– *la loupe*
35 der Stempel
– *le poinçon*
36 der fertige Stahlstempel (die Patrize)
– *le poinçon gravé en acier* m
37 die geprägte Matrize
– *la matrice justifiée*
38 die Letter
– ***le caractère***
39 der Kopf
– *la tête du caractère*
40 das Fleisch
– *l'épaulement* m *(le talus)*
41 die Punze
– *le contre-poinçon*
42 das Schriftbild
– *l'œil* m *du caractère*
43 die Schriftlinie
– *la ligne de lettre* f *(l'alignement* m*)*
44 die Schrifthöhe
– *la hauteur en papier* m
45 die Schulterhöhe
– *la hauteur de moule* m
46 der Kegel
– *la force de corps* m *(le corps* m*)*
47 die Signatur
– *le cran du caractère*
48 die Dickte
– *la chasse (la cadrature)*
49 die Matrizenbohrmaschine, eine Spezialbohrmaschine
– ***la machine à graver les matrices*** f, *une machine à graver spéciale*
50 der Ständer
– *le bâti en col* m *de cygne* m
51 der Fräser
– *la fraise*
52 der Frästisch
– *la table de gravure* f
53 der Pantographensupport
– *le chariot de pantographe* m
54 die Prismaführung
– *la glissière prismatique*
55 die Schablone
– *le modèle*
56 der Schablonentisch
– *le porte-modèle*
57 der Kopierstift
– *le palpeur*
58 der Pantograph
– *le pantographe*
59 die Matrizenspannvorrichtung
– *le serre-matrice*
60 die Frässpindel
– *la broche porte-fraise* m
61 der Antriebsmotor
– *le moteur d'entraînement* m

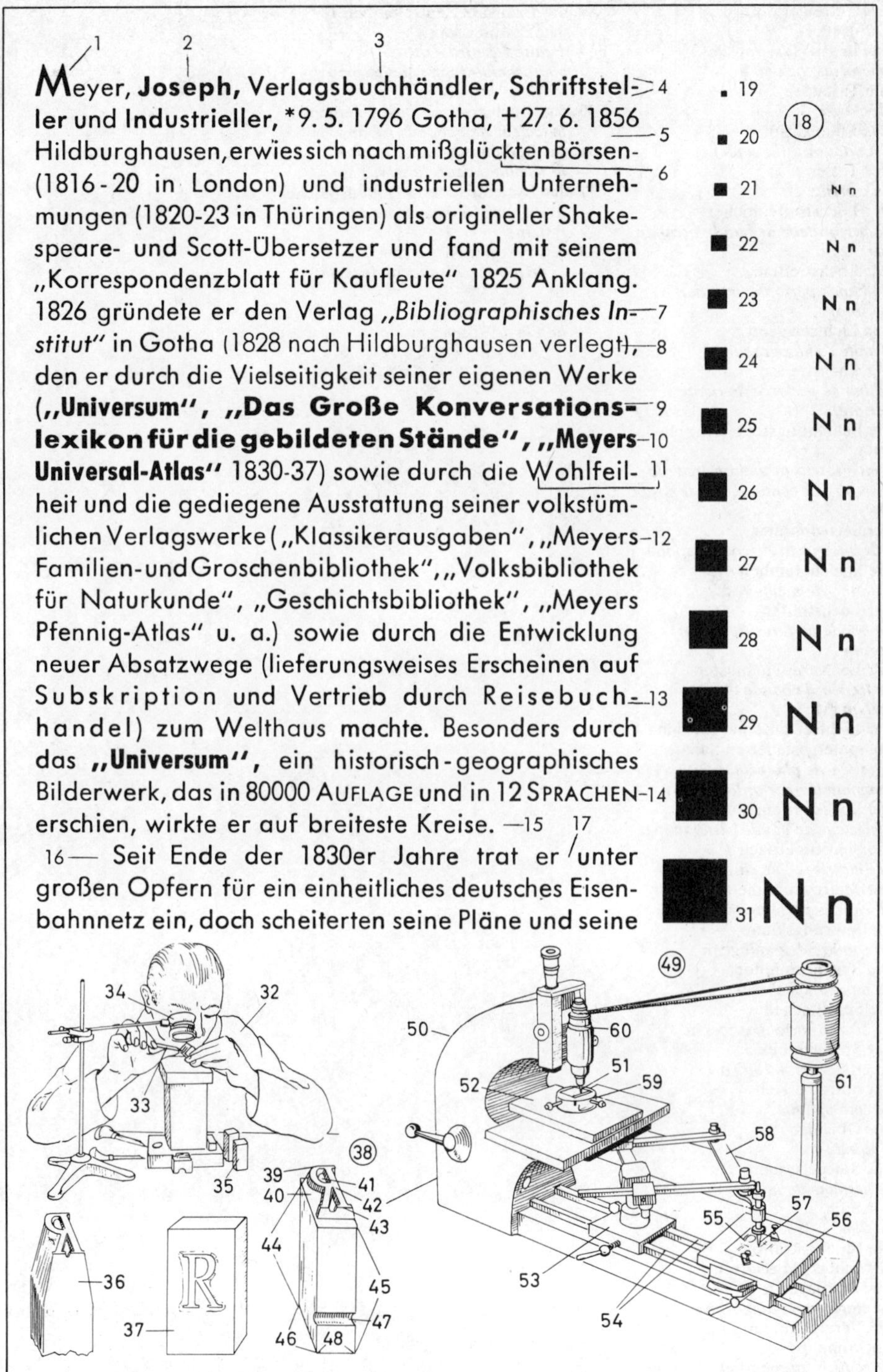
1 2 3
Meyer, Joseph, Verlagsbuchhändler, Schriftstel- 4
ler und Industrieller, *9. 5. 1796 Gotha, †27. 6. 1856
Hildburghausen, erwies sich nach mißglückten Börsen- 5
(1816-20 in London) und industriellen Unterneh- 6
mungen (1820-23 in Thüringen) als origineller Shake-
speare- und Scott-Übersetzer und fand mit seinem
„Korrespondenzblatt für Kaufleute" 1825 Anklang.
1826 gründete er den Verlag „Bibliographisches In- 7
stitut" in Gotha (1828 nach Hildburghausen verlegt), 8
den er durch die Vielseitigkeit seiner eigenen Werke
(„Universum", „Das Große Konversations- 9
lexikon für die gebildeten Stände", „Meyers 10
Universal-Atlas" 1830-37) sowie durch die Wohlfeil- 11
heit und die gediegene Ausstattung seiner volkstüm-
lichen Verlagswerke („Klassikerausgaben", „Meyers 12
Familien- und Groschenbibliothek", „Volksbibliothek
für Naturkunde", „Geschichtsbibliothek", „Meyers
Pfennig-Atlas" u. a.) sowie durch die Entwicklung
neuer Absatzwege (lieferungsweises Erscheinen auf
Subskription und Vertrieb durch Reisebuch- 13
handel) zum Welthaus machte. Besonders durch
das „Universum", ein historisch-geographisches
Bilderwerk, das in 80000 AUFLAGE und in 12 SPRACHEN 14
erschien, wirkte er auf breiteste Kreise. 15 17
16 Seit Ende der 1830er Jahre trat er unter
großen Opfern für ein einheitliches deutsches Eisen-
bahnnetz ein, doch scheiterten seine Pläne und seine
18
19
20
21 Nn
22 Nn
23 Nn
24 Nn
25 Nn
26 Nn
27 Nn
28 Nn
29 Nn
30 Nn
31 Nn
32
33
34
35
36
37
38
39
40
41
42
43
44
45
46
47
48
49
50
51
52
53
54
55
56
57
58
59
60
61
R

176 Setzerei III (Lichtsatz)

1 das Tastergerät für den Lichtsatz
– *l'unité* f *à clavier* m *de photocomposition* f
2 die Tastatur
– *le clavier*
3 das Manuskript
– *le manuscrit (la copie)*
4 der Taster
– *le claviste*
5 der Lochstreifenlocher
– *le perforateur de bande* f *(ruban* m*)*
6 der Lochstreifen
– *la bande perforée (le ruban perforé)*
7 das Lichtsetzgerät
– *l'unité* f *photographique*
8 der Lochstreifen
– *la bande perforée (le ruban perforé)*
9 die Belichtungssteuereinrichtung
– *l'intégrateur* m *de lumière* f *(le dispositif de commande* f *de pose* f*)*
10 der Setzcomputer
– *l'ordinateur* m *de composition* f
11 die Speichereinheit
– *l'unité* f *de mémoires* f
12 der Lochstreifen
– *la bande perforée (le ruban perforé)*
13 der Lochstreifenabtaster
– *le lecteur de bande* f *(ruban* m*)*
14 der Lichtsatzautomat für den computergesteuerten Satz
– *l'unité* f *de photocomposition* f *commandée par ordinateur* m
15 die Lochstreifenabtastung
– *le lecteur de bande* f *(ruban* m*)*
16 die Schriftmatrizen *f*
– *les matrices* f *de caractères* m
17 der Matrizenrahmen
– *le châssis porte-matrices* m
18 die Führungsklaue
– *la rainure de guidage* m
19 der Synchronmotor
– *le moteur synchrone*
20 die Schriftscheibe
– *le disque porte-matrices* m
21 der Spiegelblock
– *le groupe de miroirs* m
22 der optische Keil
– *le coin optique*
23 das Objektiv
– *l'objectif* m
24 das Spiegelsystem
– *le système de miroirs* m
25 der Film
– *le film*
26 die Blitzlichtröhren *f*
– *les lampes* f *à éclats* m
27 das Diamagazin
– *le magasin de diapositives* f
28 der Vervielfältigungsautomat für Filme *m*
– *le copieur automatique de films* m
29 die Lichtsatz-Zentraleinheit für den Zeitungssatz
– *l'unité* f *centrale de photocomposition* f *de journaux* m
30 das Lochstreifeneingabeelement
– *le lecteur de bande* f *(ruban* m*)*
31 der Bedienungsblattschreiber
– *le téléimprimeur de service* m
32 der Systemresidenz-Plattenspeicher
– *la mémoire à disques* m *du système*
33 der Textplattenspeicher
– *la mémoire à disques* m *de texte* m
34 der Plattenstapel
– *la pile de disques* m

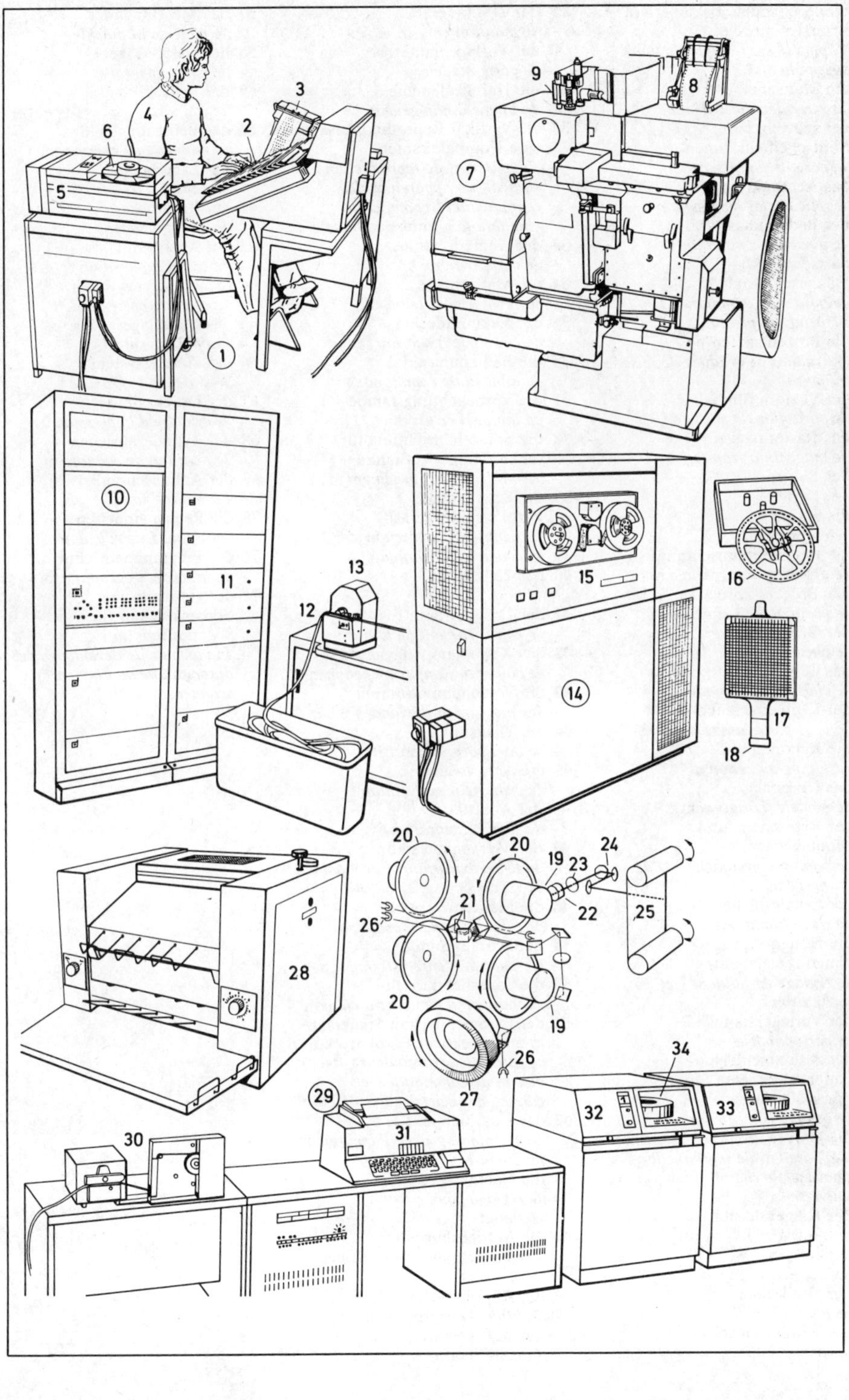
1
2
3
4
5
6
7
8
9
10
11
12
13
14
15
16
17
18
19
20
21
22
23
24
25
26
27
28
29
30
31
32
33
34

1 die Reproduktionskamera in Brückenbauweise *f*
– *l'appareil* m *de reproduction* f *suspendu*
2 die Mattscheibe
– *le verre dépoli (le dépoli)*
3 der schwenkbare Mattscheibenrahmen
– *le porte-dépoli basculant*
4 das Achsenkreuz
– *le réticule (les repères* m *en croix* f*)*
5 der Bedienungsstand
– *le poste de commande* f
6 das schwenkbare Hängeschaltpult
– *le boîtier de commande* f *suspendu et pivotant*
7 die Prozentskalen *f*
– *les rubans* m *gradués de mise* f *au point*
8 der Vakuumfilmhalter
– *le porte-films à succion* f
9 das Rastermagazin
– *le magasin à trames* f
10 der Balgen
– *le soufflet*
11 die Standarte
– *le corps avant*
12 die Registriereinrichtung
– *le dispositif de repérage* m
13 das Brückenstativ
– *le portique de suspension* f
14 der Originalhalter
– *le porte-modèle*
15 das Originalhaltergestell
– *le châssis porte-modèle*
16 der Lampengelenkarm
– *le bras porte-lampe articulé*
17 die Xenonlampe
– *la lampe au xénon* m
18 das Original
– *le modèle (l'original* m*)*
19 der Retuschier- und Montagetisch
– *le pupitre de retouche* f *et de montage* m
20 die Leuchtfläche
– *la dalle lumineuse*
21 die Höhen- und Neigungsverstellung
– *le réglage en hauteur* f *et inclinaison* f
22 der Vorlagenhalter
– *le porte-modèle*
23 der zusammenlegbare Fadenzähler, eine Lupe (Vergrößerungsglas *n)*
– *le compte-fils, une loupe*
24 die Universalreproduktionskamera
– *l'appareil* m *de reproduction* f *universel, la chambre-laboratoire universelle*
25 der Kamerakasten
– *le corps arrière*
26 der Balgen
– *le soufflet*
27 der Optikträger
– *le porte-objectif*
28 die Winkelspiegel *m*
– *le miroir à 45°*
29 der T-Ständer
– *le montant en T* m
30 der Vorlagenhalter
– *le porte-modèle*
31 die Halogenleuchte
– *la lampe à halogène* m
32 die Vertikal-Reproduktionskamera, eine Kompaktkamera
– *l'appareil* m *de reproduction* f *vertical, un appareil* m *de reproduction* f *compact, la chambre-laboratoire compacte*
33 der Kamerakasten
– *le corps arrière*
34 die Mattscheibe
– *le verre dépoli (le dépoli)*
35 der Vakuumdeckel
– *le couvercle à succion* f
36 die Bedienungstafel
– *le tableau de commande* f
37 die Vorbelichtungslampe
– *la lampe à éclats* m
38 die Spiegeleinrichtung für seitenrichtige Aufnahmen *f*
– *le miroir de retournement* m
39 der Scanner (das Farbkorrekturgerät)
– *le scanner (l'appareil* m *de sélection* f *électronique)*
40 das Untergestell
– *le bâti*
41 der Lampenraum
– *le compartiment de lampe* f
42 das Xenonlampengehäuse
– *le boîtier de lampe* f *au xénon* m
43 die Vorschubmotoren *m*
– *les moteurs* m *d'avance* f
44 der Diaarm
– *le bras porte-diapositive*
45 die Abtastwalze
– *le cylindre d'exploration* f
46 der Abtastkopf
– *la tête d'exploration* f
47 der Maskenabtastkopf
– *la tête d'exploration* f *de masque* m
48 die Maskenwalze
– *le cylindre porte-masque* m
49 der Schreibraum
– *l'espace* m *d'enregistrement* m
50 die Tageslichtkassette
– *le chargeur à lumière* f *du jour* m
51 der Farbrechner mit Steuersatz *m* und selektiver Farbkorrektur *f*
– *le calculateur de couleur* f *avec bloc* m *de commande* f *et correction* f *sélective de couleur* f
52 das Klischiergerät
– *la machine à graver (l'appareil* m *de gravure* f*)*
53 die Nahtausblendung
– *le réglage pour gravure* f *continue*
54 die Antriebskupplung
– *l'embrayage* m *d'entraînement* m
55 der Kupplungsflansch
– *la bride d'embrayage* m
56 der Antriebsturm
– *l'unité* f *motrice*
57 das Maschinenbett
– *le banc de la machine*
58 der Geräteträger
– *le porte-appareils*
59 der Bettschlitten
– *le traînard*
60 das Bedienungsfeld
– *le panneau de commande* f
61 der Lagerbock
– *le palier*
62 der Reitstock
– *la contre-poupée*
63 der Abtastkopf
– *la tête d'exploration* f
64 der Vorlagenzylinder
– *le cylindre porte-modèle*
65 das Mittellager
– *l'appui* m *central*
66 das Graviersystem
– *le système de gravure* f
67 der Druckzylinder
– *le cylindre d'impression* f
68 der Zylinderausleger
– *le tourillon de cylindre* m
69 der Anbauschrank
– *l'armoire* f *accolée*
70 die Recheneinheiten *f*
– *les unités* f *de calcul* m
71 der Programmeinschub
– *le tiroir de programme* m
72 der automatische Filmentwickler für Scannerfilme *m*
– *la machine de développement* m *automatique de films* m *de scanner* m

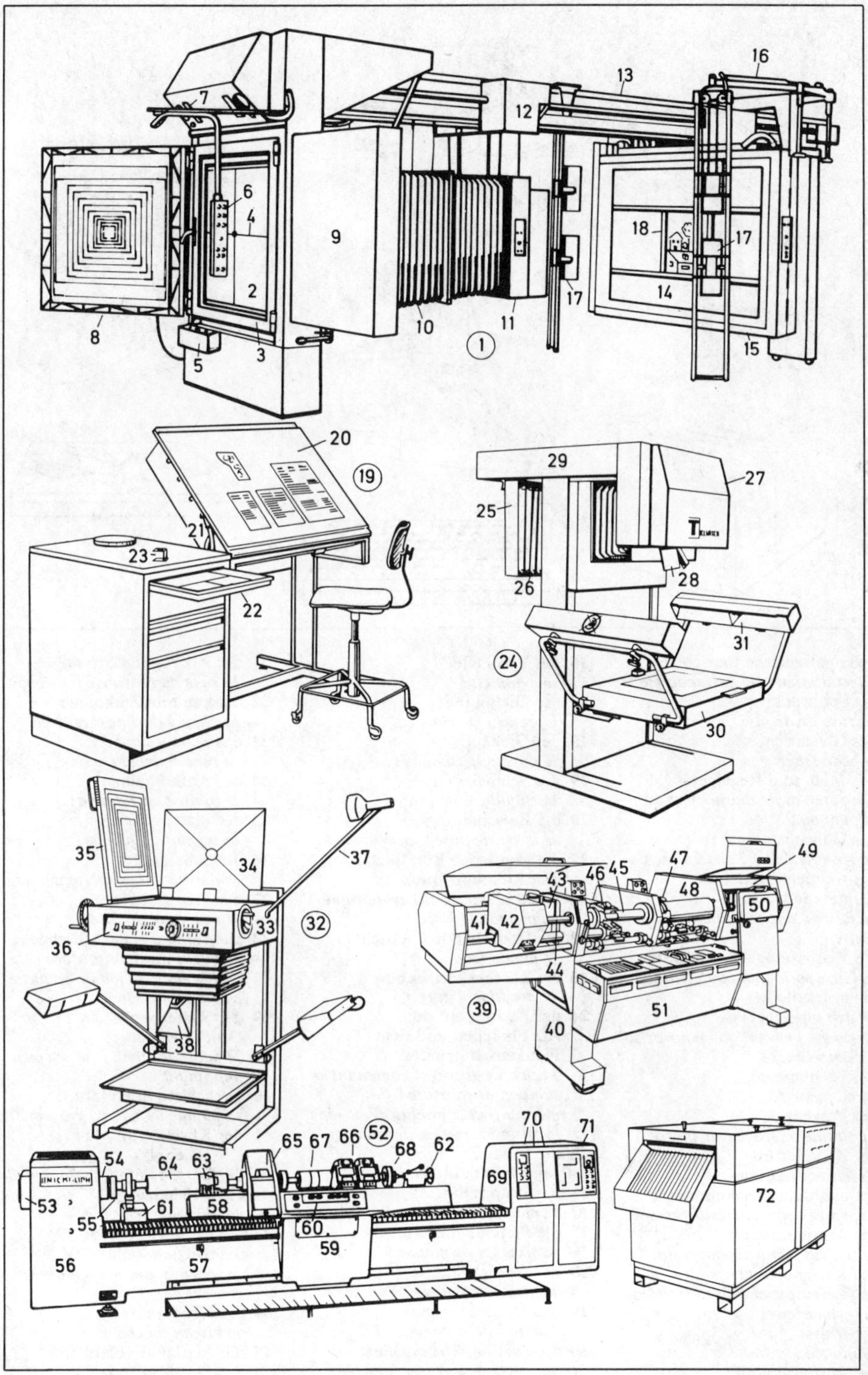
1
2
3
4
5
6
7
8
9
10
11
12
13
14
15
16
17
18
19
20
21
22
23
24
25
26
27
28
29
30
31
32
33
34
35
36
37
38
39
40
41
42
43
44
45
46
47
48
49
50
51
52
53
54
55
56
57
58
59
60
61
62
63
64
65
66
67
68
69
70
71
72

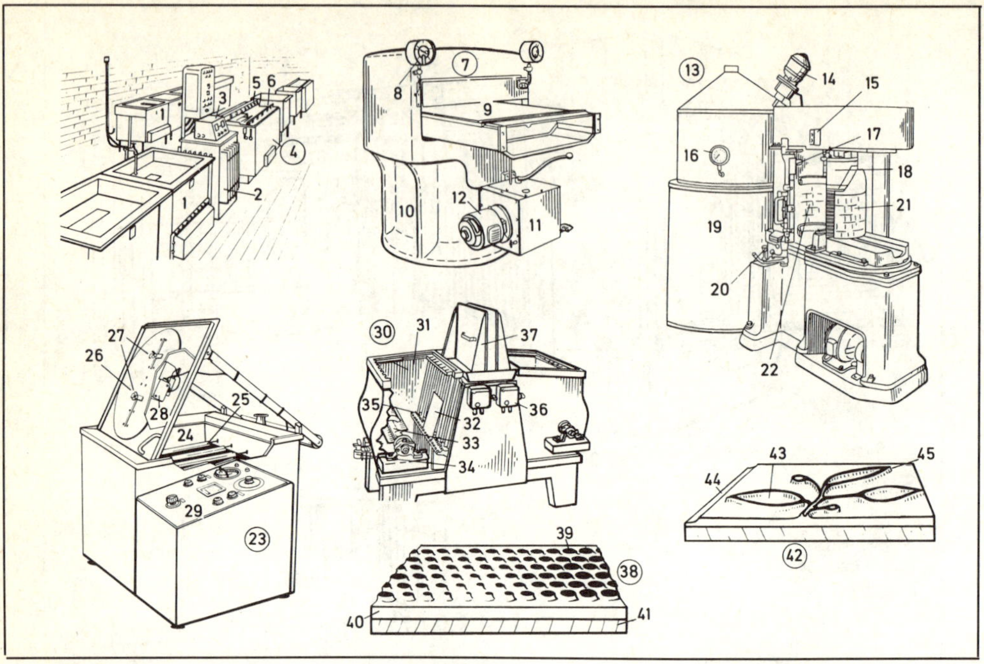

1-6 der galvanische Betrieb
– ***l'installation*** f ***de galvanotypie*** f
1 die Spülwanne
– *la cuve de dégraissage* m
2 der Gleichrichter
– *le redresseur*
3 das Meß- und Regelgerät
– *l'appareil* m *de mesure* f *et de régulation* f
4 das Galvanisierbecken
– *la cuve (le bain) d'électrolyse* f
5 die Anodenstange (mit Kupferanoden *f*)
– *la barre d'anode* f *(anodes* f *de cuivre* m*)*
6 die Warenstange (Kathode)
– *la barre porte-moules* m *(cathode* f*)*
7 die hydraulische Matrizenprägepresse
– ***la presse hydraulique pour prise*** f ***d'empreintes*** f
8 das Manometer
– *le manomètre*
9 der Prägetisch
– *la platine inférieure de presse* f
10 der Zylinderfuß
– *la base cylindrique*
11 die hydraulische Preßpumpe
– *la pompe hydraulique de presse* f
12 der Antriebsmotor
– *le moteur d'entraînement* m
13 das Rundplattengießwerk
– ***la fondeuse à clichés*** m *(stéréos* m*) cylindriques*
14 der Motor
– *le moteur*
15 die Antriebsknöpfe
– *les boutons* m *de commande* f
16 das Pyrometer
– *le pyromètre*
17 der Gießmund
– *la bouche de coulée* f
18 der Gießkern
– *le noyau de coulée* f
19 der Schmelzofen
– *la chaudière de fonte* f
20 die Einschaltung
– *le levier de mise* f *en marche* f
21 die gegossene Rundplatte für den Rotationsdruck
– *le cliché (stéréo* m*) cylindrique pour rotative* f
22 die feststehende Gießschale
– *le moule fixe*
23 die Klischeeätzmaschine
– ***la machine à graver***
24 der Ätztrog mit der Ätzflüssigkeit und dem Flankenschutzmittel *n*
– *la cuve de gravure* f *contenant la solution de morsure* f *(le mordant) et le produit filmogène [pour la protection des talus* m*]*
25 die Schaufelwalzen *f*
– *les arbres* m *à palettes* f
26 der Rotorteller
– *le plateau tournant*
27 die Plattenhalterung
– *la fixation de plaque* f
28 der Antriebsmotor
– *le moteur d'entraînement* m
29 das Steueraggregat
– *l'unité* f *de commande* f
30 die Zwillingsätzmaschine
– ***la machine à graver jumelée***
31 der Ätztrog [*im Schnitt*]
– *la cuve de gravure* f *[en coupe* f*]*
32 die kopierte Zinkplatte
– *la plaque de zinc* m *gravée*
33 das Schaufelrad
– *la roue à aubes* f
34 der Abflußhahn
– *le robinet de vidange* f
35 der Plattenständer
– *le support de plaque* f
36 die Schaltung
– *l'interrupteur* m *de commande* f
37 der Trogdeckel
– *le couvercle de cuve* f
38 die Autotypie, ein Klischee *n*
– ***le cliché de similigravure*** f *(le cliché simili, la simili, le cliché tramé), un cliché*
39 der Rasterpunkt, ein Druckelement
– *le point de simili* f, *un élément imprimant*
40 die geätzte Zinkplatte
– *la plaque de zinc* m *gravée*
41 der Klischeefuß (das Klischeeholz)
– *le bloc de montage* m *(la semelle)*
42 die Strichätzung
– ***le cliché de trait*** m
43 die nichtdruckenden, tiefgeätzten Teile *m od. n*
– *les parties non imprimantes, gravées en creux*
44 die Klischeefacette
– *le biseau du cliché*
45 die Ätzflanke (Flanke)
– *le talus de gravure* f

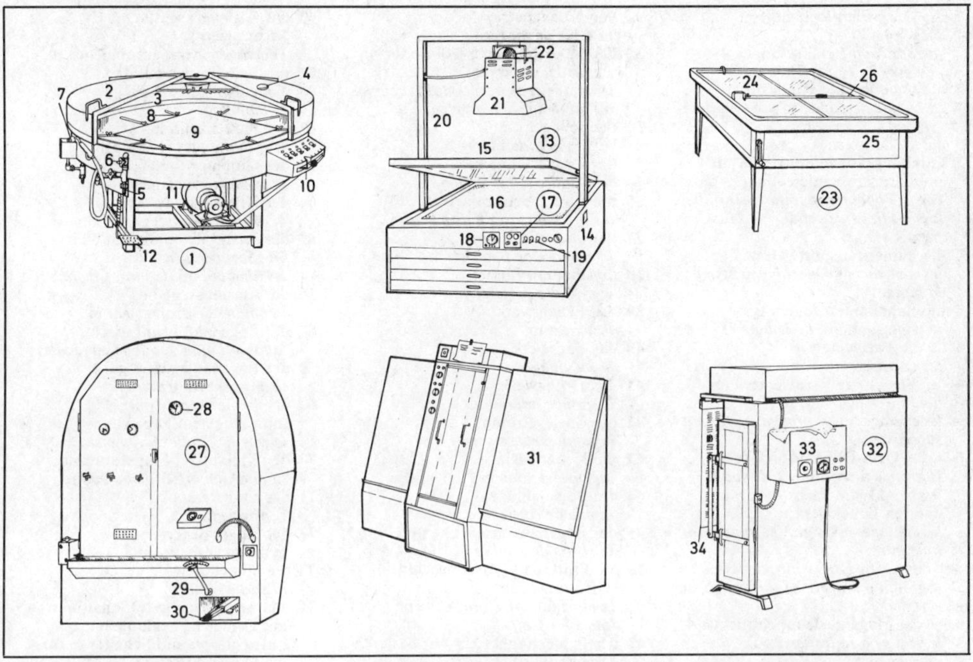

1 die Plattenschleuder (Plattenzentrifuge) zum Beschichten *n* der Offsetplatten *f*
– *la tournette pour sensibiliser les plaques* f *offset*
2 der Schiebedeckel
– *le couvercle coulissant*
3 die Elektroheizung
– *le chauffage électrique*
4 das Rundthermometer
– *le thermomètre*
5 der Wasserspülanschluß
– *le raccord d'eau* f *de rinçage* m
6 die Umlaufspülung
– *le rince-plaque circulaire*
7 die Handbrause
– *la douchette*
8 die Plattenhaltestangen *f*
– *les barres* f *de fixation* f *de la plaque*
9 die Zinkplatte (*auch:* Magnesium-, Kupferplatte)
– *la plaque de zinc* m (égal.: *plaque* f *de magnésium* m, *plaque* f *de cuivre* m)
10 das Schaltpult
– *le pupitre de commande* f
11 der Antriebsmotor
– *le moteur d'entraînement* m
12 der Bremsfußhebel
– *la pédale de frein* m
13 der pneumatische Kopierrahmen
– *le châssis pneumatique à copier*
14 das Kopierrahmenuntergestell
– *le socle du châssis à copier*
15 das Rahmenoberteil mit der Spiegelglasscheibe
– *le couvercle vitré du châssis*
16 die beschichtete Offsetplatte
– *la plaque offset couchée*
17 die Schalttafel
– *le panneau de commande* f
18 die Belichtungszeiteinstellung
– *l'intégrateur* m *de lumière* f
19 die Schalter *m* für die Vakuumherstellung
– *l'interrupteur* m *de pompe* f *à vide* m
20 das Gestänge
– *les montants* m
21 die Punktlichtkopierlampe, eine Metallhalogenlampe
– *la lampe d'insolation* f *ponctuelle, une lampe aux halogénures* m
22 das Lampengebläse
– *la soufflante de lampe* f
23 der Montagetisch, für die Filmmontage
– *la table lumineuse de montage* m *des films* m
24 die Kristallglasscheibe
– *la dalle de verre* m *cristal* m
25 der Beleuchtungskasten
– *le caisson à lumière* f
26 die Linealeinrichtung
– *les règles* f *de précision* f *coulissantes*
27 die Vertikaltrockenschleuder
– *le séchoir centrifuge vertical*
28 der Feuchtigkeitsmesser
– *l'hygromètre* m
29 die Geschwindigkeitsregulierung
– *le réglage de vitesse* f
30 der Bremsfußhebel
– *la pédale de frein* m
31 die Entwicklungsmaschine für vorbeschichtete Platten *f*
– *la machine de traitement* m *de plaques* f *présensibilisées*
32 der Brennofen (Einbrennofen) für Heißemail- (Diazo-)platten *f*
– *le four de cuisson* f *de plaques* f *à colle-émail* f *(plaques* f *diazo)*
33 der Schaltkasten
– *le coffret de commande* f
34 die Diazoplatte
– *la plaque diazo*

1 die Vierfarben-Rollenoffset-maschine
– *la rotative offset à bobines* f *4 couleurs* f
2 die unbedruckte Papierrolle
– *la bobine de papier* m *non imprimé (vierge)*
3 der Rollenstern (Einhängevorrichtung *f* für die unbedruckte Papierrolle)
– *le porte-bobines en trèfle* m, *le trèfle (dispositif* m *de collage* m *de la bobine vierge)*
4 die Papiertransportwalzen *f*
– *les rouleaux* m *d'entraînement* m *de la bande*
5 die Bahnkantensteuerung
– *le réglage latéral de bobine* f
6-13 die Farbwerke *n*
– *les encrages* m
6, 8, 10, 12 die Farbwerke *n* im oberen Druckwerk *n*
– *les encrages* m *du groupe imprimant supérieur*
6-7 das Gelb-Doppeldruckwerk
– *le groupe à retiration* f *du jaune*
7, 9, 11, 13 die Farbwerke *n* im unteren Druckwerk *n*
– *les encrages* m *du groupe imprimant inférieur*
8-9 das Cyan-Doppeldruckwerk
– *le groupe à retiration* f *du cyan (bleu vert* m*)*
10-11 das Magenta-Doppeldruckwerk
– *le groupe à retiration* f *du magenta*
12-13 das Schwarz-Doppeldruckwerk
– *le groupe à retiration* f *du noir*
14 der Trockenofen
– *le séchoir*
15 der Falzapparat
– *la plieuse*
16 das Schaltpult
– *le pupitre de commande* f
17 der Druckbogen
– *la feuille imprimée*
18 die Vierfarben-Rollenoffset-maschine [Schema]
– *la rotative offset à bobines* f *4 couleurs* f *[schéma]*
19 der Rollenstern
– *le porte-bobines en trèfle* m *(le trèfle)*
20 die Bahnkantensteuerung
– *le réglage latéral de bobine* f
21 die Farbwalzen *f*
– *les rouleaux* m *d'encrage* m
22 der Farbkasten
– *l'encrier* m
23 die Feuchtwalzen *f*
– *les rouleaux* m *de mouillage* m
24 der Gummizylinder
– *le cylindre de blanchet* m
25 der Plattenzylinder (Druckträger)
– *le cylindre porte-plaque* m
26 die Papierlaufbahn
– *la bande (de papier* m*) mobile*
27 der Trockenofen
– *le séchoir*
28 die Kühlwalzen *f*
– *les rouleaux* m *refroidisseurs*
29 der Falzapparat
– *la plieuse*
30 die Vierfarben-Bogenoffset-maschine [Schema]
– *la presse offset à feuilles* f *4 couleurs* f *[schéma]*
31 der Bogenanleger
– *le margeur*
32 der Anlagetisch
– *la table de marge* f
33 der Bogenlauf über Vorgreifer *m* zur Anlegetrommel
– *le balancier transmettant la feuille au tambour de marge* f
34 die Anlegetrommel
– *le tambour de marge* f
35 der Druckzylinder
– *le cylindre d'impression* f
36 die Übergabetrommeln *f*
– *les tambours* m *de transfert* m
37 der Gummizylinder
– *le cylindre de blanchet* m
38 der Plattenzylinder
– *le cylindre porte-plaque* m
39 das Feuchtwerk
– *l'encrage* m
40 das Farbwerk
– *le mouillage*
41 das Druckwerk
– *le groupe imprimant*
42 die Auslegetrommel
– *le tambour de sortie* f
43 die Kettenauslage
– *la sortie à chaînes* f
44 die Bogenablage
– *la pile de sortie* f
45 der Bogenausleger
– *la sortie de feuilles* f
46 die Einfarben-Offsetmaschine (Offsetmaschine)
– *la machine offset une couleur (machine* f *offset)*
47 der Papierstapel (das Druckpapier)
– *la pile de feuilles* f *(papier* m *pour impression* f*)*
48 der Bogenanleger, ein automatischer Stapelanleger *m*
– *le margeur à feuilles* f *(un margeur automatique)*
49 der Anlagetisch
– *la table de marge* f
50 die Farbwalzen *f*
– *les rouleaux* m *d'encrage* m
51 das Farbwerk
– *l'encrage* m
52 die Feuchtwalzen *f*
– *les rouleaux* m *de mouillage* m
53 der Plattenzylinder (Druckträger), eine Zinkplatte
– *le cylindre porte-plaque* m, *une plaque de zinc* m
54 der Gummizylinder, ein Stahlzylinder *m* mit Gummidrucktuch *n*
– *le cylindre de blanchet* m, *un cylindre d'acier* m *portant un blanchet de caoutchouc* m
55 der Stapelausleger für die bedruckten Bogen *m*
– *la sortie à pile* f
56 der Greiferwagen, ein Kettengreifer *m*
– *la barre à pinces* f, *un dispositif de pinces* f *à chaînes* f
57 der Papierstapel (mit bedrucktem Papier)
– *la pile de feuilles* f *imprimées*
58 das Schutzblech für den Keilriemenantrieb *m*
– *le carter de protection* f *de l'entraînement* m *à courroie* f *trapézoïdale*
59 die Einfarben-Offsetmaschine [Schema]
– *la machine offset une couleur [schéma* m*]*
60 das Farbwerk mit den Farbwalzen *f*
– *l'encrage* m *avec ses rouleaux* m
61 das Feuchtwerk mit den Feuchtwalzen *f*
– *le mouillage avec ses rouleaux* m
62 der Plattenzylinder
– *le cylindre porte-plaque* m
63 der Gummizylinder
– *le cylindre de blanchet* m
64 der Druckzylinder
– *le cylindre d'impression* f
65 die Auslagetrommel mit dem Greifersystem *n*
– *les tambours* m *de sortie* f *à pinces* f
66 die Antriebsscheibe
– *la poulie d'entraînement* m
67 der Bogenzuführungstisch
– *la table d'alimentation* f *en feuilles* f
68 der Bogenanlegeapparat
– *le margeur de feuilles* f
69 der Papierstapel (mit unbedrucktem Papier)
– *la pile de feuilles* f *vierges*
70 der Kleinoffset-Stapeldrucker
– *la machine offset de bureau* m
71 das Farbwerk
– *l'encrage* m
72 der Sauganleger
– *le margeur à succion* f
73 die Stapelanlage
– *la sortie à pile* f
74 das Armaturenbrett (Schaltbrett) mit Zähler *m*, Manometer *n*, Luftregler *m* und Schalter *m* für die Papierzuführung
– *le tableau de commande* f *avec compteur* m, *manomètre* m, *régulateur* m *de débit* m *d'air* m *et interrupteur* m *de margeur* m
75 die Flachoffsetmaschine (Mailänder Andruckpresse)
– *la machine offset à plat* m *(presse* f *à contre-épreuves* f *Maïländer)*
76 das Farbwerk
– *l'encrage* m
77 die Farbwalzen *f*
– *les rouleaux* m *d'encrage* m
78 das Druckfundament
– *le marbre*
79 der Zylinder mit Gummidrucktuch;n.
– *le cylindre de blanchet* m
80 der Hebel, für das An- und Abstellen des Druckwerkes *n*
– *le levier d'embrayage-débrayage* m *du groupe imprimant*
81 die Druckeinstellung
– *le réglage de la pression*

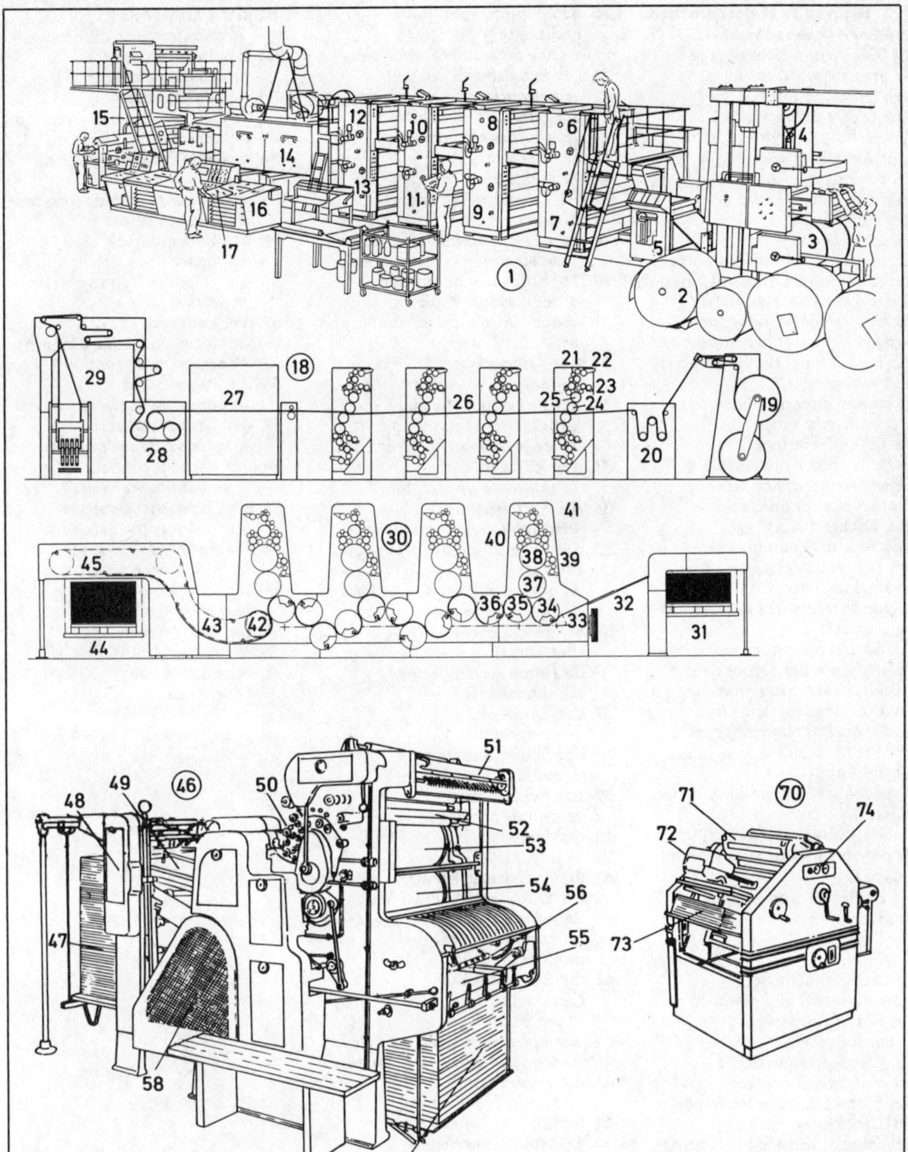
1
2
3
4
5
6
7
8
9
10
11
12
13
14
15
16
17
18
19
20
21
22
23
24
25
26
27
28
29
30
31
32
33
34
35
36
37
38
39
40
41
42
43
44
45
46
47
48
49
50
51
52
53
54
55
56
57
58
59
60
61
62
63
64
65
66
67
68
69
70
71
72
73
74
75
76
77
78
79
80
81

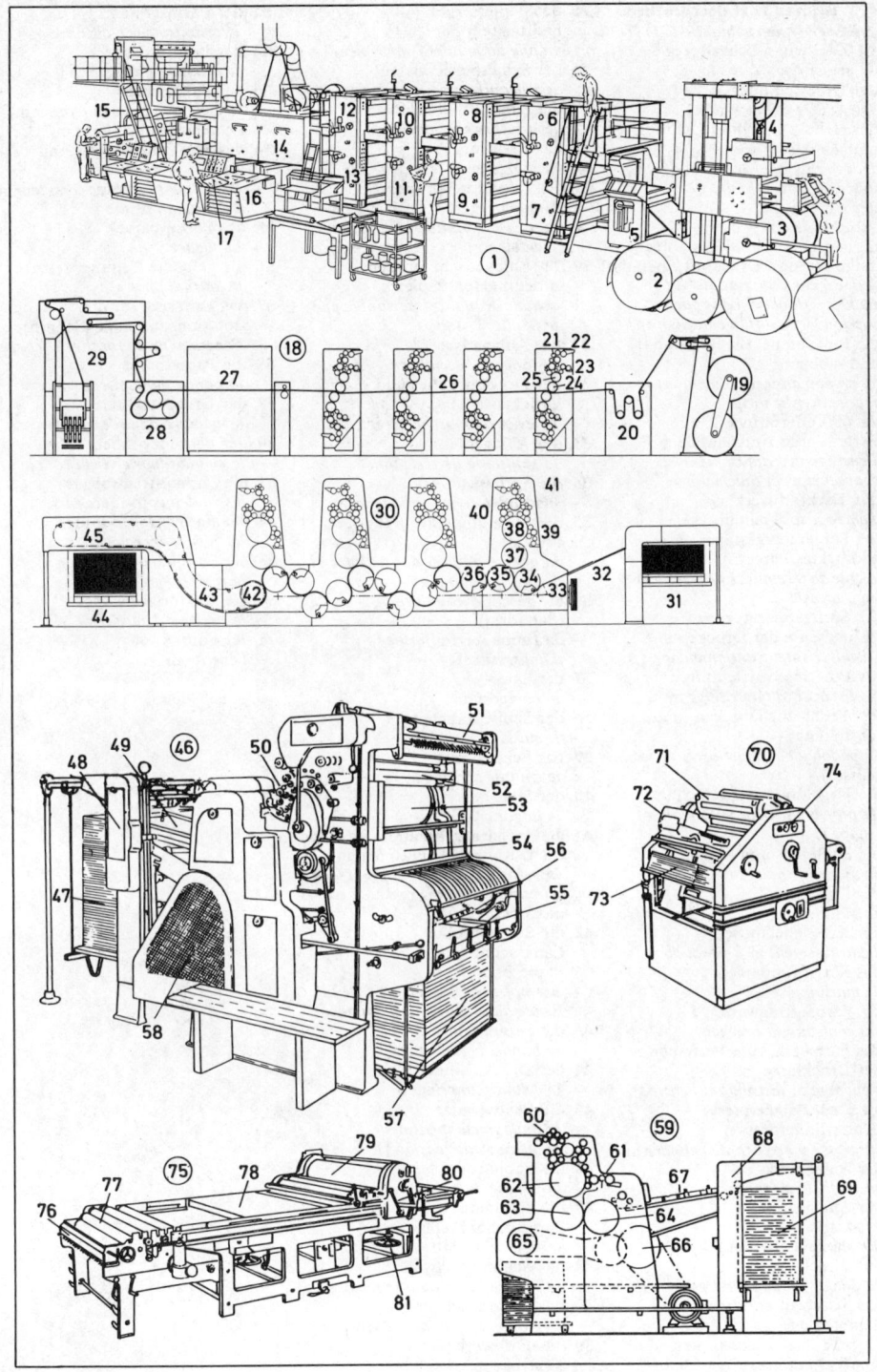

1-65 Maschinen *f* **der Buchdruckerei**
– ***presses*** f ***typographiques***
1 **die Zweitouren-Schnellpresse**
– ***la presse deux tours*** m
2 der Druckzylinder
– *le cylindre d'impression* f
3 der Hebel zur Zylinderhebung und -senkung
– *le levier de relevage* m *et de descente* f *du cylindre*
4 der Anlagetisch
– *la table de marge* f
5 der automatische Bogenanleger [mit Saug-und Druckluft *f* betätigt]
– *le margeur automatique de feuilles* f *[fonctionnant par succion* f *et soufflage* m *d'air* m*]*
6 die Luftpumpe, für Bogenan- und -ablage *f*
– *la pompe à air* m *alimentant le margeur et la sortie*
7 das Zylinderfarbwerk, mit Verreib- und Auftragwalzen *f*
– *l'encrage* m *cylindrique avec chargeurs* m *et toucheurs* m
8 das Tischfarbwerk
– *l'encrage* m *à plat* m
9 der Papierablagestapel, für bedrucktes Papier *n*
– *la pile de réception* f *des feuilles* f *imprimées*
10 der Spritzapparat, zum Bestäuben *n* der Drucke *m*
– *le pulvérisateur antimaculage*
11 die Einschießvorrichtung
– *le dispositif d'intercalage* m
12 das Pedal, zur Druckan- und -abstellung
– *la pédale de marche-arrêt de la presse*
13 **die Tiegeldruckpresse** [Schnitt]
– ***la presse à platine*** f *(la platine) [coupe* f*]*
14 die Papieran- und -ablage
– *le dispositif margeur-sortie*
15 der Drucktiegel
– *la platine*
16 der Kniehebelantrieb
– *l'entraînement* m *à genouillère* f
17 das Schriftfundament
– *le marbre*
18 die Farbauftragwalzen *f*
– *les rouleaux* m *toucheurs*
19 das Farbwerk, zum Verreiben *n* der Druckfarbe
– *l'encrage* m *distribuant l'encre* f
20 **die Stoppzylinderpresse** (Haltzylinderpresse)
– ***la presse à arrêt*** m ***de cylindre*** m
21 der Anlagetisch
– *la table de marge* f
22 der Anlageapparat
– *le margeur*
23 der Papierstapel (mit unbedrucktem Papier)
– *la pile de feuilles* f *vierges*
24 das Schutzgitter, für die Papieranlage
– *la grille de protection* f *des feuilles* f *margées*
25 der Papierstapel (mit bedrucktem Papier)
– *la pile de feuilles* f *imprimées*
26 der Schaltmechanismus
– *le mécanisme de commande* f
27 die Farbauftragwalzen *f*
– *les rouleaux* m *toucheurs*
28 das Farbwerk
– *l'encrage* m
29 **die Tiegeldruckpresse** [Heidelberger]
– ***la presse à platine*** f *(la platine) [Heidelberg]*
30 der Anlagetisch, mit dem unbedruckten Papier *n*
– *la table de marge* f *portant la pile de feuilles* f *vierges*
31 der Ablagetisch
– *la table de réception* f
32 der Druckansteller und Druckabsteller
– *le levier de marche-arrêt*
33 der Ablagebläser
– *la soufflerie de réception* f
34 die Spritzpistole
– *le pistolet de pulvérisateur* m
35 die Luftpumpe, für Saug- und Blasluft *f*
– *la pompe à air* m *de succion* f *et de soufflage* m
36 **die geschlossene Form** (Satzform)
– ***la forme serrée*** *(forme* f *d'impression* f*)*
37 der Satz
– *la composition*
38 der Schließrahmen
– *le châssis*
39 das Schließzeug
– *le coin de serrage* m
40 der Steg
– *le lingot*
41 **die Hochdruck-Rotationsmaschine** für Zeitungen *f* bis 16 Seiten *f*
– ***la rotative typographique (typo)*** *à journaux* m *de 16 pages* f *au maximum*
42 die Schneidrollen *f*, zum Längsschneiden *n* der Papierbahn
– *les molettes* f *de refente* f *de la bande dans le sens de la longueur*
43 die Papierbahn
– *la bande de papier* m
44 der Druckzylinder
– *le cylindre imprimant*
45 die Pendelwalze
– *le rouleau compensateur (rouleau* m *de tension* f*)*
46 die Papierrolle
– *la bobine de papier* m
47 die automatische Papierrollenbremse
– *le frein automatique de bobine* f
48 das Schöndruckwerk
– *le groupe imprimant le recto*
49 das Widerdruckwerk
– *le groupe imprimant le verso*
50 das Farbwerk
– *l'encrage* m
51 der Formzylinder
– *le cylindre porte-clichés*
52 das Buntdruckwerk
– *le groupe de retiration* f
53 der Falztrichter
– *le cône de pliage* m *(cornet* m, *entonnoir* m *de pliage* m*)*
54 das (der) Tachometer, mit Bogenzähler *m*
– *le compte-tours avec compteur* m *d'exemplaires* m
55 der Falzapparat
– *la plieuse*
56 die gefaltete Zeitung
– *le journal plié*
57 **das Farbwerk** für die Rotationsmaschine [Schnitt]
– ***l'encrage*** m *de rotative* f *[coupe* f*]*
58 die Papierbahn
– *la bande de papier* m
59 der Druckzylinder
– *le cylindre d'impression* f
60 der Plattenzylinder
– *le cylindre porte-clichés*
61 die Farbauftragwalzen *f*
– *les rouleaux* m *toucheurs*
62 der Farbverreibzylinder
– *la table d'encrage* m
63 die Farbhebewalze
– *le rouleau preneur*
64 die Duktorwalze
– *le rouleau d'encrier* m
65 der Farbkasten
– *l'encrier* m

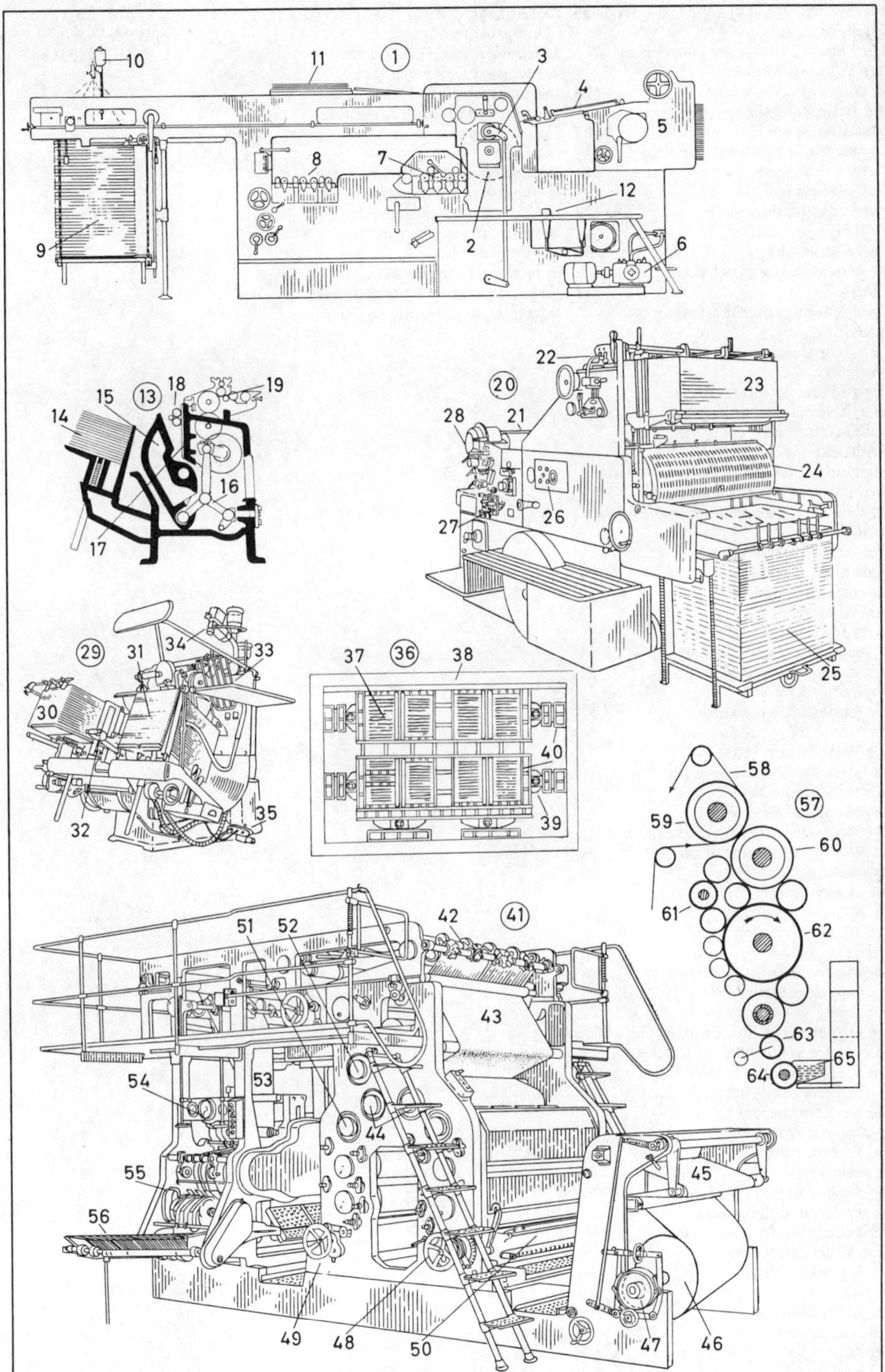
1
2
3
4
5
6
7
8
9
10
11
12
13
14
15
16
17
18
19
20
21
22
23
24
25
26
27
28
29
30
31
32
33
34
35
36
37
38
39
40
41
42
43
44
45
46
47
48
49
50
51
52
53
54
55
56
57
58
59
60
61
62
63
64
65

1 die Belichtung des Pigmentpapiers *n*
– *l'insolation* f *du papier charbon* m
2 der Vakuumrahmen
– *le châssis pneumatique*
3 die Belichtungslampe, eine Metallhalogen-Flächenleuchte
– *la lampe d'insolation* f, *une rangée de lampes* f *aux halogénures* m
4 die Punktlichtlampe
– *la lampe ponctuelle*
5 der Wärmekamin
– *la hotte d'évacuation* f *de la chaleur*
6 die Pigmentpapierübertragungsmaschine
– *la machine de report* m *du papier charbon*
7 der polierte Kupferzylinder
– *le cylindre de cuivre* m *poli*
8 die Gummiwalze zum Andrücken *n* des kopierten Pigmentpapiers *n*
– *le rouleau en caoutchouc* m *pour application* f *du papier charbon insolé*
9 die Walzenentwicklungsmaschine
– *la machine de développement* m *du cylindre*
10 die mit Pigmentpapier *n* beschichtete Tiefdruckwalze
– *le cylindre hélio recouvert de papier* m *charbon*
11 die Entwicklungswanne
– *la cuve de développement* m
12 die Walzenkorrektur
– *la retouche du cylindre gravé*
13 die entwickelte Walze
– *le cylindre développé*
14 der Retuscheur beim Abdecken *n*
– *le retoucheur effectuant un rebouchage*
15 die Ätzmaschine
– *la machine à graver*
16 der Ätztrog mit der Ätzflüssigkeit
– *la cuve de gravure* f *contenant la solution de morsure* f *(le mordant)*
17 die kopierte Tiefdruckwalze
– *le cylindre hélio copié*
18 der Tiefdruckätzer
– *l'héliograveur* m
19 die Rechenscheibe
– *le disque à calcul* m
20 die Kontrolluhr
– *le minuteur*
21 die Ätzkorrektur
– *la correction de gravure* f
22 der geätzte Tiefdruckzylinder
– *le cylindre héliogravé*
23 die Korrekturleiste
– *le pupitre de correction* f
24 die Mehrfarben-Rollentiefdruckmaschine
– *la rotative hélio à plusieurs couleurs* f
25 das Abzugsrohr für Lösungsmitteldämpfe *m*
– *la canalisation d'évacuation* f *des vapeurs* f *de solvant* m
26 das umsteuerbare Druckwerk
– *le groupe imprimant réversible*
27 der Falzapparat
– *la plieuse*
28 das Bedienungs- und Steuerpult
– *le pupitre de commande* f
29 die Zeitungsaustragvorrichtung
– *la sortie de journaux* m
30 das Förderband
– *la bande transporteuse*
31 der abgepackte Zeitungsstapel
– *le paquet de journaux* m *ficelé*

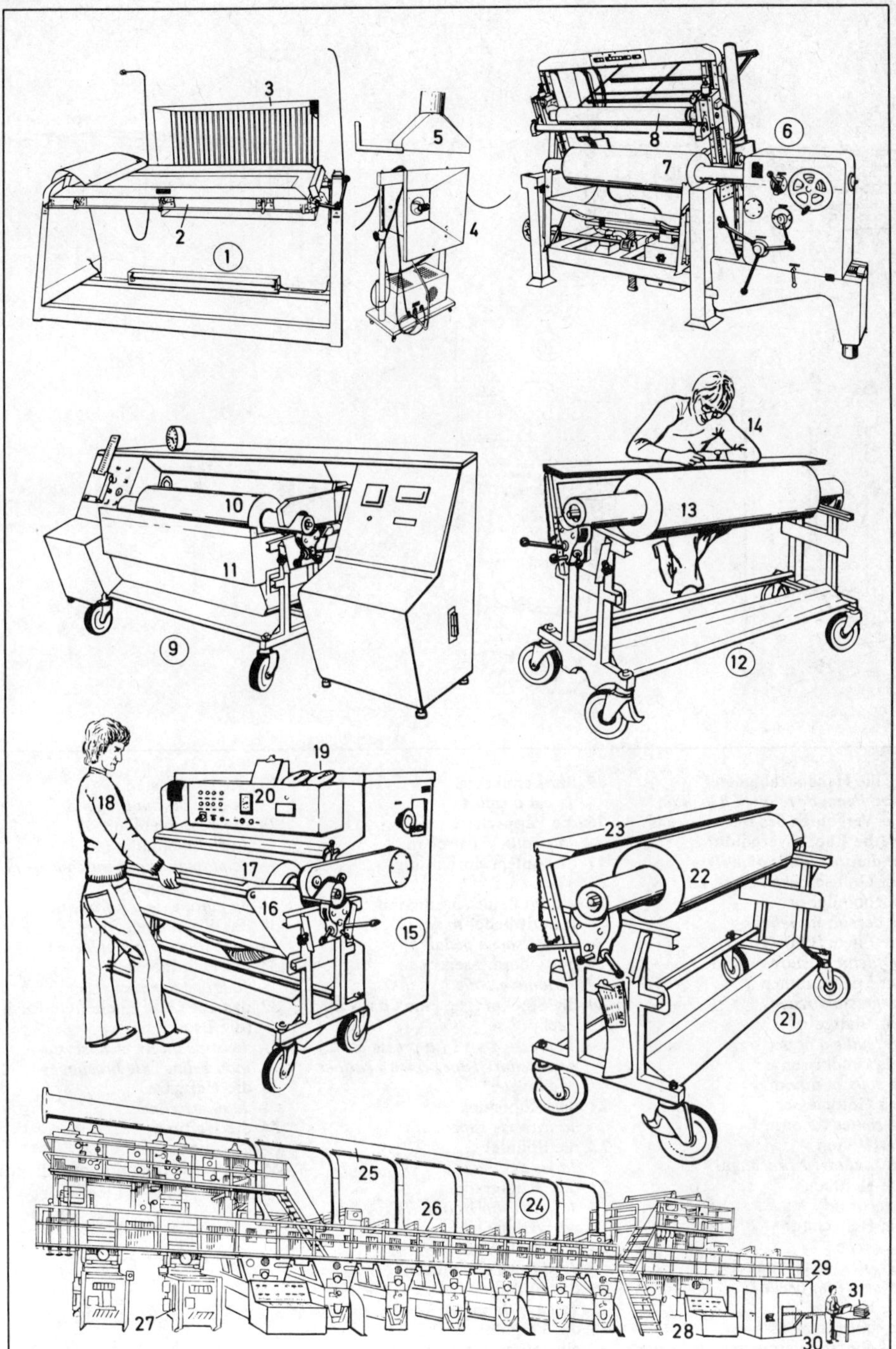
1
2
3
4
5
6
7
8
9
10
11
12
13
14
15
16
17
18
19
20
21
22
23
24
25
26
27
28
29
30
31

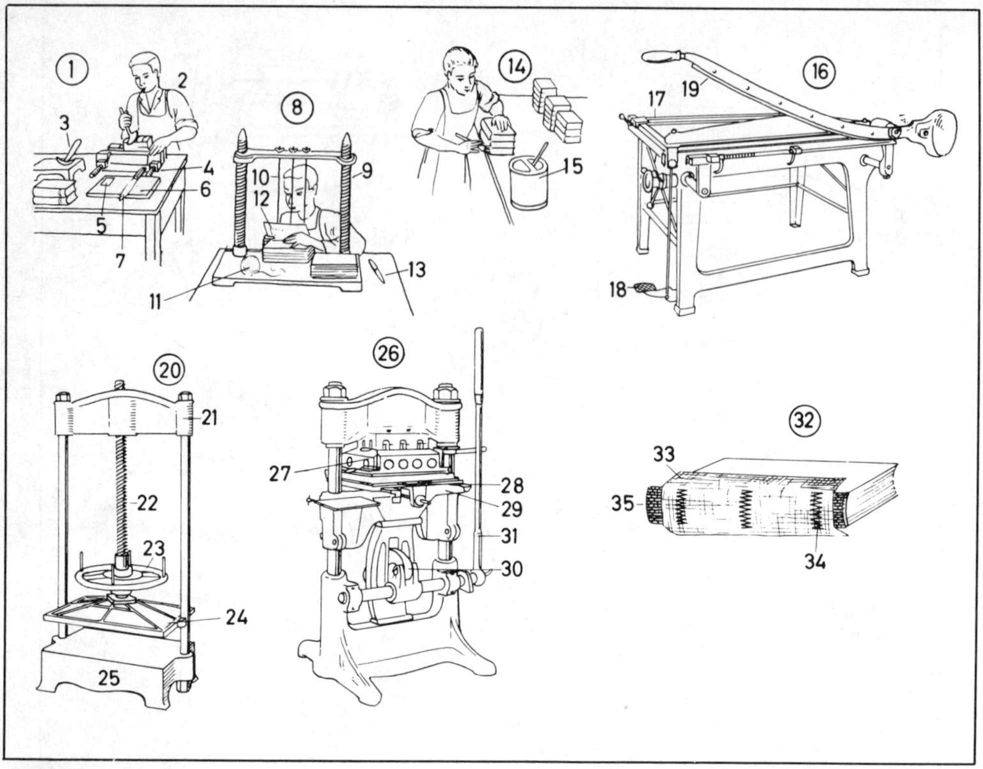

1-35 die Handbuchbinderei
– ***l'atelier*** m *de reliure* f *à la main*
1 das Vergolden des Buchrückens *m* (die Rückenvergoldung)
– *la dorure du dos d'un livre*
2 der Goldschnittmacher, ein Buchbinder *m*
– *le doreur, un relieur*
3 die Filete (Philete)
– *le filet à encadrement* m
4 der Spannrahmen
– *la presse à relier*
5 das Blattgold
– *la feuille d'or* m
6 das Goldkissen
– *le coussin à or* m
7 das Goldmesser
– *le couteau à or* m
8 das Heften
– *la couture (le brochage)*
9 die Heftlade
– *le cousoir*
10 die Heftschnur
– *la ficelle*
11 der (das) Garnknäuel
– *la pelote de ficelle* f
12 die Heftlage
– *le cahier*
13 das Buchbindermesser (der Kneif)
– *le couteau de relieur* m
14 die Rückenleimung
– *l'encollage* m *du dos*
15 der Leimkessel
– *le pot à colle* f
16 die Pappschere
– *la cisaille à carton* m
17 die Anlegeeinrichtung
– *l'équerre* f
18 die Preßeinrichtung, mit Fußtritthebel *m*
– *le pressoir à pédale* f
19 das Obermesser
– *la lame mobile*
20 die Stockpresse, eine Glätt- u. Packpresse
– *la presse à vis* f *(la presse à percussion* f*), une presse à satiner et paqueter*
21 das Kopfstück
– *la traverse supérieure*
22 die Spindel
– *la vis de presse* f
23 das Schlagrad
– *le volant horizontal (la roue de percussion* f*)*
24 die Preßplatte
– *le plateau de pression* f
25 das Fußstück
– *la base (le socle)*
26 die Vergolde- und Prägepresse, eine Handhebelpresse; *ähnl.:* Kniehebelpresse
– *la presse à dorer et gaufrer, une presse à levier* m *à main* f*;* anal.: *une presse à genouillère* f
27 der Heizkasten
– *le bloc de chauffage* m
28 die ausschiebbare Aushängeplatte
– *le plateau supérieur coulissant*
29 der Prägetiegel
– *la platine de gaufrage* m
30 das Kniehebelsystem
– *le système à genouillère* f
31 der Handhebel
– *le levier à main* f
32 das auf Gaze *f* geheftete Buch (die Broschur)
– *le corps du livre cousu sur mousseline* f *(le brochage)*
33 die Heftgaze
– *la mousseline*
34 die Heftung
– *la couture*
35 das Kapitalband (Kaptalband)
– *la tranchefile*

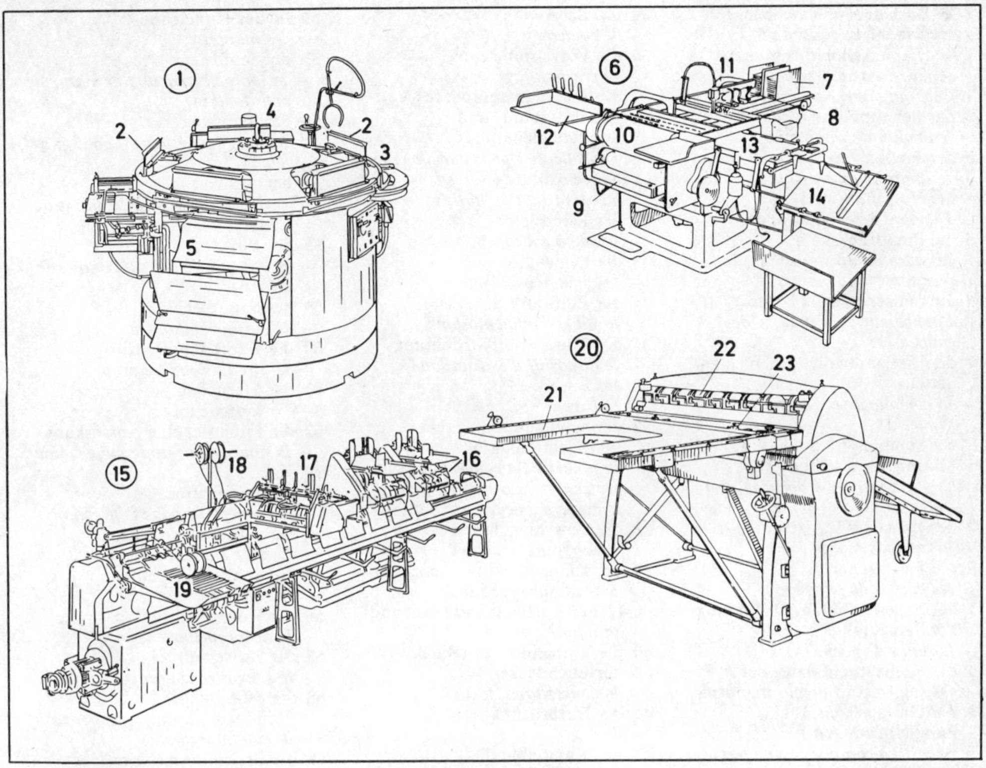

1-23 Buchbindereimaschinen *f*
– ***machines*** f ***de reliure*** f
1 **der Klebebinder** (die Klebemaschine) für Kleinauflagen *f*
– ***la brocheuse automatique sans couture*** f *(l'encolleuse* f*) pour faibles tirages* m
2 die Handeinlegestation
– *le poste d'alimentation* f *manuelle*
3 die Fräs- und Aufrauhstation
– *le poste de rognage* m
4 das Leimwerk
– *le dispositif d'encollage* m
5 die Kastenauslage
– *la sortie de livres* m
6 **die Buchdeckenmaschine**
– ***la machine à faire les couvertures*** f
7 die Magazine *n* für Pappdeckel *m*
– *les magasins* m *de couvertures* f *en carton* m
8 die Pappenzieher *m*
– *les pinces* f *tire-carton*
9 der Leimkasten
– *le bac à colle* f
10 der Nutzenzylinder
– *le cylindre porte-recouvrement*
11 der Saugarm
– *le bras suceur*
12 der Stapelplatz für Überzugnutzen *n* [Leinen *n*, Papier *n*, Leder *n*]
– *la table d'alimentation* f *en matières* f *de recouvrement* m *[toile* f, *carton* m, *cuir* m*]*
13 die Preßeinrichtung
– *le mécanisme de pression* f
14 der Ablegetisch
– *la table de réception* f
15 **der Sammelhefter** (die Sammeldrahtheftmaschine)
– ***l'encarteuse-piqueuse*** f
16 der Bogenanleger
– *le margeur de feuilles* f
17 der Falzanleger
– *le margeur de pliage* m
18 die Heftdrahtabspulvorrichtung
– *le dévidoir de fil* m *métallique*
19 der Auslegetisch
– *la table de réception* f
20 **die Kreispappschere**
– ***la cisaille circulaire à carton*** m
21 der Anlegetisch, mit Aussparung *f*
– *la table de marge* f *échancrée*
22 das Kreismesser
– *la molette de coupe* f
23 das Einführlineal
– *le guide d'entrée* f

1-35 Buchbindereimaschinen *f*
– ***machines*** **f *de reliure*** **f**
1 der Papierschneideautomat
– *le massicot automatique (massiquot* m*)*
2 das Schaltpult
– *le pupitre de commande* f
3 der Preßbalken
– *le sommier de pression* f
4 der Vorschubsattel
– *l'équerre* f *de massicot* m
5 die Preßdruckskala
– *le cadran d'ajustement* m *de la pression*
6 die optische Maßanzeige
– *l'indicateur de format* m *de coupe* f
7 die Einhandbedienung für den Sattel
– *la commande à une main de l'équerre* f
8 die kombinierte Stauch- u. Messerfalzmaschine
– *la plieuse mixte à poches* f *et à couteaux* m
9 der Bogenzuführtisch
– *la table de marge* f
10 die Falztaschen *f*
– *les poches de pliage* m
11 der Bogenanschlag, zur Bildung der Stauchfalte
– *la butée de poche* f
12 die Kreuzbruchfalzmesser *n*
– *les couteaux* m *de plis* m *croisés*
13 der Gurtausleger, für Parallelfalzungen *f*
– *la sortie à cordons* m *pour plis* m *parallèles*
14 das Dreibruchfalzwerk
– *le dispositif de troisième pli* m
15 die Dreibruchauslage
– *la sortie après le troisième pli* m
16 die Fadenheftmaschine
– *la couseuse à fil* m
17 der Spulenhalter
– *le dévidoir à fil* m
18 der Fadenkops (die Fadenspule)
– *la cannette*
19 der Gazerollenhalter
– *le dévidoir à mousseline* f
20 die Gaze (Heftgaze)
– *la mousseline*
21 die Körper *m* mit den Heftnadeln *f*
– *les cylindres* m *porte-aiguilles*
22 der geheftete Buchblock
– *le volume cousu*
23 die Auslage
– *la sortie*
24 der schwingende Heftsattel
– *le chariot porte-aiguilles*
25 der Anleger (Bogenanleger)
– *le margeur (de feuilles* f*)*
26 das Anlegermagazin
– *le magasin de margeur* m
27 die Bucheinhängemaschine
– *la machine à emboîter les livres* m
28 der Falzleimapparat
– *l'encolleuse* f *de mors* m
29 das Schwert
– *le couteau*
30 die Vorwärmheizung
– *le préchauffage*
31 die Anleimmaschine, für Voll-, Fasson-, Rand- und Streifenbeleimung *f*
– *l'encolleuse* f *pour encollage* m *en plein* m, *en réserve* f, *en bandes* f *ou des bords* m
32 der Leimkessel
– *le bac à colle* f
33 die Leimwalze
– *le rouleau encolleur*
34 der Einfuhrtisch
– *la table d'alimentation* f
35 die Abtransportvorrichtung
– *le dispositif d'évacuation* f
36 das Buch
– ***le livre***
37 der Schutzumschlag, ein Werbeumschlag *m*
– *la jaquette (la couverture de protection, la chemise), une jaquette publicitaire*
38 die Umschlagklappe
– *le rabat de jaquette* f
39 der Klappentext (Waschzettel)
– *le texte sur le rabat*
40-42 der Bucheinband (Einband)
– *la reliure*
40 die Einbanddecke (Buchdecke, der Buchdeckel)
– *la couverture*
41 der Buchrücken
– *le dos*
42 das Kapitalband
– *la tranchefile*
43-47 die Titelei
– *les feuilles* f *de titre* m *(préliminaires* f*)*
43 das Schmutztitelblatt
– *la page de faux titre* m
44 der Schmutztitel (Vortitel)
– *le faux titre*
45 das Titelblatt (Haupttitelblatt, die Titelseite, der Innentitel)
– *la page de titre* m
46 der Haupttitel
– *le titre (grand titre* m*)*
47 der Untertitel
– *le sous-titre*
48 das Verlagssignet (Signet, Verlagszeichen, Verlegerzeichen)
– *la marque d'éditeur* m
49 das Vorsatzpapier (der *od.* das Vorsatz)
– *la feuille de garde* f *(la garde, la page de garde* f*)*
50 die handschriftliche Widmung
– *la dédicace manuscrite*
51 das Exlibris (Bucheignerzeichen)
– *l'ex-libris* m
52 das aufgeschlagene Buch
– *le livre ouvert*
53 die Buchseite (Seite)
– *la page*
54 der Falz
– *le pli*
55-58 der Papierrand
– *les marges* f
55 der Bundsteg
– *la marge intérieure (la marge de petit fond* m*)*
56 der Kopfsteg
– *la marge supérieure (la marge de tête* f*)*
57 der Außensteg
– *la marge extérieure (la marge de grand fond* m*)*
58 der Fußsteg
– *la marge inférieure (la marge de pied* m*)*
59 der Satzspiegel
– *la surface imprimée*
60 die Kapitelüberschrift
– *le titre de chapitre* m
61 das Sternchen
– *l'astérisque* m
62 die Fußnote, eine Anmerkung
– *la note en bas* m *de page* f, *une note*
63 die Seitenziffer
– *le numéro de page* f *(le folio)*
64 der zweispaltige Satz
– *la page sur deux colonnes* f
65 die Spalte (Kolumne)
– *la colonne*
66 der Kolumnentitel
– *le titre courant*
67 der Zwischentitel
– *le sous-titre courant*
68 die Marginalie (Randbemerkung)
– *la note marginale*
69 die Bogennorm (Norm)
– *la signature*
70 das feste Lesezeichen
– *le signet fixe*
71 das lose Lesezeichen
– *le signet mobile*

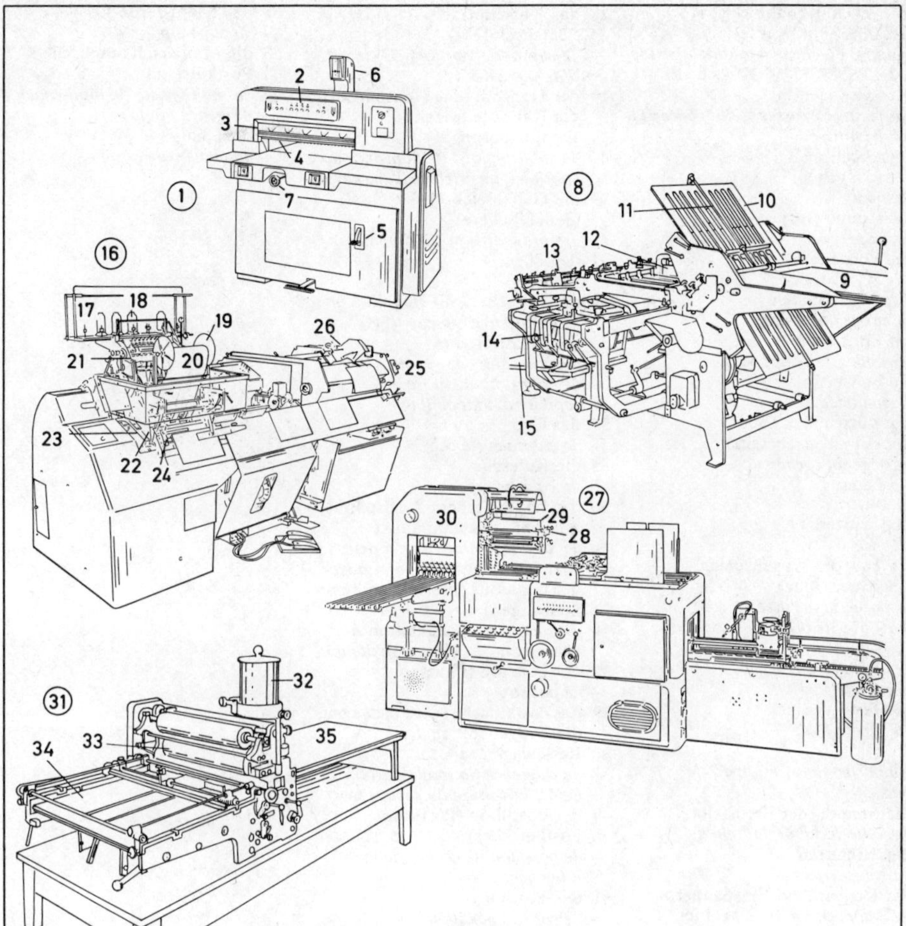
1
2
3
4
5
6
7
8
9
10
11
12
13
14
15
16
17
18
19
20
21
22
23
24
25
26
27
28
29
30
31
32
33
34
35
36
37
38
39
40
41
42
43
44
45
46
47
48
49
50
51
52
53
54
55
56
57
58
59
60
61
62
63
64
65
66
67
68
69
70
71
DUDEN
EX LIBRIS
I. Allgemeine Biologie
ALLGEMEINE BIOLOGIE
A. Wuchs-und Wirkstoffe
420
421

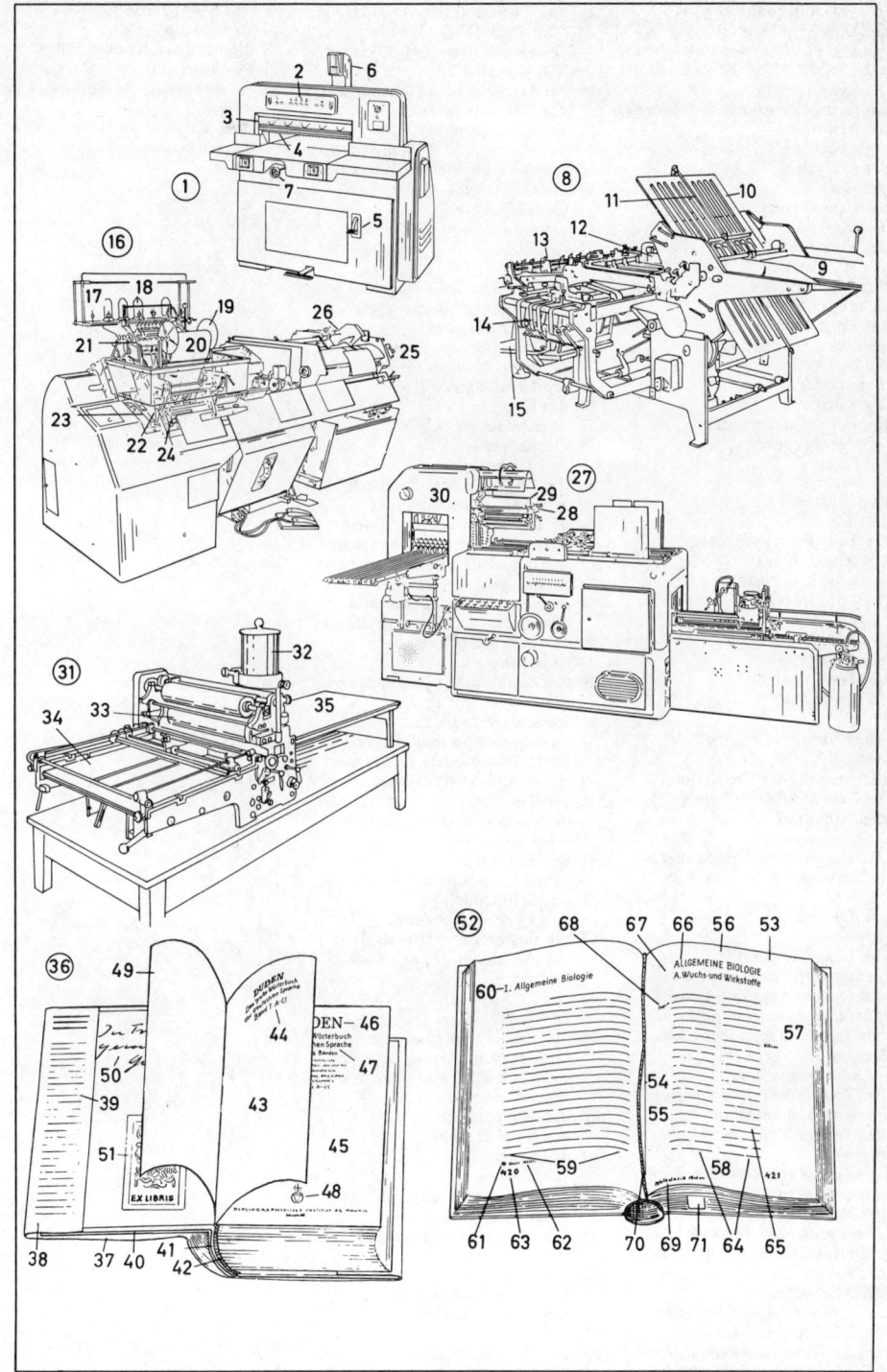

1-54 Wagen *m* (Fahrzeuge *n*, Gefährte, Fuhrwerke)
– *voitures* f *(véhicules* m, *attelages* m*)*
1-3, 26-39, 45, 51-54 Kutschen f (Kutschwagen *m*)
– *coches* m *(carrosses* m, *diligences* f*)*
1 die Berline
– *la berline*
2 der (das) Break
– *le break*
3 das Coupé (Kupee)
– *le coupé*
4 das Vorderrad
– *la roue avant*
5 der Wagenkasten
– *la caisse (de coupé)*
6 das Spritzbrett
– *le tablier (le pare-boue)*
7 die Fußstütze
– *l'appui-pied* m
8 der Kutschbock (Bock, Bocksitz, Kutschersitz)
– *le siège du cocher*
9 die Laterne
– *la lanterne*
10 das Fenster
– *la vitre*
11 die Tür (der Wagenschlag, Kutschenschlag)
– *la porte (la portière)*
12 der Türgriff (Griff)
– *la poignée*
13 der Fußtritt (Tritt)
– *le marchepied*
14 das feste Verdeck
– *la capote fixe*
15 die Feder
– *l'amortisseur* m *à lame* f *(le ressort)*
16 die Bremse (der Bremsklotz)
– *le frein (le sabot de frein* m*)*
17 das Hinterrad
– *la roue arrière*
18 der Dogcart, ein Einspänner *m*
– *le dog-cart, un attelage à un cheval*
19 die Deichsel
– *le timon*
20 der Lakai (Diener)
– *le laquais (le valet de pied* m*)*
21 der Dieneranzug (die Livree)
– *l'habit* m *du valet* m *(la livrée)*
22 der Tressenkragen (betreßte Kragen)
– *le col à parement* m
23 der Tressenrock (betreßte Rock)
– *la veste à parement* m
24 der Tressenärmel (betreßte Ärmel)
– *la manche galonnée (la manche à parement* m*)*
25 der hohe Hut (Zylinderhut)
– *le chapeau haut de forme* f
26 die Droschke (Pferdedroschke, der Fiaker, die Lohnkutsche, der Mietwagen)
– *la voiture de place* f *(le fiacre)*
27 der Stallknecht (Groom)
– *le palefrenier (le garçon d'écurie* f, *le valet d'écurie)*
28 das Kutschpferd (Deichselpferd)
– *le cheval de voiture* f *(le cheval d'attelage* m*)*
29 der Hansom (das Hansomcab), ein Kabriolett *n*, ein Einspänner *m*
– *le cab (anglais) (le hansom), un cabriolet, un attelage à un cheval*
30 die Gabeldeichsel (Deichsel, Gabel, Schere)
– *les brancards* m *(la limonière)*
31 der Zügel
– *la rêne*
32 der Kutscher, mit Havelock *m*
– *le cocher avec sa capuche*
33 der Kremser, ein Gesellschaftswagen *m*
– *le char à bancs* m *(le break, la tapissière, un omnibus)*
34 das Cab
– *le cabriolet (le cab)*
35 die Kalesche
– *la calèche*
36 der Landauer, ein Zweispänner *m*; *ähnl.:* das Landaulett
– *le landau, un attelage à deux chevaux* m*;* anal.: *le landaulet*
37 der Omnibus (Pferdeomnibus, Stellwagen)
– *l'omnibus* m *(l'omnibus* m *à chevaux* m, *la voiture publique)*
38 der Phaeton (Phaethon)
– *le phaéton*
39 die Postkutsche (der Postwagen, die Diligence); *zugleich:* Reisewagen *m*
– *la diligence (la malle-poste);* égal.: *la voiture de voyage* m
40 der Postillion (Postillon, Postkutscher)
– *le postillon (le cocher de la diligence)*
41 das Posthorn
– *le cor (du postillon* m*)*
42 das Schutzdach
– *la capote de la voiture*
43 die Postpferde *n* (Relaispferde)
– *les chevaux* m *de poste* f *(de relais* m*)*
44 der Tilbury
– *le tilbury*
45 die Troika (das russische Dreigespann)
– *la troïka (l'attelage russe* m *à trois chevaux* m*)*
46 das Stangenpferd
– *le cheval de front*
47 das Seitenpferd
– *le cheval de côté* m
48 der englische Buggy
– *le buggy anglais*
49 der amerikanische Buggy
– *le buggy américain*
50 das Tandem
– *le tandem (l'attelage* m *en tandem* m, *l'attelage* m *en flèche* f*)*
51 der Vis-à-vis-Wagen
– *le vis-à-vis*
52 das Klappverdeck
– *la capote pliante*
53 die Mailcoach (englische Postkutsche)
– *la malle-poste (le mail-coach, la diligence anglaise)*
54 die Chaise
– *la chaise (de poste* f*)*

1
2
3
4
5
6
7
8
9
10
11
12
13
14
15
16
17
18
19
20
21
22
23
24
25
26
27
28
29
30
31
32
33
34
35
36
37
38
39
40
41
42
43
44
45
46
47
48
49
50
51
52
53
54

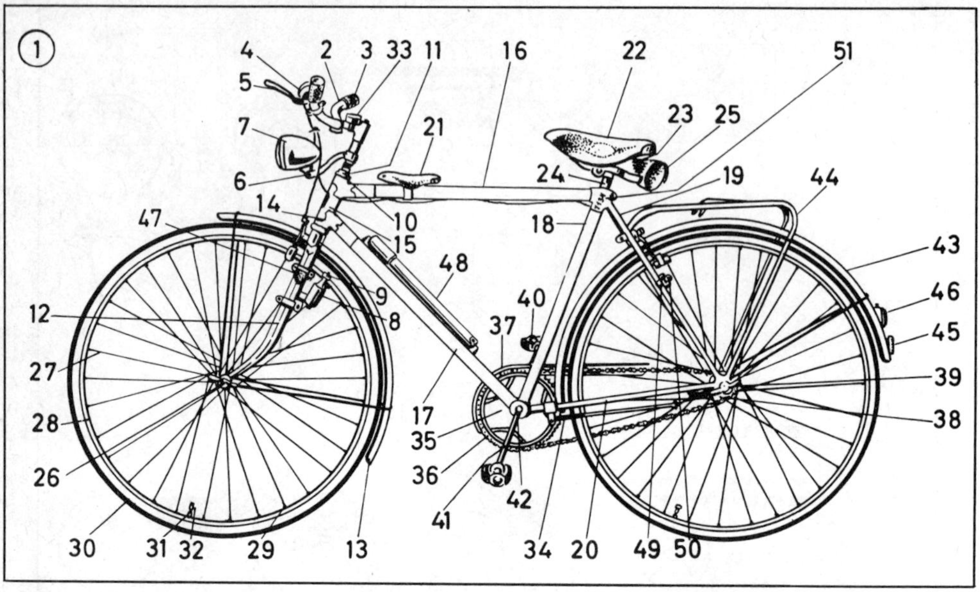

1 das Fahrrad (Rad, Zweirad, *schweiz.* Velo, Veloziped), ein Herrenfahrrad *n*, ein Tourenrad *n*
– *la bicyclette (le vélo), une bicyclette (pour) homme, une bicyclette de tourisme* m

2 der Lenker (die Lenkstange), ein Tourenlenker *m*
– *le guidon, un guidon de randonnée* f

3 der Handgriff (Griff)
– *la poignée*

4 die Fahrradglocke (Fahrradklingel)
– *le timbre avertisseur (la sonnette de vélo* m*)*

5 die Handbremse (Vorderradbremse, eine Felgenbremse)
– *le frein avant (un frein sur jante* f*)*

6 der Scheinwerferhalter
– *le support de phare* m

7 der Scheinwerfer (die Fahrradlampe)
– *le projecteur de vélo* m

8 der Dynamo (die Lichtmaschine)
– *la dynamo de vélo* m

9 das Laufrädchen
– *la molette de dynamo* f

10-12 die Vorderradgabel
– *la fourche de roue* f *avant*

10 der Gabelschaft (Lenkstangenschaft, das Gabelschaftrohr)
– *le tube de fourche* f

11 der Gabelkopf
– *la tête de fourche* f

12 die Gabelscheiden *f*
– *les lames* f *de fourche* f

13 das vordere Schutzblech
– *le garde-boue avant*

14-20 der Fahrradrahmen (das Fahrradgestell)
– *le cadre de vélo* m

14 das Steuerrohr (Steuerkopfrohr)
– *le tube de direction* f

15 das Markenschild
– *l'écusson* m *du constructeur*

16 das obere Rahmenrohr (Oberrohr, Scheitelrohr)
– *le tube supérieur du cadre*

17 das untere Rahmenrohr (Unterrohr)
– *le tube inférieur du cadre (le tube du pédalier)*

18 das Sattelstützrohr (Sitzrohr)
– *le tube de selle* f

19 die oberen Hinterradstreben *f*
– *les bases* f *du cadre*

20 die unteren Hinterradstreben *f* (die Hinterradgabel)
– *les haubans* m *du cadre*

21 der Kindersitz
– *la selle d'enfant* m

22 der Fahrradsattel (Elastiksattel)
– *la selle de vélo* m *(selle* f *souple)*

23 die Sattelfedern *f*
– *les ressorts* m *de selle* f

24 die Sattelstütze
– *le tube porte-selle*

25 die Satteltasche (Werkzeugtasche)
– *la sacoche à outils* m

26-32 das Rad (Vorderrad)
– *la roue (roue* f *avant)*

26 die Nabe
– *le moyeu*

27 die Speiche
– *le rayon*

28 die Felge
– *la jante*

29 der Speichennippel
– *l'écrou* m *de rayon* m

30 die Bereifung (der Reifen, Luftreifen, die Pneumatik, der Hochdruckreifen, Preßluftreifen); *innen:* der Schlauch (Luftschlauch), *außen:* der Mantel (Laufmantel, die Decke)
– *le pneumatique (le pneu, le pneu haute pression* f*);* à l'intérieur: *la chambre à air* m, à l'extérieur: *l'enveloppe* f

31 das Ventil, ein Schlauchventil *n*, mit Ventilschlauch *m* oder ein Patentventil *n* mit Kugel *f*
– *la valve, une valve de chambre* f *à air* m *avec raccord* m *souple ou valve* f *brevetée à bille* f

32 die Ventilklappe
– *le capuchon de valve* f

33 das Fahrradtachometer, mit Kilometerzähler *m*
– *le compteur de vitesse* f *avec compteur* m *kilométrique*

34 der Fahrradkippständer
– *la béquille latérale*

35-42 der Fahrradantrieb (Kettenantrieb)
– *la transmission à chaîne* f

35-39 der Kettentrieb
– *le pédalier*

35 das Kettenrad (das vordere Zahnrad)
– *le plateau de pédalier* m *(la roue dentée avant)*

36 die Kette, eine Rollenkette
– *la chaîne, une chaîne à rouleaux* m

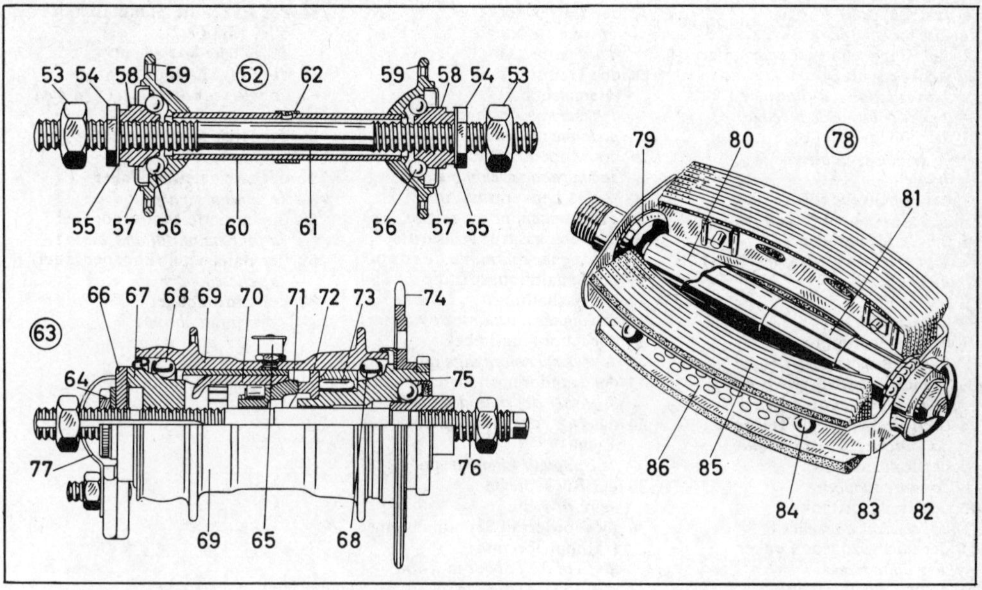

37 der Kettenschutz (das Kettenschutzblech)
– *le couvre-chaîne (le carter en tôle* f*)*
38 das hintere Kettenzahnrad (der Kettenzahnkranz, Zahnkranz)
– *le pignon (la roue dentée arrière)*
39 die Flügelmutter
– *l'écrou* m *papillon*
40 das Pedal
– *la pédale*
41 die Tretkurbel
– *la manivelle de pédalier* m
42 das Tretkurbellager (Tretlager)
– *le palier de pédalier* m
43 das hintere Schutzblech (der Kotschützer)
– *le garde-boue arrière*
44 der Gepäckträger
– *le porte-bagages*
45 der Rückstrahler (*ugs.* das Katzenauge)
– *le cataphote*
46 das elektr. Rücklicht
– *le feu arrière*
47 die Fußraste
– *le repose-pied*
48 die Fahrradpumpe (Luftpumpe)
– *la pompe à vélo* m *(pompe* f *à air* m*)*
49 das Fahrradschloß, ein Speichenschloß *n*
– *l'antivol* m *de bicyclette* f*, un cadenas s'engageant dans les rayons* m
50 der Patentschlüssel
– *la clé d'antivol* m
51 die Fahrradnummer (Fabriknummer, Rahmennummer)
– *le numéro de fabrication* f *de la bicyclette*
52 die Vorderradnabe
– *le moyeu de la roue avant*
53 die Mutter
– *l'ecrou* m
54 die Kontermutter, mit Sternprägung *f*
– *le contre-écrou freiné*
55 die Nasenscheibe
– *le couvre-cuvette*
56 die Kugel
– *la bille*
57 die Staubkappe
– *la couronne antipoussière*
58 der Konus
– *le cône*
59 die Tülle
– *le flasque*
60 das Rohr
– *le tube*
61 die Achse
– *l'axe* m
62 der Ölerklipp
– *le clips obturant le trou de graissage* m
63 die Freilaufnabe, mit Rücktrittbremse *f*
– *le moyeu à roue* f *libre avec frein* m *à contre-pédalage* m
64 die Sicherungsmutter
– *le contre-écrou de bielle* f *(l'écrou* m *de blocage* m*)*
65 der Helmöler (Öler)
– *le graisseur à chapeau (graisseur* m*)*
66 der Bremshebel
– *la bielle de frein* m
67 der Hebelkonus
– *la cuvette de frein* m *(le cône de frein* m*)*
68 der Kugelring, mit Kugeln *f* im Kugellager *n*
– *la bague à billes* f *de roulement* m
69 die Nabenhülse
– *le corps de moyeu* m
70 der Bremsmantel
– *la bague de frein* m
71 der Bremskonus
– *le cône-frein*
72 der Walzenführungsring
– *l'anneau* m *de transmission* f
73 die Antriebswalze
– *le rouleau d'entraînement* m
74 der Zahnkranz
– *la couronne dentée*
75 der Gewindekopf
– *la tête de filetage* m
76 die Achse
– *l'axe* m
77 die Bandage
– *l'étrier* m *d'arrêt* m
78 das Fahrradpedal (Pedal, Rückstrahlpedal, Leuchtpedal, Reflektorpedal)
– *la pédale de vélo* m *(la pédale, la pédale réflectorisée)*
79 die Tülle
– *le flasque*
80 das Pedalrohr
– *le tube de pédale* f
81 die Pedalachse
– *l'axe* m *de pédale* f
82 die Staubkappe
– *la couronne antipoussière*
83 der Pedalrahmen
– *le bâti de pédale* f
84 der Gummistift
– *le piton de fixation* f *en caoutchouc* m
85 der Gummiblock
– *la garniture de pédale* f *en caoutchouc* m
86 das Rückstrahlglas
– *le verre rétroréflecteur*

1 das Klapprad
– *la bicyclette pliante*
2 das Klappscharnier (*auch:* der Steckverschluß)
– *l'articulation* f *à charnière* f (égal.: *le levier de blocage)*
3 der höhenverstellbare Lenker
– *le guidon réglable en hauteur* f
4 der höhenverstellbare Sattel
– *la selle réglable en hauteur* f
5 die Lernstützräder *n*
– *les roues* f *d'appui* m *(les roues* f *auxiliaires)*
6 das Mofa
– *le cyclomoteur*
7 der Zweitaktmotor mit Fahrtwindkühlung *f*
– *le moteur à deux temps* m *refroidi par air* m
8 die Teleskopgabel (Telegabel)
– *la fourche téléhydraulique*
9 der Rohrrahmen
– *le cadre tubulaire*
10 der Treibstofftank
– *le réservoir d'essence* f
11 der hochgezogene Lenker
– *le guidon relevé*
12 die Zweigangschaltung
– *le levier d'embrayage* m *à deux vitesses* f
13 der Formsitz
– *la selle relevée*
14 die Hinterradschwinge
– *le bras oscillant de fourche* f *arrière*
15 der hochgezogene Auspuff
– *le pot d'échappement* m *relevé*
16 der Wärmeschutz
– *la grille de protection* f *(contre le pot d'échappement* m*)*
17 die Antriebskette
– *la chaîne (la transmission secondaire)*
18 der Sturzbügel
– *l'arceau* m *de protection*
19 das (der) Tachometer (der Tacho)
– *le compteur kilométrique*
20 das City-Bike (Akku-Bike, ein Elektrofahrzeug *n*)
– *la bicyclette à accumulateurs* m *(la bicyclette électrique, le city-bike)*
21 der Schwingsattel
– *la selle à suspension* f *centrale*
22 der Akkubehälter
– *le compartiment des accumulateurs* m
23 der Drahtkorb
– *le porte-bagages (le panier en fil* m *métallique)*
24 das Tourenmoped (Moped)
– *le cyclomoteur (de randonnée* f*)*
25 die Tretkurbel (der Tretantrieb, das Startpedal)
– *la pédale*
26 der Zweitakt-Einzylindermotor
– *le moteur monocylindrique à deux temps* m
27 der Kerzenstecker
– *la cosse de bougie* f *(l'antiparasite* m*)*
28 der Treibstofftank (Gemischtank)
– *le réservoir d'essence* f *(pour mélange* m *huile* m*/essence* f*)*
29 die Mopedleuchte
– *le phare (de cyclomoteur* m*)*
30-35 die Lenkerarmaturen
– *l'équipement* m *du guidon*
30 der Drehgasgriff (Gasgriff)
– *la poignée tournante de gaz* m
31 der Schaltdrehgriff (die Gangschaltung)
– *la poignée tournante de vitesses* f
32 der Kupplungshebel
– *le levier d'embrayage* m
33 der Handbremshebel
– *le (levier de) frein à main* f
34 das (*ugs.* der) Tachometer (der Tacho)
– *le compteur kilométrique*
35 der Rückspiegel
– *le rétroviseur*
36 die Vorderrad-Trommelbremse (Trommelbremse)
– *le frein à tambour* m *avant*
37 die Bowdenzüge *m*
– *les câbles* m *Bowden*
38 die Brems- und Rücklichteinheit
– *le feu arrière complet (le feu stop)*
39 das Mokick
– *le vélomoteur [50 à 125 cm³]*
40 das Cockpit mit Tachometer *n* und elektronischem Drehzahlmesser *m*
– *le tableau de bord* m *avec compteur* m *kilométrique et compte-tours* m *électronique*
41 die Telegabel mit Faltenbalg *m*
– *la fourche téléhydraulique avec caoutchouc* m *de protection* f
42 die Doppelsitzbank
– *la selle biplace*
43 der Kickstarter
– *le kick*
44 die Soziusfußraste, eine Fußraste
– *le repose-pied [du passager* m*]*
45 der Sportlenker
– *le guidon sport*
46 der geschlossene Kettenkasten
– *le carter de chaîne* f *étanche*
47 der Motorroller
– *le scooter*
48 die abnehmbare Seitenschale
– *le carter latéral amovible*
49 der Rohrrahmen
– *le cadre tubulaire*
50 die Blechverkleidung
– *le coffrage de fourche* f
51 die Raststütze
– *la béquille*
52 die Fußbremse
– *la pédale de frein* m
53 das Signalhorn
– *l'avertisseur* m *(le klaxon)*
54 der Haken für Handtasche *f* oder Mappe *f*
– *l'accroche-serviette* m
55 die Fußschaltung
– *le sélecteur de vitesses* f *(à pied* m*)*
56 der High-riser
– *le chopper*
57 der zweigeteilte Lenker
– *le guidon séparé en deux*
58 die imitierte Motorradgabel
– *la fourche imitation* f *moto* f
59 der Banksattel (Bananensattel)
– *la selle chopper*
60 der Chrombügel
– *l'arceau* m *chromé*

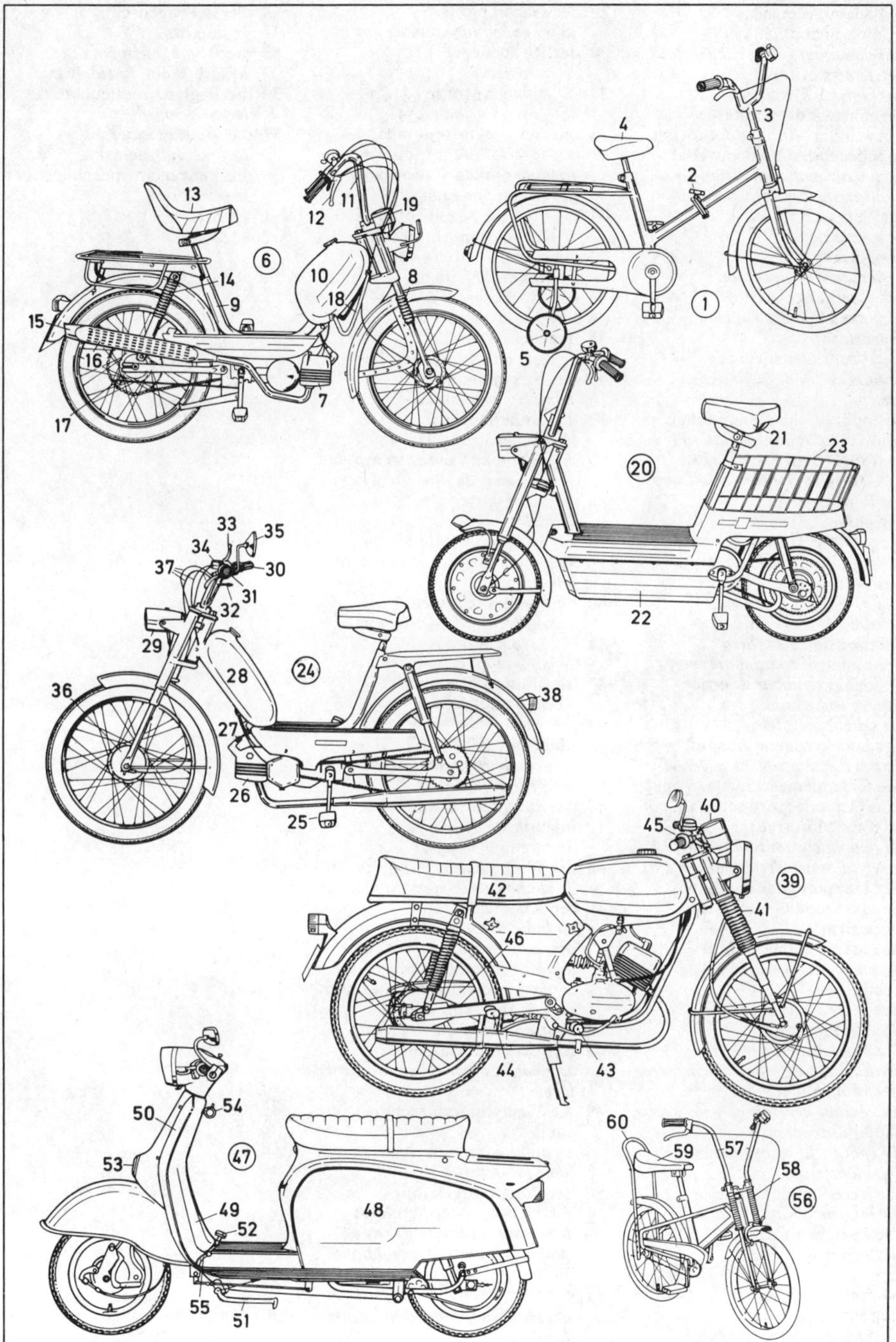
1
2
3
4
5
6
7
8
9
10
11
12
13
14
15
16
17
18
19
20
21
22
23
24
25
26
27
28
29
30
31
32
33
34
35
36
37
38
39
40
41
42
43
44
45
46
47
48
49
50
51
52
53
54
55
56
57
58
59
60

1 das Kleinmotorrad (Kleinkraftrad) [50 cm³]
– *le vélomoteur [50 à 125 cm³]*
2 der Kraftstofftank
– *le réservoir d'essence* f
3 der fahrtwindgekühlte Einzylinder-Viertaktmotor (mit obenliegender Nockenwelle)
– *le moteur monocylindrique à quatre temps* m *refroidi par air* m
4 der Vergaser
– *le carburateur*
5 das Ansaugrohr
– *la tubulure d'aspiration* f
6 das Fünfganggetriebe
– *la boîte à vitesses* f *à cinq rapports* m
7 die Hinterradschwinge
– *le bras oscillant de fourche* f *arrière*
8 das polizeiliche Kennzeichen
– *la plaque d'immatriculation* f
9 das Rück- und Bremslicht
– *le feu arrière complet (le feu stop)*
10 der Scheinwerfer
– *le phare*
11 die vordere Trommelbremse
– *le frein à tambour avant*
12 das Bremsseil, ein Bowdenzug *m*
– *le câble de frein* m, *une transmission* f *Bowden*
13 die hintere Trommelbremse
– *le frein à tambour* m *arrière*
14 die Sportsitzbank
– *la selle*
15 der hochgezogene Auspuff
– *le pot d'échappement* m *relevé*
16 die Geländemaschine [125 cm³] (das Geländesportmotorrad, ein leichtes Motorrad)
– *le vélomoteur tout-terrain* m *[125 cm³] (la motocylette tout-terrain)*
17 der Doppelschleifenrahmen
– *le cadre tubulaire à double berceau* m
18 das Startnummernschild
– *la plaque (de numéro* m*) de compétition* f
19 die Einmannsitzbank
– *la selle monoplace*
20 die Kühlrippen *f*
– *les ailettes* f *de refroidissement* m
21 der Motorradständer
– *la béquille centrale*
22 die Motorradkette
– *la chaîne (la transmission secondaire)*
23 die Teleskopfedergabel
– *la fourche téléhydraulique*
24 die Speichen *f*
– *les rayons* m
25 die Felge
– *la jante*
26 der Motorradreifen
– *le pneumatique (le pneu)*
27 das Reifenprofil
– *le profil de pneu*
28 der Gangschaltungshebel
– *le levier d'embrayage* m
29 der Gasdrehgriff
– *la poignée tournante de gaz* m
30 der Rückspiegel
– *le rétroviseur*
31-58 schwere Motorräder *n*
– *les grosses cylindrées* f
31 das Schwerkraftrad mit wassergekühltem Motor *m*
– *la moto grande routière à moteur* m *refroidi par eau* f *[1 000 cm³]*
32 die vordere Scheibenbremse
– *le frein à disque* m *avant*
33 der Scheibenbremssattel
– *l'étrier* m *de frein* m
34 die Steckachse
– *l'essieu* m *avant*
35 der Wasserkühler
– *le réservoir d'eau* f
36 der Frischöltank
– *le réservoir d'essence* f
37 das Blinklicht (der Richtungsanzeiger)
– *le clignotant (l'indicateur* m *de changement de direction* f*)*
38 der Kickstarter
– *le kick*
39 der wassergekühlte Motor
– *le moteur à refroidissement* m *par eau* f
40 der (das) Tachometer
– *le compteur kilométrique*
41 der Drehzahlmesser
– *le compte-tours*
42 das hintere Blinklicht
– *le clignotant arrière*
43 die verkleidete schwere Maschine [1000 cm³]
– *la grande routière à carénage intégral* m *[1 000 cm³]*
44 das Integral-Cockpit, eine integrierte Verkleidung
– *le carénage intégral*
45 die Blinkleuchte
– *le clignotant intégré*
46 die Klarsichtscheibe
– *la bulle de carénage* m
47 der Zweizylinderboxermotor mit Kardanantrieb *m*
– *le moteur à deux cylindres* m *à plat (le flat twin) avec transmission* f *à cardan* m
48 das Leichtmetallgußrad
– *la roue à branches* f *en alliage* m *léger*
49 die Vierzylindermaschine [400 cm³]
– *la moto à quatre cylindres* m *en ligne [400 cm³]*
50 der fahrtwindgekühlte Vierzylinder-Viertaktmotor
– *le moteur quatre temps* m *à quatre cylindres* m *refroidi par air* m
51 das Vier-in-einem-Auspuffrohr
– *le pot d'échappement* m *quatre dans un*
52 der elektrische Anlasser
– *le démarreur électrique*
53 die Beiwagenmaschine
– *la motocyclette à side-car* m
54 das Beiwagenschiff
– *le side-car*
55 die Beiwagenstoßstange
– *le pare-chocs du side-car*
56 die Begrenzungsleuchte
– *le feu de position* f
57 das Beiwagenrad
– *la roue du side-car*
58 die Beiwagenwindschutzscheibe
– *le pare-brise*

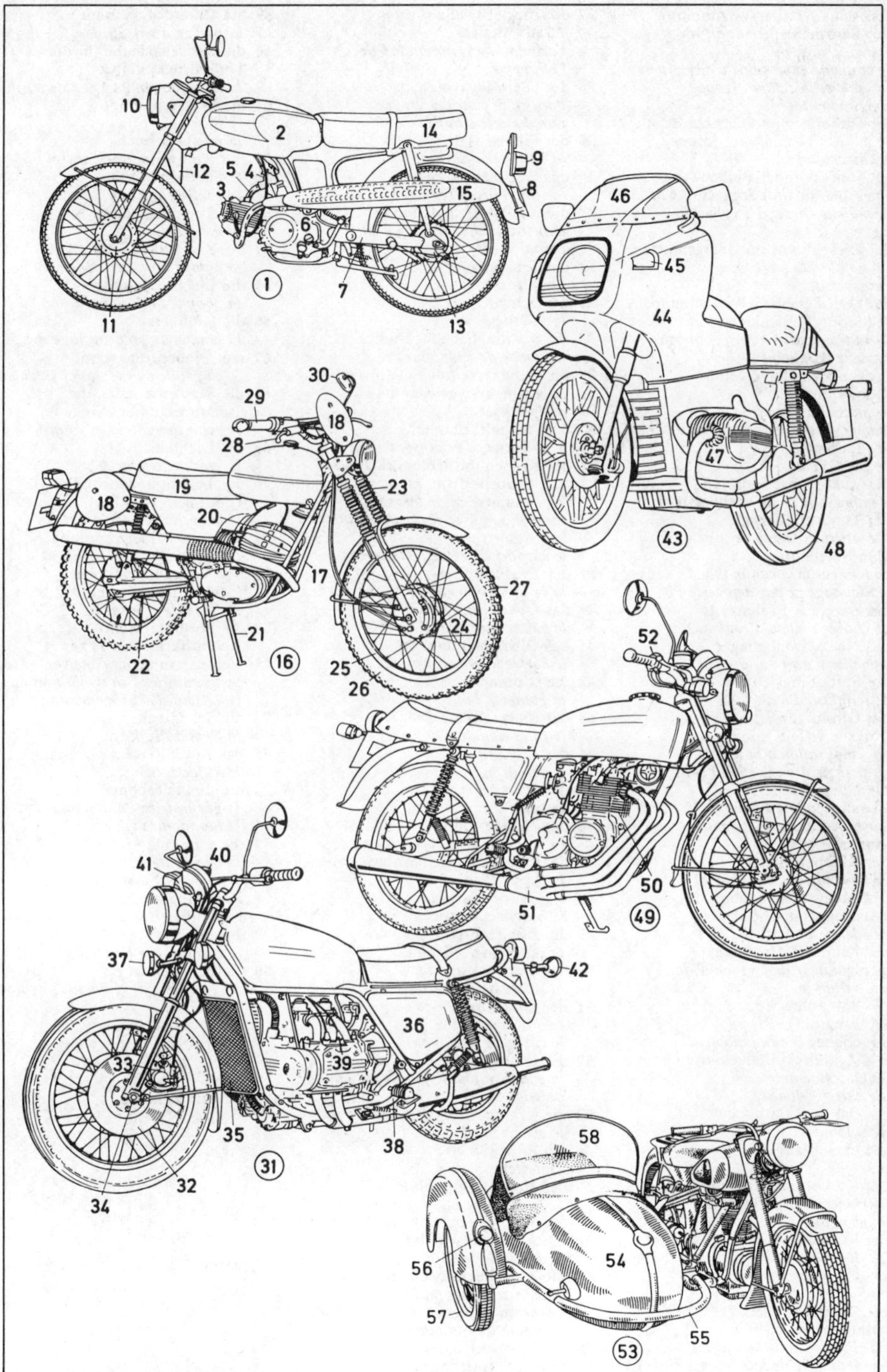
1
2
3
4
5
6
7
8
9
10
11
12
13
14
15
16
17
18
19
20
21
22
23
24
25
26
27
28
29
30
31
32
33
34
35
36
37
38
39
40
41
42
43
44
45
46
47
48
49
50
51
52
53
54
55
56
57
58

1 der Acht-Zylinder-V-Ottomotor mit Benzineinspritzung *f* im Längsschnitt *m*
– *le moteur à explosion* f *à 8 cylindres* m *en V et injection* f *[coupe longitudinale]*
2 der Ottomotor im Querschnitt *m*
– *le moteur à explosion* f *[coupe transversale]*
3 der Fünf-Zylinder-Reihen-Dieselmotor im Längsschnitt *m*
– *le moteur Diesel à 5 cylindres* m *en ligne* f
4 der Dieselmotor im Querschnitt *m*
– *le moteur Diesel [coupe transversale]*
5 der Zwei-Scheiben-Wankelmotor (Rotationskolbenmotor)
– *le moteur rotatif à deux rotors* m *(le moteur Wankel)*
6 der Ein-Zylinder-Zweitakt-Ottomotor
– *le moteur à explosion* f *monocylindre à deux temps* m
7 der Lüfter
– *le ventilateur*
8 die Viskoselüfterkupplung
– *l'embrayage* m *de ventilateur* m
9 der Zündverteiler mit Unterdruckdose *f* für die Zündverstellung
– *l'allumeur* m *à commande* f *d'allumage* m *par dépression* f
10 die Zweifach-Rollenkette
– *la chaîne double à rouleaux* m
11 das Nockenwellenlager
– *le palier d'arbre* m *à cames* f
12 die Entlüftungsleitung
– *le reniflard d'huile* f
13 das Ölrohr zur Nockenwellenschmierung *f*
– *la canalisation d'huile* f *pour graissage* m *de l'arbre à cames* f
14 die Nockenwelle, eine obenliegende Nockenwelle
– *l'arbre* m *à cames* f, *un arbre à cames* f *en tête* f
15 der Klappenstutzen
– *le répartiteur à papillon* m
16 der Sauggeräuschdämpfer (Ansauggeräuschdämpfer)
– *le silencieux d'admission* f
17 der Kraftstoffdruckregler
– *le régulateur de pression* f *de carburant* m
18 das Saugrohr (Ansaugrohr)
– *la tubulure d'admission* f
19 das Zylinderkurbelgehäuse
– *le bloc-moteur (le carter-cylindres)*
20 das Schwungrad
– *le volant*
21 die Pleuelstange
– *la bielle*
22 der Kurbelwellenlagerdeckel
– *le chapeau de palier* m *du vilebrequin*
23 die Kurbelwelle
– *le vilebrequin*
24 die Ölablaßschraube
– *le bouchon de vidange* f
25 die Rollenkette des Ölpumpenantriebs *m*
– *la chaîne à rouleaux* m *de commande* f *de la pompe à huile* f
26 der Schwingungsdämpfer
– *l'amortisseur* m
27 die Antriebswelle für den Zündverteiler
– *l'arbre* m *de commande* f *de l'allumeur* m
28 der Öleinfüllstutzen
– *l'orifice* m *(la tubulure) de remplissage d'huile* f
29 der Filtereinsatz
– *la cartouche filtrante*
30 das Reguliergestänge
– *la tringlerie de réglage* m
31 die Kraftstoffringleitung
– *le tuyau d'alimentation* f *en carburant* m
32 das Einspritzventil
– *l'injecteur* m
33 der Schwinghebel
– *le culbuteur*
34 die Schwinghebellagerung
– *la rampe de culbuteur* m
35 die Zündkerze mit Entstörstecker *m*
– *la bougie avec embout* m *antiparasite*
36 der Auspuffkrümmer
– *le collecteur d'échappement* m
37 der Kolben mit Kolbenringen *m* und Ölabstreifring *m*
– *le piston avec segments* m *de compression* f *et segment* m *racleur*
38 der Motorträger
– *le support du moteur (le berceau)*
39 der Zwischenflansch
– *la bride intermédiaire*
40 das Ölwannenoberteil
– *le carter supérieur d'huile* f
41 das Ölwannenunterteil
– *le carter inférieur d'huile* f
42 die Ölpumpe
– *la pompe à huile* f
43 das (der) Ölfilter
– *le filtre à huile* f
44 der Anlasser
– *le démarreur*
45 der Zylinderkopf
– *la culasse*
46 das Auslaßventil
– *la soupape d'échappement* m
47 der Ölmeßstab (Ölpeilstab)
– *la jauge d'huile* f
48 die Zylinderkopfhaube
– *le couvre-culbuteur* m
49 die Zweifach-Hülsenkette
– *la chaîne rivée double*
50 der Temperaturgeber
– *la sonde de température* f
51 der Drahtzug der Leerlaufverstellung
– *le câble de ralenti* m
52 die Kraftstoffdruckleitung
– *la canalisation de gasole* m *sous pression* f
53 die Kraftstoffleckleitung
– *le collecteur de fuites* f
54 die Einspritzdüse
– *l'injecteur* m
55 der Heizungsanschluß
– *la fixation de la bougie de préchauffage* m
56 die Auswuchtscheibe
– *la rondelle de butée* f
57 die Zwischenradwelle für den Einspritzpumpenantrieb
– *l'arbre* m *de pignon* m *intermédiaire commandant la pompe d'injection* f
58 der Spritzversteller (Einspritzversteller)
– *la commande d'avance* f *à l'injection* f
59 die Unterdruckpumpe
– *la pompe à vide* m
60 die Kurvenscheibe für die Unterdruckpumpe
– *la came de pompe* f *à vide* m
61 die Wasserpumpe (Kühlwasserpumpe)
– *la pompe à eau* f
62 der Kühlwasserthermostat
– *le thermostat d'eau* f *de refroidissement* m
63 der Thermoschalter
– *le thermocontact*
64 die Kraftstoff-Handpumpe
– *la pompe à gasole* m *à main* f
65 die Einspritzpumpe
– *la pompe d'injection* f
66 die Glühkerze
– *la bougie de préchauffage* m
67 das Ölüberdruckventil
– *le clapet de surpression* f *d'huile* f
68 die Wankelscheibe (der Rotationskolben)
– *le rotor de moteur* m *rotatif*
69 die Dichtleiste
– *la portée de joint* m
70 der Drehmomentwandler (Föttinger-Wandler)
– *le convertisseur de couple* m
71 die Einscheibenkupplung
– *l'embrayage* m *monodisque*
72 das Mehrganggetriebe (Mehrstufengetriebe)
– *la boîte de vitesses* f
73 die Portliner *m* im Auspuffkrümmer *m* zur Verbesserung der Abgasentgiftung
– *les garnitures* f *antipollution du collecteur d'échappement* m
74 die Scheibenbremse
– *le frein à disque* m
75 das Achsdifferentialgetriebe
– *le différentiel*
76 die Lichtmaschine
– *la génératrice (la dynamo, l'alternateur* m*)*
77 die Fußschaltung
– *la pédale de vitesses* f
78 die Mehrscheiben-Trockenkupplung
– *l'embrayage* m *à disques* m *à sec*
79 der Flachstromvergaser
– *le carburateur horizontal*
80 die Kühlrippen *f*
– *les ailettes* f *de refroidissement* m

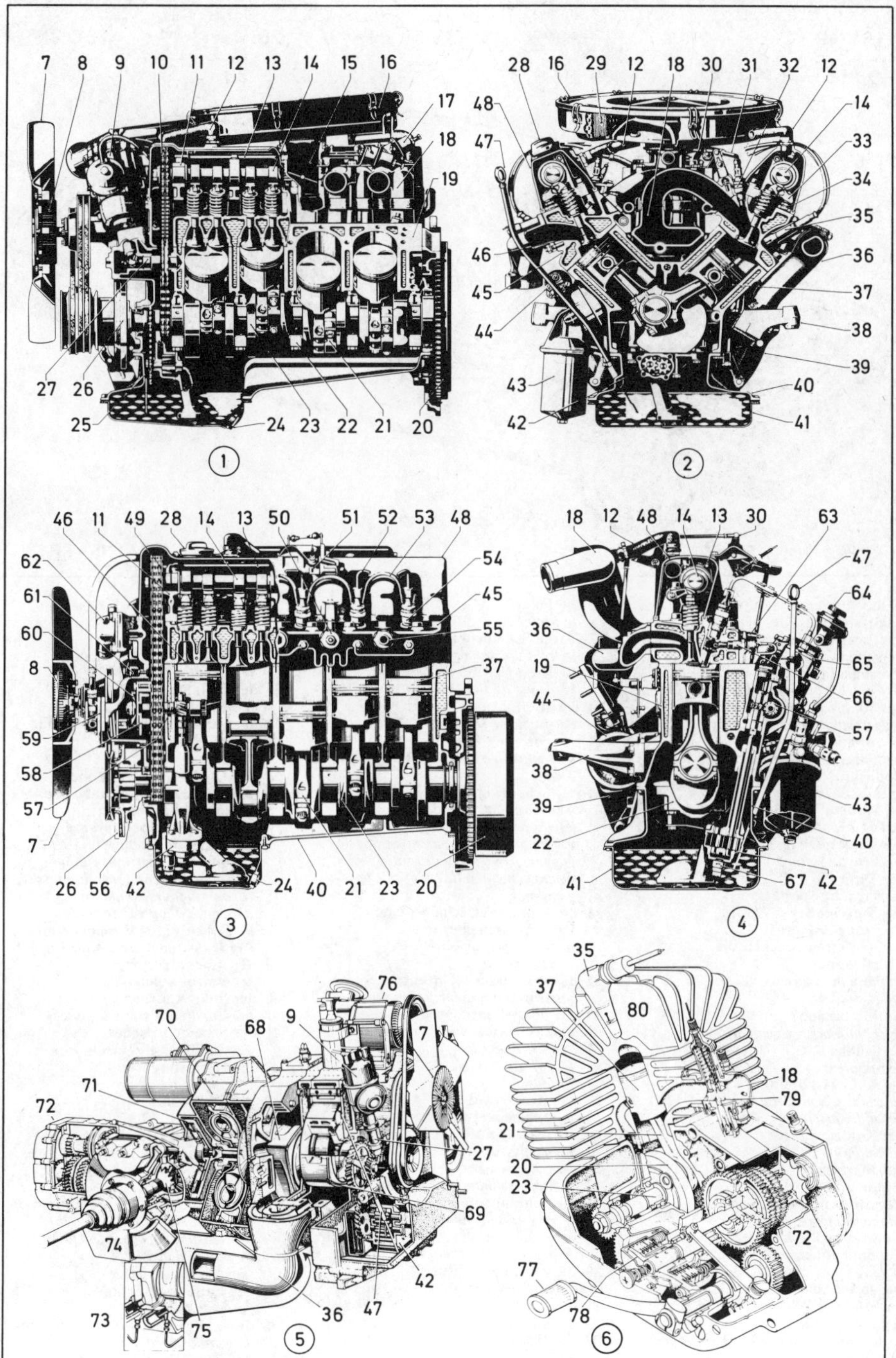
1
2
3
4
5
6

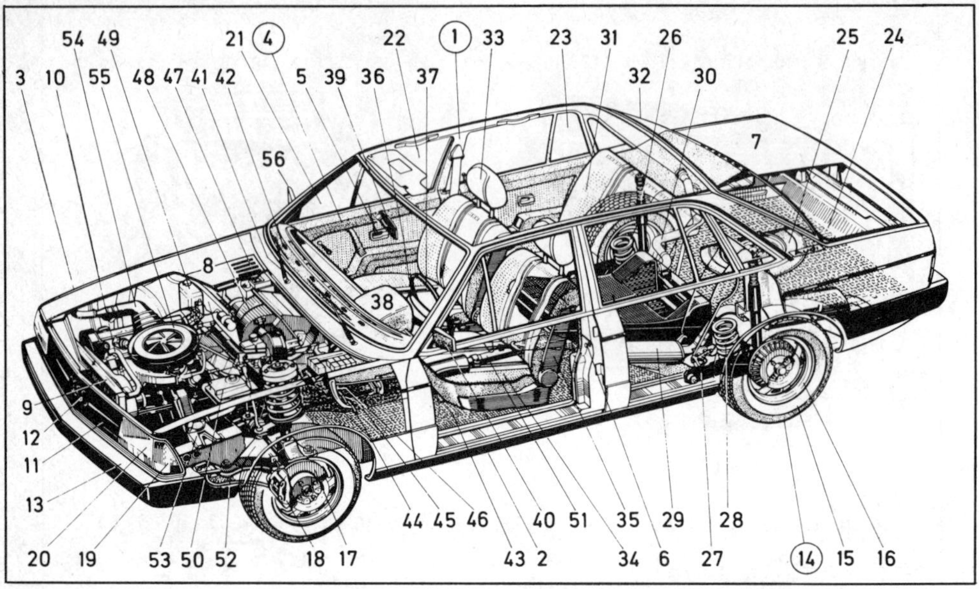

1-56 das Automobil (Auto, Kraftfahrzeug, Kfz, der Kraftwagen, Wagen), ein Personenwagen (Personenfahrzeug *n*)
– *la voiture (l'automobile* f, *l'auto* f*), une voiture de tourisme* m
1 die selbsttragende Karosserie
– *la carrosserie autoporteuse*
2 das Fahrgestell (Chassis), die Bodengruppe der Karosserie
– *le châssis, la caisse*
3 der vordere Kotflügel
– *l'aile* f *avant*
4 die Autotür (Wagentür)
– *la porte de voiture* f
5 der Türgriff
– *la poignée de porte* f
6 das Türschloß
– *la serrure de porte* f
7 der Kofferraumdeckel (die Heckklappe)
– *la porte du coffre (de la malle)*
8 die Motorhaube
– *le capot-moteur (le capot)*
9 der Kühler
– *le radiateur*
10 die Kühlwasserleitung
– *la canalisation d'eau* f *de refroidissement* m
11 der Kühlergrill
– *la calandre*
12 das Markenzeichen (die Automarke)
– *l'écusson* m *du constructeur (le monogramme)*
13 die vordere Stoßstange, mit Gummiauflage *f*
– *le pare-chocs avant garni de caoutchouc* m
14 das Autorad (Wagenrad), ein Scheibenrad *n*
– *la roue d'automobile* f, *une roue à disque* m
15 der Autoreifen
– *le pneumatique (le pneu)*
16 die Felge
– *la jante*
17-18 die Scheibenbremse
– *le frein à disque* m
17 die Bremsscheibe
– *le disque de frein* m
18 der Bremssattel
– *l'étrier* m *de frein* m
19 der vordere Blinker
– *le clignoteur avant (le feu clignotant avant)*
20 der Scheinwerfer mit Fernlicht *n*, Abblendlicht, Standlicht (Begrenzungsleuchte *f*)
– *le projecteur (improprement appelé le phare) avec le feu de route* f, *le feu de croisement* m *(le code) et le feu de position* f
21 die Windschutzscheibe, eine Panoramascheibe
– *le pare-brise, un pare-brise panoramique*
22 das versenkbare Türfenster
– *la vitre commandée par manivelle* f
23 das ausstellbare Fondfenster
– *le sélecteur de vitre* f *arrière*
24 der Kofferraum
– *le coffre à bagages* m *(la malle)*
25 das Reserverad
– *la roue de rechange* m
26 der Stoßdämpfer
– *l'amortisseur* m
27 der Längslenker
– *le bras oscillant longitudinal*
28 die Schraubenfeder
– *le ressort hélicoïdal*
29 der Auspufftopf
– *le pot d'échappement* m
30 die Zwangsentlüftung
– *l'aération* f *par circulation* f *forcée*
31 die Fondsitze *m*
– *le siège arrière*
32 die Heckscheibe
– *la lunette arrière*
33 die verstellbare Kopfstütze
– *l'appui-tête* m *réglable*
34 der Fahrersitz, ein Liegesitz *m*
– *le siège du conducteur, un siège couchette*
35 die umlegbare Rückenlehne
– *le dossier inclinable*
36 der Beifahrersitz
– *le siège du passager avant*
37 das Lenkrad (Steuerrad, Volant *m [schweiz. meist s]*)
– *le volant*
38 das Cockpit mit Tachometer *n od. m* (Tacho *m*), Drehzahlmesser *m*, Zeituhr *f*, Benzinuhr, Kühlmitteltemperaturanzeige, Öltemperaturanzeige
– *le combiné d'instrumentation* f *regroupant le compteur de vitesse* f, *le compte-tours, la montre, la jauge d'essence (l'indicateur* m *de niveau* m *d'essence* f*), le thermomètre d'eau* f *et le thermomètre d'huile* f
39 der Innenrückspiegel
– *le rétroviseur intérieur*
40 der linke Außenspiegel
– *le rétroviseur extérieur gauche*
41 der Scheibenwischer
– *l'essuie-glace* m *(l'essuie-vitre* m*)*
42 die Defrosterdüsen *f*
– *les ouïes* f *de dégivrage* m
43 der Bodenteppich
– *le tapis*
44 das Kupplungspedal (*ugs.* die Kupplung)
– *la pédale d'embrayage* m *(l'embrayage* m*)*
45 das Bremspedal (*ugs.* die Bremse)
– *la pédale de frein* m *(le frein)*
46 das Gaspedal (*ugs.* das Gas)
– *la pédale d'accélérateur* m *(l'accélérateur* m*)*
47 der Lufteinlaßschlitz
– *la prise d'air* m
48 das Luftgebläse für die Belüftung
– *le ventilateur d'aération* f
49 der Bremsflüssigkeitsbehälter
– *le réservoir de liquide* m *pour frein* m *hydraulique*

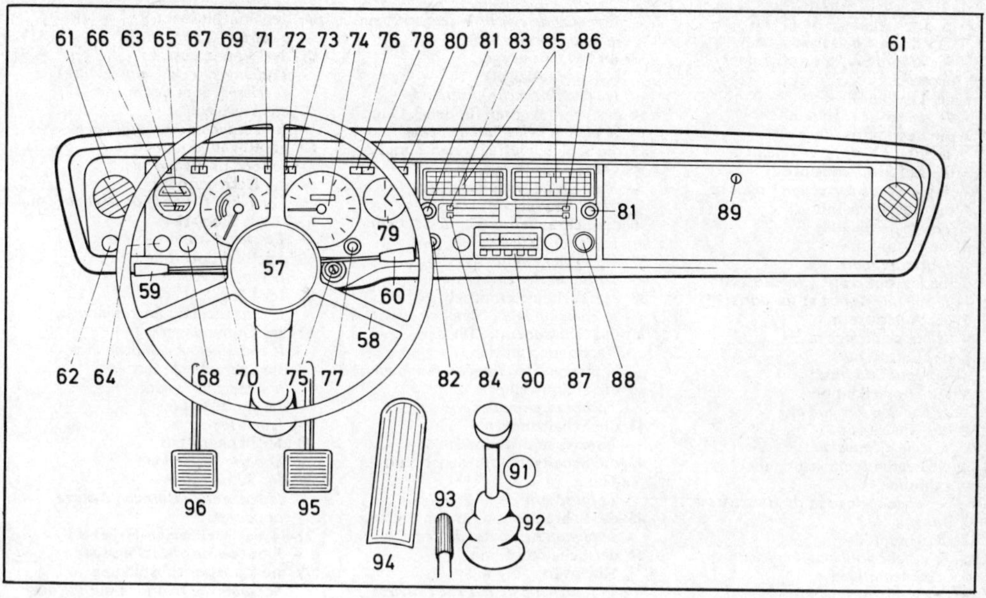

50 die Batterie
– *la batterie*
51 die Auspuffleitung
– *le tuyau d'échappement* m
52 das Vorderradfahrwerk, mit Vorderradantrieb *m*
– *le train avant à traction* f *avant*
53 der Motorträger
– *le support du moteur (le berceau)*
54 der Ansauggeräuschdämpfer
– *le silencieux d'admission* f
55 der (das) Luftfilter
– *le filtre à air* m
56 der rechte Außenspiegel
– *le rétroviseur extérieur droit*
57-90 das Armaturenbrett
– *le tableau de bord* m
57 die Lenkradnabe, als Pralltopf *m* (Aufprallschutz) ausgebildet
– *le moyeu anticollision du volant*
58 die Lenkradspeiche
– *la branche du volant*
59 der Blink- und Abblendschalter
– *le commutateur indicateur* m *de direction* f *- feux* m *de croisement* m
60 der Wisch-Wasch- und Hupschalter
– *le commutateur essuie-glace* m *- lave-glace - avertisseur* m *sonore*
61 die Mischdüse für das Seitenfenster
– *l'aérateur* m *latéral*
62 der Standlicht-, Scheinwerfer- und Parkleuchtenschalter
– *l'interrupteur* m *feux* m *de position - projecteurs* m *- feux de stationnement* m
63 die Nebellichtkontrolle
– *le témoin de feux* m *antibrouillard*
64 der Schalter für die Nebelscheinwerfer *m* und das Nebelschlußlicht
– *l'interrupteur* m *des feux* m *antibrouillard avant et arrière*
65 die Kraftstoffanzeige (Benzinuhr)
– *l'indicateur* m *d'essence* f *(la jauge d'essence* f*)*
66 die Kühlmitteltemperaturanzeige
– *le thermomètre d'eau* f
67 die Kontrolle für die Nebelschlußleuchte
– *le témoin de feu* m *antibrouillard arrière*
68 der Warnlichtschalter
– *l'interrupteur* m *des feux* m *de détresse* f
69 die Fernlichtkontrolle
– *le témoin des feux* m *de route*
70 der elektrische Drehzahlmesser
– *le compte-tours* m *éléctrique*
71 die Kraftstoffkontrollampe
– *le témoin du niveau d'essence* f
72 die Kontrolleuchte für die Handbremse und die Zweikreisbremsanlage
– *le témoin du frein à main* f *et du système de freinage* m *à deux circuits* m *indépendants*
73 die Öldruckkontrolleuchte
– *le témoin de pression* f *d'huile* f
74 das (der) Tachometer mit Tageskilometerzähler *m*
– *le compteur de vitesse* f *avec le compteur journalier (le totalisateur partiel)*
75 das Zünd- und Lenkradschloß
– *l'antivol* m
76 die Blinker- und Warnlichtkontrolle
– *le témoin des feux* m *indicateurs de direction* f *et de détresse* f
77 der Regler für die Innenbeleuchtung und Rücksteller *m* für den Tageskilometerzähler
– *le potentiomètre de réglage* m *de l'éclairage* m *intérieur avec remise* f *à zéro du compteur journalier (du totalisateur partiel)*
78 die Ladestromkontrolle
– *le témoin de charge* f
79 die elektrische Zeituhr
– *la montre électrique*
80 die Kontrolleuchte für die Heckscheibenheizung
– *le témoin de désembuage* m *de la lunette arrière*
81 der Schalter für die Fußraumbelüftung
– *l'interrupteur* m *de ventilation* f *vers le bas*
82 der Schalter für die heizbare Heckscheibe
– *l'interrupteur* m *de désembuage* m *de la lunette arrière*
83 der Hebel für die Gebläseeinstellung
– *la manette de ventilation* f
84 der Hebel für die Temperaturdosierung
– *la manette de chauffage* m
85 der umstellbare Frischluftausströmer
– *l'aérateur* m *orientable (air* m *frais)*
86 der Hebel für die Frischluftregulierung
– *le répartiteur d'air* m *frais*
87 der Hebel für die Warmluftverteilung
– *le répartiteur de chauffage* m
88 der Zigarrenanzünder
– *l'allume-cigares* m
89 das Handschuhkastenschloß
– *la serrure de la boîte à gants* m *(du vide-poches)*
90 das Autoradio
– *l'autoradio* m
91 der Schalthebel (Schaltknüppel, die Knüppelschaltung)
– *le levier de changement* m *de vitesse* f *au plancher (le levier de vitesses* f*)*
92 die Ledermanschette
– *la manchette en cuir* m
93 der Handbremshebel
– *le levier de frein* m *à main* f
94 der Gashebel (das Gaspedal)
– *la pédale d'accélérateur* m *(l'accélérateur* m*)*
95 das Bremspedal
– *la pédale de frein* m *(le frein)*
96 das Kupplungspedal
– *la pédale d'embrayage* m *(l'embrayage* m*)*

1-15 der Vergaser, ein Fallstromvergaser *m*
– ***le carburateur,*** *un carburateur inversé*
1 die Leerlaufdüse
– *le gicleur de ralenti* m
2 die Leerlaufluftdüse
– *le gicleur d'air* m *de ralenti* m
3 die Luftkorrekturdüse
– *le gicleur de correction* f *d'air* m
4 die Ausgleichsluft
– *l'air* m *secondaire*
5 die Hauptluft
– *l'air* m *primaire*
6 die Starterklappe (Vordrossel)
– *le volet de départ* m *(le starter)*
7 der Austrittsarm
– *le bec de giclage* m
8 der Lufttrichter
– *le venturi (la buse)*
9 die Drosselklappe
– *le papillon des gaz* m
10 das Mischrohr
– *le tube d'émulsion* f
11 die Leerlaufgemischregulierschraube
– *le vis de réglage* m *de vitesse* f *au ralenti*
12 die Hauptdüse
– *le gicleur principal (le gicleur d'alimentation* f*)*
13 der Kraftstoffzufluß
– *l'arrivée* f *d'essence* f
14 die Schwimmerkammer
– *la cuve à niveau* m *constant*
15 der Schwimmer
– *le flotteur*
16-27 die Druckumlaufschmierung
– ***le graissage sous pression*** f
16 die Ölpumpe
– *la pompe à huile* f
17 der Ölvorrat (Ölsumpf)
– *le carter d'huile* f
18 das (der) Ölgrobfilter
– *la crépine*
19 der Ölkühler
– *le réfrigérant d'huile* f
20 das (der) Feinfilter
– *le filtre à huile* f
21 die Hauptölbohrung
– *le canal principal du carter-cylindres*
22 die Stichleitung
– *le canal de graissage* m
23 das Kurbelwellenlager
– *le palier de vilebrequin* m
24 das Nockenwellenlager
– *le palier d'arbre* m *à cames* f
25 das Pleuellager
– *le palier de tête* f *de bielle* f
26 die Kurbelzapfenbohrung
– *l'alésage* m *pour l'axe* m *de piston* m
27 die Nebenleitung
– *le canal secondaire du carter-cylindres*
28-47 das Viergang-Synchrongetriebe
– ***la boîte de vitesses*** f ***synchronisée à quatre rapports*** m
28 der Kupplungsfußhebel
– *la pédale d'embrayage* m
29 die Kurbelwelle
– *le vilebrequin*
30 die Antriebswelle
– *l'arbre* m *secondaire*
31 der Anlaßzahnkranz
– *la couronne de démarreur* m
32 die Schiebemuffe für den 3. und 4. Gang
– *la bague de synchroniseur* m *3ème et 4ème (le synchro)*
33 der Synchronkegel (Gleichlaufkegel)
– *le cône de synchronisation* f
34 das Schraubenrad für den 3. Gang
– *le pignon hélicoïdal de 3ème*
35 die Schiebemuffe für den 1. und 2. Gang
– *la bague de synchroniseur* m *1ère et 2ème (le synchro)*
36 das Schraubenrad für den 1. Gang
– *le pignon hélicoïdal de 1ère*
37 die Vorlegewelle
– *l'arbre* m *de renvoi* m
38 der Tachometerantrieb
– *la commande du compteur de vitesse* f
39 das Schraubenrad für den Tachometerantrieb
– *le pignon de câble* m *du compteur* m
40 die Hauptwelle
– *l'arbre* m *primaire*
41 die Schaltstangen *f*
– *les axes* m *de fourchette* f
42 die Schaltgabel für den 1. und 2. Gang
– *la fourchette de 1ère et 2ème*
43 das Schraubenrad für den 2. Gang
– *le pignon hélicoïdal de 2ème*
44 der Schaltkopf, mit Rückwärtsgang *m*
– *la fourchette de marche* f *arrière*
45 die Schaltgabel für den 3. und 4. Gang
– *la fourchette de 3ème et 4ème*
46 der Schalthebel (Schaltknüppel)
– *le levier de vitesses* f
47 das Schaltschema
– *la grille de vitesses* f
48-55 die Scheibenbremse
– ***le frein à disque***
48 die Bremsscheibe
– *le disque de frein* m
49 der Bremssattel, ein Festsattel *m*, mit den Bremsklötzen *m*
– *l'étrier* m *de frein* m*, un étrier fixe avec les plaquettes* f
50 die Servobremstrommel (Handbremstrommel)
– *le tambour de servofrein* m *(le tambour de frein* m *à main* f*)*
51 der Bremsbacken
– *la mâchoire de frein* m
52 der Bremsbelag
– *la garniture de frein* m
53 der Bremsleitungsanschluß
– *le raccord de canalisation* f *de freinage* m
54 der Radzylinder
– *le cylindre de roue* f
55 die Rückholfeder
– *le ressort de rappel*
56-59 das Lenkgetriebe (die Schneckenlenkung)
– ***la direction*** *(la direction à vis* f *sans fin* f *ou à vis* f *globique)*
56 die Lenksäule
– *la colonne de direction* f
57 das Schneckenradsegment
– *le galet de vis* f *globique*
58 der Lenkstockhebel
– *le levier de commande* f *de direction* f
59 das Schneckengewinde
– *la vis sans fin* f
60-64 die wasserseitig regulierte Heizanlage (Wagenheizung)
– ***le système de chauffage*** m ***à réglage*** m ***par eau*** f
60 der Frischlufteintritt
– *l'entrée* f *d'air* m *frais*
61 der Wärmetauscher
– *l'échangeur* m *de température* f *(l'échangeur* m *de chaleur* f*)*
62 das Heizgebläse
– *le ventilateur de chauffage* m
63 die Regulierklappe
– *le volet de réglage* m
64 die Defrosterdüse
– *l'arrivée* f *(l'ouïe* f*) de dégivrage* m
65-71 die Starrachse
– ***l'essieu*** m ***rigide***
65 das Reaktionsrohr
– *le tube de réaction* f
66 der Längslenker
– *le bras oscillant longitudinal*
67 das Gummilager
– *le coussinet en caoutchouc* m
68 die Schraubenfeder
– *le ressort hélicoïdal*
69 der Stoßdämpfer
– *l'amortisseur* m
70 der Panhardstab
– *la barre de torsion* f
71 der Stabilisator
– *la barre stabilisatrice (la barre antidévers)*
72-84 das McPherson-Federbein
– ***la suspension MacPherson***
72 die Karosserieabstützung
– *la plaque de fixation* f *sur la caisse*
73 das Federbeinstützlager
– *le support de fixation* f *supérieure*
74 die Schraubenfeder
– *le ressort hélicoïdal*
75 die Kolbenstange
– *la tige de piston* m
76 der Federbeinstoßdämpfer
– *l'amortisseur de suspension* f
77 die Felge
– *la jante*
78 der Achszapfen
– *la fusée de roue* f
79 der Spurstangenhebel
– *le pivot de fusée* f
80 das Führungsgelenk
– *la rotule de pivot* m *de fusée* f
81 die Zugstrebe
– *le bras arrière de triangle* m
82 das Gummilager
– *le coussinet élastique (le coussinet en caoutchouc* m*)*
83 das Achslager
– *le support de fusée* f
84 der Vorderachsträger
– *la traverse principale*

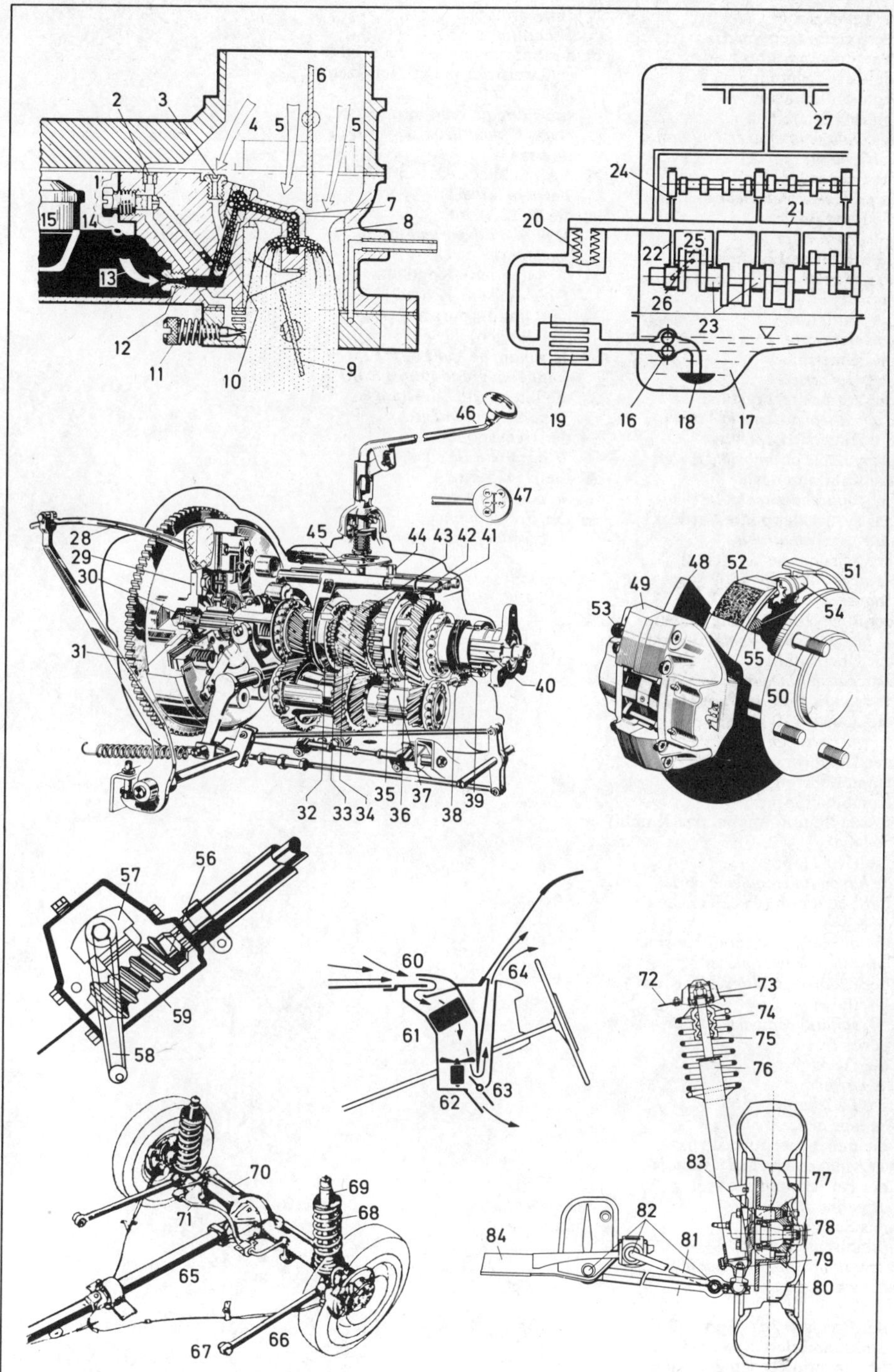
1
2
3
4
5
5
6
7
8
9
10
11
12
13
14
15
16
17
18
19
20
21
22
23
24
25
26
27
28
29
30
31
32
33
34
35
36
37
38
39
40
41
42
43
44
45
46
47
48
49
50
51
52
53
54
55
56
57
58
59
60
61
62
63
64
65
66
67
68
69
70
71
72
73
74
75
76
77
78
79
80
81
82
83
84

1-36 Autotypen *m* (Personenwagentypen)
– ***types*** m ***de voitures*** f
1 die Acht-Zylinder-Pullmanlimousine mit drei Sitzreihen *f*
– *la conduite intérieure Pullman à huit cylindres* m
2 die Fahrertür
– *la porte du conducteur* m
3 die Fondtür
– *la porte arrière*
4 die viertürige Limousine
– *la voiture de tourisme* m *à quatre portes* f
5 die Vordertür
– *la porte avant*
6 die Hintertür
– *la porte arrière*
7 die Vordersitzkopfstütze
– *l'appui-tête* m *amovible avant*
8 die Hintersitzkopfstütze
– *l'appui-tête* m *amovible arrière*
9 die Kabriolimousine
– *la (voiture) décapotable*
10 das zurückklappbare Verdeck
– *la capote rabattable*
11 der Schalensitz (Sportsitz)
– *le siège enveloppant (le siège baquet)*
12 der Buggy (das Dünenfahrzeug)
– *le buggy (la voiture des dunes* f*)*
13 der Überrollbügel
– *l'arceau* m *(une protection en cas de retournement* m *du véhicule* m*)*
14 die Kunststoffkarosserie
– *la carosserie en plastique* m
15 der Kombiwagen (das Kombifahrzeug, der Kombinationskraftwagen, Break, Station wagon, *ugs.* Kombi)
– *le break*
16 die Heckklappe
– *le hayon (la cinquième porte)*
17 der Laderaum (das Heckabteil)
– *le coffre*
18 die dreitürige Kombilimousine
– *la voiture à trois portes* f
19 der Kleinwagen (*ugs.* Mini), ein Dreitürer *m*
– *la (voiture) compacte à trois portes* f
20 die Hecktür
– *le hayon*
21 die Ladekante
– *la jupe arrière*
22 die umlegbare Rücksitzbank
– *la banquette arrière rabattable*
23 der Kofferraum
– *le coffre*
24 das Schiebedach (Stahlschiebedach)
– *le toit ouvrant (en acier* m*)*
25 die zweitürige Limousine
– *le coupé*
26 der Roadster (das Sportkabrio, Sportkabriolett, Sportcabrio, Sportcabriolet), ein Zweisitzer *m*
– *la voiture (biplace) de sport* m *(le roadster, le cabriolet)*
27 das Hardtop
– *le hardtop*
28 das Sportcoupé, ein 2u.2-Sitzer *m* (Zweisitzer *m* mit Notsitzen *m*)
– *la voiture de sport* m *à quatre places* f *(dont deux sièges* m *de réserve* f*)*
29 das Fließheck (der Liftback)
– *l'arrière liftback*
30 die Spoilerkante
– *le bord du déporteur* m *(du spoiler* m*)*
31 die integrierte Kopfstütze
– *l'appui-tête* m *incorporé*
32 der Grand-Tourisme-Wagen (GT-Wagen)
– *la voiture de sport* m *GT (la voiture de grand tourisme* m*)*
33 die integrierte Stoßstange
– *le pare-chocs intégré*
34 der Heckspoiler
– *le déporteur (le spoiler)*
35 die Heckpartie
– *la partie arrière*
36 der Frontspoiler
– *le becquet (le spoiler avant)*

1
2
3
4
5
6
7
8
9
10
11
12
13
14
15
16
17
18
19
20
21
22
23
24
25
26
27
28
29
30
31
32
33
34
35
36

1 der geländegängige Kleinlaster mit Allradantrieb *m* (Vierradantrieb)
– *le (petit) camion tout-terrain* m *à quatre roues* f *motrices*
2 das Fahrerhaus
– *la cabine*
3 die Ladepritsche
– *la plate-forme de chargement* m
4 der Ersatzreifen (Reservereifen), ein Geländereifen *m*
– *la roue de secours* m, *un pneu tout-terrain* m
5 der Kleinlasttransporter
– *la camionnette*
6 die Pritschenausführung (der Pritschenwagen)
– *la camionnette-plateau (la camionnette-plate-forme)*
7 die Kastenausführung (der Kastenwagen)
– *le fourgon (la camionnette fermée)*
8 die seitliche Schiebetür (Ladetür)
– *la porte latérale coulissante (la porte de chargement* m*)*
9 der Kleinbus
– *le minibus*
10 das Faltschiebedach
– *le toit pliant (toit* m *ouvrant)*
11 die Hecktür
– *la porte arrière*
12 die seitliche Klapptür
– *la porte latérale pivotante*
13 der Gepäckraum
– *le coffre à bagages* m
14 der Fahrgastsitz
– *le siège de passager* m
15 die Fahrerkabine
– *la cabine*
16 der Luftschlitz
– *la grille d'aération* f
17 der Reiseomnibus (Autobus, Bus, *schweiz.* Autocar)
– *l'autocar* m *(le car de voyage* m, *le car long-courrier)*
18 das Gepäckfach
– *le compartiment à bagages* m
19 das Handgepäck (der Koffer)
– *les bagages* m *(une valise)*
20 der Schwerlastzug
– *le train routier (le convoi routier), un poids lourd avec remorque* f
21 das Zugfahrzeug
– *le camion-tracteur*
22 der Anhänger
– *la remorque*
23 die Wechselpritsche
– *le plateau (la plate-forme) amovible*
24 der Dreiseitenkipper
– *le camion à triple mouvement* m *de bascule* f *de la benne*
25 die Kipppritsche
– *la benne basculante (le plateau basculant)*
26 der Hydraulikzylinder
– *le mécanisme de bascule* f *(le vérin hydraulique)*
27 die aufgeständerte Containerplatte
– *le container (*ELF: *le conteneur) déposé*
28 der Sattelschlepper, ein Tankzug *m*
– *la semi-remorque, un camion-citerne* f
29 die Sattelzugmaschine
– *le tracteur routier, le tracteur de semi-remorque* f
30-33 der Tankauflieger
– *la citerne remorquée*
30 der Tank
– *le réservoir (la citerne)*
31 das Drehgelenk
– *la plaque tournante*
32 das Hilfsfahrwerk
– *les béquilles* f *à roues* f
33 das Reserverad
– *la roue de secours* m
34 der kleine Reise- und Linienbus in Cityversion *f*
– *le petit autocar en version* f *urbaine*
35 die Außenschwingtür
– *la porte va-et-vient*
36 der Doppeldeckbus (Doppeldeckomnibus, Oberdeckomnibus)
– *l'autobus* m *à impériale* f
37 das Unterdeck
– *l'étage* m *inférieur*
38 das Oberdeck
– *l'impériale* f *(l'étage* m *supérieur)*
39 der Aufstieg
– *la montée*
40 der Oberleitungsbus (Trolleybus, Obus, Oberleitungsomnibus)
– *le trolleybus*
41 der Stromabnehmer (Kontaktarm)
– *la perche pivotante du trolley* m
42 die Kontaktrolle (der Trolley)
– *le trolley (à galet* m*)*
43 die Zweidrahtoberleitung (Doppeloberleitung)
– *la ligne aérienne double (bifilaire)*
44 der Trolleybusanhänger
– *la remorque de trolleybus* m
45 der Gummiwulstübergang
– *le soufflet d'accouplement* m

1
2
3
4
5
6
7
8
9
10
11
12
13
14
15
16
17
18
18
18
19
20
21
22
23
24
25
26
27
28
29
30
31
32
33
34
35
36
37
38
39
40
41
42
43
44
45

1-55 die Spezialwerkstatt (Vertragswerkstatt)
– ***l'atelier*** m ***spécialisé*** *(un atelier agréé)*

1-23 der Diagnosestand
– *le poste de diagnostic* m *auto*

1 das Diagnosegerät
– *l'appareil* m *à diagnostic* m

2 der Diagnosestecker (Zentralstecker)
– *le connecteur mâle de diagnostic* m

3 das Diagnosekabel
– *le câble de diagnostic* m

4 der Umschalter für automatischen oder manuellen Meßbetrieb
– *l'inverseur* m *automatique manuel*

5 der Programmkarteneinschub
– *la fente d'introduction* f *de cartes* f *programme*

6 der Drucker
– *l'imprimante* f

7 das Diagnoseberichtformular
– *le compte-rendu de diagnostic* m *(le diagnostic)*

8 das Handsteuergerät
– *la commande manuelle*

9 die Bewertungslampen *f* [grün: in Ordnung; rot: nicht in Ordnung]
– *les lampes* f *de résultat* m *[vert: bon; rouge: mauvais]*

10 der Aufbewahrungskasten für die Programmkarten *f*
– *le fichier de cartes* f *programme*

11 die Netztaste
– *l'interrupteur* m *secteur*

12 die Schnellprogrammtaste
– *la touche de programme* m *rapide*

13 der Zündwinkeleinschub
– *le tiroir de séquence* f *d'allumage* m

14 das Ablagefach
– *la case de réception* f *de cartes* f

15 der Kabelgalgen
– *la potence porte-câbles*

16 das Öltemperaturmeßkabel
– *le câble de mesure* f *de température* f *d'huile* f

17 das Prüfgerät für die Spur- und Sturzmessung rechts
– *le contrôleur de pincement* m *et de carrossage* m *à droite* f

18 die Optikplatte rechts
– *la plaque optique droite*

19 die Auslösetransistoren *m*
– *les transistors* m *de déclenchement* m

20 der Projektorschalter
– *le commutateur de projecteur* m

21 die Photoleiste für die Sturzmessung
– *la ligne photoréceptrice pour la mesure du carrossage*

22 die Photoleiste für die Spurmessung
– *la ligne photoréceptrice pour la mesure du pincement*

23 der elektrische Schraubendreher
– *le tournevis électrique*

24 das Prüfgerät für die Scheinwerfereinstellung
– *le contrôleur de réglage* m *de projecteurs* m

25 die hydraulische Hebebühne
– *le pont-élévateur hydraulique*

26 der verstellbare Hebebühnenarm
– *le bras ajustable de pont-élévateur* m

27 der Hebebühnenstempel
– *le tampon de pont-élévateur* m

28 die Radmulde
– *la cavité pour roue* f

29 der Druckluftmesser
– *le contrôleur de pression* f *des pneus* m *(le manomètre, le contrôleur de gonflage* m*)*

30 die Abschmierpresse
– *le pistolet graisseur*

31 der Kleinteilekasten
– *la boîte à petites pièces* f

32 die Ersatzteilliste
– *la nomenclature des pièces* f *de rechange* m

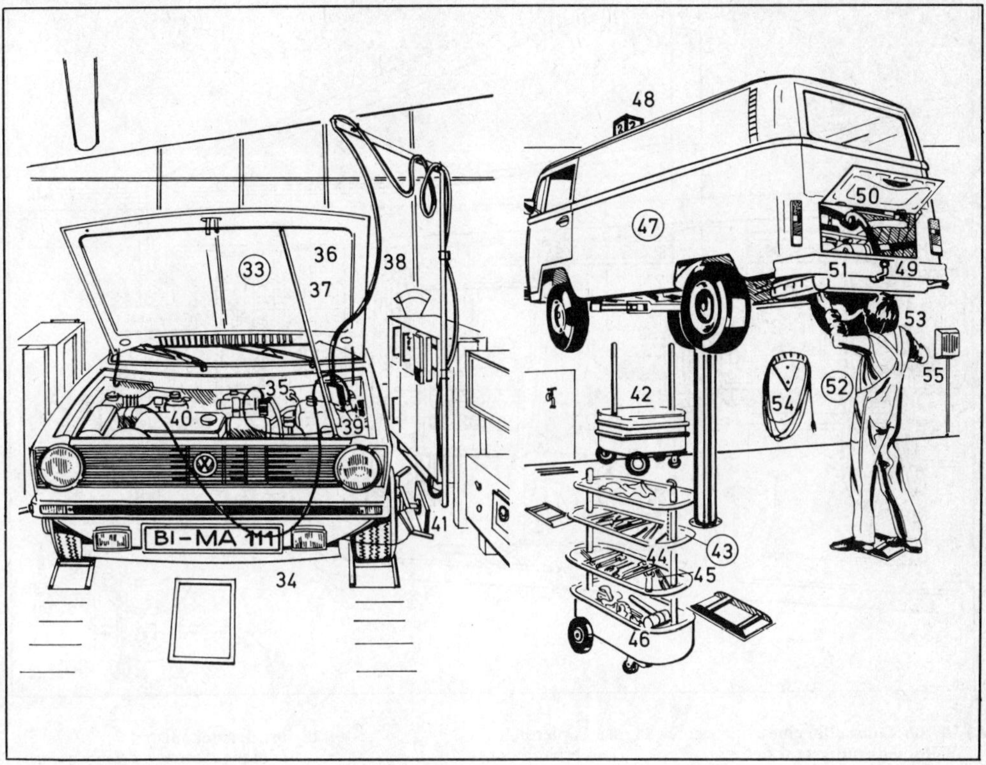

33 die automatische Diagnose
– *le diagnostic automatique*
34 das Kraftfahrzeug (Auto), ein Personenwagen *m*
– *l'automobile* f *(l'auto* f, *la voiture), une voiture de tourisme* m
35 der Motorraum
– *le compartiment moteur*
36 die Motorhaube
– *le capot moteur*
37 die Motorhaubenstange
– *la béquille du capot moteur*
38 das Diagnosekabel
– *le câble de diagnostic* m
39 die Diagnosesteckbuchse (Zentralsteckbuchse)
– *le connecteur femelle de diagnostic* m
40 das Öltemperaturfühlerkabel
– *le câble de sonde* f *de température* f *d'huile* f
41 der Radspiegel für die optische Spur- und Sturzmessung
– *le miroir de roue* f *pour mesure* f *optique du pincement* m *et du carrossage* m
42 der Werkzeugwagen
– *le chariot d'outillage* m *(la servante d'atelier* m*)*
43 das Werkzeug
– *l'outil* m
44 der Schraubenschlüssel
– *la clé*
45 der Drehmomentschlüssel
– *la clé dynamométrique*
46 der Ausbeulhammer
– *le marteau à planer*
47 das Reparaturfahrzeug, ein Kleinbus *m*
– *le véhicule en réparation* f, *un minibus*
48 die Reparaturnummer
– *le numéro de réparation* f
49 der Heckmotor
– *le moteur arrière*
50 die Heckmotorklappe
– *le volet du moteur arrière*
51 das Auspuffsystem
– *l'échappement* m
52 die Auspuffreparatur
– *la réparation de l'échappement* m
53 der Kfz-Schlosser (Kraftfahrzeugschlosser, Kraftfahrzeugmechaniker)
– *le mécanicien automobile*
54 der Druckluftschlauch
– *le tuyau à air* m *comprimé*
55 das Durchsagegerät
– *l'interphone* m

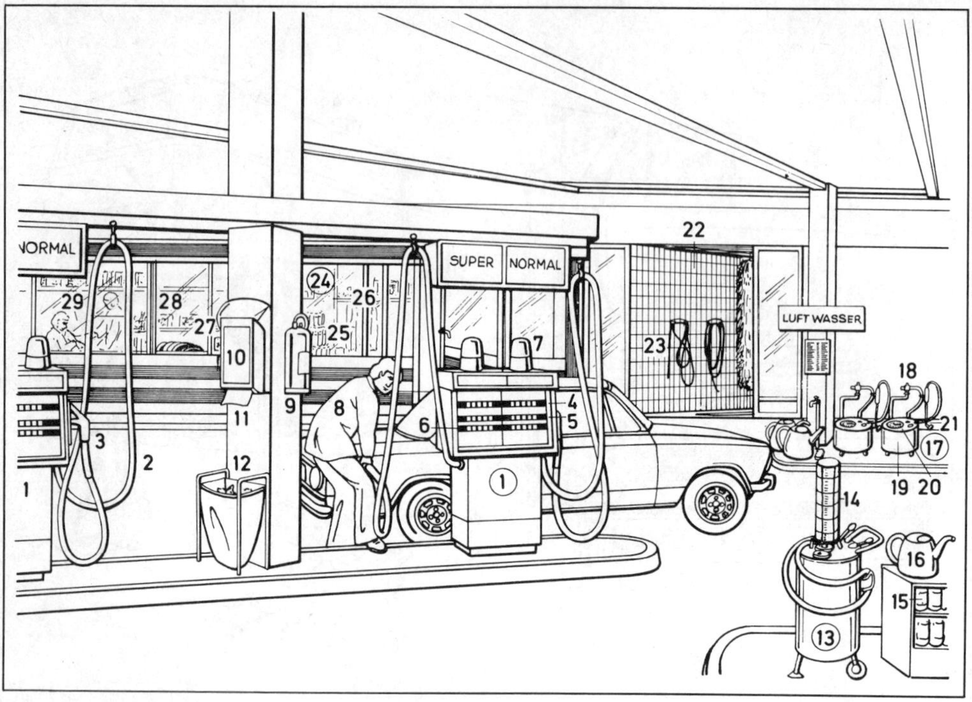

1-29 die Tankstelle, eine Selbstbedienungstankstelle (Selfservice-Station)
– *la station-service, une station self-service*
1 die Zapfsäule (Tanksäule, *veraltet:* Benzinpumpe, Rechenkopfsäule) für Super- und Normalbenzin *n* (*ähnl.:* für Dieselkraftstoff *m*)
– *le distributeur d'essence* f *super ou normale* (anal.: *de gasole* m*); la pompe à essence* f
2 der Zapfschlauch
– *le tuyau du distributeur* (die Zapfpistole)
3 der Zapfhahn
– *le pistolet distributeur*
4 der angezeigte Geldbetrag
– *la somme à payer*
5 die Füllmengenanzeige
– *le volume débité*
6 die Preisangabe
– *le prix du litre*
7 das Leuchtzeichen
– *le voyant lumineux*
8 der Autofahrer bei der Selbstbedienung
– *l'automobiliste* m *utilisant la pompe à essence* f *self-service*
9 der Feuerlöscher
– *l'extincteur* m
10 der Papiertuchspender
– *le distributeur de serviettes* f *en papier* m
11 das Papiertuch (Papierhandtuch)
– *la serviette en papier* m
12 der Abfallbehälter
– *la corbeille à papiers* m
13 der Zweitaktgemischbehälter
– *le réservoir de mélange* m *deux-temps*
14 das Meßglas
– *le verre gradué*
15 das Motoröl
– *l'huile* f *pour moteur* m *(l'huile* f *moteur)*
16 die Motorölkanne
– *le broc à huile* f *moteur*
17 der Reifendruckprüfer
– *le contrôleur de pression* f *des pneus* m
18 die Druckluftleitung
– *le tuyau à air* m *comprimé*
19 der Luftbehälter
– *le réservoir d'air* m
20 das Manometer (der Reifenfüllmesser)
– *le manomètre (le contrôleur de gonflage* m*)*
21 der Luftfüllstutzen
– *l'embout* m *de gonflage* m
22 die Autobox (Reparaturbox)
– *le box de réparation* f
23 der Waschschlauch, ein Wasserschlauch *m*
– *le tuyau de lavage* m
24 der Autoshop
– *le magasin de station-service* f
25 der Benzinkanister
– *le bidon d'essence* f *(le jerrycan)*
26 der Regenumhang
– *la pèlerine*
27 die Autoreifen *m*
– *les pneumatiques (les pneus* m*)*
28 das Autozubehör
– *les accessoires* m *auto*
29 die Kasse
– *la caisse*

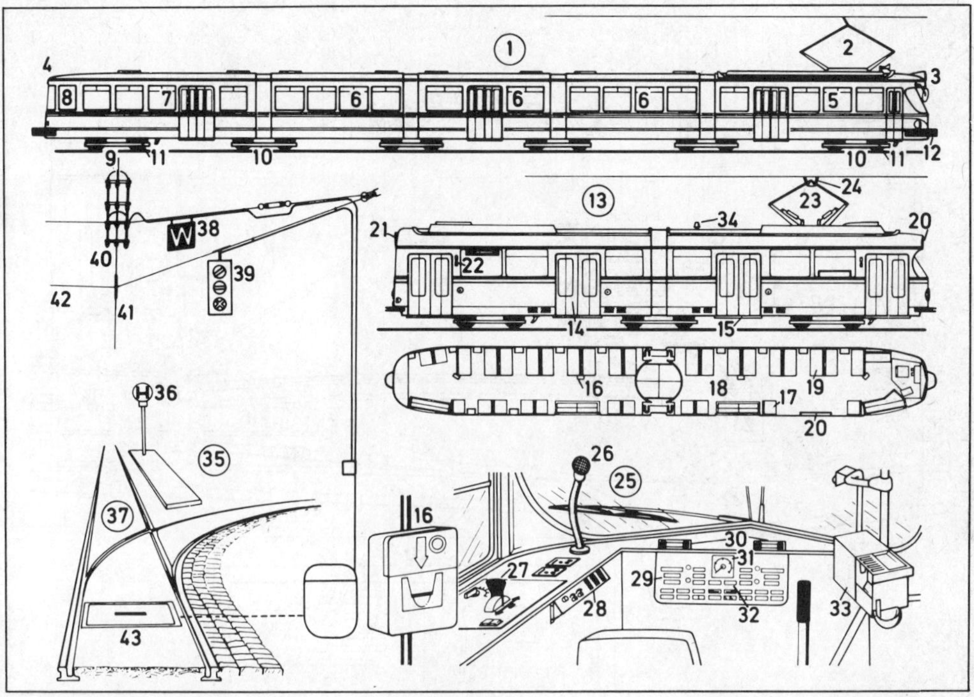

1 der zwölfachsige Gelenktriebwagen für den Überlandbetrieb
– *l'autorail* m *articulé à 12 essieux* m *du réseau interurbain*

2 der Stromabnehmer
– *le pantographe*

3 der Wagenbug
– *la tête de train* m *(l'avant* m *de l'autorail* m*)*

4 das Wagenheck
– *la queue de train* m *(l'arrière* m *de l'autorail* m*)*

5 das A-Wagenteil mit Fahrmotor *m*
– *la voiture de tête* f *A (la motrice)*

6 das B-Wagenteil (*auch:* C-, D-Wagenteil)
– *la voiture B* (égal.: *voiture C ou D)*

7 das E-Wagenteil mit Fahrmotor *m*
– *la voiture de queue* f *E (la motrice)*

8 der Heckfahrschalter
– *le combinateur arrière*

9 das Triebdrehgestell
– *le bogie moteur*

10 das Laufdrehgestell
– *le bogie porteur*

11 der Radschutz (Bahnräumer)
– *le couvre-roue (chasse-pierres* m*)*

12 die Rammbohle
– *le tampon*

13 der sechsachsige Gelenktriebwagen *Typ „Mannheim"* für Straßenbahn- und Stadtbahnbetrieb *m*
– *l'autorail* m *(l'automotrice* f*) urbain et interurbain à six essieux* m type «Mannheim»

14 die Ein- und Ausstiegtür, eine Doppelfalttür
– *la porte pliante (la porte accordéon, la portière)*

15 die Trittstufe
– *le marchepied*

16 der Fahrscheinentwerter
– *le composteur de billets* m

17 der Einzelsitzplatz
– *la place assise individuelle*

18 der Stehplatzraum
– *les places* f *debout (le couloir)*

19 der Doppelsitzplatz
– *la banquette double*

20 das Linien- und Zielschild
– *le panneau indicateur du numéro de ligne* f *et de direction* f

21 das Linienschild
– *le panneau indicateur du numéro de ligne* f

22 der Fahrtrichtungsanzeiger (Blinker)
– *l'indicateur* m *de direction* f *(le clignotant)*

23 der Scherenstromabnehmer
– *le pantographe*

24 die Schleifstücke, aus Kohle *f* oder Aluminiumlegierung *f*
– *les semelles* f *d'archet* m *du pantographe en carbone* m *ou en alliage* m *d'aluminium* m

25 der Fahrerstand
– *la cabine (le poste) de conduite* f

26 das Mikrophon
– *le microphone*

27 der Sollwertgeber (Fahrschalter)
– *le combinateur*

28 das Funkgerät
– *l'appareil* m *de radio* f

29 die Armaturentafel
– *le tableau de bord* m

30 die Armaturentafelbeleuchtung
– *l'éclairage* m *du tableau de bord* m

31 der Geschwindigkeitsanzeiger
– *l'indicateur* m *de vitesse* f *(le tachymètre, le compteur de vitesse* f

32 die Taster für Türenöffnen *n*, Scheibenwischer *m*, Innen- und Außenbeleuchtung *f*
– *les touches* f *de commande* f *d'ouverture* f *des portes* f, *d'essuie-glaces* m *et d'éclairage* m *intérieur et extérieur*

33 der Zahltisch mit Geldwechsler *m*
– *le distributeur de billets* m *avec changeur* m *de monnaie* f

34 die Funkantenne
– *l'antenne* f *radio*

35 die Haltestelleninsel
– *l'arrêt* m *(la station, la halte)*

36 das Haltestellenschild
– *le panneau du point d'arrêt* m

37 die elektrische Weichenanlage
– *l'aiguillage* m *électrique*

38 das Weichenschaltsignal
– *le signal d'aiguillage* m

39 der Weichensignalgeber (die Richtungsanzeige)
– *le signal lumineux d'aiguillage* m *à 3 feux* m *(les signaux* m *lumineux de position* f *d'aiguille* f*)*

40 der Fahrleitungskontakt
– *le contact de la caténaire*

41 der Fahrdraht
– *le caténaire*

42 die Fahrleitungsquerverspannung
– *l'antibalançant* m

43 der elektromagnetische (*auch:* elektromotorische) Weichenantrieb
– *le mécanisme de commande* f *électromagnétique (*égal.: *électro-hydraulique, électrique) de l'aiguille* f

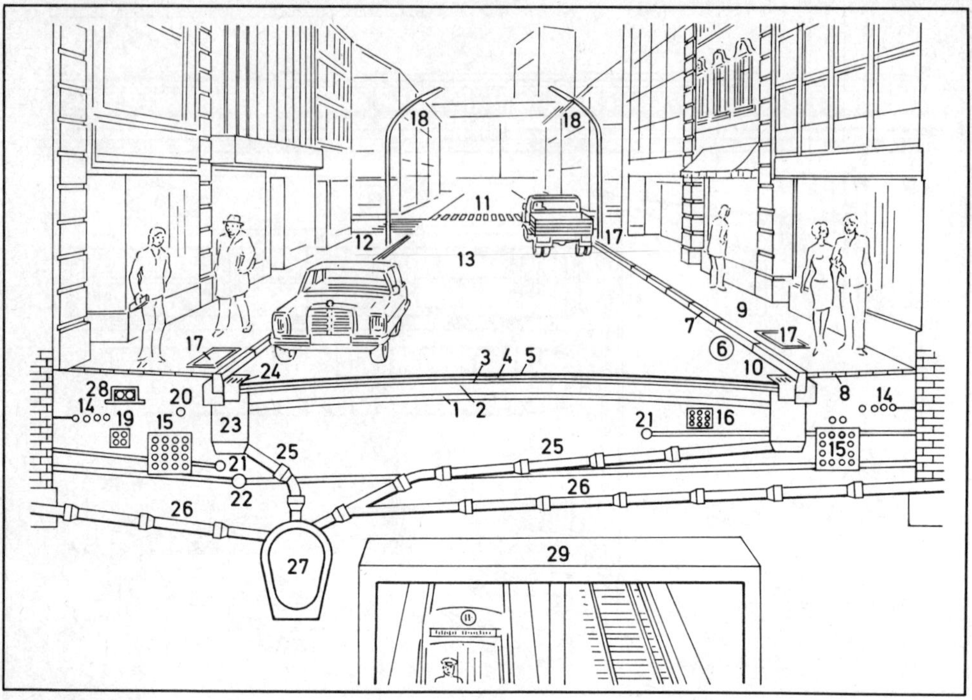

1-5 die Fahrbahnschichten *f*
– ***les différentes couches*** **f** ***de la chaussée***

1 die Frostschutzschicht
– *la couche de protection* f *contre le gel (la couche antigel)*

2 die bituminöse Tragschicht
– *la couche de base* f *bitumineuse*

3 die untere Binderschicht
– *la couche de profilage* m *(la sous-couche) inférieure*

4 die obere Binderschicht
– *la couche de profilage* m *(la sous-couche) supérieure*

5 die bituminöse Deckschicht (Fahrbahndecke)
– *la couche de circulation* f *(le revêtement de la chaussée)*

6 die Bordsteinkante
– *la bordure de trottoir* m

7 der Hochbordstein
– *la pierre de bordure* f *sur chant* m

8 das Gehwegpflaster
– *le pavage (du trottoir* m*)*

9 der Bürgersteig (Gehsteig, Gehweg)
– *le trottoir*

10 der Rinnstein
– *le caniveau*

11 der Fußgängerüberweg (Zebrastreifen)
– *le passage pour piétons* m *(le passage zébré) [*anc.: *le passage clouté]*

12 die Straßenecke
– *le coin de la rue*

13 der Fahrdamm
– *la chaussée*

14 die Stromversorgungskabel
– *les câbles* m *électriques*

15 die Postkabel (Telefonkabel)
– *les câbles téléphoniques*

16 die Postkabeldurchgangsleitung
– *la ligne téléphonique de transit* m

17 der Kabelschacht mit Abdeckung
– *le puits (de visite* f*) à câbles* m *avec dalle* f *de recouvrement* m

18 der Lichtmast mit der Leuchte
– *le lampadaire, une lampe d'éclairage* m *public*

19 das Stromkabel für technische Anlagen *f*
– *les câbles* m *électriques pour installations* f *techniques*

20 die Telefonhausanschlußleitung
– *la ligne de raccordement* m *téléphonique d'immeuble* m

21 die Gasleitung
– *la conduite de gaz* m

22 die Trinkwasserleitung
– *la conduite d'eau* f *(potable)*

23 der Sinkkasten
– *la fosse d'écoulement* m *avec séparateur* m *(le siphon de sédimentation* f*)*

24 der Ablaufrost
– *la bouche d'égout* m *avec grille* f

25 die Sinkkastenanschlußleitung
– *le branchement de la fosse d'écoulement* m *à l'égout* m *mixte*

26 die Schmutzwasser-Hausanschlußleitung
– *le branchement d'immeuble* m *pour les eaux* f *usées*

27 der Mischwasserkanal
– *l'égout* m *mixte (pour eaux usées et eaux de surface* f*)*

28 die Fernheizleitung
– *la conduite de chauffage* m *urbain*

29 der U-Bahntunnel
– *le tunnel de métro(politain)* m

199 Müllbeseitigung, Straßenreinigung
Enlèvement des ordures, service de nettoiement

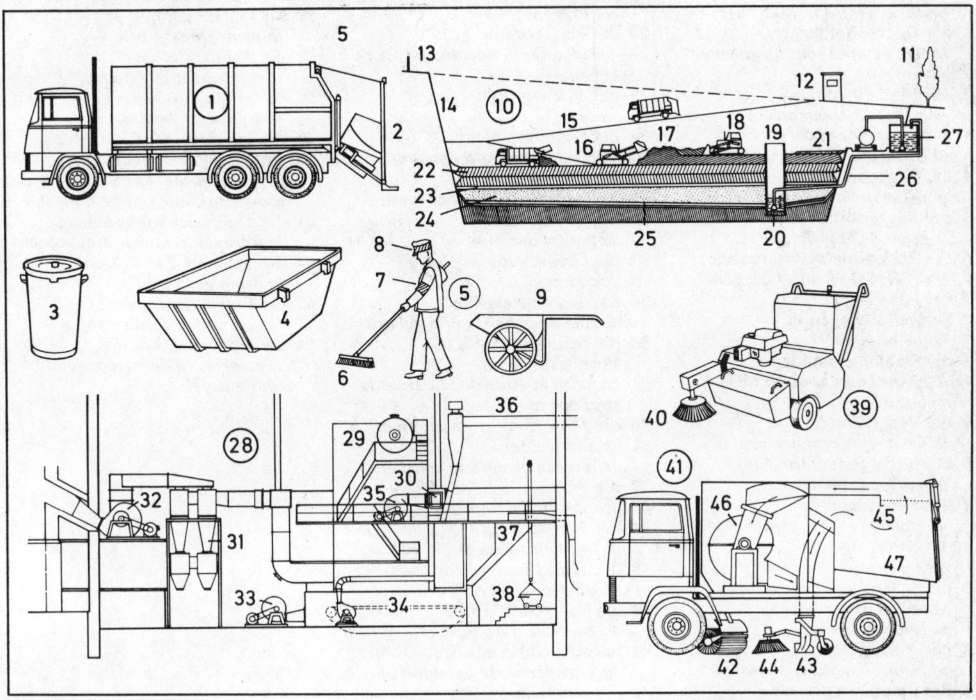

1 der Müllwagen (Müllabfuhrwagen, das Müllauto, *ugs.* die Müllabfuhr, *schweiz.* der Kehrichtabfuhrwagen), ein Preßmüllfahrzeug *n*
– *le camion d'enlèvement* m *des ordures* f *ménagères (le camion de collecte* f*)*
2 die Mülltonnenkippvorrichtung, ein staubfreies Umleersystem
– *le dispositif de basculement* m *des poubelles* f*, un dispositif de vidage* f *étanche*
3 die Mülltonne (Abfalltonne)
– *la poubelle*
4 der Müllcontainer
– *le container (*ELF: *le conteneur)*
5 der Straßenkehrer
– *le balayeur*
6 der Straßenbesen
– *le balai*
7 die Verkehrsschutzarmbinde
– *le brassard (à bandes* f *réfléchissantes)*
8 die Mütze mit Verkehrsschutzmarkierung *f*
– *la casquette (à bandes* f *réfléchissantes)*
9 der Straßenkehrwagen
– *la brouette (de balayeur* m*)*
10 die geordnete Deponie (Mülldeponie)
– *la décharge contrôlée (*ELF: *un dépôt de déchets* m*)*
11 der Sichtschutz
– *la rangée d'arbres* m *(formant écran* m*)*
12 die Eingangskontrolle
– *le contrôle d'entrée* f
13 der Wildzaun
– *la clôture de protection* f *pour le gibier*
14 die Grubenwand
– *la paroi (de la décharge)*
15 die Zufahrtsrampe
– *la rampe d'accès* m
16 die Planierraupe
– *le bulldozer (*ELF: *le bouteur)*
17 der frische Müll (*schweiz.* Kehricht)
– *les ordures* f *ménagères*
18 der Deponieverdichter
– *le bulldozer-compresseur (d'ordures* f*)*
19 der Pumpenschacht
– *le puits d'épuisement* m
20 die Abwasserpumpe
– *la pompe pour eaux* f *usées*
21 die poröse Abdeckung
– *le recouvrement poreux*
22 der verdichtete und verrottete Müll
– *les ordures* f *compactées en décomposition* f
23 die Kiesfilterschicht
– *la couche filtrante de gravier* m
24 die Moränenfilterschicht
– *la couche filtrante morainique*
25 die Drainschicht
– *la couche de drainage* m
26 die Abwasserleitung
– *la canalisation d'évacuation* f *(des eaux* f *usées)*
27 der Abwassersammeltank
– *le réservoir d'eaux* f *usées*
28 die Müllverbrennungsanlage
– *l'usine d'incinération* f *d'ordures* f *ménagères*
29 der Kessel
– *la chaudière*
30 die Ölfeuerung
– *le foyer à mazout* m *(le foyer à fuel-oil* m*)*
31 der Staubabscheider
– *le séparateur de poussières* f
32 der Saugzugventilator
– *le ventilateur à tirage* m *forcé par aspiration* f
33 der Unterwindventilator für den Rost
– *la soufflante sous grille* f
34 der Wanderrost
– *la grille mobile*
35 das Ölfeuerungsgebläse
– *la soufflante (du foyer* m *à mazout* m*)*
36 Transporteinrichtung für Spezialverbrennungsgüter *n*
– *le transporteur de déchets* m *incinérés séparément*
37 die Kohlenbeschickungsanlage
– *l'installation* f *d'enfournement* m *du charbon* m *(d'alimentation* f *en charbon* m*)*
38 der Transportwagen für Bleicherde *f*
– *le chariot transporteur de terre* f *à foulon* m
39 die Straßenkehrmaschine
– *la balayeuse*
40 die Tellerbürste
– *le balai circulaire*
41 das Kehrfahrzeug
– *la balayeuse-ramasseuse automobile, une éboueuse*
42 die Kehrwalze
– *le balai cylindrique (le rouleau à brosse* f *métallique)*
43 der Saugmund
– *le tuyau d'aspiration* f
44 der Zubringerbesen
– *le balai d'alimentation* f
45 die Luftführung
– *la circulation d'air* m *(la chambre de déflection* f *d'air* m*)*
46 der Ventilator
– *le ventilateur*
47 der Schmutzbehälter
– *le collecteur de boues* f

1-54 Straßenbaumaschinen *f*
– ***engins*** m ***de construction*** f ***routière*** *(engins* m *routiers)*
1 der Hochlöffelbagger
– *la pelle équipée pour travail* m *en butte* f
2 das Maschinenhaus
– *la cabine de commande* f
3 das Raupenfahrwerk
– *la chenille*
4 der Baggerausleger
– *la flèche de la pelle*
5 der Baggerlöffel
– *le godet de la pelle*
6 die Reißzähne *m* (Grabzähne)
– *les dents* f *de fouille* f *du godet*
7 der Hinterkipper, ein Schwerlastwagen *m*
– *le tombereau*
8 die Stahlblechmulde
– *la benne basculante en tôle* f *d'acier* m
9 die Verstärkungsrippe
– *la nervure de renforcement* f
10 die verlängerte Stirnwand
– *le protège-cabine*
11 das Fahrerhaus
– *la cabine du conducteur*
12 das Schüttgut
– *les matériaux* m *en vrac* m
13 die Schrapperanlage, ein Mischgutschrapper *m*
– *la benne racleuse*
14 der Aufzugkasten
– *la benne d'approvisionnement* m
15 der Betonmischer, eine Mischanlage
– *la bétonnière*
16 die Schürfkübelraupe
– *le scraper sur chenilles* f*(le scrapdozer)* (ELF: *la décapeuse)*
17 der Schürfkübel
– *la benne racleuse (le scraper)*
18 das Planierschild
– *la lame*
19 der Straßenhobel; *auch:* Erdhobel
– *la niveleuse (la niveleuse à lame* f*)*
20 der Straßenaufreißer (Aufreißer)
– *le sacrificateur*
21 die Hobelschar
– *la lame niveleuse*
22 der Schardrehkranz
– *la couronne de rotation* f *de la lame*
23 die Feldbahn
– *le chemin de fer* m *de chantier* m *(chemin* m *de fer* m *à voie* f *étroite)*
24 die Feldbahndiesellokomotive, eine Schmalspurlokomotive
– *le locotracteur (la locomotive Diesel à voie* f *étroite)*
25 die Anhängerlore (Lore)
– *le wagonnet*
26 die Explosionsramme, ein Bodenstampfer *m*; *schwerer:* der Benzinfrosch (Explosionsstampfer)
– *la grenouille à moteur* m *(le dameur à explosion* f*)* [plus lourd: *la dame à moteur*]
27 das Führungsgestänge
– *les tiges* f *de guidage* m *et de contrôle* m
28 die Planierraupe
– *le bulldozer (le bouldozeur,* ELF: *le bouteur)*
29 das Planierschild
– *la lame*
30 der Schubrahmen
– *l'encadrement* m *du boutoir*
31 der Schotterverteiler
– *l'épandeur-régleur-dameur* m
32 die Schlagbohle
– *la poutre dameuse*
33 die Gleitschuhe *m*
– *les dames* f
34 das Begrenzungsblech
– *la tôle de gabarit* m *(le gabarit)*
35 die Seitenwand des Vorratskübels *m*
– *la paroi latérale de la trémie de stockage* m
36 die Motordreiradwalze, eine Straßenwalze
– *le rouleau compresseur trijante*
37 die Walze
– *le cylindre (le rouleau)*
38 das Allwetterdach
– *le toit tout temps* m
39 der Dieselkompressorschlepper
– *le tracteur-compresseur Diesel*
40 die Sauerstoffflasche
– *la bouteille à oxygène* m
41 der selbstfahrende Splittstreuer
– *la gravillonneuse automotrice*
42 die Streuklappe
– *le clapet d'épandage* m
43 der Schwarzdeckenfertiger
– *le finisseur de revêtements* m *noirs*
44 das Begrenzungsblech
– *la tôle de gabarit* m
45 der Materialbehälter
– *la trémie de stockage* m
46 die Teerspritzmaschine, mit Teer- und Bitumenkocher *m*
– *la goudronneuse avec fondoir* m *de goudron* m *et de bitume* m
47 der Teerkessel
– *la chaudière à goudron* m
48 die vollautomatische Walzasphalt-Trocken-und-Misch-Anlage
– *la centrale d'enrobage* m *bitumineux*
49 das Aufnahmebecherwerk
– *l'élévateur* m *à godets* m
50 die Asphaltmischtrommel
– *le tambour de malaxage* m *de l'asphalte* m
51 der Fülleraufzug
– *l'élévateur de filler* m
52 die Füllerzugabe
– *l'adjonction* f *de filler* m
53 die Bindemitteleinspritzung
– *l'injection* f *du liant*
54 der Mischasphaltauslauf
– *la sortie du mélange bitumineux*
55 der Regelquerschnitt einer Straße
– *la section transversale d'une route*
56 das Rasenbankett
– *l'accotement* m *gazonné*
57 die Querneigung
– *la pente transversale*
58 die Asphaltdecke
– *le revêtement bitumineux*
59 der Unterbau
– *la couche de fondation* f
60 die Packlage *od.* Kiesbettung, eine Frostschutzschicht
– *la sous-couche (la sous-couche à gravier* m*), une couche antigel*
61 die Tiefensickerungsanlage
– *le fossé souterrain de drainage* m
62 das gelochte Zementrohr
– *le drain de ciment* m
63 die Entwässerungsrinne
– *le caniveau d'écoulement* m
64 die Humusandeckung
– *le revêtement de terre végétale contre le gel*

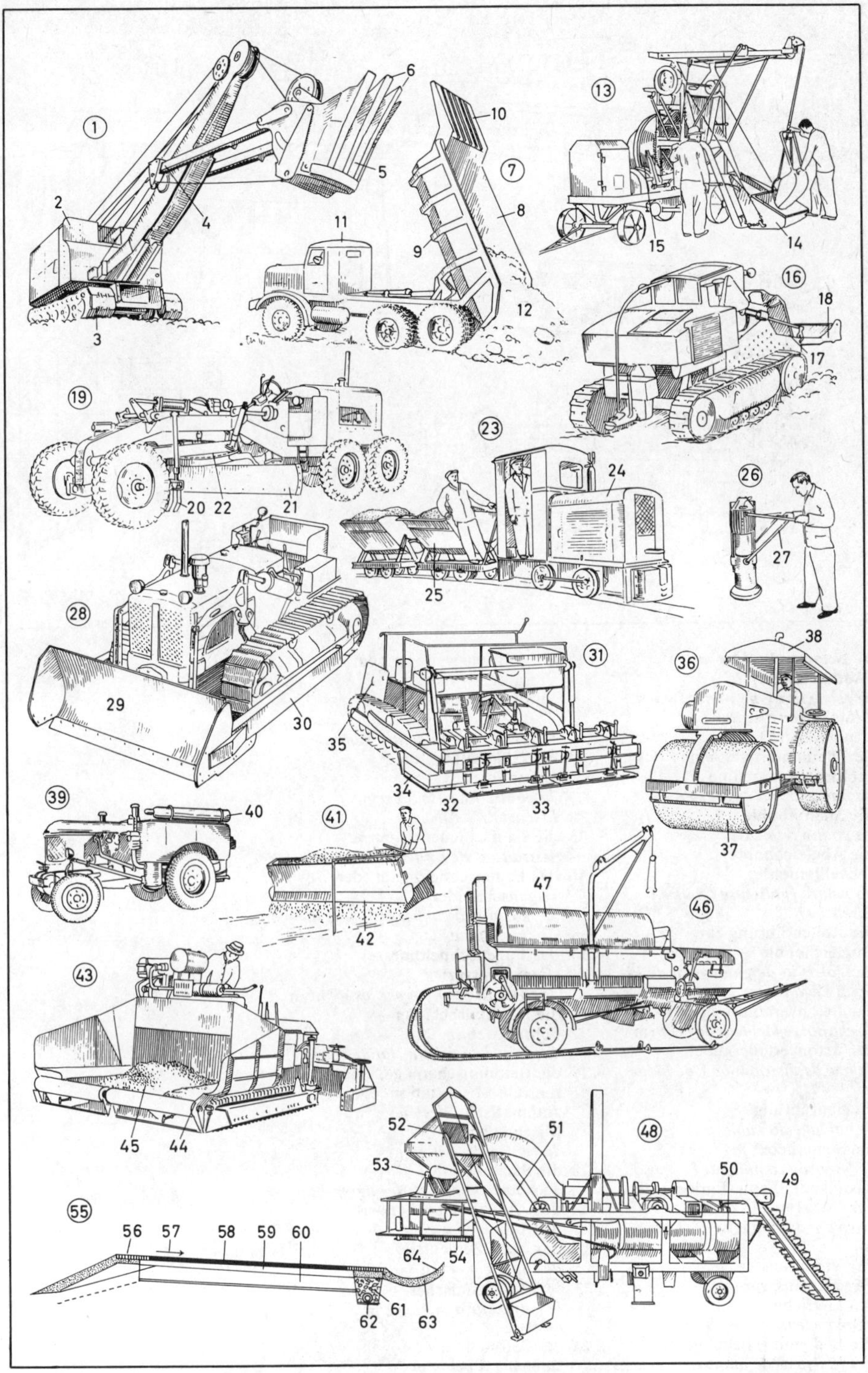
1
2
3
4
5
6
7
8
9
10
11
12
13
14
15
16
17
18
19
20
21
22
23
24
25
26
27
28
29
30
31
32
33
34
35
36
37
38
39
40
41
42
43
44
45
46
47
48
49
50
51
52
53
54
55
56
57
58
59
60
61
62
63
64

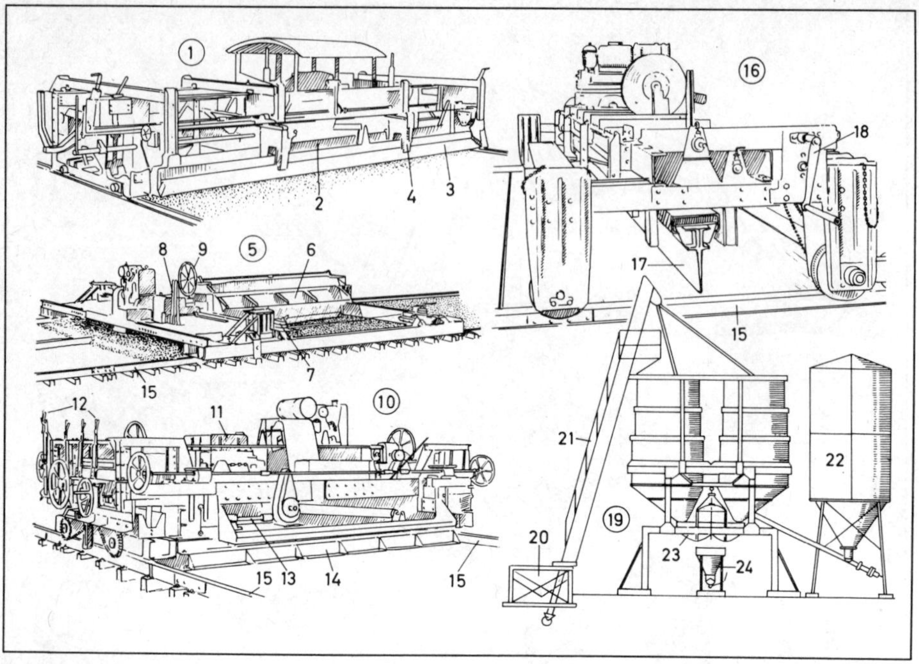

1-24 Betonstraßenbau *m* (Autobahnbau)
– ***construction*** f ***de routes*** f ***en béton*** m *construction* f *d'autoroutes* f*)*

1 der Planumfertiger, eine Straßenbaumaschine
– *le finisseur, un engin routier*

2 die Stampfbohle
– *la poutre dameuse*

3 die Abgleichbohle (Nivellierbohle)
– *la poutre égaliseuse (poutre* f *niveleuse)*

4 die Rollenführung zur Abgleichbohle
– *les galets* m *de guidage* m *de la poutre égaliseuse*

5 der Betonverteilerwagen
– *le chariot répartiteur de béton* m

6 der Betonverteilerkübel
– *le bac de distribution* f *de béton* m

7 die Seilführung
– *le guidage du câble*

8 die Steuerhebel *m*
– *le levier de commande* f

9 das Handrad zum Entleeren *n* der Kübel *m*
– *le volant de vidage* m *des bacs* m

10 der Vibrationsfertiger
– *le vibro-finisseur*

11 das Getriebe
– *le réducteur*

12 die Bedienungshebel *m*
– *les leviers* m *de manœuvre* f

13 die Antriebswelle zu den Vibratoren *m* des Vibrationsbalkens *m*
– *l'arbre* m *de transmission* f *aux vibreurs* m *de la poutre vibrante*

14 der Glättbalken (die Glättbohle)
– *la poutre lisseuse (la règle lisseuse)*

15 die Laufschienenträger *m*
– *les rails* m *de roulement* m

16 das Fugenschneidgerät (der Fugenschneider)
– *la machine à couper les joints* m *(le coupe-joint)*

17 das Fugenschneidmesser (Fugenmesser)
– *le couteau pour couper les joints* m

18 die Handkurbel zum Fahrantrieb *m*
– *la manivelle de translation* f

19 die Betonmischanlage, eine zentrale Mischstation, eine automatische Verwiege- u. Mischanlage
– *la centrale à béton* m

20 die Sammelmulde
– *la benne collectrice des agrégats* m

21 das Aufnahmebecherwerk
– *l'élévateur* m *à godets* m

22 der (das) Zementsilo
– *le silo à ciment* m

23 der Zwangsmischer
– *le malaxeur à mélange* m *forcé*

24 der Betonkübel
– *la benne à béton* m

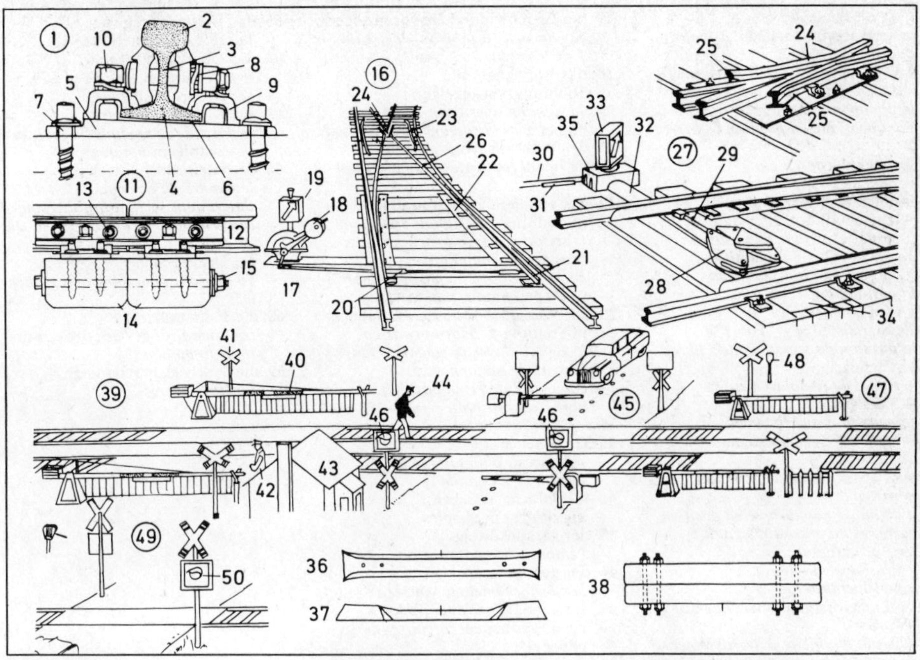

1-38 das Gleis
– *la voie*
1 die Schiene (Eisenbahnschiene)
– *le rail*
2 der Schienenkopf
– *le champignon du rail*
3 der Schienensteg
– *l'âme* f *du rail*
4 der Schienenfuß
– *le patin du rail*
5 die Unterlagsplatte
– *la selle de rail* m
6 die Zwischenlage
– *la semelle de rail* m
7 die Schwellenschraube
– *le tirefond*
8 die Federringe *m*
– *la rondelle élastique*
9 die Klemmplatte
– *le crapaud (la plaque de serrage* m*)*
10 die Hakenschraube
– *le boulon à crochet* m
11 der Schienenstoß
– *le joint de rail* m
12 die Schienenlasche
– *l'éclisse* f
13 der Laschenbolzen
– *le boulon d'éclisse* f
14 die Kuppelschwelle
– *la traverse jumelée*
15 die Kuppelschraube
– *le boulon de jumelage* m
16 die Handweiche
– *l'aiguille* f *manœuvrée à pied d'œuvre*
17 der Handstellbock
– *le levier de commande* f *à main* f
18 das Stellgewicht
– *le contrepoids*
19 das Weichensignal (die Weichenlaterne)
– *le signal d'aiguille* f *(le signal de position* f *d'aiguille* f, *la lanterne d'aiguille* f*)*
20 die Stellstange
– *la tringle de commande* f
21 die Weichenzunge
– *la lame d'aiguille* f
22 der Gleitstuhl
– *le coussinet de glissement* m *(la plaque de glissement* m*)*
23 der Radlenker
– *le contre-rail*
24 das Herzstück
– *le cœur d'aiguille* f
25 die Flügelschiene
– *la patte de lièvre* m
26 die Zwischenschiene
– *le rail compensateur*
27 die fernbediente Weiche
– *l'aiguille manœuvrée à distance* f
28 der Weichenspitzenverschluß
– *le verrou d'aiguille* f
29 der Abstützstempel
– *la tringle de connexion* f
30 der Drahtzug
– *la transmission funiculaire*
31 das Spannschloß
– *le tendeur*
32 der Kanal
– *le caniveau de transmission* f *funiculaire*
33 das elektrisch beleuchtete Weichensignal
– *le signal lumineux d'aiguille* f
34 der Weichentrog
– *le châssis d'aiguillage* m
35 der Weichenantrieb mit Schutzkasten *m*
– *le mécanisme de commande* f *d'aiguille* f *sous carter* m *de protection* f
36 die Eisenschwelle
– *la traverse en acier* m *(la traverse métallique)*
37 die Betonschwelle
– *la traverse en béton*
38 die Kuppelschwelle
– *la traverse jumelée*
39-50 Bahnübergänge
– *les passages* m *à niveau* m
39 der schienengleiche gesicherte Bahnübergang
– *le passage à niveau* m *gardé*
40 die Bahnschranke
– *la barrière*
41 das Warnkreuz (Andreaskreuz)
– *le croix d'avertissement* m *(la croix de Saint-André)*
42 der Schrankenwärter
– *le garde-barrière*
43 der Schrankenposten
– *la maison du garde-barrière*
44 der Streckenwärter
– *le surveillant de la voie*
45 die Halbschrankenanlage
– *le passage à demi-barrière* f
46 das Blinklicht
– *le feu clignotant*
47 die Anrufschranke
– *la barrière à poste* m *d'appel* m
48 die Wechselsprechanlage
– *l'interphone* m
49 der technisch nicht gesicherte Bahnübergang (unbeschrankte Bahnübergang)
– *le passage non gardé*
50 das Blinklicht
– *le feu clignotant*

203 Eisenbahnstrecke II (Signalanlagen)

1-6 Hauptsignale *n*
– ***sémaphores*** m *(carrés* m, *signaux* m *d'arrêt)*

1 das Hauptsignal, ein Formsignal *n* auf *„Zughalt" m*
– *le sémaphore, un signal sémaphorique en position* f *«arrêt»* m *(un signal d'arrêt* m*)*

2 der Signalarm
– *le bras de sémaphore* m

3 das elektrische Hauptsignal (Lichtsignal) auf *„Zughalt" m*
– *le signal électrique en position «arrêt* m*» (le signal lumineux)*

4 die Signalstellung *„Langsamfahrt" f*
– *la position du signal «ralentissement* m*»*

5 die Signalstellung *„Fahrt" f*
– *la position du signal «voie* f *libre»*

6 das Ersatzsignal
– *le signal de remplacement* m

7-24 Vorsignale *n*
– ***signaux*** m *d'avertissement* m *(signaux* m *avancés, signaux* m *à distance* f*)*

7 das Formsignal auf *„Zughalt erwarten"*
– *le signal sémaphorique en position «arrêt* m *au prochain signal»*

8 der Zusatzflügel
– *le bras de sémaphore complémentaire*

9 das Lichtvorsignal auf *„Zughalt erwarten"*
– *le signal lumineux d'avertissement* m *«arrêt* m *au prochain signal»*

10 die Signalstellung *„Langsamfahrt erwarten"*
– *la position du signal «ralentissement* m *au prochain signal»*

11 die Signalstellung *„Fahrt erwarten"*
– *la position du signal «voie* f *libre au prochain signal»*

12 das Formvorsignal mit Zusatztafel *f* für Bremswegverkürzung *f* um mehr als 5%
– *le signal sémaphorique d'avertissement* m *avec panneau* m *complémentaire annonçant un raccourcissement de la distance de freinage* m *de plus de 5 %*

13 die Dreiecktafel
– *le panneau triangulaire*

14 das Lichtvorsignal mit Zusatzlicht *n* für Bremswegverkürzung *f*
– *le signal d'avertissement* m *lumineux avec feu* m *complémentaire de réduction* f *de la distance de freinage* m

15 das weiße Zusatzlicht
– *la lampe blanche complémentaire*

16 die Vorsignalanzeige *„Halt erwarten"* (Notgelb *n*)
– *le signal lumineux d'avertissement* m *d'arrêt* m *au prochain signal (le feu d'avertissement* m *jaune)*

17 der Vorsignalwiederholer (das Vorsignal mit Zusatzlicht *n*, ohne Tafel *f*)
– *le signal de rappel* m *d'avertissement* m *(le signal d'avertissement* m *avec feu* m *complémentaire, sans panneau* m*)*

18 das Vorsignal mit Geschwindigkeitsanzeige *f*
– *le signal d'avertissement* m *avec pancarte* f *(tableau* m*) de limitation* f *de vitesse* f

19 der Geschwindigkeitsvoranzeiger
– *la pancarte (le tableau) de limitation* f *de vitesse* f

20 das Vorsignal mit Richtungsvoranzeige *f*
– *le signal d'avertissement* m *avec signal* m *(indicateur) de direction* f

21 der Richtungsvoranzeiger
– *le signal (indicateur) de direction* f

22 das Vorsignal ohne Zusatzflügel *m* in Stellung *f „Zughalt erwarten"*
– *le signal d'avertissement* m *sans bras* m *de sémaphore* m *complémentaire en position* f *«arrêt* m *au prochain signal* m*»*

23 das Vorsignal ohne Zusatzflügel *m* in Stellung *f „Fahrt erwarten"*
– *le signal d'avertissement* m *sans bras* m *de sémaphore* m *complémentaire en position* f *«voie libre* f *au prochain signal»*

24 die Vorsignaltafel

45-52 Weichensignale *n*
– ***signaux*** m ***d'aiguillage*** m *(de position* f *d'aiguille* f*)*

45-48 einfache Weichen *f*
– ***aiguillages*** m ***simples***

45 der gerade Zweig
– *l'embranchement* m *droit*

46 der gebogene Zweig [rechts]
– *l'embranchement* m *cintré [à droite]*

47 der gebogene Zweig [links]
– *l'embranchement* m *cintré [à gauche]*

48 der gebogene Zweig [vom Herzstück *n* aus gesehen]
– *l'embranchement* m *courbe [vu du cœur du croisement]*

49-52 doppelte Kreuzungsweichen *f*
– ***traversées-jonctions*** f ***doubles***

49 die Gerade von links nach rechts
– *la traversée-jonction rectiligne de gauche à droite*

50 die Gerade von rechts nach links
– *la traversée-jonction rectiligne de droite à gauche*

51 der Bogen von links nach links
– *la traversée-jonction cintrée à gauche*

52 der Bogen von rechts nach rechts
– *la traversée-jonction cintrée à droite*

53 das mechanische Stellwerk
– ***le poste d'aiguillage*** m ***mécanique***

54 das Hebelwerk
– *le châssis d'enclenchement* m

55 der Weichenhebel [blau], ein Riegelhebel *m*
– *le levier d'aiguille* f *[bleu], un levier de verrouillage* m *d'aiguille* f

56 der Signalhebel [rot]
– *le levier de signal* m *[rouge]*

57 die Handfalle
– *la manette*

58 der Fahrstraßenhebel
– *le levier d'itinéraire* m *(levier* m *de parcours* m*)*

59 der Streckenblock
– *le block-système (le block, le cantonnement)*

60 das Blockfeld
– *le panneau de section* f *(canton* m*) de block* m

61 das elektrische Stellwerk
– ***le poste*** *(d'aiguillage* m***) électrique***

62 die Weichen- und Signalhebel *m*
– *les leviers* m *d'aiguille* f *et de signal* m

63 das Verschlußregister
– *la table d'enclenchements* m

64 das Überwachungsfeld
– *le panneau de contrôle* m *(les voyants* m *lumineux)*

65 das Gleisbildstellwerk
– ***le poste de commande*** f ***à tableau*** m *de contrôle* m *optique*

66 der Gleisbildstelltisch
– *le pupitre de commande* f *avec diagramme* m *figuratif des voies* f *(avec tableau* m *ou schéma* m *des voies* f*)*

67 die Drucktasten *f*
– *les boutons-poussoirs* m *(les touches* f*)*

68 die Fahrstraßen *f*
– *les itinéraires* m *(les parcours* m *topographiques)*

69 die Wechselsprechanlage
– *l'interphone* m

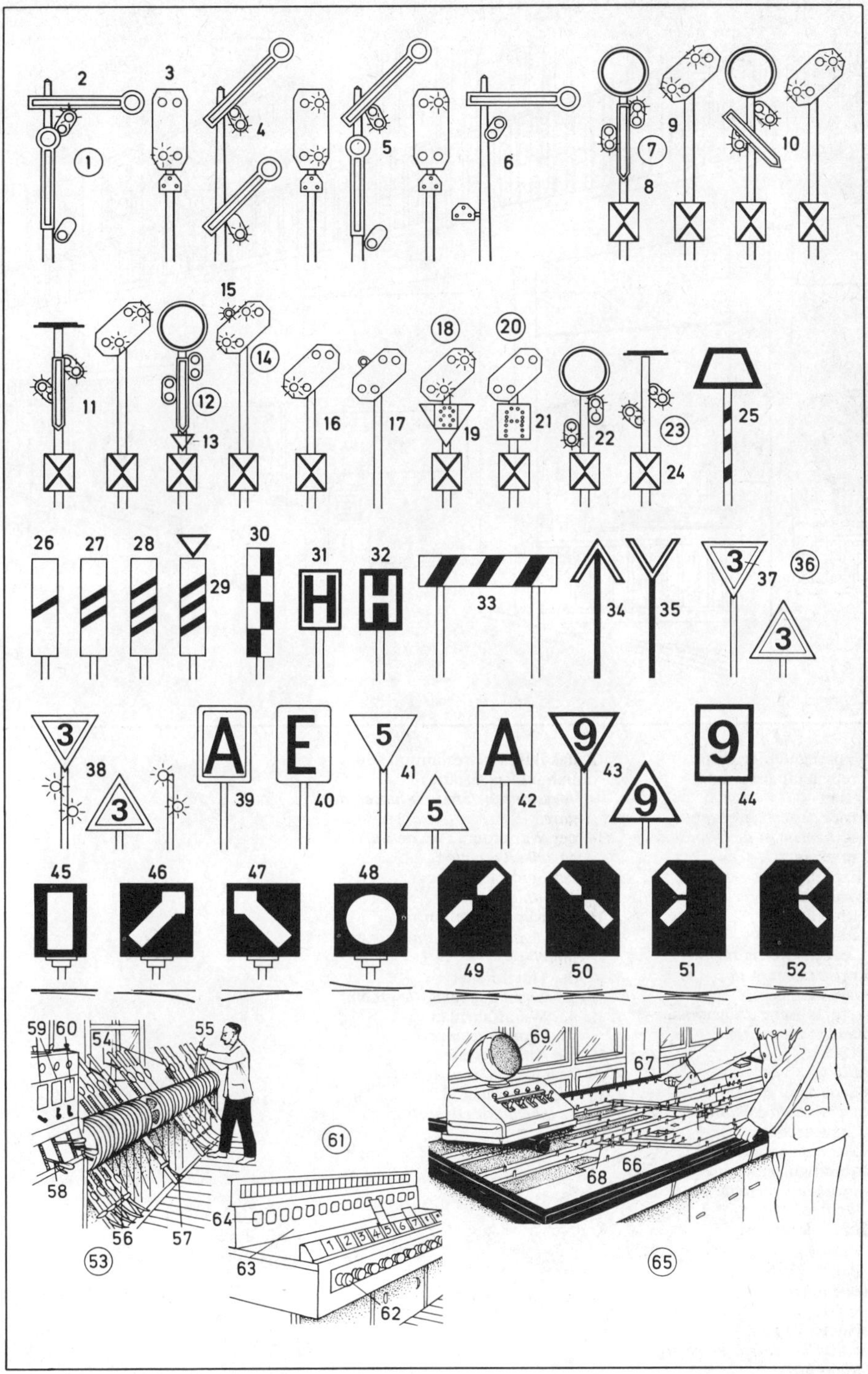
1
2
3
4
5
6
7
8
9
10
11
12
13
14
15
16
17
18
19
20
21
22
23
24
25
26
27
28
29
30
31
32
33
34
35
36
37
38
39
40
41
42
43
44
45
46
47
48
49
50
51
52
53
54
55
56
57
58
59
60
61
62
63
64
65
66
67
68
69
H
H
3
3
3
3
A
E
5
5
A
9
9
9
1
2
3
4
5
6
7

1 die Expreßgutabfertigung (Expreßgutannahme und -ausgabe)
– *le service des colis* m *express (enregistrement et délivrance des colis* m *express)*
2 das Expreßgut
– *le panier à couvercle* m
3 der Schließkorb
– *la malle d'osier* m
4 die Gepäckabfertigung
– *l'enregistrement* m *des bagages* m
5 die automatische Zeigerwaage
– *la balance automatique*
6 der Koffer
– *la valise*
7 der Gepäckaufkleber
– *l'étiquette* f *autocollante*
8 der Gepäckschein
– *le bulletin de bagages* m
9 der Abfertigungsbeamte
– *le préposé aux bagages* m
10 das Werbeplakat
– *l'affiche* f *(le placard) publicitaire*
11 der Bahnhofsbriefkasten
– *la boîte à lettres* f
12 die Tafel für die Meldung *f* verspäteter Züge *m*
– *le tableau indicateur du retard des trains* m
13 das Bahnhofsrestaurant (die Bahnhofsgaststätte)
– *le restaurant (*anal.: *le buffet) de gare* f
14 der Warteraum (Wartesaal)
– *la salle d'attente* f
15 der Stadtplan
– *le plan de la ville*
16 die Kursbuchtafeln *f*
– *l'indicateur* m *à panneaux* m *mobiles*
17 der Hoteldiener
– *le garçon d'hotel* m *(le groom)*
18 der Wandfahrplan
– *l'indicateur* m *mural*
19 die Ankunftstafel
– *le tableau des arrivées* f
20 die Abfahrtstafel
– *le tableau des départs* m

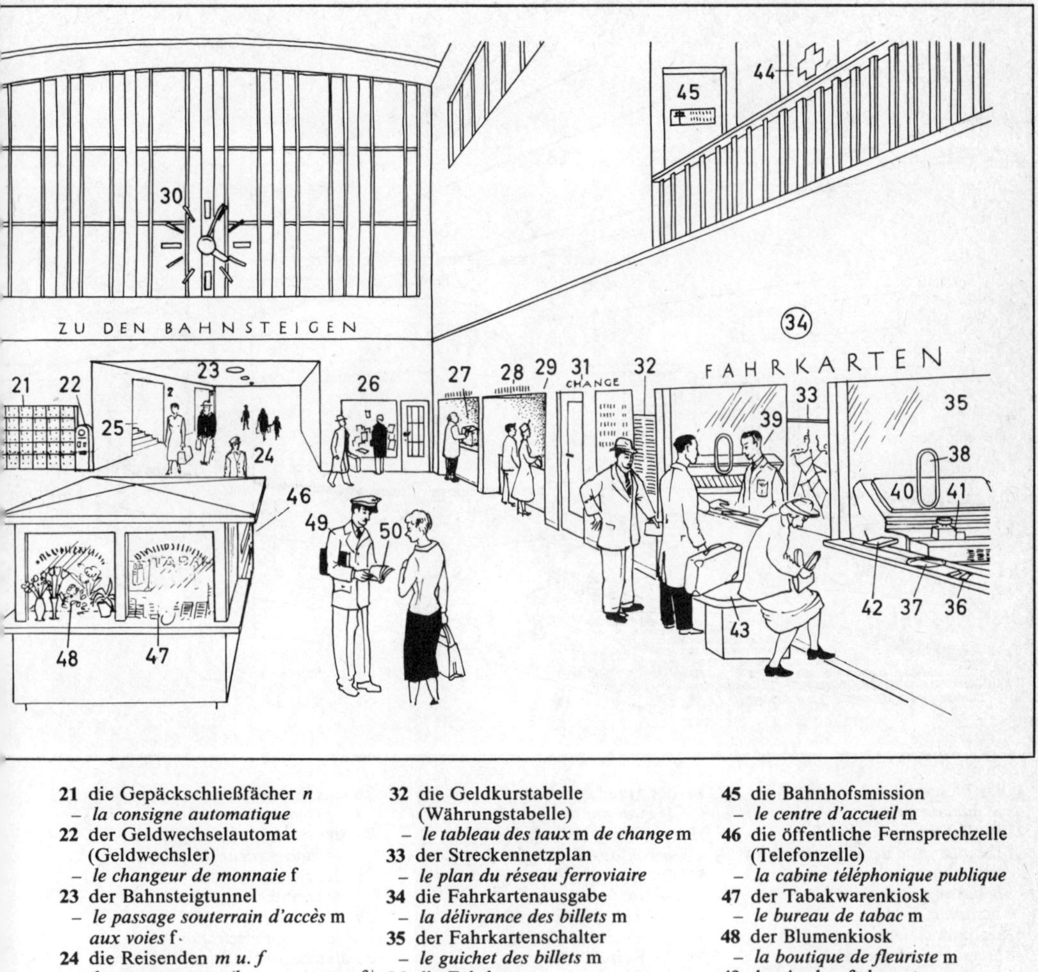

21 die Gepäckschließfächer *n*
– *la consigne automatique*
22 der Geldwechselautomat (Geldwechsler)
– *le changeur de monnaie* f
23 der Bahnsteigtunnel
– *le passage souterrain d'accès* m *aux voies* f
24 die Reisenden *m u. f*
– *les voyageurs* m *(les voyageuses* f*)*
25 der Bahnsteigaufgang
– *l'escalier* m *d'accès* m *aux quais* m
26 die Bahnhofsbuchhandlung
– *la librairie de la gare*
27 die Handgepäckaufbewahrung
– *la consigne des bagages* m *à main* f
28 das Reisebüro; *auch:* der Hotel- und Zimmernachweis
– *l'agence* f *de voyages* m *(le bureau de tourisme;* égal.: *le bureau de réservation* f *des chambres* f *d'hôtel* m*)*
29 die Auskunft
– *le bureau de renseignements* m
30 die Bahnhofsuhr
– *l'horloge* f *de gare* f
31 die Bankfiliale, mit Wechselstelle *f*
– *l'agence* f *bancaire avec le bureau de change* m
32 die Geldkurstabelle (Währungstabelle)
– *le tableau des taux* m *de change* m
33 der Streckennetzplan
– *le plan du réseau ferroviaire*
34 die Fahrkartenausgabe
– *la délivrance des billets* m
35 der Fahrkartenschalter
– *le guichet des billets* m
36 die Fahrkarte
– *le billet (le titre de transport* m*)*
37 der Drehteller
– *le plateau tournant [guichet* m*]*
38 die Sprechmembran
– *l'hygiaphone* m
39 der Schalterbeamte (Fahrkartenverkäufer)
– *l'employé* m *affecté à la vente des billets* m
40 der Fahrkartendrucker
– *la machine* f *à billets* m *(la machine à imprimer les billets* m*)*
41 der Handdrucker
– *l'imprimante* f *manuelle de billets* m
42 der Taschenfahrplan
– *l'indicateur* m *de poche* f
43 die Gepäckbank
– *la banquette à bagages* m
44 die Sanitätswache
– *l'antenne* f *médicale (l'infirmerie* f*)*
45 die Bahnhofsmission
– *le centre d'accueil* m
46 die öffentliche Fernsprechzelle (Telefonzelle)
– *la cabine téléphonique publique*
47 der Tabakwarenkiosk
– *le bureau de tabac* m
48 der Blumenkiosk
– *la boutique de fleuriste* m
49 der Auskunftsbeamte
– *l'agent* m *chargé de l'information* f *du public*
50 das amtliche Kursbuch
– *l'indicateur* m *(officiel) des (horaires* m *de) chemins* m *de fer* m

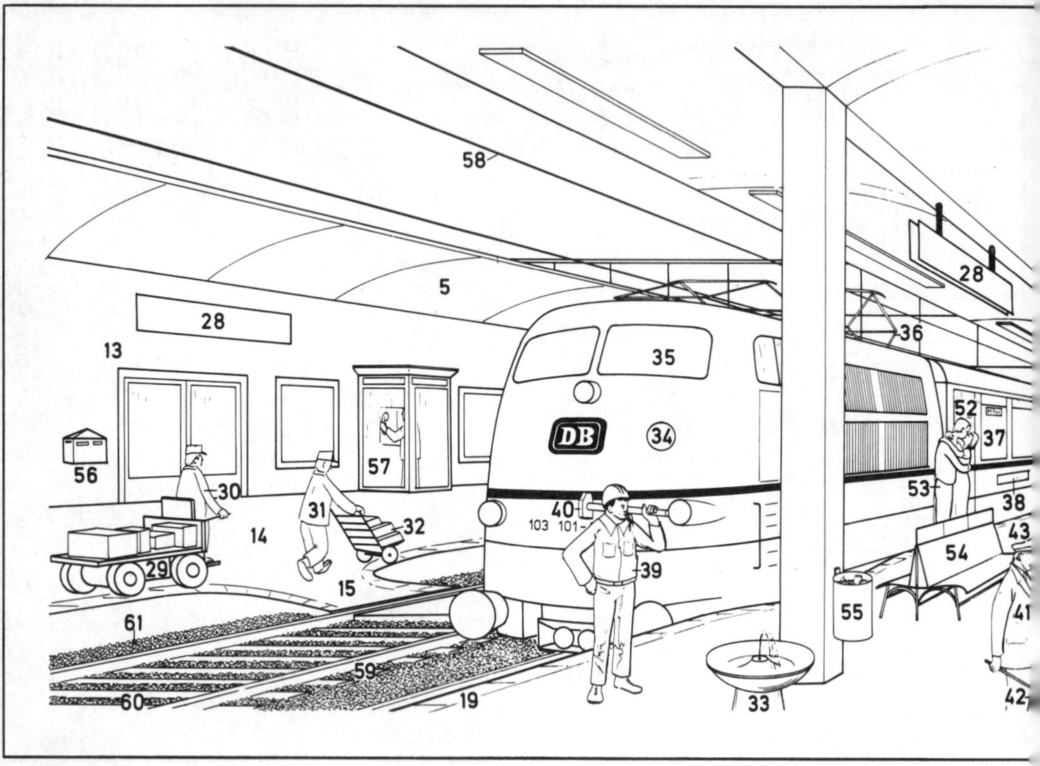

1 der Bahnsteig
– *le quai de gare* f
2 die Bahnsteigtreppe
– *l'escalier* m *d'accès* m *aux quais*
3 die Bahnsteigüberführung
– *le passage supérieur d'accès* m *aux quais*
4 die Bahnsteignummer
– *le numéro de quai* m
5 die Bahnsteigüberdachung
– *la marquise (l'abri* m*) de gare* f
6 die Reisenden *m u. f*
– *les voyageurs* m *(les voyageuses* f*)*
7-12 das Reisegepäck
– ***les bagages*** m
7 der Handkoffer
– *la valise*
8 der Kofferanhänger
– *le porte-adresse*
9 der Hotelaufkleber *m*
– *l'autocollant* m *d'hôtel* m
10 die Reisetasche
– *le sac de voyage* m
11 die Hutschachtel
– *le carton à chapeaux* m
12 der Schirm (Regenschirm), ein Stockschirm *m*
– *le parapluie, un parapluie-canne*
13 das Empfangsgebäude (Dienstgebäude)
– *le bâtiment des voyageurs* m *(des recettes* f*)*
14 der Hausbahnsteig
– *le quai numéro 1*
15 der Gleisüberweg
– *le passage à niveau* m *de quai* m
16 der fahrbare Zeitungsständer
– *le kiosque roulant*
17 der Zeitungsverkäufer
– *le vendeur de journaux* m
18 die Reiselektüre
– *la lecture de voyage* m
19 die Bahnsteigkante
– *la bordure de quai* m
20 der Bahnpolizist
– *l'agent* m *de police* f *de la gare*
21 der Fahrtrichtungsanzeiger
– *le panneau indicateur de direction* f
22 das Feld für den Zielbahnhof
– *la case d'affichage* m *de la destination*
23 das Feld für die planmäßige Abfahrtszeit
– *la case d'affichage* m *de l'heure* f *de départ* m
24 das Feld für die Zugverspätung
– *la case d'affichage* m *du retard du train*
25 der S-Bahnzug, ein Triebwagenzug *m*
– *le train du réseau régional, un train automoteur (rame* f *automotrice)*
26 das Sonderabteil
– *le compartiment réservé*
27 der Bahnsteiglautsprecher
– *le haut-parleur de quai* m
28 das Stationsschild
– *le panneau de gare* f
29 der Elektrokarren
– *le chariot électrique*
30 der Ladeschaffner
– *le cariste*
31 der Gepäckträger
– *le porteur (de bagages* m *)*
32 der Gepäckschiebekarren
– *le chariot à bagages* m
33 der Trinkbrunnen
– *la fontaine à eau* f *potable*
34 der elektrische TEE-Zug (Trans-Europe-Express), *auch:* IC-Zug (Intercity-Zug)
– *le Trans-Europ-Express électrique (le T.E.E.);* égal.: *le train rapide interurbain*
35 die E-Lok, eine elektrische Schnellzugslokomotive
– *la locomotive électrique, une locomotive de (grande) vitesse* f
36 der Stromabnehmerbügel
– *l'archet* m *de pantographe* m
37 das Zugsekretariat
– *le compartiment de secrétariat* m
38 das Richtungsschild
– *la plaque d'itinéraire* m

39 der Wagenmeister
– *le visiteur (matériel* m *roulant)*
40 der Radprüfhammer
– *le marteau de sondage* m *des bandages* m
41 der Aufsichtsbeamte
– *le chef de sécurité* f
42 der Befehlsstab
– *le guidon de départ* m
43 die rote Mütze
– *la casquette rouge [inconnue en France]*
44 der Auskunftsbeamte
– *l'agent* m *chargé de l'information* f *du public*
45 der Taschenfahrplan
– *l'indicateur* m *de poche* f
46 die Bahnsteiguhr
– *la pendule de quai* m
47 das Abfahrtssignal
– *le signal de départ* m
48 die Bahnsteigbeleuchtung
– *la rampe d'éclairage* m *de quai* m
49 der Bahnsteigkiosk für Erfrischungen *f* und Reiseverpflegung *f*
– *la buvette de quai* m
50 die Bierflasche
– *la bouteille de bière* f
51 die Zeitung
– *le journal*
52 der Abschiedskuß
– *le baiser d'adieu* m
53 die Umarmung
– *l'étreinte* f
54 die Wartebank
– *le banc de quai* m
55 der Abfallkorb
– *la corbeille à détritus* m
56 der Bahnsteigbriefkasten
– *la boîte à lettres* f *de quai* m
57 das Bahnsteigtelefon (der Bahnsteigfernsprecher)
– *la cabine téléphonique de quai* m
58 der Fahrdraht
– *le fil de contact* m
59-61 das Gleis
– *la voie*
59 die Schiene
– *le rail*
60 die Schwelle
– *la traverse*
61 der Schotter (das Schotterbett)
– *le ballast (le lit de ballast* m*)*

1 die Auffahrtsrampe (Fahrzeugrampe); *ähnl.:* die Viehrampe
– *la rampe d'accès* m; anal.: *la rampe à bestiaux* m
2 der Elektroschlepper
– *le tracteur électrique*
3 der Förderwagen
– *la remorque du tracteur électrique*
4 die Stückgüter *n* (Einzelgüter, Kolli); im Sammelverkehr: Sammelgut *n* in Sammelladungen *f*
– *les marchandises* f *(colis* m*) de détail* m; en groupage m: *les marchandises* f *de groupage* m *(les groupages* m*)*
5 die Lattenkiste
– *la caisse à claire-voie* f
6 der Stückgutwagen
– *le wagon pour les expéditions* f *de détail* m
7 die Güterhalle (der Güterschuppen)
– *la halle à (aux) marchandises* f
8 die Ladestraße
– *le débord (la cour de débord* m*)*
9 die Hallenrampe (Laderampe)
– *le quai de chargement* m *(rampe* f *de chargement* m*)*
10 der Torfballen
– *le cageot*
11 der Leinwandballen
– *la balle*
12 die Verschnürung
– *le ficelage*
13 die Korbflasche
– *la bonbonne (la tourie)*
14 der Sack- oder Stechkarren
– *le diable*
15 der Stückgut-Lkw
– *le camion de fret* m
16 der Gabelstapler
– *le chariot élévateur à fourche* f
17 das Ladegleis
– *la voie de chargement* m
18 das Sperrgut
– *les marchandises* f *encombrantes*
19 der bahneigene Kleinbehälter (Kleincontainer)
– *le petit conteneur [propriété* f *des chemins* m *de fer* m*]*
20 der Schaustellerwagen (*ähnl.:* Zirkuswagen)
– *la roulotte de forain* m; anal.: *la roulotte de cirque* m
21 der Flachwagen
– *le wagon plat*
22 das Lademaß
– *le gabarit de chargement* m *(profil* m *d'encombrement* m*)*
23 der Strohballen
– *la balle de paille* f
24 der Rungenwagen
– *le wagon à ranchers* m
25 der Wagenpark
– *le parc de voitures* f *et de wagons* m
26-39 der Güterboden
– *la halle à (aux) marchandises* f
26 die Frachtgutannahme (Güterabfertigung)
– *le bureau (des) marchandises* f *(le bureau des départs* m*)*
27 das Stückgut
– *les marchandises* f *de détail* m
28 der Stückgutunternehmer
– *le commissionnaire-expéditeur (le commissionnaire de transport* m, *le transitaire)*
29 der Lademeister
– *le chef de manutention* f
30 der Frachtbrief
– *la lettre de voiture* f
31 die Stückgutwaage
– *la bascule pour les colis* m *de détail* m
32 die Palette
– *la palette*
33 der Güterbodenarbeiter
– *le manutentionnaire (l'homme* m *d'équipe* f*)*
34 der Elektrowagen
– *le chariot électrique*
35 der Förderwagen
– *la remorque du chariot électrique*
36 der Abfertigungsbeamte (die Ladeaufsicht)
– *le taxateur (l'agent* m *taxateur)*
37 das Hallentor
– *la porte de la halle*
38 die Laufschiene
– *la glissière*
39 die Laufrolle
– *le galet de roulement* m
40 das Wiegehäuschen
– *l'abri* m *de bascule* f
41 die Gleiswaage
– *la bascule à wagon* m *(le pont-bascule)*
42 der Rangierbahnhof
– *le chantier de triage* m
43 die Rangierlok
– *la locomotive de manœuvre* f
44 das Rangierstellwerk
– *le poste de butte* f *(poste* m *de bosse* f*)*
45 der Rangiermeister
– *le brigadier (le chef d'équipe* f*) de manœuvre* f
46 der Ablaufberg
– *la rampe (la bosse) de triage* m *(la butte, le dos d'âne* m*)*
47 das Rangiergleis
– *la voie de triage* m
48 die Gleisbremse
– *le rail-frein, le frein de voie* f
49 der Gleishemmschuh
– *le sabot d'enrayage* m
50 das Abstellgleis
– *la voie de garage* m *(voie* f *de remisage* m*)*
51 der Prellbock
– *le heurtoir (le butoir)*
52 die Wagenladung
– *le wagon complet (la charge complète)*
53 das Lagerhaus
– *l'entrepôt* m *(le magasin, le dépôt)*
54 der Containerbahnhof
– *la gare (à) conteneurs* m
55 der Portalkran
– *la grue à portique* m *fixe*
56 das Hubwerk
– *le dispositif de levage* m
57 der Container
– *le conteneur*
58 der Containertragwagen
– *le wagon porte-conteneurs*
59 der Sattelanhänger
– *la semi-remorque*

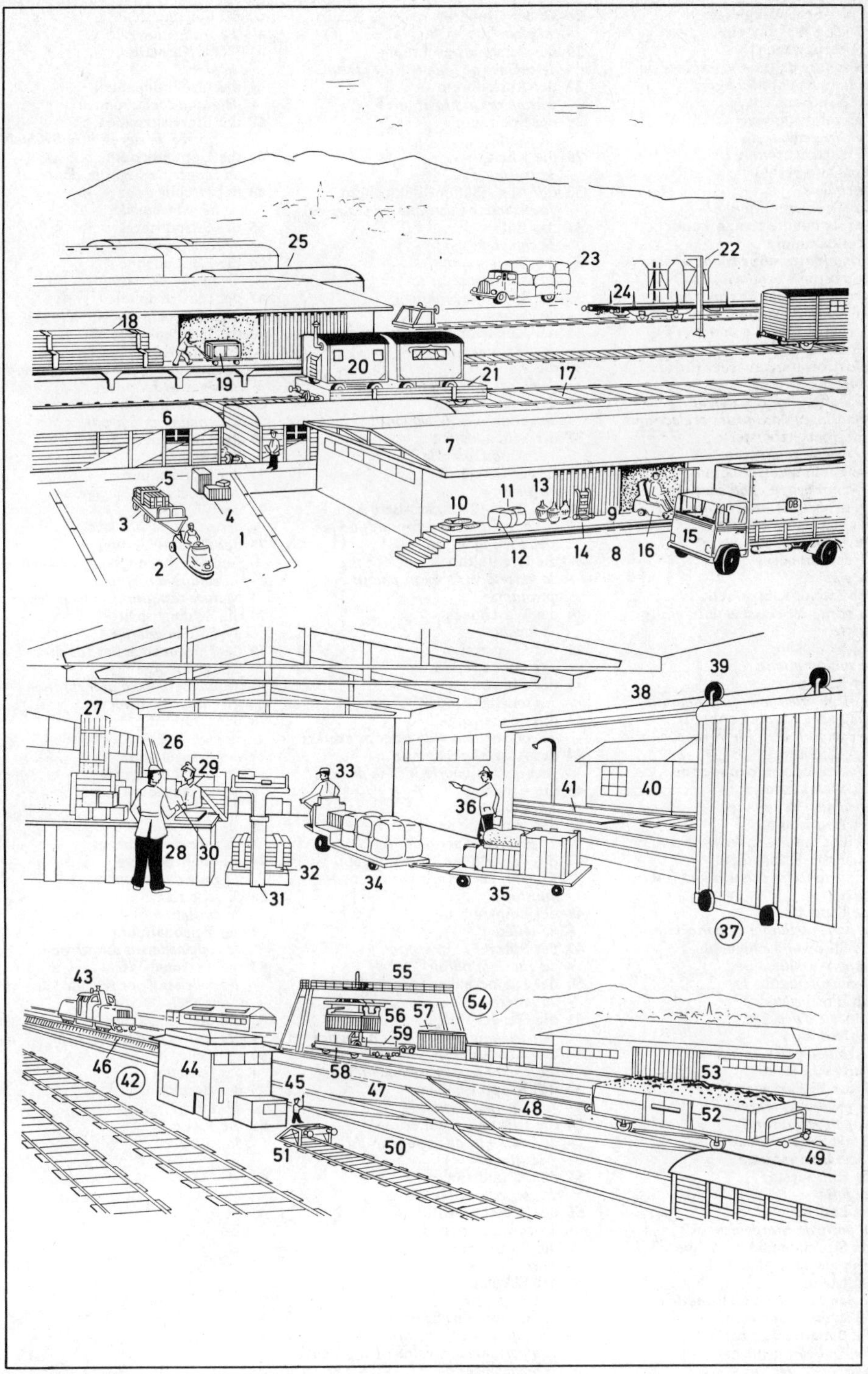
1
2
3
4
5
6
7
8
9
10
11
12
13
14
15
16
17
18
19
20
21
22
23
24
25
26
27
28
29
30
31
32
33
34
35
36
37
38
39
40
41
42
43
44
45
46
47
48
49
50
51
52
53
54
55
56
57
58
59

1-21 der Schnellzugwagen (D-Zug-Wagen), ein Reisezugwagen
– ***la voiture de train*** m ***express*** *(la voiture de grandes lignes* f*)*
1 die Seitenansicht
– *l'élévation latérale*
2 der Wagenkasten
– *la caisse de voiture* f
3 das Untergestell
– *le châssis*
4 das Drehgestell mit Stahlgummifederung *f* und Stoßdämpfern *m*
– *le bogie avec suspension* f *à ressorts* m *acier* m - *caoutchouc* m *et amortisseurs* m *de chocs* m
5 die Batteriebehälter *m*
– *le compartiment à batteries* f
6 der Dampf- und Elektrowärmetauscher für die Heizung
– *l'échangeur* m *de chaleur* f *pour chauffage* m *à vapeur* f *et électrique*
7 das Übersetzfenster
– *la fenêtre coulissante*
8 die Gummiwulstdichtung
– *le bourrelet en caoutchouc* m *[système* m *d'intercirculation* f*]*
9 der statische Entlüfter
– *le ventilateur statique*
10-21 der Grundriß
– ***le plan***
10 der Zweite-Klasse-Teil
– *la partie 2ème classe d'une voiture mixte*
11 der Seitengang
– *le couloir latéral*
12 der Klappsitz
– *le siège rabattable (le strapontin)*
13 das Fahrgastabteil (Abteil)
– *le compartiment [de voyageurs* m*]*
14 die Abteiltür
– *la porte de compartiment* m
15 der Waschraum
– *le cabinet de toilette* f
16 der Abortraum
– *les W.C.* m *(les toilettes* f*)*
17 der Erste-Klasse-Teil
– *la partie 1ière classe d'une voiture mixte*
18 die Pendeltür
– *la porte oscillante (la porte battante)*
19 die Stirnwandschiebetür
– *la porte coulissante d'intercirculation* f
20 die Einstiegstür
– *la porte d'accès* m
21 der Vorraum
– *le vestibule (la plate-forme) d'accès* m
22-32 der Speisewagen
– ***la voiture restaurant*** *(le wagon-restaurant)*
22-25 die Seitenansicht
– ***l'élévation latérale***
22 die Einstiegstür
– *la porte*
23 die Ladetür
– *la porte de chargement* m
24 der Stromabnehmer für die Energieversorgung bei Stillstand *m*
– *le pantographe d'alimentation* f *électrique à l'arrêt* m
25 die Batterietröge *m*
– *les compartiments* m *d'accumulateur* m
26-32 der Grundriß
– ***le plan***
26 der Personalwaschraum
– *le cabinet de toilette* f *du personnel*
27 der Abstellraum
– *l'armoire* f *à provisions* f
28 der Spülraum
– *la plonge*
29 die Küche
– *la cuisine*
30 der Acht-Platten-Elektroherd
– *la cuisinière électrique à 8 plaques* f
31 das Büfett
– *le comptoir*
32 der Speiseraum
– *la salle à manger* m
33 die Speisewagenküche
– *la cuisine*
34 der Küchenmeister (Zugkoch)
– *le chef cuisinier*
35 die Anrichte
– *le placard*
36 der Schlafwagen
– *la voiture-lits (le wagon-lits)*
37 die Seitenansicht
– *l'élévation latérale*
38-42 der Grundriß
– ***le plan***
38 das Zwei-Platz-zwei-Bett-Abteil
– *le compartiment de voiture-lit* f *pour deux voyageurs* m
39 die Drehfalttür
– *la porte à vantaux* m *pliants et pivotants*
40 der Waschtisch
– *le lavabo*
41 der Dienstraum
– *le local de service* m
42 der Abortraum
– *les toilettes* f *(les W.C.* m*)*
43 das Schnellzugabteil
– *le compartiment de train* m *express*
44 der Ausziehpolstersitz
– *le siège rembourré inclinable*
45 die Armlehne
– *l'accoudoir* m
46 der Armlehnenascher
– *le cendrier d'accoudoir* m
47 das verstellbare Kopfpolster
– *l'appui-tête* m *(appuie-tête* m*) ajustable*
48 der Leinenbezug
– *la têtière*
49 der Spiegel
– *la glace (le miroir)*
50 der Kleiderhaken (Mantelhaken)
– *la patère*
51 die Gepäckablage
– *le porte-bagages (le filet à bagages* m*)*
52 das Abteilfenster
– *la fenêtre de compartiment*
53 das Klapptischchen
– *la tablette rabattable*
54 die Heizungsregulierung
– *le bouton* m *de réglage* m *du chauffage*
55 der Abfallbehälter
– *la corbeille à détritus* m
56 der Schleudervorhang
– *le rideau à tirette* f
57 die Fußstütze
– *le repose-pieds*
58 der Eckplatz
– *le coin fenêtre*
59 der Großraumwagen
– *la voiture-coach, voiture* f *non compartimentée, voiture* f *à grand compartiment* m
60 die Seitenansicht
– *l'élévation latérale*
61-72 der Grundriß
– ***le plan***
61 das Großraumabteil
– *le grand compartiment*
62 die Einzelsitzreihe
– *la rangée de sièges* m *individuels*
63 die Doppelsitzreihe
– *la rangée de sièges* m *doubles*
64 der Drehliegesitz
– *le siège inclinable*
65 das Sitzpolster
– *le rembourrage de siège* m
66 die Rückenlehne
– *le dossier de siège* m
67 der (das) Kopfteil
– *l'appui-tête* m *(appuie-tête* m*)*
68 das Daunenkissen mit Nylonbezug *m*
– *le coussin d'appui-tête* m *garni de duvet* m *et recouvert de nylon* m
69 die Armlehne, mit Ascher *m*
– *l'accoudoir* m *à cendrier* m
70 der Garderobenraum
– *le vestiaire*
71 der Kofferraum
– *les casiers* m *à bagages* m
72 der WC-Raum
– *les toilettes* f *(les W.C.* m*)*
73 der Quick-Pick-Wagen, ein Selbstbedienungsspeisewagen *m*
– *la voiture-buffet, une voiture-restaurant self-service* m
74 die Seitenansicht
– *l'élévation latérale*
75 der Stromabnehmer für die Standversorgung
– *le pantographe d'alimentation* f *électrique à l'arrêt* m
76 der Grundriß
– *le plan*
77 der Speiseraum
– *la salle à manger* m
78-79 der Angebotsraum
– ***le buffet***
78 die Gastseite
– *la zone des clients* m
79 die Bedienerseite
– *la zone du personnel*
80 die Küche
– *la cuisine*
81 der Personalraum
– *le compartiment du personnel*
82 das Personal-WC
– *les toilettes* f *(les W.C.* m*) du personnel*
83 die Speisengefache *n*
– *les casiers* m *à aliments* m
84 die Teller *m*
– *les serviettes* f
85 das Besteck
– *le couvert*
86 die Kasse
– *la caisse*

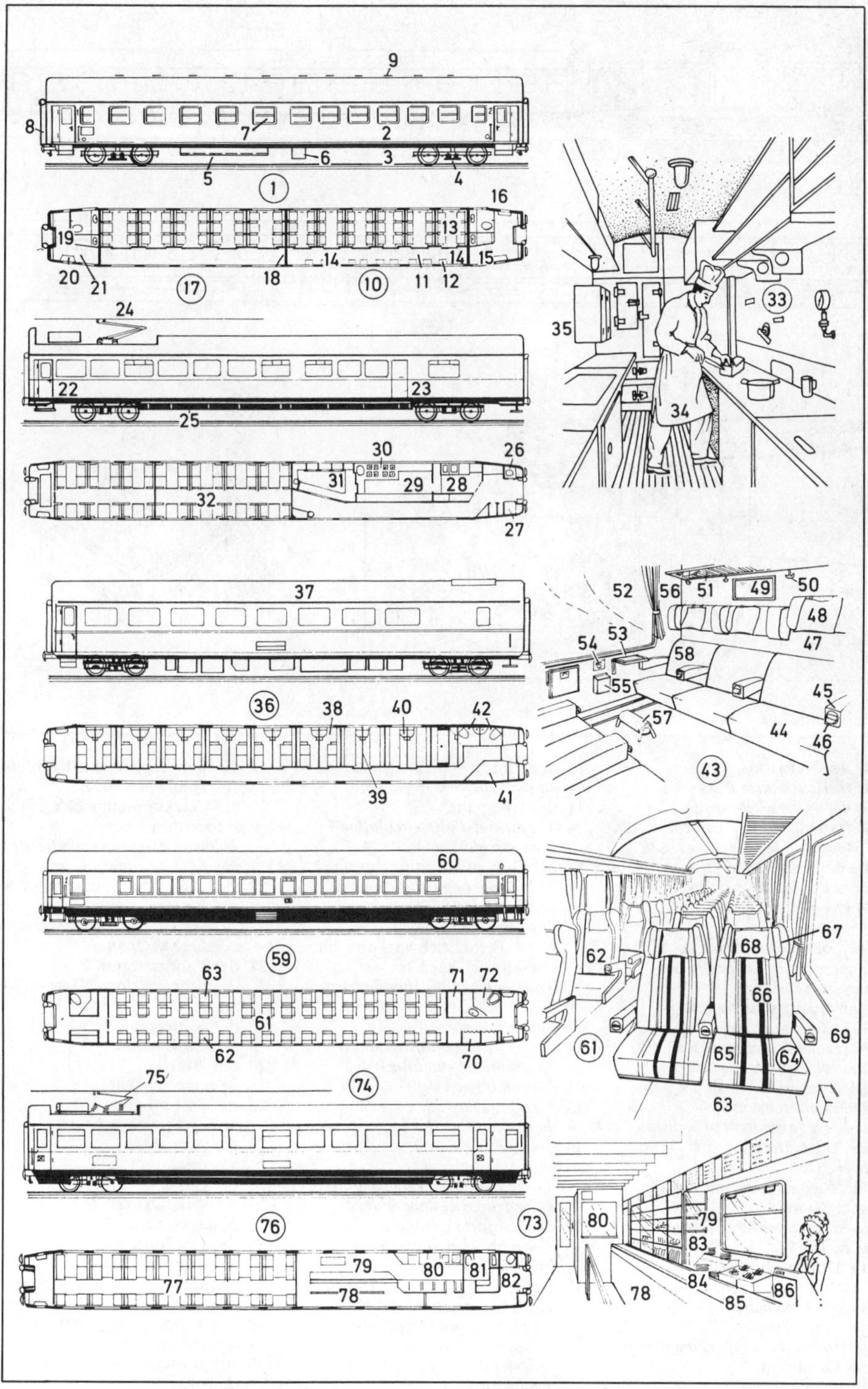
1
2
3
4
5
6
7
8
9
10
11
12
13
14
15
16
17
18
19
20
21
22
23
24
25
26
27
28
29
30
31
32
33
34
35
36
37
38
39
40
41
42
43
44
45
46
47
48
49
50
51
52
53
54
55
56
57
58
59
60
61
62
63
64
65
66
67
68
69
70
71
72
73
74
75
76
77
78
79
80
81
82
83
84
85
86

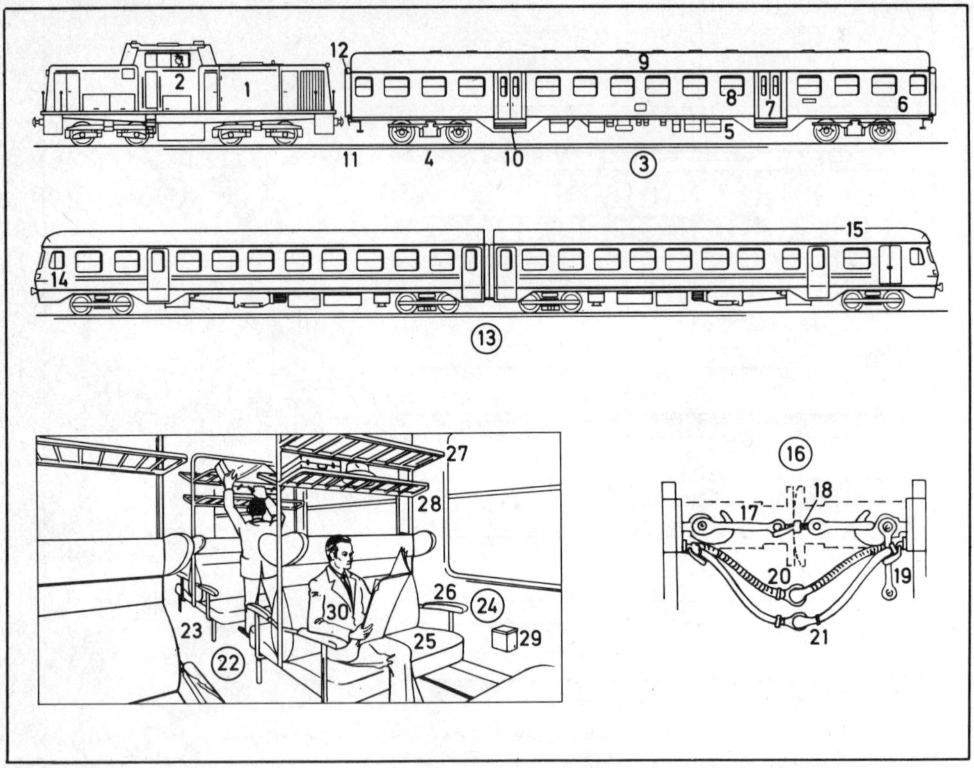

1-30 der Nahverkehr
– ***le trafic à courte distance*** f
1-12 der Nahverkehrszug
– ***le train de trafic à courte distance*** f
1 die einmotorige Diesellokomotive (Diesellok)
– *la locomotive Diesel monomoteur*
2 der Lokomotivführer (Lokführer)
– *le mécanicien de locomotive* f
3 der vierachsige Nahverkehrswagen, ein Reisezugwagen *m*
– *la voiture à quatre essieux* m, *une voiture à voyageurs* m
4 das Drehgestell [mit Scheibenbremsen *f*]
– *le bogie [avec frein* m *à disques* m*]*
5 das Untergestell
– *le châssis*
6 der Wagenkasten mit der Beblechung
– *la caisse de voiture* f *à panneaux* m *en tôle* f
7 die Doppeldrehfalttür
– *la double porte à vantaux* m *pliants et pivotants*
8 das Abteilfenster
– *la fenêtre du compartiment*
9 der Großraum
– *le grand compartiment*
10 der Einstieg (Einstiegsraum)
– *la porte d'accès* m
11 der Übergang
– *le système d'intercirculation* f *(intercirculation* f*)*
12 die Gummiwulstabdichtung
– *le bourrelet en caoutchouc* m *(intercirculation* f*)*
13 der Leichttriebwagen, ein Nahverkehrstriebwagen *m*, ein Dieseltriebwagen *m*
– *l'autorail* m, *une automotrice pour trafic à courte distance* f, *une automotrice Diesel*
14 der Triebwagenführerstand
– *la cabine de conduite* f *de l'automotrice* f
15 der Gepäckraum
– *le compartiment à bagages* m
16 die Leitungs- und Wagenkupplung
– *l'accouplement* m *de conduites* f *et l'attelage* m *de voitures* f
17 der Kupplungsbügel
– *l'étrier* m *d'attelage* m *(la manille de tendeur* m*)*
18 die Spannvorrichtung (die Kupplungsspindel mit dem Kupplungsschwengel *m*)
– *le tendeur d'attelage* m *(la vis et le levier de manœuvre* f *du tendeur* m*)*
19 die nicht eingesenkte Kupplung
– *la manille pendante*
20 der Heizkupplungsschlauch der Heizleitung
– *le boyau d'accouplement* m *de la conduite de chauffage* m
21 der Bremskupplungsschlauch der Bremsluftleitung
– *le boyau d'accouplement* m *de la conduite du frein*
22 der Fahrgastraum 2. Klasse *f*
– *la partie 2ème classe d'une voiture mixte*
23 der Mittelgang
– *le couloir central*
24 das Abteil
– *le compartiment*
25 die Polsterbank
– *la banquette rembourrée*
26 die Armstütze
– *l'accoudoir* m
27 die Gepäckablage
– *le porte-bagages (le filet à bagages* m*)*
28 die Hut- und Kleingepäckablage
– *le filet à chapeaux et petits bagages* m
29 der Kippaschenbecher
– *le cendrier pivotant*
30 der Reisende (Fahrgast)
– *le voyageur*

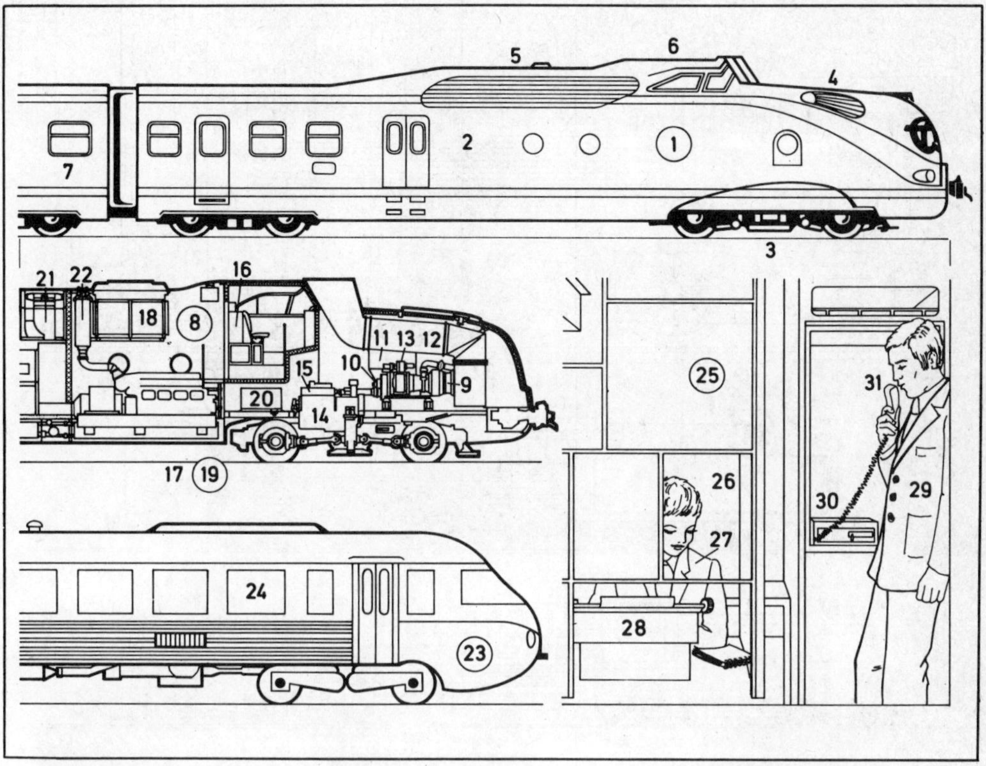

1-22 der TEE-(IC-)Zug (Trans-Europe-Express-Intercity-Zug)
– ***le train T.E.E. (I.C.)*** *(le train Trans-Europe-Express interurbain)*

1 der Triebzug (Triebwagenzug) der Deutschen Bundesbahn (DB), ein Dieseltriebzug *m* oder Gasturbinentriebzug *m*
– *la rame automotrice (le train automoteur) des Chemins de fer fédéraux allemands (D.B.), une rame automotrice Diesel ou une rame automotrice à turbine* f *à gaz* m

2 der Triebkopf (Triebwagen)
– *la voiture motrice (la motrice)*

3 der Triebradsatz
– *l'essieu* m *monté moteur*

4 die Vortriebsmaschinenanlage (der Fahrdieselmotor)
– *le moteur Diesel de traction* f

5 die Dieselgeneratoranlage
– *le générateur thermoélectrique*

6 der Führerstand
– *la cabine de conduite* f *(poste* m *de conduite* f*)*

7 der Mittelwagen
– *la remorque intermédiaire*

8 der Gasturbinentriebkopf [im Schnitt]
– *la motrice à turbine* f *à gaz* m *[coupe]*

9 die Gasturbine
– *la turbine à gaz* m

10 das Turbinengetriebe
– *la transmission de turbine* f

11 der Luftansaugkanal
– *le conduit d'admission* f *d'air* m

12 die Abgasleitung mit Schalldämpfer *m*
– *la conduite d'échappement* m *avec silencieux* m

13 die elektrische Startanlage
– *le démarreur électrique*

14 das Voith-Getriebe
– *la transmission Voith*

15 der Wärmetauscher für das Getriebeöl
– *l'échangeur* m *de chaleur* f *pour refroidissement* m *de l'huile* f *de transmission* f

16 der Gasturbinensteuerschrank
– *l'armoire* f *de commande* f *et de la turbine à gaz* m

17 der Kraftstoffbehälter für die Gasturbine
– *le réservoir de carburant* m *de la turbine à gaz* m

18 die Öl-Luft-Kühlanlage für Getriebe *n* und Turbine *f*
– *le refroidisseur par air* m *de l'huile* f *de la transmission et de la turbine*

19 der Hilfsdieselmotor (Hilfsdiesel)
– *le moteur Diesel auxiliaire*

20 der Kraftstoffbehälter
– *le réservoir de carburant* m

21 die Kühlanlage
– *l'installation* f *de refroidissement* m

22 die Auspuffleitung, mit Schalldämpfer *m*
– *le tuyau d'échappement* m *à silencieux* m

23 der Versuchstriebwagenzug der Société Nationale des Chemin de Fer Français (SNCF), mit Sechszylinder-Unterflurdieselmotor *m* und Zweiwellen-Gasturbine *f*
– ***la rame automotrice expérimentale*** *de la Société Nationale des Chemins de fer Français (S.N.C.F.) avec un moteur Diesel 6 cylindres* m *sous plancher* m *(sous caisse* f*) et une turbine à gaz* m *à deux arbres* m

24 die geräuschgedämpfte Turbinenanlage
– *le turbogroupe à silencieux* m

25 das Zugsekretariat
– *le compartiment secrétariat*

26 das Schreibabteil
– *le compartiment dactylo*

27 die Zugsekretärin
– *la secrétaire*

28 die Schreibmaschine
– *la machine à écrire*

29 der Geschäftsreisende (reisende Geschäftsmann)
– *l'homme d'affaires* f *en voyage* m

30 das Diktiergerät
– *la machine à dicter*

31 das Mikrophon
– *le microphone (fam.: le micro)*

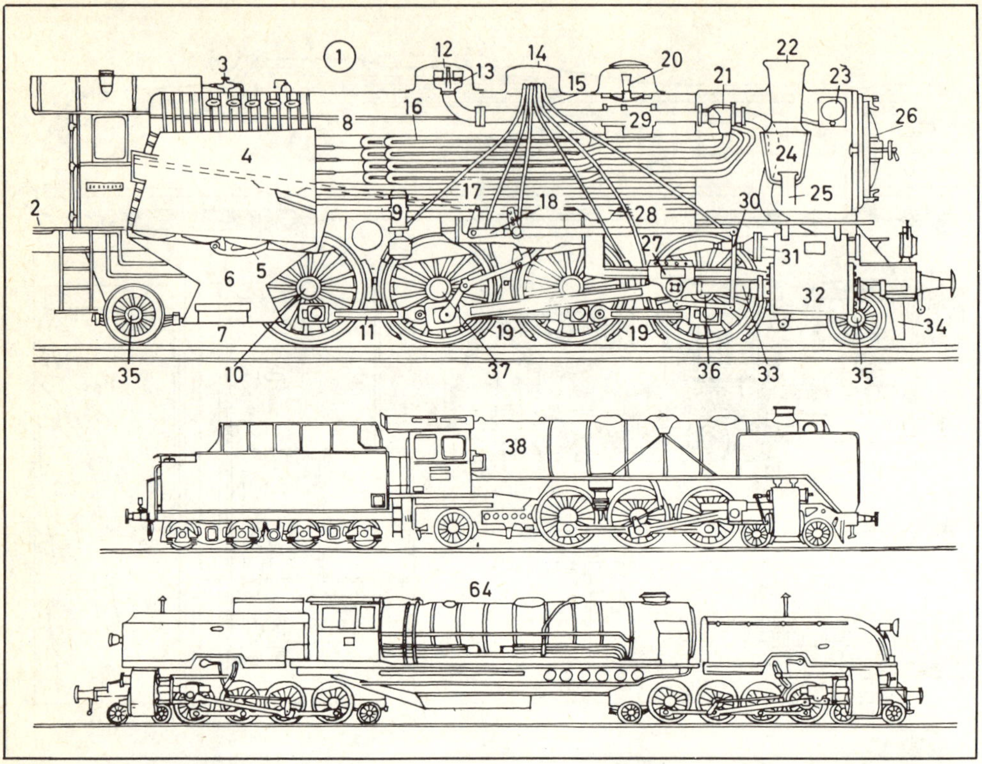

1-69 Dampflokomotiven *f* (Dampfloks)
– ***locomotives*** **f** ***à vapeur*** **f**

2-37 der Lokomotivkessel und das Loktriebwerk
– ***la chaudière et le mécanisme moteur de la locomotive***

2 die Tenderbrücke, mit Kupplung *f*
– *le tablier de tender* m *avec attelage* m

3 das Sicherheitsventil, für Dampfüberdruck *m*
– *la soupape de sûreté pour surpression* f *de vapeur* f

4 die Feuerbüchse
– *le foyer*

5 der Kipprost
– *la grille basculante (le jette-feu)*

6 der Aschkasten, mit Luftklappen *f*
– *le cendrier ventilé*

7 die Aschkastenbodenklappe
– *la trappe du cendrier*

8 die Rauchrohre *n*
– *les tubes* m *à fumée* f

9 die Speisewasserpumpe
– *la pompe d'alimentation* f *en eau* f

10 das Achslager
– *la boîte d'essieu* m

11 die Kuppelstange
– *la bielle d'accouplement* m

12 der Dampfdom
– *le dôme de vapeur* f

13 das Reglerventil
– *le régulateur de vapeur* f

14 der Sanddom
– *la sablière*

15 die Sandabfallrohre *n*
– *les tubes de descente* f *du sable*

16 der Langkessel
– *la chaudière tubulaire*

17 die Heiz- oder Siederohre *n*
– *les tubes* m *de fumée* f *ou bouilleurs*

18 die Steuerung
– *le changement de marche* f

19 die Sandstreuerrohre *n*
– *les tuyères* f *d'écoulement* m *du sable*

20 das Speiseventil
– *la soupape d'alimentation* f

21 der Dampfsammelkasten
– *le collecteur de vapeur* f

22 der Schornstein (Rauchaustritt und Abdampfauspuff)
– *la chemin'ee (l''evacuation* f *des fum'ees* f *et de la vapeur d''echappement* m*)*

23 der Speisewasservorwärmer (Oberflächenvorwärmer)
– *le réchauffeur à vapeur* f *d'échappement* m *(réchauffeur* m *à surface* f*)*

24 der Funkenfänger
– *la grille à flammèches* f *(le pare-étincelles)*

25 das Blasrohr
– *la tuyère d'échappement* m

26 die Rauchkammertür
– *la porte de boîte* f *à fumée* f

27 der Kreuzkopf
– *la tête de piston* m

28 der Schlammsammler
– *le collecteur de boues* f

29 das Rieselblech
– *le plateau de ruissellement* m *de l'eau* f *d'alimentation* f

30 die Schieberstange
– *la tige de tiroir* m

31 der Schieberkasten
– *la boîte de tiroir* m

32 der Dampfzylinder
– *le cylindre à vapeur* f

33 die Kolbenstange mit Stopfbuchse *f*
– *la tige de piston* m *avec boîte* f *à garniture* f

34 der Bahnräumer (Gleisräumer, Schienenräumer)
– *le chasse-pierre*

35 die Laufachse
– *l'essieu* m *porteur*

36 die Kuppelachse
– *l'essieu* m *couplé*

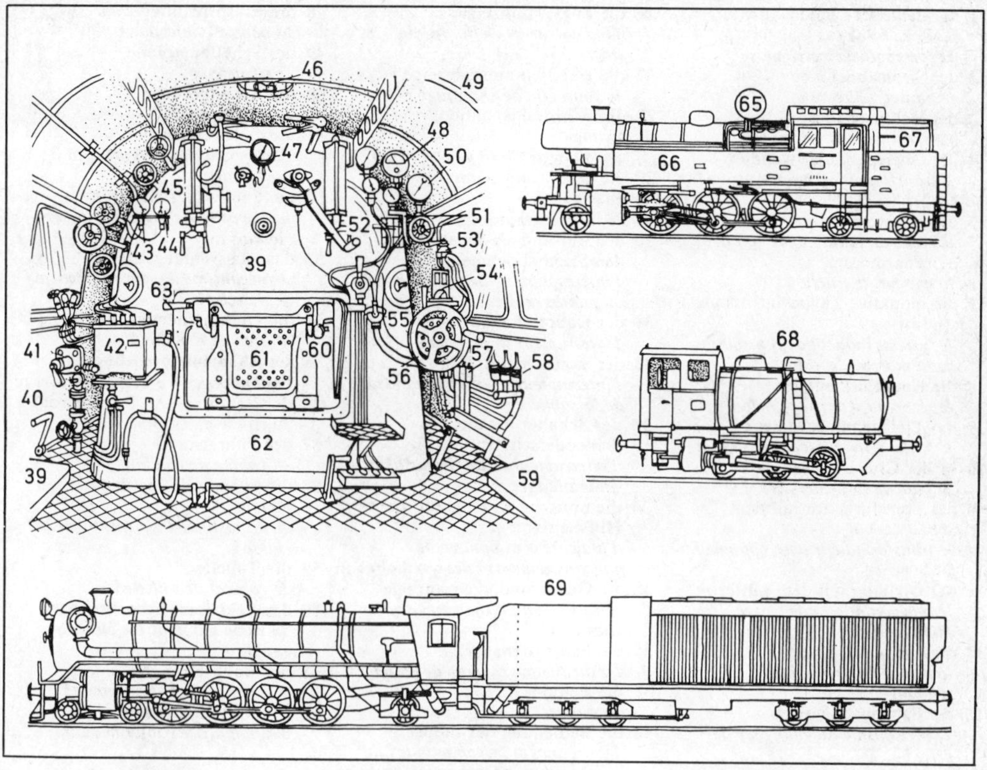

37 die Treibachse
– *l'essieu moteur*
38 die Schlepptender-Schnellzuglokomotive
– *la locomotive à tender* m *séparé pour train* m *rapide*
39-63 der Dampflokführerstand
– ***le poste de conduite*** f *(la cabine de conduite* f*) d'une locomotive à vapeur* f
39 der Heizersitz
– *le siège du chauffeur*
40 die Kipprostkurbel
– *la manivelle de la grille basculante (du jette-feu)*
41 die Strahlpumpe
– *l'injecteur* m
42 die automatische Schmierpumpe
– *la pompe de graissage* m *automatique*
43 der Vorwärmerdruckmesser
– *le manomètre du réchauffeur*
44 der Heizdruckmesser
– *le manomètre du chauffage*
45 der Wasserstandsanzeiger
– *l'indicateur de niveau* m *d'eau* f
46 die Beleuchtung
– *l'éclairage* m
47 der Kesseldruckmesser
– *le manomètre de chaudière* f
48 das Fernthermometer
– *le téléthermomètre*
49 das Lokführerhaus
– *l'abri* m *du mécanicien*
50 der Bremsdruckmesser
– *le manomètre de frein* m
51 der Hebel der Dampfpfeife
– *le robinet du sifflet à vapeur* f
52 der Buchfahrplan
– *le livret-horaire*
53 das Führerbremsventil
– *le robinet (de frein* m*) du mécanicien*
54 der Geschwindigkeitsschreiber (Tachograph)
– *le tachygraphe*
55 der Hahn zum Sandstreuer *m*
– *le robinet de sablière* f
56 das Steuerrad
– *le volant de changement* m *de marche* f
57 das Notbremsventil
– *le robinet du frein de secours* m
58 das Auslöseventil
– *la valve de purge* f
59 der Lokführersitz
– *le siège du mécanicien*
60 der Blendschutz
– *l'écran* m *anti-éblouissant*
61 die Feuertür
– *la porte du foyer*
62 der Stehkessel
– *la boîte à feu* m
63 der Handgriff des Feuertüröffners *m*
– *la poignée de l'ouvre-porte* m *du foyer*
64 die Gelenklokomotive (Garratlokomotive)
– *la locomotive articulée (locomotive* f *Garratt)*
65 die Tenderlok
– *la locomotive-tender*
66 der Wasserkasten
– *la soute à eau* f
67 der Brennstofftender
– *le tender à combustible* m
68 die Dampfspeicherlokomotive (feuerlose Lokomotive)
– *la locomotive à accumulateur* m *de vapeur* f *(locomotive* f *sans foyer* m*)*
69 die Kondensationslokomotive
– *la locomotive à condensation* f

1 die elektrische Lokomotive (E-Lok, Ellok)
– ***la locomotive électrique***
2 der Stromabnehmer
– *le pantographe*
3 der Hauptschalter
– *l'interrupteur* m *principal*
4 der Oberspannungswandler
– *le transformateur haute tension* f *[H.T.]*
5 die Dachleitung
– *le câble de toiture* f *(de toit* m*)*
6 der Fahrmotor
– *le moteur de traction* f
7 die induktive Zugbeeinflussung (Indusi)
– *le système inductif de contrôle* m *de la marche du train*
8 die Hauptluftbehälter *m*
– *le réservoir d'air* m *principal*
9 das Pfeifsignalinstrument
– *le sifflet (l'avertisseur* m *sonore)*
10-18 der Grundriß der Lok
– ***le plan de la locomotive***
10 der Transformator mit dem Schaltwerk *n*
– *le transformateur avec changeur* m *de prise* f
11 der Ölkühler mit dem Lüfter *m*
– *le réfrigérant d'huile* f *avec ventilateur* m
12 die Ölumlaufpumpe
– *la pompe de circulation* f *d'huile* f
13 der Schaltwerkantrieb
– *le mécanisme du changeur de prise* f
14 der Luftkompressor (Luftpresser)
– *le compresseur d'air* m
15 der Fahrmotorlüfter
– *le ventilateur du moteur de traction* f
16 der Klemmenschrank
– *la boîte à bornes* f
17 Kondensatoren *m* für Hilfsmotoren *m*
– *les condensateurs* m *pour moteurs* m *auxiliaires*
18 die Kommutatorklappe
– *le cache-collecteur*
19 der Führerstand (Führerraum)
– *la cabine de conduite* f
20 das Fahrschalterhandrad
– *le volant du manipulateur*
21 der Sicherheitsfahrschalter (Sifa)
– *le dispositif d'homme* m *mort*
22 das Führerbremsventil
– *le robinet (de frein* m*) du mécanicien*
23 das Zusatzbremsventil
– *le robinet de commande* f *du frein direct*
24 die Luftdruckanzeige
– *le manomètre à air* m *comprimé*
25 der Überbrückungsschalter der Sifa
– *l'inverseur* m *de pontage* m *du dispositif d'homme* m *mort*
26 die Zugkraftanzeige
– *l'indicateur* m *d'effort* m *de traction* f
27 die Heizspannungsanzeige
– *le voltmètre de chauffage* m
28 die Fahrdrahtspannungsanzeige
– *le voltmètre du fil de contact* m
29 die Oberstromspannungsanzeige
– *le voltmètre haute tension [H.T.]*
30 der Auf-und-ab-Schalter für den Stromabnehmer
– *l'interrupteur* m *de commande* f *du pantographe*
31 der Hauptschalter
– *l'interrupteur* m *principal*
32 der Sandschalter
– *l'interrupteur* m *de commande* f *de la sablière*
33 der Schalter für die Schleuderschutzbremse
– *l'interrupteur* m *du dispositif antipatinage*
34 die optische Anzeige für die Hilfsbetriebe *m*
– *l'indicateur* m *optique de fonctionnement* m *des auxiliaires* m
35 die Geschwindigkeitsanzeige
– *le tachymètre (l'indicateur* m *de vitesse* f*)*
36 die Fahrstufenanzeige
– *l'indicateur* m *du cran de marche* f
37 die Zeituhr
– *la montre*
38 die Bedienung der Indusi
– *les organes* m *de commande* f *du système inductif de contrôle* m *de la marche du train*
39 der Schalter für die Führerstandsheizung
– *le commutateur de chauffage* m *de la cabine*
40 der Hebel für das Pfeifsignal
– *le levier du sifflet*
41 **der Fahrleitungsunterhaltungstriebwagen** (Regelturmtriebwagen), ein Dieseltriebwagen *m*
– ***l'automotrice*** f ***d'entretien*** m ***des caténaires*** f *(automotrice* f *à plate-forme* f *mobile), une automotrice Diesel*
42 die Arbeitsbühne
– *la plate-forme de travail* m
43 die Leiter
– *l'échelle* f
44-54 die Maschinenanlage des Fahrleitungsunterhaltungstriebwagens ***m***
– ***l'équipement*** m ***mécamoqie de l'automotrice*** f ***d'entretien*** m ***des caténaires*** f
44 der Luftkompressor (Luftpresser)
– *le compresseur d'air* m
45 die Lüfterölpumpe
– *la pompe à huile* f *du ventilateur*
46 die Lichtmaschine
– *la génératrice d'éclairage* m
47 der Dieselmotor
– *le moteur Diesel*
48 die Einspritzpumpe
– *la pompe d'injection* f
49 der Schalldämpfer
– *le silencieux*
50 das Schaltgetriebe
– *le changement de vitesse* f
51 die Gelenkwelle
– *l'arbre* m *articulé (l'arbre* m *à cardan* m*)*
52 die Spurkranzschmierung
– *le dispositif de graissage* m *des boudins* m
53 das Achswendegetriebe
– *le mécanisme de renversement* m *de marche* f
54 die Drehmomentenstütze
– *le bras de réaction* f
55 der Akkumulatortriebwagen
– ***l'automotrice*** f ***à accumulateurs*** m
56 der Batterieraum (Batterietrog)
– *la caisse d'accumulateurs* m
57 der Führerstand
– *la cabine de conduite* f
58 die Sitzanordnung der zweiten Klasse
– *la disposition des sièges* m *en 2ème classe* f
59 die Toilette
– *le cabinet de toilette* f
60 der elektrische Schnelltriebzug
– ***la rame automotrice électrique rapide***
61 der Endtriebwagen
– *l'automotrice* f *d'extrémité* f
62 der Mitteltriebwagen
– *l'automotrice* f *intermédiaire*

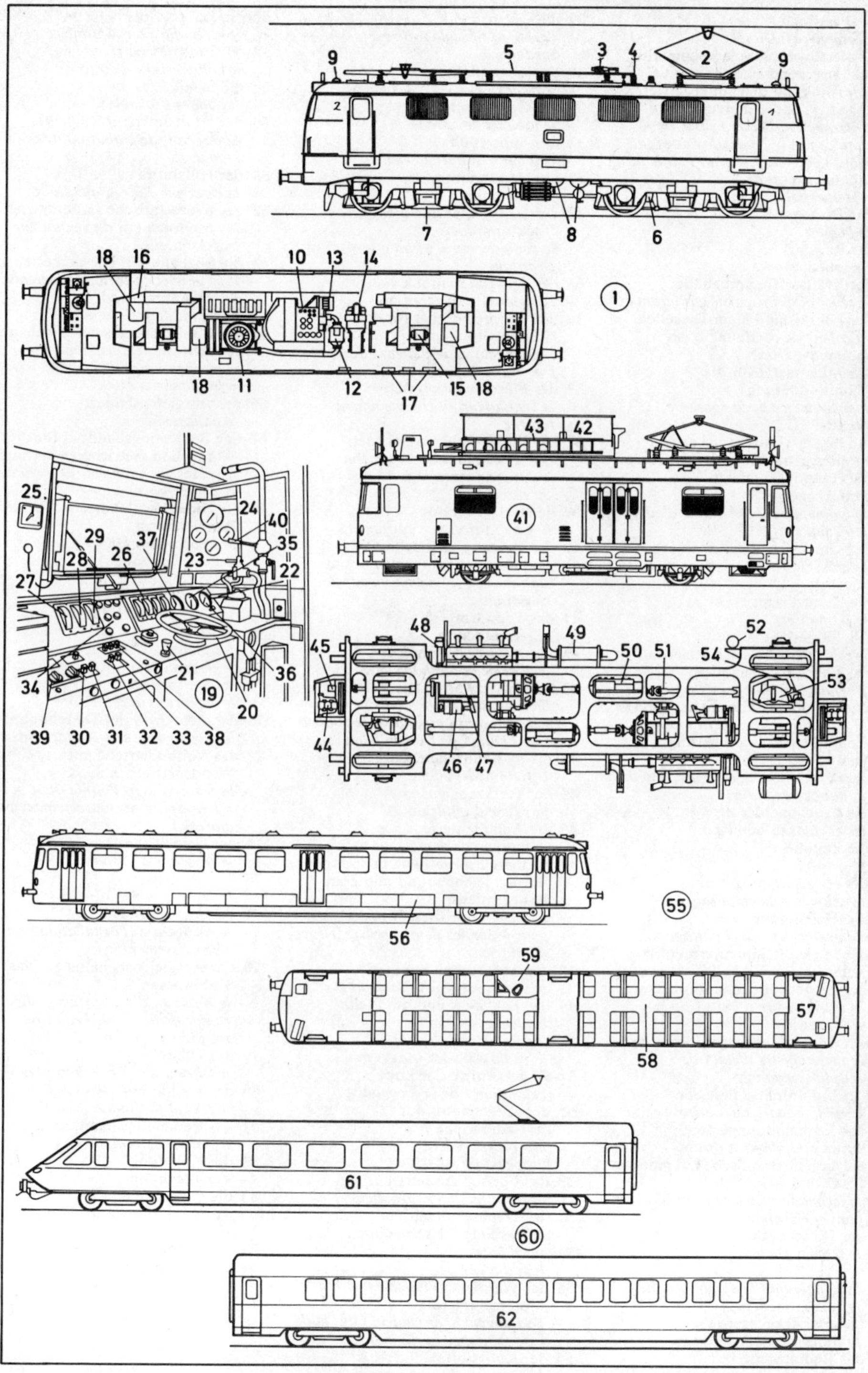
9
5
3
4
2
9
7
8
6
18
16
10
13
14
①
18
11
12
17
15
18
43
42
25.
24
40
29
37
35
28
26
23
22
27
㊶
48
49
52
45
50
51
54
53
34
21
36
⑲
20
39
30
31
32
33
38
44
46
47
㊺
56
59
57
58
61
⑥⓪
62

1-84 Dieselloks *f*
– ***locomotives*** f ***Diesel***
1 die dieselhydraulische Lokomotive, eine Streckendiesellokomotive (Diesellok) für den mittelschweren Reisezug- und Güterzugdienst
– ***la locomotive Diesel hydraulique*** *une locomotive Diesel de route* f *(de ligne* f*) pour trains* m *mi-lourds de voyageurs* m *et de marchandises* f
2 das Drehgestell
– *le bogie*
3 der Radsatz
– *l'essieu* m *monté*
4 der Kraftstoffhauptbehälter
– *le réservoir principal de carburant* m
5 der Führerstand einer Diesellok
– *la cabine de conduite* f *d'une locomotive Diesel*
6 das Manometer für die Hauptluftleitung
– *le manomètre de la conduite blanche*
7 die Bremszylinderdruckanzeige
– *le manomètre du cylindre de frein* m
8 die Hauptluftbehälter-Druckanzeige
– *le manomètre du réservoir d'air* m *principal*
9 der Geschwindigkeitsmesser
– *le tachymètre (l'indicateur* m *de vitesse* f*)*
10 die Zusatzbremse
– *le frein direct*
11 das Führerbremsventil
– *le robinet (de frein* m*) du mécanicien*
12 das Fahrschalterhandrad
– *le volant du manipulateur*
13 der Sicherheitsfahrschalter (Sifa)
– *le dispositif d'homme* m *mort*
14 die induktive Zugsicherung (Indusi)
– *le système inductif de contrôle* m *de la marche du train*
15 die Leuchtmelder *m*
– *les voyants* m *lumineux*
16 die Zeituhr
– *la montre*
17 der Heizspannungsmesser
– *le voltmètre du chauffage*
18 der Heizstrommesser
– *l'ampèremètre du chauffage*
19 der Motoröltemperaturmesser
– *le thermomètre d'huile* f *du moteur*
20 der Getriebeöltemperaturmesser
– *le thermomètre d'huile* f *de la transmission*
21 der Kühlwassertemperaturmesser
– *le thermomètre d'eau* f *de refroidissement* m
22 der Motordrehzahlmesser
– *le compte-tours du moteur*
23 das Zugbahnfunkgerät
– *le radiotéléphone du train*
24 die dieselhydraulische Lokomotive [in Grund- und Aufriß]
– *la locomotive Diesel hydraulique [en plan et élévation]*
25 der Dieselmotor
– *le moteur Diesel*
26 die Kühlanlage
– *le réfrigérant (l'installation* f *de refroidissement* m*)*
27 das Flüssigkeitsgetriebe
– *la transmission hydraulique*
28 das Radsatzgetriebe
– *le réducteur d'essieu* m *monté*
29 die Gelenkwelle
– *l'arbre* m *articulé (arbre à cardan* m*)*
30 die Lichtanlaßmaschine
– *le dynastart*
31 der Gerätetisch
– *le tableau de bord*
32 das Führerpult
– *le pupitre du mécanicien*
33 die Handbremse
– *le frein à main* f
34 der Luftpresser mit E-Motor *m* (Elektromotor)
– *le compresseur d'air* m *à moteur* m *électrique*
35 der Apparateschrank
– *l'armoire* f *d'appareils* m
36 der Wärmetauscher für das Getriebeöl
– *l'échangeur* m *de chaleur* f *de l'huile* f *de transmission* f
37 der Maschinenraumlüfter
– *le ventilateur du compartiment moteur*
38 der Indusi-Fahrzeugmagnet
– *l'électro-aimant* m *du système inductif de contrôle* m *de la marche du train*
39 der Heizgenerator
– *la génératrice de chauffage* m
40 der Heizumrichterschrank
– *l'armoire* f *des convertisseurs* m *statiques de fréquence* f *pour le chauffage*
41 das Vorwärmgerät
– *le réchauffeur*
42 der Abgasschalldämpfer
– *le silencieux d'échappement* m
43 der Zusatzwärmetauscher für das Getriebeöl
– *l'échangeur* m *auxiliaire de chaleur* f *de l'huile* f *de transmission* f
44 die hydraulische Bremse
– *le frein hydraulique*
45 der Werkzeugkasten
– *la caisse à outils* m
46 die Anlaßbatterie
– *la batterie de démarrage* m
47 die dieselhydraulische Lokomotive für den leichten und mittleren Rangierdienst
– ***la locomotive Diesel hydraulique*** *pour le service de manœuvre* f *léger ou moyen*
48 der Abgasschalldämpfer
– *le silencieux d'échappement* m
49 das Läutwerk und die Pfeife
– *la cloche et le sifflet*
50 das Rangierfunkgerät
– *la radio dans les triages* m
51-67 der Aufriß der Lok
– *l'élévation* f *de la locomotive*
51 der Dieselmotor mit Aufladeturbine *f*
– *le moteur Diesel à turbocompresseur* m
52 das Flüssigkeitsgetriebe
– *la transmission hydraulique*
53 das Nachschaltgetriebe
– *la transmission secondaire*
54 der Kühler
– *le radiateur*
55 der Wärmetauscher für das Motorschmieröl
– *l'échangeur* m *de chaleur* f *de l'huile* f *de graissage* m *du moteur*
56 der Kraftstoffbehälter
– *le réservoir de carburant* m
57 die Hauptluftbehälter *m*
– *le réservoir d'air* m *principal*
58 der Luftpresser
– *le compresseur d'air* m
59 die Sandkästen *m*
– *les boîtes* f *à sable* m
60 der Kraftstoffreservebehälter
– *le réservoir de carburant* m *de secours* m
61 der Hilfsluftbehälter
– *le réservoir d'air* m *auxiliaire*
62 der hydrostatische Lüfterantrieb
– *l'entraînement* m *du ventilateur hydrostatique*
63 die Sitzbank mit Kleiderkasten *m*
– *le siège avec coffre* m *à vêtements* m
64 das Handbremsrad
– *le volant du frein à main* f
65 der Kühlwasserausgleichsbehälter
– *le réservoir d'égalisation* f *(de compensation* f*) de l'eau de refroidissement* m
66 der Ausgleichsballast
– *le ballast*
67 das Bedienungshandrad für die Motor- und Getrieberegulierung
– *le volant de commande* f *du moteur et de la transmission*
68 die Dieselkleinlokomotive für den Rangierdienst
– ***le locotracteur Diesel*** *pour le service des manœuvres* f
69 der Auspuffendtopf
– *le pot d'échappement* m
70 das Signalhorn (Makrophon)
– *la trompe*
71 der Hauptluftbehälter
– *le réservoir d'air* m *principal*
72 der Luftpresser
– *le compresseur d'air* m
73 der Acht-Zylinder-Dieselmotor
– *le moteur Diesel 8 cylindres* m
74 das Voith-Getriebe mit Wendegetriebe *n*
– *la transmission Voith avec mécanisme* m *de renversement* m *de marche* f
75 der Heizölbehälter
– *le réservoir à gasole* m
76 der Sandkasten
– *la boîte à sable* m
77 die Kühlanlage
– *le réfrigérant (l'installation* f *de refroidissement* m*)*
78 der Ausgleichsbehälter für das Kühlwasser
– *le réservoir d'égalisation* f *(de compensation* f*) de l'eau* f *de refroidissement* m
79 das Ölbadluftfilter
– *le filtre à air* m *à bain* m *d'huile* f
80 das Handbremsrad
– *le volant du frein à main* f
81 das Bedienungshandrad
– *le volant de commande* f
82 die Kupplung
– *l'embrayage* m
83 die Gelenkwelle
– *l'arbre* m *articulé (arbre* m *à cardan* m*)*
84 die Klappenjalousie
– *la persienne*

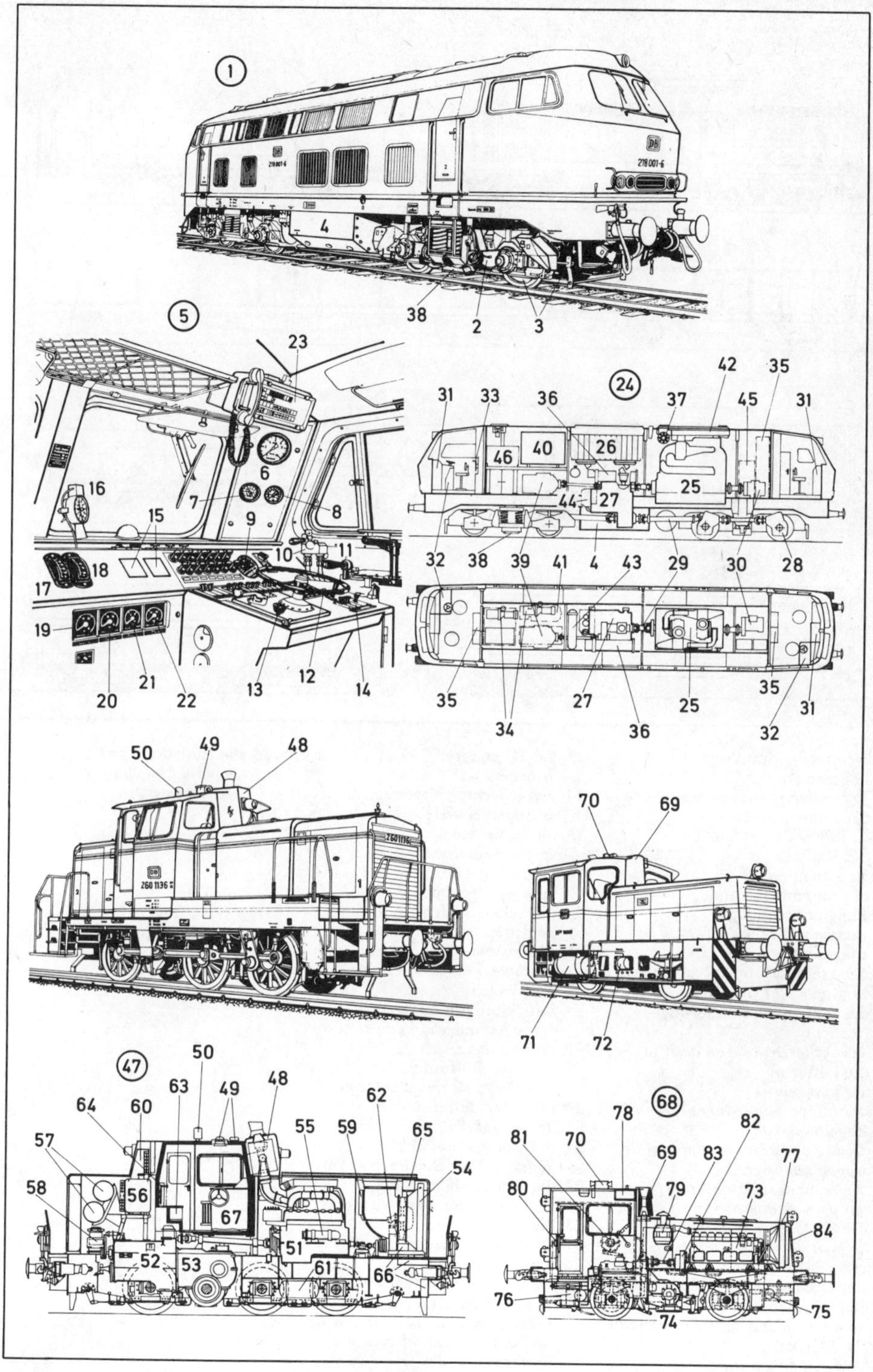
1
4
38
2
3
5
23
16
15
6
7
8
9
10
11
18
17
19
20
21
22
13
12
14
24
42
35
31
33
36
37
45
31
46
40
26
25
44
27
32
38
39
41
4
43
29
30
28
35
34
27
36
25
35
32
31
50
49
48
70
69
71
72
47
50
63
49
48
64
60
62
57
55
59
65
54
58
56
67
51
52
53
61
66
68
78
82
81
70
69
83
77
80
79
73
84
76
74
75

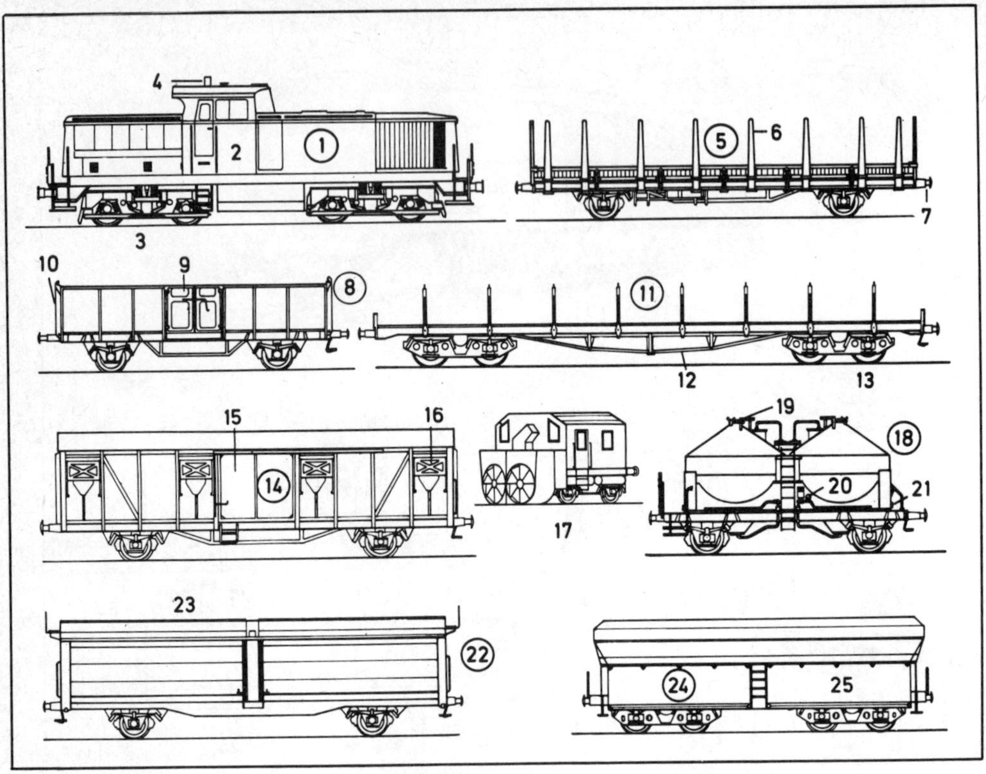

1 die dieselhydraulische Lokomotive
– *la locomotive Diesel hydraulique*
2 der Führerstand
– *la cabine de conduite* f
3 der Radsatz
– *l'essieu* m *monté*
4 die Antenne für die Rangierfunkanlage
– *l'antenne* f *de radio* f *dans les triages* m
5 der Flachwagen in Regelbauart *f*
– *le wagon plat standard*
6 die abklappbare Stahlrunge (Runge)
– *le rancher articulé en acier* m
7 die Puffer *m*
– *les tampons* m
8 der offene Güterwagen in Regelbauart *f*
– *le wagon découvert standard (le wagon tombereau)*
9 die Seitenwanddrehtüren *f*
– *les portes* f *latérales pivotantes*
10 die abklappbare Stirnwand
– *le bout amovible (l'about* m *amovible)*
11 der Drehgestellflachwagen in Regelbauart *f*
– *le wagon plat à bogies* m *standard*
12 die Längsträgerverstärkung
– *le tirant de brancard* m
13 das Drehgestell
– *le bogie*
14 der gedeckte Güterwagen
– *le wagon couvert*
15 die Schiebetür
– *la porte coulissante*
16 die Lüftungsklappe
– *le volet d'aération* f
17 die Schneeschleuder, eine Schienenräummaschine
– *le chasse-neige à turbine* f, *une machine à dégager les voies* f
18 der Wagen für Druckluftentladung *f*
– *le wagon à déchargement* m *pneumatique*
19 die Einfüllöffnung
– *l'orifice* m *de remplissage* m
20 der Druckluftanschluß
– *le raccord d'air* m *comprimé*
21 der Entleerungsanschluß
– *le raccord de déchargement* m
22 der Schiebedachwagen
– *le wagon à toit* m *coulissant*
23 die Dachöffnung
– *l'ouverture* f *du toit*
24 der offene Drehgestell-Selbstentladewagen
– *le wagon ouvert à bogies* m *à déchargement* m *automatique (le wagon ouvert autodéchargeur à bogies* m*)*
25 die Entladeklappe
– *la paroi basculante de déchargement* m

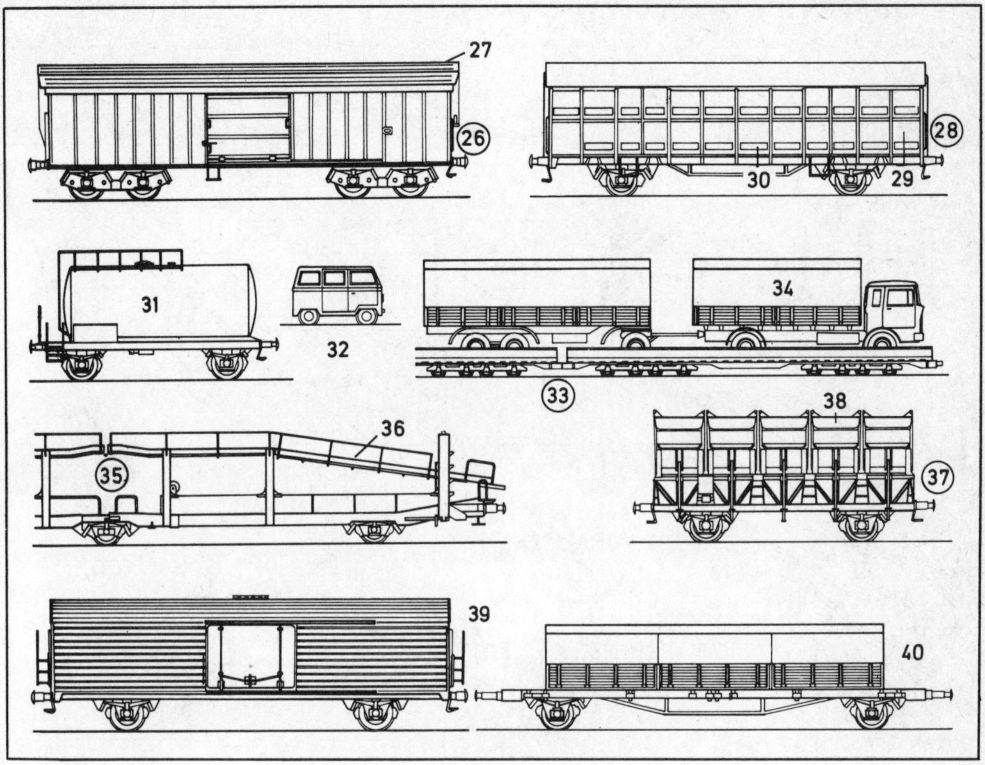

26 der Drehgestell-Schwenkdachwagen
– *le wagon à bogies* m *à toit* m *pivotant*
27 das Schwenkdach
– *le toit pivotant*
28 der großräumige Verschlagwagen für die Beförderung von Kleinvieh *n*
– *le wagon à cloisons* f *à étages* m *de grande capacité* f *pour le transport de petits bestiaux* m
29 die luftdurchlässige Seitenwand (Lattenwand)
– *la paroi latérale à claire-voie* f
30 die Lüftungsklappe
– *le volet d'aération* f
31 der Kesselwagen
– *le wagon-citerne*
32 der Gleiskraftwagen
– *la draisine*
33 die Spezialflachwagen *m*
– *les wagons* m *à plate-forme* f *surbaissée*
34 der Lastzug
– *le poids lourd avec remorque* f
35 der Doppelstockwagen, für den Autotransport
– *le wagon à deux étages* m *pour le transport d'automobiles* f
36 die Auffahrmulde
la rampe d'accès m
37 der Muldenkippwagen
– *le wagon à bennes* f *basculantes*
38 die Kippmulde
– *la benne basculante*
39 der Universalkühlwagen
– *le wagon frigorifique universel*
40 die Wechselaufbauten *m* für Flachwagen *m*
– *les équipements* m *interchangeables pour wagons* m *plats*

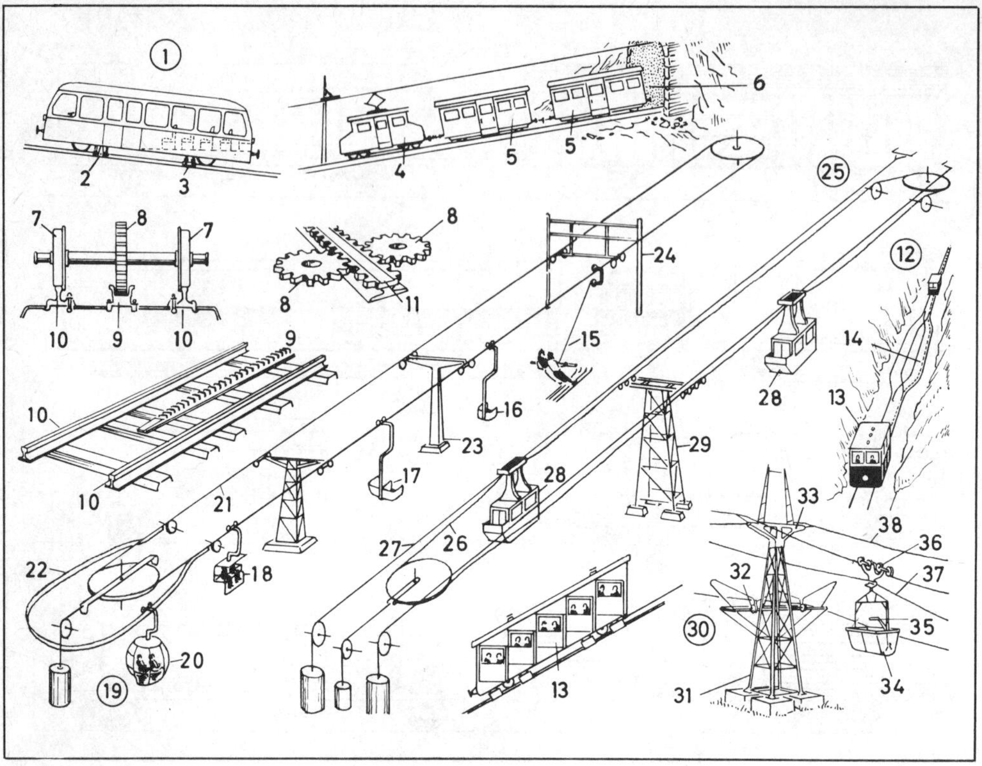

1-14 Schienenbergbahnen *f*
– ***chemins*** m ***de fer*** m
de montagne f
1 der Triebwagen, mit forcierter Adhäsion
– *l'automotrice* f *à adhérence* f
2 der Antrieb
– *l'entraînement* m
3 die Notbremse
– *le frein de secours* m
4-5 die Zahnradbergbahn
– *le chemin de fer* m *de montagne* f *à crémaillère* f
4 die elektrische Zahradlokomotive
– *la locomotive électrique à crémaillère* f
5 der Zahnradbahnanhänger
– *la voiture de chemin* m *de fer* m *à crémaillère* f
6 der Tunnel
– *le tunnel*
7-11 Zahnstangenbahnen *f* [Systeme]
– *chemins* m *de fer* m *à crémaillère* f *[système* m*]*
7 das Laufrad
– *la roue porteuse*
8 das Triebzahnrad
– *le pignon moteur*
9 die Sprossenzahnstange
– *la crémaillère*
10 die Schiene
– *le rail*
11 die Doppelleiterzahnstange
– *la crémaillère horizontale double*
12 die Standseilbahn
– *le funiculaire fixe à câble* m *(le funiculaire)*
13 der Standseilbahnwagen
– *la voiture de funiculaire* m
14 das Zugseil
– *le câble tracteur*
15-38 Seilschwebebahnen *f* (Schwebebahnen, Drahtseilbahnen, Seilbahnen)
– ***téléphériques*** m
15-24 Einseilbahnen *f*, Umlaufbahn *f*
– *téléphériques* m *monocâbles (téléphériques* m *à câble* m *unique sans fin* f*)*
15 der Skischlepplift
– *le téléski (le remonte-pente)*
16-18 der Sessellift
– *le télésiège*
16 der Liftsessel, ein Einmannsessel *m*
– *le siège, une chaise monoplace*
17 der Doppelliftsessel, ein Zweimannsessel *m*
– *le siège double, une chaise biplace*
18 der kuppelbare Doppelsessel
– *le siège double à attelage* m
19 die Kleinkabinenbahn, eine Umlaufbahn
– *la télécabine (la télébenne), un téléphérique à câble* m *sans fin* f
20 die Kleinkabine (Umlaufkabine)
– *la cabine circulante*
21 das Umlaufseil, ein Trag- und Zugseil *n*
– *le câble sans fin* f*, un câble porteur et moteur*
22 die Umführungsschiene
– *le rail de retour* m
23 die Einmaststütze
– *le pylône support*
24 die Torstütze
– *le portique support*
25 die Zweiseilbahn, eine Pendelbahn
– *le téléphérique bicâble, un téléphérique va-et-vient*
26 das Zugseil
– *le câble tracteur*
27 das Tragseil
– *le câble porteur*
28 die Fahrgastkabine
– *la cabine de passagers* m
29 die Zwischenstütze
– *le pylône intermédiaire*
30 die Seilschwebbahn, eine Zweiseilbahn
– *le téléphérique, un téléphérique bicâble*

31 die Gitterstütze
– *le pylône en treillis* m

32 die Zugseilrolle
– *le galet de câble* m *tracteur*

33 der Seilschuh (das Tragseilauflager)
– *le sabot de câble* m *(le coussinet de câble* m *porteur)*

34 der Wagenkasten, ein Kippkasten *m*
– *la benne, une benne basculante*

35 der Kippanschlag
– *la butée de basculement* m

36 das Laufwerk
– *le train de galets* m

37 das Zugseil
– *le câble tracteur*

38 das Tragseil
– *le câble porteur*

39 die Talstation
– la station inférieure

40 der Spanngewichtschacht (Spannschacht)
– *la fosse de déplacement* m *des contrepoids* m

41 das Tragseilspanngewicht
– *le contrepoids du câble porteur*

42 das Zugseilspanngewicht
– *le contrepoids du câble tracteur*

43 die Spannseilscheibe
– *la poulie du câble tendeur (la poulie de tension* f*)*

44 das Tragseil
– *le câble porteur*

45 das Zugseil
– *le câble tracteur*

46 das Gegenseil (Unterseil)
– *le câble lest (le câble d'équilibre* m*)*

47 das Hilfsseil
– *le câble de secours* m

48 die Hilfsseilspannvorrichtung
– *l'appareil* m *tendeur du câble de secours* m

49 die Zugseiltragrollen *f*
– *les galets* m *porteurs du câble tracteur*

50 die Anfahrfederung (der Federpuffer)
– *l'amortisseur* m *de démarrage* m *(l'amortisseur* m *à ressort* m*)*

51 der Talstationsbahnsteig
– *le quai de la station inférieure*

52 die Fahrgastkabine (Seilbahngondel), eine Großkabine (Großraumkabine)
– *la cabine de passagers* m *(la benne de téléphérique* m*), une benne de grande capacité* f

53 das Laufwerk
– *le train de galeis* m

54 das Gehänge
– *la suspente*

55 der Schwingungsdämpfer
– *l'amortisseur* m *d'oscillations* f

56 der Abweiser (Abweisbalken)
– *le butoir*

57 die Bergstation
– la station supérieure

58 der Tragseilschuh
– *le sabot du câble porteur*

59 der Tragseilverankerungspoller
– *l'ancrage du câble porteur*

60 die Zugseilrollenbatterie
– *la batterie de galets* m *du câble tracteur*

61 die Zugseilumlenkscheibe
– *la poulie de renvoi* m *du câble tracteur*

62 die Zugseilantriebsscheibe
– *la poulie motrice du câble tracteur*

63 der Hauptantrieb
– *le treuil de commande* f

64 der Reserveantrieb
– *le treuil de réserve* f

65 der Führerstand
– *le poste du conducteur (le poste de commande* f*)*

66 das Kabinenlaufwerk
– ***le train de galets*** m *(les organes* m *de roulement* m*) de la cabine*

67 der Laufwerkhauptträger
– *le longeron du train de galets* m

68 die Doppelwiege
– *le berceau double*

69 die Zweiradwiege
– *le berceau à deux galets* m

70 die Laufwerkrollen *f*
– *les galets* m *de roulement* m

71 die Tragseilbremse, eine Notbremse bei Zugseilbruch *m*
– *le frein de câble* m *porteur, un frein de secours* m *en cas* m *de rupture* f *du câble tracteur*

72 der Gehängebolzen
– *l'axe* m *de suspension* f

73 die Zugseilmuffe
– *le manchon du câble tracteur*

74 die Gegenseilmuffe
– *le manchon du câble lest*

75 der Entgleisungsschutz
– *le dispositif antidérailleur (l'antidérailleur* m*)*

76 Seilbahnstützen ***f*** (Zwischenstützen)
– ***pylônes*** m ***de téléphérique*** m *(pylônes* m *intermédiaires)*

77 der Stahlgittermast, eine Fachwerkstütze
– *le pylône en treillis* m *métallique, un pylône en charpente* f *métallique*

78 der Stahlrohrmast, eine Stahlrohrstütze
– *le pylône en tubes* m *d'acier* m, *un pylône tubulaire en acier* m

79 der Tragseilschuh (Stützenschuh)
– *le sabot du câble porteur (le sabot d'appui* m*)*

80 der Stützengalgen, ein Montagegerät *n* für Seilarbeiten *f*
– *les potences* f *du pylône, un dispositif pour les travaux* m *sur câbles* m

81 das Stützenfundament
– *la fondation des pylônes* m

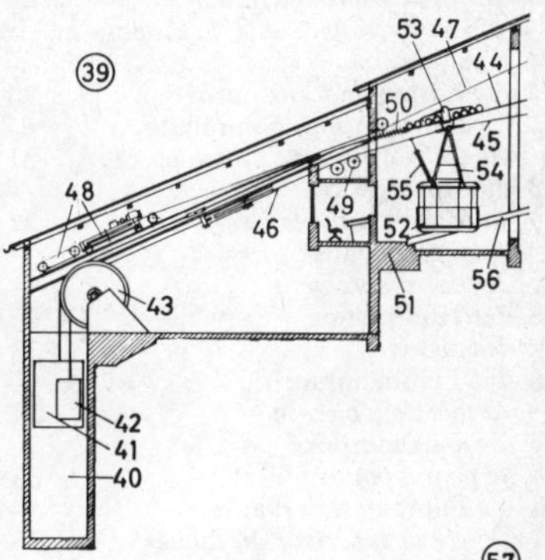

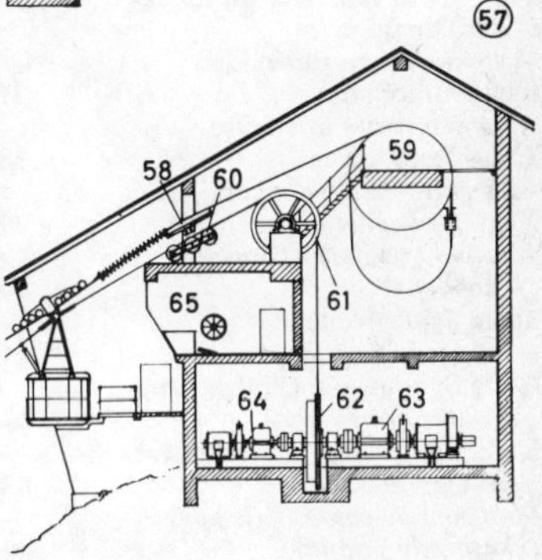

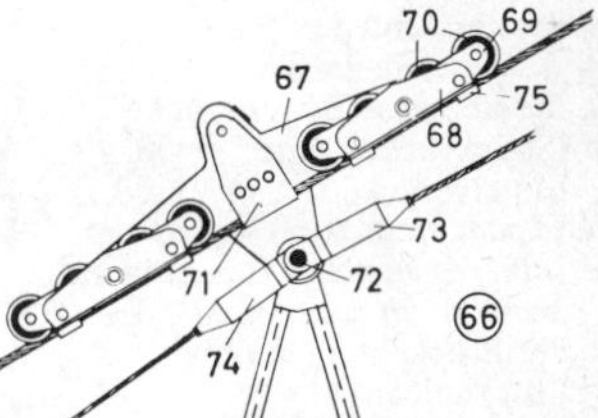

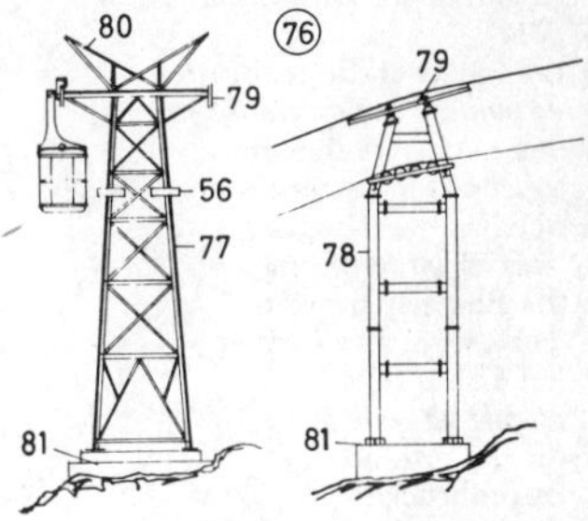

1 der Brückenquerschnitt
– *la section transversale (la coupe) d'un pont*
2 die orthogonal anisotrope (orthotrope) Fahrbahnplatte
– *la dalle orthotrope de tablier* m
3 das Sprengwerk
– *la ferme à jambes* f *de force* f
4 die Verstrebung
– *le contreventement*
5 der Hohlkasten
– *le caisson*
6 das Fahrbahnblech
– *la tôle de tablier* m
7 die Balkenbrücke
– *le pont à poutres* f
8 die Fahrbahnoberkante
– *le rebord supérieur du tablier*
9 der Obergurt
– *la membrure supérieure*
10 der Untergurt
– *la membrure inférieure*
11 das feste Lager
– *le palier fixe (l'appui* m *fixe)*
12 das bewegliche Lager
– *le palier mobile (l'appui* m *mobile)*
13 die lichte Weite
– *la travée de pont* m
14 die Spannweite (Stützweite)
– *l'ouverture du pont*
15 der Hängesteg (die primitive Hängebrücke)
– *le pont de cordes* f *(le pont suspendu primitif)*
16 das Tragseil
– *le câble porteur*
17 das Hängeseil
– *la suspente*
18 der geflochtene Steg
– *la passerelle tressée*
19 die steinerne Bogenbrücke (Steinbrücke), eine Massivbrücke
– *le pont en arcs* m *(le pont en voûtes* f*) en pierre* f *(pont* m *en pierre* f*), un pont massif*
20 der Brückenbogen (das Brückenjoch)
– *l'arche* f *de pont* m
21 der Brückenpfeiler (Strompfeiler)
– *la pile de pont* m
22 die Brückenfigur (der Brückenheilige)
– *la statue (de saint* m*) ornant le pont*
23 die Fachwerkbogenbrücke
– *le pont en arc en treillis* m
24 das Fachwerkelement
– *l'élément* m *de treillis* m
25 der Fachwerkbogen
– *l'arc* m *en treillis* m
26 die Bogenspannweite
– *l'ouverture* f *de l'arc* m
27 der Landpfeiler
– *la pile de terre* f
28 die aufgeständerte Bogenbrücke
– *le pont en arc* m *sur piliers* m
29 der Bogenkämpfer (das Widerlager)
– *la culée*
30 der Brückenständer
– *le pilier*
31 der Bogenscheitel
– *la clé d'arc* m
32 die mittelalterliche Hausbrücke (der *Ponte Vecchio* in *Florenz*)
– *le pont bordé de maisons* f *(le Ponte Vecchio à Florence)*
33 die Goldschmiedeläden *m*
– *les boutiques* f *d'orfèvre* m
34 die Stahlgitterbrücke
– *le pont en treillis* m *métallique*
35 die Diagonale (Brückenstrebe)
– *le contreventement*
36 der Brückenpfosten (die Vertikale)
– *le montant (la barre verticale)*
37 der Fachwerkknoten
– *le nœud du treillis*
38 das Endportal (Windportal)
– *le portique d'extrémité* f
39 die Hängebrücke
– *le pont suspendu*
40 das Tragkabel
– *le câble porteur*
41 der Hänger
– *la suspente*
42 der Pylon (das Brückenportal)
– *le pylône*
43 die Tragkabelverankerung
– *l'ancrage* m *du câble porteur*
44 das Zugband [mit der Fahrbahn]
– *les longerons* m *[portant le tablier]*
45 das Brückenwiderlager
– *la culée*
46 die Schrägseilbrücke (Zügelgurtbrücke)
– *le pont à haubans* m *(le pont haubané, le pont à suspentes* f *obliques)*
47 das Abspannseil (Schrägseil)
– *le câble d'ancrage* m *(le hauban)*
48 die Schrägseilverankerung
– *l'ancrage* m *de hauban* m
49 die Stahlbetonbrücke
– *le pont en béton* m *armé*
50 der Stahlbetonbogen
– *l'arc* m *en béton* m *armé*
51 das Schrägseilsystem (Vielseilsystem)
– *le système de suspentes* f *obliques*
52 die Flachbrücke, eine Vollwandbrücke
– *le pont plat*
53 die Queraussteifung
– *le raidisseur transversal*
54 der Strompfeiler
– *la pile*
55 das Auflager (Brückenlager)
– *l'appui* m *de pont* m
56 der Eisbrecher
– *le bec* m *de pont* m *[*en amont: *l'avant-bec* m; en aval: *l'arrière-bec* m*]*
57 die Sundbrücke, eine Brücke aus Fertigbauteilen *m od. n*
– *le pont en éléments* m *préfabriqués*
58 das Fertigbauteil (Fertigbauelement)
– *l'élément* m *préfabriqué*
59 die Hochstraße (aufgeständerte Straße)
– *le viaduc*
60 die Talsohle
– *le fond* m *de la vallée*
61 der Stahlbetonständer
– *le pilier en béton* m *armé*
62 das Vorbaugerüst
– *l'échafaudage* m
63 die Gitterdrehbrücke
– *le pont tournant en treillis* m
64 der Drehkranz
– *la couronne de pivotement* m
65 der Drehpfeiler
– *la pile de pivotement* m
66 die drehbare Brückenhälfte (Halbbrücke)
– *la moitié mobile du pont (le demi-pont)*
67 die Flachdrehbrücke
– *le pont tournant plat*
68 das Mittelteil
– *la volée du pont*
69 der Drehzapfen
– *le pivot*
70 das Brückengeländer
– *le parapet*

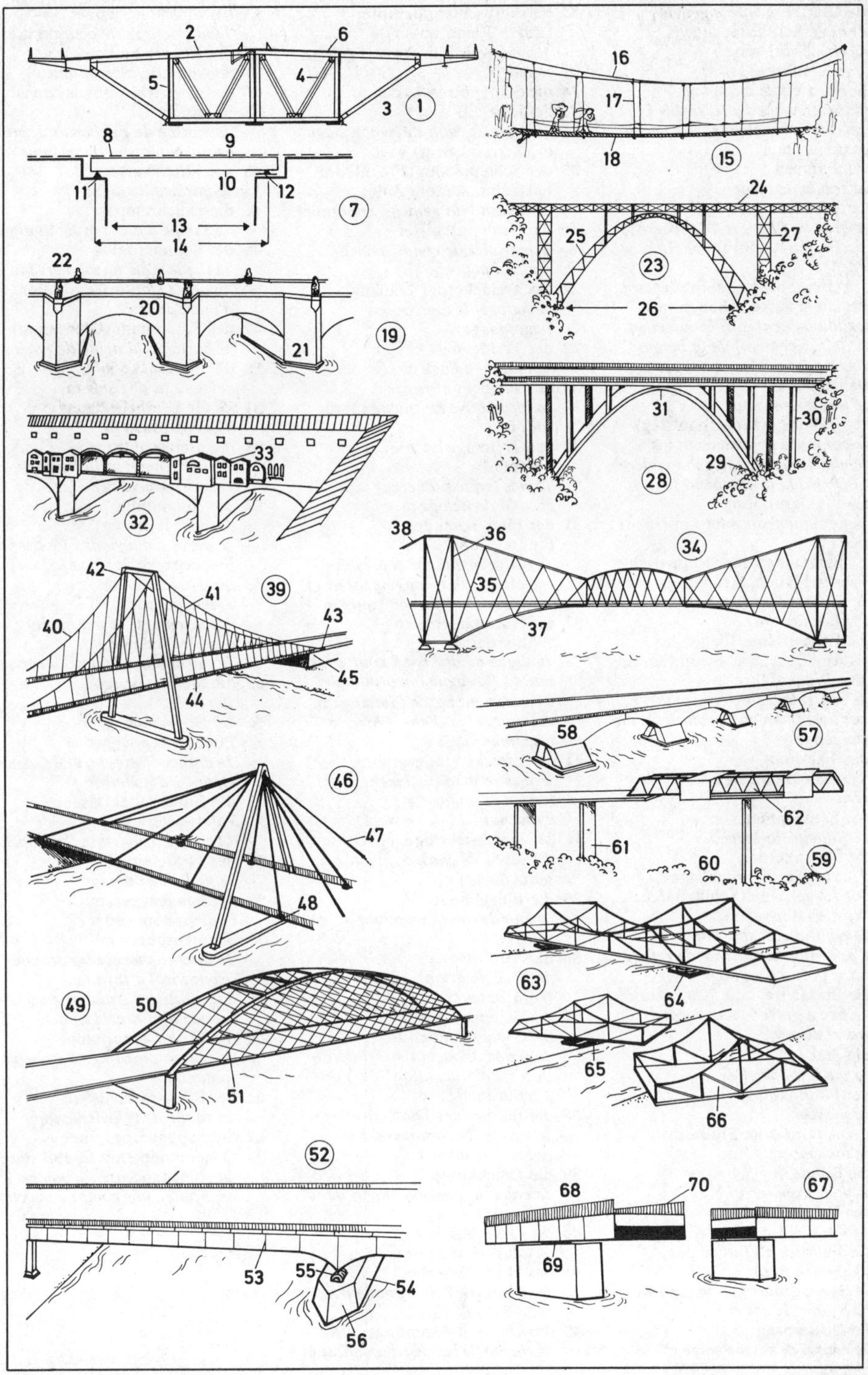
1
2
3
4
5
6
7
8
9
10
11
12
13
14
15
16
17
18
19
20
21
22
23
24
25
26
27
28
29
30
31
32
33
34
35
36
37
38
39
40
41
42
43
44
45
46
47
48
49
50
51
52
53
54
55
56
57
58
59
60
61
62
63
64
65
66
67
68
69
70

1 **die Gierfähre** (*mit eigenem Antrieb:* Seilfähre; *auch:* Kettenfähre), eine Personenfähre
– ***le bac à câble*** m *(le bac automoteur: le bac à traille* f*;* égal.: *le bac à chaîne* f, *un bac de passagers* m
2 das Fährseil
– *la traille (le câble)*
3 der Flußarm
– *le bras de fleuve* m *(de rivière* f*)*
4 die Flußinsel (Strominsel)
– *l'île* f
5 der Uferabbruch am Flußufer *n*, ein Hochwasserschaden *m*
– *l'affouillement* m *(l'éboulement* m, *le ravinement) de la berge, dommages* m *dus aux crues* f
6 **die Motorfähre**
– ***le bac à moteur*** m
7 der Fährsteg (Motorbootsteg)
– *le ponton (l'appontement* m, *l'embarcadère* m, *le débarcadère des bateaux* m *à moteur* m*)*
8 die Pfahlgründung
– *la fondation sur pilotis* m *(sur pieux* m*)*
9 die Strömung (der Stromstrich, Stromschlauch, Strömungsverlauf)
– *le courant (le cours de l'eau* f, *l'écoulement* m*)*
10 **die Pendelfähre** (fliegende Fähre, Flußfähre, Stromfähre), eine Wagenfähre
– ***le bac volant*** *(le pont volant, le bac ancré), un bac à voitures* f *(un car-ferry)*
11 das Fährboot
– *l'embarcation* f *(le bac, le ferry-boat)*
12 der Schwimmer
– *le flotteur (la bouée)*
13 die Verankerung
– *l'ancrage* m *(le mouillage)*
14 der Liegehafen (Schutzhafen, Winterhafen)
– *le point d'accostage* m *(le point d'amarrage* m, *le port de refuge* m, *le port d'hivernage* m*)*
15 **die Stakfähre,** eine Kahnfähre
– ***le bac à gaffe*** f, *une barque traversière*
16 die Stake
– *la gaffe (la perche)*
17 der Fährmann
– *le passeur*
18 der Altarm (tote Flußarm)
– *le bras mort*
19 die Buhne
– *l'épi* m *transversal*
20 der Buhnenkopf
– *la tête d'épi* m
21 die Fahrrinne (Teil *m* des Fahrwassers *n*)
– *le chenal de navigation* f *(partie* f *navigable du cours d'eau* f*)*
22 **der Schleppzug**
– ***le convoi de remorquage*** m *(le remorqueur et une péniche)*
23 der Flußschleppdampfer (*österr.* Remorqueur)
– *le remorqueur à vapeur* f *(le toueur)*
24 die Schlepptrosse (das Schleppseil)
– *la touée (le câble de remorquage* m, *de traînage* m*)*
25 der Schleppkahn (Frachtkahn, Lastkahn, *md.* die Zille)
– *le chaland (la péniche remorquée)*
26 der Schleppschiffer
– *le marinier (le conducteur de chaland* m*)*
27 **das Treideln** (der Leinzug)
– ***le halage*** *(le touage, le remorquage)*
28 der Treidelmast
– *le mât de halage* m
29 der Treidelmotor
– *la locomotive de traction* f *sur rails* m
30 das Treidelgleis; *früh.* der Leinpfad
– *la voie ferrée sur berge* f*;* anc.: *le chemin de halage* m
31 der Fluß, nach der Flußregelung
– *le fleuve régularisé (après des travaux* m *d'aménagement* m *et de correction* f *de son cours* m*)*
32 **der Hochwasserdeich** (Winterdeich)
– ***la digue de défense*** f ***contre les crues*** f *(la digue longitudinale d'écrêtement* m, *de laminage* m *des crues* f, *la digue d'hiver* m *insubmersible)*
33 der Entwässerungsgraben
– *le fossé d'assainissement* m *(le fossé de drainage* m, *d'évacuation* f *des eaux* f*)*
34 das Deichsiel (die Deichschleuse)
– *l'écluse* f *de chasse* f *(l'aqueduc* m *de digue* f*)*
35 die Flügelmauer
– *le mur de culée* f *en retour* m *(en aile* f*)*
36 der Vorfluter
– *le fossé (le drain) d'évacuation* f *(l'évacuateur* m*)*
37 der Seitengraben (die Sickerwasserableitung)
– *la rigole d'évacuation* f *latérale (le fossé d'évacuation* f *des eaux* f *d'infiltration* f*)*
38 die Berme (der Deichabsatz)
– *la berme (la banquette, la retraite de digue* f*)*
39 die Deichkrone
– *la crête (le couronnement) de la digue*
40 die Deichböschung
– *le talus de la digue*
41 das Hochwasserbett
– *le lit de crue* f *(le lit majeur, la zone d'inondation* f*)*
42 der Überschwemmungsraum
– *le champ (le bassin) d'inondation* f
43 der Strömungsweiser
– *l'indicateur* m *de courant* m
44 die Kilometertafel
– *le panneau kilométrique*
45 das Deichwärterhaus; *auch:* Fährhaus
– *la maison du gardien de digue* f*;* égal.: *la maison du passeur*
46 der Deichwärter
– *le gardien de digue* f
47 die Deichrampe
– *la rampe d'accès* m *de la digue*
48 der Sommerdeich
– *la digue d'été* m *submersible (la digue de clôture* f *du champ d'inondation* f*)*
49 der Flußdamm (Uferdamm)
– *le barrage (la digue)de rivière* f
50 die Sandsäcke *m*
– *les sacs* m *de sable* m
51-55 **die Uferbefestigung**
– ***l'endiguement*** m
51 die Steinschüttung
– *l'enrochement* m *(le remblai, l'empierrement* m*)*
52 die Anlandung (Sandablagerung)
– *le dépôt d'alluvions* f *(le dépôt limoneux, sablonneux)*
53 die Faschine (das Zweigebündel)
– *les fascines* f *(le fascinage)*
54 die Flechtzäune *m*
– *le clayonnage (la tune, le tunage)*
55 die Steinpackung
– *le perré*
56 **der Schwimmbagger,** ein Eimerkettenbagger *m*
– ***la drague flottante,*** *une drague à chaîne* f *à godets* m
57 die Eimerkette (das Paternosterwerk)
– *la chaîne à godets* m *(le chapelet)*
58 der Fördereimer
– *le godet de dragage*
59 **der Saugbagger,** mit Schleppkopf- oder Schutensauger *m*
– ***la drague suceuse*** *(la drague aspiratrice) à tuyau* m *d'aspiration* f *traînant ou à refouleur* m *à déblais* m
60 die Treibwasserpumpe
– *la pompe centrifuge (la pompe foulante)*
61 der Rückspülschieber
– *la vanne de refoulement* m
62 die Saugpumpe, eine Düsenpumpe mit Spüldüsen *f*
– *la pompe suceuse (la pompe aspirante), une pompe à injection* f

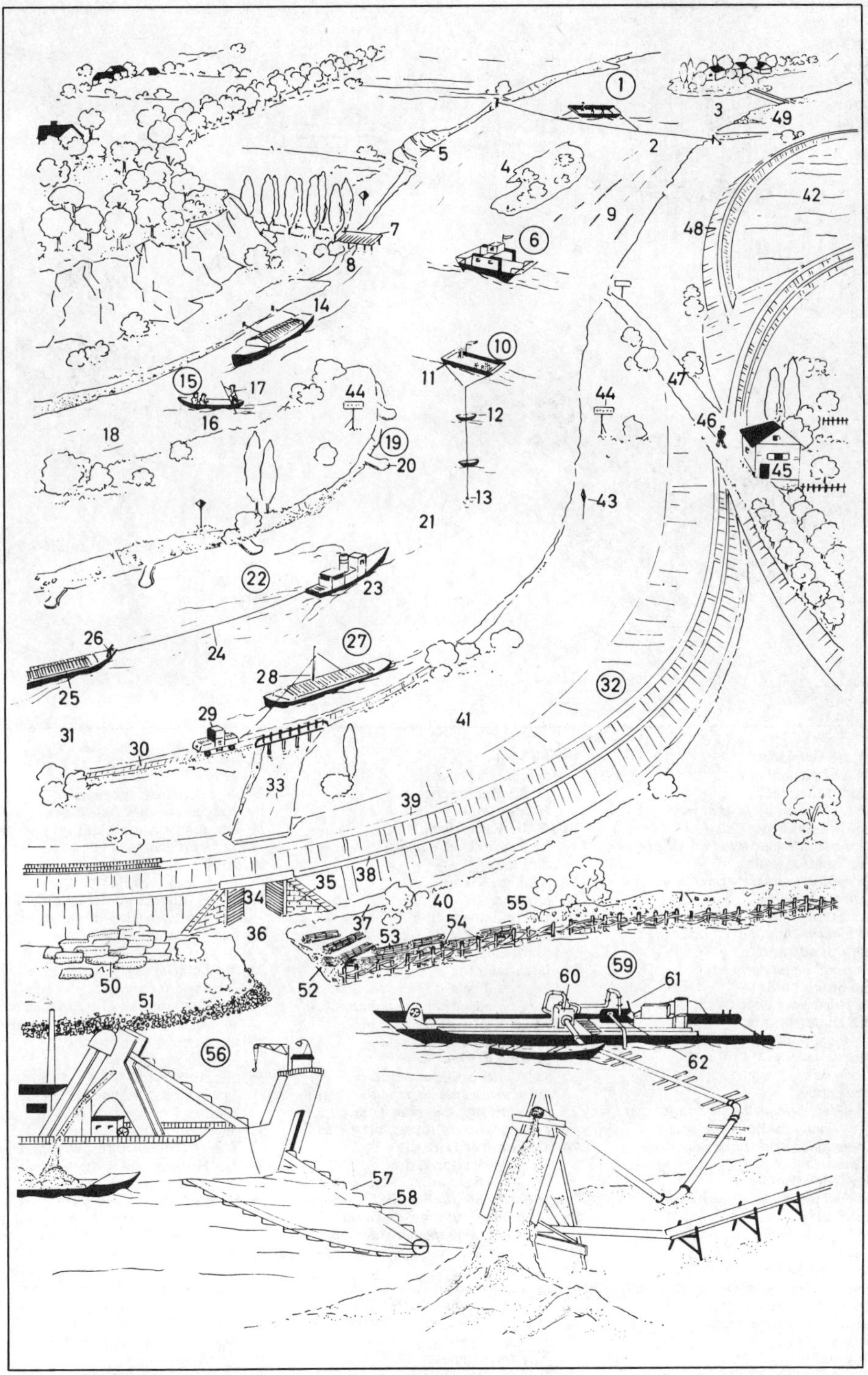
1
2
3
4
5
6
7
8
9
10
11
12
13
14
15
16
17
18
19
20
21
22
23
24
25
26
27
28
29
30
31
32
33
34
35
36
37
38
39
40
41
42
43
44
44
45
46
47
48
49
50
51
52
53
54
55
56
57
58
59
60
61
62

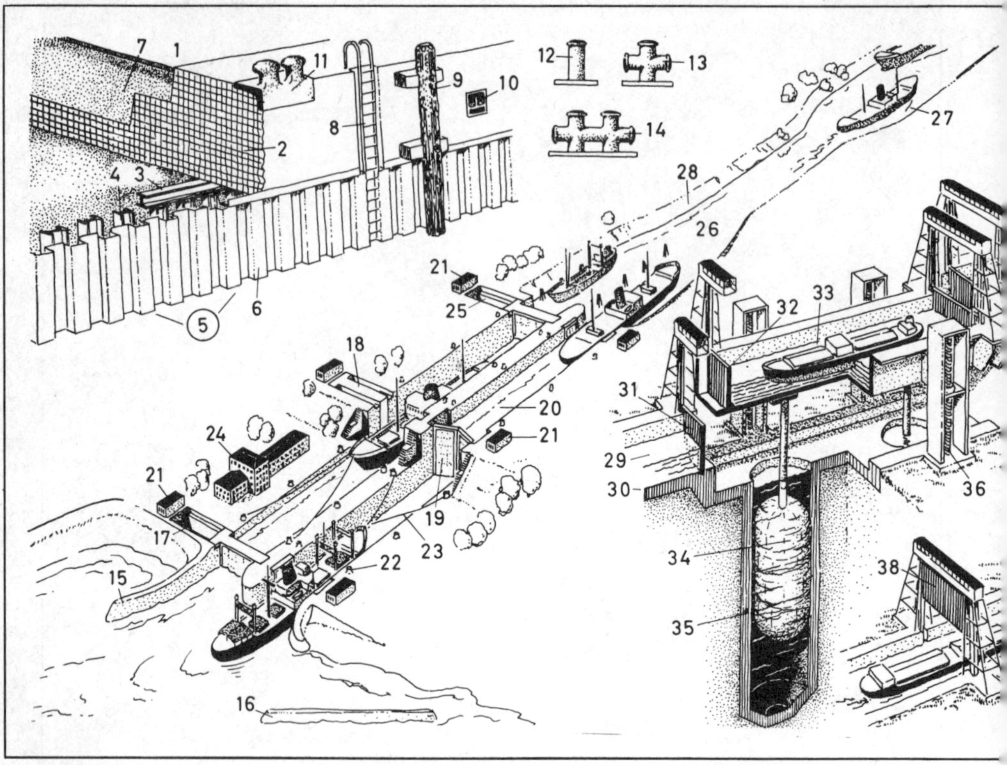

1-14 die Kaimauer
– ***le mur de quai*** m
1 die Straßendecke
– *le revêtement de la chaussée*
2 der Mauerkörper
– *le massif de maçonnerie* f *(le perré)*
3 die Stahlschwelle
– *la poutre (la traverse) métallique (en acier* m*)*
4 der Stahlpfahl
– *le pilier métallique (en acier* m*)*
5 die Spundwand
– *la paroi de palplanches* f
6 die Spundbohle
– *la palplanche en acier* m
7 die Hinterfüllung
– *le remblai (le terre-plein)*
8 die Steigeleiter
– *l'échelle* f
9 der Fender
– *la défense (le pieu d'accostage* m*)*
10 der Nischenpoller
– *le renfoncement (la niche) d'amarrage* m
11 der Doppelpoller
– *le double bollard d'amarrage* m
12 der Poller
– *le bollard (la bitte d'amarrage* m *à terre* f*)*
13 der Kreuzpoller
– *la bitte d'enroulement* m *en croix* f
14 der Doppelkreuzpoller
– *la bitte en double croix* f
15-28 der Kanal
– ***le canal***
15-16 die Kanaleinfahrt (Einfahrt)
– *l'entrée* f *du canal (le musoir)*
15 die Mole
– *le môle (la jetée)*
16 der Wellenbrecher
– *le brise-lames*
17-25 die Koppelschleuse
– *les écluses* f *en échelle* f *(l'échelle* f *d'écluses* f*)*
17 das Unterhaupt
– *la tête aval*
18 das Schleusentor, ein Schiebetor *n*
– *la porte d'écluse* f, *une porte coulissante*
19 das Stemmtor
– *la porte d'écluse* f, *une porte busquée*
20 die Schleuse (Schleusenkammer)
– *le sas d'écluse* f *(le bassin)*
21 das Maschinenhaus
– *la salle des machines* f
22 das Verholspill, ein Spill *n*
– *le cabestan enrouleur pour halage* m
23 die Verholtrosse, eine Trosse
– *l'(h)aussière (la touée), un grelin*
24 die Behörde (z.B. die Kanalverwaltung, die Wasserschutzpolizei, das Zollamt)
– *le bâtiment administratif (*exemple m: *administration* f *du canal, service* m *de protection* f *des eaux* f, *douanes* f*)*
25 das Oberhaupt
– *la tête amont*
26 der Schleusenvorhafen
– *le port-écluse, un avant-port*
27 die Kanalweiche (Weiche, Ausweichstelle)
– *la voie d'évitement* m *du canal (le point d'élargissement* m*)*
28 die Uferböschung
– *le talus de rive* f
29-38 das Schiffshebewerk
– ***l'ascenseur*** m ***à bateaux*** m
29 die untere Kanalhaltung
– *le bief d'aval* m
30 die Kanalsohle
– *le radier du canal*
31 das Haltungstor, ein Hubtor *n*
– *la porte de bief* m, *une porte levante*
32 das Trogtor
– *la porte du sas d'écluse* f
33 der Schiffstrog
– *le sas (le bassin)*
34 der Schwimmer, ein Auftriebskörper *m*
– *le flotteur, un dispositif de levage* m
35 der Schwimmerschacht
– *le puits du flotteur*
36 die Hubspindel
– *le vérin hydraulique (la tige de montée* f *et descente* f*)*
37 die obere Kanalhaltung
– *le bief d'amont* m *(le bief supérieur)*
38 das Hubtor
– *la porte levante*
39-46 das Pumpspeicherwerk
– ***la centrale hydraulique de pied*** m *de barrage* m *(l'usine* f *de pompage* m*)*
39 das Staubecken
– *le barrage-réservoir (le réservoir d'accumulation* f, *le bassin de retenue* f*)*
40 das Entnahmebauwerk
– *la prise d'eau* f *(la chambre de mise* f *en charge* f*)*
41 die Druckrohrleitung
– *la conduite forcée*

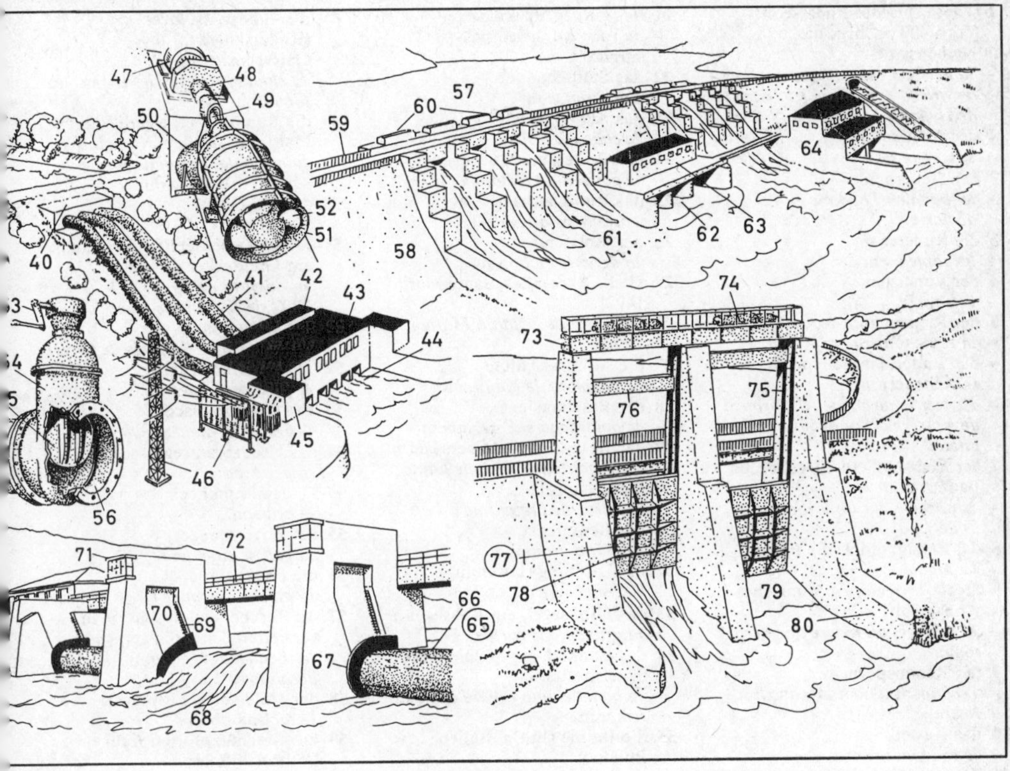

42 das Schieberhaus
– *le bâtiment des vannes* f
43 das Turbinenhaus (Pumpenhaus)
– *la salle des turbines* f *(la station de pompage* m*)*
44 das Auslaufbauwerk
– *l'installation* f *de restitution* f *(de décharge* f*)*
45 das Schalthaus
– *la salle de commande* f
46 die Umspannanlage
– *le poste de transformation* f
47-52 die Flügelradpumpe (Propellerpumpe)
– ***la pompe hélice*** *(la pompe à rotor* m, *à roue* f *à ailettes* f*)*
47 der Antriebsmotor
– *le moteur d'entraînement* m
48 das Getriebe
– *le réducteur*
49 die Antriebswelle
– *l'arbre* m *de transmission* f
50 das Druckrohr
– *la conduite forcée*
51 der Ansaugtrichter
– *le conduit d'aspiration* f
52 das Flügelrad
– *l'hélice* f *(le rotor, la couronne mobile, la roue à ailettes* f, *les pales* f*)*
53-56 der Schieber (Absperrschieber)
– ***la vanne*** *(la vanne d'arrêt* m*)*
53 der Kurbelantrieb
– *la commande à manivelle* f
54 das Schiebergehäuse
– *le corps de vanne* f
55 der Schieber
– *la vanne*
56 die Durchflußöffnung
– *l'orifice* m *d'écoulement* m *(la bouche)*
57-64 die Talsperre
– ***le barrage de vallée*** f
57 der Stausee
– *le bassin de retenue* f *(le barrage-réservoir, le lac d'accumulation* f*)*
58 die Staumauer
– *le barrage en béton* m
59 die Mauerkrone
– *la crête (le couronnement) du barrage*
60 der Überfall (die Hochwasserentlastungsanlage)
– *l'évacuateur* m *de crues* f *(le déversoir)*
61 das Tosbecken
– *le bassin d'amortissement* m *(le bassin de restitution* f, *de repos* m*)*
62 der Grundablaß
– *l'évacuateur* m *de fond* m *(la décharge* f *de fond* m*)*
63 das Schieberhaus
– *le bâtiment des vannes* f
64 das Krafthaus
– *le bâtiment des turbines* f
65-72 das Walzenwehr (Wehr), eine Staustufe; *anderes System:* Klappwehr
– ***le barrage mobile à cylindres*** m *(le barrage-écluse), un barrage réservoir;* autre système m: *le barrage à clapets* m
65 die Walze, ein Staukörper *m*
– *le cylindre, une vanne cylindrique*
66 die Walzenkrone
– *le haut du cylindre*
67 der Seitenschild
– *le collet (le bouclier latéral)*
68 die Versenkwalze
– *le cylindre (la vanne) submersible (immergé(e))*
69 die Zahnstange
– *la crémaillère*
70 die Nische
– *la niche*
71 das Windwerkshaus
– *le bâtiment des treuils* m
72 der Bedienungssteg
– *la passerelle de service* m *(de manœuvre* f*)*
73-80 das Schützenwehr
– ***le barrage à vannes*** f *(le barrage-vannes)*
73 die Windwerksbrücke
– *la passerelle des treuils* m
74 das Windwerk
– *le treuil de halage* m
75 die Führungsnut
– *la rainure de guidage* m *(la rainure-guide, le rail de guidage* m *de la vanne)*
76 das Gegengewicht
– *le contrepoids*
77 das Schütz (die Falle)
– *la vanne (la hausse)*
78 die Verstärkungsrippe
– *les nervures* f *de renforcement* m
79 die Wehrsohle
– *le radier du barrage*
80 die Wangenmauer
– *le bajoyer*

1-6 germanisches Ruderschiff [etwa 400 n.Chr.]; das Nydamschiff
– ***le navire à rames*** f ***germanique*** *[environ 400 après JC]; la barque de Nydam*
1 der Achtersteven
– *l'étambot* m
2 der Steuermann
– *le timonier (l'homme* m *de barre* f*)*
3 die Ruderer *m*
– *les rameurs* m
4 der Vorsteven
– *l'étrave* f
5 der Riemen zum Rudern *n*
– *la rame (l'aviron* m*)*
6 das Ruder, ein Seitenruder *n* zum Steuern *n*
– *l'aviron* m *de queue* f *(l'aviron* m *de gouverne* f*), un gouvernail latéral*
7 **der Einbaum,** ein ausgehöhlter Baumstamm *m*
– ***la pirogue,*** *un tronc d'arbre* m *évidé*
8 das Stechpaddel (die Pagaie)
– *la pagaie*
9-12 die Trireme, ein römisches Kriegsschiff *n*
– ***la trirème,*** *un navire de guerre* f *romain*
9 der Rammsporn
– *l'éperon* m *d'abordage* m *(le rostre)*
10 das Kastell
– *le château avant*
11 der Enterbalken, zum Festhalten *n* des Feindschiffs *n*
– *le grappin d'abordage* m
12 die drei Ruderreihen *f*
– *les trois rangs* m *de rames* f
13-17 das Wikingerschiff (der Wikingerdrache, das Drachenschiff, der Seedrache, das Wogenroß) [altnordisch]
– ***le drakkar viking*** *(le navire à tête* f *de dragon* m*)*
13 der Helm (Helmstock)
– *la barre du gouvernail*
14 die Zeltschere, mit geschnitzten Pferdeköpfen *m*
– *le support de tente* f *à têtes* f *de cheval* m *sculptées*
15 das Zelt
– *la tente*
16 der Drachenkopf
– *la figure de proue* f *à tête* f *de dragon* m
17 der Schutzschild (Schild)
– *le bouclier*
18-26 die Kogge (Hansekogge)
– ***le kog de la Hanse*** *à deux châteaux* m
18 das Ankerkabel (Ankertau)
– *le câble d'ancre* f
19 das Vorderkastell
– *le château avant (le gaillard)*
20 der Bugspriet
– *le beaupré*
21 das aufgegeite Rahsegel
– *la voile carrée carguée sur la vergue*
22 das Städtebanner
– *l'oriflamme* m
23 das Achterkastell
– *le château arrière*
24 das Ruder, ein Stevenruder *n*
– *le gouvernail d'étambot* m
25 das Rundgattheck
– *l'arrière* m *arrondi*
26 der Holzfender
– *la défense en bois* m
27-43 die Karavelle [„Santa Maria“ 1492]
– ***la caravelle*** *[«Santa Maria» 1492]*
27 die Admiralskajüte
– *la chambre de l'amiral* m
28 der Besanausleger
– *le bout-dehors d'artimon* m
29 der Besan, ein Lateinersegel *n*
– *la brigantine, une voile latine*
30 die Besanrute
– *la corne de brigantine* f
31 der Besanmast
– *le mât d'artimon* m
32 die Lasching (Laschung)
– *l'assemblage* m
33 das Großsegel, ein Rahsegel *n*
– *la grand-voile carrée*
34 das Bonnett, ein abnehmbarer Segelstreifen *m*
– *la bonette, une voilure de beau temps* m
35 die Buline (Bulin, Bulien, Buleine)
– *la bouline*
36 die Martnets *n* (Seitengordings *f*)
– *la cargue-bouline*
37 die Großrah
– *la grand-vergue*
38 das Marssegel
– *le hunier*
39 die Marsrah
– *la vergue de hunier* m
40 der Großmast
– *le grand mât*
41 das Focksegel
– *la misaine*
42 der Fockmast
– *le mât de misaine* f
43 die Blinde
– *la civadière*
44-50 die Galeere [15.-18.Jh.], eine Sklavengaleere
– ***la galère*** *[XV*[e] *- XVIII*[e] *siècles], une galère d'esclaves* m
44 die Laterne
– *le fanal*
45 die Kajüte
– *le gavon, la chambre du capitaine*
46 der Mittelgang
– *la coursie*
47 der Sklavenaufseher, mit Peitsche *f*
– *le garde-chiourme avec son fouet* m
48 die Galeerensklaven *m* (Rudersklaven, Galeerensträflinge)
– *la chiourme (les galériens* m*, les forçats* m*)*
49 die Rambate, eine gedeckte Plattform auf dem Vorschiff *n*
– *la rambate, une plate-forme de combat* m *à l'avant* m
50 das Geschütz
– *l'artillerie* f
51-60 das Linienschiff [18./19.Jh.], ein Dreidecker *m*
– ***le vaisseau de ligne*** f *[XVIII*[e] *- XIX*[e] *siècles] à trois ponts*
51 der Klüverbaum
– *le bout-dehors (le bâton de foc* m*)*
52 das Vorbramsegel
– *le petit perroquet*
53 das Großbramsegel
– *le grand perroquet*
54 das Kreuzbramsegel
– *la perruche*
55-57 das Prunkheck
– *le château*
55 der Bovenspiegel
– *la galerie supérieure*
56 die Heckgalerie
– *la galerie de poupe* f
57 die Tasche, ein Ausbau *m* mit verzierten Seitenfenstern *n*
– *les bouteilles* f*, galeries* f *décoratives*
58 der Unterspiegel (Spiegel)
– *le tableau arrière*
59 die Geschützpforten *f,* für Breitseitenfeuer *n*
– *les sabords* m *de batterie* f *ouverts pour tirer une bordée*
60 der Pfortendeckel
– *le panneau de sabord* m

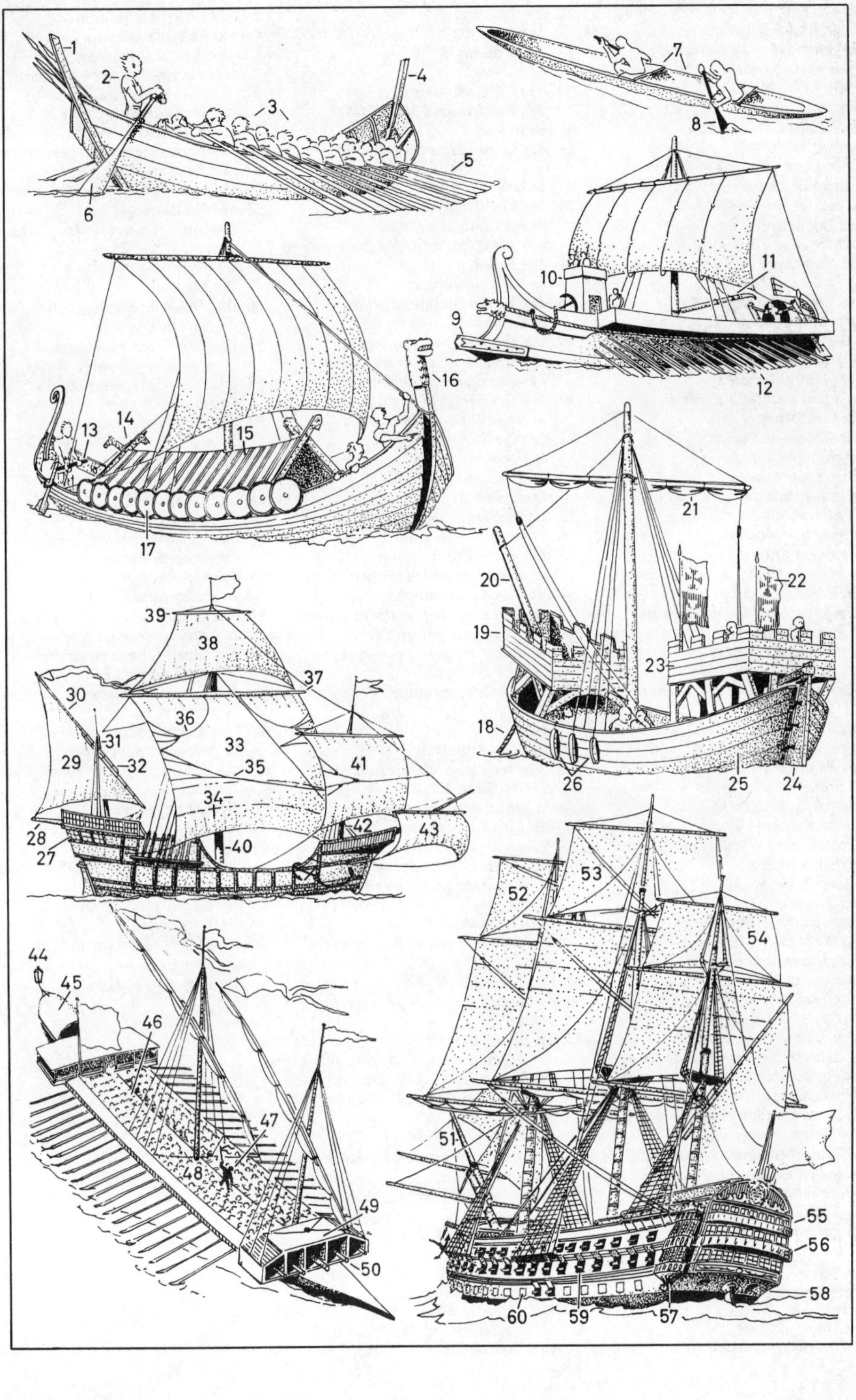
1
2
3
4
5
6
7
8
9
10
11
12
13
14
15
16
17
18
19
20
21
22
23
24
25
26
27
28
29
30
31
32
33
34
35
36
37
38
39
40
41
42
43
44
45
46
47
48
49
50
51
52
53
54
55
56
57
58
59
60

1-72 die Takelung und Besegelung einer Bark
– *le gréement et la voilure d'un trois-mâts barque*
1-9 die Masten *m*
– *les mâts* m
1 das Bugspriet mit dem Klüverbaum *m*
– *le beaupré avec le bout-dehors*
2-4 der Fockmast
– *le mât de misaine* f
2 der Fockuntermast
– *le mât de misaine* f *(le bas-mât)*
3 die Vorstenge (Vormarsstenge)
– *le petit mât de hune* f
4 die Vorbramstenge
– *le petit mât de perroquet* m
5-7 der Großmast
– *le grand mât*
5 der Großuntermast
– *le grand mât (le bas-mât)*
6 die Großstenge (Großmarsstenge)
– *le grand mât de hune* f
7 die Großbramstenge
– *le grand mât de perroquet* m
8-9 der Besanmast
– *le mât d'artimon* m
8 der Besanuntermast
– *le mât d'artimon* m *(le bas-mât)*
9 die Besanstenge
– *le mât de hune* f *d'artimon* m
10-19 das stehende Gut
– *le gréement dormant*
10 das Stag
– *l'étai* m *de misaine* f *(l'étai* m *de mât de misaine* f*)*
11 das Stengestag
– *l'étai* m *de petit mât de hune* f
12 das Bramstengestag (Bramstag)
– *la draille de clin-foc* m
13 das Royalstengestag (Royalstag)
– *l'étai de petit cacatois* m
14 der Klüverleiter
– *la draille de foc* m
15 das Wasserstag
– *la martingale de beaupré* m
16 die Wanten *f*
– *le gréement inférieur (les haubans* m *de misaine* f, *de grand mât* m, *d'artimon* m*)*
17 die Stengewanten *f*
– *le gréement intermédiaire (les haubans* m *de petit mât de hune* f, *de grand mât de hune* f, *de mât de perroquet* m *de fougue* f*)*
18 die Bramstengewanten *f*
– *le gréement supérieur (les haubans* m *de petit mât de perroquet* m, *de grand mât de perroquet* m, *de mât de perruche* f*)*
19 die Pardunen *f*
– *les galhaubans* m
20-31 die Schratsegel
– *les voiles* f *longitudinales*
20 das Vor-Stengestagsegel
– *le petit foc*
21 der Binnenklüver
– *le faux-foc (le second foc)*
22 der Klüver
– *le grand foc*
23 der Außenklüver
– *le clin-foc*
24 das Groß-Stengestagsegel
– *la grand-voile d'étai* m *(la poillouse)*
25 das Groß-Bramstagsegel (Bramstengestagsegel)
– *la voile d'étai* m *de grand hunier*
26 das Groß-Royalstagsegel (Royalstengestagsegel)
– *la voile d'étai de grand perroquet* m
27 das Besanstagsegel
– *le foc d'artimon* m
28 das Besan-Stengestagsegel
– *le diablotin*
29 das Besan-Bramstagsegel (Bramstengestagsegel)
– *la voile d'étai* m *de perruche* f
30 das Besansegel (der Besan)
– *la brigantine (l'artimon* m*)*
31 das Gaffeltoppsegel
– *le flèche-en-cul* m
32-45 die Rundhölzer *n*
– *les espars* m
32 die Fockrah
– *la vergue de misaine* f
33 die Vor-Untermarsrah
– *la vergue de petit hunier* m *fixe*
34 die Vor-Obermarsrah
– *la vergue de petit hunier* m *volant*
35 die Vor-Unterbramrah
– *la vergue de petit perroquet* m *fixe*
36 die Vor-Oberbramrah
– *la vergue de petit perroquet* m *volant*
37 die Vor-Royalrah
– *la vergue de petit cacatois* m
38 die Großrah
– *la grand-vergue*
39 die Groß-Untermarsrah
– *la vergue de grand hunier* m *fixe*
40 die Groß-Obermarsrah
– *la vergue de grand hunier* m *volant*
41 die Groß-Unterbramrah
– *la vergue de grand perroquet* m *fixe*
42 die Groß-Oberbramrah
– *la vergue de grand perroquet* m *volant*
43 die Groß-Royalrah
– *la vergue de grand cacatois* m
44 der Besanbaum (Großbaum)
– *le gui de brigantine* f *(le gui d'artimon* m*)*
45 die Gaffel
– *la corne de brigantine* f *(la corne d'artimon* m*)*
46 das Fußpferd (Peerd; *pl:* die Peerden)
– *les marchepieds* m
47 die Toppnanten *f*
– *les balancines* f
48 die Dirk (Besandirk)
– *la balancine de gui* m
49 der Gaffelstander (Pickstander)
– *la drisse de pic* m
50 die Vor-Marssaling
– *la hune de misaine* f
51 die Vor-Bramsaling
– *les barres* f *de petit perroquet* m
52 die Groß-Marssaling
– *la grand-hune*
53 die Groß-Bramsaling
– *les barres* f *de grand perroquet* m
54 die Besansaling
– *la hune de mât d'artimon* m
55-66 die Rahsegel *n*
– *les voiles* f ***carrées*** *(les phares* m *carrés)*
55 das Focksegel
– *la misaine*
56 das Vor-Untermarssegel
– *le petit hunier fixe*
57 das Vor-Obermarssegel
– *le petit hunier volant*
58 das Vor-Unterbramsegel
– *le petit perroquet*
59 das Vor-Oberbramsegel
– *le petit cacatois*
60 das Vor-Royalsegel
– *le petit contre-cacatois*
61 das Großsegel
– *la grand-voile*
62 das Groß-Untermarssegel
– *le grand hunier fixe*
63 das Groß-Obermarssegel
– *le grand hunier volant*
64 das Groß-Unterbramsegel
– *le grand perroquet fixe*
65 das Groß-Oberbramsegel
– *le grand perroquet volant*
66 das Groß-Royalsegel
– *le grand cacatois*
67-71 das laufende Gut
– *le gréement courant*
67 die Brassen [*sg:* die Braß]
– *les bras* m
68 die Schoten [*sg:* die Schot]
– *les écoutes* f
69 die Besanschot
– *l'écoute* f *de brigantine* f *(l'écoute* f *d'artimon* m*)*
70 die Gaffelgeer [*pl:* die Gaffelgeerden]
– *les palans* m *de garde* f
71 die Gordings *f*
– *les cargues-fonds* m
72 das Reff
– *les ris* m

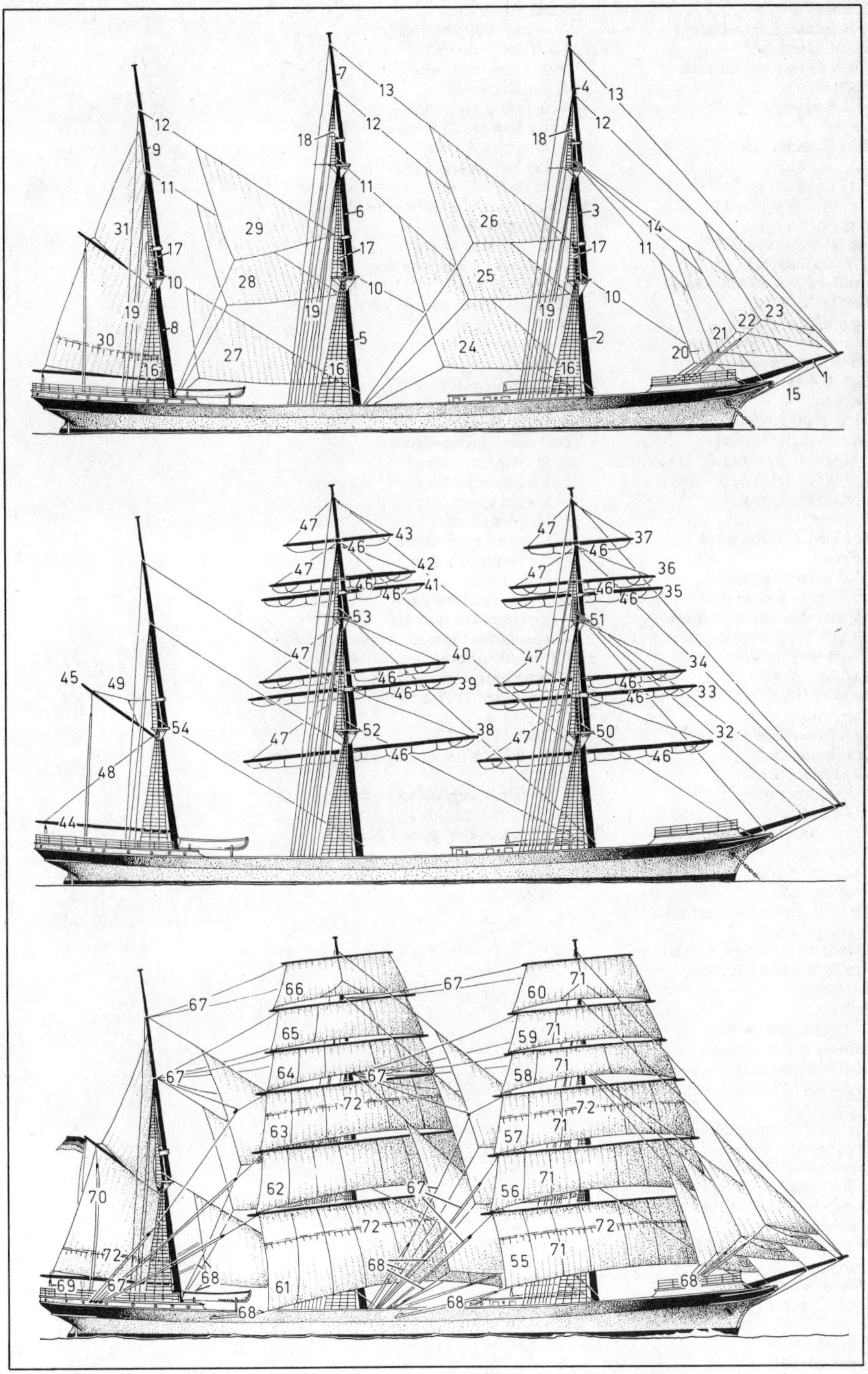
1
2
3
4
5
6
7
8
9
10
11
12
13
14
15
16
17
18
19
20
21
22
23
24
25
26
27
28
29
30
31
32
33
34
35
36
37
38
39
40
41
42
43
44
45
46
47
48
49
50
51
52
53
54
55
56
57
58
59
60
61
62
63
64
65
66
67
68
69
70
71
72

1-5 Segelformen *f*
– ***les formes*** f ***de voilures*** f
1 das Gaffelsegel
– *la voile aurique (la voile à corne* f*)*
2 das Stagsegel
– *le foc*
3 das Lateinersegel
– *la voile latine*
4 das Luggersegel
– *la voile de lougre* m
5 das Sprietsegel
– *la voile à livarde* f
6-8 Einmaster *m*
– ***voiliers*** m ***à mât*** m ***unique***
6 die Tjalk
– *le tjalk hollandais*
7 das Schwert (Seitenschwert)
– *la dérive latérale*
8 der Kutter
– *le cotre*
9-10 Eineinhalbmaster *m* (Anderthalbmaster)
– ***voiliers*** m ***à mât*** m ***de tape-cul*** m *(à mât* m *arrière plus court)*
9 der Ewer (Ever)
– *le ketch*
10 der kurische Reisekahn
– *le yawl*
11-17 Zweimaster *m*
– ***voiliers*** m ***à deux mâts*** m *égaux ou à mât* m *avant plus court*
11-13 der Toppsegelschoner
– *la goélette à huniers* m
11 das Großsegel
– *la grand-voile*
12 das Schonersegel
– *la misaine-goélette*
13 die Breitfock
– *la misaine carrée*
14 die Schonerbrigg
– *le brigantin*
15 der Schonermast mit Schratsegeln *n*
– *le grand mât à voiles* f *longitudinales*
16 der voll getakelte Mast mit Rahsegeln *n*
– *le mât de misaine* f *à phares* m *carrés (à voiles* f *carrées)*
17 die Brigg
– *le brick*
18-27 Dreimaster *m*
– ***voiliers*** m ***à trois mâts*** m
18 der Dreimast-Gaffelschoner
– *la goélette franche à trois mâts* m
19 der Dreimast-Toppsegelschoner
– *le trois-mâts goélette* f
20 der Dreimast-Marssegelschoner
– *le trois-mâts goélette* f *à huniers* m
21-23 die Bark [vgl. Takel- und Segelriß Tafel 219]
– *le trois-mâts barque* f *[v. illustration du gréement et de la voilure, planche 219]*
21 der Fockmast
– *le mât de misaine* f
22 der Großmast
– *le grand-mât*
23 der Besanmast
– *le mât d'artimon* m
24-27 das Vollschiff (Schiff)
– *le trois-mâts carré*
24 der Kreuzmast
– *le mât d'artimon* m
25 die Bagienrah (Begienrah)
– *la vergue barrée*
26 das Bagiensegel (Kreuzsegel)
– *la voile barrée*
27 das Portenband (Pfortenband)
– *les sabords* m
28-31 Viermaster *m*
– ***voiliers*** m ***à quatre mâts*** m
28 der Viermast-Gaffelschoner
– *la goélette à quatre mâts* m
29 die Viermastbark
– *le quatre-mâts barque* f
30 der Kreuzmast
– *le grand mât arrière*
31 das Viermastvollschiff
– *le quatre-mâts carré*
32-34 die Fünfmastbark
– ***le cinq-mâts barque*** f
32 das Skysegel (Skeisel, Skeusel)
– *le contre-cacatois*
33 der Mittelmast
– *le grand-mât central*
34 der Achtermast
– *le grand-mât arrière*
35-37 Entwicklung des Segelschiffes *n* in 400 Jahren
– ***l'évolution*** f ***des navires*** m ***à voile*** f *en 400 ans* m
35 das Fünfmastvollschiff „Preußen", 1902-1910
– *le cinq-mâts carré «Preussen», 1902-1910*
36 der engl. Klipper „Spindrift", 1867
– *le clipper anglais «Spindrift», 1867*
37 die Karavelle „Santa Maria", 1492
– *la caravelle «Santa Maria», 1492*

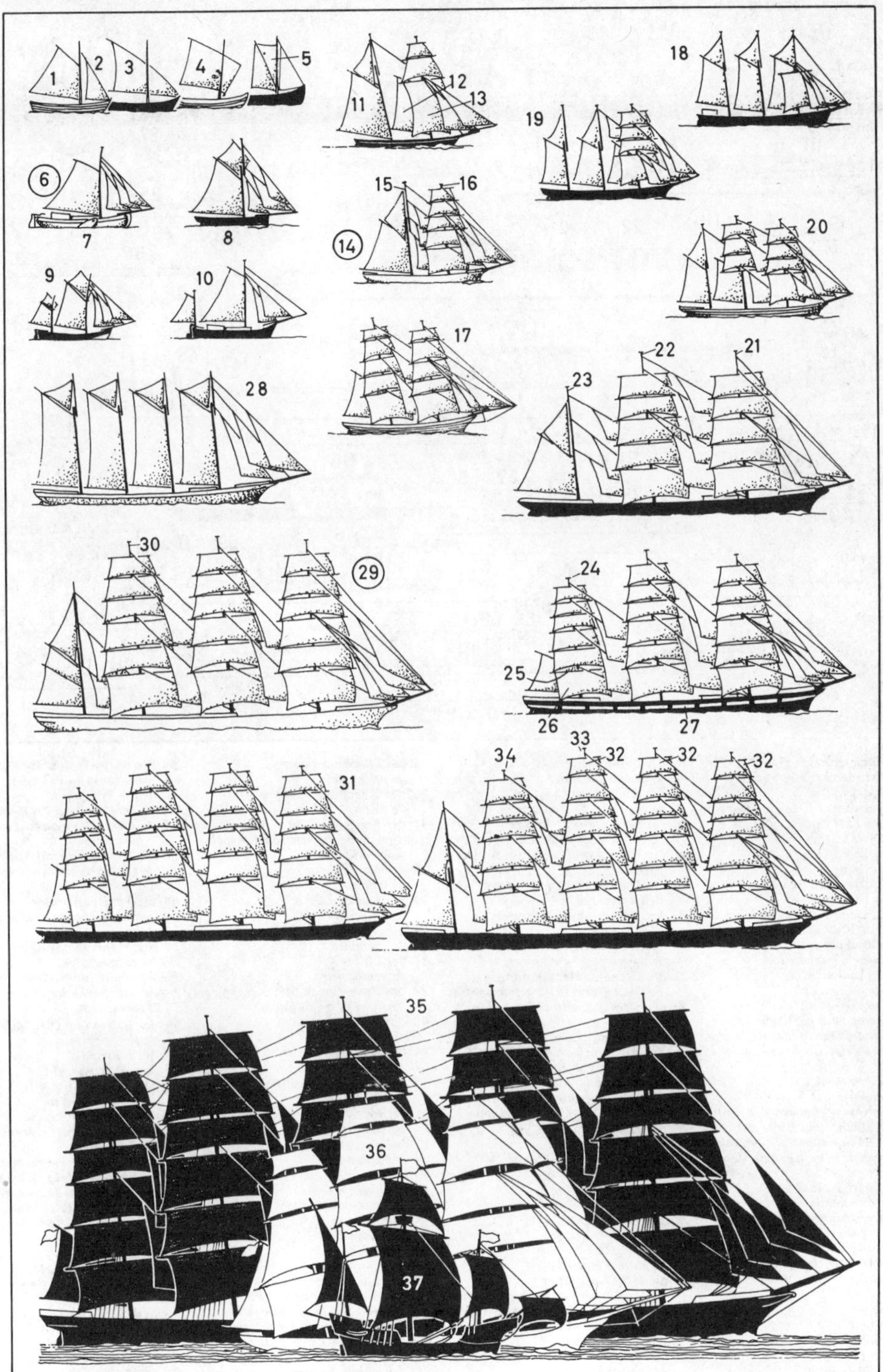
1
2
3
4
5
6
7
8
9
10
11
12
13
14
15
16
17
18
19
20
21
22
23
24
25
26
27
28
29
30
31
32
33
34
35
36
37

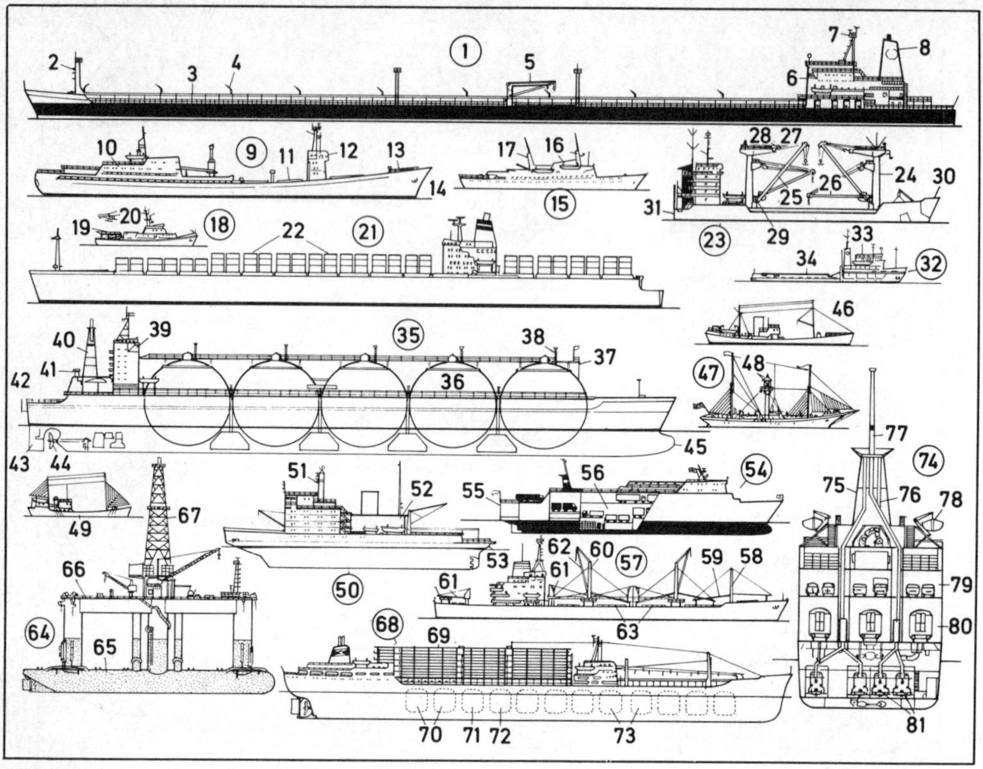

1 **der Mammuttanker** (ULCC, Ultra large crudeoil carrier) vom „All-aft-Typ" *m*
– ***le super-tanker*** *(ULCC, Ultra Large Crude Carrier) du type à passerelle* f *arrière*
2 der vordere Mast
– *le mât avant*
3 der Laufsteg mit den Rohrleitungen *f*
– *le passavant avec les conduites* f
4 die Feuerlöschkanone (der Feuerlöschmotor)
– *la bouche d'incendie* m
5 der Deckskran
– *la grue de pont* m
6 das Deckshaus mit der Brücke
– *le château et la passerelle*
7 der achtere Signal- und Radarmast
– *le mât de signaux* m *et l'antenne* f *radar*
8 der Schornstein
– *la cheminée*
9 **das Kernenergieforschungsschiff** *„Otto Hahn"*, ein Bulkfrachter *m*
– ***un navire expérimental à propulsion*** f *nucléaire, le transporteur de vrac* m *«Otto Hahn»*
10 der achtere Aufbau (das Maschinenhaus)
– *les superstructures* f *arrière (la chambre des machines* f*)*
11 die Ladeluke für Schüttgut *n*
– *le panneau de charge* f
12 die Brücke
– *la passerelle*
13 die Back
– *le gaillard*
14 der Steven
– *l'étrave* f
15 **das Seebäderschiff**
– ***le navire d'excursion*** f
16 der blinde Schornstein
– *la fausse cheminée*
17 der Abgasmast (Abgaspfosten)
– *la conduite d'échappement* m
18 **der Seenotrettungskreuzer**
– ***le navire de sauvetage*** m
19 die Hubschrauberplattform (das Arbeitsdeck)
– *la plate-forme d'atterrissage* m *pour hélicoptères* m
20 der Rettungshubschrauber
– *l'hélicoptère* m
21 **das Vollcontainerschiff**
– ***le navire porte-conteneurs*** m
22 die Containerdecksladung
– *les conteneurs* m *chargés en pontée* f
23 **der Schwerstgutfrachter**
– ***le cargo***
24-29 das Ladegeschirr
– *l'installation* f *de manutention* f
24 der Schwergutpfosten
– *le mât bipode*
25 der Schwergutbaum
– *le mât de charge* f *à grande capacité* f
26 der Ladebaum
– *la flèche*
27 die Talje (der Flaschenzug)
– *le palan*
28 der Block
– *la poulie*
29 das Widerlager
– *la butée*
30 das Bugtor
– *la porte d'étrave* f
31 die Heckladeklappe
– *la porte arrière de chargement* m
32 **der Offshore** (Bohrinselversorger)
– ***le ravitailleur de forage*** m ***offshore*** *(forage* m *en mer* f*)*
33 der Kompaktaufbau
– *les superstructures* f
34 das Ladedeck (Arbeitsdeck)
– *la plate-forme de travail* m
35 **der Flüssiggastanker**
– ***le méthanier***
36 der Kugeltank
– *le réservoir sphérique*
37 der Navigationsfernsehmast
– *le système de télévision* f *pour la navigation*
38 der Abblasemast
– *l'évent* m
39 das Deckshaus
– *la passerelle*
40 der Schornstein
– *la cheminée*
41 der Lüfter
– *le ventilateur*
42 das Spiegelheck (der Heckspiegel)
– *l'arrière* m *à tableau* m
43 das Ruderblatt
– *le gouvernail*
44 die Schiffsschraube
– *l'hélice* f
45 der Bugwulst (Bulbsteven)
– *le bulbe d'étrave* f
46 der Fischdampfer (Seitentrawler)
– *le chalutier*
47 **das Feuerschiff**
– ***le bateau-feu***
48 die Laterne
– *le phare (le feu)*
49 der Motorfischkutter
– *le bateau de pêche* f
50 **der Eisbrecher**
– ***le brise-glace***
51 der Turmmast
– *le feu de route* f
52 der Hubschrauberhangar
– *l'abri* m *de l'hélicoptère* m
53 die Heckführungsrinne zum Aufnehmen *n* des Bugs *m* geleiteter Schiffe *n*
– *le point de fixation* f *à l'arrière* f *pour remorquer un navire par l'avant* m
54 **die Ro-ro-Trailerfähre** (der Roll-on-roll-off-Trailer, Roro-Trailer)
– ***le cargo roll-on - roll-off*** *(le navir transroulier, le cargo à manutentior* f *horizontale)*
55 die Heckpforte mit Auffahrrampe
– *la porte arrière avec rampe* f *d'accès* m
56 die Lkw-Fahrstühle
– *le monte-charge pour véhicules* m *lourds*
57 **der Mehrzweckfrachter**
– ***le cargo***
58 der Lade- und Lüfterpfosten
– *le mât auxiliaire servant d'aérateur* m
59 der Ladebaum (das Ladegeschirr)
– *la flèche*
60 der Lademast
– *le mât de charge* f
61 der Deckskran
– *la grue de pont* m
62 der Schwergutbaum
– *le mât de charge* f *à grande capacité*
63 die Ladeluke
– *le panneau de chargement* m
64 **die halbtauchende Bohrinsel**
– ***la plate-forme de forage*** m ***semi-submersible***
65 der Schwimmer mit der Maschinenanlage
– *le navire-support avec les machines* f
66 die Arbeitsplattform
– *la plate-forme de forage* m
67 der Bohrturm
– *le derrick*
68 **der Viehtransporter** (Livestock-Carrier)
– ***le transport de bétail*** m
69 der Aufbau für den Tiertransport
– *les superstructures* f *pour le transport du bétail*

70 die Frischwassertanks *m*
– *les réservoirs* m *d'eau* f *douce*
71 der Treiböltank
– *le réservoir de carburant* m
72 der Dungtank
– *la cuve à fumier* m
73 die Futtertanks *m*
– *les réservoirs* m *de fourrage* m
74 **die Eisenbahnfähre** (das Trajekt [im Querschnitt])
– ***le ferry** (un navire de transport* m *automobile ou ferroviaire) [coupe* f*]*
75 der Schornstein
– *la cheminée*
76 die Rauchzüge *m* (Abgasleitungen *f*)
– *les tuyaux* m *d'échappement* m
77 der Mast
– *le mât*
78 das Rettungsboot im Patentdavit *m*
– *le canot de sauvetage* m *dans ses bossoirs* m *(porte-manteau* m*)*
79 das Autodeck
– *le pont des voitures* f
80 das Eisenbahndeck
– *le pont ferroviaire*
81 die Hauptmotoren *m*
– *la machine principale*
82 **der Passagierdampfer** (Liner, Ocean Liner)
– ***le paquebot** (le transatlantique)*
83 der Atlantiksteven
– *l'étrave* f
84 der Gittermantelschornstein
– *la cheminée à structure* f *en treillis* m
85 die Flaggengala (der Flaggenschmuck; über die Toppen *m* geflaggt, z.B. auf der Jungfernfahrt)
– *le grand pavois (série* f *de pavillons* m *hissés de l'avant à l'arrière pour les fêtes* f *ou le premier voyage)*
86 **der Hecktrawler,** ein Fischfang- und Verarbeitungsschiff *n*
– ***un chalutier**, un navire-usine*
87 der Heckgalgen
– *le portique*
88 die Heckaufschleppe
– *la rampe arrière*
89 **das Containerschiff**
– ***le cargo porte-conteneurs***
90 die Verladebrücke
– *le chargement en pontée* f
91 das Seefallreep (die Jakobsleiter, Strickleiter)
– *l'échelle* f *de coupée* f
92 **der Schubverband,** zwei Binnenwasserfahrzeuge *n*
– ***un pousseur et une barge***
93 der Schubschlepper (Schubtrecker)
– *le pousseur*
94 der Schubleichter (Schubkahn), ein Gastankleichter *m*
– *la barge sans moteur* m
95 das Lotsenboot
– *le bateau-pilote*
96 **das kombinierte Fracht-Fahrgast-Schiff** in Linienfahrt *f* (Kombischiff, der Linienfrachter)
– ***le cargo mixte, un navire de transport*** m ***de marchandises*** f ***et de passagers*** m
97 das Ausbooten der Passagiere *m*
– *le débarquement des passagers* m
98 das Fallreep
– *l'échelle* f *de coupée* f
99 das Küstenmotorschiff (Kümo)
– *le caboteur*
100 der Zoll- *oder* Polizeikreuzer
– *la vedette de la douane*
101-128 **der Ausflugsdampfer** (das Bäderschiff)
– ***le paquebot de croisière*** f *(le navire d'excursion* f*)*
101-106 die Rettungsbootaufhängung
– *l'installation* f *de mise à l'eau* f *des canots* m
101 der Davit
– *le bossoir*
102 der Mittelstander
– *l'entremise* f *de bossoir* m
103 das Manntau
– *la sauvegarde*
104 die Talje
– *le palan*
105 der Block
– *la poulie*
106 der Taljenläufer
– *le garrant*
107 das Rettungsboot (die Pinasse) mit der Persenning
– *le canot de sauvetage* m *avec son taud*
108 der Steven
– *l'étrave* f
109 der Passagier (Fahrgast)
– *le passager*
110 der Stewart
– *le steward*
111 der Deckstuhl (Liegestuhl)
– *le fauteuil de pont* m *(le transatlantique)*
112 der Schiffsjunge (*seem.* Moses)
– *le mousse*
113 der Eimer (*seem.* die Pütz)
– *le seau*
114 der Bootsmann
– *le maître d'équipage* m
115 die Litewka
– *la vareuse*
116 das Sonnensegel
– *la tente*
117 die Sonnensegelstütze
– *le montant de tente* f
118 die Sonnensegellatte
– *l'arbalétrier* m
119 das Bändsel
– *la ligne d'amarrage* m
120 das Schanzkleid
– *le pavois*
121 die Reling
– *le garde-corps*
122 der Handläufer
– *la rambarde*
123 der Niedergang
– *l'échelle* f *de descente* f
124 der Rettungsring (die Rettungsboje)
– *la bouée de sauvetage* m
125 das Nachtrettungslicht (Wasserlicht)
– *le feu de la bouée*
126 der wachhabende Offizier (Wachhabende)
– *l'officier* m *de quart* m
127 das Bordjackett
– *le caban*
128 das Fernglas
– *les jumelles* f

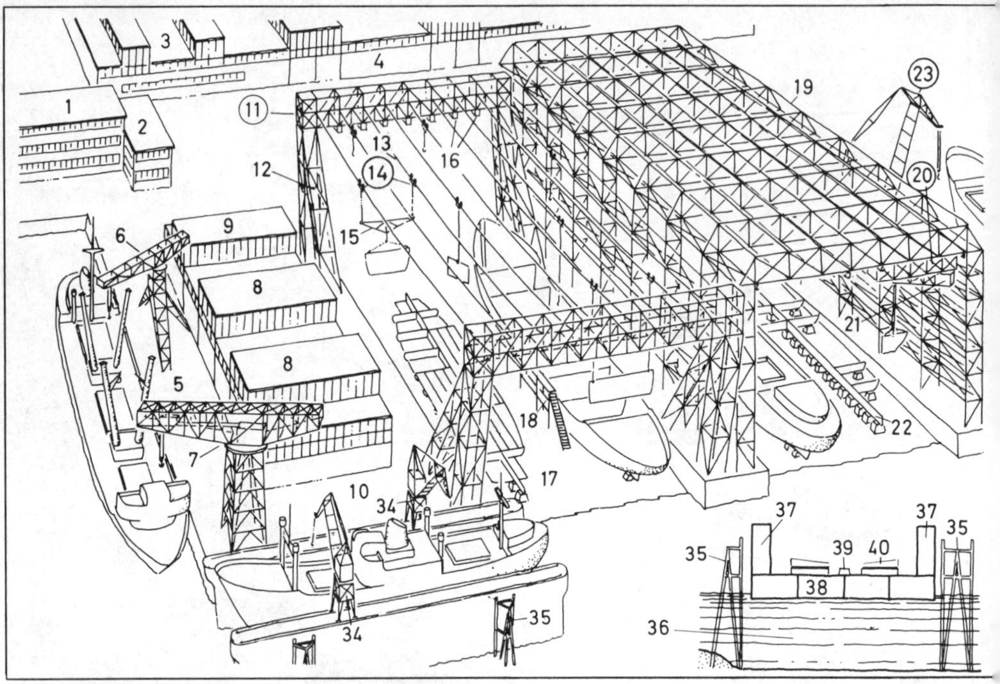

1-43 die Schiffswerft (Werft)
– ***le chantier de construction*** f ***navale*** *(le chantier naval)*
1 das Verwaltungsgebäude
– *le bâtiment administratif*
2 das Konstruktionsbüro
– *le bureau d'études* f
3-4 die Schiffbauhalle
– *les halles* f *de construction* f
3 der Schnürboden
– *la salle de tracé* m
4 die Werkhalle
– *la halle de montage* m
5-9 der Ausrüstungskai
– *le quai d'armement* m
5 der Kai
– *le quai*
6 der Dreibeinkran
– *la grue tripode*
7 der Hammerkran
– *la grue marteau* m
8 die Maschinenbauhalle
– *l'atelier* m *des machines* f
9 die Kesselschmiede
– *l'atelier* m *des chaudières* f
10 der Reparaturkai
– *le quai de réparation* f
11-26 die Hellinganlagen *f*(Hellingen *f*, Helgen *m*)
– *les installations* f *de la cale de construction* f
11-18 die Kabelkranhelling (Portalhelling), eine Helling (ein Helgen *m*)
– *la cale à portique* m, *une cale de construction* f
11 das Hellingportal (Portal)
– *le portique de cale* f
12 die Portalstütze
– *la palée*
13 das Krankabel
– *le câble*
14 die Laufkatze
– *le chariot-treuil* m *(le chariot roulant, le treuil roulant)*
15 die Traverse
– *le palonnier*
16 das Kranführerhaus
– *la cabine du grutier*
17 die Hellingsohle
– *le radier de la cale de construction* f
18 die Stelling, ein Baugerüst *n*
– *l'échafaudage* m
19-21 die Gerüsthelling
– *la cale à échafaudage* m
19 das Hellinggerüst
– *l'échafaudage* m *de cale* f
20 der Deckenkran
– *la grue à chevalet* m
21 die Drehlaufkatze
– *le chariot à bec* m *pivotant (le pont roulant orientable)*
22 der gestreckte Kiel
– *la quille sur forme* f
23 der Drehwippkran, ein Hellingkran *m*
– *la grue pivotante à volée* f *variable, une grue de cale* f
24 die Kranbahn
– *le chemin de roulement* m
25 der Portalkran
– *la grue à portique* m *(la grue-portique, le portique roulant)*
26 die Kranbrücke
– *le portique*
27 der Brückenträger
– *les portants* m *de portique* m
28 die Laufkatze (der Laufkran)
– *le chariot roulant (le treuil roulant, le pont roulant)*
29 das Schiff in Spanten *n*
– *les couples* m *de construction* f
30 der Schiffsneubau
– *le navire en construction* f
31-33 das Trockendock
– *la cale sèche (le bassin de radoub* m, *de carénage* m*)*
31 die Docksohle
– *le radier de la cale (du bassin)*
32 das Docktor (der Dockponton, Verschlußponton)
– *les portes* f *du bassin*
33 das Pumpenhaus (Maschinenhaus)
– *la station de pompage* m
34-43 das Schwimmdock
– *le dock flottant (la forme flottante)*
34 der Dockkran, ein Torkran *m*
– *la grue de dock* m, *une grue à portique* m
35 die Streichdalben *m* (Leitdalben)
– *la défense en pilotis* m *(le duc d'albe)*
36-43 der Dockbetrieb
– *l'installation* f *du dock flottant*
36 die Dockgrube
– *la souille (la fosse) du dock flottant*
37-38 der Dockkörper
– *la structure du dock flottant*
37 der Seitentank
– *le ballast latéral (la paroi, le caisson vertical)*
38 der Bodentank
– *le ballast de fond* m *(le caisson horizontal)*
39 der Kielpallen (Kielstapel), ein Dockstapel *m*
– *le tin de construction* f
40 der Kimmpallen (Kimmstapel)
– *le tin latéral (le tin de bouchain* m*)*

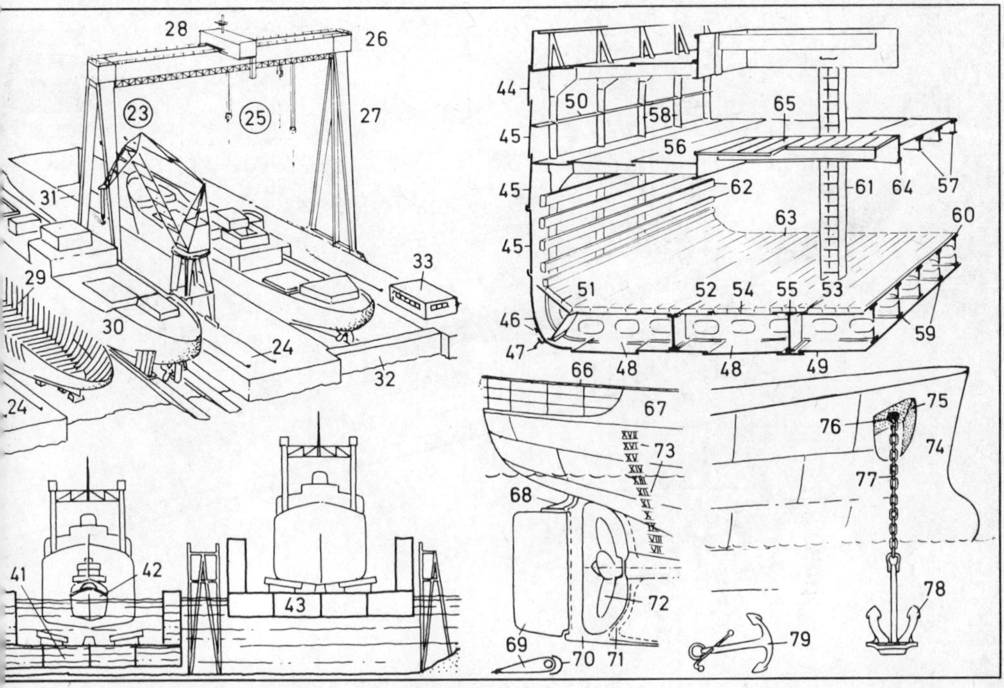

41-43 das Eindocken (Docken) eines Schiffes *n*
– *l'entrée* f *d'un navire au bassin*
41 das geflutete (gefüllte) Schwimmdock
– *le dock flottant immergé*
42 der Schlepper beim Bugsieren *n* (Schleppen)
– *le remorqueur du navire*
43 das gelenzte (leergepumpte) Dock
– *le dock flottant remonté, après pompage* m *de l'eau* f
44-61 die Konstruktionselemente *n*
– *la charpente du navire*
44-56 der Längsverband
– *la charpente longitudinale*
44-49 die Außenhaut
– *le bordé extérieur*
44 der Schergang
– *la virure de carreau* m
45 der Seitengang
– *le bordé de côté* m
46 der Kimmgang
– *la virure de bouchain* m
47 der Schlingerkiel (Kimmkiel)
– *la quille de roulis* m *(la quille de bouchain* m*)*
48 der Bodengang
– *le bordé de fond* m
49 der Flachkiel
– *la quille plate*
50 der Stringer
– *la serre*
51 die Tankrandplatte (Randplatte)
– *le support de côté* m *(la virure latérale)*
52 der Seitenträger
– *la carlingue latérale*
53 der Mittelträger
– *la quille-carlingue (la carlingue centrale)*
54 die Tankdecke
– *le plafond (la plate-forme) du ballast*
55 die Mitteldecke
– *la virure centrale*
56 die Deckplatte
– *la tôle de pont* m
57 der Deckbalken
– *le barrot de pont* m
58 das Spant
– *la membrure (le couple)*
59 die Bodenwrange
– *la varangue*
60 der Doppelboden
– *le double fond cellulaire*
61 die Raumstütze
– *l'épontille* f *de cale* f
62-63 die Garnierung
– *le vaigrage*
62 die Seitenwegerung
– *le vaigrage latéral*
63 die Bodenwegerung
– *le vaigrage de fond* m
64-65 die Luke
– *l'écoutille* f
64 das Lukensüll
– *l'hiloire* f *(le surbau)*
65 der Lukendeckel
– *le panneau d'écoutille* f
66-72 das Heck
– *l'arrière* m *(la poupe)*
66 die offene Reling
– *la rambarde (le garde-corps)*
67 das Schanzkleid
– *le pavois*
68 der Ruderschaft
– *la mèche du gouvernail*
69-70 das Oertz-Ruder
– *le gouvernail*
69 das Ruderblatt
– *le safran*
70-71 der Achtersteven (Hintersteven)
– *l'étambot* m
70 der Rudersteven (Leitsteven)
– *l'étambot* m *arrière*
71 der Schraubensteven
– *l'étambot* m *avant*
72 die Schiffsschraube
– *l'hélice* f
73 die Ahming (Tiefgangsmarke)
– *l'échelle* f *de tirants* m *d'eau* f
74-79 der Bug
– *l'avant* m *(la proue, l'étrave* f*)*
74 der Vorsteven, ein Wulststeven *m* (Wulstbug)
– *l'étrave* f, *une étrave à bulbe* m
75 die Ankertasche (Ankernische)
– *l'écubier* m
76 die Ankerklüse
– *le manchon d'écubier* m
77 die Ankerkette
– *la chaîne d'ancre* f *(la chaîne de mouillage* m*)*
78 der Patentanker
– *l'ancre* f *sans jas*
79 der Stockanker
– *l'ancre* f *à jas*

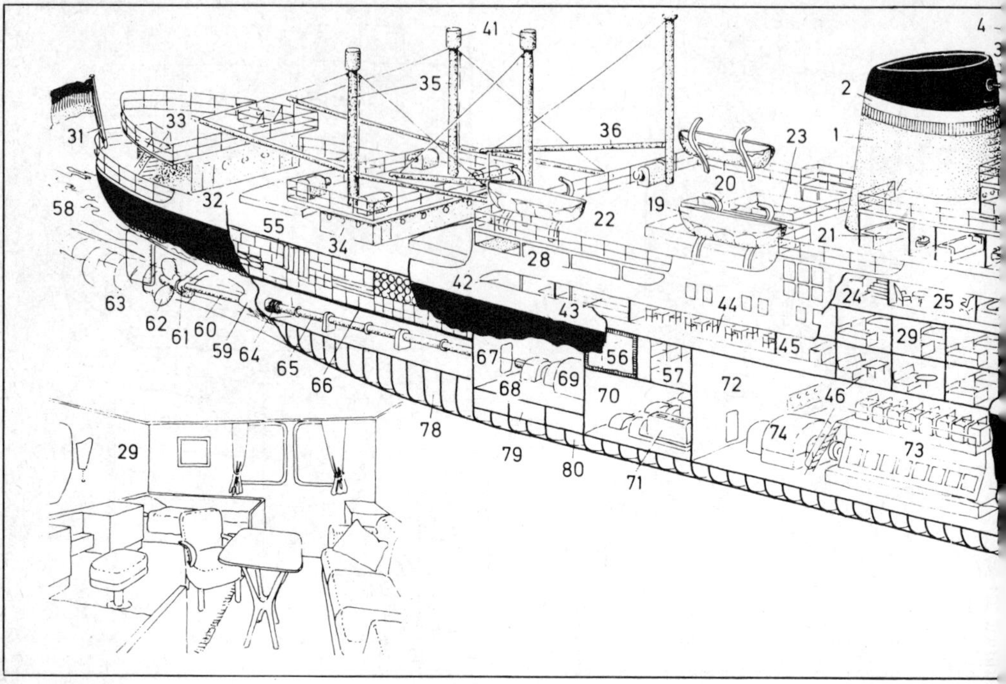

1-71 das kombinierte Fracht-Fahrgast-Schiff [älteren Typs]
– ***le cargo mixte passagers*** m - ***marchandises*** f *[d'un type ancien]*
1 der Schornstein
– *la cheminée*
2 die Schornsteinmarke (Schornsteinfarben *pl*)
– *la marque de cheminée* f
3 die Sirene (das Typhon)
– *la sirène (le signal de brume* f*)*
4-11 das Peildeck
– ***la passerelle de navigation*** f
4 die Antennenniederführung
– *les antennes* f
5 die Funkpeilerrahmenantenne (Peilantenne)
– *l'antenne* f *radiogoniométrique (le cadre gonio)*
6 der Magnetkompaß
– *le compas magnétique*
7 die Morselampe
– *la lampe morse*
8 die Radarantenne
– *l'antenne* f *radar* m
9 das Flaggensignal
– *le pavillon signalétique*
10 die Signalleine
– *la drisse de pavillons* m
11 das Signalstag
– *l'étai* m *de pavillons* m
12-18 das Brückendeck (die Kommandobrücke, Brücke)
– ***la passerelle***
12 der Funkraum
– *le poste radiotélégraphique*
13 die Kapitänskajüte
– *la chambre du capitaine*
14 der Navigationsraum
– *la chambre de navigation* f
15 die Steuerbord-Seitenlampe [grün; die Backbord-Seitenlampe rot]
– *le feu de route* f *tribord* m *[vert; le feu de route bâbord* m *est rouge]*
16 die Brückennock (Nock)
– *l'aileron* m *de passerelle* f
17 das Schanzkleid (der Windschutz)
– *le cagnard*
18 das Steuerhaus
– *la timonerie*
19-21 das Bootsdeck
– ***le pont des embarcations*** f
19 das Rettungsboot
– *le canot de sauvetage* m
20 der Davit (Bootskran)
– *le bossoir (le porte-manteau)*
21 die Offizierskajüte (Offizierskammer)
– *la chambre d'un officier*
22-27 das Promenadendeck
– ***le pont-promenade***
22 das Sonnendeck (Lidodeck)
– *le sun-deck*
23 das Schwimmbad
– *la piscine*
24 der Aufgang (Niedergang)
– *la descente (l'escalier* m*)*
25 die Bibliothek
– *la bibliothèque*
26 der Gesellschaftsraum (Salon)
– *le salon*
27 die Promenade
– *la galerie*
28-30 das A-Deck
– ***le pont A***
28 das halboffene Deck
– *le pont couvert*
29 die Zweibettkabine, eine Kabine
– *une cabine double*
30 die Luxuskabine
– *une cabine de luxe* m
31 der Heckflaggenstock
– *le mât de pavillon* m
32-42 das B-Deck (Hauptdeck)
– ***le pont B*** *(le pont principal)*
32 das Achterdeck
– *la plage arrière*
33 die Hütte
– *la dunette*
34 das Deckshaus
– *le rouf*
35 der Ladepfosten
– *le mât de charge* f
36 der Ladebaum
– *la flèche*
37 die Saling
– *les barres de flèche* f
38 der Mastkorb (die Ausgucktonne)
– *le nid de pie* f
39 die Stenge
– *le mât de hune* f

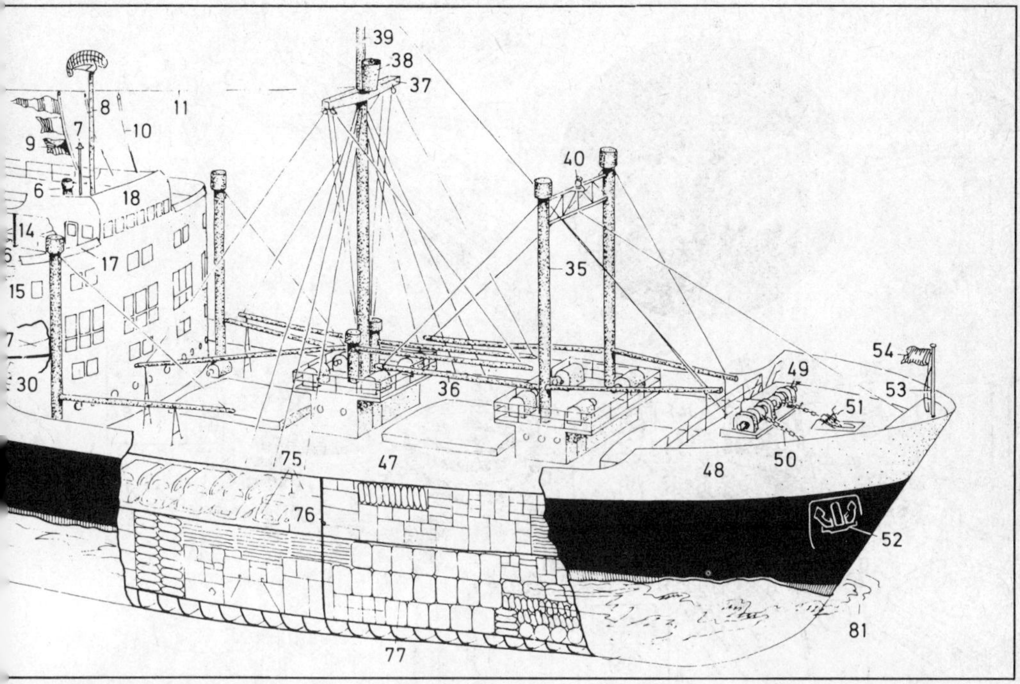

40 das vordere Dampferlicht
– *le feu de route* f *avant*
41 der Lüfterkopf
– *le capuchon de ventilateur* m
42 die Kombüse (Schiffsküche)
– *la cuisine*
43 die Pantry (Anrichte)
– *la cambuse*
44 der Speisesaal
– *la salle à manger*
45 das Zahlmeisterbüro
– *le bureau du commissaire*
46 die Einbettkabine
– *une cabine simple*
47 das Vordeck
– *le pont avant*
48 die Back
– *le gaillard*
49-51 das Ankergeschirr
– ***les apparaux*** **m** ***de mouillage*** **m** *(le mouillage)*
49 die Ankerwinde
– *le guindeau (le treuil)*
50 die Ankerkette
– *la chaîne d'ancre* f
51 der Kettenstopper
– *l'étrangloir* m *(le stoppeur)*
52 der Anker
– *l'ancre* f
53 der Göschstock
– *le mât de pavillon* m *d'étrave* f
54 die Gösch
– *le pavillon d'étrave* f
55 die hinteren (achteren) Laderäume *m*
– *les soutes* f *arrière*
56 der Kühlraum
– *la chambre froide*
57 der Proviantraum
– *la soute aux vivres* f
58 das Schraubenwasser (Kielwasser)
– *le sillage*
59 die Wellenhose
– *l'aileron* m
60 die Schwanzwelle
– *la ligne d'arbres* m
61 der Wellenbock
– *le support d'arbre* m
62 die dreiflügelige Schiffsschraube
– *l'hélice* f *à trois pales* f
63 das Ruderblatt
– *le gouvernail*
64 die Stopfbüchse
– *le presse-étoupe*
65 die Schraubenwelle
– *l'arbre* m *porte-hélice*
66 der Wellentunnel
– *le tunnel d'arbre* m
67 das Drucklager
– *la butée*
68-74 der dieselelektrische Antrieb
– ***le propulseur diesel-électrique***
68 der E-Maschinenraum
– *la chambre des moteurs* m *électriques*
69 der E-Motor
– *le moteur électrique*
70 der Hilfsmaschinenraum
– *la chambre des machines* f *auxiliaires*
71 die Hilfsmaschinen *f*
– *les machines* f *auxiliaires*
72 der Hauptmaschinenraum
– *la chambre du moteur principal*
73 die Hauptmaschine, ein Dieselmotor *m*
– *le moteur principal, un moteur Diesel*
74 der Generator
– *la génératrice*
75 die vorderen Laderäume *m*
– *les soutes* f *avant*
76 das Zwischendeck
– *l'entrepont* m
77 die Ladung
– *la cargaison*
78 der Ballasttank, für den Wasserballast
– *les réservoirs* m *de ballast* m *pour lest* m *d'eau* f
79 der Frischwassertank
– *le réservoir d'eau* f *douce*
80 der Treiböltank
– *le réservoir de carburant* m
81 die Bugwelle
– *la vague d'étrave* f

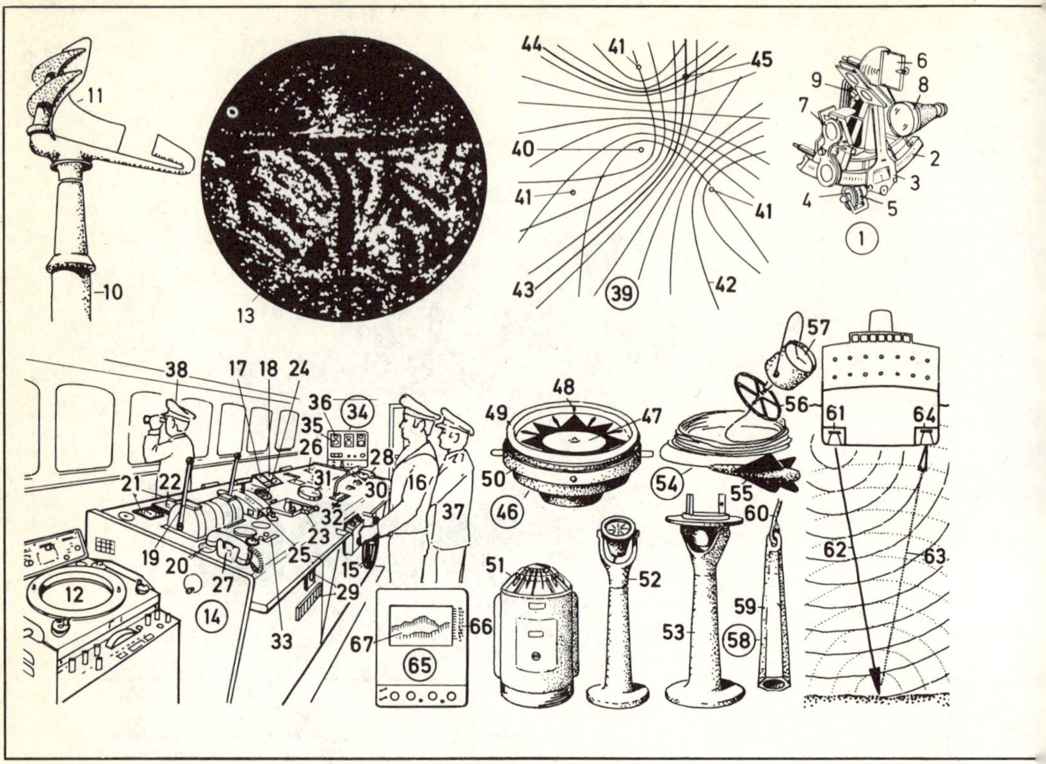

1 der Sextant
– ***le sextant***
2 der Gradbogen
– *le limbe*
3 die Alhidade
– *l'alidade* f
4 die Meßtrommel
– *la vis micrométrique*
5 der Nonius
– *le vernier*
6 der große Spiegel
– *le grand miroir*
7 der kleine Spiegel
– *le petit miroir*
8 das Fernrohr
– *la lunette*
9 der Handgriff
– *la poignée*
10-13 das Radargerät (Radar *m od. n*)
– ***l'installation*** f ***du radar*** *(la passerelle de navigation* f*)*
10 der Radarmast
– *le mât radar*
11 die drehbare Reflektorantenne
– *l'antenne* f *pivotante*
12 das Radarsichtgerät
– *l'écran* m *radar (l'indicateur* m *radar)*
13 das Radarbild
– *l'image* f *radar*
14-38 das Steuerhaus (Ruderhaus)
– ***la timonerie*** *(la passerelle de navigation* f*)*
14 der Fahr- und Kommandostand
– *le poste de commandement* m
15 das Steuerrad für die Ruderanlage
– *la roue du gouvernail (la barre)*
16 der Rudergänger
– *le barreur (l'homme* m *de barre* f*)*
17 der Ruderlagenanzeiger
– *l'indicateur* m *d'angle* m *de barre* f
18 der Sollkurseinsteller
– *le pilote automatique*
19 der Betätigungshebel für die Verstellpropeller *m*
– *le levier de commande* f *de l'hélice* f *à pas* m *variable*
20 das Anzeigegerät für die Propellersteigung
– *l'indicateur* m *de pas* m
21 die Umdrehungsanzeige der Hauptmotoren *m*
– *le compte-tours du moteur principal*
22 die Anzeige der Schiffsgeschwindigkeit
– *le speedomètre (l'indicateur* m *de vitesse* f*)*
23 der Steuerschalter für das Bugstrahlruder
– *le commutateur de commande* f *du gouvernail d'étrave* f
24 das Echolotanzeigegerät (der Echograph)
– *l'écho-sondeur* m
25 der Doppelmaschinentelegraph
– *le transmetteur d'ordres* m *aux machines* f *(le chadburn)*
26 die Steuer- und Kontrollgeräte *n* für die Schlingerdämpfungsanlage
– *la commande des stabilisateurs* m *antiroulis* m
27 das OB-Telefon (Ortsbatterietelefon)
– *le téléphone de liaison* f *intérieure*
28 das Telefon der Schiffsverkehrs-Fernsprechanlage
– *l'appareil* m *de radiotéléphonie* f
29 das Positionslampentableau
– *le tableau indicateur des feux* m *de route* f
30 die Sprechstelle für die Ruf- und Kommandoanlage
– *le micro du système* m *de diffusion* f *générale*
31 der Kreiselkompaß, ein Tochterkompaß
– *le gyrocompas, un compas répétiteur*
32 der Betätigungsknopf für die Schiffssirene
– *le bouton de commande* f *de la sirène (le signal de brume* f*)*
33 die Überlastkontrolle der Hauptmotoren *m*
– *l'indicateur* m *de surcharge* f *du moteur principal*
34 das Decca-Gerät zur Positionsbestimmung (der Decca-Navigator)
– *le récepteur de l'appareil* m *de localisation* f *hyperbolique Decca*
35 die Abstimmgrobanzeige
– *le cadran de dégrossissage* m
36 die Abstimmfeinanzeige
– *le cadran d'identification* f *fine*
37 der Navigationsoffizier
– *l'officier* m *de quart* m
38 der Kapitän
– *le commandant*
39 das Decca-Navigator-System
– ***le système de navigation*** f ***Decca***
40 die Hauptstation
– *la station maître*
41 die Nebenstation
– *la station esclave*
42 die Nullhyperbel
– *l'hyperbole* f *de base* f
43 die Hyperbelstandlinie 1
– *l'hyperbole* f *de position* f *(1)*
44 die Hyperbelstandlinie 2
– *l'hyperbole* f *de position* f *(2)*
45 der Standort
– *le point (la position)*
46-53 Kompasse *m*
– ***les compas*** m
46 der Fluidkompaß, ein Magnetkompaß
– *le compas magnétique, un compas à liquide* m
47 die Kompaßrose
– *la rose des vents* f
48 der Steuerstrich
– *la ligne de foi* f
49 der Kompaßkessel
– *la cuvette du compas* m
50 die kardanische Aufhängung
– *la suspension à la Cardan*
51-53 der Kreiselkompaß (die Kreiselkompaßanlage)
– *le compas gyroscopique (le gyrocompas)*
51 der Mutterkompaß
– *le compas principal*
52 der Tochterkompaß
– *le compas répétiteur*
53 der Tochterkompaß mit Peilaufsatz *m*
– *le compas répétiteur avec l'alidade de relèvement* m

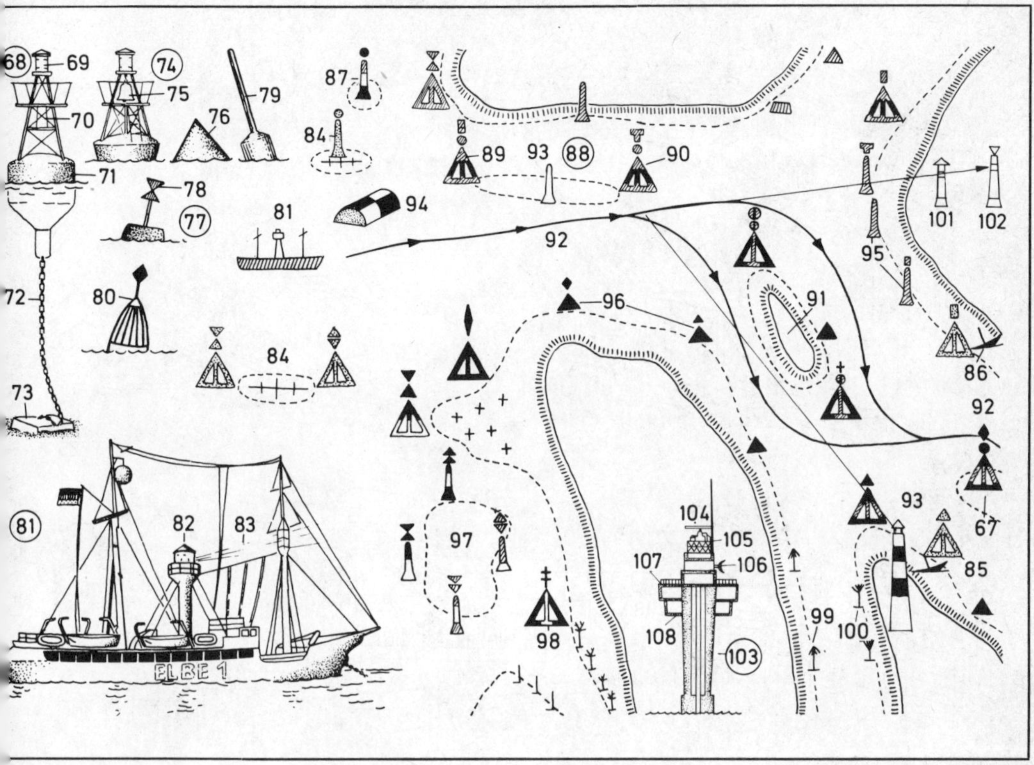

54 das Patentlog, ein Log *n* (eine Logge)
– ***le loch à hélice*** f, *un loch remorqué*
55 der Logpropeller
– *l'hélice* f *du loch (le poisson de loch* m*)*
56 der Schwungradregulator
– *le régulateur*
57 das Zählwerk (die Loguhr)
– *le compteur (le cadran)*
58-67 Lote *n*
– ***les sondes*** f
58 das Handlot
– *la sonde à main* f
59 der Lotkörper
– *le plomb de sonde* f
60 die Lotleine
– *la ligne de sonde* f
61-67 das Echolot
– *l'écho-sondeur* m *(le sondeur acoustique, le sondeur par ultra-sons* m*)*
61 der Schallsender
– *le transducteur-émetteur*
62 der Schallwellenimpuls
– *l'onde* f *acoustique*
63 das Echo
– *l'onde* f *réfléchie (l'écho* m*)*
64 der Echoempfänger
– *le transducteur-récepteur*
65 der Echograph (der Echoschreiber)
– *l'enregistreur* m
66 die Tiefenskala
– *l'échelle* f *d'enregistrement* m
67 das Echobild
– *la ligne du fond* m
68-108 Seezeichen *n*, zur Betonnung und Befeuerung
– ***la signalisation maritime*** *par balises* f *et feux* m
68-83 Fahrwasserzeichen *n*
– *les marques* f *de balisage* m
68 die Leuchtheultonne
– *la bouée lumineuse à sifflet* m
69 die Laterne
– *le feu*
70 der Heulapparat
– *le sifflet*
71 der Schwimmkörper
– *le flotteur*
72 die Ankerkette
– *la chaîne de mouillage* m
73 der Tonnenstein (Tonnenanker)
– *le mouillage (le corps mort)*
74 die Leuchtglockentonne
– *la bouée lumineuse à cloche* f
75 die Glocke
– *la cloche*
76 die Spitztonne
– *la bouée conique*
77 die Stumpftonne
– *la bouée cylindrique*
78 das Toppzeichen (das Stundenglaszeichen)
– *le voyant*
79 die Spierentonne
– *la bouée à espar* m
80 die Bakentonne
– *la balise*
81 das Feuerschiff
– *le bateau-feu*
82 der Feuerturm (Laternenträger)
– *le phare (le feu)*
83 das Leuchtfeuer
– *le faisceau lumineux*
84-102 die Fahrwasserbezeichnung
– *le balisage d'un chenal (système* m *latéral, système* m *cardinal)*
84 Wrack *n* [grüne Betonnung]
– *épave* f *(bouée* f *verte)*
85 Wrack *n* an Steuerbord *n* des Fahrwassers *n*
– *épave* f *à droite* f *du chenal*
86 Wrack *n* an Backbord *n* des Fahrwassers *n*
– *épave* f *à gauche* f *du chenal*
87 Untiefe *f*
– *haut-fond* m *isolé*
88 Mittelgrund *m* an Backbord *n* des Hauptfahrwassers *n*
– *banc* m *médian à gauche* f *du chenal*
89 Spaltung *f* [der Beginn des Mittelgrundes *m*; Toppzeichen *n*: roter Zylinder *m* über rotem Ball *m*]
– *marque* f *de bifurcation* f *(voyant* m *rouge, cylindre* m *sur sphère* f*)*
90 Vereinigung *f* [das Ende des Mittelgrundes *m*; Toppzeichen *n*: rotes Antoniuskreuz über rotem Ball *m*]
– *marque* f *de jonction* f *(voyant* m *rouge, croix* f *sur sphère* f*)*
91 Mittelgrund *m*
– *banc* m *médian*
92 das Hauptfahrwasser
– *le chenal principal*
93 das Nebenfahrwasser
– *le chenal secondaire*
94 die Faßtonne
– *la tonne*
95 Backbordtonnen [rot] *f*
– *la marque de bâbord* m *(rouge)*
96 Steuerbordtonnen [schwarz] *f*
– *la marque de tribord* m *(noire)*
97 Untiefe *f* außerhalb des Fahrwassers *n*
– *un danger isolé (balisage* m *cardinal)*
98 Fahrwassermitte *f* [Toppzeichen *n*: Doppelkreuz]
– *marque* f *de transition* f *(voyant* m*: croix* f *à deux barres* f*)*
99 Steuerbordstangen *f* [Besen *m* abwärts]
– *perches* f *de tribord* m *(signalisation* f *fédérale)*
100 Backbordstangen *f* [Besen *m* aufwärts]
– *perches* f *de bâbord* m *(signalisation* f *fédérale)*
101-102 Richtfeuer *n* (Leitfeuer)
– *un alignement lumineux*
101 das Unterfeuer
– *le feu de direction* f *inférieur*
102 das Oberfeuer
– *le feu de direction* f *supérieur*
103 der Leuchtturm
– *le phare*
104 die Radarantenne
– *l'antenne* f *radar*
105 die Laterne
– *le feu (la lanterne du phare)*
106 die Richtfunkantenne
– *l'antenne* f *radiogoniométrique*
107 das Maschinen- und Aufenthaltsdeck
– *la plate-forme d'observation* f *et des machines* f
108 die Wohnräume *m*
– *l'habitation* f *du gardien*

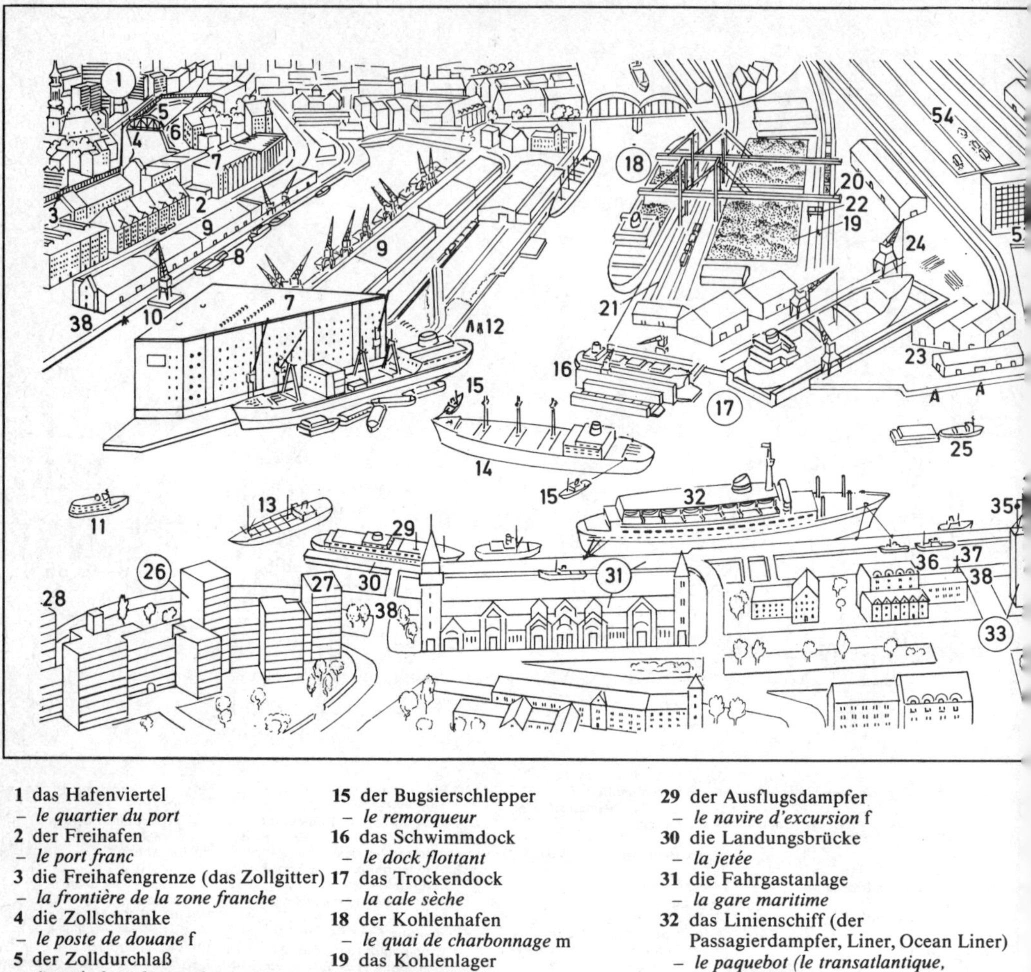

1 das Hafenviertel
– *le quartier du port*
2 der Freihafen
– *le port franc*
3 die Freihafengrenze (das Zollgitter)
– *la frontière de la zone franche*
4 die Zollschranke
– *le poste de douane* f
5 der Zolldurchlaß
– *l'entrée* f *en douane* f
6 das Zollhaus (Hafenzollamt)
– *le bureau des douanes* f
7 der Speicher
– *l'entrepôt* m
8 die Schute
– *la barge (la gabare, l'allège* f, *la péniche)*
9 der Stückgutschuppen
– *l'entrepôt* m *de transit* m *de marchandises* f *diverses*
10 der Schwimmkran
– *le ponton-grue*
11 die Hafenfähre (das Fährboot)
– *le bac*
12 die Dalbe (der Dalben, Duckdalben)
– *les ducs* m *d'albe*
13 das Bunkerboot
– *le bateau-citerne*
14 der Stückgutfrachter
– *le transport de marchandises* f *diverses*
15 der Bugsierschlepper
– *le remorqueur*
16 das Schwimmdock
– *le dock flottant*
17 das Trockendock
– *la cale sèche*
18 der Kohlenhafen
– *le quai de charbonnage* m
19 das Kohlenlager
– *le parc à charbon* m
20 die Verladebrücke
– *le portique de chargement* m
21 die Hafenbahn
– *le chemin de fer* m *desservant le port*
22 der Wiegebunker
– *la trémie de pesage* m
23 der Werftschuppen
– *l'entrepôt*
24 der Werftkran
– *la grue à flèche* f
25 die Barkasse mit Leichter *m*
– *l'allège* f *et son remorqueur*
26 das Hafenkrankenhaus
– *l'hôpital* m *du port*
27 die Quarantänestation
– *le pavillon de quarantaine* f
28 das Tropeninstitut (Institut für Tropenmedizin *f*)
– *l'institut* m *de médecine* f *tropicale*
29 der Ausflugsdampfer
– *le navire d'excursion* f
30 die Landungsbrücke
– *la jetée*
31 die Fahrgastanlage
– *la gare maritime*
32 das Linienschiff (der Passagierdampfer, Liner, Ocean Liner)
– *le paquebot (le transatlantique, le navire de ligne* f*)*
33 das Meteorologische Amt, eine Wetterwarte
– *la station météorologique*
34 der Signalmast
– *le mât de signalisation* f
35 der Sturmball
– *le signal de tempête* f
36 das Hafenamt
– *les bureaux du port*
37 der Wasserstandsanzeiger
– *l'échelle* f *de marée* f
38 die Kaistraße
– *la rue bordant le quai*
39 der Roll-on-roll-off-Verkehr (Ro-ro-Verkehr, Ro-ro, Roro)
– *le poste de chargement* m *roll-on roll-off*
40 der Brückenlift
– *le portique*
41 der Truck-to-truck-Verkehr
– *le poste de chargement* m *par chariots* m *(truck-to-truck)*

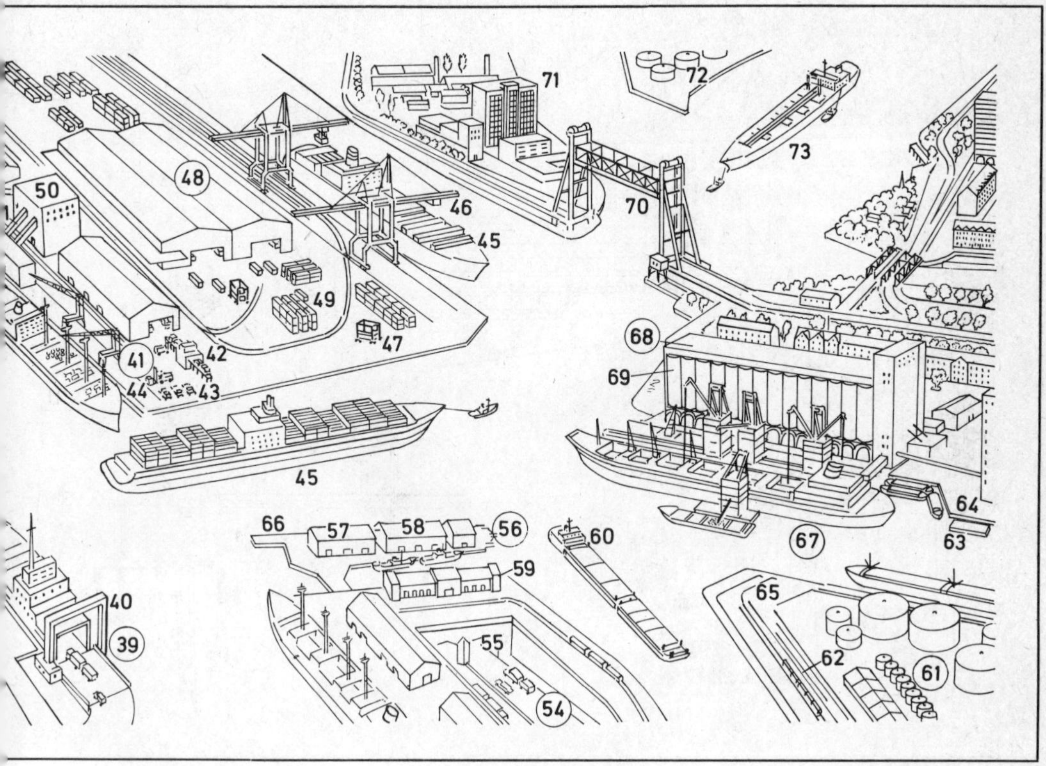

42 die folienverpackten Stapel *m*
– *la charge unitaire emballée*
43 die Paletten *f*
– *les palettes* f
44 der Hubstapler
– *le chariot élévateur à fourche* f
45 das Containerschiff
– *le cargo porte-conteneurs* m
46 die Containerbrücke
– *le pont-roulant de chargement* m *de conteneurs* m
47 der Containerstapler
– *le camion porte-conteneurs* m
48 der (das) Containerterminal
– *l'entrepôt* m *pour conteneurs* m *(terminal* m *pour conteneurs* m*)*
49 der Containerstapel
– *l'unité* f *de charge* f
50 das Kühlhaus
– *la chambre froide de stockage* f
51 das Förderband
– *le transporteur à bande* f *(la bande transporteuse)*
52 der Fruchtschuppen
– *l'entrepôt* m *à fruits* m
53 das Bürohaus
– *le bâtiment administratif*
54 die Stadtautobahn
– *l'autoroute* f *urbaine*
55 die Hafenuntertunnelung
– *le tunnel passant sous le port*
56 der Fischereihafen
– *le port de pêche* f
57 die Fischhalle
– *le marché au poisson* m
58 die Versteigerungshalle (Auktionshalle)
– *la criée au poisson* m
59 die Fischkonservenfabrik
– *la conserverie de poisson* m
60 der Schubschiffverband
– *le pousseur*
61 das Tanklager
– *les réservoirs* m *de pétrole* m
62 die Gleisanlage
– *l'embranchement* m *ferroviaire*
63 der Anlegeponton (Vorleger)
– *le ponton d'accostage* m
64 der Kai (die Kaje)
– *le quai*
65 das Höft, eine Landspitze
– *le brise-lames*
66 die (der) Pier, eine Kaizunge
– *la jetée, un prolongement du quai*
67 der Bulkfrachter (Bulkcarrier)
– *le transporteur de vrac* m
68 der (das) Silo
– *le silo*
69 die Silozelle
– *la cuve du silo*
70 die Hubbrücke
– *le pont élévateur*
71 die Hafenindustrieanlage
– *la zone industrielle du port*
72 das Flüssiglager
– *les réservoirs* m *de stockage* m
73 der Tanker
– *le pétrolier*

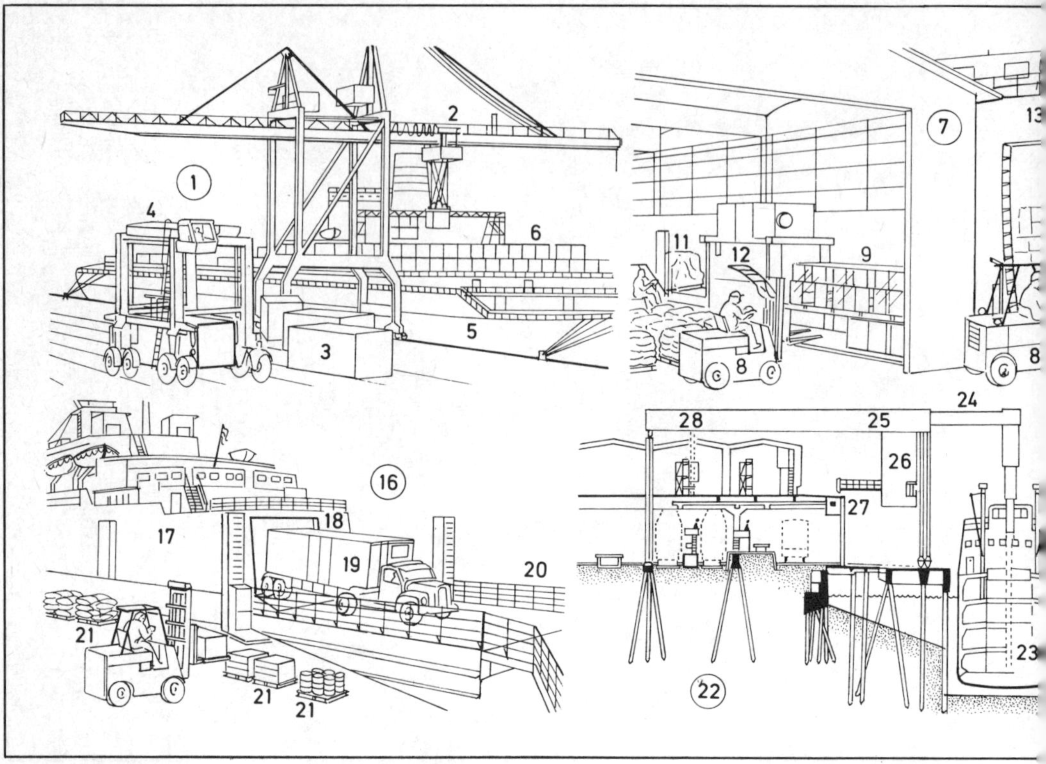

1 das (das) Containerterminal, eine moderne Güterumschlaganlage
– *le terminal pour conteneurs* m *(entrepôt* m *pour conteneurs* m*), une installation moderne de manutention* f *de marchandises* f

2 die Containerbrücke (Ladebrücke), *ähnl.:* der Transtainerkran
– *le pont roulant de chargement* m

3 der Container
– *le conteneur*

4 der Portalstapler
– *le chariot transporteur*

5 das Vollcontainerschiff
– *le cargo porte-conteneurs*

6 die Containerdecksladung
– *les conteneurs* m *chargés en pontée* f

7 das Truck-to-truck-handling (der horizontale rampenlose Güterumschlag mit Paletten *f*)
– *la manutention horizontale des conteneurs* m *par chariots* m *à fourche* f

8 der Hubstapler (Truck)
– *le chariot à fourche* f

9 die unitisierte folienverpackte Ladung (das Unitload)
– *la charge unitaire emballée*

10 die Flachpalette, eine Normpalette
– *la palette normalisée*

11 das unitisierte Stückgut
– *la charge unitaire emballée de marchandises* f *diverses*

12 der Folienschrumpfofen
– *la machine d'emballage* m *sous film* m *rétractable*

13 der Stückgutfrachter
– *le transporteur de marchandises* f *diverses*

14 die Ladeluke
– *le sabord de charge* f

15 der übernehmende Schiffsstapler
– *le chariot récepteur à bord* m

16 der (das) Allroundterminal
– *le terminal à usages* m *multiples*

17 das Roll-on-roll-off-Schiff (Ro-ro-Schiff, Roro-Schiff)
– *le cargo de transport* m *roll-on roll-off (le navire transroulier, le cargo à manutention* f *horizontale)*

18 die Heckpforte
– *la porte arrière*

19 die selbstfahrende Ladung, ein Lastkraftwagen *m*
– *un camion chargé*

20 die Ro-ro-Abfertigungsanlage (Ro-ro-Spezialanlage, Roro-Anlage)
– *le dépôt de marchandises* f *roll-on roll-off (l'installation* f *de manutention* f *horizontale)*

21 das unitisierte Packstück
– *la charge unitaire*

22 die Bananenumschlaganlage [Schnitt]
– *le terminal à bananes* f *[coupe* f*]*

23 der wasserseitige Turas
– *l'élévateur* m *de cale* f

24 der Ausleger
– *la flèche*

25 die Elevatorbrücke
– *le pont élévateur*

26 das Kettengehänge
– *l'élingue* f *en chaîne* f

27 die Leuchtwarte
– *le poste d'éclairage* m

28 der landseitige Turas [für Bahn- und Lkw-Beladung *f*]
– *le système de chargement* m *des camions* m *et wagons* m

29 der Schütt- und Sauggutumschlag (Massengutumschlag)
– *le poste de chargement* m *de vrac* m

30 der Bulkfrachter (Bulkcarrier, Schüttgutfrachter)
– *le transporteur de vrac* m *(ELF: le vraquier)*

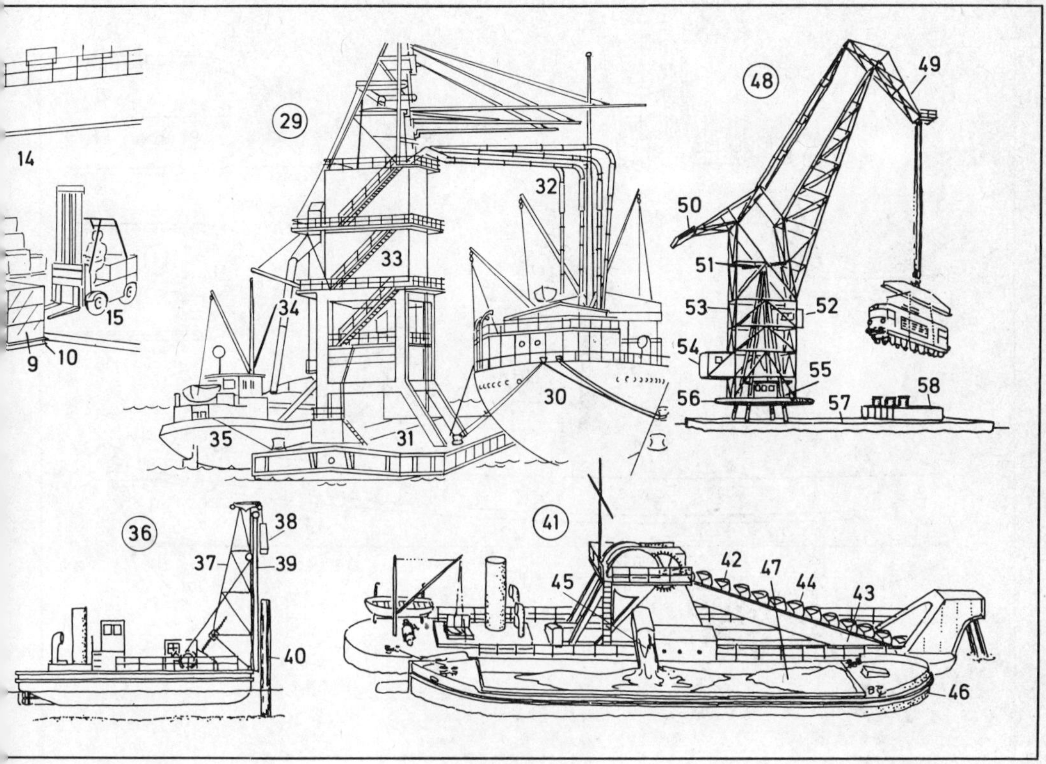

31 der Schwimmheber
– *le ponton-grue de chargement* m
32 die Saugrohrleitungen *f*
– *les conduites d'aspiration* f
33 der Rezipient
– *le récepteur*
34 das Verladerohr
– *la conduite de sortie* f
35 die Massengutschute
– *la barge de transport* m *de vrac* m
36 die Ramme
– *le batteur de pieux* m
37 das Rammgerüst
– *l'installation de battage* m
38 der Bär (Rammbär, das Rammgewicht)
– *le marteau de battage* m
39 die Gleitschiene
– *le rail de guidage* m
40 das Kipplager
– *le pieu*
41 der Eimerbagger, ein Bagger *m*
– *la drague à godets* m
42 die Eimerkette
– *la chaîne à godets* m *(le chapelet)*
43 die Eimerleiter
– *l'élévateur à godets* m
44 der Baggereimer
– *le godet de dragage* m
45 die Schütte (Rutsche)
– *le déversoir*
46 die Baggerschute
– *le chaland de transport* m *(la marie-salope)*
47 das Baggergut
– *les déchets* m
48 der Schwimmkran
– *la grue flottante*
49 der Ausleger
– *la flèche de la grue*
50 das Gegengewicht
– *le contrepoids*
51 die Verstellspindel
– *l'axe* m *de réglage* m
52 der Führerstand (das Kranführerhaus)
– *la cabine du grutier*
53 das Krangestell
– *la charpente de la grue*
54 das Windenhaus
– *la cabine du treuil*
55 die Kommandobrücke
– *la plate-forme de commande* m
56 die Drehscheibe
– *la plaque tournante*
57 der Ponton, ein Prahm *m*
– *le ponton*
58 der Motorenaufbau
– *l'abri* m *du moteur*

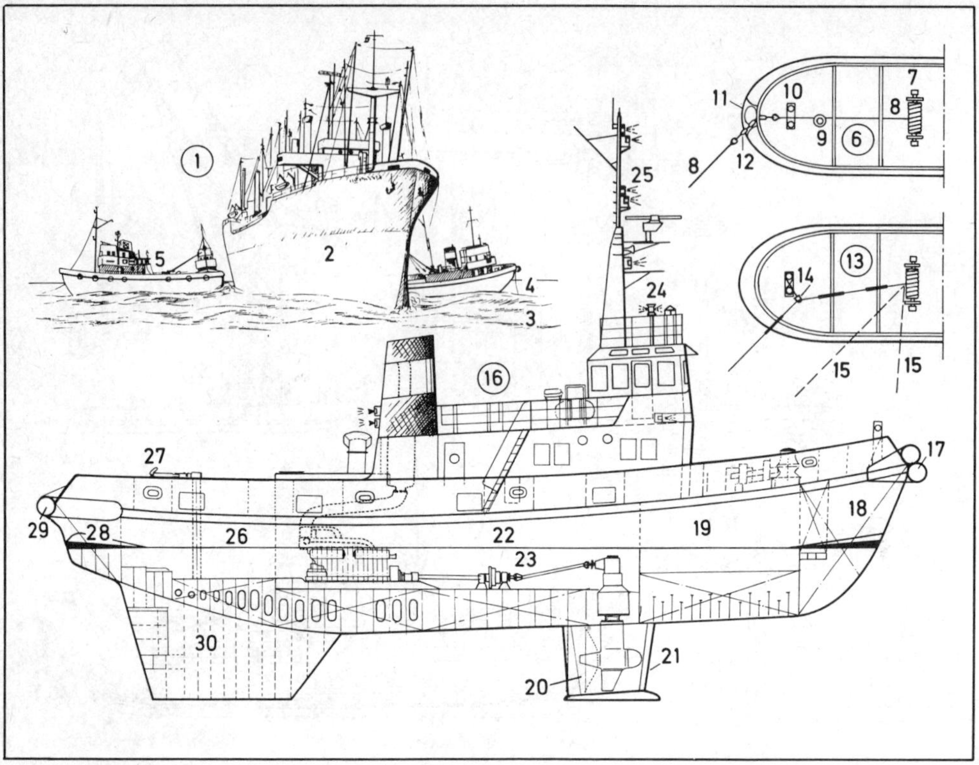

1 die Bergung eines aufgelaufenen Schiffes *n*
– *le sauvetage d'un navire échoué*
2 das aufgelaufene Schiff (der Havarist)
– *le navire échoué*
3 die Schlickbank; *auch:* der Mahlsand
– *le banc de sable* m
4 das offene Wasser
– *la haute mer (le large, la pleine mer)*
5 der Schlepper
– *le remorqueur de sauvetage* m
6-15 Schleppgeschirre *n*
– *l'installation* f *de remorquage* m
6 das Schleppgeschirr für die Seeverschleppung
– *le matériel de remorquage* m *en mer* f
7 die Schleppwinde
– *le treuil de remorque* f
8 die Schlepptrosse (Trosse)
– *la remorque (le câble de remorque* f*)*
9 das Schleppkäpsel
– *le guidage de la remorque*
10 der Kreuzpoller
– *le chaumard*
11 die Schleppklüse
– *l'écubier* m
12 die Ankerkette
– *le câble-chaîne*
13 das Schleppgeschirr für den Hafenbetrieb
– *le matériel de remorquage* m *au port* m
14 der Beistopper
– *la retenue*
15 die Trossenrichtung bei Bruch *m* des Beistoppers *m*
– *la position de la remorque en l'absence* f *de retenue* f
16 der Schlepper (Bugsierschlepper) [Aufriß]
– *le remorqueur (le remorqueur de sauvetage* m*) [coupe* f*]*
17 der Bugfender
– *la défense d'étrave* f
18 die Vorpiek
– *le poste avant*
19 die Wohnräume *m*
– *les emménagements* m
20 der Schottel-Propeller
– *l'hélice* f *carénée*
21 die Kort-Düse
– *la carène d'hélice* f
22 der Maschinen- und Propellerraum
– *la salle des machines* f
23 die Schaltkupplung
– *le système d'accouplement* m
24 das Peildeck
– *la passerelle de navigation* f
25 die Feuerlöscheinrichtung
– *le matériel de lutte* f *contre l'incendie* m
26 der Stauraum
– *la soute*
27 der Schlepphaken
– *le croc de remorquage* m
28 die Vorderpiek
– *le coqueron arrière*
29 der Heckfender (die „Maus")
– *la défense arrière*
30 der Manövrierkiel
– *l'aileron* m *de manœuvre* f

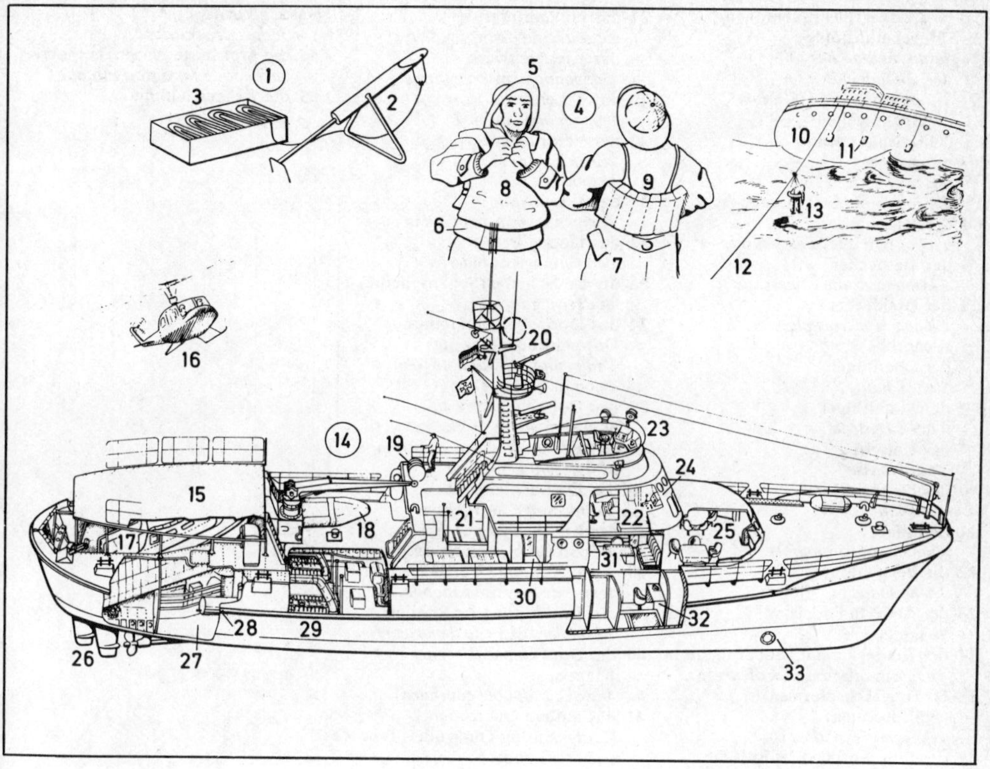

1 der Raketenapparat
– *le lance-amarre (le porte-amarre, le canon porte-amarre)*
2 die Rakete
– *la fusée porte-amarre*
3 die Rettungsleine (Schießleine)
– *la ligne de sauvetage* m
4 das Ölzeug
– *le ciré (le vêtement ciré)*
5 der Südwester
– *le suroît*
6 die Öljacke
– *la veste de ciré* m
7 der Ölmantel
– *le manteau de ciré* m
8 die aufblasbare Schwimmweste
– *le gilet de sauvetage* m *gonflable*
9 die Korkschwimmweste
– *le gilet de sauvetage* m *en liège* m
10 das gestrandete Schiff (der Havarist)
– *le navire échoué (le navire naufragé)*
11 der Ölbeutel, zum Aufträufeln *n* von Öl *n* auf die Wasseroberfläche
– *le sac à huile* f *pour filer de l'huile* f *à la surface de l'eau* f
12 das Rettungstau
– *le câble de sauvetage* m
13 die Hosenboje
– *la bouée-culotte*
14 der Seenotkreuzer
– *la vedette de sauvetage* m *(le canot de sauvetage* m*)*
15 das Hubschrauberarbeitsdeck
– *la plate-forme d'atterrissage* m *pour hélicoptère* m
16 der Rettungshubschrauber
– *l'hélicoptère* m *de sauvetage* m
17 das Tochterboot
– *l'annexe* f
18 das Schlauchboot
– *le canot pneumatique*
19 die Rettungsinsel
– *le radeau de sauvetage* m
20 die Feuerlöschanlage zur Bekämpfung von Schiffsbränden *m*
– *le matériel de lutte* f *contre l'incendie* m
21 das Hospital mit Operationskoje *f* und Unterkühlungsbadewanne *f*
– *l'infirmerie* f *avec la salle d'opération* f *et l'unité* f *de réanimation* f
22 der Navigationsraum
– *la chambre de navigation* f
23 der obere Fahrstand
– *la passerelle supérieure*
24 der untere Fahrstand
– *la passerelle inférieure*
25 die Messe
– *le carré*
26 die Ruder- und Propelleranlage
– *l'hélice* f *et le gouvernail*
27 der Stauraum
– *la soute*
28 der Feuerlöschschaumtank
– *le réservoir de mousse* f *anti-incendie*
29 die Seitenmotoren *m*
– *les moteurs* m *latéraux*
30 die Dusche
– *les douches* f
31 die Vormannkabine
– *la cabine du patron*
32 die Mannschaftseinzelkabine
– *la cabine d'un membre de l'équipage* m
33 die Bugschraube
– *l'hélice* f *d'étrave* f

1-14 die Tragflächenanordnung (Flügelanordnung)
– ***la disposition des ailes*** f
1 der Hochdecker
– *le monoplan à aile* f *haute*
2 die Spannweite (Flügelspannweite)
– *l'envergure* f
3 der Schulterdecker
– *l'avion* m *à aile* f *haute*
4 der Mitteldecker
– *l'avion* m *à aile* f *demi-surélevée*
5 der Tiefdecker
– *l'avion* m *à aile* f *basse*
6 der Dreidecker
– *l'avion* m *à trois plans* m *(le triplan)*
7 der Oberflügel
– *l'aile* f *haute*
8 der Mittelflügel
– *l'aile* f *centrale*
9 der Unterflügel
– *l'aile* f *basse*
10 der Doppeldecker
– *le biplan*
11 der Stiel
– *le montant, un renfort*
12 die Verspannung
– *les haubans* m
13 der Anderthalbdecker
– *le sesquiplan*
14 der Tiefdecker mit Knickflügeln *m*
– *l'avion* m *aile* f *basse à dièdre* m
15-22 Tragflächenformen *f* (Flügelformen)
– ***les formes*** f ***d'ailes*** f
15 der Ellipsenflügel (elliptische Flügel)
– *l'aile* f *elliptique*
16 der Rechteckflügel
– *l'aile* f *rectangulaire*
17 der Trapezflügel
– *l'aile* f *trapézoïdale*
18 der Sichelflügel
– *l'aile* f *à double flèche* f
19 der Deltaflügel
– *l'aile* f *delta*
20 der Pfeilflügel mit schwacher positiver Pfeilung
– *l'aile* f *à faible flèche* f
21 der Pfeilflügel mit starker positiver Pfeilung
– *l'aile* f *à forte flèche* f
22 der Ogivalflügel (Ogeeflügel)
– *l'aile* f *ogivale*
23-36 die Leitwerksformen *f*
– ***les différentes formes*** f ***d'empennage*** m
23 das Normalleitwerk
– *l'empennage* m *courant*
24-25 das Seitenleitwerk
– *l'empennage* m *de direction* f
24 die Seitenflosse
– *la dérive à plan* m *fixe*
25 das Seitenruder
– *la gouverne de direction* f
26-27 das Höhenleitwerk
– *l'empennage* m *horizontal*
26 die Höhenflosse
– *le plan fixe horizontal*
27 das Höhenruder
– *la gouverne de profondeur* f
28 das Kreuzleitwerk
– *l'empennage* m *cruciforme*
29 das T-Leitwerk
– *l'empennage* m *en T*
30 der Verdrängerkörper (die Wirbelkeule)
– *le lobe*
31 das V-Leitwerk
– *l'empennage* m *papillon* m
32 das Doppelleitwerk
– *l'empennage* m *bidérive*
33 die Endscheibe (Seitenscheibe)
– *la dérive gauche*
34 das Doppelleitwerk eines Doppelrumpfflugzeugs
– *l'empennage* m *double (d'un avion* m *bipoutre)*
35 das Doppelleitwerk mit hochgestelltem Höhenleitwerk
– *le fuselage double à empennage* m *horizontal surélevé*
36 das Dreifachleitwerk
– *l'empennage* m *tridérive*
37 das Klappensystem
– ***le système hypersustentateur***
38 der ausfahrbare Vorflügel (Slat)
– *le bec de sécurité* f *mobile*
39 die Störklappe (der Spoiler)
– *le spoiler (*ELF: *le déporteur)*
40 die Doppelspalt-Fowler-Klappe
– *le volet à double courbure* f
41 das äußere Querruder (Langsamflug-Querruder, Low speed aileron)
– *l'aileron* m *extérieur*
42 die innere Störklappe *f* (der Landespoiler, Lift dump)
– *les aérofreins* m *internes*
43 das innere Querruder (Allgeschwindigkeits-Querruder, All speed aileron)
– *l'aileron* m *intérieur*
44 die Bremsklappe (Luftbremse, Air brakes)
– *les aérofreins* m *externes*
45 das Grundprofil
– *le profil lisse (le profil de base* f*)*
46-48 die Wölbungsklappen *f*
– *les volets* m *de courbure* f
46 die Normalklappe
– *le volet de courbure* f
47 die Spaltklappe
– *le volet de courbure* f *à fente* f
48 die Doppelspaltklappe
– *le volet de courbure* f *à double fente* f
49-50 die Spreizklappen
– *les volets* m *d'intrados* m
49 die einfache Spreizklappe
– *le volet d'intrados* m
50 die Zap-Klappe
– *le volet Zap*
51 der Doppelflügel
– *le volet d'intrados* m *à recul* m
52 die Fowler-Klappe
– *le volet Fowler*
53 der Vorflügel
– *le bec de sécurité* f
54 die profilierte Nasenklappe
– *le volet de bord* m *d'attaque* f
55 die Krüger-Klappe
– *le volet Krüger*

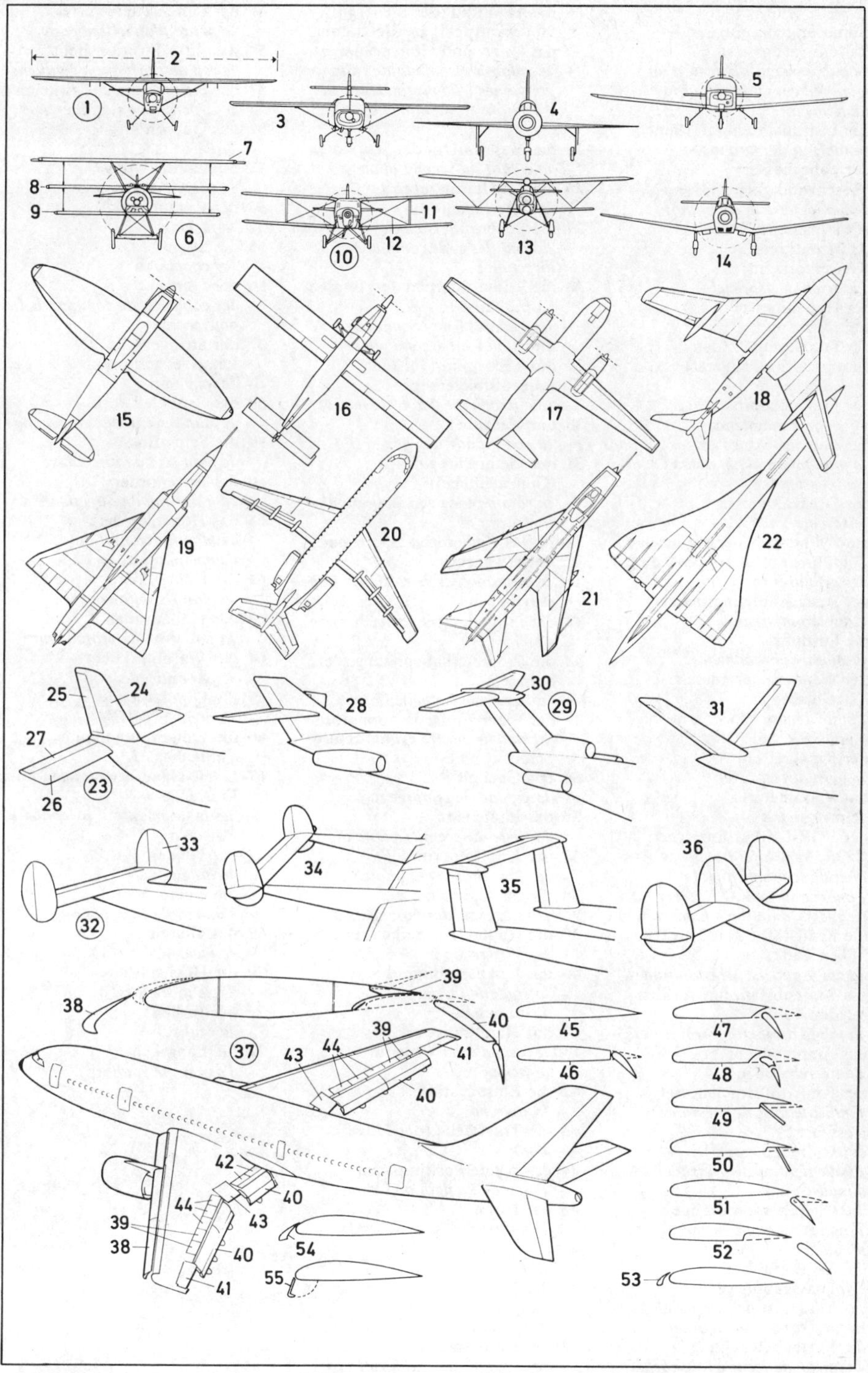
1
2
3
4
5
6
7
8
9
10
11
12
13
14
15
16
17
18
19
20
21
22
23
24
25
26
27
28
29
30
31
32
33
34
35
36
37
38
39
40
41
42
43
44
45
46
47
48
49
50
51
52
53
54
55

1-31 das Cockpit eines einmotorigen Sport- und Reiseflugzeugs *n*
– ***la cabine de pilotage*** m *d'un monomoteur* m *de voltige* m *et de tourisme* m
1 das Instrumentenbrett (Panel)
– *le tableau de bord* m
2 der Fahrtmesser (Geschwindigkeitsmesser)
– *l'anémomètre* m *(le badin)*
3 der künstliche Horizont (Horizontkreisel, Kreiselhorizont)
– *l'horizon* m *artificiel*
4 der Höhenmesser
– *l'altimètre* m
5 der Funkkompaß (das automatische Peilgerät)
– *le radiocompas*
6 der Magnetkompaß
– *le compas magnétique*
7 der Ladedruckmesser
– *le manomètre de pression* f *d'admission* f
8 der Drehzahlmesser
– *le compte-tours*
9 die Zylindertemperaturanzeige
– *l'indicateur* m *de température* f *des cylindres* m
10 der Beschleunigungsmesser
– *l'accéléromètre* m
11 die Borduhr
– *la montre chronomètre*
12 der Wendezeiger mit Kugellibelle *f*
– *l'indicateur* m *de virage* m *bille* f *aiguille* f
13 der Kurskreisel
– *le gyro directionnel*
14 das Variometer
– *le variomètre*
15 der VOR-Leitkursanzeiger *[VOR: Very high frequency omnidirectional range]*
– *l'indicateur* m *V.O.R. (very high frequency omnidirectional range)*
16 die Kraftstoffanzeige für den linken Tank
– *la jauge gauche (de carburant* m*)*
17 die Kraftstoffanzeige für den rechten Tank
– *la jauge droite (de carburant* m*)*
18 das Amperemeter
– *l'ampèremètre* m
19 der Kraftstoffdruckmesser
– *l'indicateur* m *de pression* f *d'essence* f
20 der Öldruckmesser
– *l'indicateur* m *de pression* f *d'huile* f
21 die Öltemperaturanzeige
– *l'indicateur* m *de température* f *d'huile* f
22 das Sprechfunk- und Funknavigationsgerät
– *les boîtiers* m *de commande* f *radio* f *et radionavigation* f
23 die Kartenbeleuchtung
– *la lampe de lecture* f *de carte* f
24 das Handrad (der Steuergriff, Steuerknüppel) zur Betätigung der Quer- und Höhenruder *n*
– *le volant de commande* f *des gouvernes* f *de profondeur* f *et d'ailerons* m *(le manche à balai* m*)*
25 das Handrad für den Kopiloten
– *le volant du second pilote* m
26 die Schaltarmaturen *f*
– *les interrupteurs* m
27 die Seitenruderpedale *n*
– *les pédales* m *de commande* f *de direction* f
28 die Seitenruderpedale *n* für den Kopiloten
– *les pédales* f *de commande* f *de direction* f *du second pilote*
29 das Mikrophon für den Sprechfunkverkehr
– *le microphone (fam.: le micro)*
30 der Gashebel
– *la commande des gaz* m
31 der Gemischregler (Gemischhebel)
– *la commande de mélange* m *air - carburant* m
32-66 das einmotorige Sport- und Reiseflugzeug
– ***le monomoteur de voltige*** m ***et de tourisme*** m
32 der Propeller (die Luftschraube)
– *l'hélice* f
33 die Propellernabenhaube (der Spinner)
– *la casserole* f *d'hélice* f
34 der Vierzylinder-Boxermotor
– *le moteur quatre cylindres* m *à plat*
35 das Cockpit
– *la cabine de pilotage* m
36 der Pilotensitz
– *le siège du premier pilote* m
37 der Kopilotensitz
– *le siège du second pilote* m
38 die Passagiersitze *m*
– *les sièges* m *des passagers* m
39 die Haube (Kanzelhaube)
– *la verrière*
40 das lenkbare Bugrad
– *la roulette de nez* m *directionnelle*
41 das Hauptfahrwerk
– *le train d'atterrissage* m *principal*
42 die Einstiegstufe
– *la marche*
43 die Tragfläche (der Flügel)
– *l'aile* f
44 das rechte Positionslicht
– *le feu de navigation* f *droit*
45 der Holm
– *le longeron (l'extrados* m*)*
46 die Rippe
– *la nervure*
47 der Stringer (die Längsversteifung)
– *le longeron*
48 der Kraftstofftank
– *le réservoir de carburant* m
49 der Landescheinwerfer
– *le phare d'atterrissage* m
50 das linke Positionslicht
– *le feu de navigation* f *gauche*
51 der elektrostatische Ableiter
– *le déperditeur statique*
52 das Querruder
– *l'aileron* m
53 die Landeklappe
– *le volet d'atterrissage* m
54 der Rumpf
– *le fuselage*
55 der Spant
– *les couples* m
56 der Gurt
– *les câbles* m *de commande* f *des gouvernes* f
57 der Stringer (die Längsversteifung)
– *le longeron*
58 das Seitenleitwerk
– *le plan vertical de l'empennage* m
59 die Seitenflosse
– *le plan fixe de direction* f
60 das Seitenruder
– *la gouverne de direction* f
61 das Höhenleitwerk
– *le plan horizontal de l'empennage* m
62 die Höhenflosse
– *le plan fixe horizontal*
63 das Höhenruder
– *la gouverne de profondeur* f
64 das Warnblinklicht
– *le feu anticollision*
65 die Dipolantenne
– *l'antenne* f *VHF*
66 die Langdrahtantenne
– *l'antenne* f *HF*
67-72 die Hauptbewegungen *f* des Flugzeugs *n*
– ***les mouvements*** m ***principaux de l'avion*** m
67 das Nicken
– *le tangage*
68 die Querachse
– *l'axe* m *de tangage* m
69 das Gieren
– *le lacet*
70 die Hochachse
– *l'axe* m *de lacet* m
71 das Rollen
– *le roulis*
72 die Längsachse
– *l'axe* m *de roulis* m

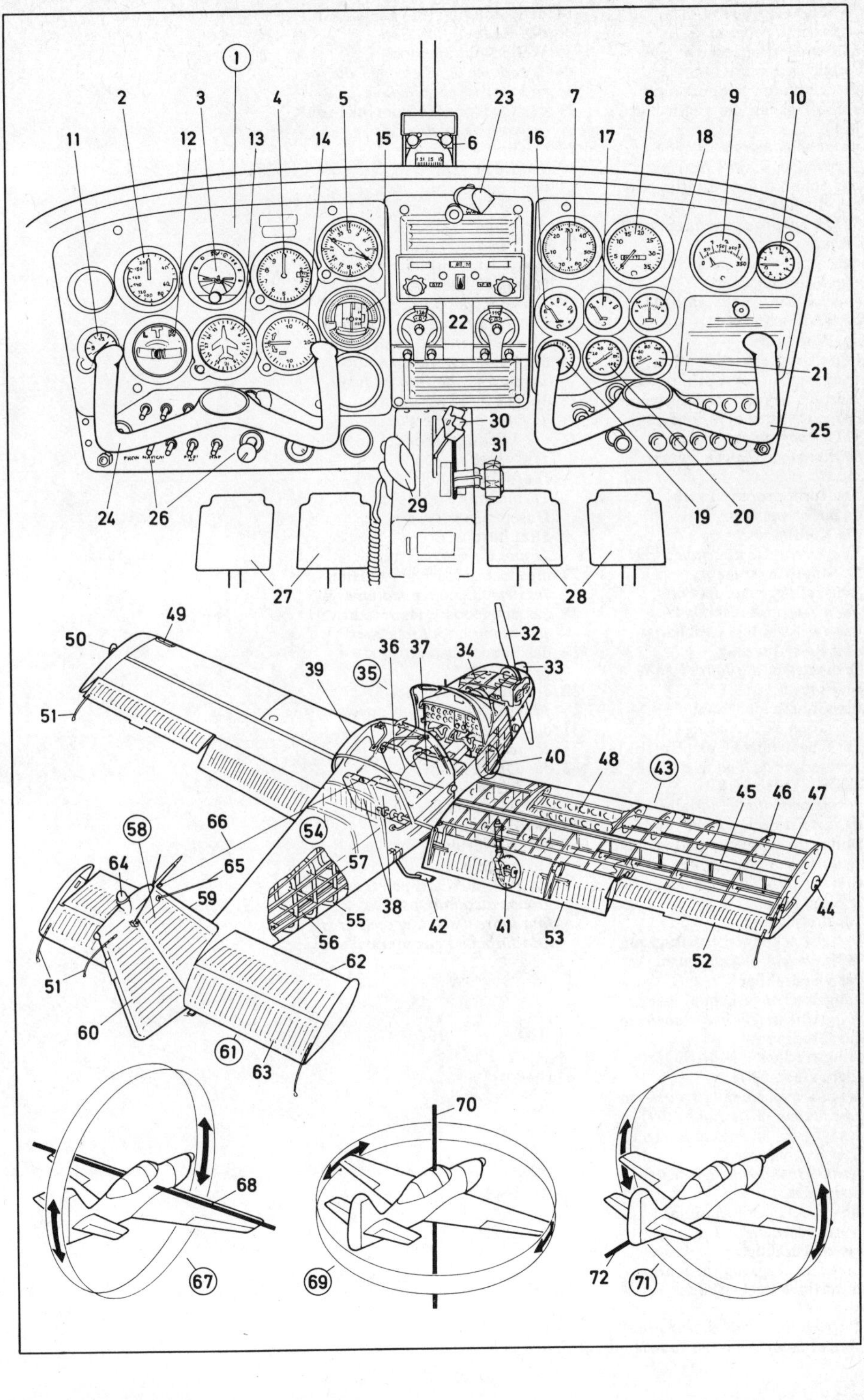
1
2
3
4
5
6
7
8
9
10
11
12
13
14
15
16
17
18
19
20
21
22
23
24
25
26
27
28
29
30
31
32
33
34
35
36
37
38
39
40
41
42
43
44
45
46
47
48
49
50
51
52
53
54
55
56
57
58
59
60
61
62
63
64
65
66
67
68
69
70
71
72

1-33 Flugzeugtypen *m*
– ***types*** m ***d'avions*** m
1-6 Propellerflugzeuge *n*
– ***avions*** m ***à hélice*** f
1 das einmotorige Sport- und Reiseflugzeug, ein Tiefdecker *m*
– *le monomoteur de voltige* f *et de tourisme* m *à aile* f *basse*
2 das einmotorige Reiseflugzeug, ein Hochdecker *m*
– *le monoplan de tourisme* m *à aile* f *haute*
3 das zweimotorige Geschäfts- und Reiseflugzeug
– *le bimoteur léger d'affaires* f *et de tourisme* m
4 das Kurz- und Mittelstreckenverkehrsflugzeug, ein Turbopropflugzeug *n* (Turbinen-Propeller-Flugzeug, Propeller-Turbinen-Flugzeug)
– *le biturbopropulseur à aile* f *haute court et moyen courrier* m
5 das Turboproptriebwerk
– *le turbopropulseur*
6 die Kielflosse
– *la gouverne de direction* f
7-33 Strahlflugzeuge *n* (Düsenflugzeuge, Jets *m*)
– ***les avions*** m ***à réaction*** f
7 das zweistrahlige Geschäfts- und Reiseflugzeug
– *le biréacteur d'affaires* f *et de tourisme* m
8 der Grenzschichtzaun
– *la cloison de décrochage* m
9 der Flügelspitzentank (Tiptank)
– *le réservoir de bout* m *d'aile* f
10 das Hecktriebwerk
– *le réacteur situé à l'arrière*
11 das zweistrahlige Kurz- und Mittelstreckenverkehrsflugzeug
– *le biréacteur court et moyen courrier* m *(réacteurs* m *situés sur les ailes* f*)*
12 das dreistrahlige Mittelstreckenverkehrsflugzeug
– *le triréacteur moyen courrier* m
13 das vierstrahlige Langstreckenverkehrsflugzeug
– *le quadriréacteur long courrier* m
14 das Großraum-Langstreckenverkehrsflugzeug (der Jumbo-Jet)
– *le quadriréacteur long courrier* m *gros porteur* m *(le Jumbo-Jet)*
15 das Überschallverkehrsflugzeug [Typ *m Concorde f*]
– *le supersonique de ligne* f *(le Concorde)*
16 die absenkbare Rumpfnase
– *le nez basculant*
17 **das zweistrahlige Großraumflugzeug** für Kurz- und Mittelstrecken *f* (der Airbus)
– ***l'Airbus*** m, ***un biréacteur gros porteur*** *court et moyen courrier* m
18 der Radarbug (die Radarnase, das Radom), mit der Wetterradarantenne
– *le radome de l'antenne* f *du radar* m *météorologique*
19 das Cockpit (die Pilotenkanzel)
– *le poste de pilotage* m
20 die Bordküche
– *l'office* m
21 der Frachtraum (Unterflurstauraum)
– *les soutes* f *cargo* m
22 der Passagierraum (Fluggastraum) mit Passagiersitzen *m*
– *la cabine des passagers* m
23 das einziehbare Bugfahrwerk
– *la roue de nez* m *rétractable*
24 die Bugfahrwerksklappe
– *les portes* f *du train* m *avant*
25 die mittlere Passagiertür
– *la porte passagers* m *centrale*
26 die Triebwerksgondel mit dem Triebwerk *n* (Turboluftstrahltriebwerk, Turbinenluftstrahltriebwerk, Düsentriebwerk, die Strahlturbine)
– *le mât du réacteur* m
27 die elektrostatischen Ableiter *m*
– *les déperditeurs* m *statiques*
28 das einziehbare Hauptfahrwerk
– *le train principal (rentrant)*
29 das Seitenfenster
– *le hublot*
30 die hintere Passagiertür
– *la porte passagers* m *arrière*
31 die Toilette
– *les toilettes* f
32 das Druckschott
– *la cloison étanche de pressurisation* f
33 das Hilfstriebwerk (die Hilfsgasturbine), für das Stromaggregat
– *l'A.P.U. (auxiliary power unit) (le groupe auxiliaire pour la fourniture d'air* m *et d'électricité* f*, la turbine à gaz* m *auxiliaire)*

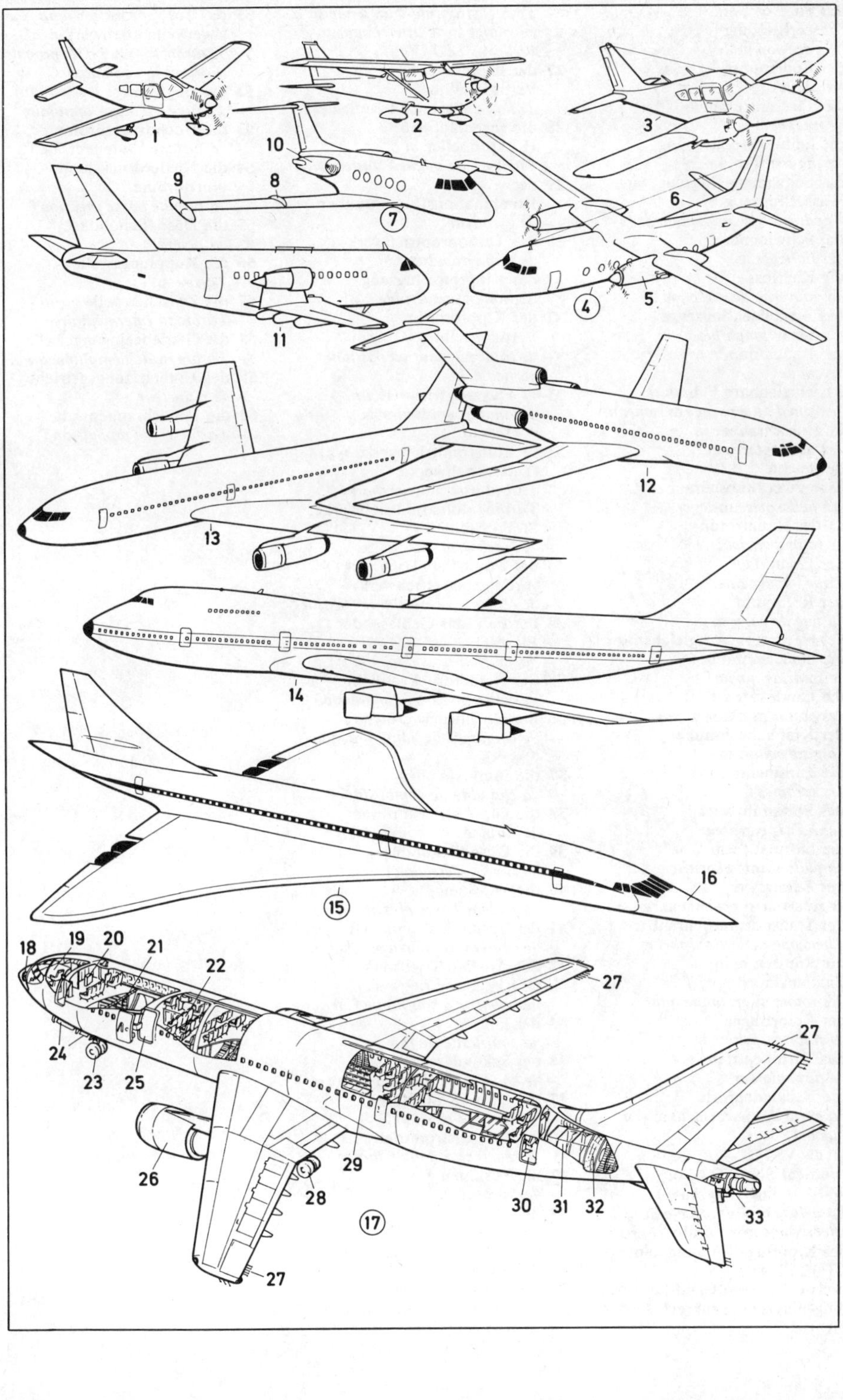
1
2
3
4
5
6
7
8
9
10
11
12
13
14
15
16
17
18
19
20
21
22
23
24
25
26
27
28
29
30
31
32
33

1 **das Flugboot**, ein Wasserflugzeug *n*
– ***l'hydravion*** m
2 der Bootsrumpf
– *la coque*
3 der Flossenstummel
– *le moignon*
4 die Leitwerkverstrebung
– *les haubans* m
5 das Schwimmerflugzeug, ein Wasserflugzeug *n*
– *l'hydravion* m *monomoteur*
6 der Schwimmer
– *les flotteurs* m
7 die Kielflosse
– *la gouverne de direction* f
8 **das Amphibienflugzeug**
– ***l'avion*** m ***amphibie***
9 der Bootsrumpf
– *la coque*
10 das einziehbare Fahrwerk
– *le train d'atterrissage* m *rentrant*
11-25 **Hubschrauber** *m*
– ***les hélicoptères*** m
11 der leichte Mehrzweckhubschrauber
– *un hélicoptère* m *léger*
12-13 der Hauptrotor
– *le rotor principal*
12 der Drehflügel
– *l'aile* f *tournante*
13 der Rotorkopf
– *la tête de rotor* m
14 der Heckrotor (Ausgleichsrotor, die Steuerschraube)
– *le rotor de queue* f
15 die Landekufen *f*
– *les patins* m *d'atterrissage* m
16 der Kranhubschrauber
– *la grue volante*
17 die Turbinentriebwerke *n*
– *les turbines* f
18 das Portalfahrwerk
– *le châssis élévateur*
19 die Lastplattform
– *la plate-forme élévatrice*
20 der Zusatztank
– *le réservoir supplémentaire*
21 der Transporthubschrauber
– *l'hélicoptère de transport* m
22 die Rotoren *m* in Tandemanordnung *f*
– *les rotors* m *en tandem* m
23 der Rotorträger
– *le rotor en pylone* m
24 das Turbinentriebwerk
– *le turbomoteur*
25 die Heckladepforte
– *la porte de chargement* m *(en queue* f*)*
26-32 **die VSTOL-Flugzeuge** *n* (Vertical/Short-Take-off-and-Landing-Flugzeuge)
– ***les avions*** m ***à décollage*** m ***et atterrissage*** m *verticaux courts*
26 das Kippflügelflugzeug, ein VTOL-Flugzeug *n* (Vertical-Take-off-and-Landing-Flugzeug, Senkrechtstarter *m*)
– *l'aile* f *pivotante d'un avion* m *à décollage* m *et atterrissage* m *verticaux (ADAV* m*)*
27 der Kippflügel in Vertikalstellung *f*
– *l'aile* f *en position* f *verticale*
28 die gegenläufigen Heckpropeller *m*
– *l'hélice* f *de queue* f *anticouple*
29 der Kombinationsflugschrauber
– *le gyrodyne*
30 das Turboproptriebwerk
– *le turbopropulseur*
31 das Kipprotorflugzeug
– *l'avion* m *convertible*
32 der Kipprotor in Vertikalstellung *f*
– *le rotor pivotant en position* f *verticale*
33-60 **Flugzeugtriebwerke** *n*
– ***les motopropulseurs*** m ***d'avion*** m
33-50 Luftstrahltriebwerke *n* (Düsentriebwerke, Turboluftstrahltriebwerke, Turbinenluftstrahltriebwerke, Strahlturbinen *f*)
– *les turboréacteurs* m
33 das Front-Fan-Triebwerk (Frontgebläsetriebwerk)
– *le réacteur à soufflante* f *avant*
34 der Fan (das Gebläse, der Bläser)
– *la soufflante*
35 der Niederdruckverdichter
– *le compresseur basse pression* f
36 der Hochdruckverdichter
– *le compresseur haute pression* f
37 die Brennkammer
– *la chambre de combustion* f
38 die Fan-Antriebsturbine
– *la turbine haute pression* f
39 die Düse (Schubdüse)
– *la tuyère d'éjection* f
40 die Turbinen *f*
– *la turbine basse pression* f
41 der Sekundärstromkanal
– *le conduit du deuxième flux* m
42 das Aft-Fan-Triebwerk (Heckgebläsetriebwerk)
– *le réacteur à soufflante* f *arrière*
43 der Fan
– *la soufflante (le fan)*
44 der Sekundärstromkanal
– *le conduit du deuxième flux* m
45 die Düse (Schubdüse)
– *la tuyère d'éjection* f
46 das Mantelstromtriebwerk
– *le réacteur à double flux* m
47 die Turbinen *f*
– *les turbines* f
48 der Mischer
– *le mélangeur*
49 die Düse (Schubdüse)
– *la tuyère*
50 der Sekundärstrom (Mantelstrom, Nebenstrom)
– *le deuxième flux*
51 das Turboproptriebwerk, ein Zweiwellentriebwerk *n*
– *le turbopropulseur, un propulseur à arbres* m *coaxiaux*
52 der ringförmige Lufteinlauf
– *l'entrée* f *d'air* m *annulaire*
53 die Hochdruckturbine
– *la turbine haute pression* f
54 die Niederdruck- und Nutzturbine
– *la turbine basse pression* f
55 die Düse (Schubdüse)
– *la tuyère*
56 die Kupplungswelle
– *l'arbre* m
57 die Zwischenwelle
– *l'arbre* m *intermédiaire*
58 die Getriebeeingangswelle
– *l'arbre* m *de démultiplication* f
59 das Untersetzungsgetriebe
– *le réducteur*
60 die Luftschraubenwelle
– *l'arbre* m *de propulsion* f

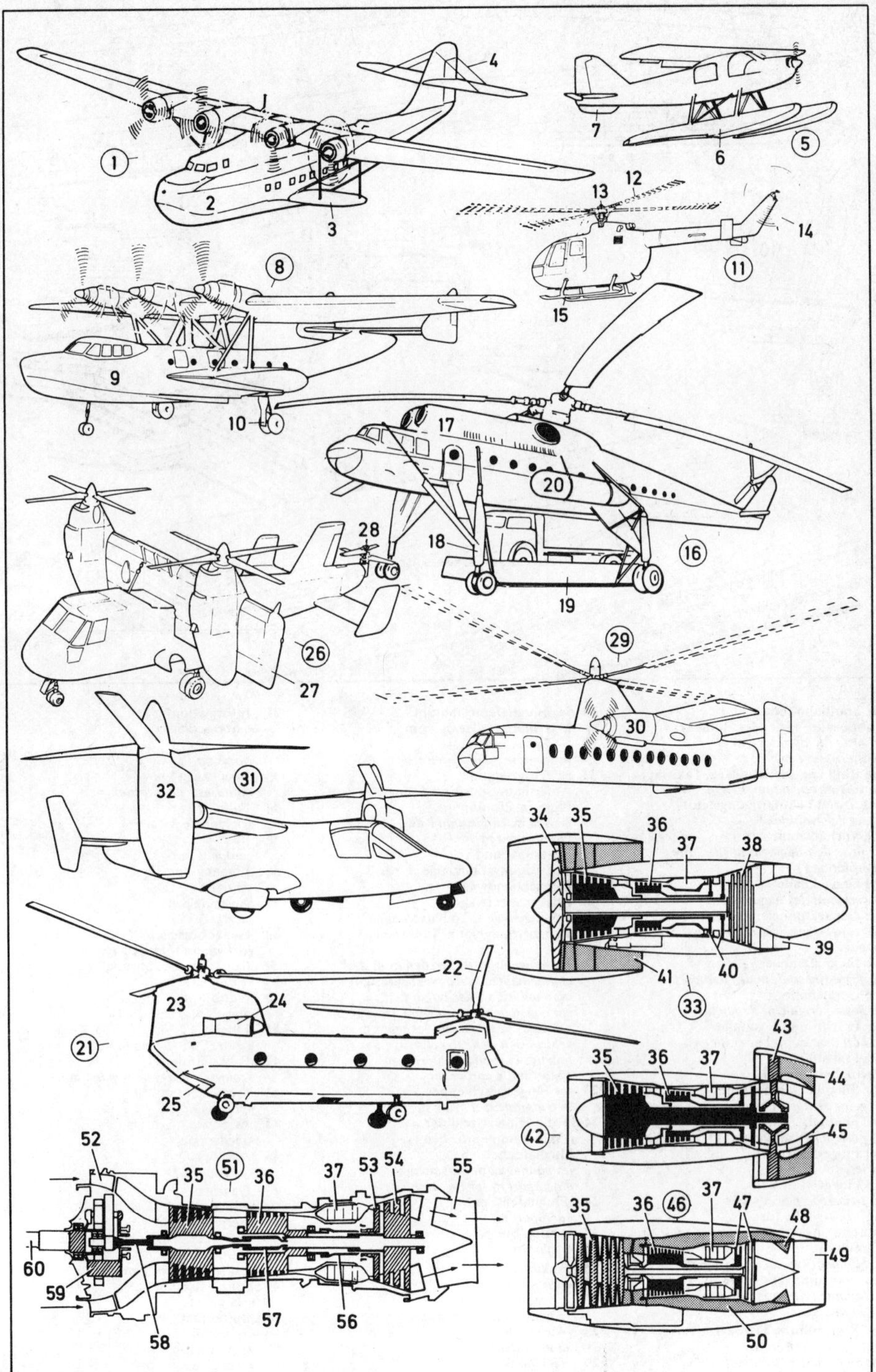
1
2
3
4
5
6
7
8
9
10
11
12
13
14
15
16
17
18
19
20
21
22
23
24
25
26
27
28
29
30
31
32
33
34
35
36
37
38
39
40
41
42
43
44
45
46
47
48
49
50
51
52
53
54
55
56
57
58
59
60

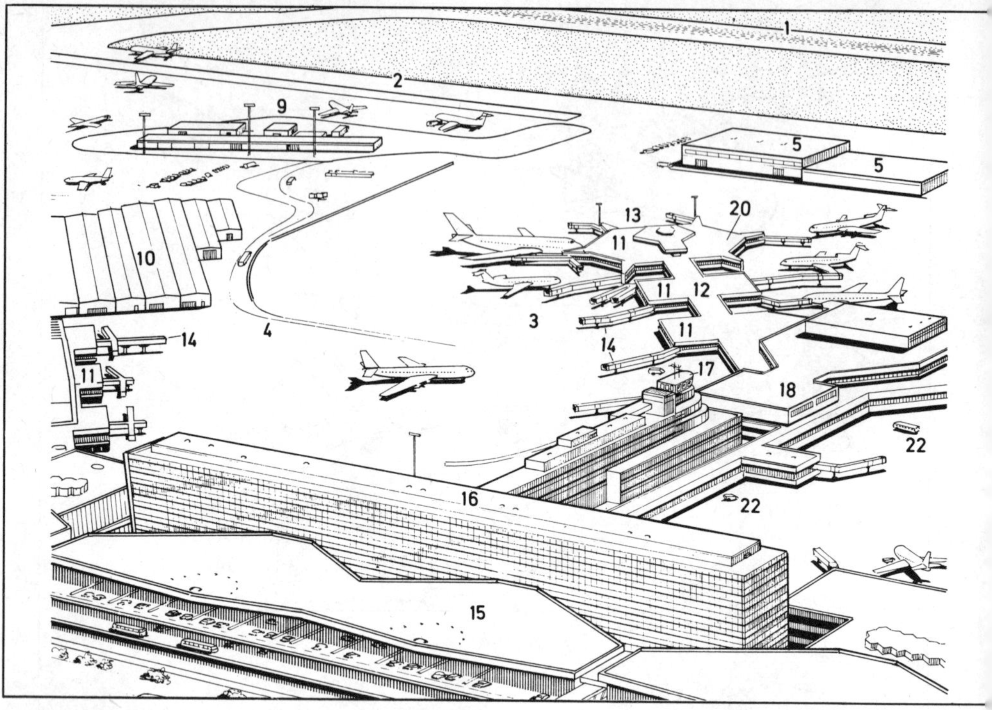

1 die Startbahn (Start- und Landebahn, Piste, der Runway)
– *la piste (de décollage* m *et d'atterrissage* m*)*
2 die Rollbahn (der Rollweg, Taxiway)
– *la voie de circulation* f *(le taxiway)*
3 das Vorfeld (Abfertigungsfeld)
– *l'aire* f *d'évolution* f
4 die Vorfeldstraße
– *la piste de roulement* m *(de l'aire* f *d'évolution* f*)*
5 die Gepäckhalle
– *le terminal des bagages* m
6 die Gepäcktunneleinfahrt
– *le tunnel d'accès* m *au terminal des bagages* m
7 die Flughafenfeuerwehr
– *le service incendie* m *de l'aéroport* m
8 die Gerätehalle
– *le poste permanent de feu* m
9 die Fracht- und Posthalle
– *le bâtiment de fret* m *et de poste* f
10 der Frachthof
– *l'aérogare* f *du fret*
11 der Flugplatzsammelraum
– *le point de départ* m
12 der Flugsteig (Fingerflugsteig)
– *la porte d'embarquement* m
13 der Fingerkopf
– *la jetée*
14 die Fluggastbrücke
– *la passerelle téléscopique*
15 die Abflughalle (das Abfertigungsgebäude, der *od.* das Terminal)
– *le bâtiment central (le terminal)*
16 das Verwaltungsgebäude
– *le bâtiment de l'administration* f *et de la direction*
17 der Kontrollturm (Tower)
– *la tour de contrôle* m
18 die Wartehalle (Lounge)
– *la salle d'attente* f
19 das Flughafenrestaurant
– *le restaurant d'aéroport* m
20 die Besucherterrasse
– *la terrasse pour visiteurs* m
21 das Flugzeug in Abfertigungsposition *f*, einer Nose-in-Position
– *l'avion* m *en position* f *de chargement* m
22 Wartungs- und Abfertigungsfahrzeuge *n*, z.B. Gepäckbandwagen *m*, Frischwasserwagen, Küchenwagen, Toilettenwagen, Bodenstromgerät *n*, Tankwagen *m*
– *les véhicules* m *d'entretien* m *et de chargement* m*; p.ex.: véhicules* m *de manipulation* f *des bagages* m*, camions-citernes* m *d'eau* f *fraîche, véhicules* m *apportant les repas* m*, véhicules* m *pour le nettoyage des toilettes* f*, camions-citernes* m *apportant le carburant*
23 der Flugzeugschlepper
– *le remorqueur d'avion* m
24-53 die Hinweisschilder *n* (Piktogramme) für den Flughafenbetrieb
– *les panneaux* m *indicateurs d'aéroport* m *(pictogrammes* m*)*
24 „Flughafen" *m*
– *«aéroport* m*»*
25 „Abflug" *m*
– *«départ* m*»*
26 „Ankunft" *f*
– *«arrivée* f*»*
27 „Umsteiger" *m*
– *«passagers* m *en transit* m*»*
28 „Wartehalle" *f*
– *«hall* m *d'attente* f*»*
29 „Treffpunkt" *m*
– *«point* m *de rendez-vous* m*»*
30 „Besucherterrasse" *f*
– *«terrasse* f *pour visiteurs* m*»*
31 „Information" *f*
– *«information* f*»*
32 „Taxi" *n*
– *«taxis* m*»*
33 „Mietwagen" *m*
– *«voitures* f *de location* f*»*
34 „Bahn" *f*
– *«chemin de fer* m*»*
35 „Bus" *m*
– *«autobus* m*»*
36 „Eingang" *m*
– *«entrée* f*»*
37 „Ausgang" *m*
– *«sortie* f*»*
38 „Gepäckausgabe" *f*
– *«délivrance* f *des bagages* m*»*
39 „Gepäckaufbewahrung" *f*
– *«consigne* f*»*
40 „Notruf" *m*
– *«appels* m *d'urgence* f*»*
41 „Fluchtweg" *m*
– *«sortie* f *de secours* m*»*
42 „Paßkontrolle" *f*
– *«contrôle* m *des passeports* m*»*
43 „Pressezentrum" *n*
– *«presse* f*»*
44 „Arzt" *m*
– *«médecin* m*»*
45 „Apotheke" *f*
– *«pharmacie* f*»*
46 „Duschen" *f*
– *«douches* f*»*
47 „Herrentoilette" *f*
– *«toilettes* f *pour hommes* m*»*
48 „Damentoilette" *f*
– *«toilettes* f *pour dames* f*»*
49 „Andachtsraum" *m*
– *«chapelle* f*»*
50 „Restaurant" *n*
– *«restaurant* m*»*
51 „Geldwechsel" *m*
– *«change* m*»*
52 „zollfreier Einkauf"
– *«boutiques* f *hors douane* f*»*
53 „Friseur" *m*
– *«coiffeur* m*»*

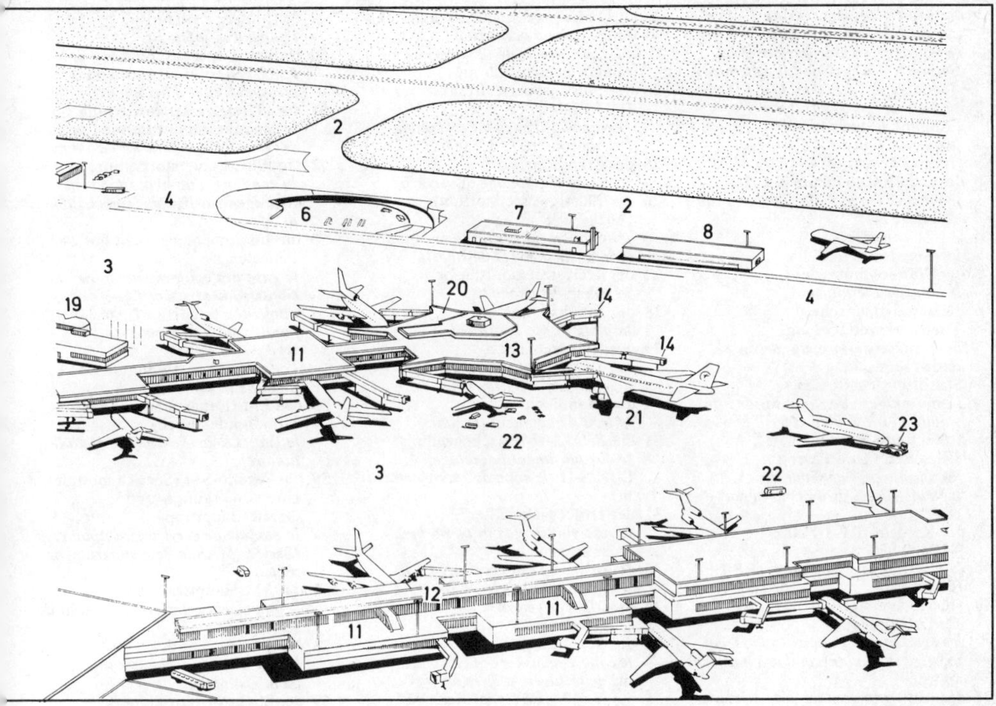
2
2
4
6
7
8
3
4
19
20
14
14
11
13
21
23
22
3
22
12
11
11

24
25
26
27
28
29
30
31
32
TAXI
33
34
DB
35
BUS
36
37
38
39
40
41
42
43
press
44
45
46
47
48
49
50
51
100
5
2
52
53

1 **die Saturn-V-Trägerrakete „Apollo“** [Gesamtansicht]
– ***le lanceur (la fusée porteuse) Saturn V d'«Apollo»*** *(du satellite Apollo) [vue* f *d'ensemble* m*]*
2 die Saturn-V-Trägerrakete „Apollo“ [Gesamtschnitt]
– *le lanceur Saturn V d'«Apollo» [coupe* f *générale]*
3 die erste Raketenstufe *S-I C*
– *le premier étage* S-1C *(l'étage* m *de décollage* m*)*
4 F-1-Triebwerke *n*
– *les propulseurs* m *F-1*
5 der Wärmeschutzschild
– *le bouclier thermique*
6 die aerodynamische Triebwerksverkleidung
– *le carénage des propulseurs* m
7 aerodynamische Stabilisierungsflossen *f*
– *l'empennage* m *de stabilisation* f *(le stabilisateur, le plan fixe)*
8 Stufentrenn-Retroraketen *f*, 8 Raketen *f* zu 4 Paaren *n*
– *les rétrofusées* f *de séparation* f, *huit moteurs-fusées* m *assemblés par paires* f
9 der Kerosin-(RP-1-)Tank [811 000 l]
– *le réservoir de kérosène* m *(RP-1) [811 000 l]*
10 Flüssigsauerstoff-Förderleitungen *f*
– *les conduites* f *d'alimentation* f *en oxygène* m *liquide (comburant* m*)*, 5 au total
11 das Antivortexsystem (Vorrichtung *f* zur Verhinderung einer Wirbelbildung im Treibstoff *m*)
– *le système anti-vortex (dispositif* m *permettant d'éviter la formation de tourbillons* m *dans le carburant)*
12 der Flüssigsauerstofftank [1 315 000 l]
– *le réservoir d'oxygène* m *liquide (comburant* m*) [1 315 000 l]*
13 die Schwappdämpfung
– *la chicane antiballottante (cloisonnement* m *amortissant le ballottement)*
14 Druckflaschen für Helium *n*
– *les réservoirs* m *d'hélium* m *comprimé (sous pression* f*)*
15 der Diffusor für gasförmigen Sauerstoff
– *le diffuseur d'oxygène* m *gazeux*
16 das Tankzwischenstück
– *la cloison de séparation* f *des réservoirs* m
17 Instrumente *n* und Systemüberwachung *f*
– *le bloc des instruments* m *et des appareils* m *de contrôle* m
18 die zweite Raketenstufe *S-II*
– *le deuxième étage* S-II
19 J-2-Triebwerke *n*
– *les propulseurs* m *J-2*
20 der Wärmeschutzschild
– *le bouclier thermique*
21 das Triebwerkswiderlager und Schubgerüst
– *le bâti moteur et le bâti de poussée* f
22 Beschleunigungsraketen *f* zum Treibstoffsammeln *n*
– *les moteurs-fusées* m *d'accélération* f *pour l'accumulation* f *du carburant*
23 die Flüssigwasserstoff-Saugleitung
– *la conduite d'admission* f *(d'aspiration* f*) de l'hydrogène* m *liquide (combustible* m*)*
24 der Flüssigsauerstofftank [1 315 000 l]
– *le réservoir d'oxygène* m *liquide (comburant* m*) [1 315 000 l]*
25 das Standrohr
– *la canne d'allumage* m *verticale*
26 der Flüssigwasserstofftank [1 020 000 l]
– *le réservoir d'hydrogène* m *liquide (combustible* m*) [1 020 000 l]*
27 der Treibstoffstandsensor
– *la canne de niveau* m
28 die Arbeitsbühne
– *la plate-forme de travail* m
29 der Kabelschacht
– *la gaine de câbles* m *(la canalisation de câbles* m *électriques)*
30 das Mannloch
– *le trou d'homme* m *(le sas)*
31 die *S-IC/S-II*-Zwischenzelle
– *le compartiment interétage* S-IC/S-II *(le cône de raccordement* m*)*
32 der Druckgasbehälter
– *le réservoir de gaz* m *comprimé (sous pression* f*)*
33 die dritte Raketenstufe *S-IV B*
– *le troisième étage* S-IV B
34 das J-2-Triebwerk
– *le propulseur J-2*
35 der Schubkonus
– *le cône de poussée* f *(d'échappement* m*) de la tuyère d'éjection* f
36 die *S-II/S-IVB*-Zwischenzelle
– *le compartiment interétage* S-II/S-IV B *(le cône de raccordement* m*)*
37 Stufentrenn-Retroraketen *f* für *S-II*, 4 Raketen *f*
– *les rétrofusées* f *de séparation* f *du deuxième étage* S-II, *4 moteurs-fusées* m
38 Lageregelungsraketen *f*
– *les moteurs-fusées* m *de commande* f *d'orientation* f *(de stabilisation* f *d'orientation* f*)*
39 der Flüssigsauerstofftank [77 200 l]
– *le réservoir d'oxygène* m *liquide (comburant* m*) [77 200 l]*
40 der Leitungsschacht
– *la tuyauterie*
41 der Flüssigwasserstofftank [253 000 l]
– *le réservoir d'hydrogène* m *liquide [253 000 l]*
42 Meßsonden *f*
– *les sondes* f *de mesure* f *(les capteurs* m *de mesure* f*)*
43 Helium-Druckgastanks *m*
– *les réservoirs* m *de gaz* m *sous pression* f *et d'hélium* m
44 die Tankentlüftung
– *le conduit d'aération* f *du réservoir (l'évent* m*)*
45 der vordere Zellenring
– *l'anneau* m *supérieur*
46 die Arbeitsbühne
– *la plate-forme de travail* m
47 der Kabelschacht
– *la gaine de câbles* m *(la canalisation de câbles* m *électriques)*
48 Beschleunigungsraketen *f* zum Treibstoffsammeln *n*
– *les moteurs-fusées* m *d'accélération* f *pour l'accumulation* f *du carburant*
49 der hintere Zellenring
– *l'anneau* m *inférieur*
50 Helium-Druckgastanks *m*
– *les réservoirs* m *de gaz* m *sous pression* f *et et d'hélium* m
51 die Flüssigwasserstoffleitung
– *la conduite d'alimentation* f *en oxygène* m *liquide (comburant* m*)*
52 die Flüssigsauerstoffleitung
– *la conduite d'alimentation* f *en hydrogène* m *liquide (combustible* m*)*
53 die Instrumenteneinheit mit 24 Paneelen *n*
– *la case des équipements* m *(le compartiment scientifique) alimentée en énergie* f *par 24 panneaux* m *solaires*
54 der LM-Hangar
– *l'adaptateur* m *abritant le LM (module* m *lunaire)*
55 das LM (Lunar module, die Mondlandeeinheit)
– *le LM (Lunar Module, le module lunaire)*
56 das Apollo-SM (Service module), eine Versorgungs- und Geräte-Baugruppe
– *le module de service* m *d'Apollo (Service Module, le compartiment moteur)*
57 das SM-Haupttriebwerk
– *le propulseur principal du module de service* m
58 der Treibstofftank
– *le réservoir de carburant* m *(combustible* m*)*
59 der Stickstofftetroxidtank
– *le réservoir de tétraoxyde* m *d'azote* m *(comburant* m*)*
60 das Druckgasfördersystem
– *les appareils* m *d'alimentation* f *en gaz* m *comprimé*
61 Sauerstofftanks *m*
– *les réservoirs* m *d'oxygène* m
62 Brennstoffzellen *f*
– *les piles* f *à combustible* m
63 Steuerraketengruppen *f*
– *les groupes* m *de moteurs-fusées* m *de pilotage* m
64 die Richtantennengruppe
– *le groupe d'antennes* f *directives*
65 die Raumkapsel (das Kommandoteil)
– *le module de commande* f *(la capsule spatiale, le satellite)*
66 der Rettungsturm für die Startphase
– *la tour de sauvetage* m *éjectée en cas d'incident* m *ou d'accident* m *au moment du lancement (la tour d'éjection* f*)*

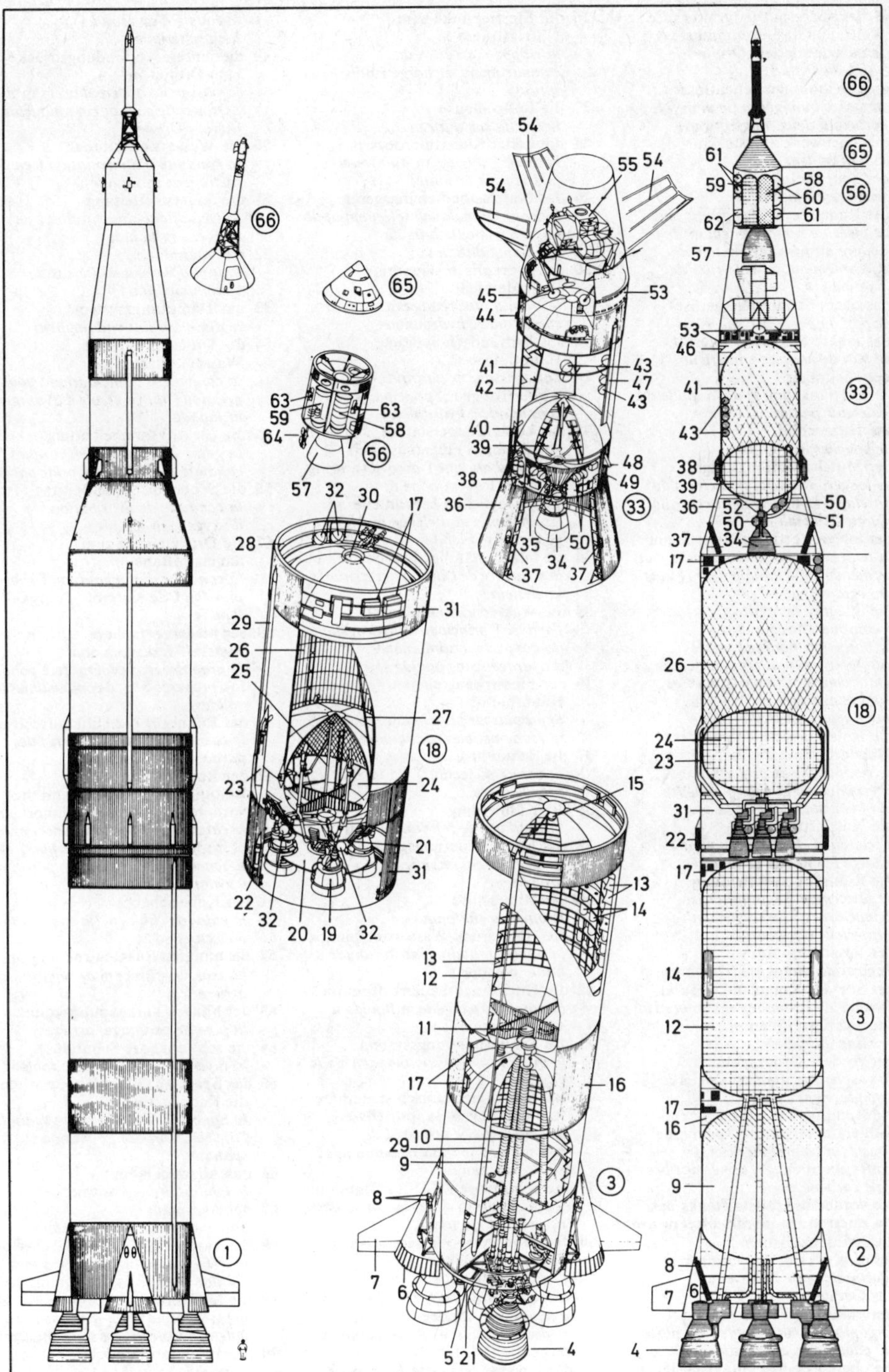
66
65
63
59
64
63
58
56
57
32 30
17
28
31
29
26
25
27
18
23
24
21
31
22
32
20
19
32
54
55 54
54
45
44
53
41
42
43
47
43
40
39
48
38
49
36
33
35
34
50
37
37
15
13
14
13
12
11
17
16
10
29
9
3
8
7
6
5 21
4
1
66
61
65
59
58
60
56
61
62
57
53
46
41
33
43
38
39
50
36
52
51
50
37
34
17
26
18
24
23
31
22
17
14
12
3
17
16
9
8
2
7
6
4

1-45 der Spaceshuttle-Orbiter (die Weltraumfähre, Raumfähre)
– ***la navette spatiale Orbiter*** *(le vaisseau spatial)*
1 die zweiholmige Seitenflosse
– *la dérive bilongeron (le plan fixe vertical à deux longerons* m*)*
2 die Triebwerkraumstruktur
– *le bâti-moteur*
3 der Seitenholm
– *le longeron latéral*
4 der Rumpfverbindungsbeschlag
– *la pièce de raccordement* m *de la voilure au fuselage (la tige de raccordement* m, *la ferrure de fixation* f*)*
5 das obere Schubträgergerüst
– *le bâti de poussée* f *supérieur*
6 das untere Schubträgergerüst
– *le bâti de poussée* f *inférieur*
7 der Kielträger
– *le bâti (l'ossature* f*) de la quille du vaisseau spatial*
8 der Hitzeschild
– *le bouclier thermique*
9 der Mittelrumpflängsträger
– *le longeron central (principal) du fuselage (la tige support centrale, l'arête* f *dorsale)*
10 der integral gefräste Hauptspant
– *le maître-couple (le couple principal, la membrure à mi-longueur* f*) frais'e int'egralement*
11 die integral versteifte Leichtmetallbeplankung
– *le bordé (les bordages* m, *le revêtement) en alliages* m *légers entièrement renforcé (stabilisé)*
12 die Gitterträger *m*
– *la structure en treillis* m
13 die Isolationsverkleidung des Nutzlastraums *m*
– *le revêtement de protection* f *thermique de la charge utile (le revêtement isolant de la soute)*
14 die Nutzlastraumluke
– *l'écoutille* f *du compartiment à charge* f *utile (de la soute)*
15 die Kühlschutzverkleidung
– *le revêtement isolant à basse température* f *(le revêtement protecteur réfrigérant)*
16 der Besatzungsraum
– *le poste de pilotage* m *(l'habitacle* m*)*
17 der Sitz des Kommandanten *m*
– *le siège du commandant de bord* m
18 der Sitz des Piloten *m*
– *le siège du pilote*
19 der vordere Druckspant
– *le couple comprimé (soumis à la compression) avant*
20 die Rumpfspitze, eine kohlefaserverstärkte Bugklappe
– *le nez (la pointe) du fuselage, une coiffe (un carénage) armée de fibres* f *de carbone* m
21 die vorderen Kraftstofftanks *m*
– *les réservoirs* m *de carburant* m *avant*
22 die Avionikkonsolen *f*
– *les consoles* f *de l'équipement* m *électronique de la navette*
23 das Gerätebrett für die automatische Flugsteuerung
– *le pupitre de commande* f *du poste de pilotage* m *automatique*
24 die oberen Beobachtungsfenster *n*
– *le hublot d'observation* f *supérieur*
25 die vorderen Beobachtungsfenster *n*
– *le hublot d'observation* f *avant*
26 die Einstiegsluke zum Nutzlastraum *m*
– *la trappe d'accès* m *au compartiment à charge* f *utile (à la soute)*
27 die Luftschleuse
– *le sas (le sas à air* m*)*
28 die Leiter zum Unterdeck *n*
– *l'échelle* f *d'accès* m *au niveau inférieur (à la soute)*
29 das Nutzlastbedienungsgerät
– *le bras manipulateur télécommandé de la navette (le bras de télémanipulation* f*)*
30 die hydraulisch steuerbare Bugradeinheit
– *le train d'atterrissage* m *avant à commande* f *hydraulique*
31 das hydraulisch betätigte Hauptfahrwerk
– *l'atterrisseur* m *(le train d'atterrissage* m*) principal à commande* f *hydraulique*
32 das kohlefaserverstärkte, abnehmbare Flügelnasenteil
– *le bord d'attaque* f *amovible, armé de fibres* f *de carbone* m
33 die beweglichen Elevonteile *n*
– *les éléments* m *d'élevon* m *(de gouverne* f*) mobiles*
34 die hitzebeständige Elevonstruktur
– *la structure de l'élevon* m *résistant à la chaleur*
35 die Wasserstoffhauptzufuhr
– *l'arrivée* f *principale d'hydrogène* m *(la conduite d'admission* f *d'hydrogène* m*) liquide*
36 der Flüssigkeitsraketen-Hauptmotor
– *le propulseur principal à propergols* m *(combustibles* m*) liquides*
37 die Schubdüse
– *la tuyère d'éjection* f *(la tuyère propulsive)*
38 die Kühlleitung
– *la conduite de refroidissement* m
39 das Motorsteuerungsgerät
– *le vérin de commande* f *du propulseur*
40 der Hitzeschild
– *le bouclier thermique*
41 die Hochdruck-Wasserstoffpumpe
– *la pompe à hydrogène* m *liquide à haute pression* f
42 die Hochdruck-Sauerstoffpumpe
– *la pompe à oxygène* m *liquide à haute pression* f
43 das Schubsteuerungssystem
– *le mécanisme de commande* f *de la poussée*
44 das elektromechanisch steuerbare Raummanöver-Haupttriebwerk
– *le moteur-fusée principal de manœuvre* f *spatiale à commande* f *électromécanique*
45 die Schubdüsen-Kraftstofftanks *m*
– *les réservoirs* m *de carburant* m *des tuyères* f *d'éjection* f
46 der abwerfbare Wasserstoff- und Sauerstoffbehälter (Treibstoffbehälter)
– ***les réservoirs*** m ***d'hydrogène*** m ***et d'oxygène*** m ***liquides*** *(les réservoirs* m *de carburant* m, *de propergol* m*)* ***largables***
47 der integral versteifte Ringspant
– *le couple annulaire intégralement renforcé*
48 der Halbkugelendspant
– *le couple d'extrêmité* f *hémisphérique*
49 die hintere Verbindungsbrücke zum Orbiter *m*
– *la passerelle arrière d'accès* m *à l'Orbiter (le pont de communication* f *avec l'Orbiter)*
50 die Wasserstoffleitung
– *la conduite d'alimentation* f *en hydrogène* m *liquide*
51 die Sauerstoffleitung
– *la conduite d'alimentation* f *en oxygène* m *liquide*
52 das Mannloch
– *le trou d'homme* m *(le sas de communication* f*)*
53 das Dämpfungssystem
– *le dispositif antiballottement*
54 die Druckleitung zum Wasserstofftank
– *la conduite d'alimentation* f *sous pression* f *du réservoir d'hydrogène* m *liquide*
55 die Elektriksammelleitung
– *la gaine de câbles* m *électriques (la conduite d'électricité* f *principale)*
56 die Sauerstoffumlaufleitung
– *la conduite de distribution* f *d'oxygène* m *liquide*
57 die Druckleitung zum Sauerstofftank
– *la conduite d'alimentation* f *sous pression* f *du réservoir d'oxygène* m *liquide*
58 der wiedergewinnbare Feststoff-Raketenmotor
– ***le propulseur récupérable à poudre*** f *(à propergols* m, *à combustibles* m *solides)*
59 der Raum für die Hilfsfallschirme *m*
– *le caisson (le compartiment) des parachutes* m *auxiliaires*
60 der Raum für die Rettungsfallschirme *m* und die vorderen Raketentrennmotoren *m*
– *le caisson (le compartiment) des parachutes* m *de récupération* f *et des moteurs-fusées* m *de séparation* f *avant*
61 der Kabelschacht
– *la gaine de câbles* m *(la canalisation d'électricité* f*)*
62 die hinteren Raketentrennmotoren *m*
– *les moteurs-fusées* m *de séparation* f *arrière*
63 der hintere Verkleidungskonus
– *la jupe (le carénage) arrière*
64 die schwenkbare Schubdüse
– *la tuyère d'éjection* f *orientable*
65 das Spacelab (Raumlaboratorium, die Raumstation)
– ***le Spacelab*** *(le laboratoire spatial, l'atelier* m *orbital, la station spatiale)*
66 das Allzwecklabor
– *le laboratoire polyvalent*
67 der Astronaut
– *l'astronaute* m *(le spationaute)*
68 das kardanisch gelagerte Teleskop
– *le télescope à suspension* f *à la Cardan (monté sur cardan* m*)*
69 die Meßgeräteplattform
– *la plate-forme porte-instruments (la palette d'instruments* m *de mesure* f*)*
70 das Raumfahrtmodul
– *le module spatial*
71 der Schleusentunnel
– *le sas de communication* f *(le sas adaptateur, d'amarrage* m*)*

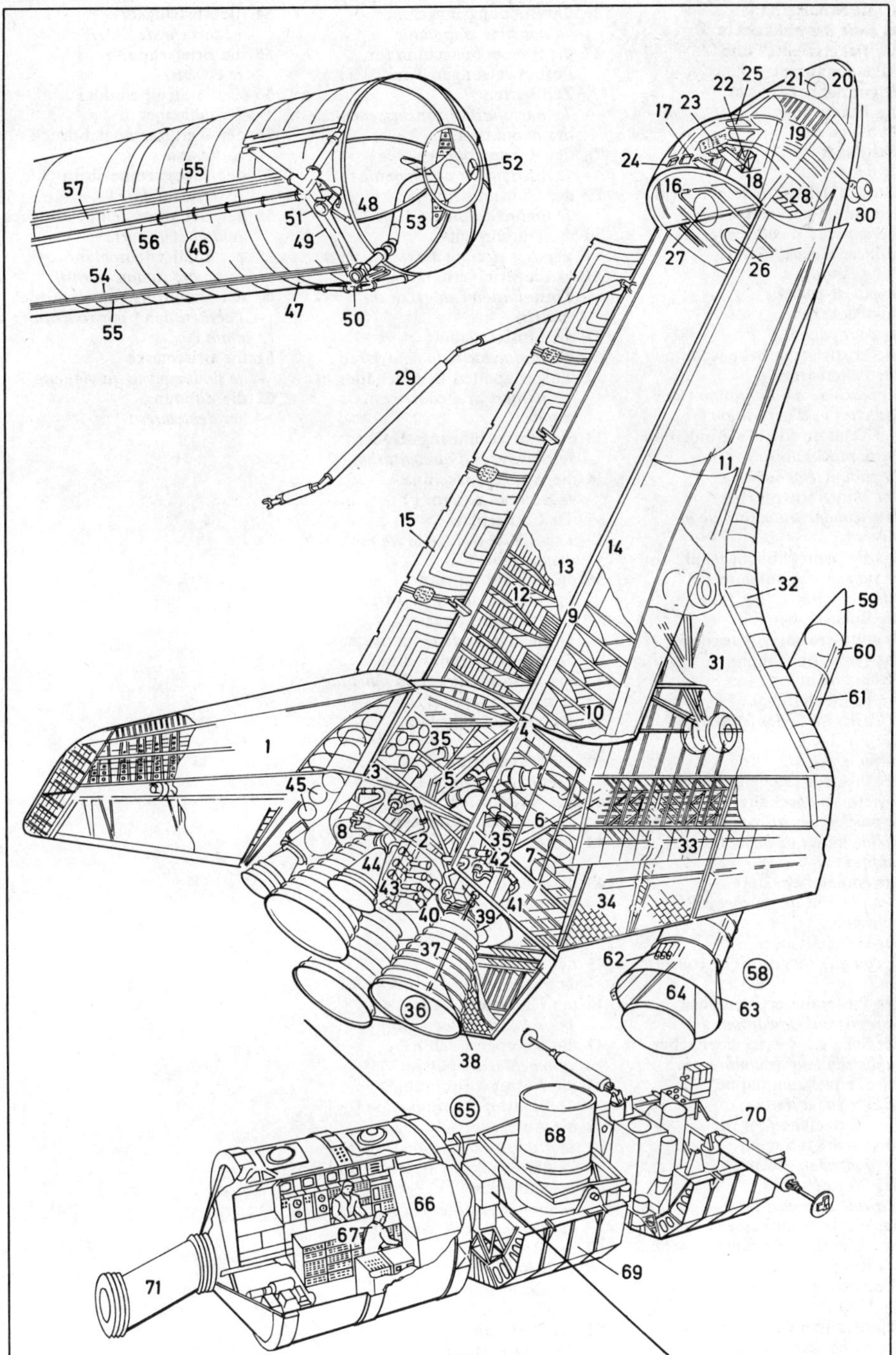
1
2
3
4
5
6
7
8
9
10
11
12
13
14
15
16
17
18
19
20
21
22
23
24
25
26
27
28
29
30
31
32
33
34
35
36
37
38
39
40
41
42
43
44
45
46
47
48
49
50
51
52
53
54
55
56
57
58
59
60
61
62
63
64
65
66
67
68
69
70
71

1-30 die Schalterhalle
– ***la salle des guichets*** m
1 der Paketschalter (die Paketannahme)
– *le guichet des colis* m
2 die Paketwaage
– *la balance*
3 das Paket
– *le paquet*
4 die Aufklebeadresse, mit dem Paketnummernzettel *m*
– *l'étiquette* f *à coller avec le numéro d'expédition* f
5 der Leimtopf
– *le pot de colle* f
6 das Päckchen
– *le petit paquet*
7 die Postfreistempelmaschine für Paketkarten *f*
– *la machine d'oblitération* f *des bulletins* m *d'expédition* f
8 die Telefonzelle (Telefonkabine, Fernsprechkabine)
– *la cabine téléphonique*
9 der Münzfernsprecher
– *le téléphone automatique à pièces* f
10 das Fernsprechbuchgestell
– *le support des annuaires* m *téléphoniques*
11 die Buchschwinge
– *le porte-annuaires basculant*
12 das Fernsprechbuch
– *l'annuaire* m
13 die Postfachanlage
– *le casier de boîtes* f *postales*
14 das Postfach
– *la boîte postale*
15 der Postwertzeichenschalter (Briefmarkenschalter)
– *le guichet des affranchissements* m *(le guichet de vente* f *des timbres* m*)*
16 der Annahmebeamte
– *l'employé* m *de guichet* m *(le guichetier)*
17 der Geschäftsbote
– *le coursier (le garçon de courses* f*)*
18 das Posteinlieferungsbuch
– *le registre d'expéditions* f
19 der Schalter-Wertzeichengeber
– *le distributeur de timbres* m
20 die Wertzeichenmappe
– *le classeur à timbres* m
21 der Wertzeichenbogen (Briefmarkenbogen)
– *la planche de timbres* m
22 das Wertgelaß
– *le tiroir à valeurs* f
23 die Wechselgeldkasse
– *la caisse (le tiroir à monnaie* f*)*
24 die Briefwaage
– *le pèse-lettres*
25 der Einzahlungs-, Postspar- und Rentenauszahlschalter
– *le guichet des opérations* f *financières (le guichet des mandats* m *et de la caisse d'épargne* f*)*
26 die Buchungsmaschine
– *la machine comptable*
27 die Stempelmaschine für Postanweisungen *f* und Zahlkarten *f*
– *la machine d'affranchissement* m *des mandats* m
28 der Rückgeldgeber
– *le distributeur de monnaie* f
29 der Quittungsstempel
– *le timbre à date* f
30 die Durchreiche
– *le passe-documents (le guichet)*
31-44 die Briefverteilanlage
– *l'installation* f *de tri* m *du courrier*
31 die Stoffeingabe
– *l'introduction* f *du courrier* m
32 die gestapelten Briefbehälter *m*
– *les paniers* m *à courrier* m *empilés*
33 die Stoffzuführungsstrecke
– *le convoyeur d'alimentation* f
34 die Aufstellmaschine
– *le releveur de lettres* f
35 der Codierplatz
– *le poste de codage* m *(le poste d'indexation* f*)*
36 die Grobverteilrinne
– *la machine de premier tri* m
37 der Prozeßrechner
– *le calculateur de processus* m
38 die Briefverteilmaschine
– *la trieuse de lettres* f *(la machine de tri* m *de lettres* f*)*
39 der Videocodierplatz
– *le poste de codage* m *vidéo*
40 der Bildschirm
– *l'écran* m *vidéo*
41 das Anschriftenbild
– *l'image* f *de l'adresse* f
42 die Anschrift
– *l'adresse* f
43 die Postleitzahl
– *le code postal*
44 die Tastatur
– *le clavier*
45 der Fauststempel
– *le timbre (le timbre à date* f*)*
46 der Handrollstempel
– *le timbre à rouleau* m
47 die Stempelmaschine
– *la machine à oblitérer*
48 die Anlegevorrichtung
– *le dispositif d'introduction* f
49 die Ablegevorrichtung
– *le dispositif d'éjection* f
50-55 die Briefkastenleerung und Postzustellung *f*
– *la levée des boîtes* f *à lettres* f *et la distribution du courrier*
50 der Briefkasten
– *la boîte à lettres* f
51 die Briefsammeltasche
– *le sac postal*
52 der Postkraftwagen
– *la voiture postale*
53 der Zusteller (Briefträger, Postbote)
– *le facteur (le préposé)*
54 die Zustelltasche
– *la sacoche de distribution* f
55 die Briefsendung
– *le courrier*
56-60 die Stempelbilder *n*
– *les timbrages* m
56 der Werbestempelabdruck
– *la flamme*
57 der Tagesstempelabdruck
– *le timbre à date* f
58 der Gebührenstempelabdruck
– *le timbre de surtaxe* f
59 der Sonderstempelabdruck
– *le timbre commémoratif*
60 der Handrollstempelabdruck
– *l'oblitération* f *par rouleau* m *à main* f
61 die Briefmarke
– *le timbre-poste (la vignette)*
62 die Zähnung
– *les dentelures* f

1 2 3 4 5 6 7 8 9 10 11 12 13 14 15 16 17 18 19 20 21 22 23 24 25 26 27 28 29 30
31 32 33 34 35 36 37 38 39 40 41 42 43 44 45 46 47 48 49 50 51 52 53 54 55 56 57 58 59 60 61 62
G720 Speyer
BERLIN ist eine Reise wert
Come and see BERLIN
METTMANN 1
ma
4020
BUNDESPOST
020
50e ANNIVERSAIRE
ROTARY
INTERNATIONAL
LUXEMBOURG
BITTE AUCH IN DER ABSENDERANGABE
VERGISS MEIN NICHT:
DIE POSTLEITZAHL
GUMMERSBACH 1
me
5270
DEUTSCHE BUNDESPOST

1 die Telefonzelle (das Telefonhäuschen, Fernsprechhäuschen), eine öffentliche Sprechstelle
– ***la cabine téléphonique****, un téléphone public*
2 der Telefonbenutzer (*mit eigenem Anschluß:* Fernsprechteilnehmer *m*, Telefonteilnehmer)
– *l'usager* m *du téléphone* (avec raccordement m individuel: *l'abonné* m *au téléphone* m)
3 der Münzfernsprecher für Orts- und Ferngespräche *n* (Fernwahlmünzfernsprecher *m*)
– *le téléphone automatique à pièces* f *pour communications* f *locales et interurbaines*
4 der Notrufmelder
– *le dispositif d'appel* m *d'alarme* f
5 das Fernsprechbuch (Telefonbuch)
– *l'annuaire* m *du téléphone* m
6-26 Fernsprecher *m* (Telefonapparate)
– ***les postes*** m ***téléphoniques*** *(appareils* m *téléphoniques)*
6 der Fernsprech-Tischapparat in Regelausführung *f*
– *le téléphone (l'appareil* m *téléphonique) de bureau* m *en version* f *standard*
7 der Telefonhörer (Handapparat)
– *le combiné*
8 die Hörmuschel
– *l'écouteur* m
9 die Sprechmuschel
– *le microphone [*fam.*: le micro]*
10 die Wählscheibe (der Nummernschalter)
– *le cadran d'appel* m
11 der Lochkranz (die Fingerlochscheibe)
– *le disque de cadran* m
12 der Anschlag
– *la butée*
13 die Gabel (der Gabelumschalter)
– *le support commutateur*
14 die Hörerleitung (Handapparatschnur)
– *le cordon du combiné* m
15 das Telefongehäuse
– *le boîtier de l'appareil* m *téléphonique*
16 der Gebührenanzeiger
– *le compteur de taxes* f *à domicile* m
17 der Hauptanschlußapparat (die Hauptstelle) für eine Nebenstellen-Reihenanlage
– *le poste principal d'un central privé relié au réseau* m *public*
18 die Drucktaste für die Hauptanschlußleitungen *f*
– *la touche de ligne* f *réseau* m
19 die Drucktasten zum Anwählen *n* der Nebenstellen *f*
– *les touches* f *de sélection* f *des postes* m *supplémentaires*
20 das Drucktastentelefon
– *le téléphone à clavier* m
21 die Erdtaste für Nebenstellenanlagen *f*
– *la touche de mise* f *à la terre des postes* m *supplémentaires*
22-26 die Nebenstellen-Wählanlage
– *le standard privé*
22 die Hauptstelle
– *le poste principal*
23 der Abfrageapparat
– *le poste dirigeur (le poste central)*
24 der Hauptanschluß
– *la ligne réseau* m
25 der Schalterschrank (die selbsttätige Vermittlungseinrichtung, Zentrale)
– *l'armoire* f *de commutation* f
26 die Nebenstelle
– *le poste supplémentaire*
27-41 das Fernmeldeamt
– ***le central téléphonique***
27 der Funkstörungsmeßdienst
– *le service des perturbations* f *radioélectriques*
28 der Entstörungstechniker
– *le technicien d'antiparasitage* m
29 der Prüfplatz
– *la position d'essais* m *et de mesures* f
30 die Telegrafie
– *la télégraphie*
31 der Telegrafenapparat (Telegraf, die Fernschreibmaschine)
– *l'appareil* m *télégraphique (le télégraphe, le téléimprimeur)*
32 der Papierstreifen
– *la bande perforée*
33 die Fernsprechauskunft
– *les renseignements* m *téléphoniques*
34 der Auskunftsplatz
– *le poste de renseignements* m
35 das „Fräulein vom Amt"
– *la «demoiselle du téléphone», l'opératrice* f
36 das Mikrofilmlesegerät
– *le lecteur de microfilms* m *(de microfiches* f*)*
37 die Mikrofilmkartei
– *le classeur de microfilms* m *(de microfiches* f*)*
38 die Filmkarte mit den Rufnummern *f* auf dem Projektionsschirm *m*
– *la projection sur l'écran* m *du microfilm des numéros* m *d'appel* m
39 die Datumsanzeige
– *l'indication* f *de la date*
40 die Prüf- und Meßstelle
– *la table de mesures* f *et d'essais* m
41 die Vermittlungen *f* für den Fernsprech-, Fernschreib- und Datendienst
– *les équipements* m *d'autocommutation* f *pour le téléphone, le télex et la transmission de données* f
42 der Wähler (Edelmetall-Motor-Drehwähler, EMD-Wähler, *zukünftig:* die elektronische Wähl- einrichtung)
– ***le sélecteur*** *(le commutateur rotatif motorisé à contacts* m *en métaux* m *précieux;* dans l'avenir m: *le dispositif de commutation* f *électronique)*
43 der Kontaktring
– *le banc*
44 der Kontaktarm
– *le balai*
45 das Kontaktfeld
– *l'empilage* m *de contacts* m
46 das Kontaktglied
– *l'élément* m *de contact* m
47 der Elektromagnet
– *l'électroaimant* m
48 der Wählermotor
– *le moteur de sélecteur* m
49 das Einstellglied
– *l'élément* m *de réglage* m
50 Nachrichtenverbindungen *f*
– ***les radiocommunications*** f
51-52 der Satellitenfunk
– *la transmission par satellite* m
51 die Erdfunkstelle mit Richtfunkantenne *f*
– *la station terrienne avec antenne* f *directive*
52 der Fernmeldesatellit mit Richtfunkantenne *f*
– *le satellite de télécommunication* f *avec antenne* f *directive*
53 die Küstenfunkstelle
– *la station côtière*
54-55 der Überseefunk
– *les radiocommunications* f *intercontinentales*
54 die Kurzwellenstation
– *la station à ondes* f *courtes*
55 die Ionosphäre
– *l'ionosphère* f
56 das Tiefseekabel
– *le câble sous-marin*
57 der Unterwasserverstärker
– *l'amplificateur* m *(le répéteur) de câble* m
58 die Datenfernverarbeitung (die Datendienste)
– ***la transmission de données*** f *(le traitement de données* f *à distance* f*)*
59 das Ein-/Ausgabegerät für Datenträger *m*
– *l'équipement* m *d'entrée* f *- sortie* f *de données* f *sur bande* f
60 die Datenverarbeitungsanlage
– *l'équipement* m *de traitement* m *de données* f
61 der Datendrucker
– *la téléimprimante*
62-64 Datenträger *m*
– *les supports* m *de données* f
62 der Lochstreifen
– *la bande perforée*
63 das Magnetband
– *la bande magnétique*
64 die Lochkarte
– *la carte perforée*
65 der Telexanschluß
– *le poste télex*
66 die Fernschreibmaschine (der Blattschreiber)
– *le téléimprimeur*
67 das Fernschaltgerät
– *le coffret de raccordement* m
68 der Fernschreiblochstreifen zur Übermittlung des Textes *m* mit Höchstgeschwindigkeit *f*
– *la bande perforée télex pour transmission* f *du texte* m *à la vitesse maximale*
69 das Fernschreiben
– *le télex*
70 das Tastenfeld
– *le clavier*

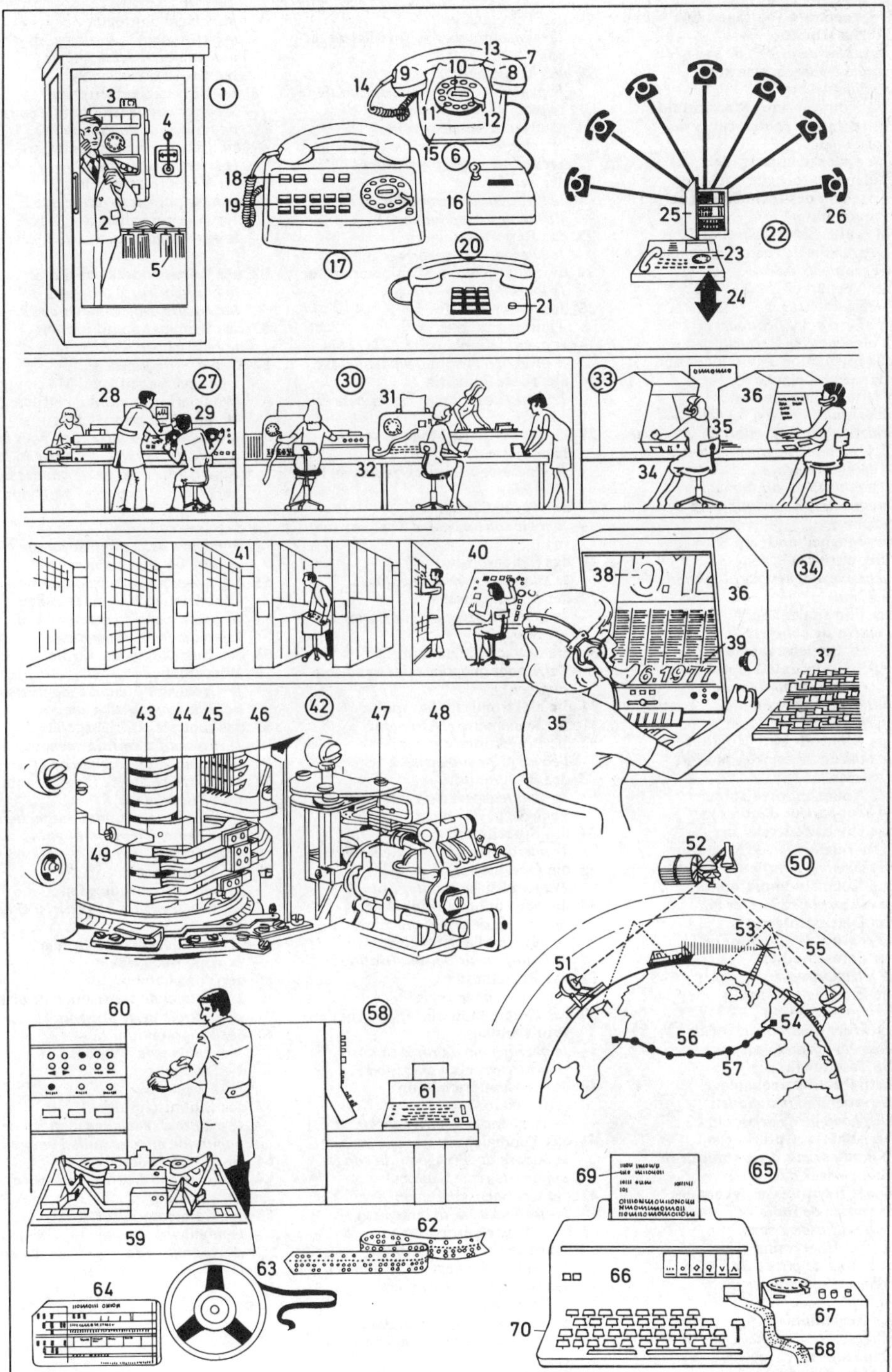
1
2
3
4
5
6
7
8
9
10
11
12
13
14
15
16
17
18
19
20
21
22
23
24
25
26
27
28
29
30
31
32
33
34
35
36
37
38
39
40
41
42
43
44
45
46
47
48
49
50
51
52
53
54
55
56
57
58
59
60
61
62
63
64
65
66
67
68
69
70
6.1977

1-6 der zentrale Tonträgerraum beim Hörfunk *m*
– ***la cabine de prise*** f ***de son*** m *(le studio d'enregistrement* m *radiophonique)*
1 das Kontroll- und Monitorfeld
– *le tableau de contrôle* m *et de commande* f
2 das Datensichtgerät (der Videomonitor) zur optischen Anzeige *f* des rechnergesteuerten Programms *n*
– *la console de visualisation* f *du programme de radio* f *informatisé (le moniteur vidéo)*
3 der Verstärker- und Netzgeräteträger
– *le bloc d'amplification* f *et d'alimentation* f *secteur* m
4 das Magnetton-Aufnahme- und -Wiedergabelaufwerk für Viertelzollmagnetband *n*
– *le magnétophone à bande* f *magnétique d'un quart de pouce ou 6,35 mm de largeur* f *(l'appareil* m *d'enregistrement* m *et de reproduction* f *sur bande* f *magnétique de montages* m *sonores)*
5 das Magnetband, ein Viertelzollband *n*
– *la bande magnétique, une bande de 6,35 mm*
6 der Filmspulenhalter
– *l'étui* m *de bobines* f *de film* m
7-15 der Betriebsraum des Hörfunksternpunkts *m*
– ***le studio d'exploitation*** f *du Centre national de coordination* f *technique (CNCT)*
7 das Kontroll- und Monitorfeld
– *le tableau de contrôle* m *et de commande* f
8 der Kommandolautsprecher
– *le haut-parleur d'ordres* m
9 das Ortsbatterietelefon (OB-Telefon)
– *le téléphone à batterie* f *locale*
10 das Kommandomikrophon
– *le microphone d'ordres* m
11 das Datensichtgerät
– *la console de visualisation* f
12 der Fernschreiber
– *le téléimprimeur*
13 die Eingabetastatur für Rechnerdaten *pl*
– *le clavier d'introduction* f *de données f traitées par calculateur* m
14 die Tastatur für die Betriebsfernsprechanlage
– *le clavier de l'installation téléphonique de service* m
15 die Abhörlautsprecher *m*
– *le haut-parleur de contrôle* m *(le haut-parleur d'écoute* f*)*
16-26 der Rundfunksendekomplex
– ***la station de radio*** f *(le studio de radiodiffusion* f *sonore)*
16 der Tonträgerraum
– *la cabine de prise* f *de son* m *(la cabine d'enregistrement* m *radiophonique)*
17 der Regieraum
– *la régie (la cabine de régie* f*, la salle de mixage* m*)*
18 der Sprecherraum
– *la cabine de présentation* f *des émissions* f
19 der Toningenieur
– *l'ingénieur* m *du son (le régisseur du son)*
20 das Tonregiepult
– *le pupitre de mixage* m *du son (le pupitre de régie* f *son* m*)*
21 der Nachrichtensprecher
– *le commentateur (le speaker, le présentateur d'informations* f*)*
22 der Sendeleiter
– *le directeur des émissions* f *(le directeur de production* f*)*
23 das Reportagetelefon
– *le téléphone de reportage* m
24 die Schallplatten-Abspielapparatur
– *le tourne-disque*
25 das Mischpult des Tonträgerraumes *m*
– *le pupitre de mixage* m *de la cabine d'enregistrement* m *radiophonique*
26 die Tontechnikerin
– *l'opératrice* f *du son (la preneuse de son* m*)*
27-53 das Nachsynchronisierstudio beim Fernsehen *n*
– ***le studio de postsynchronisation*** f ***télévision***
27 der Tonregieraum
– *la régie son (la cabine de régie* f *son* m*)*
28 das Synchronstudio
– *le studio de synchronisation* f
29 der Sprechertisch
– *la table du présentateur (la table speaker)*
30 die optische Signalanzeige
– *l'affichage* m *optique (les signaux* m *lumineux)*
31 die elektronische Stoppuhr
– *le chronomètre électronique*
32 die Projektionsleinwand
– *l'écran* m *de projection* f
33 der Bildmonitor
– *le moniteur vidéo (l'écran* m *de contrôle* m *d'image* f*)*
34 das Sprechermikrophon
– *le microphone du commentateur*
35 die Geräuschorgel
– *l'appareil* m *de bruitage* m
36 die Mikrophonanschlußtafel
– *le tableau de prise* f *micro* m
37 der Einspiellautsprecher
– *le haut-parleur de sonorisation* f
38 das Regiefenster
– *la fenêtre de la régie*
39 das Kommandomikrophon für den Produzenten
– *le microphone d'ordres* m *des producteurs* m *de télévision* f
40 das Ortsbatterietelefon (OB-Telefon)
– *le téléphone à batterie* f *locale (B.L.)*
41 das Tonregiepult
– *le pupitre de mixage* m *du son (le pupitre de régie* f *son* m*)*
42 die Gruppenschalter *m*
– *l'interrupteur* m *de groupe* m
43 das Lichtzeigerinstrument
– *l'instrument* m *à cadran* m *lumineux (l'indicateur* m *lumineux)*
44 das Begrenzerinstrument
– *le limiteur*
45 die Schalt- und Regelkassetten *f*
– *les modules* m *de réglage* m *et de commande* f
46 die Vorhörtasten *f*
– *les touches* f *de préécoute* f *(les touches* f *d'écoute* f *en test* m*)*
47 der Flachbahnregler
– *le potentiomètre à curseur* m *(le potentiomètre rectiligne, le régulateur à curseur* m*)*
48 die Universalentzerrer *m*
– *le correcteur de tonalité* f *(le bouton de réglage* m *de la tonalité)*
49 die Eingangswahlschalter *m*
– *le sélecteur d'entrée* f
50 der Vorhörlautsprecher
– *le haut-parleur de préécoute* f
51 der Pegeltongenerator
– *le générateur de son* m *de référence* f
52 der Kommandolautsprecher
– *le haut-parleur d'ordres* m *(le haut-parleur de commande* f*)*
53 das Kommandomikrophon
– *le microphone d'ordres* m
54-59 der Vormischraum für Überspielungen *f* und Mischungen *f* von perforierten Magnetfilmen *m* 16 mm, 17,5 mm, 35 mm
– ***le studio de prémixage*** m *pour le repiquage (le réenregistrement, le surjeu) et le mixage de bandes* f *magnétiques perforées de 16 mm, 17,5 mm, 35 mm*
54 das Tonregiepult
– *le pupitre de mixage* m *du son (le pupitre de régie* f *son* m*)*
55 die Magnetton-Aufnahme- und -Wiedergabe-Kompaktanlage
– *le bloc d'enregistrement* m *et de reproduction* f *magnétiques*
56 das Einzellaufwerk für die Wiedergabe
– *le dérouleur de bande* f *magnétique pour la reproduction sonore*
57 das zentrale Antriebsgerät
– *le dispositif d'entraînement* m *(l'organe* m *de commande* f*)*
58 das Einzellaufwerk für Aufnahme *f* und Wiedergabe *f*
– *le dérouleur de bande* f *magnétique pour l'enregistrement* m *et la reproduction sonores*
59 der Umrolltisch
– *la table de rebobinage* m *(d'enroulement* m *et de déroulement* m*)*
60-65 der Bildendkontrollraum
– ***la régie vidéo finale***
60 der Vorschaumonitor
– *le moniteur de preview* m *(l'écran* m *de contrôle* m *de présence* f*)*
61 der Programmonitor
– *le moniteur de programme* m
62 die Stoppuhr
– *le chronomètre*
63 das Bildmischpult
– *le pupitre de mélange* m *vidéo (le pupitre de mixage* m *de l'image* f*)*
64 die Kommandoanlage
– *le réseau d'ordres* m *(l'appareil* m *de commande* f*)*
65 der Kameramonitor
– *le moniteur de caméra* f *(l'écran* m *de contrôle* m *des voies* f *de caméra* f*)*

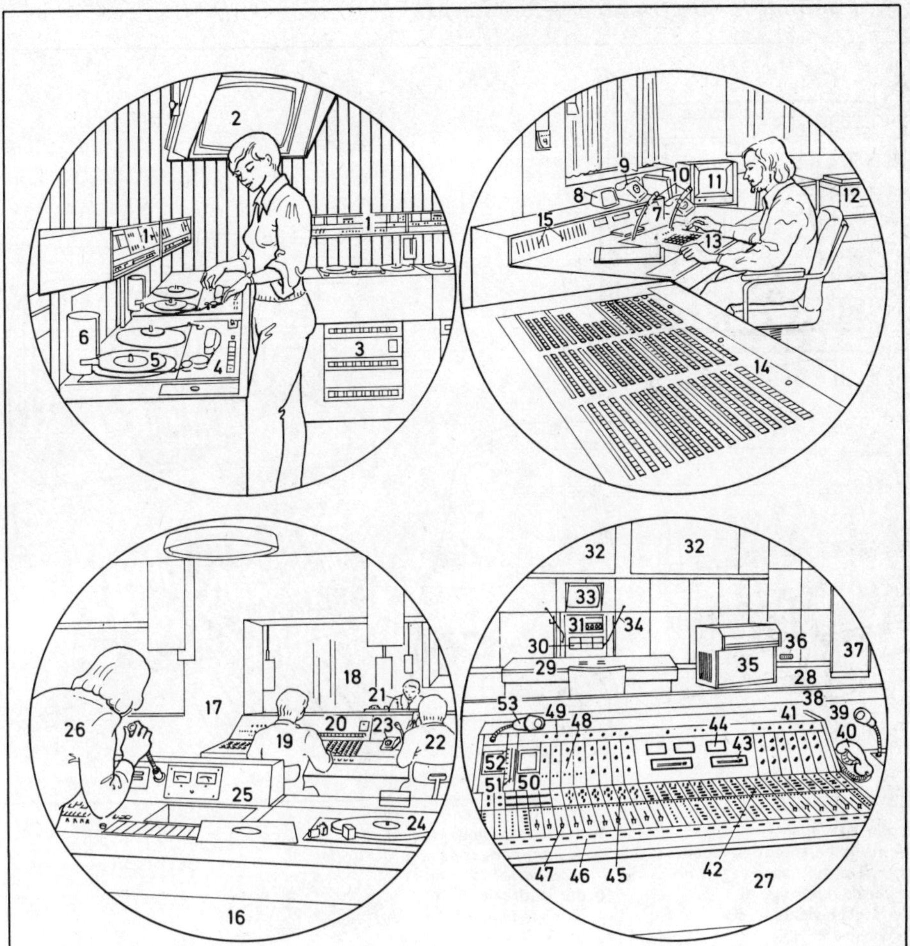
2
1
1
1
6
5
4
3
9
10
11
8
7
12
15
13
14
18
21
17
20
23
26
19
22
25
24
16
32
32
33
31
34
30
36
37
29
35
28
38
53
49
48
44
41
39
43
40
52
51
50
47
46
45
42
27
56
56
58
55
57
54
59
61
60
65
65
65
62
63
64

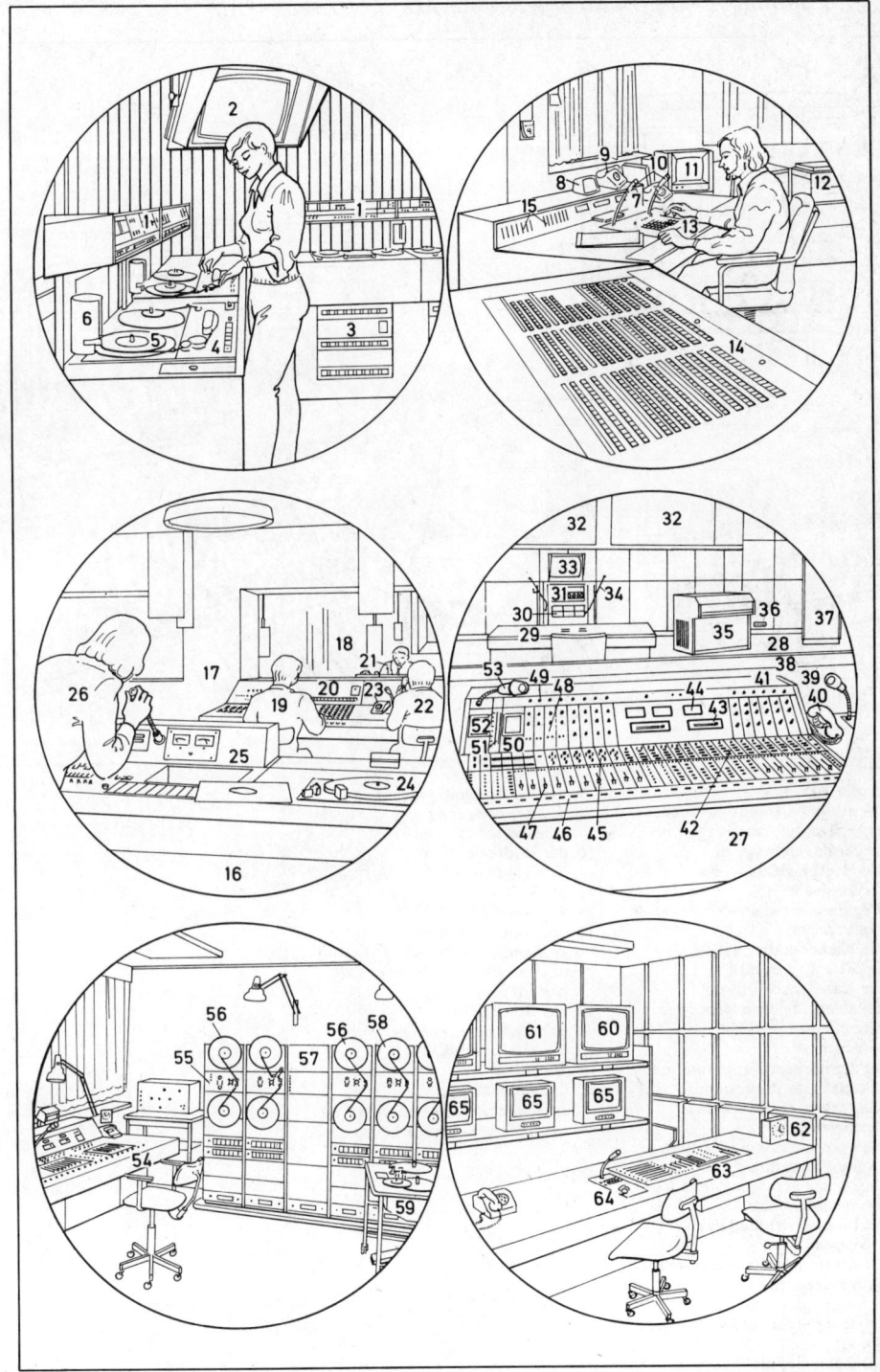

239 Rundfunk (Hör- und Fernsehfunk) II
La radiodiffusion (radio et télévision) II

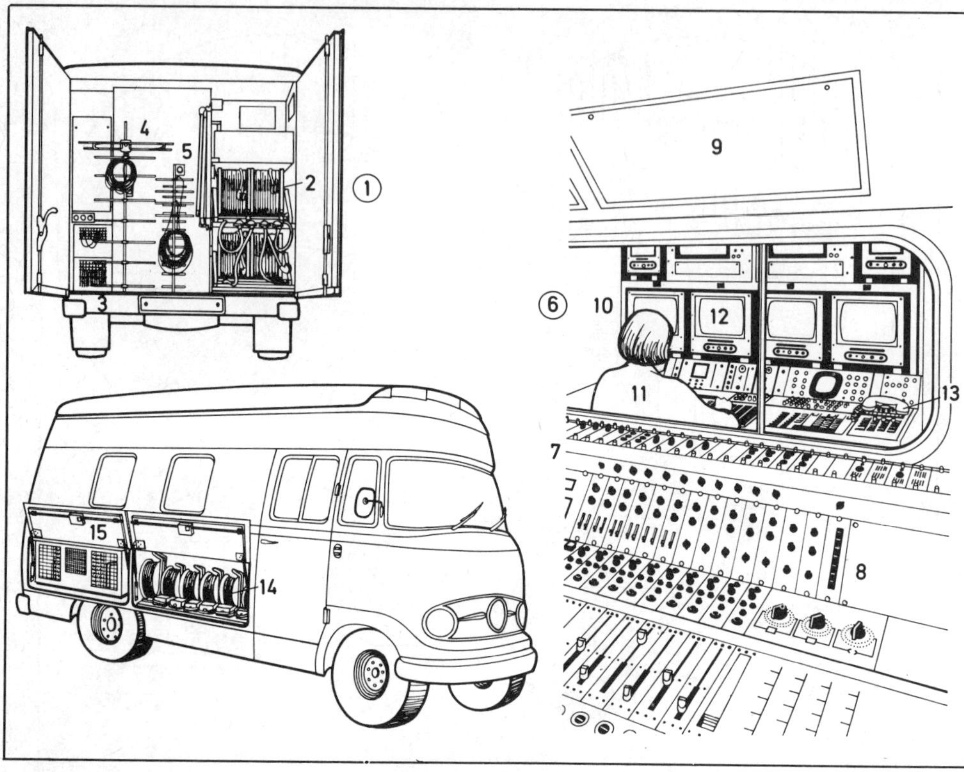

1-15 der Ü-Wagen (Fernsehübertragungswagen; *auch:* Tonreportagewagen *m*)
– ***le car de reportage*** **m**

1 die Heckeinrichtung des Ü-Wagens ***m***
– ***l'équipement*** **m** ***arrière du car de reportage*** **m**

2 die Kamerakabel *n*
– *le câble de caméra* f

3 die Kabelanschlußtafel
– *le tableau de connexion* f *(de raccordement* m*) des câbles* m

4 die Fernsehempfangsantenne für das erste Programm
– *l'antenne* f *réceptrice de la première chaîne*

5 die Fernsehantenne für das zweite Programm
– *l'antenne* f *réceptrice de la deuxième chaîne*

6 die Inneneinrichtung des Ü-Wagens ***m***
– ***l'équipement*** **m** ***intérieur de car de reportage*** **m**

7 der Tonregieraum
– *la régie son (la cabine de régie* f *son* m*)*

8 das Tonregiepult
– *le pupitre de mixage* m *du son (le pupitre de régie* f *son* m*)*

9 der Kontrollautsprecher
– *le haut-parleur de contrôle* m *(le haut-parleur d'écoute* f*)*

10 der Bildregieraum
– *la régie image* f *(la vidéo)*

11 die Videotechnikerin
– *l'opératrice* f *vidéo*

12 der Kameramonitor
– *le moniteur de caméra* f *(l'écran* m *de contrôle* m *des voies* f *de caméra* f*)*

13 das Bordtelefon
– *le téléphone de bord* m

14 die Mikrophonkabel *n*
– *le câble de microphone* m

15 die Klimaanlage
– *le climatiseur (l'installation* f *de conditionnement* m *d'air* m*)*

240 Rundfunk III (Fernsehtechnik)

Radiodiffusion (matériel technique de télévision) III

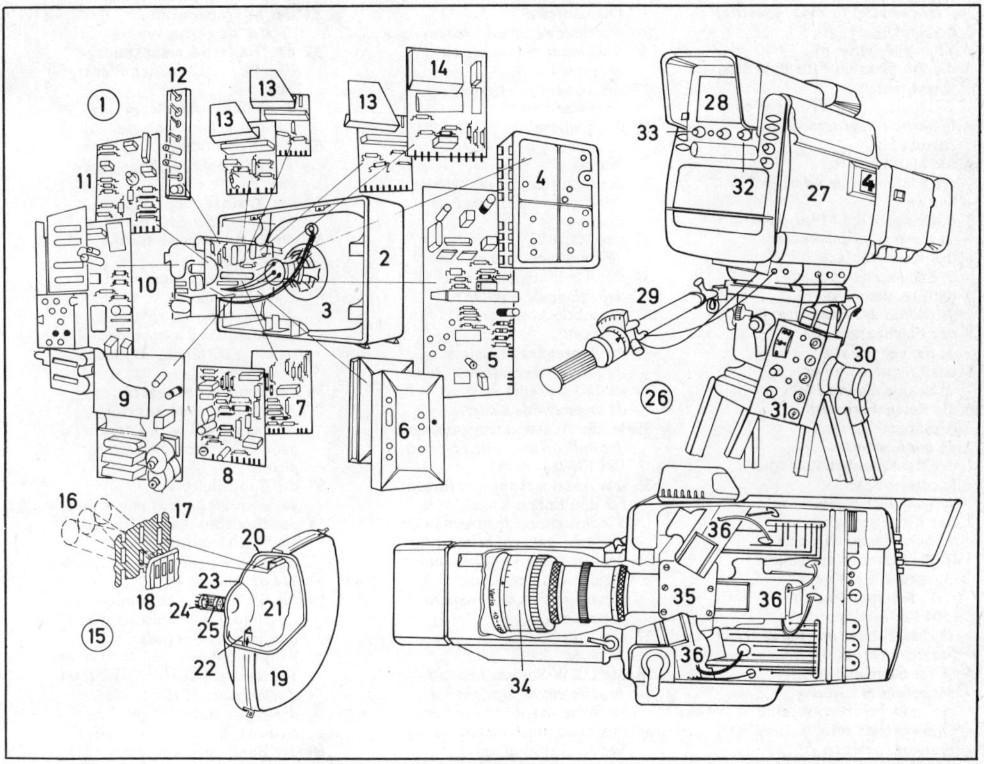

1 der Farbfernsehempfänger (Farbfernseher, das Farbfernsehgerät) in Modulbauweise *f*
– ***le téléviseur couleur** (le récepteur de télévision* f *en couleur* f*)*

2 das Fernsehergehäuse
– *le coffret de télévision* f *(le châssis du téléviseur)*

3 die Fernsehröhre
– *le tube cathodique (le tube-image)*

4 der ZF-Verstärkermodul
– *le module amplificateur de fréquence* f *intermédiaire (F.I.)*

5 der Farbdecodermodul
– *le module de décodage* m *couleur* f *(le décodeur couleur* f*)*

6 die VHF- und UHF-Tuner *m*
– *le sélecteur VHF et UHF (le sélecteur ondes* f *métriques et décimétriques)*

7 der Horizontalsynchronmodul
– *le module de synchronisation* f *horizontale (le module de synchronisation* f *lignes* f*)*

8 der Vertikalablenkmodul
– *le module de balayage* m *vertical (balayage* m *trames* f*)*

9 der Ost-West-Modul
– *le module de cadrage* m

10 der Horizontalablenkmodul
– *le module de balayage* m *horizontal (balayage* m *lignes* f*)*

11 der Regelmodul
– *le module de réglage* m

12 der Konvergenzmodul
– *le module de convergence* f

13 der Farbendstufenmodul
– *le module d'étage* m *final de couleur* f *(le module d'étage* m *de sortie* f *vidéo)*

14 der Tonmodul
– *le module son* m

15 der Farbbildschirm
– *l'écran* m *couleur* f

16 die Elektronenstrahlen *m*
– *le faisceau d'électrons* m *(électronique)*

17 die Maske mit Langlöchern *n*
– *le masque perforé (à trous* m*, à rainures* f*)*

18 die Leuchtstoffstreifen *m*
– *les bandes* f *fluorescentes*

19 die Leuchtstoffschicht
– *l'écran* m *fluorescent (l'écran* m *à pastilles* f *de luminophores* m*)*

20 die innere magnetische Abschirmung
– *le blindage magnétique*

21 das Vakuum
– *le vide*

22 die temperaturkompensierte Maskenaufhängung
– *le support du masque compensé thermiquement*

23 der Zentrierring für die Ablenkeinheit
– *la bague de centrage* m *du module de balayage* m

24 die Elektronenstrahlsysteme *n*
– *les canons* m *électroniques*

25 die Schnellheizkathode
– *la cathode à chauffage* m *direct*

26 die Fernsehkamera
– ***la caméra de télévision*** f

27 der Kamerakopf
– *la tête de caméra* f

28 der Kameramonitor
– *le moniteur de caméra* f *(l'écran* m *de contrôle* m *des voies* f *de caméra* f*)*

29 der Führungshebel
– *la manette de guidage* m

30 die Scharfeinstellung
– *la mise au point*

31 die Bedienungstafel
– *le boîtier de commande* f

32 die Kontrastregelung
– *le réglage du contraste*

33 die Helligkeitsregelung
– *le réglage de la luminosité*

34 das Zoomobjektiv
– *le zoom*

35 das Strahlenteilungsprisma (der Strahlenteiler)
– *le prisme de division* f *optique (le diviseur optique)*

36 die Aufnahmeeinheit (Farbröhre)
– *le module de prise* f *de vue* f *(le tube couleur* f*)*

1 **der Radiorecorder**
– ***l'appareil*** m ***radio à mini-cassette*** f *(le radio-cassette)*
2 der Tragbügel
– *la poignée étrier* m
3 die Drucktasten *f* für das (den) Kassettenteil
– *les boutons* m *poussoirs* m *pour la partie enregistreur* m *à cassette* f
4 die Stationstasten *f*
– *les boutons* m *de sélection* f *de station* f
5 das eingebaute Mikrophon
– *le microphone incorporé*
6 das Kassettenfach
– *le logement de cassette* f
7 die Frequenzskala
– *le cadran des fréquences* f
8 der Flachbahnregler
– *le réglage linéaire*
9 der Frequenzwähler
– *le bouton d'accord* m
10 **die Kompaktkassette** (Compact-Cassette)
– ***la mini-cassette***
11 der Kassettenbehälter (die Kassettenbox)
– *la boîte de rangement* m
12 das Kassettenband
– *la bande magnétique*
13-48 **die Stereoanlage** (*auch:* Quadroanlage *f*) aus HiFi-Komponenten *f* (HiFi-Bausteinen *m*)
– ***la chaîne stéréo modulaire Hi-Fi*** *(haute fidélité* f*)*
13-14 **die Stereoboxen** *f*
– ***les enceintes*** f ***stéréo***
14 die Lautsprecherbox, eine Dreiwegebox mit Frequenzweichen *f*
– *l'enceinte* f *de haut-parleurs* m, *une enceinte à trois voies* f *avec filtres* m *d'aiguillage* m
15 der Hochtonlautsprecher (Hochtöner, ein Kalottenhochtöner *m*)
– *le haut-parleur d'aigus* m *(tweeter* m*)*
16 der Mitteltonlautsprecher
– *le haut-parleur médium*
17 der Baßlautsprecher (Baß, Tieftöner)
– *le haut-parleur de graves* m
18 **der Plattenspieler** (die Phonokomponente, der Phonobaustein)
– ***la platine tourne-disques*** m
19 das Plattenspielerchassis
– *le chassis de la platine*
20 der Plattenteller
– *le plateau*
21 der Tonarm
– *le bras de lecture* f
22 das Balancegewicht
– *le contrepoids d'équilibrage* m
23 die kardanische Aufhängung
– *la suspension à la Cardan*
24 die Auflagekraftverstellung
– *le réglage de pression* f *de tête* f
25 die Antiskatingeinstellung
– *le dispositif anti-skating*
26 das magnetische Tonabnehmersystem mit der (konischen oder biradialen) Abtastnadel, einem Diamanten *m*
– *la cellule de lecture* f *magnétique à diamant* m *conique ou elliptique*
27 die Tonarmarretierung
– *le repose-bras*
28 der Tonarmlift
– *le dispositif de soulèvement* m *du bras* m
29 der Umdrehungszahlwähler
– *le sélecteur de vitesse* f *de rotation* f
30 der Starter
– *le bouton de start* m
31 der Tonhöhenabstimmer
– *le réglage de tonalité* f
32 die Abdeckhaube
– *le capot*
33 **das Stereokassettendeck**
– ***la platine de cassette*** f ***stéréo***
34 das Kassettenfach
– *le logement de cassette* f
35-36 die Aussteuerungsanzeigen *f*
– *les indicateurs* m *de niveau* m *(les VU-mètres* m*)*
35 das Aussteuerungsinstrument für den linken Kanal
– *l'indicateur* m *de niveau* m *(le VU-mètre) du canal* m *gauche*
36 das Aussteuerungsinstrument für den rechten Kanal
– *l'indicateur* m *de niveau* m *du canal droit*
37 **der Tuner**
– ***le tuner***
38 die UKW-Stationstasten *f*
– *le sélecteur de stations* f *à modulation* f *de fréquence* f
39 das Leuchtinstrument für die Senderabstimmung
– *l'indicateur* m *d'accord* m *(l'œil* m *magique)*
40 **der Verstärker;** *Tuner u. Verstärker kombiniert:* der Receiver (das Steuergerät)
– ***l'amplificateur*** m*;* le tuner et l'amplificateur m combinés: *le récepteur*
41 der Lautstärkeregler
– *le réglage de volume* m
42 die Vierkanal-Balanceregler *m* (Pegelregler *m*)
– *le réglage de balance* f *à quatre canaux* m
43 die Höhen- und Tiefenabstimmung
– *le réglage de tonalité* f *aigus* m *et graves* m
44 der Eingangswähler
– *le sélecteur d'entrées* f
45 **der Vierkanaldemodulator** für CD4-Schallplatten *f*
– ***le démodulateur de quadriphonie*** f *pour disques* m *CD4*
46 der Quadro-/Stereo-Umschalter
– *le commutateur stéréo-quadriphonie*
47 die Kassettenbox
– *le porte-cassettes*
48 die Schallplattenfächer *n*
– *le rangement des disques* m
49 **das Mikrophon**
– ***le microphone*** *(fam.: le micro)*
50 die Einsprechöffnungen *f*
– *la grille de microphone* m
51 der Mikrophonfuß
– *le pied de microphone* m
52 **die Dreifach-Kompaktanlage** (das Phono-Kassetten-Steuergerät)
– ***la chaîne compacte*** *(radio* f*, cassette* f*, tourne-disques* m*)*
53 die Tonarmwaage
– *le système d'équilibrage* m *du bras* m
54 die Abstimmungsregler *m*
– *le réglage d'accord* m
55 die Leuchtanzeige für die automatische Eisenoxid-/Chromdioxid-Umschaltung
– *les indicateurs* m *de commutation* f *automatique oxyde* m *de fer* m */ oxyde* m *de chrome* m
56 **das Spulentonbandgerät,** ein Zwei- oder Vierspurgerät *n*
– ***le magnétophone,*** *un appareil à bobines* f *à deux ou quatre pistes* f
57 die Bandspule
– *la bobine de bande* f *magnétique*
58 das Spulentonband (Tonband, ein Viertelzollband *n*)
– *la bande magnétique (une bande 1/4 de pouce* m*)*
59 das Tonkopfgehäuse mit Löschkopf *m*, Sprechkopf *m* und Hörkopf *m* (*oder:* Kombikopf *m*)
– *l'ensemble* m *de têtes* f *avec tête* f *d'effacement* m *tête* f *d'enregistrement* m, *tête* f *de lecture* f (ou: *tête* f *combinée)*
60 der Bandumlenker und Endabschalter
– *la poulie avec interrupteur* m *de fin* f *de bande* f
61 die Aussteuerungskontrolle
– *l'indicateur* m *de niveau* m *(le VU-mètre)*
62 der Bandgeschwindigkeitsschalter
– *le commutateur de vitesse* f *de déroulement* m
63 der Ein-/Ausschalter
– *l'interrupteur* m *marche-arrêt*
64 das Bandzählwerk
– *le compteur de bande* f
65 die Stereomikrophoneingänge *m*
– *les entrées* f *du microphone* m *stéréo*
66 **der Kopfhörer**
– ***le casque***
67 der gepolsterte Kopfhörerbügel
– *l'étrier* m *capitonné*
68 die Membran
– *la membrane*
69 die Ohrmuschel
– *l'écouteur* m
70 der Kopfhörerstecker, ein Normstecker *m* (*anders:* der Klinkenstecker)
– *le connecteur du casque, une fiche multibroche normalisée*
71 die Anschlußleitung
– *le câble*

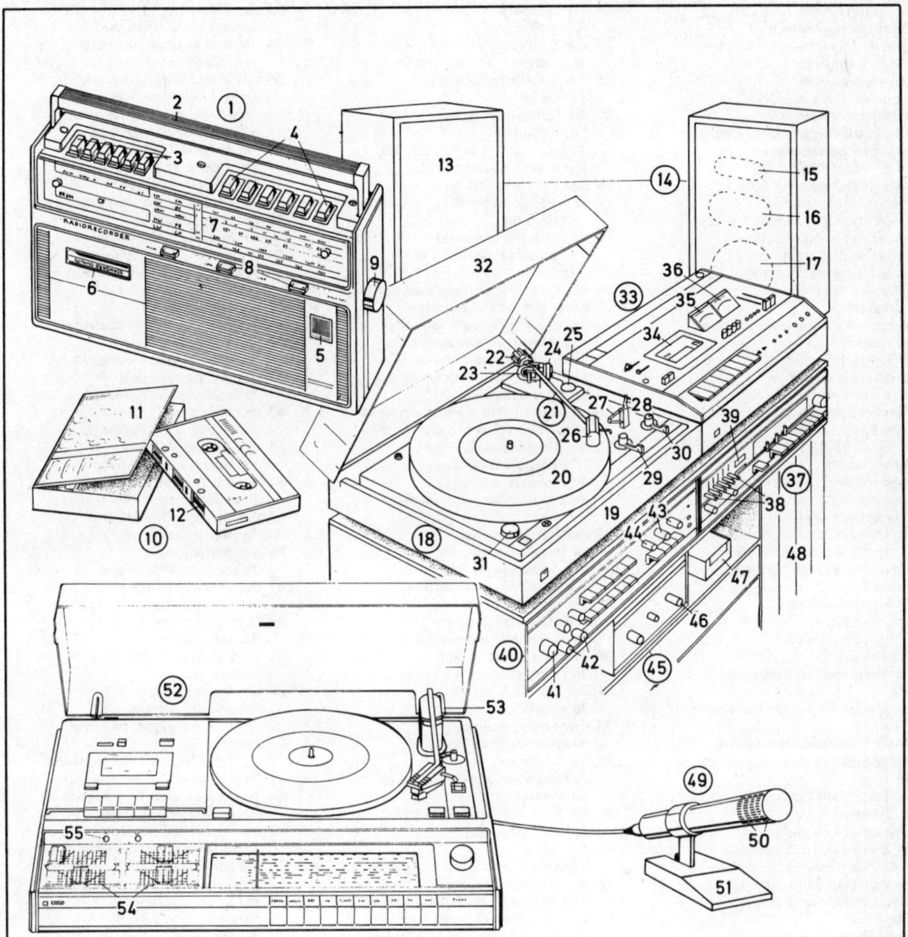
1
2
3
4
5
6
7
8
9
10
11
12
13
14
15
16
17
18
19
20
21
22
23
24
25
26
27
28
29
30
31
32
33
34
35
36
37
38
39
40
41
42
43
44
45
46
47
48
49
50
51
52
53
54
55
56
57
58
59
60
61
62
63
64
65
66
67
68
69
70
71
RADIORECORDER

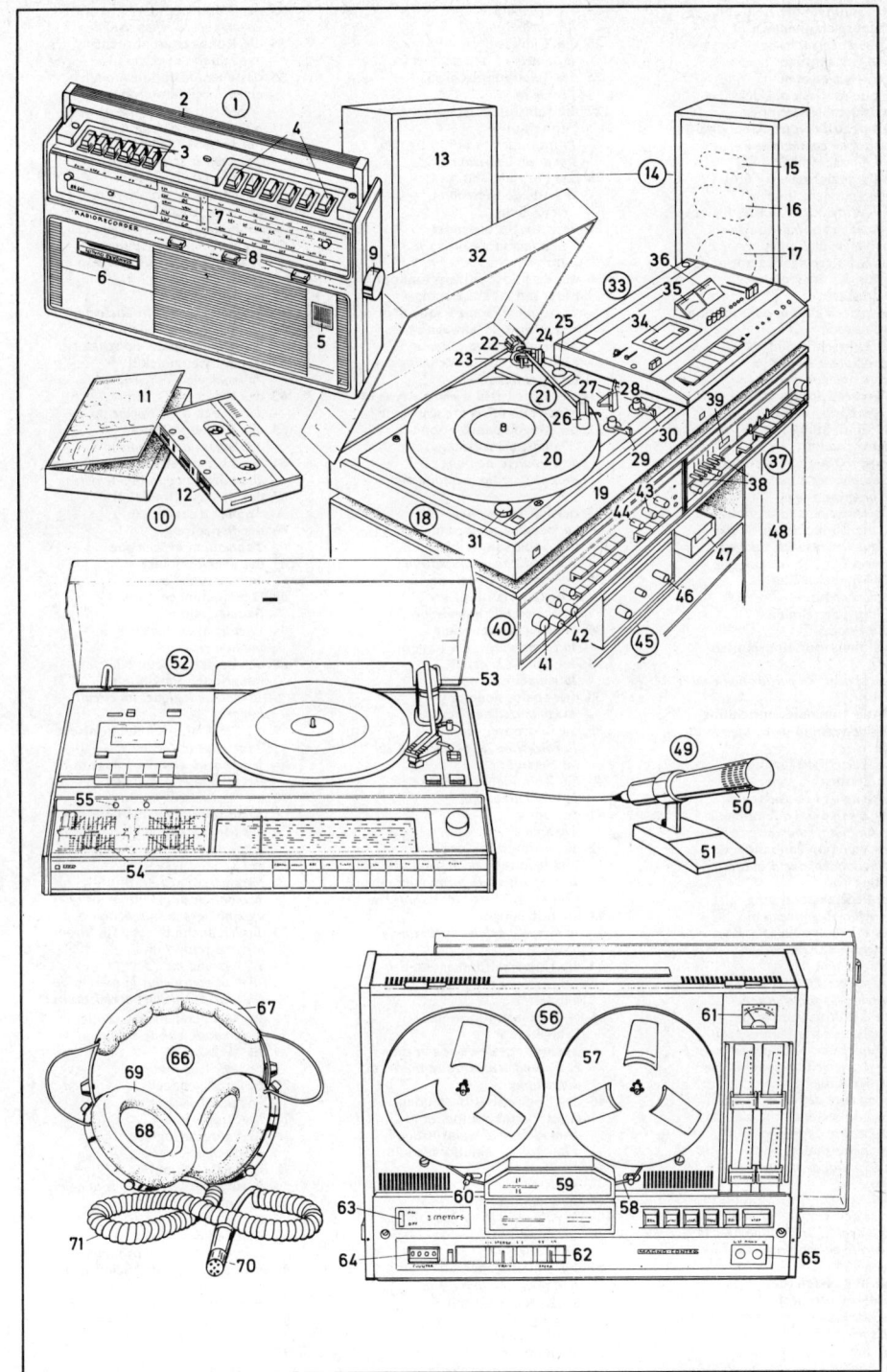

1 der Gruppenunterricht mit einem **Lehrautomaten** *m*
– *l'enseignement* m *en groupe* m *avec une* ***machine d'enseignement*** m
2 der Lehrertisch mit der zentralen Steuereinheit
– *le bureau du professeur* m *avec le pupitre de commande* f
3 der Klassenspiegel mit Individualanzeigen *f* und Quersummenzähler *m*
– *le répétiteur de réponses* f *avec indicateurs* m *individuels et compteurs* m *à tri* m *croisé*
4 das Schülereingabegerät in der Hand des Schülers *m* (Adressaten)
– *le clavier d'élève* m *dans la main de l'élève* m
5 der Lehrschrittzähler
– *le compteur de pas* m
6 der Arbeitsprojektor (Overheadprojektor)
– *le rétroprojecteur*
7 die Einrichtung für die audiovisuelle Lernprogrammherstellung
– *l'équipement* m *pour la création de programmes* m *d'enseignement* m *audio-visuel*
8-10 die Bildkodiereinrichtung
– *l'équipement* m *de codage* m *des images* f
8 der Filmbetrachter
– *la visionneuse*
9 die Speichereinheit
– *la mémoire*
10 die Filmperforationseinrichtung
– *le dispositif de perforation* f *du film* m
11-14 die Tonkodiereinrichtung
– *l'équipement* m *de codage* m *du son* m
11 das Tastenfeld für die Kodierung
– *les touches* f *de codage* m
12 das Zweispur-Tonbandgerät
– *le magnétophone à deux pistes* f
13 das Vierspur-Tonbandgerät
– *le magnétophone à quatre pistes* f
14 die Pegelaussteuerung
– *le réglage de niveau* m
15 das P.I.P.-System *[P.I.P.: Programmed Individual Presentation f]*
– *le système PIP (présentation* f *individuelle programmée)*
16 der AV-Projektor für die programmierte Unterweisung
– *le projecteur audio-visuel pour l'enseignement* m *programmé*
17 die Tonkassette
– *la cassette de son* m
18 die Bildkassette
– *la cassette de film* m
19 die Datenstation
– *le terminal de transmission* f *de données* f
20 die Fernsprechverbindung zur zentralen Datenerfassung
– *la liaison téléphonique avec la centrale de concentration* f *de données* f
21 **das Bildtelefon** (der Bildfernsprecher)
– ***le vidéophone*** *(le système de vidéoconférence* f*)*
22 die Konferenzschaltung
– *le commutateur de conférence* f
23 die Eigenbildtaste
– *la touche d'image* f *locale*
24 die Sprechtaste
– *la touche son* m
25 die Wähltastatur
– *les touches* f *de sélection* f
26 der Telefonbildschirm
– *l'écran* m
27 die Infrarotübertragung von Fernsehton *m*
– *la transmission infrarouge du son* m *de télévision* f
28 das Fernsehgerät
– *le poste de télévision* f *(téléviseur* m*)*
29 der Infrarottonsender
– *l'émetteur* m *de son* m *à infrarouge*
30 der drahtlose Infrarottonkopfhörer mit Akkuspeisung *f*
– *le casque d'écoute* f *sans fil* m *à récepteur* m *infrarouge et alimentation* f *autonome*
31 **die Mikrofilmaufzeichnungsanlage** [im Schema]
– ***l'équipement*** m ***d'enregistrement*** m ***sur microfilm*** m *[schéma* m*]*
32 die Magnetbandstation (Datenspeicheranlage)
– *le dérouleur de bande* f *magnétique (la mémoire de données* f*)*
33 der Pufferspeicher
– *la mémoire tampon* m
34 die Anpassungseinheit
– *l'interface* m *d'adaptation* f
35 die digitale Steuerung (Digitalsteuerung)
– *la commande numérique*
36 die Kamerasteuerung
– *la commande de la caméra*
37 der Schriftspeicher
– *la mémoire de texte* m
38 die Analogsteuerung
– *la commande analogique*
39 die Bildröhrengeometrie-Korrektur
– *la correction de géométrie* f *du tube-image*
40 die Kathodenstrahlröhre
– *le tube cathodique*
41 die Optik
– *l'optique* f
42 das Formulardia zur Einblendung von Formularen
– *la diapositive de formulaire* m *pour insertion* f *de formulaires* m
43 die Blitzlampe
– *la lampe à éclairs* m *(la lampe flash)*
44 die Universalfilmkassetten *f*
– *les cassettes* f *de film* m *universelles*
45-84 **Demonstrations- und Lehrgeräte** *n*
– ***appareils*** m ***de démonstration*** f ***et d'enseignement*** m *(matériel* m *didactique)*
45 das Demonstrationsmodell eines Viertaktmotors *m*
– *le modèle de démonstration* f *d'un moteur à quatre temps* m
46 der Kolben
– *le piston*
47 der Zylinderkopf
– *la culasse*
48 die Zündkerze
– *la bougie*
49 der Unterbrecher
– *le rupteur d'allumage* m
50 die Kurbelwelle mit Gegengewicht *n*
– *le vilebrequin*
51 der Kurbelkasten
– *le carter du vilebrequin*
52 das Einlaßventil
– *la soupape d'admission* f
53 das Auslaßventil
– *la soupape d'échappement* m
54 die Kühlwasserbohrungen *f*
– *les chambres* f *d'eau* f
55 das Demonstrationsmodell eines Zweitaktmotors *m*
– *le modèle de démonstration* f *d'un moteur à deux temps* m
56 der Nasenkolben
– *le piston à déflecteur* m
57 der Überströmschlitz
– *la lumière de trop-plein* m
58 der Auslaßschlitz
– *la lumière d'échappement* m
59 die Kurbelkastenspülung
– *le bain d'huile* f *du carter* m *de vilebrequin* m
60 die Kühlrippen *f*
– *les ailettes* f *de refroidissement* m
61-67 Molekülmodelle *n*
– *les modèles* m *de molécules* f
61 das Äthylenmolekül
– *la molécule d'éthylène* m
62 das Wasserstoffatom
– *l'atome* m *d'hydrogène* m
63 das Kohlenstoffatom
– *l'atome* m *de carbone* m
64 das Formaldehydmolekül
– *la molécule de formaldéhyde* m
65 das Sauerstoffmolekül
– *l'atome d'oxygène* m
66 der Benzolring
– *l'anneau* m *benzénique*
67 das Wassermolekül
– *la molécule d'eau* f
68-72 Schaltungen *f* aus Bauelementen *n*
– *circuits* m *en éléments* m *modulaires*
68 der Logikbaustein, ein integrierter Schaltkreis
– *le module logique, un circuit intégré*
69 die Stecktafel für elektronische Bausteine *m*
– *le panneau pour enfichage* m *de modules* m *électroniques*
70 die Bausteinverbindung
– *la liaison des modules* m
71 der Magnetkontakt
– *l'assemblage* m *magnétique*
72 der Schaltungsaufbau mit Magnethaftsteinen *m*
– *le montage de circuits* m *avec des assemblages* m *magnétiques*
73 das Vielfachmeßgerät für Strom *m*, Spannung *f* und Widerstand *m*
– *le multimètre pour la mesure de courant* m, *tension* f *et résistance* f
74 der Meßbereichwählschalter
– *le commutateur de calibre* m
75 die Meßskala
– *l'échelle* f *de mesure* f
76 die Anzeigenadel
– *l'aiguille* f *indicatrice*
77 das Strom- und Spannungsmeßgerät
– *le voltampèremètre*
78 die Justierschraube
– *la vis de réglage* m *de zéro* m
79 die optische Bank
– *le banc d'optique* f
80 die Dreikantschiene
– *le banc à section* f *triangulaire*
81 das Lasergerät (der Schul-Laser)
– *le laser (laser* m *d'enseignement* m*)*
82 die Lochblende
– *le diaphragme*
83 das Linsensystem
– *le système de lentilles* f
84 der Auffangschirm
– *l'écran* m

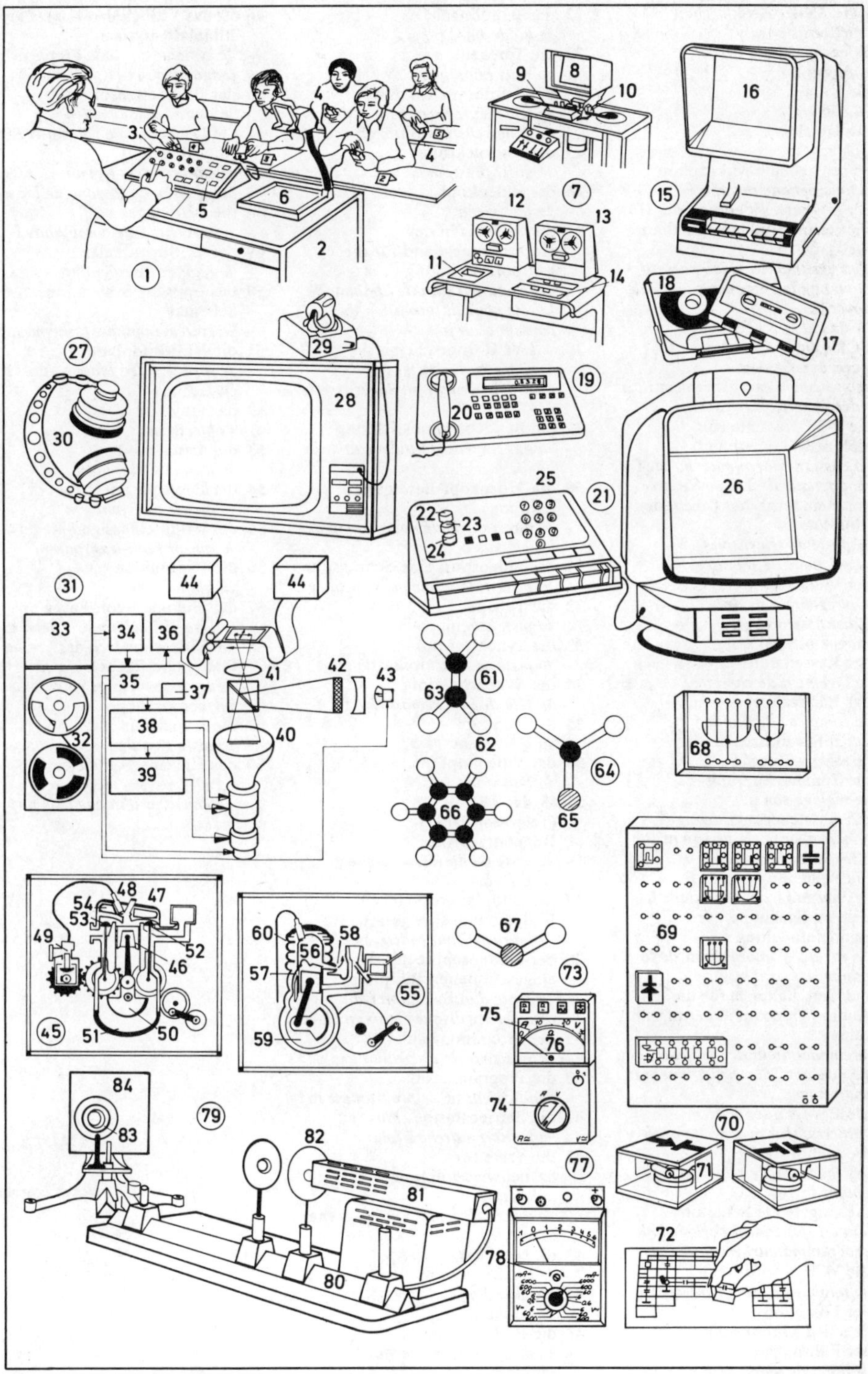
1
2
3
4
5
6
7
8
9
10
11
12
13
14
15
16
17
18
19
20
21
22
23
24
25
26
27
28
29
30
31
32
33
34
35
36
37
38
39
40
41
42
43
44
45
46
47
48
49
50
51
52
53
54
55
56
57
58
59
60
61
62
63
64
65
66
67
68
69
70
71
72
73
74
75
76
77
78
79
80
81
82
83
84

1-4 die AV-Kamera mit Recorder *m*
– ***la caméra vidéo avec enregistreur*** m
1 die Kamera
– *la caméra*
2 das Objektiv
– *l'objectif* m
3 das eingebaute Mikrophon
– *le microphone incorporé*
4 der tragbare Videorecorder (für Viertelzoll-Spulenmagnetband *n*)
– *l'enregistreur* m *vidéo portatif (pour bande* f *magnétique 1/4 de pouce* m*)*
5-36 das VCR-(Video-Cassette-Recorder-)System
– ***le système d'enregistrement*** m ***à vidéocassettes*** f *(VCR* m*)*
5 die VCR-Kassette (für Halbzoll-Magnetband)
– *la cassette vidéo (pour bande* f *magnétique de 1/2 pouce* m*)*
6 der Heimfernseher (*auch:* der Monitor)
– *le poste de télévision* f *domestique (le moniteur)*
7 der Videokassettenrecorder
– *l'enregistreur* m *de vidéocassettes* f *(le magnétoscope)*
8 der Kassettenlift
– *le logement de cassette* f
9 das Bandzählwerk
– *le compteur de bande* f
10 der Bildstandsregler
– *le réglage image* f
11 die Tonaussteuerung
– *le réglage son* m
12 die Aussteuerungsanzeige
– *l'indicateur* m *de niveau* m *(le VU-mètre)*
13 die Bedienungstasten *f*
– *les touches* f *de commande* f
14 die Anzeigelampe der Bandeinfädelung
– *le voyant d'amorçage* m *de la bande*
15 die Umschalter *m* für die Audio-/Videoaussteuerungsanzeige
– *le commutateur de l'indicateur* m *de niveau* m *d'enregistrement* m *son/image*
16 die Ein-/Ausschalter *m*
– *l'interrupteur* m *marche-arrêt*
17 die Stationstasten *f*
– *les touches* f *de sélection* f *de chaîne* f
18 die eingebaute Schaltuhr
– *l'interrupteur* m *à horloge* f *(le programmateur) incorporé*
19 die VCR-Kopftrommel
– *le tambour d'enregistrement* m
20 der Löschkopf
– *la tête d'effacement* m
21 der Führungsstift
– *le doigt de guidage* m
22 das Bandlineal
– *le guide-bande*
23 die Tonwelle
– *la roue phonique*
24 der Audiosynchronkopf
– *la tête d'enregistrement* m *de son* m *et de synchronisation* f
25 die Andruckrolle
– *le galet presseur*
26 der Videokopf
– *la tête vidéo*
27 die Riefen *f* in der Kopftrommelwand für die Luftpolsterbildung
– *les rainures* f *dans le tambour de la tête pour la formation du coussin d'air* m
28 das VCR-Spurschema
– *schéma* m *des pistes* f *d'enregistrement* m *vidéocassette* f *[VCR]*
29 die Bandvorschubsrichtung
– *la direction du déroulement de la bande*
30 die Videokopf-Bewegungsrichtung
– *la direction de déplacement* m *de la tête vidéo*
31 die Videospur, eine Schrägspur
– *la piste vidéo, une piste inclinée*
32 die Tonspur
– *la piste son* m
33 die Synchronspur
– *la piste de synchronisation* f
34 der Synchronkopf
– *la tête de synchronisation* f
35 der Tonkopf
– *la tête son* m
36 der Videokopf
– *la tête vidéo*
37-45 das TED-(Television-Disc-)-Bildplattensystem
– ***le système de vidéo-disque*** m *(T.E.D.* m*)*
37 der Bildplattenspieler (das Bildplattenabspielgerät)
– *le tourne-disque vidéo*
38 der Plattenschlitz mit der eingeschobenen Bildplatte
– *la fente d'introduction* f *du disque avec disque* m *mis en place* f
39 der Programmwähler
– *le sélecteur de programme* m
40 die Programmskala
– *l'indicateur* m *de programme* m
41 die Betriebstaste *(„Play")*
– *le bouton marche* f *(play)*
42 die Taste für Szenenwiederholung *f („Select")*
– *la touche de répétition* f *de scène* f *(select)*
43 die Stoptaste
– *le bouton arrêt* m
44 die Bildplatte
– *le disque vidéo*
45 die Bildplattenhülle
– *la pochette de protection* f *du disque*
46-60 das VLP-(Video-Long-Play-)-Bildplattensystem
– ***le système de vidéo-disque*** m ***longue durée*** f *(V.L.P.* m*)*
46 der Bildplattenspieler
– *le tourne-disque vidéo*
47 die Deckelzunge (*darunter:* der Abtastbereich)
– *le couvercle du lecteur (*au-dessus de *la zone de lecture* f*)*
48 die Betriebstasten *f*
– *les touches* f *de commande* f
49 der Zeitlupenregler
– *le réglage de ralenti* m
50 das optische System [im Schema]
– *le système optique [schéma* m*]*
51 die VLP-Bildplatte
– *le disque vidéo longue durée* f *(V.L.P.* m*)*
52 das Objektiv
– *l'objectif* m
53 der Laserstrahl
– *le faisceau (du) laser*
54 der Drehspiegel
– *le miroir tournant*
55 der teildurchlässige Spiegel
– *le miroir semi-transparent*
56 die Photodiode
– *la photodiode*
57 der Helium-Neon-Laser
– *le laser à l'hélium* m *- néon* m
58 die Videosignale *n* der Plattenoberfläche
– *l'enregistrement* m *vidéo à la surface du disque*
59 die Signalspur
– *la piste signal* m
60 das einzelne Signalelement („Pit")
– *l'élément* m *d'image* f *(le pit)*

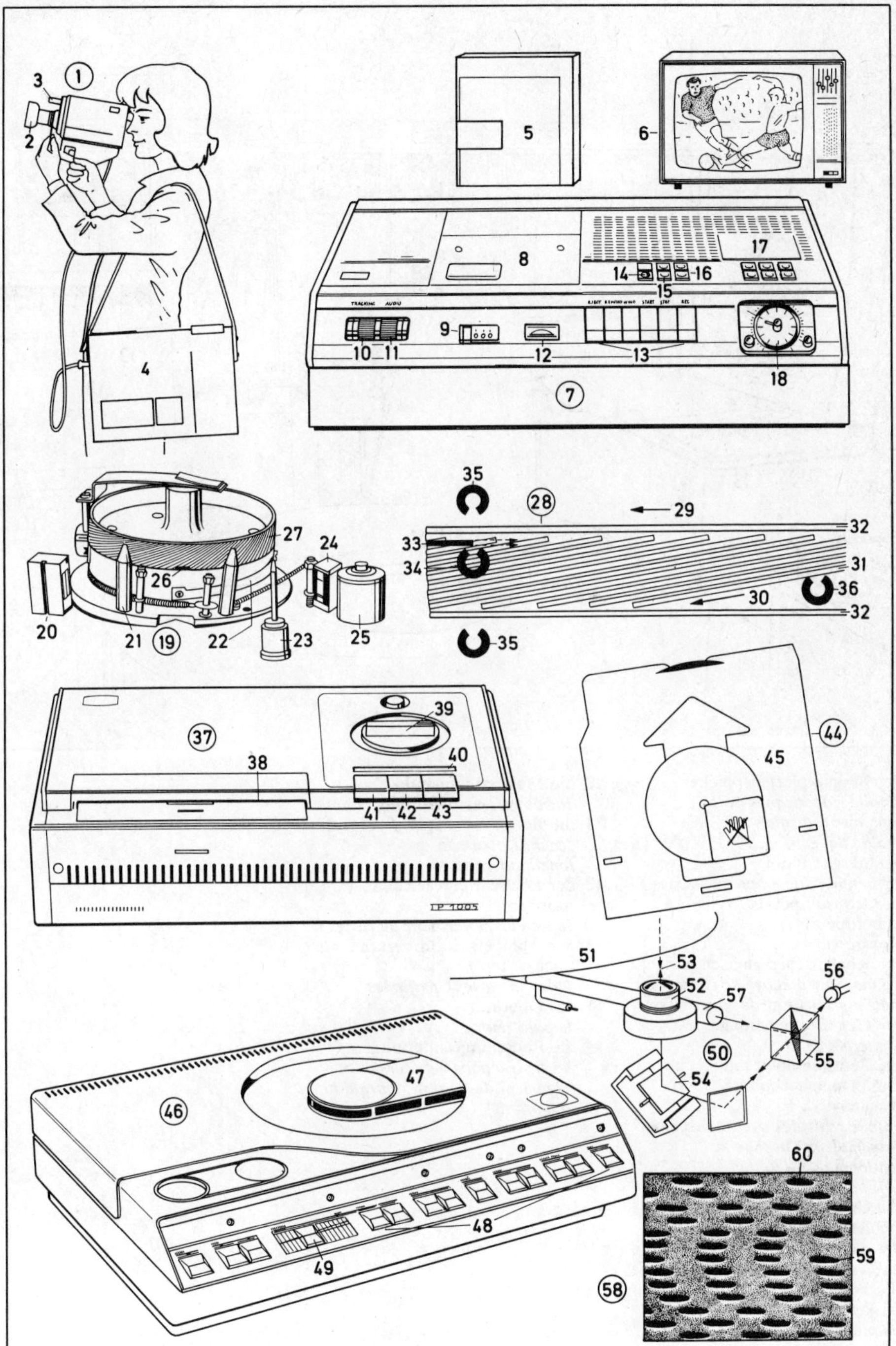
1
2
3
4
5
6
7
8
9
10
11
12
13
14
15
16
17
18
TRACKING AUDIO
19
20
21
22
23
24
25
26
27
28
29
30
31
32
33
34
35
36
37
38
39
40
41
42
43
44
45
46
47
48
49
50
51
52
53
54
55
56
57
58
59
60

1 der Magnetplattenspeicher
– *l'unité* f *de disques* m *(la mémoire à disques* m *magnétiques)*
2 das Magnetband
– *la bande magnétique*
3 der Konsoloperator (Chefoperator)
– *l'opérateur* m
4 die Konsolschreibmaschine
– *la machine à écrire de console* f *(téléimprimeur* m *de console* f*)*
5 die Gegensprechanlage
– *l'interphone* m
6 die Zentraleinheit mit Hauptspeicher *m* und Rechenwerk *n*
– *l'unité centrale* f *avec la mémoire principale et l'organe* m *arithmétique (l'unité* f *arithmétique)*
7 die Operations- und Fehleranzeigen *f*
– *les indicateurs* m *d'opérations* f *et d'erreurs* f
8 die Leseeinheit für Disketten *f*
– *l'unité* f *de disquettes* f *(disques* m *souples)*
9 die Magnetbandeinheit
– *le dérouleur de bande* f *magnétique (unité* f *de bande* f*)*
10 die Magnetbandspule
– *la bobine de bande* f *magnétique*
11 die Betriebsanzeigen *f*
– *les indicateurs* m *de fonctionnement* m
12 der Lochkartenleser und -stanzer
– *le lecteur-perforateur de cartes* f
13 das Ablagefach für verarbeitete Lochkarten *f*
– *le bac à cartes* f *perforées*
14 der Operator
– *le pupitreur*
15 die Bedienungsanleitungen *f*
– *les instructions* f *de service* m *(cahier* m *de bord* m*, journal* m *de bord* m*)*

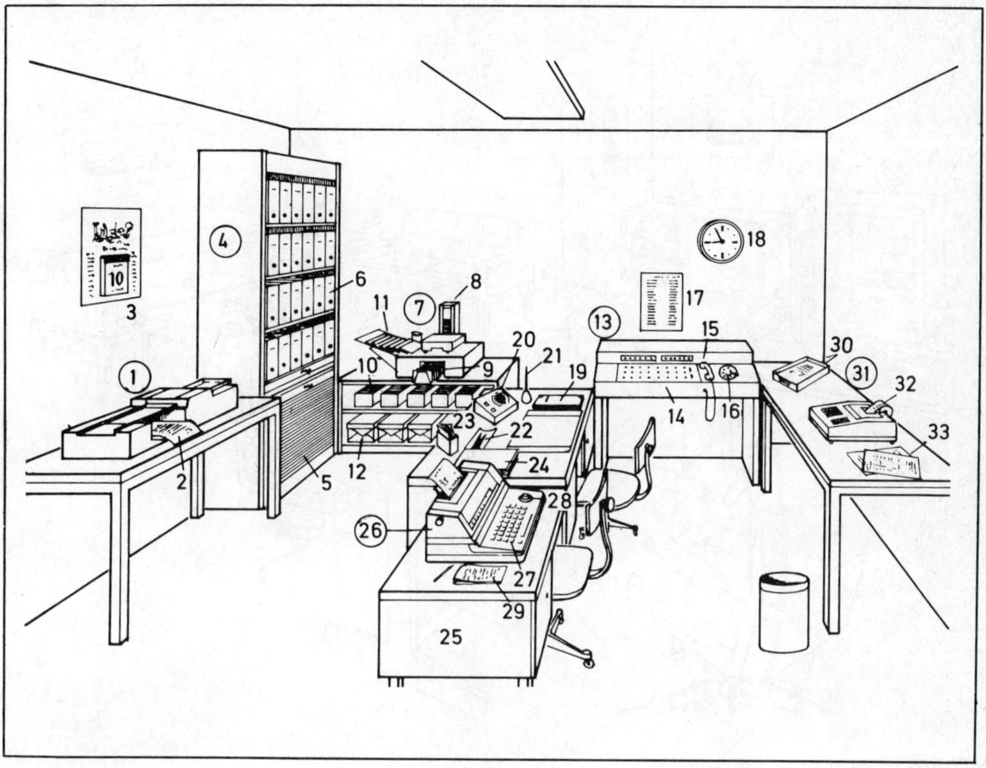

1-33 das Vorzimmer (Sekretärinnenzimmer)
– ***le bureau d'accueil*** m *(le secrétariat)*

1 das Telekopiersystem (der Faksimiletransceiver)
– *le télécopieur (l'émetteur-récepteur* m *de fac-similé* m*)*

2 die Telekopie (Empfangskopie)
– *la télécopie (le fac-similé)*

3 der Wandkalender
– *le calendrier mural*

4 der Aktenschrank
– *le (meuble-)classeur (le casier)*

5 die Rolltür
– *le rideau articulé à glissière* f

6 der Aktenordner
– *le (dossier-)classeur*

7 die Umdruck-Adressiermaschine
– *l'adressographe-duplicateur* m *à alcool* m *(la machine à adresser)*

8 der Schablonenaufnahmeschacht
– *le magasin vertical à clichés* m

9 die Schablonenablage
– *le dispositif de réception* f *des clichés* m

10 die Schablonenaufbewahrungslade
– *la boîte de rangement* m *des clichés* m *(le panier, le casier à clichés)*

11 die Papierzuführung
– *le dispositif d'alimentation* f *en papier* m *(le plateau de chargement* m *du papier)*

12 der Briefpapiervorrat
– *la réserve de papier* m *à lettres* f

13 die Hauszentrale (Telefonzentrale)
– *le central téléphonique privé*

14 das Drucktastenfeld für die Hausanschlüsse *m*
– *le clavier à boutons* m *poussoirs (à touches* f*) pour la transmission des communications* f *internes*

15 der Hörer
– *le combiné (l'écouteur* m*)*

16 die Wählscheibe
– *le cadran d'appel* m

17 das Hausanschlußverzeichnis
– *le répertoire téléphonique des postes* m *d'abonnés* m *privés*

18 die Normaluhr
– *l'horloge* f *mére (l'horloge* f *synchrone)*

19 die Unterschriftenmappe
– *le parapheur*

20 die Sprechanlage
– *l'interphone* m

21 der Schreibstift
– *le stylo*

22 die Schreibschale
– *le plumier plateau*

23 der Zettelkasten
– *le fichier*

24 der Formularstoß
– *la pile de formulaires* m

25 der Schreibmaschinentisch
– *le bureau de dactylo* f *(la table de machine* f *à écrire)*

26 die Speicherschreibmaschine
– *la machine à écrire à mémoire* f

27 das Schreibtastenfeld (Typenfeld)
– *le clavier de machine* f *à écrire*

28 der Drehschalter für den Arbeitsspeicher und die Magnetbandschleife
– *l'interrupteur* m *rotatif de la mémoire de travail* m *et de la boucle de bande* f *magnétique*

29 der Stenoblock (Stenogrammblock)
– *le bloc sténo*

30 das Ablagekörbchen
– *la corbeille à courrier* m *(le casier à correspondance* f*)*

31 der Bürorechner
– *la calculatrice de bureau* m

32 das Druckwerk
– *l'imprimante* f

33 der Geschäftsbrief
– *la lettre commerciale*

1-36 das Chefzimmer
– ***le bureau de direction*** **f**
1 der Schreibtischsessel
– *le siège de bureau, un fauteuil tournant capitonné*
2 der Schreibtisch
– *le bureau*
3 die Schreibplatte
– *le plan de travail* m *bureau* m
4 die Schreibtischschublade
– *le tiroir de bureau* m
5 das Klappengefach
– *le coffre (à tiroirs* m*) avec trappe* f *abattante*
6 die Schreibunterlage
– *le sous-main*
7 der Geschäftsbrief
– *la lettre commerciale*
8 der Terminkalender
– *l'agenda* m *de bureau* m
9 die Schreibschale
– *le plumier avec porte-stylo* m
10 das Wechselsprechgerät
– *l'interphone* m
11 die Schreibtischlampe
– *la lampe de bureau* m
12 der Taschenrechner (Elektronikrechner)
– *la calculatrice de poche* f *(la calculatrice électronique)*
13 das Telefon, eine Chef-Sekretär-Anlage
– *le téléphone, un poste d'intercommunication* f
14 die Wählscheibe, *auch:* das Drucktastenfeld
– *le cadran d'appel* m*;* égal.: *le clavier à touches* f
15 die Schnellruftasten *f*
– *les touches* f *d'appel* m
16 der Hörer (Telefonhörer)
– *le combiné (l'écouteur* m*)*
17 das Diktiergerät
– *la machine à dicter*
18 die Diktatlängenanzeige
– *l'indicateur* m *de longueur* f *de dictée* f
19 die Bedienungstasten *f*
– *les touches* f *de commande* f
20 der Truhenschrank
– *l'armoire* f *basse (le meuble-classeur)*
21 der Besuchersessel
– *le fauteuil du visiteur*
22 der Geldschrank (Panzerschrank, Tresor)
– *le coffre-fort (le coffre-bloc)*
23 die Zuhaltung
– *la gâchette (serrure* f*)*
24 die Panzerung (Panzerwand)
– *le blindage (la paroi blindée en acier* m*)*
25 die vertraulichen Unterlagen *f*
– *les documents* m *(les dossiers* m*) confidentiels*
26 die Patentschrift
– *le brevet (le titre de propriété* f *industrielle)*
27 das Bargeld
– *l'argent* m *liquide*
28 das Wandbild
– *le tableau*
29 der Barschrank
– *le meuble-bar*
30 das (der) Barset
– *le service de verres* m
31-36 die Besprechungsgruppe (Konferenzgruppe)
– *l'ensemble* m *de conférence* f
31 der Konferenztisch (Besprechungstisch)
– *la table de conférence* f
32 das Taschendiktiergerät (Kleindiktiergerät)
– *l'enregistreur* m *de poche* f
33 der Aschenbecher
– *le cendrier*
34 der Ecktisch
– *la table d'angle* m
35 die Tischleuchte (Tischlampe)
– *la lampe de table* f
36 der Konferenzsessel
– *le fauteuil de conférence* f *capitonné*

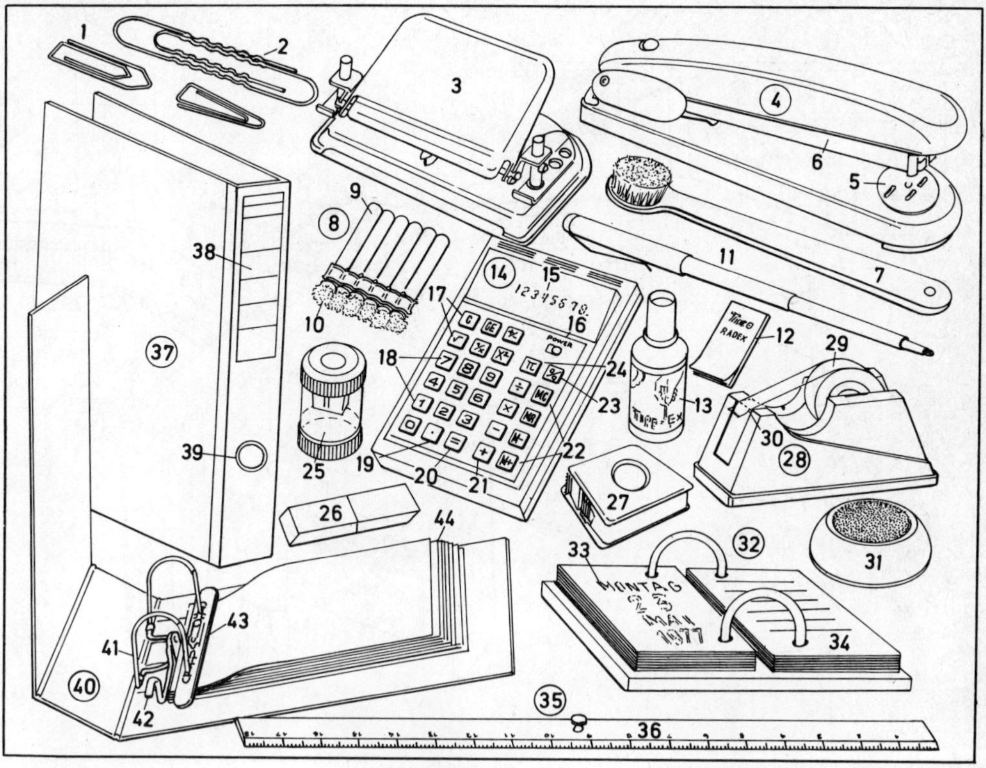

1-44 Büromaterial *n*
– ***le matériel (les fournitures*** f*) de bureau*
1 die Büroklammer (Briefklammer)
– *l'attache* f *de bureau* m *(le trombone)*
2 die Aktenklammer
– *le trombone géant*
3 der Locher
– *le perforateur*
4 der Hefter (die Büroheftmaschine)
– *l'agrafeuse* f *de bureau* m
5 die Matrize
– *l'enclume* f
6 der Ladeschieber
– *le poussoir de chargement* m
7 die Reinigungsbürste für Schreibmaschinentypen *f*
– *la brosse de nettoyage des caractères* m *de machine* f *à écrire*
8 die Typenreiniger *m*
– *les bâtons* m *pour nettoyer les caractères* m
9 der Flüssigkeitsbehälter
– *le tube de dissolvant* m
10 die Reinigungsbürste
– *le pinceau de nettoyage* m
11 der Filzschreiber (Filzstift)
– *le stylo-feutre*
12 das Tippfehlerkorrekturblatt
– *le correcteur de frappe* f
13 die Tippfehlerkorrekturflüssigkeit
– *le liquide correcteur*
14 der elektronische Taschenrechner
– *la calculatrice électronique de poche* f *(la calculette)*
15 die achtstellige Leuchtanzeige
– *l'affichage* m *électroluminescent à 8 chiffres* m
16 der Ein-/Ausschalter
– *l'interrupteur* m *marche* f*/arrêt* m
17 die Funktionstasten *f*
– *les touches* f *de fonction* f
18 die Zifferntasten
– *les touches de chiffre* m *(les touches* f *numériques)*
19 die Kommataste
– *la touche de virgule* f *(la touche de virgulage* m*, de décimalisation* f*)*
20 die Ist-gleich-Taste
– *la touche de résultat* m *(la touche de totalisation* f*)*
21 die Vorschriftstasten *f* (Rechenbefehlstasten)
– *les touches* f *d'instruction* f *(les touches* f *d'opération* f*)*
22 die Speichertasten *f*
– *les touches* f *de mémoire* f *(les touches* f *de mise* f *en mémoire* f*, d'enregistrement* m *en mémoire* f*)*
23 die Prozentrechnungstaste
– *la touche de pourcentage* m *(la touche de calcul* m *d'intérêts* m*)*
24 die π-Taste für Kreisberechnungen *f*
– *la touche* π *(pour le calcul de la circonférence d'un cercle)*
25 der Bleistiftspitzer
– *le taille-crayon (taille-crayons* m*)*
26 das Schreibmaschinenradiergummi (Maschinengummi)
– *la gomme (pour) machine* f *à écrire*
27 der Klebestreifenspender
– *le distributeur de ruban* m *adhésif*
28 der Klebestreifenhalter
– *le dévidoir de table* f *de ruban* m *adhésif*
29 die Klebestreifenrolle
– *le rouleau de ruban* m *adhésif*
30 die Abreißkante
– *l'arête* f *coupante (le bord denté)*
31 der Anfeuchter
– *le mouilleur de bureau* m *avec éponge* f
32 der Tischkalender
– *le bloc éphéméride*
33 das Datumsblatt (Kalenderblatt)
– *la feuille (la page) de calendrier* m
34 das Notizblatt (Vormerkblatt)
– *la feuille (la page) de notes* f *(d'annotation* f*)*
35 das Lineal
– *la règle graduée*
36 die Zentimeter- und Millimeterteilung
– *le biseau gradué (la graduation) en centimètres* m *et millimètres* m
37 der Aktenordner
– *le classeur à levier* m
38 das Rückenschild
– *l'étiquette* f *d'indexage* m
39 das Griffloch
– *la perforation (le trou) de manipulation* f
40 der Belegordner
– *le classeur de relevés* m
41 die Ordnermechanik
– *la mécanique du classeur*
42 der Griffhebel
– *le levier classeur* m
43 der Klemmbügel
– *le curseur de blocage* m
44 der Kontoauszug

1-48 das Großraumbüro
– ***le bureau en espace*** m *ouvert ou bureau* m *collectif (le bureau-paysage)*
1 die Trennwand
– *la cloison séparatrice (la cloisonnette, le panneau-écran)*
2 die Registraturtheke mit der Hängetrogregistratur
– *le fichier d'archivage* m *(l'armoire* f *de classement* m *d'archives* f*) avec coffre* m *pour dossiers* m *suspendus (avec classeur-tiroir* m *à visibilité* f *horizontale)*
3 die Behältertasche (der Hängeordner)
– *le dossier suspendu*
4 der Kartenreiter
– *le cavalier de fichier* m *(l'onglet* m*, l'index* m *de signalisation* f*)*
5 der Aktenordner
– *le classeur*
6 die Archivkraft
– *l'archiviste* m
7 die Sachbearbeiterin
– *l'employé* m *de bureau* m *(le rédacteur)*
8 die Aktennotiz
– *la fiche de dossier* m
9 das Telefon
– *le téléphone*
10 das Aktenregal
– *l'étagère* f *à dossiers* m *(l'étagère* f *de rangement* m *des classeurs* m*)*
11 der Sachbearbeitertisch
– *le bureau*
12 der Büroschrank
– *l'armoire* f *de rangement* m *(de classement* m*)*
13 die Pflanzengondel
– *le bac à plantes* f *(la jardinière, le jardin d'appartement* m*)*
14 die Zimmerpflanzen *f*
– *les plantes* f *d'intérieur* m *(d'appartement* m*)*
15 die Programmiererin
– *la programmeuse*
16 das Datensichtgerät
– *l'écran* m *de visualisation* f
17 der Kundendienstsachbearbeiter
– *l'employé* m *du service après-vente*
18 der Kunde
– *le client*
19 die Computergraphik
– *le dessin réalisé par ordinateur* m
20 die Schallschlucktrennwand
– *la cloison d'insonorisation* f *(la cloison acoustique, d'absorption* f *du son)*
21 die Schreibkraft
– *la dactylo(graphe)*
22 die Schreibmaschine
– *la machine à écrire*
23 die Karteiwanne
– *le tiroir-fichier*
24 die Kundenkartei
– *le fichier (de la) clientèle*
25 der Bürostuhl, ein Drehstuhl *m*
– *le siège de bureau* m*, une chaise tournante réglable en hauteur* f
26 der Maschinentisch
– *le bureau de dactylo* f *(la table de machine* f *à écrire)*
27 der Karteikasten
– *la boîte à fiches* f
28 das Vielzweckregal
– *l'étagère* f *modulaire (l'étagère* f *démontable, le rayonnage à usages* m *multiples, polyvalent)*

29 der Chef
– *le directeur (le chef de service* m*)*
30 der Geschäftsbrief
– *la lettre commerciale*
31 die Chefsekretärin
– *la secrétaire de direction* f
32 der Stenogrammblock
– *le bloc sténo*
33 die Phonotypistin
– *l'audiotypiste* f
34 das Diktiergerät
– *la machine à dicter*
35 der Ohrhörer
– *l'écouteur* m *auriculaire (d'oreille* f*) placé dans le pavillon de l'oreille* f
36 das statistische Schaubild (die Statistik)
– *le graphique (le diagramme) de statistiques* f
37 der Schreibtischunterschrank
– *le coffre (le caisson) à tiroirs* m *du bureau-ministre*
38 der Schiebetürenschrank
– *le placard à portes glissantes (à glissière* f*, à coulisse* f*)*
39 die Büroelemente *n* in Winkelbauweise *f*
– *les éléments* m *de bureau* m *(les cloisonnettes* f*, les panneaux-écrans* m*) disposés en angle* m
40 das Hängeregal
– *l'étagère* f *suspendue (le rayonnage suspendu)*
41 der Ablagekorb
– *la corbeille à courrier* m *(le bac à correspondance* f*)*
42 der Wandkalender
– *le calendrier mural*
43 die Datenzentrale
– *le centre de transmission* f *de données* f *(la banque de données* f*, le fichier central, le serveur en informations* f *factuelles)*
44 der Informationsabruf vom Datensichtgerät *n*
– *la demande d'informations* f *inscrite sur l'écran de visualisation* f
45 der Papierkorb
– *la corbeille à papier* m
46 die Umsatzstatistik
– *le graphique statistique des ventes* f
47 das EDV-Blatt (die ausgedruckten Daten *pl*), ein Leporello *m*
– *la liste informatique (de traitement* m *électronique de l'information* f*), un imprimé à pliage* m *accordéon (paravent* m*)*
48 das Verbindungselement
– *l'élément* m *modulaire d'assemblage* m

1 die elektrische Schreibmaschine, eine Kugelkopfschreibmaschine
– ***la machine à écrire électrique,*** *une machine à écrire à sphère* f *(à tête* f *d'impression* f, *d'écriture* f *cylindrique, à boule* f*)*
2-6 das Blocktastenfeld (die Tastatur)
– *le clavier*
2 die Leertaste
– *la barre d'espacement* m
3 die Umschalttaste für die Großbuchstaben *m*
– *la touche majuscule*
4 der Zeilenschalter
– *la touche d'interligne* m *et de retour* m *à la ligne*
5 der Umschaltfeststeller
– *la touche fixe-majuscule*
6 die Randlösetaste
– *la touche passe-marge*
7 die Tabulatortaste
– *la touche de tabulation* f *(la commande de pose* f *des taquets* m *de tabulateur* m*)*
8 die Tabulatorlöschtaste
– *la touche d'annulation* f *de tabulation* f *(la commande de dépose* f *des taquets* m *du tabulateur)*
9 der Ein-/Ausschalter
– *l'interrupteur* m *marche* f*/arrêt* m
10 der Anschlagstärkeeinsteller
– *le levier de réglage* m *de la force d'impression* f
11 der Farbbandwähler
– *le sélecteur de position* f *du ruban encreur (encré, bicolore)*
12 die Randeinstellung
– *l'échelle* f *graduée*
13 der vordere (linke) Randsteller
– *le margeur gauche*
14 der hintere (rechte) Randsteller
– *le margeur droit*
15 der Kugelkopf (Schreibkopf) mit den Typen *f*
– *la sphère (la boule) mobile portant les caractères* m *(la tête d'impression* f, *d'écriture* f *cylindrique, l'imprimante-caractères)*
16 die Farbbandkassette
– *la cartouche de ruban* m *encreur (encré, bicolore)*
17 der Papierhalter mit den Führungsrollen *f*
– *la barre presse-papier avec guide-papier* m *mobiles*
18 die Schreibwalze
– *le cylindre*
19 das Schreibfenster
– *le guide-ligne transparent*
20 der Papiereinwerfer
– *le levier de dégagement* m *du papier*
21 die Schreibwerkrückführung (Schlittenrückführung)
– *le levier de recul* m *(le levier de frappe* f, *de marche* f *arrière, le levier de rappel* m, *de retour* m *du chariot)*
22 der Walzendrehknopf
– *le bouton d'entraînement* m *du cylindre* m
23 der Zeileneinsteller
– *le sélecteur d'interligne* m *à positions* f *multiples*
24 der Walzenlöser
– *le levier de libération* f *du cylindre*
25 der Walzenstechknopf
– *le bouton de débrayage* m *du cylindre*
26 die Radierauflage
– *la tablette d'appui* m *pour annotations* f *et gommage* m
27 die transparente Gehäuseabdeckung
– *le capot de protection* f *transparent*
28 der Austauschkugelkopf
– *la sphère (la boule, la tête d'impression* f*) interchangeable*
29 die Type
– *le caractère*
30 der Schreibkopfdeckel
– *le couvercle de la sphère (de la boule, de la tête d'impression* f*)*
31 die Zahnsegmente *n*
– *les segments* m *dentés*
32 der Rollenkopierautomat
– ***le copieur*** *(le polycopieur, le photocopieur)* ***automatique à bobine*** f
33 das Rollenmagazin
– *le magasin (le compartiment) à bobine* f
34 die Formateinstellung
– *le curseur de réglage* m *(de sélection* f*) du format*
35 die Kopienvorwahl
– *le présélecteur de copies* f *(le totalisateur de copies* f*)*
36 der Kontrastregler
– *le bouton de réglage* m *du contraste (le bouton de commande* f *de la qualité des copies* f*)*
37 der Hauptschalter
– *l'interrupteur* m *principal*
38 der Bedienungsschalter
– *le bouton de commande* f *de copie* f
39 das Vorlagenfenster
– *la glace porte-original*
40 das Übertragungstuch
– *la bande entraîneuse en caoutchouc* m
41 die Tonerwalze
– *le porte-toner (le rouleau encreur)*
42 das Belichtungssystem
– *le système d'exposition* f *(d'éclairement* m*)*
43 der Kopienausstoß
– *le distributeur de copies* f *(le plateau récepteur)*
44 die Brieffaltmaschine
– ***la machine à plier les lettres*** f *(la plieuse)*
45 die Papiereingabe
– *le plateau de chargement* m *du papier (le bloc d'alimentation* f *en papier* m*)*
46 die Falteinrichtung
– *le dispositif de pliage* m
47 der Auffangtisch
– *le plateau récepteur*
48 der Kleinoffsetdrucker
– ***la petite presse offset***
49 die Papieranlage
– *le margeur*
50 der Hebel für die Druckplatteneinfärbung
– *le levier d'encrage* m *des plaques* f *offset*
51-52 das Farbwerk
– *l'encrage* m
51 der Verreiber
– *le rouleau distributeur (le distributeur)*
52 die Auftragswalze
– *le rouleau encreur (l'encreur* m*)*
53 die Druckhöhenverstellung
– *le bouton de réglage* m *de la pression*
54 die Papierablage
– *la sortie*
55 die Druckgeschwindigkeitseinstellung
– *le bouton de réglage* m *de la vitesse d'impression* f
56 der Rüttler zum Glattstoßen *n* der Papierstapel *m*
– *la taqueuse vibrante de pile* f *(de liasse* f*) de feuilles* f
57 der Papierstapel
– *la pile (la liasse) de feuilles* f
58 die Falzmaschine
– *la machine à plier (la plieuse)*
59 die Bogenzusammentragemaschine für Kleinauflagen *f*
– *l'assembleuse* f *pour faibles tirages* m
60 die Zusammentragestation
– *le bloc d'assemblage* m
61 der Klebebinder für die Thermobindung
– *la brocheuse automatique pour reliure* f *thermique sans couture* f
62 das Magnetband-Diktiergerät
– ***la machine à dicter à bande*** f ***magnétique***
63 der Kopfhörer (Ohrhörer)
– *le casque d'écoute* f *(l'écouteur* m *auriculaire)*
64 der Ein-/Ausschalter
– *l'interrupteur* m *marche* f*/arrêt* m
65 der Mikrophonbügel
– *le berceau du microphone*
66 die Fußschalterbuchse
– *la prise pédale* f *dactylo (la prise extérieure, la prise de raccordement* m *à la pédale dactylo)*
67 die Telefonbuchse
– *la prise (de) téléphone* m *(la prise auxiliaire pour téléphone* m*)*
68 die Kopfhörerbuchse
– *la prise (d')écouteur* m *(la prise (de) casque* m *d'écoute* f*)*
69 die Mikrophonbuchse
– *la prise (de) micro* m
70 der eingebaute Lautsprecher
– *le haut-parleur incorporé*
71 die Kontrollampe
– *le voyant lumineux (la lampe témoin)*
72 das Kassettenfach
– *le chargeur de cassette* f
73 die Vorlauf-, Rücklauf- und Stopptasten *f*
– *les touches* f *d'avance* f *rapide (d'enroulement* m *rapide, de rebobinage* m *rapide avant), de retour* m *arrière (de déroulement* m *rapide, de rebobinage* m *rapide arrière) et de pause* f *(d'arrêt* m*)*
74 die Zeitskala mit Indexstreifen *m*
– *le compteur horaire (le compteur de durée* f *de fonctionnement* m*) avec graduation* f
75 der Zeitskalastopp
– *le curseur d'arrêt* m *du compteur horaire*

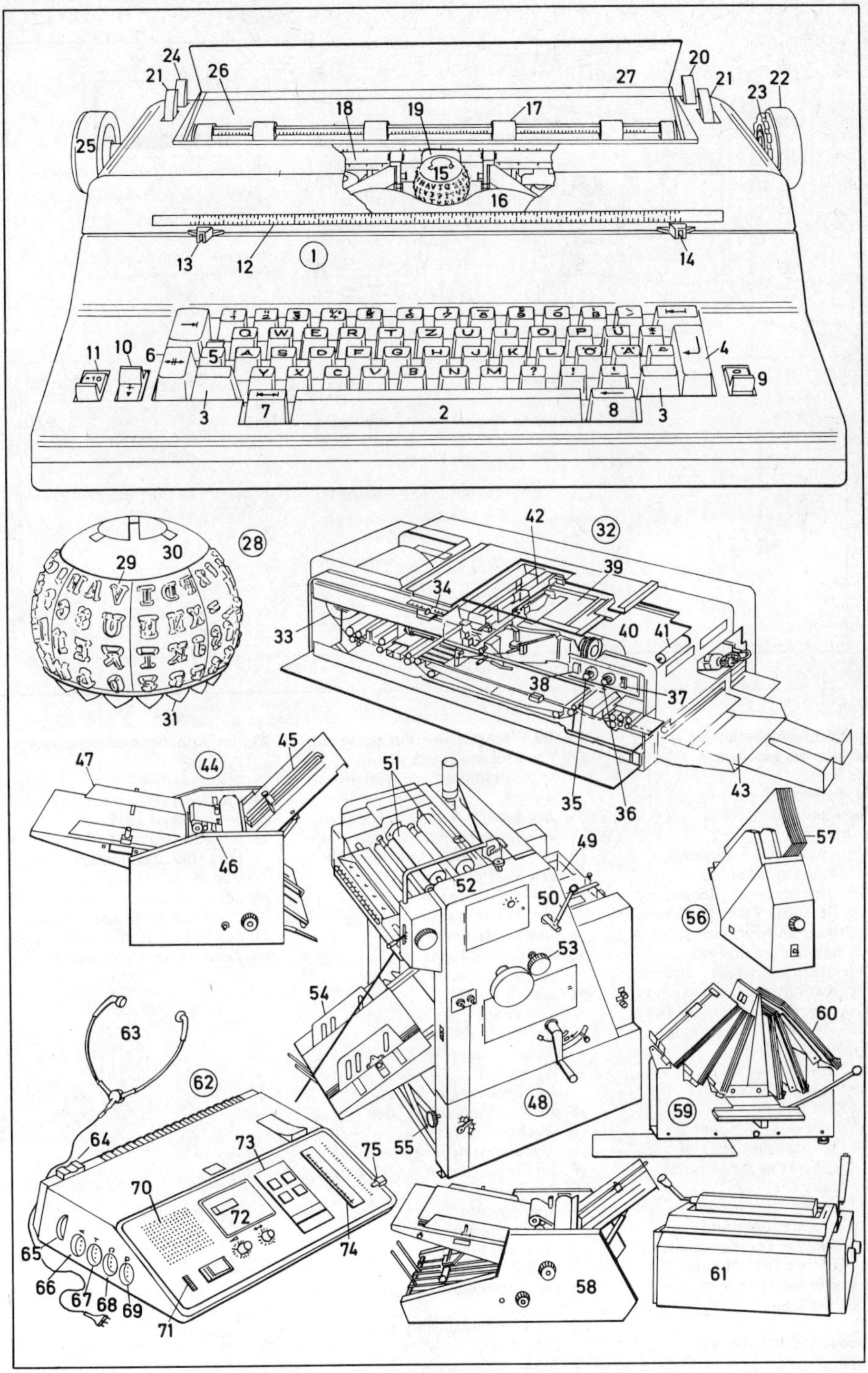
1
2
3
4
5
6
7
8
9
10
11
12
13
14
15
16
17
18
19
20
21
22
23
24
25
26
27
28
29
30
31
32
33
34
35
36
37
38
39
40
41
42
43
44
45
46
47
48
49
50
51
52
53
54
55
56
57
58
59
60
61
62
63
64
65
66
67
68
69
70
71
72
73
74
75

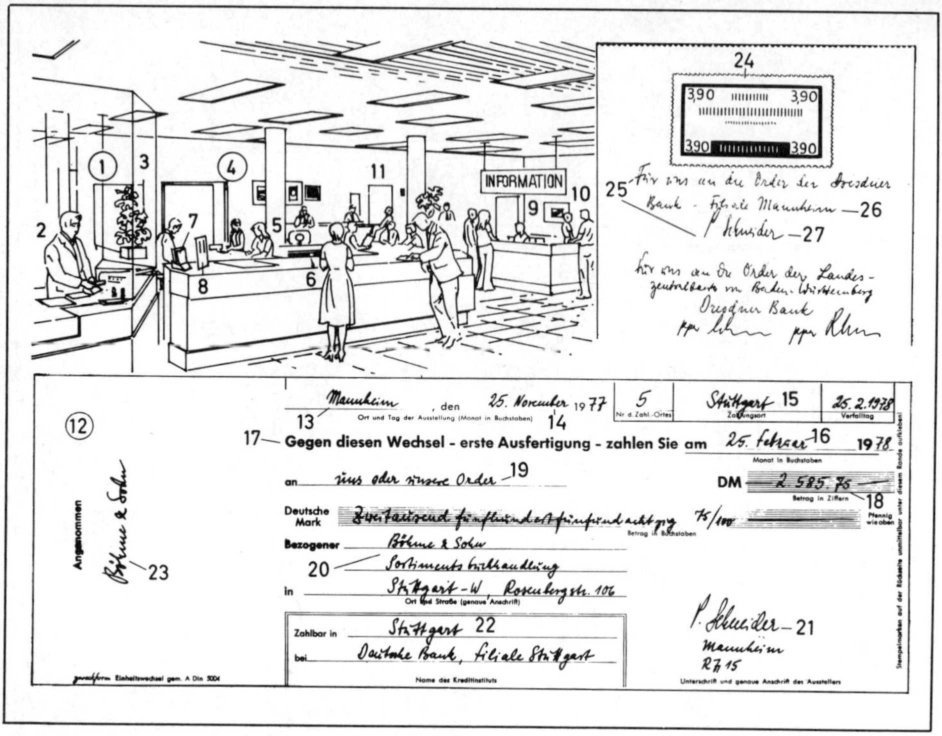

1-11 die Kundenhalle
– ***la salle des guichets*** m
1 die Kasse
– *la caisse*
2 der Kassierer
– *le caissier*
3 das schußsichere Panzerglas
– *la vitre pare-balles*
4 die Servicegruppe (Bedienung *f* und Beratung *f* für Sparkonten *n*, Privat- und Firmenkonten *n*, persönliche Kredite *m*)
– *le service d'un guichet (service* m *et conseils* m *pour les comptes* m *d'épargne* f, *les comptes* m *privés et d'entreprise* f, *les prêts* m *personnels)*
5 die Bankangestellte
– *l'employé* m *de banque* f
6 die Bankkundin
– *la cliente de la banque*
7 die Prospektfaltblätter *m*
– *les dépliants* m *publicitaires*
8 der Kurszettel
– *la cote des cours* m
9 der Informationsstand
– *le guichet de renseignements* m
10 der Geldwechselschalter
– *le guichet de change* m
11 der Durchgang zum Tresorraum *m*
– *l'entrée* f *de la salle des coffres-forts* m
12 der Wechsel; *hier:* ein gezogener Wechsel *m* (Tratte *f*), ein angenommener Wechsel *m* (das Akzept)
– ***la traite*** *(la lettre de change* m, *un effet de commerce* m*);* ici: *une traite tirée, une traite acceptée*
13 der Ausstellungsort
– *le lieu d'émission* f
14 der Ausstellungstag
– *la date de tirage* m
15 der Zahlungsort
– *le lieu de paiement* m
16 der Verfalltag
– *l'échéance* f
17 die Wechselklausel (Bezeichnung der Urkunde als Wechsel *m*)
– *la stipulation de la traite*
18 die Wechselsumme (der Wechselbetrag)
– *le montant de la traite*
19 die Order (der Wechselnehmer, Remittent)
– *le bénéficiaire*
20 der Bezogene (Adressat, Trassat)
– *le tiré*
21 der Aussteller (Trassant)
– *le tireur*
22 der Domizilvermerk (die Zahlstelle)
– *la domiciliation*
23 der Annahmevermerk (das Akzept)
– *l'acceptation* f
24 die Wechselstempelmarke
– *le timbre de l'effet* m
25 das Indossament (der Übertragungsvermerk)
– *l'endos* m
26 der Indossatar (Indossat, Girat)
– *l'endossé* m *(le cessionnaire)*
27 der Indossant (Girant)
– *l'endosseur* m *(le cédant)*

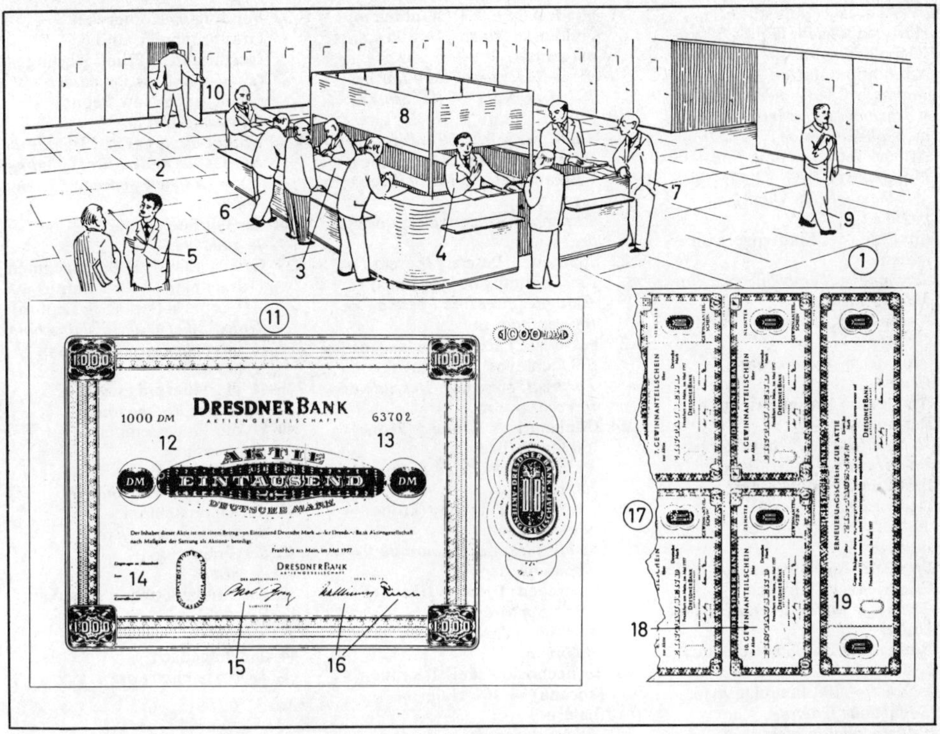

1-10 die Börse (Effekten-, Wertpapier- oder Fondsbörse)
– ***la Bourse*** *(la Bourse des effets* m, *la Bourse des valeurs* f*)*

1 der Börsensaal
– *la salle de la Bourse*

2 der Markt für Wertpapiere *n*
– *le marché des valeurs* f

3 die Maklerschranke (der Ring)
– *la corbeille*

4 der vereidigte Kursmakler (Börsenmakler, Effektenmakler, Sensal), ein Handelsmakler *m*
– *l'agent* m *de change* m *(le courtier assermenté), un courtier*

5 der freie Kursmakler (Agent), für Freiverkehr *m*
– *le courtier libre pour les transactions* f *sur le marché libre*

6 das Börsenmitglied, ein zum Börsenhandel *m* zugelassener Privater *m*
– *le membre de la Bourse, un particulier admis aux transactions* f

7 der Börsenvertreter (Effektenhändler), ein Bankangestellter *m*
– *l'agent* m *en Bourse* f, *un employé de banque* f

8 die Kursmaklertafel (Kurstafel, Maklertafel, der Kursanzeiger)
– *la cote de la Bourse*

9 der Börsendiener
– *le garçon à la Bourse*

10 die Telefonzelle (Fernsprechkabine)
– *la cabine téléphonique*

11-19 Wertpapiere *n* (Effekten *pl*): *Arten:* Aktie *f*, festverzinsliches Wertpapier, Rente *f*, Anleihe *f*, Pfandbrief *m*, Kommunalobligation *f*, Industrieobligation *f*, Wandelschuldverschreibung *f*
– ***les valeurs*** f*;* catégories f: *action* f, *valeur* f *à revenu* m *fixe, emprunt* m, *obligation* f *hypothécaire, obligation* f *communale, obligation* f *industrielle, obligation* f *convertible*

11 die Aktienurkunde (der Mantel); *hier:* die Inhaberaktie
– *l'action* f *(le titre);* ici: *l'action* f *au porteur*

12 der Nennwert der Aktie
– *la valeur nominale de l'action* f

13 die laufende Nummer
– *le numéro d'ordre* m

14 die Seitennummer der Eintragung im Aktienbuch *n* der Bank
– *le numéro de page* f *de l'inscription* f *au registre* m *des actions* f *de la banque*

15 die Unterschrift des Aufsichtsratsvorsitzers *m*
– *la signature du président du conseil de surveillance* f

16 die Unterschrift des Vorstandsvorsitzers *m*
– *la signature du président du conseil de direction* f *(le directeur général)*

17 der Bogen (Kuponbogen)
– *la feuille de coupons* m

18 der Dividendenschein (Gewinnanteilschein)
– *le coupon du dividende*

19 der Erneuerungsschein (Talon)
– *le talon de renouvellement* m

1-28 Münzen *f* (Geldstücke *n*, Hartgeld; *Arten:* Gold-, Silber-, Nickel-, Kupfer- od. Aluminiummünzen *f*)
– ***monnaies*** f *(var.: pièces* f *d'or* m, *d'argent* m, *de nickel* m, *de cuivre* m, *d'aluminium* m*)*
1 Athen: Tetradrachme *f* in Nuggetform *f*
– *Athènes: tétradrachme* f *en pastille* f
2 die Eule (der Stadtvogel von Athen)
– *la chouette (l'emblème* m *de la ville d'Athènes)*
3 Aureus *m* Konstantins des Großen
– *l'aureus* m *de Constantin le Grand*
4 Brakteat *m* Kaiser Friedrichs I. Barbarossa
– *la bractéate de Frédéric Ier Barberousse*
5 Frankreich: Louisdor *m* Ludwigs XIV.
– *France: le louis d'or* m *de Louis XIV*
6 Preußen: 1 Reichstaler *m* Friedrichs des Großen
– *Prusse: le thaler de Frédéric le Grand*
7 Bundesrepublik Deutschland: 5 Deutsche Mark f (DM); 1 DM *f* = 100 Pfennige *m*
– *République fédérale d'Allemagne: la pièce de 5 deutschemark* m *(DM); 1 DM = 100 pfennig* m
8 die Vorderseite (der Avers)
– *l'avers* m *(le droit, la face)*
9 die Rückseite (der Revers)
– *le revers (la pile)*
10 das Münzzeichen (der Münzbuchstabe)
– *l'indicatif* m *du lieu* m *de frappe* f
11 die Randinschrift
– *l'inscription* f *sur la tranche*
12 das Münzbild, ein Landeswappen *n*
– *l'effigie* f, *une allégorie nationale*
13 Österreich: 25 Schilling *m*; 1 Sch. *m* = 100 Groschen *m*
– *Autriche: pièce* f *de 25 schilling* m*; 1 schilling = 100 groschen* m
14 die Länderwappen *n*
– *les écussons* m *des provinces* f
15 Schweiz: 5 Franken *m*; 1 Franken *m* (franc, franco) = 100 Rappen *m* (Centimes, centimes)
– *Suisse: pièce* f *de 5 francs* m*; 1 franc suisse = 100 centimes* m
16 Frankreich: 1 Franc *m* (franc) = 100 Centimes *m* (centimes)
– *France: pièce* f *de 1 franc* m*; 1 franc = 100 centimes* m
17 Belgien: 100 Francs *m* (francs)
– *Belgique: pièce* f *de 100 francs* m
18 Luxemburg: 1 Franc *m* (franc)
– *Luxembourg: pièce* f *de 1 franc* m
19 Niederlande: 2 1/2 Gulden *m*; 1 Gulden *m* (florin) = 100 Cents *m* (cents)
– *Pays-Bas: pièce* f *de 2 florins 1/2; 1 florin* m *= 100 cents* m
20 Italien 10 Lire *f* (lire, *sg* Lira)
– *Italie: pièce* f *de 10 lires* f*; 1 lire = 100 centesimi* m
21 Vatikanstaat: 10 Lire *f* (lire, *sg* Lira)
– *Etat* m *du Vatican: pièce* f *de 10 lires* f
22 Spanien: 1 Peseta *f* (peseta) = 100 Céntimos *m* (céntimos)
– *Espagne: pièce* f *de 1 peseta* f *= 100 céntimos* m
23 Portugal: 1 Escudo *m* (escudo) = 100 Centavos *m* (centavos)
– *Portugal: pièce* f *de 1 escudo* m *= 100 centavos* m
24 Dänemark: 1 Krone *f* (krone) = 100 Öre *n* (öre)
– *Danemark: pièce de 1 coronne* f *= 100 re* m
25 Schweden: 1 Krone *f* (krona) = 100 Öre *n* (öre)
– *Suède: pièce* f *de 1 couronne* f *= 100 öre* m
26 Norwegen: 1 Krone *f* (krone) = 100 Öre *n* (öre)
– *Norvège: pièce* f *de 1 couronne* f *= 100 öre* m
27 Tschechoslowakei: 1 Krone *f* (koruna) = 100 Halêř *m* (halêřu)
– *Tchécoslovaquie: pièce de 1 couronne* f *= 100 haléři* m *[1 heller* m*]*
28 Jugoslawien: 1 Dinar *m* (dinar) = 100 Para *m* (para)
– *Yougoslavie: ièce de 1 dinar* m *= 100 para* m
29-39 Banknoten *f* (Papiergeld *n*, Noten *f*, Geldscheine *m*, Scheine)
– ***billets*** m *de banque*
29 Bundesrepublik Deutschland: 20 DM *f*
– *République fédérale d'Allemagne: billet* m *de 20 DM* m
30 die Notenbank
– *indication* f *de la banque d'émission* f
31 das Porträtwasserzeichen
– *le filigrane (le médaillon en camaïeu* m*)*
32 die Wertbezeichnung
– *la valeur nominale*
33 USA: 1 Dollar *m* (dollar,) = 100 Cents *m* (cents)
– *Etats-Unis* m *d'Amérique (USA): billet* m *de 1 dollar* m *= 100 cents* m
34 die Faksimileunterschriften *f*
– *les signatures* f *en fac-similé* m
35 der Kontrollstempel
– *le timbre de contrôle* m
36 die Reihenbezeichnung
– *le numéro de série* f
37 Vereinigtes Königreich Großbritannien und Nordirland: 1 Pfund Sterling *m* (£) = 100 New Pence *m* (new pence, p; *sg* New Penny)
– *Royaume-Uni de Grande-Bretagne et d'Irlande du Nord: billet* m *de 1 livre* f *sterling (£) = 100 new pence* m *[1 new penny* m*]*
38 das Guillochenwerk
– *le guillochis*
39 Griechenland: 1 000 Drachmen *f* (drachmai); 1 Drachme *f* = 100 Lepta *n* (lepta; *sg* Lepton)
– *Grèce: billet* m *de 1000 drachmes* f*; 1 drachme = 100 lepta* m *[1 lepton* m*]*
40-44 die Münzprägung
– ***la frappe des monnaies*** f
40-41 die Prägestempel *m*
– *les coins* m
40 der Oberstempel
– *le coin supérieur (mobile)*
41 der Unterstempel
– *le coin inférieur (fixe)*
42 der Prägering
– *la virole*
43 das Münzplättchen (Blankett, Rondell)
– *le flan*
44 der Prägetisch
– *la presse monétaire*

1
2
3
4
5
EIN REICHSTHALER
17A85
6
7
BUNDESREPUBLIK DEUTSCHLAND
5
DEUTSCHE MARK
8
12
1975
9
10
11
13
14
REPUBLIK ÖSTERREICH
25
SCHILLING
5FR
1968
15
LIBERTÉ · EGALITÉ · FRATERNITÉ
1
FRANC
1960
16
FR.
BELGIË
17
1
F
18
1970
2½
G
NEDERLAND
19
10
20
CITTA DEL VATICANO
L. 100
21
UNA PESETA
22
1
ESCUDO
23
1975
1 KRONE
24
1975
1 KR
PLIKTEN FRAMFÖR ALLT
25
NORGE
1954
1 KRONE
26
J 7743002 Y
31
Banknote
32
ZWANZIG
DEUTSCHE MARK
20
29
30
DEUTSCHE
BUNDESBANK
ZWANZIG
DEUTSCHE
MARK
J 7743002 Y
1
DINAR
28
CERTIFICATE
STATES OF AMERICA
A 37400134 B
ONE DOLLAR
36
35
WASHINGTON DC
34
A37400134B
ONE DOLLAR
33
100
REPUBLIKA ČESKOSLOVENSKÁ
27
37
One Pound
LONDON
For the Govr. and Compa. of
the BANK of ENGLAND
Chief Cashier
ES47 994350
38
ΔΡΑΧΜΑΙ
ΧΙΛΙΑΙ
09Α 788763
39
1000
40
43
42
44
41

1-3 die Flagge der Vereinten Nationen *f*
– *le drapeau de l'ONU (l'Organisation* f *des Nations* f *unies)*

1 der Flaggenstock (Flaggenmast) mit dem Flaggenknopf *m*
– *le mât de drapeau* m *surmonté de la pomme*

2 die Flaggenleine (Flaggleine)
– *la drisse (la corde)*

3 das Flaggentuch
– *l'étoffe* f *(le tablier du drapeau)*

4 die Flagge des Europarates *m* (Europaflagge)
– *le drapeau du Conseil de l'Europe* f *(le drapeau européen)*

5 die Olympiaflagge
– *le drapeau des Jeux* m *olympiques (le drapeau olympique)*

6 die Flagge halbstock[s] (halbmast) [zur Trauer]
– *le drapeau en berne* f *(le drapeau hissé à mi-mât) [en signe* m *de deuil* m *ou de détresse* f*]*

7-11 die Fahne
– *le drapeau*

7 der Fahnenschaft
– *la hampe*

8 der Fahnennagel
– *le clou décoratif (le cloutage)*

9 das Fahnenband
– *la cravate (l'écharpe* f *nouée en cravate* f*)*

10 die Fahnenspitze
– *la pointe de hampe* f *(le fer de lance* f*)*

11 das Fahnentuch
– *l'étoffe* f *(le tablier du drapeau)*

12 das Banner
– *la bannière (l'oriflamme* m*)*

13 die Reiterstandarte (das Feldzeichen der Kavallerie)
– *l'étendard* m *de cavalerie* f *[l'emblème* m *d'un régiment de cavalerie* f*]*

14 die Standarte des dt. Bundespräsidenten [das Abzeichen eines Staatsoberhaupts *n*]
– *l'étendard* m *du président de la République fédérale d'Allemagne* f *[les armes* f *du chef de l'Etat* m *en RFA* f*]*

15-21 Nationalflaggen *f*
– *drapeaux* m *(pavillons* m *à bord* m *d'un navire) nationaux*

15 der Union Jack (Großbritannien)
– *l'Union Jack* m *(Grande-Bretagne* f*)*

16 die Trikolore (Frankreich)
– *le drapeau tricolore (France* f*)*

17 der Danebrog (Dänemark)
– *le Danebrog (Danemark* m*)*

18 das Sternenbanner (USA)
– *la bannière étoilée (Etats-Unis* m *d'Amérique* f*)*

19 der Halbmond (Türkei)
– *le croissant (Turquie* f*)*

20 das Sonnenbanner (Japan)
– *la bannière du soleil levant (Japon* m*)*

21 Hammer und Sichel (UdSSR)
– *la faucille et le marteau (URSS ou Union* f *des Républiques* f *Socialistes Soviétiques)*

22-34 Signalflaggen *f*, ein Stell *n* Flaggen *f*
– *pavillons* m *à signaux* m*, un jeu de pavillons* m

22-28 Buchstabenflaggen *f*
– *les pavillons* m *à lettre* f

22 Buchstabe A, ein gezackter Stander
– *lettre* f *«A», un pavillon à deux pointes* f *(un fanion dentelé, échancré, un guidon)*

23 G, das Lotsenrufsignal
– *«G», le pavillon pilote (le signal d'appel* m *du pilote)*

24 H („Lotse ist an Bord")
– *«H» (le pilote est à bord* m*)*

25 L („Stop, wichtige Mitteilung")
– *«L», le signal d'arrêt* m *pour communication* f *importante*

26 P, der Blaue Peter, ein Abfahrtssignal *n*
– *«P», le Pierrot bleu, un signal de départ* m

27 W („benötige ärztliche Hilfe")
– *«W», le signal de demande* f *d'assistance* f *médicale*

28 Z, ein rechteckiger Stander
– *«Z», un pavillon (fanion) rectangulaire*

29 der Signalbuchwimpel, ein Wimpel *m* des internat. Signalbuchs *n*
– *la flamme (la banderole) «Aperçu» du code des pavillons* m*, une flamme du Code international des signaux* m

30-32 Hilfsstander *m*, dreieckige Stander
– *fanions* m *auxiliaires, fanions* m *triangulaires*

33-34 Zahlenwimpel *m*
– *flammes* f *numériques (chiffrées)*

33 die Zahl 1
– *le chiffre 1*

34 die Zahl 0
– *le chiffre 0*

35-38 Zollflaggen *f*
– *pavillons* m *de douane* f

35 der Zollstander von Zollbooten *n*
– *le pavillon «douane» des navires* m *du service des douanes* f

36 „Schiff zollamtlich abgefertigt"
– *le pavillon signalant que le navire a été inspecté par le service des douanes* f

37 das Zollrufsignal
– *le signal d'appel* m *de la douane*

38 die Pulverflagge [„feuergefährliche Ladung"]
– *le pavillon de transport* m *de poudre* f *[«cargaison* f *inflammable»]*

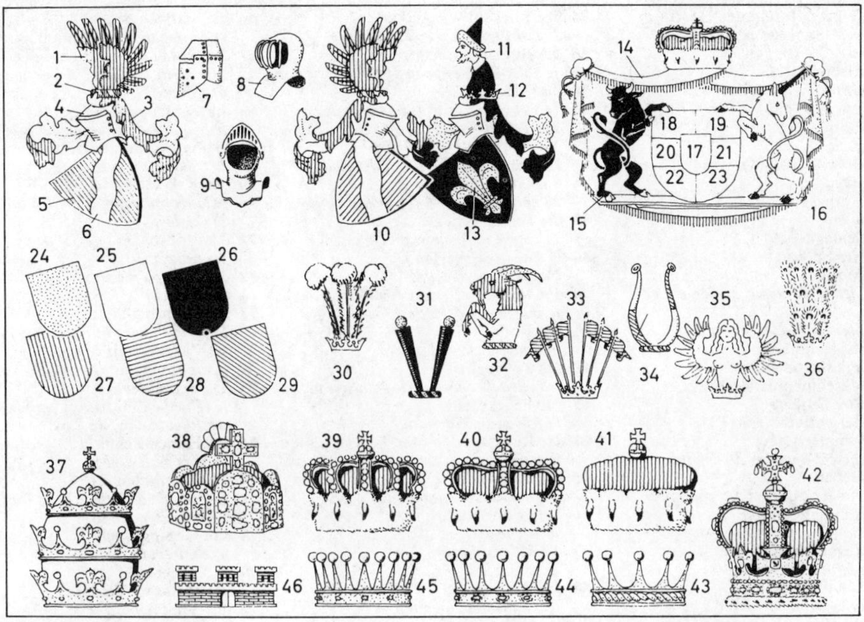

1-36 Heraldik *f* (Wappenkunde)
– *héraldique* f *(science* f *du blason* m*)*
1, 11, 30-36 Helmzier *f* (Helmzeichen *n*, Helmkleinod, Zimier)
– *les cimiers* m
1-6 das Wappen
– *le blason*
1 die Helmzier
– *le cimier*
2 der Wulst
– *le bourrelet (le tortil)*
3 die Decke (Helmdecke)
– *le lambrequin*
4, 7-9 Helme *m*
– *casques* m *(heaumes* m*) [en* héraldique: *timbres* m*]*
4 der Stechhelm
– *le timbre*
5 der Wappenschild
– *l'écu* m
6 der schräglinke Wellenbalken
– *la fasce ondée*
7 der Kübelhelm
– *le grand heaume*
8 der Spangenhelm
– *le timbre à grilles* f
9 der offene Helm
– *le timbre à visière* f *relevée*
10-13 das Ehewappen (Allianzwappen, Doppelwappen)
– *le blason d'alliance* f
10 das Wappen des Mannes *m*
– *le blason d'homme* m
11-13 das Wappen der Frau
– *le blason de femme* f
11 der Menschenrumpf
– *le pantin*
12 die Laubkrone (Helmkrone)
– *la couronne de feuilles* f
13 die Lilie
– *la fleur de lis* m
14 das Wappenzelt (der Wappenmantel)
– *le manteau*
15-16 Schildhalter *m*, Wappentiere *n*
– *les tenants* m*, les animaux* m *héraldiques*
15 der Stier
– *le taureau*
16 das Einhorn
– *la licorne*
17-23 die Wappenbeschreibung (Blasonierung, Wappenfeldordnung)
– *la figuration des blasons* m*, les partitions* f
17 das Herzschild
– *le centre (le cœur, l'abîme* m*)*
18-23 erstes bis sechstes Feld (Wappenfeld)
– *les six cantons* m *de l'écu* m
18, 20, 22 vorn, rechts
– *la dextre*
18-19 oben
– *le chef*
19, 21, 23 hinten, links
– *la senestre*
22-23 unten
– *la pointe*
24-29 die Tinkturen *f*
– *les émaux* m *héraldiques*
24-25 Metalle *n*
– *les métaux* m
24 Gold *n* [gelb]
– *or* m *[jaune]*
25 Silber *n* [weiß]
– *argent* m *[blanc]*
26 schwarz
– *sable* m *[noir]*
27 rot
– *gueules* m *[rouge]*
28 blau
– *azur* m *[bleu]*
29 grün
– *sinople* m *[vert]*
30 die Straußenfedern *f*
– *le plumet (les plumes* f *d'autruche* f*)*
31 der Kürißprügel
– *les bâtons* m
32 der wachsende Bock
– *l'animal* m *naissant*
33 die Turnierfähnchen *n*
– *le vol banneret*
34 die Büffelhörner *pl*
– *la lyre (les cornes* f *de buffle* m*)*
35 die Harpyie
– *la harpie*
36 der Pfauenbusch
– *les plumes* f *de paon* m
37, 38, 42-46 Kronen *f*
– *les couronnes* f
37 die Tiara
– *la tiare pontificale*
38 die Kaiserkrone [dt. bis 1806]
– *la couronne impériale [allemande, jusqu'en 1806]*
39 der Herzogshut
– *la couronne ducale [en Allemagne]*
40 der Fürstenhut
– *le bonnet de prince [en Allemagne]*
41 der Kurfürstenhut (Kurhut)
– *le bonnet de prince-électeur* m *[Allemagne]*
42 die engl. Königskrone
– *la couronne royale anglaise*
43-45 Rangkronen *f*
– *couronnes* f *héraldiques*
43 die Adelskrone
– *la couronne de noble* m *non titré [en Allemagne]*
44 die Freiherrnkrone
– *la couronne de baron [en Allemagne]*
45 die Grafenkrone
– *la couronne de comte [en Allemagne et en France]*
46 die Mauerkrone eines Stadtwappens *n*
– *la couronne murale d'un blason de ville* f

1-98 die Bewaffnung des Heeres *n*
– *l'armement* m *(les armes* f*) de l'armée* f *de terre* f
1-39 Handwaffen *f*
– ***les armes*** f ***à feu*** m ***individuelles (portatives)***
1 die Pistole P1
– *le pistolet P1, le P1*
2 das Rohr (der Lauf)
– *le canon*
3 das Korn
– *le guidon*
4 der Schlaghebel
– *le chien de fusil* m
5 der Abzug
– *la détente (la queue de détente* f*)*
6 das Griffstück
– *la poignée pistolet (la crosse)*
7 der Magazinhalter
– *le magasin du chargeur*
8 die Maschinenpistole MP2
– *la mitraillette (le pistolet-mitrailleur, le PM)*
9 die Schulterstütze
– *la crosse d'appui* m *de l'épaule* f
10 das Gehäuse
– *la boîte de culasse* f *(la chambre)*
11 die Rohrhaltemutter
– *l'embouchoir* m
12 der Spannschieber
– *le levier d'armement* m
13 der Handschutz
– *le garde-main (le fût)*
14 die Handballensicherung
– *l'arrêtoir* m *(le cran de sureté* f*)*
15 das Magazin
– *le chargeur*
16 das Gewehr G3-A3
– *le fusil-mitrailleur (FM) G3-A3*
17 das Rohr (der Lauf)
– *le canon*
18 der Mündungsfeuerdämpfer
– *le cache-flammes (le cache-lueur, l'antilueur* m*)*
19 der Handschutz
– *le garde-main (le fût)*
20 die Abzugsvorrichtung
– *le dispositif de détente* f *(la queue de détente* f *et le pontet ou sous-garde* f*)*
21 das Magazin
– *le chargeur*
22 die Kimme (das Visier)
– *la hausse de tir* m *(l'œilleton* m*, le cran de mire* f*)*
23 der Kornhalter mit Korn *n*
– *l'embase* f *(la monture) du guidon*
24 der Gewehrkolben (Kolben)
– *la crosse de fusil* m
25 die Panzerfaust 44
– *le lance-roquettes antichar de 44 mm (le bazooka de 44 mm)*
26 die Granate
– *la roquette*
27 das Rückstoßrohr
– *le frein de tir* m *(le tube amortisseur de recul* m*)*
28 das Zielfernrohr
– *la lunette de visée* f *(la visière de tir* m*, la hausse de tir* m*)*
29 die Abfeuerungseinrichtung
– *le mécanisme de tir* m
30 der Wangenschutz
– *l'appui-joue* m
31 die Schulterstütze
– *la pièce d'appui* m *pour épauler*
32 das Maschinengewehr MG3
– *la mitrailleuse MG3*
33 das Gehäuse
– *la boîte de culasse* f *(le fût du canon)*
34 der Rückstoßverstärker
– *l'obturateur* m *de gaz brûlés*
35 die Rohrwechselklappe
– *le volet de changement* m *de canon* m
36 das Visier
– *la visière de tir* m *(la hausse de tir* m*, le collimateur)*
37 der Kornhalter mit Korn *n*
– *l'embase* f *(la monture) du guidon*
38 das Griffstück
– *la poignée pistolet (la crosse)*
39 die Schulterstütze
– *la crosse d'appui* m *de l'épaule* f
40-95 Schwere Waffen *f*
– ***l'armement*** m ***lourd***
40 der Mörser 120 mm AM 50
– *le mortier AM 50 de 120 mm*
41 das Rohr
– *le tube (le canon)*
42 das Zweibein
– *le bipied (le chevalet de pointage* m*)*
43 das Fahrgestell
– *l'affût* m *de canon* m
44 der Rückstoßdämpfer
– *le frein de tir* m *(le dispositif antirecul)*
45 der Richtaufsatz
– *la lunette de pointage* m
46 die Grundplatte
– *la bêche*
47 die Kugelpfanne
– *le coussinet*
48 die Richtkurbel
– *la manivelle de pointage* m
49-74 Artilleriewaffen *f* auf Selbstfahrlafetten *f*
– *les pièces* f *d'artillerie* f *à affût* m *automoteur (motorisées)*
49 die Kanone 175 mm SF M 107
– *le canon SF M 107 de 175 mm*
50 das Antriebsrad
– *le barbotin (la roue d'entraînement* m*)*
51 der Hubzylinder
– *le vérin de levage* m *hydraulique*
52 die Rohrbremse
– *le frein de tir* m *(le frein récupérateur)*
53 die Hydraulikanlage
– *le système hydraulique (le tourillon)*
54 das Bodenstück
– *la culasse*
55 der Schaufelsporn
– *la bêche du dispositif de levage* m
56 der Schaufelzylinder
– *le vérin*
57 die Panzerhaubitze 155 mm M 109 G
– *l'obusier* m *M 109 G de 155 mm*
58 die Mündungsbremse
– *le frein de bouche* f
59 der Rauchabsauger
– *l'extracteur* m *de gaz* m *brûlés (de fumée* f*)*
60 die Rohrwiege
– *le berceau du canon*
61 der Rohrvorholer
– *le récupérateur*
62 die Rohrstütze
– *la flèche support de canon* m *(l'étrier* m *d'appui* m*)*
63 das Fla-Maschinengewehr
– *la mitrailleuse de défense* f *antiaérienne (de DCA ou défense contre avions* m*)*
64 der Raketenwerfer *Honest John* M386
– *le lance-missiles (le lance-fusées)* Honest John *M 386*
65 die Rakete, mit Sprengkopf *m*
– *le missile (la fusée) à ogive* f *(tête* f*) explosive (nucléaire)*
66 die Startrampe
– *la rampe de lancement* m
67 die Höhenrichteinrichtung
– *le vérin de levage* m *(d'érection* f*) de la rampe*
68 die Fahrzeugstütze
– *le béquille d'appui* m *(de stabilisation* f*)*
69 die Seilwinde
– *le treuil à câble* m
70 der Raketenwerfer 110 SF
– *le lance-roquettes 110 SF à tubes* m *multiples*
71 das Rohrpaket
– *les tubes* m
72 die Rohrpanzerung
– *le blindage*
73 die Drehringlafette
– *la plate-forme tournante (pivotante)*
74 die Zielzeigereinrichtung
– *l'équipement* m *de conduite* f *de tir* m
75 das Feldarbeitsgerät 2,5 t
– *le véhicule de travaux* m *publics (de déblaiement* m*) de 2,5 t*
76 die Hubeinrichtung
– *le bras de levage* m
77 die Räumschaufel
– *la pelle de déblaiement* m *(la lame de terrassement* m*)*
78 das Gegengewicht
– *le contrepoids*
79-95 Panzer
– ***les engins*** m ***blindés***
79 der Sanitätspanzer M 113
– *l'ambulance* f *M 113*
80 der Kampfpanzer *Leopard* 1 A 3
– *le char de combat* m Leopard *1 A 3*
81 die Walzenblende
– *le blindage*
82 der Infrarot-Weißlicht-Zielscheinwerfer
– *le télémètre laser et infrarouge*
83 die Nebelwurfbecher *m*
– *les pots* m *lance-fumigènes*
84 der Panzerturm
– *la tourelle blindée*
85 die Kettenblende
– *le blindage de protection* f *de la chenille*
86 die Laufrolle
– *le galet porteur (le galet de roulement* m*)*
87 die Kette
– *la chenille*
88 der Kanonenjagdpanzer
– *le char (le tank) de lutte* f *antichar*
89 der Rauchabsauger
– *l'extracteur* m *de gaz* m *brûlés*
90 die Rohrblende
– *le blindage*
91 der Schützenpanzer *Marder*
– *le véhicule blindé de transport* m *du personnel* Marder
92 die Maschinenkanone
– *le canon automatique*
93 der Bergepanzer *Standard*
– *le véhicule blindé de remblai* m Standard
94 die Räum- und Stützschaufel
– *la lame de terrassement* m *et de soutènement* m
95 der Kranausleger
– *la flèche de la grue*
96 der Mehrzweck-Lkw 0,25 t
– *la jeep de 0,25 t (le véhicule à usages* m *multiples)*
97 die abklappbare Windschutzscheibe
– *le pare-brise rabattable*
98 das Planenverdeck
– *la capote de toile* f *(la bâche)*

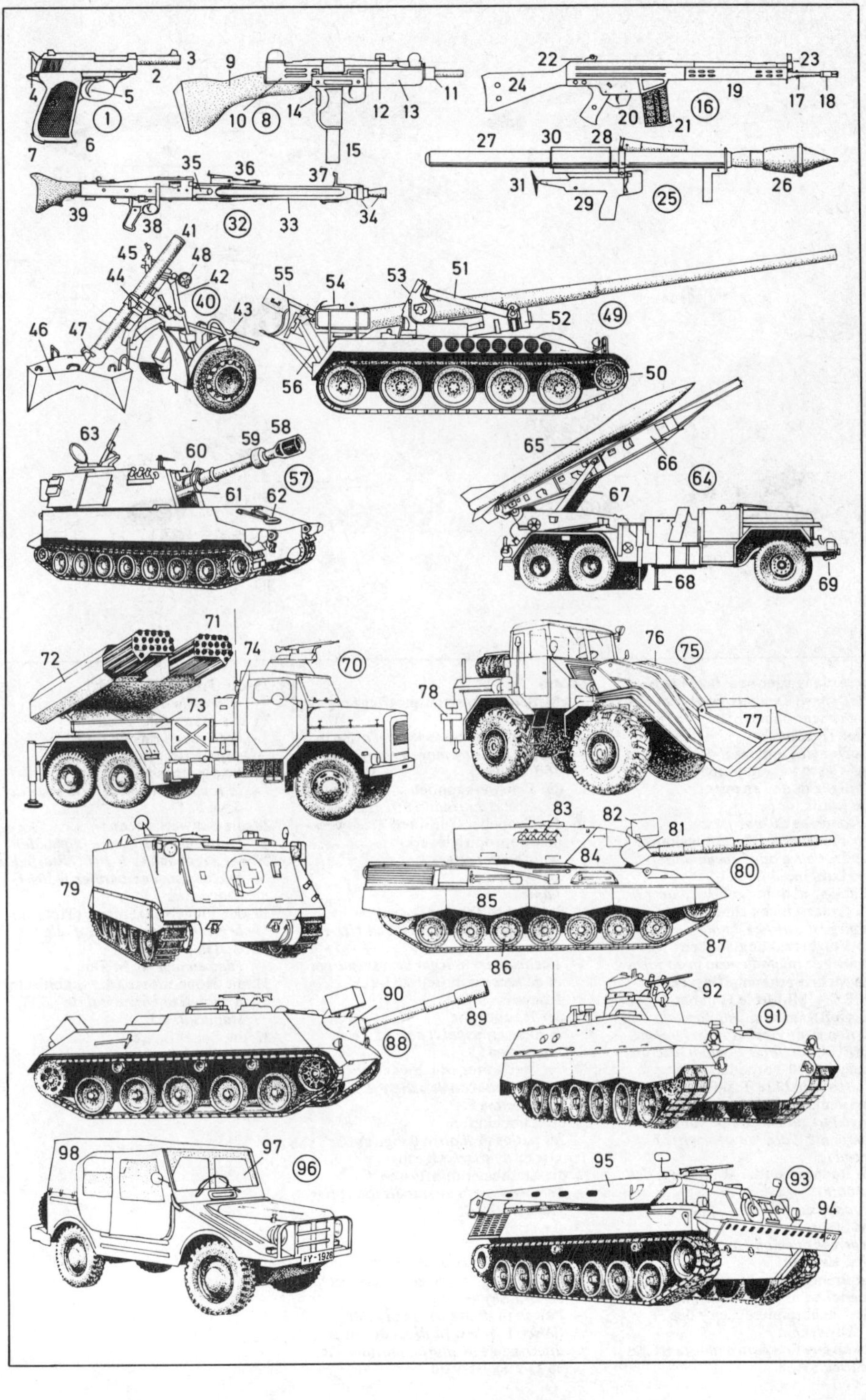
1
2
3
4
5
6
7
8
9
10
11
12
13
14
15
16
17
18
19
20
21
22
23
24
25
26
27
28
29
30
31
32
33
34
35
36
37
38
39
40
41
42
43
44
45
46
47
48
49
50
51
52
53
54
55
56
57
58
59
60
61
62
63
64
65
66
67
68
69
70
71
72
73
74
75
76
77
78
79
80
81
82
83
84
85
86
87
88
89
90
91
92
93
94
95
96
97
98
Y-1926

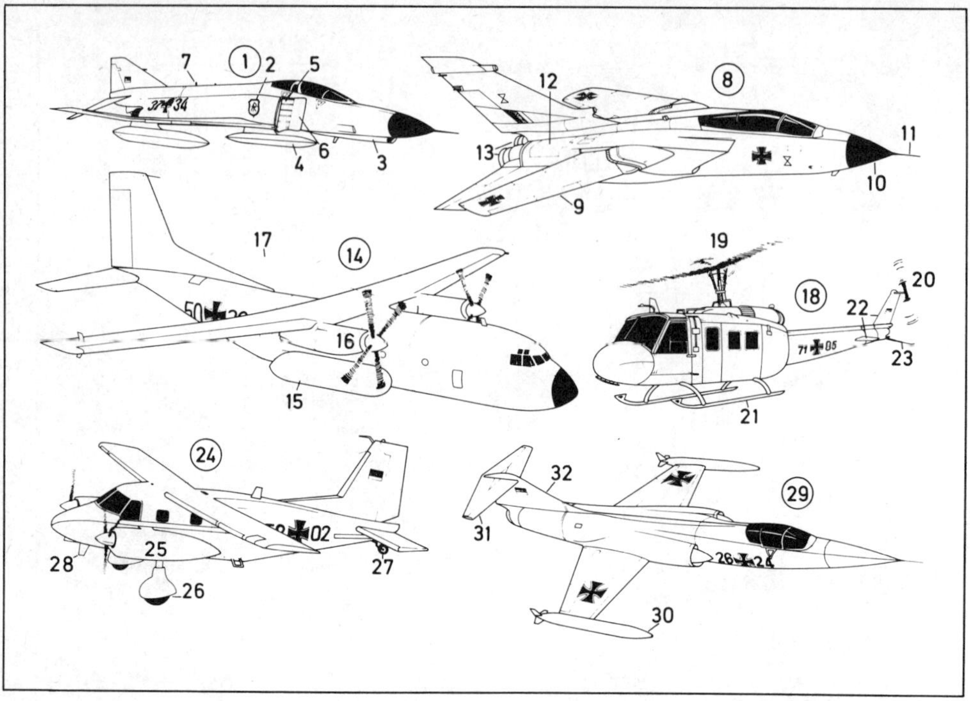

1 der Abfangjäger und Jagdbomber *McDonnell-Douglas F-4F Phantom II*
– ***le chasseur-bombardier d'interception*** f McDonell-Douglas F-4F Phantom II
2 das Geschwaderabzeichen
– *l'insigne* m *de l'escadre* f
3 die Bordkanone
– *le canon de 20 mm*
4 der Flügeltank (Unterflügeltank)
– *le réservoir d'aile* f *(pendulaire)*
5 der Lufteinlaß
– *l'entrée* f *d'air* m *(la prise d'air* m*)*
6 die Grenzschichtschneide
– *le piège à couche* f *limite*
7 der Flugbetankungsstutzen
– *la prise de ravitaillement* m *en vol* m
8 das Mehrzweckkampfflugzeug (MRCA, Multirole Combat Aircraft) *Panavia 200 Tornado*
– ***l'avion*** m ***de combat*** m ***polyvalent*** *(MRCA, Multirole Combat Aircraft)* Panavia 200 Tornado
9 die schwenkbare Tragfläche (der Schwenkflügel)
– *la voilure (la surface portante) tournante (l'aile* f *à géométrie* f *variable)*
10 die Radarnase (der Radarbug, das Radom)
– *le radome*
11 das Staurohr
– *la perche anémométrique (le tube, la prise de Pitot)*
12 die Bremsklappe (Luftbremse)
– *l'aérofrein* m *(le frein aérodynamique)*
13 die Nachbrennerdüsen *f* der Triebwerke *n*
– *les tuyères* f *de postcombustion* f *des réacteurs* m
14 das Mittelstreckentransportflugzeug *C 160 Transall*
– ***l'avion*** m ***de transport*** m *(l'avion* m *cargo, porteur) moyen courrier* C 160 Transall
15 die Fahrwerkgondel
– *la nacelle du train d'atterissage* m
16 das Propeller-Turbinen-Triebwerk (Turboproptriebwerk)
– *le turbopropulseur*
17 die Antenne
– *l'antenne* f
18 der leichte Transport- und Rettungshubschrauber *Bell UH-1D Iroquois*
– ***l'hélicoptère*** m ***léger de transport*** m ***et de secours*** m Bell UH-1D Iroquois
19 der Hauptrotor
– *le rotor principal (l'hélice* f *de propulsion* f*)*
20 der Heckrotor (die Steuerschraube)
– *le rotor anti-couple arrière (l'hélice* f *de direction* f*)*
21 die Landekufen
– *les patins* m *d'atterrissage* m *(les skis* m *d'atterrissage* m*)*
22 die Stabilisierungsflossen *f*
– *l'empennage* m *de stabilisation* f *(les plans* m *fixes)*
23 der Sporn
– *la béquille*
24 das STOL-Transport- und Verbindungsflugzeug *Dornier DO 28 D-2 Skyservant*
– ***l'avion*** m ***de transport*** m ***et de liaison*** f *ADAC (à décollage* m *et à atterrissage* m *courts)* Dornier DO 28 D-2 Skyservant
25 die Triebwerksgondel
– *la nacelle à moteur* m
26 das Hauptfahrwerk
– *l'atterrisseur* m *(le train d'atterrissage* m*) principal*
27 das Spornrad
– *la roulette de queue* f *(la roue de béquille* f*)*
28 die Schwertantenne
– *l'antenne* f *ensiforme (xiphoïde)*
29 der Jagdbomber *F-104 G Starfighter*
– ***le chasseur-bombardier*** *F-104 G Starfighter*
30 der Flügelspitzentank (Tiptank)
– *le réservoir en bout* m *d'aile* f
31-32 das T-Leitwerk
– *l'empennage* m *en T* m
31 die Höhenflosse (der Stabilisator)
– *le plan fixe horizontal (le stabilisateur)*
32 die Seitenflosse
– *la dérive (le plan fixe vertical)*

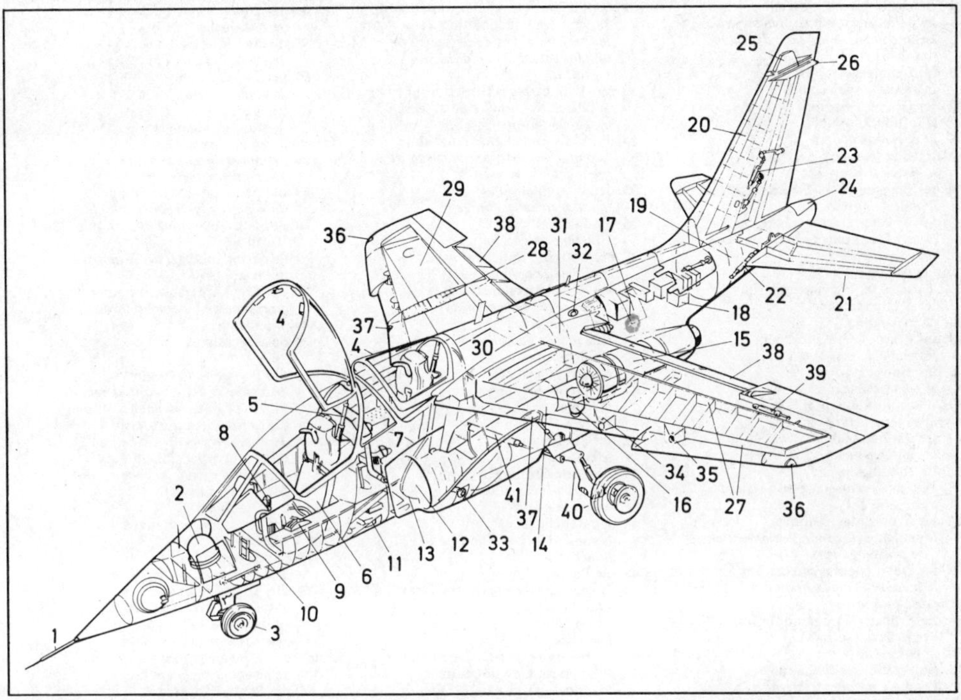

1-41 der deutsch-französische Strahltrainer *Dornier-Dassault-Breguet Alpha Jet*
– *l'avion* m *à réaction* f *d'entraînement* m *franco-allemand* Dornier-Dassault-Breguet Alpha Jet
1 das Staurohr
– *la perche anémométrique (la prise, le tube de Pitot)*
2 der Sauerstoffbehälter
– *le réservoir d'oxygène* m
3 das vorwärts einfahrende Bugrad
– *le train d'atterrissage* m *repliable (escamotable) vers l'avant* m
4 die Kabinenhaube
– *la verrière (le capot de l'habitacle* m, *de la carlingue)*
5 der Haubenzylinder
– *le vérin de relevage* m *de la verrière*
6 der Flugzeugführersitz (Schülersitz), ein Schleudersitz *m*
– *le siège du pilote (le siège de l'élève pilote* m*), un siège éjectable*
7 der Kampfbeobachtersitz (Lehrersitz), ein Schleudersitz *m*
– *le siège de l'observateur* m *(le siège de l'instructeur* m*), un siège éjectable*
8 der Steuerknüppel
– *le levier de commande* f *(le manche à balai* m*)*
9 die Leistungshebel *m*
– *la manette des gaz* m
10 die Seitenruderpedale *n* mit Bremsen *f*
– *le palonnier (la pédale de direction* f*)*
11 der Frontavionikraum
– *le bloc électronique avant (le compartiment avant de l'équipement* m *électronique)*
12 der Triebwerkslufteinlauf
– *l'entrée* f *d'air (la prise d'air* m *frais) du réacteur*
13 die Grenzschicht-Trennzunge
– *la cloison de séparation* f *de la couche limite*
14 der Lufteinlaufkanal
– *le cône d'entrée* f *d'air* m *du réacteur*
15 das Turbinentriebwerk
– *le turboréacteur*
16 der Hydraulikspeicher
– *le réservoir d'alimentation* f *du système hydraulique*
17 der Batterieraum
– *le compartiment des batteries* f *d'accumulateurs* m
18 der Heckavionikraum
– *le bloc électronique arrière*
19 der Gepäckraum
– *la soute à bagages* m
20 der dreiholmige Leitwerkaufbau
– *la dérive (l'empennage* m*) trilongeron*
21 das Höhenleitwerk
– *le gouvernail de profondeur* f
22 die Höhenleitwerk-Rudermaschine
– *la servocommande* f *(la tringlerie de commande* f*) du gouvernail de profondeur* f
23 die Seitenrudermaschine
– *la servocommande* f *du gouvernail de direction* f
24 der Bremsschirmkasten
– *le caisson du parachute de freinage* m
25 die VHF-Antenne (UKW-Antenne) *[VHF: Very high frequency]*
– *l'antenne* f *VHF profilée [*VHF: Very high frequency*]*
26 die VOR-Antenne *[VOR: Very high frequency omnidirectional range]*
– *l'antenne* f *de direction* f *(l'antenne* f *VOR) [*VOR: Very high frequency omnidirectional range*]*
27 der zweiholmige Tragflächenaufbau
– *la voilure (la surface portante) bilongeron*
28 die holmintegrierte Beplankung
– *le revêtement intégré aux longerons* m
29 die Integralflächentanks *m*
– *le réservoir structural (le réservoir intégré dans le caisson d'aile* f*)*
30 der Rumpfzentraltank
– *le réservoir central*
31 die Rumpftanks *m*
– *les réservoirs* m *du fuselage*
32 der Schwerkraftfüllstutzen
– *la tubulure de remplissage* m *par gravité* f
33 der Druckbetankungsanschluß
– *la prise de ravitaillement* m *sous pression* f
34 die innere Flügelaufhängung
– *la suspension intérieure de l'aile* f
35 die äußere Flügelaufhängung
– *la suspension extérieure de l'aile* f
36 die Positionsleuchten *f*
– *les feux* m *de position* f
37 die Landescheinwerfer *m*
– *le phare d'atterrissage* m
38 die Landeklappe
– *le volet de profondeur* f
39 die Querruderbetätigung
– *la servocommande (la tringlerie, le guignol) de l'aileron* m *de profondeur* f
40 das vorwärts einfahrende Hauptfahrwerk
– *le train d'atterrissage* m *principal repliable (escamotable) vers l'avant*
41 der Fahrwerk-Ausfahrzylinder
– *le vérin de relevage* m *du train principal*

1-63 leichte Kampfschiffe *n*
– ***les petits navires*** m ***de combat*** m *(les bâtiments* m *de guerre* f *de faible tonnage* m*)*
1 **der Raketenzerstörer**
– ***le destroyer de combat*** m
2 der Glattdecksrumpf (Flushdecksrumpf)
– *la coque de pont* m *plat*
3 der Bug (Steven)
– *la proue (l'étrave* f*)*
4 der Flaggenstock (Göschstock)
– *le mât de pavillon* m
5 der Anker, ein Patentanker *m*
– *l'ancre* f, *une ancre sans jas* m *(une ancre brevetée)*
6 das Ankerspill
– *le cabestan (le guindeau)*
7 der Wellenbrecher
– *le brise-lames*
8 das (*auch:* der) Knickspant
– *le couple de courbure* f
9 das Hauptdeck
– *le pont principal*
10-28 die Aufbauten *pl*
– *la superstructure*
10 das Aufbaudeck
– *le pont supérieur*
11 die Rettungsinseln *f*
– *l'îlot* m *de sauvetage* m *(le canot pneumatique)*
12 der Kutter (das Beiboot)
– *la chaloupe (le canot, l'embarcation* f *de sauvetage* m*)*
13 der Davit (Bootsaussetzkran)
– *le bossoir d'embarcation* f *(le porte-manteau)*
14 die Brücke (Kommandobrücke, der Brückenaufbau)
– *la passerelle*
15 die Positionsseitenlampe
– *le feu de position* f *latéral*
16 die Antenne
– *l'antenne* f
17 der Funkpeilrahmen
– *le cadre radiogoniométrique (le radiogoniomètre, le poste de radiodétection* f*)*
18 der Gittermast
– *le mât en treillis* m *(le pylône)*
19 der vordere Schornstein
– *la cheminée avant*
20 der achtere (hintere) Schornstein
– *la cheminée arrière*
21 die Schornsteinkappe
– *la mitre de cheminée* f *(le capuchon)*
22 der achtere (hintere) Aufbau (die Hütte)
– *la dunette (le château d'arrière* f, *de poupe* f*)*
23 das Spill
– *le cabestan (le guindeau)*
24 der Niedergang (das Luk)
– *la descente (l'escalier* m *d'accès* m *au pont inférieur)*
25 der Heckflaggenstock
– *le mât du pavillon national*
26 das Heck, ein Spiegelheck *n*
– *la poupe, une poupe à arcasse* f
27 die Wasserlinie
– *la ligne de flottaison* f
28 der Scheinwerfer
– *le projecteur*
29-37 die Bewaffnung
– *l'armement* m
29 der Geschützturm (Turm) 100 mm
– *la tourelle contenant un canon* m *de 100 mm*
30 der U-Boot-Abwehr-Raketenwerfer, ein Vierling *m*
– *le lance-roquettes de défense* f *anti-sous-marine, un lance-roquettes quadruple*
31 die Zwillingsflak 40 mm
– *l'affût* m *de deux canons* m *de 40 mm de défense* f *antiaérienne (canons* m *antiaériens, de DCA: défense* f *contre avions* m*)*
32 der Flugabwehrraketenstarter MM 38, im Abschußcontainer *m*
– *le lance-roquettes de défense* f *antiaérienne MM 38 dans son logement*
33 das U-Boot-Jagd-Torpedorohr
– *le tube lance-torpilles de défense* f *anti-sous-marine*
34 die Wasserbombenablaufbühne
– *la plate-forme de lancement* m *de grenades* f *sous-marines*
35 der Waffenleitradar
– *le radar de télépointage* m
36 die Radarantenne
– *l'antenne* f *de radar* m
37 der optische Entfernungsmesser
– *le télémètre optique*
38 **der Raketenzerstörer**
– ***le destroyer de combat*** m
39 der Buganker
– *l'ancre* f *de bossoir* m *(de touée* f*)*
40 der Schraubenschutz
– *le capot d'hélice* f
41 der Dreibeingittermast
– *le mât en treillis* m *(le pylône) tripode*
42 der Pfahlmast
– *le mât à pible*
43 die Lüfteröffnungen *f*
– *la bouche d'aération* f *(la grille de ventilation* f*)*
44 das Rauchabzugsrohr
– *le conduit d'évacuation* f *de la fumée*
45 die Pinaß
– *la chaloupe (l'embarcation* f *de sauvetage* m*)*
46 die Antenne
– *l'antenne* f
47 die radargesteuerte Allzielkanone 127 mm im Geschützturm *m*
– *le canon universel de 127 mm à télépointage* m *dans sa tourelle*
48 das Allzielgeschütz 127 mm
– *le canon universel de 127 mm*
49 der Raketenstarter für Tartar-Flugkörper *m*
– *la rampe de lancement* m *de missiles* m *Tartar mer-air*
50 der Asroc-Starter (U-Boot-Abwehr-Raketenwerfer)
– *le lance-roquettes de défense* f *anti-sous-marine*
51 die Feuerleitradar-Antennen *f*
– *les antennes* f *du radar de conduite* f *de tir* m
52 das Radom (der Radardom)
– *le radome*
53 **die Fregatte**
– ***la frégate***
54 die Ankerklüse
– *l'écubier* m *d'ancre* f *(de mouillage* m*)*
55 die Dampferlaterne (das Dampferlicht)
– *le feu (le fanal) de tête* f *de mât* m
56 die Positionslampe (das Positionslicht)
– *le feu de position* f
57 der Luftansaugschacht
– *la bouche d'aspiration* f *d'air* m
58 der Schornstein
– *la cheminée*
59 der Rauchabweiser (die Schornsteinkappe)
– *la mitre de cheminée* f
60 die Peitschenantenne
– *l'antenne fouet*
61 der Kutter
– *la chaloupe (le canot, l'embarcation* f *de sauvetage* m*)*
62 die Hecklaterne
– *le feu de poupe* f
63 der Schraubenschutzwulst
– *le bourrelet du capot d'hélice* f
64-91 Kampfboote *n*
– ***les navires*** m *(les bâtiments* m*)* ***de combat*** m
64 **das Unterseeboot** (U-Boot)
– ***le sous-marin***
65 die durchflutete Back
– *le gaillard d'avant* m
66 der Druckkörper
– *la coque épaisse*
67 der Turm
– *le kiosque (la baignoire)*
68 die Ausfahrgeräte *n*
– *les appareils* m *«aériens» rétractables (escamotables)*
69 das Flugkörperschnellboot
– *la vedette rapide lance-missiles*
70 das Allzielgeschütz 76 mm mit Turm *m*
– *le canon universel de 76 mm et la tourelle*
71 der Flugkörperstartcontainer
– *la rampe de lancement* m *des missiles* m
72 das Deckshaus
– *le rouf*
73 die Fla-Kanone 40 mm
– *le canon de DCA* f *(antiaérien, de défense* f *antiaérienne) de 40 mm*
74 die Schraubenschutzleiste
– *la moulure du capot d'hélice* f
75 das Flugkörperschnellboot
– *la vedette rapide lance-missiles*
76 der Wellenbrecher
– *le brise-lames*
77 das Radom (der Radardom)
– *le radome*
78 das Torpedorohr
– *le tube lance-torpilles*
79 die Abgasöffnung
– *l'orifice* m *d'échappement* m *(d'évacuation* f*) des gaz* m *d'échappement* m
80 **das Minenjagdboot**
– ***le chasseur de mines*** f
81 die Scheuerleiste, mit Verstärkungen *f*
– *la nervure de renforcement* m
82 das Schlauchboot
– *le canot pneumatique*
83 der Bootsdavit
– *le bossoir d'embarcation* f *(le porte-manteau)*
84 **das Schnelle Minensuchboot**
– ***le dragueur de mines*** f ***rapide***
85 die Kabeltrommelwinde
– *le treuil à tambour* m *à câble* m
86 die Schleppwinde (Winsch)
– *le treuil (le guindeau) de remorque* f
87 das Minenräumgerät (die Ottern *m*, Schwimmer)
– *la drague (le poisson autopropulsé, le flotteur)*
88 der Kran
– *la grue*
89 **das Landungsboot**
– ***la péniche (le chaland, le navire) de débarquement*** m
90 die Bugrampe
– *la porte d'étrave* f *(de proue* f*)*
91 die Heckrampe
– *la porte de poupe* f
92-97 Hilfsschiffe *n*
– ***les bâtiments*** m ***auxiliaires*** *(de soutien* m *logistique)*
92 der Tender
– *le ravitailleur*
93 der Versorger
– *le bâtiment de soutien* m, *version* f *atelier* m *de réparation* f
94 der Minentransporter
– *le mouilleur de mines* f
95 das Schulschiff
– *le navire-école*
96 der Hochseebergungsschlepper
– *le remorqueur de sauvetage* m *en haute mer* f
97 der Betriebsstofftanker
– *le pétrolier ravitailleur*

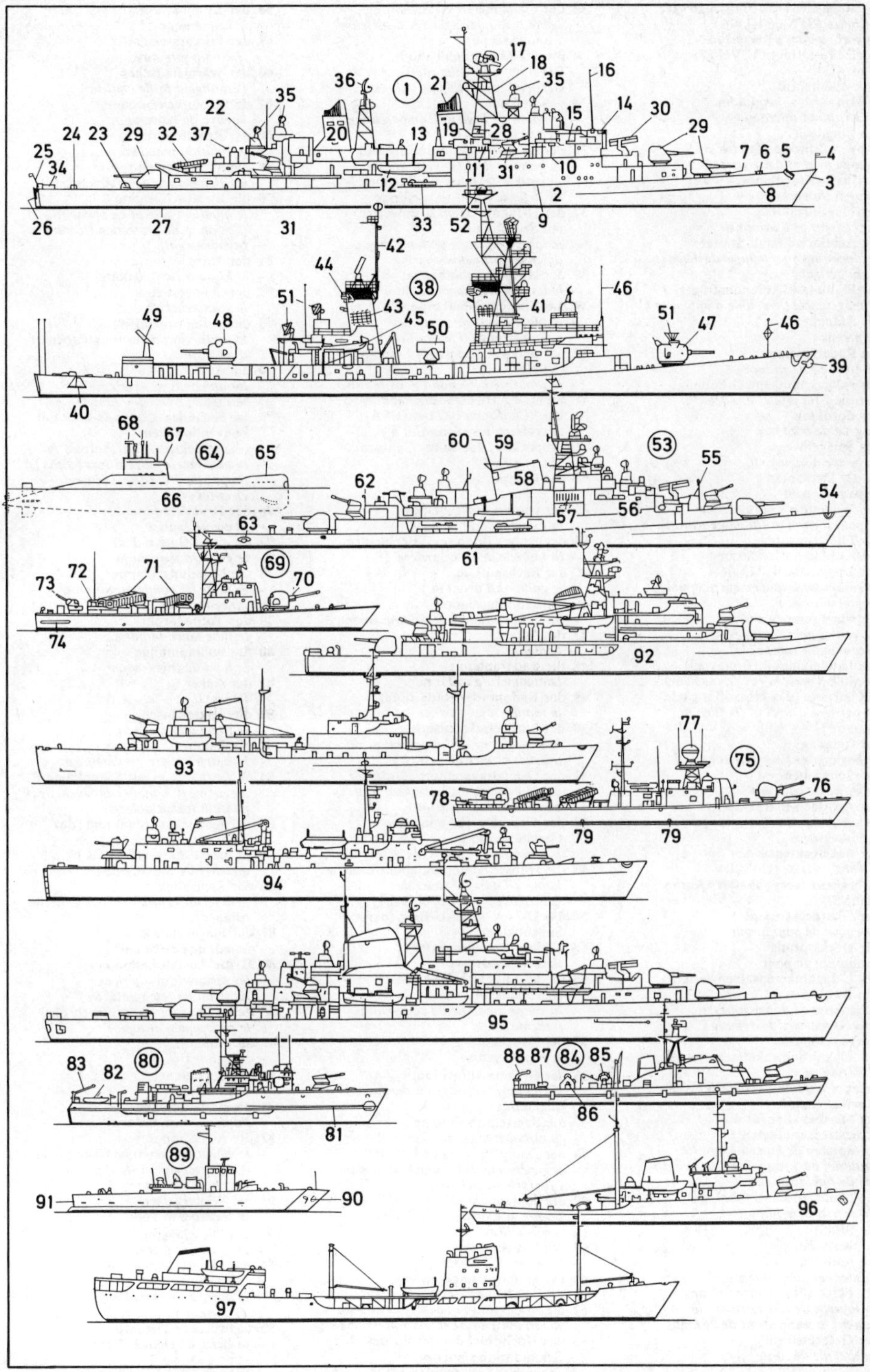
1
2
3
4
5
6
7
8
9
10
11
12
13
14
15
16
17
18
19
20
21
22
23
24
25
26
27
28
29
30
31
32
33
34
35
36
37
38
39
40
41
42
43
44
45
46
47
48
49
50
51
52
53
54
55
56
57
58
59
60
61
62
63
64
65
66
67
68
69
70
71
72
73
74
75
76
77
78
79
80
81
82
83
84
85
86
87
88
89
90
91
92
93
94
95
96
97

1 der atomgetriebene Flugzeugträger *„Nimitz ICVN 68"* (USA)
– ***le porte-avions à propulsion*** f ***nucléaire*** «Nimitz ICVN 68» *(Etats-Unis)*

2-11 der Seitenriß
– *le plan vertical longitudinal (l'élevation* f *latérale)*

2 das Flugdeck
– *le pont d'envol* m *(la piste de décollage* m *et d'atterrissage* m*)*

3 die Insel (Kommandobrücke)
– *l'îlot* m *(la passerelle)*

4 der Flugzeugaufzug
– *l'ascenseur* m *d'avions* m

5 der Achtfach-Flarak-Starter
– *le lance-roquettes octuple de défense* f *antiaérienne*

6 der Pfahlmast (Antennenträger)
– *le mât à pible (le pylône d'antennes* f*)*

7 die Antenne
– *l'antenne* f

8 die Radarantenne
– *l'antenne* f *de radar* m

9 der vollgeschlossene Orkanbug
– *l'étrave* f *(la proue) blindée*

10 der Bordkran
– *la grue de bord* m

11 das Spiegelheck
– *la poupe à arcasse* f

12-20 der Decksplan
– *le plan du pont*

12 das Winkeldeck (Flugdeck)
– *le pont d'envol* m *(la plage avant)*

13 der Flugzeugaufzug
– *l'ascenseur* m *d'avions* m

14 das Doppelstartkatapult
– *la catapulte de lancement* m *double*

15 die versenkbare Flammenschutzwand
– *l'écran* m *pare-flammes escamotable (amovible)*

16 das Landefangseil (Bremsseil)
– *le câble d'arrêt* m *(de freinage* m*)*

17 die Barriere (das Notauffangnetz)
– *la barrière d'arrêt* m *(le filet de sécurité* f*)*

18 der Catgang
– *le bastingage (le garde-corps)*

19 das Schwalbennest
– *le coffre (le caisson)*

20 der Achtfach-Flarak-Starter
– *le lance-roquettes octuple de défense* f *antiaérienne*

21 der Raketenkreuzer *der „Kara"-Klasse* (UdSSR)
– ***le croiseur lance-missiles*** «Kara» *(URSS)*

22 der Glattdecksrumpf
– *la coque de pont* m *plat*

23 der Deckssprung
– *la tonture du pont*

24 der U-Jagdraketensalvenwerfer, ein Zwölfling *m*
– *la batterie de douze tubes* m *lance-roquettes de défense* f *anti-sous-marine*

25 der Flugabwehrraketenstarter, ein Zwilling *m*
– *le lance-roquettes double de défense* f *antiaérienne*

26 der Startbehälter für 4 Kurzstreckenraketen *f*
– *la chambre de lancement* m *(la batterie) de 4 roquettes* f *(missiles* m*) de faible portée* f

27 die Flammenschutzwand
– *l'écran* m *pare-flammes*

28 die Brücke
– *la passerelle*

29 die Radarantenne
– *l'antenne* f *de radar* m

30 der Fla-Zwillingsturm 76 mm
– *la tourelle double abritant des canons* m *antiaériens de 76 mm*

31 der Gefechtsturm
– *la tourelle de tir* m

32 der Schornstein
– *la cheminée*

33 der Fla-Raketenstarterzwilling
– *le lance-roquettes double de défense* f *antiaérienne*

34 die Fla-Maschinenkanone
– *le canon antiaérien (de DCA* f*, de défense* f *antiaérienne) automatique*

35 das Beiboot
– *le canot de bord* m *(l'embarcation* f *de sauvetage* m*)*

36 der U-Jagdtorpedofünflingssatz
– *la batterie de 5 (la plate-forme quintuple de) tubes* m *lance-torpilles de défense* f *anti-sous-marine*

37 der U-Jagdraketensalvenwerfer, ein Sechsling *m*
– *le lance-roquettes sextuple de défense* f *anti-sous-marine*

38 der Hubschrauberhangar
– *le hangar d'hélicoptères* m

39 die Hubschrauberlandeplattform
– *la plate-forme de poser des hélicoptères* m *(l'hélisurface* f*)*

40 das tiefenveränderbare Sonargerät (VDS)
– *le sonar de détection* f *sous-marine*

41 der atomgetriebene Raketenkreuzer *der „California"-Klasse* (USA)
– ***le croiseur lance-missiles à propulsion*** f ***nucléaire*** «California» *(Etats-Unis)*

42 der Rumpf
– *la coque*

43 der vordere Gefechtsturm
– *la tourelle de tir* m *avant*

44 der achtere (hintere) Gefechtsturm
– *la tourelle de tir* m *arrière*

45 der Backsaufbau
– *le gaillard d'avant* m

46 die Landungsboote
– *les embarcations* f *de débarquement*

47 die Antenne
– *l'antenne* f

48 die Radarantenne
– *l'antenne* f *de radar* m

49 das Radom (der Radardom)
– *le radome*

50 der Luftzielraketenstarter
– *la plate-forme de lancement* m *de missiles* m *mer-air*

51 der U-Jagdraketentorpedostarter
– *la plate-forme de lancement* m *de missiles* m *mer-sous-mer*

52 das Geschütz 127 mm mit Geschützturm *m*
– *le canon de 127 mm dans sa tourelle*

53 die Hubschrauberlandeplattform
– *la plate-forme de poser des hélicoptères* m *(l'hélisurface* f*)*

54 das U-Jagd-Atom-U-Boot (der Subsubkiller)
– ***le sous-marin nucléaire anti-sous-marin***

55-74 die Mittelschiffsektion [schematisch]
– *la coupe médiane du sous-marin [schéma]*

55 der Druckkörper
– *la coque épaisse*

56 der Hilfsmaschinenraum
– *la chambre (la salle) des machines* f *auxiliaires*

57 die Kreiselturbopumpe
– *la turbopompe centrifuge*

58 der Dampfturbinengenerator
– *le générateur de la turbine à vapeur* f *(le turbo-alternateur)*

59 die Schraubenwelle
– *l'arbre* m *d'hélice* f *(l'arbre* m *porte-hélice)*

60 das Drucklager
– *le palier de butée* f

61 das Untersetzungsgetriebe
– *le démultiplicateur (le réducteur)*

62 die Hoch- und Niederdruckturbine
– *la turbine à haute et basse pression* f

63 das Hochdruckdampfrohr des Sekundärkreislaufs *m*
– *le conduit de vapeur* f *à haute pression* f *du circuit secondaire*

64 der Kondensator
– *le condenseur*

65 der Primärkreislauf
– *le circuit primaire*

66 der Wärmetauscher
– *l'échangeur* m *de chaleur* f

67 der Atomreaktormantel
– *la cuve du réacteur*

68 der Reaktorkern
– *le cœur du réacteur*

69 die Steuerelemente *n*
– *les éléments* m *de commande* f

70 die Bleiabschirmung
– *le blindage isolant en plomb* m *(l'écran* m *de protection* f *contre le rayonnement)*

71 der Turm
– *le kiosque (la baignoire)*

72 der Schnorchel
– *le schnorchel*

73 die Lufteintrittsöffnung
– *la soufflerie d'air* m *frais (l'arrivée* f *d'air* m *frais)*

74 die Ausfahrgeräte *n*
– *les appareils* m *«aériens» rétractables (escamotables)*

75 das Einhüllen-Küsten-U-Boot mit konventionellem (dieselelektrischem) Antrieb *m*
– ***le sous-marin patrouilleur (côtier)*** *à propulsion* f *classique (Diesel électrique)*

76 der Druckkörper
– *la coque épaisse*

77 die durchflutete Back
– *le gaillard d'avant* m

78 die Mündungsklappe
– *la porte (le panneau) du tube lance-torpilles*

79 das Torpedorohr
– *le tube lance-torpilles*

80 die Bugraumbilge
– *le fond de cale* f *avant*

81 der Anker
– *l'ancre* f

82 die Ankerwinsch
– *le treuil d'ancrage* m

83 die Batterie
– *la batterie d'accumulateurs* m

84 Wohnräume *m* mit Klappkojen *f*
– *les cabines* f *équipées de couchettes* f *pliantes (rabattables)*

85 der Kommandantenraum (das Kommandantenschapp)
– *la cabine du commandant (le quartier du commandant)*

86 das Zentralluk
– *la descente centrale (l'escalier* m *des cabines* f*)*

87 der Flaggenstock
– *le mât de pavillon* m

88-91 die Ausfahrgeräte *n*
– *les appareils* m *«aériens» rétractables (escamotables)*

88 das A-Sehrohr (Angriffssehrohr)
– *le périscope d'attaque* f

89 die Antenne
– *l'antenne* f

90 der Schnorchel
– *le schnorchel*

91 die Radarantenne
– *l'antenne* f *de radar* m

92 die Abgaslippen *f*
– *le clapet d'évacuation* f *des gaz* m *d'échappement* m *(le clapet, la bouche d'aération* f*)*

93 der Wintergarten
– *la chambre de chauffe* f

94 das Dieselaggregat
– *le groupe Diesel*

95 das hintere Tiefen- und Seitenruder
– *la barre de plongée* f *et le gouvernail de direction* f *arrière*

96 das vordere Tiefenruder
– *la barre de plongée* f *avant*

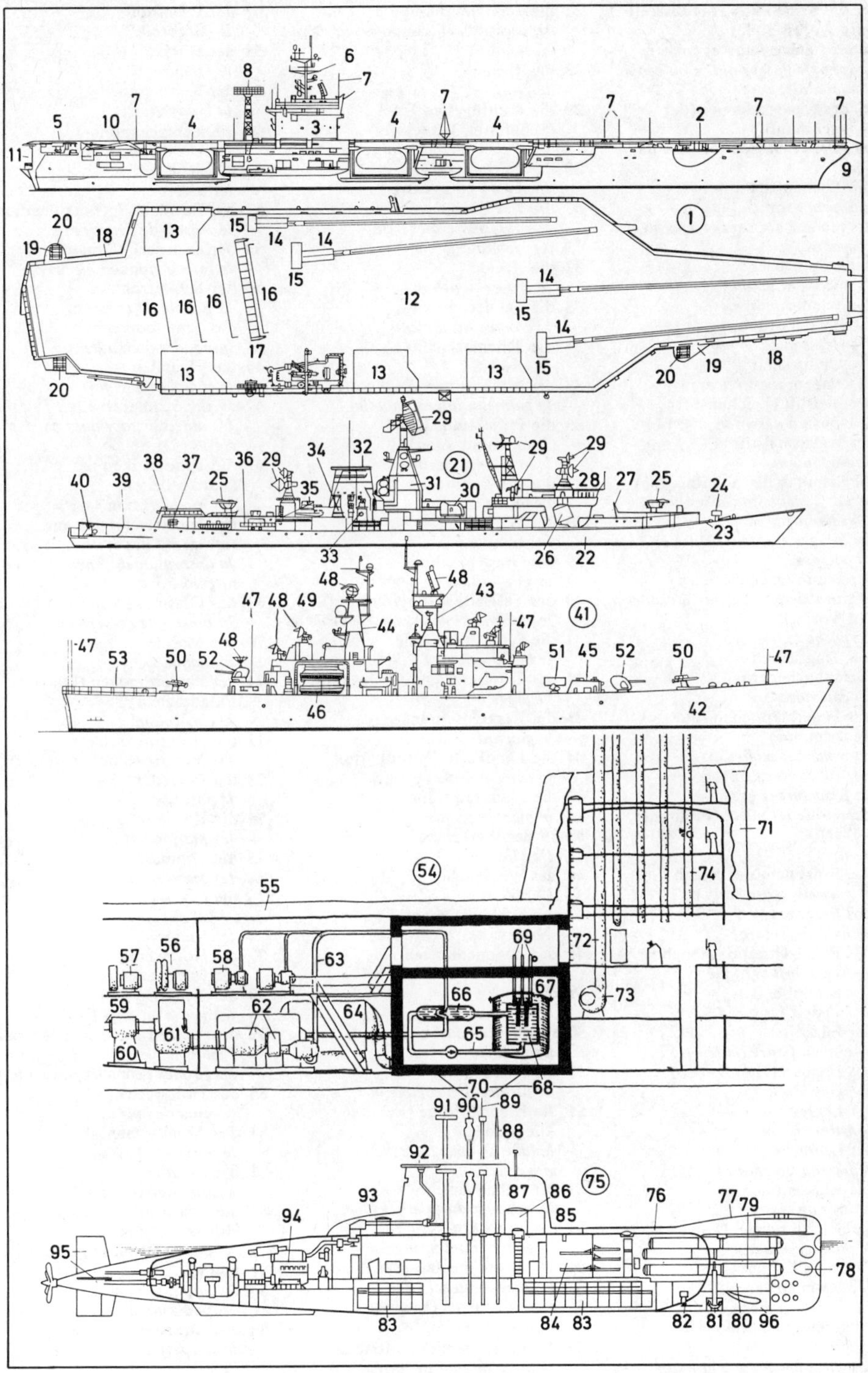
1
2
3
4
5
6
7
8
9
10
11
12
13
14
15
16
17
18
19
20
21
22
23
24
25
26
27
28
29
30
31
32
33
34
35
36
37
38
39
40
41
42
43
44
45
46
47
48
49
50
51
52
53
54
55
56
57
58
59
60
61
62
63
64
65
66
67
68
69
70
71
72
73
74
75
76
77
78
79
80
81
82
83
84
85
86
87
88
89
90
91
92
93
94
95
96

1-85 die Grund- und Hauptschule (*ugs.* Volksschule)
– ***école*** f ***élémentaire et cours*** m ***moyen*** *(école* f *primaire ou école* f *communale)*
1-45 das Klassenzimmer (der Klassenraum)
– ***la salle de classe*** f *(la salle de cours* m*)*
1 die Tischaufstellung in Hufeisenform *f*
– *les tables* f *disposées en fer* m *à cheval* m
2 der Doppeltisch
– *le pupitre* m *double*
3 die Schüler *m* in Gruppenanordnung *f*
– *les élèves* m *assis par groupes* m
4 das Übungsheft
– *le cahier* m *d'exercices* m
5 der Bleistift (Zeichenstift)
– *le crayon à dessin* m
6 der Wachsmalstift
– *le crayon gras*
7 die Schultasche (Schulmappe)
– *le sac d'écolier* m *(la serviette d'écolier* m*)*
8 der Traggriff (Griff, Henkel)
– *la poignée*
9 der Schulranzen (Ranzen)
– *le cartable (la gibecière d'écolier* m*)*
10 das Vorfach
– *la poche antérieure*
11 der Tragriemen (Schulterriemen)
– *la courroie*
12 das Federmäppchen (die Federmappe)
– *la trousse d'écolier* m
13 der Reißverschluß
– *la fermeture à glissière* f
14 der Füllfederhalter (Füllhalter, Füller)
– *le stylo*
15 das Ringbuch (der Ringhefter)
– *le classeur à anneaux* m
16 das Lesebuch
– *le livre de lecture* f
17 das Rechtschreibungsbuch
– *le livre d'orthographe* f
18 das Schreibheft
– *le cahier d'écriture* f
19 der Filzstift
– *le crayon-feutre (le feutre)*
20 das Melden (Handheben)
– *le doigt levé*
21 der Lehrer
– *l'instituteur* m
22 der Lehrertisch
– *le bureau (la chaire)*
23 das Klassenbuch
– *le livre de classe* f
24 die Schreibschale
– *le plumier plateau*
25 die Schreibunterlage
– *le sous-main*
26 die Fenstermalerei in Fingerfarben *f* (die Fingermalerei *f*)
– *les vitres* f *peintes à la main*
27 die Schüleraquarelle *n*
– *les aquarelles* f *exécutées par des élèves* m
28 das Kreuz
– *la croix*
29 die dreiflügelige Tafel (Schultafel, Wandtafel)
– *le tableau à trois panneaux* m
30 der Kartenhalter
– *la pince* f *porte-carte*
31 die Kreideablage
– *la rainure à craies* f *(le repose-craies)*
32 die Kreide
– *la craie (blanche)*
33 die Tafelzeichnung
– *le croquis au tableau*
34 die Schemazeichnung
– *le schéma*
35 die umklappbare Seitentafel
– *le panneau latéral mobile*
36 die Projektionsfläche (Projektionswand)
– *le mur de projection* f
37 das Winkellineal
– *l'equerre* f
38 der Winkelmesser
– *le rapporteur*
39 die Gradeinteilung
– *la graduation en degrés* m
40 der Tafelzirkel (Kreidezirkel)
– *le compas droit avec porte-craie* m
41 die Schwammschale
– *le bac à éponge* f
42 der Tafelschwamm (Schwamm)
– *l'éponge* f
43 der Klassenschrank
– *le placard*
44 die Landkarte (Wandkarte)
– *la carte murale*
45 die Backsteinwand
– *le mur de briques* f
46-85 der Werkraum
– ***l'atelier*** m
46 der Werktisch
– *l'établi* m
47 die Schraubzwinge
– *l'étau* m
48 der Zwingenknebel
– *la manette de serrage* m
49 die Schere
– *les ciseaux* m
50-52 die Klebearbeit
– *les collages* m
50 die Klebefläche
– *la surface d'encollage* m
51 die Klebstofftube (*ugs.* der Alleskleber)
– *le tube de colle (la colle universelle)*
52 der Tubenverschluß
– *le bouchon du tube*
53 die Laubsäge
– *la scie à chantourner*
54 das Laubsägeblatt (Sägeblatt)
– *la lame de la scie*
55 die Holzraspel (Raspel)
– *la râpe à bois* m
56 das eingespannte Holzstück
– *la pièce de bois* m *serrée*
57 der Leimtopf
– *le pot à colle* f
58 der Hocker
– *le tabouret*
59 der Kehrbesen
– *la balayette*
60 die Kehrschaufel
– *la pelle à poussière* f
61 die Scherben *f*
– *les débris* m
62 die Emailarbeit (Emaillearbeit)
– *le travail de l'émail* m
63 der elektrische Emaillierofen
– *le four à émailler électrique*
64 der Kupferrohling
– *la galette de cuivre* m
65 das Emailpulver
– *la poudre à émailler*
66 das Haarsieb
– *le tamis à fil* m *fin*
67-80 die Schülerarbeiten *f*
– *les objets* m *fabriqués par les élèves* m
67 die Tonplastiken *f* (Formarbeiten)
– *les modelages* m
68 der Fensterschmuck aus farbigem Glas *n*
– *la décoration de fenêtre* f *en verre* m *coloré*
69 das Glasmosaikbild
– *la mosaïque de verre* m
70 das Mobile
– *le mobile*
71 der Papierdrachen (Drachen, Flugdrachen)
– *le cerf-volant*
72 die Holzkonstruktion
– *la structure en bois* m
73 der Polyeder
– *le polyèdre*
74 die Kasperlefiguren *f*
– *les marionnettes* f
75 die Tonmasken *f*
– *les masques* m *d'argile* f
76 die gegossenen Kerzen *f* (Wachskerzen)
– *les bougies* f *de cire* f
77 die Holzschnitzerei
– *les bois* m *sculptés*
78 der Tonkrug
– *la cruche en terre* f *cuite*
79 die geometrischen Formen *f* aus Ton *m*
– *les formes géométriques en terre* f
80 das Holzspielzeug
– *le jouet de bois* m
81 das Arbeitsmaterial
– *le matériau brut*
82 der Holzvorrat
– *la provision de bois* f
83 die Druckfarben *f*, für Holzschnitte *m*
– *les encres* f *pour la gravure sur bois* m
84 die Malpinsel *m*
– *les pinceaux* m
85 der Gipssack
– *le sac de plâtre* m

Wasserkreislauf und Kon-densation Glas
Wasser
DUDEN
LEGE BUCH
GIPS
LEIM

1-45 das Gymnasium, *auch:* der Gymnasialzweig einer Gesamtschule
– ***le lycée;*** anal.: *le collège d'enseignement* m *secondaire (le C.E.S.)*

1-13 der Chemieunterricht
– ***le cours de chimie*** f

1 der Chemiesaal mit ansteigenden Sitzreihen *f*
– *la salle de chimie* f *avec les bancs* m *étagés en gradins* m

2 der Chemielehrer
– *le professeur de chimie* f

3 der Experimentiertisch
– *la table d'expérimentation* f

4 der Wasseranschluß
– *la prise d'eau* f

5 die gekachelte Arbeitsfläche
– *le plan de travail* m *carrelé*

6 das Ausgußbecken
– *le bassin d'évier* m

7 der Videomonitor, ein Bildschirm *m* für Lehrprogramme *n*
– *le moniteur vidéo* f*, un récepteur pour la diffusion de programmes* m *pédagogiques*

8 der Overheadprojektor (Arbeitsprojektor)
– *le rétroprojecteur*

9 die Auflagefläche für die Transparente *n*
– *le plan de projection* f *pour les transparents* m *(les rhodoïdes* m*)*

10 die Projektionsoptik, mit Winkelspiegel *m*
– *l'optique* f *de projection* f *avec le miroir incliné*

11 der Schülertisch mit Experimentiereinrichtung *f*
– *la table d'élèves* m *équipée pour les expériences* f

12 der Stromanschluß (die Steckdose)
– *la prise de courant* m *(la prise femelle)*

13 der Projektionstisch
– *la table de projection* f

14-34 der Vorbereitungsraum für den Biologieunterricht
– ***la salle de préparation*** f ***pour le cours de biologie*** f

14 das Skelett (Gerippe)
– *le squelette*

15 die Schädelsammlung, Nachbildungen *f* (Abgüsse *m*) von Schädeln *m*
– *la collection de crânes* m*, les moulages* m *de crânes* m

16 die Kalotte (das Schädeldach) des Pithecanthropus erectus *m*
– *la calotte crânienne du Pithecanthropus erectus* m

17 der Schädel des Homo steinheimensis *m*
– *le crâne de l'Homo steinheimensis* m

18 die Kalotte (das Schädeldach) des Sinanthropus *m*
– *la calotte crânienne du sinanthrope*

19 der Neanderthalerschädel, ein Altmenschenschädel *m*
– *le crâne de l'Homme* m *de Néanderthal, un crâne d'hominidé* m

20 der Australopithecusschädel
– *le crâne de l'australopithèque* m

21 der Schädel des Jetztmenschen *m*
– *le crâne de l'Homo sapiens* m

22 der Präpariertisch
– *la table de préparation* f

23 die Chemikalienflaschen *f*
– *les flacons* m *à produits* m *chimiques*

24 der Gasanschluß
– *la prise de gaz* m

25 die Petrischale
– *la boîte de Petri*

26 der Meßzylinder
– *l'éprouvette* f *graduée*

27 die Arbeitsbogen *m* (das Lehrmaterial)
– *les fiches* f *de travail* m *(le matériel pédagogique)*

28 das Lehrbuch
– *le livre du maître (le manuel)*

29 die bakteriologischen Kulturen
– *les cultures* f *bactériologiques*

30 der Brutschrank
– *l'étuve* f *d'incubation* f

31 der Probierglastrockner
– *le séchoir à éprouvettes* f

32 die Gaswaschflasche
– *le flacon-laveur (le barboteur)*

33 die Wasserschale
– *la cuve à eau* f

34 der Ausguß
– *l'évier* m

35 das Sprachlabor
– ***le laboratoire de langues*** f

36 die Wandtafel
– *le tableau mural*

37 die Lehrereinheit (das zentrale Schaltpult)
– *l'unité* f *d'enseignement* m *(la console centrale)*

38 der Kopfhörer
– *le casque d'écoute* f

39 das Mikrophon
– *le microphone*

40 die Ohrmuschel
– *l'écouteur* m *(l'oreillette* f*)*

41 der gepolsterte Kopfhörerbügel
– *le ressort de casque* m *matelassé*

42 der Programmrecorder, ein Kassettenrecorder *m*
– *l'enregistreur* m *de programmes* m *pédagogiques, un appareil d'enregistrement* m *à cassettes* f

43 der Lautstärkeregler für die Schülerstimme
– *le bouton de réglage* m *du volume pour la piste «élève»*

44 der Programmlautstärkeregler
– *le bouton de réglage* m *du volume pour la piste «maître»*

45 die Bedienungstasten *f*
– *le clavier de service* m

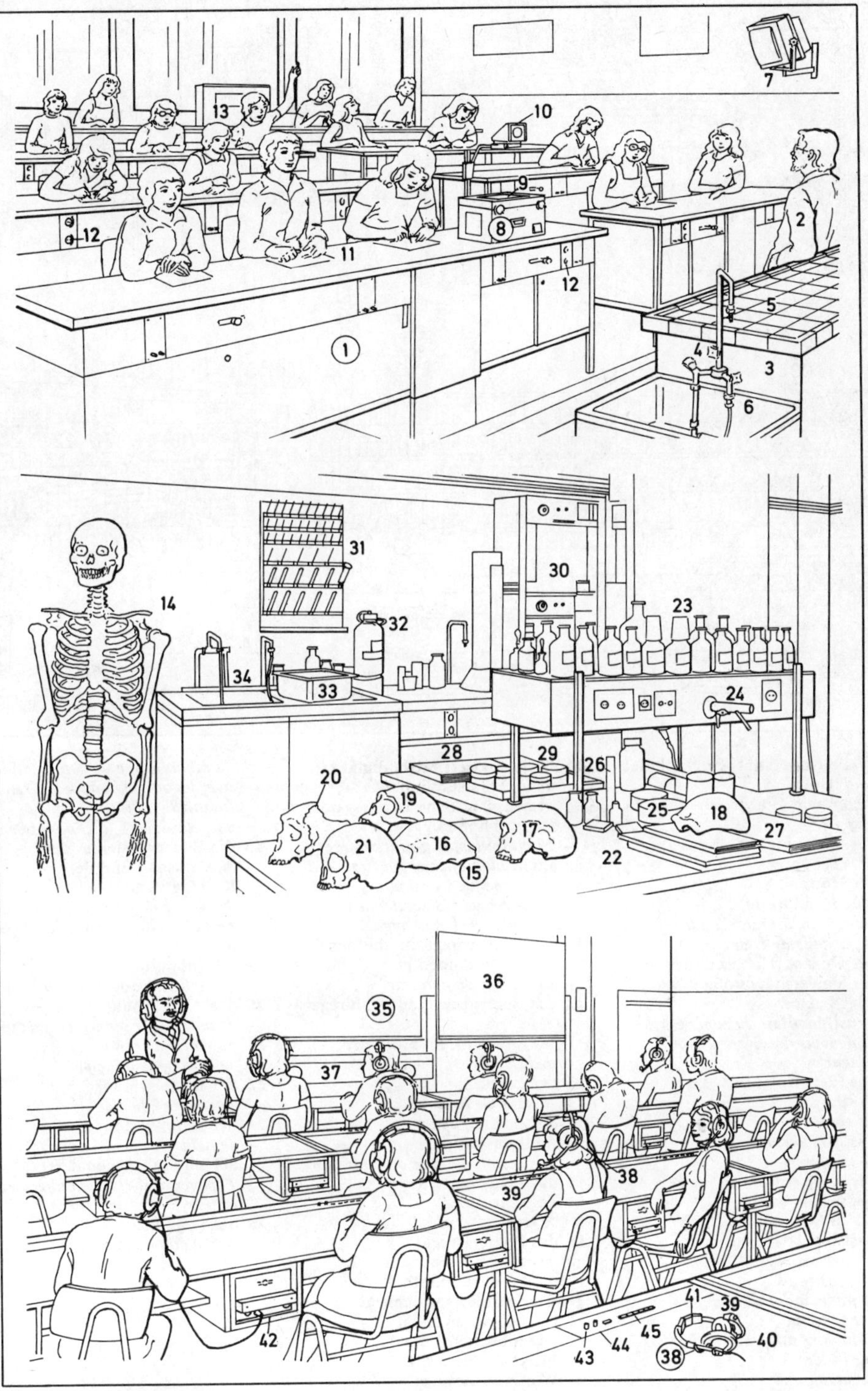
1
2
3
4
5
6
7
8
9
10
11
12
13
14
15
16
17
18
19
20
21
22
23
24
25
26
27
28
29
30
31
32
33
34
35
36
37
38
39
40
41
42
43
44
45

1-25 die Universität (Hochschule; *stud.* Uni)
– ***l'université*** f *(*argot étudiant: *la fac)*
1 die Vorlesung (das Kolleg)
– *le cours*
2 der Hörsaal (das Auditorium)
– *l'amphithéâtre* m *(l'auditorium* m, *la salle de cours* m*)*
3 der Dozent (Hochschullehrer), ein Universitätsprofessor *m* oder Lektor
– *l'enseignant* m *du supérieur, un professeur d'université* f *ou lecteur* m
4 das (der) Katheder (das Vortragspult)
– *la chaire*
5 das Manuskript
– *le manuscrit*
6 der Assistent
– *l'assistant*
7 der hilfswissenschaftliche Assistent (Famulus)
– *le préparateur*
8 das Lehrbild
– *le tableau didactique*
9 der Student
– *l'étudiant* m
10 die Studentin
– *l'étudiante* f

11-25 die Universitätsbibliothek; *ähnl.:* Staatsbibliothek, wissenschaftliche Landes- oder Stadtbibliothek
– ***la bibliothèque universitaire;*** anal.: *bibliothèque* f *d'Etat (bibliothèque* f *nationale), bibliothèque* f *d'académie* f, *bibliothèque* f *municipale*
11 das Büchermagazin, mit den Bücherbeständen *pl*
– *la réserve de livres* m
12 das Bücherregal, ein Stahlregal *n*
– *les rayons* m, *le rayonnage métallique*
13 der Lesesaal
– *la salle de lecture* f
14 die Aufsicht, eine Bibliothekarin
– *la surveillante, une bibliothécaire*
15 das Zeitschriftenregal, mit Zeitschriften *f*
– *le casier à revues* f
16 das Zeitungsregal
– *le casier à journaux* m
17 die Präsenzbibliothek (Handbibliothek), mit Nachschlagewerken *n* (Handbüchern, Lexika, Enzyklopädien *f*, Wörterbüchern *n*)
– *la bibliothèque de consultation* f *avec les ouvrages* m *de référence* f *(manuels* m, *lexiques* m, *encyclopédies* f, *dictionnaires* m*)*
18 die Bücherausleihe (der Ausleihsaal) und der Katalograum
– *le service de prêt* m *(la salle de prêt* m*) et la salle des catalogues* m
19 der Bibliothekar
– *le bibliothécaire*
20 das Ausleihpult
– *le bureau du service de prêt* m
21 der Hauptkatalog
– *le catalogue principal*
22 der Karteischrank
– *l'armoire* f *fichier*
23 der Karteikasten
– *le fichier*
24 der Bibliotheksbenutzer
– *l'usager* m *de la bibliothèque (le lecteur)*
25 der Leihschein
– *le bulletin de prêt* m

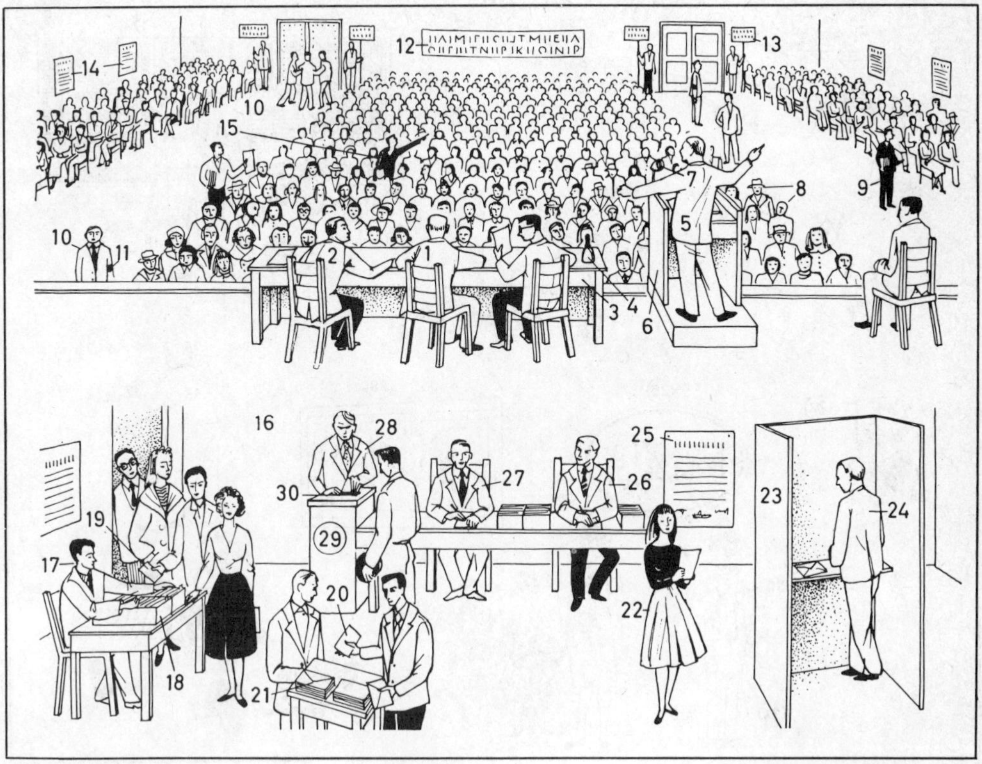

1-15 die Wahlversammlung (Wählerversammlung), eine Massenversammlung
– *la réunion électorale, un meeting électoral*
1-2 der Vorstand
– *le comité*
1 der Versammlungsleiter
– *le président*
2 der Beisitzer
– *l'assesseur* m
3 der Vorstandstisch
– *la table du comité*
4 die Glocke
– *la sonnette*
5 der Wahlredner
– *l'orateur* m
6 das Rednerpult
– *la tribune*
7 das Mikrophon
– *le microphone*
8 die Versammlung (Volksmenge)
– *l'assemblée* f *(l'assistance* f*)*
9 der Flugblattverteiler
– *le distributeur de tracts* m (ein Ordner *m*)
10 der Saalschutz
– *le service d'ordre* m
11 die Armbinde
– *le brassard*
12 das Spruchband
– *la banderole électorale*
13 das Wahlschild
– *la pancarte électorale*
14 der Aufruf
– *la proclamation*
15 der Zwischenrufer
– *le contradicteur*
16-30 die Wahl
– *le scrutin*
16 das Wahllokal (der Wahlraum)
– *le bureau de vote* m
17 der Wahlhelfer
– *l'assesseur* m
18 die Wählerkartei (Wahlkartei)
– *le fichier électoral*
19 die Wählerkarte, mit der Wahlnummer
– *la carte d'électeur* m *avec le numéro d'électeur* m
20 der Stimmzettel, mit den Namen *m* der Parteien *f* und Parteikandidaten *m*
– *le bulletin de vote* m *avec les noms* m *des partis* m *et des candidats* m
21 der Abstimmungsumschlag
– *l'enveloppe* f *électorale*
22 die Wählerin
– *l'électrice* f
23 die Wahlzelle (Wahlkabine)
– *l'isoloir* m
24 der Wähler mit Stimmrecht *n* (Wahlberechtigte *m*, Stimmberechtigte *m*)
– *l'électeur* m *exerçant son droit* m *de vote* m
25 die Wahlordnung
– *le règlement électoral*
26 der Schriftführer
– *le secrétaire*
27 der Führer der Gegenliste
– *la tête de liste* f *de l'opposition* f
28 der Wahlvorsteher (Abstimmungsleiter)
– *le président du bureau de vote* m
29 die Wahlurne
– *l'urne* f *électorale*
30 der Urnenschlitz
– *la fente de l'urne* f

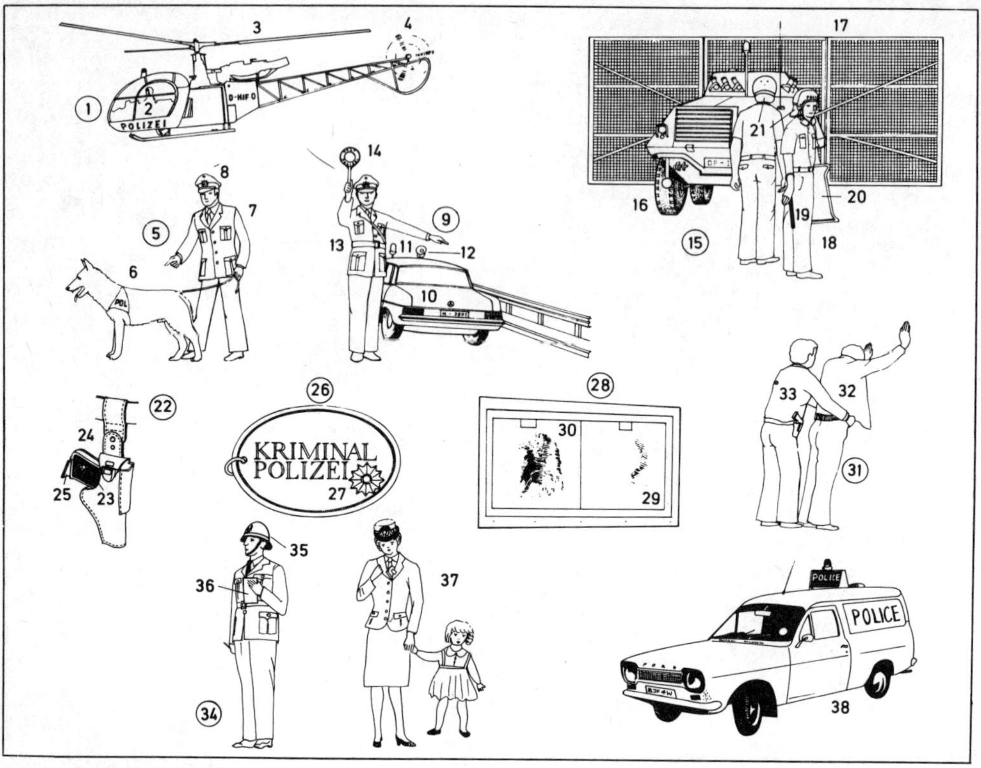

1-33 der Polizeivollzugsdienst
– ***le service d'intervention*** f ***de la police***
1 der Polizeihubschrauber (Verkehrshubschrauber), zur Verkehrsüberwachung aus der Luft
– ***l'hélicoptère*** m ***de surveillance*** f ***de la circulation***
2 die Pilotenkanzel
– *la cabine du pilote*
3 der Rotor (Hauptrotor)
– *le rotor (le rotor principal)*
4 der Heckrotor
– *l'hélice* f *de queue* f *(le rotor anticouple)*
5 der Polizeihundeeinsatz
– ***le service des chiens*** m ***policiers***
6 der Polizeihund
– *le chien policier (chien de police* f*)*
7 die Uniform (Dienstkleidung)
– *l'uniforme* m
8 die Dienstmütze, eine Schirmmütze mit Kokarde *f*
– *la casquette de service* m, *une casquette à visière avec cocarde* f
9 die Verkehrskontrolle einer motorisierten Verkehrsstreife
– ***le contrôle de la circulation*** *par une patrouille*
10 der Streifenwagen
– *la voiture de patrouille* f
11 das Blaulicht
– *le gyrophare*
12 der Lautsprecher
– *le haut-parleur*
13 der Streifenbeamte
– *l'agent* m *de patrouille* f
14 die Polizeikelle
– *le panneau de police* f
15 der Demonstrationseinsatz
– ***la surveillance des manifestations*** f
16 der Sonderwagen
– *le véhicule d'intervention* f
17 das Räumgitter
– *la grille de déblaiement* m
18 der Polizeibeamte in Schutzkleidung *f*
– *l'agent* m *de police en tenue* f *de combat* m
19 die Hiebwaffe (*ugs.* der Gummiknüppel)
– *l'arme* f *d'intervention* f *(la matraque)*
20 der Schutzschild
– *le bouclier de protection* f
21 der Schutzhelm
– *le casque de protection* f
22 die Dienstpistole
– ***le pistolet de service*** m
23 der Pistolengriff
– *la poignée du pistolet*
24 das Schnellziehholster (die Pistolentasche)
– *l'étui* m *du pistolet*
25 das Pistolenmagazin
– *le magasin du pistolet*
26 die Dienstmarke der Kriminalpolizei *f*
– ***l'insigne*** m *de la police judiciaire*
27 der Polizeistern
– *l'étoile de la police*
28 der Fingerabdruckvergleich (die Daktyloskopie)
– ***la dactyloscopie*** *(la comparaison des empreintes* f *digitales)*
29 der Fingerabdruck
– *l'empreinte* f *digitale*
30 die Leuchttafel
– *le tableau lumineux*
31 die körperliche Durchsuchung (Leibesvisitation)
– ***la fouille à corps*** m
32 der Verdächtige
– *le suspect*
33 der Kriminalbeamte in Zivilkleidung *f*
– *l'officier* m *de police* f *en civil*
34 der englische Bobby
– *le policier anglais (le bobby)*
35 der Helm
– *le casque*
36 das Notizbuch
– *le calepin*
37 die Polizistin
– *l'auxiliaire féminine de police* f
38 der Polizeiwagen
– *le fourgon cellulaire*

1-26 das Café (Kaffee, Kaffeehaus); *ähnl.:* das Espresso, die Teestube
– ***le café;*** anal.: *le bar-express, le salon de thé* m

1 das Büfett (Kuchenbüfett, Konditoreibüfett, *österr.* Büffet)
– *le comptoir*

2 die Großkaffeemaschine
– *le percolateur*

3 der Zahlteller
– *le passe-monnaie*

4 die Torte
– *la tarte*

5 das Baiser (*obd.* und *österr.* die Meringe, *schweiz.* Meringue), ein Zuckerschaumgebäck *n* mit Schlagsahne *f* (Schlagrahm *m*, *bayr.-österr.* Schlagobers *n*, Obers)
– *la meringue, un gâteau fait de blancs* m *d'œufs* m *battus et de sucre* m *en poudre* f*, additionné de crème* f *fouettée*

6 der Auszubildende (Azubi); *früh.:* Konditoreilehrling
– *l'apprenti* m *pâtissier*

7 das Büfettfräulein (die Büfettdame, *österr.* Büffetdame)
– *la demoiselle (la dame) du comptoir*

8 der Zeitungsschrank (das Zeitungsregal)
– *le casier à journaux* m *(le porte-revues)*

9 die Wandleuchte
– *l'applique* f *murale*

10 die Eckbank, eine Polsterbank
– *la banquette d'angle* m

11 der Kaffeehaustisch
– *la table de café* m

12 die Marmorplatte
– *la plaque de marbre* m

13 die Serviererin
– *la serveuse*

14 das Tablett (Auftragetablett, Serviertablett, Servierbrett)
– *le plateau à servir*

15 die Limonadenflasche
– *la bouteille de limonade* f

16 das Limonadenglas
– *le verre à limonade* f

17 die Schachspieler *m* bei der Schachpartie (Partie Schach *n)*
– *les joueurs* m *d'échecs* m *disputant une partie d'échecs*

18 das Kaffeegedeck
– *le couvert à café* m

19 die Tasse Kaffee *m*
– *la tasse à café* m

20 das Zuckerschälchen
– *le petit sucrier*

21 das Sahnekännchen (der Sahnegießer)
– *le crémier*

22-24 Cafégäste *m* (Kaffeehausgäste, Kaffeehausbesucher)
– *les clients* m *du café (les consommateurs* m*)*

22 der Herr
– *le monsieur*

23 die Dame
– *la dame*

24 der Zeitungsleser
– *le lecteur de journaux* m

25 die Zeitung
– *le journal*

26 der Zeitungshalter
– *la tringle à journaux* m

1-29 das Restaurant (*veraltet:* die Restauration; *weniger anspruchsvoll:* die Wirtschaft, Trinkstube)
– ***le restaurant*** *(l'auberge* f*);* plus ancien: *le cabaret*
1-11 der Ausschank (die Theke, das Büfett, *österr.* Büffet)
– *le comptoir (le buffet)*
1 der Bierdruckapparat (Selbstschenker)
– *la pompe à bière* f
2 die Tropfplatte
– *l'égouttoir* m
3 der Bierbecher, ein Becherglas *n*
– *le bock (la chope)*
4 der Bierschaum (die Blume)
– *la mousse de la bière (le faux col)*
5 die Aschenkugel für Tabakasche *f*
– *le cendrier sphérique*
6 das Bierglas
– *le verre à bière* f
7 der Bierwärmer
– *le chauffe-bière*
8 der Büfettier (*österr.* Büffetier)
– *le barman*
9 das Gläserregal
– *l'étagère* f *à verres* m
10 das Flaschenregal
– *l'étagère* f *à bouteilles* f
11 der Tellerstapel (Geschirrstapel)
– *la pile d'assiettes* f *(de vaisselle* f*)*
12 der Kleiderständer (Garderobenständer)
– *le portemanteau*
13 der Huthaken
– *la patère à chapeaux* m
14 der Kleiderhaken
– *la patère à vêtements* m
15 der Wandventilator (Wandlüfter)
– *le ventilateur mural*
16 die Flasche
– *la bouteille*
17 das Tellergericht
– *le plat*
18 die Bedienung (Kellnerin, Serviererin, *schweiz.* Saaltochter)
– *la serveuse (le personnel de salle* f*)*
19 das Tablett
– *le plateau*
20 der Losverkäufer
– *le vendeur de billets* m *de loterie* f
21 die Speisekarte (Tageskarte, Menükarte, *schweiz.* Menukarte)
– *le menu (la carte du jour)*
22 die Menage
– *l'huilier* m
23 der Zahnstocherbehälter
– *la boîte de cure-dents* m
24 der Streichholzständer (Zündholzständer)
– *le porte-allumettes*
25 der Gast
– *le client (le consommateur), la cliente*
26 der Bieruntersetzer (Bierdeckel)
– *le rond de feutre* m
27 das Gedeck
– *le couvert*
28 die Blumenverkäuferin (das Blumenmädchen)
– *la vendeuse de fleurs* f
29 der Blumenkorb
– *la corbeille à fleurs* f

30-44 die Weinstube (das Weinlokal, Weinrestaurant)
– ***la taverne*** *(le débit de boissons* f*)*
30 der Weinkellner, ein Oberkellner *m* (*ugs.* Ober)
– *le sommelier (un chef de rang* m*)*
31 die Weinkarte
– *la carte des vins* m
32 die Weinkaraffe
– *le carafon (le pichet) de vin* m
33 das Weinglas
– *le verre à vin* m
34 der Kachelofen
– *le poêle en faïence* f
35 die Ofenkachel
– *le carreau de poêle* m *en faïence* f
36 die Ofenbank
– *la banquette du poêle*
37 das Holzpaneel (Paneel)
– *le panneau de bois* m
38 die Eckbank
– *la banquette de coin* m
39 der Stammtisch
– *la table d'hôte* m *(la table des habitués* m*)*
40 der Stammgast
– *l'habitué* m
41 die Besteckkommode (Kommode)
– *le dressoir (le vaisselier)*
42 der Weinkühler
– *le seau à glace* f
43 die Weinflasche
– *la bouteille de vin* m
44 die Eisstückchen *n*
– *les cubes* m *de glace* f

45-78 das Selbstbedienungsrestaurant (SB-Restaurant, die Selbstbedienungsgaststätte, SB-Gaststätte)
– ***le restaurant self-service*** *(fam.: le self)*
45 der Tablettstapel
– *la pile de plateaux* m
46 die Trinkhalme *m*
– *les pailles* f *pour boire (chalumeaux* m*)*
47 die Servietten *f*
– *les serviettes* f
48 die Besteckentnahmefächer *n*
– *les casiers à couverts* m
49 der Kühltresen für kalte Gerichte *n*
– *la vitrine réfrigérante pour plats* m *froids*
50 das Honigmelonenstück
– *la tranche de melon* m
51 der Salatteller
– *l'assiette* f *de salades* f
52 der Käseteller
– *le plateau de fromages* m
53 das Fischgericht
– *le plat de poisson* m
54 das belegte Brötchen
– *le sandwich*
55 das Fleischgericht mit Beilagen *f*
– *le plat de viande* f *garni*
56 das halbe Hähnchen
– *le demi-poulet*
57 der Früchtekorb
– *la corbeille de fruits* m
58 der Fruchtsaft
– *le jus de fruit* m
59 das Getränkefach
– *le rayon des boissons* f
60 die Milchflasche
– *la bouteille de lait* m
61 die Mineralwasserflasche
– *la bouteille d'eau* f *minérale*
62 das Rohkostmenü (Diätmenü)
– *le menu diététique*
63 das Tablett
– *le plateau*
64 die Tablettablage
– *la glissière à plateaux* m
65 die Speisenübersicht
– *l'affichage* m *des plats* m
66 die Küchendurchreiche
– *le passe-plats*
67 das warme Gericht
– *le plat chaud*
68 der Bierzapfapparat
– *l'appareil* m *distributeur de bière* f
69 die Kasse
– *la caisse*
70 die Kassiererin
– *la caissière*
71 der Besitzer (Chef)
– *le propriétaire*
72 die Barriere
– *la barrière*
73 der Speiseraum
– *la salle de restaurant* m
74 der Eßtisch
– *la table de restaurant* m
75 das Käsebrot
– *le sandwich au fromage*
76 der Eisbecher
– *la coupe glacée*
77 die Salz- und Pfefferstreuer *m*
– *la salière et la poivrière*
78 der Tischschmuck (Blumenschmuck)
– *la décoration de table* f *(la parure florale)*

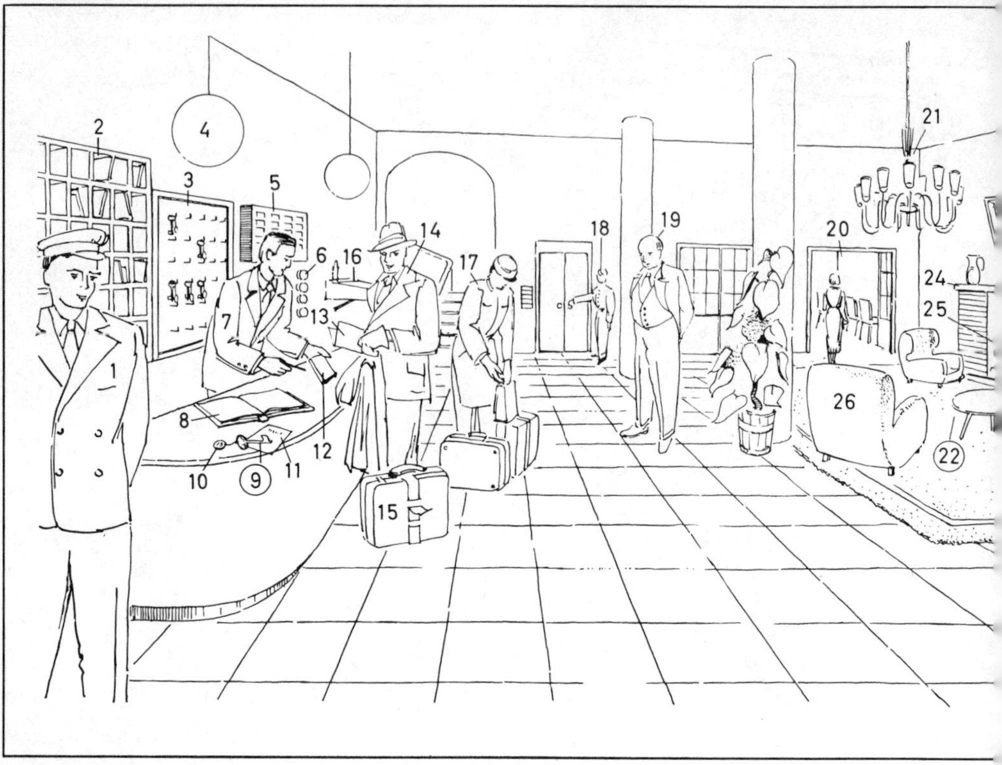

1-26 das Vestibül (der Empfangsraum, Anmelderaum)
– ***la réception*** *(le hall d'accueil* m*)*
1 der Portier
– *le portier*
2 die Postablage, mit den Postfächern *n*
– *le casier du courrier avec les cases* f
3 das Schlüsselbrett
– *le tableau des clefs* f
4 die Kugelleuchte, eine Mattglaskugel
– *le globe électrique, un globe de verre* m *dépoli (la suspension en verre* m *dépoli)*
5 der Nummernkasten (Klappenkasten)
– *le tableau avertisseur*
6 das Lichtrufsignal
– *le voyant lumineux d'appel* m
7 der Empfangschef (Geschäftsführer)
– *le chef de réception* f
8 das Fremdenbuch
– *le registre des voyageurs* m
9 der Zimmerschlüssel
– *la clef de la chambre*
10 das Nummernschild, mit der Zimmernummer
– *la plaque numérotée avec le numéro de la chambre*
11 die Hotelrechnung
– *la facture de l'hôtel* m
12 der Anmeldeblock, mit Meldezetteln *m* (Anmeldeformularen *n*)
– *le bloc des fiches* f *d'arrivée* f
13 der Reisepaß
– *le passeport*
14 der Hotelgast
– *le client de l'hôtel* m
15 der Luftkoffer, ein Leichtkoffer *m* für Flugreisen *f*
– *la valise avion* m, *une valise légère*
16 das Wandschreibpult (Wandpult)
– *le pupitre mural*
17 der Hausdiener (Hausknecht)
– *le bagagiste*
18-26 die Halle (Hotelhalle)
– *le hall de l'hôtel* m
18 der Hotelboy (Hotelpage, Boy, Page)
– *le groom (le chasseur)*
19 der Hoteldirektor
– *le directeur (le gérant) de l'hôtel* m
20 der Speisesaal (das Hotelrestaurant)
– *la salle à manger (le restaurant de l'hôtel* m*)*
21 der Kronleuchter, eine mehrflammige Leuchte
– *le lustre, un luminaire à sources* f *multiples*
22 die Kaminecke
– *le coin du feu*
23 der Kamin
– *la cheminée (l'âtre* m*)*
24 der (das) Kaminsims
– *le linteau*
25 das offene Feuer
– *le feu de bois* m *(la flambée)*
26 der Klubsessel
– *le fauteuil club*
27-38 das Hotelzimmer, ein Doppelzimmer *n* mit Bad *n*
– ***la chambre d'hôtel*** m, *une chambre à deux lits* m *avec salle* f *de bains* m
27 die Doppeltür
– *la double porte*
28 die Klingeltafel
– *la plaque des sonneries* f
29 der Schrankkoffer
– *l'armoire* f *de rangement* m
30 das Kleiderabteil
– *la penderie*
31 das Wäscheabteil
– *la lingère*
32 das Doppelwaschbecken
– *le lavabo double*
33 der Zimmerkellner
– *le garçon d'étage* m
34 das Zimmertelefon
– *le téléphone intérieur*

35 der Veloursteppich
– *la moquette veloutée*
36 der Blumenschemel
– *le guéridon à fleurs* f
37 das Blumenarrangement
– *le bouquet de fleurs* f *(la présentation florale)*
38 das Doppelbett
– *les lits* m *jumeaux*
39 **der Gesellschaftssaal** (Festsaal)
– ***la salle commune*** *(la salle des fêtes* f*, la salle de banquet* m*)*
40-43 die Tischgesellschaft (geschlossene Gesellschaft) beim Festessen *n* (Mahl, Bankett)
– *les convives* m *(la réunion privée) d'un repas de fête* f *(d'un banquet)*
40 der Festredner, beim Trinkspruch *m* (Toast)
– *l'orateur* m *portant un toast*
41 der Tischnachbar von 42
– *le voisin de table* f *du 42*
42 der Tischherr von 43
– *le commensal de la convive du 43*
43 die Tischdame von 42
– *la convive du 42*
44-46 **der Fünfuhrtee** (Five o'clock tea), im Hotelfoyer *n*
– ***le thé*** *(le five o'clock)* ***dans le bar de l'hôtel*** m
44 das Bartrio (die Barband)
– *le trio (l'orchestre* m*) du bar*
45 der Stehgeiger
– *le violoniste ambulant*
46 das Paar beim Tanzen *n* (Tanzpaar)
– *le couple de danseurs* m
47 der Ober (Kellner)
– *le garçon*
48 das Serviertuch
– *la serviette du garçon*
49 der Zigarren- und-Zigaretten-Boy
– *le vendeur de cigares* m *et cigarettes* f
50 der Tragladen (Bauchladen)
– *l'éventaire* m
51 **die Hotelbar**
– ***le bar de l'hôtel*** m
52 die Fußleiste
– *la barre d'appui* m *pour les pieds* m
53 der Barhocker
– *le tabouret de bar* m
54 die Bartheke (Theke)
– *le bar (le comptoir)*
55 der Bargast
– *le client du bar*
56 das Cocktailglas
– *le verre à cocktail* m
57 das Whiskyglas
– *le verre à whisky* m
58 der Sektkork
– *le bouchon de champagne* m
59 der Sektkübel (Sektkühler)
– *le seau à champagne* m *(le seau à frapper)*
60 das Meßglas
– *le verre à graduations* f
61 der Cocktailshaker (Mixbecher)
– *le shaker à cocktails* m
62 der Mixer (Barmixer)
– *le barman*
63 die Bardame
– *la barmaid*
64 das Flaschenbord
– *l'étagère* f *à bouteilles* f
65 das Gläserregal
– *l'étagère* f *à verres* m
66 die Spiegelverkleidung
– *le revêtement en panneaux* m *de verre* m
67 der Eisbehälter
– *le seau à glace* f

1 die Parkuhr (das Parkometer)
– *le parcmètre*
2 der Stadtplan
– *le plan directeur (plan* m *de la ville)*
3 die beleuchtete Schautafel
– *le panneau lumineux*
4 die Legende
– *la légende*
5 der Abfallkorb (Abfallbehälter, Papierkorb)
– *la corbeille à papiers* m
6 die Straßenlaterne (Straßenleuchte, Straßenlampe)
– *le lampadaire*
7 das Straßenschild mit dem Straßennamen *m*
– *la plaque de nom* m *de rue* f
8 der Gully
– *la grille d'égout* m
9 das Textilgeschäft (der Modesalon)
– *le magasin de mode* f
10 das Schaufenster
– *la vitrine*
11 die Schaufensterauslage
– *l'étalage* m
12 die Schaufensterdekoration
– *les accessoires* m *de vitrine* f *(la décoration de vitrine* f*)*
13 der Eingang
– *l'entrée* f
14 das Fenster
– *la fenêtre*
15 der Blumenkasten
– *le bac à fleurs* f
16 die Leuchtreklame
– *l'enseigne* f *lumineuse*
17 die Schneiderwerkstatt
– *l'atelier* m *de tailleur* m
18 der Passant
– *le passant*
19 die Einkaufstasche
– *le sac à provisions* f
20 der Straßenkehrer
– *le balayeur de rues* f
21 der Straßenbesen (Kehrbesen)
– *le balai*
22 der Abfall (Straßenschmutz, Kehricht)
– *les ordures* f *(les détritus* m*)*
23 die Straßenbahnschienen
– *les rails* m *de tramway* m
24 der Fußgängerüberweg (*ugs.* der Zebrastreifen)
– *le passage piétons* m *(le passage zébré)*; anc.: *le passage clouté, les clous*
25 die Straßenbahnhaltestelle
– *l'arrêt* m *de tramway* m
26 das Haltestellenschild
– *le panneau d'arrêt* m
27 der Straßenbahnfahrplan
– *le panneau horaire* m
28 der Fahrscheinautomat
– *le distributeur automatique de billets* m
29 das Hinweiszeichen „Fußgängerüberweg" *m*
– *le panneau de signalisation* f *«passage* m *piétons* m*»*
30 der Verkehrspolizist bei der Verkehrsregelung
– *l'agent* m *de la circulation en train de régler la circulation*
31 der weiße Ärmel
– *la manchette blanche*
32 die weiße Mütze
– *la casquette blanche*
33 das Handzeichen
– *le geste de la main*
34 der Motorradfahrer
– *le motocycliste*
35 das Motorrad
– *la motocylette*
36 die Beifahrerin (Sozia)
– *la passagère*
37 die Buchhandlung
– *la librairie*
38 das Hutgeschäft
– *la chapellerie*
39 das Ladenschild
– *l'enseigne* f *du magasin*
40 das Versicherungsbüro
– *l'agence* f *d'assurances* f

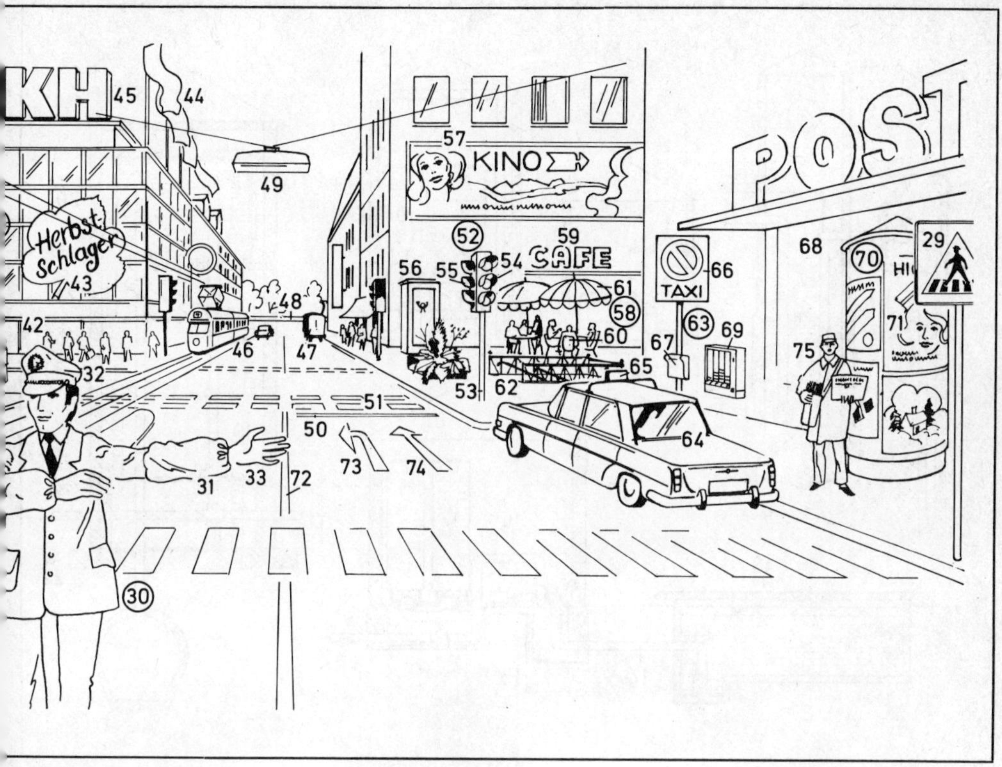

41 das Kaufhaus (Warenhaus, Magazin)
– *le grand magasin*
42 die Schaufensterfront
– *la devanture*
43 die Reklametafel
– *le panneau-réclame*
44 die Beflaggung
– *les oriflammes* f
45 die Dachreklame aus Leuchtbuchstaben *m*
– *l'enseigne* f *de toit* m *(l'enseigne* f *principale) en lettres* f *lumineuses*
46 der Straßenbahnzug
– *la rame de tramway* m
47 der Möbelwagen
– *le camion de déménagement* m
48 die Straßenüberführung
– *le passage supérieur pour piétons* m
49 die Straßenbeleuchtung, eine Mittenleuchte
– *l'éclairage* m *de la rue, un lampadaire central*
50 die Haltlinie
– *la bande stop*
51 die Fußgängerwegmarkierung
– *la matérialisation du passage piétons* m
52 die Verkehrsampel
– *les feux* m *de signalisation* f
53 der Ampelmast
– *le poteau des feux* m *de signalisation* f
54 die Lichtzeichenanlage
– *le dispositif de signalisation* f
55 die Fußgängerlichtzeichen *n*
– *les feux* m *piétons* m
56 die Telefonzelle
– *la cabine téléphonique*
57 das Kinoplakat
– *le panneau publicitaire de cinéma* m *(la réclame de cinéma* m*)*
58 die Fußgängerzone
– *la zone piétonnière (piétonne)*
59 das Straßencafé
– *le café*
60 die Sitzgruppe
– *la terrasse*
61 der Sonnenschirm
– *le parasol*
62 der Niedergang zu den Toiletten *f*
– *l'escalier* m *de descente* f *aux toilettes* f
63 der Taxistand (Taxenstand)
– *la station de taxis* m
64 das Taxi (die Taxe, *schweiz.* der Taxi)
– *le taxi*
65 das Taxischild
– *l'enseigne* f *du taxi*
66 das Verkehrszeichen „Taxenstand" *m*
– *le panneau de signalisation* f *«station* f *de taxis* m*»*
67 das Taxentelefon
– *la borne d'appel* m *taxis* m
68 das Postamt
– *le bureau de poste* f
69 der Zigarettenautomat
– *le distributeur automatique de cigarettes* f
70 die Litfaßsäule
– *la colonne Morris*
71 das Werbeplakat
– *l'affiche* f
72 die Fahrbahnbegrenzung
– *la bande matérialisée*
73 der Einordnungspfeil „links abbiegen"
– *la présélection de gauche* f
74 der Einordnungspfeil „geradeaus"
– *la présélection de continuité* f
75 der Zeitungsverkäufer
– *le marchand de journaux* m

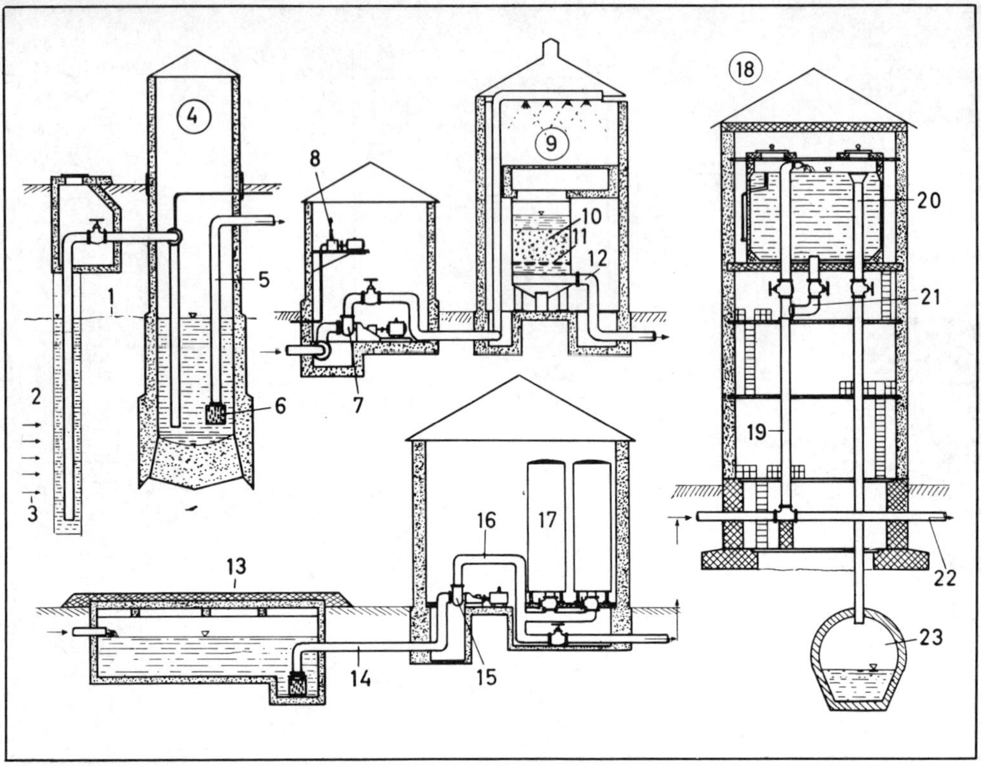

1-66 die Trinkwasserversorgung
– ***l'approvisionnement* m *en eau* f *potable*** *(la distribution d'eau* f *potable)*
1 der Grundwasserspiegel
– *le niveau de la nappe d'eau* f *souterraine (le niveau de la nappe phréatique)*
2 die wasserführende Schicht
– *la couche perméable*
3 der Grundwasserstrom
– *le courant d'eau* f *souterraine*
4 der Sammelbrunnen für das Rohwasser
– *le puits de captage* m *d'eau* f *brute*
5 die Saugleitung
– *la conduite d'aspiration* f
6 der Saugkorb mit Fußventil *n*
– *la crépine à clapet* m *de pied* m
7 die Schöpfpumpe mit Motor *m*
– *la pompe d'épuisement* m *à moteur* m
8 die Vakuumpumpe mit Motor *m*
– *la pompe à vide* m *à moteur* m
9 die Schnellfilteranlage
– *la station de filtration* f *rapide*
10 der Filterkies
– *le gravier filtrant*
11 der Filterboden, ein Rost *m*
– *le plancher de filtre* m*, une grille*
12 die Ablaufleitung für filtriertes Wasser *n*
– *la conduite de sortie* f *de l'eau* f *filtrée*
13 der Reinwasserbehälter
– *le réservoir d'eau* f *filtrée*
14 die Saugleitung mit Saugkorb *m* und Fußventil *n*
– *la conduite d'aspiration* f *avec crépine* f *et clapet* m *de pied* m
15 die Hauptpumpe mit Motor *m*
– *la pompe principale à moteur* m
16 die Druckleitung
– *la conduite de refoulement* m
17 der Windkessel
– *le réservoir d'air* m
18 der Wasserturm (Wasserhochbehälter, das Wasserhochreservoir)
– *le château d'eau* f
19 die Steigleitung
– *la conduite ascensionnelle*
20 die Überlaufleitung
– *le tuyau de trop-plein* m
21 die Falleitung
– *le tuyau de sortie* f
22 die Leitung in das Verteilungsnetz
– *la conduite de distribution* f
23 der Abwasserkanal
– *le canal des eaux* f *de trop-plein* m
24-39 die Fassung einer Quelle
– *le captage d'une source* f
24 die Quellstube
– *la chambre de captage* m *d'une source* f
25 der Sandfang
– *le mur de la chambre (l'arrêt* m *de sable* m*)*
26 der Einsteigschacht
– *le puits de visite* f *(le puits d'accès* m*)*
27 der Entlüfter
– *la cheminée d'aération* f
28 die Steigeisen *n*
– *les échelons* m *en fer* m
29 die Ausschüttung
– *le remblai*
30 das Absperrventil
– *le robinet-vanne (la vanne d'arrêt* m*)*
31 der Entleerungsschieber
– *le robinet de vidange* f
32 der Seiher
– *la crépine*
33 der Überlauf
– *le trop-plein*
34 der Grundablaß
– *l'écoulement* m *de fond* m *(la décharge de fond* m*)*
35 die Tonrohre *n*
– *les tuyaux* m *en terre* f *cuite (tuyaux* m *en grès* m*)*

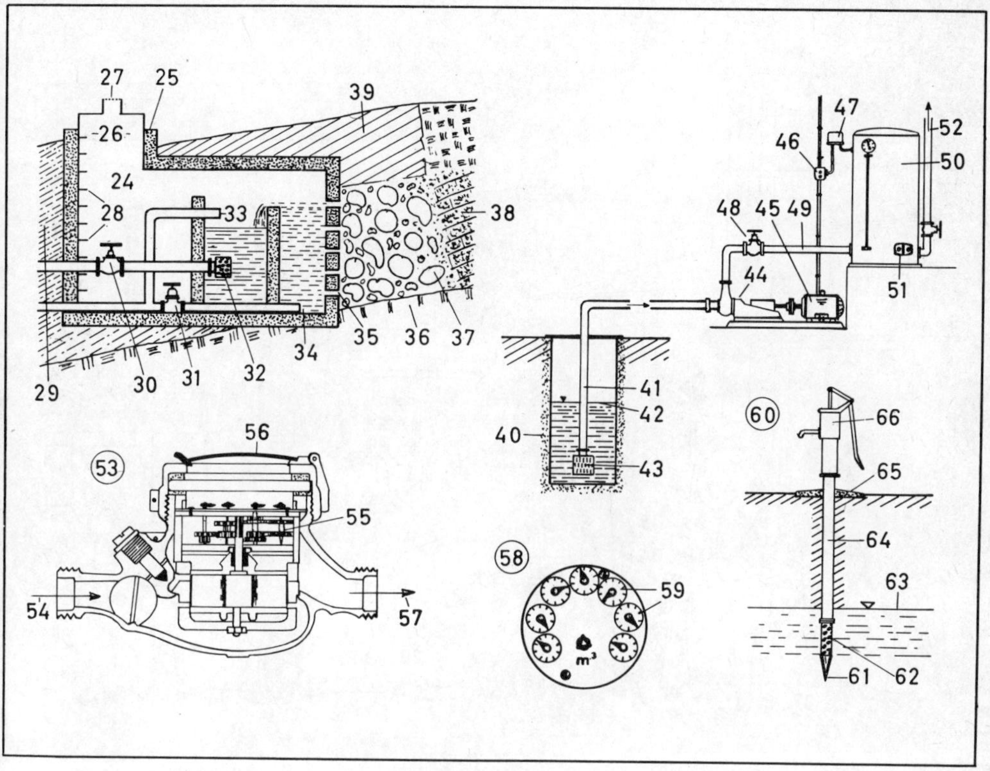

36 die wasserundurchlässige Schicht
– *la couche imperméable*
37 vorgelagerte Feldsteine *m*
– *le mur de moellons* m
38 die wasserführende Schicht
– *la couche perméable*
39 die Stampflehmpackung
– *la couche d'argile* f *damée*
40-52 die Einzelwasserversorgung
– *l'approvisionnement* m *privé en eau* f
40 der Brunnen
– *le puits*
41 die Saugleitung
– *la conduite d'aspiration* f
42 der Grundwasserspiegel
– *la surface de la nappe d'eau* f *souterraine*
43 der Saugkorb mit Fußventil *n*
– *la crépine à clapet* m *de pied* m
44 die Kreiselpumpe
– *la pompe centrifuge*
45 der Motor
– *le moteur*
46 der Motorschaltschutz
– *le disjoncteur (de protection* f*) du moteur*
47 der Druckwächter, ein Schaltgerät *n*
– *le contrôleur de pression* f, *un appareil de couplage* m
48 der Absperrschieber
– *le robinet-vanne (la vanne d'arrêt* m*)*
49 die Druckleitung
– *la conduite de refoulement* m
50 der Windkessel
– *le réservoir d'air* m
51 das Mannloch
– *le trou d'homme* m *(l'orifice* m *de nettoiement* m*)*
52 die Leitung zum Verbraucher *m*
– *le branchement vers l'usager* m
53 die Wasseruhr (der Wasserzähler, Wassermesser), ein Flügelradwasserzähler *m*
– *le compteur d'eau* f, *un compteur d'eau* f *à turbine* f
54 der Wasserzufluß
– *l'arrivée* f *d'eau* f
55 das Zählwerk
– *le mécanisme compteur*
56 die Haube mit Glasdeckel *m*
– *le couvercle vitré*
57 der Wasserabfluß
– *la sortie de l'eau* f
58 das Zifferblatt des Wasserzählers *m*
– *le cadran du compteur* m *d'eau* f
59 das Zählwerk
– *l'indicateur* m
60 der Rammbrunnen
– *la pompe pour puits instantané*
61 die Rammspitze
– *la pointe de pénétration* f
62 das (der) Filter
– *le tube à trous* m *(formant crépine* f*)*
63 der Grundwasserspiegel
– *le niveau de la nappe d'eau* f *souterraine*
64 das Brunnenrohr (Mantelrohr)
– *le tuyau de la pompe (la gaine)*
65 die Brunnenumrandung
– *la bordure de pompe* f
66 die Handpumpe
– *la pompe à main* f *(la pompe à bras* m, *la pompe à piston* m*)*

1-46 die Feuerwehrübung (Lösch-, Steig-, Leiter-, Rettungsübung)
– ***l'exercice*** m ***de lutte*** f ***contre le feu*** *(l'exercice* m *des sapeurs-pompiers* m, *l'exercice* m *d'extinction* f, *d'escalade* f, *d'échelle* f *et de sauvetage* m*)*

1-3 die Feuerwache
– *le poste d'incendie* m *(le poste permanent de feu* m*)*

1 die Fahrzeughalle und das Gerätehaus
– *le garage pour les véhicules* m *et la remise pour le matériel* m

2 die Mannschaftsunterkunft (Unterkunft)
– *la caserne des sapeurs-pompiers* m

3 der Übungsturm
– *la tour d'entraînement* m

4 die Feuersirene (Alarmsirene)
– *la sirène d'alerte* f *(au feu* m*)*

5 das Löschfahrzeug (die Kraftspritze, Motorspritze)
– *la voiture de premier secours* m *(le fourgon-pompe)*

6 das Blaulicht (Warnlicht), ein Blinklicht *n*
– *le feu avertisseur, un feu tournant à éclats* m *(un feu intermittent)*

7 das Signalhorn
– *l'avertisseur* m *sonore*

8 die Motorpumpe, eine Kreiselpumpe
– *la motopompe, une pompe centrifuge*

9 die Kraftfahrdrehleiter
– *l'échelle* f *orientable automobile*

10 der Leiterpark, eine Stahlleiter (mechanische Leiter)
– *la grande échelle, une échelle en acier* m *(une échelle mécanique)*

11 das Leitergetriebe
– *le mécanisme de l'échelle* f

12 die Abstützspindel
– *la béquille (d'appui* m*)*

13 der Maschinist
– *le conducteur*

14 die Schiebeleiter
– *l'échelle* f *coulissante*

15 der Einreißhaken
– *le croc à incendie* m *(la gaffe)*

16 die Hakenleiter
– *l'échelle* f *à crochets* m

17 die Haltemannschaft
– *les sapeurs* m *tenant la toile de sauvetage* m

18 das Sprungtuch
– *la toile de sauvetage* m

19 der Rettungswagen (Unfallwagen), ein Krankenkraftwagen *m* (*ugs.* das Sanitätsauto, Krankenauto, die Ambulanz)
– *l'ambulance* f *(la voiture de secours* m*)*

20 das Wiederbelebungsgerät, ein Sauerstoffgerät
– *l'appareil* m *de réanimation* f, *un inhalateur d'oxygène* m

21 der Sanitäter
– *l'infirmier* m

22 die Armbinde
– *le brassard*

23 die Tragbahre (Krankenbahre)
– *le brancard (la civière)*

24 der Bewußtlose
– *le blessé, un homme ayant perdu connaissance* f

25 der Unterflurhydrant
– *la bouche d'incendie* m

26 das Standrohr
– *le tuyau vertical à embranchement* m *double*

27 der Hydrantenschlüssel
– *la clé tricoise*

28 die fahrbare Schlauchhaspel
– *le dévidoir mobile pour tuyaux* m *souples*

29 die Schlauchkupplung
– *le raccord à griffes* f *pour boyaux* m *(le raccord pompiers)*

30 die Saugleitung, eine Schlauchleitung
– *le tuyau d'aspiration* f, *un boyau (un tuyau souple)*

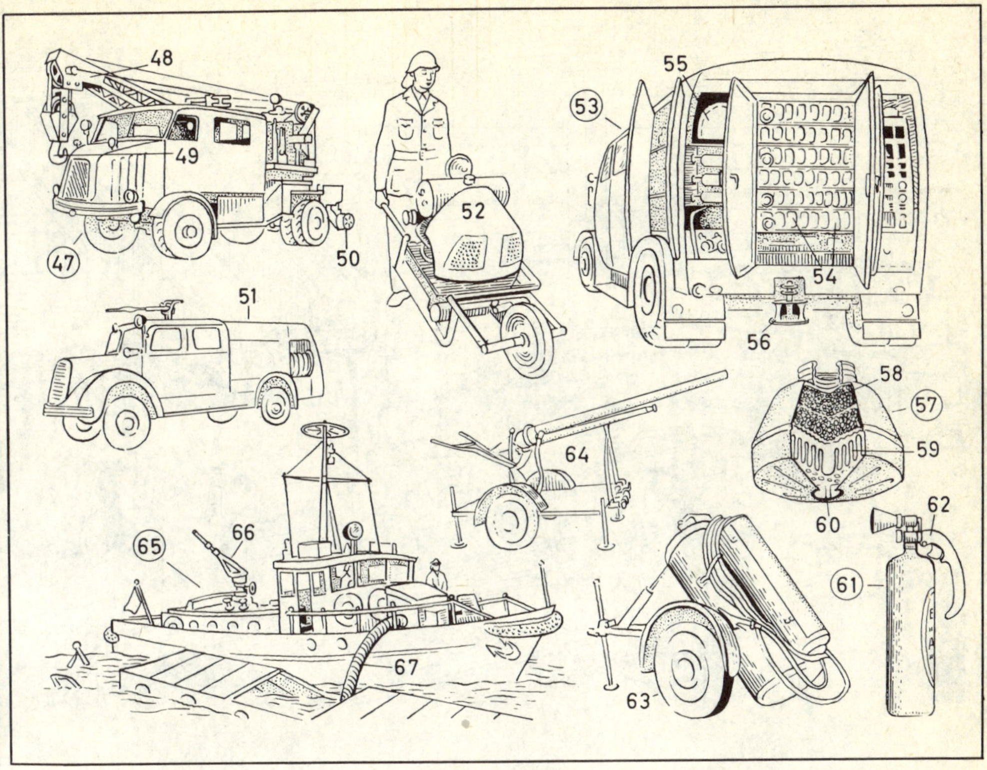

31 die Druckleitung
– *le tuyau de refoulement* m
32 das Verteilungsstück
– *la pièce d'embranchement* m *(le raccord en T* m*)*
33 das Strahlrohr
– *la lance*
34 der Löschtrupp
– *l'équipe* f *de pompiers* m *[le porte-lance et son aide* m*]*
35 der Überflurhydrant
– *la borne d'incendie* m
36 der Brandmeister
– *le chef de poste* m
37 der Feuerwehrmann
– *le sapeur-pompier*
38 der Feuerschutzhelm, mit dem Nackenschutz *m*
– *le casque antifeu avec couvre-nuque* m
39 das Atemschutzgerät
– *l'appareil* m *respiratoire protecteur (le respirateur)*
40 die Gasmaske
– *le masque à gaz* m
41 das tragbare Funksprechgerät
– *le talkie-walkie (*ELF: *l'émetteur* m - *récepteur* m *radio)*
42 der Handscheinwerfer
– *le projecteur portatif*
43 das Feuerwehrbeil
– *la hache de sapeur-pompier* m
44 der Hakengurt
– *le ceinturon à mousquetons* m
45 die Fangleine (Rettungsleine)
– *la corde de sauvetage* m
46 die Schutzkleidung (Wärmeschutzkleidung) aus Asbest *m* (Asbestanzug) oder Metallstoff *m*
– *le vêtement antifeu en amiante* m *ou en toile* f *métallisée*
47 der Kranwagen
– *la grue automobile*
48 der Bergungskran
– *la grue de dépannage* m
49 der Zughaken
– *le crochet de traction* f
50 die Stützrolle
– *le galet support*
51 das Tanklöschfahrzeug (der Tanklöschwagen)
– *le fourgon-réservoir*
52 die Tragkraftspritze
– *la motopompe portative*
53 der Schlauch- und Gerätewagen
– *le fourgon à tuyaux* m *et d'outillage* m
54 die Rollschläuche *m*
– *les tuyaux* m *enroulés*
55 die Kabeltrommel
– *le tambour (l'enrouleur* m*, le touret) de câble* m
56 das Spill
– *le cabestan*
57 der (das) Gasmaskenfilter
– *le filtre du masque* m *à gaz* m
58 die Aktivkohle
– *le charbon actif*
59 der (das) Staubfilter
– *le filtre à poussière* f
60 die Lufteintrittsöffnung
– *l'entrée* f *d'air* m
61 der Handfeuerlöscher
– *l'extincteur* m *à main* f
62 das Pistolenventil
– *la soupape pistolet*
63 das fahrbare Löschgerät
– *l'extincteur* m *mobile*
64 der Luftschaum- und Wasserwerfer
– *le projecteur de mousse* f *d'air* m *et d'eau* f
65 das Feuerlöschboot
– *le bateau-pompe*
66 die Wasserkanone
– *la lance d'incendie* m *à grande puissance* f *(la lance «Monitor»)*
67 der Saugschlauch
– *le tuyau flexible d'aspiration* f

1 die Kassiererin
– *la caissière*
2 die elektrische Registrierkasse (Ladenkasse, Tageskasse)
– *la caisse enregistreuse*
3 die Zifferntasten *f*
– *les touches* f *numériques*
4 der Auslöschknopf
– *la touche d'annulation* f
5 der Geldschub (Geldkasten)
– *le tiroir-caisse*
6 die Geldfächer *n*, für Hartgeld *n* und Banknoten *f*
– *les compartiments* m *pour la monnaie et les billets* m *de banque* f
7 der quittierte Kassenzettel (Kassenbon, Bon)
– *la fiche de caisse* f *acquittée (la quittance)*
8 die Zahlung (registrierte Summe)
– *le montant (le total enregistré)*
9 das Zählwerk
– *le compteur*
10 die Ware
– *la marchandise*
11 der Lichthof
– *le hall central*
12 die Herrenartikelabteilung
– *le rayon hommes* m
13 die Schauvitrine (Innenauslage)
– *la vitrine, l'étalage* m *intérieur*
14 die Warenausgabe
– *le comptoir de délivrance* f *des marchandises* f
15 das Warenkörbchen
– *la corbeille à marchandises* f
16 die Kundin (Käuferin)
– *la cliente*
17 die Strumpfwarenabteilung
– *le rayon bonneterie* f
18 die Verkäuferin
– *la vendeuse*
19 das Preisschild
– *le panneau des prix* m
20 der Handschuhständer
– *l'appuie-bras* m *de gantier* m
21 der Dufflecoat, ein dreiviertellanger Mantel
– *le duffle-coat, un manteau trois-quarts*
22 die Rolltreppe
– *l'escalier* m *roulant*
23 die Leuchtstoffröhre (Leuchtstofflampe)
– *le tube fluorescent (le tube au néon* m*)*
24 das Büro (z.B. Kreditbüro, Reisebüro, Direktionsbüro)
– *le bureau (p.ex.: bureau* m *de crédit* m, *bureau* m *de voyages* m, *bureau* m *de la direction)*
25 das Werbeplakat
– *le panneau publicitaire*
26 die Theater- und Konzertkartenverkaufsstelle (Kartenvorverkaufsstelle)
– *le guichet de l'agence* f *des spectacles* m
27 das Regal
– *le rayonnage*
28 die Damenkonfektionsabteilung (Abteilung für Damenkleidung)
– *le rayon de confection* f *pour dames* f
29 das Konfektionskleid (*ugs.* Kleid von der Stange)
– *la robe prêt-à-porter* m
30 der Staubschutz
– *le protège-vêtements*
31 die Kleiderstange
– *la tringle à vêtements* m
32 die Ankleidekabine (Ankleidezelle, der Anproberaum)
– *la cabine d'essayage* m
33 der Empfangschef
– *le chef de réception* f
34 die Modepuppe
– *le mannequin*
35 der Sessel
– *le fauteuil*
36 das Modejournal (die Modezeitschrift)
– *le journal de modes* f

37 der Schneider, beim Abstecken *n*
– *le retoucheur [*en France généralement: *une retoucheuse]*
38 das Metermaß (Bandmaß)
– *le mètre-ruban*
39 die Schneiderkreide
– *la craie-tailleur*
40 der Rocklängenmesser (Rockrunder)
– *l'arrondisseur* m *de bas* m *de jupe* f
41 der lose Mantel
– *le manteau vague*
42 das Verkaufskarree
– *le comptoir de vente* f
43 der Warmluftvorhang
– *le rideau d'air* m *chaud*
44 der Portier (Pförtner)
– *le portier*
45 der Personenaufzug (Lift)
– *l'ascenseur* m
46 der Fahrstuhl (die Fahrkabine)
– *la cabine d'ascenseur* m
47 der Fahrstuhlführer (Aufzugführer, Liftboy)
– *le garçon d'ascenseur* m
48 die Steuerung
– *le levier de commande* f
49 der Stockwerkanzeiger
– *l'indicateur* m *d'étage* m
50 die Schiebetür
– *la porte coulissante*
51 der Aufzugschacht
– *la cage d'ascenseur* m
52 das Tragseil
– *le câble porteur*
53 das Steuerseil
– *le câble de commande* f
54 die Führungsschiene
– *le rail de guidage* m
55 der Kunde (Käufer)
– *le client*
56 die Wirkwaren *pl*
– *le rayon lingerie* f
57 die Weißwaren *pl* (Tischwäsche *f* und Bettwäsche *f*)
– *le rayon de blanc* m *de maison* f
58 das Stofflager (die Stoffabteilung)
– *le rayon tissus* m
59 der Stoffballen (Tuchballen)
– *la pièce de tissu* m
60 der Abteilungsleiter (Rayonchef)
– *le chef de rayon* m
61 die Verkaufstheke
– *le comptoir*
62 die Bijouteriewarenabteilung (Galanteriewarenabteilung)
– *le rayon de bijouterie* f *(bijouterie* f *de fantaisie* f, *articles* m *de Paris)*
63 die Neuheitenverkäuferin
– *la vendeuse du rayon de nouveautés* f
64 der Sondertisch
– *la table des offres* f *spéciales*
65 das Plakat mit dem Sonderangebot *n*
– *le panneau d'offres* f *spéciales*
66 die Gardinenabteilung
– *le rayon rideaux* m *et voilages* m
67 die Rampendekoration
– *l'étalage* m *de rayon* m

1-40 der französische Park (Barockpark), ein Schloßpark *m*
– ***le jardin à la française**, un parc de château* m
1 die Grotte
– *la grotte*
2 die Steinfigur, eine Quellnymphe
– *la statue, une nymphe*
3 die Orangerie
– *l'orangerie* f
4 das Boskett
– *le bosquet*
5 der Irrgarten (das Labyrinth aus Heckengängen *m*)
– *le labyrinthe*
6 das Naturtheater
– *le théâtre de verdure* f
7 das Barockschloß
– *le château du XVIIe siècle (un château de style* m *Louis XIV)*
8 die Wasserspiele *n* (Wasserkünste *f*)
– *les jeux* m *d'eau* f
9 die Kaskade (der stufenförmige künstliche Wasserfall)
– *la cascade (la cascade artificielle à gradins* m*)*
10 das Standbild (die Statue), ein Denkmal *n*
– *la statue, un monument*
11 der Denkmalsockel
– *le socle*
12 der Kugelbaum
– *l'arbre* m *taillé en boule* f
13 der Kegelbaum
– *l'arbre* m *taillé en cône* m
14 der Zierstrauch
– *le buisson d'ornement* m
15 der Wandbrunnen
– *la fontaine murale*
16 die Parkbank
– *le banc de jardin* m
17 die Pergola (der Laubengang)
– *la pergola*
18 der Kiesweg
– *le sentier recouvert de gravier* m
19 der Pyramidenbaum
– *l'arbre* m *taillé en pyramide* f
20 die Amorette
– *l'amour* m
21 der Springbrunnen
– *la fontaine*
22 die Fontäne (der Wasserstrahl)
– *le jet d'eau* f
23 das Überlaufbecken
– *la coupe*
24 das Bassin
– *le bassin*
25 der Brunnenrand (die Ummauerung)
– *la margelle*
26 der Spaziergänger
– *le promeneur*
27 die Fremdenführerin (Hostess)
– *la conférencière (l'hôtesse* f*)*
28 die Touristengruppe
– *le groupe de touristes* m
29 die Parkordnung
– *le règlement du parc*
30 der Parkwächter
– *le gardien*
31 das Parktor (Gittertor), ein schmiedeeisernes Tor *n*
– *le portail (la grille), une grille en fer* m *forgé*
32 der Parkeingang
– *le passage d'entrée* f
33 das Parkgitter
– *le grillage*
34 der Gitterstab
– *le barreau*
35 die Steinvase
– *le vase de pierre* f
36 die Rasenfläche (Grünfläche, der Rasen)
– *la pelouse (le gazon)*
37 die Wegeinfassung, eine beschnittene Hecke
– *la bordure d'allée* f*, une haie taillée*
38 der Parkweg
– *l'allée* f
39 die Parterreanlage
– *le parterre*
40 die Birke
– *le bouleau*

41-72 der englische Park (englische Garten, Landschaftspark)
– ***le parc à l'anglaise** (le jardin anglais)*
41 die Blumenrabatte
– *la plate-bande fleurie*
42 die Gartenbank
– *le banc de jardin* m
43 der Abfallkorb
– *la corbeille à papiers* m
44 die Spielwiese
– *la pelouse de jeux* m
45 der Wasserlauf
– *le cours d'eau* f
46 der Steg
– *la passerelle*
47 die Brücke
– *le pont*
48 der bewegliche Parkstuhl
– *le fauteuil de jardin* m
49 das Wildgehege (Tiergehege)
– *l'enclos* m *des animaux* m
50 der Teich
– *la pièce d'eau* f
51-54 das Wassergeflügel
– *les oiseaux* m *aquatiques*
51 die Wildente mit Jungen *n*
– *le canard sauvage avec ses canetons* m
52 die Gans
– *l'oie* f *sauvage*
53 der Flamingo
– *le flamant*
54 der Schwan
– *le cygne*
55 die Insel
– *l'île* f
56 die Seerose
– *le nénuphar*
57 das Terrassencafé
– *le café avec terrasse* f
58 der Sonnenschirm
– *le parasol*
59 der Parkbaum
– *l'arbre* m
60 die Baumkrone
– *le faîte*
61 die Baumgruppe
– *le bosquet*
62 die Wasserfontäne
– *le jet d'eau* f
63 die Trauerweide
– *le saule pleureur*
64 die moderne Plastik
– *la sculpture moderne*
65 das Tropengewächshaus (Pflanzenschauhaus)
– *la serre*
66 der Parkgärtner
– *le jardinier*
67 der Laubbesen
– *le balai de branchages* m
68 die Minigolfanlage
– *le mini-golf*
69 der Minigolfspieler
– *le joueur de mini-golf* m
70 die Minigolfbahn
– *le parcours du mini-golf*
71 die Mutter mit Kinderwagen *m*
– *la mère avec la voiture d'enfant* m
72 das Liebespaar (Pärchen)
– *le couple d'amoureux* m

1 das Tischtennisspiel
– *le ping-pong (le tennis de table* f*)*
2 der Tisch
– *la table de ping-pong* m
3 das Tischtennisnetz
– *le filet de ping-pong* m
4 der Tischtennisschläger
– *la raquette de ping-pong* m
5 der Tischtennisball
– *la balle de ping-pong* m
6 das Federballspiel
– *le badminton*
7 der Federball
– *le volant*
8 der Rundlaufpilz
– *le pas-de-géant (le vindas)*
9 das Kinderfahrrad
– *la bicyclette (le vélo) d'enfant* m
10 das Fußballspiel
– *le football*
11 das Fußballtor
– *le but de football* m *(la cage)*
12 der Fußball
– *le ballon de football* m
13 der Torschütze
– *le buteur (le marqueur de buts* m*)*
14 der Torwart
– *le gardien de but* m *(le goal)*
15 das Seilhüpfen (Seilspringen)
– *le saut à la corde*
16 das Hüpfseil (Springseil)
– *la corde à sauter*
17 der Kletterturm
– *le pylône d'escalade* f *en bois* m
18 die Reifenschaukel
– *la balançoire (l'escarpolette* f*) à pneu* m
19 der Lkw-Reifen
– *le pneu de camion* m
20 der Hüpfball
– *le ballon à rebonds* m
21 der Abenteuerspielplatz
– *l'ouvrage* m *de jeux* m *en plein air* m
22 die Rundholzleiter
– *l'échelle* f *de rondins* m
23 der Ausguck
– *la plate-forme d'observation* f *(le mirador)*
24 die Rutschbahn
– *le toboggan*
25 der Abfallkorb
– *la boîte à ordures* f *(la poubelle)*
26 der Teddybär
– *l'ours* m *en peluche* f
27 die Holzeisenbahn
– *le train miniature en bois* m
28 das Planschbecken
– *la grenouillère (la pataugeoire) pour enfants* m
29 das Segelboot
– *le voilier miniature*
30 die Spielzeugente
– *le canard, un jouet d'enfant* m
31 der Kinderwagen
– *la voiture d'enfant* m *(le landau)*
32 das Reck
– *la barre fixe*
33 das Go-Kart (die Seifenkiste)
– *le kart*
34 die Starterflagge
– *le drapeau à damier* m *(le drapeau de départ* m*)*
35 die Wippe
– *la bascule (la balançoire, le tape(-)cul)*
36 der Roboter
– *l'automate* m *(le robot)*
37 der Modellflug
– *l'aéromodélisme* m
38 das Modellflugzeug
– *l'avion* m *miniature (le modèle réduit d'avion* m*, l'avion* m *de modèle* m *réduit)*
39 die Doppelschaukel
– *le portique à 2 balançoires* f
40 der Schaukelsitz (das Schaukelbrett)
– *le siège (la planche) de balançoire* f
41 das Drachensteigenlassen
– *le lancer du cerf-volant* m
42 der Drachen
– *le cerf-volant*
43 der Drachenschwanz
– *la queue du cerf-volant*

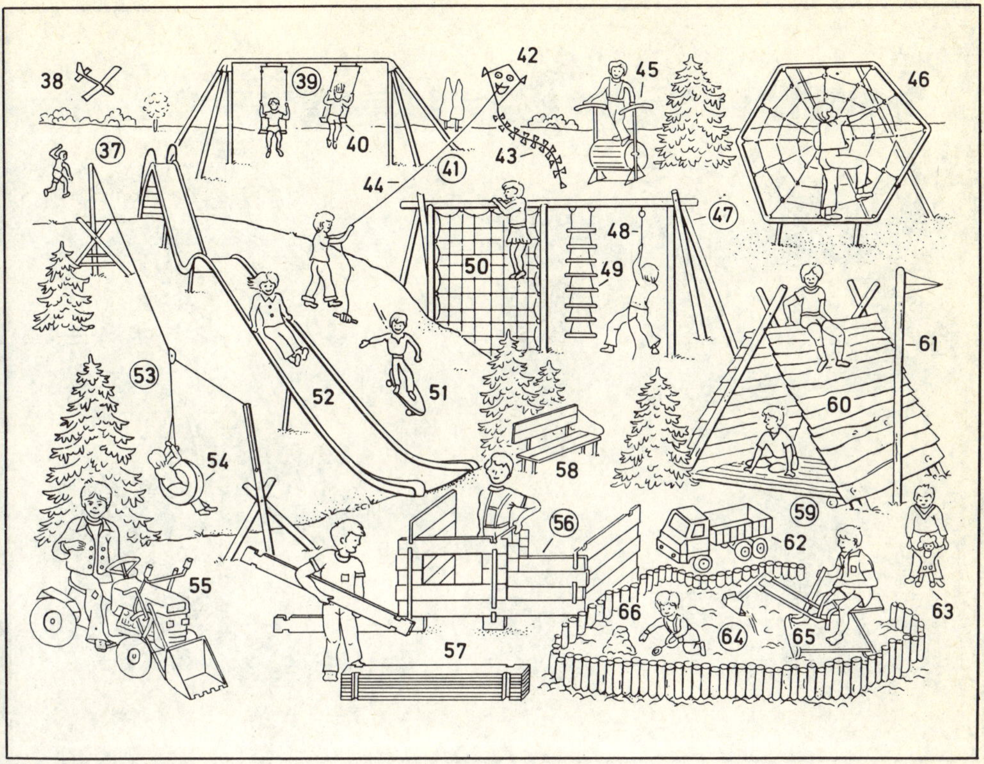

44 die Drachenschnur
– *la ficelle (le fil, la cordelette) du cerf-volant*

45 die Lauftrommel
– *le cylindre rotatif (le tambour d'entraînement* m *à la course à pied* m*)*

46 das Spinnennetz
– *la toile d'araignée* f

47 das Klettergerüst
– *le portique*

48 das Kletterseil
– *la corde lisse*

49 die Strickleiter
– *l'échelle* f *de corde* f

50 das Kletternetz
– *le filet de grimper* m

51 das Rollbrett (Skateboard)
– *la planche à roulettes* f *(le skateboard, le roll-surf)*

52 die Berg-und-Tal-Rutschbahn
– *le toboggan en montagnes* f *russes*

53 die Reifendrahtseilbahn
– *le transporteur aérien à pneu* m

54 der Sitzreifen
– *le pneu servant de siège* m

55 der Traktor, ein Tretauto *n*
– *le tracteur, un véhicule à pédales* f

56 das Aufbauhäuschen
– *la maison miniature à éléments* m *de construction* f *interchangeables*

57 die Steckbretter *n*
– *la planche d'assemblage* m

58 die Bank
– *le banc*

59 die Winnetouhütte
– *la tente (la cabane, la hutte) d'Indien* m

60 das Kletterdach
– *le toit d'escalade* f

61 die Fahnenstange
– *le mât de drapeau* m

62 das Spielzeugauto
– *le camion, un jouet d'enfant* m

63 die Laufpuppe
– *la poupée*

64 der Sandkasten
– *le bac à sable* m

65 der Spielzeugbagger
– *l'excavateur* m *(l'excavatrice* f*, la pelle mécanique), un jouet d'enfant* m

66 der Sandberg
– *le monticule de sable* m *(le pâté, le tas de sable* m*)*

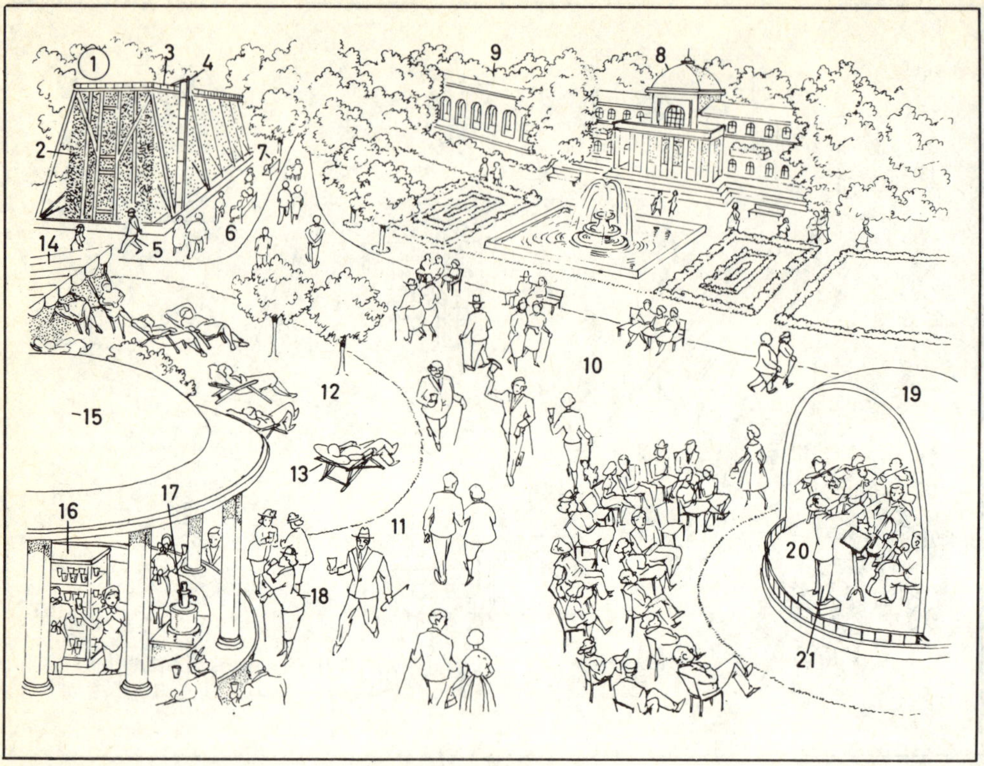

1-21 der Kurpark
– *le parc de la station thermale*
1-7 die Saline
– *les bains* m
1 das Gradierwerk (Rieselwerk)
– *le bâtiment de graduation* f
2 das Dornreisig
– *les fascines* f *de prunelliers* m
3 die Verteilungsrinne für die Sole
– *la rigole de répartition* f *des eaux* f
4 die Solezuleitung vom Pumpwerk
– *la conduite d'eau* f *salée à partir de la pompe*
5 der Gradierwärter
– *le gardien du bâtiment de graduation* f
6-7 die Inhalationskur
– *la cure d'inhalation* f
6 das Freiinhalatorium
– *l'inhalatorium* m *de plein air* m
7 der Kranke, beim Inhalieren *n* (bei der Inhalation)
– *le malade à la cure d'inhalation* f
8 das Kurhaus, mit dem Kursaal *m* (Kasino *n*)
– *l'établissement* m *de cure* f *avec le casino*
9 die Wandelhalle (der Säulengang, die Kolonnade)
– *le promenoir (les colonnades* f*)*
10 die Kurpromenade
– *la promenade de la station balnéaire*
11 die Brunnenallee
– *l'allée* f *de la source*
12-14 die Liegekur
– *la cure de repos* m
12 die Liegewiese
– *la pelouse de repos* m
13 der Liegestuhl
– *la chaise longue*
14 das Sonnendach
– *la marquise*
15 der Brunnenpavillon (das Brunnenhaus, der Quellpavillon)
– *le pavillon de la source*
16 der Gläserstand
– *l'étagère* f *à verres* m
17 die Zapfstelle
– *le distributeur d'eau* f
18 der Kurgast (Badegast), bei der Trinkkur
– *le curiste en train de boire l'eau* f
19 der Konzertpavillon
– *le kiosque à musique* f
20 die Kurkapelle, beim Kurkonzert *n*
– *l'orchestre* m *de la station donnant un concert*
21 der Kapellmeister (Dirigent)
– *le chef d'orchestre* m

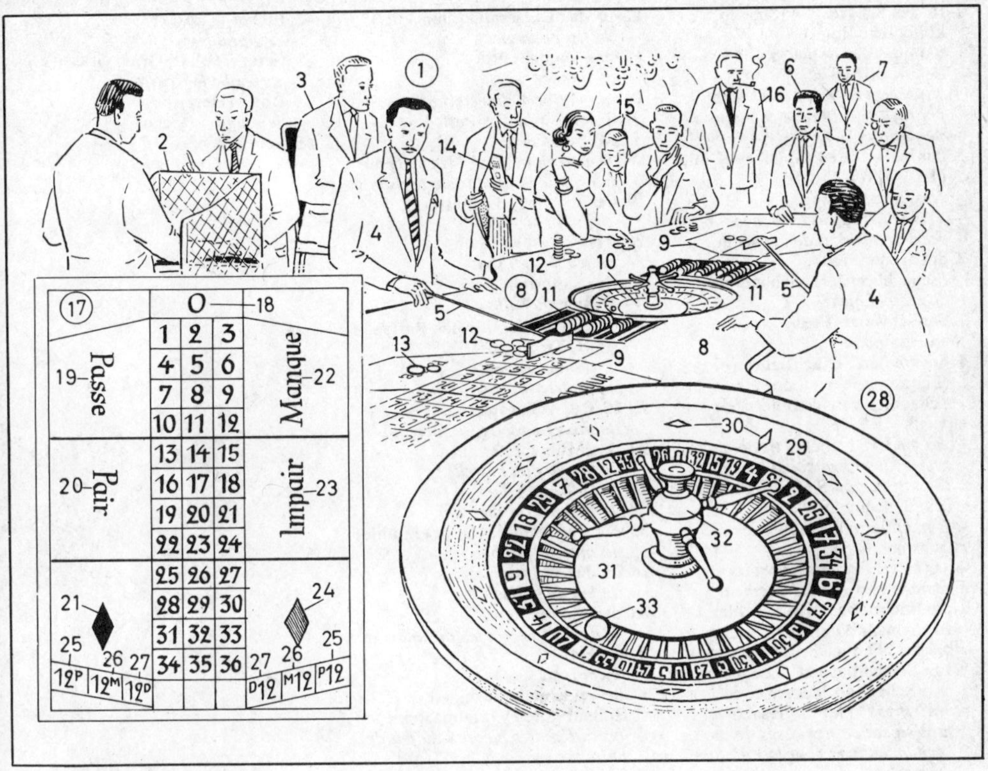

1-33 das Roulett (Roulette), ein Glücksspiel *n* (Hasardspiel)
– ***la roulette,*** *un jeu de hasard* m
1 der Roulettspielsaal (Spielsaal), in der Spielbank (im Spielkasino *n*)
– *la salle de roulette* f *(la salle de jeu* m*) au casino* m
2 die Kasse
– *la caisse*
3 der Spielleiter (Chef de partie)
– *le chef de partie* f
4 der Handcroupier (Croupier)
– *le croupier*
5 das Rateau (die Geldharke)
– *le râteau*
6 der Kopfcroupier
– *le croupier de tête* f
7 der Saalchef
– *le chef de salle* f
8 der Roulettspieltisch
– *la table de roulette* f
9 das Tableau (der Spielplan)
– *le tableau du jeu*
10 die Roulettmaschine
– *la roulette*
11 die Tischkasse (Bank)
– *la banque*
12 der Jeton (die Plaque, Spielmarke, das Stück)
– *le jeton (la plaque)*
13 der Einsatz
– *la mise*
14 der Kasinoausweis
– *la carte* f *d'entrée au casino*
15 der Roulettspieler
– *le joueur de roulette* f
16 der Privatdetektiv (Hausdetektiv)
– *le détective privé*
17 der Roulettspielplan
– *le tableau*
18 die (das) Zero (Null *f*, 0)
– *le zéro*
19 das Passe (Groß) [Zahlen von 19-36]
– *Passe* f *[nombres* m *de 19 à 36]*
20 das Pair [gerade Zahlen]
– *Pair* m *[nombres* m *pairs]*
21 das Noir (Schwarz)
– *Noir* m
22 das Manque (Klein) [Zahlen von 1-18]
– *Manque* m *[nombres* m *de 1 à 18]*
23 das Impair [ungerade Zahlen]
– *Impair* m *[nombres* m *impairs]*
24 das Rouge (Rot)
– *Rouge* m
25 das Douze premier (erstes Dutzend) [Zahlen von 1 bis 12]
– *les douze premiers* m *(la première douzaine) [nombres* m *de 1 à 12]*
26 das Douze milieu (mittleres Dutzend) [Zahlen von 13 bis 24]
– *les douze du milieu* m *(la douzaine intermédiaire) [nombres* m *de 13 à 24]*
27 das Douze dernier (letztes Dutzend) [Zahlen von 25 bis 36]
– *les douze derniers* m *(la dernière douzaine) [nombres* m *de 25 à 36]*
28 die Roulettmaschine (das Roulett)
– *la roulette (un cylindre tournant)*
29 der Roulettkessel
– *le bassin de la roulette*
30 das Hindernis
– *le séparateur*
31 die Drehscheibe, mit den Nummern *f* 0 bis 36
– *le cylindre tournant avec les numéros de 0 à 36*
32 das Drehkreuz
– *le moulinet*
33 die Roulettkugel
– *la bille*

1-16 das Schachspiel (Schach, königliche Spiel), ein Kombinationsspiel *n* oder Positionsspiel *n*
– ***les échecs*** m *(le jeu d'échecs* m, *le jeu royal), un jeu de calcul* m *ou de position* f
1 das Schachbrett (Spielbrett), mit den Figuren *f* in der Ausgangsstellung
– *l'échiquier* m *avec les pièces* f *dans la position de départ* m
2 das weiße Feld (Schachbrettfeld, Schachfeld)
– *la case blanche*
3 das schwarze Feld
– *la case noire*
4 die weißen Schachfiguren *f* (Figuren, die Weißen) als Schachfigurensymbole *n* [weiß = W]
– *les pièces* f *blanches (les blancs) représentées symboliquement*
5 die schwarzen Schachfiguren *f* (die Schwarzen) als Schachfigurensymbole *n* [schwarz = S]
– *les pièces* f *noires (les noirs* m*) représentées symboliquement*
6 die Buchstaben *m* und Zahlen *f* zur Schachfelderbezeichnung bei der Niederschrift (Notation) von Schachpartien *f* (Zügen *m*) und Schachproblemen *n*
– *les lettres* f *et les chiffres* m *pour la désignation des cases de l'échiquier* m *et pour la notation des parties* f *(des coups* m*) et des problèmes* m *d'échecs* m
7 die einzelnen Schachfiguren *f* (Steine *m*)
– *les différentes pièces* f *du jeu d'échecs* m
8 der König
– *le roi*
9 die Dame (Königin)
– *la dame*
10 der Läufer
– *le fou*
11 der Springer
– *le cavalier*
12 der Turm
– *la tour*
13 der Bauer
– *le pion*
14 die Gangarten *f* (Züge) der einzelnen Figuren *f*
– *la marche (le déplacement) de chaque pièce* f
15 das Matt (Schachmatt), ein Springermatt *n*
– *le mat (l'échec* m *et mat), un mat du cavalier*
16 die Schachuhr, eine Doppeluhr für Schachturniere *n* (Schachmeisterschaften *f*)
– *la pendule d'échecs* m, *une pendule à double cadran* m *pour tournois* m *d'échecs* m *(championnats* m *d'échecs* m*)*

17-19 das Damespiel (Damspiel)
– ***le jeu de dames*** f
17 das Damebrett
– *le damier*
18 der weiße Damestein; *auch:* Spielstein *m* für Puff- und Mühlespiel *n*
– *le pion blanc;* égal.: *le palet pour le trictrac et la marelle assise*
19 der schwarze Damestein
– *le pion noir*
20 das Saltaspiel (Salta)
– ***le jeu de salta*** m
21 der Saltastein
– *le pion du salta*
22 das Spielbrett, für das **Puffspiel** (Puff, Tricktrack)
– *le damier pour le* ***jeu de trictrac*** m
23-25 das Mühlespiel
– ***la marelle assise*** *(la mérelle)*
23 das Mühlebrett
– *le tableau de marelle* f
24 die Mühle
– *la marelle (la mérelle)*
25 die Zwickmühle (Doppelmühle)
– *la marelle double*
26-28 das Halmaspiel
– ***le jeu de halma***
26 das Halmabrett
– *le damier pour le jeu de halma* m
27 der Hof
– *le coin*
28 die verschiedenfarbigen Halmafiguren *f* (Halmasteine *m*)
– *les différentes pièces* f *du jeu de halma* m
29 das Würfelspiel (Würfeln, Knobeln)
– ***le jeu de dés*** m *(les dés* m*)*
30 der Würfelbecher (Knobelbecher)
– *le cornet à dés* m
31 die Würfel *m* (*landsch.* Knobel)
– *les dés* m
32 die Augen *n*
– *les points* m
33 das Dominospiel (Domino)
– ***le jeu de domino*** m *(les dominos* m*)*
34 der Dominostein
– *le domino*
35 der Pasch
– *le double*
36 Spielkarten *f*
– ***les cartes*** f ***à jouer***
37 die französische Spielkarte (das Kartenblatt)
– *le jeu de cartes* f *françaises*
38-45 die Farben *f* (Serienzeichen *n*)
– *les couleurs* f
38 Kreuz *n* (Treff)
– *le trèfle*
39 Pik *n* (Pique, Schippen)
– *le pique*
40 Herz *n* (Cœur)
– *le cœur*
41 Karo *n* (Eckstein *m*)
– *le carreau*
42-45 die deutschen Farben *f*
– *cartes* f *allemandes*

42 Eichel *f* (Ecker)
– *le gland (= trèfle)*
43 Grün *n* (Blatt, Gras, Grasen)
– *la feuille (= carreau)*
44 Rot *n* (Herz)
– *le rouge (= cœur)*
45 Schellen *n*
– *le grelot (= pique)*

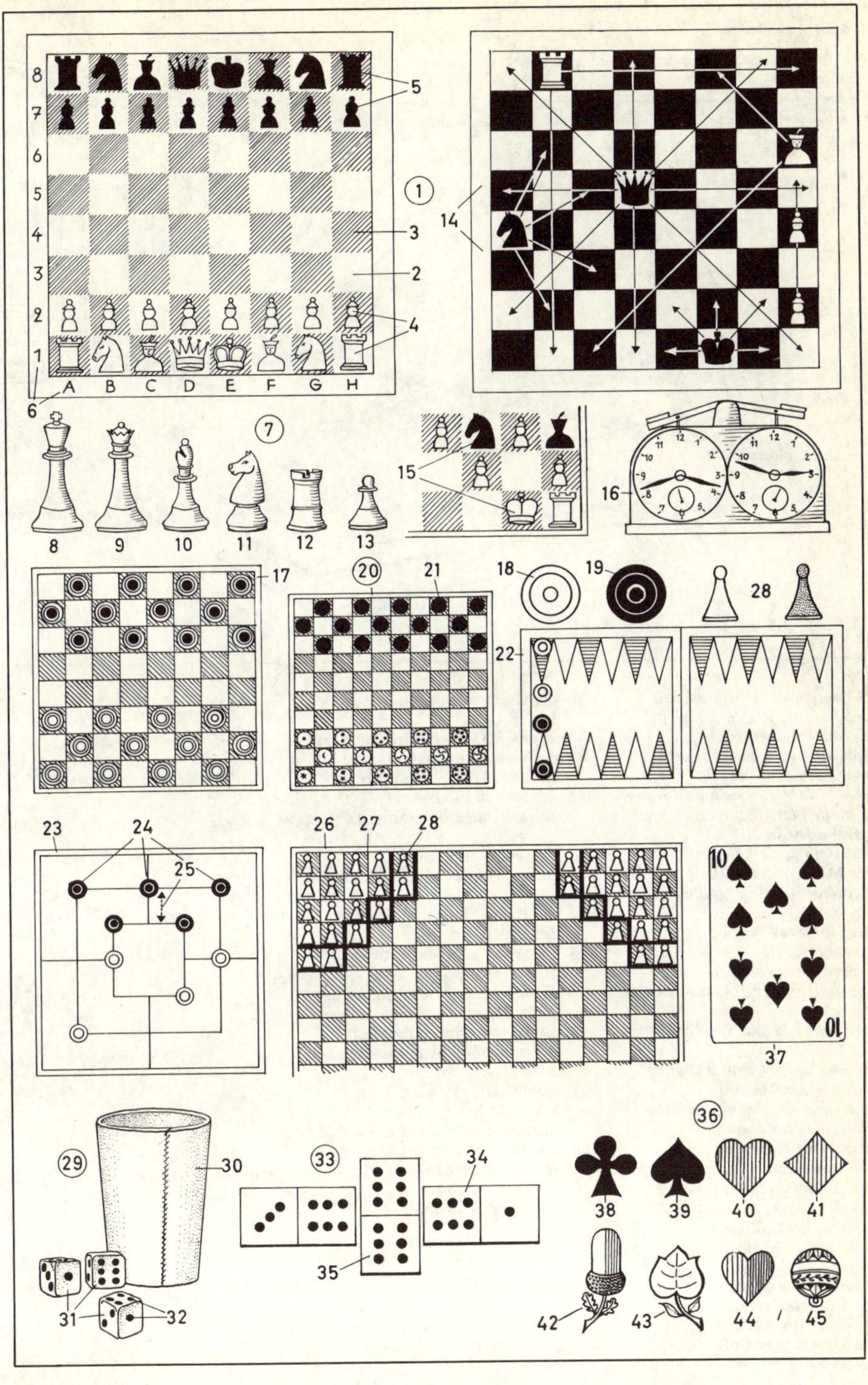
8
7
6
5
4
3
2
1
A B C D E F G H
1
2
3
4
5
6
7
8 9 10 11 12 13
14
15
16
17
18
19
20
21
22
23
24
25
26
27
28
29
30
31
32
33
34
35
36
37
38 39 40 41
42 43 44 45
10
10

1-19 das Billard (Billardspiel)
– *le billard (le jeu de billard* m*)*
1 die Billardkugel (der Billardball), eine Elfenbein- oder Kunststoffkugel
– *la bille de billard* m*, bille d'ivoire* m *ou de matière* f *synthétique*
2-6 Billardstöße *m*
– *les coups* m *de billard* m
2 der Mittelstoß (Horizontalstoß)
– *l'attaque au centre (bille en tête* f*)*
3 der Hochstoß [ergibt Nachläufer *m*]
– *l'attaque* f *en haut (le coulé)*
4 der Tiefstoß [ergibt Rückzieher *m*]
– *l'attaque* f *en bas (le rétro)*
5 der Effetstoß
– *le coup avec effet* m *à droite*
6 der Kontereffetstoß
– *le coup avec effet* m *à gauche*
7-19 das Billardzimmer
– *la salle de billard* m
7 das französische Billard (Karambolagebillard); *ähnl.:* das deutsche oder englische Billard (Lochbillard)
– *le billard français (le carambolage);* anal.: *le billard russe (le billard-golf)*
8 der Billardspieler
– *le joueur de billard* m
9 das Queue (der Billardstock)
– *la queue*
10 die Queuekuppe, eine Lederkuppe
– *le procédé, une rondelle de cuir* m
11 der weiße Spielball
– *la bille blanche du joueur*
12 der rote Stoßball
– *la bille rouge (*autrefois: *la carambole)*
13 der weiße Punktball
– *la deuxième bille blanche (la bille à pointer)*
14 der Billardtisch (das Brett)
– *la table de billard* m
15 die Spielfläche mit grüner Tuchbespannung *f*
– *la surface du billard (la surface de jeu* m*) garnie d'un tapis vert*
16 die Bande (Gummibande)
– *la bande (bande de caoutchouc* m*)*
17 das Billardtaxi, eine Kontrolluhr
– *la pendule de billard* m
18 die Anschreibetafel
– *le tableau de marque* f
19 der Queueständer
– *le râtelier à queues* f

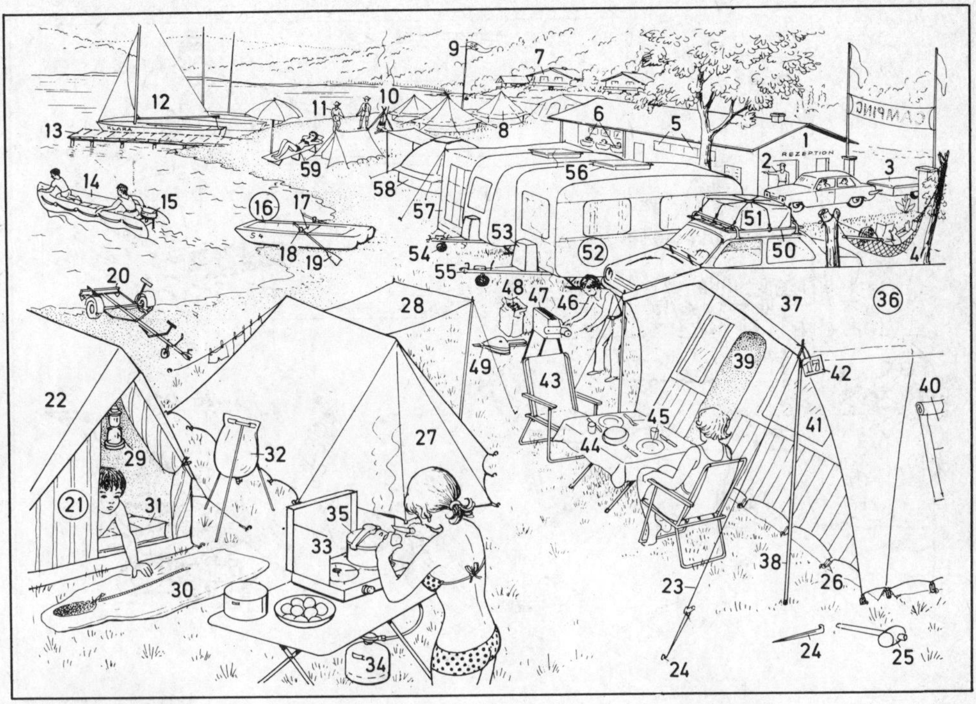

1-59 der Campingplatz
– *le terrain de camping* m
1 die Rezeption (Anmeldung, das Büro)
– *la réception*
2 der Campingplatzwart
– *le gardien du camping* m
3 der Klappwohnwagen (Klappanhänger, Klappcaravan, Faltwohnwagen, Faltcaravan)
– *la caravane pliante*
4 die Hängematte
– *le hamac*
5-6 der Sanitärtrakt (die Sanitäranlagen *pl*)
– *les sanitaires* m
5 die Toiletten *f* und Waschräume *m*
– *les cabinets* m *de toilette* f *et les WC* m
6 die Wasch- und Spülbecken *n*
– *les lavabos* m
7 der Bungalow (*schweiz.* das Chalet)
– *le bungalow [*en Suisse: *le chalet]*
8-11 das Pfadfinderlager (Pfadfindertreffen, Jamboree)
– *le camp de scouts* m *(le camp d'éclaireurs* m, *le jamboree)*
8 das Rundzelt
– *la tente ronde (le marabout)*
9 der Fahrtenwimpel
– *le fanion de troupe* f
10 das Lagerfeuer
– *le feu de camp* m
11 der Pfadfinder (Boy-Scout)
– *le scout (l'éclaireur* m*)*
12 das Segelboot (die Segeljolle, Jolle)
– *le bateau à voile* f *(le canot à voile* f*)*
13 der Landungssteg (Landesteg)
– *l'embarcadère* m *(l'appontement* m*)*
14 das Sportschlauchboot, ein Schlauchboot *n*
– *le bateau gonflable*
15 der Außenbordmotor (Außenborder)
– *le moteur hors-bord* m
16 der Trimaran (das Dreirumpfboot)
– *le trimaran*
17 die Ducht (das Sitzbrett)
– *le banc de nage* f *(la banquette)*
18 die Dolle
– *le tolet*
19 der Riemen (das Ruder)
– *la rame*
20 der Bootsanhänger (Bootswagen, Boottransporter, Trailer)
– *la remorque à bateau* m
21 das Hauszelt
– *la tente canadienne*
22 das Überdach
– *le double toit*
23 die Zeltspannleine (Zeltleine)
– *le tendeur*
24 der Zeltpflock (Hering, Zelthering)
– *le piquet de tente* f
25 der Zeltpflockhammer (Heringshammer)
– *le maillet*
26 der Zeltspannring
– *l'attache* f *de sol* m
27 die Apsis (Zeltapsis, Gepäckapsis)
– *l'abside* f
28 das ausgestellte Vordach
– *l'auvent* m *ouvert*
29 die Zeltlampe, eine Petroleumlampe
– *la lampe tempête* f, *une lampe à pétrole* m
30 der Schlafsack
– *le sac de couchage* m, *le duvet*
31 die Luftmatratze (aufblasbare Liegematratze)
– *le matelas pneumatique (le matelas gonflable)*
32 der Wassersack (Trinkwassersack)
– *la vache à eau* f *(le sac à eau* f*)*
33 der zweiflammige Gaskocher für Propangas *n* oder Butangas *n*
– *le réchaud à deux brûleurs* m *à propane* m *ou à butane* m
34 die Propan-(Butan-)gasflasche
– *la bouteille de gaz* m *propane* m *(butane* m*)*
35 der Dampfkochtopf
– *la marmite à pression* f *(la cocotte minute* f*)*
36 das Bungalowzelt (Steilwandzelt)
– *la tente de caravaning* m
37 das Vordach
– *l'avancée* f
38 die Zeltstange
– *le mât de tente* f
39 der Rundbogeneingang
– *l'ouverture* f *d'entrée* f
40 das Lüftungsfenster
– *la fenêtre d'aération* f
41 das Klarsichtfenster
– *la fenêtre transparente*
42 die Platznummer
– *le numéro d'emplacement* m
43 der Campingstuhl, ein Klappstuhl *m*
– *la chaise de camping* m, *une chaise pliante*
44 der Campingtisch, ein Klapptisch *m*
– *la table de camping* m, *une table pliante*
45 das Campinggeschirr
– *la vaisselle de camping* m
46 der Camper
– *le campeur*
47 der Holzkohlengrill
– *le barbecue*
48 die Holzkohle
– *le charbon de bois* m
49 der Blasebalg
– *le soufflet*
50 der Dachgepäckträger
– *le porte-bagages de toit* m
51 die Gepäckspinne
– *la pieuvre (une fixation à sandows* m*)*
52 der Wohnwagen (Wohnanhänger, Caravan)
– *la remorque de camping* m *(la caravane)*
53 der Gasflaschenkasten (Deichselkasten)
– *le compartiment à bouteilles* f *de gaz* m
54 das Buglaufrad
– *la roulette de timon* m
55 die Anhängekupplung
– *le coupleur de remorque* f
56 der Dachlüfter
– *l'aération* f *de toit* m
57 das Wohnwagenvorzelt
– *l'auvent* m *de caravane* f
58 das aufblasbare Igluzelt
– *la tente igloo* m *gonflable*
59 die Campingliege
– *la chaise bain* m *de soleil* m

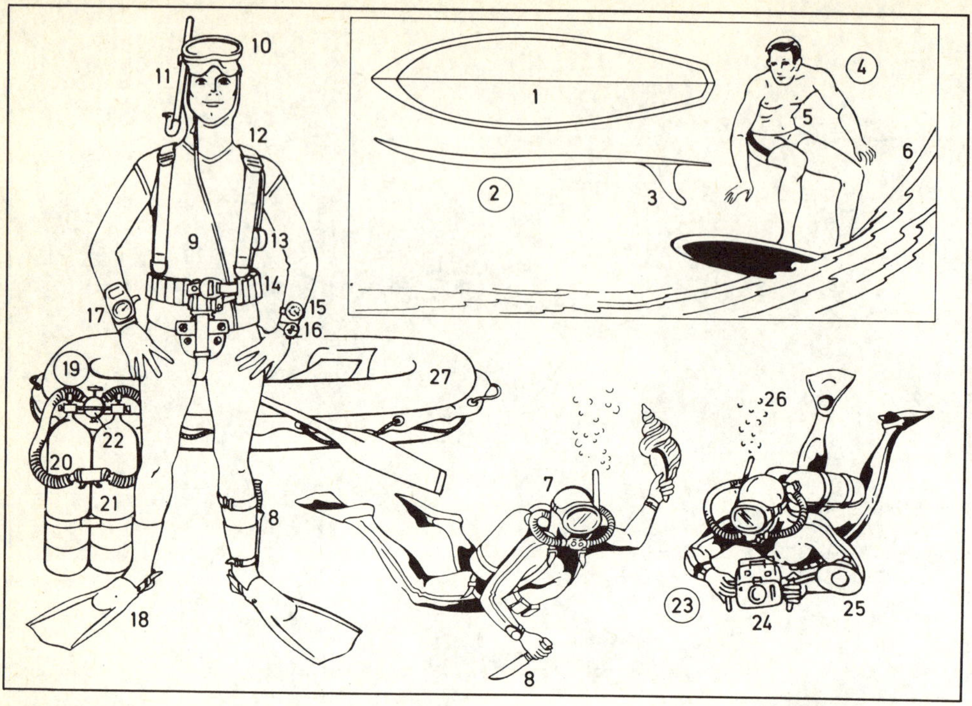

1-6 das Surfing (Wellenreiten, Brandungsreiten)
– *le surf*
1 das Surfbrett (Surfboard) in der Draufsicht
– *la planche de surf* m *vue de dessus* m
2 das Surfbrett (Surfboard) im Schnitt *m*
– *la planche de surf* m *vue en coupe* f
3 das Schwert
– *la dérive*
4 das Big-wave-riding (Reiten in der Superbrandung)
– *l'évolution* f *au point de déferlement* m *de la vague*
5 der Surfer
– *le surfer*
6 die Brandungswelle
– *la vague déferlante (le rouleau)*
7-27 das Tauchen
– *la plongée subaquatique (sous-marine)*
7 der Taucher
– *le plongeur*
8-22 die Taucherausrüstung
– *l'équipement* m *de plongée* f
8 das Tauchermesser
– *le couteau de plongeur* m
9 der Neopren-Tauchanzug, ein Kälteschutzanzug *m*
– *la combinaison (la tenue) de plongée* f *en néoprène* m, *une combinaison chauffante*
10 die Tauchmaske (Tauchermaske, Maske), eine Druckausgleichsmaske
– *le masque de plongée* f *(le masque facial, le masque respiratoire), un masque à compensateur* m
11 der Schnorchel
– *le tube respiratoire (le tuba)*
12 die Bebänderung des Preßlufttauchgeräts *n*
– *la bretelle de l'appareil* m *de plongée* f *à air* m *comprimé*
13 der Druckmesser für den Flascheninhalt
– *le manomètre de contrôle* m *de pression* f *[il indique le volume d'air* m *restant dans les deux bouteilles* f*]*
14 der Bleigürtel
– *la ceinture de plomp* m *(la ceinture de plongée* f *alourdie par des tares* f *en plomb* m*)*
15 der Tiefenmesser
– *le bathymètre (le profondimètre)*
16 die Taucheruhr zur Tauchzeitüberwachung
– *la montre de plongée* f *étanche pour le contrôle de la durée de séjour* m *sous l'eau* f
17 das Dekometer zur Anzeige der Auftauchstufen *f* (Dekompressionsstufen)
– *le décompressimètre de contrôle* m *de la vitesse de remontée* f *(la table de décompression* f *indiquant les paliers* m *de décompression* f*)*
18 die Schwimmflosse
– *la palme*
19 das Tauchgerät (*auch:* die Aqualunge), ein Zweiflaschengerät
– *l'appareil* m *respiratoire, une batterie de deux bouteilles* f
20 der Zweischlauch-Lungenautomat
– *le régulateur de débit* m *prolongé de deux flexibles* m *annelés*
21 die Preßluftflasche
– *la bouteille d'air* m *comprimé*
22 das Flaschenventil
– *le détendeur (le bloc de détente* f*) des bouteilles* f *d'air* m *comprimé*
23 die Unterwasserfotografie
– *la photographie subaquatique (sous-marine)*
24 das Unterwassergehäuse für die Kamera (*ähnl.:* die Unterwasserkamera)
– *le boîtier photo sous-marin (égal.: l'appareil* m *photo sous-marin, étanche)*
25 das Unterwasserblitzgerät
– *le flash sous-marin (étanche)*
26 die Ausatmungsluft
– *les bulles* f *d'air* m *expiré*
27 das Schlauchboot
– *le canot pneumatique*

1 der Badewärter
– *le sauveteur (le surveillant de baignade* f*)*
2 das Rettungsseil
– *la corde de sauvetage* m
3 der Rettungsring
– *la bouée de sauvetage* m
4 der Sturmball
– *la boule de tempête* f *(le signal de tempête* f*), une bombe à signaux* m *(une boule de signaux m)*
5 der Zeitball
– *la boule horaire (le signal horaire)*
6 die Warnungstafel
– *le panneau avertisseur*
7 die Gezeitentafel, eine Anzeigetafel für Ebbe *f* und Flut *f*
– *le tableau des marées* f, *un panneau indicateur des heures* f *de marées* f *(de flux* m *et de reflux* m, *de marée* f *montante et de marée* f *descendante)*
8 die Tafel, mit Wasser- und Lufttemperaturangabe *f*
– *le panneau indicateur des températures* f *de l'eau* f *et de l'air* m
9 der Badesteg
– *le ponton de bord* m *de mer* f
10 der Wimpelmast
– *le mât portant les fanions* m *(flammes* f*) triangulaires*
11 der Wimpel
– *le fanion (la flamme)*
12 das Wasservelo (Wassertretrad, Wasserfahrrad, Pedalo)
– *le pédalo*
13 das Surfbrettfahren, hinter dem Motorboot *n*
– *l'aquaplane* m *tiré par un canot à moteur* m *(automobile)*
14 der Surfer
– *l'amateur* m *d'aquaplane* m
15 das Surfbrett
– *la planche d'aquaplane* m
16 der Wasserski
– *le ski nautique*
17 die Schwimmatratze
– *le matelas pneumatique*
18 der Wasserball
– *le ballon de plage* f *en matière* f *plastique, en caoutchouc* m
19-23 Strandkleidung *f*
– *la tenue de plage* f
19 der Strandanzug
– *l'ensemble* m *(le costume, le vêtement) de plage* f
20 der Strandhut
– *le chapeau de plage* f *(le chapeau de soleil* m*)*
21 die Strandjacke
– *la veste de plage* f *(en toile* f *légère)*
22 die Strandhose
– *le pantalon de plage* f *(en toile* f *légère)*
23 der Strandschuh (Badeschuh)
– *les chaussures* f *de plage* f *(les sandales* f, *les nu-pieds* m*)*
24 die Strandtasche (Badetasche)
– *le sac de plage* f
25 der Bademantel
– *le peignoir*
26 der Bikini (zweiteilige Damenbadeanzug)
– *le bikini (le maillot de bain* m *pour femmes* f, *le deux-pièces)*
27 das Badehöschen
– *le slip de bain* m
28 der Büstenhalter
– *le soutien-gorge*
29 die Badehaube (Bademütze, Schwimmkappe)
– *le bonnet de bain* m
30 der Badegast
– *le baigneur*
31 das Ringtennis
– *le jeu de l'anneau* m *volant (l'anno-tennis, le deck-tennis)*
32 der Gummiring
– *l'anneau* m *de caoutchouc* m
33 das aufblasbare Schwimmtier
– *l'animal* m *gonflable*
34 der Strandwärter
– *le surveillant de plage* f
35 die Sandburg (Strandburg)
– *le château de sable* m
36 der Strandkorb
– *l'abri* m *de plage* f *en osier* m
37 der Unterwasserjäger
– *le chasseur (le plongeur) sous-marin*
38 die Tauchbrille
– *le masque (les lunettes* f*) de plongée* f
39 der Schnorchel
– *le tube respiratoire (le tuba)*
40 die Handharpune (der Fischspeer)
– *le harpon manuel (le trident)*
41 die Tauchflosse (Schwimmflosse), zum Sporttauchen *n*
– *les palmes* f *de plongée* f
42 der Badeanzug (Schwimmanzug)
– *le maillot de bain* m
43 die Badehose (Schwimmhose)
– *le slip de bain* m
44 die Badekappe (Schwimmkappe)
– *le bonnet de bain* m
45 das Strandzelt, ein Hauszelt *n*
– *la tente de plage* f
46 die Rettungsstation
– *la station de sauvetage* m *(le poste de secours* m*)*

1-9 das Brandungsbad (Wellenbad), ein Hallenbad *n*
– *la piscine à vagues* f *artificielles (à houle* f *artificielle), une piscine couverte*
1 die künstliche Brandung
– *les vagues* f *artificielles (la houle artificielle)*
2 die Strandzone
– *la plage (le rivage)*
3 der Beckenrand
– *le bord du bassin (de la piscine)*
4 der Bademeister
– *le maître-nageur (le surveillant de piscine* f*)*
5 der Liegesessel
– *le fauteuil de relaxation* f
6 der Schwimmring
– *la bouée de natation* f
7 die Schwimmanschetten *f*
– *les flotteurs* m *de natation* f *en liège* m, *ceints en haut des bras* m
8 die Badehaube
– *le bonnet de bain* m
9 die Schleuse zum Sprudelbad *n* im Freien *n*
– *le canal d'accès* m *au bassin des bains* m *bouillonnants en plein air* m
10 das Solarium (künstliche Sonnenbad)
– *le solarium (le bain de soleil* m *artificiel)*
11 die Liegefläche
– *la zone (la terrasse) d'insolation* f *(la salle de bronzage* m*)*
12 die Sonnenbadende
– *la femme prenant un bain* m *de soleil* m *artificiel (la femme allongée en séance* f *de bronzage* m*)*
13 die künstliche Sonne
– *le soleil artificiel (les lampes* f *à arcs* m, *à rayons* m *ultraviolets)*
14 das Badetuch
– *la serviette de bain* m
15 das Freikörperkulturgelände (FKK-Gelände, Nudistengelände, *ugs.* „Abessinien")
– *le camp de naturisme* m *(le camp de nudisme* m*)*
16 der Nudist (Freund textilfreier Lebensart)
– *le nudiste (l'adepte* m *du nudisme, de la vie au grand air en état* m *de nudité* f *totale)*
17 der Sichtschutzraum
– *l'enceinte* f *(le mur de clôture* f*)*
18 die Sauna (finnische Sauna, das finnische Heißluftbad), eine Gemeinschaftssauna
– *le sauna (le bain de vapeur* f *finnois, finlandais, un sauna mixte)*
19 die Holzauskleidung
– *le revêtement mural en bois* m
20 die Sitz- und Liegestufen *f*
– *les gradins* m *de repos* m
21 der Saunaofen
– *le four de l'étuve* f *humide*
22 die Feldsteine *m*
– *les galets (les pierres* f *poreuses)*
23 das Hygrometer (der Feuchtigkeitsmesser)
– *l'hygromètre* m
24 das Thermometer
– *le thermomètre*
25 das Sitztuch
– *la serviette*
26 der Bottich für die Befeuchtung der Ofensteine *m*
– *le baquet d'eau* f *pour l'humidification* f *des galets* m *du four*
27 die Birkenruten *f* zum Schlagen *n* der Haut
– *les verges* f *de bouleau* m *pour se flageller*
28 der Abkühlungsraum, zÜr Abkühlung nach der Sauna
– *la salle de refroidissement* m *pour se rafraîchir après la séance de sauna* m
29 die temperierte Dusche
– *la douche tiède*
30 das Kaltwasserbecken
– *le bassin d'eau* f *froide*
31 der Hot-Whirl-Pool (das Unterwassermassagebad)
– *le bassin à remous* m *d'eau* f *chaude (le bain bouillonnant, le bain de massage* m*)*
32 die Einstiegstufe
– *la marche d'accès* m
33 das Massagebad
– *le bain bouillonnant (le bain de massage* m*)*
34 das Jetgebläse
– *le ventilateur d'injection* f
35 der Hot-Whirl-Pool [Schema]
– *le bassin à remous* m *d'eau* f *chaude [schéma* m*]*
36 der Beckenquerschnitt
– *la coupe transversale du bassin*
37 der Einstieg
– *l'entrée* f *(la marche d'accès* m*)*
38 die umlaufende Sitzbank
– *la banquette circulaire*
39 die Wasserabsaugung
– *le dispositif d'aspiration* f *d'eau* f
40 der Wasserdüsenkanal
– *la canalisation d'eau* f *(le tuyau d'alimentation* f *en eau* f*)*
41 der Luftdüsenkanal
– *la canalisation d'air* m *(le tuyau d'aspiration* f*)*

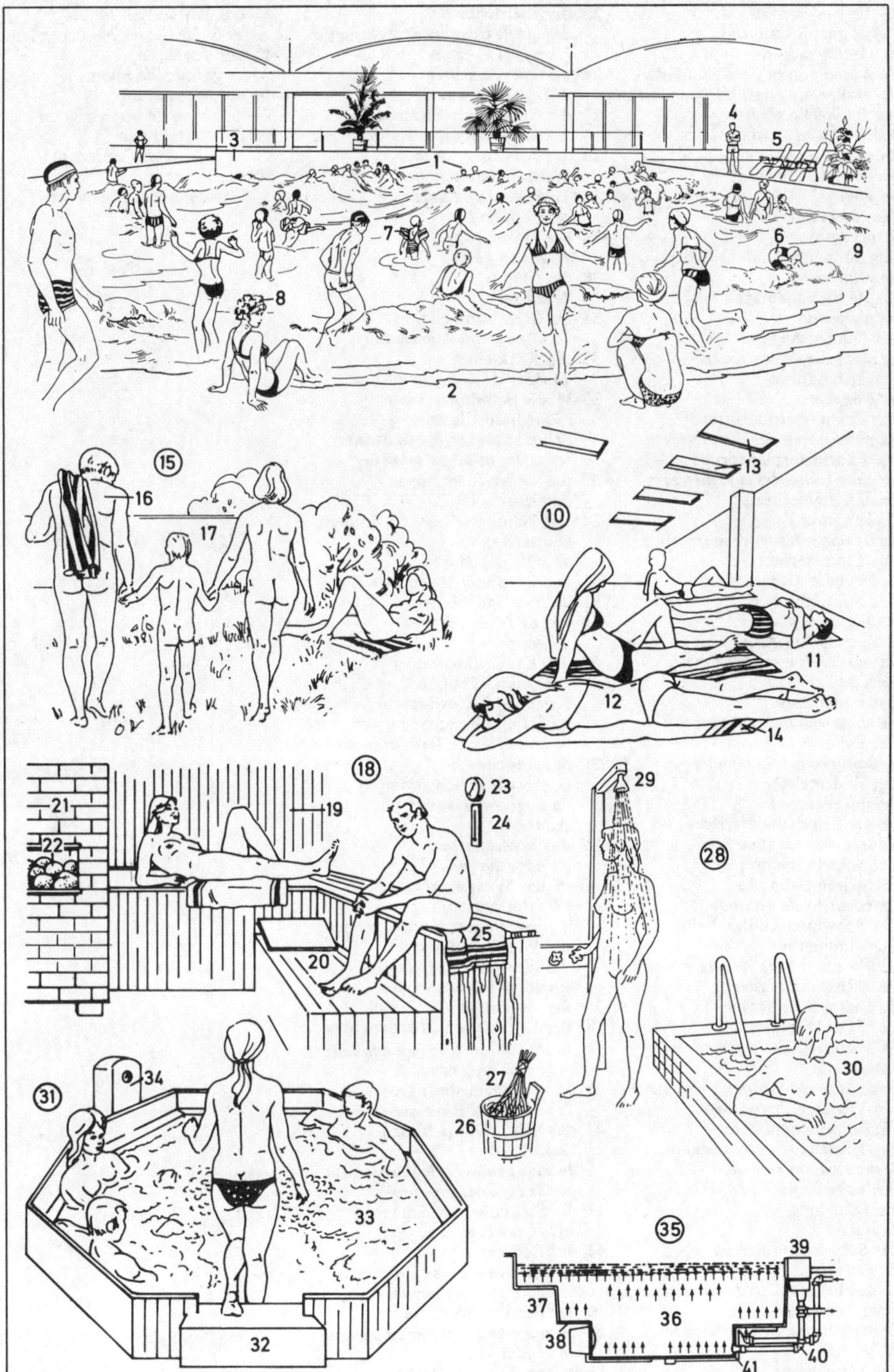
1
2
3
4
5
6
7
8
9
10
11
12
13
14
15
16
17
18
19
20
21
22
23
24
25
26
27
28
29
30
31
32
33
34
35
36
37
38
39
40
41

1-32 die Badeanstalt (Schwimmanstalt, das Schwimmbad, die Schwimmanlage), ein Freibad *n*
– ***la piscine, un bassin de plein air*** m
1 die Badezelle (Zelle, Badekabine, Kabine)
– *la cabine de bain* m
2 die Dusche (Brause)
– *la douche*
3 der Umkleideraum
– *le vestiaire*
4 das Sonnenbad *od.* Luftbad
– *le solarium*
5-10 die Sprunganlage
– ***le plongeoir***
5 der Turmspringer
– *le plongeur de haut vol* m
6 der Sprungturm
– *le plongeoir*
7 die Zehnmeterplattform
– *la plate-forme des dix mètres* m
8 die Fünfmeterplattform
– *la plate-forme des cinq mètres* m
9 das Dreimeterbrett (Sprungbrett)
– *le tremplin des trois mètres* m
10 das Einmeterbrett
– *le tremplin d'un mètre* m
11 das Sprungbecken
– *le bassin de plongée* f
12 der gestreckte Kopfsprung
– *le saut droit en extension* f *(le saut de l'ange* m*)*
13 der Fußsprung
– *la chandelle avant droite*
14 der Paketsprung
– *le saut groupé (la bombe)*
15 der Bademeister
– *le maître-nageur*
16-20 der Schwimmunterricht
– ***la leçon de natation*** f
16 der Schwimmlehrer (Schwimmeister)
– *le moniteur de natation* f
17 der Schwimmschüler, beim Schwimmen *n*
– *l'élève* m *en train de nager*
18 das Schwimmkissen
– *la brassière de sécurité* f
19 der Schwimmgürtel (Korkgürtel, Tragegürtel, die Korkweste)
– *la ceinture de natation* f *en liège* m
20 das Trockenschwimmen
– *l'entraînement* m *à sec*
21 das Nichtschwimmerbecken
– *le petit bassin pour les non-nageurs* m
22 die Laufrinne
– *la rigole*
23 das Schwimmerbecken
– *le grand bassin*
24-32 das Freistilwettschwimmen einer Schwimmstaffel
– ***la compétition de nage*** f ***libre*** *(le relais)*
24 der Zeitnehmer
– *le chronométreur*
25 der Zielrichter
– *le juge de classement* m *(le juge à l'arrivée* f*)*
26 der Wenderichter
– *le juge de virage* m
27 der Startblock (Startsockel)
– *le plot de départ* m
28 der Anschlag eines Wettschwimmers *m*
– *l'arrivée d'un nageur de compétition* f
29 der Startsprung
– *le départ plongé*
30 der Starter
– *le starter*
31 die Schwimmbahn
– *la ligne d'eau* f *(le couloir)*
32 die Korkleine
– *la ligne de flotteurs* m
33-39 die Schwimmarten *f* (Schwimmstile *m*, Schwimmlagen *f*, Stilarten)
– ***les styles*** m ***de natation*** f
33 das Brustschwimmen
– *la brasse*
34 das Schmetterlingsschwimmen (Butterfly)
– *le style papillon* m
35 das Delphinschwimmen
– *le style dauphin* m
36 das Seitenschwimmen
– *la marinière*
37 das Kraulschwimmen (Crawlen, Kraulen, Kriechstoßschwimmen); *ähnl.:* das Handüberhandschwimmen
– *le crawl;* anal.: *l'overarm stroke*
38 das Tauchen (Unterwasserschwimmen)
– *la nage en plongée* f *(en immersion* f*)*
39 das Wassertreten
– *la nage sur place* f
40-45 das Wasserspringen (Wasserkunstspringen, Turmspringen, Kunstspringen, die Wassersprünge *m*)
– ***les plongeons*** m *(plongeons* m *artistiques, sauts* m *acrobatiques)*
40 der Hechtsprung aus dem Stand m)
– *le saut avant carpé en équilibre* m *sur les bras* m
41 der Auerbachsprung vorwärts
– *le saut avant droit renversé*
42 der Salto (Doppelsalto) rückwärts
– *le saut périlleux (le double saut périlleux) arrière groupé*
43 die Schraube mit Anlauf *m*
– *le tire-bouchon avec élan* m
44 der Bohrer
– *le saut avant carpé avec vrille* f *(avec demi tire-bouchon* m*)*
45 der Handstandsprung
– *le saut avant renversé en partant de l'équilibre* m
46-50 das Wasserballspiel
– ***le water-polo***
46 das Wasserballtor
– *le but de water-polo* m
47 der Tormann
– *le gardien de but* m
48 der Wasserball
– *le ballon de water-polo* m
49 der Verteidiger
– *le défenseur (l'arrière* m*)*
50 der Stürmer
– *l'attaquant* m *(l'avant* m*)*

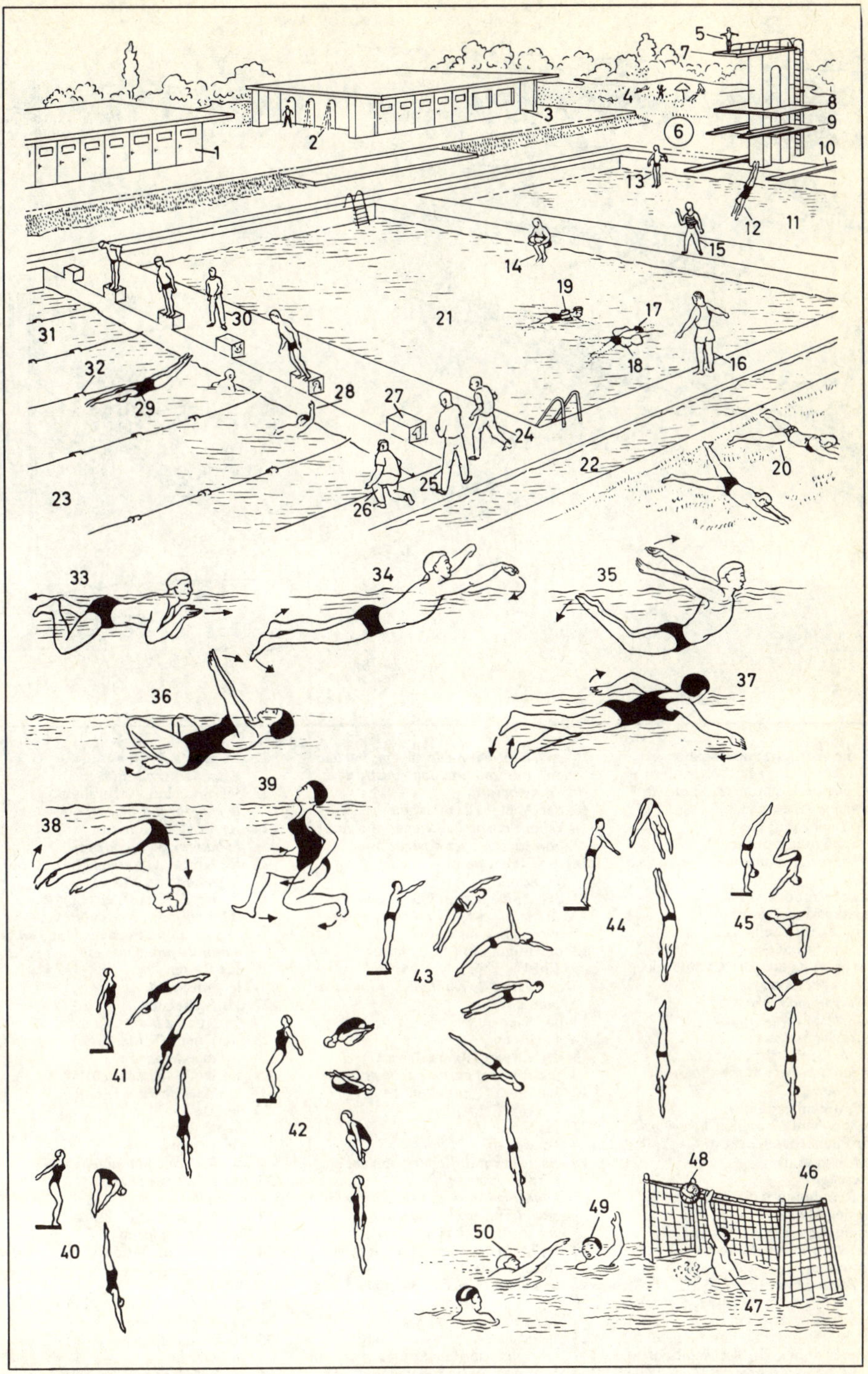
1
2
3
4
5
6
7
8
9
10
11
12
13
14
15
16
17
18
19
20
21
22
23
24
25
26
27
28
29
30
31
32
33
34
35
36
37
38
39
40
41
42
43
44
45
46
47
48
49
50

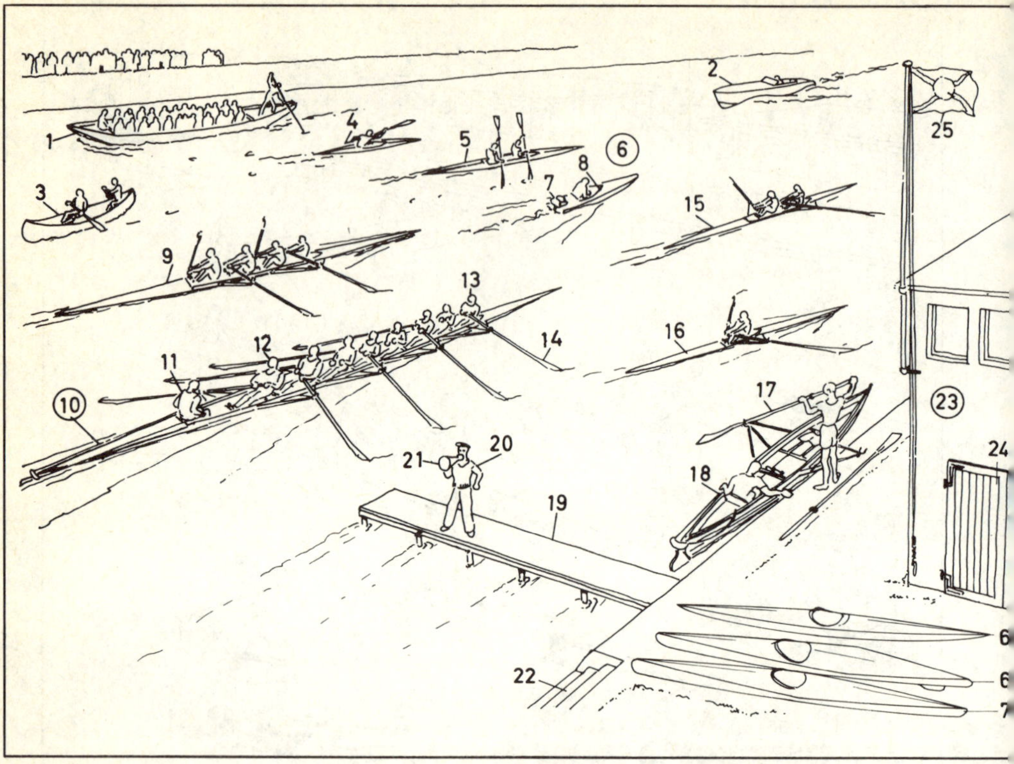

1-18 die Auffahrt zur Regatta (Ruderregatta, zum Wettrudern *n*)
– *les préparatifs* m *de la régate (la course à l'aviron* m*)*
1 der Stechkahn, ein Vergnügungsboot *n*
– *la barque de promenade* f, *maniée à la perche*
2 das Motorboot
– *le canot à moteur* m
3 der Kanadier, ein Kanu *n*
– *le canoë canadien*
4 der (das) Kajak (der Grönländer), ein Paddelboot *n*
– *le kayak monoplace*
5 der (das) Doppelkajak
– *le kayak biplace*
6 das Außenbordmotorboot
– *le canot hors-bord (à moteur* m *hors-bord)*
7 der Außenbordmotor
– *le hors-bord (le moteur hors-bord)*
8 die Plicht (das Kockpit, Cockpit, der Sitzraum)
– *le cockpit*
9-16 Rennboote *n* (Sportboote, Auslegerboote)
– *les outriggers* m *de course* f *(embarcations* f *de course* f *à l'aviron* m*)*
9-15 Riemenboote *n*
– *les outriggers* m *de course* f *à plusieurs équipiers* m
9 der Vierer ohne Steuermann *m* (Vierer ohne), ein Kraweelboot *n*
– *le quatre sans barreur* m *(l'outrigger* m *à quatre rameurs* m *sans barreur* m*), une embarcation construite à franc-bord* m
10 der Achter (Rennachter)
– *le huit barré (l'outrigger* m *à huit rameurs* m *avec barreur* m*)*
11 der Steuermann
– *le barreur*
12 der Schlagmann, ein Ruderer *m*
– *le chef de nage* f, *un rameur (un nageur), le numéro 1*
13 der Bugmann (die „Nummer Eins")
– *le nageur de pointe* f *(le rameur de pointe* f*)*
14 der Riemen
– *l'aviron* m
15 der Zweier (Riemenzweier)
– *le deux sans barreur* m *(le pair-oar)*
16 der Einer (Renneiner *das Skiff*)
– *le skiff (le simple)*
17 das Skull
– *l'aviron* m
18 der Einer mit Steuermann *m*, ein Klinkereiner *m*
– *l'outrigger* m *à un rameur avec barreur* m, *une embarcation construite à clins* m
19 der Steg (Bootssteg, Landungssteg, Anlegesteg)
– *le ponton (l'appontement* m*)*
20 der Rudertrainer
– *l'entraîneur* m
21 das Megaphon (Sprachrohr, *scherzh.:* die Flüstertüte)
– *le porte-voix (le mégaphone)*
22 die Bootstreppe
– *l'escalier* m *du quai*
23 das Bootshaus (Klubhaus)
– *le club (le club-house)*
24 der Bootsschuppen
– *le hangar à bateaux* m
25 die Klubflagge (der Klubstander)
– *le pavillon du club*
26-33 der Gigvierer, ein Gigboot *n* (Dollenboot, Tourenboot)
– *la yole à quatre rameurs* m, *un canot de promenade* f
26 das Ruder
– *le gouvernail*
27 der Steuersitz
– *le siège du barreur*
28 die Ducht (Ruderbank)
– *le banc de nage* f
29 die Dolle (Riemenauflage)
– *la dame de nage* f *(le tolet)*
30 der Dollbord
– *le plat-bord*
31 der Duchtweger
– *la glissière de banquette* f
32 der Kiel (Außenkiel)
– *la quille*
33 die Außenhaut [geklinkert]
– *le bordé à clins* m
34 das einfache Paddel (Stechpaddel, die Pagaie)
– *la pagaie*
35-38 der Riemen (das Skull)
– *la rame (l'aviron* m*)*
35 der Holm (Riemenholm)
– *la poignée*
36 die Belederung
– *la garniture de cuir* m

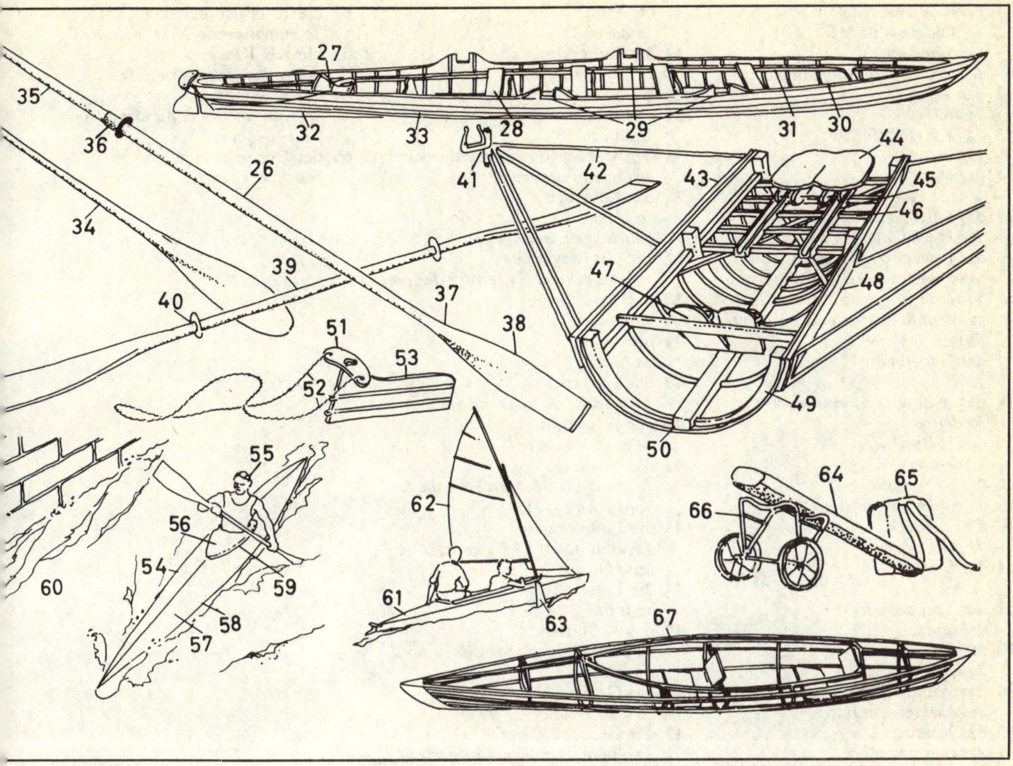

37 der Riemenhals
– *le manche*
38 das Blatt (Riemenblatt)
– *la pelle*
39 das Doppelpaddel
– *la pagaie double*
40 der Tropfring
– *le paragouttes*
41-50 der Rollsitz (Rudersitz)
– *le siège coulissant*
41 die Dolle (Drehdolle)
– *la dame de nage* f *(le tolet)*
42 der Ausleger
– *le porte-nage*
43 das Spülbord
– *la lisse (l'hiloire* f*)*
44 der Rollsitz
– *le siège (la sellette)*
45 die Rollschiene (Rollbahn)
– *la glissière*
46 die Versteifung
– *l'entretoise* f
47 das Stemmbrett
– *le repose-pieds*
48 die Außenhaut
– *le bordé*
49 der (das) Spant
– *la membrure*
50 der Kiel (Innenkiel)
– *la carlingue*
51-53 das Ruder (Steuer)
– *le gouvernail*
51 das Ruderjoch (Steuerjoch)
– *la traverse*
52 die Steuerleine
– *les tire-veilles* f
53 das Blatt (Ruderblatt, Steuerblatt)
– *le safran*
54-66 Faltboote *n*
– *le kayak pliant*
54 der Faltbooteiner, ein Sporteiner *m*
– *le kayak monoplace*
55 der Faltbootfahrer
– *le canoéiste*
56 die Spritzdecke
– *la jupe (le pontage)*
57 das Verdeck
– *le pont en toile* f
58 die Gummihaut (Außenhaut, Bootshaut)
– *la coque couverte de toile* f *caoutchoutée*
59 der Süllrand
– *l'hiloire* f
60 die Floßgasse am Wehr *n*
– *le canal ménagé le long d'un barrage*
61 der Faltbootzweier, ein Tourenzweier *m* (Wanderzweier)
– *le kayak pliant biplace, un kayak de promenade* f
62 das Faltbootsegel
– *la voile d'un kayak pliant*
63 das Seitenschwert
– *la dérive latérale*
64 die Stabtasche
– *la housse de protection pour la carcasse du kayak*
65 der Bootsrucksack
– *l'enveloppe* f *de toile* f *dans son sac* m
66 der Bootswagen
– *le chariot de transport* m
67 das Faltbootgerüst
– *la carcasse du kayak pliant*
68-70 Kajaks *m od. n*
– *types* m *de kayaks* m
68 der (das) Eskimokajak
– *le kayak lapon*
69 der (das) Wildwasserrennkajak
– *le kayak de sport* m *et de course* f
70 der (das) Wanderkajak
– *le kayak de promenade* f

1-9 das Windsurfing
– ***la planche à voile*** f
1 der Windsurfer
– *le planchiste (le véliplanchiste)*
2 das Segel
– *la voile*
3 das Klarsichtfenster
– *la fenêtre*
4 der Mast
– *le mât*
5 das Surfbrett
– *la planche à voile* f
6 das bewegliche Lager für die Mastneigung und die Steuerung
– *la rotule, un joint universel permettant d'orienter le mât pour diriger la planche*
7 der Gabelbaum
– *le wishbone*
8 das (einholbare) Hauptschwert
– *la dérive*
9 das Hilfsschwert
– *l'aileron* m
10-48 das Segelboot
– ***le voilier,*** *un dériveur*
10 das Vordeck
– *le pont avant*
11 der Mast
– *le mât*
12 der Trapezdraht
– *le trapèze*
13 die Saling
– *la barre de flèche* f
14 der Wanthänger
– *le capelage d'étai* m
15 das Vorstag
– *l'étai* m *avant (la draille de foc* m*)*
16 die Fock (Genua)
– *le génois, un foc*
17 der Fockniederholer
– *le palan d'étarquage* m
18 die Want
– *le hauban*
19 der Wantenspanner
– *le ridoir*
20 der Mastfuß
– *le pied de mât* m *(l'emplanture* f*)*
21 der Baumniederholer
– *le hale-bas de bôme* f
22 die Fockschotklemme
– *le taquet coinceur*
23 die Fockschot
– *l'écoute* f *de foc* m
24 der Schwertkasten
– *le puits de dérive* f
25 der Knarrpoller
– *la tête de la dérive*
26 das Schwert
– *la dérive*
27 der Traveller
– *la barre d'écoute* f
28 die Großschot
– *la grande écoute*
29 die Fockschotleitschiene
– *le filoir d'écoute* f
30 die Ausreitgurte *m*
– *la sangle de rappel* m
31 der Pinnenausleger
– *le stick (l'allonge* f *de barre* f*)*
32 die Pinne
– *la barre*
33 der Ruderkopf
– *la tête du safran (la tête du gouvernail)*
34 das Ruderblatt
– *le safran*
35 der Spiegel (das Spiegelheck)
– *le tableau arrière*
36 das Lenzloch
– *la trappe de vidange* f *(le bouchon de vidange* f*)*
37 der Großsegelhals
– *le vit-de-mulet (la ferrure de bôme* f*)*
38 das Segelfenster
– *la fenêtre*
39 der Baum
– *la bôme*
40 das Unterliek
– *la bordure de la grand-voile*
41 das Schothorn
– *le point d'écoute* f
42 das Vorliek
– *le guindant de la grand-voile (le bord d'attaque* f*)*
43 die Lattentasche
– *l'étui* m *de latte* f *(le gousset de latte* f*)*
44 die Latte
– *la latte*
45 das Achterliek
– *la chute de la grand-voile (le bord de fuite* f*)*
46 das Großsegel
– *la grand-voile*
47 der Großsegelkopf
– *la têtière (la planchette de tête* f*)*
48 der Verklicker
– *la girouette*
49-65 die Bootsklassen *f*
– ***les séries*** f ***de voilliers*** m *(les classes* f *de voiliers* m*)*
49 der Flying Dutchman
– *le Flying Dutchman (série* f *olympique)*
50 die Olympiajolle
– *la Yole OK*
51 das Finndingi
– *le Finn (série* f *olympique)*
52 der Pirat
– *le Pirat*
53 das 12-m²-Sharpie
– *le sharpie de 12 m²*
54 das Tempest
– *le Tempest*
55 der Star
– *le Star (série* f *olympique)*
56 das (der) Soling
– *le Soling (série* f *olympique)*
57 der Drachen
– *le Dragon*
58 die 5,5-m-Klasse
– *le 5,50 m Jauge* f *Internationale*
59 die 6-m-R-Klasse
– *le 6 m Jauge* f *Internationale*
60 der 30-m²-Schärenkreuzer
– *le 30 m², un voilier de croisière* f
61 der 30-m²-Jollenkreuzer
– *la Yole de 30 m², un dériveur de croisière* f
62 die 25-m²-Einheitskieljacht
– *le monotype de 25 m² à quille* f
63 die KR-Klasse
– *un voilier de la série KR*
64 der Katamaran
– *le Tornado, un catamaran (série* f *olympique)*
65 der Doppelrumpf
– *les deux coques* f

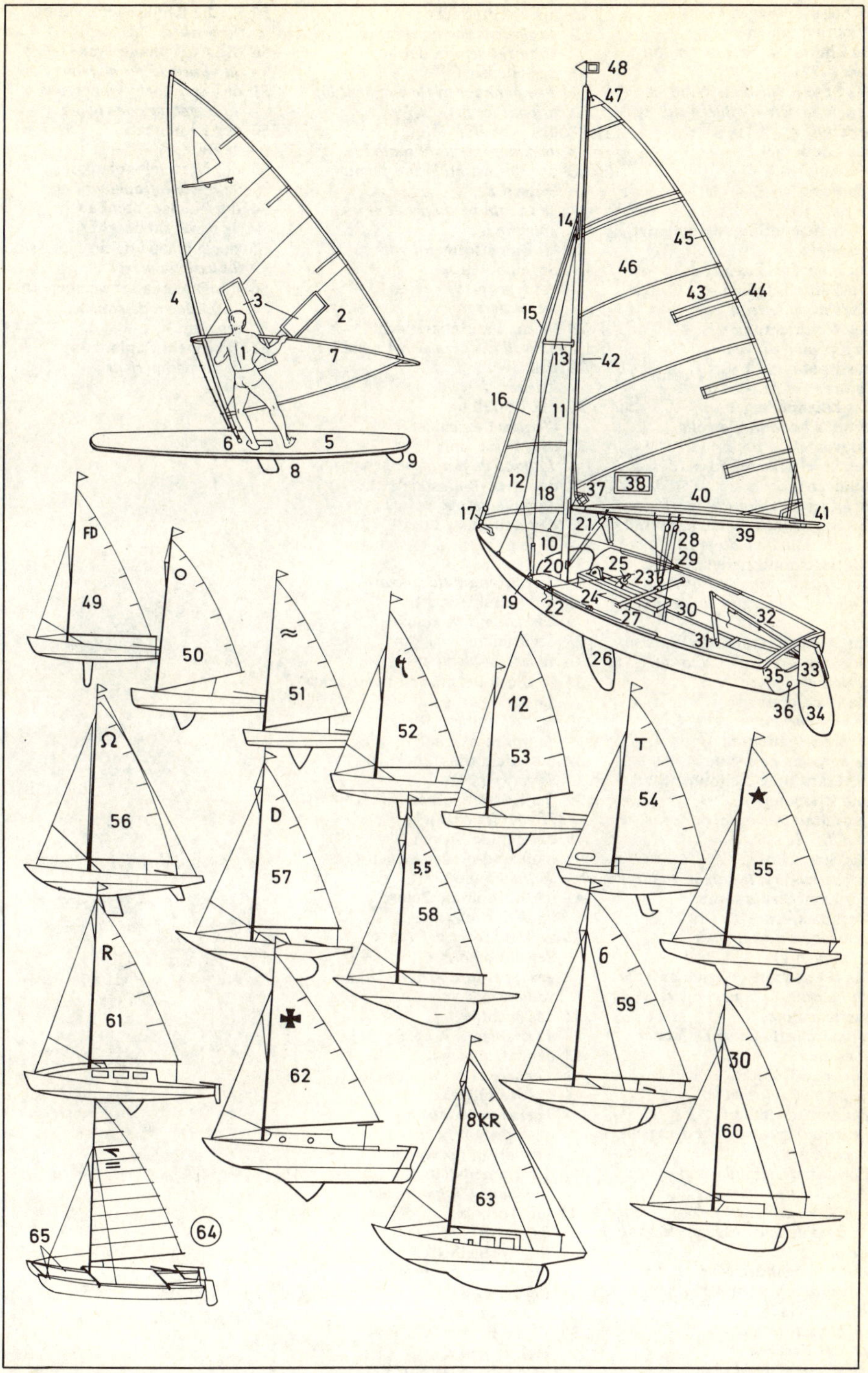
1
2
3
4
5
6
7
8
9
10
11
12
13
14
15
16
17
18
19
20
21
22
23
24
25
26
27
28
29
30
31
32
33
34
35
36
37
38
39
40
41
42
43
44
45
46
47
48
FD
49
O
50
≈
51
52
12
53
T
54
★
55
Ω
56
D
57
5,5
58
6
59
30
60
R
61
62
8KR
63
64
65

1-13 Segelstellungen *f* und Windrichtungen *f*
– ***les allures*** f *et la direction du vent*
1 das Segeln vor dem Wind *m*
– *le vent arrière (l'allure* f *du vent arrière)*
2 das Großsegel
– *la grand-voile*
3 die Fock
– *le foc*
4 die Schmetterlingsstellung der Segel *n*
– *les voiles* f *en ciseaux* m
5 die Mittschiffslinie
– *l'axe* m *du bateau*
6 die Windrichtung
– *la direction du vent*
7 das Boot ohne Fahrt *f*
– *le virement de bord* m
8 das killende Segel
– *la voile battante (la voile faseyante)*
9 das Segeln am Wind *m* (das Anluven)
– *le lof (rentrer dans le vent)*
10 das Segeln hart (hoch) am Wind *m*
– *le près (l'allure* f *du près)*
11 das Segeln mit halbem Wind *m*
– *le largue, le vent de travers* m *(l'allure* f *du largue, du vent de travers* m*)*
12 das Segeln mit raumem Wind *m*
– *le grand largue (les allures* f *portantes)*
13 die Backstagsbrise
– *le vent portant*
14-24 der Regattakurs
– ***le parcours de régate*** f
14 die Start- und Zieltonne (Start- und Zielboje)
– *la marque (la bouée) de départ* m *et d'arrivée* f
15 das Startschiff
– *le bateau-jury (le bateau du jury)*
16 der Dreieckskurs (die Regattastrecke)
– *le triangle (le parcours triangulaire)*
17 die Wendeboje (Wendemarke)
– *la marque (la bouée) à virer*
18 die Kursboje
– *la marque (la bouée) à laisser d'un côté*
19 der erste Umlauf
– *le premier louvoyage*
20 der zweite Umlauf
– *le second louvoyage (le deuxième louvoyage)*
21 der dritte Umlauf
– *le troisième louvoyage*
22 die Kreuzstrecke
– *le bord de louvoyage* m *(le bord de près* m*)*
23 die Vormwindstrecke
– *le bord de vent* m *arrière*
24 die Umwindstrecke
– *le bord de largue* m
25-28 das Kreuzen
– ***le virement de bord*** m
25 die Kreuzstrecke
– *le virement de bord* m *(le virement vent* m *devant)*
26 das Halsen
– *l'empannage* m *(le virement lof* m *pour lof* m*)*
27 das Wenden
– *le changement de route* f
28 der Verlust an Höhe *f* beim Halsen *n*
– *le terrain perdu pendant un empannage*
29-41 Rumpfformen *f* von Segelbooten *n*
– ***les types*** m ***de coques*** f ***de voiliers*** m
29-34 die Fahrtenkieljacht
– *un voilier de croisière* f *à quille* f
29 das Heck
– *l'arrière* f
30 der Löffelbug
– *l'étrave* f *en cuiller* f
31 die Wasserlinie
– *la ligne de flottaison* f
32 der Kiel (Ballastkiel)
– *la quille lestée*
33 der Ballast
– *le lest*
34 das Ruder
– *le gouvernail (le safran)*
35 die Rennkieljacht
– *un quillard de course* f
36 der Bleikiel
– *le lest en plomb* m
37-41 die Jolle, eine Schwertjacht
– *un dériveur lesté*
37 das aufholbare Ruder
– *le safran relevable*
38 die Plicht (das Cockpit)
– *le cockpit*
39 der Kajütenaufbau (die Kajüte)
– *le rouf (la cabine)*
40 der gerade Steven (Auf-und-nieder-Steven)
– *l'étrave* f *droite*
41 das aufholbare Schwert
– *la dérive relevable*
42-49 Heckformen *f* von Segelbooten *n*
– ***les types*** m ***d'arrières*** m *de voiliers* m
42 das Jachtheck
– *l'arrière* m *à voûte* f
43 der Jachtspiegel
– *l'arrière* m *à voûte coupée*
44 das Kanuheck
– *l'arrière* m *canoé* m
45 das Spitzgattheck
– *l'arrière* m *norvégien*
46 das Namensschild
– *la plaque d'immatriculation* f
47 das Totholz
– *le massif*
48 das Spiegelheck
– *l'arrière* m *à tableau* m
49 der Spiegel
– *le tableau arrière*
50-57 die Beplankung von Holzbooten *n*
– ***le bordé en bois*** m
50-52 die Klinkerbeplankung
– *le bordé à clins* m
50 die Außenhautplanke
– *la virure de recouvrement* m
51 das Spant, ein Querspant *n*
– *la membrure (le couple)*
52 der Klinknagel
– *le rivet*
53 die Kraweelbeplankung
– *le bordé à franc-bord* m
54 der Nahtspantenbau
– *le bordé sur lisses* f
55 der Nahtspant, ein Längsspant *n*
– *la lisse (la serre)*
56 die Diagonalkraweelbeplankung
– *le bordé en deux couches* f *croisées*
57 die innere Beplankung
– *le bordé intérieur*

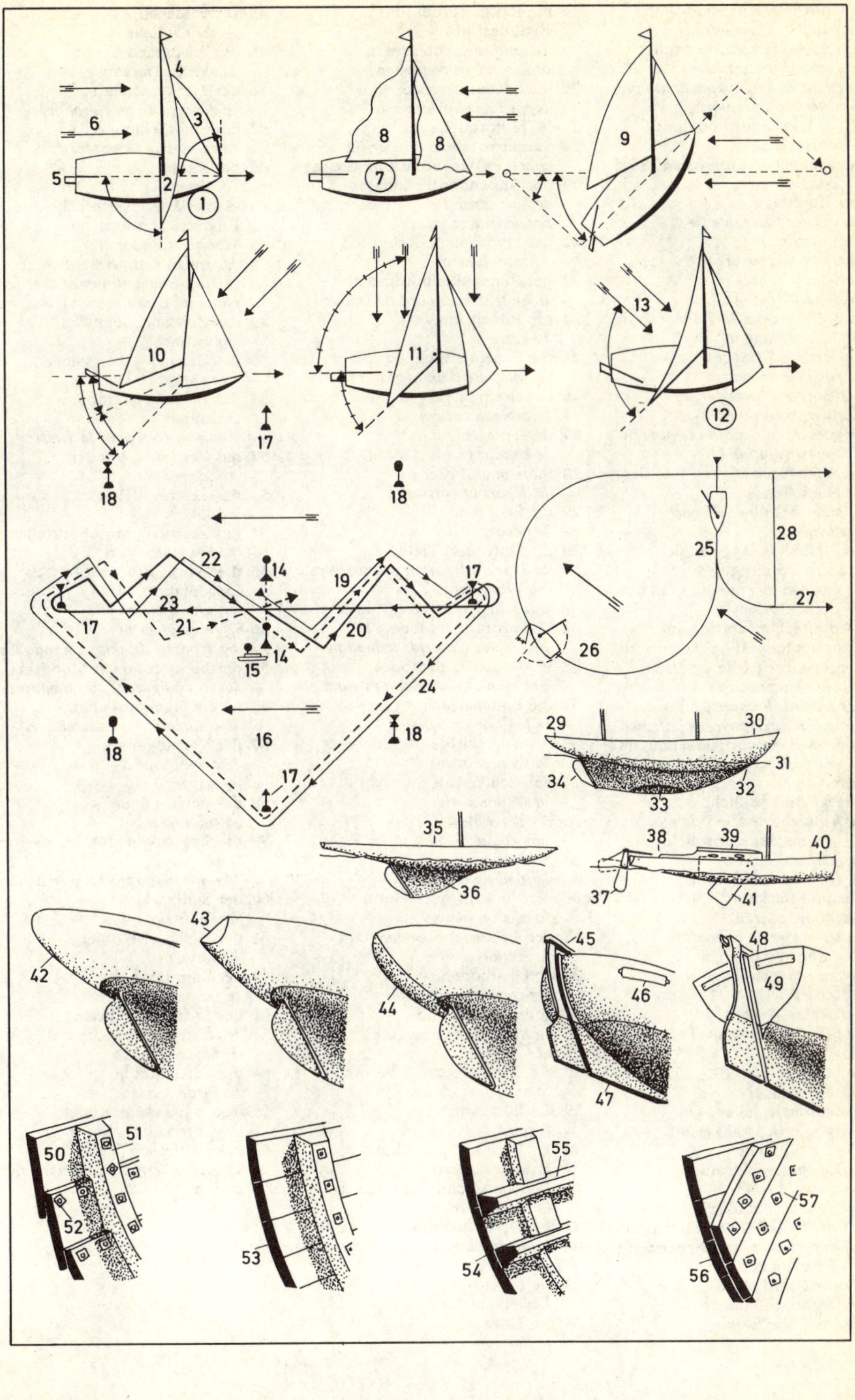
1
2
3
4
5
6
7
8
9
10
11
12
13
14
15
16
17
18
19
20
21
22
23
24
25
26
27
28
29
30
31
32
33
34
35
36
37
38
39
40
41
42
43
44
45
46
47
48
49
50
51
52
53
54
55
56
57

1-5 Motorboote *n* (Sportboote)
– *bateaux* m *à moteur* m
1 das Sportschlauchboot mit Außenbordmotor *m*
– *le canot (le dinghy) pneumatique à moteur* m *hors-bord*
2 das Inbord-Sportboot [mit Z-Antrieb *m*]
– *le runabout à transmission* f *en Z (à Z-drive)*
3 das Kajütboot
– *la vedette habitable (le cabin-cruiser)*
4 der Motorkreuzer
– *la vedette rapide*
5 die 30-m-Hochseejacht
– *le yacht de croisière* f *à moteur* m *de 30 m de long* m
6 die Verbandsflagge
– *le pavillon de club* m
7 der Bootsname (*oder:* die Zertifikatsnummer)
– *le nom du bateau (ou le numéro d'immatriculation* f*)*
8 die Clubzugehörigkeit und der Heimathafen
– *le nom du club et du port d'attache* f
9 die Verbandsflagge an der Steuerbordsaling
– *le pavillon du club dans la barre de flèche* f *tribord*
10-14 die Lichterführung auf Sportbooten *n* für Küsten- und Seegewässer *n* (die Positionslaternen *f*)
– *les feux* m *de route* f *réglementaires pour les bateaux* m *à moteur* m *naviguant dans les eaux* f *côtières et intérieures de R.F.A.*
10 das weiße Topplicht
– *le feu blanc de tête* f *de mât* m
11 das grüne Steuerbordlicht (die Steuerbordlaterne)
– *le feu vert de tribord* m
12 das rote Backbordlicht (die Backbordlaterne)
– *le feu rouge de bâbord* m
13 das grünrote Buglicht
– *le feu combiné rouge et vert d'étrave* f
14 das weiße Hecklicht
– *le feu blanc de poupe* f
15-18 Anker *m*
– *les ancres* f
15 der Stockanker (Admiralitätsanker), ein Schwergewichtsanker *m*
– *l'ancre* f *à jas* m
16-18 Leichtgewichtsanker *m*
– *les ancres* f *légères*
16 der Pflugscharanker
– *l'ancre* f *CQR (l'ancre* f *charrue* f*, l'ancre* f *à soc* m *de charrue* f*)*
17 der Patentanker
– *l'ancre* f *sans jas* m
18 der Danforth-Anker
– *l'ancre* f *Danforth*
19 die Rettungsinsel (das Rettungsfloß)
– *le canot de sauvetage* m *(le radeau de sauvetage* m*)*
20 die Schwimmweste
– *le gilet de sauvetage* m
21-44 Motorbootrennen *n*
– *la course motonautique (la course en bateaux* m *à moteur* m*)*
21 der Außenbordkatamaran
– *le hors-bord à coque* f *de catamaran* m
22 das Hydroplane-Rennboot
– *l'hydroplane* m
23 der Rennaußenbordmotor
– *le moteur hors-bord de course* f
24 die Ruderpinne
– *la barre*
25 die Benzinleitung
– *la conduite d'alimentation* f
26 der Heckspiegel (das Heckbrett)
– *le tableau arrière*
27 der Tragschlauch
– *le boudin gonflé d'air* m
28 Start *m* und Ziel *n*
– *le départ et l'arrivée* f
29 die Startzone
– *le départ*
30 die Start- und Ziellinie
– *la ligne de départ* m *et d'arrivée* f
31 die Wendeboje
– *la marque (la bouée) à virer*
32-37 Verdrängungsboote *n*
– *les coques* f *à déplacement* m
32-34 das Rundspantboot
– *une coque à bouchain* m *rond*
32 die Bodenansicht
– *le fond de la coque*
33 der Vorschiffquerschnitt
– *la section avant*
34 der Achterschiffquerschnitt
– *la section arrière*
35-37 das V-Boden-Boot
– *une coque à fonds* m *en V*
35 die Bodenansicht
– *le fond de la coque*
36 der Vorschiffquerschnitt
– *la section avant*
37 der Achterschiffquerschnitt
– *la section arrière*
38-44 Gleitboote *n*
– *les coques* f *planantes*
38-41 das Stufenboot
– *un hydroplane à redans* m
38 die Seitenansicht
– *le profil*
39 die Bodenansicht
– *le fond de la coque*
40 der Vorschiffquerschnitt
– *la section avant*
41 der Achterschiffquerschnitt
– *la section arrière*
42 das Dreipunktboot
– *un hydroplane à coque* f *à trois points* m *d'appui* m
43 die Flosse
– *l'aileron* m
44 die Tatze
– *le flotteur*
45-62 Wasserski *m*
– *le ski nautique*
45 die Wasserskiläuferin
– *la skieuse (nautique)*
46 der Tiefwasserstart
– *le départ en eau* f *profonde*
47 das Seil (Schleppseil)
– *la remorque (le câble)*
48 die Hantel
– *la poignée*
49-55 die Wasserskisprache (die Handzeichen *n* des Wasserskiläufers *m*)
– *les signaux* m *permettant au skieur de communiquer avec le pilote du canot*
49 das Zeichen „Schneller"
– *«plus vite»*
50 das Zeichen „Langsamer"
– *«ralentir»*
51 das Zeichen „Tempo in Ordnung"
– *«tout va bien pour la vitesse»*
52 das Zeichen „Wenden"
– *«tourner»*
53 das Zeichen „Halt"
– *«stop»*
54 das Zeichen „Motor abstellen"
– *«arrêt moteur»* m
55 der Wink „Zurück zum Liegeplatz"
– *«retour à terre»* f
56-62 Wasserski *m*
– *les types* m *de skis* m *nautiques*
56 der Figurenski, ein Monoski
– *le ski de figures* f*, un monoski*
57-58 die Gummibindung
– *le chausson (les caoutchoucs)*
57 der Vorfußgummi
– *le caoutchouc avant (le chausson)*
58 der Fersengummi
– *la talonnière*
59 die Stegschlaufe für den zweiten Fuß
– *la bride mono pour le pied arrière*
60 der Slalomski
– *le ski de slalom* m
61 der Kiel (die Flosse)
– *l'aileron* m
62 der Sprungski
– *le ski de saut* m
63 das Luftkissenfahrzeug
– *le véhicule sur coussin* m *d'air* m *(le hovercraft)*
64 die Luftschraube
– *l'hélice* f
65 das angeblasene Ruder
– *le gouvernail*
66 das Luftkissen (Luftpolster)
– *la jupe enfermant le coussin* m *d'air* m

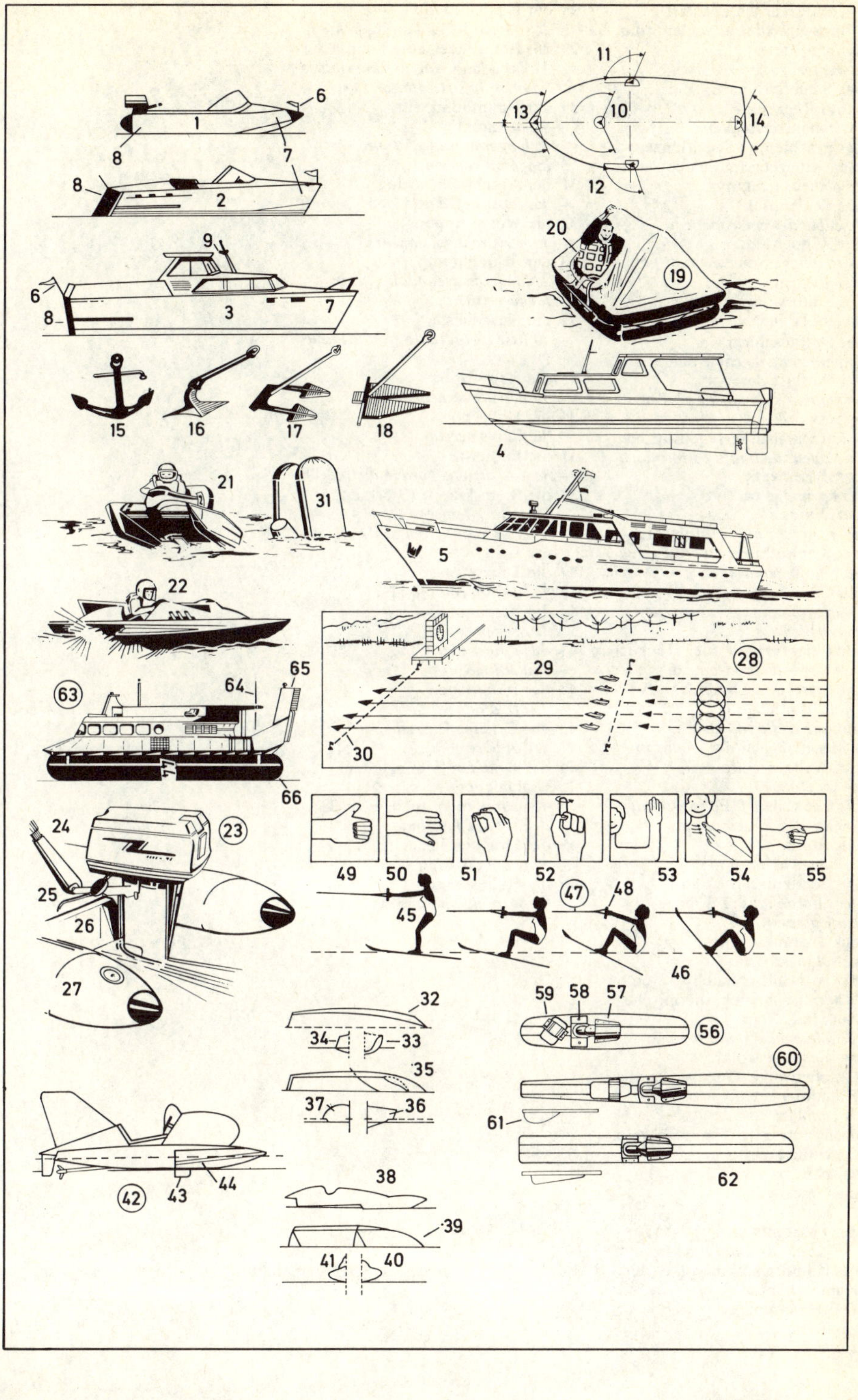
1
2
3
4
5
6
7
8
9
10
11
12
13
14
15
16
17
18
19
20
21
22
23
24
25
26
27
28
29
30
31
32
33
34
35
36
37
38
39
40
41
42
43
44
45
46
47
48
49
50
51
52
53
54
55
56
57
58
59
60
61
62
63
64
65
66

1 der Flugzeugschleppstart (Flugzeugschlepp, Schleppflug, Schleppstart)
– *le remorquage*
2 das Schleppflugzeug, ein Motorflugzeug *n*
– *l'avion* m *remorqueur*
3 das geschleppte Segelflugzeug (Segelflugzeug im Schlepp *m*)
– *le planeur remorqué*
4 das Schleppseil
– *le câble de remorquage* m
5 der Windenstart
– *le treuillage (lancement* m *par treuillage* m*)*
6 die Motorwinde
– *le treuil à moteur* m
7 der Seilfallschirm
– *le parachute de câble* m
8 der Motorsegler
– *le planeur à dispositif* m *d'envol* m *incorporé*
9 das Hochleistungssegelflugzeug
– *le planeur de haute performance* f
10 das T-Leitwerk
– *l'empennage en T* m
11 der Windsack
– *le manche à air* m *(biroute* f*)*
12 der Kontrollturm
– *la tour de contrôle* m
13 das Segelfluggelände
– *l'aérodrome* m *(terrain* m*) de vol* m *à voile* f
14 die Flugzeughalle (der Hangar)
– *le hangar d'aérodrome* m
15 die Start- und Landebahn für Motorflugzeuge *n*
– *la piste de décollage* m *et d'atterrissage* m *des avions* m
16 das Wellensegeln
– *le vol d'onde* f
17 die Leewellen *f* (Föhnwellen)
– *les ondes* f *de ressaut* m
18 der Rotor
– *le nuage de rotor* m
19 die Lentikulariswolken *f*
– *les altocumulus* m *à forme* f *lenticulaire*
20 das Thermiksegeln
– *le vol thermique*
21 der Aufwindschlauch (Thermikschlauch, thermische Aufwind, „Bart“)
– *la colonne ascendante*
22 die Kumuluswolke (Haufenwolke, Quellwolke, der Kumulus)
– *le cumulus*
23 das Frontsegeln (Frontensegeln, Gewittersegeln)
– *le vol de front* m
24 die Gewitterfront
– *le front*
25 der Frontaufwind
– *le courant ascendant de front* m
26 die Kumulonimbuswolke (der Kumulonimbus)
– *le cumulo-nimbus*
27 das Hangsegeln
– *le vol de pente* f
28 der Hangaufwind
– *le courant ascendant de pente* f
29 der Holmflügel, eine Tragfläche
– *l'aile* f *à longerons* m, *une voilure (plan* m *de sustentation* f*)*
30 der Hauptholm, ein Kastenholm
– *le longeron principal, un longeron-caisson*
31 der Anschlußbeschlag
– *les ferrures* f *d'attache* f
32 die Wurzelrippe
– *la nervure d'emplanture* f
33 der Schrägholm
– *le longeron secondaire (faux longeron* m*)*
34 die Nasenleiste
– *la lisse avant (bord* m *d'attaque* f*)*
35 die Hauptrippe
– *la nervure principale*
36 die Hilfsrippe
– *la fausse nervure*
37 die Endleiste
– *la lisse arrière (bord* m *de fuite* f*)*
38 die Bremsklappe (Störklappe, Sturzflugbremse)
– *l'aérofrein* m *(frein* m *de piqué* m*)*
39 die Torsionsnase
– *le volet de courbure* f
40 die Bespannung
– *le revêtement*
41 das Querruder
– *l'aileron* m
42 der Randbogen
– *le bec d'aile* f
43 das Drachenfliegen
– *le vol libre*
44 der Drachen (Hanggleiter, Deltagleiter)
– *l'appareil* m *de vol* m *libre (le delta, l'aile* f *volante)*
45 der Drachenflieger
– *le pilote de vol* m *libre*
46 die Haltestange
– *la barre de pilotage* m

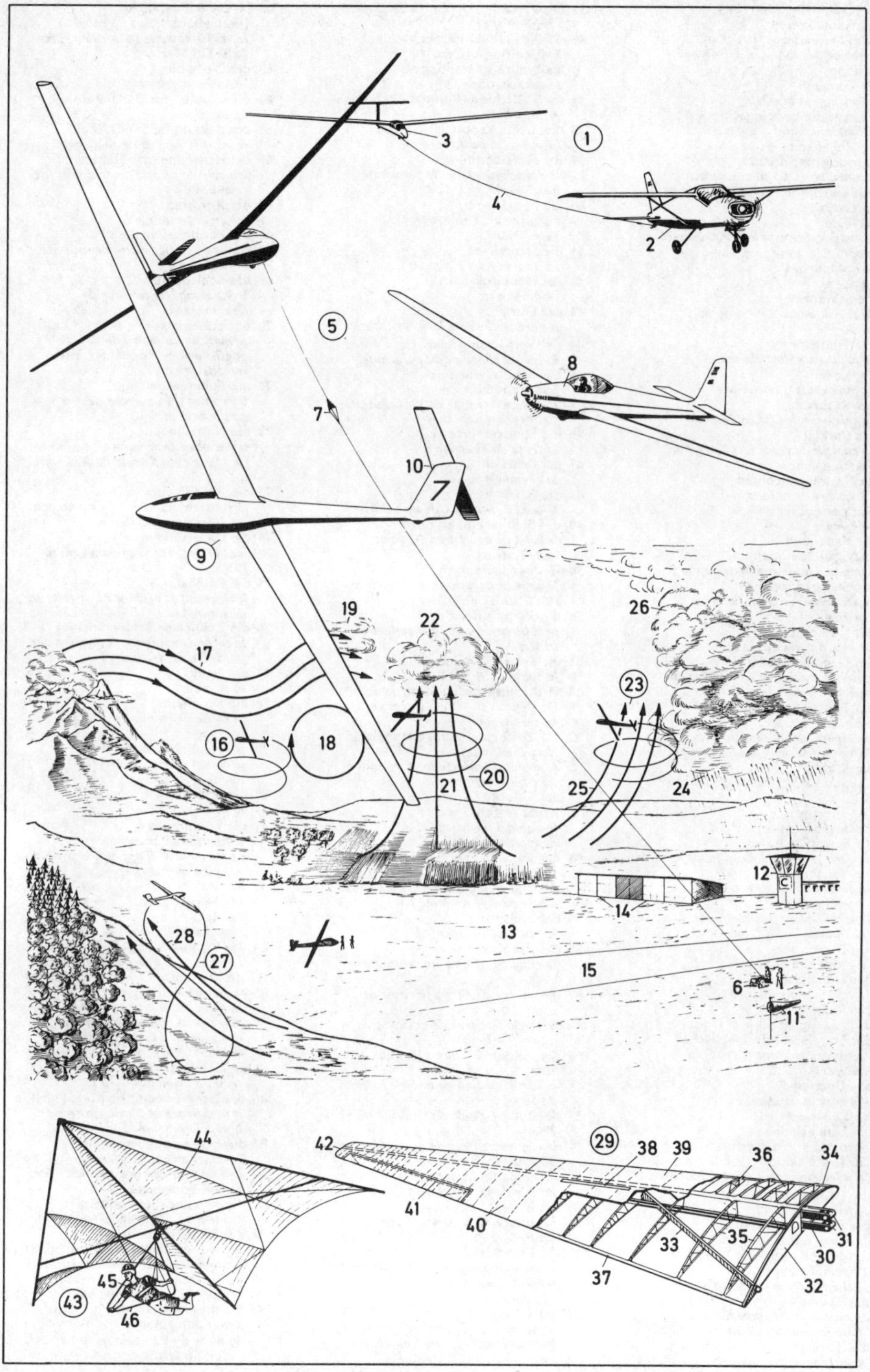
1
2
3
4
5
6
7
8
9
10
11
12
13
14
15
16
17
18
19
20
21
22
23
24
25
26
27
28
29
30
31
32
33
34
35
36
37
38
39
40
41
42
43
44
45
46

1-9 der Kunstflug (die Kunstflugfiguren *f*)
– ***la voltige aérienne*** *(l'acrobatie* f *aérienne, les figures* f *de voltige* f *aérienne)*
1 der Looping
– *le looping (la boucle)*
2 die liegende Loopingacht
– *le huit horizontal*
3 der Rollenkreis
– *la boucle avec départ* m *et récupération* f *les ailes* f *verticales («sur la tranche») et 4 tonneaux* m *successifs*
4 der Turm
– *le virage cabré «sur la tranche» avec perte* f *de vitesse* f
5 das Männchen
– *la cloche*
6 die Schraube
– *la chandelle avec tonneau* m *déclenché*
7 das Trudeln
– *le piqué en vrille* f *(la vrille)*
8 die Rolle
– *le tonneau lent horizontal*
9 der Rückenflug
– *le vol sur le dos (le vol inversé)*
10 das Cockpit
– ***le cockpit*** *(le poste de pilotage* m, *l'habitacle* m, *la cabine)*
11 das Instrumentenbrett
– *le tableau de bord* m
12 der Kompaß
– *le compas*
13 die Funk- und Navigationseinrichtung
– *l'appareil* m *de radionavigation* f
14 der Steuerknüppel
– *le manche à balai* m *(le levier de commande* f*)*
15 der Gashebel
– *la manette des gaz* m
16 der Gemischregulierhebel
– *le levier régulateur (correcteur) de mélange* m
17 das Funksprechgerät
– *l'émetteur-récepteur* m
18 der Sport- und Kunstflugzweisitzer
– ***le biplace de sport*** m ***et de voltige*** f
19 die Kabine
– *la carlingue (la cabine, l'habitacle* m*)*
20 die Antenne
– *l'antenne* f
21 die Seitenflosse
– *la dérive (le plan fixe vertical)*
22 das Seitenruder
– *le gouvernail de direction* f
23 die Höhenflosse
– *le stabilisateur (le plan fixe horizontal)*
24 das Höhenruder
– *le gouvernail de profondeur* f
25 die Trimmklappe
– *le volet compensateur*
26 der Rumpf
– *le fuselage*
27 der Tragflügel (die Tragfläche)
– *la surface portante (l'aile* f, *la voilure)*
28 das Querruder
– *l'aileron* m *(le plan de gauchissement* m*)*
29 die Landeklappe
– *le volet d'atterrissage* m
30 die Trimmklappe
– *le volet compensateur (de courbure* f*)*
31 die Positionslampe [rot]
– *le feu de position* f
32 der Landescheinwerfer
– *le phare d'atterrissage* m
33 das Hauptfahrwerk
– *le train d'atterrissage* m *(l'atterrisseur* m*) principal*
34 das Bugrad
– *le train d'atterrissage* m *(l'atterrisseur* m*) avant*
35 das Triebwerk
– *le moteur (le propulseur)*
36 der Propeller (die Luftschraube)
– *l'hélice* f
37-62 das Fallschirmspringen (der Fallschirmsport, das Fallschirmsportspringen)
– ***le parachutisme***
37 der Fallschirm (Sprungfallschirm)
– *le parachute*
38 die Schirmkappe
– *la voilure (la calotte)*
39 der Hilfsschirm
– *le parachute-pilote (le parachute auxiliaire)*
40 die Fangleinen *f*
– *les suspentes* f *(les cordes* f *de suspension* f*)*
41 die Steuerleine
– *les commandes* f *à main* f
42 der Haupttragegurt
– *l'élévateur* m
43 das Gurtzeug
– *le harnais (les sangles* f, *les bretelles* f*)*
44 der Verpackungssack
– *le sac de pliage* m *du parachute*
45 das Schlitzsystem des Sportfallschirms *m*
– *la voilure à fentes* f *du parachute de compétition* f *sportive*
46 die Steuerschlitze *m*
– *la fente de direction* f
47 der Scheitel
– *la cheminée*
48 die Basis
– *le bord d'attaque* f *de la voilure*
49 das Stabilisierungspaneel
– *le volet de courbure* f *(le volet stabilisateur)*
50-51 das Stilspringen
– *le saut en parachute* m *de style* m *(les figures* f *de voltige* f*)*
50 das Rückwärtssalto
– *le salto arrière (le saut périlleux arrière)*
51 die Spirale (Drehung)
– *la spirale à droite* f
52-54 die ausgelegten Sichtsignale *n*
– *les signaux* m *visuels (les cibles* f*) tracés au sol*
52 das Zeichen „Sprungerlaubnis" *f* (das Zielkreuz)
– *le signal d'autorisation* f *de saut* m *(la cible cruciforme)*
53 das Zeichen „Sprungverbot *n* - neuer Anflug" *m*
– *le signal d'interdiction* f *de saut* m *et de reprise* f *de vol* m
54 das Zeichen „Sprungverbot *n* - sofort landen"
– *le signal d'interdiction* f *de saut* m *et d'atterrissage* m *immédiat*
55 der Zielsprung
– *le saut de précision* f
56 das Zielkreuz
– *la cible cruciforme (le centre de la cible)*
57 der innere Zielkreis [Radius *m* 25m]
– *le cercle intérieur de la cible [rayon* m *de 25 m]*
58 der mittlere Zielkreis [Radius *m* 50m]
– *le cercle médian de la cible [rayon de 50 m]*
59 der äußere Zielkreis [Radius *m* 100m]
– *le cercle extérieur de la cible [rayon de 100 m]*
60-62 Freifallhaltungen *f*
– *les positions* f *en chute* f *libre*
60 die X-Lage
– *la position en X, jambes* f *et bras* m *écartés*
61 die Froschlage
– *la position en grenouille* f, *jambes* f *tendues légèrement écartées et bras* m *pliés*
62 die T-Lage
– *la position en T, jambes* f *jointes et bras* m *écartés à l'horizontale* f
63-84 das Ballonfahren (Freiballonfahren)
– ***le vol*** *(le voyage, l'ascension* f*)* ***en ballon*** m *libre*
63 der Gasballon
– *le ballon à gaz* m
64 die Gondel (der Ballonkorb)
– *la nacelle*
65 der Ballast (die Sandsäcke)
– *le lest (les sacs* m *de sable* m*)*
66 die Halteleine (das Halteseil)
– *le câble (le filin) d'amarrage* m *(de retenue* f*)*
67 der Korbring
– *le cercle de charge* f
68 die Bordinstrumente *n*
– *les agrès* m *(les instruments* m *de bord* m*)*
69 das Schlepptau
– *le guiderope (le cordage de délestage* m*)*
70 der Füllansatz
– *le manche ou manchon de gonflement* m *(l'appendice* m *de remplissage* m*)*
71 die Füllansatzleinen *f*
– *les cordes* f *du manche de gonflement* m
72 die Notreißbahn
– *le panneau de déchirure* f *auxiliaire (le volet de gonflement* m *de secours* m*)*
73 die Notreißleine
– *la corde de manœuvre* f *du panneau de déchirure* f *auxiliaire*
74 die Gänsefüße *m*
– *les pattes* f *d'oie* f *prolongeant le filet*
75 die Reißbahn
– *le panneau de déchirure* f *(le volet de déchirure* f*)*
76 die Reißleine (Reißbahnleine)
– *la corde de manœuvre* f *du panneau (du volet) de déchirure* f
77 das Ventil
– *la soupape*
78 die Ventilleine
– *la corde de manœuvre* f *de la soupape*
79 der Heißluftballon
– *le ballon à air* m *chaud (la montgolfière)*
80 die Brennerplattform
– *la plate-forme du brûleur*
81 die Füllöffnung
– *le manche ou manchon de gonflement* m *(l'appendice* m *de remplissage* m*)*
82 das Ventil
– *la soupape latérale*
83 die Reißbahn
– *le panneau (le volet) de déchirure* f
84 der Ballonaufstieg (Ballonstart)
– *l'ascension* f *d'un ballon (le lâcher de ballon* m, *le départ de ballon* m*)*
85-91 der Modellflugsport
– ***la démonstration en vol*** m ***de modèles*** m *réduits d'avions* m *(la compétition d'aéromodélisme* m*)*
85 der funkferngesteuerte Modellflug
– *le vol télécommandé d'un modèle réduit d'avion* m
86 das ferngesteuerte Freiflugmodell
– *le modèle réduit d'avion* m *en vol* m *libre télécommandé*
87 die Funkfernsteuerung (das Fernsteuerfunkgerät)
– *le boîtier de radiocommande* f *(de radiotélécommande* f*)*
88 die Antenne (Sendeantenne)
– *l'antenne* f *(l'antenne* f *émettrice)*
89 das Fesselflugmodell
– *le modèle réduit d'avion* m *à commande* f *par câble* m *(par film)*
90 die Eindrahtfesselflugsteuerung
– *le câble (le fil) de commande* f *de vol* m
91 die fliegende Hundehütte, ein Groteskflugmodell *n*
– *la niche à chien volante, un modèle réduit fantaisiste*

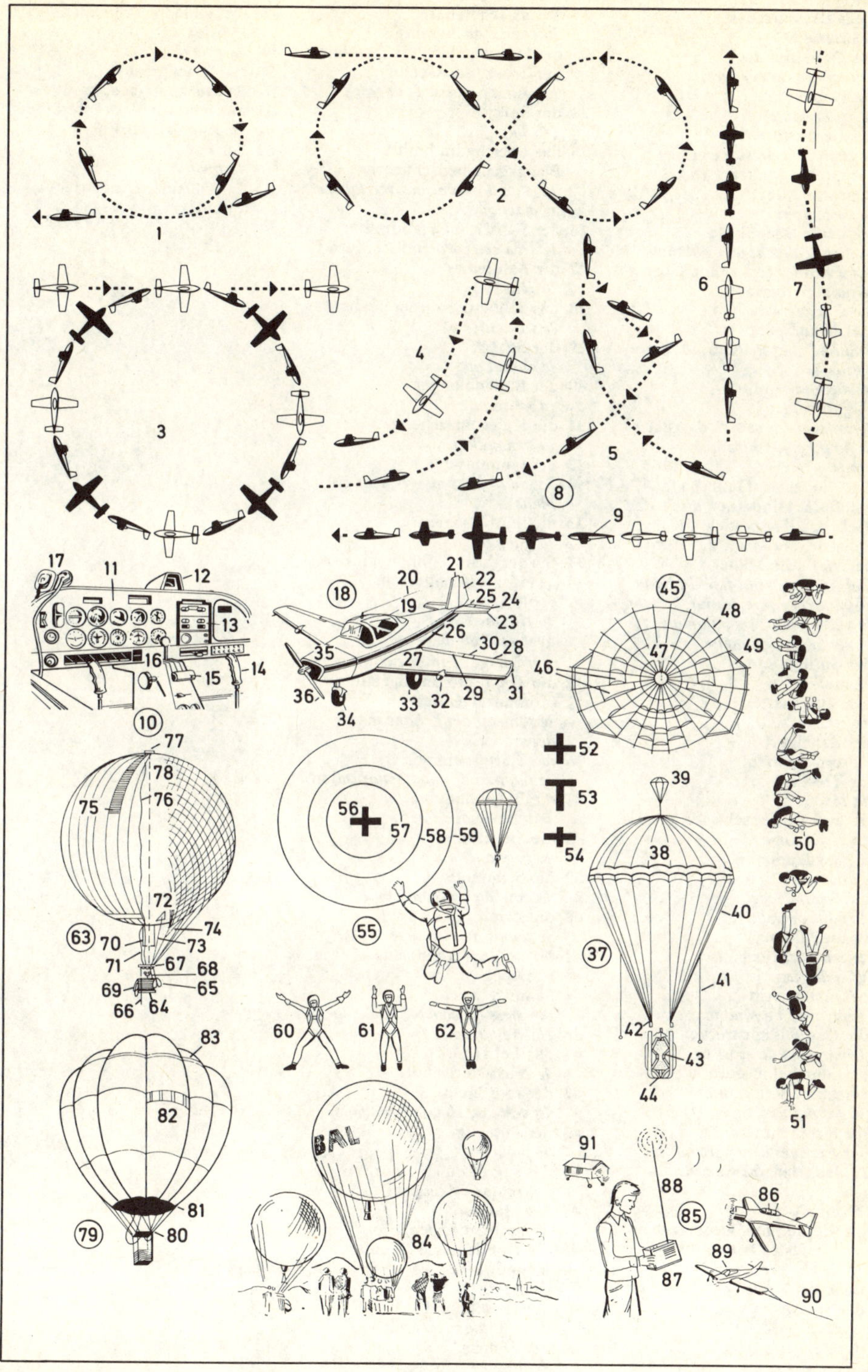
1
2
3
4
5
6
7
8
9
10
11
12
13
14
15
16
17
18
19
20
21
22
23
24
25
26
27
28
29
30
31
32
33
34
35
36
37
38
39
40
41
42
43
44
45
46
47
48
49
50
51
52
53
54
55
56
57
58
59
60
61
62
63
64
65
66
67
68
69
70
71
72
73
74
75
76
77
78
79
80
81
82
83
84
85
86
87
88
89
90
91
BAL

1-7 das Dressurreiten
– ***le dressage***
1 das Dressurviereck
– *le manège (la carrière)*
2 die Bande
– *le garde-botte*
3 das Dressurpferd
– *le cheval au dressage* m
4 der dunkle Reitfrack (*od.* schwarze Rock)
– *la veste noire*
5 die weiße Stiefelhose
– *la culotte de cheval* m *blanche*
6 der Zylinder (*od.* runde Hut)
– *le haut de forme* f
7 die Gangart (*auch:* die Hufschlagfigur)
– *l'allure* f *(l'exercice* m, *la figure d'école* f*)*
8-14 das Springreiten (Jagdspringen)
– ***le concours de saut*** m *d'obstacles* m *(le concours hippique, le jumping)*
8 das Hindernis (Gatter), ein halbfestes Hindernis; *ähnl.:* das Rick, das Koppelrick, die Palisade, der Oxer, die Hürde, der Wall, die Mauer
– *l'obstacle* m *semi-fixe, la barre;* aussi: *la barrière, le mur, la haie, la stationnata, les palanques* f, *l'oxer* m, *la banquette*
9 das Springpferd
– *le sauteur*
10 der Springsattel
– *la selle de saut* m
11 der Sattelgurt
– *la sous-ventrière*
12 die Trense
– *la rêne*
13 der rote (*auch:* schwarze) Rock
– *la veste rouge*
14 die Jagdkappe
– *la bombe*
15 die Bandage
– *la bande jambière*
16-19 die Military
– ***le concours complet d'équitation*** f
16 der Geländeritt
– *l'épreuve* f *de fond* m
17 die Querfeldeinstrecke
– *le parcours de cross* m
18 der Sturzhelm (*auch:* die verstärkte Reitkappe)
– *le casque*
19 die Streckenmarkierung
– *les marques* f *de parcours* m
20-22 das Hindernisrennen (Jagdrennen)
– ***le steeple-chase***
20 die Hecke (mit Wassergraben *m*), ein festes Hindernis
– *la rivière (précédée d'une haie), un obstacle fixe*
21 der Sprung
– *le saut*
22 die Reitgerte
– *la cravache*
23-40 das Trabrennen
– ***la course au trot attelé***
23 die Trabrennbahn (Traberbahn, der Track, das Geläuf)
– *la piste de course* f *au trot*
24 der Sulky
– *le sulky*
25 das Speichenrad mit Plastikscheibenschutz *m*
– *la roue à rayons* m *avec flasque* m *plastique*
26 der Fahrer, im Trabdreß *m*
– *le driver en casaque* f *de course* f
27 die Fahrleine
– *la rêne*
28 das Traberpferd (der Traber)
– *le trotteur*
29 der Scheck
– *le cheval pie*
30 der Bodenblender
– *la muserolle*
31 die Kniegamasche
– *la genouillère*
32 der Gummischutz
– *la guêtre, le protège-pieds en mousse* f
33 die Startnummer
– *le numéro*
34 die verglaste Tribüne mit den Totalisatorschaltern *m* (Totokassen *f*)
– *la tribune vitrée, avec tableau* m *d'affichage* m *intérieur*
35 die Totalisatoranzeigetafel (Totoanzeigetafel)
– *le tableau d'affichage* m *des départs* m
36 die Starternummer
– *le numéro de chaque partant* m
37 die Eventualquote
– *le tableau des cotes* f
38 die Siegeranzeige
– *le gagnant*
39 die Siegquote
– *la cote du gagnant*
40 die Zeitanzeige
– *le temps de la course*
41-49 das Jagdreiten, eine Schleppjagd; *ähnl.:* Fuchsjagd *f*, Schnitzeljagd
– ***la chasse à courre;*** anal.: *la chasse au renard*
41 das Feld (die Gruppe)
– *le chasseur à courre*
42 der rote Jagdrock
– *la veste de chasse* f *rouge*
43 der Piqueur
– *le piqueur*
44 das Jagdhorn (Hifthorn)
– *la trompe de chasse* f
45 der Master
– *le maître d'équipage* m
46 die Hundemeute (Meute, Koppel)
– *la meute (les chiens* m*)*
47 der Hirschhund
– *le chien de meute* m
48 der „Fuchs"
– *le drag*
49 die Schleppe (künstliche Fährte)
– *la voie artificielle*
50 das Galopprennen
– ***la course au galop*** m
51 das Feld (die Rennpferde *n*)
– *la piste de course* f
52 der Favorit
– *le favori*
53 der Outsider (Außenseiter)
– *l'outsider* m

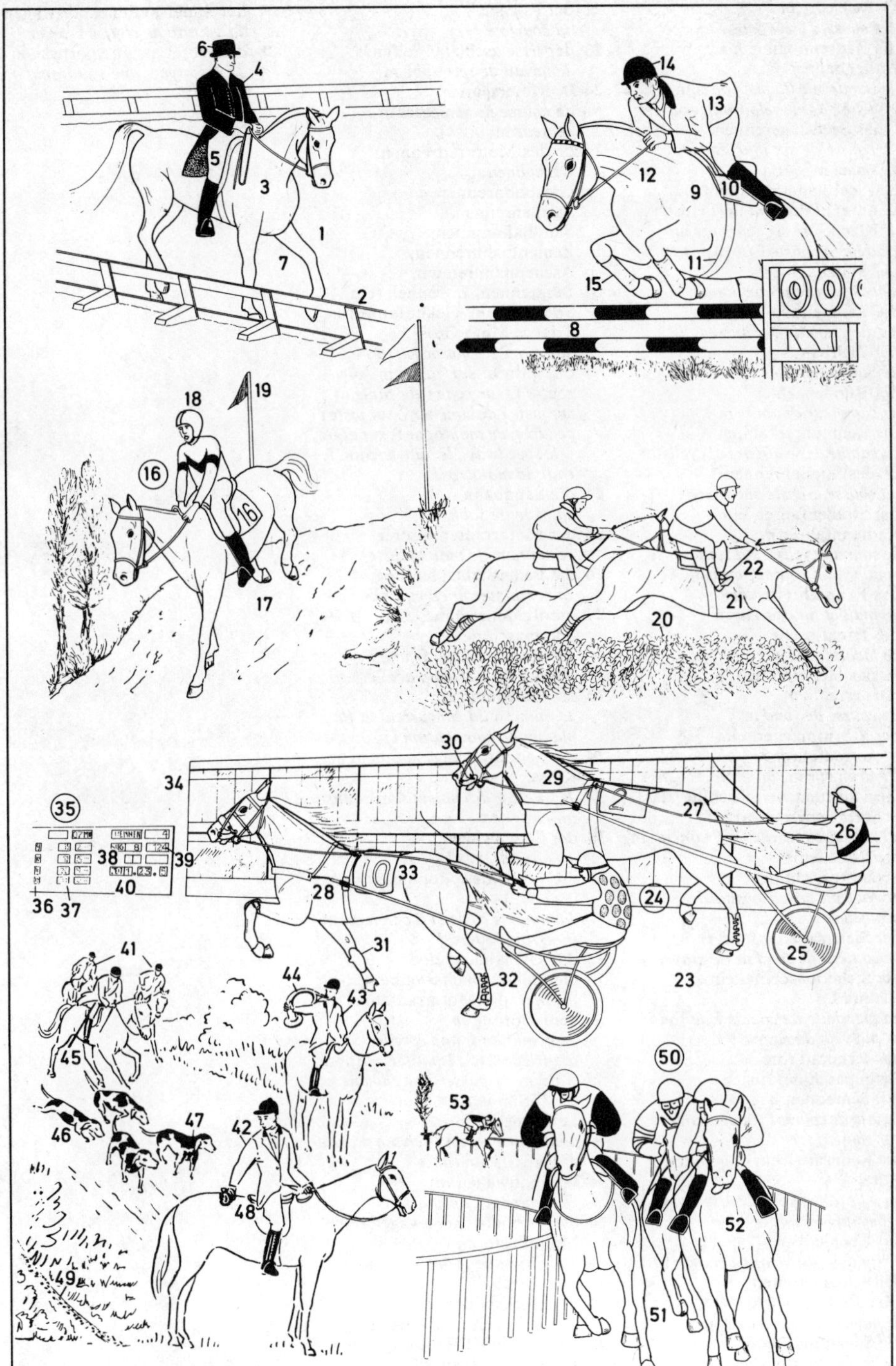
1
2
3
4
5
6
7
8
9
10
11
12
13
14
15
16
17
18
19
20
21
22
23
24
25
26
27
28
29
30
31
32
33
34
35
36
37
38
39
40
41
42
43
44
45
46
47
48
49
50
51
52
53

1-23 Radsport *m*
– ***les courses*** **f** ***cyclistes***
1 die Radrennbahn; *hier:* Hallenbahn *f*
– *le vélodrome (la piste de course* f *cycliste);* ici: *le vélodrome couvert*
2-7 das Sechstagerennen
– *la course de six jours* m *(les six-jours* m*)*
2 der Sechstagefahrer, ein Bahnrennfahrer *m* im Feld *n*
– *le coureur de six jours* m, *un coureur sur piste* f *(le pistard)*
3 der Sturzhelm
– *le casque (de protection* f*)*
4 die Rennleitung
– *la direction de la course*
5 der Zielrichter
– *le juge à l'arrivée* f
6 der Rundenzähler
– *le compteur de tours* m
7 die Rennfahrerkabine
– *la cabine des coureurs* m *cyclistes*
8-10 das Straßenrennen
– *la course cycliste sur route* f
8 der Straßenfahrer, ein Radrennfahrer *m*
– *le coureur cycliste sur routes* f *(le routier), un coureur cycliste*
9 das Rennfahrertrikot
– *le maillot du coureur* m
10 die Trinkflasche
– *le bidon*
11-15 das Steherrennen (Dauerrennen)
– *la course de fond* m
11 der Schrittmacher, ein Motorradfahrer *m*
– *l'entraîneur* m, *un motocycliste*
12 die Schrittmachermaschine (das Schrittmachermotorrad)
– *la motocyclette (de l'entraîneur* m*)*
13 die Rolle, eine Schutzvorrichtung
– *le rouleau, un dispositif de protection* f
14 der Steher (Dauerfahrer)
– *le coureur de fond* m *(le stayer)*
15 die Stehermaschine, ein Rennrad *n*
– *la bicyclette de course* f *de fond* m, *un vélo de course* f
16 das Rennrad (die Rennmaschine) für Straßenrennen *n*
– *le vélo de course* f *(pour courses* f *sur routes* f*)*
17 der Rennsattel, ein ungefederter Sattel
– *la selle (du vélo) de course* f, *une selle sans ressort* m
18 der Rennlenker
– *le guidon (du vélo) de course* f
19 der Schlauchreifen (Rennreifen)
– *le boyau, un pneu de course* f
20 die Schaltungskette
– *la chaîne du dérailleur* m
21 der Rennhaken
– *le cale-pied*
22 der Riemen
– *la courroie*
23 der Ersatzschlauchreifen
– *le boyau de rechange* m
24-38 Motorsport *m*
– ***la course de véhicules*** **m** ***à moteur*** **m**
24-28 das Motorradrennen; *Disziplinen:* Grasbahnrennen *n*, Straßenrennen, Sandbahnrennen, Zementbahnrennen, Aschenbahnrennen, Bergrennen, Eisrennen (ein Speedway *n*), Geländesport *m*, Trial *n*, Moto-Cross
– *la course de motocyclettes* f*;* disciplines: *sur gazon* m, *sur routes* f, *sur piste* f *de sable* m, *sur piste* f *de ciment* m, *sur piste* f *cendrée, en montagne* f, *sur glace* f *(le speedway), le tout-terrain, le trial, le motocross*
24 die Sandbahn
– *la piste de sable* m
25 der Motorradrennfahrer
– *le coureur (le motocycliste)*
26 die Lederschutzkleidung
– *la combinaison en cuir* m
27 die Rennmaschine, eine Solomaschine
– *la moto de course* f, *une motocyclette monoplace*
28 die Startnummer
– *le numéro du concurrent* m *(la plaque de compétition* f*)*
29 das Seitenwagengespann, in der Kurve
– *le side-car de compétition* f *dans un virage* m
30 der Seitenwagen
– *le side-car*
31 die verkleidete Rennmaschine [500 cm^3]
– *la moto de course* f *à carénage* m *intégral [500* cm^3*]*
32 das Gymkhana, ein Geschicklichkeitswettbewerb *m*; *hier:* der Motorradfahrer beim Sprung *m*
– *le gymkhana, une épreuve d'adresse* f*;* ici: *le motocycliste en train* m *de passer une chicane*
33 die Geländefahrt, eine Leistungsprüfung
– *une course de tout-terrain* m, *une épreuve d'endurance* f
34-38 Rennwagen *m*
– *les voitures* f *de course* f
34 der Formel-I-Rennwagen (ein Monoposto *m*)
– *la voiture de formule I* f *(une monoposto)*
35 der Heckspoiler
– *le spoiler (*ELF: *le déporteur)*
36 der Formel-II-Rennwagen (ein Rennsportwagen *m*)
– *la voiture de formule II* f *(une voiture de course* f*)*
37 der Super-V-Rennsportwagen
– *la voiture de course* f *super V*
38 der Prototyp, ein Sportwagen *m*
– *le prototype, une voiture de course* f

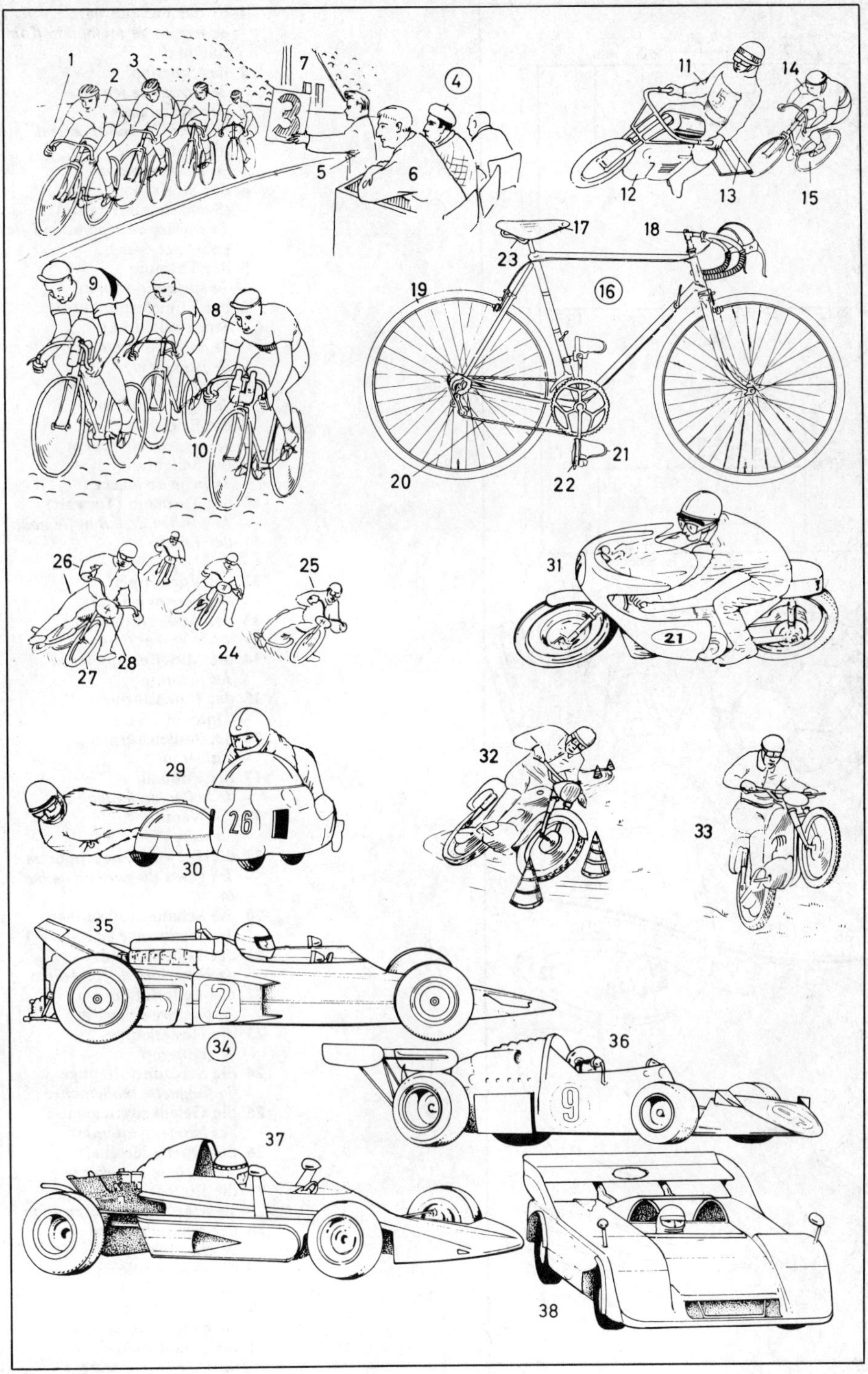
1
2
3
4
5
6
7
8
9
10
11
12
13
14
15
16
17
18
19
20
21
22
23
24
25
26
27
28
29
30
31
32
33
34
35
36
37
38

291 Ballspiele I (Fußball) — *Jeux de balle et de ballon I (football)*

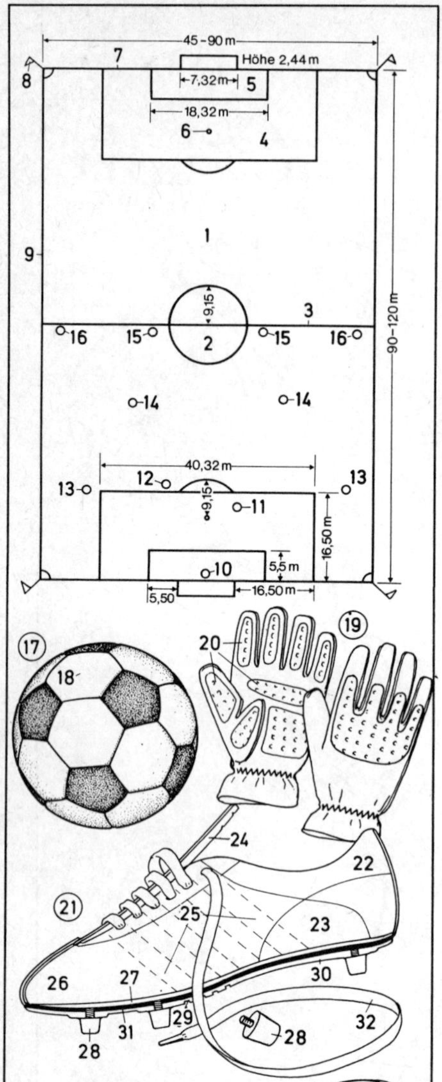

1-16 der Fußballplatz
– *le terrain de football* m *(fam.: foot* m*)*
1 das Spielfeld
– *le terrain de jeu* m
2 der Mittelkreis
– *le cercle (le rond) central*
3 die Mittellinie
– *la ligne médiane*
4 der Strafraum (Sechzehnmeterraum)
– *la surface de réparation* f *(les seize mètres* m*)*
5 der Torraum
– *la surface de but* m
6 der Elfmeterpunkt (die Strafstoßmarke)
– *le point de réparation* f *(le point de penalty* m*)*
7 die Torlinie
– *la ligne de but* m
8 die Eckfahne
– *le drapeau de coin* m
9 die Seitenlinie
– *la ligne de touche* f
10 der Tormann (Torwart)
– *le gardien de but* m *(le goal)*
11 der Libero
– *le libero*
12 der Vorstopper
– *l'arrière* m *central*
13 der Außenverteidiger
– *le défenseur (l'arrière* m*)*
14 die Mittelfeldspieler *m*
– *les demis* m
15 der Innenstürmer
– *l'inter* m
16 der Außenstürmer
– *l'ailier* m
17 der Fußball
– *le ballon de football* m
18 das Ventil
– *la valve*
19 die Torwarthandschuhe *m*
– *les gants du gardien de but* m
20 die Schaumstoffauflage
– *le matelassage en mousse* f
21 der Fußballschuh
– *la chaussure de football* m
22 das Lederfutter
– *la bordure de cuir* m
23 die Hinterkappe
– *le contrefort*
24 die Schaumstoffzunge
– *la languette molletonnée*
25 die Gelenkzugriemen *m*
– *les bandes* f *latérales*
26 der Oberlederschaft
– *l'empeigne* f *en cuir* m
27 die Einlegesohle
– *la semelle antitranspiration*
28 der Schraubstollen
– *le crampon vissé*
29 die Gelenkrille
– *la rainure*
30 die Nylonsohle
– *la semelle synthétique*
31 die Brandsohle
– *la semelle intérieure*

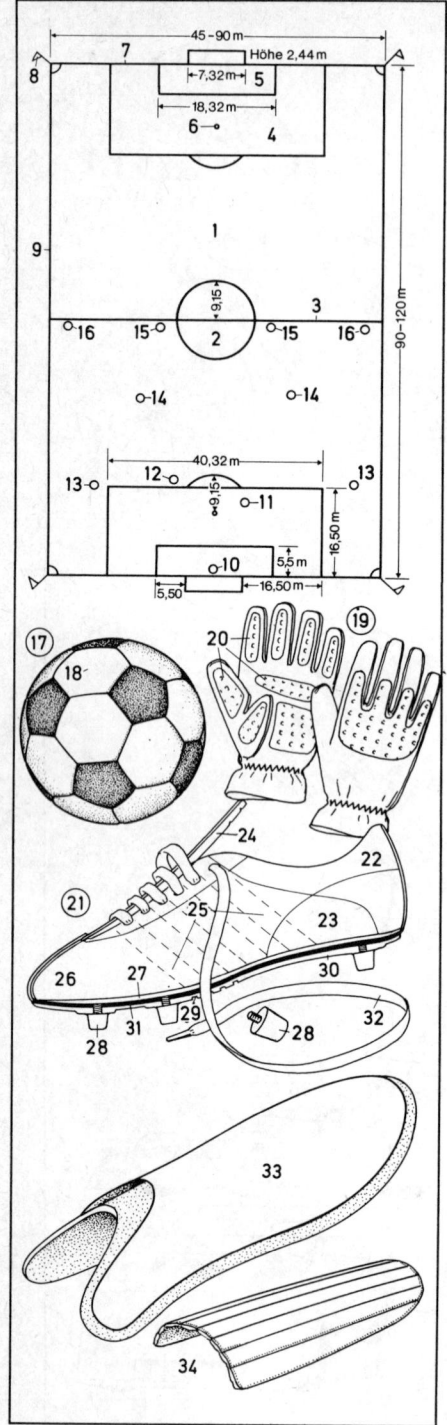

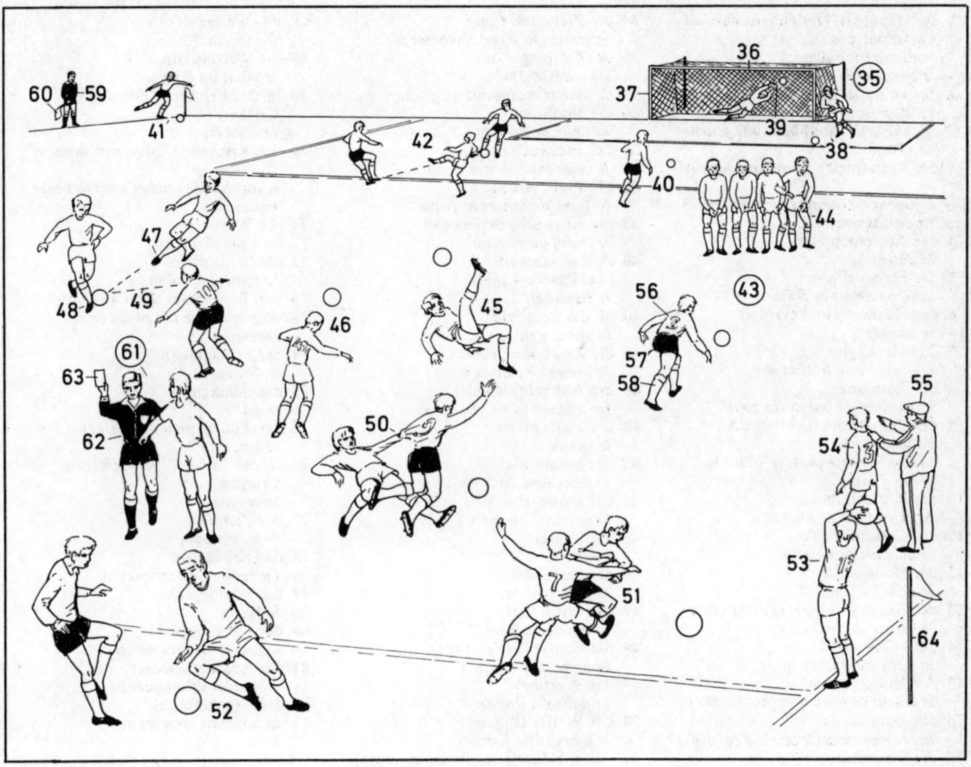

32 der Schnürsenkel
– *le lacet*
33 die Beinschiene mit Knöchelschutz *m*
– *la jambière avec sa chevillère*
34 der Schienbeinschutz
– *le protège-tibia*
35 das Tor
– *le but*
36 die Querlatte (Latte)
– *la barre transversale (la transversale)*
37 der Pfosten (Torpfosten)
– *le poteau (le poteau de but* m*)*
38 der Abstoß
– *le dégagement (la remise en jeu* m*)*
39 die Faustabwehr
– *le dégagement du poing* m
40 der Strafstoß (*ugs.* Elfmeter)
– *le coup de pied* m *de réparation* f *(*fam.: *le penalty)*
41 der Eckstoß (Eckball)
– *le coup de pied* m *de coin* m *(*fam.: *le corner)*
42 das Abseits
– *le hors-jeu*
43 der Freistoß
– *le coup franc*
44 die Mauer
– *le mur*
45 der Fallrückzieher
– *le coup de pied* m *retourné*
46 der Kopfball (Kopfstoß)
– *le tir de la tête (la tête)*
47 die Ballabgabe
– *la passe*
48 die Ballannahme
– *la réception du ballon*
49 der Kurzpaß (Doppelpaß)
– *la passe courte (la passe redoublée, le une-deux)*
50 das Foul (die Regelwidrigkeit)
– *la faute*
51 das Sperren
– *le tacle*
52 das Dribbling (der Durchbruch)
– *le dribble*
53 der Einwurf
– *la rentrée en touche* f
54 der Ersatzspieler
– *le remplaçant*
55 der Trainer
– *l'entraîneur* m
56 das Trikot
– *le maillot*
57 die Sporthose
– *la culotte (le short)*
58 der Sportstrumpf
– *la chaussette*
59 der Linienrichter
– *le juge de ligne* f
60 die Handflagge
– *le drapeau du juge de touche* f
61 der Platzverweis
– *l'expulsion* f *hors du terrain*
62 der Schiedsrichter (Unparteiische)
– *l'arbitre* m
63 die Verweiskarte (rote Karte; zur Verwarnung *auch:* die gelbe Karte)
– *le carton d'expulsion* f *(le carton rouge;* égal.: *le carton d'avertissement, le carton jaune)*
64 die Mittelfahne
– *le drapeau de ligne* f *médiane*

1 **der Handball** (Hallenhandball, das Handballspiel, Hallenhandballspiel)
– ***le hand-ball*** *(le hand-ball en salle* f*)*
2 der Handballspieler, ein Feldspieler *m*
– *le joueur de hand-ball, une joueur de champ* m
3 der Kreisspieler, beim Sprungwurf *m*
– *le joueur de champ* m *effectuant un tir en suspension* f
4 der Abwehrspieler
– *le défenseur*
5 die Freiwurflinie
– *la ligne de jet* m *franc*
6 **das Hockey** (Hockeyspiel)
– ***le hockey***
7 das Hockeytor
– *les buts* m *de hockey* m
8 der Tormann
– *le gardien de but* m *(le goal)*
9 der Beinschutz (Schienbein-, Knieschutz)
– *la jambière (le protège-tibia, la genouillère)*
10 der Kickschuh
– *la chaussure de hockey* m
11 die Gesichtsmaske
– *le masque protecteur*
12 der Handschuh
– *le gant*
13 der Hockeyschläger (Hockeystock)
– *la crosse de hockey* m
14 der Hockeyball
– *la balle de hockey* m
15 der Hockeyspieler
– *le joueur de hockey* m *(hockeyeur* m*)*
16 der Schußkreis
– *la zone de tir* m *(le cercle d'envoi* m*)*
17 die Seitenlinie
– *la ligne de côté* m
18 die Ecke
– *le coin*
19 **das Rugby** (Rugbyspiel)
– ***le rugby***
20 das Gedränge
– *la mêlée*
21 der Rugbyball
– *le ballon de rugby* m *(le ballon ovale)*
22 **der Football** (das Footballspiel)
– ***le football américain***
23 der Ballträger, ein Footballspieler *m*
– *le porteur du ballon, un joueur de football* m
24 der Helm
– *le casque*
25 der Gesichtsschutz
– *le masque protecteur*
26 die gepolsterte Jacke
– *le maillot rembourré*
27 der Ball
– *le ballon*
28 **der Basketball** (Korbball, das Basketballspiel, Korbballspiel)
– ***le basket-ball*** *(fam.: le basket)*
29 der Basketball
– *le ballon de basket* m
30 das Korbbrett (Spielbrett)
– *le panneau*
31 der Korbständer
– *le montant des panneaux* m
32 der Korb
– *le panier*
33 der Korbring
– *l'anneau du panier*
34 die Zielmarkierung
– *le rectangle d'encadrement* m
35 der Korbleger, ein Basketballspieler *m*
– *le joueur marquant un panier*
36 die Endlinie
– *la ligne de bout* m
37 der Freiwurfraum
– *le couloir de lancer* m *franc*
38 die Freiwurflinie
– *la ligne de lancer* m *franc*
39 die Auswechselspieler *m*
– *les remplaçants* m
40-69 der Baseball (das Baseballspiel)
– ***le base-ball***
40-58 das Spielfeld
– *la surface de jeu* m
40 die Zuschauergrenze
– *la limite de clôture* f
41 der Außenfeldspieler
– *les joueurs* m *de champ* m
42 der Halbspieler
– *le centre*
43 das zweite Mal
– *la deuxième base*
44 der Malspieler
– *l'homme* m *de base* f
45 der Läufer
– *l'ailier* m
46 das erste Mal
– *la première base*
47 das dritte Mal
– *la troisième base*
48 die Foullinie (Fehllinie)
– *la ligne de pénalité* f
49 das Wurfmal
– *la dalle du livreur*
50 der Werfer (Pitcher)
– *le lanceur (le livreur)*
51 das Schlägerfeld (die Home base)
– *la home base*
52 der Schlagmann (Batter)
– *le batteur*
53 das Schlagmal
– *la base du batteur*
54 der Fänger (Catcher)
– *le receveur*
55 der Chefschiedsrichter
– *le juge-arbitre en chef* m
56 die Coach-box
– *la loge du manager*
57 der Coach (Mannschaftsbetreuer, Trainer)
– *l'entraîneur* m *(le manager)*
58 die nachfolgenden Schlagmänner
– *les batteurs* m *suivants*
59-60 Baseballhandschuhe *m*
– *les gants* m *de base-ball* m
59 der Handschuh des Feldspielers *m*
– *le gant du joueur de champ* m
60 der Handschuh des Fängers *m*
– *le gant du receveur*
61 der Baseball
– *la balle de base-ball* m
62 die Schlagkeule
– *la batte*
63 der Schlagmann beim Schlagversuch *m*
– *le batteur en position* f *de frappe* f
64 der Fänger
– *le receveur*
65 der Schiedsrichter
– *l'arbitre* m
66 der Läufer
– *l'ailier* m
67 das Malkissen
– *le tamis du lanceur*
68 der Werfer
– *le lanceur*
69 die Werferplatte
– *le mont du lanceur*
70-76 das Kricket (Kricketspiel, Cricket)
– ***le cricket***
70 das Krickettor (Mal) mit dem Querstab *m*
– *le guichet de cricket avec la barre horizontale*
71 die Wurflinie
– *la ligne de but* m
72 die Schlaglinie
– *la ligne d'envoi* m
73 der Torwächter der Fangpartei
– *le gardien de but* m *du camp receveur*
74 der Schlagmann
– *le batteur*
75 das Schlagholz
– *la batte*
76 der Außenspieler (Werfer)
– *le lanceur*
77-82 das Krocket (Krocketspiel, Croquet)
– ***le croquet***
77 der Zielpfahl
– *le piquet-but*
78 das Krockettor
– *l'arceau* m *de croquet* m
79 der Wendepfahl
– *le besan*
80 der Krocketspieler
– *le joueur de croquet* m
81 der Krockethammer
– *le maillet de croquet* m
82 die Krocketkugel
– *la boule de croquet* m

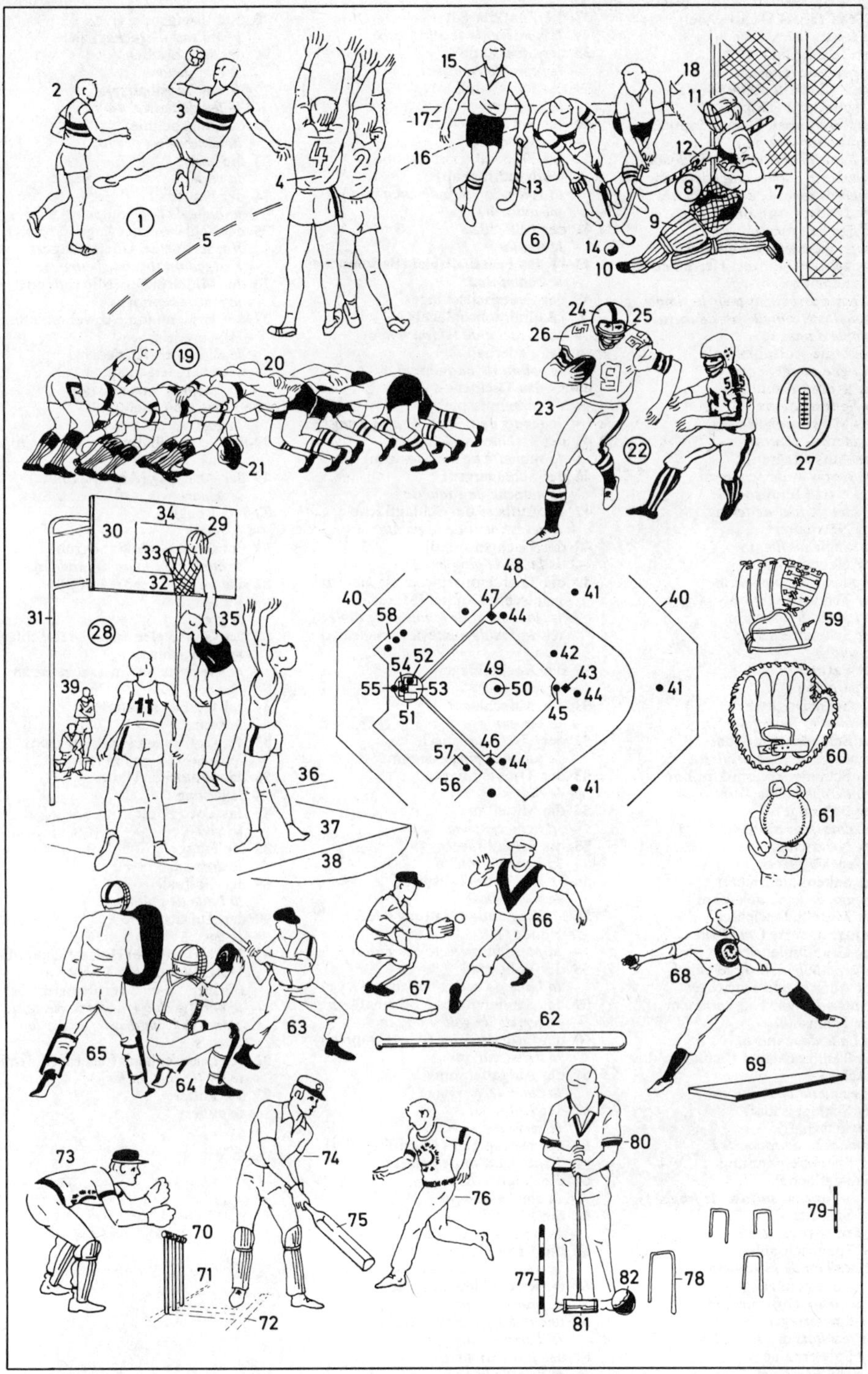
2
3
1
4
5
15
17
16
13
6
18
11
12
8
7
9
14
10
19
20
21
24
25
26
23
22
27
30
34
29
33
32
31
28
35
39
11
36
37
38
48
41
40
47
44
40
58
42
52
54
49
43
55
53
50
44
51
45
41
46
57
44
56
41
59
60
61
66
67
62
68
65
64
63
69
73
74
76
80
75
70
71
72
77
82
78
81
79

1-42 das Tennis (Tennisspiel)
– ***le tennis***
1 der Tennisplatz
– *le court de tennis* m
2 *bis* 3 die Seitenlinie für das Doppelspiel (Doppel; Herrendoppel, Damendoppel, gemischte Doppel)
– *la ligne de côté* m *pour le double (double* m*; double messieurs* m*; double dames* f*; double mixte)*
3 *bis* 10 die Grundlinie
– *la ligne de fond* m
4 *bis* 5 die Seitenlinie für das Einzelspiel (Einzel; Herreneinzel, Dameneinzel)
– *la ligne de côté* m *pour le simple (simple* m*; simple messieurs* m*; simple dames* f*)*
6 *bis* 7 die Aufschlaglinie
– *la ligne de service* m
8 *bis* 9 die Mittellinie
– *la ligne médiane*
11 das Mittelzeichen
– *la marque centrale*
12 das Aufschlagfeld
– *les carrés* m *de service* m
13 das Netz (Tennisnetz)
– *le filet (le filet de tennis)*
14 der Netzhalter
– *la sangle de filet* m
15 der Netzpfosten
– *le poteau de support* m
16 der Tennisspieler
– *le joueur de tennis* m
17 der Schmetterball
– *le smash*
18 der Partner
– *le partenaire*
19 der Schiedsrichter
– *l'arbitre* m *(le juge-arbitre)*
20 der Schiedsrichterstuhl
– *la chaise du juge-arbitre*
21 das Schiedsrichtermikrophon
– *le microphone de l'arbitre* m
22 der Balljunge
– *le ramasseur de balles* f
23 der Netzrichter
– *le juge de filet* m
24 der Seitenlinienrichter
– *le juge de ligne de côté* m
25 der Mittellinienrichter
– *le juge de ligne* f *médiane*
26 der Grundlinienrichter
– *le juge de ligne* f *de fond* m
27 der Aufschlaglinienrichter
– *le juge de ligne* f *de service* m
28 der Tennisball
– *la balle de tennis* m
29 der Tennisschläger (Schläger, das Racket)
– *la raquette de tennis* m
30 der Schlägerschaft (Racketschaft)
– *le manche de raquette* f
31 die Saitenbespannung (Schlagfläche)
– *le cordage (la surface de frappe* f*)*
32 der Spanner
– *le presse-raquette*
33 die Spannschraube
– *le papillon de serrage* m
34 die Anzeigetafel
– *le tableau d'affichage* m
35 die Spielerergebnisse *n*
– *les résultats* m *des matchs* m
36 der Spielername
– *le nom du joueur*
37 die Zahl der Sätze *m*
– *le nombre de sets* m *joués*
38 der Spielstand
– *le score (la marque)*
39 der Rückhandschlag
– *le revers*
40 der Vorhandschlag
– *le coup droit*
41 der Flugball (normalhohe Vorhandflugball)
– *la volée (la volée de coup* m *droit à mi-hauteur)*
42 der Aufschlag
– *le service*
43-44 das Federballspiel (Badminton)
– ***le badminton***
43 der Federballschläger (Badmintonschläger)
– *la raquette de badminton* m
44 der Federball
– *le volant de badminton* m
45-55 das Tischtennis (Tischtennisspiel)
– ***le tennis de table*** f *(le ping-pong)*
45 der Tischtennisschläger
– *la raquette de ping-pong* m
46 der Schlägergriff
– *le manche de raquette* f
47 die Auflage der Schlagfläche
– *le revêtement de la palette*
48 der Tischtennisball
– *la balle de ping-pong* m
49 die Tischtennisspieler *m*; *hier:* das gemischte Doppel (Mixed)
– *les joueurs* m *de tennis* m *de table* f*;* ici: *le double mixte (les pongistes* m ou f*)*
50 der Rückschläger
– *le relanceur*
51 der Aufschläger
– *le serveur*
52 der Tischtennistisch
– *la table de ping-pong* m
53 das Tischtennisnetz
– *le filet*
54 die Mittellinie
– *la ligne centrale*
55 die Seitenlinie
– *la ligne de côté* m
56-71 das Volleyballspiel
– ***le volley-ball***
56-57 die richtige Haltung der Hände *f*
– *la position correcte des mains* f
58 der Volleyball
– *la balle de volley-ball* m
59 das Servieren des Volleyballs *m*
– *le service de volley-ball* m
60 der Grundspieler (Abwehrspieler)
– *le défenseur*
61 der Aufgaberaum
– *la zone de service* m
62 der Aufgeber
– *le serveur*
63 der Netzspieler (Angriffsspieler)
– *l'attaquant* m *de pointe* f
64 die Angriffszone
– *la zone d'attaque* f
65 die Angriffslinie
– *la ligne d'attaque* f
66 die Verteidigungszone
– *la zone de défense* f
67 der erste Schiedsrichter
– *le premier arbitre*
68 der zweite Schiedsrichter
– *le deuxième arbitre*
69 der Linienrichter
– *le juge de ligne* f
70 die Anzeigetafel
– *le tableau d'affichage* m
71 der Anschreiber
– *le marqueur*
72-78 das Faustballspiel
– ***le jeu de balle*** f ***au poing***
72 die Angabelinie
– *la ligne de service* m
73 die Leine
– *la corde*
74 der Faustball
– *la balle de balle au poing* m
75 der Schlagmann (Angriffsspieler, Vorderspieler, Überschläger)
– *l'attaquant (le smasheur)*
76 der Mittelspieler (Mittelmann)
– *le joueur central*
77 der Hintermann (Abwehrspieler, Hinterspieler)
– *le défenseur (l'arrière* m*)*
78 der Hammerschlag
– *la frappe à bras* m *cassé*
79-93 das Golfspiel (Golf)
– ***le golf***
79-82 die Spielbahn (die Löcher *n*)
– *le link (les trous* m*)*
79 der Abschlag (Abschlagplatz)
– *le départ*
80 das Rough
– *le rough*
81 der Bunker (die Sandgrube)
– *le bunker (la fosse de sable* m*)*
82 das Grün (Green, Golfgrün, Puttergrün)
– *le green*
83 der Golfspieler, beim Treibschlag *m* (Weitschlag)
– *le joueur de golf* m *exécutant un drive*
84 der Durchschwung
– *le swing*
85 der Golfwagen (Caddywagen)
– *le chariot de golf* m *(le caddie)*
86 das Einlochen (Putten)
– *le putting*
87 das Loch (Hole)
– *le trou*
88 die Flagge
– *le drapeau*
89 der Golfball
– *la balle de golf* m
90 der Aufsatz
– *le tee*
91 der (bleigefüllte) Holzschläger (das Holz, Wood), ein Treiber *m* (Driver); *ähnl.:* der Brassie
– *le bois (le club en bois* m *(lesté de plomb* m*)), un driver;* anal.: *le brassie*
92 der Eisenschläger (das Eisen, Iron)
– *le fer (le club en fer)*
93 der Putter
– *le putter*

SATZE
SETS
SPIEL
6:3
BORG
2
4
4:6
2:6
ASHE
2
1
7:5

1-33 das Sportfechten
– *l'escrime* f
1-18 das Florettfechten
– *l'assaut* m *au fleuret*
1 der Fechtmeister
– *le maître d'armes* f
2 die Fechtbahn (Kampfbahn, Piste, Planche)
– *la piste (d'escrime* f*)*
3 die Startlinie
– *la ligne de mise* f *en garde* f
4 die Mittellinie
– *la ligne médiane*
5-6 die Fechter *m* (Florettfechter) beim Freigefecht *n* (Assaut *m* od. *n*)
– *les escrimeurs* m *(les fleuretistes* m*) tirant en assaut* m
5 der Angreifer in der Ausfallstellung (im Ausfall *m*)
– *l'attaquant* m *fendu*
6 der Angegriffene in der Parade (Abwehr, Deckung)
– *le tireur parant*
7 der gerade Stoß (Coup droit, die Botta dritta), eine Fechtaktion
– *le coup droit, une attaque d'escrime* f
8 die Terz- bzw. Sixtdeckung (Terz-, Sixtparade)
– *la parade de tierce* f *ou de sixte* f
9 die Gefechtslinie
– *l'axe* m *de l'assaut* m
10 die drei Fechtabstände *m* zum Gegner *m* (weiter, mittlerer, naher Abstand)
– *les trois distances* f *entre tireurs* m *(grande, moyenne ou faible distance* f*)*
11 das Florett, eine Stoßwaffe
– *le fleuret, une arme d'estoc* m
12 der Fechthandschuh
– *le gant (d'escrime* f*)*
13 die Fechtmaske
– *le masque (d'escrime* f*)*
14 der Halsschutz an der Fechtmaske
– *la bavette du masque d'escrime* f
15 die Metallweste
– *la veste métallique*
16 die Fechtjacke
– *la veste d'escrime* f
17 die absatzlosen Fechtschuhe *m*
– *les chaussures d'escrime* f *sans talon* m
18 die Grundstellung zum Fechtergruß *m* und zur Fechtstellung
– *la position de salut* m *avant l'assaut* m
19-24 das Säbelfechten
– *l'assaut* m *au sabre*
19 der Säbelfechter
– *le sabreur*
20 der (leichte) Säbel
– *le sabre d'escrime* f
21 der Säbelhandschuh
– *le gant (de sabre* m*)*
22 die Säbelmaske
– *le masque (de sabre* m*)*
23 der Kopfhieb
– *l'attaque* f *à la tête, un coup de figure* f *à droite* f
24 die Quintparade
– *la parade de quinte* f
25-33 das Degenfechten mit elektrischer Trefferanzeige
– *l'assaut* m *à l'épée* f *électrique*
25 der Degenfechter
– *l'épéiste* m
26 der Elektrodegen; *auch:* das Elektroflorett
– *l'épée* f *électrique;* égal.: *le fleuret électrique*
27 die Degenspitze
– *le coup de pointe* f
28 die optische Trefferanzeige
– *le compteur optique de touches* f
29 die Laufrolle (Kabelrolle)
– *l'enrouleur* m
30 die Anzeigelampe
– *les lampes* f *de touche* f
31 das Rollenkabel
– *le fil sur enrouleur* m
32 das Anzeigegerät (der Meldeapparat)
– *le dispositif électronique d'arbitrage* m
33 die Auslage
– *la position en garde* f
34-45 die Fechtwaffen *f*
– *les armes* f *d'escrime* f
34 der leichte Säbel (Sportsäbel), eine Hieb- und Stoßwaffe
– *le sabre, une arme de taille* f *et d'estoc* m
35 die Glocke
– *la garde (la corbeille)*
36 der Degen, eine Stoßwaffe
– *l'épée* f, *une arme d'estoc* m
37 das französische Florett, eine Stoßwaffe
– *le fleuret français, une arme d'estoc* m
38 die Glocke
– *la garde*
39 das italienische Florett
– *le fleuret italien*
40 der Florettknauf
– *le pommeau du fleuret*
41 der Griff
– *la poignée*
42 die Parierstange
– *le quillon*
43 die Glocke
– *la coquille*
44 die Klinge
– *la lame*
45 die Spitze
– *la mouche*
46 die Klingenbindungen *f*
– *les engagements* m
47 die Quartbindung
– *l'engagement* m *en quarte* f
48 die Terzbindung (*auch:* Sixtbindung)
– *l'engagement* m *en tierce* f *ou en sixte* f
49 die Cerclebindung
– *l'enveloppement* m
50 die Sekondbindung (*auch:* Oktavbindung)
– *l'engagement* m *en seconde* f *ou en octave* f
51-53 die gültigen Trefflächen *f*
– *les surfaces* f *valables*
51 der gesamte Körper beim Degenfechten *n* (Herren *m*)
– *toute la surface du corps à l'épée* f *(hommes* m*)*
52 Kopf *m* und Oberkörper *m* bis zu den Leistenfurchen *f* beim Säbelfechten *n* (Herren *m*)
– *toute la partie du corps située au-dessus de la ligne des hanches* f *au sabre (hommes* m*)*
53 der Rumpf vom Hals *m* bis zu den Leistenfurchen *f* beim Florettfechten *n* (Damen *f* u. Herren *m*)
– *le tronc entre le cou et la ligne des hanches* f *au fleuret* m *(dames* f *et hommes* m*)*

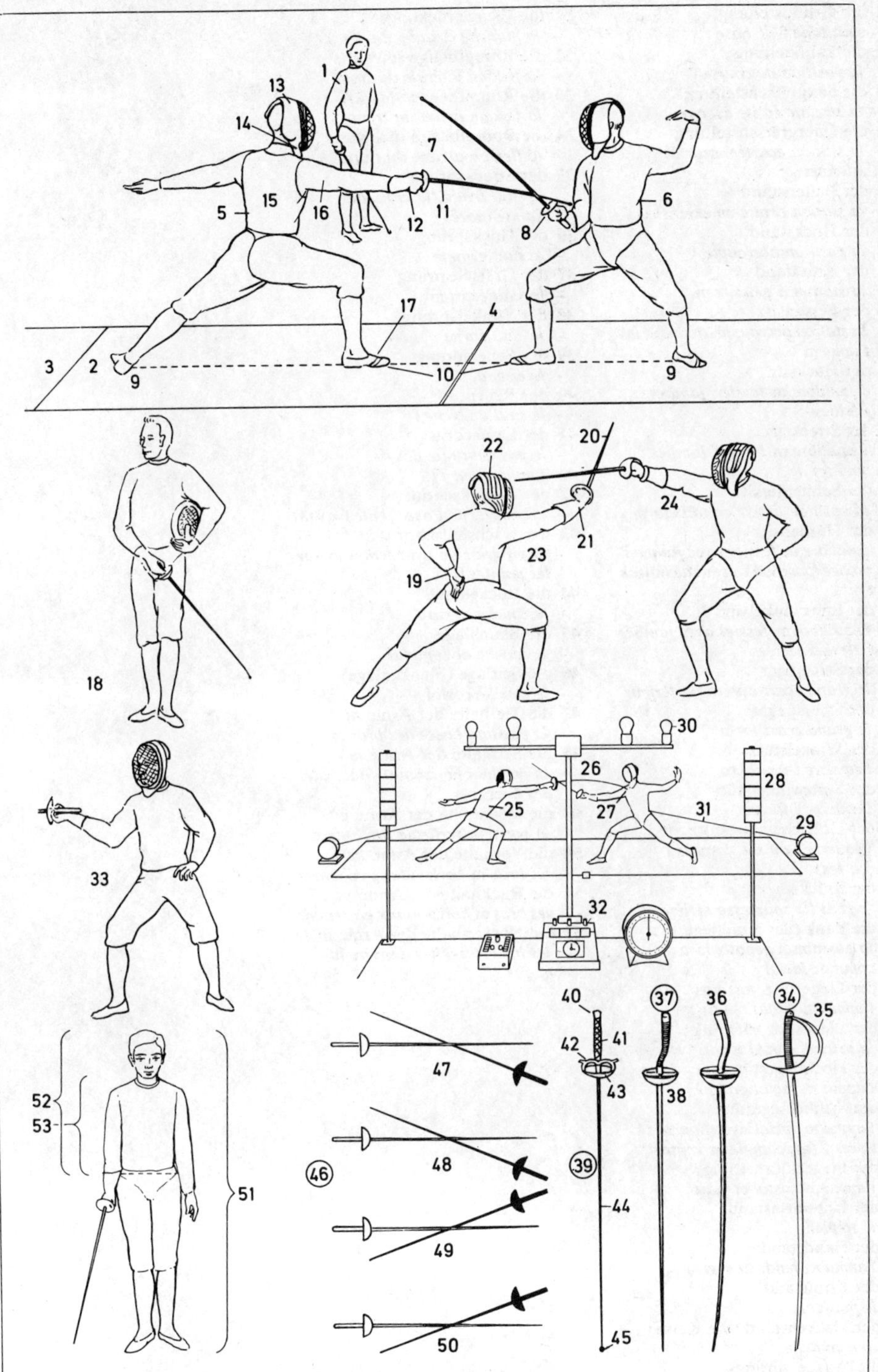
1
2
3
4
5
6
7
8
9
10
11
12
13
14
15
16
17
18
19
20
21
22
23
24
25
26
27
28
29
30
31
32
33
34
35
36
37
38
39
40
41
42
43
44
45
46
47
48
49
50
51
52
53

1 die Grundstellung
– *l'attitude* f *de base* f
2 die Laufstellung
– *la position de course* f
3 die Seitgrätschstellung
– *la station droite avec fente* f
4 die Quergrätschstellung
– *la station écartée, bras* m *latéraux*
5 der Ballenstand
– *la station droite en extension* f
6 der Hockstand
– *la position accroupie*
7 der Kniestand
– *la station à genoux* m
8 der Fersensitz
– *la station accroupie, assis sur les talons* m
9 der Hocksitz
– *l'équilibre* m *fessier, jambes* f *fléchies*
10 der Strecksitz
– *l'équilibre* m *fessier, jambes* f *tendues*
11 der Schneidersitz
– *la position assise en tailleur* m
12 der Hürdensitz
– *équilibre* m *fessier avec jambe* f *repliée (position* f *«saut de haies»* f*)*
13 der Spitzwinkelsitz
– *l'équilibre* m *fessier avec jambes* f *élevées serrées*
14 der Seitspagat
– *le grand écart antéro-postérieur*
15 der Querspagat
– *le grand écart facial*
16 der Winkelstütz
– *l'équerre* f *au sol* m
17 der Spitzwinkelstütz
– *l'équerre* f *forcée*
18 der Grätschwinkelstütz
– *l'équerre* f *au sol, jambes* f *écartées*
19 die Brücke
– *le pont (la souplesse arrière)*
20 die Bank (der Knieliegestütz)
– *la position à genoux* m *avec appui* m *facial*
21 der Liegestütz vorlings
– *l'appui* m *facial tendu*
22 der Liegestütz rücklings
– *l'appui* m *dorsal tendu*
23 der Hockliegestütz
– *l'appui* m *facial groupé*
24 der Winkelliegestütz
– *l'appui* m *facial avec hanches* f *levées* f *(avec angle* m *ventral)*
25 der Liegestütz seitlings
– *l'appui* m *costal étendu*
26 der Unterarmstand
– *le trépied*
27 der Handstand
– *l'appui* m *tendu renversé*
28 der Kopfstand
– *le poirier*
29 der Nackenstand (die Kerze)
– *la chandelle*
30 die Waage vorlings
– *la planche faciale dissymétrique*
31 die Waage rücklings
– *la planche costale*
32 die Rumpfbeuge seitwärts
– *la flexion latérale du tronc*
33 die Rumpfbeuge vorwärts
– *la flexion avant du tronc*
34 die Rumpfbeuge rückwärts
– *la flexion arrière du tronc*
35 der Strecksprung
– *le saut tendu (la croix de Saint-André)*
36 der Hocksprung
– *le saut groupé*
37 der Grätschsprung
– *le saut écart* m
38 der Winkelsprung
– *le saut carpé*
39 der Schersprung
– *le ciseau*
40 der Rehsprung
– *le saut de biche* f
41 der Laufschritt
– *le pas couru (le pas de gymnastique* f*)*
42 der Ausfallschritt
– *la progression avec fente* f *avant*
43 der Nachstellschritt
– *la progression avec temps* m *sur les pointes* f
44 die Rückenlage
– *le couché dorsal*
45 die Bauchlage
– *le couché abdominal*
46 die Seitlage (Flankenlage)
– *le couché costal*
47 die Tiefhalte der Arme *m*
– *la position basse des bras* m
48 die Seithalte der Arme *m*
– *la position horizontale (latérale) des bras* m
49 die Hochhalte der Arme *m*
– *la position verticale des bras* m
50 die Vorhalte der Arme *m*
– *les bras* m *horizontaux en avant*
51 die Rückhalte der Arme *m*
– *les bras* m *horizontaux en arrière*
52 die Nackenhalte der Arme *m*
– *les bras* m *repliés derrière la nuque*

47
48
49
50
51
1
2
3
4
5
6
7
8
9
52
10
11
12
13
20
21
22
14
15
23
24
16
17
18
19
25
26
27
28
29
30
31
32
33
34
35
36
37
38
41
42
39
40
43
44
45
46

1-11 die Turngeräte *n* im olympischen Turnen *n* der Männer *m*
– ***les agrès*** m *du concours olympique de gymnastique* f *masculine*
1 das Langpferd ohne Pauschen *f* (das Sprungpferd)
– *le cheval (le cheval-sautoir)*
2 der Barren
– *les barres parallèles* f
3 der Barrenholm
– *la barre*
4 die Ringe
– *les anneaux* m
5 das Seitpferd mit Pauschen *f* (das Pauschenpferd)
– *le cheval d'arçon* m *(cheval-arçons)*
6 die Pausche
– *l'arçon* m
7 das Reck (Spannreck)
– *la barre fixe*
8 die Reckstange
– *la barre*
9 die Recksäule
– *le montant de barre* f
10 die Verspannung
– *le haubanage*
11 der Boden (die 12x12-m-Bodenfläche)
– *le praticable (surface* f *de 12 x 12 mètres)*
12-21 Hilfsgeräte *n* und Geräte *n* des Schul- und Vereinsturnens *n*
– ***le matériel d'apport*** m *et les agrès* m *pour la gymnastique scolaire ou la gymnastique de club* m
12 das Sprungbrett (Reutherbrett)
– *le tremplin*
13 die Niedersprungmatte
– *le tapis de sol* m
14 die Bank
– *le banc suédois*
15 der Sprungkasten
– *le plinth (le plint)*
16 der kleine Sprungkasten
– *l'élément* m *de plinth* m
17 der Bock
– *le mouton (le boc)*
18 die Weichbodenmatte
– *le tapis mousse* f *(le tapis Pleyel)*
19 das Klettertau
– *la corde (lisse)*
20 die Sprossenwand
– *l'espalier* m
21 die Gitterleiter
– *l'échelle* f *verticale*
22-39 das Verhalten zum Gerät *n* (die Haltungen *f*, Positionen)
– ***les positions*** f ***face à l'engin*** m
22 der Seitstand vorlings
– *la station faciale latérale*
23 der Seitstand rücklings
– *la station dorsale latérale*
24 der Querstand vorlings
– *la station faciale transversale*
25 der Querstand rücklings
– *la station dorsale transversale*
26 der Außenseitstand vorlings
– *la station faciale latérale*
27 der Innenquerstand
– *la station faciale transversale en bout* m *de barres* f
28 der Stütz vorlings
– *l'appui* m *facial tendu*
29 der Stütz rücklings
– *l'appui* m *dorsal tendu*
30 der Grätschsitz
– *le siège écarté*
31 der Außenseitsitz
– *le siège latéral extérieur*
32 der Außenquersitz
– *le siège transversal en amazone* f
33 der Streckhang vorlings
– *la suspension faciale tendue*
34 der Streckhang rücklings
– *la suspension tendue en supination* f
35 der Beugehang
– *la suspension inclinée*
36 der Sturzhang
– *la suspension renversée*
37 der Sturzhang gestreckt
– *la suspension renversée tendue*
38 der Streckstütz
– *l'appui* m *transversal tendu*
39 der Beugestütz
– *l'appui* m *transversal fléchi*
40-46 die Griffarten *f*
– ***les prises*** f
40 der Ristgriff am Reck *n*
– *la prise simple (la pronation) à la barre fixe*
41 der Kammgriff am Reck *n*
– *la prise inversée (la supination) à la barre fixe*
42 der Zwiegriff am Reck *n*
– *la prise mixte à la barre fixe*
43 der Kreuzgriff am Reck *n*
– *la prise croisée à la barre fixe*
44 der Ellgriff am Reck *n*
– *la prise cubitale à la barre fixe*
45 der Speichgriff am Barren *m*
– *la prise radiale aux barres* f *parallèles*
46 der Ellgriff am Barren *m*
– *la prise cubitale aux barres* f *parallèles*
47 der lederne Reckriemen
– *la manique*
48-60 Übungen *f* an den Geräten *n*
– ***les exercices*** m *aux agrès* m
48 der Hechtsprung am Sprungpferd *n*
– *le saut de brochet* m *au cheval*
49 das Übergrätschen am Barren *m*
– *le rétablissement en siège* m *écarté aux barres* f *parallèles*
50 der Seitspannhang (Kreuzhang) an den Ringen *m*
– *la croix de fer* m *aux anneaux* m
51 die Schere am Pauschenpferd *n*
– *le passé de jambe* f *au cheval d'arçon* m
52 das Heben in den Handstand am Boden *m*
– *le placement du dos jambes* f *tendues au sol*
53 die Hocke am Sprungpferd *n*
– *le saut fléchi au cheval*
54 die Kreisflanke am Pauschenpferd *n*
– *le cercle transversal au cheval d'arçon* m
55 das Schleudern (der Überschlag rückwärts) an den Ringen *m*
– *la dislocation avant aux anneaux* m
56 die Hangwaage vorlings an den Ringen *m*
– *la bascule dorsale aux anneaux* m
57 die Schwungstemme rückwärts am Barren *m*
– *le fouetter-balancer aux barres* f *parallèles*
58 die Oberarmkippe am Barren *m*
– *la bascule mi-renversée aux barres* f *parallèles*
59 der Unterschwung vorlings rückwärts am Reck *n*
– *la sortie filée à la barre*
60 die Riesenfelge vorlings rückwärts am Reck *n*
– *la lune à la barre*
61-63 die Turnkleidung
– ***l'équipement*** m ***du gymnaste***
61 das Turnhemd
– *le maillot de gymnastique* f
62 die Turnhose
– *le pantalon de gymnastique* f
63 die Turnschuhe *m* (Gymnastikschuhe)
– *les chaussures* f *(les chaussons* m*) de gymnastique* f
64 die Bandage
– *le bandeau de poignet* m

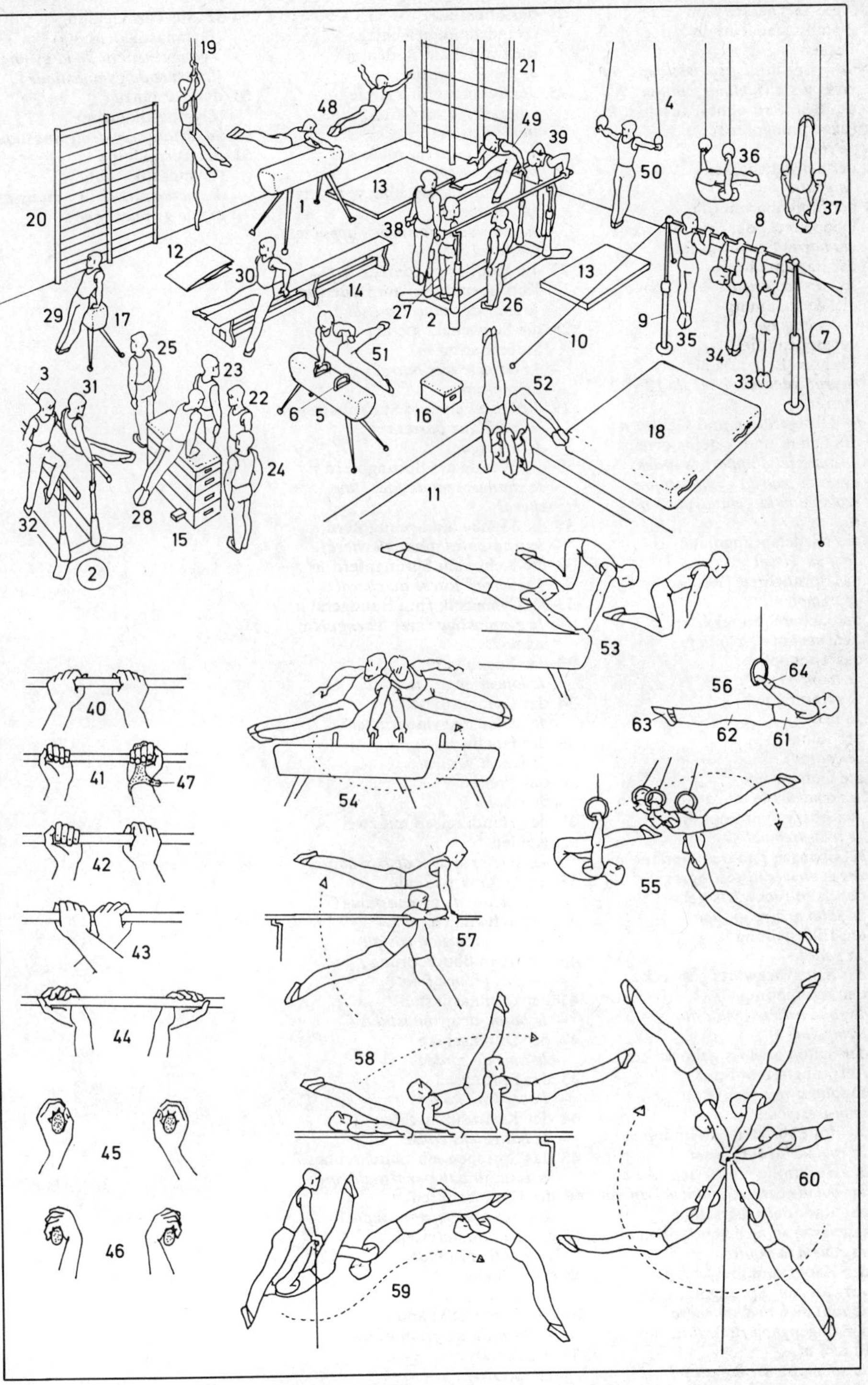
1
2
3
4
5
6
7
8
9
10
11
12
13
14
15
16
17
18
19
20
21
22
23
24
25
26
27
28
29
30
31
32
33
34
35
36
37
38
39
40
41
42
43
44
45
46
47
48
49
50
51
52
53
54
55
56
57
58
59
60
61
62
63
64

1-6 die Turngeräte *n* im olympischen Turnen *n* der Frauen *f*
– ***les agrès*** m ***de gymnastique*** f *au concours olympique féminin*
1 das Seitpferd ohne Pauschen *f* (das Sprungpferd)
– *le cheval*
2 der Schwebebalken
– *la poutre*
3 der Stufenbarren (das Doppelreck, der Spannbarren)
– *les barres* f *asymétriques*
4 der Barrenholm
– *la barre inférieure*
5 die Verspannung
– *le haubanage*
6 der Boden (die 12x12-m-Bodenfläche)
– *le praticable (surface* f *de 12 x 12 mètres)*
7-14 Hilfsgeräte *n* und Geräte *n* des Schul- und Vereinsturnens
– ***le matériel d'apport*** m *et les agrès* m *pour la gymnastique scolaire ou la gymnastique de club* m
7 die Niedersprungmatte
– *le tapis Pleyel*
8 das Sprungbrett (Reutherbrett)
– *le tremplin*
9 der kleine Sprungkasten
– *l'élément* m *de plinth* m
10 das Trampolin
– *le trempoline*
11 das Sprungtuch
– *la bâche*
12 der Rahmen
– *le cadre*
13 die Gummizüge
– *les tendeurs* m *de caoutchouc* m
14 das Absprungtrampolin
– *le mini-trempoline*
15-32 Übungen *f* an den Geräten *n*
– ***les exercices*** m *aux agrès* m
15 der Salto rückwärts gehockt
– *le salto arrière groupé*
16 die Hilfestellung
– *la parade*
17 der Salto rückwärts gestreckt am Trampolin *n*
– *le salto arrière tendu au trempoline*
18 der Salto vorwärts gehockt am Absprungtrampolin *n*
– *le salto avant groupé au mini-trempoline*
19 die Rolle vorwärts am Boden *m*
– *la roulade avant au sol*
20 die Hechtrolle am Boden *m*
– *la roulade carpée (plombée) au sol*
21 das Rad (der Überschlag seitwärts) am Schwebebalken *m*
– *la roue à la poutre*
22 der Handstandüberschlag vorwärts am Sprungpferd *n*
– *le saut de lune* f *au cheval*
23 der Bogengang rückwärts am Boden *m*
– *la souplesse arrière au sol*
24 der Flickflack (Handstandüberschlag rückwärts) am Boden *m*
– *le flic-flac au sol*
25 der Schmetterling (freie Überschlag vorwärts) am Boden *m*
– *le saut costal (la roue sans mains) au sol*
26 der Schrittüberschlag vorwärts am Boden *m*
– *la roulade à partir de l'appui* m *tendu au sol*
27 die Kopfkippe (der Kopfüberschlag) am Boden *m*
– *le saut de mains* f *au sol*
28 die Schwebekippe am Stufenbarren *m*
– *la bascule aux barres* f *asymétriques*
29 die freie Felge am Stufenbarren *m*
– *le soleil aux barres* f *asymétriques*
30 die Wende am Sprungpferd *n*
– *le changement de face* f *au cheval*
31 die Flanke am Sprungpferd *n*
– *le transport latéral au cheval*
32 die Kehre am Sprungpferd *n*
– *l'équerre* f *forcée au cheval*
33-50 Gymnastik *f* mit Handgerät *n*
– ***la gymnastique avec les engins*** m ***manuels***
33 der Bogenwurf
– *le lancer en arc* m
34 der Gymnastikball
– *le ballon de gymnastique* f
35 der Hochwurf
– *le lancer vertical*
36 das Prellen
– *le rebond*
37 das Handkreisen mit zwei Keulen *f*
– *les cercles* m *avec deux massues* f
38 die Gymnastikkeule
– *la massue de gymnastique* f
39 das Schwingen
– *la circumduction costale*
40 der Schlußhocksprung
– *le saut groupé final*
41 der Gymnastikstab
– *le bâton de gymnastique* f
42 der Durchschlag
– *le tour de corde* f
43 das Sprungseil
– *la corde à sauter*
44 der Kreuzdurchschlag
– *le battement croisé*
45 das Springen mit Durchschlag f
– *le saut sur battement* m *de corde*
46 der Gymnastikreifen
– *le cerceau de gymnastique* f
47 das Handumkreisen
– *la rotation frontale*
48 die Schlange
– *le ruban*
49 das Gymnastikband
– *le drapeau de gymnastique* f
50 die Spirale
– *la spirale*
51-52 die Turnkleidung (Gymnastikkleidung)
– *l'équipement* m *de la gymnaste (la tenue de gymnastique* f*)*
51 der Turnanzug (Gymnastikanzug)
– *le justaucorps de gymnastique* f
52 die Turnschuhe *m* (Gymnastikschuhe)
– *les chaussures* f *(les chaussons* m*) de gymnastique* f

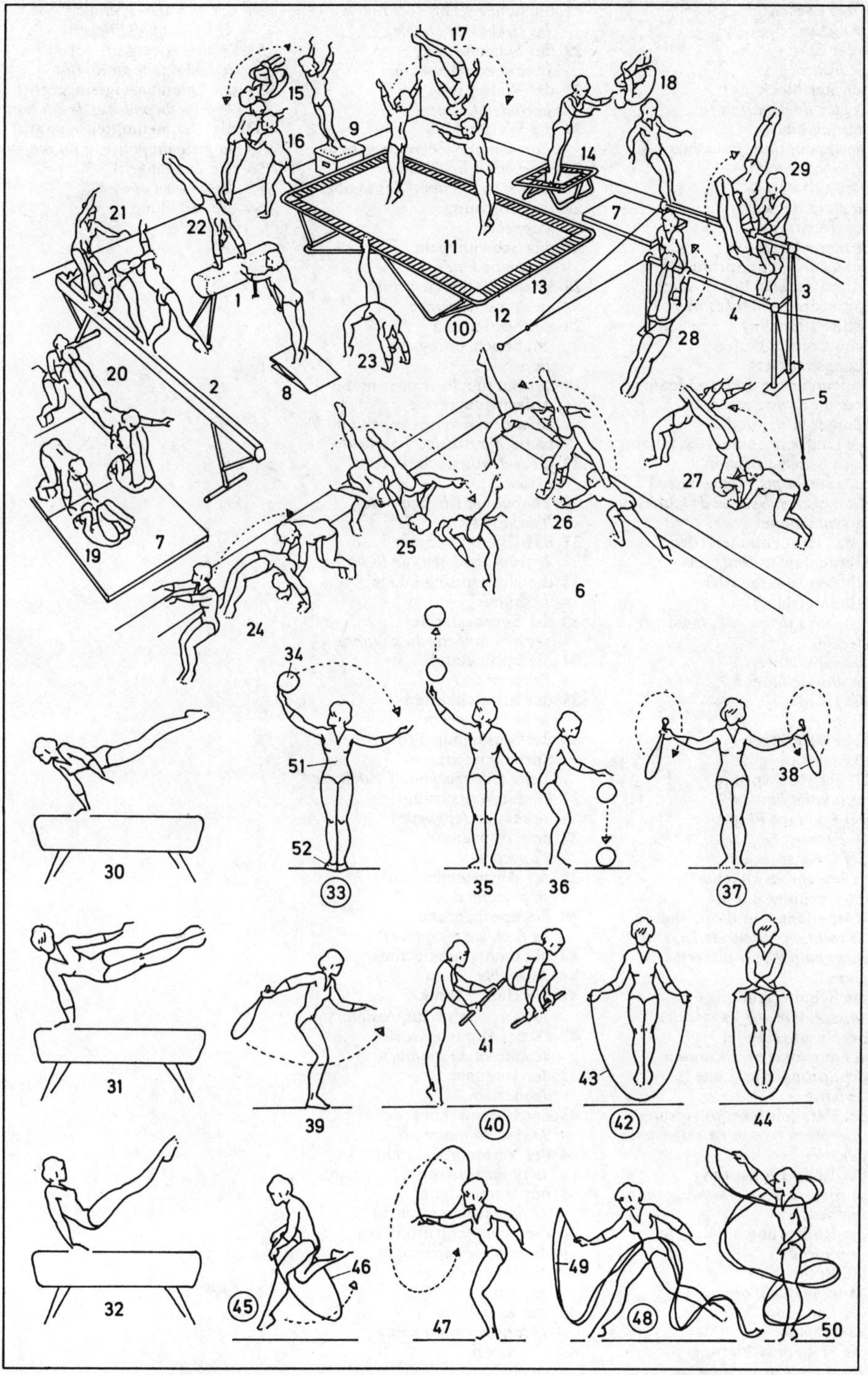
1
2
3
4
5
6
7
8
9
10
11
12
13
14
15
16
17
18
19
20
21
22
23
24
25
26
27
28
29
30
31
32
33
34
35
36
37
38
39
40
41
42
43
44
45
46
47
48
49
50
51
52

1-8 das Laufen
– ***la course***
1-6 der Start
– *le départ*
1 der Startblock
– *le bloc de départ* m *(le starting-block)*
2 die verstellbare Fußstütze
– *le sabot réglable*
3 der Startplatz
– *la place de départ* m
4 der Tiefstart
– *le départ accroupi*
5 der Läufer, ein Sprinter *m* (Kurzstreckenläufer); *auch:* Mittelstreckenläufer *m* (Mittelstreckler), Langstreckenläufer (Langstreckler)
– *le coureur, un sprinter;* égal.: *coureur* m *de demi-fond* m, *coureur* m *de fond* m
6 die Laufbahn, eine Aschenbahn *f* od. Kunststoffbahn *f*
– *la piste, la piste de cendrée* f *(*f*am.: la cendrée) ou de matériau* m *synthétique*
7-8 das Hürdenlaufen (der Hürdenlauf); *ähnl.:* das Hindernislaufen (der Hindernislauf)
– *la course de haies* f*; (*anal.: *le steeple)*
7 das Überlaufen
– *le saut de haies* f
8 die Hürde
– *la haie*
9-41 das Springen
– ***les sauts*** m
9-27 der Hochsprung
– *le saut en hauteur* f
9 der Fosbury-Flop
– *le Fosbury Flop*
10 der Hochspringer
– *le sauteur en hauteur* f
11 die Drehung um die Körperlängs- und -querachse
– *la rotation autour de l'axe* m *longitudinal et transversal du corps*
12 die Schulterlandung
– *la réception sur les épaules* f
13 der Sprungständer
– *les montants* m *du sautoir*
14 die Sprunglatte (Latte)
– *la barre*
15 der Parallelrückenrollsprung
– *le rouleau costal (en extension* f *dorsale)*
16 der Rückenrollsprung
– *le rouleau avec retournement* m *intérieur*
17 der Rollsprung
– *le rouleau*
18 die Rolltechnik
– *la technique d'esquive* f
19 die Landung
– *la réception*
20 die Höhenmarkierung
– *les repères* m *gradués*
21 die Scher-Kehr-Technik
– *les ciseaux* m *simples*
22 der Schersprung
– *le saut en ciseaux* m
23 der Wälzsprung
– *le rouleau ventral*
24 die Wälztechnik
– *la technique d'enroulement* m
25 die Sechsuhrstellung
– *l'écart* m *maximal des jambes* f
26 der Absprung
– *l'appel* m
27 das Schwungbein
– *la jambe libre*
28-36 der Stabhochsprung
– *le saut à la perche*
28 der Sprungstab (Stabhochsprungstab)
– *la perche*
29 der Stabhochspringer in der Aufschwungphase
– *le sauteur à la perche pendant la phase d'impulsion* f *verticale*
30 die Schwungtechnik (das Flyaway)
– *l'impulsion* f *horizontale (l'esquive* f*)*
31 das Überqueren der Latte
– *le franchissement de la barre*
32 die Hochsprunganlage
– *le sautoir*
33 der Sprungständer
– *les montants* m *du sautoir*
34 die Sprunglatte
– *la barre*
35 der Einstichkasten
– *le bac d'appel* m
36 der Sprunghügel (das Sprungkissen)
– *l'aire* f *de réception* f *surélevée*
37-41 der Weitsprung
– *le saut en longueur* f
37 der Absprung
– *l'appel* m
38 der Absprungbalken
– *la planche d'appel* m
39 die Sprunggrube
– *la fosse de réception* f
40 die Laufsprungtechnik
– *le double ciseau*
41 die Hangtechnik
– *la réception en suspension* f
42-47 der Hammerwurf
– *le lancement du marteau*
42 der Hammer
– *le marteau*
43 der Hammerkopf
– *la tête du marteau*
44 der Verbindungsdraht
– *le fil du marteau*
45 der Hammergriff
– *la poignée du marteau*
46 die Hammergriffhaltung
– *la prise de marteau* m
47 der Handschuh
– *le gant*
48 das Kugelstoßen
– *le lancement du poids*
49 die Kugel
– *le poids*
50 die O'Brien-Technik
– *la technique O'Brien*
51-53 der Speerwurf
– *le lancement du javelot*
51 der Daumenzeigefingergriff
– *la prise du pouce et de l'index* m
52 der Daumenmittelfingergriff
– *la prise du pouce et du majeur*
53 der Zangengriff
– *la prise en pince* f
54 die Wicklung
– *la cordée*

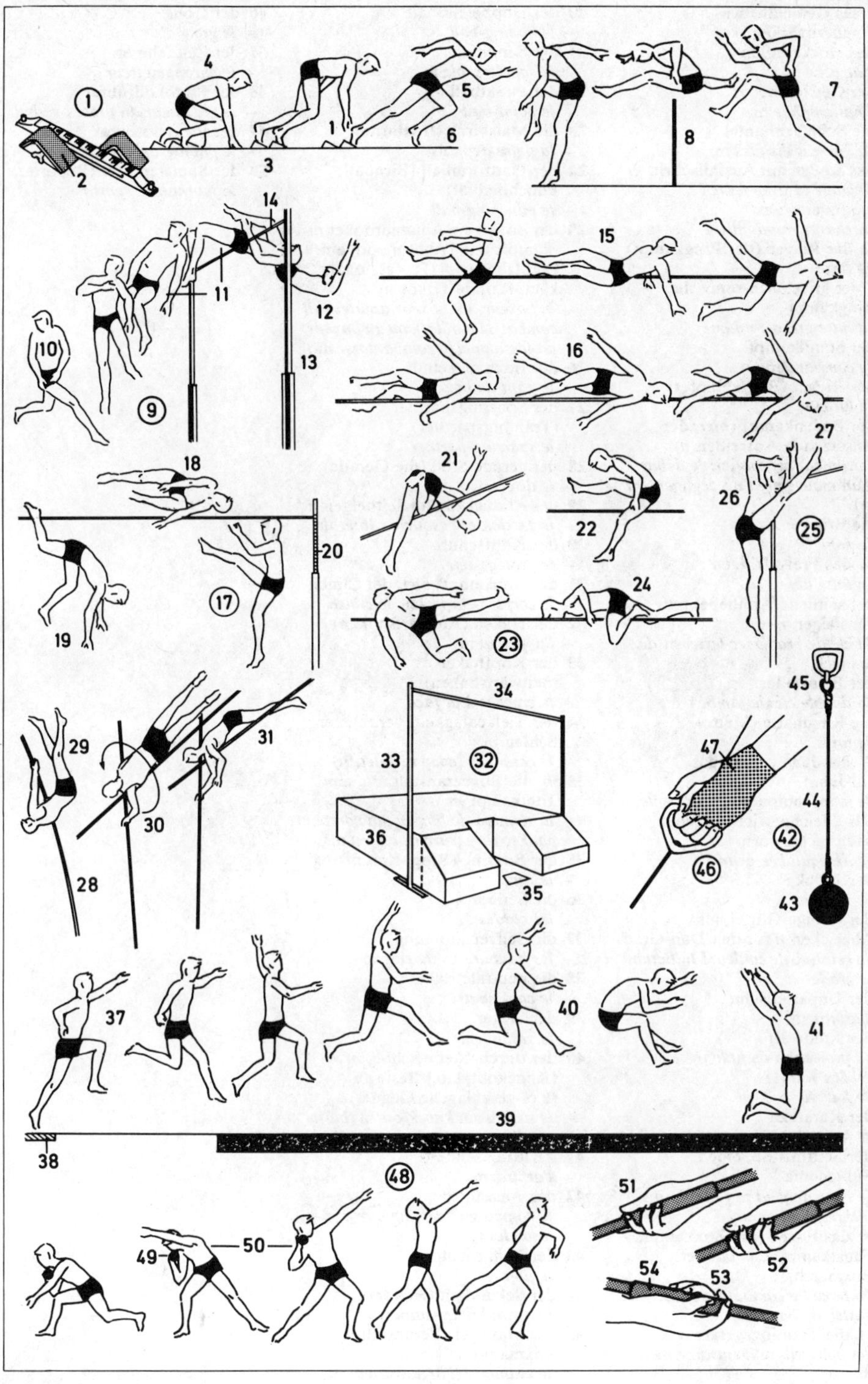
1
2
3
4
5
6
7
8
9
10
11
12
13
14
15
16
17
18
19
20
21
22
23
24
25
26
27
28
29
30
31
32
33
34
35
36
37
38
39
40
41
42
43
44
45
46
47
48
49
50
51
52
53
54

1-5 das Gewichtheben
– ***l'haltérophilie*** **f**
1 das Hockereißen
– *l'arraché* m
2 der Gewichtheber
– *l'haltérophile* m
3 die Scheibenhantel
– *la barre à disques* m
4 das Stoßen mit Ausfallschritt *m*
– *l'épaulé* m *avec fente* f
5 die fixierte Last
– *la charge immobilisée*
6-12 das Ringen (der Ringkampf)
– ***la lutte***
6-9 der griechisch-römische Ringkampf
– *la lutte gréco-romaine*
6 der Standkampf
– *le combat debout*
7 der Ringer (Ringkämpfer)
– *le lutteur*
8 der Bodenkampf (*hier:* der Ansatz zum Aufreißen *n*)
– *le combat au sol (*ici: *le début d'un mouvement de dégagement* m*)*
9 die Brücke
– *le pont*
10-12 das Freistilringen
– *la lutte libre*
10 der seitliche Armhebel mit Einsteigen *n*
– *la clé de bras avec levier* m *de jambe* f
11 der Beinsteller
– *la double clé de jambe* f
12 die Ringmatte (Matte)
– *le tapis*
13-17 das Judo (*ähnl.:* das Jiu-Jitsu)
– ***le judo*** *(*comparable: *le jiu-jitsu)*
13 das Gleichgewichtsbrechen nach rechts vorn
– *le déséquilibre avant*
14 der Judoka
– *le judoka*
15 der farbige Gürtel, als Abzeichen *n* für den Dan-Grad
– *la ceinture de couleur* f *indiquant le grade*
16 der Unparteiische
– *l'arbitre* m
17 der Judowurf
– *la projection de judo* m
18-19 das Karate
– ***le karaté***
18 der Karateka
– *le karateka*
19 der Seitfußstoß, eine Fußtechnik
– *le coup de pied* m *latéral, une technique de jambe* f
20-50 das Boxen (der Boxkampf, Faustkampf, das *od.* der Boxmatch)
– ***la boxe*** *(le combat de boxe* f*, le match de boxe* f*)*
20-24 die Trainingsgeräte *n*
– *les appareils* m *d'entraînement* m
20 der Doppelendball
– *le boxing-ball*
21 der Sandsack
– *le sac de sable* m
22 der Punktball
– *le point-ball*
23 die Maisbirne (Boxbirne)
– *la poire de maïs*
24 der Plattformball (Birnball, Punchingball)
– *le punching-ball*
25 der Boxer, ein Amateurboxer *m* (kämpft mit Trikot *n*), od. ein Berufsboxer *m* (Professional; kämpft ohne Trikot *n*)
– *le boxeur, un boxeur amateur (il combat en maillot), ou un boxeur professionnel (il combat torse nu)*
26 der Boxhandschuh
– *le gant de boxe* f
27 der Sparringspartner (Trainingspartner)
– *le sparring-partner*
28 der gerade Stoß (die Gerade)
– *le direct*
29 das Abducken und Seitneigen *n*
– *la flexion et l'esquive* f *latérale*
30 der Kopfschutz
– *le protège-tête*
31 der Nahkampf; *hier:* der Clinch
– *le corps-à-corps;* ici: *le clinch*
32 der Haken (Aufwärtshaken)
– *l'uppercut* m
33 der Kopfhaken (Seitwärtshaken)
– *le crochet à la face*
34 der Tiefschlag, ein verbotener Schlag *m*
– *le coup bas (coup* m *interdit)*
35-50 die Boxveranstaltung, ein Titelkampf *m*
– *la réunion de boxe* f*, un combat pour le titre (titre* m *en jeu* m*)*
35 der Boxring (Ring, Kampfring)
– *le ring*
36 die Seile *n*
– *les cordes* f
37 die Seilverspannung
– *les haubans* m *de ring* m
38 die neutrale Ecke
– *le coin neutre*
39 der Sieger
– *le vainqueur*
40 der durch Niederschlag *m* (Knockout, k.o.) Besiegte (k.o.-geschlagene Gegner)
– *le vaincu par knock-out* m *(battu par K.O.* m*)*
41 der Ringrichter
– *l'arbitre* m
42 das Auszählen
– *le comptage (le comptage des secondes* f*)*
43 der Punktrichter
– *le juge*
44 der Sekundant (Helfer)
– *le second (l'assistant* m*)*
45 der Manager (Veranstalter, Boxmanager)
– *le manager (l'organisateur* m*)*
46 der Gong
– *le gong*
47 der Zeitnehmer
– *le chronométreur*
48 der Protokollführer
– *le rédacteur du procès-verbal*
49 der Pressefotograf
– *le photographe de presse* f
50 der Sportreporter (Reporter)
– *le journaliste sportif*

1
2
3
4
5
6
7
8
9
10
11
12
13
14
15
16
17
18
19
20
21
22
23
24
25
26
27
28
29
30
31
32
33
34
35
36
37
38
39
40
41
42
43
44
45
46
47
48
49
50

1-57 das Bergsteigen (Bergwandern, der Hochtourismus)
– ***l'alpinisme*** m *(la randonnée de haute montagne* f*)*
1 das Unterkunftshaus (die Alpenvereinshütte, Schutzhütte, Berghütte, der Stützpunkt)
– *le refuge (l'abri* m*)*
2-13 das Klettern (Felsgehen, Klettern im Fels *m*) [Felstechnik *f*, Klettertechnik]
– ***l'escalade*** f *(l'escalade* f *de rocher* m*) [la technique de rocher* m*, la varappe]*
2 die Wand (Felswand, Steilstufe)
– *la paroi rocheuse (le mur, la dalle rocheuse)*
3 der Riß (Längs-, Quer- od. Diagonalriß)
– *la fissure (horizontale, verticale ou oblique)*
4 das Band (Fels-, Gras-, Geröll-, Schnee- od. Eisband)
– *la vire (rocheuse, herbeuse, caillouteuse, neigeuse ou de glace* f*)*
5 der Bergsteiger (Kletterer, Felsgeher, Alpinist, Hochtourist)
– *l'alpiniste* m
6 der Anorak (Hochtourenanorak, das Schneehemd, die Daunenjacke)
– *l'anorak* m *(le blouson matelassé)*
7 die Bundhose (Kletterhose)
– *la culotte d'escalade* f
8 der Kamin
– *la cheminée*
9 der Felskopf
– *le becquet (la pointe rocheuse)*
10 die Selbstsicherung
– *l'auto-assurance* f
11 die Seilschlinge (Schlinge)
– *la boucle d'assurance* f
12 das Bergseil (Seil)
– *la corde d'alpinisme* m
13 die Leiste
– *la plate-forme*
14-21 das Eisgehen (Klettern im Eis *n*) [Eistechnik *f*]
– ***la progression sur glace*** f
14 die Eiswand (der Firnhang)
– *la paroi glaciaire (la paroi de glace* f*)*
15 der Eisgeher
– *l'alpiniste* m *sur une paroi de glace* f
16 der Pickel
– *le piolet*
17 die Stufe (der Tritt im Eis *n*)
– *la marche (la marche taillée dans la glace)*
18 die Gletscherbrille (Schneebrille)
– *les lunettes* f *de glacier* m
19 die Kapuze (Anorakkapuze)
– *la capuche (le capuchon de l'anorak* m*)*
20 die Wächte (Schneewächte, Firnwächte)
– *la corniche*
21 der Grat (Eisgrat, Firngrat)
– *l'arête* f *(l'arête* f *glaciaire)*
22-27 die Seilschaft [das Gehen am Seil *n*]
– ***la cordée*** *[la traversée en cordée* f*]*
22 der Gletscher
– *le glacier*
23 die Gletscherspalte
– *la crevasse*
24 die Schneebrücke (Firnbrücke)
– *le pont de neige* f
25 der Seilerste
– *le premier de cordée* f
26 der Seilzweite
– *l'alpiniste* m *en second*
27 der Seildritte (Schlußmann)
– *le dernier de cordée* f
28-30 das Abseilen
– ***la descente en rappel*** m *(le rappel)*
28 die Abseilschlinge
– *la boucle de rappel* m
29 der Karabinersitz
– *la descente avec freinage* m *du pied*
30 der Dülfersitz
– *la méthode Dulfer (le rappel en Dulfer)*
31-57 die Bergsteigerausrüstung (alpine Ausrüstung, hochalpine Ausrüstung, Kletterausrüstung, Eistourenausrüstung)
– ***l'équipement*** m ***de l'alpiniste*** m *(équipement* m *de haute montagne* f, *équipement* m *pour la course de rocher* m *ou de glace* f*)*
31 der Pickel
– *le piolet*
32 der Handriemen
– *la dragonne*
33 die Haue
– *la pique*
34 die Schaufel
– *la panne*
35 das Karabinerloch
– *l'œilleton* m
36 das Eisbeil
– *le piolet pour course* f *de glace* f *(piolet* m *à ancrage* m*)*
37 der Eishammer (der Kombihammer für Eis *n* und Fels *m*, Hammer)
– *le marteau-piolet (marteau* m *pour courses* f *mixtes, neige* f *et glace* f*)*
38 der Universalkletterhaken
– *le piton universel*
39 der Abseilhaken (Ringhaken)
– *le piton de rappel* m *(piton à anneau* m*)*
40 die Eisschraube (Halbrohreisschraube)
– *la broche à glace* f *(broche* f *tire-bouchon)*
41 die Eisspirale
– *la broche crantée (broche* f *à glace* f*)*
42 der Bergschuh
– *la chaussure de montagne* f
43 die Profilsohle
– *la semelle profilée*
44 der Kletterschuh
– *la chaussure d'escalade* f
45 die aufgerauhte Hartgummikante
– *la pointe en caoutchouc* m *renforcé*
46 der Karabiner
– *le mousqueton*
47 die Schraubsicherung
– *la fermeture à vis* f
48 die Steigeisen *n* (Leichtsteigeisen, Zwölfzacker, Zehnzacker)
– *les crampons* m *à dix ou à douze pointes* f
49 die Frontalzacken
– *les pointes* f *d'attaque* f
50 der Zackenschutz
– *le protège-pointes*
51 die Steigeisenriemen
– *les lanières* f *de fixation* f
52 die Steigeisenkabelbindung
– *la fixation à câble* m
53 der Steinschlaghelm
– *le casque*
54 die Stirnlampe
– *la frontale*
55 die Schneegamaschen *f*
– *les guêtres* f *de montagne* f *(les manchons-guêtres* m*)*
56 der Klettergürtel
– *le baudrier*
57 der Sitzgurt
– *le harnais pelvien*

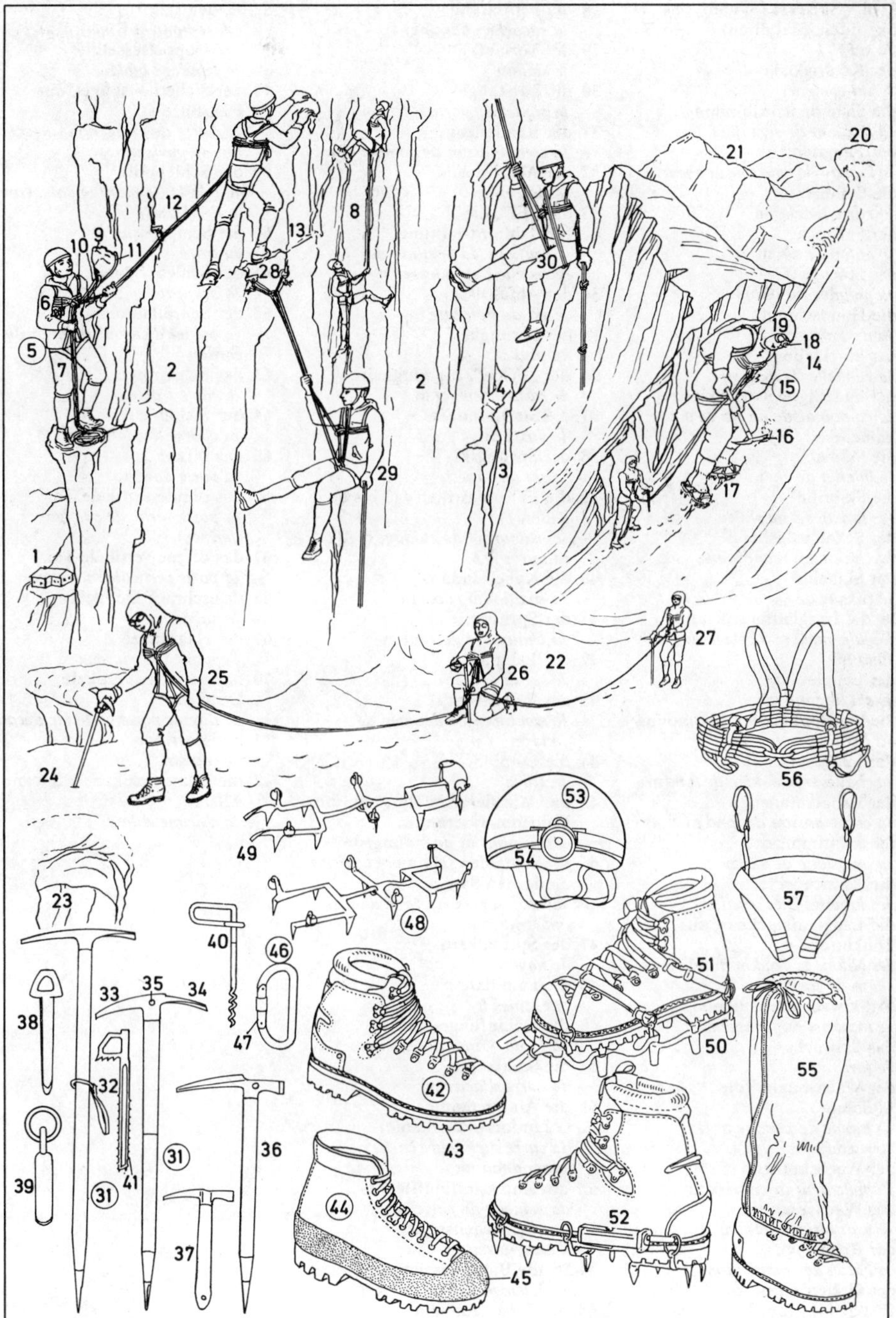
1
2
3
4
5
6
7
8
9
10
11
12
13
14
15
16
17
18
19
20
21
22
23
24
25
26
27
28
29
30
31
32
33
34
35
36
37
38
39
40
41
42
43
44
45
46
47
48
49
50
51
52
53
54
55
56
57

1-72 der Skisport (Skilauf, das Skilaufen, Skifahren)
– ***le ski***
1 der Kompaktski
– *le ski compact*
2 die Sicherheitsskibindung
– *la fixation de sécurité* f
3 der Fangriemen
– *la lanière (la courroie de sécurité* f*)*
4 die Stahlkante
– *la carre d'acier* m
5 der Skistock
– *le bâton de ski* m
6 der Stockgriff
– *la poignée du bâton*
7 die Handschlaufe
– *la dragonne*
8 der Stockteller
– *la rondelle (le disque)*
9 der einteilige Damenskianzug
– *la combinaison de ski* m *pour dames* f
10 die Skimütze
– *le bonnet de ski* m
11 die Skibrille
– *les lunettes* f *de ski* m
12 der Schalenskistiefel
– *la chaussure monocoque*
13 der Skihelm
– *le casque de ski* m
14-20 die Langlaufausrüstung
– *l'équipement* m *de ski* m *de fond* m
14 der Langlaufski
– *le ski de fond* m
15 die Langlauf-Rattenfallbindung
– *la fixation rottefella*
16 der Langlaufschuh
– *la chaussure de ski* m *de fond* m
17 der Langlaufanzug
– *la combinaison de fond* m
18 die Schirmmütze
– *la casquette de ski* m
19 die Sonnenbrille
– *les lunettes* f *de soleil* m
20 die Langlaufstöcke *m*, aus Tonkinrohr *n*
– *les bâtons* m *Tonkin Bambou de ski* m *de fond* m
21-24 Skiwachsutensilien *pl*
– *le matériel de fartage* m
21 das Skiwachs
– *le fart*
22 der Wachsbügler (die Lötlampe)
– *la lampe de fartage* m *(le skiwaxer)*
23 der Wachskorken
– *l'applicateur* m *en liège* m
24 das Wachskratzeisen
– *le grattoir en métal* m
25 der Rennstock
– *le bâton de compétition* f
26 der Grätenschritt, zur Ersteigung eines Hanges *m*
– *le pas de montée* f *(pas* m *alternatif)*
27 der Treppenschritt, zur Ersteigung eines Hanges *m*
– *la montée en escalier* m
28 die Hüfttasche
– *la sacoche «banane»* f
29 der Torlauf
– *le slalom*
30 die Torstange
– *le piquet de porte* f
31 der Rennanzug
– *la combinaison de compétition* f
32 der Abfahrtslauf
– *la descente*
33 das „Ei", die Idealabfahrtshaltung
– *«l'œuf»* m, *la position de recherche* f *de vitesse* f
34 der Abfahrtsski
– *le ski de descente* f
35 der Sprunglauf
– *le saut*
36 der „Fisch", die Flughaltung
– *le sauteur en vol* m
37 die Startnummer
– *le dossard*
38 der Sprungski
– *le ski de saut* m
39 die Führungsrillen *f* (3 bis 5 Rillen *f*)
– *les rainures* f *de guidage* m *(3 à 5 rainures* f*)*
40 die Kabelbindung
– *la fixation à câble* m
41 der Sprungstiefel
– *la chaussure de saut* m
42 der Langlauf
– *le ski de fond* m
43 der Rennoverall
– *la combinaison de ski* m *de fond* m
44 die Loipe
– *la trace*
45 das Markierungsfähnchen (die Loipenmarkierung)
– *les fanions* m *de balisage* m
46 die Schichten *f* (Lamellen) eines modernen Skis *m*
– *les différentes strates* f *d'un ski moderne*
47 der Spezialkern
– *le noyau*
48 die Laminate *n*
– *les lames* f
49 die Dämpfungsschicht
– *la lame d'amortissement* m
50 die Stahlkante
– *la carre d'acier* m
51 die Aluoberkante (Aluminiumoberkante)
– *la carre supérieure en aluminium* m
52 die Kunststofflauffläche
– *la semelle de polyester* m
53 der Sicherheitsbügel
– *l'anticroiseur* m
54-56 die Bindungselemente *n*
– *les éléments* m *de la fixation*
54 die Fersenautomatik
– *la talonnière*
55 der Backen
– *la butée*
56 der Skistopper
– *le frein*
57-63 der Skilift
– *les remontées* f *mécaniques*
57 der Doppelsessellift
– *le télésiège biplace*
58 der Sicherheitsbügel, mit Fußstütze *f*
– *la barre de protection* f *avec repose-pieds* m
59 der Schlepplift
– *le téléski (le monte-pente;* fam.: *le tire-fesses)*
60 die Schleppspur
– *la trace*
61 der Schleppbügel
– *la suspente*
62 der Seilrollautomat
– *le boîtier d'enroulement* m *du cordon*
63 das Schleppseil
– *le câble tracteur*
64 der Slalomlauf
– *la course de slalom* m
65 das offene Tor
– *la porte ouverte*
66 das blinde vertikale Tor
– *la porte verticale aveugle (fermée)*
67 das offene vertikale Tor
– *la porte verticale ouverte*
68 das schräge Doppeltor
– *la salvis*
69 die Haarnadel
– *l'épingle* f *à cheveux* m
70 das versetzte vertikale Doppeltor
– *la double porte verticale décalée*
71 der Korridor
– *le couloir*
72 die Allais-Schikane (Chicane Allais)
– *la chicane Allais*

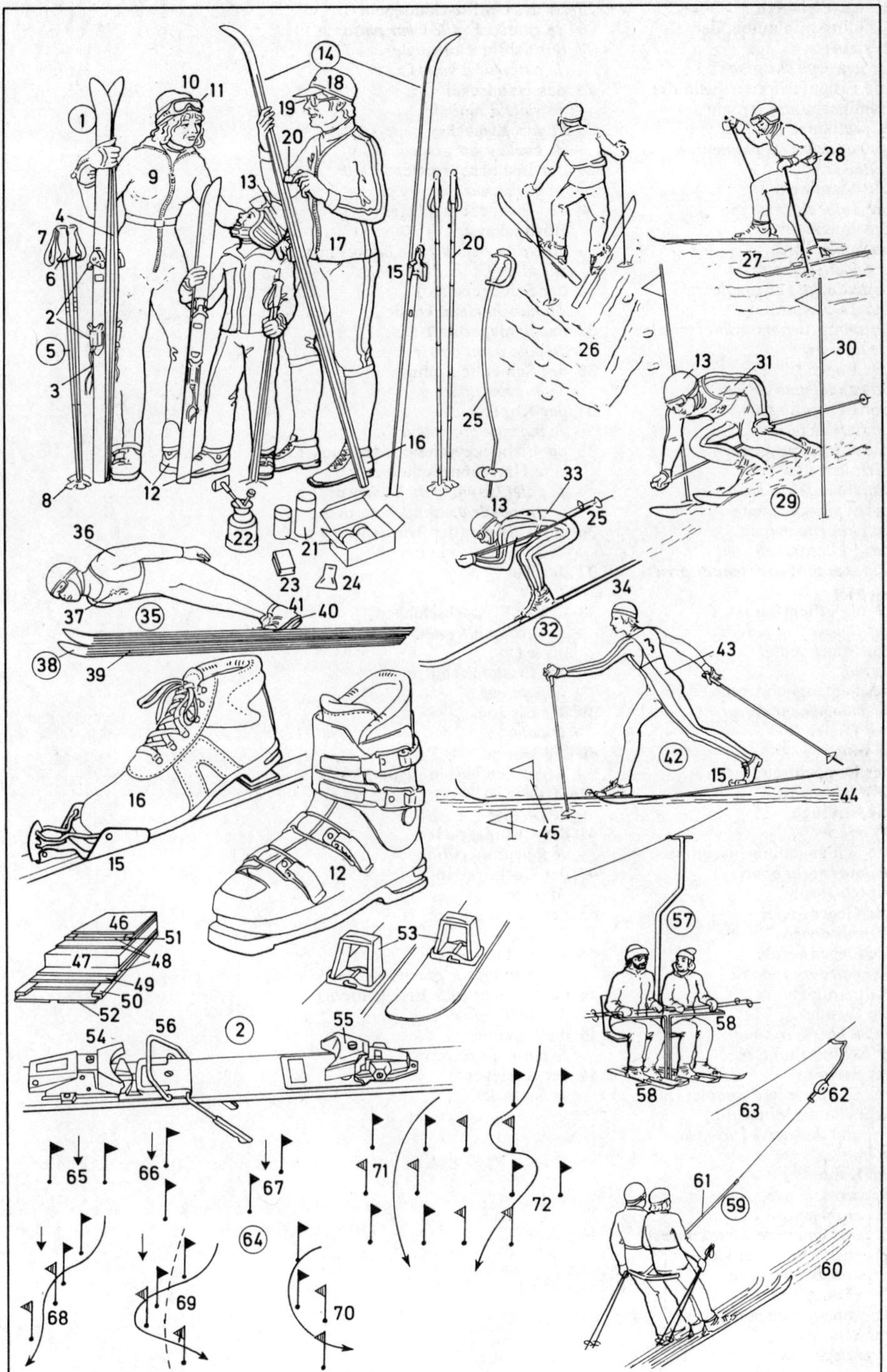
1
2
3
4
5
6
7
8
9
10
11
12
13
14
15
16
17
18
19
20
21
22
23
24
25
26
27
28
29
30
31
32
33
34
35
36
37
38
39
40
41
42
43
44
45
46
47
48
49
50
51
52
53
54
55
56
57
58
59
60
61
62
63
64
65
66
67
68
69
70
71
72

1-26 das Eislaufen (Schlittschuhlaufen, der Eislauf)
– ***le patinage sur glace*** **f**
1 die Eisläuferin (der Eisläufer, Schlittschuhläufer, ein Einzelläufer *m*)
– *la patineuse (le patineur, le patineur solo)*
2 das Standbein
– *la jambe de pivot* m
3 das Spielbein
– *la jambe libre*
4 die Paarläufer *m*
– *le patinage par couples* m
5 die Todesspirale
– *la spirale dehors avant (spirale* f *de la mort)*
6 der Bogen
– *la canadienne arrière*
7 der Rehsprung
– *le saut de biche* f
8 die eingesprungene Sitzpirouette
– *la pirouette sautée assise*
9 die Waagepirouette
– *la pirouette debout*
10 das Fußanfassen
– *l'arabesque* f *avec tenue* f *arrière du pied*
11-19 die Pflichtfiguren *f*
– *les figures* f *imposées*
11 der Bogenachter
– *le huit*
12 der Schlangenbogen
– *le changement de carre* f
13 der Dreier
– *le trois*
14 der Doppeldreier
– *le double trois*
15 die Schlinge
– *la boucle*
16 die Schlangenbogenschlinge
– *le bracket (la boucle paragraphe* m*)*
17 der Gegendreier
– *le trois arrière*
18 die Gegenwende
– *la contre-rotation (le contre-rocker)*
19 die Wende
– *le rocker (le rocking)*
20-25 Schlittschuhe *m*
– *les patins* m
20 das Eisschnellaufcomplet (der Schnellaufschlittschuh)
– *le patin de vitesse* f *avec la bottine*
21 die Kante
– *la carre*
22 der Hohlschliff
– *la lame en creux (lame concave)*
23 das Eishockeycomplet
– *le patin de hockey* m
24 der Eislaufstiefel
– *la chaussure de patinage* m
25 der Schoner
– *le protège-lame*
26 der Eisschnelläufer
– *le patineur de vitesse* f

27-28 das Schlittschuhsegeln
– ***la course à voile*** **f** ***sur patins*** **m**
27 der Schlittschuhsegler
– *le patineur à voile* f
28 das Handsegel
– *la voile à main* f
29-37 das Eishockey
– ***le hockey sur glace*** **f**
29 der Eishockeyspieler
– *le hockeyeur*
30 der Eishockeyschläger (Eishockeystock)
– *la crosse (le stick) de hockey* m *sur glace* f
31 der Schlägerschaft
– *le manche de la crosse*
32 das Schlägerblatt
– *la pale de la crosse*
33 der Schienbeinschutz
– *le protège-tibia*
34 der Kopfschutz
– *le masque protecteur*
35 die Eishockeyscheibe (der Puck, eine Hartgummischeibe)
– *le palet (le puck) de hockey* m*, une rondelle de caoutchouc* m *dur*
36 der Torwart (der Tormann)
– *le gardien de but* m
37 das Tor
– *le but*
38-40 das Eisstockschießen
– ***le curling allemand*** *(le tir sur glace* f*)*
38 der Eisstockschütze
– *le pointeur*
39 der Eisstock
– *le palet*
40 die Daube
– *le cube en bois* m *(le but)*
41-43 das Curling
– ***le curling***
41 der Curlingspieler
– *le joueur de curling* m
42 der Curlingstein
– *la pierre*
43 der Curlingbesen
– *le balai*
44-46 das Eissegeln
– ***le yachting sur glace*** **f**
44 die Eisjacht (das Eissegelboot)
– *le yacht à glace* f
45 die Eiskufe
– *le patin de yacht* m
46 der Ausleger
– *le balancier*

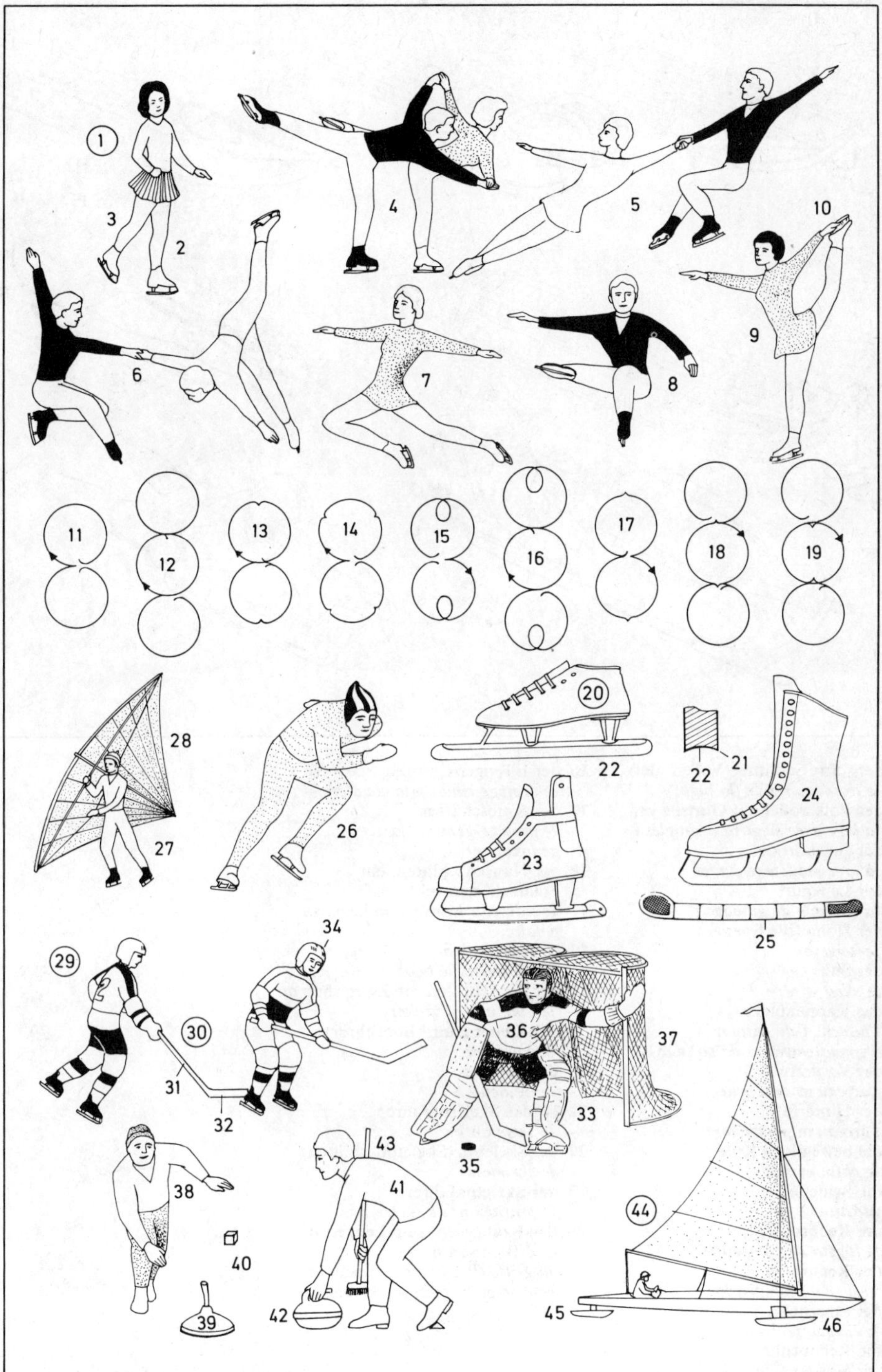
1
2
3
4
5
6
7
8
9
10
11
12
13
14
15
16
17
18
19
20
21
22
23
24
25
26
27
28
29
30
31
32
33
34
35
36
37
38
39
40
41
42
43
44
45
46

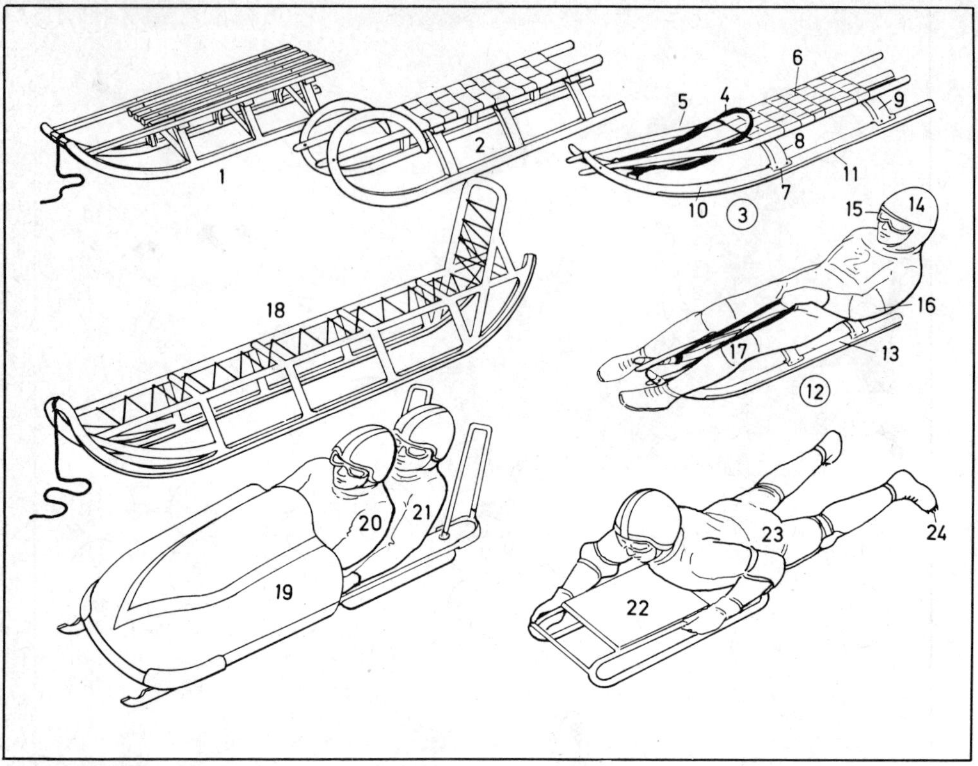

1 der starre Schlitten (Volksrodel)
– *le traîneau rigide (la luge)*
2 der Volksrodel mit Gurtsitz *m*
– *la luge avec siège* m *à sangles* f
3 der Jugendrodel
– *la luge modèle* m *junior*
4 der Lenkgurt
– *la courroie de guidage* m
5 der Holm (die Spange)
– *le longeron*
6 der Sitz
– *le siège*
7 das Kappenblech
– *l'attache* f *de patin* m *(l'empattement* m *de patin* m*)*
8 der Vorderfuß
– *l'arceau* m *antérieur*
9 der Hinterfuß
– *l'arceau* m *postérieur*
10 die bewegliche Kufe
– *le patin mobile*
11 die Schiene
– *la carre*
12 der Rennrodler
– *le lugeur de compétition* f
13 der Rennrodel
– *la luge de compétition* f
14 der Sturzhelm
– *le casque protecteur*
15 die Rennbrille
– *les lunettes* f *de compétition* f
16 der Ellbogenschützer
– *le protège-coudes (la coudière)*
17 der Knieschützer
– *le protège-genoux (la genouillère)*
18 der Nansenschlitten, ein Polarschlitten *m*
– *le traîneau Nansen, un traîneau polaire*
19-21 Bobsport *m*
– *le bobsleigh (le bob)*
19 der Bobschlitten, ein Zweierbob *m*
– *le bob, un bob à deux*
20 der Steuermann (Bobführer)
– *le capitaine*
21 der Bremser
– *le freineur*
22-24 das Skeletonfahren
– *le skeleton*
22 der Skeleton (Skeletonschlitten)
– *le skeleton*
23 der Skeletonfahrer
– *le pratiquant de skeleton* m
24 das Kratzeisen, zum Lenken *n* und Bremsen *n*
– *la griffe (le crampon) d'acier* m *pour le guidage et le freinage*

1 die Schneelawine (Lawine); *Arten:* Staublawine *f*, Grundlawine
– *l'avalanche* f *de neige* f*;* var.: *l'avalanche* f *de poudreuse* f, *l'avalanche* f *de fond* m

2 der Lawinenbrecher, eine Ablenkmauer; *ähnl.:* der Lawinenkeil
– *le pare-avalanche, un mur de déviation* f *(un mur d'arrêt* m*);* anal.: *le déflecteur, le coin freineur*

3 die Lawinengalerie
– *la galerie pare-avalanche (le toit à neige* f*)*

4 das Schneetreiben
– *la tempête de neige* f

5 die Schneeverwehung (Schneewehe)
– *la congère*

6 der Schneezaun
– *le chevalet freineur (le râtelier)*

7 der Bannwald
– *la forêt de protection* f

8 der Straßenreinigungswagen
– *le camion de voirie* f

9 der Vorbauschneepflug (Schneepflug)
– *l'élément* m *chasse-neige*

10 die Schneekette (Gleitschutzkette)
– *les chaînes* f *antidérapantes*

11 die Kühlerhaube
– *le couvre-radiateur*

12 das Kühlerhaubenfenster und die Fensterklappe (Jalousie)
– *le volet aérateur et le rideau de radiateur* m

13 der Schneemann
– *le bonhomme de neige* f

14 die Schneeballschlacht
– *la bataille de boules* f *de neige* f

15 der Schneeball
– *la boule de neige* f

16 der Skibob
– *le vélo des neiges* f

17 die Schlitterbahn (Schleife, *bayr.* Ranschel)
– *la glissoire*

18 der Junge, beim Schlittern *n* (Schleifen, *bayr.* Ranscheln)
– *le garçonnet effectuant une glissade*

19 das Glatteis
– *le verglas*

20 die Schneedecke, auf dem Dach *n*
– *la couche de neige* f *sur le toit*

21 der Eiszapfen
– *le glaçon (la stalactite)*

22 der Schneeschipper (Schneeschaufler), beim Schippen *n* (Schneeschippen, Schneeschaufeln)
– *le balayeur de neige* f

23 die Schneeschippe (Schneeschaufel)
– *la pelle à neige* f

24 der Schneehaufen
– *le tas de neige* f

25 der Pferdeschlitten
– *le traîneau à chevaux* m

26 die Schlittenschellen *f* (Schellen, das Schellengeläut)
– *les grelots* m *(les sonnailles* f*)*

27 der Fußsack
– *la chancelière*

28 die Ohrenklappe (der Ohrenschützer)
– *le couvre-oreilles (le protège-oreilles)*

29 der Stuhlschlitten (Stehschlitten, Tretschlitten); *ähnl.:* der Stoßschlitten (Schubschlitten)
– *le fauteuil-traîneau*

30 der Schneematsch (geschmolzene Schnee, Matschschnee)
– *la neige fondante*

1-13 das Sportkegeln
– ***le jeu de quilles*** f *(la quille Saint-Gall, la quille à neuf)*
1-11 die Kegelaufstellung (der Kegelstand)
– *la disposition des quilles* f
1 der Vordereckkegel (Erste)
– *la quille de tête* f
2 der linke Vordergassenkegel, eine Dame
– *la quille de passage* m *avant gauche, une servante*
3 die linke Vordergasse
– *le passage avant gauche*
4 der rechte Vordergassenkegel, eine Dame
– *la quille de passage* m *avant droit, une servante*
5 die rechte Vordergasse
– *le passage avant droit*
6 der linke Eckkegel, ein Bauer *m*
– *la quille coin* m *arrière gauche, un valet*
7 der König
– *le roi*
8 der rechte Eckkegel, ein Bauer *m*
– *la quille coin* m *arrière droit, un valet*
9 der linke Hintergassenkegel, eine Dame
– *la quille de passage* m *arrière gauche, une servante*
10 der rechte Hintergassenkegel, eine Dame
– *la quille de passage* m *arrière droit, une servante*
11 der Hintereckkegel (Letzte)
– *la quille de coin* m *arrière*
12 der Kegel
– *la quille*
13 der Kegelkönig (König)
– *la quille du milieu*
14-20 das Bowling
– ***le bowling***
14 die Bowlingaufstellung (der Bowlingstand)
– *la disposition des quilles* f
15 die Bowlingkugel (Lochkugel)
– *la boule à trous* m
16 das Griffloch
– *le trou pour la prise*
17-20 die Wurfarten *f*
– *les lancers* m
17 der Straight-Ball (Straight)
– *le lancer droit*
18 der Hook-Ball (Hook, Hakenwurf)
– *le crochet*
19 der Curve-Ball (Bogenwurf)
– *la courbe*
20 der Back-up-Ball (Rückhandbogenwurf)
– *la courbe inverse*
21 das Boulespiel (Cochonnet); *ähnl.:* das ital. Bocciaspiel (das *od.* die Boccia), das engl. Bowlspiel
– ***le jeu de boules*** f*;* anal.: *la boccia italienne, les bowls anglais*
22 der Boulespieler
– *le joueur de boules* f
23 die Malkugel (Zielkugel, der Pallino, Lecco)
– *le cochonnet*
24 die gerillte Wurfkugel
– *la boule métallique striée*
25 die Spielergruppe
– *le groupe de joueurs* m
26 das Gewehrschießen
– ***le tir à la carabine***
27-29 Anschlagsarten *f*
– *les positions* f *de tir* m
27 der stehende Anschlag
– *la position de tir «debout»*
28 der knieende Anschlag
– *la position de tir «à genoux»*
29 der liegende Anschlag
– *la position de tir «couché»*
30-33 Schießscheiben *f* (Zielscheiben, Ringscheiben)
– *les cibles* f *de tir* m *(les cartons-cibles)*
30 die Gewehrscheibe für 50m Schußweite *f*
– *la cible pour le tir à 50 mètres* m
31 der Ring
– *le cordon*
32 die Gewehrscheibe für 100m Schußweite *f*
– *la cible pour le tir à 100 mètres* m
33 die laufende Scheibe (der Keiler)
– *la cible mobile (le sanglier courant)*
34-39 die Sportmunition
– *les munitions* f
34 das Diabologeschoß für Luftgewehr *n*
– *la balle à air* m *(le diabolo) pour carabine* f *à air* m
35 die Randzünderpatrone für Zimmerstutzen *m*
– *la cartouche à percussion* f *annulaire pour carabine courte*
36 die Patronenhülse
– *la douille*
37 die Randkugel
– *la balle ronde*
38 die Patrone Kaliber *n* 22 *long rifle*
– *la cartouche calibre* m *22* long rifle
39 die Patrone Kaliber *n* 222 *Remington*
– *la cartouche calibre* m *222* Remington
40-49 Sportgewehre *n*
– *les carabines* f *de compétition* f
40 das Luftgewehr
– *la carabine à air* m
41 der Diopter
– *le dioptre (l'œilleton)*
42 das Korn
– *le guidon*
43 das Kleinkaliberstandardgewehr
– *l'arme* f *standard de petit calibre* m
44 die internationale freie Kleinkaliberwaffe
– *l'arme* f *libre de petit calibre* m
45 die Handstütze für den stehenden Anschlag
– *le cale-main pour la visée debout*
46 die Kolbenkappe mit Haken *m*
– *l'arceau* m *de la plaque de couche* f
47 der Lochschaft
– *la crosse à trou* m
48 das Kleinkalibergewehr für die laufende Scheibe
– *la carabine de petit calibre* m *pour le tir au sanglier* m *courant*
49 das Zielfernrohr
– *la lunette de visée* f
50 die Dioptervisierung mit Ringkorn *n*
– *le dioptre de visée avec guidon* m *à trou* m
51 die Dioptervisierung mit Balkenkorn *n*
– *le dioptre de visée* f *avec guidon* m *à lame* f
52-66 das Bogenschießen
– ***le tir à l'arc*** m
52 der Abschuß
– *l'armé* m
53 der Bogenschütze
– *le tireur à l'arc* m *(l'archer* m*)*
54 der Turnierbogen
– *l'arc* m *de compétition* f
55 der Wurfarm
– *la branche*
56 das Visier
– *le viseur (la hausse)*
57 der Handgriff
– *la poignée*
58 der Stabilisator
– *le stabilisateur*
59 die Bogensehne (Sehne)
– *la corde de l'arc* m
60 der Pfeil
– *la flèche*
61 die Pfeilspitze
– *la pointe de la flèche*
62 die Steuerfedern *f* (Truthahnfedern, die Befiederung)
– *l'empennage* m
63 die Nocke
– *l'encoche* f
64 der Schaft
– *le fût (le tube)*
65 das Schützenzeichen
– *les marques* f *du tireur*
66 die Scheibe
– *la cible*
67 das bask. **Pelotaspiel** (die Jai alai)
– *la **pelote** basque*
68 der Pelotaspieler
– *le joueur de pelote* f *basque*
69 der Schläger (die Cesta)
– *la chistera*
70-78 das Skeet (Skeetschießen), ein Wurftaubenschießen *n* (Tontaubenschießen)
– ***la fosse olympique*** *(le skeet, le tir au pigeon* m*, le ball-trap)*
70 die Skeet-Bockdoppelflinte
– *le superposé de skeet* m
71 die Laufmündung mit Skeetbohrung *f*
– *la bouche du canon avec l'alésage* m *spécial pour tir* m *au pigeon* m
72 der Gewehranschlag bei Abruf *m* (die Jagdstellung)
– *la position de préparation* f *(la position de chasse* f*)*
73 der fertige Anschlag
– *l'arme* f *en joue* f
74 die Skeetanlage (Taubenwurfanlage)
– *le terrain de skeet* m
75 das Hochhaus
– *la cabine haute*
76 das Niederhaus
– *la cabine basse*
77 die Wurfrichtung
– *la trajectoire du plateau*
78 der Schützenstand
– *le poste de tir* m
79 das Rhönrad
– ***la roue américaine***
80 der Griff
– *la poignée*
81 das Fußbrett
– *le repose-pied*
82 das Go-Karting
– ***le karting***
83 das Go-Kart
– *le kart*
84 die Startnummer
– *la plaque avec le numéro de départ* m
85 die Pedale *n*
– *les pédales* f
86 der profillose Reifen (Slick)
– *le pneu lisse*
87 der Benzintank
– *le réservoir d'essence* f
88 der Rahmen
– *le cadre (le châssis)*
89 das Lenkrad
– *le volant*
90 der Schalensitz
– *le siège-baquet*
91 die Feuerschutzwand
– *la cloison pare-feu*
92 der Zweitaktmotor
– *le moteur à deux temps* m
93 der Schalldämpfer
– *le silencieux d'échappement* m

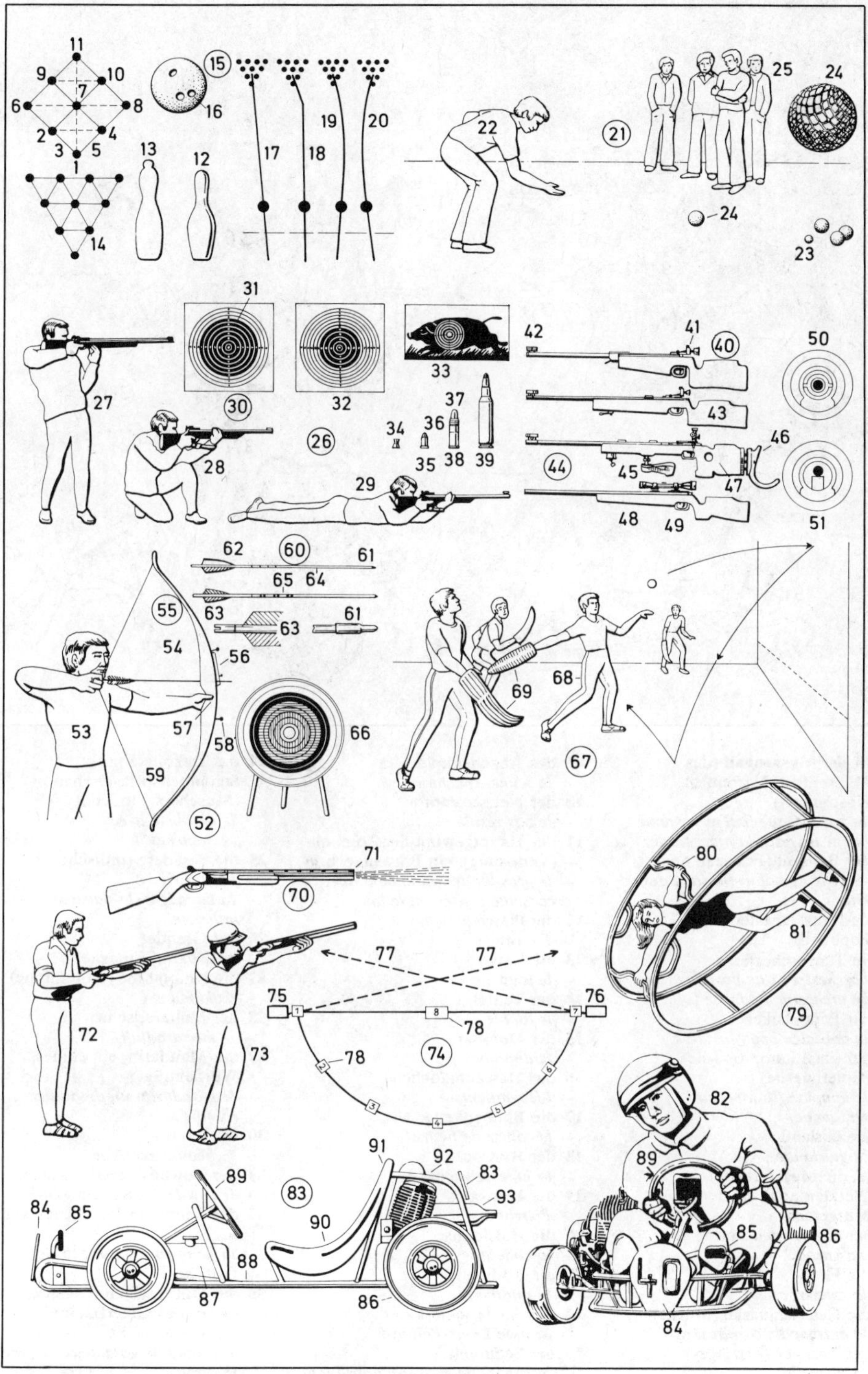
1
2
3
4
5
6
7
8
9
10
11
12
13
14
15
16
17
18
19
20
21
22
23
24
25
26
27
28
29
30
31
32
33
34
35
36
37
38
39
40
41
42
43
44
45
46
47
48
49
50
51
52
53
54
55
56
57
58
59
60
61
62
63
64
65
66
67
68
69
70
71
72
73
74
75
76
77
78
79
80
81
82
83
84
85
86
87
88
89
90
91
92
93

1-48 der Maskenball (das Maskenfest, Narrenfest, Kostümfest)
– ***le bal masqué*** *(bal* m *costumé, bal* m *travesti, la mascarade)*
1 der Ballsaal (Festsaal, Saal)
– *la salle de bal* m *(la salle des fêtes* f*)*
2 das Poporchester (die Popband), ein Tanzorchester *n*
– *l'orchestre* m *de musique* f *pop, un orchestre de danse* f
3 der Popmusiker
– *le musicien pop*
4 der (das) Lampion (die Papierlaterne)
– *le lampion (la lanterne vénitienne)*
5 die Girlande
– *la guirlande*
6-48 die Maskierung (Verkleidung) bei der Maskerade
– *les déguisements* m *de la mascarade*
6 die Hexe
– *la sorcière*
7 die Gesichtsmaske (Maske)
– *le masque de carnaval* m
8 der Trapper (Pelzjäger)
– *le trappeur*
9 das Apachenmädchen
– *la jeune Apache*
10 der Netzstrumpf
– *le bas résille*
11 der Hauptgewinn der Tombola (Verlosung), ein Präsentkorb *m*
– *le gros lot de la tombola, une corbeille contenant le lot*
12 die Pierrette
– *Pierrette* f
13 die Larve
– *le loup*
14 der Teufel
– *le diable*
15 der Domino
– *le domino*
16 das Hawaiimädchen
– *l'Hawaiienne* f
17 die Blumenkette
– *le collier de fleurs* f
18 der Bastrock
– *la jupe de raphia* m
19 der Pierrot
– *Pierrot* m
20 die Halskrause
– *la collerette*
21 die Midinette
– *la midinette*
22 das Biedermeierkleid
– *la robe Louis-Philippe*
23 der Schutenhut
– *la capote (le chapeau à brides* f*)*
24 das Dekolleté mit Schönheitspflästerchen *n* (Musche *f*, Mouche)
– *le décolleté avec les mouches* f
25 die Bajadere (indische Tänzerin)
– *la bayadère (la danseuse indienne)*
26 der Grande
– *le Grand d'Espagne*
27 die Kolombine (Kolumbine)
– *Colombine* f
28 der Maharadscha
– *le maharadjah*
29 der Mandarin, ein chines. Würdenträger
– *le mandarin, un dignitaire chinois*
30 die Exotin
– *la beauté exotique*
31 der Cowboy; *ähnl.:* Gaucho
– *le cow-boy;* anal.: *le gaucho*
32 der Vamp, im Phantasiekostüm *n*
– *la vamp en costume* m *de fantaisie* f
33 der Stutzer (Dandy, Geck, *österr.* das Gigerl), eine Charaktermaske
– *le dandy (le gommeux, le petit maître)*

34 die Ballrosette (das Ballabzeichen) – *la rosette du bal (la contremarque)*
35 der Harlekin – *Arlequin* m
36 die Zigeunerin – *la bohémienne (la gitane, la tsigane)*
37 die Kokotte (Halbweltdame) – *la cocotte (la demi-mondaine)*
38 der Eulenspiegel, ein Narr *m* (Schelm, Schalk, Possenreißer) – *le fou (le bouffon)*
39 die Narrenkappe (Schellenkappe) – *le bonnet de fou* m *(le bonnet à grelots* m*)*
40 die Rassel (Klapper) – *la claquette*
41 die Odaliske (Orientalin), eine orientalische Haremssklavin – *l'odalisque* f*, une esclave de harem* m
42 die Pluderhose – *le pantalon turc (le chalvar)*
43 der Seeräuber (Pirat) – *le pirate (le corsaire)*
44 die Tätowierung – *le tatouage*
45 die Papiermütze – *le bonnet en papier* m
46 die Pappnase – *le faux nez (le nez en carton* m*)*
47 die Knarre (Ratsche, Rätsche) – *la crécelle*
48 die Pritsche (Narrenpritsche) – *la batte (batte* f *de fou* m*)*
49-54 Feuerwerkskörper *m* – ***pièces*** **f** ***d'artifice*** **m**
49 das Zündblättchen (Knallblättchen) – *l'amorce* f *fulminante*
50 das (der) Knallbonbon – *le pétard (la papillotte)*
51 die Knallerbse – *le pois fulminant*
52 der Knallfrosch – *le pétard à répétition* f
53 der Kanonenschlag – *la fusée*
54 die Rakete – *la fusée volante*
55 die Papierkugel – *la boule de papier* m
56 der Schachterlteufel (Jack-in-the-box, ein Scherzartikel *m*) – *la boîte à surprise* f *(l'attrape* f*)*
57-70 der Karnevalszug (Faschingszug) – ***le cortège de carnaval***
57 der Karnevalswagen (Faschingswagen) – *le char de carnaval* m
58 der Karnevalsprinz (Prinz Karneval, Faschingsprinz) – *le prince carnaval*
59 das Narrenzepter – *la marotte (le sceptre de fou* m*)*
60 der Narrenorden (Karnevalsorden) – *l'ordre* m *de fou* m *(la décoration de carnaval* m*)*
61 die Karnevalsprinzessin (Faschingsprinzessin) – *la princesse carnaval*
62 das Konfetti – *les confetti* m
63 die Riesenfigur, eine Spottgestalt – *le géant, une tête de Turc* m
64 die Schönheitskönigin – *la reine de beauté* f
65 die Märchenfigur – *le personnage de conte* m *de fée* f
66 die Papierschlange – *le serpentin*
67 das Funkenmariechen – *la marquise*
68 die Prinzengarde – *le garde du prince*
69 der Hanswurst, ein Spaßmacher *m* – *le paillasse*
70 die Landsknechttrommel – *le tambour de lansquenet* m

1-63 der Wanderzirkus
– *le cirque ambulant*
1 das Zirkuszelt (Spielzelt, Chapiteau), ein Viermastzelt *n*
– *le chapiteau du cirque, un chapiteau à quatre mâts de corniche* f
2 der Zeltmast
– *le mât du chapiteau*
3 der Scheinwerfer
– *le projecteur*
4 der Beleuchter
– *l'éclairagiste* m
5 der Artistenstand
– *la plate-forme de départ* m
6 das Trapez (Schaukelreck)
– *le trapèze (le trapèze volant)*
7 der Luftakrobat (Trapezkünstler, „fliegende Mensch")
– *l'acrobate* m *aérien;* fam.: *l'aérien (le voltigeur)*
8 die Strickleiter
– *l'échelle de corde* f
9 die Musikertribüne (Orchestertribüne)
– *la tribune de l'orchestre* m
10 die Zirkuskapelle
– *l'orchestre* m *du cirque*
11 der Manegeneingang
– *l'entrée* f *de la piste*
12 der Sattelplatz (Aufsitzplatz)
– *le montoir*
13 die Stützstange (Zeltstütze)
– *le hauban*
14 das Sprungnetz, ein Sicherheitsnetz *n*
– *le filet de protection* f
15 der Zuschauerraum
– *les gradins* m
16 die Zirkusloge
– *la loge de cirque* m
17 der Zirkusdirektor
– *le directeur de cirque* m
18 der Artistenvermittler (Agent)
– *l'imprésario* m
19 der Eingang und Ausgang
– *les accès* m *(entrée* f *et sortie* f*)*
20 der Aufgang
– *l'accès* m *des gradins* m
21 die Manege (Reitbahn)
– *la piste, l'arène* f, *le manège*
22 die Bande (Piste)
– *la banquette*
23 der Musikclown
– *le clown musical*
24 der Clown (Spaßmacher)
– *le clown (le bouffon, le paillasse)*
25 die „komische Nummer", eine Zirkusnummer
– *l'entrée* f *comique (l'entrée* f *des clowns* m*), un numéro de cirque* m
26 die Kunstreiter *m*
– *les écuyers* m *(les voltigeurs* m*)*
27 der Manegendiener, ein Zirkusdiener *m*
– *le garçon de piste* f, *un garçon de cirque* m
28 die Pyramide
– *la pyramide*
29 der Untermann
– *l'homme* m *de base* f *(le porteur)*
30-31 die Freiheitsdressur
– *le dressage en liberté* f
30 das Zirkuspferd in Levade *f*
– *le cheval de cirque* m *cabré (la levade)*
31 der Dresseur, ein Stallmeister *m*
– *le dresseur, un maître de manège* m
32 der Voltigereiter (Voltigeur)
– *le voltigeur (l'écuyer* m *dans un numéro de voltige* f *équestre)*
33 der Notausgang
– *l'issue* f *de secours* m
34 der Wohnwagen (Zirkuswagen)
– *la caravane (*vieux: *la roulotte)*
35 der Schleuderakrobat
– *l'acrobate* m *à la bascule*
36 das Schleuderbrett
– *la bascule*
37 der Messerwerfer
– *le lanceur de couteaux* m
38 der Kunstschütze
– *le virtuose du tir*
39 die Assistentin
– *la comparse (la cible vivante)*

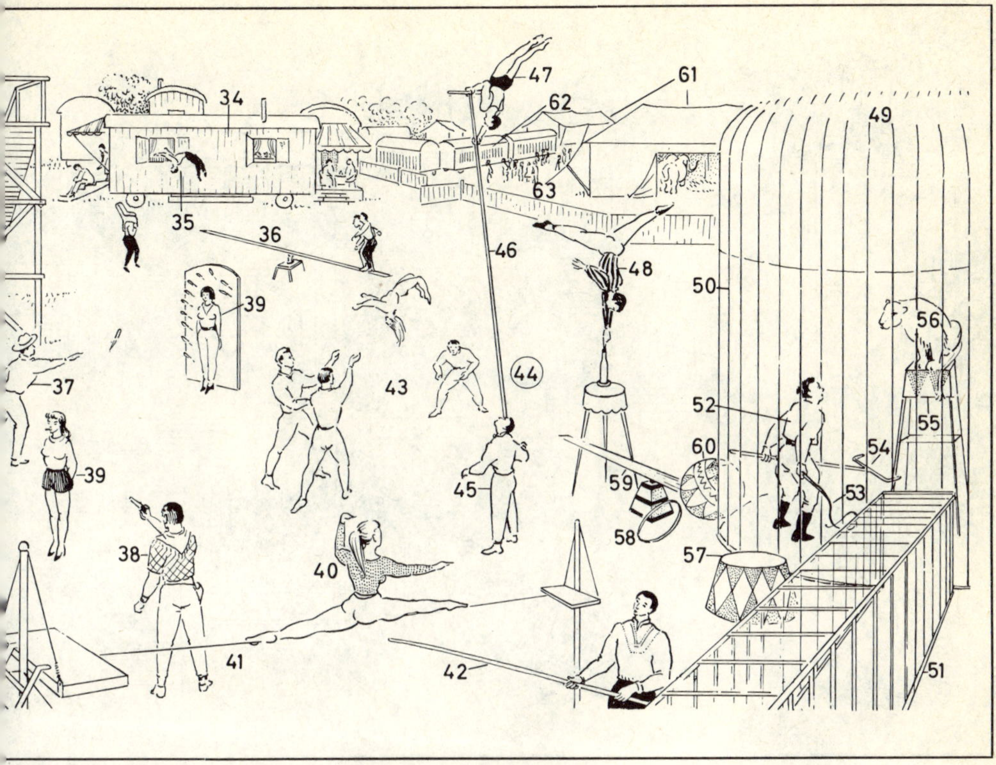

40 die Seiltänzerin
– *la funambule (la fil-de-fériste)*
41 das Drahtseil
– *le fil (la corde)*
42 die Balancierstange (Gleichgewichtsstange)
– *le balancier*
43 die Wurfnummer (Schleudernummer)
– *le numéro de mains-à-mains*
44 der Balanceakt
– *l'équilibre* m
45 der Untermann
– *le porteur*
46 die Perche (Bambusstange)
– *la perche aérienne (la perche de bambou* m*)*
47 der Akrobat
– *l'acrobate* m
48 der Äquilibrist
– *l'équilibriste* m
49 der Raubtierkäfig, ein Rundkäfig *m*
– *la cage aux fauves* m, *une cage circulaire*
50 das Raubtiergitter
– *la grille de la cage aux fauves* m
51 der Laufgang (Gittergang, Raubtiergang)
– *le tunnel de la cage aux fauves* m
52 der Dompteur (Tierbändiger, Tierlehrer)
– *le dompteur (le dresseur)*
53 die Bogenpeitsche (Peitsche)
– *la chambrière*
54 die Schutzgabel
– *la fourche de garde* f
55 das Piedestal
– *le piédestal*
56 das Raubtier (der Tiger, der Löwe)
– *le fauve (le tigre, le lion)*
57 das Setzstück
– *le socle*
58 der Springreifen
– *le cerceau*
59 die Wippe
– *la batoude*
60 die Laufkugel
– *la boule*
61 die Zeltstadt
– *le village de toile* f
62 der Käfigwagen
– *la voiture-cage*
63 die Tierschau
– *la ménagerie*

1-69 der Jahrmarkt (die Kirchweih, *nd.* Kirmes, *südwestdt.* die Messe, Kerwe, *bayr.* die Dult)
– *la foire (la fête foraine, la kermesse, la fête de village* m, *la frairie, la fête patronale)*
1 der Festplatz (die Festwiese, Wiese)
– *le champ de foire* f
2 das Kinderkarussell, ein Karussell *n* (*österr.* ein Ringelspiel *n*, *md./schweiz.* eine Reitschule)
– *le manège de chevaux* m *de bois* m
3 die Erfrischungsbude (Getränkebude, der Getränkeausschank)
– *la buvette*
4 das Kettenkarussell (der Kettenflieger)
– *le manège d'avions* m
5 die Berg-und-Tal-Bahn, eine Geisterbahn
– *les montagnes* f *russes (le train fantôme)*
6 die Schaubude
– *la baraque foraine*
7 die Kasse
– *la caisse*
8 der Ausrufer (Ausschreier)
– *l'aboyeur* m *(l'annonceur* m*)*
9 das Medium
– *le médium*
10 der Schausteller
– *le camelot (le marchand forain)*
11 der Stärkemesser (Kraftmesser, „Lukas")
– *la tête de Turc* m *(le dynamomètre)*
12 der ambulante Händler
– *le marchand ambulant (le marchand forain, le camelot, le charlatan)*
13 der Luftballon
– *le ballon, un jouet d'enfant* m
14 die Luftschlange
– *le serpentin*
15 die Federmühle, ein Windrad *n*
– *le moulinet, une éolienne miniature*
16 der Taschendieb (Dieb)
– *le pickpocket (le voleur à la tire)*
17 der Verkäufer
– *le vendeur (le camelot)*
18 der türkische Honig
– *le rahat loukoum*
19 das Abnormitätenkabinett
– *la scène d'exhibition* f *des monstres* m
20 der Riese
– *le géant*
21 die Riesendame
– *la femme colosse*
22 die Liliputaner *m* (Zwerge)
– *les nains* m *(les nabots* m*)*
23 das Bierzelt
– *la brasserie foraine*
24 die Schaustellerbude (das Schaustellerzelt)
– *la baraque de forain* m
25-28 Artisten *m* (fahrende Leute *pl*, Fahrende *m*)
– *les (artistes* m*) forains* m *(le baladin, le saltimbanque, l'histrion* m, *le bateleur)*
25 der Feuerschlucker
– *le cracheur de feu* m
26 der Schwertschlucker
– *l'avaleur de sabres* m
27 der Kraftmensch
– *l'hercule* m *forain*
28 der Entfesselungskünstler
– *le briseur de chaînes* f
29 die Zuschauer *m*
– *les spectateurs* m
30 der Eisverkäufer (*ugs.* Eismann)
– *le glacier (le marchand de glaces* f, *de crèmes* f *glacées)*
31 die Eiswaffel (Eistüte), mit Eis *n* (Speiseeis)
– *le cornet de glace* f
32 der Bratwurststand (die Würstchenbude)
– *le stand de saucisses* f *grillées*
33 der Bratrost (Rost)
– *le gril pour saucisses* f *grillées*
34 die Rostbratwurst (Bratwurst)
– *la saucisse grillée*
35 die Wurstzange
– *la pince à saucisses* f
36 die Kartenlegerin, eine Wahrsagerin
– *la cartomancienne (la tireuse de cartes* f, *la voyante), une diseuse de bonne aventure* f
37 das Riesenrad
– *la grande roue*
38 die Kirmesorgel (automatische Orgel), ein Musikwerk *n* (Musikautomat *m*)
– *l'orgue* m *limonaire (l'orgue* m *de Barbarie), un instrument de musique automatique*

39 die Achterbahn (Gebirgsbahn)
– *le grand huit (les montagnes* f *russes)*
40 die Turmrutschbahn (Rutschbahn)
– *le toboggan*
41 die Schiffsschaukel (Luftschaukel)
– *les bateaux-balançoires* m
42 die Überschlagschaukel
– *le bateau-balançoire renversable*
43 der Überschlag
– *le renversement (la culbute)*
44 die Spielbude
– *la baraque de loterie* f
45 das Glücksrad
– *la roue de fortune* f *(la roue de loterie* f*)*
46 die Teufelsscheibe (das Taifunrad)
– *le globe infernal*
47 der Wurfring
– *l'anneau* m
48 die Gewinne *m*
– *les lots* m
49 der Stelzenläufer
– *l'homme-sandwich* m *monté sur des échasses* f
50 das Reklameplakat
– *le panneau-réclame (la pancarte publicitaire)*
51 der Zigarettenverkäufer, ein fliegender Händler
– *le marchand de cigarettes* f, *un marchand ambulant*
52 der Bauchladen
– *l'éventaire* m
53 der Obststand
– *l'étalage* m *de fruits* m
54 der Todesfahrer (Steilwandfahrer)
– *le motocycliste exécutant le numéro du mur de la mort*
55 das Lachkabinett (Spiegelkabinett)
– *la galerie de miroirs* m *déformants*
56 der Konkavspiegel
– *le miroir concave*
57 der Konvexspiegel
– *le miroir convexe*
58 die Schießbude
– *le stand de tir* m
59 der (das) Hippodrom
– *l'hippodrome* m
60 der Trödelmarkt (Altwarenmarkt)
– *le bric-à-brac (le marché aux puces* f, *les décrochez-moi-ça* m, *les baraques* f *de brocanteurs* m, *de fripiers* m*)*
61 das Sanitätszelt (die Sanitätswache)
– *la tente de secours* m *médical (le poste de secours* m*)*
62 die Skooterbahn (das Autodrom)
– *la piste d'autos* f *tamponneuses*
63 der Skooter (Autoskooter)
– *l'auto* f *tamponneuse*
64-66 der Topfmarkt
– *la vente de poteries* f
64 der Marktschreier
– *le camelot (le crieur, le bonimenteur)*
65 die Marktfrau
– *la femme de la halle (la marchande)*
66 die Töpferwaren *f*
– *les poteries* f *(les objets* m *de céramique* f*)*
67 die Jahrmarktbummler *m*
– *les visiteurs* m *de la foire*
68 das Wachsfigurenkabinett (Panoptikum)
– *l'exposition* f *de figurines* f *de cire* f
69 die Wachsfigur (Wachspuppe)
– *la figurine de cire* f *(la statuette de cire* f, *la poupée de cire* f*)*

1 die Tretnähmaschine
– *la machine à coudre à pédalier* m
2 die Blumenvase
– *le vase à fleurs* m
3 der Wandspiegel
– *le trumeau*
4 der Kanonenofen
– *le poêle*
5 das Ofenrohr
– *le tuyau de poêle* m
6 der Ofenrohrkrümmer
– *le coude de tuyau* m *de poêle* m
7 die Ofentür
– *la porte de poêle* m
8 der Ofenschirm
– *le garde-feu*
9 der Kohlenfüller
– *le seau à charbon* m
10 der Holzkorb
– *le panier à bois* m
11 die Puppe
– *la poupée*
12 der Teddybär
– *l'ours en peluche* f
13 die Drehorgel
– *l'orgue* m *de Barbarie*
14 das Orchestrion (der Musikautomat)
– *l'orchestrion* m
15 die Metallscheibe (das Notenblatt)
– *le disque métallique (le disque perforé)*
16 der Rundfunkempfänger (das Radio, Radiogerät, Rundfunkgerät, der Radioapparat, *scherzh.:* „Dampfradio"), ein Superheterodynempfänger *m* (Superhet)
– *le poste de radio* f *(le récepteur de radio* f, *la radio;* anc.: *le poste de T.S.F.* f*), un récepteur superhétérodyne*
17 die Schallwand
– *l'écran* m *acoustique (le baffle)*
18 das „magische Auge", eine Abstimmanzeigeröhre
– *l'œil* m *magique, un tube indicateur d'accord* m
19 die Schallöffnung
– *la grille acoustique (les ouïes* f*)*
20 die Stationstasten *f*
– *les touches* f *de sélection* f *des stations* f
21 der Abstimmungsknopf
– *le bouton d'accord* m
22 die Frequenzeinstellskalen *f*
– *les cadrans* m *de réglage* m *de fréquence* f *(de longueur* f *d'onde* f*)*
23 die Detektoranlage (der Detektorempfänger)
– *le détecteur (le récepteur à galène* f*)*
24 der Kopfhörer
– *le casque (à écouteurs* m*)*
25 die Balgenkamera (Klappkamera)
– *l'appareil* m *de photo* f *à soufflet* m *(appareil* m *pliant, type folding)*
26 der Balgen
– *le soufflet*
27 der Klappdeckel
– *l'abattant* m
28 die Springspreizen *f*
– *les tendeurs* m
29 der Verkäufer
– *le vendeur*
30 die Boxkamera (Box)
– *l'appareil* m *de photo* f *box (le box)*
31 das Grammophon (der Grammophonapparat)
– *le phonographe (le gramophone, le phono*
32 die Schallplatte (Grammophonplatte)
– *le disque*
33 die Schalldose mit der Grammophonnadel
– *le pick-up (la tête de lecture* f*) équipé d'une aiguille*
34 der Schalltrichter
– *le pavillon*
35 das Grammophongehäuse
– *le coffret de phonographe* m
36 der Schallplattenständer
– *le porte-disques*
37 das Tonbandgerät, ein Tonbandkoffer *m*
– *le magnétophone à bande* f
38 das Blitzlichtgerät (Blitzgerät)
– *le flash*
39 das Blitzbirnchen (die Blitzbirne)
– *la lampe de flash* m
40-41 das Elektronenblitzgerät (Röhrenblitzgerät)
– *le flash électronique*
40 der Lampenstab
– *la torche*
41 der (das) Akkuteil
– *le compartiment accu du flash*
42 der Diaprojektor (Diapositivprojektor)
– *le projecteur de diapositives* f

43 der Diaschieber
– *le passe-vues*
44 das Lampengehäuse
– *le boîtier de lampe* f
45 der Leuchter
– *le bougeoir*
46 die Jakobsmuschel (Pilgermuschel)
– *la coquille Saint-Jacques (la coquille de pèlerin* m*)*
47 das Besteck
– *le couvert*
48 der Souvenirteller
– *l'assiette* f *souvenir*
49 der Trockenständer für Fotoplatten *f*
– *le séchoir pour plaques* f *photographiques*
50 die Fotoplatte
– *la plaque photographique*
51 der Selbstauslöser
– *le déclencheur automatique*
52 die Zinnsoldaten *m (ähnl.:* Bleisoldaten *m)*
– *les soldats* m *d'étain* m *(*anal.: *les soldats* m *de plomb* m*)*
53 der Bierseidel
– *la chope*
54 die Trompete
– *la trompette*
55 die antiquarischen Bücher *n*
– *les livres* m *anciens*
56 die Standuhr
– *l'horloge* f *(la pendule de parquet* m*)*
57 das Uhrengehäuse
– *le coffre d'horloge* f
58 das Uhrenpendel (der *od.* das Perpendikel)
– *la pendule d'horloge* f
59 das Ganggewicht
– *le poids de marche* f
60 das Schlaggewicht
– *le poids de sonnerie* f
61 der Schaukelstuhl
– *le fauteuil à bascule* f *(le rocking-chair)*
62 der Matrosenanzug
– *le costume de marin* m
63 die Matrosenmütze
– *le béret de marin* m
64 das Waschservice
– *la toilette*
65 die Waschschüssel
– *la cuvette*
66 die Wasserkanne
– *le broc à eau* f
67 der Waschständer
– *le support de toilette* f
68 der Wäschestampfer
– *le fouloir à lessive* f
69 die Waschwanne (Waschbütte)
– *le baquet à lessive* f *(le cuvier)*
70 das Waschbrett
– *la planche à laver*
71 der Brummkreisel
– *la toupie d'Allemagne*
72 die Schiefertafel
– *l'ardoise* f
73 der Griffelkasten
– *le plumier*
74 die Addier- und Saldiermaschine
– *la machine à additionner*
75 die Papierrolle
– *le rouleau de papier* m
76 die Zahlentasten *f*
– *les touches* f *de chiffre* m
77 die Rechenmaschine
– *le boulier*
78 das Tintenfaß, ein Klapptintenfaß *n*
– *l'encrier* m, *un encrier à couvercle* m
79 die Schreibmaschine
– *la machine à écrire*
80 die mechanische Rechenmaschine
– *la machine à calculer*
81 die Antriebskurbel
– *la manivelle de commande* f
82 das Resultatwerk
– *le totalisateur de résultat* m
83 das Umdrehungszählwerk
– *le totalisateur*
84 die Küchenwaage
– *la balance de ménage* m
85 der Pettycoat
– *le cotillon (le jupon)*
86 der Leiterwagen
– *le chariot à ridelles* f
87 die Wanduhr
– *la pendule*
88 die Wärmflasche
– *la bouillotte en métal* m
89 die Milchkanne
– *le bidon à lait* m

1-13 die Filmstadt
– ***le complexe cinématographique*** *(les studios* m*)*
1 das Freigelände (Außenbaugelände)
– *le terrain de prise* f *de vues* f *(tournage* m*) en extérieur* m
2 die Kopierwerke *n*
– *les laboratoires* m *de tirage* m
3 die Schneidehäuser *n*
– *les salles* f *de montage* m
4 das Verwaltungsgebäude
– *le bâtiment administratif (les bureaux* m*)*
5 der Filmlagerbunker (das Filmarchiv)
– *le blockhaus pour films* m *(la filmothèque)*
6 die Werkstätten *f*
– *les ateliers* m
7 die Filmbauten *m*
– *les décors* m *construits*
8 die Kraftstation
– *la station électrique*
9 die technischen und Forschungslaboratorien *n*
– *les laboratoires* m *techniques et de recherche* f
10 die Filmateliergruppen *f*
– *les plateaux* m
11 das Betonbassin für Wasseraufnahmen *f*
– *le bassin en béton* m *pour scènes* f *nautiques*
12 der Rundhorizont
– *le cyclorama*
13 der Horizonthügel
– *la colline du cyclorama*
14-60 Filmaufnahmen *f*
– ***les prises*** f ***de vues*** f *(tournages* m*)*
14 das Musikatelier
– *l'auditorium* m *(le studio d'enregistrement* m*)*
15 die „akustische" Wandbekleidung
– *les parois* f *acoustiques (panneaux* m *acoustiques)*
16 die Bildwand
– *l'écran* m *de projection* f *(l'écran* m*)*
17 das Filmorchester
– *l'orchestre* m *du film*
18 die Außenaufnahme (Freilichtaufnahme)
– *la prise de vues* f *(le tournage) en extérieur* f *(les extérieurs* m*)*
19 die quarzgesteuerte Synchronkamera
– *la caméra synchrone pilotée par quartz* m
20 der Kameramann
– *le chef opérateur (le cameraman, le cadreur)*
21 die Regieassistentin
– *l'assistante* f *du réalisateur*
22 der Mikrophonassistent (Mikromann)
– *le perchman*
23 der Tonmeister
– *le chef opérateur du son*
24 das tragbare quarzgesteuerte Tonaufnahmegerät
– *le magnétophone portatif piloté par quartz* m
25 der Mikrophongalgen
– *la girafe*
26-60 die Atelieraufnahme im Tonfilmatelier *n* (Spielfilmatelier *n*, in der Aufnahmehalle)
– *la prise de vues* f *(le tournage) en studio* m
26 der Produktionsleiter
– *le directeur de production* f
27 die Hauptdarstellerin (Filmschauspielerin, der Filmstar, Filmstern, Star); *früh.:* die Diva (Filmdiva)
– *la vedette féminine (l'actrice* f *de cinéma* m*, la vedette de cinéma* m*, la star)*
28 der Hauptdarsteller (Filmschauspieler, Filmheld, Held)
– *la vedette masculine (l'acteur* m *de cinéma* m*, le héros de cinéma* m*, le héros)*
29 der Filmkomparse (Filmstatist, Komparse, Statist)
– *le figurant (la silhouette)*
30 die Mikrophonanordnung für Stereo- und Effektaufnahme *f*
– *la disposition des microphones* m *(micros* m*) pour l'enregistrement* m *stéréophonique et des effets* m *sonores*
31 das Ateliermikrophon
– *le microphone (micro* m*) de studio* m
32 das Mikrophonkabel
– *le câble de microphone* m *(micro* m*)*
33 die Filmkulisse und der Prospekt (die Hintergrundkulisse)
– *la coulisse et l'arrière-plan* m

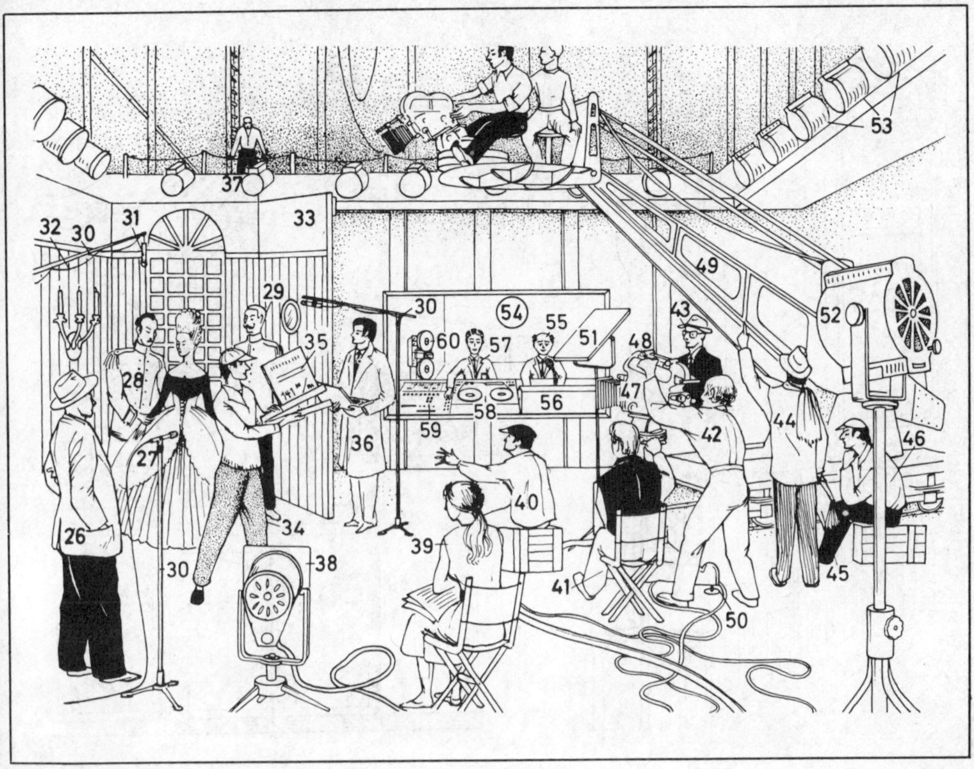

34 der Klappenmann
– *le clapman*
35 die Synchronklappe, mit Tafel *f* für Filmtitel *m*, Einstellungsnummer *f* und Nummer *f* der Wiederholung
– *la claquette (le clap) avec l'ardoise* f *portant le titre du film, le numéro de plan* m *et le numéro de la prise*
36 der Maskenbildner (Filmfriseur)
– *le maquilleur (le coiffeur)*
37 der Beleuchter
– *l'électricien* m *de plateau* m
38 die Streuscheibe
– *le diffuseur*
39 das Skriptgirl (Scriptgirl, die Ateliersekretärin)
– *la script-girl (*ELF: *la scripte)*
40 der Filmregisseur (Regisseur)
– *le réalisateur (le metteur en scène* f*)*
41 der Kameramann
– *le chef opérateur (le cameraman)*
42 der Schwenker (Kameraschwenker, Kameraführer), ein Kameraassistent *m*
– *le cadreur (l'opérateur* m*)*
43 der Filmarchitekt
– *l'architecte-chef-décorateur* m
44 der Aufnahmeleiter
– *le régisseur général*
45 das Filmdrehbuch (Drehbuch, Filmmanuskript, Manuskript, Skript, Script)
– *le script*
46 der Regieassistent
– *l'assistant-réalisateur* m
47 die schalldichte Filmkamera (Bildaufnahmekamera), eine Breitbildkamera (Cinemascope-Kamera)
– *la caméra insonorisée (caméra* f *de prise* f *de vues* f*), une caméra à film* m *large (caméra* f *Cinémascope)*
48 der Schallschutzkasten (Blimp)
– *le caisson insonore*
49 der Kamerakran (Dolly)
– *la grue américaine (le dolly)*
50 das Pumpstativ
– *le socle (l'embase* f*) hydraulique*
51 die Abdeckblende, zum Abdecken *n* von Fehllicht *n* (der Neger)
– *l'écran* m *opaque (anti-halo), arrêtant la lumière parasite*
52 der Stativscheinwerfer (Aufheller)
– *le projecteur sur trépied* m *(la lumière d'appoint* m*)*
53 die Scheinwerferbrücke
– *la passerelle de projecteurs* m
54 der Tonmeisterraum
– *la cabine de prise* f *de son* m
55 der Tonmeister
– *l'ingénieur* m *du son*
56 das Mischpult
– *le pupitre de mixage* m
57 der Tonassistent
– *le recorder (l'adjoint* m *de l'ingénieur* m *du son)*
58 das Magnettonaufzeichnungsgerät
– *l'équipement* m *d'enregistrement* m *magnétique du son*
59 die Verstärker- und Trickeinrichtung, z.B. für Nachhall *m* und Effektton *m*
– *l'équipement* m *d'amplification* f *et de trucage* m*, pour la réverbération* f *et les effets* m *sonores par exemple*
60 die Tonkamera (Lichttonkamera)
– *la caméra sonore (la caméra à son* m *optique)*

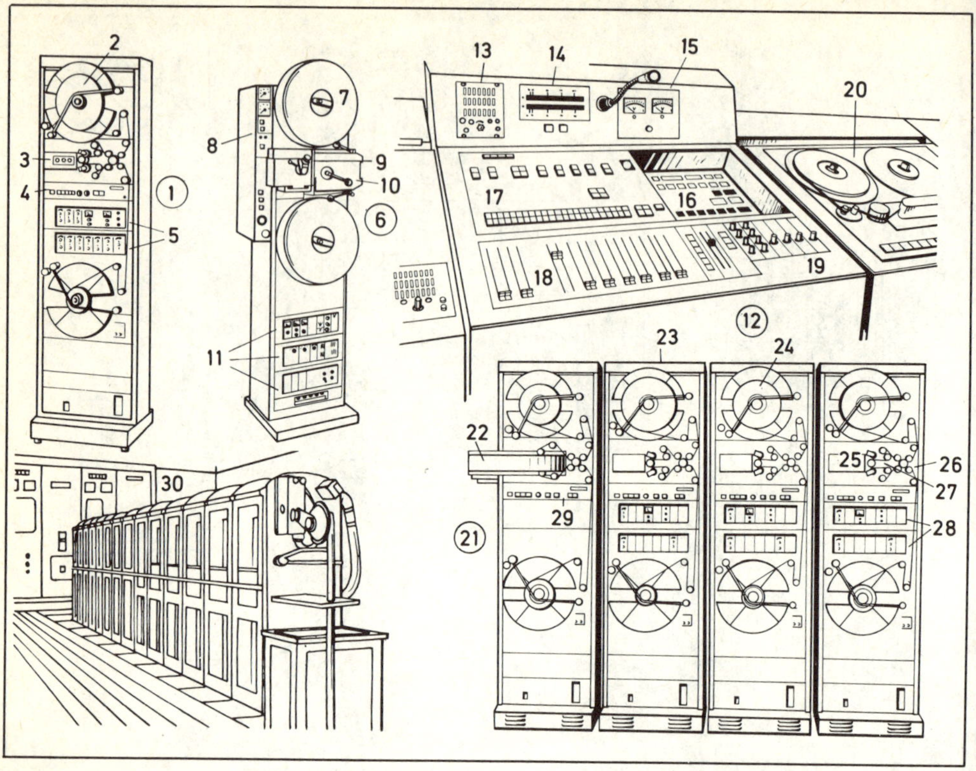

1-46 Tonaufzeichnung *f* **und Kopie** *f*
– ***enregistrement*** m ***et copie*** f ***du son***

1 das Magnettonaufzeichnungsgerät
– *l'équipement* m *d'enregistrement* m *magnétique du son*

2 die Magnetfilmspule
– *la bobine de film* m *magnétique*

3 der Magnetkopfträger
– *le porte-têtes magnétiques*

4 das Schaltfeld
– *le panneau de commande* f

5 der Magnetton-Aufnahme- und -Wiedergabeverstärker
– *l'amplificateur* m *d'enregistrement* m *et de lecture* f *du son magnétique*

6 die Lichttonkamera (Tonkamera, das Lichttonaufnahmegerät)
– *l'enregistreur* m *de son* m *optique (la caméra sonore)*

7 die Tageslichtfilmkassette
– *le magasin (le chargeur) de film* m *en lumière* f *du jour*

8 das Steuer- und Kontrollfeld
– *le panneau de commande* f *et de contrôle* m

9 das Okular zur optischen Kontrolle der Lichttonaufzeichnung
– *l'oculaire* m *pour contrôle* m *visuel de l'enregistrement* m *optique du son*

10 das Laufwerk
– *le dérouleur*

11 die Aufnahmeverstärker *m* und das (der) Netzteil
– *l'amplificateur* m *d'enregistrement* m *et l'alimentation* f *secteur*

12 das Schalt- und Regelpult
– *le pupitre de commande* f

13 der Abhörlautsprecher
– *le haut-parleur de contrôle* m

14 die Aussteuerinstrumente *n*
– *les indicateurs* m *de niveau* m *d'enregistrement* m *(vumètres* m*)*

15 die Kontrollinstrumente *n*
– *les appareils* m *de contrôle* m

16 das Klinkenfeld
– *le panneau de commutation* f

17 das Schaltfeld
– *le panneau de commande* f

18 die Flachbahnregler *m*
– *les potentiomètres* m *à curseur* m

19 die Entzerrer *m*
– *les correcteurs* m *d'affaiblissement* m *(atténuateurs* m, *filtres* m *correcteurs, égalisateurs* m*)*

20 das Magnettonlaufwerk
– *la platine de son* m *magnétique*

21 die Mischanlage für Magnetfilm *m*
– *l'équipement* m *de mixage* m *pour film* m *magnétique*

22 der Filmprojektor
– *le projecteur de film* m

23 das Aufnahme- und Wiedergabegerät
– *l'équipement* m *d'enregistrement* m *et de lecture* f

24 die Filmspule
– *la bobine de film* m

25 der Kopfträger für den Aufnahme-, den Wiedergabe- und den Löschkopf
– *le porte-têtes avec la tête d'enregistrement* m, *la tête de lecture* f *et la tête d'effacement* m

26 der Filmantrieb
– *le mécanisme d'entraînement* m *du film*

27 der (das) Gleichlauffilter
– *le filtre de synchronisation* f

28 die Magnettonverstärker *m*
– *l'amplificateur* m *de son* m *magnétique*

29 das Steuerfeld
– *le panneau de commande* f

30 die Filmentwicklungsmaschinen *f* im Kopierwerk *n*
– *les machines* f *de développement* m *du film dans le laboratoire de tirage* m

31 der Hallraum
– *la chambre de réverbération* f
32 der Hallraumlautsprecher
– *le haut-parleur de la chambre de réverbération* f
33 das Hallraummikrophon
– *le microphone (le micro) de la chambre de réverbération* f
34-36 die Tonmischung (Mischung mehrerer Tonstreifen *m*)
– *le mixage de sons* m *(le mixage* m *de plusieurs bandes* f *son* m*)*
34 das Mischatelier
– *le studio de mixage* m
35 das Mischpult, für Einkanalton *m* oder Stereoton *m*
– *le pupitre de mixage* m *pour son* m *mono ou stéréo*
36 die Mischtonmeister *m* (Tonmeister), bei der Mischarbeit
– *les ingénieurs* m *du son effectuant le mixage*
37-41 die Synchronisation (Nachsynchronisierung)
– *la post-synchronisation (le doublage)*
37 das Synchronisierungsatelier
– *le studio de post-synchronisation* f *(doublage* m*)*
38 der Synchronregisseur
– *le directeur de post-synchronisation* f *(doublage* m*)*
39 die Synchronsprecherin
– *l'actrice* f *de post-synchronisation* f *(doublage* m*)*
40 das Galgenmikrophon
– *le microphone (micro* m*) sur girafe* f
41 das Tonkabel
– *le câble de microphone* m *(micro* m*)*
42-46 der Schnitt
– *le montage*
42 der Schneidetisch
– *la table de montage* m
43 der Schnittmeister (Cutter)
– *le monteur*
44 die Filmteller *m* für die Bild- und Tonstreifen *m*
– *le plateau pour les bandes* f *son* m *et image* f
45 die Bildprojektion
– *la projection de l'image* f
46 der Lautsprecher
– *le haut-parleur*

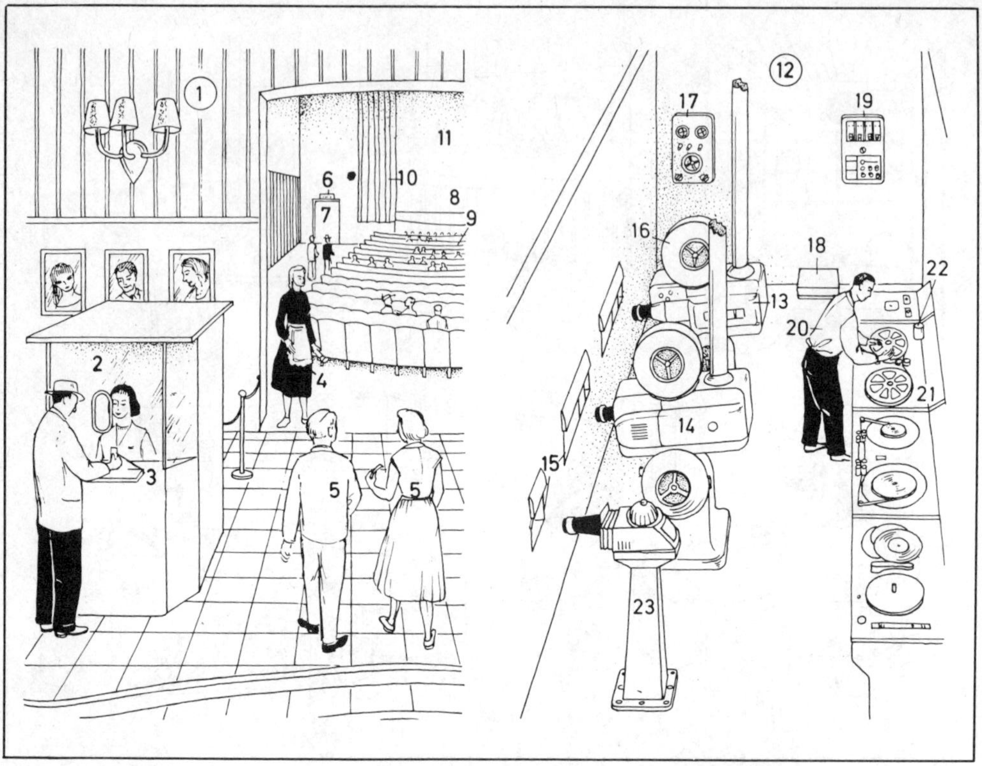

1-23 die Filmwiedergabe
– ***la projection cinématographique***
1 das Lichtspielhaus (Lichtspieltheater, Filmtheater, Kino)
– *le cinéma (la salle de cinéma* m*)*
2 die Kinokasse
– *la caisse du cinéma*
3 die Kinokarte
– *le billet de cinéma* m
4 die Platzanweiserin
– *l'ouvreuse* f
5 die Kinobesucher *m* (das Filmpublikum)
– *les spectateurs* m *(le public du cinéma)*
6 die Sicherheitsbeleuchtung (Notbeleuchtung)
– *l'éclairage* m *de sécurité* f *(l'éclairage* m *de secours* m*)*
7 der Notausgang
– *la sortie de secours* m
8 die Rampe (Bühne)
– *la scène*
9 die Sitzreihen *f*
– *les rangées* f *de fauteuils* m
10 der Bühnenvorhang (Bildwandvorhang)
– *les rideaux* m *de scène* f
11 die Bildwand (Projektionswand, „Leinwand")
– *l'écran* m *de projection* f *(l'écran* m*)*
12 der Bildwerferraum (Filmvorführraum, die Vorführkabine)
– *la cabine de projection* f
13 die Linksmaschine
– *le projecteur gauche*
14 die Rechtsmaschine
– *le projecteur droit*
15 das Kabinenfenster, mit Projektions- und Schauöffnung *f*
– *la fenêtre de projection* f *et de surveillance* f
16 die Filmtrommel
– *le tambour à pellicule* f *(la bobine)*
17 der Saalverdunkler (Saalbeleuchtungsregler)
– *le gradateur d'éclairage* m *de la salle*
18 der Gleichrichter, ein Selen- oder Quecksilberdampfgleichrichter *m* für die Projektionslampen *f*
– *le redresseur, un redresseur au sélénium ou à vapeur* f *de mercure* m *alimentant les lampes* f *de projection* f
19 der Verstärker
– *l'amplificateur* m
20 der Filmvorführer
– *l'opérateur* m *de projection* f *(le projectionniste)*
21 der Umrolltisch, zur Filmumspulung
– *la table de rebobinage* m *du film*
22 der Filmkitt
– *la colle pour film* m
23 der Diaprojektor, für Werbediapositive *n*
– *le projecteur de diapositives* f *(publicitaires)*
24-52 Filmprojektoren *m*
– ***les projecteurs* m *de cinéma* m** *(appareils* m *de projection* f*)*
24 der Tonfilmprojektor (Filmbildwerfer, Kinoprojektor, Filmvorführungsapparat, die Theatermaschine, Kinomaschine)
– *le projecteur sonore (le projecteur de films* m *sonores, l'appareil* m *de projection* f *de films* m *sonores)*
25-38 das Filmlaufwerk
– *le mécanisme du projecteur*
25 die Feuerschutztrommeln *f* (Filmtrommeln), mit Umlaufölkühlung *f*
– *les tambours* m *ignifuges à refroidissement* m *par circulation* f *d'huile* f
26 die Vorwickel-Filmzahntrommel
– *le cylindre à picots* m *(tambour* m*) débiteur*

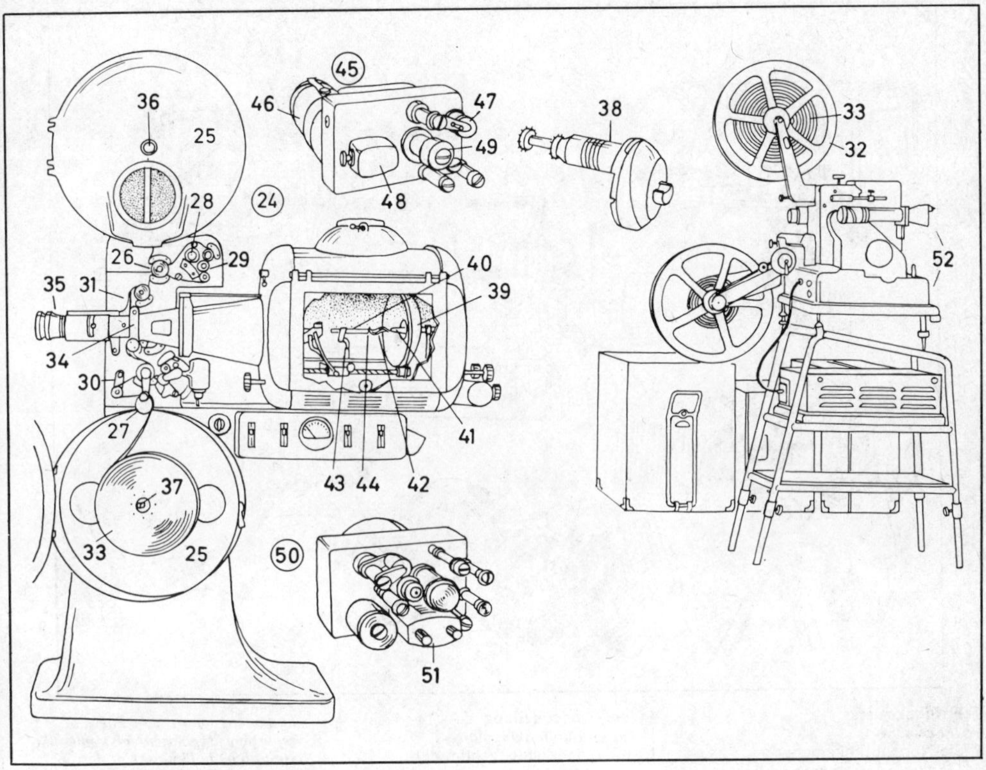

27 die Nachwickel-Filmzahntrommel
– *le cylindre à picots* m *(tambour* m*) récepteur*
28 das Magnettonabnehmersystem
– *le lecteur de son* m *magnétique*
29 die Umlenkrolle, mit Bildstrichverstellung *f*
– *le galet-guide (le tambour-guide) avec commande* f *de cadrage* m
30 der Schleifenbildner, zur Filmvorberuhigung; *auch:* Filmrißkontakt *m*
– *le galet forme-boucle pour stabilisation* f *du film entraîné par saccades* f*;* égal.: *le contact de rupture* f *du film*
31 die Filmgleitbahn
– *le couloir du film*
32 die Filmspule
– *la bobine du film*
33 die Filmrolle
– *le rouleau de film* m
34 das Bildfenster (Filmfenster), mit Filmkühlgebläse *n*
– *la fenêtre de projection* f *avec soufflante* f *de ventilation* f
35 das Projektionsobjektiv
– *l'objectif* m *de projection* f
36 die Abwickelachse
– *l'axe* m *débiteur*
37 die Aufwickelfriktionsachse
– *l'axe* m *récepteur à friction* f
38 das Malteserkreuzgetriebe
– *le mécanisme à croix* f *de Malte*
39-44 das Lampenhaus
– *la lanterne*
39 die Spiegelbogenlampe, mit asphärischem Hohlspiegel *m* und Blasmagnet *m* zur Lichtbogenstabilisierung (*auch:* die Xenon-Höchstdrucklampe)
– *la lampe à arc* m *à réflecteur* m *concave non-sphérique et aimant* m *de soufflage* m *pour stabilisation* f *de l'arc* m*;* égal.: *la lampe au xénon très haute pression* f
40 die Positivkohle
– *le charbon positif*
41 die Negativkohle
– *le charbon négatif*
42 der Lichtbogen
– *l'arc* m *électrique*
43 der Kohlenhalter
– *le porte-charbon*
44 der Krater (Kohlenkrater)
– *le cratère du charbon*
45 das Lichttongerät [auch für Mehrkanal-Lichtton-Stereophonie *f* und für Gegentaktspur *f* vorgesehen]
– *le lecteur de son* m *optique [également conçu pour le son stéréo multivoie et pour trace* f *acoustique symétrique]*
46 die Lichttonoptik
– *l'optique* f *de lecture* f *du son*
47 der Tonkopf
– *la tête de lecture* f *du son*
48 die Tonlampe, im Gehäuse *n*
– *la lampe excitatrice dans le boîtier*
49 die Photozelle (in der Hohlachse)
– *la cellule photoélectrique dans l'axe* m *creux*
50 das Vierkanal-Magnettonzusatzgerät (der Magnettonabtaster)
– *le lecteur de son* m *magnétique à quatre pistes* f
51 der Vierfachmagnetkopf
– *la tête magnétique à quatre pistes* f
52 die Schmalfilmtheatermaschine, für Wanderkino *n*
– *le projecteur de films* m *de format* m *réduit pour cinéma* m *ambulant*

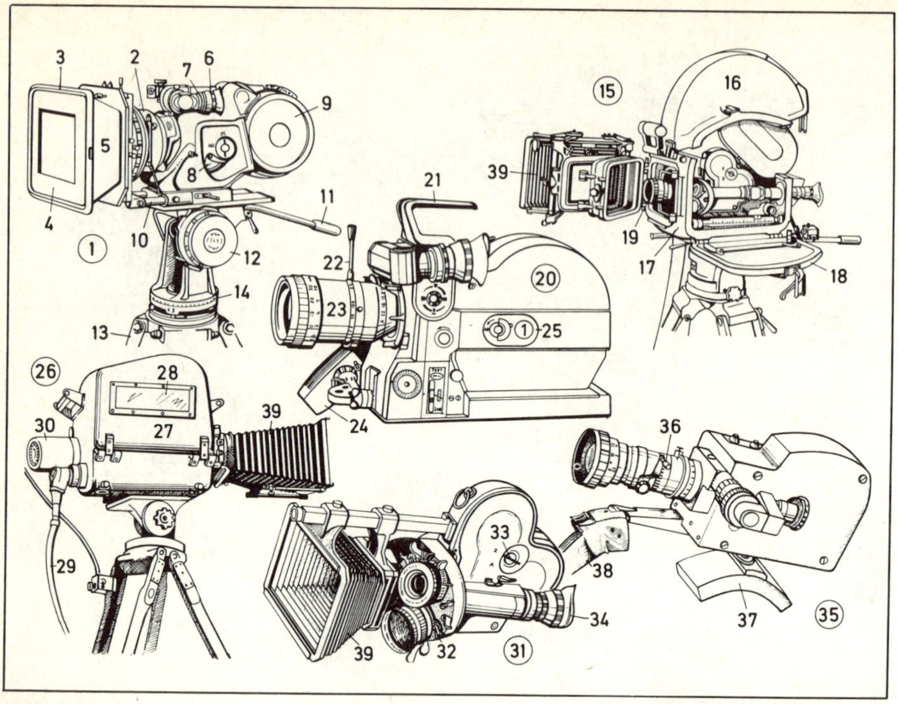

1-39 Filmkameras *f*
– ***les caméras*** f
1 die Normalfilmkamera (35-mm-Filmkamera)
– *la caméra pour film* m *(de format* m*) standard (la caméra pour film* m *de 35 mm)*
2 das Objektiv (die Aufnahmeoptik)
– *l'objectif* m *(l'optique* f *de prise* f *de vues* f*)*
3 das Kompendium (die Sonnenblende), mit Filter- und Kaschbühne *f*
– *le parasoleil avec porte-filtres* m *et porte-caches* m
4 der Kasch
– *le cache*
5 der Gegenlichttubus
– *le soufflet réglable de contre-jour* m
6 das Sucherokular
– *l'oculaire* m *du viseur*
7 die Okulareinstellung
– *la mise au point* m *de l'oculaire* m
8 der Schließer für die Sektorenblende
– *le réglage d'ouverture* f *du diaphragme à secteurs* m
9 das Filmkassettengehäuse
– *le boîtier de cassette* f *de film* m *(de chargeur* m*)*
10 die Kompendiumschiene
– *la glissière de parasoleil* m
11 der Führungshebel
– *le levier de commande* f
12 der Kinoneiger
– *la plate-forme à panoramique* m *horizontal et vertical*
13 das Holzstativ
– *le trépied en bois*
14 die Gradeinteilung
– *la graduation angulaire*
15 die schalldichte (geblimpte) Filmkamera
– *la caméra autosilencieuse*
16-18 das Schallschutzgehäuse (der Blimp)
– *le caisson insonore*
16 das Schallschutzoberteil
– *la partie supérieure du caisson insonore*
17 das Schallschutzunterteil
– *la partie inférieure du caisson insonore*
18 die abgeklappte Schallschutzseitenwand
– *la paroi rabattue du caisson insonore*
19 das Kameraobjektiv
– *l'objectif* m *de caméra* f
20 die leichte Bildkamera
– *la caméra légère professionnelle*
21 der Handgriff
– *la poignée*
22 der Zoomverstellhebel
– *le levier de variation* f *de la focale (levier* m *de zoom* m*)*
23 das Zoomobjektiv (Varioobjektiv) mit stufenlos veränderlicher Brennweite
– *l'objectif* m *à focale* f *continûment variable (le zoom* m*)*
24 der Auslösehandgriff
– *la poignée à déclencheur* m
25 die Kameratür
– *la porte de caméra* f
26 die Bild-Ton-Kamera (Reportagekamera) für Bild- und Tonaufnahme *f*
– *la caméra sonore (la caméra de reportage* m*) pour enregistrement* m *simultané de l'image* f *et du son*
27 das Schallschutzgehäuse (der Blimp)
– *le caisson insonore*
28 das Beobachtungsfenster für die Bildzähler *m* und Betriebsskalen *f*
– *la fenêtre du compteur d'images* f *et des cadrans* m
29 das Synchronkabel (Pilottonkabel)
– *le câble de synchronisation* f *(le câble de fréquence* f *pilote)*
30 der Pilottongeber
– *le générateur de fréquence* f *pilote*
31 die Schmalfilmkamera, eine 16-mm-Kamera
– *la caméra pour films* m *de format* m *réduit, une caméra 16 mm*
32 der Objektivrevolver
– *la tourelle porte-objectifs (tourelle* f *à objectifs* m*)*
33 die Gehäuseverriegelung
– *le verrouillage du carter*
34 die Okularmuschel
– *l'œilleton* m *d'oculaire* m
35 die Hochgeschwindigkeitskamera, eine Schmalfilmspezialkamera
– *la caméra à grande vitesse* f, *une caméra spéciale pour films* m *de format* m *réduit*
36 der Zoomhebel
– *le levier de variation* f *de la focale (levier* m *de zoom* m*)*
37 die Schulterstütze
– *la crosse*
38 der Auslösehandgriff
– *le poignée à déclencheur* m
39 der Faltenbalg des Kompendiums *n*
– *le soufflet du parasoleil*

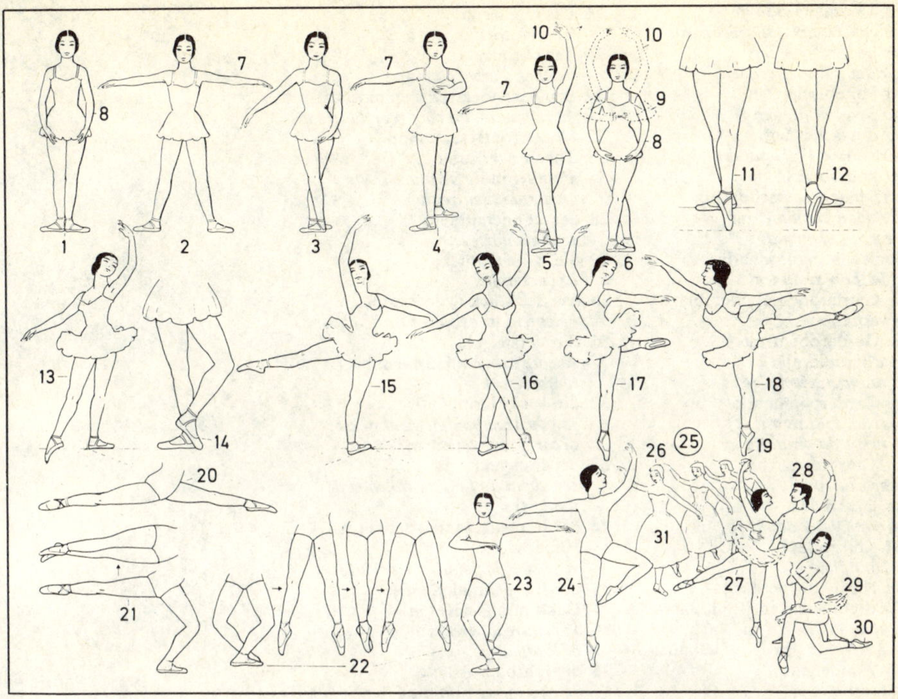

1-6 die fünf Positionen *f*
– *les cinq positions* f
1 die erste Position
– *la première position*
2 die zweite Position
– *la deuxième position*
3 die dritte Position
– *la troisième position*
4 die vierte Position [offen]
– *la quatrième position [avancée]*
5 die vierte Position [gekreuzt; weite fünfte Position]
– *la quatrième position [croisée; cinquième position ouverte]*
6 die fünfte Position
– *la cinquième position*
7-10 die Ports de bras *n* (Armhaltungen *f*)
– *les ports* m *de bras* m
7 das Port de bras à coté
– *le port de bras* m *à côté*
8 das Port de bras en bas
– *le port de bras* m *en bas*
9 das Port de bras en avant
– *le port de bras* m *en avant*
10 das Port de bras en haut
– *le port de bras* m *en haut*
11 das Degagé à la quatrième devant
– *le dégagé à la quatrième devant*
12 das Degagé à la quatrième derrière
– *le dégagé à la quatrième derrière*
13 das Effacé
– *l'effacé* m
14 das Sur le cou-de-pied
– *le sur le cou-de-pied*
15 das Ecarté
– *l'écarté* m
16 das Croisé
– *le croisé*
17 die Attitude
– *l'attitude* f
18 die Arabeske
– *l'arabesque* f
19 die ganze Spitze
– *la pointe*
20 das (der) Spagat
– *le grand écart*
21 die Kapriole
– *la cabriole*
22 das Entrechat (Entrechat quatre)
– *l'entrechat* m *(entrechat* m *quatre, soubresaut* m *battu)*
23 die Préparation [z.B. zur Pirouette]
– *la préparation [pour la pirouette par exemple]*
24 die Pirouette
– *la pirouette*
25 das Corps de ballet (die Balletttruppe)
– *le corps de ballet* m
26 die Ballettänzerin (Balletteuse)
– *la danseuse de ballet* m *(la ballerine)*
27-28 der Pas de trois
– *le pas de trois*
27 die Primaballerina
– *la danseuse étoile*
28 der erste Solotänzer (erste Solist)
– *le danseur étoile*
29 das Tutu
– *le tutu*
30 der Spitzenschuh, ein Ballettschuh *m*
– *le chausson de danse* f
31 der Ballerinenrock
– *le jupon de danse* f

1-4 die Vorhangzüge *m*
– ***les ouvertures*** **f** ***de rideau*** **m**
1 der griechische Zug
– *le rideau à la grecque*
2 der italienische Zug
– *le rideau à l'italienne*
3 der deutsche Zug
– *le rideau à l'allemande*
4 der kombinierte (griechisch-deutsche) Zug
– *le rideau combiné à la grecque-allemande*
5-11 die Garderobenhalle
– ***le hall du vestiaire***
5 die Garderobe (Kleiderablage)
– *le vestiaire*
6 die Garderobenfrau (Garderobiere)
– *la dame du vestiaire*
7 die Garderobenmarke (Garderobennummer)
– *le ticket du vestiaire*
8 der Theaterbesucher
– *le spectateur*
9 das Opernglas
– *les jumelles* f *de théâtre* m
10 der Kontrolleur
– *le contrôleur*
11 die Theaterkarte (das Theaterbillett), eine Einlaßkarte
– *le billet de théâtre* m
12-13 das Foyer (die Wandelhalle, der Wandelgang)
– ***le foyer***
12 der Platzanweiser; *früh.:* Logenschließer *m*
– *l'ouvreur* m; anc.: *l'ouvreur* m *de loge* f [en France: *l'ouvreuse* f]
13 das Programmheft (Programm)
– *le programme*
14-27 der Theaterraum
– ***le lieu théâtral***
14 die Bühne
– *la scène*
15 das Proszenium
– *le proscenium*
16-20 der Zuschauerraum
– ***la salle de théâtre*** m
16 der dritte Rang (die Galerie)
– *la galerie (le poulailler)*
17 der zweite Rang
– *le deuxième balcon*
18 der erste Rang
– *le premier balcon*
19 das Parkett
– *l'orchestre* m
20 der Sitzplatz (Zuschauerplatz, Theaterplatz)
– *le fauteuil (la place de théâtre* m*)*
21-27 die Probe (Theaterprobe)
– ***la répétition***
21 der Theaterchor (Chor)
– *le chœur*
22 der Sänger
– *le chanteur*
23 die Sängerin
– *la cantatrice*
24 der Orchesterraum (die Orchesterversenkung)
– *la fosse d'orchestre* m
25 das Orchester
– *l'orchestre* m
26 der Dirigent
– *le chef d'orchestre* m
27 der Taktstock (Dirigentenstab)
– *la baguette (du chef d'orchestre* m*)*
28-42 der Malersaal, eine Theaterwerkstatt
– ***l'atelier*** m ***de peinture*** f, *un atelier de théâtre* m
28 der Bühnenarbeiter
– *le machiniste*
29 die Arbeitsbrücke
– *la passerelle*
30 das Setzstück (Versatzstück)
– *l'élément* m *de décor* m *(le châssis)*
31 die Versteifung
– *le cadre de renforcement* m *(le renforcement)*
32 die Kaschierung
– *la construction [élément* m *de décor* m *en volume* m*]*
33 der Prospekt
– *le rideau de fond* m *(la toile de fond* m*)*
34 der tragbare Malerkasten (die Handpalette)
– *le casier de peinture* f *portatif*
35 der Bühnenmaler, ein Dekorationsmaler *m*
– *le peintre de décors* m, *un peintre décorateur*
36 die fahrbare Palette
– *le chariot de peinture* f
37 der Bühnenbildner
– *le décorateur*
38 der Kostümbildner
– *le dessinateur de costumes* m
39 der Kostümentwurf
– *l'esquisse* f *de costumes* m
40 die Figurine
– *le croquis*
41 die Modellbühne
– *la maquette de scène* f
42 das Bühnenbildmodell
– *la maquette de décors* m
43-52 die Schauspielergarderobe
– ***la loge d'artiste*** m
43 der Schminkspiegel
– *le miroir à maquillage* m
44 das Schminktuch
– *la serviette de maquillage* m
45 der Schminktisch
– *la table de maquillage* m
46 der Schminkstift
– *le bâton de fard* m
47 der Chefmaskenbildner
– *le chef maquilleur*
48 der Maskenbildner (Theaterfriseur)
– *le maquilleur (le perruquier)*
49 die Perücke
– *la perruque*
50 die Requisiten *n*
– *les accessoires* m *de théâtre* m
51 das Theaterkostüm
– *le costume de théâtre* m
52 die Signallampe (der Inspizientenruf)
– *la lampe d'appel* m *en scène* f

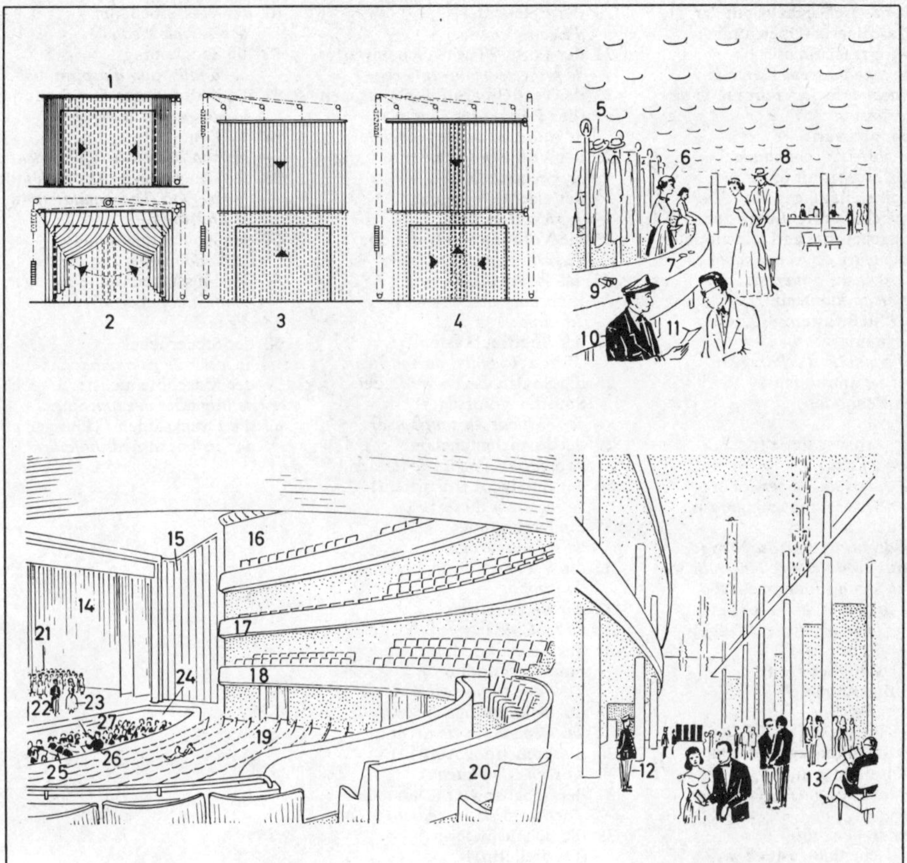
1
2
3
4
5
6
7
8
9
10
11
12
13
14
15
16
17
18
19
20
21
22
23
24
25
26
27
28
29
30
31
32
33
34
35
36
37
38
39
40
41
42
43
44
45
46
47
48
49
50
51
52

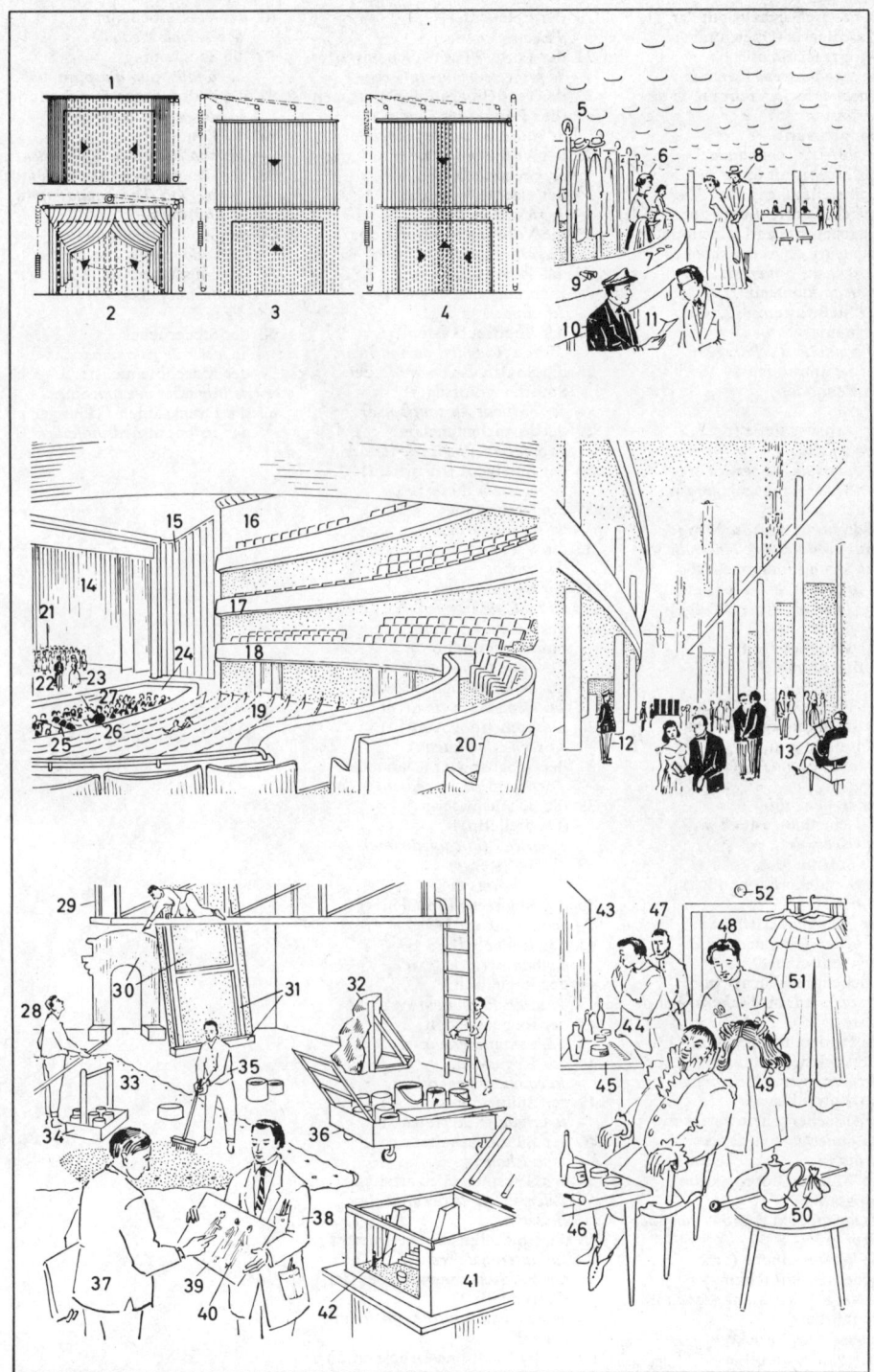

1-60 das Bühnenhaus mit der Maschinerie (Ober- und Untermaschinerie)
– ***la cage de scène* f *avec la*** *machinerie des cintres* m *et des dessous* m
1 die Stellwarte
– *le poste de commande* f
2 das Steuerpult (die Lichtstellanlage) mit Speichereinrichtung *f* zur Speicherung der Lichtstimmung
– *le pupitre de commande* f *(le jeu d'orgue* m*) à mémorisation* f *des effets* m *lumineux*
3 der Stellwartenzettel (die Kontente)
– *la conduite d'éclairage* m
4 der Schnürboden (Rollenboden)
– *le gril*
5 die Arbeitsgalerie (der Arbeitssteg)
– *la passerelle de service* m
6 die Berieselungsanlage, zum Feuerschutz *m*
– *le dispositif d'arrosage* m *(de protection* f *contre l'incendie* m*)*
7 der Schnürbodenmeister
– *le brigadier des cintres* m
8 die Züge *m* (Prospektzüge)
– *les fils* m
9 der Rundhorizont (Bühnenhimmel)
– *le cyclorama*
10 der Prospekt (Bühnenhintergrund, das Hinterhängestück)
– *la toile de fond (le rideau de fond* m*)*
11 der Bogen, ein Zwischenhängestück *n*
– *la principale*
12 die Soffitte (das Deckendekorationsstück)
– *la frise*
13 das Kastenoberlicht
– *la herse cloisonnée*
14 die szenischen Beleuchtungskörper *m*
– *les appareils* m *d'éclairage* m *de scène* f
15 die Horizontbeleuchtung (Prospektbeleuchtung)
– *l'éclairage* m *d'horizon* m
16 die schwenkbaren Spielflächenscheinwerfer *m*
– *les projecteurs* m *de scène* f *pivotants*
17 die Bühnenbildprojektionsapparate *m*
– *les appareils* m *de projection* f *de décor* m
18 die Wasserkanone (eine Sicherheitseinrichtung)
– *la lance d'incendie* m *«Monitor»*
19 die fahrbare Beleuchtungsbrücke
– *le pont d'éclairage* m *mobile*
20 der Beleuchter
– *l'électricien* m
21 der Portal-(Turm-)Scheinwerfer
– *le projecteur d'avant-scène* f
22 der verstellbare Bühnenrahmen (das Portal, der Mantel)
– *le cadre (de scène* f*) mobile*
23 der Vorhang (Theatervorhang)
– *le rideau de scène* f
24 der eiserne Vorhang
– *le rideau de fer* m
25 die Vorbühne (*ugs.* Rampe)
– *l'avant-scène* f
26 das Rampenlicht (die Fußrampenleuchten *f*)
– *la rampe*
27 der Souffleurkasten
– *le trou (la boîte) du souffleur*
28 die Souffleuse (*männl.:* der Souffleur, Vorsager)
– *le souffleur (la souffleuse)*
29 der Inspizientenstand
– *le pupitre du régisseur de scène* f
30 der Spielwart (Inspizient)
– *le régisseur de scène* f
31 die Drehbühne
– *la scène tournante*
32 die Versenköffnung
– *la trappe*
33 der Versenktisch
– *la table de trappe* f
34 das Versenkpodium, ein Stockwerkpodium *n*
– *l'estrade* f *abaissable*
35 die Dekorationsstücke *n*
– *les éléments* m *de décor* m
36 die Szene (der Auftritt)
– *la scène (le plateau)*
37 der Schauspieler (Darsteller)
– *l'acteur* m *(le comédien)*
38 die Schauspielerin (Darstellerin)
– *l'actrice* f *(la comédienne)*
39 die Statisten *m*
– *les figurants* m
40 der Regisseur (Spielleiter)
– *le metteur en scène* f
41 das Rollenheft
– *le manuscrit (le texte)*
42 der Regietisch
– *la table du metteur en scène* f
43 der Regieassistent
– *l'assistant-metteur en scène*
44 das Regiebuch
– *la conduite générale*
45 der Bühnenmeister
– *le brigadier de plateau* m
46 der Bühnenarbeiter
– *le machiniste*
47 das Setzstück (Versatzstück)
– *l'élément* m *de décor* m *(le châssis)*
48 der Spiegellinsenscheinwerfer
– *la lanterne de scène* f
49 der Farbscheibenwechsler (mit Farbscheibe *f*)
– *le panneau rotatif de filtres* m *colorés*
50 die hydraulische Druckstation
– *la salle de presse* f *hydraulique*
51 der Wasserbehälter
– *le réservoir d'eau* f
52 die Saugleitung
– *la canalisation d'aspiration* f
53 die hydraulische Druckpumpe
– *la pompe hydraulique*
54 die Druckleitung
– *la canalisation de refoulement* m
55 der Druckkessel (Akkumulator)
– *le réservoir (l'accumulateur* m*) de pression* f
56 das Kontaktmanometer
– *le manomètre à contact* m
57 der Flüssigkeitsstandanzeiger
– *l'indicateur* m *de niveau* m *d'eau* f
58 der Steuerhebel
– *le levier de commande* f
59 der Maschinenmeister
– *le brigadier des machines* f
60 die Drucksäulen *f* (Plunger *m*)
– *les pistons* m *hydrauliques*

1
2
3
4
5
6
7
8
9
10
11
12
13
14
15
16
17
18
19
20
21
22
23
24
25
26
27
28
29
30
31
32
33
34
35
36
37
38
39
40
41
42
43
44
45
46
47
48
49
50
51
52
53
54
55
56
57
58
59
60

1 die Bar
– *le bar*
2 die Bardame
– *la dame du bar (la barmaid)*
3 der Barhocker
– *le tabouret de bar* m
4 das Flaschenregal
– *l'étagère* f *à bouteilles* f
5 das Gläserregal
– *l'étagère* f *à verres* m
6 das Bierglas
– *le verre à bière* f
7 Wein- und Likörgläser *n*
– *les verres* m *à vin* m *et à liqueur* f
8 der Bierzapfhahn (Zapfhahn)
– *le robinet distributeur de bière* f
9 die Bartheke (Theke)
– *le comptoir du bar (comptoir* m*)*
10 der Kühlschrank
– *le réfrigérateur*
11 die Barlampen *f*
– *les lampes* f *du bar*
12 die indirekte Beleuchtung
– *l'éclairage* m *indirect*
13 die Lichtorgel
– *la batterie de projecteurs* m
14 die Tanzflächenbeleuchtung
– *l'éclairage* m *de piste* f
15 die Lautsprecherbox
– *l'enceinte* f *(acoustique)*
16 die Tanzfläche
– *la piste de danse* f
17-18 das Tanzpaar
– *le couple de danseurs* m
17 die Tänzerin
– *la danseuse*
18 der Tänzer
– *le danseur*
19 der Plattenspieler
– *l'électrophone* m
20 das Mikrophon
– *le microphone (*fam*: le micro)*
21 das Tonbandgerät
– *le magnétophone*
22-23 die Stereoanlage
– *la chaîne haute-fidélité*
22 der Tuner
– *le tuner*
23 der Verstärker
– *l'amplificateur* m *(*f am: *l'ampli* m*)*
24 die Schallplatten
– *les disques* m
25 der Diskjockey
– *le discjockey (*ELF: *le présentateur)*
26 das Mischpult
– *le pupitre de mixage*
27 das Tamburin
– *le tambourin*
28 die Spiegelwand
– *la cloison vitrée*
29 die Deckenverkleidung
– *le revêtement de plafond* m
30 die Belüftungsanlagen
– *le système d'aération* f
31 die Toiletten *f*
– *les toilettes* f
32 der Longdrink
– *le long drink*
33 der Cocktail
– *le cocktail*

1-33 das Nachtlokal (der Nightclub, Nachtklub)
– ***la boîte de nuit*** f *(le nightclub)*
1 die Garderobe
– *le vestiaire*
2 die Garderobenfrau
– *la demoiselle du vestiaire*
3 die Band (Combo)
– *l'orchestre* m
4 die Klarinette
– *la clarinette*
5 der Klarinettist
– *le clarinettiste*
6 die Trompete
– *la trompette*
7 der Trompeter
– *le trompettiste*
8 die Gitarre
– *la guitare*
9 der Gitarrist (Gitarrenspieler)
– *le guitariste*
10 das Schlagzeug
– *la batterie*
11 der Schlagzeuger
– *le batteur*
12 die Lautsprecherbox (der Lautsprecher)
– *l'enceinte* f *(acoustique)*
13 die Bar
– *le bar*
14 die Bardame (Bedienung)
– *la dame du bar (la barmaid)*
15 die Bartheke
– *le comptoir du bar*
16 der Barhocker
– *le tabouret de bar* m
17 das Tonbandgerät
– *le magnétophone*
18 der Receiver
– *l'appareil* m *(récepteur* m*) de radio* f
19 die Spirituosen *pl*
– *les alcools* m
20 der Schmalfilmprojektor für Pornofilme *m* (Sexfilme)
– *le projecteur pour films* m *pornographiques en huit millimètres* m
21 .der Leinwandkasten mit der Leinwand
– *l'écran* m *dans son logement* m
22 die Bühne
– *la scène*
23 die Bühnenbeleuchtung
– *l'éclairage* m *de scène* f
24 der Bühnenscheinwerfer
– *le projecteur de scène* f
25 die Sofittenbeleuchtung
– *la rampe*
26 die Sofittenlampe
– *la lampe de la rampe*
27-32 der Striptease (die Entkleidungsnummer)
– *le strip-tease (le numéro de strip-tease* m*)*
27 die Stripteasetänzerin (Stripperin, Stripteuse)
– *la strip-teaseuse*
28 der Straps
– *la jarretelle*
29 der Büstenhalter
– *le soutien-gorge*
30 die Pelzstola
– *l'étole* f *de fourrure*
31 die Handschuhe *m*
– *les gants* m
32 der Strumpf
– *le bas*
33 die Animierdame
– *l'entraîneuse* f

1-33 der Stierkampf (die Corrida)
– ***la corrida*** *(le combat de taureaux* m, *la course de taureaux* m*)*
1 die Spielszene
– *la passe de corrida* f *(le «quiebro», la passe de banderilles* f*)*
2 der Nachwuchstorero (Novillero)
– *le novillero (le torero débutant, l'apprenti* m *torero)*
3 die Stierattrappe
– *le taureau factice [le chariot orné de cornes* f *et monté sur une roue de bicyclette* f*]*
4 der Nachwuchsbanderillero
– *l'apprenti* m *banderillero*
5 die Stierkampfarena (Plaza de toros) [Schema]
– *l'arène* f *(la «Plaza de toros», l'amphithéâtre* m*) [schéma]*
6 der Haupteingang
– *l'entrée* f *principale*
7 die Logen *f*
– *les loges* f
8 die Sitzplätze *m*
– *les places* f *assises (les gradins* m*)*
9 die Arena (der Ruedo)
– *l'arène* f *proprement dite (le «ruedo», le redondel)*
10 der Eingang der Stierkämpfer *m*
– *la porte d'entrée* f *des toreros* m *(des toréadors* m*)*
11 der Einlaß der Stiere *m*
– *la sortie du toril (la sortie des «corrales»)*
12 die Abgangspforte für die getöteten Stiere *m*
– *la porte de service* m *d'arrastre* m *[pour évacuer les cadavres* m *de taureaux* m*]*
13 die Schlachterei
– *la cour d'équarrissage* m *(le «desolladero», l'abattoir* m*)*
14 die Stierställe *m*
– *le toril (les étables* f *de taureaux* m*)*
15 der Pferdehof
– *la cour des chevaux* m *(le «patio de los caballeros», les écuries* f*)*
16 der Lanzenreiter (Picador)
– *le picador*
17 die Lanze
– *la pique*
18 das gepanzerte Pferd
– *le cheval caparaçonné*
19 der stählerne Beinpanzer
– *la jambière en fer* m *(la «mona»)*
20 der runde Picadorhut
– *le chapeau rond de picador* m *(le «castore»no»)*
21 der Banderillero, ein Torero *m*
– *le banderillero (le péon), un torero (un toréador)*
22 die Banderillas *f* (die Wurfpfeile *m*)
– *les banderilles* f
23 die Leibbinde
– *la ceinture en soie* f *(la «faja»)*
24 der Stierkampf
– *le combat (la passe)*
25 der Matador, ein Torero *m*
– *le matador (l'espada* m*), un torero (un toréador)*
26 das Zöpfchen, ein Standesabzeichen *n* des Matadors *m*
– *la petite queue de cheval* m *(tresse* f *de cheveux* m*) maintenue par une résille ornée d'un ruban noir (la «coleta», un insigne de la classe des toreros* m*)*
27 das rote Tuch (die Capa)
– *la cape (l'étoffe* f *rouge)*
28 der Kampfstier („el toro")
– *le taureau de combat* m *(le «toro»)*
29 der Stierkämpferhut
– *le chapeau rond et noir du torero (la «montera»)*
30 das Töten des Stiers *m* (die Estocada)
– *l'estocade* f *(la mise à mort du taureau «a volaque»)*
31 der Matador bei Wohltätigkeitsveranstaltungen *f* [ohne Tracht *f*]
– *le matador des corridas* f *de bienfaisance* f *[sans costume* m *de combat* m*]*
32 der Degen (die Espada, Estoque)
– *l'épée* f *(l'«estoque»)*
33 die Muleta
– *la muleta*
34 das Rodeo
– ***le rodéo***
35 der Jungstier
– *le jeune taureau (le novillo)*
36 der Cowboy
– *le cow-boy*
37 der Stetson (Stetsonhut)
– *le chapeau mou de cow-boy* m *(le stetson)*
38 das Halstuch
– *le foulard*
39 der Rodeoreiter
– *le cavalier de rodéo* m
40 das Lasso
– *le lasso*

1
2
3
4
5
6
7
8
9
10
11
12
8
13
14
15
16
17
18
19
20
21
22
23
24
25
26
26
27
22
28
29
30
31
32
33
34
35
36
37
38
39
40

1-2 mittelalterliche Noten *f*
– ***la notation médiévale***
1 die Choralnotation (die Quadratnotation)
– *la notation du plain-chant*
2 die Mensuralnotation
– *la notation mesurée*
3-7 die Musiknote (Note)
– ***la note de musique*** f
3 der Notenkopf
– *la tête*
4 der Notenhals
– *la queue*
5 das Notenfähnchen
– *le crochet*
6 der Notenbalken
– *la barre*
7 der Verlängerungspunkt
– *le point*
8-11 die Notenschlüssel *m*
– ***les clés*** f
8 der Violinschlüssel (G-Schlüssel)
– *la clé de sol*
9 der Baßschlüssel (F-Schlüssel)
– *la clé de fa*
10 der Altschlüssel (C-Schlüssel)
– *la clé d'ut troisième*
11 der Tenorschlüssel (C-Schlüssel)
– *la clé d'ut quatrième*
12-19 die Notenwerte *m*
– ***les valeurs*** f ***des notes*** f
12 die Doppelganze (*früh.:* Brevis)
– *la double ronde*
13 die ganze Note (*früh.:* Semibrevis)
– *la ronde*
14 die halbe Note (*früh.:* Minima)
– *la blanche*
15 die Viertelnote (*früh.:* Semiminima)
– *la noire*
16 die Achtelnote (*früh.:* Fusa)
– *la croche*
17 die Sechzehntelnote (*früh.:* Semifusa)
– *la double croche*
18 die Zweiunddreißigstelnote
– *la triple croche*
19 die Vierundsechzigstelnote
– *la quadruple croche*
20-27 die Pausenzeichen *n* (Pausen *f*)
– ***les silences*** m
20 die Pause für die Doppelganze
– *la double pause*
21 die ganze Pause
– *la pause*
22 die halbe Pause
– *la demi-pause*
23 die Viertelpause
– *le soupir*
24 die Achtelpause
– *le demi-soupir*
25 die Sechzehntelpause
– *le quart de soupir* m
26 die Zweiunddreißigstelpause
– *le huitième de soupir* m
27 die Vierundsechzigstelpause
– *le seizième de soupir* m
28-42 der Takt (die Taktart)
– ***la mesure***
28 der Zweiachteltakt
– *la mesure à deux-huit*
29 der Zweivierteltakt
– *la mesure à deux-quatre*
30 der Zweihalbetakt
– *la mesure à deux-deux*
31 der Vierachteltakt
– *la mesure à quatre-huit*
32 der Viervierteltakt
– *la mesure à quatre-quatre*
33 der Vierhalbetakt
– *la mesure à quatre-deux*
34 der Sechsachteltakt
– *la mesure à six-huit*
35 der Sechsvierteltakt
– *la mesure à six-quatre*
36 der Dreiachteltakt
– *la mesure à trois-huit*
37 der Dreivierteltakt
– *la mesure à trois-quatre*
38 der Dreihalbetakt
– *la mesure à trois-deux*
39 der Neunachteltakt
– *la mesure à neuf-huit*
40 der Neunvierteltakt
– *la mesure à neuf-quatre*
41 der Fünfvierteltakt
– *la mesure à cinq-quatre*
42 der Taktstrich
– *la barre de mesure*
43-44 das Liniensystem
– ***la portée***
43 die Notenlinie
– *la ligne*
44 der Zwischenraum
– *l'interligne* m
45-49 die Tonleitern *f*
– ***les gammes*** f
45 die C-Dur-Tonleiter Stammtöne: c, d, e, f, g, a, h, c
– *la gamme d'ut* m *majeur;* notes f fondamentales: *ut (do), ré, mi, fa, sol, la, si, do (ut)*
46 die a-Moll-Tonleiter [natürlich] Stammtöne: a, h, c, d, e, f, g, a
– *la gamme de la mineur (naturelle);* notes f fondamentales: *la, si, do, ré, mi, fa, sol, la*
47 die a-Moll-Tonleiter [harmonisch]
– *la gamme de la* m *mineur (harmonique)*
48 die a-Moll-Tonleiter [melodisch]
– *la gamme de la* m *mineur (mélodique)*
49 die chromatische Tonleiter
– *la gamme chromatique*
50-54 die Versetzungszeichen *n* (die Vorzeichen)
– ***les altérations*** f
50-51 die Erhöhungszeichen *n*
– *les signes* m *d'élévation* f
50 das Kreuz (die Halbtonerhöhung)
– *le dièse (l'élévation* f *d'un demi-ton)*
51 das Doppelkreuz (die Erhöhung um 2 Halbtöne *m*)
– *le double dièse (l'élévation* f *d'un ton)*
52-53 die Erniedrigungszeichen
– *les signes* m *d'abaissement* m
52 das B (die Halbtonerniedrigung)
– *le bémol (l'abaissement* m *d'un demi-ton)*
53 das Doppel-B (die Erniedrigung um 2 Halbtöne *m*)
– *le double bémol (l'abaissement* m *d'un ton)*
54 das Auflösungszeichen
– *le bécarre*
55-68 die Tonarten (Durtonarten und die ihnen parallelen Molltonarten, jeweils mit gleichem Vorzeichen *n*)
– ***les tonalités*** f *(tonalités* f *en mode* m *majeur et leurs relatifs* m *en mode* m *mineur avec les mêmes altérations* f*)*
55 C-Dur (a-Moll)
– *ut* m *majeur (la* m *mineur)*
56 G-Dur (e-Moll)
– *sol* m *majeur (mi* m *mineur)*
57 D-Dur (h-Moll)
– *ré* m *majeur (si* m *mineur)*
58 A-Dur (fis-Moll)
– *la* m *majeur (fa* m *dièse mineur)*
59 E-Dur (cis-Moll)
– *mi* m *majeur (ut* m *dièse mineur)*
60 H-Dur (gis-Moll)
– *si* m *majeur (sol* m *dièse majeur)*
61 Fis-Dur (dis-Moll)
– *fa* m *dièse majeur (ré* m *dièse mineur)*
62 C-Dur (a-Moll)
– *ut* m *majeur (la* m *mineur)*
63 F-Dur (d-Moll)
– *fa* m *majeur (ré* m *mineur)*
64 B-Dur (g-Moll)
– *si* m *bémol majeur (sol* m *mineur)*
65 Es-Dur (c-Moll)
– *mi* m *bémol majeur (ut* m *mineur)*
66 As-Dur (f-Moll)
– *la* m *bémol majeur (fa* m *mineur)*
67 Des-Dur (b-Moll)
– *ré* m *bémol majeur (si* m *bémol mineur)*
68 Ges-Dur (es-Moll)
– *sol* m *bémol majeur (mi* m *bémol mineur)*

1
Magni - fí-cat
2
Nu kom der heidē Heiland,
3 4 5 6 7
8 9 10 11 12 13 14 15 16 17 18 19 20 21 22 23 24 25 26 27
28 29 30 31 32 33 34 35 36 37 38 39 40 41 42 43 44
45 46 47
48
49
50 51 52 53 54
55 56 57 58 59 60 61
62 63 64 65 66 67 68

1-5 der Akkord
– ***l'accord*** m
1-4 Dreiklänge *m*
– *les accords* m *parfaits*
1 der Durdreiklang
– *l'accord* m *parfait majeur*
2 der Molldreiklang
– *l'accord* m *parfait mineur*
3 der verminderte Dreiklang
– *l'accord* m *de quinte* f *diminuée*
4 der übermäßige Dreiklang
– *l'accord* m *de quinte* f *augmentée*
5 der Vierklang, ein Septimenakkord *m*
– *l'accord* m *de septième*
6-13 die Intervalle *n*
– ***les intervalles*** m
6 die Prime (der Einklang)
– *l'unisson* m
7 die große Sekunde
– *la seconde majeure*
8 die große Terz
– *la tierce majeure*
9 die Quarte
– *la quarte*
10 die Quinte
– *la quinte*
11 die große Sexte
– *la sixte majeure*
12 die große Septime
– *la septième majeure*
13 die Oktave
– *l'octave* f
14-22 die Verzierungen *f*
– ***les ornements*** m
14 der lange Vorschlag
– *l'appogiature* f *longue*
15 der kurze Vorschlag
– *l'appogiature* f *brève*
16 der Schleifer
– *l'appogiature* f *double*
17 der Triller ohne Nachschlag *m*
– *le mordant*
18 der Triller mit Nachschlag *m*
– *la trille*
19 der Pralltriller
– *le trémolo*
20 der Mordent
– *le mordant inférieur*
21 der Doppelschlag
– *le gruppetto*
22 das Arpeggio
– *l'arpège* m
23-26 andere Notationszeichen *n*
– *les autres signes* m
23 die Triole; *entspr.:* Duole, Quartole, Quintole, Sextole, Septole (Septimole)
– *le triolet (*par analogie: *le duolet, le quartolet, le sextolet et,* peu usités: *le quintolet, le heptolet)*
24 der Bindebogen
– *la liaison*
25 die Fermate, ein Halte- und Ruhezeichen *n*
– *le point d'orgue* m, *un signe d'arrêt* m *et de repos* m
26 das Wiederholungszeichen
– *le signe de reprise* f

27-41 Vortragsbezeichnungen *f*
– ***les indications*** f ***d'exression*** f
27 marcato (markiert, betont)
– *l'accent* m
28 presto (schnell)
– *presto (rapide)*
29 portato (getragen)
– *portato (note* f *filée)*
30 tenuto (gehalten)
– *tenuto (note tenue)*
31 crescendo (anschwellend)
– *crescendo (en augmentant)*
32 decrescendo (abschwellend)
– *decrescendo (en diminuant)*
33 legato (gebunden)
– *legato (lié)*
34 staccato (abgestoßen)
– *staccato (pointé)*
35 piano (leise)
– *piano (doucement)*
36 pianissimo (sehr leise)
– *pianissimo (très doucement)*
37 pianissimo piano (so leise wie möglich)
– *pianissimo piano (le plus doucement possible)*
38 forte (stark)
– *forte (fort)*
39 fortissimo (sehr stark)
– *fortissimo (très fort)*
40 forte fortissimo (so stark wie möglich)
– *forte fortissimo (le plus fort possible)*
41 fortepiano (stark ansetzend, leise weiterklingend)
– *fortepiano (attaque* f *forte, résonance* f *douce)*
42-50 die Einteilung des Tonraums *m*
– ***l'échelle*** f *musicale*
42 die Subkontraoktave
– *la double contre-octave*
43 die Kontraoktave
– *la contre-octave*
44 die große Oktave
– *la première octave*
45 die kleine Oktave
– *la deuxième octave*
46 die 1gestrichene Oktave
– *la troisième octave*
47 die 2gestrichene Oktave
– *la quatrième octave*
48 die 3gestrichene Oktave
– *la cinquième octave*
49 die 4gestrichene Oktave
– *la sixième octave*
50 die 5gestrichene Oktave
– *la septième octave*

1 2 3 4 5 6 7 8 9 10 11 12 13
14 15 16 17 18 19 20 21
22 23 27 24 25 26
28 Presto
29 30 ten. 33
cresc. 31
decresc. 32
cresc. decresc. 34
p 35
pp 36
ppp 37
f 38
ff 39
fff 40
fp 41
8va sopra
42 43 44 45 46 47 48 49 50
8va bassa
${}_2A\ {}_2B\ {}_2H\ {}_1C$ usw
${}_1H\ C\ H\ c\ h\ c^1\ h^1 c^2 h^2 c^3 h^3 c^4 h^4 c^5$
en France:
la_{02} si b_{02} si_{02} do_{01} etc.
si_{01} do_1 si_1 do_2 si_2 do_3 si_3 do_4 si_4 do_5 si_5 do_6 si_6 do_7

1 die Lure, ein Bronzehorn *n*
– *le lur (lour* m*), une trompe de bronze* m
2 die Panflöte (Panpfeife, Syrinx)
– *la flûte de Pan (la syrinx)*
3 der Diaulos, eine doppelte Schalmei
– *la diaule (l'aulos* m*), une flûte double*
4 der Aulos
– *la flûte*
5 die Phorbeia (Mundbinde)
– *la phorbéïa*
6 das Krummhorn
– *le cromorne (le tournebout)*
7 die Blockflöte
– *la flûte à bec* m
8 die Sackpfeife (der Dudelsack); *ähnl.:* die Musette
– *la cornemuse;* anal.: *la musette, le biniou*
9 der Windsack
– *le réservoir d'air* m *(l'outre* f*)*
10 die Melodiepfeife
– *le tuyau de mélodie* f *(le chalumeau)*
11 der Stimmer (Brummer, Bordun)
– *le tuyau de bourdon* m *(le bourdon)*
12 der krumme Zink
– *le cornet à bouquin* m
13 der Serpent
– *le serpent*
14 die Schalmei; *größer:* der Bomhart (Pommer, die Bombarde)
– *le chalumeau;* plus grands: *la bombarde, le pommer*
15 die Kithara; *ähnl. u. kleiner:* die Lyra (Leier)
– *la cithare;* anal. et plus petite: *la lyre*
16 der Jocharm
– *le montant de cithare* f
17 der Steg
– *le chevalet*
18 der Schallkasten
– *la caisse de résonance*
19 das Plektron (Plektrum), ein Schlagstäbchen *n*
– *le plectre*
20 die Pochette (Taschengeige, Sackgeige, Stockgeige)
– *la pochette (le violon de petit format* m*)*
21 die Sister (Cister), ein Zupfinstrument *n*; *ähnl.:* die Pandora
– *le cistre, un instrument à cordes* f *pincées;* anal.: *la pandore*
22 das Schalloch
– *la rose (la rosace)*
23 die Viola, eine Gambe; *größer:* die Viola da Gamba, der (die) Violone
– *la viole, une viole de gambe* f*;* plus grandes: *la basse de viole* f*, la violone (contrebasse de viole* f*)*
24 der Violenbogen
– *l'archet* m *de viole* f
25 die Drehleier (Radleier, Bauernleier, Bettlerleier, Vielle, das Organistrum)
– *la vielle (vielle* f *à roue* f*, vielle* f *de ménétrier* m*, vielle* f *de mendiant* m*, la chifonie, l'organistrum* m*)*
26 das Streichrad
– *la roue de vielle* f
27 der Schutzdeckel
– *le couvercle*
28 die Klaviatur
– *le clavier*
29 der Resonanzkörper
– *la caisse de résonance* f
30 die Melodiesaiten *f*
– *les cordes* f *mélodiques*
31 die Bordunsaiten *f*
– *les cordes* f *bourdons*
32 das Hackbrett (Cimbalom, die Zimbal, Cimbal, Cymbal, Zymbal, Zimbel)
– *le tympanon (le czimbalum, le cymbalum)*
33 die Zarge
– *le cadre*
34 der Schlegel zum Walliser Hackbrett *n*
– *la batte de tympanon* m *valaisan*
35 die Rute zum Appenzeller Hackbrett *n*
– *le marteau de tympanon* m *appenzellois*
36 das Klavichord (Clavichord); *Arten:* das gebundene oder das bundfreie Klavichord
– *le clavicorde;* types: *clavicorde* m *lié, clavicorde* m *libre*
37 die Klavichordmechanik
– *la mécanique du clavicorde*
38 der Tastenhebel
– *la touche (levier* m *de touche* f*)*
39 der Waagebalken
– *la sellette de bascule* f
40 das Führungsplättchen
– *le tenon de guidage* m
41 der Führungsschlitz
– *la fente de guidage* m
42 das Auflager
– *l'appui* m
43 die Tangente
– *la tangente*
44 die Saite
– *la corde*
45 das Clavicembalo (Cembalo, Klavizimbel), ein Kielflügel *m*; *ähnl.:* das Spinett (Virginal)
– *le clavecin, un instrument à clavier* m *à cordes* f *griffées;* anal.: *l'épinette* f*, le virginal (la virginale)*
46 das obere Manual
– *le clavier (manuel) supérieur*
47 das untere Manual
– *le clavier (manuel) inférieur*
48 die Cembalomechanik
– *la mécanique du clavecin*
49 der Tastenhebel
– *la touche (levier* m *de touche* f*)*
50 die Docke (der Springer)
– *le sautereau*
51 der Springerrechen (Rechen)
– *le registre à mortaises* f
52 die Zunge
– *la languette de sautereau* m
53 der Federkiel (Kiel)
– *le bec de plume* f
54 der Dämpfer
– *l'étouffoir* m
55 die Saite
– *la corde*
56 das Portativ, eine tragbare Orgel; *größer:* das Positiv
– *l'orgue* m *portatif (le régal);* plus grand: *un (orgue) positif [l'orgue est masculin au singulier et féminin au pluriel]*
57 die Pfeife
– *le tuyau (d'orgue* m*)*
58 der Balg
– *le soufflet*

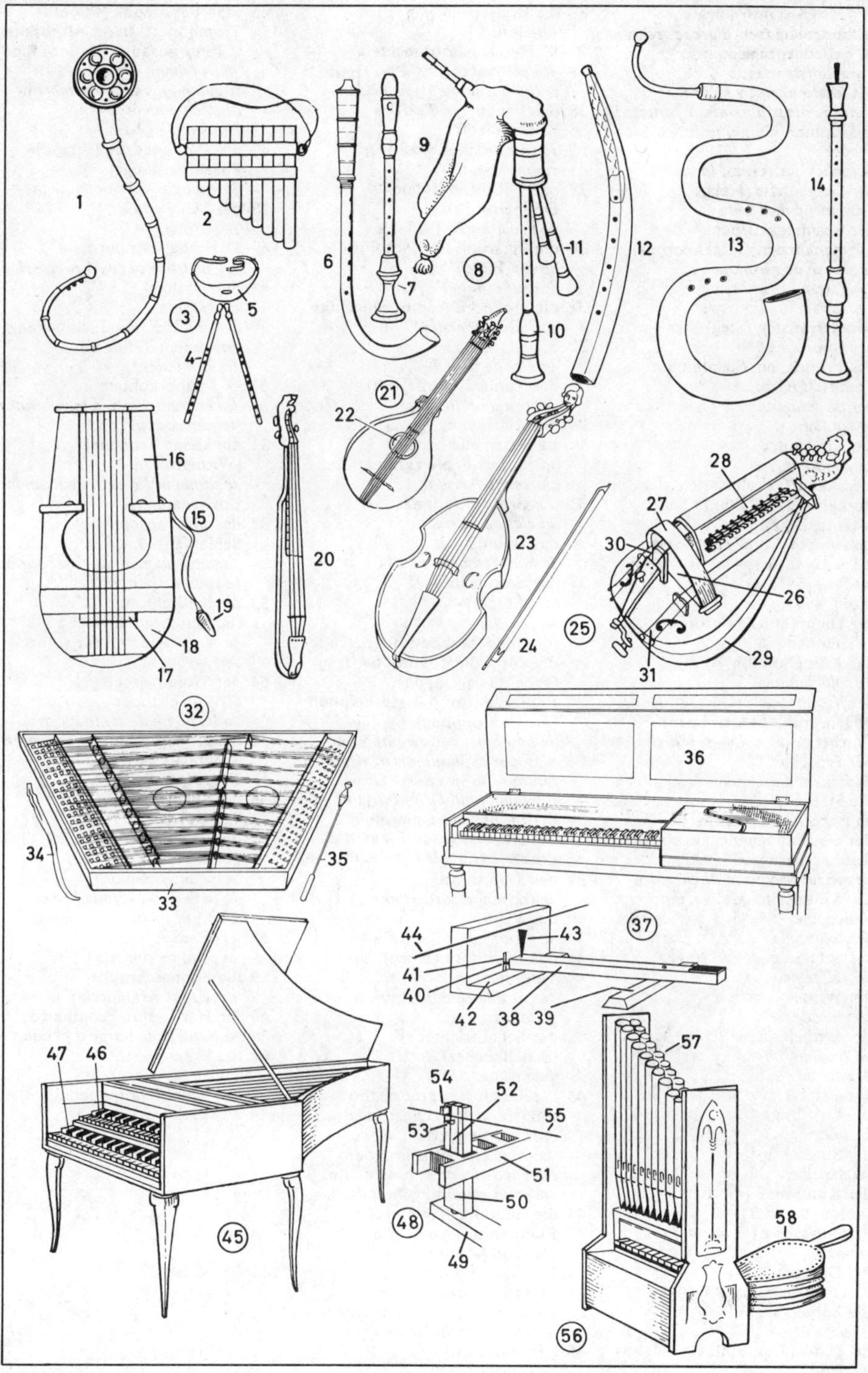
1
2
3
4
5
6
7
8
9
10
11
12
13
14
15
16
17
18
19
20
21
22
23
24
25
26
27
28
29
30
31
32
33
34
35
36
37
38
39
40
41
42
43
44
45
46
47
48
49
50
51
52
53
54
55
56
57
58

1-62 Orchesterinstrumente *n*
– ***les instruments*** m ***d'orchestre*** m
1-27 Saiteninstrumente *n*, Streichinstrumente
– ***les instruments*** m ***à cordes*** f, *instruments* m *à cordes* f *frottées*
1 die Violine (Geige, *früh.:* Fiedel *f*)
– *le violon (*autrefois: *la vielle)*
2 der Geigenhals (Hals)
– *le manche du violon*
3 der Resonanzkörper (Geigenkörper, Geigenkorpus)
– *la caisse de résonance* f
4 die Zarge
– *l'éclisse* f
5 der Geigensteg (Steg)
– *le chevalet*
6 das F-Loch, ein Schalloch *n*
– *l'ouïe* f *(FF* f pl*)*
7 der Saitenhalter
– *le cordier*
8 die Kinnstütze
– *la mentonnière*
9 die Saiten *f* (Violinsaiten, der Bezug): die G-Saite, D-Saite, A-Saite, E-Saite
– *les cordes* f *(cordes* f *de violon* m*); la corde de sol, la corde de ré, la corde de la, la corde de mi (la chanterelle)*
10 der Dämpfer (die Sordine)
– *la sourdine*
11 das Kolophonium
– *la colophane*
12 der Violinbogen (Geigenbogen, Bogen, *früh.:* Fiedelbogen)
– *l'archet* m *de violon* m *(l'archet* m*)*
13 der Frosch
– *la hausse d'archet* m
14 die Stange
– *la baguette d'archet* m
15 der Geigenbogenbezug, ein Roßhaarbezug *m*
– *la mèche de crins* m *de cheval* m
16 das Violincello (Cello), eine Kniegeige
– *le violoncelle*
17 die Schnecke
– *la volute*
18 der Wirbel
– *la cheville*
19 der Wirbelkasten
– *le chevillier*
20 der Sattel
– *le sillet*
21 das Griffbrett
– *la touche*
22 der Stachel
– *le chevillier*
23 der Kontrabaß (die Baßgeige, Violone *m od. f*)
– *la contrebasse (la basse, la violone)*
24 die Decke
– *la table d'harmonie* f
25 die Zarge
– *l'éclisse* f
26 der Flödel (die Einlage)
– *le filet*
27 die Bratsche
– *l'alto* m
28-38 Holzblasinstrumente *n*
– ***les instruments*** m ***à vent*** m *de petite harmonie* f *(les bois* m*)*
28 das Fagott; *größer:* das Kontrafagott
– *le basson;* plus grand: *le contrebasson*
29 das S-Rohr, mit dem Doppelrohrblatt *n*
– *le bec à anche* f *double*
30 die Pikkoloflöte (Piccoloflöte, kleine Flöte)
– *la petite flûte (le piccolo)*
31 die große Flöte, eine Querflöte
– *la flûte traversière*
32 die Klappe
– *la clef de flûte* f
33 das Tonloch (Griffloch)
– *le trou de flûte* f
34 die Klarinette; *größer:* die Baßklarinette
– *la clarinette;* plus grande: *la clarinette basse*
35 die Brille (Klappe)
– *la clef de clarinette* f
36 das Mundstück
– *le bec (l'embouchure* f*)*
37 das Schallstück (die Stürze)
– *le pavillon*
38 die Oboe (Hoboe); *Arten:* Oboe d'amore; die Tenoroboen: Oboe da caccia, das Englischhorn; das Heckelphon (die Baritonoboe)
– *le hautbois;* var.: *hautbois* m *d'amour* m*; hautbois* m *ténor: hautbois* m *de chasse* f*, cor* m *anglais; hautbois* m *baryton*
39-48 Blechblasinstrumente *n*
– ***les instruments*** m ***à vent*** m ***de grande harmonie*** f *(les cuivres* m*)*
39 das Tenorhorn
– *le cor ténor, un saxhorn*
40 das Ventil
– *le piston*
41 das Waldhorn (Horn), ein Ventilhorn *n*
– *le cor d'harmonie* f*, un cor à pistons* f
42 der Schalltrichter (Schallbecher)
– *le pavillon*
43 die Trompete; *größer:* die Baßtrompete; *kleiner:* das Kornett (Piston)
– *la trompette;* plus grande: *trompette* f *basse;* plus petite: *le cornet à pistons* m *(le cornet)*
44 die Baßtuba (Tuba, das Bombardon); *ähnl.:* das Helikon (Pelitton), die Kontrabaßtuba
– *le basstuba (le tuba, le bombardon);* anal.: *l'hélicon* m, *le tuba contrebasse*
45 der Daumenring
– *le poucier*
46 die Zugposaune (Posaune, Trombone); *Arten:* Altposaune *f*, Tenorposaune, Baßposaune
– *le trombone à coulisse* f *(le trombone);* var.: *trombone* m *alto, trombone* m *ténor; trombone* m *basse*
47 der Posaunenzug (Zug, die Posaunenstangen *f*)
– *la coulisse (de trombone* m*)*
48 das Schallstück
– *le pavillon*
49-59 Schlaginstrumente *n*
– ***les instruments*** m ***à percussion*** f
49 der Triangel
– *le triangle*
50 das Becken (die Tschinellen *f*, türkischen Teller *m*)
– *les cymbales* f
51-59 Membraphone *n*
– *les instruments* m *à membranes* f *(la percussion)*
51 die kleine Trommel (Wirbeltrommel)
– *le tambour (la petite caisse, la caisse roulante)*
52 das Fell (Trommelfell, Schlagfell)
– *la peau (la peau de tambour* m, *la peau de batterie* f*)*
53 die Stellschraube (Spannschraube)
– *la vis de tension* f *(la vis de serrage* m*)*
54 der Trommelschlegel (Trommelstock)
– *la baguette de tambour* m
55 die große Trommel (türkische Trommel)
– *la grosse caisse*
56 der Schlegel
– *la mailloche*
57 die Pauke (Kesselpauke), eine Schraubenpauke; *ähnl.:* Maschinenpauke *f*
– *la timbale, une timbale à clefs* f*;* anal.: *la timbale mécanique*
58 das Paukenfell
– *la peau de timbale* f
59 die Stimmschraube
– *la clef (la vis) d'accord* m
60 die Harfe, eine Pedalharfe
– *la harpe, une harpe à pédales* f
61 die Saiten *f*
– *les cordes*
62 das Pedal (Harfenpedal)
– *la pédale*

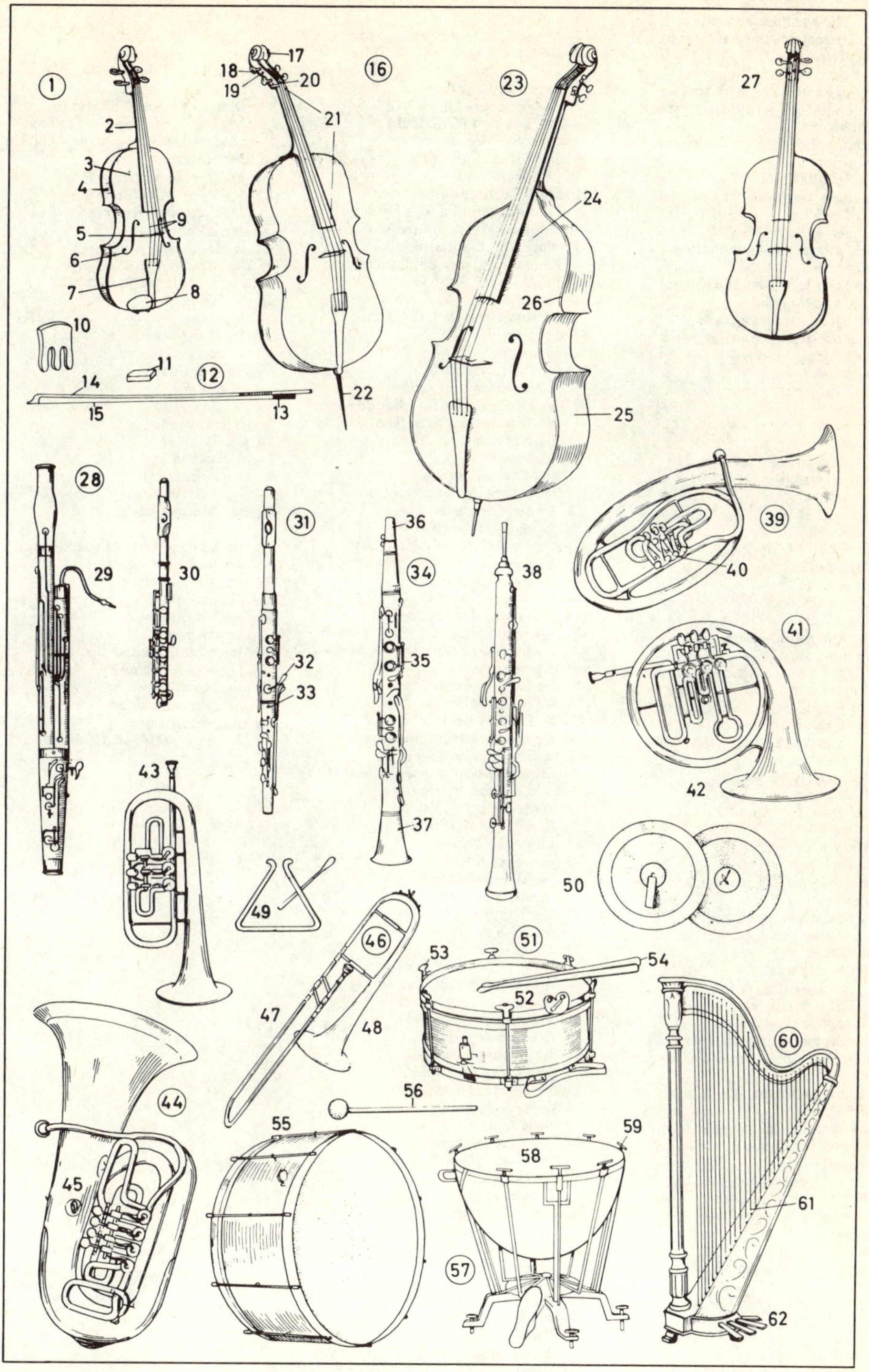
1
2
3
4
5
6
7
8
9
10
11
12
13
14
15
16
17
18
19
20
21
22
23
24
25
26
27
28
29
30
31
32
33
34
35
36
37
38
39
40
41
42
43
44
45
46
47
48
49
50
51
52
53
54
55
56
57
58
59
60
61
62

1-46 Volksmusikinstrumente *n*
– ***les instruments*** m ***de musique*** f ***populaire***
1-31 Saiteninstrumente *n*
– *les instruments* m *à cordes* f
1 die Laute; *größer:* die Theorbe, Chitarrone
– *le luth;* plus grands: *la théorbe, le chitarrone*
2 der Schallkörper
– *la caisse de résonance* f
3 das Dach
– *la table d'harmonie* f
4 der Querriegel (Saitenhalter)
– *le cordier*
5 das Schalloch (die Schallrose)
– *la rosace (la rose)*
6 die Saite, eine Darmsaite
– *la corde, une corde en boyau* m
7 der Hals
– *le manche*
8 das Griffbrett
– *la touche*
9 der Bund
– *le sillet*
10 der Kragen (Knickkragen, Wirbelkasten)
– *le chevillier*
11 der Wirbel
– *la cheville*
12 die Gitarre (Zupfgeige, Klampfe)
– *la guitare*
13 der Saitenhalter
– *le cordier*
14 die Saite, eine Darm- oder Perlonsaite
– *la corde, une corde en boyau* m *ou en perlon* m
15 der Schallkörper (Schallkasten)
– *la caisse de résonance* f
16 die Mandoline
– *la mandoline*
17 der Ärmelschoner
– *le couvre-cordes*
18 der Hals
– *le manche*
19 das Wirbelbrett
– *le chevillier*
20 das Spielplättchen (Plektron, die Penna)
– *le médiator (le plectre)*
21 die Zither (Schlagzither)
– *la cithare*
22 der Stimmstock
– *le sommier d'accord* m
23 der Stimmnagel
– *la cheville d'accord* m
24 die Melodiesaiten *f* (Griffsaiten)
– *les cordes* f *mélodiques (les cordes* f *de touche* f*)*
25 die Begleitsaiten *f* (Baßsaiten, Freisaiten)
– *les cordes* f *d'accompagnement* m *(cordes* f *de basse* f, *cordes* f *de bourdon* m*)*
26 die Ausbuchtung des Resonanzkastens *m*
– *le renflement de la caisse de résonance* f
27 der Schlagring
– *le plectre annulaire*
28 die Balalaika
– *la balalaïka*
29 das Banjo
– *le banjo*
30 das Tamburin
– *la caisse de résonance* f
31 das Fell
– *la peau (la table de banjo* m*)*
32 die Okarina, eine Gefäßflöte
– *l'ocarina* m
33 das Mundstück
– *l'embouchure* f
34 das Tonloch (Griffloch)
– *le trou (d'ocarina* m*)*
35 die Mundharmonika
– *l'harmonica* m
36 das Akkordeon (die Handharmonika, das Schifferklavier, Matrosenklavier); *ähnl.:* die Ziehharmonika, Konzertina, das Bandoneon, die Bandonika
– *l'accordéon* m; anal.: *la concertina, le bandonéon, le bandonika*
37 der Balg
– *le soufflet*
38 der Balgverschluß
– *la fermeture du soufflet*
39 der Diskantteil (die Melodieseite)
– *la partie des dessus* m *(le côté chant* m*)*
40 die Klaviatur
– *le clavier*
41 das Diskantregister
– *le registre des dessus* m
42 die Registertaste
– *la touche de registre* m
43 der Baßteil (die Begleitseite)
– *la partie des basses* f *(le côté d'accompagnement* m*)*
44 das Baßregister
– *le registre des basses* f
45 das Schellentamburin (Tamburin)
– *le tambour de basque* m *(le tambour à petites cymbales* f*)*
46 die Kastagnetten *f*
– *les castagnettes* f
47-78 Jazzinstrumente *n*
– ***les instruments*** m ***de jazz*** m
47-58 Schlaginstrumente *n*
– *instruments* m *à percussion* f
47-54 die Jazzbatterie (das Schlagzeug)
– *la batterie de jazz* m
47 die große Trommel
– *la grosse caisse*
48 die kleine Trommel
– *la caisse claire*
49 das Tomtom
– *le tom-tom*
50 das Hi-Hat (High-Hat, Charleston), ein Becken *n*
– *la cymbale double à coulisse* f *(high hat)*
51 das Becken (Cymbel)
– *la cymbale fixe*
52 der Beckenhalter
– *le support de cymbale* f
53 der Jazzbesen, ein Stahlbesen *m*
– *le balai de jazz* m, *un balai métallique*
54 die Fußmaschine
– *la pédale (de batterie* f*)*
55 die Conga (Tumba)
– *la conga*
56 der Spannreifen
– *le cercle tendeur*
57 die Timbales *m*
– *les timbales* f
58 die Bongos *m*
– *les bongos* m
59 die Maracas *f*; *ähnl.:* Rumbakugeln *f*
– *les maracas* m; anal.: *hochets* m *de rumba* f
60 der Guiro
– *le guiro (le reco-reco)*
61 das Xylophon (die Holzharmonika); *früh.:* die Strohfiedel; *ähnl.:* das Marimbaphon, Tubaphon
– *le xylophone;* anc.: *le claquebois;* anal.: *la marimba, le balafon*
62 der Holzstab
– *la lame de bois* m
63 der Resonanzkasten
– *la caisse de résonance* f
64 der Klöppel
– *la mailloche*
65 die Jazztrompete
– *la trompette de jazz* m
66 das Ventil
– *le piston*
67 der Haltehaken
– *le crochet*
68 der Dämpfer
– *la sourdine*
69 das Saxophon
– *le saxophone*
70 der Trichter
– *le pavillon*
71 das Ansatzrohr
– *le bocal (le tuyau d'embouchure* f*)*
72 das Mundstück
– *le bec*
73 die Schlaggitarre (Jazzgitarre)
– *la guitare de jazz* m
74 die Aufsatzseite
– *l'échancrure* f
75 das Vibraphon
– *le vibraphone*
76 der Metallrahmen
– *le cadre métallique*
77 die Metallplatte
– *la lame métallique*
78 die Metallröhre
– *le tube métallique de résonance* f

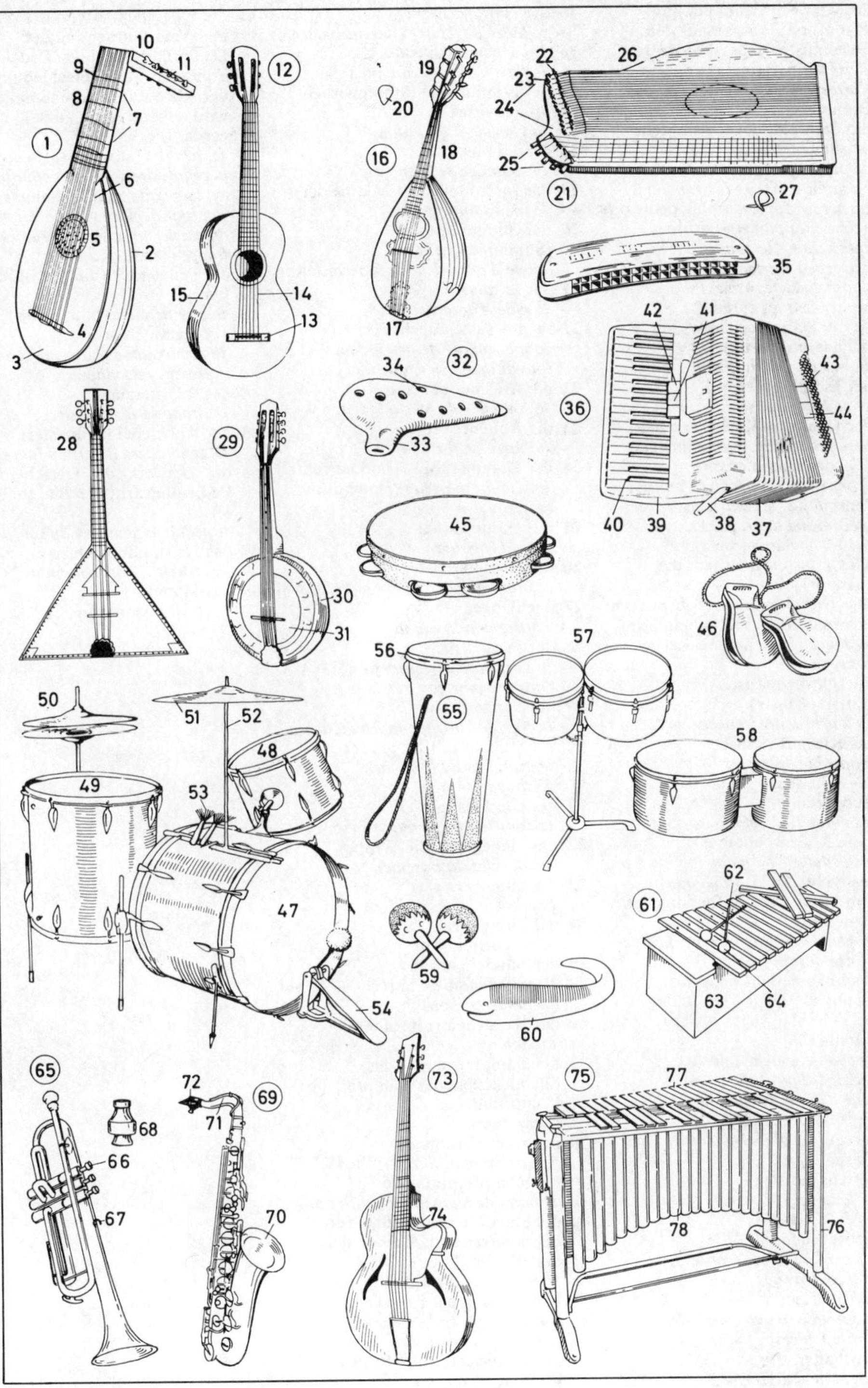
1
2
3
4
5
6
7
8
9
10
11
12
13
14
15
16
17
18
19
20
21
22
23
24
25
26
27
28
29
30
31
32
33
34
35
36
37
38
39
40
41
42
43
44
45
46
47
48
49
50
51
52
53
54
55
56
57
58
59
60
61
62
63
64
65
66
67
68
69
70
71
72
73
74
75
76
77
78

1 **das Klavier** (Piano, Pianino, Pianoforte, Fortepiano), ein Tasteninstrument *n*; *niedere Form:* das Kleinklavier; *Vorformen:* das Pantaleon, das Hammerklavier; die Celesta, mit Stahlplättchen *n* an Stelle der Saiten *f*
– ***le piano*** *(piano* m *droit, pianoforte* m*), un instrument à clavier* m; formes *f* plus petites: *le pianino (la pianette);* formes *f* antérieures: *le pantaléon, le clavecin à marteaux* m, *le célesta dans lequel des lames* f *d'acier* m *remplacent les cordes* f
2-18 die Pianomechanik (Klaviermechanik)
– *la mécanique du piano*
2 der Eisenrahmen
– *le cadre de fer* m
3 der Hammer (Klavierhammer, Saitenhammer, Filzhammer); *alle:* das Hammerwerk
– *le marteau (marteau* m *feutré);* l'ensemble: *les marteaux* m *(le mécanisme de frappe* f*)*
4-5 die Klaviatur (die Klaviertasten *f*, Tasten, die Tastatur)
– *le clavier (les touches* f *de piano* m*)*
4 die weiße Taste (Elfenbeintaste)
– *la touche blanche (touche* f *en ivoire* m*)*
5 die schwarze Taste (Ebenholztaste)
– *la touche noire (touche* f *en ébène* f*)*
6 das Klaviergehäuse
– *le meuble du piano*
7 der Saitenbezug (die Klaviersaiten *f*)
– *les cordes* f *de piano* m
8-9 die Klavierpedale *n*
– *les pédales* f *de piano* m
8 das rechte Pedal (*ungenau:* Fortepedal), zur Aufhebung der Dämpfung
– *la pédale droite (*inexact: *pédale* f *forte) levant les étouffoirs* m
9 das linke Pedal (*ungenau:* Pianopedal), zur Verkürzung des Anschlagweges *m* der Hämmer *m*
– *la pédale gauche (*inexact: *pédale* f *douce) réduisant la course des marteaux* m
10 die Diskantsaiten *f*
– *les cordes* f *blanches (cordes* f *des sons* m *aigus)*
11 der Diskantsteg
– *le sommier d'accroche* f *des cordes* f *blanches*
12 die Baßsaiten *f*
– *les cordes* f *filées (cordes* f *des sons* m *graves)*
13 der Baßsteg
– *le sommier d'accroche* f *des cordes* f *filées*
14 der Plattenstift
– *la pointe d'accroche* f
15 die Hammerleiste
– *la barre de repos* m *des marteaux* m
16 die Mechanikbacke
– *le flasque de mécanique* f
17 der Stimmnagel (Stimmwirbel, Spannwirbel)
– *la cheville d'accord* m
18 der Stimmstock
– *le sommier de piano* m
19 das Metronom (der Taktmesser)
– *le métronome*
20 der Stimmschlüssel (Stimmhammer)
– *la clé d'accordeur* m *(l'accordoir* m*)*
21 der Stimmkeil
– *la cale d'accordeur* m
22-39 die Tastenmechanik
– *la mécanique de percussion* f *(mécanique* f *des touches* f*)*
22 der Mechanikbalken
– *le sommier de mécanique* f
23 die Abhebestange
– *la barre de forte* m
24 der Hammerkopf (Hammerfilz)
– *la tête du marteau (feutre* m *du marteau)*
25 der Hammerstiel
– *le manche du marteau*
26 die Hammerleiste
– *la barre de repos* m *des marteaux* m
27 der Fanger
– *l'attrape-marteau* m
28 der Fangerfilz
– *la garniture de feutre* m *de l'attrape-marteau* m
29 der Fangerdraht
– *la tige de l'attrape-marteau* m
30 die Stoßzunge (der Stößer)
– *le grand levier (bras* m*) d'échappement* m
31 der Gegenfanger
– *la contre-attrape marteau* m
32 das Hebeglied (die Wippe)
– *le chevalet (la bascule)*
33 die Pilote
– *le pilote*
34 der Pilotendraht
– *la tige de pilote* m
35 der Bändchendraht
– *l'accroche-lanière* m *(la queue-de-cochon)*
36 das Bändchen (Litzenband)
– *la lanière*
37 die Dämpferpuppe (das Filzdöckchen, der Dämpfer, die Dämpfung)
– *l'étouffoir* m
38 der Dämpferarm
– *la lame d'étouffoir* m
39 die Dämpferpralleiste
– *la barre de repos* m *d'étouffoir* m
40 **der Flügel** (Konzertflügel für den Konzertsaal; *kleiner:* der Stutzflügel, Zimmerflügel; *Nebenform:* das Tafelklavier)
– ***le piano à queue*** f *(piano* m *de concert* m; formes plus petites: *piano* m *crapaud; 1/2 queue* f, *3/4 de queue* f; autre forme: *piano* m *carré)*
41 die Flügelpedale *n*; das rechte Pedal zur Aufhebung der Dämpfung; das linke Pedal zur Tondämpfung (Verschiebung der Klaviatur; nur eine Saite wird angeschlagen „una corda")
– *les pédales* f *du piano à queue* f; *la pédale droite lève les étouffoirs* m; *la pédale gauche diminue le son (par déplacement* m *latéral du clavier; une seule corde est frappée «una corda»)*
42 der Pedalstock (die Lyrastütze, Lyra)
– *la lyre de piano* m *à queue* f
43 **das Harmonium**
– ***l'harmonium*** m; anc.: *orgue* m *expressif, mélodium* m
44 der Registerzug
– *le tirant de registre* m
45 der Kniehebel (Schweller)
– *la genouillère d'harmonium* m
46 das Tretwerk (der Tretschemel, Bedienungstritt des Blasebalgs *m*)
– *le pédalier (pédales* f *du soufflet)*
47 das Harmoniumgehäuse
– *le meuble d'harmonium* m
48 das Manual
– *le clavier (manuel* m*)*

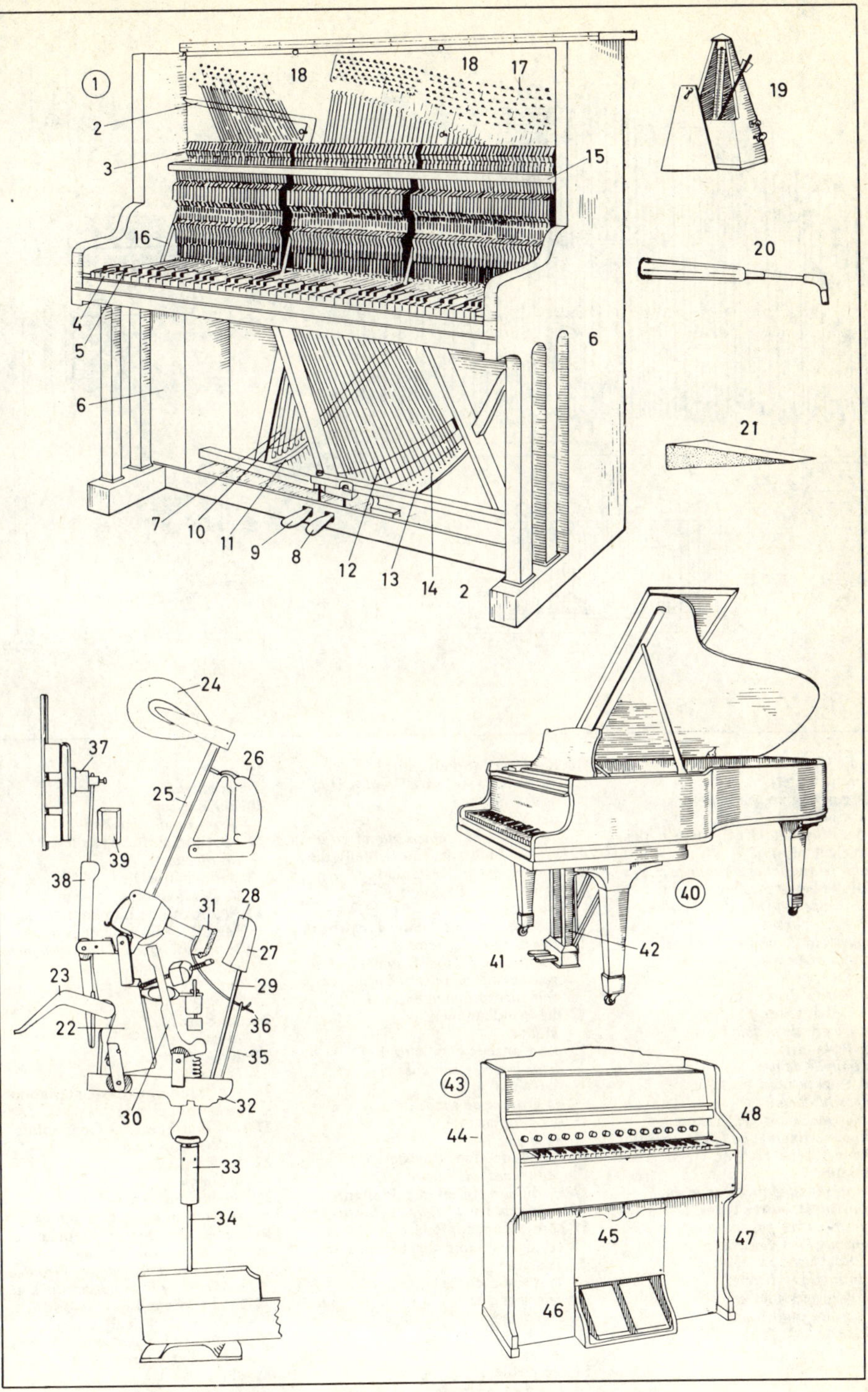
1
2
3
4
5
6
7
8
9
10
11
12
13
14
15
16
17
18
19
20
21
22
23
24
25
26
27
28
29
30
31
32
33
34
35
36
37
38
39
40
41
42
43
44
45
46
47
48

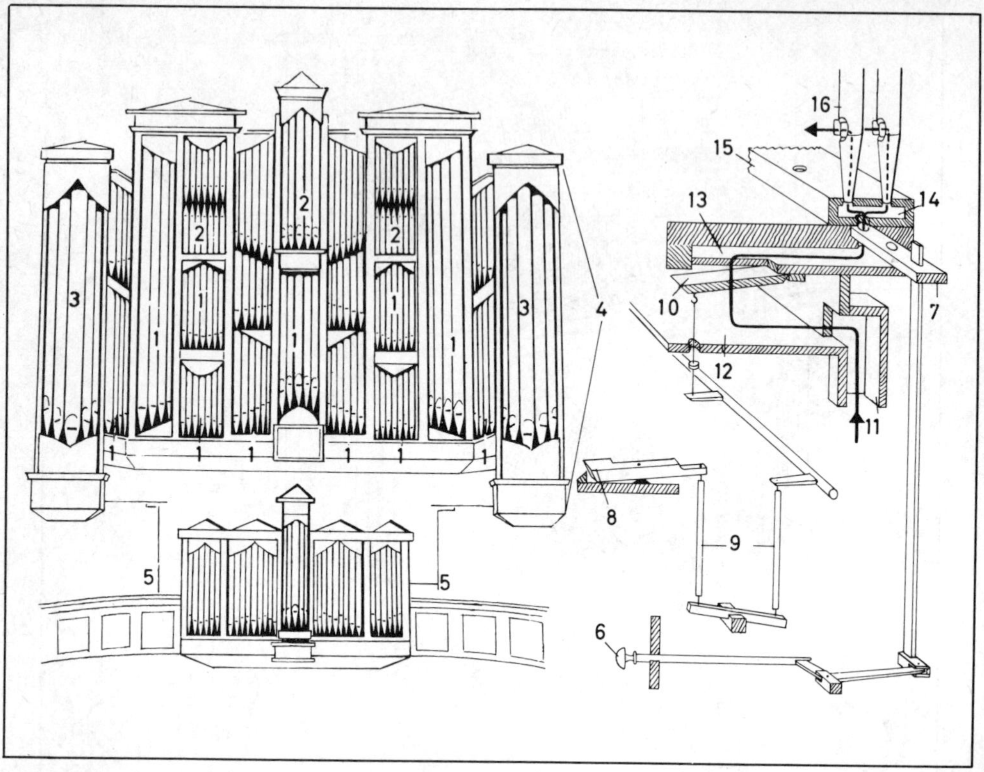

1-52 die Orgel (Kirchenorgel)
– ***l'orgue*** sing. m, pl. f *(orgue* m *d'église* f*)*
1-5 der Prospekt (Orgelprospekt, das Orgelgehäuse)
– *le buffet (buffet* m *d'orgue* m*)*
1-3 die Prospektpfeifen *f*
– *les tuyaux* m *de façade* f *(montre* f*)*
1 das Hauptwerk
– *les jeux* m *du clavier principal (grand orgue* m*)*
2 das Oberwerk
– *les jeux* m *de récit* m *(récit* m*)*
3 die Pedalpfeifen *f*
– *les jeux* m *de pédale* f
4 der Pedalturm
– *la tourelle de pédale* f
5 das Rückpositiv
– *le positif dorsal*
6-16 die mechanische Traktur (Spielmechanik); *andere Arten:* die pneumatische Traktur, elektr. Traktur)
– *la transmission mécanique du mouvement;* autres types m: *transmission* f *pneumatique, transmission* f *électrique*
6 der Registerzug
– *le tirant de registre* m
7 die Registerschleife
– *le registre coulissant*
8 die Taste
– *la touche*
9 die Abstrakte
– *les vergettes* f
10 das Ventil (Spielventil)
– *la soupape (soupape* f *obturant la gravure)*
11 der Windkanal
– *le porte-vent (alimentation* f *en air* m*)*
12-14 die Windlade, eine Schleiflade; *andere Arten:* Kastenlade *f,* Springlade, Kegellade, Membranenlade
– *le sommier, un sommier à registre* m *(à glissières* f*); autres types m: sommier* m *à caisse* f, *sommier* m *à ressorts* m, *sommier* m *à pistons* m, *sommier* m *à membranes* f
12 die Windkammer
– *la laye*
13 die Kanzelle (Tonkanzelle)
– *la gravure de sommier* m
14 die Windverführung
– *la gravure de chape* f
15 der Pfeifenstock
– *la chape*
16 die Pfeife eines Registers *n*
– *le tuyau d'un registre*
17-35 die Orgelpfeifen *f* (Pfeifen)
– *les tuyaux* m *d'orgue* m *(tuyaux* m*)*
17-22 die Zungenpfeife (Zungenstimme) aus Metall *n*, eine Posaune
– *le tuyau à anche* f *en métal* m *(élément* m *d'un jeu à anches* f*), un trombone*
17 der Stiefel
– *le pied*
18 die Kehle
– *l'anche* f
19 die Zunge
– *la languette*
20 der Bleikopf
– *le noyau de plomb* m
21 die Stimmkrücke (Krücke)
– *la rasette*
22 der Schallbecher
– *le pavillon (résonateur* m*)*
23-30 die offene Lippenpfeife aus Metall *n*, ein Salicional *n*
– *le tuyau à bouche* f *ouvert en métal* m, *un salicional*
23 der Fuß
– *le pied*
24 der Kernspalt
– *la lumière*
25 der Aufschnitt
– *la bouche*
26 die Unterlippe (das Unterlabium)
– *la lèvre inférieure*
27 die Oberlippe (das Oberlabium)
– *la lèvre supérieure*
28 der Kern
– *le biseau*
29 der Pfeifenkörper (Körper)
– *le corps du tuyau* m *d'orgue* m
30 die Stimmrolle (der Stimmlappen), eine Stimmvorrichtung
– *le rouleau d'accordage* m *(rouleau* m *d'entaille* f*), un dispositif d'accord* m
31-33 die offene Lippenpfeife aus Holz *n*, ein Prinzipal *n*
– *le tuyau à bouche* f *ouvert en bois* m, *un principal (prestant* m*)*
31 der Vorschlag
– *la lèvre inférieure*

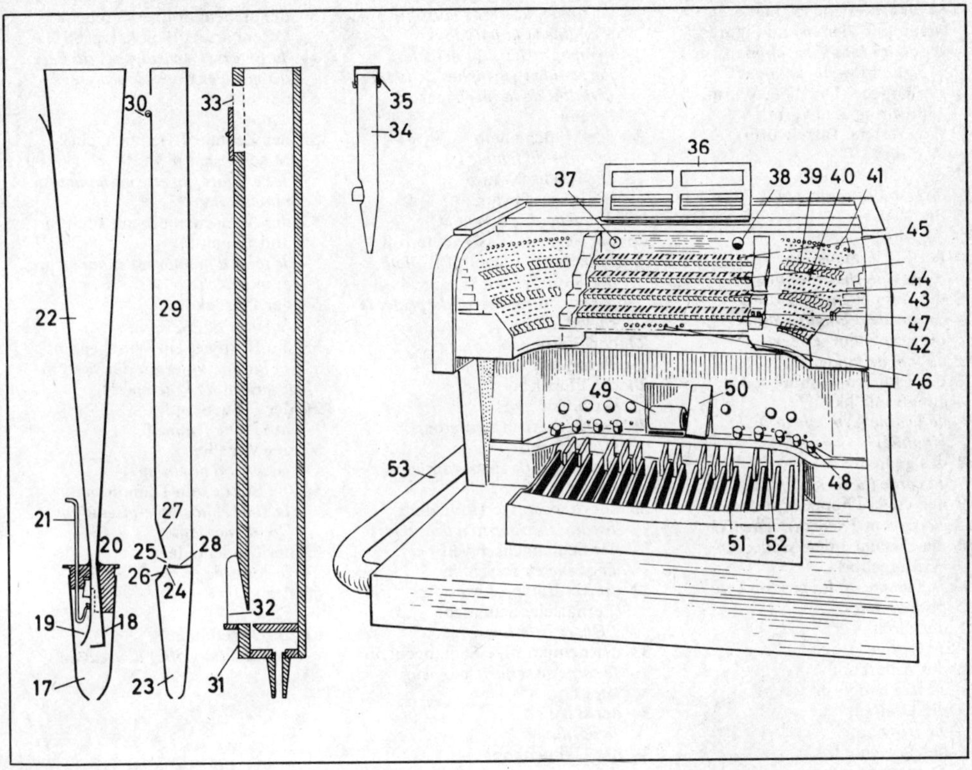

32 der Bart
– *le frein harmonique*
33 der Stimmschlitz, mit Schieber *m*
– *la fenêtre d'accordage* m *à coulisse* f
34 die gedackte (gedeckte) Lippenpfeife
– *le tuyau à bouche* f *bouché (bourdon* m*)*
35 der Metallhut
– *la calotte*
36-52 der Orgelspieltisch (Spieltisch) einer elektrisch gesteuerten Orgel
– *la console d'un orgue à transmission* f *électrique*
36 das Notenpult
– *le pupitre*
37 die Kontrolluhr für die Walzenstellung
– *l'indicateur* m *de position* f *des rouleaux* m
38 die Kontrolluhr für die Stromspannung
– *le voltmètre*
39 die Registertaste
– *la touche de registre* m *(domino* m *basculant)*
40 die Taste für freie Kombination *f*
– *la touche de combinaison* f *libre*
41 die Absteller *m* für Zunge *f*, Koppel *f* usw.
– *les interrupteurs* m *des jeux* m *à anche* f, *accouplements* m, *etc.*
42 das I. Manual, für das Rückpositiv
– *le manuel I (clavier* m *manuel I) du positif dorsal*
43 das II. Manual, für das Hauptwerk
– *le manuel II (clavier* m *manuel II) du grand orgue*
44 das III. Manual, für das Oberwerk
– *le manuel III (clavier* m *manuel III) de récit* m
45 das IV. Manual, für das Schwellwerk
– *le manuel IV (clavier* m *manuel IV) de bombarde* f
46 die Druckknöpfe *m* und Kombinationsknöpfe *m*, für die Handregistratur, freie, feste Kombinationen *f* und Setzerkombinationen *f*
– *les boutons-poussoirs* m *et les boutons* m *de combinaison* f *pour la registration manuelle, les combinaisons* f *libres ou fixes et les appels* m *de jeux* m *composés*
47 die Schalter *m*, für Wind *m* und Strom *m*
– *les interrupteurs* m *de ventilateur* m *et de transmission* f *électrique*
48 der Fußtritt, für die Koppel
– *la pédale de tirasse* f
49 der Rollschweller (Registerschweller)
– *le rouleau de crescendo* m *(pédale* f *d'introduction* f *des tutti* m*)*
50 der Jalousieschweller
– *la pédale d'expression* f
51 die Pedaluntertaste (Pedaltaste)
– *la touche inférieure de pédalier* m *[notes* f *naturelles]*
52 die Pedalobertaste
– *la touche supérieure de pédalier [notes* f *altérées]*
53 das Kabel
– *le câble (de transmission* f *électrique)*

1-61 Fabelwesen *n* (Fabeltiere), mytholog. Tiere *n* und Figuren *f*
– ***bestiaire fabuleux,*** *animaux* m *et figures* f *mythologiques*
1 der Drache (Drachen, Wurm, Lindwurm, Lintwurm, *bayr./österr.* Tatzelwurm)
– *le dragon*
2 der Schlangenleib
– *le corps de serpent* m
3 die Klaue
– *la griffe*
4 der Fledermausflügel
– *l'aile* f *de chauve-souris* f
5 das doppelzüngige Maul
– *la gueule à langue* f *bifide*
6 die gespaltene Zunge
– *la langue bifide*
7 das Einhorn [Symbol *n* der Jungfräulichkeit]
– *la licorne [symbole* m *de la virginité]*
8 das gedrehte Horn
– *la corne (la corne torsadée)*
9 der Vogel Phönix (Phönix)
– *l'oiseau* m *Phénix (le Phénix)*
10 die Flamme oder Asche der Wiedergeburt
– *la flamme ou les cendres* f *de la résurrection*
11 der Greif
– *le griffon*
12 der Adlerkopf
– *la tête d'aigle* m
13 die Greifenklaue
– *la griffe*
14 der Löwenleib
– *le corps de lion* m
15 die Schwinge
– *l'aile* f
16 die Chimära (Schimäre), ein Ungeheuer *n*
– *la chimère, un monstre*
17 der Löwenkopf
– *la tête de lion* m
18 der Ziegenkopf
– *la tête de chèvre* f
19 der Drachenleib
– *le corps de dragon* m *(le corps de serpent* m*)*
20 die Sphinx, eine symbol. Gestalt
– *le sphinx, une figure symbolique*
21 das Menschenhaupt
– *la tête humaine*
22 der Löwenrumpf
– *le corps de lion* m
23 die Nixe (Wassernixe, das Meerweib, die Meerfrau, Meerjungfrau, Meerjungfer, Meerfee, Seejungfer, das Wasserweib, die Wasserfrau, Wasserjungfer, Wasserfee, Najade, Quellnymphe, Wassernymphe, Flußnixe); *ähnl.:* Nereide *f,* Ozeanide (Meergottheiten, Meergöttinnen); *männl.* der Nix (Nickel, Nickelmann, Wassermann)
– *la sirène, la sirène-poisson (l'ondine* f*, la naïade, la nymphe);* anal.: *la néréide, l'océanide* f *(nymphes de la mer, divinités de la mer);* masc.: *l'ondin*
24 der Mädchenleib
– *le corps de femme* f
25 der Fischschwanz (Delphinschwanz)
– *le queue de poisson* m
26 der Pegasus (das Dichterroß, Musenroß, Flügelroß); *ähnl.:* der Hippogryph
– *Pégase* m *(le cheval du poète, le cheval ailé)*
27 der Pferdeleib
– *le corps de cheval* m
28 die Flügel *m*
– *les ailes* f
29 der Zerberus (Kerberos, Höllenhund)
– *Cerbère* m *[le chien gardien* m *de l'enfer* m *païen]*
30 der dreiköpfige Hundeleib
– *le corps de chien* m *à trois têtes* f
31 der Schlangenschweif
– *la queue en serpent* m
32 die Hydra von Lerna (Lernäische Schlange)
– *l'Hydre* f *de Lerne*
33 der neunköpfige Schlangenleib
– *le corps de serpent* m *à neuf têtes* f
34 der Basilisk
– *le basilic*
35 der Hahnenkopf
– *la tête de coq* m
36 der Drachenleib
– *le corps de serpent* m
37 der Gigant (Titan), ein Riese *m*
– *le géant (le titan)*
38 der Felsbrocken
– *le morceau de rocher* m
39 der Schlangenfuß
– *les jambes* f *terminées par des serpents* m
40 der Triton, ein Meerwesen *n*
– *le triton, une divinité de la mer*
41 das Muschelhorn
– *la conque marine*
42 der Pferdefuß
– *la patte de cheval* m *(le pied fourchu)*
43 der Fischschwanz
– *la queue de poisson* m
44 der Hippokamp (das Seepferd)
– *l'hippocampe* m
45 der Pferderumpf
– *le corps de cheval* m
46 der Fischschwanz
– *la queue de poisson* m
47 der Seestier, ein Seeungeheuer *n*
– *le taureau marin, un monstre marin*
48 der Stierleib
– *le corps de taureau* m
49 der Fischschwanz
– *la queue de poisson* m
50 der siebenköpfige Drache der Offenbarung (Apokalypse)
– *la Bête de l'Apocalypse* f *(la Bête à sept têtes* f *de l'Apocalypse* f*)*
51 der Flügel
– *l'aile* f
52 der Zentaur (Kentaur), ein Mischwesen *n*
– *le centaure, un être mi-homme* m *mi-cheval* m
53 der Menschenleib mit Pfeil *m* und Bogen *m*
– *le torse d'homme* m *tenant un arc et une flèche*
54 der Pferdekörper
– *le corps de cheval* m
55 die Harpyie, ein Windgeist *m*
– *la harpie, un esprit des vents* m *(esprit* m *de la tempête)*
56 der Frauenkopf
– *la tête de femme* f
57 der Vogelleib
– *le corps d'oiseau* m
58 die Sirene, ein Dämon *m*
– *la sirène, la sirène-oiseau, un être démoniaque*
59 der Mädchenleib
– *le corps de femme* f
60 der Flügel
– *l'aile* f
61 die Vogelklaue
– *la patte (la griffe) d'oiseau* m

1
2
3
4
5
6
7
8
9
10
11
12
13
14
15
16
17
18
19
20
21
22
23
24
25
26
27
28
29
30
31
32
33
34
35
36
37
38
39
40
41
42
43
44
45
46
47
48
49
50
51
52
53
54
55
56
57
58
59
60
61

1-40 vorgeschichtliche (prähistorische) Fundgegenstände *m* (Funde *m*)
– *les objets* m *de fouilles* f *préhistoriques*

1-9 die Altsteinzeit (das Paläolithikum) und **die Mittelsteinzeit** (das Mesolithikum)
– ***le paléolithique*** *et* ***le mésolithique***

1 der Faustkeil, aus Stein *m*
– *le biface de silex* m

2 die Geschoßspitze, aus Knochen *m*
– *la pointe de sagaie* f, *en os* m

3 die Harpune, aus Knochen *m*
– *le harpon, en os* m

4 die Spitze
– *la pointe triangulaire*

5 die Speerschleuder, aus der Geweihstange des Rentiers *n*
– *le propulseur en bois* m *de renne* m

6 der bemalte Kieselstein
– *le galet teint*

7 der Kopf des Wildpferdes, eine Schnitzerei
– *la tête de cheval* m, *une sculpture*

8 das Steinzeitidol, eine Elfenbeinstatuette
– *l'idole* f *paléolithique, une statuette en ivoire* m

9 der Wisent, ein Felsbild *n* (Höhlenbild) [Höhlenmalerei *f*]
– *le bison, une peinture rupestre (peinture* f *pariétale)*

10-20 die Jungsteinzeit (das Neolithikum)
– ***le néolithique***

10 die Amphore [Schnurkeramik *f*]
– *l'amphore* f *(céramique* f *cordée)*

11 der Kumpf [Hinkelsteingruppe *f*]
– *le vase en bombe* f *(civilisation* f *mégalithique)*

12 die Kragenflasche [Trichterbecherkultur *f*]
– *la bouteille à collerette* f *(civilisation* f *des gobelets* m *en entonnoir* m*)*

13 das spiralverzierte Gefäß [Bandkeramik *f*]
– *le récipient orné de spirales* f *(céramique* f *rubanée)*

14 der Glockenbecher [Glockenbecherkultur *f*]
– *le gobelet campaniforme (civilisation* f *des gobelets* m *campaniformes)*

15 das Pfahlhaus, ein Pfahlbau *m*
– *la maison sur pilotis* m, *une construction sur pilotis* m

16 der Dolmen, ein Megalithgrab *n* (*ugs.* Hünengrab); *andere Arten:* das Ganggrab, Galeriegrab; *mit Erde, Kies, Steinen überdeckt:* der Tumulus (das Hügelgrab)
– *le dolmen, une tombe mégalithique;* autres types: *le dolmen à couloir* m, *l'allée* f *couverte;* recouvert de terre f, graviers m, pierres f: *le tumulus*

17 das Steinkistengrab mit Hockerbestattung *f* (ein Hockergrab *n*)
– *le coffre de pierre* f *avec inhumation* f *en position* f *fléchie*

18 der Menhir (*landsch.* Hinkelstein *m*, ein Monolith *m*)
– *le menhir (un mégalithe)*

19 die Bootaxt, eine Streitaxt aus Stein *m*
– *la hache-marteau, une hache de combat* m *en pierre* f

20 die menschl. Figur aus gebranntem Ton *m* (ein Idol *n*)
– *la figurine de terre* f *cuite (une idole)*

21-40 die Bronzezeit und **die Eisenzeit;** *Epochen:* die Hallstattzeit, La-Tène-Zeit
– ***l'âge*** m ***de bronze*** m *et* ***l'âge*** m ***de fer*** m

21 die bronzene Lanzenspitze
– *la pointe de lance* f *en bronze* m

22 der Bronzedolch mit Vollgriff *m*
– *le poignard de bronze* m *à manche* m *riveté*

23 das Tüllenbeil, eine Bronzeaxt mit Ösenschäftung *f*
– *la hache à douille* f, *une hache de bronze* m *emmanchée*

24 die Gürtelscheibe
– *la plaque de ceinture* f

25 der Halskragen
– *le gorgerin*

26 der goldene Halsring
– *le torque d'or* m

27 die Violinbogenfibel, eine Fibel (Bügelnadel)
– *la fibule en archet* m, *une fibule (épingle* f *à étrier* m*)*

28 die Schlangenfibel; *andere Arten:* die Kahnfibel, die Armbrustfibel
– *la fibule serpentiforme;* autres types: *fibule* f *en barque* f, *fibule* f *en arbalète* f

29 die Kugelkopfnadel, eine Bronzenadel
– *l'épingle* f *à tête* f *globulaire, une épingle de bronze* m

30 die zweiteilige Doppelspiralfibel; *ähnl.:* die Plattenfibel
– *la fibule à deux pièces* f *à spirales* f; type voisin: *la fibule à plaques* f *rondes*

31 das Bronzemesser mit Vollgriff *m*
– *le couteau de bronze* m *à manche* m *de bronze* m

32 der eiserne Schlüssel
– *la clé en fer* m

33 die Pflugschar
– *le soc de charrue* f

34 die Situla aus Bronzeblech *n*, eine Grabbeigabe *f*
– *la situle en tôle* f *de bronze* m, *une offrande funéraire*

35 die Henkelkanne [Kerbschnittkeramik *f*]
– *la cruche à anse* f *(céramique* f *incisée)*

36 der Miniaturkultwagen (Kultwagen)
– *le chariot cultuel miniature (le chariot cultuel)*

37 die keltische Silbermünze
– *la pièce d'argent* m *celte*

38 die Gesichtsurne, eine Aschenurne; *andere Arten:* die Hausurne, die Buckelurne
– *l'urne* f *anthropomorphe, une urne contenant des cendres* f; autres types: *urne* f *en forme* f *de maison* f, *urne* f *mamelonnée*

39 das Urnengrab in Steinpackung *f*
– *la tombe à urne* f *protégée par des pierres* f

40 die Zylinderhalsurne
– *l'urne* f *à col* m *cylindrique*

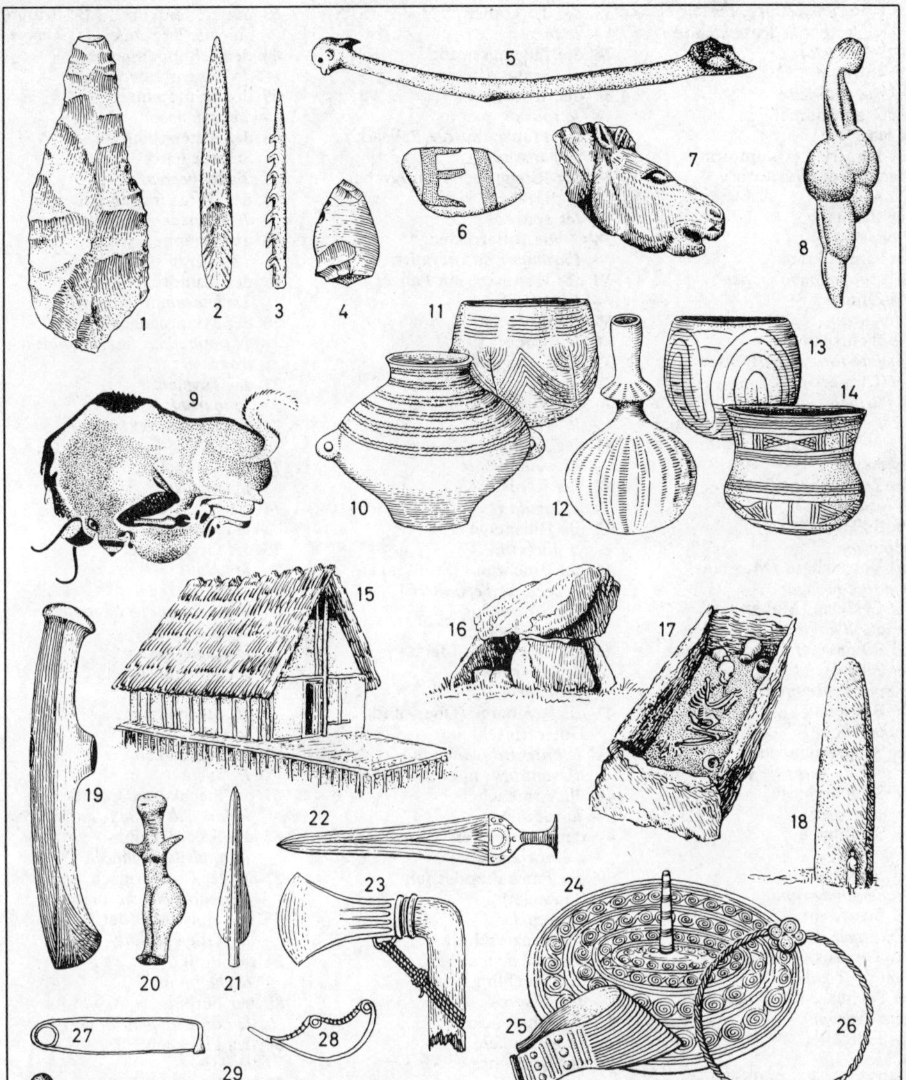
1
2
3
4
5
6
7
8
9
10
11
12
13
14
15
16
17
18
19
20
21
22
23
24
25
26
27
28
29
30
31
32
33
34
35
36
37
38
39
40

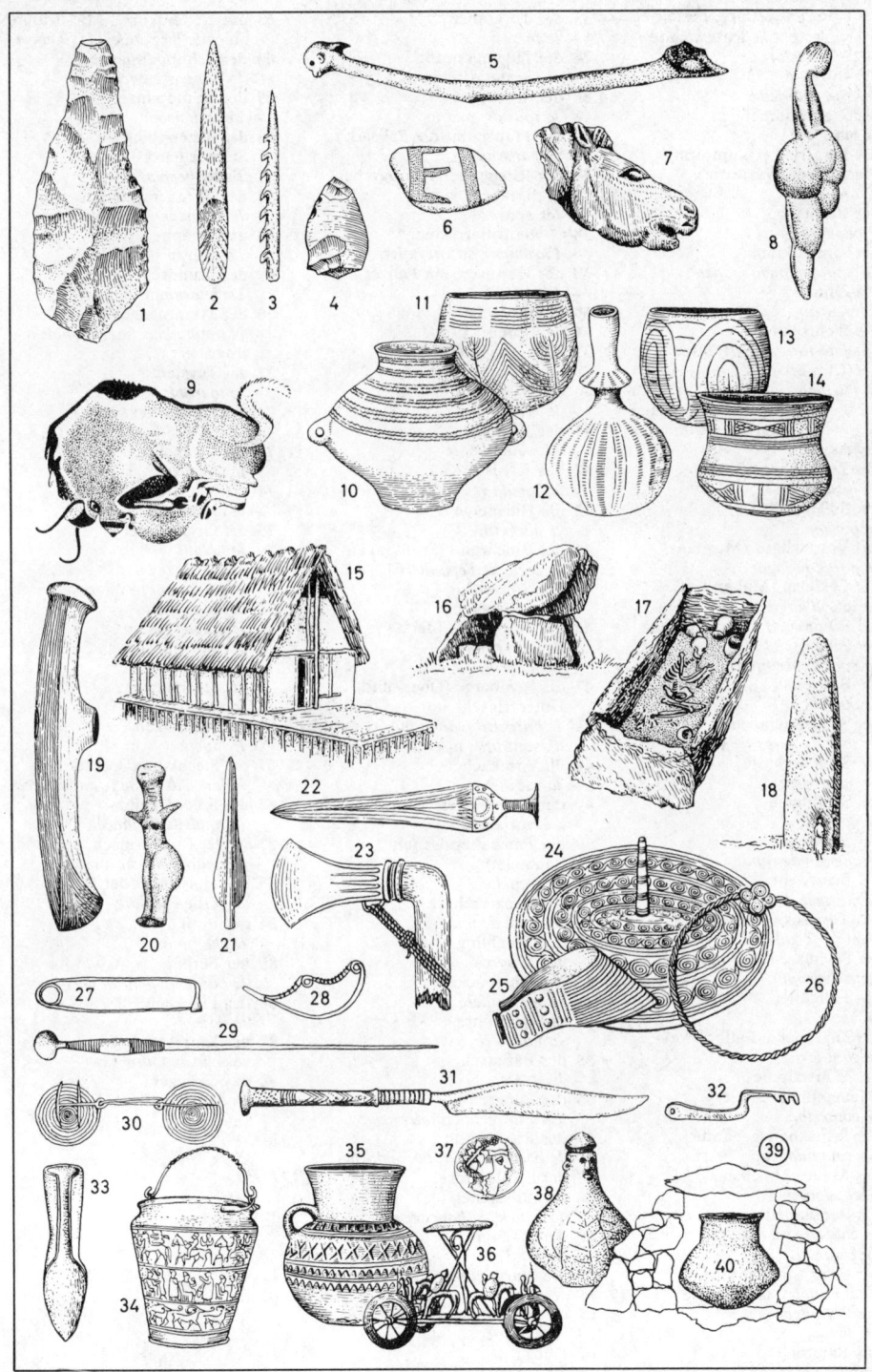

1 **die Ritterburg** (Burg, Feste, *früh.:* Veste, das Ritterschloß)
– ***le château-fort***
2 der Burghof
– *la cour intérieure*
3 der Ziehbrunnen
– *le puits*
4 der Bergfried (Hauptturm, Wachtturm, Wartturm)
– *le donjon*
5 das Verlies
– *l'oubliette* f
6 der Zinnenkranz
– *le couronnement crénelé*
7 die Zinne
– *le créneau*
8 die Wehrplatte
– *la plate-forme de défense* f
9 der Türmer
– *le guetteur*
10 die Kemenate (das Frauenhaus)
– *le gynécée (l'appartement* m *des femmes* f*)*
11 das Zwerchhaus
– *la lucarne*
12 der Söller
– *le balcon*
13 das Vorratshaus (Mushaus)
– *le garde-manger*
14 der Eckturm (Mauerturm)
– *la tour d'angle* m
15 die Ringmauer (Mantelmauer, der Zingel)
– *le mur d'enceinte* f
16 die Bastion
– *le bastion*
17 der Scharwachturm
– *la tour du corps de garde* f
18 die Schießscharte
– *la meurtrière*
19 die Schildmauer
– *la courtine*
20 der Wehrgang
– *le chemin de ronde* f
21 die Brustwehr
– *le parapet*
22 das Torhaus
– *l'entrée fortifiée*
23 die Pechnase (der Gußerker)
– *le mâchicoulis*
24 das Fallgatter
– *la herse*
25 die Zugbrücke (Fallbrücke)
– *le pont-levis*
26 die Mauerstrebe (Mauerstütze)
– *le contrefort*
27 das Wirtschaftsgebäude
– *les communs* m
28 das Mauertürmchen
– *l'échauguette* f
29 die Burgkapelle
– *la chapelle castrale (la chapelle du château)*
30 der Palas (die Dürnitz)
– *l'habitation* f *seigneuriale*
31 der Zwinger
– *les lices* f
32 das Burgtor
– *la barbacane*
33 der Torgraben
– *le fossé*
34 die Zugangsstraße
– *le chemin d'accès* m
35 der Wartturm
– *la tour de guet* m
36 der Pfahlzaun (die Palisade)
– *la palissade*
37 der Ringgraben (Burggraben, Wallgraben)
– *les douves* f
38-65 die Ritterrüstung
– ***l'armure*** **f** ***du chevalier***
38 der Harnisch, ein Panzer *m*
– *l'armure* f
39-42 der Helm
– *le casque*
39 die Helmglocke
– *le timbre*
40 das Visier
– *la visière*
41 das Kinnreff
– *la mentonnière*
42 das Kehlstück
– *la jugulaire*
43 die Halsberge
– *le gorgerin*
44 der Brechrand (Stoßkragen)
– *la crête de l'épaulière* f
45 der Vorderflug
– *l'épaulière* f
46 das Bruststück (der Brustharnisch)
– *le plastron*
47 die Armberge (Ober- und Unterarmschiene)
– *le brassard (canon* m *d'avant-bras* m *et du bras* m*)*
48 die Armkachel
– *la cubitière*
49 der Bauchreifen
– *la braconnière*
50 der Panzerhandschuh (Gantelet)
– *le gantelet*
51 der Panzerschurz
– *la cotte de mailles* f
52 der Diechling
– *le cuissard*
53 der Kniebuckel
– *la genouillère*
54 die Beinröhre
– *la jambière*
55 der Bärlatsch
– *le soleret*
56 der Langschild
– *l'écu* m *rectangulaire*
57 der Rundschild
– *le bouclier rond, la rondache*
58 der Schildbuckel (Schildstachel)
– *la boucle de bouclier* m
59 der Eisenhut
– *le pot de fer* m
60 die Sturmhaube
– *le morion*
61 die Kesselhaube (Hirnkappe)
– *la barbute*
62 Panzer *m*
– *les cuirasses* f
63 der Kettenpanzer (die Brünne)
– *la cotte de mailles, le haubert*
64 der Schuppenpanzer
– *la broigne en écailles* f
65 der Schildpanzer
– *la broigne en écus* m
66 **der Ritterschlag** (die Schwertleite)
– ***l'adoubement*** m
67 der Burgherr, ein Ritter *m*
– *le seigneur, un chevalier*
68 der Knappe
– *l'écuyer* m
69 der Mundschenk
– *l'échanson* m
70 der Minnesänger
– *le troubadour (*m*éridional: le trouvère)*
71 **das Turnier**
– ***le tournoi***
72 der Kreuzritter
– *le croisé*
73 der Tempelritter
– *le templier*
74 die Schabracke
– *le caparaçon*
75 der Grießwärtel
– *le héraut*
76 das Stechzeug
– *l'équipement* m *de joute* f
77 der Stechhelm
– *le casque de joute* f
78 der Federbusch
– *le panache*
79 die Stechtartsche
– *la targe de joute* f
80 der Rüsthaken
– *le faucre*
81 die Stechlanze (Lanze)
– *la lance de joute* f*, une lance*
82 die Brechscheibe
– *la rondelle de lance* f
83-88 der Roßharnisch
– *l'armure* f *de cheval* m
83 das Halsstück (der Kanz)
– *le garde-encolure*
84 der Roßkopf
– *le chanfrein*
85 der Fürbug
– *la barde de poitrail* m
86 das Flankenblech
– *le flancois*
87 der Küreßsattel
– *la selle de tournoi* m
88 das Gelieger
– *la barde de croupe* f

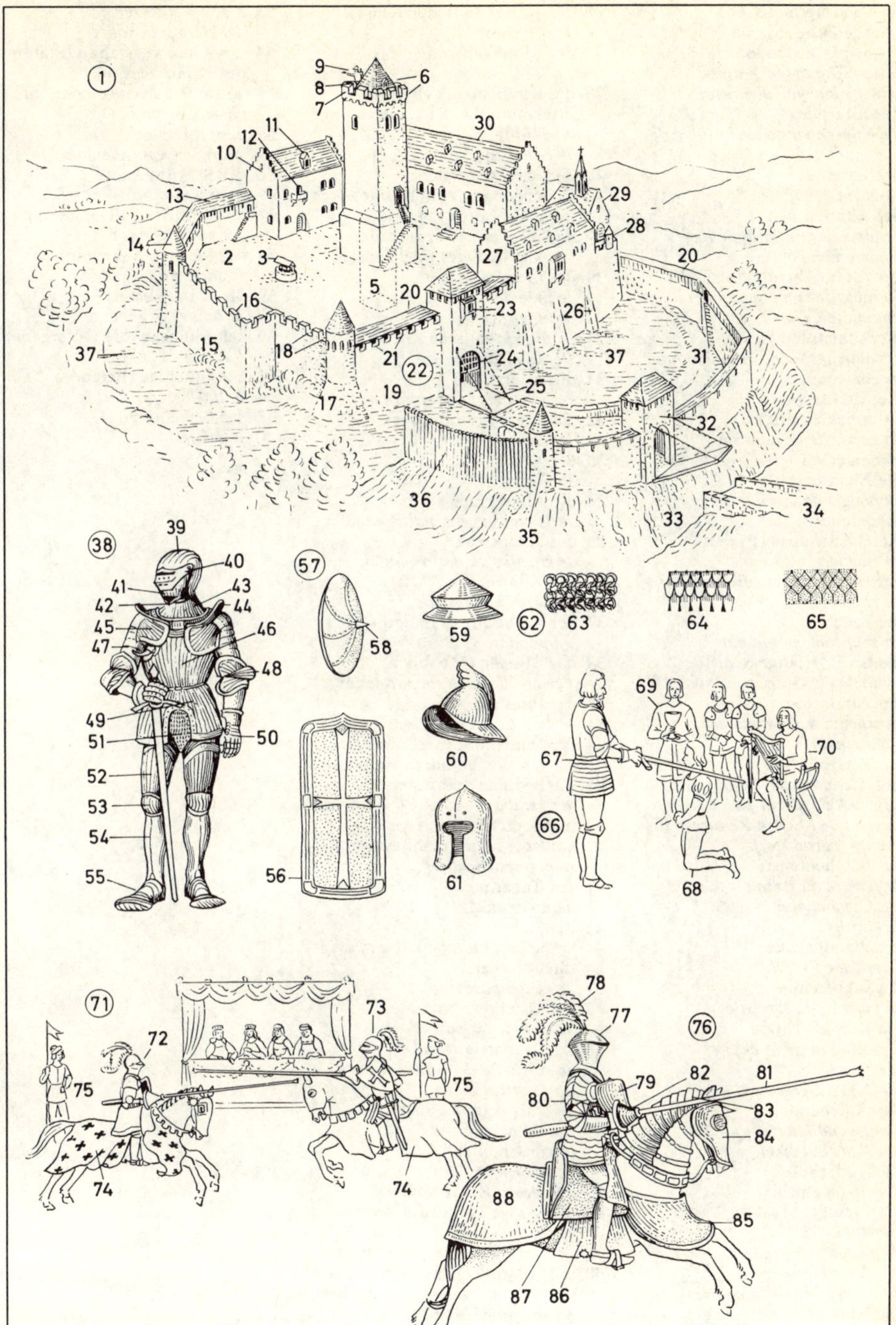
1
2
3
4
5
6
7
8
9
10
11
12
13
14
15
16
17
18
19
20
21
22
23
24
25
26
27
28
29
30
31
32
33
34
35
36
37
38
39
40
41
42
43
44
45
46
47
48
49
50
51
52
53
54
55
56
57
58
59
60
61
62
63
64
65
66
67
68
69
70
71
72
73
74
75
76
77
78
79
80
81
82
83
84
85
86
87
88

1-30 die protestantische (evangelische) Kirche
– ***le temple protestant (évangélique)*** *[en France: principalement calviniste]*
1 der Altarplatz
– *l'emplacement* m *de la table de communion* f
2 das Lesepult
– *le lutrin*
3 der Altarteppich
– *le tapis devant la table de communion* f
4 der Altar (Abendmahlstisch)
– *la table de communion* f *(table* f *de Sainte-Cène* f*)*
5 die Altarstufen *f*
– *les marches* f *d'accès* m *à la table de communion* f
6 die Altardecke (Altarbekleidung)
– *la nappe de la table de communion* f
7 die Altarkerze
– *la bougie de la table de communion* f
8 die Hostiendose (Pyxis)
– *la custode*
9 der Hostienteller (die Patene)
– *la patène*
10 der Kelch
– *la coupe de communion* f
11 die Bibel (Heilige Schrift)
– *la Bible (les Saintes Ecritures* f*)*
12 das Altarkreuz
– *le crucifix de la table de communion* f
13 das Altarbild
– *le tableau mural [les objets 8, 9, 12 et 13 n'existent pas dans les temples de l'Eglise Réformée de France (calviniste)]*
14 das Kirchenfenster
– *la fenêtre du temple*
15 die Glasmalerei
– *le vitrail*
16 der Wandleuchter
– *l'applique* f *murale*
17 die Sakristeitür
– *la porte de la sacristie*
18 die Kanzeltreppe
– *l'escalier* m *de la chaire*
19 die Kanzel
– *la chaire à prêcher*
20 das Antependium
– *l'antépendium* m
21 der Kanzeldeckel (Schalldeckel)
– *l'abat-voix* m
22 der Prediger (Pastor, Pfarrer, Geistliche, Seelsorger) im Ornat *m*
– *le pasteur en surplis* m
23 die Kanzelbrüstung
– *la balustrade de la chaire*
24 die Nummerntafel mit den Liedernummern *f*
– *le tableau indicateur* m *des cantiques* m
25 die Empore
– *la tribune*
26 der Küster (Kirchendiener)
– *le sacristain*
27 der Mittelgang
– *l'allée* f *centrale*
28 die Kirchenbank (Bank); *insgesamt:* das Kirchengestühl (Gestühl)
– *le banc;* ens.: *les stalles* f
29 der Kirchenbesucher (Kirchgänger, Andächtige); *insgesamt:* die Gemeinde
– *le fidèle;* ens.: *la communauté, l'assemblée* f *des fidèles* m ou f
30 das Gesangbuch
– *le livre des cantiques* m *(le psautier* m*)*

31-62 die katholische Kirche
– ***l'église*** f ***catholique***
31 die Altarstufen *f*
– *les marches* f *du maître-autel*
32 das Presbyterium (der Chor)
– *le chœur*
33 der Altar
– *l'autel* m
34 die Altarkerzen *f*
– *les cierges* m *du maître-autel*
35 das Altarkreuz
– *le crucifix du maître-autel*
36 das Altartuch
– *la nappe d'autel* m
37 der Ambo (das Predigtpult)
– *l'ambon* m
38 das Missale (Meßbuch)
– *l'évangéliaire* m *(le paroissien)*
39 der Priester
– *le curé (le prêtre)*
40 der Ministrant (Meßdiener)
– *le servant (l'enfant* m *de chœur* m*)*
41 die Sedilien *f* (Priestersitze *m*)
– *les sedilia [*peu usité*], les sièges* m *des prêtres* m *[*sièges fixes: *stalles* f, sièges mobiles: *pas de nom* m *particulier]*
42 der Tabernakel
– *le tabernacle*
43 die Stele
– *le support du tabernacle* m
44 die Osterkerze
– *le cierge pascal*
45 der Osterkerzenständer
– *le chandelier pascal*
46 die Sakristeiglocke
– *la clochette de la sacristie*
47 das Vortragkreuz
– *la croix de procession* f
48 der Altarschmuck (Grünschmuck, Blumenschmuck)
– *la décoration de l'autel* m
49 das Ewige Licht (die Ewige Lampe)
– *la lampe du Saint-Sacrement* m
50 das Altarbild, ein Christusbild *n*
– *le tableau d'autel* m, *un tableau représentant le Christ*
51 die Madonnenstatue
– *la statue de la Vierge*
52 der Opferkerzentisch
– *la table de présentation* f *des cierges* m *votifs*
53 die Opferkerzen *f*
– *les cierges* m *votifs*
54 die Kreuzwegstation (Station des Kreuzwegs *m*)
– *la station de calvaire* m *(du chemin de croix* f*)*
55 der Opferstock
– *le tronc (pour aumônes* f*)*
56 der Schriftenstand
– *le présentoir de presse* f
57 die Schriften *f* (Traktate *n*)
– *les publications* f
58 der Mesner (Sakristan)
– *le sacristain (le bedeau)*
59 der Klingelbeutel
– *la bourse à sonnette* f
60 das Almosen (die Opfergabe)
– *l'aumône* f
61 der Gläubige (Betende)
– *le fidèle*
62 das Gebetbuch
– *le missel*

1
2
3
4
5
6
7
8
9
10
11
12
13
14
15
16
17
18
19
20
21
22
23
24
25
26
123
1-4
26
27
28
29
30
31
32
33
34
35
36
37
38
39
40
41
42
43
44
45
46
47
48
49
50
51
52
53
54
55
56
57
58
59
60
61
62

1 **die Kirche**
– ***l'église*** f
2 der Kirchturm
– *le clocher*
3 der Kirchturmhahn
– *le coq du clocher*
4 die Wetterfahne (Windfahne)
– *la girouette*
5 der Turmknauf
– *la boule de la flèche*
6 die Kirchturmspitze
– *la flèche du clocher* m
7 die Kirchturmuhr
– *l'horloge* f *de l'église* f
8 das Schalloch
– *l'ouïe* f
9 die elektrisch betriebene Glocke
– *la cloche à fonctionnement* m *électrique*
10 das Firstkreuz
– *la croix de faîte* m
11 das Kirchendach
– *la toiture de l'église* f
12 die Gedenkkapelle (Gnadenkapelle)
– *la chapelle commémorative (votive)*
13 die Sakristei, ein Anbau *m*
– *la sacristie, une annexe*
14 die Gedenktafel (Gedenkplatte, der Gedenkstein, das Epitaph)
– *la plaque (la dalle) commémorative, l'épitaphe* f
15 der Seiteneingang
– *l'entrée* f *latérale*
16 das Kirchenportal (die Kirchentür)
– *le portail (la porte) de l'église* f
17 der Kirchgänger
– *le fidèle*
18 die Friedhofsmauer (Kirchhofmauer)
– *le mur du cimetière (le mur d'enclos* m *de l'église* f*)*
19 das Friedhofstor (Kirchhoftor)
– *la porte du cimetière (de l'enclos* m *de l'église* f*)*
20 das Pfarrhaus
– *le presbytère*
21-41 **der Friedhof** (Kirchhof, Gottesacker)
– ***le cimetière***
21 das Leichenhaus (die Leichenhalle, Totenhalle, Leichenkapelle, Parentationshalle)
– *la chapelle mortuaire*
22 der Totengräber
– *le fossoyeur*
23 das Grab (die Grabstelle, Grabstätte, Begräbnisstätte)
– *la tombe (le tombeau)*
24 der Grabhügel
– *le tertre funéraire*
25 das Grabkreuz
– *la croix tombale*
26 der Grabstein (Gedenkstein, Leichenstein, das Grabmal)
– *la pierre tombale (le monument funéraire)*
27 das Familiengrab (Familienbegräbnis)
– *le caveau de famille* f
28 die Friedhofskapelle
– *la chapelle du cimetière*
29 das Kindergrab
– *la tombe d'enfant* m
30 das Urnengrab
– *le tombeau à urne* f
31 die Urne
– *l'urne* f
32 das Soldatengrab
– *la tombe militaire*
33-41 die Beerdigung (Beisetzung, das Begräbnis, Leichenbegängnis)
– *l'enterrement* m *(l'inhumation* f*, les funérailles* f*, les obsèques* f*)*
33 die Trauernden *m u. f* (Trauergäste *m*)
– *les personnes* f *venues assister à l'enterrement* m
34 die Grube
– *la fosse*
35 der Sarg
– *le cercueil*
36 die Sandschaufel
– *la pelle*
37 der Geistliche
– *le prêtre*
38 die Hinterbliebenen *m u. f*
– *la famille (les parents* m*) du défunt* m
39 der Witwenschleier, ein Trauerschleier *m*
– *le voile de veuve* f, *un voile de deuil* m
40 die Sargträger *m*
– *les employés* m *des pompes* f *funèbres (croque-morts* m*)*
41 die Totenbahre
– *la civière*
42-50 **die Prozession**
– ***la procession***
42 das Prozessionskreuz, ein Tragkreuz *n*
– *la croix de procession* f
43 der Kreuzträger
– *le porteur de croix* f
44 die Prozessionsfahne, eine Kirchenfahne
– *la bannière, une bannière d'église* f
45 der Ministrant
– *l'enfant* m *de chœur* m
46 der Baldachinträger
– *le porteur du dais* m
47 der Priester
– *le prêtre*
48 die Monstranz, mit dem Allerheiligsten *n* (Sanktissimum)
– *l'ostensoir* m *avec le Saint-Sacrement*
49 der Traghimmel (Baldachin)
– *le dais*
50 die Nonnen *f*
– *les religieuses* f
51 die Prozessionsteilnehmer *m*
– *le cortège*
52-58 **das Kloster**
– ***le couvent*** *(le monastère)*
52 der Kreuzgang
– *le cloître*
53 der Klosterhof (Klostergarten)
– *le jardin du cloître*
54 der Mönch, ein Benediktiner *m*
– *le moine, un (moine) bénédictin*
55 die Kutte
– *l'habit* m *monacal*
56 die Kapuze
– *le capuchon*
57 die Tonsur
– *la tonsure*
58 das Brevier
– *le bréviaire*
59 **die Katakombe** (das Zömeterium), eine unterirdische, altchristliche Begräbnisstätte
– ***la catacombe,*** *une sépulture souterraine paléochrétienne*
60 die Grabnische (das Arkosolium)
– *l'arcosolium* m
61 die Steinplatte
– *la dalle (la plaque) de pierre* f

1
2
3
4
5
6
7
8
9
10
11
12
13
14
15
15
16
17
18
19
20
21
22
23
24
25
26
27
28
29
30
31
32
33
34
35
36
37
38
39
40
41
42
43
44
45
46
47
48
49
50
51
52
53
54
55
56
57
58
59
60
61

1 die christliche Taufe
– *le baptême*
2 die Taufkapelle (das Baptisterium)
– *le baptistère*
3 der protestantische (evangelische) Geistliche
– *le pasteur protestant (le ministre de l'église* f *protestante)*
4 der Talar (Ornat)
– *la robe de pasteur* m *(le surplis)*
5 das Beffchen
– *le rabat*
6 der Halskragen
– *le col*
7 der Täufling
– *l'enfant* m *baptisé*
8 das Taufkleid
– *la robe de baptême* m
9 der Taufschleier
– *le voile de baptême* m
10 der Taufstein
– *les fonts* m *baptismaux*
11 das Taufbecken
– *la cuve baptismale*
12 das Taufwasser
– *l'eau* f *du baptême*
13 die Paten *m*
– *le parrain et la marraine*
14 die kirchliche Trauung
– *le mariage religieux*
15-16 das Brautpaar
– *les mariés* m
15 die Braut
– *la mariée*
16 der Bräutigam
– *le marié*
17 der Ring (Trauring, Ehering)
– *l'alliance* f *(l'anneau* m *nuptial)*
18 der Brautstrauß (das Brautbukett)
– *le bouquet de la mariée*
19 der Brautkranz
– *la couronne de fleurs* f *d'oranger* m
20 der Schleier (Brautschleier)
– *le voile (le voile de la mariée* f*)*
21 das Myrtensträußchen
– *le bouquet de myrte* m *[*usage inexistant en France*]*
22 der Geistliche
– *l'officiant* m
23 die Trauzeugen *m*
– *les témoins* m *des mariés* m
24 die Brautjungfer
– *la demoiselle d'honneur* m
25 die Kniebank
– *le prie-Dieu*
26 das Abendmahl
– *la communion*
27 die Kommunizierenden *m u. f*
– *les communiants* m
28 die Hostie (Oblate)
– *l'hostie* f
29 der Abendmahlskelch
– *le calice*
30 der Rosenkranz
– *le chapelet*
31 die Vater-unser-Perle
– *le gros grain*
32 die Ave-Maria-Perle; *je 10:* ein Gesätz *n*
– *le petit grain;* par 10: *une dizaine de chapelet* m
33 das Kruzifix
– *le crucifix*
34-54 liturgische Geräte *n* (kirchliche Geräte)
– *objets* m *liturgiques*
34 die Monstranz
– *l'ostensoir* m
35 die Hostie (große Hostie, das heilige Sakrament, Allerheiligste, Sanktissimum)
– *la grande hostie (le Saint-Sacrement)*
36 die Lunula
– *la lunule*
37 der Strahlenkranz
– *le soleil*
38 die Rauchfaßgarnitur (das Weihrauchfaß, Räucherfaß, Rauchfaß) für liturgische Räucherungen *f* (Inzensationen)
– *l'encensoir* m
39 die Rauchfaßkette
– *la chaîne de l'encensoir* m
40 der Rauchfaßdeckel
– *le couvercle de l'encensoir* m
41 die Rauchfaßschale, ein Feuerbecken *n*
– *la cassolette*
42 das Weihrauchschiffchen
– *la navette à encens* m
43 der Weihrauchlöffel
– *la cuiller à encens* m
44 die Meßgarnitur
– *les burettes* f
45 das Meßkännchen für Wasser *n*
– *la burette à eau* f
46 das Meßkännchen für Wein *m*
– *la burette à vin* m
47 der Weihwasserkessel
– *le bénitier portatif*
48 das Ciborium (der Speisekelch) mit den kleinen Hostien *f*
– *le ciboire avec les petites hosties* f
49 der Kelch
– *le calice*
50 die Hostienschale
– *la coupe à hosties* f
51 die Patene
– *la patène*
52 die Altarschelle (die Glocken *f*)
– *la clochette liturgique*
53 die Hostiendose (Pyxis)
– *la custode*
54 das Aspergill (der Weihwedel)
– *le goupillon*
55-72 christl. Kreuzformen *f*
– *formes* f *de croix* f *chrétiennes*
55 das lateinische Kreuz (Passionskreuz)
– *la croix latine*
56 das griechische Kreuz
– *la croix grecque*
57 das russische Kreuz
– *la croix russe*
58 das Petruskreuz
– *la croix de Saint-Pierre*
59 das Antoniuskreuz (Taukreuz, ägyptisches Kreuz)
– *la croix en tau* m *(de Saint-Antoine)*
60 das Andreaskreuz (Schrägkreuz, der Schragen, das burgundische Kreuz)
– *la croix de Saint-André*
61 das Schächerkreuz (Gabelkreuz, Deichselkreuz)
– *la croix fourchue (croix* f *d'infamie* f, *croix* f *des larrons* m *au Calvaire) [*tradition f et symbole m inconnus en France*]*
62 das Lothringer Kreuz
– *la croix de Lorraine*
63 das Henkelkreuz
– *la croix ansée*
64 das Doppelkreuz (erzbischöfliches Kreuz)
– *la croix pastorale double*
65 das Kardinalkreuz (Patriarchenkreuz)
– *la croix cardinalice*
66 das päpstliche Kreuz (Papstkreuz)
– *la croix papale*
67 das konstantinische Kreuz, ein Christusmonogramm *n* (CHR)
– *la croix constantinienne (le chrisme)*
68 das Wiederkreuz
– *la croix recroisettée*
69 das Ankerkreuz
– *la croix ancrée*
70 das Krückenkreuz
– *la croix potencée*
71 das Kleeblattkreuz (Lazaruskreuz, Brabanter Kreuz)
– *la croix tréflée (de Saint-Lazare)*
72 das Jerusalemer Kreuz
– *la croix du Saint-Sépulcre*

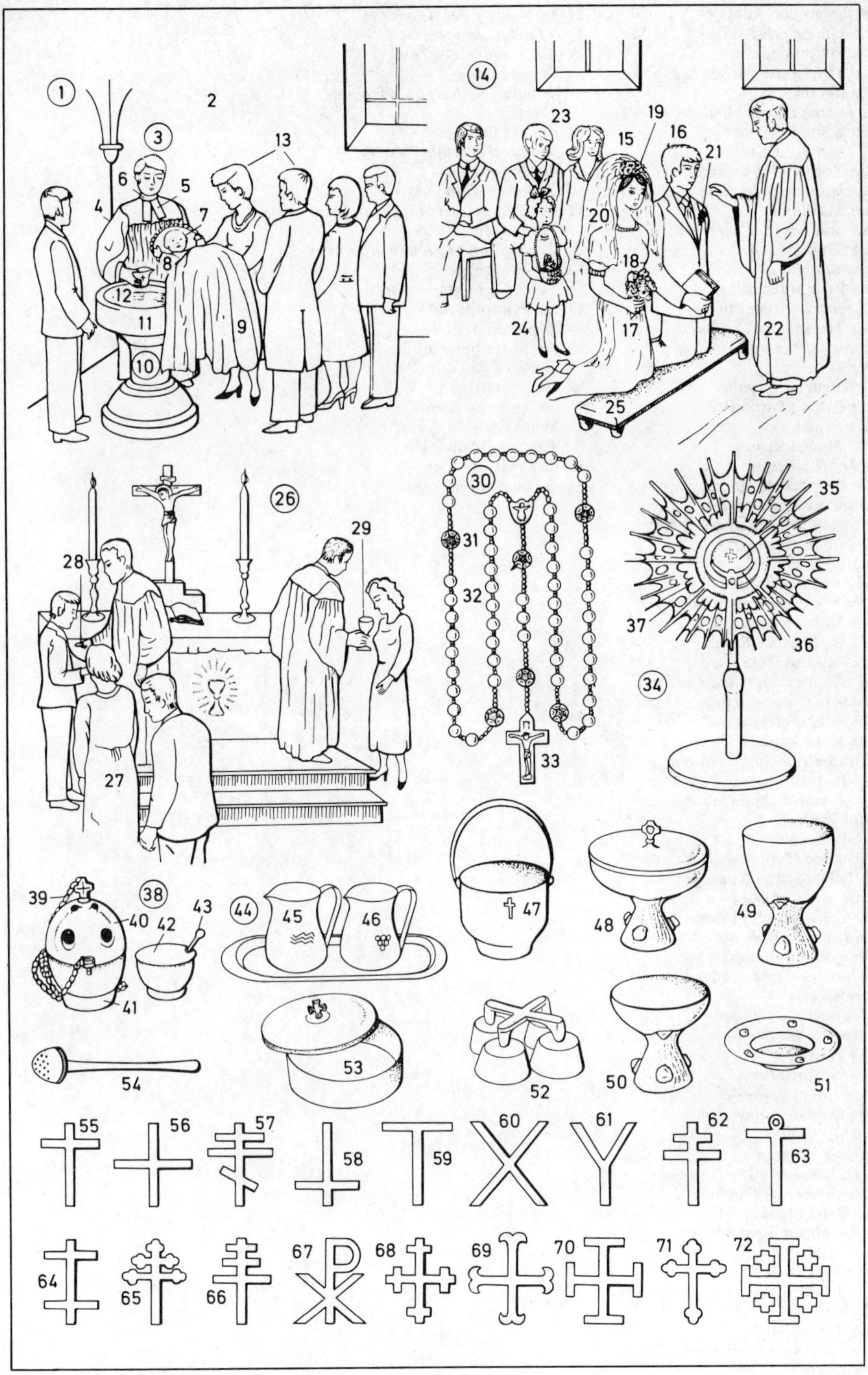
1
2
3
4
5
6
7
8
9
10
11
12
13
14
15
16
17
18
19
20
21
22
23
24
25
26
27
28
29
30
31
32
33
34
35
36
37
38
39
40
41
42
43
44
45
46
47
48
49
50
51
52
53
54
55
56
57
58
59
60
61
62
63
64
65
66
67
68
69
70
71
72

1-18 ägyptische Kunst *f*
– *l'art* m ***égyptien***
1 die Pyramide, eine Spitzpyramide, ein Königsgrab Königsgrab *n*
– *la pyramide, une sépulture royale*
2 die Königskammer
– *la chambre du roi*
3 die Königinnenkammer
– *la chambre de la reine*
4 der Luftkanal
– *les conduits* m *d'aération* f
5 die Sargkammer
– *la chambre funéraire*
6 die Pyramidenanlage
– *le complexe funéraire*
7 der Totentempel
– *le temple funéraire*
8 der Taltempel
– *le temple de la vallée*
9 der Pylon (Torbau)
– *le pylône*
10 die Obelisken *m*
– *les obélisques* m
11 der ägyptische Sphinx
– *le sphinx égyptien*
12 die geflügelte Sonnenscheibe
– *le disque solaire ailé*
13 die Lotossäule
– *la colonne à chapiteau* m *floral fermé (à chapiteau* m *lotiforme)*
14 das Knospenkapitell
– *le chapiteau lotiforme*
15 die Papyrussäule
– *la colonne à chapiteau* m *floral évasé (à chapiteau* m *campaniforme)*
16 das Kelchkapitell
– *le chapiteau campaniforme*
17 die Palmensäule
– *la colonne à chapiteau* m *palmiforme*
18 die Bildsäule
– *la colonne historiée*

19-20 babylonische Kunst *f*
– *l'art* m ***babylonien***
19 der babylonische Fries
– *la frise babylonienne*
20 der glasierte Reliefziegel
– *le bas-relief* m *en tuiles* f *vernissées*

21-28 Kunst ***f der erser m***
– *l'art* m ***des Perses*** m
21 das Turmgrab
– *la tour funéraire*
22 die Stufenpyramide
– *la pyramide à degrés* m
23 die Stiersäule
– *la colonne taurine*
24 der Blattüberfall
– *la retombée de feuillage* m
25 das Palmettenkapitell
– *le chapiteau à palmettes* f
26 die Volute
– *la volute*
27 der Schaft
– *le fût*
28 das Stierkapitell
– *le chapiteau à protomes* m *de taureau* m

29-36 Kunst ***f der Assyrer m***
– *l'art* m ***assyrien***
29 die Sargonsburg, eine Palastanlage
– *le palais de Sargon, un palais royal*
30 die Stadtmauer
– *le mur d'enceinte* f *urbain*
31 die Burgmauer
– *l'enceinte* f *du palais*
32 der Tempelturm (Zikkurat), ein Stufenturm *m*
– *la ziggurat, une tour à gradins* m
33 die Freitreppe
– *l'escalier* m *monumental*
34 das Hauptportal
– *le portail principal*
35 die Portalbekleidung
– *le décor du portail*
36 die Portalfigur
– *la figure du portail*

37 kleinasiatische Kunst *f*
– *l'art* m ***d'Asie*** f *Mineure*
38 das Felsgrab
– *le tombeau rupestre*

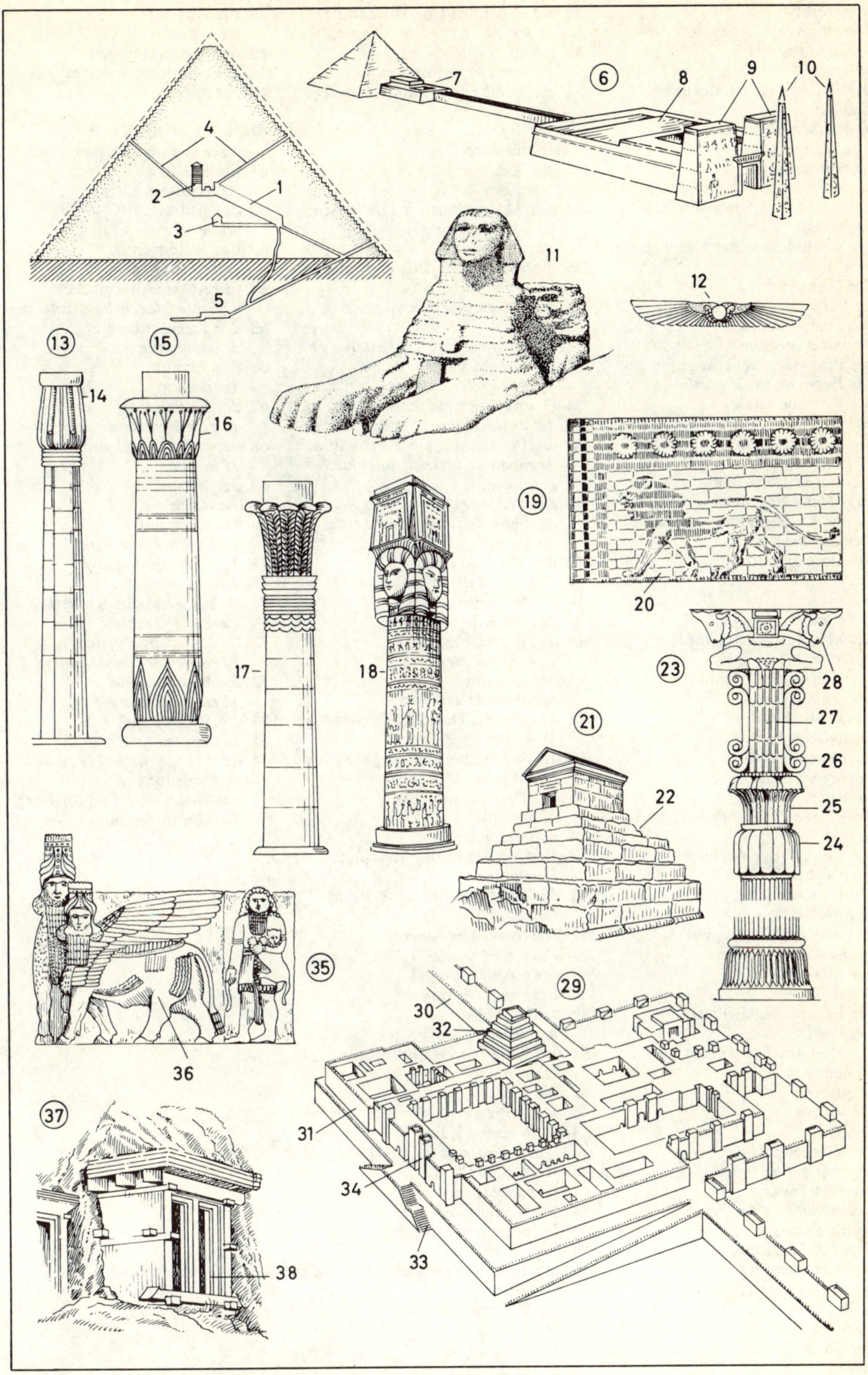
1
2
3
4
5
6
7
8
9
10
11
12
13
14
15
16
17
18
19
20
21
22
23
24
25
26
27
28
29
30
31
32
33
34
35
36
37
38

1-48 griechische Kunst *f*
– ***l'art*** m ***grec***
1-7 die Akropolis
– *l'Acropole* f
1 der Parthenon, ein dorischer Tempel
– *le Parthénon, un temple dorique*
2 das Peristyl (der Säulenumgang)
– *le péristyle*
3 der Aetos (das Giebeldreieck)
– *le fronton*
4 das Krepidoma (der Unterbau)
– *le stylobate*
5 das Standbild
– *la statue*
6 die Tempelmauer
– *le mur d'enceinte* f
7 die Propyläen *pl* (Torbauten *m*)
– *les Propylées* m *(le portique)*
8 die dorische Säule
– *la colonne dorique*
9 die ionische Säule
– *la colonne ionique*
10 die korinthische Säule
– *la colonne corinthienne*
11-14 das Kranzgesims
– *l'entablement* m
11 die Sima (Traufleiste)
– *le rampant*
12 das Geison
– *le larmier*
13 der Mutulus (Dielenkopf)
– *le soffite*
14 der Geisipodes (Zahnschnitt)
– *les denticules* m
15 die Triglyphe (der Dreischlitz)
– *le triglyphe*
16 die Metope, eine Friesverzierung
– *la métope*
17 die Regula (Tropfenplatte)
– *la mutule*
18 das Epistyl (der Architrav)
– *l'architrave* f
19 das Kyma (Kymation)
– *le listel*
20-25 das Kapitell (Kapitäl)
– *le chapiteau*
20 der Abakus
– *le tailloir*
21 der Echinus (Igelwulst)
– *l'échine* f
22 das Hypotrachelion (der Säulenhals)
– *le gorgerin*
23 die Volute
– *la volute*
24 das Volutenpolster
– *le coussinet de volute* f
25 der Blattkranz
– *la couronne de feuilles* f
26 der Säulenschaft
– *le fût de la colonne*
27 die Kannelierung
– *les cannelures* f
28-31 die Basis (der Säulenfuß)
– *l'embase* f
28 der Toros (Torus, Wulst)
– *le tore*
29 der Trochilus (die Hohlkehle)
– *la scotie*
30 die Rundplatte
– *la base circulaire*
31 die Plinthe (der Säulensockel)
– *la plinthe*
32 der Stylobat
– *le stylobate*
33 die Stele
– *la stèle*
34 das Akroterion; *am Giebel:* die Giebelverzierung
– *l'acrotère* m
35 die Herme (der Büstenpfeiler)
– *le terme*
36 die Karyatide; *männl.:* der Atlant
– *la caryatide; masc.: l'atlante* m
37 die griech. Vase
– *le vase grec*
38-43 griech. Ornamente *n*
– *les ornements* m *grecs*
38 die Perlschnur, ein Zierband *n*
– *le ruban de perles* f, *une bande ornementale*
39 das Wellenband
– *le ruban de flots* m *(ruban de postes* m*)*
40 das Blattornament
– *le registre de feuillages* m
41 die Palmette
– *la palmette*
42 das Eierstabkyma
– *le ruban d'oves* f
43 der Mäander
– *le ruban de grecques* f
44 das griech. Theater (Theatron)
– *le théâtre grec*
45 die Skene (das Bühnengebäude)
– *le bâtiment de scène* f
46 das Proskenium (der Bühnenplan)
– *le proscenium*
47 die Orchestra (der Tanzplatz)
– *l'orchestre* m
48 die Thymele (der Opferstein)
– *l'autel* m
49-52 etruskische Kunst *f*
– ***l'art*** m ***étrusque***
49 der etrusk. Tempel
– *le temple étrusque*
50 die Vorhalle
– *le portique*
51 die Zella (der Hauptraum)
– *la cella*
52 das Gebälk
– *la charpente*
53-60 römische Kunst *f*
– ***l-'art*** m ***romain***
53 der Aquädukt
– *l'aqueduc* m
54 der Wasserkanal
– *la conduite d'eau* f
55 der Zentralbau
– *le bâtiment à plan* m *centré*
56 der Portikus
– *le portique*
57 das Gesimsband
– *la corniche*
58 die Kuppel
– *la coupole*
59 der Triumphbogen
– *l'arc* m *de triomphe* m
60 die Attika
– *l'attique* m
61-71 altchristl. Kunst *f*
– ***l'art*** m ***paléochrétien***
61 die Basilika
– *la basilique*
62 das Mittelschiff
– *la nef*
63 das Seitenschiff
– *le bas-côté*
64 die Apsis (Altarnische)
– *l'abside* f *(la niche d'autel* m*)*
65 der Kampanile
– *le campanile*
66 das Atrium
– *l'atrium* m
67 der Säulengang
– *la galerie à colonnes* f
68 der Reinigungsbrunnen
– *le lavabo*
69 der Altar
– *l'autel* m
70 der Lichtgaden
– *le niveau des fenêtres* f *hautes*
71 der Triumphbogen
– *l'arc* m *triomphal*
72-75 byzantinische Kunst *f*
– ***l'art*** m ***byzantin***
72-73 das Kuppelsystem
– *la couverture en coupoles* f
72 die Hauptkuppel
– *la coupole centrale*
73 die Halbkuppel
– *la demi-coupole*
74 der Hängezwickel (Pendentif)
– *le pendentif*
75 das Auge, eine Lichtöffnung
– *l'oculus* m *zénithal*

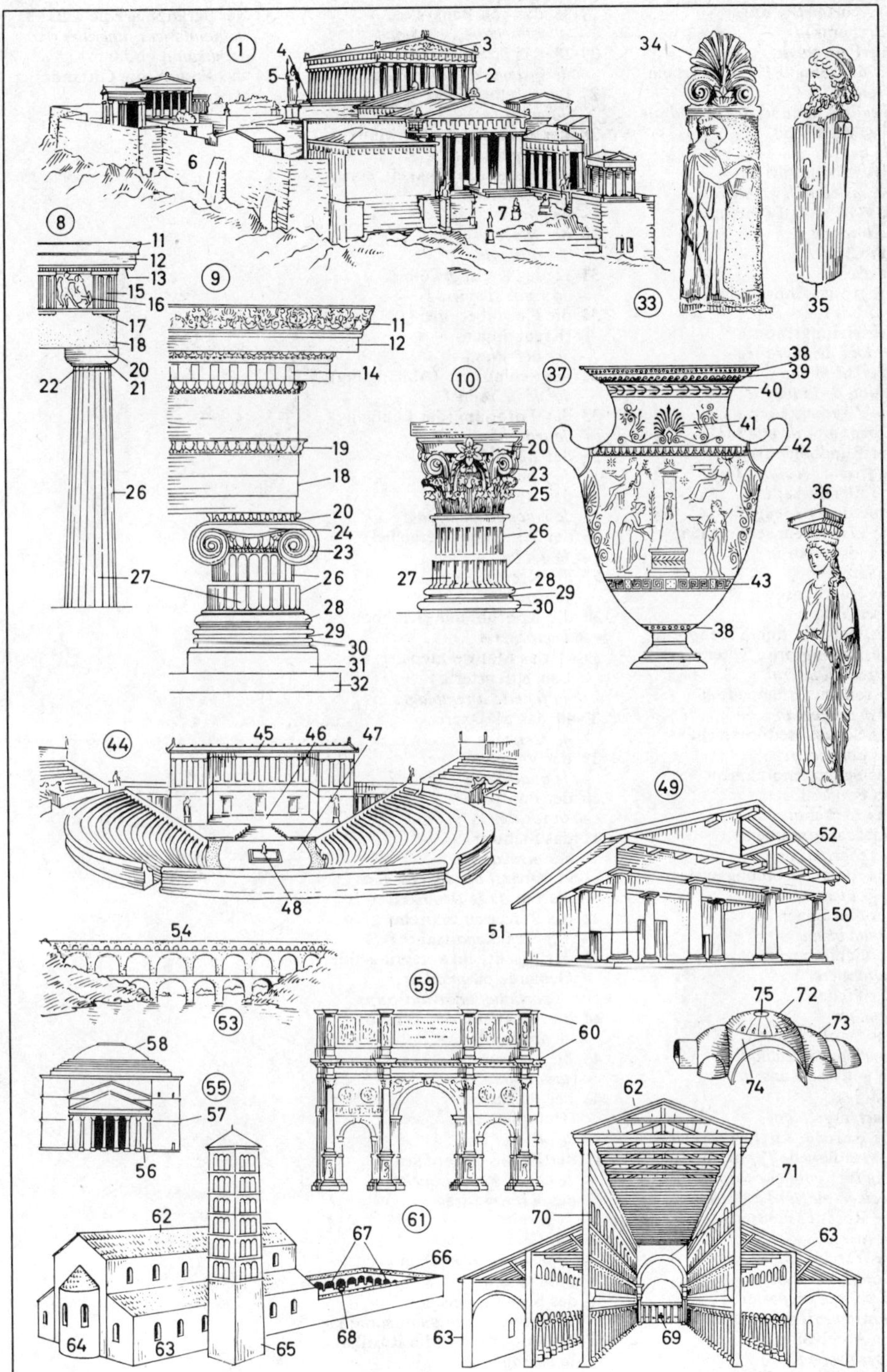
1
2
3
4
5
6
7
8
9
10
11
12
13
14
15
16
17
18
19
20
21
22
23
24
25
26
27
28
29
30
31
32
33
34
35
36
37
38
39
40
41
42
43
44
45
46
47
48
49
50
51
52
53
54
55
56
57
58
59
60
61
62
63
64
65
66
67
68
69
70
71
72
73
74
75

1-21 romanische Kunst *f* (Romanik)
– ***l'art*** **m *roman***
1-13 die romanische Kirche, ein Dom *m*
– *l'église* f *romane, une cathédrale*
1 das Mittelschiff
– *la nef*
2 das Seitenschiff
– *le bas-côté (le collatéral)*
3 das Querschiff (Querhaus)
– *le transept*
4 der Chor
– *le chœur*
5 die Apsis (Chornische)
– *l'abside* f
6 der Vierungsturm
– *la tour de la croisée*
7 der Turmhelm
– *le toit de la tour*
8 die Zwergarkaden *f*
– *l'arcature* f *de baies* f
9 der Rundbogenfries
– *la frise d'arcatures* f
10 die Blendarkade
– *l'arcature* f *aveugle*
11 die Lisene, ein senkrechter Wandstreifen *m*
– *la lésène*
12 das Rundfenster
– *l'oculus* m
13 das Nebenportal (Seitenportal, die Nebenpforte, Seitenpforte)
– *le portail latéral*
14-16 roman. Ornamente *n*
– *le décor roman*
14 das Schachbrettornament
– *les damiers* m
15 das Schuppenornament
– *les écailles* f
16 das Zackenornament (Zickzackornament)
– *les chevrons* m
17 das roman. Wölbungssystem
– *le voûtement roman*
18 der Gurtbogen
– *le doubleau*
19 der Schildbogen
– *le formeret*
20 der Pfeiler
– *le pilier*
21 das Würfelkapitell
– *le chapiteau cubique*
22-41 gotische Kunst *f* (Gotik)
– ***l'art*** **m *gothique***
22 die gotische Kirche [Westwerk *n*, Westfassade *f*], ein Münster *n*
– *l'église* f *gothique (la façade occidentale, le Westwerk)*
23 die Rosette (Fensterrose)
– *la rose*
24 das Kirchenportal, ein Gewändeportal *n*
– *le portail, un portail à ébrasements* m *profonds*
25 die Archivolte
– *l'archivolte* f
26 das Bogenfeld (Tympanon)
– *le tympan*
27-35 das got. Bausystem
– *l'architecture* f *gothique*
27-28 das Strebewerk
– *le système de contrebutement* m
27 der Strebepfeiler
– *la culée*
28 der Strebebogen (Schwibbogen)
– *l'arc-boutant* m
29 die Fiale (das Pinakel), ein Pfeileraufsatz *m*
– *le pinacle*
30 der Wasserspeier
– *la gargouille*
31-32 das Kreuzgewölbe
– *la voûte d'ogives* f
31 die Gewölberippen *f* (Kreuzrippen)
– *les nervures* f
32 der Schlußstein (Abhängling)
– *la clé de voûte* f
33 das Triforium (der Laufgang)
– *le triforium*
34 der Bündelpfeiler
– *le pilier fasciculé*
35 der Dienst
– *la colonne engagée*
36 der Wimperg (Ziergiebel)
– *le gâble*
37 die Kreuzblume
– *le fleuron*
38 die Kriechblume (Krabbe)
– *le crochet*
39-41 das Maßwerkfenster, ein Lanzettfenster *n*
– *la fenêtre à remplages* m
39-40 das Maßwerk
– *le remplage*
39 der Vierpaß
– *le quadrilobe*
40 der Fünfpaß
– *la rosace*
41 das Stabwerk
– *les meneaux* m
42-54 Kunst *f* ***der Renaissance***
– ***l'art*** **m *de la Renaissance***
42 die Renaissancekirche
– *l'église* f *Renaissance* f
43 der Risalit, ein vorspringender Gebäudeteil *m od. n*
– *le portique, un avant-corps*
44 die Trommel (der Tambour)
– *le tambour*
45 die Laterne
– *la lanterne*
46 der Pilaster (Halbpfeiler)
– *le pilastre*
47 der Renaissancepalast
– *le palais Renaissance* f
48 das Kranzgesims
– *la corniche*
49 das Giebelfenster
– *la fenêtre à fronton* m *triangulaire*
50 das Segmentfenster
– *la fenêtre à fronton* m *surbaissé*
51 das Bossenwerk (die Rustika)
– *le bossage*
52 das Gurtgesims
– *le bandeau*
53 der Sarkophag (die Tumba)
– *le monument funéraire (le tombeau à gisant* m*)*
54 das Feston (die Girlande)
– *la guirlande*

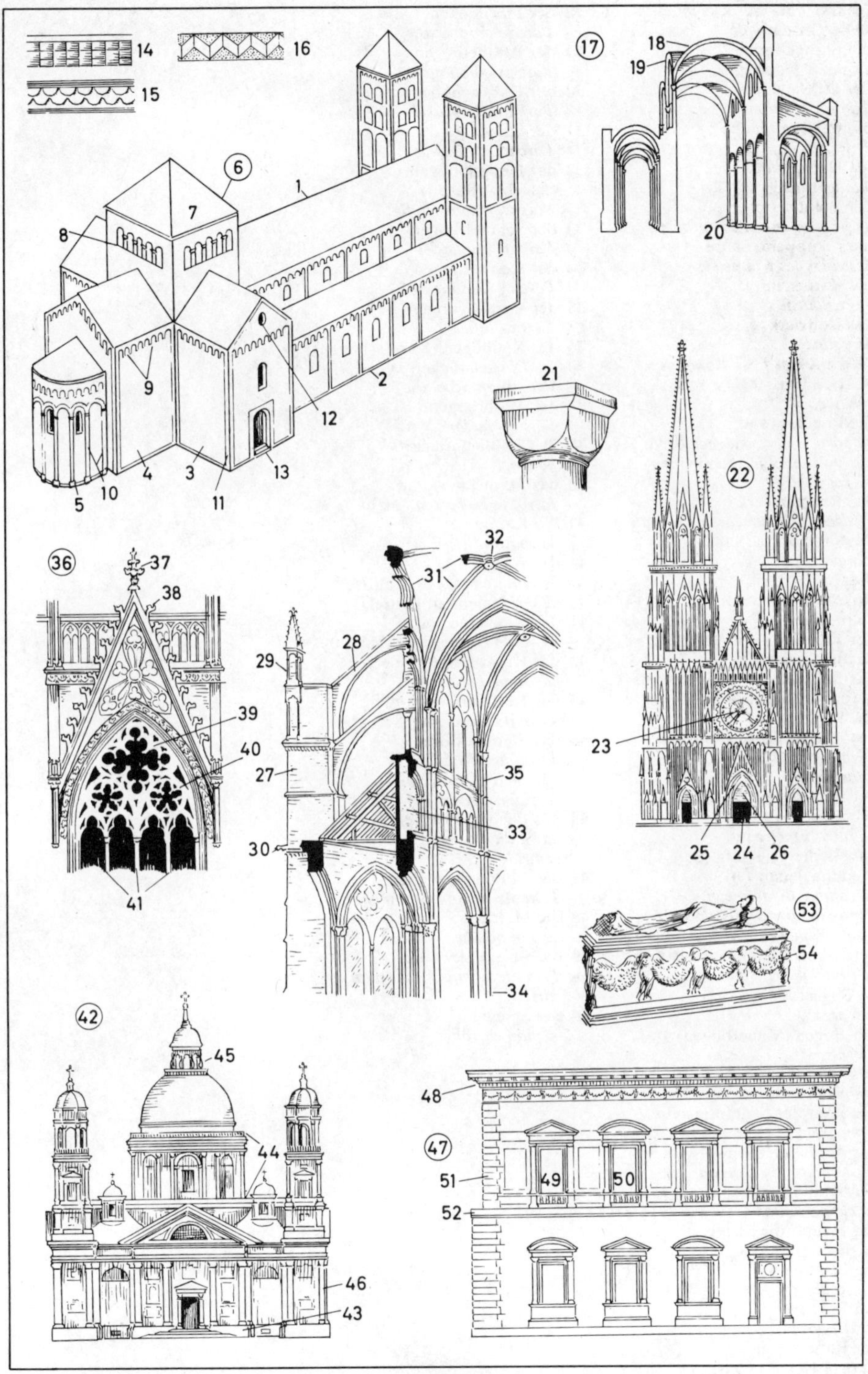
14
15
16
17
18
19
20
1
2
3
4
5
6
7
8
9
10
11
12
13
21
22
23
24
25
26
36
37
38
39
40
41
27
28
29
30
31
32
33
34
35
53
54
42
43
44
45
46
47
48
49
50
51
52

1-8 Kunst *f* ***des Barocks*** *m od. n*
– ***l'art*** m ***baroque***
1 die Barockkirche
– *l'église* f *baroque*
2 das Ochsenauge
– *l'œil-de-bœuf* m
3 die welsche Haube
– *le lanternon*
4 die Dachgaube
– *la lucarne*
5 der Volutengiebel
– *le fronton en arc* m *surbaissé*
6 die gekuppelte Säule
– *les colonnes* f *jumelées*
7 die Kartusche
– *le cartouche*
8 das Rollwerk
– *la volute*
9-13 die Kunst *f* ***des Rokokos*** *n*
– ***le style Louis XV*** *(le style rocaille)*
9 die Rokokowand
– *la paroi à décor* m *rocaille*
10 die Volute, eine Hohlkehle
– *la corniche*
11 das Rahmenwerk
– *le décor à cartouches* m *rocaille*
12 die Sopraporte (Supraporte)
– *l'imposte* f
13 die Rocaille, ein Rokokoornament *n*
– *la rocaille*
14 der Tisch im Louis-seize-Stil *m*
– *la table Louis XVI*
15 das Bauwerk des Klassizismus *m* (im klassizistischen Stil *m*), ein Torbau *m*
– *l'édifice* m *néo-classique, un bâtiment* m *à portique* m *(à péristyle* m*)*
16 der Empiretisch (Tisch im Empirestil *m*)
– *la table Empire* m
17 das Biedermeiersofa (Sofa im Biedermeierstil *m*)
– *le canapé Biedermeier [*équivalent français: *le style Louis-Philippe]*
18 der Lehnstuhl im Jugendstil *m*
– *le fauteuil Art Nouveau* m
19-37 Bogenformen *f*
– ***les arcs*** m
19 der Bogen (Mauerbogen)
– *l'arc* m
20 das Widerlager
– *les piédroits* m
21 der Kämpfer (Kämpferstein)
– *l'imposte* f
22 der Anfänger, ein Keilstein *m*
– *le sommier, un claveau*
23 der Schlußstein
– *la clé de voûte* f
24 das Haupt (die Stirn)
– *la face*
25 die Leibung
– *l'intrados* m
26 der Rücken
– *l'extrados* m
27 der Rundbogen
– *l'arc* m *en plein cintre* m
28 der Flachbogen
– *l'arc* m *surbaissé*
29 der Parabelbogen
– *l'arc* m *elliptique*
30 der Hufeisenbogen
– *l'arc* m *outrepassé*
31 der Spitzbogen
– *l'arc* m *en tiers-point* m
32 der Dreipaßbogen (Kleeblattbogen)
– *l'arc* m *trilobé (tréflé)*
33 der Schulterbogen
– *l'arc* m *épaulé*
34 der Konvexbogen
– *l'arc* m *en doucine* f
35 der Vorhangbogen
– *l'arc* m *infléchi*
36 der Kielbogen (Karniesbogen); *ähnl.:* Eselsrücken *m*
– *l'arc* m *en accolade* f
37 der Tudorbogen
– *l'arc* m *Tudor*
38-50 Gewölbeformen *f*
– ***voûtes*** f
38 das Tonnengewölbe
– *la voûte en berceau* m
39 die Kappe
– *le voûtain*
40 die Wange
– *le rein de la voûte (*s'utilise généralement au pluriel*)*
41 das Klostergewölbe
– *la voûte en arc* m *de cloître* m
42 das Kreuzgratgewölbe
– *la voûte d'arêtes* f
43 das Kreuzrippengewölbe
– *la voûte sur croisée* f *d'ogives* f
44 das Sterngewölbe
– *la voûte en étoile* f
45 das Netzgewölbe
– *la voûte nervée*
46 das Fächergewölbe
– *la voûte d'ogives* f *à retombée* f *centrale*
47 das Muldengewölbe
– *la voûte à pans* m *bombés*
48 die Mulde
– *le pan bombé*
49 das Spiegelgewölbe
– *la voûte à pans* m *sur plan* m *carré*
50 der Spiegel
– *le plan carré*

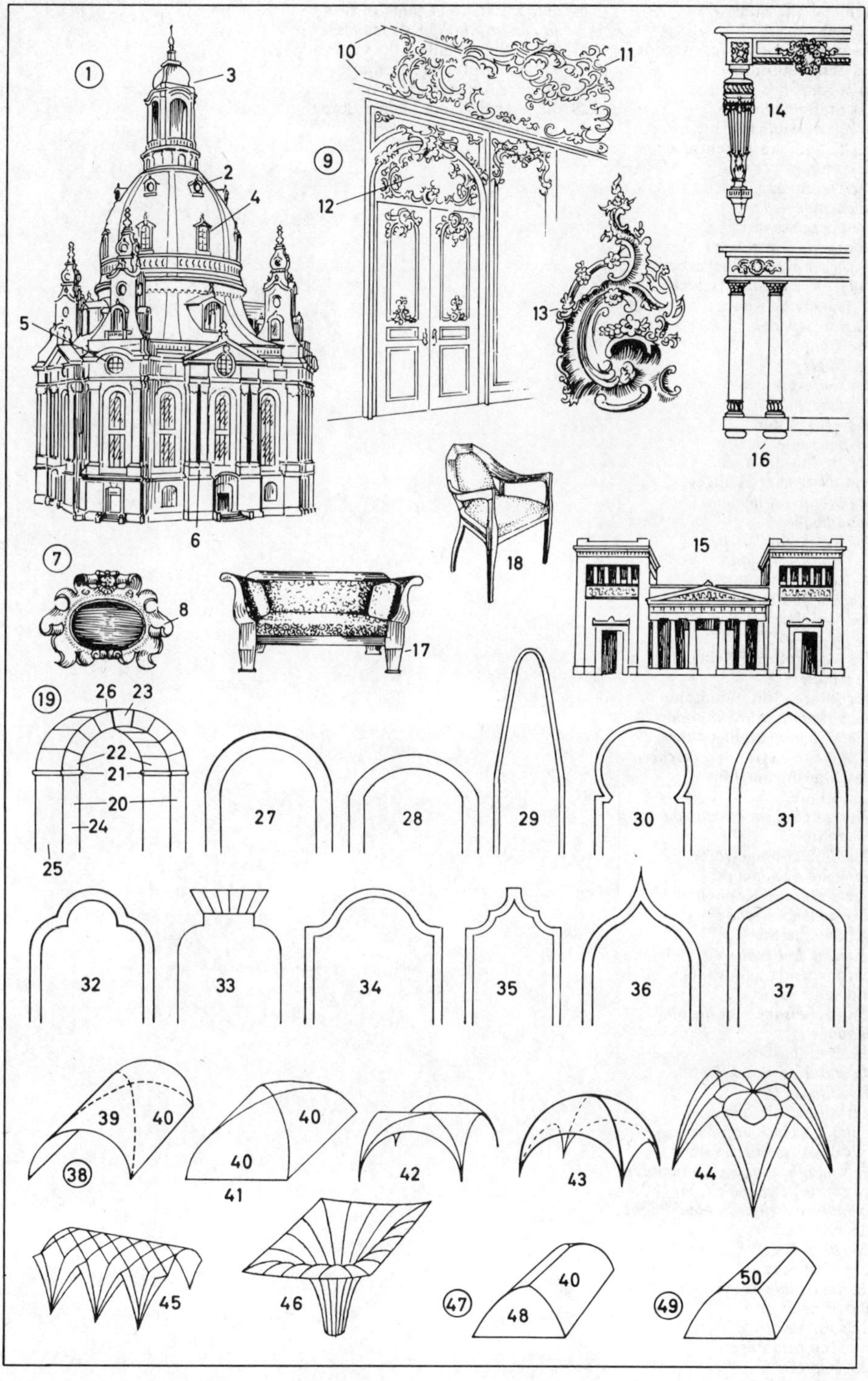
1
2
3
4
5
6
7
8
9
10
11
12
13
14
15
16
17
18
19
20
21
22
23
24
25
26
27
28
29
30
31
32
33
34
35
36
37
38
39
40
41
42
43
44
45
46
47
48
49
50

1-6 chinesische Kunst *f*
– ***l'art*** m ***chinois***
1 die Pagode (Stockwerkpagode), ein Tempelturm *m*
– *la pagode*
2 das Stufendach
– *le toit à gradins* m
3 der Pailou, ein Ehrentor *n*
– *le portique*
4 der Durchgang
– *le passage*
5 die Porzellanvase
– *le vase de porcelaine* f
6 die geschnittene Lackarbeit
– *l'objet* m *en laque* f *sculptée*
7-11 japanische Kunst *f*
– ***l'art*** m ***japonais***
7 der Tempel
– *le temple*
8 der Glockenturm
– *le campanile*
9 das Traggebälk
– *la charpente*
10 der Bodhisattwa, ein buddhistischer Heiliger
– *le bodisattva, un saint bouddhique*
11 das Torii, ein Tor *n*
– *le toril, un portique*
12-18 islamische Kunst *f*
– ***l'art*** m ***de l'Islam***
12 die Moschee
– *la mosquée*
13 das Minarett, ein Gebetsturm *m*
– *le minaret*
14 der Mikrab (die Betnische)
– *le mirhab (la niche à prières* f*)*
15 der Mimbar (Predigtstuhl)
– *le minbar (la chaire à prêcher)*
16 das Mausoleum, eine Grabstätte
– *le mausolée, un monument funéraire*
17 das Stalaktitengewölbe
– *la voûte à stalactites* f
18 das arabische Kapitell
– *le chapiteau arabe*
19-28 indische Kunst *f*
– ***l'art*** m ***de l'Inde***
19 der tanzende Schiwa, ein indischer Gott
– *Shiva dansant, une divinité hindoue*
20 die Buddhastatue
– *la statue de Bouddha (un Bouddha)*
21 der Stupa (die indische Pagode), ein Kuppelbau *m*, ein buddhistischer Sakralbau
– *le stupa (le stoupa), un tumulus en forme de coupole* f, *un monument religieux bouddhique*
22 der Schirm
– *le parasol*
23 der Steinzaun
– *la balustrade de pierre* f
24 das Eingangstor
– *le portique*
25 die Tempelanlage
– *le temple*
26 der Schikhara (Tempelturm)
– *la çikkara (la tour du temple)*
27 die Tschaitjahalle
– *l'intérieur* m *d'un sanctuaire rupestre (un çaïtya)*
28 die Tschaitja, ein kleiner Stupa
– *le dagoba (un petit stupa)*

1
2
3
4
5
6
7
8
9
10
11
12
13
13
14
15
16
17
18
19
20
21
22
23
24
25
26
27
22
28

1-43 das Atelier (Studio)
– ***l'atelier*** m *(le studio)*
1 das Atelierfenster
– *la verrière*
2 der Kunstmaler, ein Künstler *m*
– *le peintre, un artiste-peintre*
3 die Atelierstaffelei
– *le chevalet*
4 die Kreideskizze, mit dem Bildaufbau *m*
– *l'esquisse* f *à la craie*
5 der Kreidestift
– *la craie*
6-19 Malutensilien *n*; *meist pl* (Malgeräte *n*)
– *le matériel du peintre*
6 der Flachpinsel
– *la brosse*
7 der Haarpinsel
– *le pinceau effilé (la queue-de-rat)*
8 der Rundpinsel
– *le pinceau rond*
9 der Grundierpinsel
– *la brosse à fonds* m
10 der Malkasten
– *la boîte de couleurs* f
11 die Farbtube mit Ölfarbe *f*
– *le tube de peinture* f *à l'huile* f
12 der Firnis
– *le vernis*
13 das Malmittel
– *le médium*
14 das Palettenmesser
– *le couteau à palette* f
15 der (die) Malspachtel
– *la spatule (le couteau de peintre* m*)*
16 der Kohlestift
– *le fusain*
17 die Temperafarbe (Gouachefarbe)
– *la gouache, la détrempe*
18 die Aquarellfarbe (Wasserfarbe)
– *l'aquarelle* f
19 der Pastellstift
– *le crayon pastel*
20 der Keilrahmen (Blendrahmen)
– *le châssis*
21 die Leinwand (das Malleinen)
– *la toile*
22 die Malpappe, mit dem Malgrund
– *le carton apprêté*
23 die Holzplatte
– *le panneau de bois* m
24 die Holzfaserplatte (Preßholzplatte)
– *le panneau d'aggloméré* m *(le panneau de particules* f*)*
25 der Maltisch
– *la servante*
26 die Feldstaffelei
– *le chevalet portatif*
27 das Stilleben, ein Motiv *n*
– *la nature-morte, un sujet*
28 die Handpalette
– *la palette*
29 der Palettenstecker
– *le support de pinceau* m
30 das (der) Podest
– *l'estrade* f
31 die Gliederpuppe
– *le mannequin articulé*
32 das Aktmodell (Modell, der Akt)
– *le modèle (un modèle pour le nu)*
33 der Faltenwurf
– *le drapé*
34 der Zeichenbock
– *le chevalet de dessinateur* m
35 der Zeichenblock (Skizzenblock)
– *le bloc à dessins* m *(à croquis* m, *à esquisses* f*)*
36 die Ölstudie
– *l'étude* f *à l'huile* f
37 das Mosaik
– *la mosaïque*
38 die Mosaikfigur
– *la figure en mosaïque* f
39 die Mosaiksteine *m*
– *les cubes* m *de mosaïque* f
40 das Fresko (Wandbild)
– *la fresque, la peinture murale*
41 das Sgraffito (die Kratzmalerei, der Kratzputz)
– *l'ébauche* f *gravée*
42 der Putz
– *l'enduit* m *de mortier* m *(de chaux* f*)*
43 der Entwurf
– *l'esquisse* f

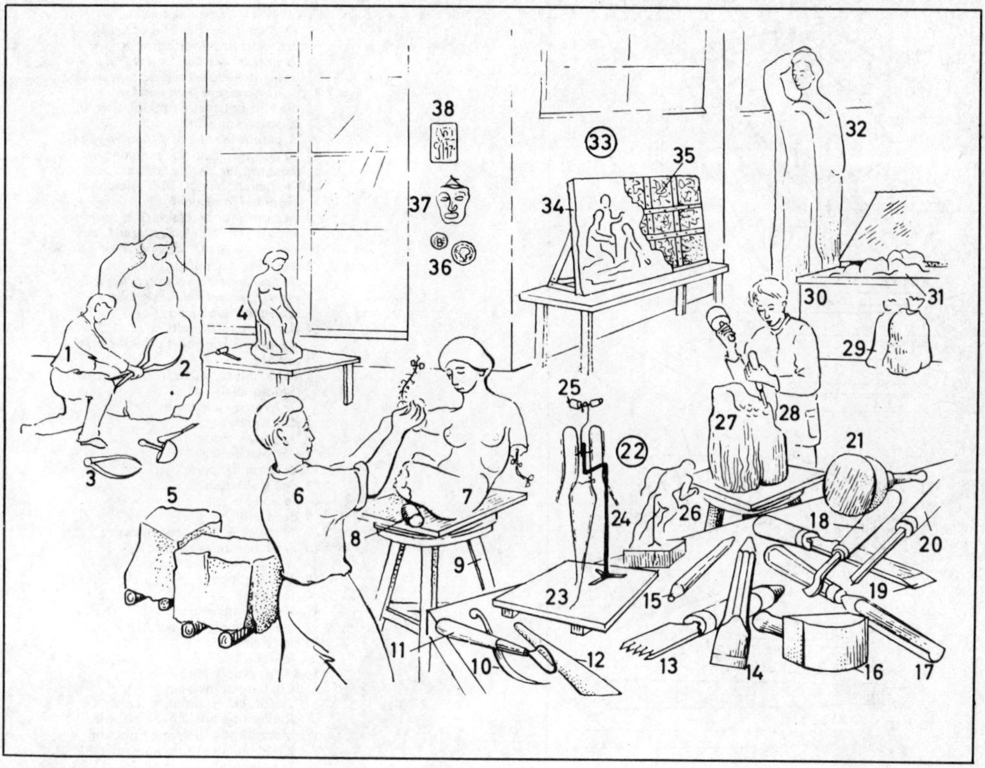

1-38 das Atelier
– ***l'atelier*** m
1 der Bildhauer
– *le sculpteur*
2 der Proportionszirkel
– *le compas de réduction* f
3 der Tastzirkel
– *le compas d'épaisseur* f
4 das Gipsmodell, ein Gipsguß *m*
– *le modèle en plâtre* m
5 der Steinblock (Rohstein)
– *le bloc de pierre (un bloc non épannelé)*
6 der Modelleur (Tonbildner)
– *le sculpteur en terre* f *glaise* f
7 die Tonfigur, ein Torso *m*
– *la figure de terre* f *glaise* f *(d'argile* f *à modeler)*
8 die Tonrolle, eine Modelliermasse
– *le rouleau de terre* f *glaise* f *(d'argile* f, *de pâte* f *à modeler)*
9 der Modellierbock
– *la selle*
10 das Modellierholz
– *l'ébauchoir* m
11 die Modellierschlinge
– *la mirette*
12 das Schlagholz
– *la spatule*
13 das Zahneisen
– *la gradine grain* m *d'orge* m
14 das Schlageisen (der Kantenmeißel)
– *le ciseau plat*
15 das Punktiereisen
– *la pointe (le poinçon)*
16 der Eisenhammer (Handfäustel)
– *la masse (la massette)*
17 der Hohlbeitel
– *la gouge*
18 das gekröpfte Eisen
– *la gouge coudée*
19 der Kantbeitel, ein Stechbeitel *m*
– *le ciseau plat*
20 der Geißfuß
– *le burin*
21 der Holzhammer (Schlegel)
– *le maillet*
22 das Gerüst
– *l'armature* f
23 die Fußplatte
– *le socle*
24 das Gerüsteisen
– *la potence*
25 der Knebel (Reiter)
– *les papillons* m
26 die Wachsplastik
– *la cire (la figurine en cire* f*)*
27 der Holzblock
– *le bloc de bois* m
28 der Holzbildhauer (Bildschnitzer)
– *le sculpteur sur bois* m
29 der Sack mit Gipspulver *n* (Gips *m*)
– *le sac de plâtre* m
30 die Tonkiste
– *la caisse à terre* f *glaise* f
31 der Modellierton (Ton)
– *la terre glaise* f *(la terre à modeler, l'argile* f *à modeler)*
32 die Statue, eine Skulptur (Plastik)
– *la statue (une sculpture en ronde-bosse* f*)*
33 das Flachrelief (Basrelief, Relief)
– *le bas-relief*
34 das Modellierbrett
– *le châssis grillagé de modelage* m
35 das Drahtgerüst, ein Drahtgeflecht *n*
– *le grillage*
36 das Rundmedaillon (Medaillon)
– *le médaillon*
37 die Maske
– *le masque*
38 die Plakette
– *la plaquette*

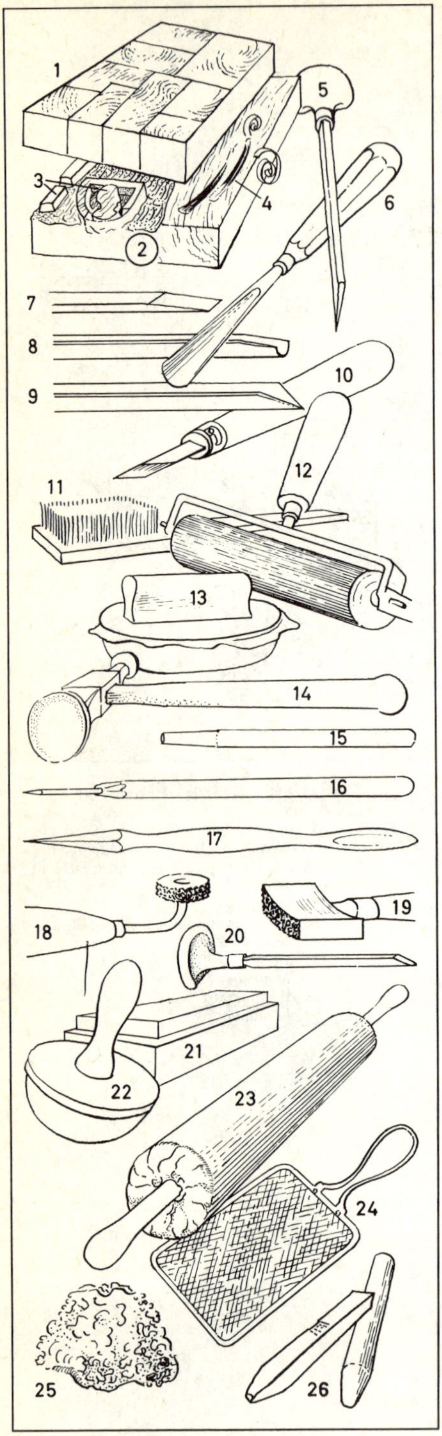

1-13 die Holzschneidekunst (Xylographie, der Holzschnitt), ein Hochdruckverfahren *n*
– ***la gravure sur bois*** m *(la xylographie), un procédé de gravure* f *(d'impression* f*) en relief* m

1 die Hirnholzplatte für Holzstich *m*, ein Holzstock *m*
– *la planche de bois* m *de bout* m *pour la gravure à teintes* f *(sur bois* m *de bout* m*), un bloc de bois* m

2 die Langholzplatte für Holzschnitt *m*, eine Holzmodel
– *la planche de bois* m *de fil* m *pour la gravure en taille* f *d'épargne* f *(sur bois* m *de fil* m*), un modèle en bois* m

3 der Positivschnitt
– *la gravure en relief* m *(parties* f *épargnées, reproduites après encrage* m*, la réserve)*

4 der Langholzschnitt
– *la taille (l'évidement* m*) dans le fil du bois*

5 der Konturenstichel (Linienstichel, Spitzstichel)
– *le burin à contours* m

6 das Rundeisen
– *la gouge creuse*

7 das Flacheisen
– *le ciseau (le burin plat)*

8 das Hohleisen
– *la gouge*

9 der Geißfuß
– *la gouge en V* m *(triangulaire)*

10 das Konturenmesser
– *le couteau à contours* m

11 die Handbürste
– *la brosse*

12 die Gelatinewalze
– *le rouleau à gélatine* f

13 der Reiber
– *le frottoir*

14-24 der Kupferstich (die Chalkographie), ein Tiefdruckverfahren *n*; *Arten:* die Radierung, die Schabkunst (das Mezzotinto), die Aquatinta, die Kreidemanier (Krayonmanier)
– ***la gravure sur cuivre*** m *(la chalcographie, la gravure en taille-douce, la gravure au burin), un procédé de gravure* f *(d'impression* f*) en creux* m*;* var.: *l'eau-forte* f*, la gravure au lavis, à la manière noire (le mezzo-tinto), l'aquatinte* f *(la gravure au grain de résine* f*), la gravure en manière* f *de crayon* m *(la gravure à la roulette, au pointillé)*

14 der Punzenhammer
– *le marteau à emboutir (l'emboutissoir* m*)*

15 die Punze
– *le poinçon (le repoussoir)*

16 die Radiernadel (Graviernadel)
– *la pointe sèche pour la gravure en taille-douce* f

17 der Polierstahl, mit dem Schaber *m*
– *le racloir-brunissoir (l'ébarboir* m*, le grattoir avec brunissoir* m*, avec polissoir)*

18 das Kornroulett (Punktroulett, der Punktroller)
– *la roulette de pointillage* m *(la molette à pointiller)*

19 das Wiegemesser (Wiegeeisen, die Wiege, der Granierstahl)
– *le berceau à poncer (le grenoir)*

20 der Rundstichel (Boll-, Bolzstichel), ein Grabstichel *m*
– *le burin à bout* m *rond, un traçoir (une échoppe)*

21 der Ölstein
– *la pierre à huile* f *(la pierre à aiguiser, l'aiguisoir* m*)*

22 der Tampon (Einschwärzballen)
– *le tampon encreur*

23 die Lederwalze
– *le rouleau encreur en cuir* m

24 das Spritzsieb
– *le crible à grenure* f

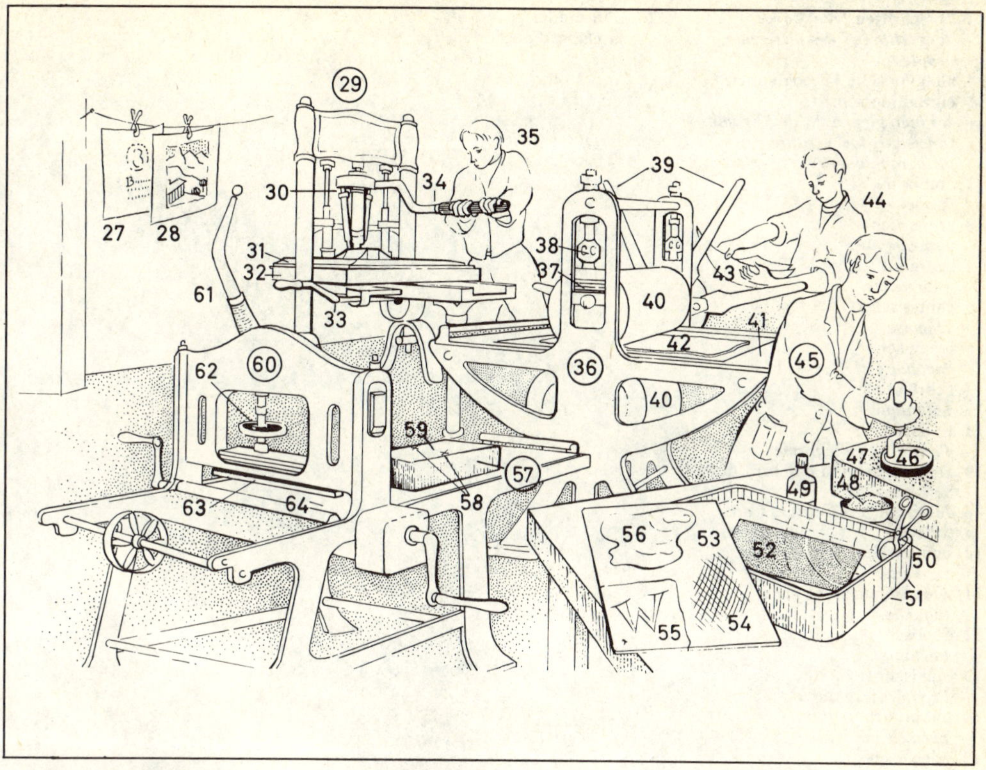

25-26 die Lithographie (der Steindruck), ein Flachdruckverfahren *n*
– ***la lithographie*** *(la gravure sur pierre* f*), un procédé de gravure* f *(d'impression* f*) à plat* m *ou planographique*

25 der Wasserschwamm (Schwamm), zum Anfeuchten *n* des Lithosteines *m*
– *l'éponge* f *pour humidifier la pierre lithographique*

26 die Lithokreide (Fettkreide), eine Kreide
– *le crayon (la craie) lithographique (le crayon gras), une craie*

27-64 die graphische Werkstatt, eine Druckerei
– ***l'atelier*** m ***d'impression*** f *(de reproduction* f *graphique), une imprimerie*

27 der Einblattdruck
– *la feuille imprimée (l'impression* f *en blanc* m*, à recto* m *simple)*

28 der Mehrfarbendruck (Farbdruck, die Chromolithographie)
– *l'impression* f *(en) couleur* f *(la chromolithographie, la lithochromie)*

29 die Tiegeldruckpresse, eine Handpresse
– *la presse à platine* f*, une presse à bras* m

30 das Kniegelenk
– *la genouillère (la rotule)*

31 der Tiegel, eine Preßplatte
– *la platine, une plaque de foulage* m *(d'impression* f*)*

32 die Druckform
– *la forme (la matrice, le bloc d'impression* f*)*

33 die Durchziehkurbel
– *la manivelle de tirage* m

34 der Bengél
– *le bras de la manivelle de relevage* m

35 der Drucker
– *l'imprimeur* m

36 die Kupferdruckpresse
– *la presse à taille-douce* f

37 die Pappzwischenlage
– *la garniture en carton* m

38 der Druckregler
– *le régulateur de pression* f

39 das Sternrad
– *le levier à plusieurs bras* m *en étoile* f

40 die Walze
– *le cylindre de pression* f

41 der Drucktisch
– *le tympan (la table d'impression* f*, le marbre)*

42 das Filztuch
– *le feutre (le blanchet, le lange)*

43 der Probeabzug (Probedruck, Andruck)
– *l'épreuve* f

44 der Kupferstecher
– *l'imprimeur* m *chalcographe (le graveur sur cuivre* m*, au burin, en taille-douce* f*)*

45 der Lithograph, beim Steinschliff *m*
– *l'imprimeur* m *lithographe ponçant la pierre (le greneur)*

46 die Schleifscheibe
– *le polissoir (la meule)*

47 die Körnung
– *la grenure (la granulation, les grains* m*)*

48 der Glassand
– *le sable à faire le verre*

49 die Gummilösung
– *la dissolution*

50 die Greifzange
– *la pince*

51 das Ätzbad, zum Ätzen *n* der Radierung
– *le bain d'eau-forte* f *(de mordant* m*, d'acide* m*) attaquant les parties* f *dévernies de la plaque de zinc* m

52 die Zinkplatte
– *la plaque de zinc* m *(le cliché de zinc* m*)*

53 die polierte Kupferplatte
– *la plaque de cuivre* m *(le cliché de cuivre* m*)*

54 die Kreuzlage
– *l'empreinte* f *quadrillée (le guillochis)*

55 der Ätzgrund
– *le creux d'attaque* f *(partie* f *de la plaque de cuivre* m *mise à nu par une pointe sèche et attaquée et creusée par l'acide* m*)*

56 der Deckgrund
– *la couche protectrice de vernis* m *(la réserve)*

57 der Lithostein
– *la pierre lithographique*

58 die Paßzeichen *n* (Nadelzeichen)
– *les repères* m *(les piqûres* f*)*

59 die Bildplatte
– *le cliché (la plaque d'impression* f*)*

60 die Steindruckpresse
– *la presse lithographique (d'impression* f *à plat* m*)*

61 der Druckhebel
– *le levier de pression* f

62 die Reiberstellung
– *la vis de serrage* m

63 der Reiber
– *le plateau presseur*

64 das Steinbett
– *le marbre*

1-20 Schriften *f* **der Völker** *n*
– ***les écritures*** f ***des différents peuples*** m

1 altägyptische Hieroglyphen *f*, eine Bilderschrift
– *les hiéroglyphes* m *de l'Egypte* f *ancienne, une écriture pictographique*

2 arabisch
– *arabe*

3 armenisch
– *arménienne*

4 georgisch
– *géorgienne*

5 chinesisch
– *chinoise*

6 japanisch
– *japonaise*

7 hebräisch
– *hébraïque*

8 Keilschrift *f*
– *l'écriture* f *cunéiforme*

9 Devanagari *n* (die Schrift des Sanskrit *n*)
– *le dévanâgari (écriture* f *du sanscrit)*

10 siamesisch
– *siamoise*

11 tamulisch (Tamul *n*)
– *tamoule*

12 tibetisch
– *tibétaine*

13 Sinaischrift *f*
– *l'écriture* f *sinaïque*

14 phönizisch
– *phénicienne*

15 griechisch
– *grecque*

16 lateinische (romanische) Kapitalis *f* (Kapitalschrift)
– *capitale romaine*

17 Unzialis *f* (Unziale, Unzialschrift)
– *onciale (l'écriture* f *onciale)*

18 karolingische Minuskel *f*
– *minuscule* f *caroline*

19 Runen *f*
– *runes* f *(écriture* f *runique)*

20 russisch
– *russe*

21-26 alte **Schreibgeräte** *n*
– ***instruments*** m ***d'écriture*** f *anciens*

21 indischer Stahlgriffel *m*, ein Ritzer *m* für Palmblattschrift *f*
– *le stylet d'acier* m *hindou, poinçon* m *pour l'écriture* f *sur papyrus* m

22 altägyptischer Schreibstempel *m*, eine Binsenrispe
– *le poinçon égyptien, une tige de roseau* m

23 Rohrfeder *f*
– *la plume creuse de roseau* m

24 Schreibpinsel *m*
– *le pinceau*

25 römische Metallfeder *f* (Stilus *m*)
– *le style (stylet* m*) romain en métal* m

26 Gänsefeder *f*
– *la plume d'oie* f

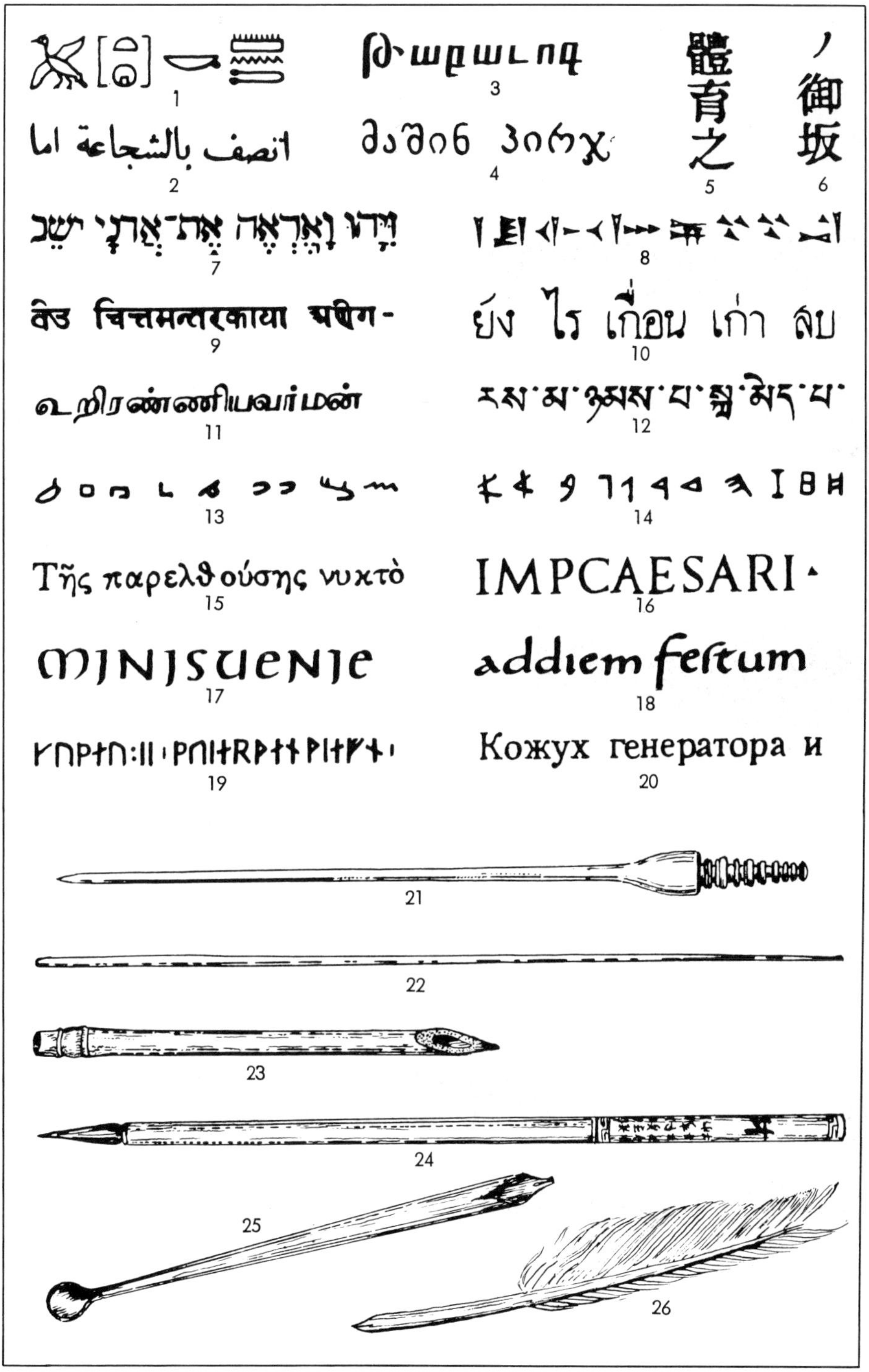
1
3
2
4
體育之
5
御坂
6
7
8
9
10
11
12
13
14
Τῆς παρελθούσης νυκτὸ
15
IMPCAESARI·
16
17
addiem festum
18
19
Кожух генератора и
20
21
22
23
24
25
26

1-15 Schriften *f*
– ***les caractères*** m
1 die gotische Schrift
– *la gothique*
2 die Schwabacher Schrift (Schwabacher)
– *le Schwabach*
3 die Fraktur
– *l'antique* f *(la fracture) allemande*
4 die Renaissanceantiqua (Mediaeval)
– *l'antique* f *médiévale*
5 die vorklassizistische Antiqua(Barockantiqua)
– *le garamond*
6 die klassizistische Antiqua
– *le Didot*
7 die Grotesk (Groteskschrift)
– *le bâton*
8 die Egyptienne
– *l'égyptienne* f
9 die Schreibmaschinenschrift
– *le caractère machine* f
10 die englische Schreibschrift
– *l'anglaise* f
11 die deutsche Schreibschrift
– *l'allemande* f
12 die lateinische Schreibschrift
– *la latine*
13 die Kurzschrift (Stenographie)
– *la notation sténographique (la sténographie)*
14 die Lautschrift (phonetische Umschrift)
– *la transcription phonétique*
15 die Blindenschrift
– *le braille*
16-29 Satzzeichen *n*
– ***les signes*** m ***de ponctuation*** f
16 der Punkt
– *le point*
17 der Doppelpunkt (das Kolon)
– *le deux-points* m
18 das Komma
– *la virgule*
19 der Strichpunkt (das Semikolon)
– *le point-virgule*
20 das Fragezeichen
– *le point d'interrogation* f
21 das Ausrufezeichen
– *le point d'exclamation* f
22 der Apostroph
– *l'apostrophe* f
23 der Gedankenstrich
– *le tiret*
24 die runden Klammern *f*
– *les parenthèses* f
25 die eckigen Klammern *f*
– *les crochets* m
26 das Anführungszeichen (die Anführungsstriche *m*, *ugs.* die Gänsefüßchen *n*)
– *les guillemets* m
27 das französische Anführungszeichen
– *les guillemets* m *à la française*
28 der Bindestrich
– *le trait d'union* f
29 die Fortführungspunkte *m*
– *les points* m *de suspension* f
30-35 Akzente *m* und Aussprachezeichen *n*
– ***les signes*** m *d'accentuation* f *et les signes* m *diacritiques*
30 der Accent aigu (der Akut)
– *l'accent* m *aigu*
31 der Accent grave (der Gravis)
– *l'accent* m *grave*
32 der Accent circonflexe (der Zirkumflex)
– *l'accent* m *circonflexe*
33 die Cedille [unter c]
– *la cédille*
34 das Trema [über e]
– *le tréma*
35 die Tilde [über n]
– *le tilde*
36 das Paragraphenzeichen
– *le paragraphe*
37-70 die Zeitung, eine überregionale Tageszeitung
– ***le journal,*** *un quotidien national*
37 die Zeitungsseite
– *la page de journal* m
38 die Frontseite
– *la première page (la une)*
39 der Zeitungskopf
– *le titre du journal*
40 die Kopfleiste mit dem Impressum *n*
– *l'ours* m, *la marque d'éditeur* m
41 der Untertitel
– *le sous-titre*
42 das Ausgabedatum
– *la date de publication* f
43 die Postzeitungsnummer
– *le code postal du journal*
44 die Schlagzeile (Artikelüberschrift)
– *la manchette*
45 die Spalte
– *la colonne*
46 die Spaltenüberschrift
– *le surtitre (le titre d'appel* m*,*
47 die Spaltenlinie
– *la colombelle*
48 der Leitartikel
– *l'éditorial* m
49 der Artikelhinweis
– *le sommaire*
50 die Kurznachricht
– *la nouvelle brève*
51 der politische Teil
– *la rubrique politique*
52 die Seitenüberschrift
– *le titre de page* f *intérieure*
53 die Karikatur
– *le dessin humoristique*
54 der Korrespondentenbericht
– *le reportage du correspondant*
55 das Agentursignum
– *le sigle de l'agence* f *de presse* f
56 die Werbeanzeige (*ugs.*Reklame *f*)
– *l'annonce publicitaire (*f am.*: la publicité)*
57 der Sportteil
– *la rubrique sportive*
58 das Pressefoto
– *la photo de presse* f
59 die Bildunterschrift
– *la légende*
60 der Sportbericht
– *le reportage sportif*
61 die Sportnachricht
– *les nouvelles* f *sportives*
62 der überregionale Teil
– *la rubrique des informations* f *générales*
63 die vermischten Nachrichten *f*
– *les faits* m *divers*
64 das Fernsehprogramm (die Programmvorschau)
– *les programmes* m *de télévision* f *(un aperçu des programmes* m *de la semaine)*
65 der Wetterbericht
– *le bulletin météorologique*
66 die Wetterkarte
– *la carte météorologique*
67 der Feuilletonteil (das Feuilleton)
– *la rubrique de la vie culturelle*
68 die Todesanzeige
– *la rubrique nécrologique*
69 der Anzeigenteil (Annoncenteil)
– *la rubrique des annonces* f
70 die Stellenanzeige, ein Stellenangebot *n*
– *les offres* f *et les demandes* f *d'emploi* m, *une offre d'emploi* m

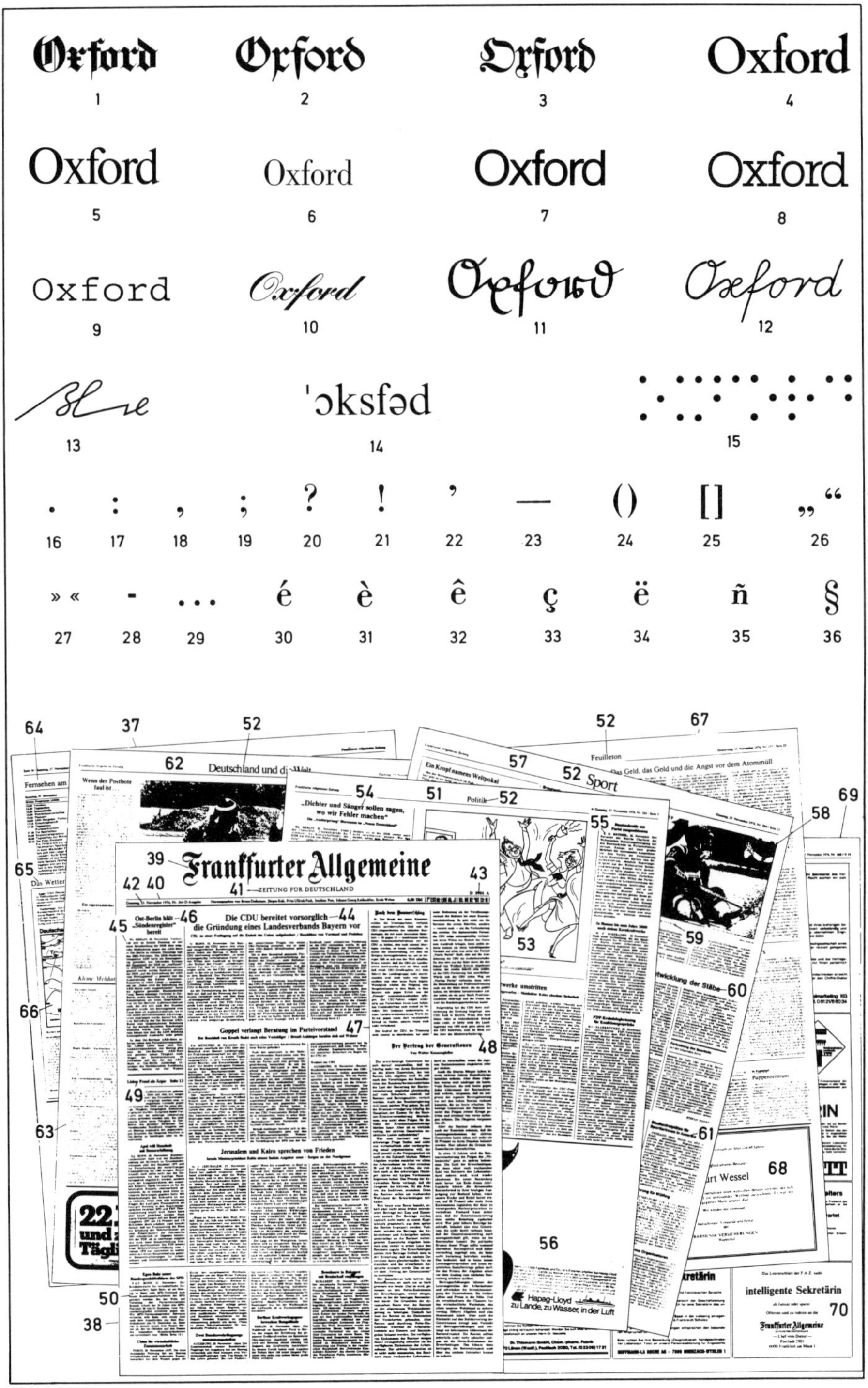
Oxford
1
Oxford
2
Oxford
3
Oxford
4
Oxford
5
Oxford
6
Oxford
7
Oxford
8
Oxford
9
Oxford
10
Oxford
11
Oxford
12
13
'ɔksfəd
14
15
.
16
:
17
,
18
;
19
?
20
!
21
’
22
—
23
()
24
[]
25
„ “
26
» «
27
-
28
...
29
é
30
è
31
ê
32
ç
33
ë
34
ñ
35
§
36
37
38
39
40
41
42
43
44
45
46
47
48
49
50
51
52
53
54
55
56
57
58
59
60
61
62
63
64
65
66
67
68
69
70
Frankfurter Allgemeine
ZEITUNG FÜR DEUTSCHLAND
Die CDU bereitet vorsorglich die Gründung eines Landesverbands Bayern vor
Ost-Berlin hält „Sündenregister“ bereit
Goppel verlangt Beratung im Parteivorstand
Der Vertrag der Generationen
Jerusalem und Kairo sprechen von Frieden
Deutschland und die Welt
Fernsehen am
Das Wetter
Wenn der Postbote faul ist ...
„Dichter und Sänger sollen sagen, wo wir Fehler machen“
Politik
Sport
Feuilleton
Das Geld, das Gold und die Angst vor dem Atommüll
Ein Kropf namens Weltpokal
Entwicklung der Stäbe
Hapag-Lloyd
zu Lande, zu Wasser, in der Luft
intelligente Sekretärin
Frankfurter Allgemeine
Puppenzentrum

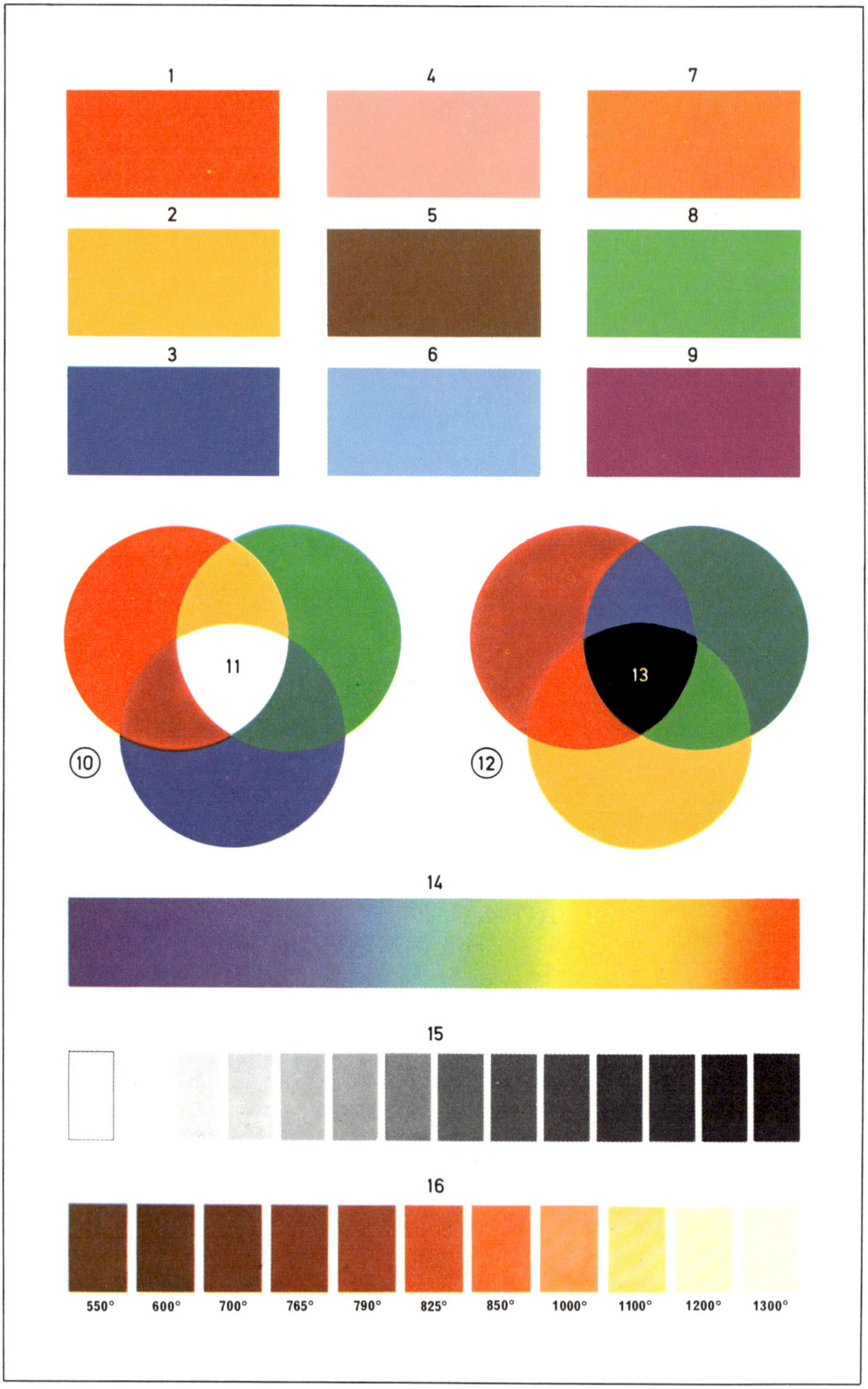
1
4
7
2
5
8
3
6
9
11
10
13
12
14
15
16
550°
600°
700°
765°
790°
825°
850°
1000°
1100°
1200°
1300°

1 rot
– *rouge*
2 gelb
– *jaune*
3 blau
– *bleu*
4 rosa
– *rose*
5 braun
– *brun*
6 himmelblau
– *bleu ciel*
7 orange
– *orange*
8 grün
– *vert*
9 violett
– *violet*
10 die additive Farbmischung
– *le mélange additif de couleurs* f
11 weiß
– *blanc*
12 die subtraktive Farbmischung
– *le mélange soustractif de couleurs* f
13 schwarz
– *noir*
14 das Sonnenspektrum (die Regenbogenfarben *f*)
– *le spectre solaire (les couleurs* f *de l'arc-en-ciel* m*)*
15 die Grauleiter (der Stufengraukeil)
– *l'échelle* f *des gris* m
16 die Glühfarben *f*
– *les couleurs* f *d'incandescence* f

①	I	II	III	IV	V	VI	VII	VIII	IX	X
②	1	2	3	4	5	6	7	8	9	10
①	XX	XXX	XL	XLIX IL	L	LX	LXX	LXXX	XC	
②	20	30	40	49	50	60	70	80	90	
①	XCIX IC	C	CC	CCC	CD	D	DC	DCC	DCCC	
②	99	100	200	300	400	500	600	700	800	
①	CM	CMXC	M							
②	900	990	1000							

③ 9658 ④ 5 kg. ⑤ 2 ⑥ 2. ⑦ +5 ⑧ -5

1-26 Arithmetik *f*
– ***l'arithmétique*** f
1-22 die Zahl
– ***le nombre***
1 die römischen Ziffern *f* (Zahlzeichen *n*)
– *les chiffres* m *romains*
2 die arabischen Ziffern *f*
– *les chiffres* m *arabes*
3 die reine (unbenannte) Zahl, eine vierstellige Zahl [8: die Einerstelle, 5: die Zehnerstelle, 6: die Hunderterstelle, 9: die Tausenderstelle]
– *le nombre abstrait, un nombre àquatre chiffres* m *[8: le chiffre des unités* f, *5: le chiffre des dizaines* f, *6: le chiffre des centaines* f, *9: le chiffre des milliers* m*]*
4 die benannte Zahl
– *le nombre concret*
5 die Grundzahl (Kardinalzahl)
– *le nombre cardinal*
6 die Ordnungszahl (Ordinalzahl)
– *le nombre ordinal*
7 die positive Zahl [mit dem positiven Vorzeichen *n*]
– *le nombre positif [affecté du signe plus]*
8 die negative Zahl [mit dem negativen Vorzeichen *n*]
– *le nombre négatif [affecté du signe moins]*
9 allgemeine Zahlen *f*
– *les symboles* m *algébriques*
10 die gemischte Zahl [3: die ganze Zahl, ⅓ der Bruch (die Bruchzahl, gebrochene Zahl, ein Zahlenbruch *m*)]
– *le nombre fractionnaire [3: le nombre entier, ⅓: la fraction]*
11 gerade Zahlen *f*
– *les nombres* m *pairs*
12 ungerade Zahlen *f*
– *les nombres* m *impairs*
13 Primzahlen *f*
– *les nombres* m *premiers*
14 die komplexe Zahl [3: die reelle Zahl, $2\sqrt{-1}$: die imaginäre Zahl]
– *le nombre complexe [3: la partie réelle,* $2\sqrt{-1}$*: la partie imaginaire]*
15-16 gemeine Brüche *m*
– *les fractions* f *ordinaires*
15 der echte Bruch [2: der Zähler, der Bruchstrich, 3: der Nenner]
– *la fraction irréductible [2: le numérateur, le trait de fraction, 3: le dénominateur]*
16 der unechte Bruch, zugleich der Kehrwert (reziproke Wert) von 15
– *le nombre fractionnaire égal àl'inverse* m *de la fraction 15*
17 der Doppelbruch
– *la fraction de fraction* f
18 der uneigentliche Bruch [ergibt beim „Kürzen" *n* eine ganze Zahl]
– *l'expression* f *fractionnaire*
19 ungleichnamige Brüche *m* [35: der Hauptnenner (gemeinsame Nenner)]
– *les fractions* f *à dénominateur* m *différent [35: le dénominateur commun]*
20 der endliche Dezimalbruch (Zehnerbruch) mit Komma *n*und Dezimalstellen *f* [3: die Zehntel *n*, 5: die Hundertstel, 7: die Tausendstel]
– *la fraction décimale finie, avec virgule* f *et décimales* f *[3: le chiffre des dixièmes* m*; 5: le chiffre des centièmes* m*; 7: le chiffre des millièmes* m*]*
21 der unendliche periodische Dezimalbruch
– *la fraction décimale périodique infinie*
22 die Periode
– *la période*
23-26 das Rechnen (die Grundrechnungsarten *f*)
– ***le calcul*** *(les 4 opérations* f *de base* f, *les 4 opérations* f*fondamentales)*

(9) $a, b, c \ldots$

(10) $3\frac{1}{3}$

(11) 2, 4, 6, 8

(12) 1, 3, 5, 7

(13) 3, 5, 7, 11

(14) $3 + 2\sqrt{-1}$

(15) $\frac{2}{3}$

(16) $\frac{3}{2}$

(17) $\frac{\frac{5}{6}}{\frac{3}{4}}$

(18) $\frac{12}{4}$

(19) $\frac{4}{5} + \frac{2}{7} = \frac{38}{35}$

(20) 0,357

(21) $0{,}6666\ldots = 0{,}\overline{6}$ (22)

(23) $3 + 2 = 5$

(24) $3 - 2 = 1$

(25) $3 \cdot 2 = 6$
$3 \times 2 = 6$

(26) $6 : 3 = 2$

en France: (6) 2ème (26) $6/2 = 3$

23 das Zusammenzählen (Addieren, die Addition); [3 u. 2: die Summanden *m*, + : das Pluszeichen, = : das Gleichheitszeichen, 5: die Summe (das Ergebnis, Resultat)]
– *l'addition* f *[3 et 2: les termes* m *de la somme; + : le signe plus (le signe d'addition* f*; = : le signe d'égalité* f*, 5: la somme (le résultat)]*

24 das Abziehen (Subtrahieren, die Subtraktion); [3: der Minuend, -: das Minuszeichen, 2: der Subtrahend, 1: der Rest (die Differenz)]
– *la soustraction [3: le diminuende; - : le signe moins (le signe de soustraction* f*); 2: le diminuteur; 1: le reste (la différence)]*

25 das Vervielfachen (Malnehmen, Multiplizieren, die Multiplikation); [3: der Multiplikand, · *od.* x: das Malzeichen, 2: der Multiplikator, 2 u. 3: Faktoren *m*, 6: das Produkt]
– *la multiplication [3: le multiplicande; x (ou ·): le signe de multiplication; 2: le multiplicateur; 2 et 3: les facteurs* m *; 6: le produit]*

26 das Teilen (Dividieren, die Division); [6: der Dividend (die Teilungszahl), : = das Divisionszeichen, 2: der Teiler (Divisor), 3: der Quotient (Teilwert)]
– *la division [6: le dividende; : (ou /) = le signe de division* f*; 2: le diviseur; 3: le quotient]*

① $3^2=9$ ② $\sqrt[3]{8}=2$ ③ $\sqrt{4}=2$

④ $3x+2=12$

⑤ $4a+6ab-2ac=2a(2+3b-c)$ ⑥ $\log_{10}3=0{,}4771$

oder $\lg 3=0{,}4771$

⑦ $$\frac{k[1000\,\text{DM}]\cdot p[5\%]\cdot t[2\,\text{Jahre}]}{100}=z[100\,\text{DM}]$$

en France:

⑥ $\log_{10}3=0{,}4771$

ou $\log 3=0{,}4771$

⑦ $$\frac{k1000\text{F}\cdot p5\%\cdot t\,2\,\text{ans}}{100}=z100\text{F}$$

1-24 Arithmetik *f*
– ***arithmétique*** f
1-10 höhere Rechnungsarten *f*
– ***les opérations*** f ***d'arithmétique supérieure***
1 die Potenzrechnung (das Potenzieren); [3 hoch 2: die Potenz, 3: die Basis, 2: der Exponent (die Hochzahl), 9: der Potenzwert]
– *l'élévation* f *à une puissance (l'exponentiation* f*) [3: la base, 2: l'exposant* m*, 9: la valeur de la puissance]*
2 die Wurzelrechnung (das Radizieren, das Wurzelziehen); [3. Wurzel *f* aus 8: die Kubikwurzel, 8: der Radikand (die Grundzahl), 3: der Wurzelexponent (Wurzelgrad), $\sqrt{\ }$: das Wurzelzeichen, 2: der Wurzelwert]
– *l'extraction* f *de la racine [la racine cubique de 8; 8: la quantité radicale, 3: l'indice* m *de la racine,* $\sqrt{\ }$*: le signe radical, 2: la racine]*
3 die Quadratwurzel (Wurzel)
– *la racine carrée*
4-5 die Buchstabenrechnung (Algebra)
– *le calcul algébrique (l'algèbre* f*)*
4 die Bestimmungsgleichung [3, 2: die Koeffizienten *m*, x: die Unbekannte]
– *l'équation* f *[3, 2: les coefficients* m*, x: l'inconnue* f*]*
5 die identische Gleichung (Identität, Formel); [a, b, c: die allgemeinen Zahlen *f*]
– *l'équation* f *d'identité* f *[a, b, c: les symboles* m *algébriques]*
6 die Logarithmenrechnung (das Logarithmieren); [log: das Zeichen für den Logarithmus, lg: das Zeichen für den Zehnerlogarithmus, 3: der Numerus, 10: die Grundzahl (Basis), 0: die Kennziffer, 4771: die Mantisse, 0,4771: der Logarithmus]
– *le calcul logarithmique [log: le symbole du logarithme, 3: l'antilogarithme* m*, 10: la base, 0: la caractéristique, 4771: la mantisse, 0,4771: le logarithme]*
7 die Zinsrechnung; [k: das Kapital (der Grundwert), p: der Zinsfuß (Prozentsatz, Hundertsatz), t: die Zeit, z: die Zinsen *pl* (Prozente *n*, der Zins, Gewinn), %: das Prozentzeichen]
– *le calcul des intérêts* m *[k: le capital, p: le taux, t: le temps de placement* m*, z: l'intérêt* m *(le rapport, le gain), %: le signe de pourcentage* m*]*
8-10 die Schlußrechnung (Dreisatzrechnung, Regeldetri); [≙: entspricht]
– *la règle de trois [≙ équivaut à]*
8 der Ansatz mit der Unbekannten x
– *la mise en équation* f *avec l'inconnue* f *x* m
9 die Gleichung (Bestimmungsgleichung)
– *l'équation* f
10 die Lösung
– *la solution*
11-14 höhere Mathematik
– ***les mathématiques*** f ***supérieures***
11 die arithmetische Reihe mit den Gliedern *n* 2, 4, 6, 8
– *la série arithmétique avec les termes* m *2, 4, 6, 8*
12 die geometrische Reihe
– *la série géométrique*
13-14 die Infinitesimalrechnung
– ***le calcul infinitésimal***
13 der Differentialquotient (die Ableitung); [dx, dy: die Differentiale *n*, d: das Differentialzeichen]

(8) $$\begin{aligned} 2 \text{ Jahre} &= 50\,\text{DM} \\ 4 \text{ Jahre} &= x\,\text{DM} \end{aligned}$$

(9) $$2 : 50 = 4 : x$$

(10) $$x = 100\,\text{DM}$$

(11) $$2 + 4 + 6 + 8 \ldots\ldots$$

(12) $$2 + 4 + 8 + 16 + 32 \ldots\ldots$$

(13) $$\frac{dy}{dx}$$

(14) $$\int ax\,dx = a\int x\,dx = \frac{ax^2}{2} + C$$

(15) ∞ (16) $\equiv$ (17) $\approx$ (18) $\neq$ (19) $>$

(20) $<$ (21) $\parallel$ (22) $\sim$ (23) $\sphericalangle$ (24) $\triangle$

en France:

(8) $$\begin{aligned} 2 \text{ ans} &\mathrel{\hat{=}} 50\,\text{F} \\ 4 \text{ ans} &\mathrel{\hat{=}} x\,\text{F} \end{aligned}$$

(9) $$2/50 = 4/x$$

(10) $$x = 100\,\text{F}$$

– *la dérivée (le quotient différentiel) [dx, dy: les différentielles* f*, d: le signe de différentiation* f*]*

14 das Integral (die Integration); [x: die Veränderliche (der Integrand), C: die Integrationskonstante, ∫ das Integralzeichen, dx: das Differential]

– *l'intégrale* f *(l'intégration* f*) [x: la variable d'intégration* f*, C: la constante d'intégration* f*, dx: la différentielle]*

15-24 mathematische Zeichen *n*

– ***les symboles*** m ***mathématiques***

15 unendlich

– *infini*

16 identisch (das Identitätszeichen)

– *identique à (le signe d'identité* f*)*

17 annähernd gleich

– *sensiblement égal à*

18 ungleich (das Ungleichheitszeichen)

– *différent de (le signe d'inégalité* f*)*

19 größer als

– *supérieur à (plus grand que)*

20 kleiner als

– *inférieur à (plus petit que)*

21-24 geometrische Zeichen *n*

– ***les symboles*** m ***géométriques***

21 parallel (das Parallelitätszeichen)

– *parallèle à*

22 ähnlich (das Ähnlichkeitszeichen)

– *semblable à*

23 das Winkelzeichen

– *le symbole d'angle* m

24 das Dreieckszeichen

– *le symbole de triangle* m

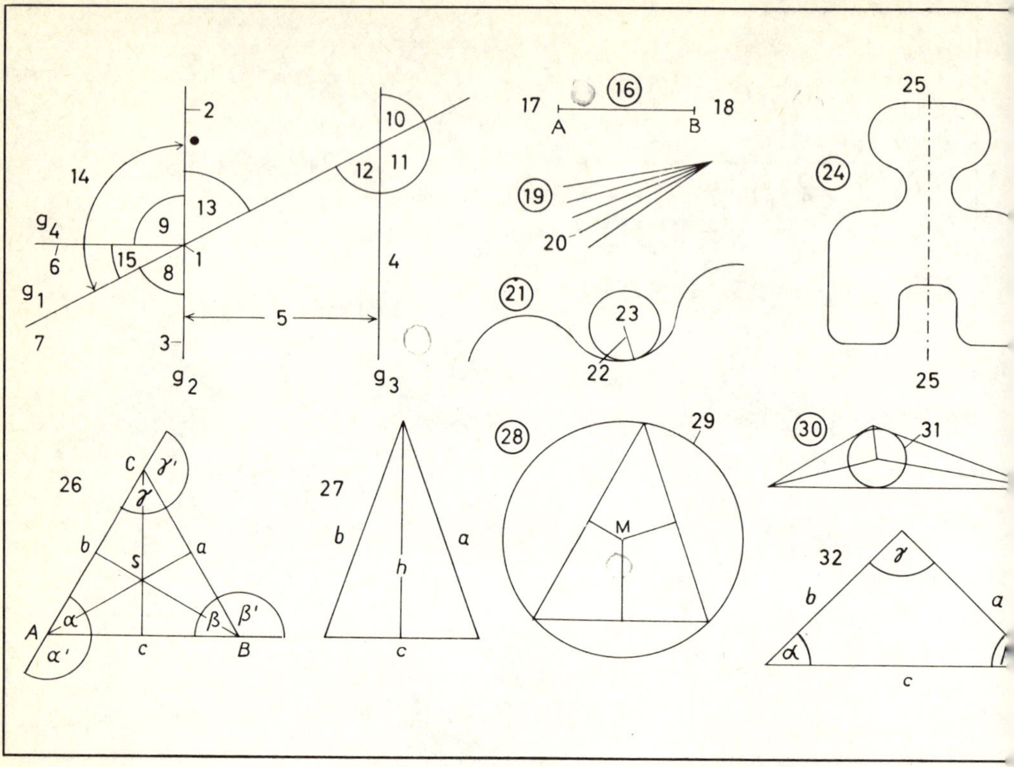

1-58 die Planimetrie (elementare, euklidische Geometrie)
– ***la géométrie plane** (la géométrie euclidienne)*

1-23 Punkt *m*, **Linie** *f*, **Winkel** *m*
– ***le point, la ligne, l'angle*** m

1 der Punkt [Schnittpunkt von g_1 und g_2], der Scheitelpunkt von 8
– *le point [le point d'intersection* f *de g_1 et g_2], le sommet de l'angle* m *8*

2, 3 die Gerade g_2
– *la droite g_2*

4 die Parallele zu g_2
– *la parallèle à g_2*

5 der Abstand der Geraden *f* g_2 und g_3
– *la distance des droites* f *g_1 et g_2*

6 die Senkrechte (g_4) auf g_2
– *la perpendiculaire (g_4) à g_2*

7, 3 die Schenkel *m* von 8
– *les côtés* m *de l'angle* m *8*

8, 13 Scheitelwinkel *m*
– *les angles* m *opposés par le sommet*

8 der Winkel
– *l'angle* m

9 der rechte Winkel [90°]
– *l'angle* m *droit [90°]*

10, 11, 12 der überstumpfe Winkel
– *l'angle* m *rentrant*

10 der spitze Winkel, zugl. Wechselwinkel zu 8
– *l'angle* m *aigu, alterne externe de l'angle* m *8*

11 der stumpfe Winkel
– *l'angle* m *obtus*

12 der Gegenwinkel zu 8
– *l'angle* m *correspondant de l'angle* m *8*

13, 9, 15 der gestreckte Winkel [180°]
– *l'angle* m *plat [180°]*

14 der Nebenwinkel; *hier:* Supplementwinkel *m* zu 13
– *l'angle* m *adjacent;* ici: *l'angle* m *supplémentaire de l'angle* m *13*

15 der Komplementwinkel zu 8
– *l'angle* m *complémentaire de l'angle* m *8*

16 die Strecke AB
– *le segment de droite* f

17 der Endpunkt A
– *l'extrémité* f *A*

18 der Endpunkt B
– *l'extrémité* f *B*

19 das Strahlenbündel
– *le faisceau de droites* f

20 der Strahl
– *la droite du faisceau*

21 die krumme (gekrümmte) Linie
– *la courbe*

22 ein Krümmungshalbmesser *m*
– *un rayon de courbure* f

23 ein Krümmungsmittelpunkt *m*
– *un centre de courbure* f

24-58 die ebenen Flächen *f*
– ***les surfaces*** f ***planes***

24 die symmetrische Figur
– *la figure symétrique*

25 die Symmetrieachse
– *l'axe* m *de symétrie* f

26-32 Dreiecke *n*
– ***les triangles*** m

26 das gleichseitige Dreieck; [A, B, C die Eckpunkte *m*; a, b, c die Seiten *f*; α (Alpha), β (Beta), γ (Gamma) die Innenwinkel *m*; α', β', γ' die Außenwinkel *m*; S der Schwerpunkt]
– *le triangle équilatéral [A, B, C: les sommets* m*; a, b, c: les côtés* m*; α (alpha), β (bêta), γ (gamma): les angles* m *intérieurs;* α', β', γ': les angles m *extérieurs; S: le centre de gravité* f*]*

27 das gleichschenklige Dreieck; [a, b die Schenkel *m*; c die Basis (Grundlinie), h die Achse, eine Höhe]
– *le triangle isocèle [a, b: les côtés* m *égaux; c: la base; h: une hauteur]*

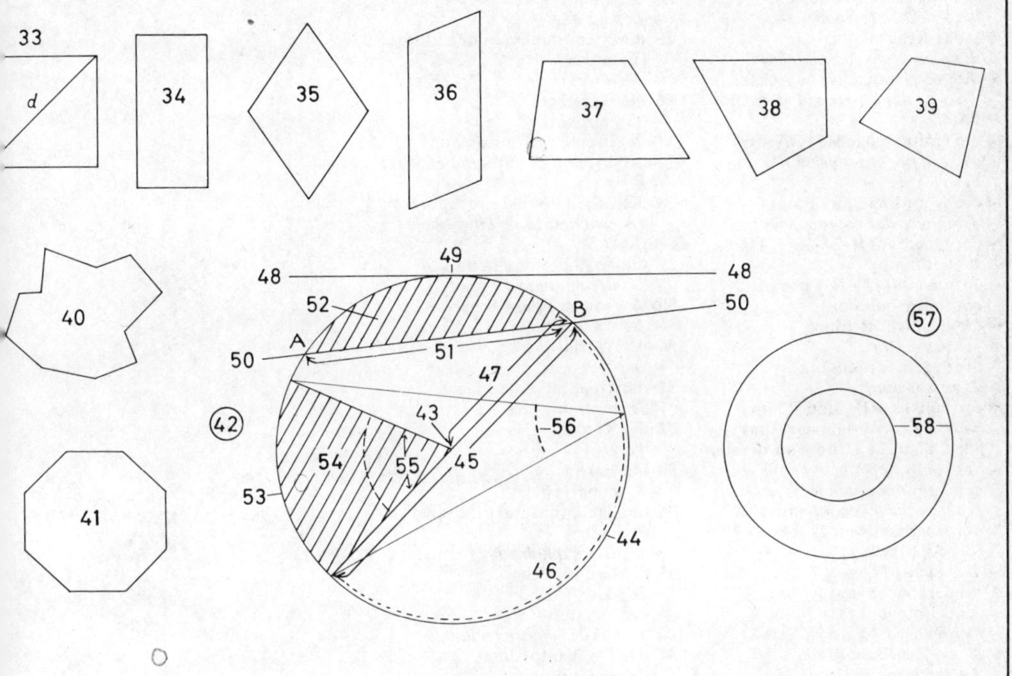

28 das spitzwinklige Dreieck mit den Mittelsenkrechten *f*
– *le triangle acutangle avec les médiatrices* f

29 der Umkreis
– *le cercle circonscrit*

30 das stumpfwinklige Dreieck mit den Winkelhalbierenden *f*
– *le triangle obtusangle avec les bissectrices* f

31 der Inkreis
– *le cercle inscrit*

32 das rechtwinklige Dreieck und die trigonometrischen Winkelfunktionen *f*; [a, b die Katheten *f*; c die Hypotenuse; γ der rechte Winkel; a:c = sin α (Sinus); b:c = cos α (Kosinus); a:b = tg α (Tangens); b:a = ctg α (Kotangens)]
– *le triangle rectangle et les fonctions* f *trigonométriques [a, b: les côtés* m *de l'angle* m *droit; c: l'hypoténuse* f*; γ l'angle* m *droit; a/c = sin α (sinus); b/c = cos α (cosinus); a/b = tg α (tangente); b/a = cotg α (cotangente)]*

33-39 Vierecke *n*
– ***les quadrilatères*** m

33-36 Parallelogramme *n*
– ***les parallélogrammes*** m

33 das Quadrat [d eine Diagonale]
– *le carré [d: une diagonale]*

34 das Rechteck
– *le rectangle*

35 der Rhombus (die Raute)
– *le losangle (le rhombe)*

36 das Rhomboid
– *le rhomboïde*

37 das Trapez
– *le trapèze*

38 das Deltoid (der Drachen)
– *le deltoïde (le cerf-volant)*

39 das unregelmäßige Viereck
– *le quadrilatère irrégulier*

40 das Vieleck
– *le polygone*

41 das regelmäßige Vieleck
– *le polygone régulier*

42 der Kreis
– ***le cercle***

43 der Mittelpunkt (das Zentrum)
– *le centre*

44 der Umfang (die Peripherie, Kreislinie)
– *la circonférence*

45 der Durchmesser
– *le diamètre*

46 der Halbkreis
– *le demi-cercle*

47 der Halbmesser (Radius, r)
– *le rayon [r]*

48 die Tangente
– *la tangente*

49 der Berührungspunkt (P)
– *le point de tangente* f *[P]*

50 die Sekante
– *la sécante*

51 die Sehne AB
– *la corde AB*

52 das Segment (der Kreisabschnitt)
– *le segment circulaire*

53 der Kreisbogen
– *l'arc* m *de cercle* m

54 der Sektor (Kreisausschnitt)
– *le secteur circulaire*

55 der Mittelpunktswinkel (Zentriwinkel)
– *l'angle* m *au centre*

56 der Umfangswinkel (Peripheriewinkel)
– *l'angle* m *inscrit*

57 der Kreisring
– *la couronne circulaire*

58 konzentrische Kreise *m*
– *les cercles* m *concentriques*

1 das rechtwinklige Koordinatensystem
– *le système de coordonnées cartésiennes (orthogonales)*
2-3 das Achsenkreuz
– *les axes* m *de coordonnées* f
2 die Abszissenachse (x-Achse)
– *l'axe* m *des abscisses* f *(l'axe* m *des x)*
3 die Ordinatenachse (y-Achse)
– *l'axe* m *des ordonnées* f *(l'axe* m *des y)*
4 der Koordinatennullpunkt
– *l'origine* f *des coordonnées* f
5 der Quadrant [I-IV der 1. bis 4.Quadrant]
– *le quadrant [I - IV : premier à quatrième quadrant]*
6 die positive Richtung
– *le sens positif*
7 die negative Richtung
– *le sens négatif*
8 die Punkte *m* [P_1 und P_2] im Koordinatensystem *n*; x_1 und y_1 [bzw. x_2 und y_2] ihre Koordinaten *f*
– *les points* m *[P_1 et P_2] dans le système de coordonnées* f *; x_1 et y_1 (x_2 et y_2): leurs coordonnées* f
9 der Abszissenwert [x_1 bzw. x_2] (die Abszissen *f*)
– *l'abscisse* f *[x_1 ou x_2]*
10 der Ordinatenwert [y_1 bzw. y_2] (die Ordinaten *f*)
– *l'ordonnée* f *[y_1 ou y_1]*
11-29 die Kegelschnitte *m*
– *les sections* f *coniques*
11 die Kurven *f* im Koordinatensystem *n*
– *les courbes planes*
12 lineare Kurven *f*[a die Steigung der Kurve, b der Ordinatendurchgang der Kurve, c die Wurzel der Kurve]
– *les droites* f *[a: la pente de la droite; b: l'ordonnée* f *à l'origine* f*; c: la racine de l'équation* f *de la droite]*
13 gekrümmte Kurven *f*
– *les courbes* f
14 die Parabel, eine Kurve zweiten Grades *m*
– ***la parabole,*** *une courbe du second degré* m
15 die Äste *m* der Parabel
– *les branches* f *de la parabole*
16 der Scheitelpunkt (Scheitel) der Parabel
– *le sommet de la parabole*
17 die Achse der Parabel
– *l'axe* m *de la parabole*
18 eine Kurve dritten Grades *m*
– *une courbe du troisième degré*
19 das Kurvenmaximum
– *le maximum de la courbe*
20 das Kurvenminimum
– *le minimum de la courbe*
21 der Wendepunkt
– *le point d'inflexion* f
22 die Ellipse
– *l'ellipse* f
23 die große Achse
– *le grand axe*
24 die kleine Achse
– *le petit axe*
25 die Brennpunkte *m* der Ellipse [F_1 und F_2]
– *les foyers* m *de l'ellipse* f *[F_1 et F_2]*
26 die Hyperbel
– *l'hyperbole* f
27 die Brennpunkte *m* [F_1 u. F_2]
– *les foyers* m *de l'hyperbole* f *[F_1 et F_2]*
28 die Scheitelpunkte *m* [S_1 u. S_2]
– *les sommets* m *de l'hyperbole* f *[S_1 et S_2]*
29 die Asymptoten *f* [a und b]
– *les asymptotes* f *[a et b]*
30-46 geometrische Körper *m*
– *les volumes* m
30 der Würfel
– *le cube*
31 das Quadrat, eine Fläche
– *le carré, une face*
32 die Kante
– *l'arête* f
33 die Ecke
– *le sommet*
34 die Säule (das quadratische Prisma)
– *le prisme quadratique*
35 die Grundfläche
– *la base*
36 der Quader
– *le parallélépipède rectangle*
37 das Dreikantprisma
– *le prisme triangulaire*
38 der Zylinder, ein gerader Zylinder
– *le cylindre, un cylindre droit*
39 die Grundfläche, eine Kreisfläche
– *la base, un cercle*
40 der Mantel
– *l'enveloppe* f
41 die Kugel
– *la sphère*
42 das Rotationsellipsoid
– *l'ellipsoïde* m *de révolution* f
43 der Kegel
– *le cône*
44 die Kegelhöhe (Höhe des Kegels *m*)
– *la hauteur*
45 der Kegelstumpf
– *le tronc de cône* m
46 die vierseitige Pyramide
– *la pyramide quadrangulaire*

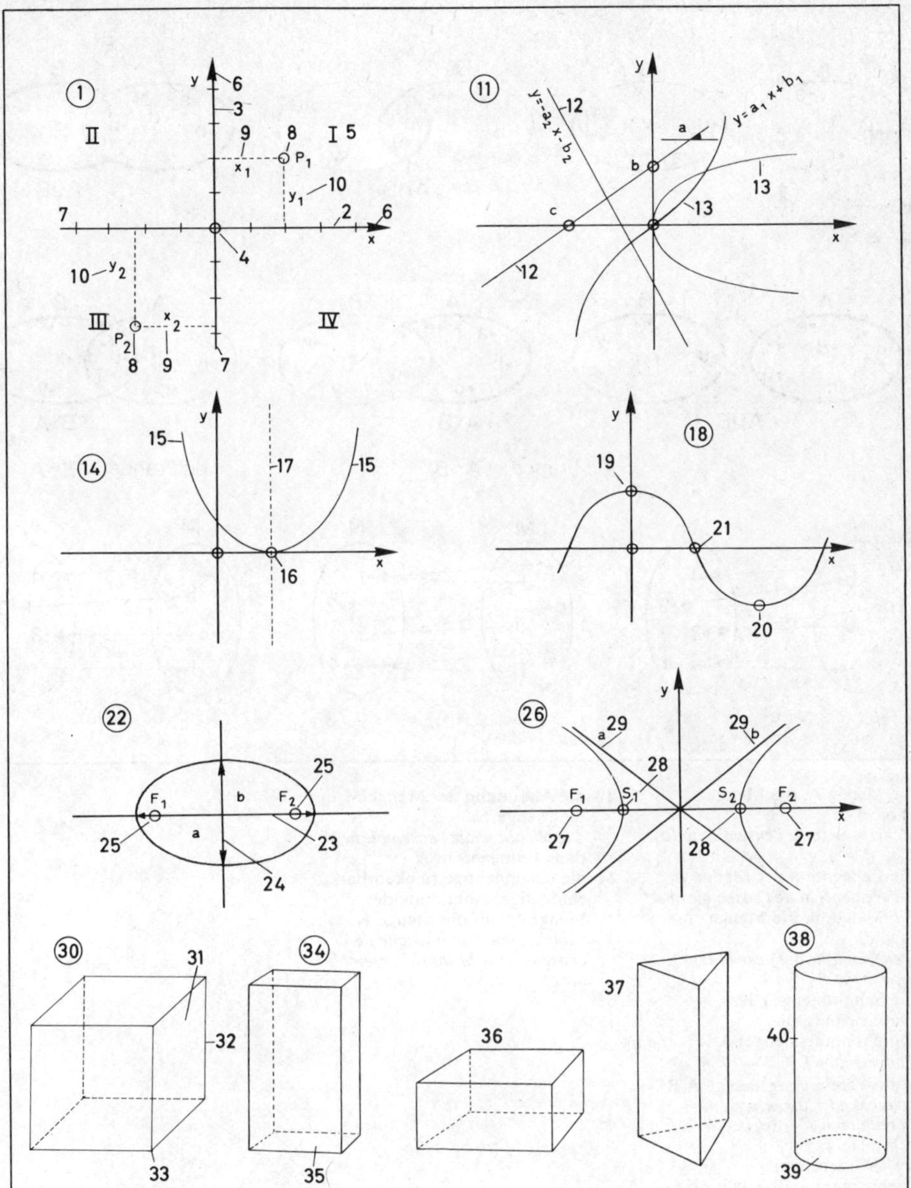

1
y
x
6
3
II
I 5
9
8
x_1
P_1
y_1
10
7
2
6
4
y_2
10
III
x_2
IV
P_2
8
9
7
11
$y=-a_2x-b_2$
12
$y=a_1x+b_1$
a
b
13
13
c
12
14
15
17
15
16
18
19
21
20
22
F_1
F_2
b
a
25
25
23
24
26
29 a
29 b
28
F_1
S_1
S_2
F_2
27
28
27
30
31
32
33
34
35
36
37
38
40
39
41
42
43
44
45
46

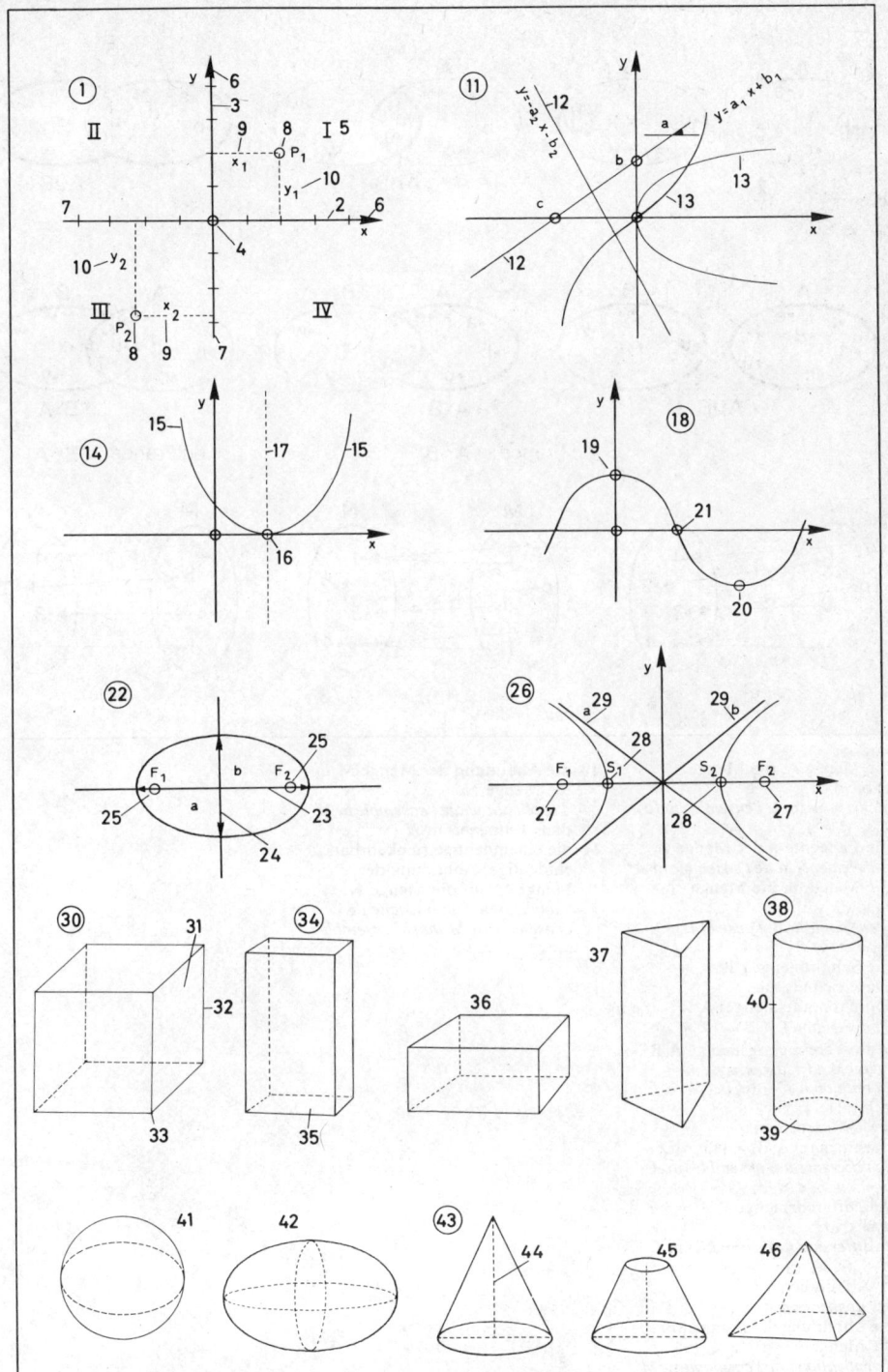

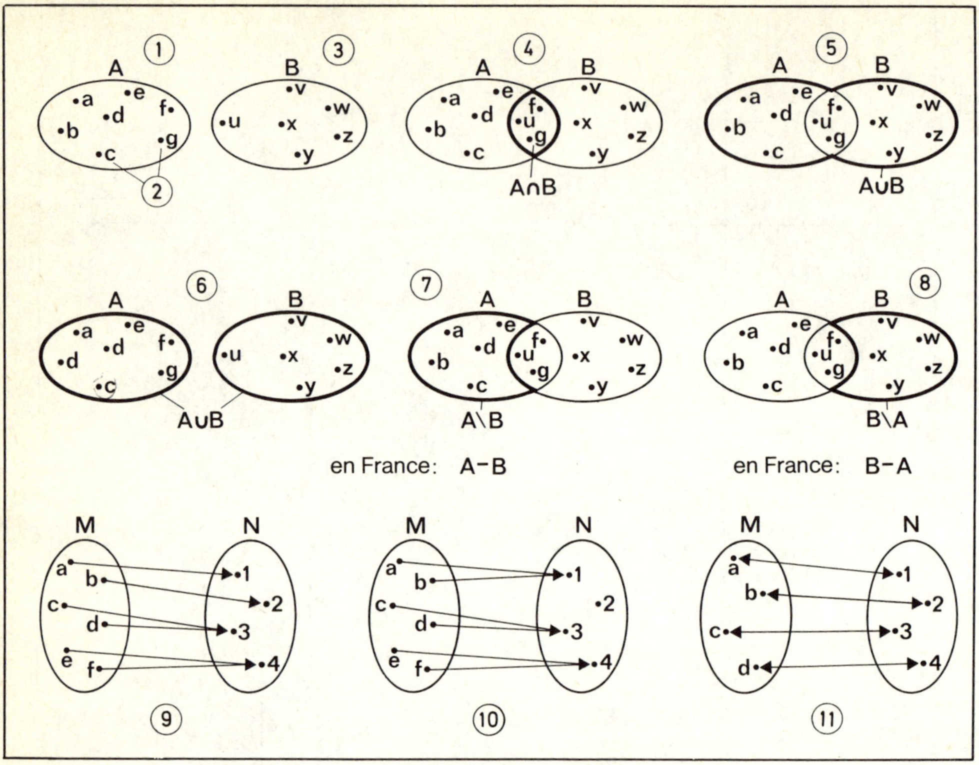

1 die Menge A, die Menge {a,b,c,d,e,f,g}
– *l'ensemble* m *A, l'ensemble* m *[a, b, c, d, e, f, g]*

2 die Elemente *n* der Menge A
– *les éléments* m *de l'ensemble* m *A*

3 die Menge B, die Menge {u,v,w,x,y,z}
– *l'ensemble* m *B, l'ensemble* m {*u, v, w, x, y, z*}

4 die Schnittmenge (der Durchschnitt, die Durchschnittsmenge) A B = {f,g,u}
– *l'intersection* f *A B* = {*f, g, u*}

5-6 die Vereinigungsmenge A B ?= {a,b,c,d,e,f,g,u,v,w,x,y,z}
– *la réunion A B* = {*a, b, c, d, e, f, g, u, v, w, x, y, z*}

7 die Differenzmenge (Restmenge) A B = {a,b,c,d,e}
– *la différence des ensembles* m *A - B* = {*a, b, c, d, e*}

8 die Differenzmenge B A = {v,w,x,y,z}
– *la différence des ensembles* m *B - A* = {*v, w, x, y, z*}

9-11 Abbildungen *f*
– *les applications* f

9 die Abbildung der Menge M *auf* die Menge N
– *l'application* f *de l'ensemble* m *M* sur *l'ensemble* m *N (la surjection)*

10 die Abbildung der Menge M *in* die Menge N
– *l'application* f *de l'ensemble* m *M* dans *l'ensemble* m *N*

11 die eineindeutige (umkehrbar eindeutige) Abbildung der Menge M auf die Menge N
– *l'application* f *biunivoque de l'ensemble* m *M dans l'ensemble* m *N*

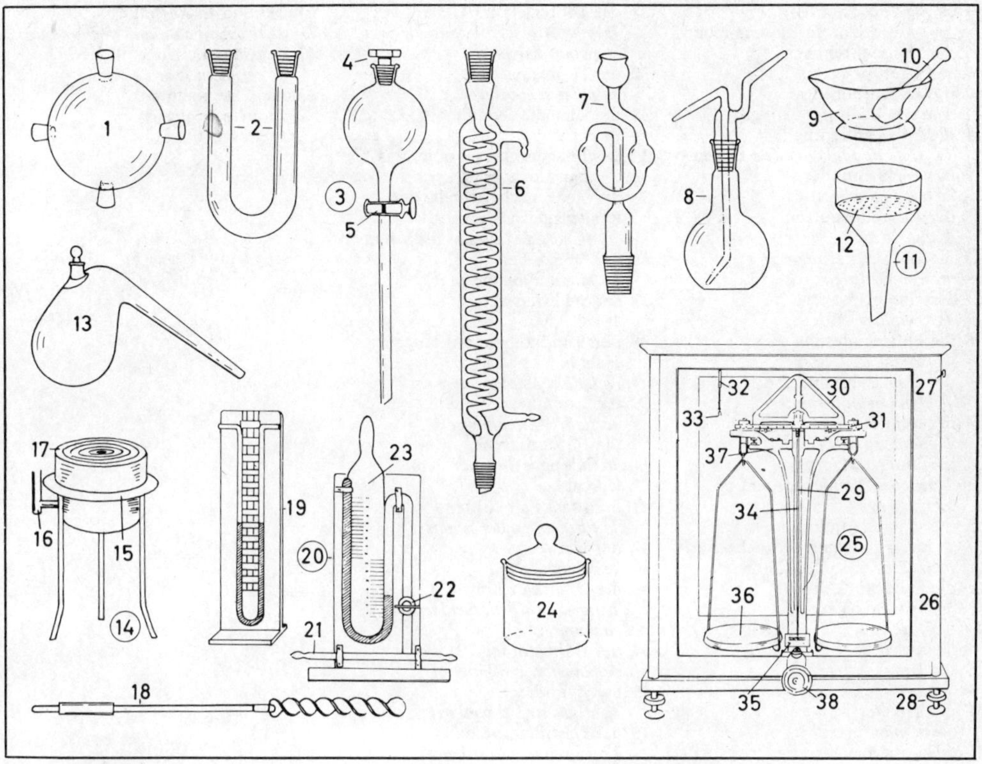

1-38 die Laborgeräte *n*
– ***les appareils*** m ***de laboratoire*** m
1 die Scheidtsche Kugel
– *le ballon de Scheidt*
2 das U-Rohr
– *le tube en U* m
3 der Scheidetrichter (Tropftrichter)
– *l'ampoule* f *à décanter (l'ampoule* f *à brome* m*)*
4 der Achtkantschliffstöpsel
– *le bouchon à tête* f *octogonale [en France : hexagonale]*
5 der Hahn
– *le robinet*
6 der Schlangenkühler
– *le réfrigérant à serpentin* m
7 das Sicherheitsrohr (der Gäraufsatz)
– *le tube de sûreté* f
8 die Spritzflasche
– *la pissette*
9 der Mörser
– *le mortier*
10 das Pistill (der Stampfer, die Keule)
– *le pilon*
11 die Nutsche (der Büchner-Trichter)
– *l'entonnoir* m *de Büchner*
12 das Filtersieb
– *le filtre*
13 die Retorte
– *la cornue*
14 das Wasserbad
– *le bain-marie*
15 der Dreifuß
– *le trépied*
16 der Wasserstandszeiger
– *l'indicateur* m *de niveau* m *d'eau* f
17 die Einlegeringe *m*
– *les rondelles* f
18 der Rührer
– *l'agitateur* m
19 das Über- und Unterdruckmanometer (Manometer)
– *le manomètre à minimum* m *et à maximum* m *de pression* f
20 das Spiegelglasmanometer, für kleine Drücke *m*
– *le manomètre à vide* m
21 die Ansaugleitung
– *la tubulure de prise* f *de pression* f
22 der Hahn
– *le robinet*
23 die verschiebbare Skala
– *la graduation mobile*
24 das Wägeglas
– *le flacon à tare* f
25 die Analysenwaage
– *la balance d'analyse* f
26 das Gehäuse
– *la cage de balance* f
27 die Vorderwand, zum Hochschieben *n*
– *la paroi antérieure amovible*
28 die Dreipunktauflage
– *la vis calante*
29 der Ständer
– *le fléau*
30 der Waagebalken
– *le bras du balancier*
31 die Reiterschiene
– *le rail du curseur*
32 die Reiterauflage
– *la manette du curseur*
33 der Reiter
– *le curseur*
34 der Zeiger
– *l'aiguille* f
35 die Skala
– *la règle de lecture* f
36 die Wägeschale
– *la graduation*
37 die Arretierung
– *le dispositif d'arrêt* m
38 der Arretierungsknopf
– *le bouton d'arrêt* m

1-63 die Laborgeräte *n*
– ***les appareils*** m *de laboratoire* m
1 der Bunsenbrenner
– *le bec Bunsen*
2 das Gaszuführungsrohr
– *le tuyau d'amenée* f *du gaz*
3 die Luftregulierung
– *la virole de réglage* m *de l'air* m
4 der Teclu-Brenner
– *le bec Téclu*
5 der Anschlußstutzen
– *l'ajutage* m
6 die Gasregulierung
– *le réglage du gaz*
7 der Kamin
– *la cheminée*
8 die Luftregulierung
– *le réglage de l'air* m
9 der Gebläsebrenner
– *le chalumeau à souder*
10 der Mantel
– *le manteau de bec* m
11 die Sauerstoffzufuhr
– *le raccord d'alimentation* f *en oxygène* m
12 die Wasserstoffzufuhr
– *le raccord d'alimentation* f *en hydrogène* m
13 die Sauerstoffdüse
– *la buse à oxygène* m
14 der Dreifuß
– *le trépied*
15 der Ring
– *l'anneau* m *de laboratoire* m
16 der Trichter
– *l'entonnoir* m
17 das Tondreieck
– *le triangle de terre* f *cuite*
18 das Drahtnetz
– *la toile métallique*
19 das Asbestdrahtnetz
– *la plaque d'amiante* m
20 das Becherglas (der Kochbecher)
– *le bécher*
21 die Bürette, zum Abmessen *n* von Flüssigkeit *f*
– *la burette*
22 das Bürettenstativ
– *le statif*
23 die Bürettenklemme
– *la pince à burette* f
24 die Meßpipette
– *la pipette graduée*
25 die Vollpipette (Pipette)
– *la pipette jaugée*
26 der Meßzylinder (das Meßglas)
– *l'éprouvette* f *graduée*
27 der Meßkolben
– *l'éprouvette* f *graduée avec bouchon* m
28 der Mischzylinder
– *la fiole jaugée*
29 die Abdampfschale, aus Porzellan *n*
– *la capsule en porcelaine* f
30 die Schlauchklemme (der Quetschhahn)
– *la pince de Mohr*
31 der Tontiegel, mit Deckel *m*
– *le creuset de terre* f *réfractaire et son couvercle* m
32 die Tiegelzange
– *la pince à creuset* m
33 die Klemme (Klammer)
– *la pince*
34 das Reagenzglas (Probierglas)
– *le tube à essai* m
35 das Reagenzglasgestell (der Reagenzglashalter)
– *le support de tubes* m *à essai* m
36 der Stehkolben
– *le ballon à fond* m *plat*
37 der Schliffansatz
– *le rodage*
38 der Rundkolben, mit langem Hals *m*
– *le ballon à col* m *long*
39 der Erlenmeyerkolben
– *la fiole d'Erlenmeyer*
40 die Filtrierflasche
– *la fiole pour filtration* f *sous vide* m
41 der (das) Faltenfilter
– *le filtre en papier* m *plissé*
42 der Einweghahn
– *le robinet simple*
43 die Chlorkalziumröhre
– *le tube absorbeur à chlorure* m *de calcium* m
44 der Hahnstopfen
– *le bouchon à robinet* m
45 der Zylinder
– *l'éprouvette* f *à pied* m
46 der Destillierapparat
– *l'appareil* m *à distiller*
47 der Destillierkolben
– *le ballon*
48 der Kühler
– *le réfrigérant*
49 der Rücklaufhahn, ein Zweiwegehahn *m*
– *le robinet à deux voies* f *et trois branches* f
50 der Destillierkolben
– *le ballon à distiller*
51 der Exsikkator
– *le dessicateur*
52 der Tubusdeckel
– *le couvercle à robinet* m
53 der Schlußhahn
– *le robinet*
54 der Exsikkatoreneinsatz, aus Porzellan *n*
– *le disque en porcelaine* f
55 der Dreihalskolben
– *le ballon tricol*
56 das Verbindungsstück
– *le tube de jonction* f *(le tube en Y* m*)*
57 die Dreihalsflasche
– *le flacon à trois tubulures* f
58 die Gaswaschflasche
– *le flacon laveur*
59 der Gasentwicklungsapparat (Kippsche Apparat)
– *l'appareil* m *de Kipp*
60 der Überlaufbehälter
– *le récipient de trop-plein* m
61 der Substanzbehälter
– *le récipient à produit* m *chimique*
62 der Säurebehälter
– *le récipient à acide* m
63 die Gasentnahme
– *la prise de gaz* m

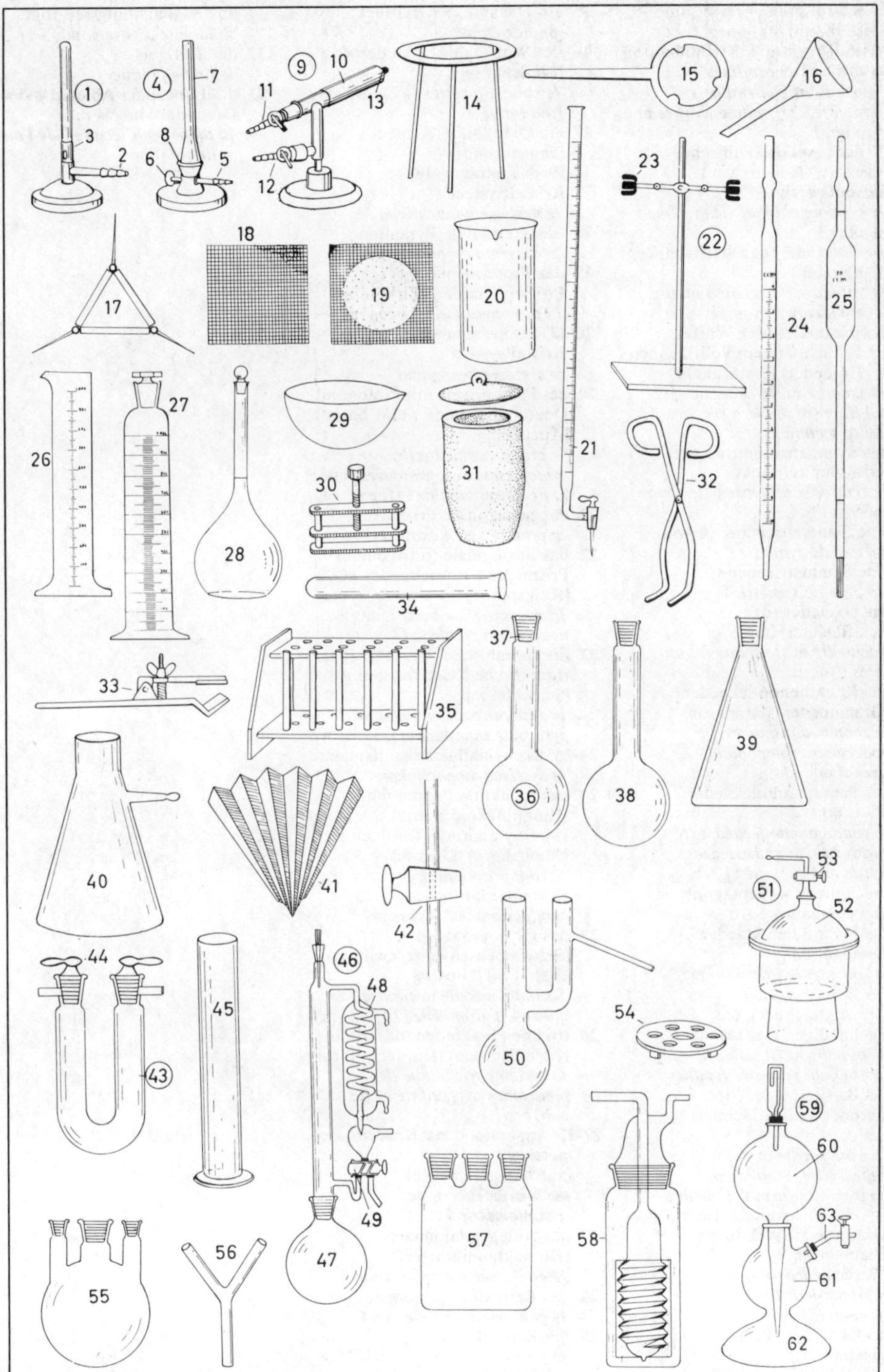
1
2
3
4
5
6
7
8
9
10
11
12
13
14
15
16
17
18
19
20
21
22
23
24
25
26
27
28
29
30
31
32
33
34
35
36
37
38
39
40
41
42
43
44
45
46
47
48
49
50
51
52
53
54
55
56
57
58
59
60
61
62
63

1-26 Kristallgrundformen *f* und Kristallkombinationen *f* (Kristallstruktur *f*, Kristallbau *m*)
– ***les formes* f *cristallines et*** *associations* f *cristallines (structure* f *cristalline, édifice* m *cristallin)*

1-17 das reguläre (kubische, tesserale, isometrische) **Kristallsystem**
– ***le système cubique*** *(le système régulier)*

1 das Tetraeder (der Vierflächner) [Fahlerz *n*]
– *le tétraèdre (le solide à quatre faces* f*) [cuivre* m *gris]*

2 das Hexaeder (der Würfel, Sechsflächner), ein Vollflächner *m* (Holoeder) [Steinsalz *n*]
– *l'héxaèdre* m, *le cube, un holoèdre (le solide à six faces* f*) [sel* m *gemme]*

3 das Symmetriezentrum (der Kristallmittelpunkt)
– *le centre de symétrie* f *(le centre du cristal)*

4 eine Symmetrieachse (Gyre)
– *un axe de symétrie* f

5 eine Symmetrieebene
– *un plan de symétrie* f

6 das Oktaeder (der Achtflächner) [Gold *n*]
– *l'octaèdre* m *(le solide à huit faces* f *[or* m*]*

7 das Rhombendodekaeder (Granatoeder) [Granat *m*]
– *le rhombododécaèdre (le dodécaèdre rhomboïdal) [grenat* m*]*

8 das Pentagondodekaeder [Pyrit *m*]
– *le pentagonododécaèdre (le pyritoèdre, le dodécaèdre pentagonal) [pyrite* f*]*

9 ein Fünfeck *n* (Pentagon)
– *un pentagone*

10 das Pyramidenoktaeder [Diamant *m*]
– *le trioctaèdre [diamant* m*]*

11 das Ikosaeder (der Zwanzigflächner), ein regelmäßiger Vielflächner
– *l'icosaèdre* m *(le solide à vingt faces* f*), un polyèdre régulier*

12 das Ikositetraeder (der Vierundzwanzigflächner) [Leuzit *m*]
– *l'icositétraèdre* m *(le trapézoèdre, le solide à vingt-quatre faces* f*) [leucite* f*]*

13 das Hexakisoktaeder (der Achtundvierzigflächner) [Diamant *m*]
– *l'hexoctaèdre (le solide à quarante-huit faces* f*) [diamant* m*]*

14 das Oktaeder mit Würfel *m* [Bleiglanz *m*]
– *l'octaèdre* m *à facettes* f *cubiques [galène* f*]*

15 ein Hexagon *n* (Sechseck)
– *un hexagone*

16 der Würfel mit Oktaeder *n* [Flußspat *m*]
– *le cube à facettes* f *octaèdriques [fluorine]*

17 ein Oktogon *n* (Achteck)
– *un octogone*

18-19 das tetragonale Kristallsystem
– ***le système quadratique***

18 die tetragonale Pyramide
– *la dipyramide tétragonale*

19 das Protoprisma mit Protopyramide *f* [Zirkon *m*]
– *la protopyramide [zircon* m*]*

20-22 das hexagonale Kristallsystem
– ***le système hexagonal***

20 das Protoprisma mit Proto- und Deuteropyramide *f* und Basis *f* [Apatit *m*]
– *le protoisocéloèdre (le protoprisme avec protopyramide* f *et deutéropyramide* f*) [apatite* f*]*

21 das hexagonale Prisma
– *le protoprisme hexagonal*

22 das hexagonale (ditrigonale) Prisma, mit Rhomboeder *n* [Kalkspat *m*]
– *le système rhomboédrique (le dodécaèdre) [calcite* f*]*

23 die rhombische Pyramide (das rhombische Kristallsystem) [Schwefel *m*]
– *le système orthorhombique (la pyramide rhombique) [soufre* m*]*

24-25 das monkline Kristallsystem
– ***le système monoclinique***

24 das monkline Prisma mit Klinopinakoid *n* und Hemipyramide *f* (Teilflach *n*, Hemieder *n*) [Gips *m*]
– *le clinoprisme avec clinopinacoïde* m *et hémipyramide* f *[gypse* m*]*

25 das Orthopinakoid (Schwalbenschwanz-Zwillingskristall *m*) [Gips *m*]
– *l'orthopinacoïde* m *(mâcle* f *en queue* f *d'hirondelle* f*) [gypse* m*]*

26 trikline Pinakoiden (das trikline Kristallsystem) [Kupfersulfat *n*]
– *le système triclinique (les pinacoïdes* m*) [sulfate* m *de cuivre* m*]*

27-33 Apparate *m* zur Kristallmessung
(zur Kristallometrie)
– ***les instruments*** m ***de cristallométrie*** f

27 das Anlegegoniometer (Kontaktgoniometer)
– *le goniomètre d'application* f

28 das Reflexionsgoniometer
– *le goniomètre à réflexion* f

29 der Kristall
– *le cristal*

30 der Kollimator
– *le collimateur*

31 das Beobachtungsfernrohr
– *la lunette d'observation* f

32 der Teilkreis
– *le limbe gradué*

33 die Lupe, zum Ablesen *n* des Drehungswinkels *m*
– *la loupe pour lecture* f *de l'angle* m *de rotation* f

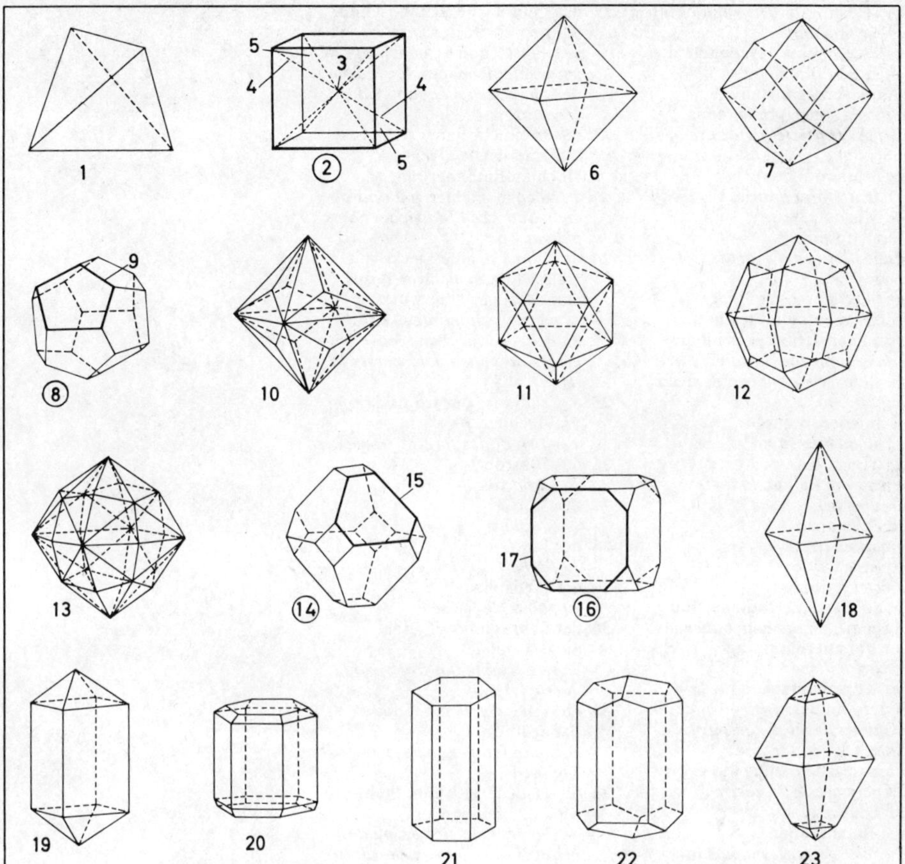
5
3
4
4
5
1
2
6
7
9
8
10
11
12
15
17
13
14
16
18
19
20
21
22
23
24
25
26
29
30
31
33
28
32
90
180
27
32
30
31
29

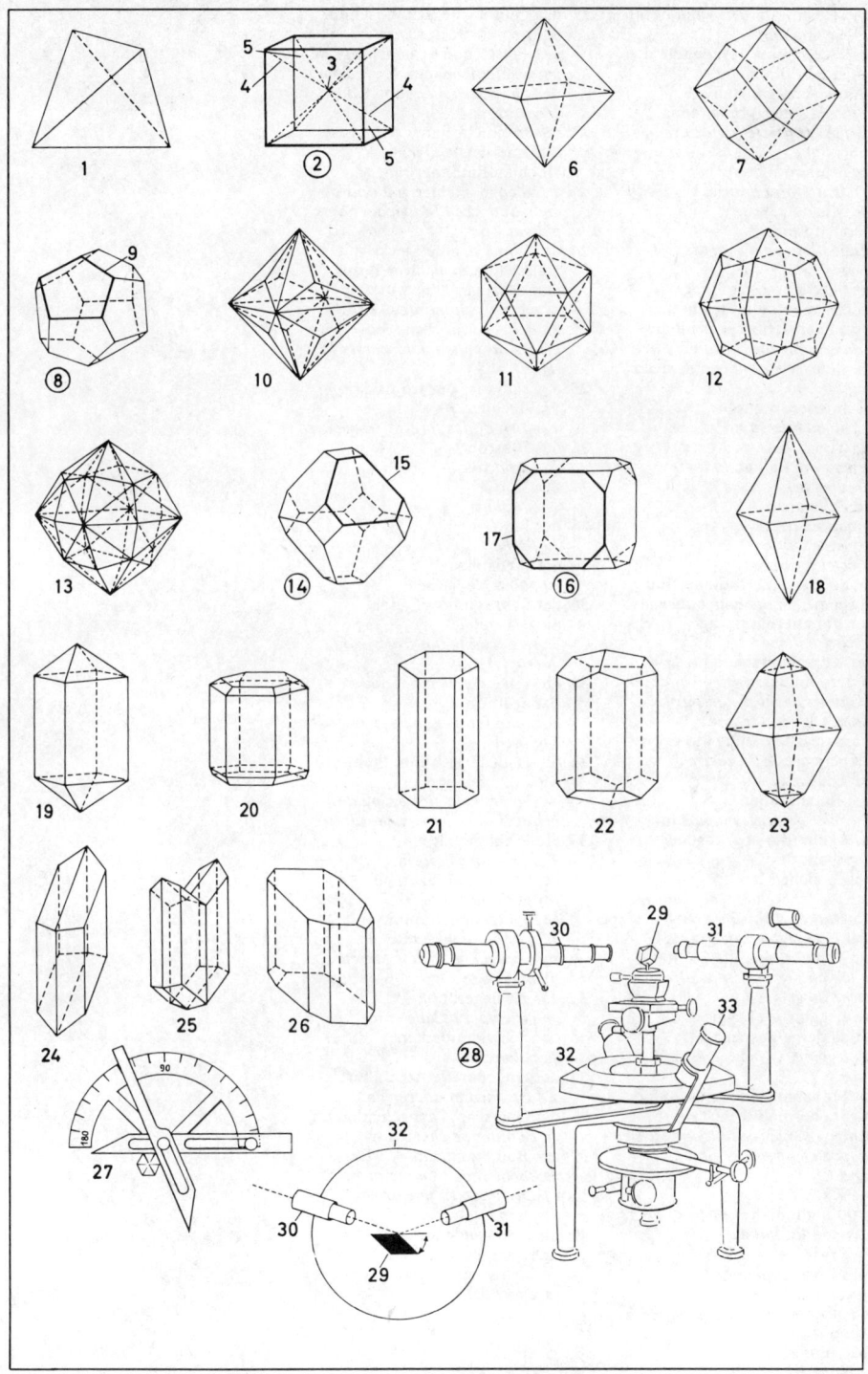

1 der Totempfahl (Wappenpfahl)
– *le mât totémique*
2 das Totem, eine geschnitzte u. bemalte bildliche od. symbolische Darstellung
– *le totem, une représentation sculptée et peinte, figurative ou symbolique*
3 der Prärieindianer
– *l'Indien* m *des prairies* f
4 der Mustang, ein Steppenpferd *n*
– *le mustang, un cheval des steppes* f
5 der (das) Lasso, ein langer Wurfriemen *m* mit leicht zusammenziehbarer Schlinge
– *le lasso, une longue lanière de cuir* m *se terminant par un nœud coulant*
6 die Friedenspfeife
– *le calumet de paix* f
7 das Tipi
– *le wigwam (le tipi, la tente d'Indien* m*)*
8 die Zeltstange
– *le mât de tente* f
9 die Rauchklappe
– *le volet à fumée* f
10 die Squaw, eine Indianerfrau
– *la squaw, une femme indienne*
11 der Indianerhäuptling
– *le chef indien*
12 der Kopfschmuck, ein Federschmuck *m*
– *la parure de tête* f*, une parure de plumes* f
13 die Kriegsbemalung
– *les peintures* f *de guerre* f
14 die Halskette, aus Bärenkrallen *f*
– *le collier de griffes d'ours* m
15 der Skalp (die abgezogene Kopfhaut des Gegners *m*), ein Siegeszeichen *n*
– *le scalp (chevelure* f *de l'ennemi* m *détachée du crâne avec la peau), un trophée de guerre* f
16 der Tomahawk, eine Streitaxt
– *le tomahawk (le tomawak), une hache de guerre* f
17 die Leggins *pl* (Leggings, Wildledergamaschen *f*)
– *les leggings* f *(jambières* m *de daim* m*)*
18 der Mokassin, ein Halbschuh *m* (aus Leder *n* und Bast *m*)
– *le mocassin, une chaussure basse (en peau* f *tannée et fibre* f *végétale)*
19 das Kanu der Waldlandindianer *m*
– *le canoë des Indiens* m *des forêts* f
20 der Mayatempel, eine Stufenpyramide
– *le temple maya, une pyramide à degrés* m
21 die Mumie
– *la momie*
22 das Quipu (die Knotenschnur, Knotenschrift der Inka *m*)
– *le quipu (le quipo), une frange de cordelettes* f *nouées, le système de calcul* m *et d'écriture* f *des Incas* m
23 der Indio (Indianer Mittel- u. Südamerikas); *hier:* Hochlandindianer *m*
– *l'Indien* m *d'Amérique centrale et du Sud;* ici: *l'Indien des hauts plateaux* m
24 der Poncho, eine Decke mit Halsschlitz *m* als ärmelloser, mantelartiger Überwurf
– *le poncho, un manteau sans manche* f *formé d'une couverture percée au milieu pour passer la tête*
25 der Indianer der tropischen Waldgebiete *n*
– *l'Indien* m *des forêts* f *tropicales*
26 das Blasrohr
– *la sarbacane*
27 der Köcher
– *le carquois*
28 der Pfeil
– *la flèche*
29 die Pfeilspitze
– *la pointe de flèche* f
30 der Schrumpfkopf, eine Siegestrophäe
– *la tête réduite, un trophée de guerre* f
31 die Bola, ein Wurf- und Fanggerät *n*
– *les bolas* f*, un lasso de jet* m *et de capture* f
32 die in Leder gehüllte Stein- od. Metallkugel
– *les boules* f *de pierre* f *ou de métal* m *enveloppées de cuir* m
33 die Pfahlbauhütte
– *la hutte sur pilotis* m
34 der Dukduk-Tänzer, ein Mitglied *m* eines Männergeheimbundes *m*
– *le danseur douk-douk, un membre d'une société secrète d'hommes* m
35 das Auslegerboot
– *la pirogue à balancier* m
36 der Schwimmbalken
– *le balancier*
37 der eingeborene Australier
– *l'Australien* m *aborigène*
38 der Gürtel aus Menschenhaar *n*
– *la ceinture de cheveux* m
39 der Bumerang, ein Wurfholz *n*
– *le boomerang (boumerang* m*, boumarang* m*), une arme de jet* m
40 die Speerschleuder mit Speeren *m*
– *le lance-javeline avec des javelines* f

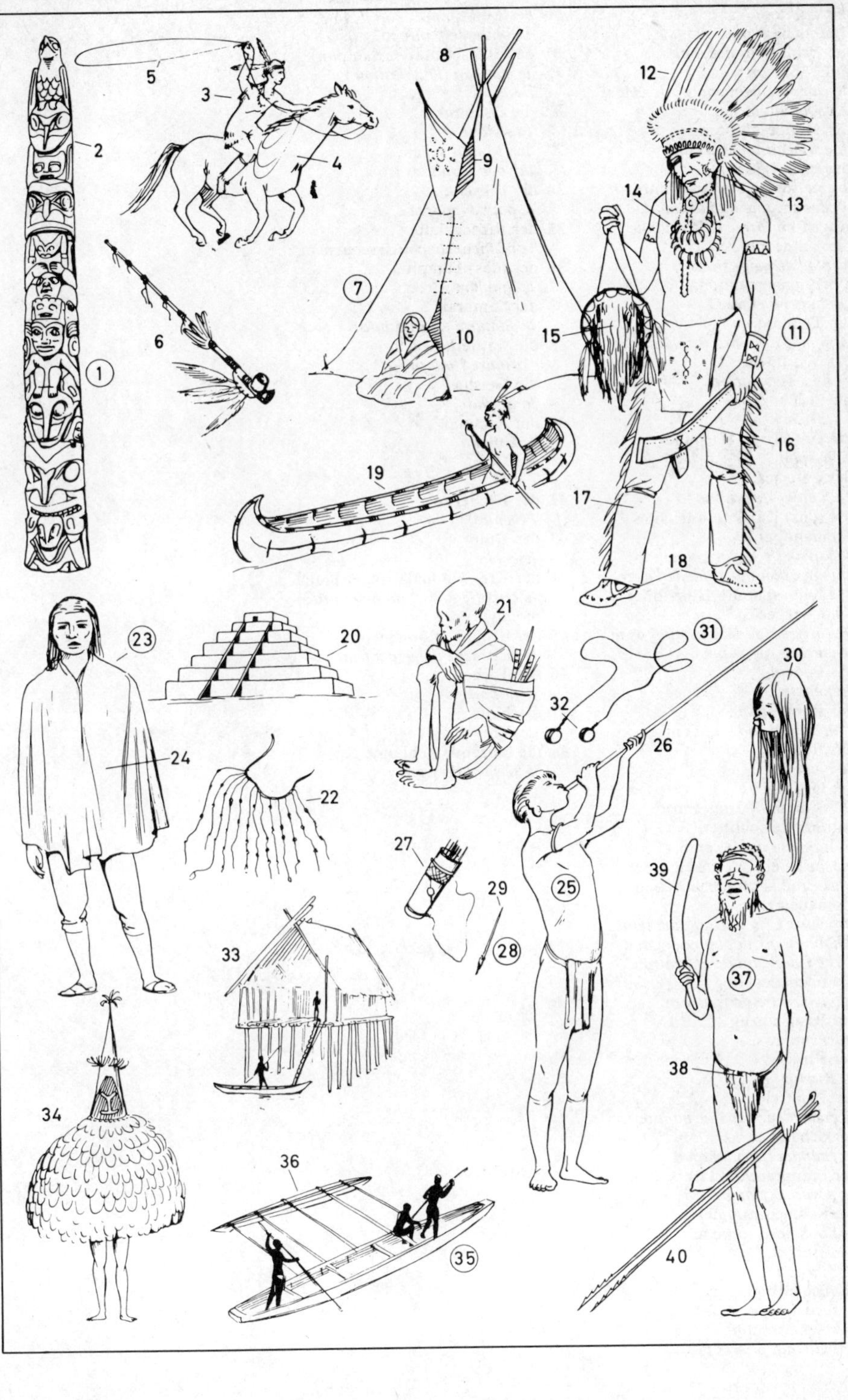
1
2
3
4
5
6
7
8
9
10
11
12
13
14
15
16
17
18
19
20
21
22
23
24
25
26
27
28
29
30
31
32
33
34
35
36
37
38
39
40

1 der Eskimo
– *l'Esquimau* m
2 der Schlittenhund, ein Polarhund *m*
– *le chien de traîneau* m *(le chien d'Esquimau* m*)*
3 der Hundeschlitten
– *le traîneau à chiens* m
4 der (das) Iglu, eine kuppelförmige Schneehütte
– *l'igloo* m, *une habitation de neige* f *en forme* f *de coupole* f
5 der Schneeblock
– *le bloc de neige* f
6 der Eingangstunnel
– *le tunnel d'entrée* f
7 die Tranlampe
– *la lampe à huile* f *de phoque* m
8 das Wurfbrett
– *le lance-javelot*
9 die Stoßharpune
– *le javelot*
10 die einspitzige Harpune
– *le harpon*
11 der Luftsack
– *le flotteur de harpon* m
12 der (das) Kajak, ein leichtes Einmannboot *n*
– *le kayak (le kayac), une embarcation individuelle légère*
13 das fellbespannte Holz- oder Knochengerüst
– *la carcasse de bois* m *ou d'os* m *recouverte de peaux* f
14 das Paddel
– *la pagaie*
15 das Rengespann
– *l'attelage* m *de rennes* m
16 das Rentier
– *le renne*
17 der Ostjake
– *l'Ostyak* m *(l'Ostiack* m*)*
18 der Ständerschlitten
– *le traîneau à dossier* m
19 die Jurte, ein Wohnzelt *n* der west- und zentralasiatischen Nomaden *m*
– *la yourte* f *(la iourte), une tente d'habitation* f *des nomades* m *de l'Asie* f *occidentale et centrale*
20 die Filzbedeckung
– *la couverture de feutre* m
21 der Rauchabzug
– *la cheminée*
22 der Kirgise
– *le Kirghiz*
23 die Schaffellmütze
– *le bonnet en peau* f *de mouton* m
24 der Schamane
– *le chaman (le chamane)*
25 der Fransenschmuck
– *la parure à frange* f
26 die Rahmentrommel
– *le tambour à cadre* m
27 der Tibeter
– *le Tibétain*
28 die Gabelflinte
– *le fusil à baguette* f
29 die Gebetsmühle
– *le moulin à prières* f
30 der Filzstiefel
– *la botte de feutre* m
31 das Hausboot (der Sampan)
– *le sampan (l'habitation* f *flottante)*
32 die Dschunke
– *la jonque*
33 das Mattensegel
– *la voile en nattes* f
34 die Rikscha
– *le pousse-pousse*
35 der Rikschakuli
– *le traîneur de pousse-pousse* m
36 der (das) Lampion
– *le lampion*
37 der Samurai
– *le samurai (le samouraï)*
38 die wattierte Rüstung
– *l'armure* f *ouatinée*
39 die Geisha
– *la geisha*
40 der Kimono
– *le kimono*
41 der Obi
– *l'obi* f
42 der Fächer
– *l'éventail* m
43 der Kuli
– *le coolie*
44 der Kris, ein malaiischer Dolch
– *le criss (le kriss), un poignard malais*
45 der Schlangenbeschwörer
– *le charmeur de serpents* m
46 der Turban
– *le turban*
47 die Flöte
– *la flûte*
48 die tanzende Schlange
– *le serpent dansant*

1
2
3
4
5
6
7
8
9
10
11
12
13
14
15
16
17
18
19
20
21
22
23
24
25
26
27
28
29
30
31
32
33
34
35
36
37
38
39
40
41
42
43
44
45
46
47
48

1 die Kamelkarawane
– *la caravane de chameaux* m
2 das Reittier
– *la bête de selle* f
3 das Lasttier (Tragtier)
– *la bête de somme* f
4 die Oase
– *l'oasis* f
5 der Palmenhain
– *la palmeraie*
6 der Beduine
– *le Bédouin*
7 der Burnus
– *le burnous*
8 der Massaikrieger
– *le guerrier Masaï (Massai)*
9 die Haartracht
– *la coiffure*
10 der Schild
– *le bouclier*
11 die bemalte Rindshaut
– *la peau de bœuf* m *peinte*
12 die Lanze mit langer Klinge
– *la lance à long fer* m
13 der Neger
– *le Nègre (le Noir)*
14 die Tanztrommel
– *le tambour de danse* f
15 das Wurfmesser
– *le poignard de jet* m
16 die Holzmaske
– *le masque de bois* m
17 die Ahnenfigur
– *l'idole* f *d'un ancêtre*
18 die Signaltrommel
– *le tam-tam*
19 der Trommelstab
– *la baguette de tam-tam* m
20 der Einbaum, ein aus einem Baumstamm *m* ausgehöhltes Boot
– *la pirogue, une embarcation faite d'un seul tronc d'arbre* m *évidé*
21 die Negerhütte
– *la hutte de Nègre* m
22 die Negerin
– *la Négresse*
23 die Lippenscheibe
– *le plateau de lèvre* f
24 der Mahlstein
– *le mortier*
25 die Hererofrau
– *la femme Herero*
26 die Lederhaube
– *la coiffe de cuir* m
27 die Kalebasse
– *la calebasse*
28 die Bienenkorbhütte
– *la hutte en ruche* f
29 der Buschmann
– *le Bochiman (le Boschiman)*
30 der Ohrpflock
– *la pièce insérée dans le lobe de l'oreille* f
31 der Lendenschurz
– *le pagne*
32 der Bogen
– *l'arc* m
33 der Kirri, eine Keule mit rundem, verdicktem Kopf *m*
– *le kirri, une massue à grosse tête* f *ronde*
34 die Buschmannfrau beim Feuerbohren *n*
– *la femme Bochiman en train de faire du feu par frottement* m
35 der Windschirm
– *le paravent*
36 der Zulu im Tanzschmuck *m*
– *le Zoulou en costume* m *de danse* f
37 der Tanzstock
– *le bâton de danse* f
38 der Beinring
– *l'anneau* m *jambier*
39 das Kriegshorn aus Elfenbein *n*
– *le cor de guerre* f *en ivoire* m
40 die Amulett-und-Würfel-Kette
– *le collier d'amulettes* f *et d'os* m
41 der Pygmäe
– *le Pygmée*
42 die Zauberpfeife zur Geisterbeschwörung
– *le sifflet magique pour conjurer les mauvais esprits* m
43 der Fetisch
– *le fétiche*

1
2
3
4
5
6
7
8
9
10
11
12
13
14
15
16
17
18
19
20
21
22
23
24
25
26
27
28
29
30
31
32
33
34
35
36
37
38
39
40
41
42
43

1 Griechin *f*
– *la femme grecque*
2 der Peplos
– *le péplum (le péplos)*
3 Grieche *m*
– *un Grec*
4 der Petasos (thessalische Hut)
– *le pétase (le chapeau thessalien)*
5 der Chiton, ein Leinenrock *m* als Untergewand *n*
– *le chiton, un vêtement de dessous* m *en lin* m
6 das Himation, ein wollener Überwurfmantel
– *l'himation* m, *un vêtement de dessus* m *en laine* f
7 Römerin *f*
– *la femme romaine*
8 das Stirntoupet
– *le toupet frontal*
9 die Stola
– *la stola*
10 die Palla, ein farbiger Umwurf
– *la palla, un châle de couleur* f
11 Römer *m*
– *le Romain*
12 die Tunika
– *la tunique*
13 die Toga
– *la toge*
14 der Purpursaum
– *la bande prétexte*
15 byzantinische Kaiserin *f*
– *une impératrice byzantine*
16 das Perlendiadem
– *le diadème de perles* f
17 das Schmuckgehänge
– *le pendentif*
18 der Purpurmantel
– *le manteau de pourpre* f
19 das Gewand
– *la robe*
20 deutsche Fürstin *f* [13.Jh.]
– *une princesse germanique [XIIIe siècle* m*]*
21 das Diadem (der Schapel)
– *le diadème*
22 das Kinnband (Gebände, Gebende)
– *la mentonnière*
23 die Tassel
– *la boucle*
24 die Mantelschnur
– *la bride de la chape*
25 das gegürtete Kleid
– *le surcot*
26 der Mantel
– *la chape*
27 Deutscher in spanischer Tracht *f* [um 1575]
– *un Allemand en costume* m *espagnol [vers 1575]*
28 das Barett
– *la toque*
29 der kurze Mantel (die Kappe)
– *la cape à l'espagnole*
30 das ausgestopfte Wams
– *le pourpoint rembourré*
31 die gepolsterte Oberschenkelhose
– *le haut-de-chausses rembourré*
32 Landsknecht *m* [um 1530]
– *un lansquenet [vers 1530]*
33 das Schlitzwams
– *le pourpoint tailladé*
34 die Pluderhose
– *le haut-de-chausses bouffant*
35 Baslerin *f* [um 1525]
– *une Bâloise [vers 1525]*
36 das Überkleid
– *la robe retroussée*
37 das Untergewand
– *la cotte*
38 Nürnbergerin *f* [um 1500]
– *une Nurembergeoise [vers 1500]*
39 der Schulterkragen (Goller, Koller)
– *le collet (le fichu)*
40 Burgunder *m* [15.Jh.]
– *un Bourguignon [XVe siècle* m*]*
41 das kurze Wams
– *le pourpoint court*
42 die Schnabelschuhe *m*
– *les poulaines* f
43 die Holzunterschuhe *m* (Trippen *f*)
– *les patins de bois* m

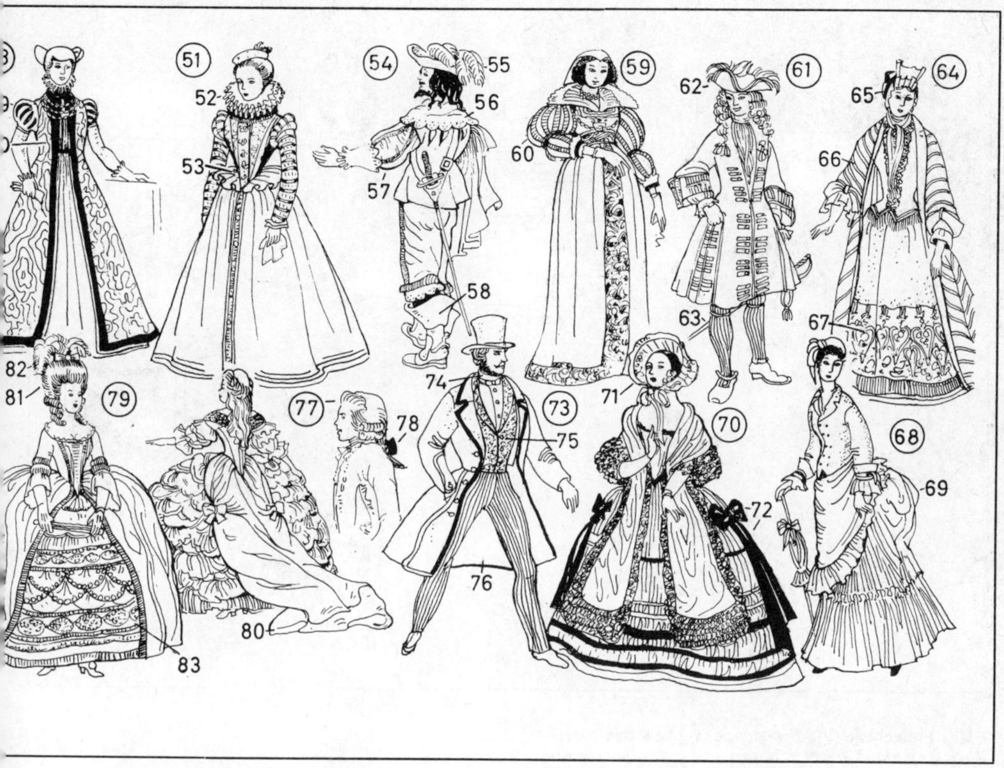

44 junger Edelmann [um 1400]
– *un damoiseau [vers 1400]*
45 die kurze Schecke
– *la jaquette courte*
46 die Zaddelärmel *m*
– *les manches en entonnoir* m
47 die Strumpfhose
– *les chausses* f
48 Augsburger Patrizierin *f* [um 1575]
– *une dame patricienne d'Augsbourg [vers 1575]*
49 die Ärmelpuffe
– *la manche à gigot* m
50 das Überkleid (die Marlotte)
– *la marlotte*
51 franz. Dame *f* [um 1600]
– *une dame française [vers 1600]*
52 der Mühlsteinkragen
– *la fraise*
53 die geschnürte Taille (Wespentaille)
– *la taille lacée (la taille de guêpe* f*)*
54 Herr *m* (um 1650]
– *un seigneur [vers 1650]*
55 der schwed. Schlapphut
– *le feutre à larges bords* m
56 der Leinenkragen
– *le collet (le rabat)*
57 das Weißzeugfutter
– *la doublure de toile* f
58 die Stulpenstiefel *m*
– *la botte à revers* m
59 Dame *f* [um 1650]
– *une dame [vers 1650]*
60 die gepufften Ärmel *m* (Puffärmel)
– *les manches* f *bouillonnées*
61 Herr *m* [um 1700]
– *un seigneur [vers 1700]*
62 der Dreispitz (Dreieckhut, Dreimaster)
– *le tricorne*
63 der Galanteriedegen
– *l'épée* f *de cour* f
64 Dame *f* [um 1700]
– *une dame [vers 1700]*
65 die Spitzenhaube
– *la fontange*
66 der Spitzenumhang
– *la mante de dentelle* f
67 der Stickereisaum
– *la bordure brodée*
68 Dame *f* [um 1880]
– *une dame [vers 1880]*
69 die Turnüre (der Cul de Paris)
– *la tournure (le pouf)*
70 Dame *f* [um 1858]
– *une dame [vers 1858]*
71 die Schute (der Schutenhut)
– *le cabriolet (la capote)*
72 der runde Reifrock (die Krinoline)
– *la crinoline*
73 Herr *m* der Biedermeierzeit
– *un bourgeois sous Louis-Philippe*
74 der hohe Kragen (Vatermörder)
– *le faux col*
75 die geblümte Weste
– *le gilet à ramages* m
76 der Schoßrock
– *l'habit* m *à basques* f
77 die Zopfperücke
– *la perruque à la Cadogan*
78 das Zopfband (die Zopfschleife)
– *le nœud du catogan*
79 Damen *f* im Hofkleid *n* [um 1780]
– *une dame en costume* m *de cour* f
80 die Schleppe
– *la traîne*
81 die Rokokofrisur
– *la coiffure de style* m *Louis XVI*
82 der Haarschmuck
– *la parure de plumes* f *(le panache)*
83 der flache Reifrock
– *la robe à paniers* m

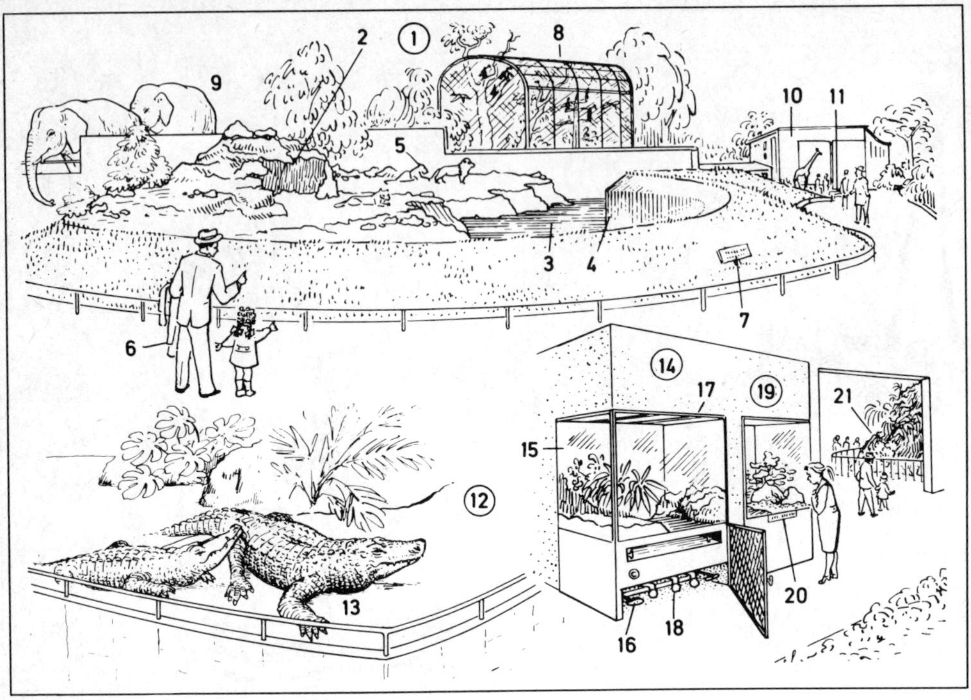

1 das Freigehege (die Freianlage)
– *l'installation* f *à ciel* m *ouvert*
2 der Naturfelsen
– *le rocher naturel*
3 der Absperrgraben, ein Wassergraben *m*
– *le fossé de séparation* f, *une douve*
4 die Schutzmauer
– *le mur de protection* f
5 die gezeigten Tiere *n*; *hier:* ein Löwenrudel *n*
– *les animaux* m *présentés;* ici: *une troupe de lions* m
6 der Zoobesucher
– *le visiteur du zoo*
7 die Hinweistafel
– *le panneau d'interdiction* f
8 die Voliere (das Vogelgehege)
– *la volière*
9 das Elefantengehege
– *l'enclos* m *des éléphants* m
10 das Tierhaus (z.B. Raubtierhaus, Giraffenhaus, Elefantenhaus, Affenhaus)
– *le logement (la loge) des animaux (p.ex.: des fauves* m, *des girafes* f, *des éléphants* m, *des singes* m*)*
11 der Außenkäfig (Sommerkäfig)
– *la cage extérieure*
12 das Reptiliengehege
– *l'enclos* m *des reptiles* m
13 das Nilkrokodil
– *le crocodile du Nil*
14 das Terra-Aquarium
– *le vivarium*
15 der Glasschaukasten
– *la vitrine*
16 die Frischluftzuführung
– *l'arrivée* f *d'air* m *frais*
17 der Luftabzug (die Entlüftung)
– *l'évacuation* f *d'air* m *(le système d'aération* f*)*
18 die Bodenheizung
– *le chauffage au sol*
19 das Aquarium
– *l'aquarium* m
20 die Erläuterungstafel
– *le panneau explicatif*
21 die Klimalandschaft
– *le paysage tropical*

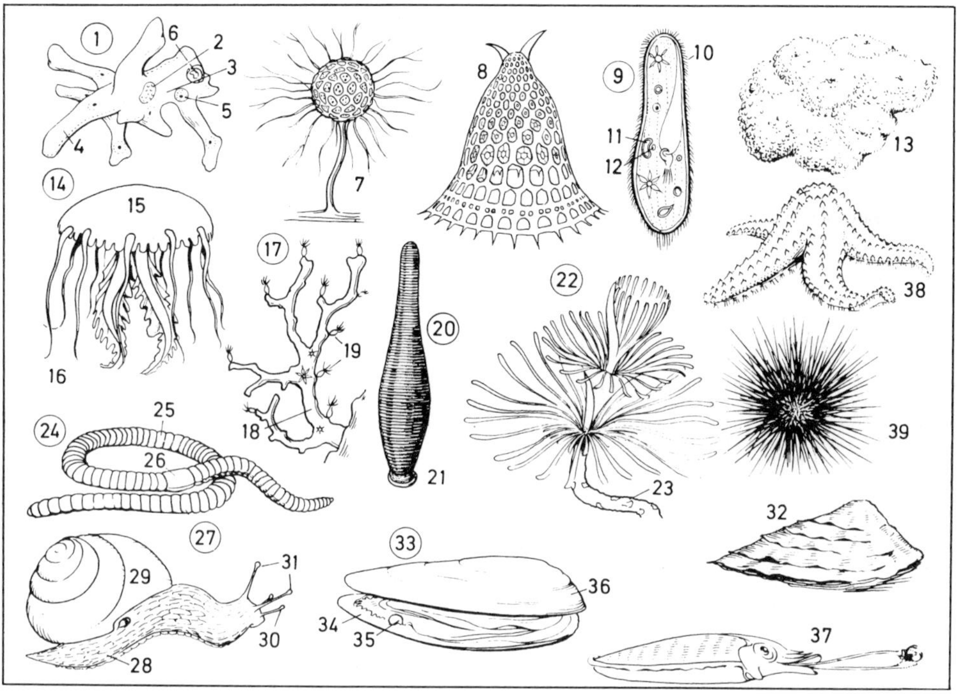

1-12 Einzeller *m* (Einzellige *pl*, Protozoen *n*, Urtierchen)
– ***les protozoaires*** m *(les unicellulaires* m, *les infusoires* m*)*
1 die Amöbe (das Wechseltierchen), ein Wurzelfüßler *m*
– *l'amibe* f, *un rhizopode, un rhizopode*
2 der Zellkern
– *le nucléus*
3 das Protoplasma
– *le protoplasme*
4 das Scheinfüßchen
– *le pseudopode*
5 das Absonderungsbläschen (die pulsierende Vakuole, eine Organelle)
– *la vacuole contractile*
6 das Nahrungsbläschen (die Nahrungsvakuole)
– *la vacuole nutritive*
7 das Gittertierchen, ein Sonnentierchen *n*
– *l'héliozoaire* m
8 das Strahlentierchen (die Radiolarie); *darg.:* das Kieselsäureskelett
– *le radiolaire (*ici: *le squelette silicieux)*
9 das Pantoffeltierchen, ein Wimperinfusorium *n* (Wimpertierchen)
– *la paramécie, un infusoire à cils* m, *un infusoire à cils* m
10 die Wimper
– *les cils* m *vibratiles*
11 der Hauptkern (Großkern)
– *le macronucléus*
12 der Nebenkern (Kleinkern)
– *le micronucléus*

13-39 Vielzeller *m* (Gewebetiere *n*, Metazoen)
– ***les métazoaires*** m *(animaux* m *multicellulaires)*
13 der Badeschwamm, ein Schwammtier *n* (Schwamm *m*)
– *l'éponge* f, *un spongiaire*
14 die Meduse, eine Scheibenqualle (Schirmqualle, Qualle), ein Hohltier *n*
– *la méduse (méduse* f *à ombrelle* f, *la gelée de mer* f*) un cœlentéré*
15 der Schirm
– *l'ombrelle* f
16 der Fangarm (der *od.* das Tentakel)
– *le tentacule*
17 die Edelkoralle, ein Korallentier *n* (Blumentier, Riffbildner *m*)
– *l'anthozoaire* m, *un madrépore*
18 der Korallenstock
– *la branche de corail* m
19 der Korallenpolyp
– *le polype corallier*
20-26 Würmer *m*
– *les vers* m
20 der Blutegel, ein Ringelwurm *m* (Gliederwurm)
– *la sangsue, un annélide (ver* m *à segments* m*)*
21 die Saugscheibe
– *la ventouse*
22 der Spirographis, ein Borstenwurm *m*
– *le spirographe (le spirorbe), un polychète*
23 die Röhre
– *le tube d'habitation* f
24 der große Regenwurm (Tauwurm, Pier)
– *le lombric (le ver de terre* f*)*

25 das Körperglied (Segment)
– *le segment*
26 das Clitellum [der Begattung dienende Region]
– *le clitellum (la zone d'accouplement* m*)*
27-36 Weichtiere *n* (Mollusken *f*)
– *les mollusques* m
27 die Weinbergschnecke, eine Schnecke
– *l'escargot* m *(l'escargot* m *des vignes* f*), un limaçon*
28 der Kriechfuß
– *la sole pédieuse (le pied abdominal)*
29 die Schale (das Gehäuse, Schneckenhaus)
– *la coquille*
30 das Stielauge
– *la tentacule oculaire*
31 die Fühler *m*
– *les tentacules* m
32 die Auster
– *l'huître* f
33 die Flußperlmuschel
– *la mulette perlière*
34 die Perlmutter (das Perlmutt)
– *la nacre*
35 die Perle
– *la perle*
36 die Muschelschale
– *la valve d'un bivalve*
37 der gemeine Tintenfisch, ein Kopffüßer *m*
– *la seiche, un céphalopode*
38-39 Stachelhäuter *m* (Echinodermen)
– *les échinodermes* m
38 der Seestern
– *l'étoile* f *de mer* f
39 der Seeigel
– *l'oursin* m

1-23 Gliederfüßer *m*
– ***les arthropodes*** m
1-2 Krebstiere *n* (Krebse *m*, Krustentiere *n*)
– ***les crustacés*** m
1 die Wollhandkrabbe, eine Krabbe
– *la dromie, un crabe, un crustacé*
2 die Wasserassel
– *l'asellus* m
3-23 Insekten *n* (Kerbtiere, Kerfe *m*)
– ***les insectes*** m
3 die Seejungfer, ein Gleichflügler *m*, eine Libelle (Wasserjungfer)
– *la libellule (la demoiselle), un insecte*
4 der Wasserskorpion, eine Wasserwanze, ein Schnabelkerf *m*
– *la nèpe cendrée (le scorpion d'eau* f*, la punaise aquatique), un insecte hémiptère*
5 das Raubbein
– *la patte préhensile*
6 die Eintagsfliege
– *l'éphémère* m
7 das Facettenauge
– *l'œil* m *à facettes* f
8 das Grüne Heupferd (die Heuschrecke, der Heuspringer, Heuhüpfer, Grashüpfer), eine Springheuschrecke, ein Geradflügler *m*
– *la sauterelle (le criquet, la locuste), un orthoptère sauteur*
9 die Larve
– *la larve*
10 das geschlechtsreife Insekt, eine Imago, ein Vollkerf *m*
– *l'insecte* m *parfait, une imago*
11 das Springbein
– *la patte sauteuse*
12 die Große Köcherfliege (eine Köcherfliege, Wassermotte, Frühlingsfliege, ein Haarflügler), ein Netzflügler *m*
– *la phrygane, un insecte névroptère*
13 die Blattlaus (Röhrenlaus), eine Pflanzenlaus
– *le puceron, un insecte hémiptère aphidien*
14 die ungeflügelte Blattlaus
– *le puceron aptère*
15 die geflügelte Blattlaus
– *le puceron ailé*
16-20 Zweiflügler *m*
– ***les diptères*** m
16 die Stechmücke (*obd.* Schnake, *österr.* Gelse, der Moskito), eine Mücke
– *le moustique (le cousin, la tipule), un moucheron, un longicorne*
17 der Stechrüssel
– *le dard (la trompe)*
18 die Schmeißfliege (der Brummer), eine Fliege
– *la mouche à viande* f *(mouche* f *bleue), un muscidé*
19 die Made
– *la larve*
20 die Puppe
– *la nymphe*
21-23 Hautflügler *m*
– ***les hyménoptères*** m
21-22 die Ameise
– *la fourmi*
21 das geflügelte Weibchen
– *la reine (la femelle ailée)*
22 der Arbeiter
– *l'ouvrière* f
23 die Hummel
– *le bourdon*
24-39 Käfer *m* (Deckflügler)
– ***les coléoptères*** m
24 der Hirschkäfer (*obd.* Schröter, Feuerschröter, Hornschröter, *md.* Hausbrenner, *schweiz.* Donnerkäfer, *österr.* Schmidkäfer), ein Blatthornkäfer *m*
– *le lucane (le cerf-volant), un scarabéidé*
25 die Kiefer *m* (Zangen *f*)
– *les mandibules* f
26 die Freßwerkezuge *n*
– *les mâchoires* f
27 der Fühler
– *l'antenne* f *(le* ou *la palpe)*
28 der Kopf
– *la tête*
29-30 die Brust (der Thorax)
– *le thorax*
29 der Halsschild
– *le pronotum*
30 das Schildchen
– *l'écusson* m
31 der Hinterleibsrücken
– *les tergites* m *(les arceaux* m *dorsaux des segments* m*)*
32 die Atemöffnung
– *l'orifice* m *respiratoire (le stigmate)*
33 der Flügel (Hinterflügel)
– *l'aile* f
34 die Flügelader
– *la veine de l'aile* f
35 die Knickstelle
– *le pli de l'aile* f
36 der Deckflügel (Vorderflügel)
– *l'élytre* m
37 der Siebenpunkt, ein Marienkäfer *m* (Herrgottskäfer, Glückskäfer, Sonnenkälbchen *n*, *md.* Gottesgiebchen, *schweiz.* Frauenkäfer *m*)
– *la coccinelle (la bête à bon Dieu), un coccinellidé*
38 der Zimmermannsbock (Zimmerbock), ein Bockkäfer *m* (Bock)
– *l'ergate* m *(le forgeron), un longicorne*
39 der Mistkäfer, ein Blatthornkäfer *m*
– *le bousier (le coléoptère stercoraire), un carabidé, un coléoptère ravisseur*
40-47 Spinnentiere *n*
– ***les arachnides*** m
40 der Hausskorpion (Italienischer Skorpion), ein Skorpion *m*
– *le scorpion domestique, un scorpion*
41 das Greifbein mit Schere
– *la mandibule (la patte-mâchoire)*
42 der Kieferfühler
– *l'antenne* f *maxillaire*
43 der Schwanzstachel
– *l'aiguillon* m *caudal*
44-46 Spinnen (*md.* Kanker *m*)
– ***les araignées*** f
44 der Holzbock (die Waldzecke, Hundezecke), eine Milbe, Zecke
– *l'ixode* m *(la tique), un acarien*
45 die Kreuzspinne (Gartenspinne), eine Radnetzspinne
– *l'épeire* f *diadème* f *(l'araignée* f *porte-croix), une araignée*
46 die Spinndrüsenregion
– *la glande à liquide* m *gommeux*
47 das Spinnengewebe (das Spinnennetz, *österr.* das Spinnweb)
– *la toile d'araignée* f
48-56 Schmetterlinge *m* (Falter)
– ***les papillons*** m
48 der Maulbeerseidenspinner, ein Seidenspinner *m*
– *le bombyx du mûrier, un bombyx*
49 die Eier *n*
– *les œufs* m
50 die Seidenraupe
– *le ver à soie* f *(la chenille)*
51 der Kokon
– *le cocon*
52 der Schwalbenschwanz, ein Edelfalter *m* (Ritter)
– *le macaon (le grand porte-queue), un papillon diurne*
53 der Fühler
– *l'antenne* f
54 der Augenfleck
– *la tache oculée*
55 der Ligusterschwärmer, ein Schwärmer *m*
– *le sphinx du troène (sphinx à tête* f *de mort* f*, l'achérontia* m*), un papillon nocturne*
56 der Rüssel
– *la trompe*

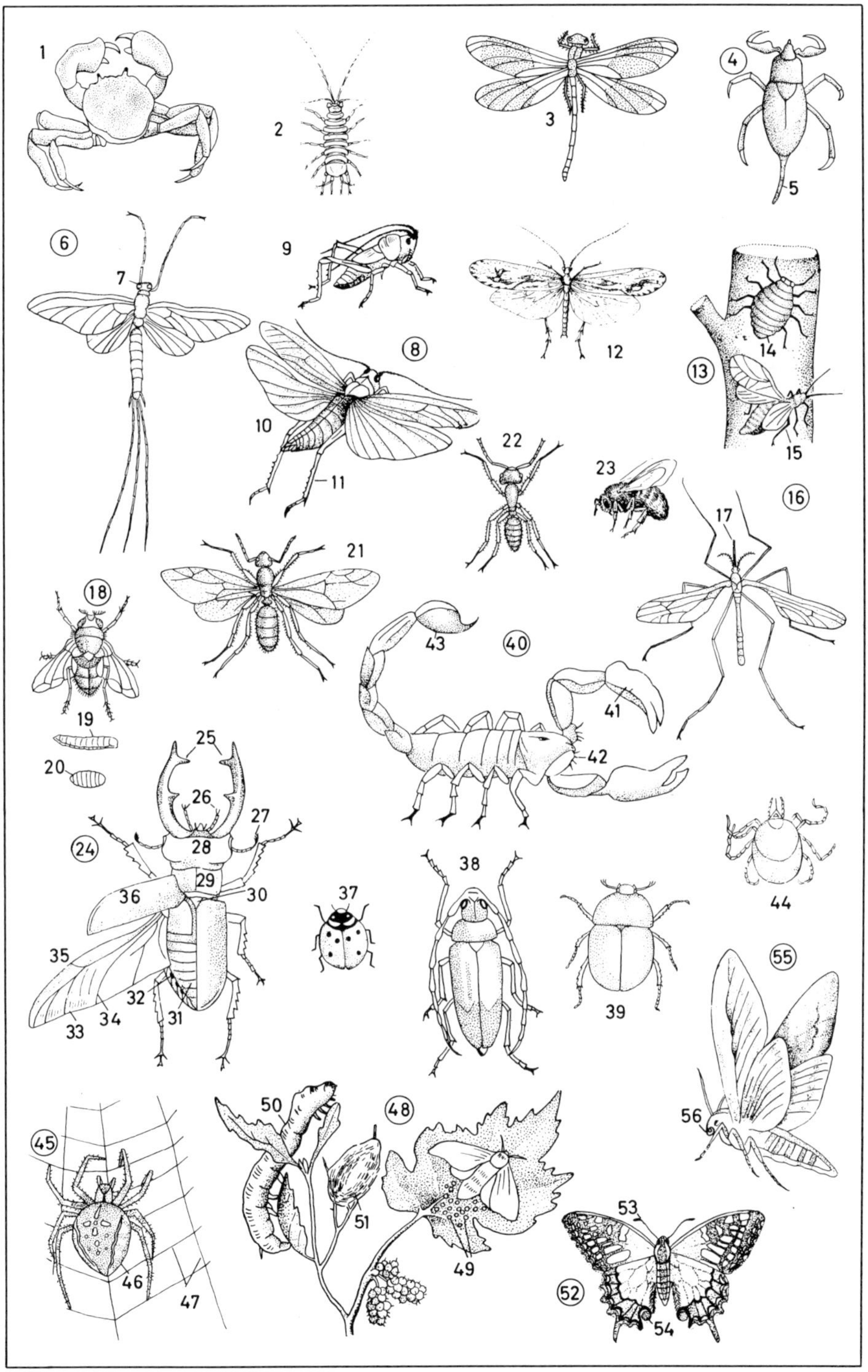
1
2
3
4
5
6
7
8
9
10
11
12
13
14
15
16
17
18
19
20
21
22
23
24
25
26
27
28
29
30
31
32
33
34
35
36
37
38
39
40
41
42
43
44
45
46
47
48
49
50
51
52
53
54
55
56

1-3 Straußvögel *m* (flugunfähige Vögel *m*)
– ***les oiseaux*** m ***coureurs,*** *oiseaux* m *terrestres*
1 der Helmkasuar, ein Kasuar *m*; *ähnl.*: der Emu
– *le casoar;* anal.: *l'émeu* m
2 der Strauß
– *l'autruche* f
3 das Straußengelege [12-14 Eier *n*]
– *la couvée d'œufs* m *d'autruche* f *[12-14 œufs* m*]*
4 der Kaiserpinguin (Riesenpinguin), ein Pinguin *m* (Flossentaucher, Fettaucher; ein flugunfähiger Vogel)
– *le manchot, un oiseau aquatique*
5-10 Ruderfüßer *m*
– ***les oiseaux palmipèdes***
5 der Rosapelikan (Gemeine Pelikan, Nimmersatt, die Kropfgans, Löffelgans, Meergans, Beutelgans), ein Pelikan *m*
– *le pélican blanc, un pélican*
6 der Ruderfuß (Schwimmfuß)
– *le pied palmé*
7 die Schwimmhaut
– *la palmure*
8 der Unterschnabel, mit dem Kehlsack *m* (Hautsack)
– *la mandibule inférieure, avec la poche de la gorge*
9 der Baßtölpel (Weiße Seerabe, die Bassangans), ein Tölpel *m*
– *le fou de bassan, un fou*
10 die Krähenscharbe, ein Kormoran *m* (eine Scharbe), mit gespreizten Flügeln *m* „posierend"
– *le grand cormoran, avec les ailes* f *déployées*
11-14 Langflügler *m* (Seeflieger, Meeresvögel)
– ***les oiseaux*** m ***de mer*** f
11 die Zwergschwalbe (Kleine Schwalbenmöwe), eine Seeschwalbe, beim Tauchen *n* nach Nahrung *f*
– *la sterne naine, l'hirondelle* f *de mer* f*, plongeant à la recherche de nourriture* f
12 der Eissturmvogel
– *le fulmar*
13 die Trottellumme (Dumme Lumme, das Dumme Tauchhuhn), eine Lumme, ein Alk *m*
– *le guillemot de troïl, un pingouin*
14 die Lachmöwe (Haffmöwe, Kirrmöwe, Fischmöwe, Speckmöwe, Seekrähe, der Mohrenkopf), eine Möwe
– *la mouette rieuse, une mouette (un goéland)*
15-17 Gänsevögel *m*
– ***les ansérinés*** m
15 der Gänsesäger (Ganner, die Sägegans, Sägeente, Schnarrgans), ein Säger *m*
– *le harle bièvre, un canard plongeur, un anatidé*
16 der Höckerschwan (Wildschwan, Stumme Schwan, *alem.* Elbs, Ölb), ein Schwan *m*
– *le cygne tuberculé, un cygne*
17 der Schnabelhöcker
– *le tubercule du bec*
18 der Fischreiher (Graureiher, Kammreiher), ein Reiher *m*, ein Storchvogel *m*
– *le héron cendré, un héron, un échassier*
19-21 Regenpfeiferartige *pl*
– ***limicoles*** m*, oiseaux* m *de rivage* m
19 der Stelzenläufer (Strandreiter, die Storchschnepfe)
– *l'échasse* f *blanche*
20 das Bleßhuhn (Wasserhuhn, Moorhuhn, die Weißblässe, Bläßente), eine Ralle
– *la foulque macroule (la poule d'eau* f*)*
21 der Kiebitz (*nd.* Kiewitt)
– *le vanneau huppé*
22 die Wachtel, ein Hühnervogel *m*
– *la caille des blés, un gallinacé*
23 die Turteltaube, eine Taube
– *la tourterelle des bois* m*, un columbidé*
24 der Mauersegler (Mauerhäkler, die Mauerschwalbe, Kirchenschwalbe, Turmschwalbe, Kreuzschwalbe), ein Segler *m*
– *le martinet noir, un grand voilier*
25 der Wiedehopf (Kuckucksküster, Kuckucksknecht, Heervogel, Wehrhahn, Dreckvogel, Kotvogel, Stinkvogel), ein Ra[c]kenvogel
– *la huppe fasciée*
26 der aufrichtbare Federschopf
– *la huppe érectile*
27 der Buntspecht (Rotspecht, Großspecht, Fleckspecht), ein Specht *m* (Holzhacker); *verw.*: der Wendehals (Drehhals, Drehvogel, Regenvogel)
– *le pic épeiche, un pic (*genres voisins: *le pic vert, le torcol)*
28 das Nestloch
– *l'entrée* f *du nid*
29 die Bruthöhle
– *la cavité de nidification* f
30 der Kuckuck (Gauch, Gutzgauch)
– *le coucou gris*

1
2
3
4
5
6
7
8
9
10
11
12
13
14
15
16
17
18
19
20
21
22
23
24
25
26
27
28
29
30

360 Vögel II (einheimische Vögel) *Oiseaux II (Oiseaux indigènes)*

1, 3, 4, 5, 7, 9, 10 Singvögel *m*
– *les oiseaux* m *chanteurs*
1 der Stieglitz (Distelfink), ein Finkenvogel *m*
– *le chardonneret, un passereau*
2 der Bienenfresser
– *le guêpier d'Europe* f
3 das Gartenrotschwänzchen (Rotschwänzchen), ein Drosselvogel *m*
– *le rouge-queue à front* m *blanc, le rossignol des murailles* f, *un turdiné*
4 die Blaumeise, eine Meise, ein Standvogel *m*
– *la mésange bleue, une mésange, un oiseau sédentaire*
5 der Gimpel (Dompfaff)
– *le bouvreuil pivoine*
6 die Blauracke (Mandelkrähe)
– *le rollier d'Europe* f
7 der Pirol, ein Zugvogel *m*
– *le loriot, un oiseau migrateur*
8 der Eisvogel
– *le martin-pêcheur*
9 die Weiße Bachstelze, eine Stelze
– *la bergeronnette grise, la bergeronnette hochequeue*
10 der Buchfink (Edelfink)
– *le pinson des arbres* m, *un fringille*

1
2
3
4
5
6
7
8
9
10

1-20 Singvögel *m*
– ***les oiseaux*** m ***chanteurs***
1-3 Rabenvögel *m* (Raben)
– ***les corvidés*** m
1 der Eichelhäher (Eichelhabicht, Nuß-, Spiegelhäher, Holzschreier), ein Häher *m*
– *le geai des chênes* m *(le geai)*
2 die Saatkrähe (Feld-, Haferkrähe), eine Krähe
– *le corbeau freux;* anal.: *la corneille, le choucas*
3 die Elster (Alster, Gartenkrähe, *schweiz.* Atzel)
– *la pie bavarde*
4 der Star (Rinderstar, Starmatz)
– *l'étourneau* m *sansonnet (le sansonnet)*
5 der Haussperling (Dach-, Kornsperling, Spatz)
– *le moineau domestique (le pierrot, le piaf)*
6-8 Finkenvögel *m*
– ***les fringillidés*** m, *fringilles* m
6-7 Ammern *f*
– *les bruants* m
6 die Goldammer (Gelbammer, der Kornvogel, Grünschling)
– *le bruant jaune*
7 der Ortolan (Gärtner, die Garten-, Sommerammer)
– *le bruant ortolan (l'ortolan* m*)*
8 der Erlenzeisig (Erdfink, Strumpfwirker, Leineweber), ein Zeisig *m*
– *le tarin des aulmes* m*;* anal.: *le verdier, le serin cini*
9 die Kohlmeise (Spiegel-, Rollmeise, der Schlosserhahn), eine Meise
– *la mésange charbonnière*
10 das Wintergoldhähnchen (Safranköpfchen); *ähnl.:* das Sommergoldhähnchen (Goldköpfchen), ein Goldhähnchen *n* (Goldhämmerchen, Sommerkönig *m*)
– *le roitelet huppé;* anal.: *le roitelet triple bandeau* m
11 der Kleiber (Blauspecht, Baumrutscher)
– *le grimpereau;* anal.: *la sittelle*
12 der Zaunkönig (Zaunschlüpfer, Dorn-, Vogel-, Winterkönig)
– *le troglodyte mignon*
13-17 Drosselvögel *m* (Drosseln *f*, Erdsänger *m*)
– ***les turdidés*** m
13 die Amsel (Schwarz-, Dreckamsel, Graudrossel, *schweiz.* Amstel)
– *le merle noir*
14 die Nachtigall (Wassernachtigall, der Rotvogel, *dicht.* Philomele *f*)
– *le rossignol philomèle (le rossignol)*
15 das Rotkehlchen (Rötel)
– *le rouge-gorge*
16 die Singdrossel (Wald-, Weißdrossel, Zippe)
– *la grive musicienne*
17 der Sprosser (Sproßvogel)
– *le rossignol progné*
18-19 Lerchen *f*
– *les alaudidés* m, *alouettes* f
18 die Heidelerche (Baum-, Steinlerche)
– *l'alouette* f *lulu;* anal.: *l'alouette* f *des champs* m
19 die Haubenlerche (Kamm-, Dreck-, Hauslerche)
– *le cochevis huppé*
20 die Rauchschwalbe (Dorf-, Lehmschwalbe) (eine Schwalbe)
– *l'hirondelle* f *(l'hirondelle* f *de fenêtre* f, *l'hirondelle* f *de cheminée* f*)*

1-13 Greifvögel *m* (*früh.:* Tagraubvögel *m*)
– ***les rapaces*** **m** ***diurnes***
1-4 Falken *m*
– *les faucons* m
1 der Merlin (Zwergfalke)
– *le faucon émerillon*
2 der Wanderfalke
– *le faucon pèlerin*
3 die „Hose" (Unterdeckfedern *f*, das Schenkelgefieder)
– *les culottes* f, *les cuisses* f *emplumées*
4 der Lauf
– *le tarse*
5-9 Adler *m*
– *les aigles* m
5 der Seeadler (Meeradler)
– *le pygargue à queue* f *blanche*
6 der Hakenschnabel
– *le bec crochu*
7 der Fang
– *la serre (la griffe)*
8 der Stoß (Schwanz)
– *la queue*
9 der Mäusebussard (Mauser)
– *la buse variable (la buse)*
10-13 Habichtartige *pl*
– *les accipitridés* m
10 der Habicht (Hühnerhabicht)
– *l'autour* m *des palombes* f
11 der Rote Milan (die Gabel-, Königsweihe)
– *le milan royal*
12 der Sperber (Sperlingstößer)
– *l'épervier* m *d'Europe* f
13 die Rohrweihe (Sumpf-, Rostweihe)
– *le busard des roseaux* m *(l'harpaye* m*)*
14-19 Eulen *f*
– ***les rapaces*** **m** ***nocturnes***
14 die Waldohreule (Goldeule, der Kleine Uhu)
– *le hibou moyen-duc (le moyen-duc)*
15 der Uhu
– *le hibou grand-duc (le grand-duc)*
16 das Federohr
– *l'oreille* f, *l'aigrette* f
17 die Schleiereule
– *la chouette effraie (l'effraie* f*)*
18 der „Schleier" (Federkranz)
– *le disque facial (le visage)*
19 der Steinkauz (das Käuzchen, der Totenvogel)
– *la chouette chevêche (la chevêche)*

1 der Gelbhaubenkakadu, ein Papageienvogel *m*
– *le cacatoès à huppe* f *jaune, un perroquet (un psittacidé)*
2 der Ararauna
– *l'ara* m *bleu et jaune*
3 der blaue Paradiesvogel
– *le paradisier bleu (l'oiseau* m *de paradis* m*)*
4 der Sappho-Kolibri
– *l'oiseau-mouche* m *sapho, un colibri*
5 der Kardinal
– *le cardinal*
6 der Tukan (Rotschnabeltukan, Pfefferfresser), ein Spechtvogel m
– *le toucan, un piciforme*

1
2
3
4
5
6

1-18 Fische *m*
– ***les poissons*** m
1 der Menschenhai (Blauhai), ein Haifisch *m* (Hai)
– *le requin bleu, un squale*
2 die Nase
– *le museau*
3 die Kiemenspalte
– *les fentes* f *branchiales*
4 der Teichkarpfen (Flußkarpfen), ein Spiegelkarpfen *m* (Karpfen)
– *la carpe miroir, un cyprinidé (la carpe)*
5 der Kiemendeckel
– *l'opercule* m *branchial*
6 die Rückenflosse
– *la nageoire dorsale*
7 die Brustflosse
– *la nageoire pectorale*
8 die Bauchflosse
– *la nageoire abdominale*
9 die Afterflosse
– *la nageoire anale*
10 die Schwanzflosse
– *la nageoire caudale*
11 die Schuppe
– *l'écaille* f *(la plaque)*
12 der Wels (Flußwels, Wallerfisch, Waller, Weller)
– *le silure (le poisson chat)*
13 der Bartfaden
– *le barbillon*
14 der Hering
– *le hareng*
15 die Bachforelle (Steinforelle, Bergforelle), eine Forelle
– *la truite de rivière* f *(la truite fario);* anal.: *la truite de lac* m, *la truite arc-en-ciel* m, *la truite saumonée*
16 der Gemeine Hecht (Schnock, Wasserwolf)
– *le brochet*
17 der Flußaal (Aalfisch, Aal)
– *l'anguille* f
18 das Seepferdchen (der Hippokamp, Algenfisch)
– *l'hippocampe* m *(le cheval marin)*
19 die Büschelkiemen *f*
– *les branchies* f *en houppe* f *(les lophobranchies* f*)*
20-26 Lurche *m* (Amphibien *f*)
– ***les amphibiens*** m *(batraciens* m*)*
20-22 Schwanzlurche *m*
– *les urodèles* m
20 der Kammolch, ein Wassermolch *m*
– *le triton à crête* f, *un urodèle aquatique*
21 der Rückenkamm
– *la crête dorsale*
22 der Feuersalamander, ein Salamander *m*
– *la salamandre, un urodèle terrestre*
23-26 Froschlurche *m*
– *les anoures* m
23 die Erdkröte, eine Kröte (*nd.* Padde, *obd.* ein Protz *m*)
– *le crapaud*
24 der Laubfrosch
– *la rainette, la grenouille verte*
25 die Schallblase
– *le sac vocal*
26 die Haftscheibe
– *la ventouse*
27-41 Kriechtiere *n* (Reptilien)
– ***les reptiles*** m
27, 30-37 Echsen *f*
– ***les sauriens*** m
27 die Zauneidechse
– *le lézard*
28 die Karettschildkröte
– *la tortue*
29 der Rückenschild
– *la carapace*
30 der Basilisk
– *le basilic, un iguanidé*
31 der Wüstenwaran, ein Waran *m*
– *le varan du désert*
32 der Grüne Leguan, ein Leguan *m*
– *l'iguane* m *vert*
33 das Chamäleon, ein Wurmzüngler *m*
– *le caméléon, un reptile lacertilien*
34 der Klammerfuß
– *le pied préhensile*
35 der Rollschwanz
– *la queue préhensile*
36 der Mauergecko, ein Gecko *m* (Haftzeher)
– *le gecko (la tarente)*
37 die Blindschleiche, eine Schleiche
– *l'orvet* m *(le serpent de verre* m*), un lézard sans pattes* f
38-41 Schlangen *f*
– ***les serpents*** m
38 die Ringelnatter, eine Natter (eine Schwimmnatter; Wassernatter; Wasserschlange)
– *la couleuvre à collier* m, *un serpent sans venin* m
39 die Mondflecken *m*
– *les taches du collier*
40-41 Vipern *f* (Ottern)
– *les vipères* f, *des serpents* m *venimeux*
40 die Kreuzotter (Otter, Höllennatter), eine Giftschlange
– *la vipère péliade (la péliade)*
41 die Aspisviper
– *la vipère aspic (l'aspic* m*)*

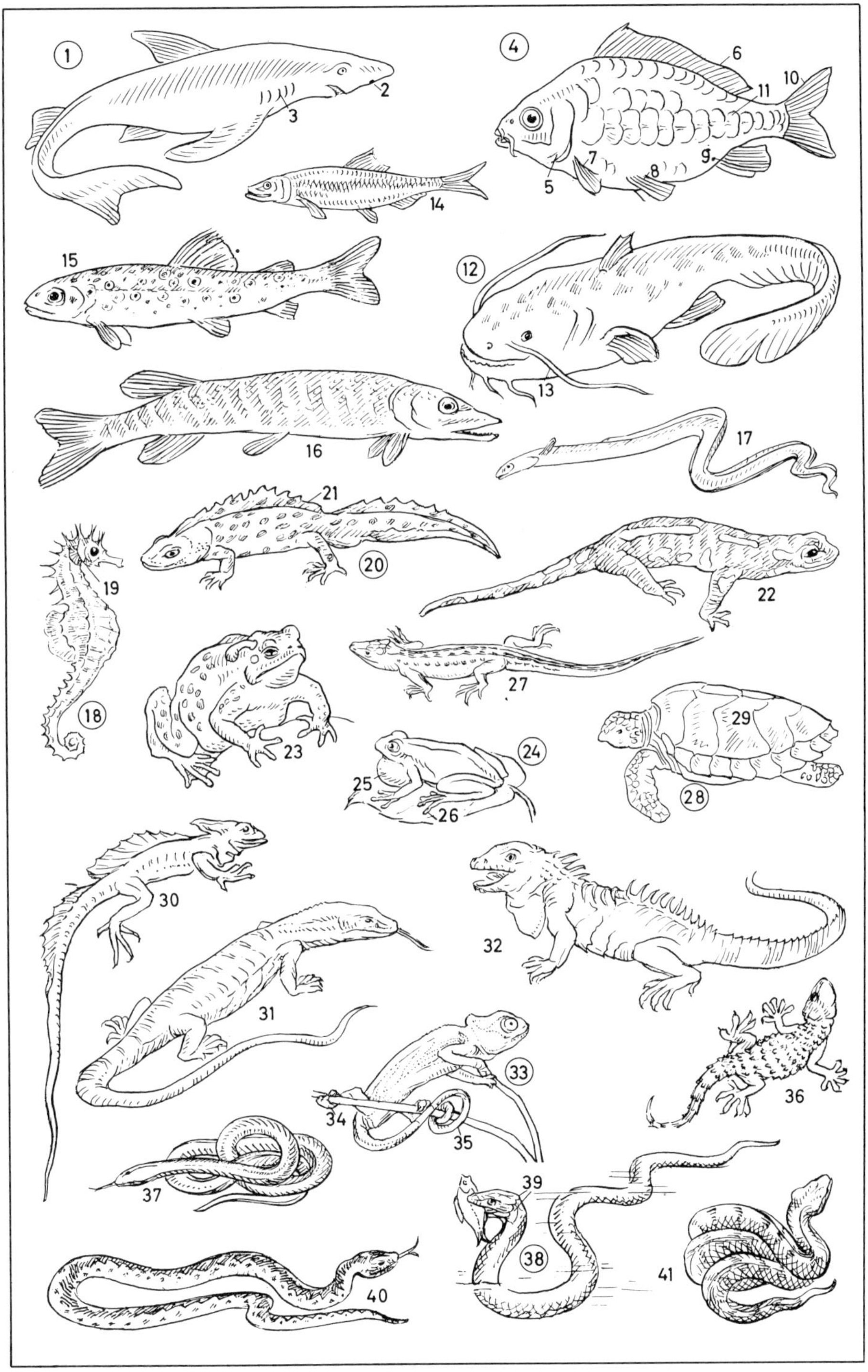
1
2
3
4
5
6
7
8
9
10
11
12
13
14
15
16
17
18
19
20
21
22
23
24
25
26
27
28
29
30
31
32
33
34
35
36
37
38
39
40
41

365 Schmetterlinge

Lépidoptères (papillons de jour et de nuit)

1-6 Tagfalter *m*
– ***les papillons*** m ***de jour*** m
1 der Admiral
– *le vulcain, (l'amiral* m*), une vanesse*
2 das Tagpfauenauge
– *le paon du jour, une vanesse*
3 der Aurorafalter
– *l'aurore* f, *une piéride*
4 der Zitronenfalter
– *le citron, une piéride*
5 der Trauermantel
– *le morio, une vanesse*
6 der Bläuling
– *le lycène*
7-11 Nachtfalter *m* (Nachtschmetterlinge)
– ***les papillons*** m ***de nuit*** f
7 der Braune Bär
– *l'écaille* f *martée (la martre, la hérisonne)*
8 das Rote Ordensband
– *l'écaille* f *chinée*
9 der Totenkopf (Totenkopfschwärmer), ein Schwärmer *m*
– *le sphinx tête* f *de mort* f
10 die Raupe
– *la chenille*
11 die Puppe
– *la chrysalide (la nymphe)*

1
2
3
4
5
6
7
8
9
10
11

1 das Schnabeltier, ein Kloakentier *n* (Eileger *m*)
– *l'ornithorynque* m, *un monotrème, un mammifère ovipare*

2-3 Beuteltiere *n*
– *les marsupiaux* m

2 das Nordamerikanische Opossum, eine Beutelratte
– *l'opossum* m *d'Amérique* f *du Nord, un didelphidé*

3 das Rote Riesenkänguruh, ein Känguruh *n*
– *le kangourou roux, un diprotodonte d'Australasie* f

4-7 Insektenfresser *m* (Kerbtierfresser)
– *les insectivores* m

4 der Maulwurf
– *la taupe*

5 der Igel
– *le hérisson*

6 der Stachel
– *les piquants* m

7 die Hausspitzmaus, eine Spitzmaus
– *la musaraigne, un soricidé*

8 das Neunbindengürteltier
– *le tatou*

9 die Ohrenfledermaus, eine Glattnase, ein Flattertier *n* (eine Fledermaus)
– *l'oreillard* m, *une chauve-souris, un chiroptère, un mammifère volant*

10 das Steppenschuppentier, ein Schuppentier *n*
– *le pangolin, un mammifère écailleux*

11 das Zweizehenfaultier
– *le paresseux*

12-19 Nagetiere *n*
– *les rongeurs* m

12 das Meerschweinchen
– *le cobaye (le cochon d'Inde)*

13 das Stachelschwein
– *le porc-épic*

14 die Biberratte
– *le castor*

15 die Wüstenspringmaus
– *la souris sauteuse, la gerboise*

16 der Hamster
– *le hamster*

17 die Wühlmaus
– *le rat d'eau* f

18 das Murmeltier
– *la marmotte*

19 das Eichhörnchen
– *l'écureuil* m

20 der Afrikanische Elefant, ein Rüsseltier *n*
– *l'éléphant* m *d'Afrique* f, *un proboscidien*

21 der Rüssel
– *la trompe*

22 der Stoßzahn
– *la défense*

23 der Lamantin, eine Sirene
– *le lamantin, un sirénien*

24 der südafrikanische Klippschliefer, ein Schliefer *m* (Klippdachs)
– *le daman d'Afrique* f *du Sud, un procaviidé*

25-31 Huftiere *n*
– *les ongulés* m

25-27 Unpaarhufer *m*
– *les périssodactyles* m

25 das Spitzmaulnashorn, ein Nashorn *n*
– *le rhinocéros noir d'Afrique* f, *à deux cornes* f

26 der Flachlandtapir, ein Tapir *m*
– *le tapir*

27 das Zebra
– *le zèbre*

28-31 Paarhufer *m*
– *les artiodactyles* m

28-30 Wiederkäuer *m*
– *les ruminants* m

28 das Lama
– *le lama*

29 das Trampeltier (zweihöckrige Kamel)
– *le chameau (à deux bosses* f*)*

30 der Guanako
– *le guanaco*

31 das Nilpferd
– *l'hippopotame* m

1
2
3
4
5
6
7
8
9
10
11
12
13
14
15
16
17
18
19
20
21
22
23
24
25
26
27
28
29
30
31

1-10 Huftiere *n*, Wiederkäuer *m*
– ***les ongulés*** m, *ruminants* m
1 der Elch
– *l'élan* m
2 der Wapiti
– *le cerf wapiti*
3 die Gemse (Gams)
– *le chamois*
4 die Giraffe
– *la girafe*
5 die Hirschziegenantilope, eine Antilope
– *l'antilope* f
6 das Mufflon
– *le mouflon*
7 der Steinbock
– *le bouquetin*
8 der Hausbüffel
– *le buffle*
9 der Bison
– *le bison*
10 der Moschusochse
– *le bœuf musqué*
11-22 Raubtiere *n*
– ***les carnassiers*** m, *les carnivores* m
11-13 Hundeartige *pl*
– ***les canidés*** m
11 der Schabrackenschakal (Schakal)
– *le chacal*
12 der Rotfuchs
– *le renard roux*
13 der Wolf
– *le loup*
14-17 Marder *m*
– ***les martes*** f *(martres* f*), mustélidés* m
14 der Steinmarder
– *la fouine*
15 der Zobel
– *la zibeline*
16 das Wiesel
– *la belette*
17 der Seeotter, ein Otter *m*
– *la loutre de mer* f
18-22 Robben *f* (Flossenfüßler *m*)
– ***les pinnipèdes*** m
18 der Seebär (die Bärenrobbe)
– *le phoque à fourrure* f
19 der Seehund
– *l'otarie* f
20 das Polarmeerwalroß
– *le morse*
21 das Barthaar
– *la moustache*
22 der Hauer
– *la défense*
23-29 Wale *m*
– ***les cétacés*** m
23 der Tümmler
– *le dauphin*
24 der Gemeine Delphin
– *le marsouin*
25 der Pottwal
– *le cachalot*
26 das Atemloch
– *l'évent* m
27 die Fettflosse
– *la nageoire dorsale, l'aileron* m *dorsal*
28 die Brustflosse
– *la nageoire pectorale, l'aileron* m *pectoral*
29 die Schwanzflosse
– *la queue, la nageoire caudale, l'aileron* m *caudal*

1
2
3
4
5
6
7
8
9
10
11
12
13
14
15
16
17
18
19
20
21
22
23
24
25
26
27
28
29

1-11 Raubtiere *n*
– ***les carnassiers*** m *(carnivores* m*,*
bêtes f *de proie* f*)*
1 die Streifenhyäne, eine Hyäne
– *l'hyène* f *rayée*
2-8 Katzen *f*
– ***les félins*** m
2 der Löwe
– *le lion*
3 die Mähne (Löwenmähne)
– *la crinière*
4 die Tatze
– *la patte*
5 der Tiger
– *le tigre*
6 der Leopard
– *le léopard*
7 der Gepard
– *le guépard*
8 der Luchs
– *le lynx*
9-11 Bären *m*
– ***les ursidés*** m
9 der Waschbär
– *le raton laveur*
10 der Braunbär
– *l'ours* m *brun*
11 der Eisbär
– *l'ours* m *blanc, l'ours* m *polaire*
12-16 Herrentiere *n*
– ***les primates*** m
12-13 Affen *m*
– *les singes* m
12 der Rhesusaffe
– *le singe rhésus*
13 der Pavian
– *le babouin*
14-16 Menschenaffen *m*
– ***les anthropoïdes*** m
14 der Schimpanse
– *le chimpanzé*
15 der Orang-Utan
– *l'orang-outang* m
16 der Gorilla
– *le gorille*

1
3
2
4
5
6
7
8
9
10
11
14
12
15
16
13

1 Gigantocypris agassizi (der Riesenmuschelkrebs)
– *Gigantocypris agassizi, un crustacé*
2 Macropharynx longicaudatus (der Pelikanaal)
– *Macropharynx longicaudatus, un poisson abyssal*
3 Pentacrinus [der Haarstern], eine Seelilie, ein Stachelhäuter
– *le pentacrinus, un échinoderme*
4 Thaumatolampas diadema (die Wunderlampe), ein Tintenfisch *m* [leuchtend]
– *Thaumatolampas diadema, un céphalopode (luminescent)*
5 Atolla, eine Tiefseemeduse, ein Hohltier *n*
– *l'atolla* m, *une méduse abyssale, un cœlenthéré*
6 Melanocetes, ein Armflossler *m* [leuchtend]
– *le mélanocète, un brachioptère (luminescent)*
7 Lophocalyx philippensis, ein Glasschwamm *m*
– *Lophocalyx philippensis, une éponge siliceuse*
8 Mopsea, eine Hornkoralle [Kolonie *f*]
– *le mopsea, un polype (luminescent) (colonie* f*)*
9 Hydrallmania, ein Hydroidpolyp *m*, ein Polyp *m*, ein Hohltier *n* [Kolonie *f*]
– *l'hydrallmania* m, *un polype hydroïde, un polype, un cœlenthéré (colonie* f*)*
10 Malacosteus indicus, ein Großmaul *n* [leuchtend]
– *Malacosteus indicus, un stomiatidé (luminescent)*
11 Brisinga endecacnemos, ein Schlangenstern *m*, ein Stachelhäuter *m* [nur gereizt leuchtend]
– *Brisinga endecacnemos, un ophiuridé, un échinoderme (luminescent après stimulation* f*)*
12 Pasiphaea, eine Garnele, ein Krebs *m*
– *la pasiphœa, une crevette abyssale, un crustacé*
13 Echiostoma, ein Großmaul *n*, ein Fisch *m* [leuchtend]
– *l'échiostoma* m, *un stomiatidé, un poisson abyssal (luminescent)*
14 Umbellula encrinus, eine Seefeder, ein Hohltier *n* [Kolonie *f* leuchtend]
– *Umbellula encrinus, une pennatule, une plume de mer* f, *un cœlenthéré*
15 Polycheles, ein Krebs *m*
– *le polycheles, un crustacé*
16 Lithodes, ein Krebs *m*, eine Krabbe
– *le lithodes, un crabe, un crustacé*
17 Archaster, ein Seestern *m*, ein Stachelhäuter *m*
– *l'archaster* m, *une étoile de mer* f, *un échinoderme*
18 Oneirophanta, eine Seegurke, ein Stachelhäuter *m*
– *l'oneirophanta* m, *une holothurie, un échinoderme*
19 Palaeopneustes niasicus, ein Seeigel *m*, ein Stachelhäuter *m*
– *Palaeopneustes niasicus, un oursin, un échinoderme*
20 Chitonactis, eine Seeanamone, ein Hohltier *n*
– *le chitonactis, une anémone de mer* f, *une actinie, un cœlenthéré*

1
2
3
4
5
6
7
8
9
10
11
12
13
14
15
16
17
18
19
20
S. Vogel

1 der Baum
– *l'arbre* m
2 der Baumstamm (Stamm)
– *le tronc*
3 die Baumkrone
– *la couronne de l'arbre* m
4 der Wipfel
– *la cime*
5 der Ast
– *la branche*
6 der Zweig
– *le rameau*
7 der Baumstamm [Querschnitt]
– *le tronc [coupe* f *transversale]*
8 die Rinde (Borke)
– *l'écorce* f
9 der Bast
– *le liber*
10 das Kambium (der Kambiumring)
– *le cambium*
11 die Markstrahlen *m*
– *les rayons* m *médullaires*
12 das Splintholz
– *l'aubier* m
13 das Kernholz
– *le cœur du bois*
14 das Mark
– *le vaisseau médullaire*
15 die Pflanze
– la plante
16-18 die Wurzel
– *la racine*
16 die Hauptwurzel
– *la racine principale*
17 die Nebenwurzel (Seitenwurzel)
– *la racine secondaire*
18 das Wurzelhaar
– *la radicelle*
19-25 der Sproß
– *la pousse*
19 das Blatt
– *la feuille*
20 der Stengel
– *la tige*
21 der Seitensproß
– *la pousse latérale*
22 die Endknospe
– *le bourgeon terminal*
23 die Blüte
– *la fleur*
24 die Blütenknospe
– *le bouton floral*
25 die Blattachsel, mit der Achselknospe
– *l'aisselle* f *foliaire avec le bourgeon axillaire*
26 das Blatt
– la feuille
27 der Blattstiel (Stiel)
– *le pétiole*
28 die Blattspreite (Spreite)
– *le limbe*
29 die Blattaderung
– *la nervure secondaire*
30 die Blattrippe
– *la nervure principale*
31-38 Blattformen *f*
– *les formes* f *de feuilles* f
31 linealisch
– *linéaire*
32 lanzettlich
– *lancéolée*
33 rund
– *ronde*
34 nadelförmig
– *aciculaire, en aiguille* f
35 herzförmig
– *cordée*
36 eiförmig
– *ovoïde*
37 pfeilförmig
– *sagittée*
38 nierenförmig
– *réniforme*
39-42 geteilte Blätter *n*
– *feuilles* f *composées*
39 gefingert
– *composée palmée (digitée)*
40 fiederteilig
– *composée pennée*
41 paarig gefiedert
– *composée paripennée*
42 unpaarig gefiedert
– *composée imparipennée*
43-50 Blattrandformen *f*
– *divers bords* m *du limbe*
43 ganzrandig
– *feuille* f *à bord* m *entier*
44 gesägt
– *dentelée*
45 doppelt gesägt
– *denticulée*
46 gekerbt
– *crénelée*
47 gezähnt
– *dentée*
48 ausgebuchtet
– *lobée*
49 gewimpert
– *poilue*
50 die Wimper
– *le poil*
51 die Blüte
– la fleur
52 der Blütenstiel
– *le pédoncule, le pédicelle*
53 der Blütenboden
– *le réceptacle*
54 der Fruchtknoten
– *l'ovaire* m
55 der Griffel
– *le style*
56 die Narbe
– *le stigmate*
57 das Staubblatt
– *l'étamine* f
58 das Kelchblatt
– *le sépale*
59 das Kronblatt
– *le pétale*
60 Fruchtknoten *m* und Staubblatt *n* [Schnitt]
– *l'ovaire* m *et l'étamine* f *[coupe* f*]*
61 die Fruchtknotenwand
– *la paroi de l'ovaire* m
62 die Fruchtknotenhöhle
– *la cavité de l'ovaire* m
63 die Samenanlage
– *l'ovule* m
64 der Embryosack
– *le sac embryonnaire*
65 der Pollen (Blütenstaub)
– *le grain de pollen (le pollen)*
66 der Blütenschlauch
– *le tube pollinique*
67-77 Blütenstände *m*
– *inflorescences* f
67 die Ähre
– *l'épi* m
68 die geschlossene Traube
– *la grappe*
69 die Rispe
– *le panicule*
70 die Trugdolde
– *la cyme bipare*
71 der Kolben
– *le spadice*
72 die Dolde
– *l'ombelle* f
73 das Köpfchen
– *le capitule*
74 das Körbchen
– *le capitule convexe*
75 der Blütenkrug
– *le capitule concave*
76 die Schraubel
– *la cyme unipare scorpioïde*
77 der Wickel
– *la cyme unipare hélicoïde*
78-82 Wurzeln *f*
– *les racines* f
78 die Adventivwurzeln *f*
– *les racines* f *adventives*
79 die Speicherwurzel
– *la racine pivotante*
80 die Kletterwurzeln *f*
– *les crampons* m
81 die Wurzeldornen *m*
– *les racines* f *munies d'épines* f
82 die Atemwurzeln *f*
– *les racines* f *aériennes*
83-85 der Grashalm
– *le brin d'herbe* f
83 die Blattscheide
– *la graine*
84 das Blatthäutchen
– *la ligule*
85 die Blattspreite
– *le limbe*
86 der Keimling
– *le germe*
87 das Keimblatt
– *le cotylédon*
88 die Keimwurzel
– *la radicule*
89 die Keimsproßachse
– *la tigelle*
90 die Blattknospe
– *la gemmule*
91-102 Früchte *f*
– *les fruits* m
91-96 Öffnungsfrüchte *f*
– *les fruits* m *déhiscents*
91 die Balgfrucht
– *le follicule*
92 die Hülse
– *la gousse*
93 die Schote
– *la silique*
94 die Spaltkapsel
– *la capsule loculicide*
95 die Deckelkapsel
– *la pyxide*
96 die Porenkapsel
– *la capsule poricide*
97-102 Schließfrüchte *f*
– *les fruits* m *charnus*
97 die Beere
– *la baie*
98 die Nuß
– *la noix*
99 die Steinfrucht (Kirsche)
– *la drupe (la cerise)*
100 die Sammelnußfrucht (Hagebutte)
– *le faux fruit (l'églantier* m*)*
101 die Sammelsteinfrucht (Himbeere)
– *le fruit composé (la framboise)*
102 die Sammelbalgfrucht (Apfel *m*)
– *le fruit à pépins* m *(la pomme)*

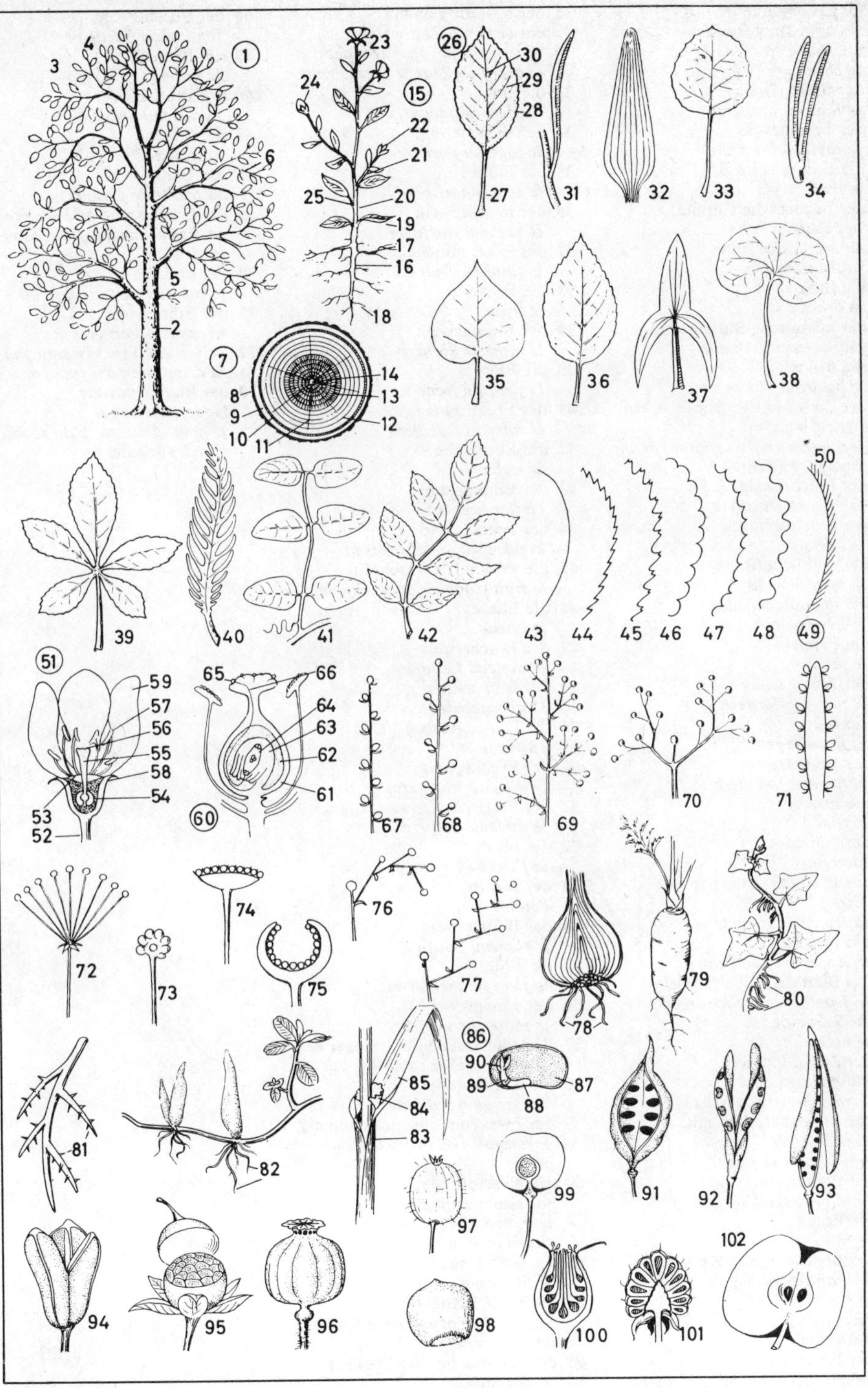
1
2
3
4
5
6
7
8
9
10
11
12
13
14
15
16
17
18
19
20
21
22
23
24
25
26
27
28
29
30
31
32
33
34
35
36
37
38
39
40
41
42
43
44
45
46
47
48
49
50
51
52
53
54
55
56
57
58
59
60
61
62
63
64
65
66
67
68
69
70
71
72
73
74
75
76
77
78
79
80
81
82
83
84
85
86
87
88
89
90
91
92
93
94
95
96
97
98
99
100
101
102

1-73 Laubbäume *m*
– *les arbres* m *à feuilles* f *caduques*
1 die Eiche
– *le chêne*
2 der Blütenzweig
– *le rameau florifère*
3 der Fruchtzweig
– *le rameau fructifère*
4 die Frucht (Eichel)
– *le fruit (le gland)*
5 der Becher (die Cupula)
– *la cupule*
6 die weibliche Blüte
– *la fleur femelle*
7 die Braktee
– *la bractée*
8 der männliche Blütenstand
– *l'inflorescence* f *mâle*
9 die Birke
– *le bouleau*
10 der Zweig mit Kätzchen *n*, ein Blütenzweig *m*
– *le rameau avec ses chatons* m, *un rameau florifère*
11 der Fruchtzweig
– *le rameau fructifère*
12 die Fruchtschuppe
– *la samare*
13 die weibliche Blüte
– *la fleur femelle*
14 die männliche Blüte
– *la fleur mâle*
15 die Pappel
– *le peuplier*
16 der Blütenzweig
– *le rameau florifère*
17 die Blüte
– *la fleur de peuplier* m
18 der Fruchtzweig
– *le rameau fructifère*
19 die Frucht
– *le fruit*
20 der Samen
– *la graine*
21 das Blatt der Zitterpappel (Espe)
– *la feuille de tremble* m
22 der Fruchtstand
– *la disposition du fruit*
23 das Blatt der Silberpappel
– *la feuille du peuplier argenté*
24 die Salweide
– *le marsault*
25 der Zweig mit den Blütenknospen *f*
– *le rameau en boutons* m
26 das Blütenkätzchen mit Einzelblüte *f*
– *le chaton avec fleur* f
27 der Blattzweig
– *le rameau feuillu*
28 die Frucht
– *le fruit*
29 der Blattzweig der Korbweide
– *la branche feuillue de l'osier* m
30 die Erle
– *l'aulne* m
31 der Fruchtzweig
– *le rameau fructifère*
32 der Blütenzweig mit vorjährigem Zapfen *m*
– *le rameau florifère avec des cônes* m *de l'année* f *précédente*
33 die Buche
– *le hêtre (le fayard)*
34 der Blütenzweig
– *le rameau florifère*
35 die Blüte
– *la fleur du hêtre*
36 der Fruchtzweig
– *le rameau fructifère*
37 die Ecker (Buchenfrucht)
– *la faine (le fruit du hêtre)*
38 die Esche
– *le frêne*
39 der Blütenzweig
– *le rameau florifère*
40 die Blüte
– *la fleur du frêne*
41 der Fruchtzweig
– *le rameau fructifère*
42 die Eberesche
– *le sorbier*
43 der Blütenstand
– *l'inflorescence* f
44 der Fruchtstand
– *la disposition des fruits* m
45 die Frucht [Längsschnitt]
– *le fruit [coupe* f *longitudinale]*
46 die Linde
– *le tilleul*
47 der Fruchtzweig
– *le rameau fructifère*
48 der Blütenstand
– *l'inflorescence* f
49 die Ulme (Rüster)
– *l'orme* m
50 der Fruchtzweig
– *le rameau fructifère*
51 der Blütenzweig
– *le rameau florifère*
52 die Blüte
– *la fleur de l'orme* m
53 der Ahorn
– *l'érable* m
54 der Blütenzweig
– *le rameau florifère*
55 die Blüte
– *la fleur de l'érable* m
56 der Fruchtzweig
– *le rameau fructifère*
57 der Ahornsamen mit Flügel *m*
– *la disamare, la samare à ailes* f
58 die Roßkastanie
– *le marronnier d'Inde* f
59 der Zweig mit jungen Früchten *f*
le rameau avec de jeunes fruits m
60 die Kastanie (der Kastaniensamen)
– *le marron (la graine de marronnier* m*)*
61 die reife Frucht
– *le fruit mûr*
62 die Blüte [Längsschnitt]
– *la fleur du marronnier* m *[coupe* f *longitudinale]*
63 die Hainbuche (Weißbuche)
– *le charme*
64 der Fruchtzweig
– *le rameau fructifère*
65 der Samen
– *la graine*
66 der Blütenzweig
– *le rameau florifère*
67 die Platane
– *le platane*
68 das Blatt
– *la feuille de platane* m
69 der Fruchtstand und die Frucht
– *la disposition des fruits* m *et le fruit*
70 die Robinie
– *le robinier (le faux acacia)*
71 der Blütenzweig
– *le rameau florifère*
72 Teil *m* des Fruchtstandes *m*
– *la disposition des fruits* m
73 der Blattansatz mit Nebenblättern *n*
– *le point d'attache* f *du pétiole avec les stipules* f

1
2
3
4
5
6
7
8
9
10
11
12
13
14
15
16
17
18
19
20
21
22
23
24
25
26
27
28
29
30
31
32
33
34
35
36
37
38
39
40
41
42
43
44
45
46
47
48
49
50
51
52
53
54
55
56
57
58
59
60
61
62
63
64
65
66
67
68
69
70
71
72
73

1-71 Nadelbäume *m* (Koniferen *f*)
– *les conifères* m
1 die Edeltanne (Weißtanne)
– *le sapin blanc*
2 der Tannenzapfen, ein Fruchtzapfen *m*
– *le cône, un fruit*
3 die Zapfenachse
– *l'axe* m *du cône*
4 der weibliche Blütenzapfen
– *le cône femelle*
5 die Deckschuppe
– *l'écaille* f
6 der männliche Blütensproß
– *le cône mâle*
7 das Staubblatt
– *l'étamine* f
8 die Zapfenschuppe
– *l'écaille* f *du cône*
9 der Samen mit Flügel *m*
– *la graine ailée*
10 der Samen [Längsschnitt]
– *la graine [coupe* f *longitudinale]*
11 die Tannennadel (Nadel)
– *l'aiguille* f *de sapin* m
12 die Fichte
– *l'épicéa* m
13 der Fichtenzapfen
– *le cône*
14 die Zapfenschuppe
– *l'écaille* f *du cône*
15 der Samen
– *la graine*
16 der weibliche Blütenzapfen
– *le cône femelle*
17 der männliche Blütenstand
– *le cône mâle*
18 das Staubblatt
– *l'étamine* f
19 die Fichtennadel
– *l'aiguille* f *d'épicéa* m
20 die Kiefer (Gemeine Kiefer, Föhre)
– *le pin sylvestre*
21 die Zwergkiefer
– *le pin nain*
22 der weibliche Blütenzapfen
– *le cône femelle*
23 der zweinadlige Kurztrieb
– *les feuilles* f *aciculaires géminées*
24 die männlichen Blütenstände *m*
– *le cône mâle*
25 der Jahrestrieb
– *la pousse de l'année*
26 der Kiefernzapfen
– *le cône de pin* m *(la pomme de pin* m*)*
27 die Zapfenschuppe
– *l'écaille* f *du cône*
28 der Samen
– *la graine*
29 der Fruchtzapfen der Zirbelkiefer
– *le cône du pin cembro (pin* m *cembrot, arole* m*)*
30 der Fruchtzapfen der Weymouthskiefer (Weimutskiefer)
– *le cône du pin Weymouth*
31 der Kurztrieb [Querschnitt]
– *la pousse [coupe* f *transversale]*
32 die Lärche
– *le mélèze*
33 der Blütenzweig
– *le rameau florifère*
34 die Schuppe des weiblichen Blütenzapfens *m*
– *l'écaille* f *du cône femelle*
35 der Staubbeutel
– *l'anthère* f
36 der Zweig mit Lärchenzapfen *m* (Fruchtzapfen)
– *le rameau avec un cône*
37 der Samen
– *la graine*
38 die Zapfenschuppe
– *l'écaille* f
39 der Lebensbaum
– *le thuya*
40 der Fruchtzweig
– *le rameau fructifère*
41 der Fruchtzapfen
– *le cône*
42 die Schuppe
– *l'écaille* f
43 der Zweig mit männlichen und weiblichen Blüten *f*
– *le rameau avec des fleurs* f *mâles et des fleurs* f *femelles*
44 der männliche Sproß
– *la pousse mâle*
45 die Schuppe, mit Pollensäcken *m*
– *l'écaille* f *avec sacs* m *polliniques*
46 der weibliche Sproß
– *la pousse femelle*
47 der Wacholder
– *le genévrier*
48 der weibliche Sproß [Längsschnitt]
– *la pousse femelle [coupe* f *longitudinale]*
49 der männliche Sproß
– *la pousse mâle*
50 die Schuppe, mit Pollensäcken *m*
– *l'écaille* f *avec sacs* m *polliniques*
51 der Fruchtzweig
– *le rameau fructifère*
52 die Wacholderbeere (Krammetsbeere)
– *la baie de genièvre* m
53 die Frucht [Querschnitt]
– *le fruit [coupe* f *transversale]*
54 der Samen
– *la graine*
55 die Pinie
– *le pin pignon*
56 der männliche Sproß
– *la pousse mâle*
57 der Fruchtzapfen mit Samen [Längsschnitt]
– *le cône avec les graines* f *(pignes* f*) [coupe* f *longitudinale]*
58 die Zypresse
– *le cyprès*
59 der Fruchtzweig
– *le rameau fructifère*
60 der Samen
– *la graine*
61 die Eibe
– *l'if* m
62 männlicher Blütensproß und weiblicher Blütenzapfen
– *le cône mâle et le cône femelle*
63 der Fruchtzweig
– *le rameau fructifère*
64 die Frucht
– *le fruit*
65 die Zeder
– *le cèdre*
66 der Fruchtzweig
– *le rameau fructifère*
67 die Fruchtschuppe
– *l'écaille* f *du fruit*
68 männlicher Blütensproß und weiblicher Blütenzapfen
– *le cône mâle et le cône femelle*
69 der Mammutbaum
– *le séquoia*
70 der Fruchtzweig
– *le rameau fructifère*
71 der Samen
– *la graine*

1
2
3
5
4
8
9
10
11
6
7
6
12
13
19
14
15
16
17
18
31
25
23
24
26
30
20
32
33
35
34
36
38
37
37
27
28
21
22
29
55
57
56
60
47
42
41
40
51
52
53
54
52
58
59
45
48
49
50
39
44
43
46
64
61
70
67
66
69
70
63
64
65
62
68
71
♂
♀

1 die Forsythie
– *le forsythia*
2 der Fruchtknoten und das Staubblatt
– *l'ovaire* m *et l'étamine* f
3 das Blatt
– *la feuille du forsythia*
4 der Gelbblühende Jasmin
– *le jasmin jaune*
5 die Blüte [Längsschnitt] mit Griffel *m*, Fruchtknoten *m* und Staubblättern *n*
– *la fleur [coupe* f *longitudinale] avec le style, l'ovaire* m *et les étamines* f
6 der Gemeine Liguster
– *le troène*
7 die Blüte
– *la fleur de troène* m
8 der Fruchtstand
– *la disposition des fruits* m *(baies* f*)*
9 der Wohlriechende Pfeifenstrauch
– *le seringat*
10 der Gemeine Schneeball
– *la boule de neige* f *(la viorne)*
11 die Blüte
– *la fleur*
12 die Früchte *f*
– *les fruits* m
13 der Oleander
– *le laurier-rose*
14 die Blüte [Längsschnitt]
– *la fleur de laurier-rose* m *[coupe* f *longitudinale]*
15 die Rote Magnolie
– *le magnolia*
16 das Blatt
– *la feuille de magnolia* m
17 die Japanische Quitte
– *le cognassier du Japon*
18 die Frucht
– *le fruit*
19 der Gemeine Buchsbaum
– *le buis*
20 die weibliche Blüte
– *la fleur femelle*
21 die männliche Blüte
– *la fleur mâle*
22 die Frucht [Längsschnitt]
– *le fruit du buis [coupe* f *longitudinale]*
23 die Weigelie
– *le weigelia*
24 die Palmlilie [Teil *m* des Blütenstands *m*]
– *le yucca [partie* f *de l'inflorescence* f*]*
25 das Blatt
– *la feuille*
26 die Hundsrose
– *l'églantier* m
27 die Frucht
– *le fruit de l'églantier* m *(le cynorrhodon)*
28 die Kerrie
– *la kerrie (la spirée du Japon)*
29 die Frucht
– *le fruit*
30 die Rötästige Kornelkirsche
– *le cornouiller sanguin*
31 die Blüte
– *la fleur du cornouiller sanguin*
32 die Frucht (Kornelkirsche, Kornelle)
– *le fruit*
33 der Echte Gagel
– *le galé (le piment royal)*

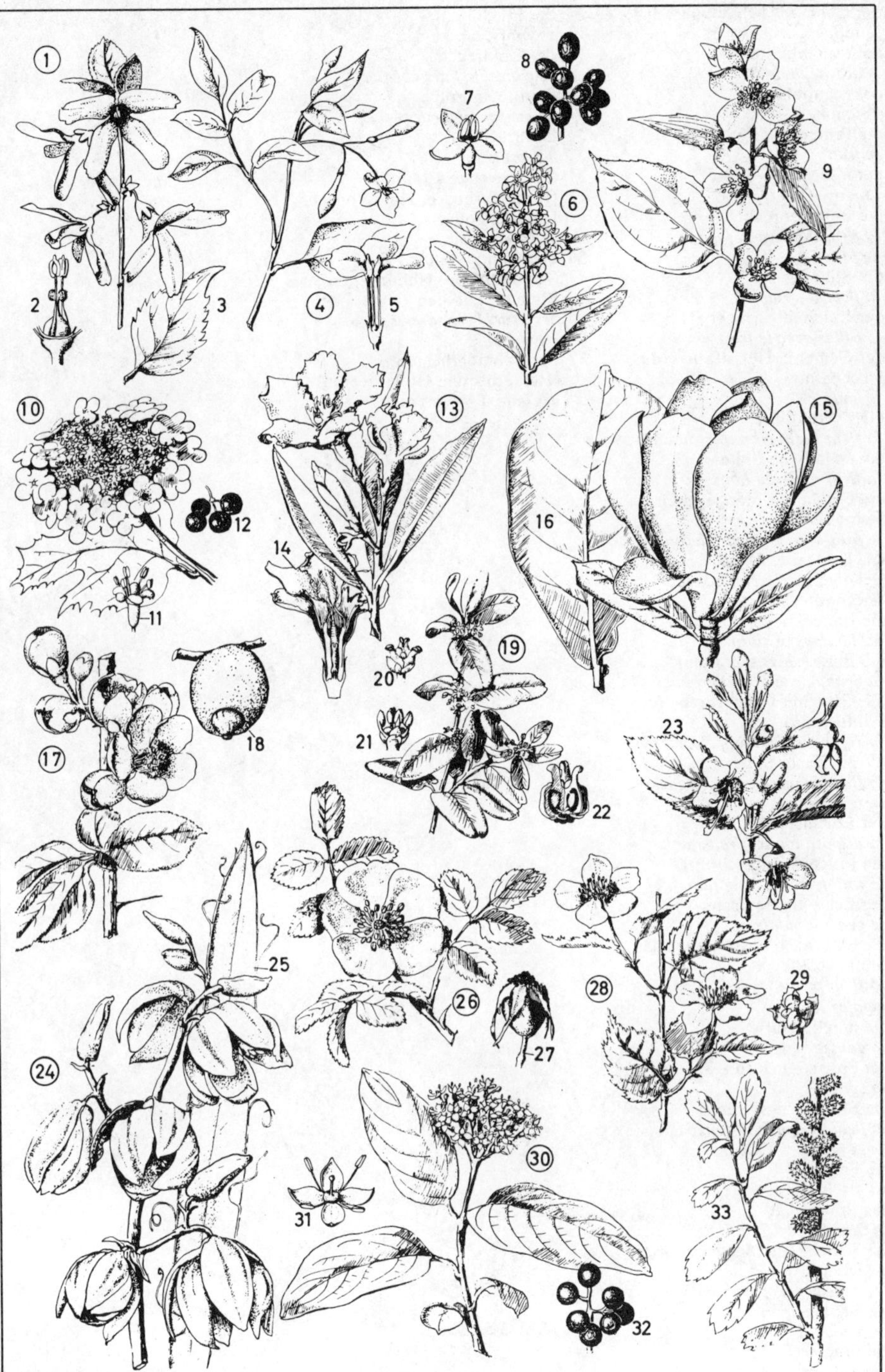
1
2
3
4
5
6
7
8
9
10
11
12
13
14
15
16
17
18
19
20
21
22
23
24
25
26
27
28
29
30
31
32
33

1 der Gemeine Tulpenbaum
– *le tulipier*
2 die Fruchtblätter *n*
– *les carpelles* m
3 das Staubblatt
– *l'étamine* f
4 die Frucht
– *le fruit*
5 der Ysop
– *l'hysope* f
6 die Blüte [von vorn]
– *la fleur d'hysope* f *[vue* f *de face* f*]*
7 die Blüte
– *la fleur d'hysope* f
8 der Kelch mit Frucht *f*
– *le calice avec le fruit*
9 der Gemeine Hülsstrauch (die Stechpalme)
– *le houx*
10 die Zwitterblüte
– *la fleur hermaphrodite du houx*
11 die männliche Blüte
– *la fleur mâle du houx*
12 die Frucht mit bloßgelegten Steinen *m*
– *le fruit avec le noyau découvert*
13 das Echte Geißblatt (Jelängerjelieber *m* od. *n*)
– *le chèvrefeuille*
14 die Blütenknospen *f*
– *les boutons* m *floraux*
15 die Blüte [aufgeschnitten]
– *la fleur du chèvrefeuille [coupe* f*]*
16 die Gemeine Jungfernrebe (der Wilde Wein)
– *la vigne vierge (l'ampélopsis* m*)*
17 die geöffnete Blüte
– *la fleur épanouie de la vigne vierge*
18 der Fruchtstand
– *la disposition des fruits* m
19 die Frucht [Längsschnitt]
– *le fruit [coupe* f *longitudinale]*
20 der Echte Besenginster
– *le genêt à balais* m
21 die Blüte nach Entfernung *f* der Blumenblätter *n*
– *la fleur privée de ses pétales* m
22 die unreife Hülse
– *la gousse verte*
23 der Spierstrauch (die Spiräe)
– *la spirée*
24 die Blüte [Längsschnitt]
– *la fleur de spirée* f *[coupe* f *longitudinale]*
25 die Frucht
– *les fruits* m
26 das Fruchtblatt
– *le carpelle*
27 die Schlehe (der Schwarzdorn, Schlehdorn)
– *le prunellier (l'épine* f *noire)*
28 die Blätter *n*
– *les feuilles* f
29 die Früchte *f*
– *les fruits* m
30 der Eingriffelige Weißdorn
– *l'aubépine* f
31 die Frucht
– *le fruit*
32 der Goldregen
– *le cytise (le faux ébénier)*
33 die Blütentraube
– *la grappe de fleurs* f
34 die Früchte *f*
– *les fruits* m
35 der Schwarze Holunder (Holunderbusch, Holderbusch, Holder, Holler)
– *le sureau noir*
36 die Holunderblüten *f* (Holderblüten, Hollerblüten), Blütentrugdolden *f*
– *les fleurs* f *de sureau* m *(un corymbe)*
37 die Holunderbeeren *f* (Holderbeeren, Hollerbeeren)
– *les baies* f *de sureau* m

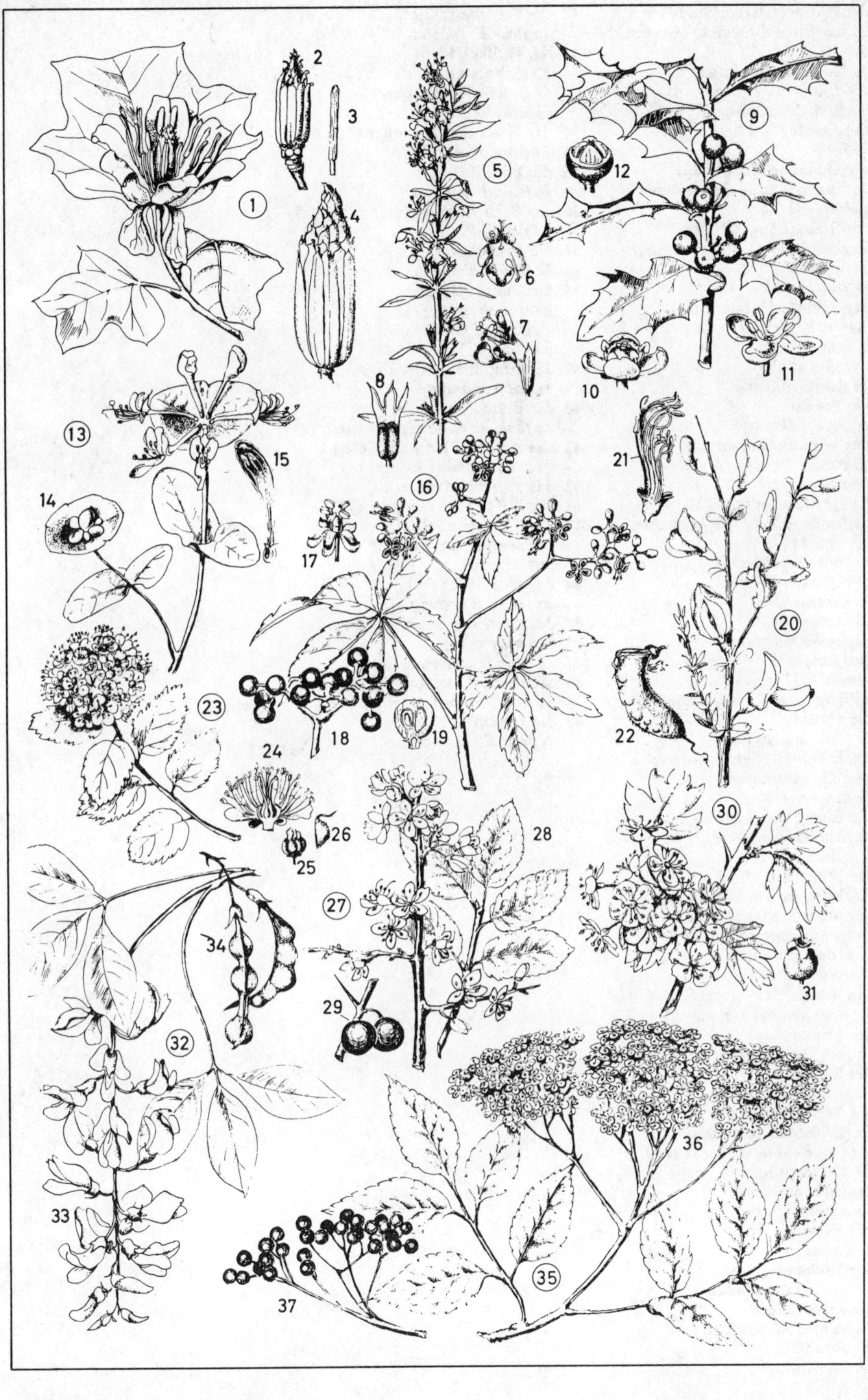
1
2
3
4
5
6
7
8
9
10
11
12
13
14
15
16
17
18
19
20
21
22
23
24
25
26
27
28
29
30
31
32
33
34
35
36
37

375 Wiesenblumen und Blumen am Wegrand I

1 der Rundblätterige Steinbrech
– *la saxifrage à feuilles* f *rondes*
2 das Blatt
– *la feuille de saxifrage* f
3 die Blüte
– *la fleur de saxifrage* f
4 die Frucht
– *le fruit*
5 die Gemeine Kuhschelle
– *la couque lourde (l'anémone* f *pulsatille)*
6 die Blüte [Längsschnitt]
– *la fleur [coupe* f *longitudinale]*
7 die Frucht
– *le fruit*
8 der Scharfe Hahnenfuß
– *la renoncule d'or* m *(le bouton d'or* m*)*
9 das Grundblatt
– *la feuille radicale*
10 die Frucht
– *le fruit (l'akène* m*)*
11 das Wiesenschaumkraut
– *la cardamine des prés* m *(la cressonnette)*
12 das grundständige Blatt
– *la feuille radicale de la cardamine*
13 die Frucht
– *le fruit (la silique)*
14 die Glockenblume
– *la campanule*
15 das Grundblatt
– *la feuille radicale de la campanule*
16 die Blüte [Längsschnitt]
– *la fleur [coupe* f *longitudinale]*
17 die Frucht
– *le fruit (la capsule)*
18 die Efeublätterige Gundelrebe (der Gundermann)
– *le lierre terrestre*
19 die Blüte [Längsschnitt]
– *la fleur du lierre terrestre [coupe* f *longitudinale]*
20 die Blüte [von vorn]
– *la fleur [vue* f *de devant* m*]*
21 der Scharfe Mauerpfeffer
– *l'orpin* m *âcre (un sédum)*
22 das (der) Ehrenpreis
– *la véronique*
23 die Blüte
– *la fleur de la véronique*
24 die Frucht
– *le fruit (la capsule)*
25 der Samen
– *la graine*
26 das Pfennigkraut
– *la lysimiaque nummulaire (la monnoyère, l'herbe* f *aux écus)*
27 die aufgesprungene Fruchtkapsel
– *la capsule ouverte*
28 der Samen
– *la graine*
29 die Taubenskabiose
– *la scabieuse colombaire*
30 das Grundblatt
– *la feuille radicale*
31 die Strahlblüte
– *la fleur radiée*
32 die Scheibenblüte
– *la fleur en tube* m
33 der Hüllkelch mit Kelchborsten *f*
– *le calice avec les arêtes* f *calicinales*
34 der Fruchtknoten mit Kelch *m*
– *l'ovaire* m *et le calice*
35 die Frucht
– *le fruit (l'akène* m*)*
36 das Scharbockskraut
– *la ficaire*
37 die Frucht
– *le fruit (l'akène* m*)*
38 die Blattachsel mit Brutknollen *n*
– *l'aisselle* f *foliaire avec les bulbilles* f
39 das Einjährige Rispengras
– *le paturin annuel*
40 die Blüte
– *la fleur de paturin* m *annuel*
41 das Ährchen [von der Seite]
– *l'épillet* m *[vue* f *de côté* m*]*
42 das Ährchen [von vorn]
– *l'épillet* m *[vue* f *de face* f*]*
43 die Karyopse (Nußfrucht)
– *le caryopse (un fruit sec indéhiscent)*
44 der Grasbüschel
– *la touffe d'herbes* f
45 der Gemeine Beinwell (die Schwarzwurz)
– *la grande consoude*
46 die Blüte [Längsschnitt]
– *la fleur [coupe* f *longitudinale]*
47 die Frucht
– *le fruit (l'akène* m*)*

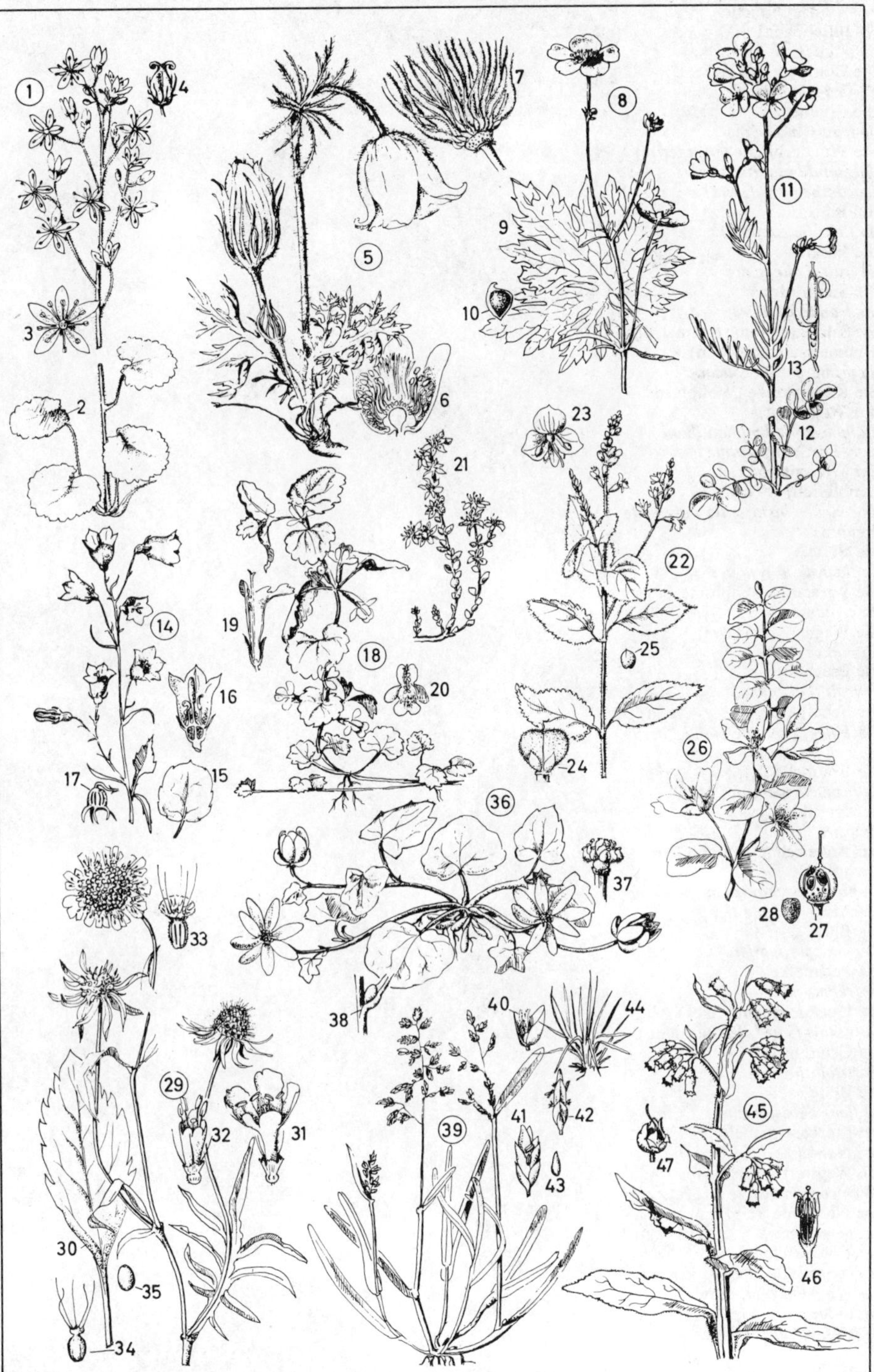
1
2
3
4
5
6
7
8
9
10
11
12
13
14
15
16
17
18
19
20
21
22
23
24
25
26
27
28
29
30
31
32
33
34
35
36
37
38
39
40
41
42
43
44
45
46
47

376 Wiesenblumen und Blumen am Wegrand II

1 das Gänseblümchen (Maßliebchen)
– *la pâquerette*
2 die Blüte
– *la fleur (le capitule)*
3 die Frucht
– *le fruit (l'akène* m*)*
4 die Wucherblume (Margerite)
– *la grande marguerite (le leucanthème vulgaire)*
5 die Blüte
– *la fleur (le capitule)*
6 die Frucht
– *le fruit (l'akène* m*)*
7 die Sterndolde
– *la grande radiaire*
8 die Schlüsselblume (Primel, das Himmelsschlüsselchen)
– *la primevère (le coucou)*
9 die Königskerze (Wollblume, das Wollkraut)
– *la molène (le bouillon blanc, le cierge de Notre-Dame* f*)*
10 der Wiesenknöterich (Knöterich)
– *la renouée bistorte (la langue de bœuf* m*)*
11 die Blüte
– *la fleur de la renouée*
12 die Wiesenflockenblume
– *la centaurée jacée*
13 die Wegmalve (Malve)
– *la mauve*
14 die Frucht
– *le fruit (l'akène* m*)*
15 die Schafgarbe
– *l'achillée* f *(la millefeuille, l'herbe* f *au charpentier)*
16 die Braunelle
– *la brunelle vulgaire*
17 der Hornklee
– *le lotier*
18 der Ackerschachtelhalm [ein Sproß *m*]
– *la prêle des champs* m *(la queue de cheval* m*) [une tige]*
19 die Blüte
– *l'épi* m *sporangifère*
20 die Pechnelke
– *le lychnis viscaire*
21 die Kuckuckslichtnelke
– *le lychnis fleur* f *de coucou* m
22 die Osterluzei
– *l'aristoloche* f
23 die Blüte
– *la fleur d'aristoloche*
24 der Storchschnabel
– *le géranium*
25 die Wegwarte (Zichorie)
– *la chicorée sauvage*
26 das Nickende Leinkraut
– *le silène penché*
27 der Frauenschuh
– *le cypripède (le sabot de Vénus* f*)*
28 das Knabenkraut, eine Orchidee
– *l'orchis* m, *une orchidée*

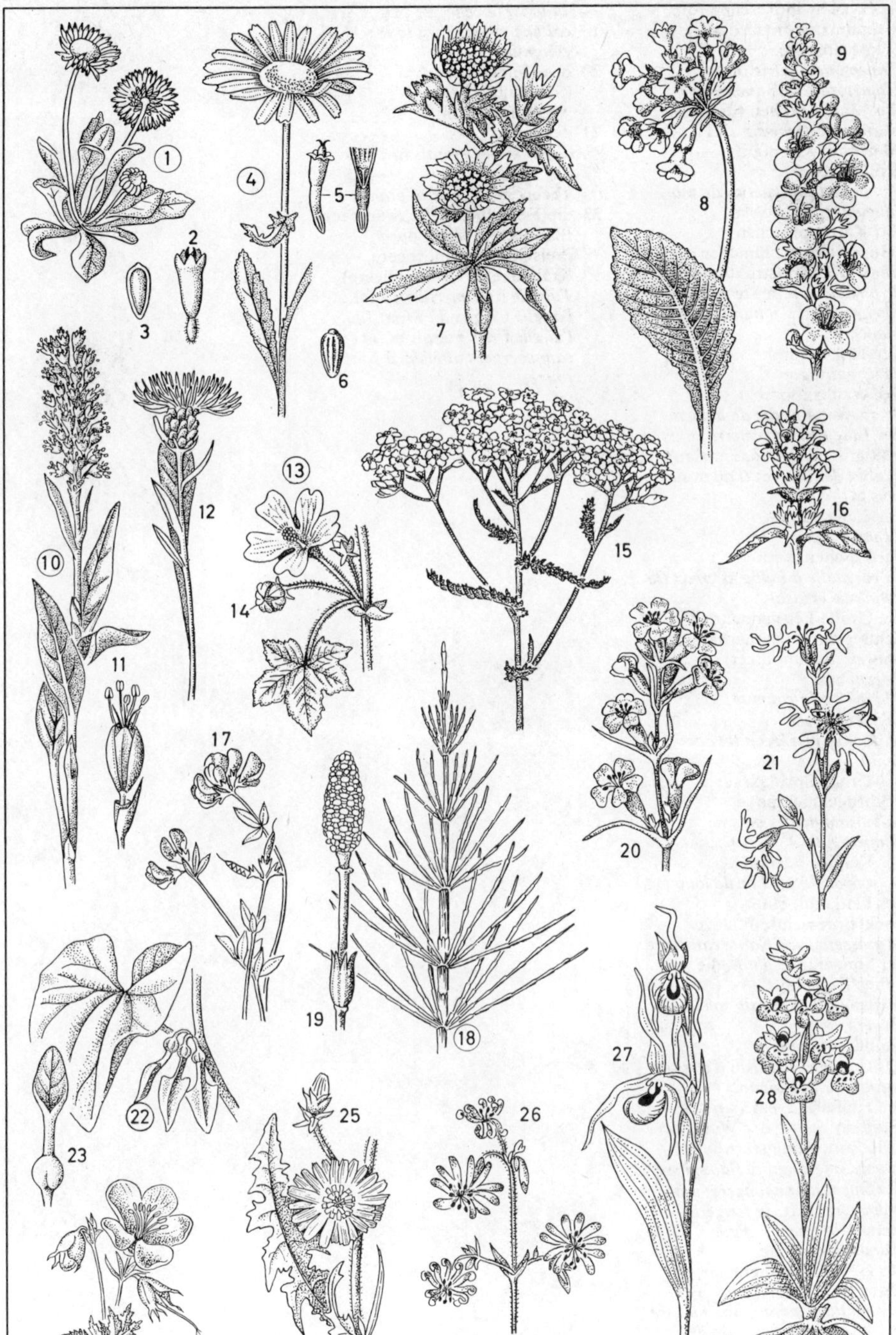
1
2
3
4
5
6
7
8
9
10
11
12
13
14
15
16
17
18
19
20
21
22
23
24
25
26
27
28

377 Wald-, Moor- und Heidepflanzen

1 das Buschwindröschen (die Anemone, *schweiz.* das Schneeglöggli)
– *l'anémone* f *sylvie (la pâquerette), une anémone*
2 das Maiglöckchen (die Maiblume, *schweiz.* das Maierisli, Knopfgras, Krallegras)
– *le muguet (muguet* m *de mai, muguet* m *des bois* m*)*
3 das Katzenpfötchen (Himmelfahrtsblümchen); *ähnl.:* die Sandstrohblume
– *le pied de chat* m *(le gnaphale dioïque,* anal.: *l' immortelle* f *blanche)*
4 der Türkenbund
– *le lis martagon*
5 der Waldgeißbart
– *la spirée (la barbe de bouc* m*)*
6 der Bärenlauch (*österr.* Faltigron, Faltrian, Feltrian)
– *l'ail* m *des ours* m *(l'ail* m *des bois* m*)*
7 das Lungenkraut
– *la pulmonaire*
8 der Lerchensporn
– *la corydalle à bulbe* m *creux (la corydalle creuse)*
9 die Große Fetthenne (der Schmerwurz, Donnerbart, *schweiz.* Schuhputzer)
– *l'orpin* m *(l'herbe* f *à la coupure)*
10 der Seidelbast
– *le daphné mézéréon (le bois gentil)*
11 das Große Springkraut (Rührmichnichtan)
– *la balsamine des bois* m *(l'impatiente* f*)*
12 der Keulige Bärlapp
– *le lycopode à pied* m *de loup* m
13 das Fettkraut, eine insektenfressende Pflanze
– *la grassette, une plante carnivore*
14 der Sonnentau; *ähnl.:* die Venusfliegenfalle
– *le rossolis (la rosée du soleil* m*, le droséra)*
15 die Bärentraube
– *la busserolle (le raisin d'ours* m*, l'arbousier* m *traînant)*
16 der Tüpfelfarn, ein Farnkraut *n* (Farn *m*); *ähnl.:* der Wurmfarn, Adlerfarn, Königsfarn
– *le polypode vulgaire (la réglisse des bois* m*), une fougère;* anal.: *la fougère mâle, la fougère femelle, la fougère aigle, l'osmonde* f *royale*
17 das Goldene Frauenhaar, ein Moos *n*
– *le polytric commun, une mousse*
18 das Wollgras
– *la linaigrette (l'herbe* f *à coton* m*)*
19 das Heidekraut (die Erika); *ähnl.:* die Glockenheide (Sumpfheide, Moorheide)
– *la bruyère cendrée;* anal.: *la callune vulgaire (la bruyère commune)*
20 das Heideröschen (Sonnenröschen)
– *l'hélianthème* m
21 der Sumpfporst
– *le lédon des marais* m
22 der Kalmus
– *l'acore* m *(le jonc odorant)*
23 die Heidelbeere (Schwarzbeere, Blaubeere); *ähnl.:* die Preiselbeere, Moorbeere, Krähenbeere (Rauschbeere)
– *l'airelle* f *(la myrtille);* anal.: *l'airelle* f *vigne du Mont Ida, l'airelle* f *des marais* m*, la canneberge, l'airelle* f *à fruits* m *rouges*

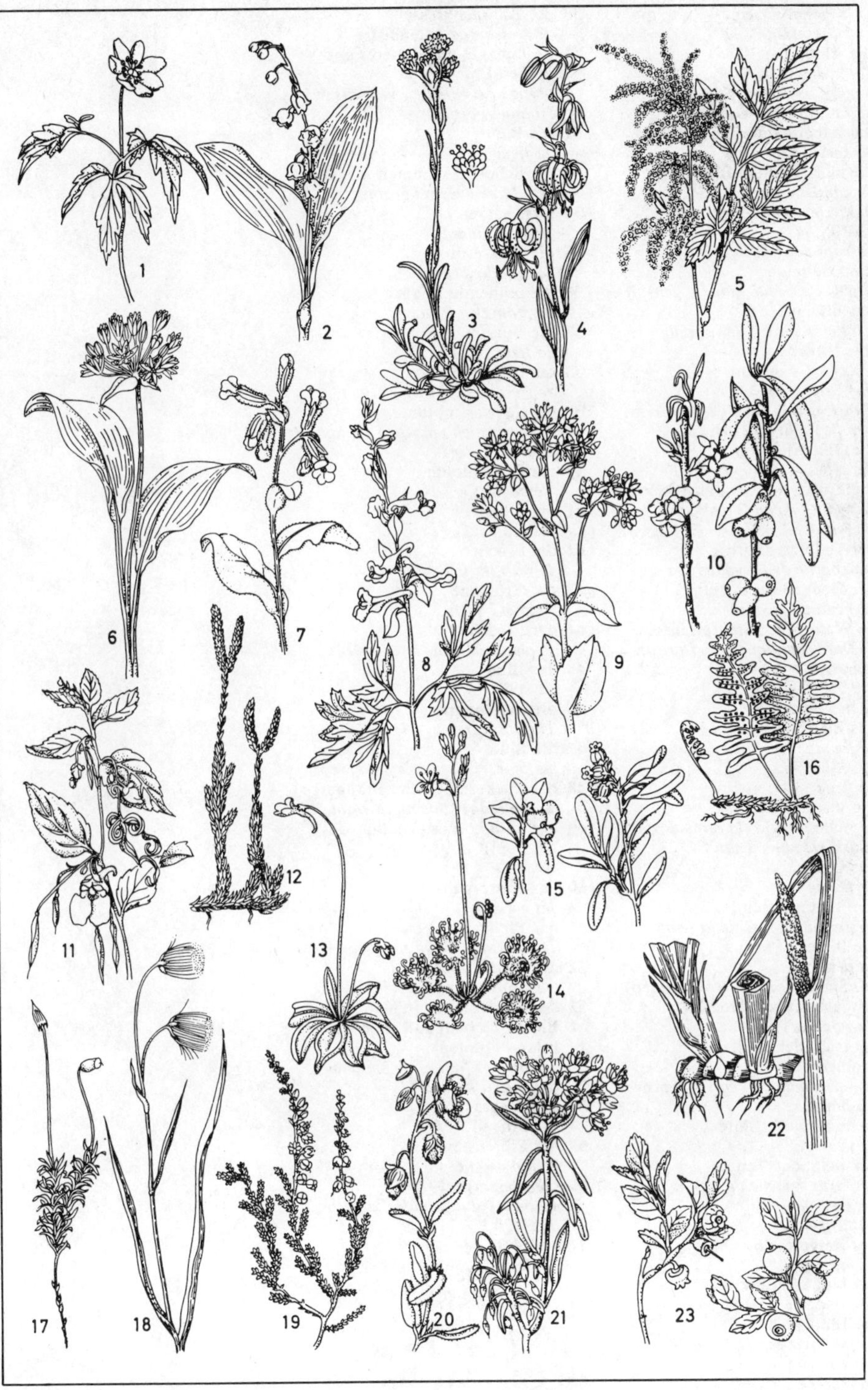
1
2
3
4
5
6
7
8
9
10
11
12
13
14
15
16
17
18
19
20
21
22
23

1-13 Alpenpflanzen *f*
– ***la flore alpine***
1 die Alpenrose
– *le rhododendron*
2 der Blütenzweig
– *le rameau florifère*
3 das Alpenglöckchen
– *la soldanelle*
4 die ausgebreitete Blütenkrone
– *la corolle étalée*
5 die Samenkapsel mit dem Griffel *m*
– *la capsule et le style*
6 die Edelraute
– *l'armoise* f *mutelline (le génépi)*
7 der Blütenstand
– *l'inflorescence* f *(le capitule)*
8 die Aurikel
– *l'oreille* f *d'ours* m
9 das Edelweiß
– *l'edelweiss* m *(le pied de lion* m, *l'étoile* f *d'argent* m*)*
10 die Blütenformen *f*
– *les types* m *de fleurs* f
11 die Frucht mit dem Haarkelch *m*
– *le fruit (l'akène* f*) avec son aigrette* f
12 der Teilblütenkorb
– *une partie de l'involucre* m
13 der Stengellose Enzian
– *la gentiane acaule*
14-57 Wasser- u. Sumpfpflanzen *f*
– ***la flore aquatique et la flore des marais*** m
14 die Seerose
– *le nénuphar*
15 das Blatt
– *la feuille*
16 die Blüte
– *la fleur*
17 die Victoria regia
– *le victoria regia (la reine des eaux* f, *le maïs d'eau* f*)*
18 das Blatt
– *la feuille*
19 die Blattunterseite
– *la face inférieure de la feuille*
20 die Blüte
– *la fleur*
21 das Schilfrohr (der Rohrkolben)
– *le typha (la massette, les quenouilles* f*)*
22 der männliche Teil des Kolbens *m*
– *la partie mâle de l'épi* m *(l'épi* m *staminé)*
23 die männliche Blüte
– *la fleur mâle*
24 der weibliche Teil
– *la partie femelle de l'épi* m
25 die weibliche Blüte
– *la fleur femelle*
26 das Vergißmeinnicht
– *le myosotis*
27 der blühende Zweig
– *le rameau en fleur* f
28 die Blüte [Schnitt]
– *la fleur [coupe* f*]*
29 der Froschbiß
– *la morène*
30 die Brunnenkresse
– *le cresson de fontaine* f
31 der Stengel mit Blüten *f* und jungen Früchten *f*
– *la tige avec fleurs* f *et fruits* m *(siliques* f*) jeunes*
32 die Blüte
– *la fleur*
33 die Schote mit Samen *m*
– *la silique avec les graines* f
34 zwei Samen *m*
– *deux graines* f
35 die Wasserlinse
– *la lentille d'eau* f
36 die blühende Pflanze
– *la plante en fleurs* f
37 die Blüte
– *la fleur*
38 die Frucht
– *le fruit*
39 die Schwanenblume
– *le butome en ombelle* f *(le jonc fleuri)*
40 die Blütendolde
– *l'ombelle* f
41 die Blätter *n*
– *les feuilles* f
42 die Frucht
– *le fruit (la follicule)*
43 die Grünalge
– *l'algue* f *verte*
44 der Froschlöffel
– *le plantain d'eau* f *(le flûteau)*
45 das Blatt
– *la feuille*
46 die Blütenrispe
– *l'inflorescence* f
47 die Blüte
– *la fleur*
48 der Zuckertang, eine Braunalge
– *la laminaire, une algue brune*
49 der Laubkörper (Thallus, das Thallom)
– *le thalle*
50 das Haftorgan
– *les sores* m
51 das Pfeilkraut
– *la sagittaire (la flèche d'eau* f*)*
52 die Blattformen *f*
– *les formes de feuilles* f
53 der Blütenstand mit männlichen Blüten *f* [oben] und weiblichen Blüten *f* [unten]
– *les fleurs* f *[mâles au sommet, femelles à la base* f*]*
54 das Seegras
– *la zostère*
55 der Blütenstand
– *l'inflorescence* f
56 die Wasserpest
– *l'élodée* f *du Canada (la peste d'eau* f*)*
57 die Blüte
– *la fleur*

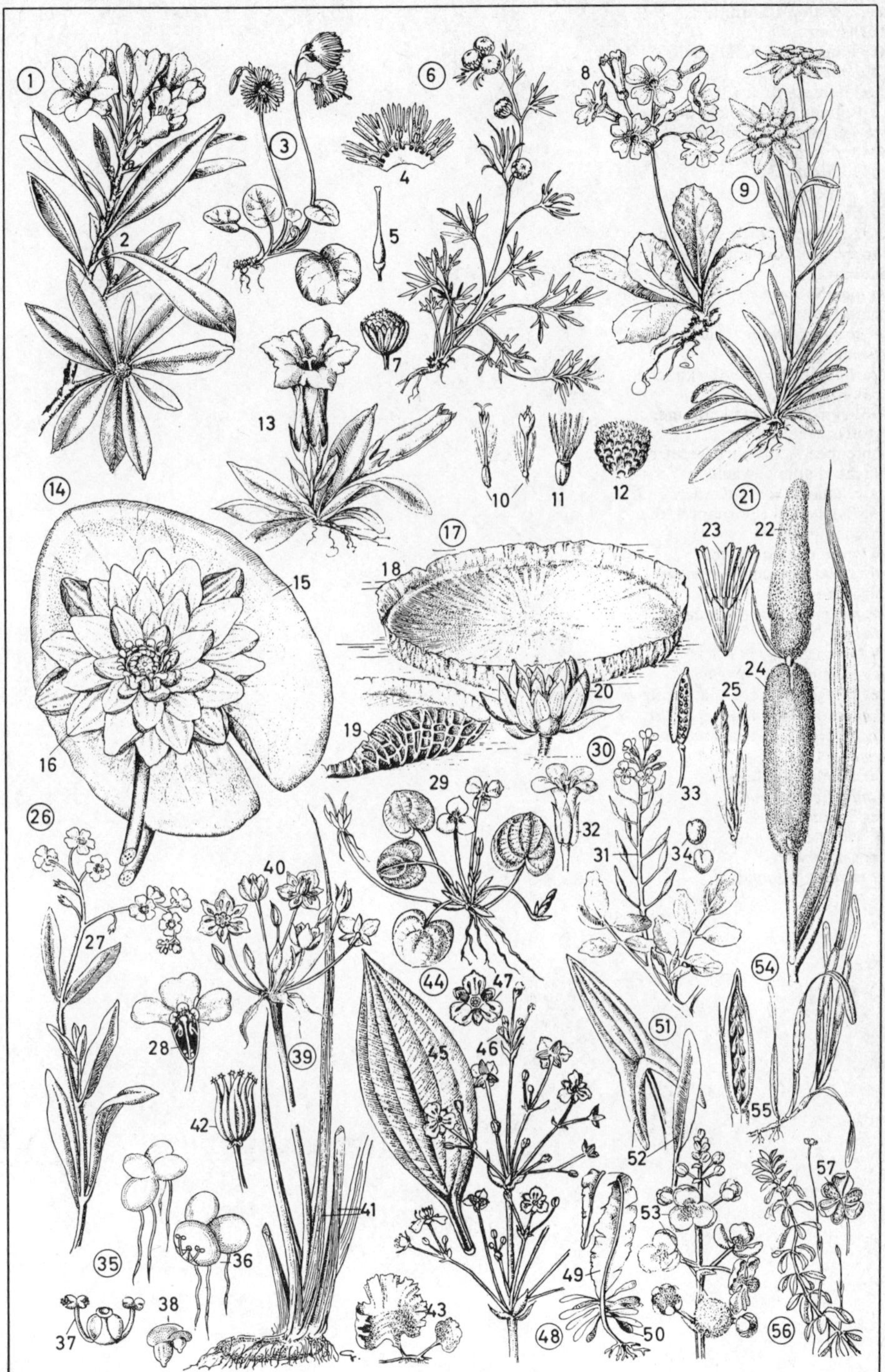
1
2
3
4
5
6
7
8
9
10
11
12
13
14
15
16
17
18
19
20
21
22
23
24
25
26
27
28
29
30
31
32
33
34
35
36
37
38
39
40
41
42
43
44
45
46
47
48
49
50
51
52
53
54
55
56
57

1 der Eisenhut (Sturmhut)
– *l'aconit* m
2 der Fingerhut (die Digitalis)
– *la digitale pourprée*
3 die Herbstzeitlose (*österr.* Lausblume, das Lauskraut, *schweiz.* die Herbstblume, Winterblume)
– *la colchique*
4 der Schierling
– *la grande ciguë*
5 der Schwarze Nachtschatten (*österr.* Mondscheinkraut, Saukraut)
– *la morelle noire*
6 das Bilsenkraut
– *la jusquiame noire (l'herbe* f *aux chevaux* m*)*
7 die Tollkirsche (Teufelskirsche, *schweiz.* Wolfsbeere, Wolfskirsche, Krottenblume, Krottenbeere, *österr.* Tintenbeere, Schwarzbeere), ein Nachtschattengewächs *n*
– *la belladone, une solanacée*
8 der Stechapfel (Dornapfel, die Stachelnuß)
– *la stramoine (la datura stramoine, la pomme épineuse)*
9 der Aronsstab
– *l'arum* m *tacheté (le gouet, le pied de veau* m*)*
10-13 Giftpilze *m*
– *les champignons vénéneux*
10 der Fliegenpilz, ein Blätterpilz *m*
– *l'amanite* f *tue-mouches* m *(la fausse oronge, un champignon à lamelles* f*)*
11 der Knollenblätterpilz
– *l'amanite phalloïde*
12 der Satanspilz
– *le bolet de Satan* m
13 der Giftreizker
– *le lactaire toisonné*

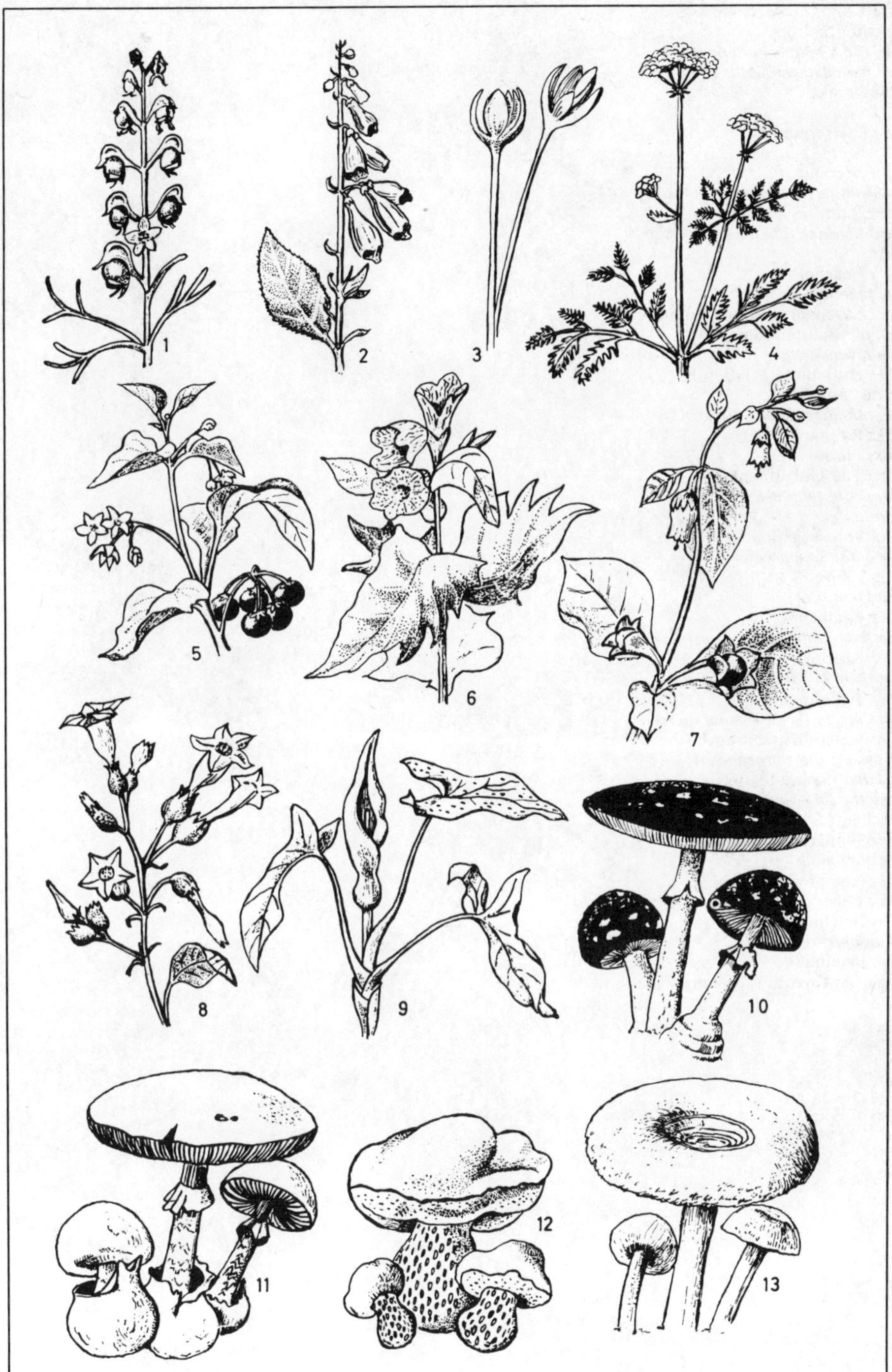
1
2
3
4
5
6
7
8
9
10
11
12
13

1 die Kamille (Deutsche Kamille, Echte Kamille)
– *la camomille commune (petite camomille, camomille romaine)*
2 die Arnika
– *l'arnica* m
3 die Pfefferminze
– *la menthe poivrée*
4 der Wermut
– *l'absinthe* f *(l'armoise* f *absinthe)*
5 der Baldrian
– *la valériane (l'herbe* f *aux chats* m*)*
6 der Fenchel
– *le fenouil*
7 der Lavendel (*schweiz.* Valander *m*, die Balsamblume)
– *la lavande vraie*
8 der Huflattich (Pferdefuß, Brustlattich)
– *le tussilage (le pas d'âne* m*)*
9 der Rainfarn
– *la tanaisie*
10 das Tausendgüldenkraut
– *la petite centaurée (l'érythrée* f *centaurée)*
11 der Spitzwegerich
– *le plantain lancéolé*
12 der Eibisch
– *la guimauve*
13 der Faulbaum
– *la bourdaine;* anal.: *le nerprun*
14 der Rizinus
– *le ricin (le palma-Christi)*
15 der Schlafmohn
– *l'œillette* f *(le pavot somnifère)*
16 der Sennesblätterstrauch (die Kassie); *die getrockneten Blätter:* Sennesblätter *n*
– *le séné (la casse);* les folioles f séchées: *le séné*
17 der Chinarindenbaum
– *le quinquina*
18 der Kampferbaum
– *le camphrier*
19 der Betelnußbaum
– *l'aréquier* m
20 die Betelnuß
– *la noix d'arec* m *(l'arec* m*)*

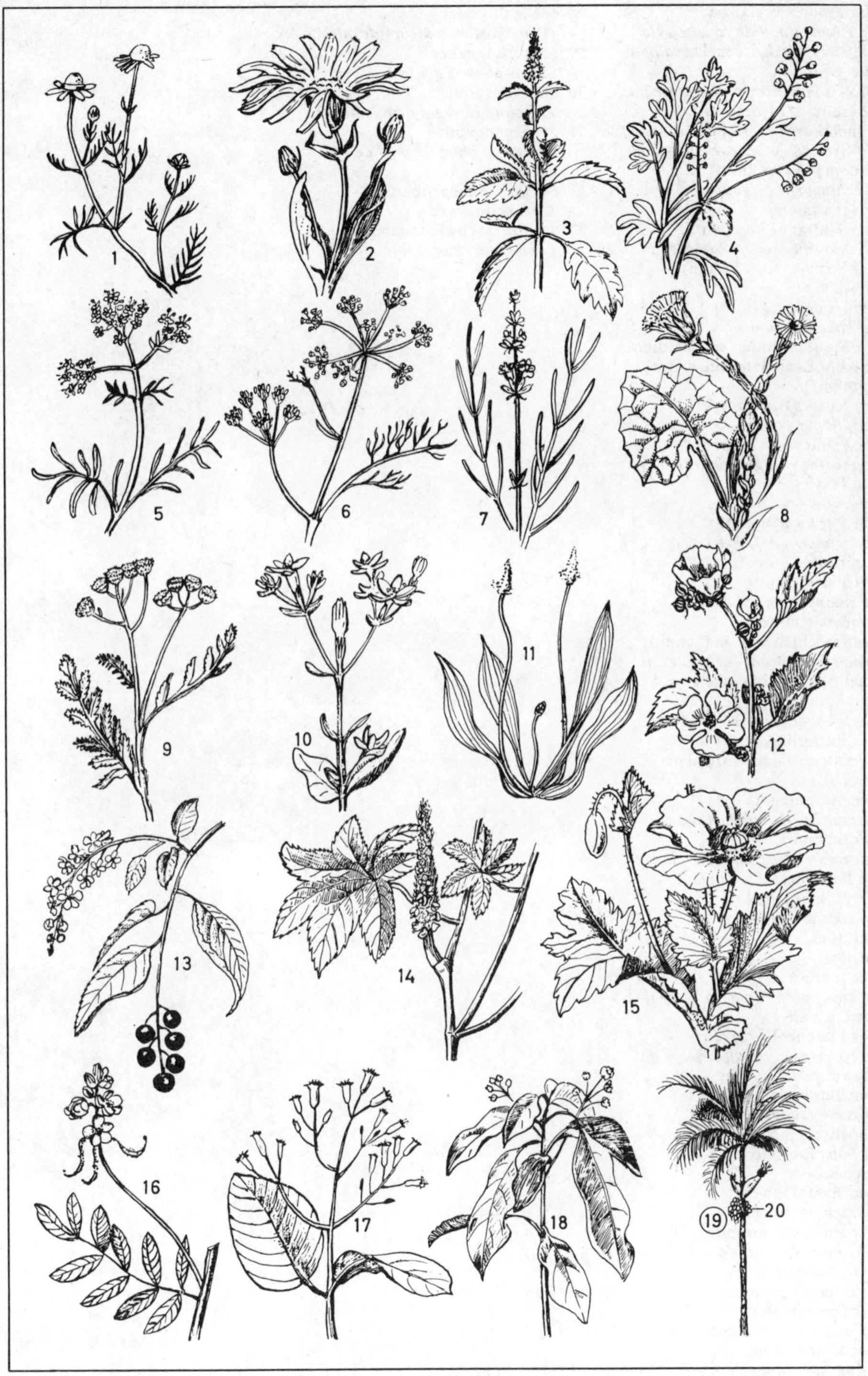
1
2
3
4
5
6
7
8
9
10
11
12
13
14
15
16
17
18
19
20

1 der Feldchampignon
– *le champignon de couche* f *(le champignon de Paris, la psalliote des jardins* m*)*
2 das Fadengeflecht (Pilzgeflecht, Myzelium, Myzel) mit Fruchtkörpern *m* (Pilzen)
– *le mycélium et les carpophores* m
3 Pilz *m* [Längsschnitt]
– *le champignon [coupe* f *longitudinale]*
4 der Hut mit Lamellen *f*
– *le chapeau avec les lamelles* f
5 der Schleier (das Velum)
– *le voile*
6 die Lamelle [Schnitt]
– *la lamelle [coupe* f*]*
7 die Sporenständer *m* (Basidien *f*) [vom Lamellenrand *m* mit Sporen *f*]
– *les basides* f *portant les basidiospores* f
8 die keimenden Sporen *f*
– *les spores* f *en germination* f
9 die Trüffel
– *la truffe*
10 der Pilz [von außen]
– *le champignon [aspect* m *extérieur]*
11 der Pilz [Schnitt]
– *le champignon [coupe* f*]*
12 Inneres *n* mit den Sporenschläuchen *m* [Schnitt]
– *coupe* f *montrant les asques* m
13 zwei Sporenschläuche *m* mit den Sporen *f*
– *deux asques* m *avec les spires* f
14 der Pfifferling
– *la chanterelle comestible (la girolle)*
15 der Maronenpilz
– *le cèpe bai (le bolet châtain)*
16 der Steinpilz
– *le cèpe (le cèpe comestible, le cèpe de Bordeaux, le gros pied)*
17 die Röhrenschicht
– *la couche de tubes* m
18 der Stiel
– *le pied*
19 der Eierbovist
– *le lycoperdon ovale (la vesse de loup* m *ovale)*
20 der Flaschenbovist
– *le lycoperdon rond (la vesse de loup* m *perlée)*
21 der Butterpilz
– *le bolet jaune*
22 der Birkenpilz
– *le bolet raboteux (le bolet rugueux)*
23 der Speisetäubling
– *le lactaire délicieux*
24 der Habichtschwamm
– *l'hydne* m *(le sarcodon imbriqué)*
25 der Mönchskopf
– *le clitocybe géotrope*
26 der Speisemorchel
– *la morille jaune comestible*
27 der Spitzmorchel
– *la morille conique*
28 der Hallimasch
– *l'armillaire* m *couleur* f *de miel* m
29 der Grünreizker
– *le tricholome équestre*
30 der Parasolpilz
– *la lépiote élevée (la coulemelle)*
31 der Semmelpilz
– *lhydne* m *sinué (le pied de mouton* m*)*
32 der Gelbe Ziegenbart
– *la clavaire dorée*
33 das Stockschwämmchen
– *la pholiote changeante*

1
2
3
4
5
6
7
8
9
10
11
12
13
14
15
16
17
18
19
20
21
22
23
24
25
26
27
28
29
30
31
32
33

1 der Kaffeestrauch
– *le caféier*
2 der Fruchtzweig
– *le rameau fructifère*
3 der Blütenzweig
– *le rameau florifère*
4 die Blüte
– *la fleur*
5 die Frucht mit den beiden Bohnen *f* [Längsschnitt]
– *le fruit avec les deux graines* f *[coupe* f *longitudinale]*
6 die Kaffeebohne; *nach Verarbeitung:* der Kaffee
– *le grain de café* m*;* après traitement m: *le café*
7 der Teestrauch
– *le théier*
8 der Blütenzweig
– *le rameau florifère*
9 das Teeblatt; *nach Verarbeitung:* der Tee
– *la feuille de thé* m*;* après traitement m: *le thé*
10 die Frucht
– *le fruit (capsule* f*)*
11 der Matestrauch
– *le maté (feuilles séchées: le maté, le thé du Paraguay, le thé des jésuites)*
12 der Blütenzweig mit den Zwitterblüten *f*
– *le rameau florifère avec les fleurs* f *hermaphrodites*
13 die männl. Blüte
– *la fleur mâle*
14 die Zwitterblüte
– *la fleur hermaphrodite*
15 die Frucht
– *le fruit (baie* f*)*
16 der Kakaobaum
– *le cacaoyer (le cacaotier)*
17 der Zweig mit Blüten *f* und Früchten *f*
– *le rameau avec fleurs* f *et fruits* m *(cabosses* f*)*
18 die Blüte [Längsschnitt]
– *la fleur [coupe* f *longitudinale]*
19 die Kakaobohnen *f*; *nach Verarbeitung:* der Kakao, das Kakaopulver
– *les graines* f *(fèves* f*) de cacao;* après traitement m: *le cacao, la poudre de cacao* m
20 der Samen [Längsschnitt]
– *la graine [coupe* f *longitudinale]*
21 der Embryo
– *la plantule*
22 der Zimtbaum
– *le cannelier*
23 der Blütenzweig
– *le rameau florifère*
24 die Frucht
– *le fruit (baie* f*)*
25 die Zimtrinde; *zerstoßen:* der Zimt
– *l'écorce* f *du cannelier;* broyée: *la canelle*
26 der Gewürznelkenbaum
– *le giroflier*
27 der Blütenzweig
– *le rameau florifère*
28 die Knospe; *getrocknet:* die Gewürznelke, „Nelke"
– *le bouton floral;* séché: *le clou de girofle* m
29 die Blüte
– *la fleur*
30 der Muskatnußbaum
– *le muscadier*
31 der Blütenzweig
– *le rameau florifère*
32 die weibl. Blüte [Längsschnitt]
– *la fleur femelle [coupe* f *longitudinale]*
33 die reife Frucht
– *le fruit mûr*
34 die Muskatblüte, ein Samen *m* mit geschlitztem Samenmantel *m* (Macis)
– *la fleur, une graine entourée d'un arille (macis* m*)*
35 der Samen [Querschnitt]; *getrocknet:* die Muskatnuß
– *la graine [coupe* f *transversale];* séchée: *la noix de muscade* f
36 der Pfefferstrauch
– *le poivrier*
37 der Fruchtzweig
– *le rameau fructifère*
38 der Blütenstand
– *l'inflorescence* f
39 die Frucht [Längsschnitt] mit Samen *m* (Pfefferkorn); *gemahlen:* der Pfeffer
– *le fruit (baie* f*) [coupe* f *longitudinale] avec la graine (grain* m *de poivre* m*);* moulu: *le poivre*
40 die Virginische Tabakpflanze
– *le tabac de Virginie* f
41 der Blütenzweig
– *le rameau florifère*
42 die Blüte
– *la fleur*
43 das Tabakblatt; *verarbeitet:* der Tabak
– *la feuille de tabac* m*;* après traitement m: *le tabac*
44 die reife Fruchtkapsel
– *le fruit (la capsule) mûr*
45 der Samen
– *la graine*
46 die Vanillepflanze
– *le vanillier*
47 der Blütenzweig
– *le rameau florifère*
48 die Vanilleschote; *nach Verarbeitung:* die Vanillestange
– *le fruit (la capsule);* après traitement m: *la gousse de vanille*
49 der Pistazienbaum
– *le pistachier*
50 der Blütenzweig mit den weibl. Blüten *f*
– *le rameau florifère avec fleurs* f *femelles*
51 die Steinfrucht (Pistazie)
– le fruit: *une drupe;* la graine: *la pistache*
52 das Zuckerrohr
– *la canne à sucre* m
53 die Pflanze (der Habitus) während der Blüte
– *la plante à la floraison*
54 die Blütenrispe
– *l'inflorescence* f
55 die Blüte
– *la fleur*

1
2
3
4
5
6
7
8
9
10
11
12
13
14
15
16
17
18
19
20
21
22
23
24
25
26
27
28
29
30
31
32
33
34
35
36
37
38
39
40
41
42
43
44
45
46
47
48
49
50
51
52
53
54
55

1 der Raps
– *le colza*
2 das Grundblatt
– *la feuille radicale de colza* m
3 die Blüte [Längsschnitt]
– *la fleur de colza* m *[coupe* f *longitudinale]*
4 die reife Fruchtschote
– *la silique mûre*
5 der ölhaltige Samen
– *la graine oléagineuse*
6 der Flachs (Lein)
– *le lin*
7 der Blütenstengel
– *la tige fleurie*
8 die Fruchtkapsel
– *la capsule (le fruit)*
9 der Hanf
– *le chanvre*
10 die fruchtende weibliche Pflanze
– *la plante femelle en fruits* m
11 der weibliche Blütenstand
– *l'inflorescence* f *femelle*
12 die Blüte
– *la fleur du chanvre*
13 der männliche Blütenstand
– *l'inflorescence* f *mâle*
14 die Frucht
– *le fruit*
15 der Samen
– *la graine (le chènevis)*
16 die Baumwolle
– *le cotonnier*
17 die Blüte
– *la fleur du cotonnier*
18 die Frucht
– *le fruit*
19 das Samenhaar [die Wolle]
– *les poils* m *des graines* f *(le coton)*
20 der Kapokbaum
– *le kapokier*
21 die Frucht
– *le fruit*
22 der Blütenzweig
– *le rameau florifère*
23 der Samen
– *la graine*
24 der Samen [Längsschnitt]
– *la graine [coupe* f *longitudinale]*
25 die Jute
– *le jute*
26 der Blütenzweig
– *le rameau florifère*
27 die Blüte
– *la fleur du jute*
28 die Frucht
– *le fruit*
29 der Olivenbaum (Ölbaum)
– *l'olivier* m
30 der Blütenzweig
– *le rameau florifère*
31 die Blüte
– *la fleur d'olivier* m
32 die Frucht
– *le fruit*
33 der Gummibaum
– *l'hévéa* m *(l'arbre* m *à caoutchouc* m*)*
34 der Zweig mit Früchten *f*
– *le rameau florifère*
35 die Feige
– *la figue d'hévéa* m
36 die Blüte
– *la fleur d'hévéa* m
37 der Guttaperchabaum
– *le palaquium [fournit la gutta-percha]*
38 der Blütenzweig
– *le rameau florifère*
39 die Blüte
– *la fleur du palaquium* m
40 die Frucht
– *le fruit*
41 die Erdnuß
– *l'arachide* f
42 der Blütenzweig
– *le rameau florifère*
43 die Wurzel mit Früchten *f*
– *la racine fructifère*
44 die Frucht [Längsschnitt]
– *le fruit d'arachide* f *[coupe* f *longitudinale]*
45 die Sesampflanze
– *le sésame*
46 der Zweig mit Blüten *f* und Früchten *f*
– *le rameau avec fleurs* f *et fruits* m
47 die Blüte [Längsschnitt]
– *la fleur de sésame* m *[coupe* f *longitudinale]*
48 die Kokospalme
– *le cocotier*
49 der Blütenstand
– *l'inflorescence* f
50 die weibliche Blüte
– *la fleur femelle*
51 die männliche Blüte [Längsschnitt]
– *la fleur mâle [coupe* f *longitudinale]*
52 die Frucht [Längsschnitt]
– *le fruit du cocotier [coupe* f *longitudinale]*
53 die Kokosnuß
– *la noix de coco* m
54 die Ölpalme
– *le palmier à huile* f
55 der männliche Blütenkolben mit der Blüte
– *le spadice mâle avec la fleur mâle*
56 der Fruchtstand mit der Frucht
– *le régime de fruits* m
57 der Samen mit den Keimlöchern *n*
– *la graine avec les pores* m *germinatifs*
58 die Sagopalme
– *le sagoutier*
59 die Frucht
– *le fruit de sagoutier* m
60 das Bambusrohr
– *le bambou*
61 der Blattzweig
– *le rameau feuillu*
62 die Blütenähre
– *l'épi* m *de fleurs* f
63 das Halmstück mit Knoten *m*
– *le chaume avec ses nœuds* m
64 die Papyrusstaude
– *le papyrus (le souchet à papier* m*)*
65 der Blütenschopf
– *l'inflorescence* f
66 die Blütenähre
– *l'épillet* m

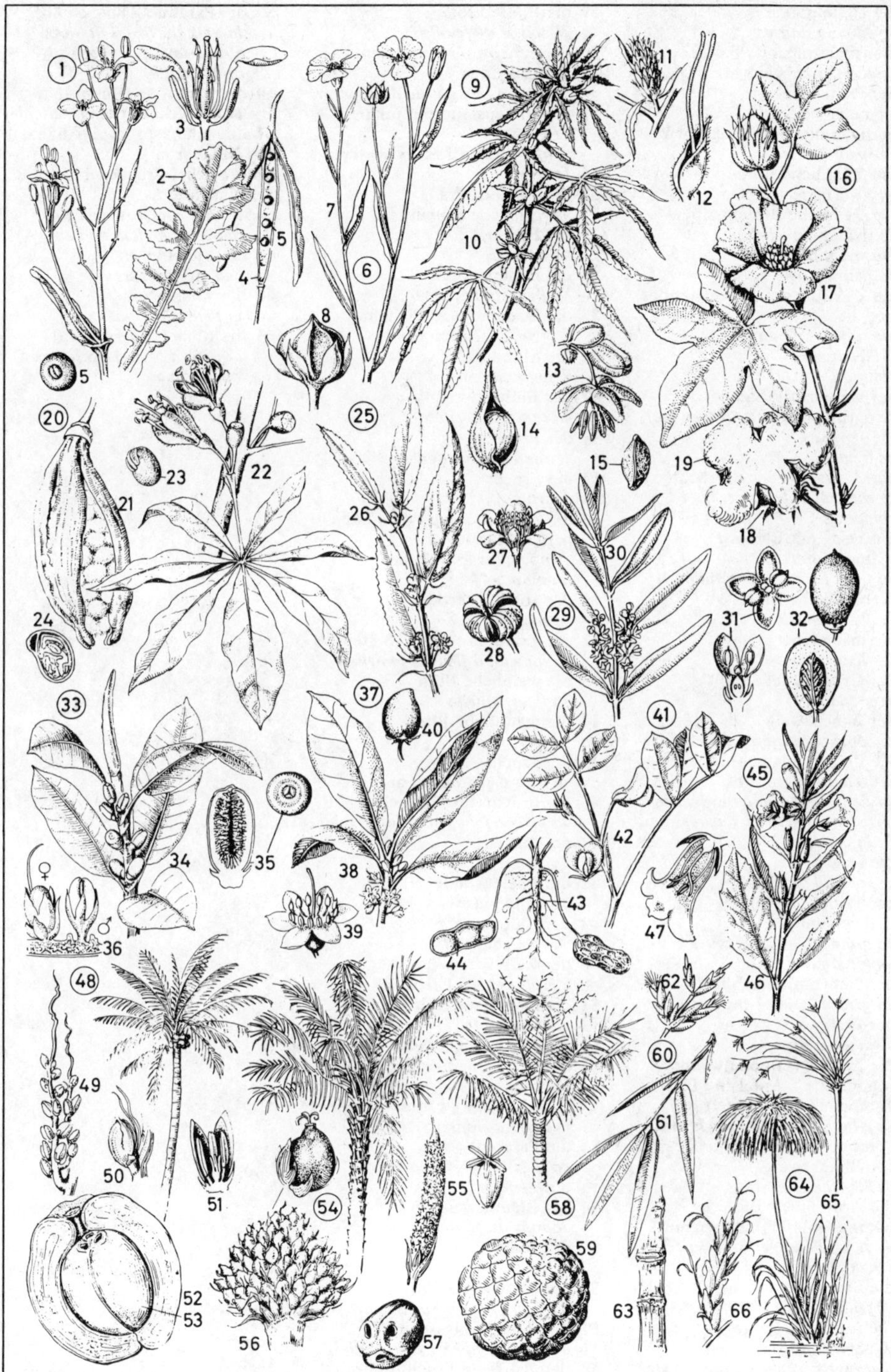
1
2
3
4
5
5
6
7
8
9
10
11
12
13
14
15
16
17
18
19
20
21
22
23
24
25
26
27
28
29
30
31
32
33
34
35
36
37
38
39
40
41
42
43
44
45
46
47
48
49
50
51
52
53
54
55
56
57
58
59
60
61
62
63
64
65
66

1 die Dattelpalme
– *le palmier dattier*
2 die fruchttragende Palme
– *le palmier en fruits* m
3 der Palmwedel
– *la palme (la feuille)*
4 der männliche Blütenkolben
– *le spadice mâle*
5 die männliche Blüte
– *la fleur mâle*
6 der weibliche Blütenkolben
– *le spadice femelle*
7 die weibliche Blüte
– *la fleur femelle*
8 ein Zweig *m* des Fruchtstandes *m*
– *un rameau de dattes* f
9 die Dattel
– *la datte*
10 der Dattelkern (Samen)
– *le noyau de la datte (la graine)*
11 die Feige
– *le figuier*
12 der Zweig mit Scheinfrüchten *f*
– *le rameau et les fruits* m *composés*
13 die Feige mit Blüten *f* [Längsschnitt]
– *la figue [coupe* f *longitudinale]*
14 die weibliche Blüte
– *la fleur femelle*
15 die männliche Blüte
– *la fleur mâle*
16 der Granatapfel
– *le grenadier*
17 der Blütenzweig
– *le rameau florifère*
18 die Blüte [Längsschnitt, Blütenkrone entfernt]
– *la fleur de grenadier* m *[coupe* f *longitudinale après suppression* f *de la corolle]*
19 die Frucht
– *le fruit (la grenade)*
20 der Samen (Kern) [Längsschnitt]
– *la graine (le pépin) [coupe* f *longitudinale]*
21 der Samen [Querschnitt]
– *la graine [coupe* f *transversale]*
22 der Embryo
– *l'embryon* m
23 die Zitrone (Limone); *ähnl.:* Mandarine *f*, Apfelsine *f*, Pampelmuse *f* (Grapefruit *f*)
– *le citron;* anal.: *la mandarine, l'orange* f, *le pamplemousse*
24 der Blütenzweig
– *le rameau florifère*
25 die Apfelsinenblüte (Orangenblüte) [Längsschnitt]
– *la fleur d'oranger* m *[coupe* f *longitudinale]*
26 die Frucht
– *le fruit*
27 die Apfelsine (Orange) [Querschnitt]
– *l'orange* f *[coupe* f *transversale]*
28 die Bananenstaude
– *le bananier*
29 die Blätterkrone
– *la touffe de feuille* f
30 der Scheinstamm mit den Blattscheiden *f*
– *la fausse tige garnie de stipes* m
31 der Blütenstand mit jungen Früchten *f*
– *l'inflorescence* f *et les jeunes fruits* m
32 der Fruchtstand
– *le régime de bananes* f
33 die Banane
– *la banane*
34 die Bananenblüte
– *la fleur du bananier*
35 das Bananenblatt [Schema]
– *la feuille [schéma* m*]*
36 die Mandel
– *l'amandier* m
37 der Blütenzweig
– *le rameau florifère*
38 der Fruchtzweig
– *le rameau fructifère*
39 die Frucht
– *le fruit*
40 die Steinfrucht mit dem Samen *m* [der Mandel]
– *le noyau avec la graine [l'amande* f*]*
41 das Johannisbrot
– *le caroubier*
42 der Zweig mit weibl. Blüten *f*
– *le rameau à fleurs* f *femelles*
43 die weibliche Blüte
– *la fleur femelle*
44 die männliche Blüte
– *la fleur mâle*
45 die Frucht
– *le fruit de caroubier* m
46 die Fruchtschote [Querschnitt]
– *la gousse [coupe* f *transversale]*
47 der Samen
– *la graine*
48 die Edelkastanie
– *le châtaignier*
49 der Blütenzweig
– *le rameau florifère*
50 der weibliche Blütenstand
– *l'inflorescence* f *femelle*
51 die männliche Blüte
– *la fleur mâle*
52 der Fruchtbecher (die Cupula) mit den Samen *m* [den Kastanien *f*, Maronen *f*]
– *la bogue avec les fruits* m *(akènes* m*) [les marrons* m, *les châtaignes* f*]*
53 die Paranuß
– *la noix du Brésil (la noix d'Amérique* f*)*
54 der Blütenzweig
– *le rameau florifère*
55 das Blatt
– *la feuille*
56 die Blüte [Aufsicht]
– *la fleur [vue* f *de dessus* m*]*
57 die Blüte [Längsschnitt]
– *la fleur [coupe* f *transversale]*
58 der geöffnete Fruchttopf mit einliegenden Samen *m*
– *la coque ouverte avec les graines* f
59 die Paranuß [Querschnitt]
– *la noix du Brésil (la noix d'Amérique* f*) [coupe* f *transversale]*
60 die Nuß [Längsschnitt]
– *la noix [coupe* f *longitudinale]*
61 die Ananaspflanze (Ananas)
– *l'ananas* m
62 die Scheinfrucht mit der Blattrosette
– *le fruit composé avec une couronne de feuilles* f
63 die Blütenähre
– *l'épi* m *de fleurs* f
64 die Ananasblüte
– *la fleur d'ananas* m
65 die Blüte [Längsschnitt]
– *la fleur d'ananas* m *[coupe* f *longitudinale]*

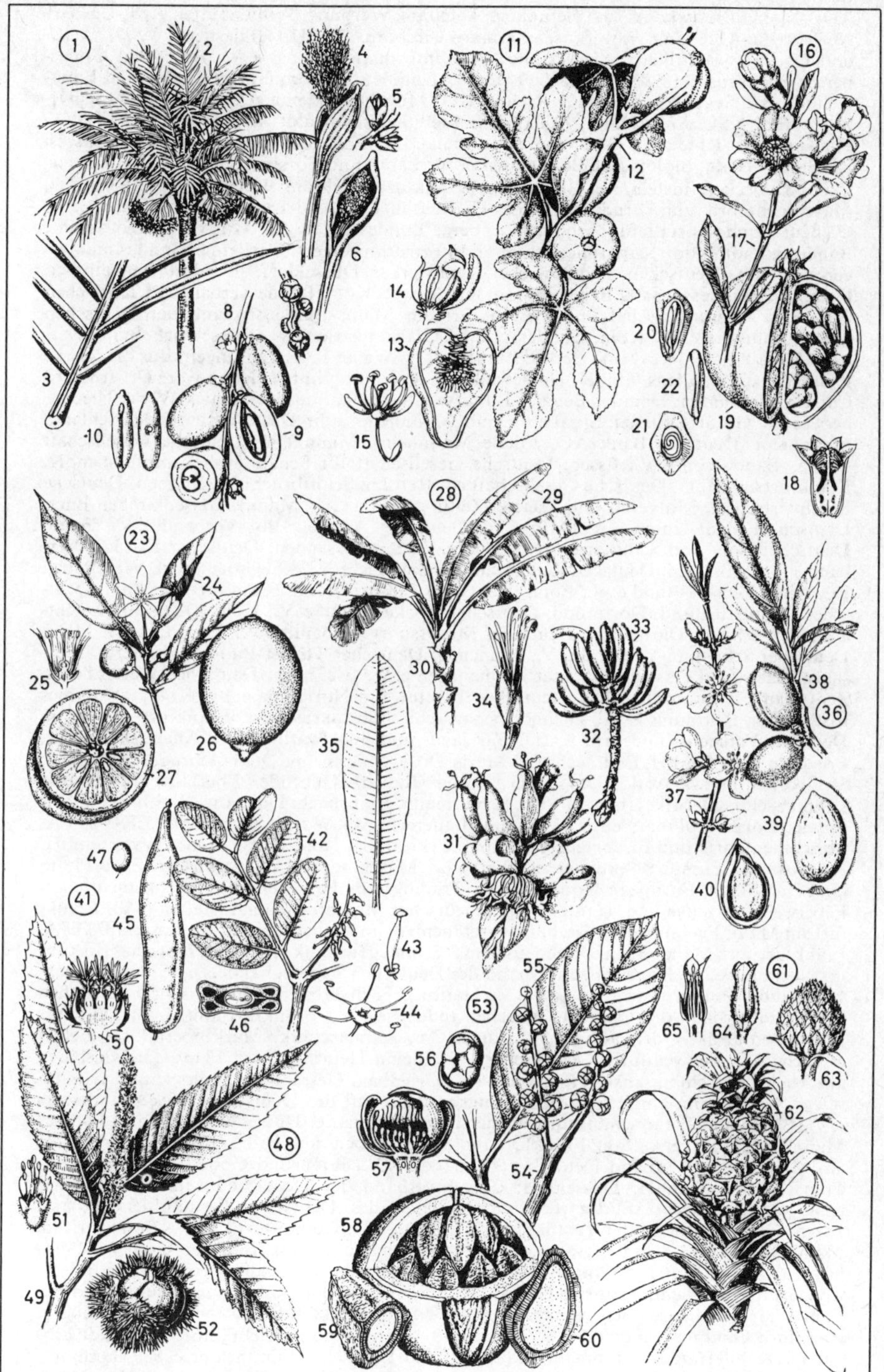
1
2
3
4
5
6
7
8
9
10
11
12
13
14
15
16
17
18
19
20
21
22
23
24
25
26
27
28
29
30
31
32
33
34
35
36
37
38
39
40
41
42
43
44
45
46
47
48
49
50
51
52
53
54
55
56
57
58
59
60
61
62
63
64
65

Für freundliche Unterstützung und Mitarbeit haben wir zu danken:

ADB GmbH, Bestwig; AEG-Telefunken, Abteilung Werbung, Wolfenbüttel; Agfa-Gevaert AG, Presse-Abteilung, Leverkusen; Eduard Ahlborn GmbH, Hildesheim; AID, Land- und Hauswirtschaftlicher Auswertungs- und Informationsdienst e. V., Bonn-Bad Godesberg; Arbeitsausschuß der Waldarbeitsschulen beim Kuratorium für Waldarbeit und Forsttechnik, Bad Segeberg; Arnold & Richter KG, München; Atema AB, Härnösand (Schweden); Audi NSU Auto-Union AG, Presseabteilung, Ingolstadt; Bêché & Grohs GmbH, Hückeswagen/Rhld.; Big Dutchman (Deutschland) GmbH, Bad Mergentheim und Calveslage über Vechta; Biologische Bundesanstalt für Land- und Forstwirtschaft, Braunschweig; Black & Decker, Idstein/Ts.; Braun AG, Frankfurt am Main; Bolex GmbH, Ismaning; Maschinenfabrik zum Bruderhaus GmbH, Reutlingen; Bund Deutscher Radfahrer e. V., Gießen; Bundesanstalt für Arbeit, Nürnberg; Bundesanstalt für Wasserbau, Karlsruhe; Bundesbahndirektion Karlsruhe, Presse- u. Informationsdienst, Karlsruhe; Bundesinnungsverband des Deutschen Schuhmacher-Handwerks, Düsseldorf; Bundeslotsenkammer, Hamburg; Bundesverband Bekleidungsindustrie e. V., Köln; Bundesverband der Deutschen Gas- und Wasserwirtschaft e. V., Frankfurt am Main; Bundesverband der Deutschen Zementindustrie e. V., Köln; Bundesverband Glasindustrie e. V., Düsseldorf; Bundesverband Metall, Essen-Kray und Berlin; Burkhardt + Weber KG, Reutlingen; Busatis-Werke KG, Remscheid; Claas GmbH, Harsewinkel; Copygraph GmbH, Hannover; Dr. Irmgard Correll, Mannheim; Daimler-Benz AG, Presse-Abteilung, Stuttgart; Dalex-Werke Niepenberg & Co. GmbH, Wissen; Elisabeth Daub, Mannheim; John Deere Vertrieb Deutschland, Mannheim; Deutsche Bank AG, Filiale Mannheim, Mannheim; Deutsche Gesellschaft für das Badewesen e. V., Essen; Deutsche Gesellschaft für Schädlingsbekämpfung mbH, Frankfurt am Main; Deutsche Gesellschaft zur Rettung Schiffbrüchiger, Bremen; Deutsche Milchwirtschaft, Molkerei- und Käserei-Zeitung (Verlag Th. Mann), Gelsenkirchen-Buer; Deutsche Eislauf-Union e. V., München; Deutscher Amateur-Box-Verband e. V., Essen; Deutscher Bob- und Schlittensportverband e. V., Berchtesgaden; Deutscher Eissport-Verband e. V., München; Deutsche Reiterliche Vereinigung e. V., Abteilung Sport, Warendorf; Deutscher Fechter-Bund e. V., Bonn; Deutscher Fußball-Bund, Frankfurt am Main; Deutscher Handball-Bund, Dortmund; Deutscher Hockey-Bund e. V., Köln; Deutscher Leichtathletik Verband, Darmstadt; Deutscher Motorsport Verband e. V., Frankfurt am Main; Deutscher Schwimm-Verband e. V., München; Deutscher Turner-Bund, Würzburg; Deutscher Verein von Gas- und Wasserfachmännern e. V., Eschborn; Deutscher Wetterdienst, Zentralamt, Offenbach; DIN Deutsches Institut für Normung e. V., Köln; Deutsches Institut für Normung e. V., Fachnormenausschuß Theatertechnik, Frankfurt am Main; Deutsche Versuchs- und Prüf-Anstalt für Jagd- und Sportwaffen e. V., Altenbeken-Buke; Friedrich Dick GmbH, Esslingen; Dr. Maria Dose, Mannheim; Dual Gebrüder Steidinger, St. Georgen/Schwarzwald; Durst AG, Bozen (Italien); Gebrüder Eberhard, Pflug- und Landmaschinenfabrik, Ulm; Gabriele Echtermann, Hemsbach; Dipl.-Ing. W. Ehret GmbH, Emmendingen-Kollmarsreute; Eichbaum-Brauereien AG, Worms/Mannheim; ER-WE-PA, Maschinenfabrik und Eisengießerei GmbH, Erkrath bei Düsseldorf; Escher Wyss GmbH, Ravensburg; Eumuco Aktiengesellschaft für Maschinenbau, Leverkusen; Euro-Photo GmbH, Willich; European Honda Motor Trading GmbH, Offenbach; Fachgemeinschaft Feuerwehrfahrzeuge und -geräte, Verein Deutscher Maschinenbau-Anstalten e. V., Frankfurt am Main; Fachnormenausschuß Maschinenbau im Deutschen Normenausschuß DNA, Frankfurt am Main; Fachnormenausschuß Schmiedetechnik in DIN Deutsches Institut für Normung e. V., Hagen; Fachverband des Deutschen Tapetenhandels e. V., Köln; Fachverband der Polstermöbelindustrie e. V., Herford; Fachverband Rundfunk und Fernsehen im Zentralverband der Elektrotechnischen Industrie e. V., Frankfurt am Main; Fahr AG Maschinenfabrik, Gottmadingen; Fendt & Co., Agrartechnik, Marktoberndorf; Fichtel & Sachs AG, Schweinfurt; Karl Fischer, Pforzheim; Heinrich Gerd Fladt, Ludwigshafen am Rhein; Forschungsanstalt für Weinbau, Gartenbau, Getränketechnologie und Landespflege, Geisenheim am Rhein; Förderungsgemeinschaft des Deutschen Bäckerhandwerks e. V., Bad Honnef; Forschungsinstitut der Zementindustrie, Düsseldorf; Johanna Förster, Mannheim; Stadtverwaltung Frankfurt am Main, Straßen- und Brückenbauamt, Frankfurt am Main; Freier Verband Deutscher Zahnärzte e. V., Bonn-Bad Godesberg; Fuji Photo Film (Europa) GmbH, Düsseldorf; Gesamtverband der Deutschen Maschen-Industrie e. V., Gesamtmasche, Stuttgart; Gesamtverband des Deutschen Steinkohlenbergbaus, Essen; Gesamtverband der Textilindustrie in der BRD, Gesamttextil, e. V., Frankfurt am Main; Geschwister-Scholl-Gesamtschule, Mannheim-Vogelstang; Eduardo Gomez, Mannheim; Gossen GmbH, Erlangen; Rainer Götz, Hemsbach; Grapha GmbH, Ostfildern; Ines Groh, Mannheim; Heinrich Groos, Geflügelzuchtbedarf, Bad Mergentheim; A. Gruse, Fabrik für Landmaschinen, Großberkel; Hafen Hamburg, Informationsbüro, Hamburg; Hagedorn Landmaschinen GmbH, Warendorf/Westf.; kino-hähnel GmbH, Erftstadt Liblar; Dr. Adolf Hanle, Mannheim; Hauptverband Deutscher Filmtheater e. V., Hamburg; Dr.-Ing. Rudolf Hell GmbH, Kiel; W. Helwig Söhne KG, Ziegenhain; Geflügelfarm Hipp, Mannheim; Gebrüder Holder, Maschinenfabrik, Metzingen; Horten Aktiengesellschaft, Düsseldorf; IBM Deutschland GmbH, Zentrale Bildstelle, Stuttgart; Innenministerium Baden-Württemberg, Pressestelle, Stuttgart; Industrieverband Gewebe, Frankfurt am Main; Industrievereinigung Chemiefaser e. V., Frankfurt am Main; Instrumentation Marketing Corporation, Burbank (Calif.); ITT Schaub-Lorenz Vertriebsgesellschaft mbH, Pforzheim; M. Jakoby KG, Maschinenfabrik, Hetzerath/Mosel; Jenoptik Jena GmbH, Jena (DDR); Brigitte Karnath, Wiesbaden; Wilhelm Kaßbaum, Hockenheim; Van Katwijk's Industrieën N. V., Staalkat Div., Aalten (Holland); Kernforschungszentrum Karlsruhe; Leo Keskari, Offenbach; Dr. Rolf Kiesewetter, Mannheim; Ev. Kindergarten, Hohensachsen; Klambt-Druck GmbH, Offset-Abteilung, Speyer; Maschinenfabrik Franz Klein, Salzkotten; Dr. Klaus-Friedrich Klein, Mannheim; Klimsch + Co., Frankfurt am Main; Kodak AG, Stuttgart; Alfons Kordecki, Eckernförde; Heinrich Kordecki, Mannheim; Krefelder Milchhof GmbH, Krefeld; Dr. Dieter Krickeberg, Musikinstrumenten-Museum, Berlin; Bernard Krone GmbH, Spelle; Pelz-Kunze, Mannheim; Kuratorium für Technik und Bauwesen in der Landwirtschaft, Darmstein-Kranichstein; Landesanstalt für Pflanzenschutz, Stuttgart; Landesinnungsverband des Schuhmacherhandwerks Baden-Württemberg, Stuttgart; Landespolizeidirektion Karlsruhe, Karlsruhe; Landwirtschaftskammer, Hannover; Metzgerei Lebold, Mannheim; Ernst Leitz Wetzlar GmbH, Wetzlar; Louis Leitz, Stuttgart; Christa Leverkinck, Mannheim; Franziska Liebisch, Mannheim; Linhof GmbH, München; Franz-Karl Frhr. von Linden, Mannheim; Loewe Opta GmbH, Kronach; Beate Lüdicke, Mannheim; MAN AG, Werk Augsburg, Augsburg; Mannheimer Verkehrs-Aktiengesellschaft (MVG), Mannheim; Milchzentrale Mannheim-Heidelberg AG, Mannheim; Ing. W. Möhlenkamp, Melle; Adolf Mohr Maschinenfabrik, Hofheim; Mörtl Schleppergerätebau KG, Gemünden/Main; Hans-Heinrich Müller, Mannheim; Müller Martini AG, Zofingen; Gebr. Nubert KG, Spezialeinrichtungen, Schwäbisch Gmünd; Nürnberger Hercules-Werke GmbH, Nürnberg; Olympia Werke AG, Wilhelmshaven; Ludwig Pani Lichttechnik und Projektion, Wien (Österreich); Ulrich Papin, Mannheim; Pfalzmilch Nord GmbH, Ludwigshafen/Albisheim; Adolf Pfeiffer GmbH, Ludwigshafen am Rhein; Philips Pressestelle, Hamburg; Carl Platz GmbH Maschinenfabrik, Frankenthal/Pfalz; Posttechnisches Zentralamt, Darmstadt; Rabe-Werk Heinrich Clausing, Bad Essen; Rahdener Maschinenfabrik August Kolbus, Rahden; Rank Strand Electric, Wolfenbüttel; Stephan Reinhardt, Worms; Nic. Reisinger, Graphische Maschinen, Frankfurt-Rödelheim; Rena Büromaschinenfabrik GmbH & Co., Deisenhofen bei München; Werner Ring, Speyer; Ritter Filmgeräte GmbH, Mannheim; Röber Saatreiniger KG, Minden; Rollei Werke, Braunschweig; Margarete Rossner, Mannheim; Roto-Werke GmbH, Königslutter; Ruhrkohle Aktiengesellschaft, Essen; Papierfabrik Salach GmbH, Salach/Württ.; Dr. Karl Schaifers, Heidelberg; Oberarzt Dr. med. Hans-Jost Schaumann, Städt. Krankenanstalten, Mannheim; Schlachthof, Mannheim; Dr. Schmitz + Apelt, Industrieofenbau GmbH, Wuppertal; Maschinenfabrik Schmotzer GmbH, Bad Windsheim; Mälzerei Schragmalz, Berghausen b. Speyer; Schutzgemeinschaft Deutscher Wald, Bonn; Siemens AG, Bereich Meß- und Prozeßtechnik, Bild- und Tontechnik, Karlsruhe; Siemens AG, Dental-Depot, Mannheim; Siemens-Reiniger-Werke, Erlangen; Sinar AG Schaffhausen, Feuerthalen (Schweiz); Spitzenorganisation der Filmwirtschaft e. V., Wiesbaden; Stadtwerke–Verkehrsbetriebe, Mannheim; W. Steenbeck & Co., Hamburg; Streitkräfteamt, Dezernat Werbemittel, Bonn-Duisdorf; Bau- und Möbelschreinerei Fritz Ströbel, Mannheim; Gebrüder Sucker GmbH & Co. KG, Mönchengladbach; Gebrüder Sulzer AG, Winterthur (Schweiz); Dr. med. Alexander Tafel, Weinheim; Klaus Thome, Mannheim; Prof. Dr. med. Michael Trede, Städt. Krankenanstalten, Mannheim; Trepel AG, Wiesbaden; Verband der Deutschen Hochseefischereien e. V., Bremerhaven; Verband der Deutschen Schiffbauindustrie e. V., Hamburg; Verband der Korbwaren-, Korbmöbel- und Kinderwagenindustrie e. V., Coburg; Verband des Deutschen Drechslerhandwerks e. V., Nürnberg; Verband des Deutschen Faß- und Weinküfer-Handwerks, München; Verband Deutscher Papierfabriken e. V., Bonn; Verband Kommunaler Städtereinigungsbetriebe, Köln-Marienburg; Verband technischer Betriebe für Film und Fernsehen e. V., Berlin; Verein Deutscher Eisenhüttenleute, Düsseldorf; Verein Deutscher Zementwerke, Düsseldorf; Vereinigung Deutscher Elektrizitätswerke, VDEW, e. V., Frankfurt am Main; Verkehrsverein, Weinheim/Bergstr.; J. M. Voith GmbH, Heidenheim; Helmut Volland, Erlangen; Dr. med. Dieter Walter, Weinheim; W. E. G. Wirtschaftsverband Erdöl- und Erdgasgewinnung e. V., Hannover; Einrichtungshaus für die Gastronomie Jürgen Weiss & Co., Düsseldorf; Wella Aktiengesellschaft, Darmstadt; Optik-Welzer, Mannheim; Werbe & Graphik Team, Schriesheim; Wiegand Karlsruhe GmbH, Ettlingen; Dr. Klaus Wiemann, Gevelsburg; Wirtschaftsvereinigung Bergbau, Bonn; Wirtschaftsvereinigung Eisen- und Stahlindustrie, Düsseldorf; Wolf-Dietrich Wyrwas, Mannheim; Yashica Europe GmbH, Hamburg; Zechnersche Buchdruckerei, Speyer; Carl Zeiss, Oberkochen; Zentralverband der Deutschen Elektrohandwerke, ZVEH, Frankfurt am Main; Zentralverband der deutschen Seehafenbetriebe e. V., Hamburg; Zentralverband der elektrotechnischen Industrie e. V., Fachverband Phonotechnik, Hamburg; Zentralverband des Deutschen Bäckerhandwerks e. V., Bad Honnef; Zentralverband des Deutschen Friseurhandwerks, Köln; Zentralverband des Deutschen Handwerks ZDH, Pressestelle, Bonn; Zentralverband des Kürschnerhandwerks, Bad Homburg; Zentralverband für das Juwelier-, Gold- und Silberschmiedehandwerk der BRD, Ahlen; Zentralverband für Uhren, Schmuck und Zeitmeßtechnik, Bundesinnungsverband des Uhrmacherhandwerks, Königstein; Zentralverband Sanitär-, Heizungs- und Klimatechnik, Bonn; Erika Zöller, Edingen; Zündapp-Werke GmbH, München.

Register

Die halbfetten Zahlen hinter den Stichwörtern sind die Nummern der Bildtafeln, die mageren die auf diesen Tafeln erscheinenden Bildnummern. Gleichlautende Wörter mit verschiedenen Bedeutungen werden durch kursiv gesetzte Bereichsangaben oder Bedeutungshinweise unterschieden.

Folgende Abkürzungen und Kurzformen wurden für die Bereichsangaben verwendet:

Anat.:	Anatomie	*Med.:*	Medizin
Astr.:	Astronomie	*Mil.:*	Militärwesen
AV:	Audiovision	*Müllbes.:*	Müllbeseitigung
Bau:	Bauwesen	*Mus.:*	Musik
Bot.:	Botanik	*Papier:*	Papierherstellung
Buchb.:	Buchbinderei	*Porzellan:*	Porzellanherstellung
Chem.:	Chemie	*Repro:*	Fotoreproduktion
Druck:	Druckerei	*Schädlingsbek.:*	Schädlingsbekämpfung
Eisenb.:	Eisenbahnwesen	*Tech.:*	Technik
Elektr.:	Elektroinstallateur	*Textilw.:*	Textilwesen
Fotogr.:	Fotografie	*U-Elektronik:*	Unterhaltungselektronik
Geld:	Geldwesen	*Walz.:*	Walztechnik
Glas:	Glasherstellung	*Wasservers.:*	Trinkwasserversorgung
Infotechnik:	Informationstechnik	*Web.:*	Weberei
Hütt.:	Hüttenwerk	*Werkzeugmasch.:*	Werkzeugmaschinen
Landw.:	Landwirtschaft	*Winter:*	Winterlandschaft
Masch.:	Maschinenteile	*Zeichn.:*	Zeichnerbüro
Math.:	Mathematik	*Zool.:*	Zoologie

A

Aal **364** 17
~fisch **364** 17
~haken **89** 87
Aas·blume **53** 15
~fliegenblume **53** 15
Abakus **334** 20
Abbauhammerstreb **144** 35
Abbildung **348** 9-11, 9, 10, 11
Abbindeplatz **120** 1-59
Abblasemast **221** 38
Abblend·licht **191** 20
~schalter **191** 59
Abbund **120** 24
Abdampf·auspuff **210** 22
~schale **350** 29
Abdeckblende **310** 51
Abdecken *Druck* **182** 14
~ *Film* **310** 51
Abdeck·haube **241** 32
~kappe **126** 33
~leiste **123** 57
~platte **37** 37
~schieber **2** 32
~schiene **167** 56
~stab **123** 64
Abdeckung *Optik* **113** 13
~ *Straße* **198** 17
~ *Müllbes.* **199** 21
Abdomen **16** 35-37
Abdrucklöffel **24** 56
Abdrückstelle **21** 14
Abducken **299** 29
Abend·anzug **33** 7
~kleid **30** 53
Abendmahl **332** 26
Abendmahls·kelch **332** 29
~tisch **330** 4
Abenteuerspielplatz **273** 21
Abfahrts·lauf **301** 32
~signal *Eisenb.* **205** 47
~signal *Flaggen* **253** 26
~ski **301** 34
~tafel **204** 20
~zeit **205** 23
Abfall **268** 22
~, mittelaktiver **154** 72
~, radioaktiver **154** 77
~behälter **26** 22; **196** 12; **207** 55; **268** 5
Abfälle, radioaktive **154** 57-68
Abfall·eimer **22** 70; **96** 46
~korb **205** 55; **268** 5; **272** 43; **273** 25
~tonne **199** 3
~vorrichtung **147** 39
Abfangjäger **256** 1
Abferkel-Aufzucht-Bucht **75** 40
Abfertigungs·beamter **204** 9; **206** 36
~fahrzeug **233** 22
~feld **233** 3
~gebäude **233** 15
~position **233** 21
Abfeuerungseinrichtung **255** 29
Abfiltrieren **92** 50
Abflug **233** 25
~halle **233** 15
Abflußhahn **178** 34
Abfrageapparat **237** 23
Abfüll·anlage **76** 20
~maschine **76** 21
~- und Verpackungsanlage **76** 20
Abgangs·innengewinde **126** 47
~pforte **319** 12
~winkel **87** 75
Abgas·entgiftung **190** 73
~leitung *Eisenb.* **209** 12
~leitung *Schiff* **221** 76
~lippe **259** 92
~mast **221** 17
~öffnung **258** 79
~pfosten **221** 17
~rohr **146** 5
~schalldämpfer **212** 42, 48
~schornstein **146** 2
~wärmetauscher **155** 9
abgestoßen **321** 34
Abgleichbohle **201** 3, 4
Abguß **261** 15
Abhang **12** 37
Abhängling **335** 32
Abhäutemesser **94** 13
Abheber **109** 10
Abhebestange **325** 23
Abhörlautsprecher *Radio* **238** 15
~ *Film* **311** 13
Abisolierzange **127** 64
Abkühlung *Textil* **170** 34
~ *Schwimmbad* **281** 28
Abkühlungsraum **281** 28
Ablage·bläser **181** 33
~bord **74** 42
~fach *Auto* **195** 14
~fach *Rechenzentrum* **244** 13
~korb **248** 41
~körbchen **245** 30
Ablagerung **13** 69
Ablagerungsgebiet **11** 47
Ablagetisch **181** 31
Ablängsäge **120** 14
Ablaßhahn **38** 65
Ablauf·berg **206** 46
~gestell **165** 41
~kondensator **92** 4
~leitung **269** 12
~rost **198** 24
~ventil **126** 16
Ableerbütte **172** 81
Ablegemechanismus **174** 20, 30
Ableger **54** 10, 11, 12
Ablege·tisch **184** 14
~vorrichtung **236** 49
Ableiter, elektrostatischer **230** 51; **231** 27
Ableitung **345** 13
Ablenk·einheit **240** 23
~mauer **304** 2
Ablese·instrument **2** 6
~mikroskop **113** 28
Abluft·anlage **154** 81
~kamin **154** 37; **155** 25
~leitung **155** 11
~öffnung **49** 20
~rohr **168** 29
~schacht **92** 14
~schlitz **50** 30
~stutzen **142** 16
~wäschetrockner **50** 28
Abmessen **350** 21
abnehmender Mond **4** 7
Abnehmer **163** 42
Abnormitätenkabinett **308** 19
Abort **49** 12
~raum **207** 16, 42
Abpackanlage **76** 32
Abrasionsplatte **13** 31
Abraum **158** 2
~bagger **159** 3
~bau **158** 1
Abreiß·kante **247** 30
~schiene **128** 42
~zylinder **163** 71
Abrißnische **11** 48
Abrollvorrichtung **173** 39
Abrücken (der Kreuzspule) **165** 13
Abruf **305** 72
Absack·maschine **92** 39

~mediziner **23** 2
Allgeschwindigkeits-Querruder **229** 43
Allianzwappen **254** 10-13
Allongeperücke **34** 2
Allradantrieb **194** 1
Allroundterminal **226** 16
All speed aileron **229** 43
Allwetterdach **200** 38
Allziel·geschütz **258** 48, 70
~kanone **258** 47
Allzweck·abroller **40** 1
~labor **235** 66
~sauger **50** 80
~tuch **40** 1
Almosen **330** 60
Aloe **53** 13
Alpen·glöckchen **378** 3
~pflanze **378** 1-13
~rose **378** 1
~veilchen **53** 5
Alpenvereinshütte **300** 1
Alpha·partikel **2** 27
~strahlung **1** 30-31
~teilchen **1** 30-31
alpine Ausrüstung **300** 31-57
Alpinist **300** 5
Alsike **69** 3
Alster **361** 3
Altair **3** 9
Altar *Kirche* **330** 4, 33
~ *Kunst* **334** 69
~bekleidung **330** 6
~bild **330** 13, 50
~decke **330** 6
~kerze **330** 7, 34
~kreuz **330** 12, 35
Altarm **216** 18
Altar·nische **334** 64
~platz **330** 1
~schelle **332** 52
~schmuck **330** 48
~stufe **330** 5, 31
~teppich **330** 3
~tuch **330** 36
Altbestand **84** 4
Alter Mann **144** 37
Alt·geiß **88** 34
~holz **84** 4
~menschenschädel **261** 19
Altocumulus **8** 15
~ castellanus **8** 16
~ floccus **8** 16
Altokumulus **8** 15
Altostratus **8** 8
~ praecipitans **8** 9
Alt·posaune **323** 46
~reh **88** 34
~ricke **88** 34
~schlüssel **320** 10
~steinzeit **328** 1-9
~warenmarkt **308** 60
~wasser **15** 75
Aluminium·blech **155** 29
~faß **93** 17
~gestell **50** 19
~legierung **197** 24
~münze **252** 1-28
~oberkante **301** 51
Aluoberkante **301** 51
Amarant **60** 21
Amaryllisgewächs **53** 8
Amateurboxer **299** 25
Ambo **330** 37
Amboß *Anat.* **17** 61
~ *Jagd* **87** 58
~ *Klempner* **125** 22
~ *Schmied* **137** 11-16; **138** 33
~ *Tech.* **139** 17
ambulanter Händler **308** 12
Ambulanz **270** 19
Ameise **358** 21-22
Amerika **14** 12-13
Amerikaner **97** 39
Ammer **361** 6-7
Ammoniak **170** 24
~wascher **156** 23
Ammoniumsulfat **156** 36
~herstellung **156** 35
Ammonsulfatlauge **170** 26
Amöbe **357** 1
a-Moll **320** 55, 62
~-Tonleiter **320** 46, 47, 48
Amorette **272** 20
Ampelmast **268** 53
Amperemeter **230** 18
Amphibie **364** 20-26
Amphibienflugzeug **232** 8
Amphore **328** 10
Amplitudeneinstellung **10** 11
Amsel **361** 13
Amstel **361** 13
Amt, Meteorologisches **225** 33
Amulett-und-Würfel-Kette **354** 40
Analog·ausgang **112** 45
~steuerung **242** 38
Analyse **25** 46
Analysenwaage **349** 25
Analyser **116** 36
Ananas **99** 85; **384** 61
~blüte **384** 64
~erdbeere **58** 16
~galle **82** 40
~pflanze **384** 61
Anästhesierung **24** 53
Anbau **331** 13
~gerät **134** 50-55
~-Hackwerkzeug **56** 21
~küche **46** 29
~pflug **65** 62
~satz **84** 33
~schrank **177** 69
~vitrine **42** 5
Anbinde·stall **75** 14
~vorrichtung **75** 15-16
Anbiß **86** 21
Andächtiger **330** 29
Andachtsraum **233** 49
Anderthalb·decker **229** 13
~master **220** 9-10
Andreaskreuz *Eisenb.* **202** 41
~ *Kirche* **332** 60
Andromeda **3** 24
Andruck **340** 43
~bügel **100** 17
Andrücken **182** 8
Andruck·presse, Mailänder **180** 75
~rolle **243** 25
Anemometer **10** 28
Anemone **377** 1
Aneroidbarometer **10** 4
Anfahrfederung **214** 50
Anfänger **336** 22
Anfeuchter **247** 31
Anflugantenne **6** 46
Anfuhrtisch **74** 51
Anführungs·strich **342** 26
~zeichen **342** 26, 27
Angabelinie **293** 72
Angebots·raum **207** 78-79
~schild **99** 19
Angegriffener **294** 6
Angel **45** 52
~fischerei **89** 20-94
~gerät **89** 37-94
~haken **89** 79
~schnur **89** 63
~sport **89**
angeregter Zustand **1** 19
Angiographieraum **27** 12
Angioraum **27** 12
Anglerzange **89** 37
Angorakatze **73** 17
Angreifer **294** 5
Angriffs·linie **293** 65
~sehrohr **259** 88
~spieler **293** 63, 75
~zone **293** 64
Anhänge·deichsel **64** 47
~kupplung *Landmaschinen* **65** 30
~kupplung *Camping* **278** 55
Anhänger **138** 10; **194** 22
~chassis **138** 28
~lore **200** 25
Anhängevorrichtung **65** 50, 61
Anhöhe **13** 66
Animierdame **318** 33
anisotrop **215** 2
Anke **108** 18
Anker **223** 52; **258** 5; **259** 81; **286** 15-18
~geschirr **223** 49-51
~kabel **218** 18
~kette **222** 77; **223** 50; **224** 72; **227** 12
~klüse **222** 76; **258** 54
~kreuz **332** 69
~nische **222** 75
~rad **110** 40
~spill **258** 6
~tasche **222** 75
~tau **218** 18
~winde **223** 49
~winsch **259** 82
Ankleide·kabine **271** 32
~puppe **47** 9; **48** 32
~zelle **271** 32
Ankunft **233** 26
Ankunftstafel **204** 19
Anlage·apparat **181** 22
~tisch **180** 32, 49; **181** 4, 21, 30
Anlandung **216** 52
Anlaßbatterie **212** 46
Anlasser **190** 44
~, elektrischer **189** 52
Anlaß·widerstand **135** 3
~zahnkranz **192** 31
Anlauf **282** 43
~automat **168** 20
Anlege·einrichtung **183** 17
~goniometer **351** 27
~öl **129** 44
~ponton **225** 63
Anleger **185** 25
~magazin **185** 26
Anlege·steg **283** 19
~tisch **184** 21
~trommel **180** 33, 34
~vorrichtung **236** 48
~walze **165** 32
Anleihe **251** 11-19
Anleimmaschine **185** 31
Anluven **285** 9
Anmelde·block **267** 12
~formular **267** 12
~raum **267** 1-26
Anmeldung **278** 1
Anmerkung **185** 62
annähernd gleich **345** 17
Annahme **22** 5
~beamter **236** 16
~vermerk **250** 23
Annonceteil **342** 69
Anodenstange **178** 5
Anorak *Kleidung* **29** 62
~ *Sport* **300** 6
~kapuze **300** 19
~nylon **101** 4
Anpassungseinheit **242** 34
Anpreßhydraulik **173** 37
Anproberaum **271** 32
Anreißwinkel **120** 69
Anrichte *Haushalt* **45** 44
~ *Eisenb.* **207** 35
~ *Schiff* **223** 43
~tisch **45** 32
Anrufschranke **202** 47
Ansatz *Tapezierer* **128** 21, 22
~ *Sport* **299** 8
~ *Math.* **345** 8
~rohr *Haushalt* **50** 70
~rohr *Mus.* **324** 71
Ansaug·geräuschdämpfer **190** 16; **191** 54
~leitung **349** 21
~rohr **189** 5; **190** 18
~trichter **217** 51
Anschießen **129** 52
Anschlag *Jagd* **86** 34
~ *Post* **237** 12
~ *Sport* **282** 28; **305** 27, 28, 29, 45, 73
~platte **157** 18
Anschlagsart **305** 27-29
Anschlag·schiene **133** 11
~sporn **71** 50
~stärkeeinsteller **249** 10
~weg **325** 9
~winkel **134** 26
Anschluß **237** 2
~aufsatz **127** 25
~beschlag **287** 31
~eisen **119** 10, 71
~kabel **142** 25
~leitung *Installateur* **126** 9
~leitung *U-Elektronik* **241** 71
~rahmen **65** 26
~stutzen **350** 5
Anschnall·elektrode **23** 30
~sporn **71** 51
Anschreiber **293** 71
Anschreibetafel **277** 18
Anschrift **236** 42
Anschriftenbild **236** 41
anschwellend **321** 31
Ansitz **86** 14-17
~hütte **86** 51
~stuhl **86** 10
Anstand **86** 14-17
Ansteck·nadel **36** 18
~schmuck **36** 19
Anstellvorrichtung **148** 61-65
Anstichhahn **93** 14
Anstreichen **129** 1
Antarktis **14** 18
Antenne *Meteorol.* **10** 59, 68
~ *Eisenb.* **213** 4
~ *Mil.* **256** 17; **258** 16, 46; **259** 7, 47, 89
~ *Sport* **288** 20, 88
Antennen·niederführung **223** 4
~träger **259** 6
Antependium **330** 20
Antiklinale **12** 16, 27
Antilope **367** 5
Antiqua **342** 5, 6
antiquarisches Buch **309** 55
Anti·skatingeinstellung **241** 25
~vortexsystem **234** 11
~zyklone **9** 6
Antlitz **16** 4-17
Antoniuskreuz *Schiff* **224** 90
~ *Kirche* **332** 59
Antrieb *Schuhmacher* **100** 8
~ *Sägewerk* **157** 15
~ *Spinnerei* **163** 24
~ *Bergbahnen* **214** 2
~, dieselelektrischer **223** 68-74; **259** 75
~, hydraulischer **139** 9, 15
~, konventioneller **259** 75
Antriebs·batterie **25** 51
~gerät **238** 57
~kasten **168** 32

B

C

E

Eck·ball **291** 41
~bank **265** 10; **266** 38
Ecke *Sport* **292** 18; **299** 38
~ *Math.* **347** 33
Eckenschneidewinkel **128** 51
Ecker *Spiele* **276** 42
~ *Bot.* **371** 37
Eck·fahne **291** 8
~fußstein **122** 77
~kegel **305** 6, 8
~platz **207** 58
~punkt **346** 26
~rohrzange **134** 12
~schrank **39** 27
~stein **276** 41
~stiel **120** 52
~stoß **291** 41
~tisch **246** 34
~turm **329** 14
~zahn **19** 17
Edamer **99** 42
~ Käse **99** 42
Edel·auge **54** 23, 34
~falter **358** 52
~fasan **88** 77
~fink **360** 10
~kastanie **384** 48
~koralle **357** 17
~lupine **51** 23
~mann **355** 44
~metall-Motor-Drehwähler **237** 42
~raute **378** 6
~reis **54** 37
~rose **60** 15
~stahlbehälter **79** 4
~stahl-Schichtfilter **79** 8
~steinanhänger **36** 14
~steinarmband **36** 25
~steinring **36** 15
~tanne **372** 1
~tier **88** 1
~weiß **378** 9
~wild **88** 1-27
Editor **117** 91
E-Dur **320** 59
EDV-Blatt **248** 47
Efeublätterige Gundelrebe **375** 18
Effacé **314** 13
Effektaufnahme **310** 30
Effekten **251** 11-19
~börse **251** 1-10
~händler **251** 7
~makler **251** 4
Effektton **310** 59
Effetstoß **277** 5
Effilier·messer **105** 9; **106** 41
~schere **105** 8; **106** 33
Egyptienne **342** 8
Ehe·ring **332** 17
~wappen **254** 10-13
Ehrenpreis **375** 22
Ehrentor **337** 3
Ei *Anat.* **20** 84
~ *Landw.* **74** 58; **77** 26; **80** 15, 55; **82** 19; **358** 49; **359** 3
~ *Sport* **301** 33
~ablage **80** 2
Eibe **372** 61
Eibisch **380** 12
Eiche **51** 12; **371** 1
Eichel *Anat.* **20** 69
~ *Spiele* **276** 42
~ *Bot.* **371** 4
~habicht **361** 1
~häher **361** 1
Eichen·gallwespe **82** 33
~wickler **82** 43
Eichhörnchen **366** 19
Eier·bovist **381** 19
~längssammlung **74** 22
~packung **99** 50
~produktion **74** 34-53
~sammelvorrichtung **74** 34
~sammlung **74** 34
~schale **74** 59
~stabkyma **334** 42
~stock **20** 83
~transport **74** 41
~uhr **110** 31
~verpackungsmaschine **74** 46
~waage **74** 43
~zählplatte **89** 19
eiförmig **370** 36
Eigelb **74** 68
Eigen·bildtaste **242** 23
~periode **11** 41
Eihülle **74** 59
Eiklar **74** 62
Eileger **366** 1
Eileiter **20** 81
Eimer **221** 113
~bagger **226** 41
~kette **216** 57; **226** 42
~kettenbagger **216** 56
~leiter **226** 43
einäugige Spiegelreflexkamera **115** 1
Ein-/Ausgabegerät **237** 59
Ein-/Ausschalter **241** 63; **243** 16; **247** 16; **249** 9, 64
Einback **97** 40
Einband **185** 40-42
~decke **185** 40
~schleifmaschine **133** 30
~verfahren **117** 8
Einbauanschluß **127** 24
Einbaum **218** 7; **354** 20
Einbaustück **148** 61
Einbelichten **115** 67
Einbettkabine **223** 46
Einblasen **162** 47
Einblattdruck **340** 27
Einblendung (von Formularen) **242** 42
Einblick, binokularer **23** 6
Einbrennofen **179** 32
Eindickbütte **172** 62
Eindicker **172** 42, 48
Eindocken **222** 41-43
Eindrahtfesselflugsteuerung **288** 90
Eineinhalbmaster **220** 9-10
Einer **283** 16
~ mit Steuermann **283** 18
Einerstelle **344** 3
Einfädelschwanz **114** 9
Einfahrt **217** 15-16
Einfallbaum **86** 47
Einfamilienhaus **37** 1-53
Einfarben-Offsetmaschine **180** 46, 59
Einfriedung **37** 53
Einführlineal **184** 23
Einfuhrtisch **185** 34
Einführungsstutzen **153** 40
Einfüll·öffnung **213** 19
~stutzen *Öltank* **38** 47
~stutzen *Haushalt* **50** 12
~trichter *Landw.* **74** 24
~trichter *Fotogr.* **116** 12
Eingabe·gerät **237** 59
~tastatur **238** 13
Eingang *Film* **117** 27
~ *Piktogramm* **233** 36
~ *Stadt* **268** 13
~ *Zirkus* **307** 19
Eingangs·kontrolle **199** 12
~tor **337** 24
~treppe **37** 66
~tunnel **353** 6
~wähler **241** 44
~wahlschalter **238** 49
Eingebrochener **21** 28
Eingehen **168** 26
Eingießende **147** 34
Eingreifen **174** 48
Eingriffeliger Weißdorn **374** 30
Einguß **148** 21
~rinne **147** 22
Einhandbedienung **185** 7
Einhängevorrichtung **180** 3
Einheitenzeiger **174** 36
Einheitskieljacht, 25-m^2- **284** 62
Einhorn *Heraldik* **254** 16
~ *Fabelwesen* **327** 7
Einhüllen-Küsten-U-Boot **259** 75
Einjähriges Rispengras **375** 39
Einkanalton **311** 35
Einkauf, zollfreier **233** 52
Einkaufs·tasche **98** 45; **99** 3; **268** 19
~wagen *Haushalt* **50** 87
~wagen *Supermarkt* **99** 1
Einklang **321** 6
Einkocher **40** 23
Einlage *Zigarre* **107** 7
~ *Mus.* **323** 26
Einlagerung **154** 72
Einlagerungskammer **154** 71
Einlaß·karte **315** 11
~ventil **242** 52
Einlaufanschluß **172** 77
Einlaufen (der Streckenbänder) **164** 21
Einlaufstutzen **37** 12; **122** 30
Einlege·boden **44** 19
~keil **143** 73
~ring **349** 17
~scheibe **115** 96
~sohle **291** 27
~vorbau **162** 2
Einlochen **293** 86
Einlochmischbatterie **126** 27
Einmaischen **92** 43
Einmal·injektionsnadel **22** 65
~injektionsspritze **22** 65
Einmann·boot **353** 12
~sessel **214** 16
~sitzbank **189** 19
Einmaster **220** 6-8
Einmaststütze **214** 23
Einmeterbrett **282** 10
Einödhof **15** 101
Einordnungspfeil **268** 73, 74
Einpreßvorrichtung **109** 29
Einquersammlung **74** 36
Einreiher **33** 1
Einreißhaken **270** 15
Einrücker **165** 17
Einrückhebel **166** 8
Einsatz **275** 13
~holz **85** 4
~spirale **116** 2
~zirkel **151** 52
Einschalt·fußbrett **165** 35
~hebel **149** 11
Einschaltung **178** 20
Einscharpflug **65** 1
Einscheibenkupplung **190** 71
Einschienenhängebahn **144** 43, 44
Einschießvorrichtung **181** 11
Einschlag **136** 5
Einschubdecke **120** 43; **123** 68
Einschwärzballen **340** 22
Einseilbahn **214** 15-24
Einsortiermaschine **74** 38
Einspänner **186** 18, 29
Einspannvorrichtung **150** 15
Einspiellautsprecher **238** 37
Einsprechöffnung **241** 50
Einspritz·düse **190** 54
~kondensator **172** 16
~pumpe *Motor* **190** 65
~pumpe *Eisenb.* **211** 48
~pumpenantrieb **190** 57
~ventil **190** 32
~versteller **190** 58
Einstechdrehmeißel **149** 53
Einsteck·kamm **105** 6
~loch **136** 9
~schloß **140** 36-43
~tuch **33** 10
Einsteigen **299** 10
Einsteigschacht *Öltank* **38** 45
~ *Wasservers.* **269** 26
Einstell·fernrohr **115** 74
~filter **116** 46
~glied **237** 49
~hilfsmittel **115** 60
~knopf **14** 58; **116** 54
~rad **172** 74
~scheibe **112** 21; **115** 39, 58-66
~schlitten **115** 86
~systemschalter **117** 11
Einstellung, manuelle **115** 52
~, stufenlose **127** 17
Einstellungsnummer **310** 35
Einstichkasten **298** 35
Einstieg *Eisenb.* **208** 10
~ *Schwimmbad* **281** 37
~luke **6** 10
Einstiegs·luke **6** 38; **235** 26
~plattform **6** 34
~raum **208** 10
Einstiegstufe *Flugzeug* **230** 42
~ *Schwimmbad* **281** 32
Einstiegstür **207** 20, 22
Einstiegtür **197** 14
Einstreu **74** 8; **75** 6
Einsturz·beben **11** 32-38
~trichter **11** 49; **13** 71
Eintagsfliege **358** 6
Eintauchrefraktometer **112** 48
Eintragung **251** 14
Ein- und Ausrücker **165** 17
Ein- und Ausrückhebel **166** 8
Ein- und Ausschalten **149** 34
Ein- und Ausstiegsluke **6** 38
Ein- und Ausstiegsplattform **6** 34
Ein- und Ausstiegtür **197** 14
Einweckeinsatz **40** 24
Einwecker **40** 23
Einweck·glas **40** 25
~ring **40** 26
Einweg·feuerzeug **107** 30
~flasche **93** 29
~hahn **350** 42
~packung **93** 28
Einweichbottich **136** 13
Einwickelpapier **98** 46
Einwurf **291** 53
~schacht **157** 55
Einzahlungsschalter **236** 25
Einzel **293** 4 *bis* 5
~blüte **371** 26
~buchstabe, gegossener **174** 44
~buchstaben-Setz-und-Gießmaschine **174** 32-45
~gut **206** 4
~handelsgeschäft **98** 1-87
~händler **98** 41
~hof **15** 101
~lader **87** 1
~läufer **302** 1
~laufwerk **238** 56, 58
Einzeller **357** 1-12
Einzellige **357** 1-12
Einzel·sitzplatz **197** 17
~sitzreihe **207** 62
~spiel **293** 4 *bis* 5
~wasserversorgung **269** 40-52

F

~schälmaschine **133** 1
~schnellpresse **133** 49
~zusammenklebemaschine **133** 3
Fürstenhut **254** 40
Fürstin **355** 20
Fusa **320** 16
Fuß *Anat.* **16** 54; **17** 26-29; **19** 52-63
~ *Schuhmacher* **100** 23
~ *Tischler* **132** 29
~ *Textil* **171** 33
~ *Mus.* **326** 23
~abstreifer **123** 25
~anfassen **302** 10
~anheber **100** 27
Fußball **273** 12; **291**
~platz **291** 1-16
~schuh **291** 21
~spiel **273** 10
~tor **273** 11
Fuß·becken **49** 44
~bett **101** 50
~bindungsstelle **171** 35
Fußboden **123**
~streicher **129** 27
Fuß·bremse **188** 52
~bremshebel **56** 40
~brett **305** 81
~bügel **142** 31
~ende **43** 4
Fußgänger·lichtzeichen **268** 55
~überweg **198** 11; **268** 24, 29
~wegmarkierung **268** 51
~zone **268** 58
Fuß·gebinde **122** 76
~leiste **267** 52
~linie **122** 81
~maschine **324** 54
~muskel **18** 49
~note **185** 62
~pferd **219** 46
~pfette **121** 44; **122** 40
~platte *Schneiderei* **103** 11
~platte *Bau* **119** 50
~platte *Werkzeugmasch.* **150** 19
~platte *Bildhauerei* **339** 23
~rampenleuchte **316** 26
~raste **187** 47; **188** 44
~raumbelüftung **191** 81
~ring **74** 54
~rücken **19** 61
~sack **28** 38; **304** 27
~schalter **27** 21; **50** 2; **157** 66
~schalterbuchse **249** 66
~schalttaste **103** 26
~schaltung **188** 55; **190** 77
~sohle **19** 62
~sprung **282** 13
~steg **185** 58
~steuerhebel **139** 27
~stück **183** 25
~stütze *Friseur* **105** 18; **106** 19
~stütze *Wagen* **186** 7
~stütze *Eisenb.* **207** 57
~stütze *Sport* **298** 2; **301** 58
~technik **299** 19
~teil **43** 4
~tritt *Schädlingsbek.* **83** 34
~tritt *Wagen* **186** 13
~tritt *Mus.* **326** 48
~tritthebel **183** 18
~ventil **269** 6, 14, 43
~weg **15** 43
~wurzelknochen **17** 26
Futter·automat **74** 13
~brett **123** 56
~gang **75** 3
~kette **74** 25
~klee **69** 1
~maschine **74** 23
~napf **70** 32
~pflanze **69** 1-28
~rinne **74** 4, 21
~rohr **74** 15
~rübe **69** 21
~silo **62** 11, 43
~tank **221** 73
~transportband **74** 25
~transportkette **74** 25
~trog **75** 37
~wicke **69** 18
~zuführung **74** 23-27

G

Gabel *Haushalt* **45** 58; **71** 29
~ *Optik* **113** 12
~ *Wagen* **186** 30
~ *Post* **237** 13
~baum **284** 7
~deichsel **186** 30
~flinte **353** 28
~häkelei **102** 28
~kopf **187** 11
~kreuz **332** 61
~montierung **113** 24
~mücke **81** 44
~schaft **187** 10
~schaftrohr **187** 10
~scheide **187** 12
~schlüsselsatz **134** 2
~stapler **93** 23; **206** 16
~umschalter **237** 13
~weihe **362** 11
Gaffel **219** 45
~geer **219** 70
~segel **220** 1
~stander **219** 49
~toppsegel **219** 31
Gagel, Echter **373** 33
Gaillardie **60** 19
Galanterie·degen **355** 63
~warenabteilung **271** 62
Galaxis **3** 35
Galeere **218** 44-50
Galeeren·sklave **218** 48
~sträfling **218** 48
Galerie **315** 16
~grab **328** 16
Galette **169** 16
Galgenmikrophon **311** 40
Gallapfel **82** 34
Galle **82** 34
Gallen·aufnahme **27** 4
~blase **20** 11, 36
~blasengang **20** 38
~gang **20** 37-38
Gall·mücke **80** 40
~wespe **82** 33
Galopp, gestreckter **72** 43-44
~, kurzer **72** 42
~rennen **289** 50
galvanischer Betrieb **178** 1-6
Galvanisierbecken **178** 4
Galvanoplastik **178**
Gamaschenhose **29** 45
Gambe **322** 23
Gammastrahlung **1** 33, 40
Gams **367** 3
Ganasche **72** 11
Gang **192** 32, 34, 35, 36, 42, 43, 45
~art **289** 7
~arten **72** 39-44
~gewicht **110** 29; **309** 59
~grab **328** 16
~schaltung **65** 35; **188** 31
~schaltungshebel **189** 28
Ganner **359** 15
Gans **73** 34; **272** 52
Gänse·blümchen **376** 1
~feder **341** 26
~fuß *Bot.* **61** 25
~fuß *Sport* **288** 74
~füßchen **342** 26
~kresse **61** 9
Ganser **73** 34
Gänserich **73** 34
Gänse·säger **359** 15
~vogel **359** 15-17
Gantelet **329** 50
Ganter **73** 34
ganze Note **320** 13
~ Pause **320** 21
Ganzholz **120** 87
ganzrandig **370** 43
Garage *Med.* **24** 8
~ *Haus* **37** 32, 79
Garageneinfahrt **37** 52
Gär·aufsatz **349** 7
~bottich **93** 8
Garderobe *Wohnung* **41** 1
~ *Theater* **315** 5
~ *Nachtlokal* **318** 1
Garderoben·ablage **48** 34
~frau *Theater* **315** 6
~frau *Nachtlokal* **318** 2
~halle **315** 5-11
~marke **315** 7
~nummer **315** 7
~raum **207** 70
~spiegel **41** 6
~ständer **266** 12
~wand **41** 1
Garderobiere **315** 6
Gardine **44** 14
Gardinen·abteilung **271** 66
~leiste **44** 15
~stoff **167** 29
Gärkeller **93** 7
Garmond **175** 27
Garn **164** 53, 56; **167** 17, 36
~aufwicklung **170** 44
Garnele **369** 12
Garnierung **222** 62u.63
Garn·knäuel **183** 11
~kötzer **163** 2
~meterzähler **165** 28
~nummerfeinheit **164** 40
~rolle **103** 12
~scheibe **166** 49
Garratlokomotive **210** 64
Gärraum **97** 72
Garten, englischer **272** 41-72
~ammer **361** 7
~bank **272** 42
~baubetrieb **55** 1-51
~bauer **55** 20
~baugehilfe **55** 45
~baugehilfin **55** 46
~baumeister **55** 20
~baumschule **55** 3
~besen **56** 3
~blume **60**
~erdbeere **58** 16
~erde **55** 15
~fuchsschwanz **60** 21
~gerät **56**
~gerbera **51** 26
~hecke **51** 9
~hippe **56** 9
~krähe **361** 3
~laube **52** 14
~leiter **52** 8
~leuchte **37** 38
~liege **51** 2
~mauer **37** 37
~messer **56** 9
~nelke **60** 7
~rittersporn **60** 13
~rotschwänzchen **360** 3
~schädling **80**
~schirm **37** 48
~schlauch **37** 42; **56** 27
~schubkarren **56** 47
~spinne **358** 45
~spritze **56** 24
~stiefmütterchen **60** 2
~stuhl **37** 49
~teich **51** 16
~tisch **37** 50
~treppe **37** 39
~weg **51** 14; **52** 23
~zaun **52** 10
~zwiebel **57** 24
Gärthermometer **93** 9
Gärtner *Beruf* **55** 20
~ *Vögel* **361** 7
Gärtnerei **55** 1-51
Gärwagen **97** 73
Gas *Erdöl* **146** 9
~ *Auto* **191** 46
~abscheider **145** 28
~anschluß **261** 24
~austritt **156** 16
~ballon **288** 63
~brenner **139** 3, 48
~drehgriff **189** 29
~durchlauferhitzer **126** 12
~entnahme **350** 63
~entwicklungsapparat **350** 59
~feuerzeug **107** 30
~flaschenkasten **278** 53
~gerät **126** 12-25
~griff **188** 30
Gashebel *Auto* **191** 94
~ *Flugzeug* **230** 30; **288** 15
~sperre **85** 17
Gas·heizkammer **147** 28
~herd **39** 12
~kanal **152** 12
~kappe **12** 30
~kocher **278** 33
~kompressor **156** 26
~kühlaggregat **146** 27
~kühler **156** 19
~kühlung **156** 29
~leitung *Erdöl* **145** 29
~leitung *Hütt.* **147** 18, 27
~leitung *Straße* **198** 21
~maske **270** 40
~maskenfilter **270** 57
~ofen **126** 25
~ölfraktion **145** 42
Gasometer **144** 12
Gas·pedal **191** 46, 94
~regulierung **350** 6
~rohr **83** 14, 35
~sammelbehälter **156** 25
~sammelleitung **156** 17
~sauger **156** 21
~schlauch **141** 9
~schmiedeofen **140** 11
Gast **266** 25
Gas·tankleichter **221** 94
~trennanlage **145** 69
~trocknung **156** 30
Gastseite **207** 78
Gas·turbine **209** 9, 17
~turbinensteuerschrank **209** 16
~turbinentriebkopf **209** 8
~turbinentriebzug **209** 1
~uhr **126** 5
~- und Wasserinstallateur **126** 1
~versorgungsregulierung **27** 41
~waschflasche **261** 32; **350** 58
~wasser **156** 39
~zähler **156** 31
~zufuhr **139** 54
~zuführung **140** 12
~zuführungsrohr **350** 2
Gatter *Forstw.* **84** 7
~ *Spinnerei* **164** 58
~ *Sport* **289** 8
~rahmen **157** 8

I

J

K

L

M

N

P

S

Stahldraht·armierung **153** 50
~bürste **142** 18
Stahlgießpfanne **147** 31
Stahlgitter·brücke **215** 34
~mast **214** 77
Stahl·griffel **341** 21
~gummifederung **207** 4
~halter **149** 21
~kante **301** 4, 50
~kies **148** 38
~kugel **143** 70
~leiter **270** 10
~meßkluppe **84** 21
~pfahl **217** 4
~plättchen **325** 1
~rad-Glasschneider **124** 26
~regal **262** 12
Stahlrohr **155** 30
~gerüst **119** 46
~mast **214** 78
~stuhl **41** 21
~stütze **214** 78
Stahl·runge **213** 6
~säge **134** 17
~schiebedach **193** 24
~schwelle **217** 3
~spinne **5** 18
~stempel **175** 36
~stichel **175** 33
~walze **164** 10
~werk **147** 21-69
~winkel **108** 28
~zylinder **180** 54
Stake *Boot* **89** 30; **216** 16
~ *Korbmacher* **136** 6
Staket **52** 10
Stakfähre **216** 15
Stalagmit **13** 81
Stalaktit **13** 80
Stalaktitengewölbe **337** 17
Ställchen **28** 39
Stall·dünger **63** 15
~knecht **186** 27
~meister **307** 31
~miststreuer **62** 21; **63** 39
~vollplatte **159** 27
Stamm **84** 19, 22; **370** 2
~gast **266** 40
Stammholz **85** 41
~entrindung **85** 23
~halter **157** 39
~schlepper **85** 34
Stammtisch **266** 39
Stampf·beton **118** 1
~bohle **201** 2
Stampfer **349** 10
Stampflehmpackung **269** 39
Stand **282** 40
Standardspindel **164** 45
Standarte *Jagd* **88** 47
~ *Repro* **177** 11
~ des dt. Bundespräsidenten **253** 14
Standartenverstellung **114** 51
Stand·bein **302** 2
~bild **272** 10; **334** 5
~drehwerk **65** 73
Stande **89** 4
Stander **90** 15
Stander, dreieckiger **253** 30-32
~, gezackter **253** 22
~, rechteckiger **253** 28
Ständer *Med.* **26** 9
~ *Jagd* **88** 81
~ *Bau* **119** 47
~ *Tech.* **139** 10; **150** 10, 21; **175** 50; **349** 29
~ *Zeichn.* **151** 37
~beute **77** 45-50
~schlitten **353** 18
Standesabzeichen **319** 26
Stand·gerüst **14** 50
~hahnmutternzange **126** 64
~kampf **299** 6
~korrektion **10** 10
~leiter **118** 86
Standlicht **191** 20
~schalter **191** 62
Standort **224** 45
Standrohr *Haus* **37** 14
~ *Erdöl* **145** 18
~ *Papier* **173** 12
~ *Raumfahrt* **234** 25
~ *Feuerwehr* **270** 26
~kupplung **67** 5
Stand·seilbahn **214** 12
~seilbahnwagen **214** 13
~uhr **110** 24; **309** 56
~ventil **126** 31
~versorgung **207** 75
~vogel **360** 4
Stange *Garten* **52** 28
~ *Jagd* **88** 11, 30
~ *Mus.* **323** 14
Stangen·bohne **52** 28; **57** 8
~bohrer **120** 65
~holz **84** 12
~pferd **186** 46
~zirkel **125** 11
Stapel **225** 42
~anlage **180** 73
~anleger **180** 48
~ausleger **180** 55
~drucker **180** 70
Stapelia **53** 15
Stapel·kasten **76** 30
~platz **184** 12
~stein **157** 37
Stapler *Glas* **162** 20
~ *Hafen* **226** 15
Star *Segelsport* **284** 55
~ *Film* **310** 27
~ *Vögel* **361** 4
stark **321** 38
Starkbier **93** 26
Stärke·messer **308** 11
~verstellung **100** 22
Starkstromleitung *Landkarte* **15** 113
~ *Elektr.* **127** 23
Starkwindschicht **7** 5
Starmatz **361** 4
Starrachse **192** 65-71
Start **286** 28; **298** 1-6
~anlage **209** 13
~bahn **233** 1; **287** 15
~behälter **259** 26
~block **282** 27; **298** 1
~boje **285** 14
Starter *U-Elektronik* **241** 30
~ *Sport* **282** 30
~flagge **273** 34
~klappe **192** 6
~nummer **289** 36
Start·linie **286** 30; **294** 3
~nummer **289** 33; **290** 28; **301** 37; **305** 84
~nummernschild **189** 18
~pedal **188** 25
~phase **234** 66
~platz **298** 3
~rampe **255** 66
~schiff **285** 15
~sockel **282** 27
~sprung **282** 29
~tonne **285** 14
~- und Landebahn **233** 1
~- und Zielboje **285** 14
~- und Ziellinie **286** 30
~- und Zieltonne **285** 14
~zone **286** 29
Staßfurt-Flöz **154** 65
~-Steinsalz **154** 66
stationäre Masse **11** 43
Stationärrolle **89** 32, 61
Station des Kreuzwegs **330** 54
Stations·schild **205** 28
~taste **241** 4; **243** 17; **309** 20
Station wagon **193** 15
Statist **310** 29; **316** 39
Statistik **248** 36
Stativ **26** 29; **112** 2
~bein **114** 43
~fuß **112** 3
~gewindeanschluß **115** 30
~scheinwerfer **310** 52
Statue **272** 10; **339** 32
Staub·abscheider *Mälzerei* **92** 40
~abscheider *Papier* **172** 1
~abscheider *Müllbes.* **199** 31
~behälter **50** 86
~beutel **58** 45; **59** 10; **372** 35
~beutelfüllanzeige **50** 61
~beutelkassette **50** 62
~blatt **58** 45; **59** 10; **370** 57, 60; **372** 7, 18; **373** 2, 5; **374** 3
~blüte **59** 39
~blütenkätzchen **59** 45
~blütenstand **59** 39
~ecken **217** 39
~fänger **147** 14
~filter **270** 59
~füllanzeige **50** 73
~gefäß **58** 45
~haube **133** 20
~kammer **172** 6
~kanal **163** 22
~kappe **187** 57, 82
~keller **163** 11
~lawine **304** 1
~oberfläche **6** 13
~pinsel **109** 18
~sack **147** 14
~sammelkasten **108** 45
~saugtrichter **163** 10
~schutz *Atom* **2** 48
~schutz *Warenhaus* **271** 30
Stauch·falte **185** 11
~falzmaschine **185** 8
~klotz **137** 16
~- u. Messerfalzmaschine **185** 8
Staudamm **155** 38
Staude **52** 9
Stauden·beet **52** 22; **55** 37
~phlox **60** 14
Stau·körper **217** 65
~mauer **217** 58
~raum **227** 26; **228** 27
~rohr **256** 11; **257** 1
~schleuse **15** 69
~see **217** 57
~stufe **217** 65-72
Stech·apfel **379** 8
~apparat **77** 10-14
~beitel **132** 7; **134** 30; **339** 19
~drehmeißel **149** 53
Stecher *Jagd* **87** 12; **88** 84
~ *Web.* **166** 43
Stech·fliege **81** 4
~helm **254** 4; **329** 77
~kahn **283** 1
~karren **206** 14
~lanze **329** 81
~messer **94** 14
~mücke **358** 16
~paddel **218** 8; **283** 34
~palme **374** 9
~rüssel **358** 17
~tartsche **329** 79
~zeug **329** 76
Steck·achse **65** 33; **189** 34
~brett **273** 57
~dose **106** 15; **127** 13; **261** 12
~feder **35** 12
Steckling **54** 20, 24
Steck·schriftkasten **174** 4
~tafel **242** 69
~verschluß **188** 2
Steg *Landkarte* **15** 78
~ *Optiker* **111** 11
~ *Bau* **120** 15
~ *Masch.* **143** 4
~ *Setzerei* **174** 8
~ *Druck* **181** 40
~ *Brücken* **215** 18; **272** 46
~ *Sport* **283** 19
~ *Mus.* **322** 17; **323** 5
~leitung **127** 44
~schlaufe **286** 59
stehendes Gut **219** 10-19
Steher **290** 14
~maschine **290** 15
~rennen **290** 11-15
Steh·geiger **267** 45
~kessel **210** 62
~kolben **350** 36
~kragen **30** 43
~lampe **46** 37
~leiter **129** 5
~platzraum **197** 18
~satz **174** 11
~satzregal **174** 9
~schlitten **304** 29
~sieb **55** 13
Steig·bügel *Anat.* **17** 61
~bügel *Pferd* **71** 43
Steigeisen *Wasservers.* **269** 28
~ *Bergsport* **300** 48
~kabelbindung **300** 52
~riemen **300** 51
Steigeleiter **217** 8
Steigertrichter **148** 22
Steig·leiter **38** 4
~leitung **126** 7; **269** 19
~rohr **145** 24
~übung **270** 1-46
Steigung **347** 12
Steil·gewinde **149** 4
~hang **13** 28, 57
~kegelrefiner **172** 73
~küste **13** 25-31
~stufe **300** 2
~wand **12** 43
~wandfahrer **308** 54
~wandzelt **278** 36
Stein *Uhr* **110** 33
~ *Spiele* **276** 7
~ *Vorgeschichte* **328** 1, 19
~ *Bot.* **374** 12
~, facettierter **36** 42-71
~absonderung **64** 79
~bett **340** 64
~block **339** 5
~bock *Astr.* **3** 36; **4** 62
~bock *Zool.* **367** 7
~brech, Rundblätteriger **375** 1
~brechgewächs **58** 1-15
~bruch **15** 87; **158** 1
~brucharbeiter **158** 5
~brücke **15** 50; **215** 19
~druck **340** 25-26
~druckpresse **340** 60
~fangmulde **64** 9
~figur **272** 2
~forelle **364** 15
~frucht **59** 41, 43, 49; **370** 99; **382** 51; **384** 40
~gabel **158** 33
~garten **37** 40; **51** 6
~gartenpflanze **51** 7
~kauz **362** 19
~kistengrab **328** 17
Steinkohle **170** 1
Steinkohlen·bergwerk **144** 1-51
~flöz **144** 50
~gebirge **144** 49
~grube **144** 1-51

~feld **63** 33
Stopp·härtebad **116** 10
~taste **249** 73
~uhr **238** 62
~uhr, elektronische **238** 31
~zylinderpresse **181** 20
Stoptaste **243** 43
Storch·schnabel *Geogr.* **14** 65
~schnabel *Bot.* **53** 1; **376** 24
~schnepfe **359** 19
~vogel **359** 18
Store **42** 35
Störklappe **229** 39, 42; **287** 38
Störung, zusammengesetzte **12** 8-11
Stoß *Vögel* **88** 67, 75, 80; **362** 8
~ *Bau* **122** 94
~ *Tapezierer* **128** 20
~ *Sport* **294** 7; **299** 28
~axt **120** 72
~ball **277** 12
~besen **38** 35
~dämpfer **191** 26; **192** 69, 76; **207** 4
Stößel **24** 48
Stoßen **299** 4
Stößer **325** 30
Stoß·harpune **353** 9
~kragen **329** 44
~lade **124** 31
~ofen **148** 69
~schlitten **304** 29
~stange **191** 13
~stange, integrierte **193** 33
~strahl **11** 35
~waffe **294** 11, 34, 36, 37
~zahn **366** 22
~zunge **325** 30
Stout **93** 26
Straf·raum **291** 4
~stoß **291** 40
~stoßmarke **291** 6
Strahl **346** 20
~blüte **375** 31
Strahlen·bündel **346** 19
~erzeugungssystem **113** 31
~flugzeug **231** 7-33
~gang **5** 3
~kranz **332** 37
Strahlenschutz·kopf **2** 31
~mauer **154** 74
~meßgerät **2** 1
Strahlen·teiler **240** 35
~teilungsprisma **240** 35
~tierchen **357** 8
Strähler **135** 14
Strahl·kopf **113** 31
~pumpe **210** 41
~rohr *Schädlingsbek.* **83** 22
~rohr *Feuerwehr* **270** 33
~trainer **257** 1-41
~turbine **231** 26; **232** 33-50
Strahlungs·eintritt **1** 64
~kessel **152** 5
~meßgerät **2** 1-23
~schutzrohr **10** 36
Strahlverstellung **83** 19
Strähnenbürste **105** 2
Straight **305** 17
~-Ball **305** 17
Strampel·anzug **29** 23
~höschen **29** 11
~hose **28** 24
Strand **11** 54; **13** 35-44
~anzug **33** 24; **280** 19
~bad **280**
~burg **280** 35
~ebene **13** 35-44
~geröll **13** 29
~hafer **15** 7
~hose **280** 22
~hut **280** 20
~jacke **280** 21
~kanal **13** 34
~kleidung **280** 19-23
~korb **280** 36
~reiter **359** 19
~schuh **280** 23
~see **13** 44
~tasche **280** 24
~terrasse **11** 54
~wall **13** 35
~wärter **280** 34
~weizen **61** 30
~zelt **280** 45
~zone **281** 2
Strang **71** 22, 35
~guß **148** 24-29
~presse **159** 11; **161** 7
Straps **318** 28
Straße **37** 61; **200** 55; **215** 59
Straßenaufreißer **200** 20
Straßenbahn **197**
~betrieb **197** 13
~fahrplan **268** 27
~haltestelle **268** 25
~schienen **268** 23
~zug **268** 46
Straßen·bau **200; 201**
~baumaschine **200** 1-54; **201** 1
~beleuchtung **268** 49
~besen **199** 6; **268** 21
~brücke **15** 55
~café **268** 59
~decke **217** 1
~ecke **198** 12
~fahrer **290** 8
~hobel **200** 19
~kehrer **199** 5; **268** 20
~kehrmaschine **199** 39
~kehrwagen **199** 9
~lampe **37** 62; **268** 6
~laterne **37** 62; **268** 6
~leuchte **37** 62; **268** 6
~name **268** 7
~querschnitt **198**
~reinigung **199**
~reinigungswagen **304** 8
~rennen **290** 8-10, 16, 24-28
~schild **268** 7
~schmutz **268** 22
~transport **85** 42
~überfahrt **15** 40
~überführung **268** 48
~walze **200** 36
Straße I. Ordnung **15** 83
~ II. Ordnung **15** 36
~ III. Ordnung **15** 30
~ von Gibraltar **14** 24
Strato·cumulus **8** 3
~kumulus **8** 3
~sphäre **7** 8
~sphärenflugzeug **7** 15
~vulkan **11** 15
Stratus **8** 4
Strauß **359** 2
Straußen·feder **254** 30
~gelege **359** 3
Straußvogel **359** 1-3
Streb **144** 33-37
Strebe **120** 27, 54; **121** 58, 69, 82
~bogen **335** 28
~pfeiler **335** 27
~werk **335** 27-28
Strecke *Jagd* **86** 38
~ *Spinnerei* **164** 1
~ *Math.* **346** 16
Strecken **164** 12; **170** 55
~band **164** 21
~block **203** 59
~diesellokomotive **212** 1
~kanne **164** 20
~markierung **289** 19
~meßgerät **112** 70
~netzplan **204** 33
~vortriebsmaschine **144** 32
~wärter **202** 44
Strecker·schicht **118** 64
~verband **118** 60
Streck·hang **296** 33, 34
~sitz **295** 10
~sprung **295** 35
~stütz **296** 38
~teich **89** 6
~walze **164** 13
~werk **163** 60; **164** 21, 29
~werkabdeckung **164** 7
~zwirnerei **170** 46
Streich·anlage **173** 31, 34
~balken **120** 40
~baum **166** 37
~blech **65** 4, 64
~bürste **129** 3
~dalbe **222** 35
Streichen **12** 2
Streichholz **107** 22
~schachtel **107** 21
~ständer **266** 24
Streich·instrument **323** 1-27
~rad **322** 26
~stange **118** 26
Streifen·beamter **264** 13
~beleimung **185** 31
~hyäne **368** 1
~wagen **264** 10
Streifstange **165** 38
Streit·axt **328** 19; **352** 16
~kräfte **255; 256; 257**
Stretch·bund **31** 43
~gürtel **31** 63
Streu·aggregat **62** 22
~klappe **200** 42
~scheibe **310** 38
~schutz **148** 40
Streusel·gebäck **97** 35
~kuchen **97** 43
Streuwalze **62** 23
Strich·ätzung **178** 42
~liste **151** 32
~punkt **342** 19
~stärkenkennzeichnung **151** 40
Strickbund **29** 65; **31** 70
Strickerei **167**
Strick·hemd **33** 36
~jacke **31** 50; **33** 30
~kleid **30** 33
~kleidchen **29** 28
~kragen **33** 31
~leiter **221** 91; **273** 49; **307** 8
~muster **101** 43
~mütze **35** 10
~vorgang **167** 51
Striegel **71** 54
Stringer *Schiff* **222** 50
~ *Flugzeug* **230** 47, 57
Stripmakulatur **128** 5
Stripperin **318** 27
Stripperkran **148** 47
Striptease **318** 27-32
~tänzerin **318** 27
Stripteuse **318** 27
Stroh **136** 30
~ballen **63** 34; **75** 7; **206** 23
~ballenpresse **63** 35
~fiedel **324** 61
~hut **35** 35
~matte **55** 6
~preßballen **63** 34
~schwad **63** 36
~zuführung **64** 13
Strom **242** 73; **326** 47
~, niederfrequenter **23** 37
~, schiffbarer **15** 45
Stromabnehmer *Auto* **194** 41
~ *Straßenbahn* **197** 2
~ *Eisenb.* **207** 24, 75; **211** 2, 30
~bügel **205** 36
Strom·aggregat **231** 33
~anschluß **261** 12
~fähre **216** 10
~insel **216** 4
~kabel **56** 32; **198** 19
~leiter **153** 43
~messer **127** 41
~meßgerät **242** 77
~pfeiler **215** 21, 54
~schiene **152** 29
~schlauch **216** 9
~spannung **326** 38
~strich **216** 9
~- und Spannungsmeßgerät **242** 77
Strömung **216** 9
Strömungs·verlauf **216** 9
~weiser **216** 43
Strom·versorgung **115** 79
~versorgungskabel **198** 14
~wandler **153** 58
~zufuhr **155** 21
~zuführung **142** 25
Strumpf **167** 21; **318** 32
~fabrik **167** 1-66
~fach **99** 25
~halter **32** 6
~hose **29** 42; **32** 12; **355** 47
~packung **99** 26
~warenabteilung **271** 17
~wirker **361** 8
Stubben **84** 14
Stubenfliege, Gemeine **81** 2
~, Große **81** 2
~, Kleine **81** 1
Stubenwagen **28** 30
~garnitur **28** 31
Stück *Textilw.* **168** 51
~ *Roulett* **275** 12
~, dickes **95** 50
Stückgut **206** 4, 27; **226** 11
~frachter **225** 14; **226** 13
~-Lkw **206** 15
~schuppen **225** 9
~unternehmer **206** 28
~waage **206** 31
~wagen **206** 6
Student **262** 9
Studenten·blume **60** 4, 20
~nelke **60** 6
Studentin **262** 10
Studio **338** 1-43
~wand **46** 1
Stufe *Haus* **38** 27
~ *Haushalt* **50** 38
~ *Bergsport* **300** 17
Stufen·barren **297** 3, 28, 29
~boot **286** 38-41
~dach **337** 2
~graukeil **343** 15
~käfig **74** 20
stufenlose Einstellung **127** 17
Stufen·pyramide **333** 22; **352** 20
~rad **143** 82
~trenn-Retrorakete **234** 8, 37
~turm **333** 32
Stuhl **42** 34
~schlitten **304** 29
Stulpenstiefel **355** 58
Stülper **77** 52
Stülpkorb **77** 52
Stummer Schwan **359** 16
Stumpen **35** 2; **107** 4
Stumpftonne **224** 77
Stunden·achse **5** 8; **113** 15, 18
~achsenantrieb **5** 7
~glaszeichen **224** 78
~knopf **110** 3
~- und Minutenknopf **110** 3
Stupa **337** 21, 28
Stupf·bürste **129** 18

T

U

V

W

~kasten *Schweiß.* **141** 17
~kasten *Eisenb.* **210** 66
~kessel **39** 16
~kissen **13** 16
~kugel **89** 47
~kühler **189** 35
~kühlung *Mondlandung* **6** 26
~kühlung *Eisengießerei* **148** 28
~künste **272** 8
~kunstspringen **282** 40-45
~lauf **272** 45
~leitung **74** 26; **168** 11; **172** 65
~licht **221** 125
~lilie **60** 8
~linie **258** 27; **285** 31
~linse **378** 35
wasserlösliches Medikament **25** 14
Wassermann *Astr.* **4** 63
~ *Fabelwesen* **327** 23
Wasser·messer **269** 53
~meßgerät **97** 58
~mischbatterie **39** 36
~mischgerät **97** 58
~misch- und -meßgerät **97** 58
~molch **364** 20
~molekül **242** 67
~motte **358** 12
~mühle **15** 77; **91** 35-44
~nachtigall **361** 14
~natter **364** 38
~nixe **327** 23
~nymphe **327** 23
~oberfläche **228** 11
~pest **378** 56
~pfeife **107** 42
~pflanze **378** 14-57
~pumpe **190** 61
~pumpenraum **92** 11
~pumpenzange **126** 61; **127** 47; **134** 11
~rad **91** 35
~reservoir **55** 2
~rohr **55** 30; **152** 7
~sack **278** 32
~schale **261** 33
~schlange *Astr.* **3** 16
~schlange *Zool.* **364** 38
~schlauch **118** 38; **196** 23
~schutzpolizei **217** 24
~schwamm **340** 25
~schwertel **60** 8
~schwertlilie **60** 8
Wasserski **280** 16; **286** 45-62, 56-62
~läufer **286** 49-55
~läuferin **286** 45
~sprache **286** 49-55
Wasser·skorpion **358** 4
~speier **335** 30
~spiele **272** 8
~springen **282** 40-45
~sprung **282** 40-45
~spülanschluß **179** 5
~stag **219** 15
Wasserstands·anzeiger *Eisenb.* **210** 45
~anzeiger *Hafen* **225** 37
~messer **38** 63
~zeiger **349** 16
Wassersteckling **54** 19
Wasserstoff **1** 1
~atom **1** 15; **242** 62
~ballon **10** 56
~behälter **235** 46
~bombenexplosion **7** 12
~hauptzufuhr **235** 35
~kühler **153** 27
~leitung **235** 50
~pumpe **235** 41
~tank **6** 6; **235** 54
~- und Sauerstoffbehälter **235** 46
~zufuhr **350** 12
~zuführung **170** 15
Wasser·strahl **272** 22
~strahlpumpe **23** 49
~temperaturangabe **280** 8
~treten **282** 39
~tretrad **280** 12
~turm **15** 81; **144** 14; **269** 18
~überfall **91** 43
~uhr **269** 53
~-und-Dampf-Fontäne **11** 22
~- und Lufttemperaturangabe **280** 8
wasserundurchlässige Schicht **269** 36
Wässerungs·gerät **116** 15
~wanne **116** 15
Wasser·velo **280** 12
~versorgung **27** 46; **269**
~vorwärmer **152** 10
~waage **118** 55; **126** 79; **134** 29
~wanze **358** 4
~weib **327** 23
~werfer **270** 64
~wolf **364** 16
~zähler **269** 53, 58
~zufluß **126** 18; **269** 54
~zuflußleitung **92** 48
~zulauf **74** 7; **89** 7; **116** 16
~zuleitung **103** 21
Wattebäuschchen **99** 30
Wattengrenze **15** 9
Wattepackung **99** 28
wattierte Steppweste **30** 16
WC-Raum **207** 72
Weber **171** 4
Weberei **165; 166**
~vorbereitung **165** 1-57
Web·fach **166** 40
~kante **166** 11; **171** 20
~lade **166** 41
~maschine **166** 1, 35
~rand **166** 11
~schütz **166** 9, 26
Webstuhl **166** 1, 35
~gestell **166** 24
~rahmen **166** 24
Wechsel *Jagd* **86** 16
~ *Bau* **120** 41; **121** 71
~ *Bank* **250** 17
~, angenommener **250** 12
~, gezogener **250** 12
~aufbau **213** 40
~balken **120** 41
~betrag **250** 18
~fräser **100** 5
~geldkasse **236** 23
~hebel **132** 56
~klausel **250** 17
~nehmer **250** 19
~objektiv **112** 62; **115** 43
~pritsche **194** 23
~rad **10** 14; **166** 19
~räderkasten **149** 7
~radschere **164** 40
~sieb **64** 19
~sprechanlage **202** 48; **203** 69
~sprechgerät **246** 10
~stelle **204** 31
~stempelmarke **250** 24
~stromzähler **127** 32
~summe **250** 18
~tierchen **357** 1
~winkel **346** 10
Weck **97** 13-16
Wecken **97** 13-16
Wecker **43** 16; **110** 19
Weck·glas **40** 25
~uhr **110** 19
Wedel **88** 19
Wega **3** 22
Weg·einfassung **51** 15; **272** 37
~malve **376** 13
~rauke **61** 16
~warte **376** 25
~weiser **15** 110
Wegwerf·feuerzeug **107** 30
~flasche **93** 29
~windel **28** 22
Wehr **15** 66; **217** 65-72; **283** 60
~gang **329** 20
~hahn **359** 25
~platte **329** 8
~sohle **217** 79
Weibchen **81** 32; **358** 21
weibliche Blüte **59** 38
weiblicher Blütenstand **68** 32
Weich·bleikern **87** 56
~bodenmatte **296** 18
Weiche *Anat.* **16** 32
~ *Eisenb.* **202** 27; **203** 45-48
~ *Wasserbau* **217** 27
Weichen·anlage **197** 37
~antrieb **197** 43; **202** 35
~hebel **203** 55, 62
~laterne **202** 19
~schaltsignal **197** 38
~signal **202** 19, 33; **203** 45-48
~signalgeber **197** 39
~spitzenverschluß **202** 28
~trog **202** 34
~- und Signalhebel **203** 62
~zunge **202** 21
Weich-Keim-Etage **92** 8, 28
~leder-Objektivköcher **115** 105
~machen **169** 22
~mais **68** 31
Weichselkirsche **59** 5
Weich·stock **92** 8
~tier **357** 27-37
~- und Geschmeidigmachen **169** 22
~wasserkondensator **92** 6
Weidelgras, Deutsches **69** 26
~, Welsches **69** 26
Weiden·klee **69** 2
~rute **136** 14
~stock **136** 15
Weide·vieh **62** 45
~zaun, elektrischer **62** 46
Weid·mann **86** 1
~messer **87** 42
~sack **86** 3
~werk **86** 1-52
Weigelie **373** 23
Weihnachtsstollen **97** 11
Weihrauch·faß **332** 38
~löffel **332** 43
~schiffchen **332** 42
Weihwasserkessel **332** 47
Weihwedel **332** 54
Weiler **15** 101
Weimutskiefer **372** 30
Wein **98** 60-64; **332** 46
~, Wilder **51** 5; **374** 16
~bau **78**
~bauer **78** 13
~baugelände **78** 1-21
~beere **78** 5
~behälter **79** 3
Weinberg **15** 65; **78** 1
~schlepper **78** 21; **83** 48
~schnecke **357** 27
Weinbergsgelände **78** 1-21
Wein·brand **98** 59
~brandbohne **98** 83
~bütte **78** 15
~flasche **79** 14; **99** 76; **266** 43
~garten **78** 1
~glas **44** 9; **45** 12; **79** 19; **266** 33; **317** 7
~karaffe **266** 32
~karte **266** 31
~keller **79** 1-22
~kellner **266** 30
~küfer **79** 18
~küfermeister **79** 17
~kühler **266** 42
~leserin **78** 11
~lokal **266** 30-44
~pfahl **78** 7
~probe **79** 16
~ranke **78** 2
~rebe **54** 22; **78** 2-9
~rebenblatt **78** 4
~rebenzeile **83** 51
~restaurant **266** 30-44
~stock **78** 2-9
~stube **266** 30-44
~stütze **79** 15
~traube **78** 5; **99** 89
Weisel **77** 4
~wiege **77** 37
weiß **343** 11
Weiß·bier **93** 26
~blässe **359** 20
~brot **97** 9
~brot, französisches **97** 12
~brötchen **97** 14
~buche **371** 63
~dorn, Eingriffeliger **374** 30
~drossel **361** 16
Weiße Bachstelze **360** 9
~ Erve **69** 19
~ Lilie **60** 12
~ Narzisse **60** 4
weißer Dotter **74** 67
~ Kittel **33** 56
Weißer Seerabe **359** 9
~ Wiesenklee **69** 2
weißes Feld **276** 2
Weiß·goldschließe **36** 10
~käse **76** 45
~klee **69** 2
~kohl **57** 32
~kraut **57** 32
~leim **134** 36
~tanne **372** 1
~waren **271** 57
~wein **98** 60
~weinglas **45** 82
~zeugfutter **355** 57
Weite **100** 19
Weiterverarbeitung, textile **169** 27
Weit·fixleisten **100** 55
~schlag **293** 83
~sprung **298** 37-41
~winkelobjektiv **115** 45; **117** 48
~wurfring **89** 58
Weizen **68** 1, 23
~, türkischer **68** 31
~bier **93** 26
~brötchen **97** 14
~keimbrot **97** 48
~keimöl **98** 24
~mehl **97** 52; **99** 63
Wellasbest·zementdach **122** 97
~zementdeckung **122** 90-103
Welle **109** 17; **143** 61; **163** 24; **164** 42
Wellen·bad **281** 1-9
~balken **254** 6
~band **334** 39
~bock **223** 61
~brecher **217** 16; **258** 7, 76
~hose **223** 59
~reiten **279** 1-6
~segeln **287** 16
~tunnel **223** 66
Weller **364** 12

X

Y

Z

Index

Les nombres en caractères semi-gras situés derrière les entrées correspondent aux numéros des planches d'illustrations, ceux en caractères maigres, aux numéros des illustrations figurant sur les planches. Les homonymes de signification différente ou les mots dont l'illustration apparaît sur plusieurs planches sont distingués par des indications concernant les divers domaines lexicaux, imprimées en cursives.

La liste suivante contient les abréviations utilisées pour indiquer les différents domaines lexicaux dans la mesure où leur signification n'est pas évidente et sans équivoque.

Abatt.	Abattoir
Aéron:	Aéronautique
App. mén.:	Appareils ménagers
Astr.:	Astronomie
Astron.:	Astronautique
Athl.:	Athlétisme
Atm.:	L'atmosphère
Best. fabul.:	Bestiaire fabuleux
Bouch.:	Boucherie-charcuterie
Brass.:	Brasserie
Briq.:	Briqueterie
Carr.:	Carrière
Ch. de f.:	Chemin de fer
Centr.:	Centrale électrique
Comm.:	Commerce
Compos.:	Composition
Constr.:	Construction
Cord.:	Cordonnerie
Cost.:	Costume
Cout.:	Couture
Elect.:	Elections
Electr.:	Electricien
Electr. gd. public:	Electronique grand public
Ferbl.:	Ferblantier
Inst. fluv.:	Installations fluviaux
Mach. agric.:	Machines agricoles
Mar.:	Marine
Méc.:	Mécanique
Mil.:	Militaire
Min.:	Mine de charbon
Nett.:	Nettoiement
Opt.:	Opticien
Parc attr.:	Parc d'attractions
Pétr.:	Pétrole
Piscic.:	Pisciculture
Rest.:	Restaurant
Serr.:	Serrurier
Serv. eaux:	Services des eaux
Soud.:	Soudage
Sylvic.:	Sylviculture
Ust. cuis.:	Ustensiles de cuisine
Vitic.:	Viticulture
Vitr.:	Vitrerie
Voit. chev.:	Voiture à chevaux

A

~ facial groupé **295** 23
~ facial tendu **295** 21; **296** 28
~ fixe **215** 11
~ mobile **215** 12
~ tendu renversé **295** 27
~ transversal fléchi **296** 39
~ transversal tendu **296** 38
appuie-bras de gantier **271** 20
appui-joue **255** 30
appui-pied **186** 7
appui-tête **207** 67
~ ajustable **207** 47
~ amovible arrière **193** 8
~ amovible avant **193** 7
~ incorporé **193** 31
~ réglable **191** 33
A.P.U. **231** 33
aquaplane tiré par un canot à moteur **280** 13
aquarelle *Maison* **48** 5, 7
~ *Ecole* **260** 27
~ *Peintre* **338** 18
aquarium **356** 19
Aquarius **4** 63
aquatinte **340** 14-24
aqueduc **334** 53
~ de digue **216** 34
Aquila **3** 9
ara bleu et jaune **363** 2
arabe **341** 2
~, chiffre **344** 2
arabesque **314** 18
~ avec tenue arrière du pied **302** 10
arachide **383** 41
arachnide **358** 40-47
araignée **358** 44-46, 45
~, toile d' *Jeux enf.* **273** 46
~, toile d' *Zool.* **358** 47
~ domestique **81** 9
~ porte-croix **358** 45
arasement **122** 39
~ sanitaire **123** 4
araucaria **53** 16
arbalétrier *Constr.* **121** 55
~ *Mar.* **221** 118
arbitre **291** 62; **292** 65; **293** 19; **299** 16, 41
arbousier traînant **377** 15
arbre *Moulins* **91** 5
~ *Méc.* **143** 61
~ *Aéron.* **232** 56
~ *Parc* **272** 59
~ *Bot.* **370** 1
~ à cames *Moteur* **190** 11, 13, 14
~ à cames *Autom.* **192** 24
~ à cames en tête **190** 14
~ à caoutchouc **383** 33
~ à cardan *Agric.* **67** 16
~ à cardan *Ch. de f.* **211** 51; **212** 29, 83
~ à excentrique **166** 56
~ à feuilles caduques **371** 1-73
~ à palettes **178** 25
~ articulé *Agric.* **67** 16
~ articulé *Ch. de f.* **211** 51; **212** 29, 83
~ d'accouplement **148** 58
~ de commande de l'allumeur **190** 27
~ de démultiplication **232** 58
~ de frein **143** 99
~ de pignon intermédiaire **190** 57
~ de propulsion **232** 60
~ de renvoi **192** 37
~ de transmission *Mach. agric.* **64** 30
~ de transmission *Inst. fluv.* **217** 49
~ de transmission à cardan **64** 40, 48
~ de transmission aux vibreurs **201** 13
~ d'entraînement du volant batteur **163** 24
~ d'hélice **259** 59
~ en espalier **52** 1
~ en espalier détaché **52** 16
~ en espalier mural **52** 17
~ et montant d'entraînement de la plate-bande porte-anneaux **164** 42
~ fruitier à haute tige **52** 30
~ fruitier en espalier **52** 1, 2, 16, 17, 29
~ fruitier nain **52** 1, 2, 16, 17, 29
~ incliné par le vent **13** 43
~ intermédiaire **232** 57
~ porte-hélice *Mar.* **223** 65
~ porte-hélice *Mil.* **259** 59
~ primaire **192** 40
~ secondaire **192** 30
~ taillé **52** 1, 2, 16, 17, 29
~ taillé en boule **272** 12
~ taillé en cône **272** 13
~ taillé en cordon **52** 2
~ taillé en pyramide *Jard.* **52** 16
~ taillé en pyramide *Parc* **272** 19
arbrisseau **52** 9
~ de pose **86** 47
arbuste à baies **52** 19
~ à baies à haute tige **52** 11
arc *Best. fabul.* **327** 53
~ *Arts* **336** 19
~ *Ethnol.* **354** 32
~, lampe à **312** 39
~, tir à l' **305** 52-66
~ de cercle **346** 53
~ de cloître **336** 41
~ de compétition **305** 54
~ de réglage micrométrique à ressort **151** 66
~ de triomphe **334** 59
~ électrique **312** 42
~ elliptique **336** 29
~ en accolade **336** 36
~ en béton armé **215** 50
~ en doucine **336** 34
~ en plein cintre **336** 27
~ en tiers-point **336** 31
~ en treillis **215** 23, 25
~ épaulé **336** 33
~ infléchi **336** 35
~ outrepassé **336** 30
~ surbaissé **336** 5, 28
~ tréflé **336** 32
~ trilobé **336** 32
~ triomphal **334** 71
~ Tudor **336** 37
arcature aveugle **335** 10
~ de baies **335** 8
arcatures, frise d' **335** 9
arc-boutant **335** 28
arceau **193** 13
~ antérieur **303** 8
~ chromé **188** 60
~ de croquet **292** 78
~ de la plaque de couche **305** 46
~ de protection **188** 18
~ de réglage **106** 17
~ de sécurité *Mach.agric.* **65** 21
~ de sécurité *Sylvic.* **85** 36
~ dorsal des segments **358** 31
~ en espalier **52** 12
~ postérieur **303** 9
arc-en-ciel **7** 4
~, couleurs de l' **343** 14
archaster **369** 17
arche de glacier **12** 51
~ de pont **215** 20
archer **305** 53
archet **323** 12
~ de pantographe **205** 36
~ de scie **150** 17
~ de viole **322** 24
~ de violon **323** 12
architecte-chef-décorateur **310** 43
architecture gothique **335** 27-35
architrave **334** 18
archiviste **248** 6
archivolte **335** 25
arçon **296** 6
~ arrière **71** 39
~ avant **71** 38
arcosolium **331** 60
arcs **336** 19-37
Arctique **14** 21
Arcturus **3** 30
ardillon **89** 80
ardoise *Constr.* **122** 85
~ *Marché puces* **309** 72
~ cornière **122** 77
~ d'angle **122** 77
~ de batellement **122** 76
~ de chéneau **122** 76
~ de pignon **122** 80
~ débordeuse **122** 76
~ faîtière **122** 79
arec **380** 20
arène *Cirque* **307** 21
~ *Taurom.* **319** 5, 9
aréole **16** 29
aréquier **380** 19
arête *Agric.* **68** 12
~ *Alpin.* **300** 21
~ *Math.* **347** 32
~ calicinale **375** 33
~ coupante **247** 30
~ dorsale **235** 9
~ glaciaire **300** 21
arêtes, voûte d' **336** 42
arêtier **121** 12, 62
argent *Argent* **252**
~ *Hérald.* **254** 25
~ liquide **246** 27
argile **160** 1
~ à modeler **339** 7, 31
~ brute **159** 2
Argo **3** 45
Aries **4** 53
arille **382** 34
aristoloche **376** 22
arithmétique **344** 1-26; **345** 1-24
~ supérieure **345** 1-10
Arlequin **306** 35
armature *Constr.* **119** 68; **123** 37
~ *Sculpteur* **339** 22
arme à feu individuelle **255** 1-39
~ à feu portative **87** 2
~ à plusieurs coups **87** 2
~ de chasse **87**
~ de jet **352** 39
~ de taille et d'estoc **294** 34
~ d'escrime **294** 34-45
~ d'estoc **294** 11, 36, 37
~ d'intervention **264** 19
~ du chef de l'Etat en RFA **253** 14
~ en joue **305** 73
~ libre de petit calibre **305** 44
~ sportive **87** 1-40
~ standard de petit calibre **305** 43
armé **305** 52
armée de l'air **256; 257**
~ de terre **255** 1-98
armement **258** 29-37
~ de l'armée de terre **255** 1-98
~ lourd **255** 40-95
arménienne **341** 3
armes, maître d' **294** 1
~ de l'armée de terre **255** 1-98
armillaire couleur de miel **381** 28
armoire à chaussures fourre-tout **41** 8
~ à pharmacie **22** 35
~ à provisions **207** 27
~ à vaisselle **39** 8; **44** 26
~ accolée **177** 69
~ basse **246** 20
~ d'appareils **212** 35
~ de chambre à coucher **43** 1
~ de chambre d'enfant **47** 21
~ de classement **248** 12
~ de classement d'archives **248** 2
~ de commande **93** 20
~ de commande et de la turbine à gaz **209** 16
~ de commutation **237** 25
~ de rangement *Bureau* **248** 12
~ de rangement *Hôtel* **267** 29
~ de toilette à miroirs **49** 31
~ des convertisseurs statiques de fréquence **212** 40
~ d'incubation et d'éclosion **74** 28
~ d'outils pour le bricolage **134** 1-34
~ fichier **262** 22
~ haute **43** 1
~ murale **22** 40
armoise absinthe **380** 4
~ mutelline **378** 6
armure *Text.* **171** 1-29
~ *Chevalerie* **329** 38
~, rapport d' **171** 12
~ cheviotte **171** 11
~ de cheval **329** 83-88
~ drap anglais **171** 11
~ du chevalier **329** 38-65
~ du tricot longitudinal **171** 26
~ en feuillard **153** 50
~ en fils d'acier **153** 50
~ «natté» **171** 11
~ «nid d'abeille» **171** 29
~ ouatinée **353** 38
~ textile **171**
~ «toile» **171** 1, 4, 24
arnica **380** 2
arole **372** 29
arôme pour potages **98** 30
arpège **321** 22
arrachage **163** 71
arraché **299** 1
arrache-clous **120** 75

B

bertholée **128** 46
bertholet **128** 46
besaïgue **120** 72
besan **292** 79
bestiaire fabuleux **327** 1-61
bétail, gros **73** 1-2
~ de boucherie **94** 2
~ de pâturage **62** 45
bête à bon Dieu **358** 37
~ à cornes **73** 1
Bête à sept têtes de l'Apocalypse **327** 50
~ de l'Apocalypse **327** 50
bête de proie **368** 1-11
~ de selle **354** 2
~ de somme **354** 3
~ noire **88** 51
Bételgeuse **3** 13
béton **119** 72
~, centrale à **201** 19
~ armé **118** 13; **119** 1-89, 1, 2, 8
~ compact **119** 72
~ coulé **119** 7
~ damé **118** 1
~ de fondation **123** 13
~ de ponce **119** 24
~ de semelle **123** 13
~ lourd **119** 72
bétonneur au lissage **119** 9
bétonnière *Maison* **47** 40
~ *Constr.* **118** 33; **119** 29
~ *Constr. rout.* **200** 15
bette **57** 28
betterave fourragère **69** 21
~ sucrière **68** 44
beurre *Epic.* **98** 22
~ *Comm.* **99** 47
~ de marque en pains de 250 g **76** 37
beurrier **45** 36
biberon **28** 19
Bible **330** 11
bibliothécaire **262** 14, 19
bibliothèque **223** 25
~ d'académie **262** 11-25
~ de consultation **262** 17
~ d'Etat **262** 11-25
~ municipale **262** 11-25
~ nationale **262** 11-25
~ universitaire **262** 11-25
biceps **18** 37
~ crural **18** 61
biche **88** 1
~, jeune **88** 1
~ adulte **88** 1
~ en train de viander **86** 13
bicyclette **187** 1
~ (pour) homme **187** 1
~ à accumulateurs **188** 20
~ de course de fond **290** 15
~ de tourisme **187** 1
~ d'enfant **273** 9
~ électrique **188** 20
~ pliante **188** 1
bidet **49** 7
bidon *Sylvic.* **84** 35
~ *Tonell.* **130** 13
~ *Sports* **290** 10
~ à lait **309** 89
~ de diluant **129** 16
~ de transport des poissons **89** 4
~ d'essence *Sylvic.* **84** 36
~ d'essence *Autom.* **196** 25
Biedermeier, canapé **336** 17
bief d'amont *Moulins* **91** 41
~ d'amont *Inst. fluv.* **217** 37
~ d'aval *Moulins* **91** 44
~ d'aval *Inst. fluv.* **217** 29
~ du moulin **91** 44
~ supérieur **217** 37
bielle **190** 21
~ d'accouplement **210** 11
~ de frein **187** 66
~ de semelle **166** 52
bière **205** 50
~, distributeur de **266** 68
~, filtre à **93** 15
~, pompe à **266** 1
~, verre à *Ust. table* **45** 91
~, verre à *Brass.* **93** 30
~, verre à *Rest.* **266** 6
~, verre à *Discoth.* **317** 6
~ Ale **93** 26
~ blonde **93** 26
~ brune **93** 26
~ de froment **93** 26
~ en boîtes **99** 73
~ faiblement alcoolisée **93** 26
~ forte **93** 26
~ Gose **93** 26
~ munichoise **93** 26
~ Pils **93** 26
~ Porter **93** 26
~ Salvator **93** 26
~ sans alcool **93** 26
~ Stout **93** 26
biface de silex **328** 1
bifide, langue **327** 6
bigarreau **59** 5
bigorne **125** 19
~ conique **137** 12
~ pyramidale **137** 13
bigorneau pour façonnage de bourrelets **125** 8
bigoudi **105** 12
bijou **36**
bijouterie de fantaisie **271** 62
bijoutier **108** 17
bikini **280** 26
billard **277** 1-19
~, salle de **277** 7-19
~, table de **277** 14
~ français **277** 7
~ russe **277** 7
billard-golf **277** 7
bille *Sylvic.* **84** 19
~ *Bicycl.* **187** 56
~ *Roulette* **275** 33
~, crayon à **47** 26
~, stylo à **47** 26
~ à pointer **277** 13
~ blanche du joueur **277** 11
~ d'acier **143** 70
~ de billard **277** 1
~ d'ivoire **277** 1
~ en tête **277** 2
~ rouge **277** 12
billet **204** 36
~ de banque *Argent* **252** 29-39
~ de banque *Magasin* **271** 6
~ de cinéma **312** 3
~ de loterie **266** 20
~ de théâtre **315** 11
billot **125** 21
bimoteur léger d'affaires et de tourisme **231** 3
biniou **322** 8
binoculaire **23** 6
biopsie, pince à **23** 17
bipied **255** 42
biplace de sport et de voltige **288** 18
biplan **229** 10
biréacteur court et moyen courrier **231** 11
~ d'affaires et de tourisme **231** 7
~ gros porteur court et moyen courrier **231** 17
biroute **287** 11
bisaïgue **120** 72
biscotte **97** 54
biscuit de chien **99** 37
~ roulé **97** 19
~ saupoudré de rognures de pâte **97** 35
biseau **326** 28
~ du cliché **178** 44
~ gradué **247** 36
bison *Préhist.* **328** 9
~ *Zool.* **367** 9
bissectrice **346** 30
bistouri **26** 43
bitte d'amarrage à terre **217** 12
~ d'enroulement en croix **217** 13
~ en double croix **217** 14
bitume **145** 64
biturbopropulseur à aile haute court et moyen courrier **231** 4
bivalve **357** 36
blague à tabac **107** 43
blaireau *Chasse* **88** 48
~ *Coiff.* **105** 10; **106** 27
blanc *Hérald.* **254** 25
~ *Couleurs* **343** 11
~ de l'œuf **74** 62
~ de maison **271** 57
blanc-étoc **84** 4-14
blanche **320** 14
blanchet *Text.* **168** 56
~ *Imprim.* **180** 24, 37, 63, 79
~ *Arts graph.* **340** 42
~ de caoutchouc **180** 54
blanchiment **169** 21
blancs *Compos.* **174** 8
~ *Jeux* **276** 4
blason **254** 1-6
~ d'alliance **254** 10-13
~ de femme **254** 11-13
~ de ville **254** 46
~ d'homme **254** 10
blastocœle **74** 67
blastoderme **74** 65
blatte domestique **81** 17
blazer **33** 54
blé **68** 23
~ de l'Inde **68** 31
~ de Turquie **68** 31
~ d'Espagne **68** 31
blessé **270** 24
~ de la route **21** 18
~ sans connaissance **21** 20
blessure **21** 8
blette **57** 28
bleu *Hérald.* **254** 28
~ *Couleurs* **343** 3
~ ciel **343** 6
bleuet **61** 1
blindage *Bureau* **246** 24
~ *Mil.* **255** 72, 81, 90
~ de protection de la chenille **255** 85
~ isolant en plomb **259** 70
~ magnétique **240** 20
bloc à croquis **338** 35
~ à dessins **338** 35
~ à esquisses **338** 35
~ à poncer *Tapiss.* **128** 13
~ à poncer *Peint.* **129** 26
~ d'alimentation en papier **249** 45
~ d'amplification et d'alimentation secteur **238** 3
~ d'assemblage **249** 60
~ de bois *Sculpteur* **339** 27
~ de bois *Arts graph.* **340** 1
~ de chauffage **183** 27
~ de cire d'abeilles **77** 67
~ de commande **177** 51
~ de coupe **56** 41
~ de départ **298** 1
~ de distribution **157** 67
~ de l'assistante **24** 9
~ de montage **178** 41
~ de neige **353** 5
~ de pierre **339** 5
~ de rangement de la tablette porte-instrumentation **24** 8
~ de roche **158** 8
~ de serrage **132** 31
~ d'éjection **157** 56
~ d'enregistrement et de reproduction magnétiques **238** 55
~ des fiches d'arrivée **267** 12
~ des instruments et des appareils de contrôle **234** 17
~ d'habitations à étages **37** 77-81
~ électronique **112** 53
~ électronique arrière **257** 18
~ électronique avant **257** 11
~ éphéméride **247** 32
~ faillé **12** 4-11, 10
~ moteur *App. mén.* **50** 82
~ moteur *Scierie* **157** 15
~ non épannelé **339** 5
~ sténo **245** 29; **248** 32
blocage de l'accélérateur **85** 17
~ de rotation **14** 57
~ d'inclinaison **14** 55
bloc-couronne **145** 4
block **203** 59
blockhaus pour films **310** 5
block-système **203** 59
bloc-moteur **190** 19
bloomer **32** 21
blouse blanche **33** 56
~ de cocktail **30** 55
~ de coiffeur **106** 2
~ de travail **33** 56
~ paysanne **31** 29
blouson **30** 38; **31** 42
~ de survêtement **33** 28
~ imitation fourrure **29** 44
~ matelassé **300** 6
blue-jeans **31** 60; **33** 22
bob **303** 19-21, 19
~ à deux **303** 19
bobby **264** 34
bobinage de canette **104** 16
bobine *Coord.* **100** 29
~ *Photo* **114** 20
~ *Verr.* **162** 55
~ *Filat. coton* **164** 23
~ *Ciné* **312** 16
~ à enroulement automatique **117** 80
~ croisée *Filat. coton* **164** 58
~ croisée *Tiss.* **165** 7, 13, 24
~ croisée à fils croisés **165** 8
~ de bande magnétique *Electr. gd public* **241** 57
~ de bande magnétique *Informat.* **244** 10

bordage **235** 11
bord-côtes **31** 70
~ élastique **31** 43
~ tricot **29** 65
bordé *Astron.* **235** 11
~ *Sports* **283** 48
~ à clins **283** 33; **285** 50-52
~ à franc-bord **285** 53
~ de côté **222** 45
~ de fond **222** 48
~ en bois **285** 50-57
~ en deux couches croisées **285** 56
~ extérieur **222** 44-49
~ intérieur **285** 57
~ sur lisses **285** 54
bordure **136** 17
~ brodée **355** 67
~ d'allée **272** 37
~ d'arceaux **55** 38
~ de ciment **52** 20
~ de cuir **291** 22
~ de la grand-voile **284** 40
~ de l'allée **51** 15
~ de papier peint **128** 29
~ de pompe **269** 65
~ de quai **205** 19
~ de rive **122** 26
~ de trottoir **198** 6
borne cadastrale **63** 2
~ d'appel taxis **268** 67
~ d'incendie **270** 35
~ kilométrique **15** 109
borraginacée **69** 13
Boschiman **354** 29
bosquet **272** 4, 61
bossage **335** 51
bosse *Ch. de f.* **206** 44
~ *Zool.* **366** 29
~ de triage **206** 46
~ frontale latérale **16** 4
bossoir **221** 78, 101; **223** 20
~ d'embarcation **258** 13, 83
bostryche de l'épicéa **82** 22
botanique générale **370**
botillon **101** 18
botte **136** 14
~ à fourrure de poulain **101** 10
~ à revers **355** 58
~ à toute épreuve **101** 14
~ de cow-boy **101** 9
~ de femme **101** 12
~ de feutre **353** 30
~ de ville pour hommes **101** 13
~ d'hiver **101** 1
~ en PVC injecté sans couture **101** 14
~ haute pour hommes **101** 7
bottillon isotherme **101** 1
bottine d'homme **101** 5
bouc *Barbes, coiffures* **34** 10
~ *Zool.* **73** 14
bouche *Anat.* **16** 13
~ *Cheval* **72** 9
~ *Inst. fluv.* **217** 56
~ *Mus.* **326** 25
~ d'aération *Maison* **49** 20
~ d'aération *Mil.* **258** 43; **259** 92
~ d'aspiration d'air **258** 57
~ de coulée **178** 17
~ de soufflage **165** 5
~ d'égout avec grille **198** 24
~ d'incendie *Mar.* **221** 4
~ d'incendie *Pompiers* **270** 25
~ du canon **305** 71
~ et pharynx **19** 14-37
bouche-à-bouche **21** 26
bouche-à-nez **21** 26
bouchée **97** 18
~ à la liqueur **98** 83
bouche-pores **128** 3
boucher *Abatt.* **94** 1
~ *Bouch.* **96** 38
~, couteaux de **96** 31-37
boucherie, bétail de **94** 2
~, cochon de **94** 11
boucherie-charcuterie **96** 1-30
bouchon *Agric.* **67** 36
~ *Piscic.* **89** 43-48
~ à robinet **350** 44
~ à tête octogonale **349** 4
~ à vis **115** 11
~ de champagne **267** 58
~ de vidange *Moteur* **190** 24
~ de vidange *Sports* **284** 36
~ du tube **260** 52
~ fileté **83** 40
~ fusiforme **89** 43
boucle *Barbes, coiffures* **34** 3
~ *Chauss.* **101** 52
~ *Sports* **288** 1
~ *Sports hiver* **302** 15
~ *Hist. cost.* **355** 23
~ à liage de tête **171** 39
~ avec départ et récupération **288** 3
~ d'assurance **300** 11
~ de bande magnétique **245** 28
~ de bouclier **329** 58
~ de ceinture **31** 12
~ de charge **171** 37
~ de platine **23** 15
~ de rappel **300** 28
~ d'oreille **36** 13
~ paragraphe **302** 16
boucleteau d'attelle **71** 14
bouclier *Constr.* **118** 57
~ *Mar.* **218** 17
~ *Ethnol.* **354** 10
~ de protection **264** 20
~ rond **329** 57
~ thermique **234** 5,20; **235** 8,40
Bouddha **337** 20
boudin *Comm.* **99** 56
~ *Ch. de f.* **211** 52
~ d'argile **159** 14
~ de pâte **161** 8
~ gonflé d'air **286** 27
bouée *Pêche* **90** 2
~ *Cours d'eau* **216** 12
~, feu de **221** 125
~ à espar **224** 79
~ à laisser d'un côté **285** 18
~ à virer **285** 17; **286** 31
~ conique **224** 76
~ cylindrique **224** 77
~ de départ et d'arrivée **285** 14
~ de natation **281** 6
~ de sauvetage *Mar.* **221** 124
~ de sauvetage *Plage* **280** 3
~ lumineuse à cloche **224** 74
~ lumineuse à sifflet **224** 68
~ verte **224** 84
bouée-culotte **228** 13
bouffon *Carnaval* **306** 38
~ *Cirque* **307** 24
bouge **130** 6
bougeoir **309** 45
bougie *Apicult.* **77** 66
~ *Enseign.* **242** 48
~ avec embout antiparasite **190** 35
~ de cire **260** 76
~ de la table de communion **330** 7
~ de préchauffage **190** 55, 66
bougnou **144** 47
bouilloire **39** 16
~ à sifflet *Maison* **39** 16
~ à sifflet *Ust. cuis.* **40** 10
~ en laiton **42** 14
bouillon blanc **376** 9
bouillotte en métal **309** 88
boulangerie **97** 1-54
boulangerie-pâtisserie **97** 1-54
bouldozeur **200** 28
boule *Joaill.* **36** 82-86
~ *Boul.-pâtiss.* **97** 6
~ *Bureau* **249** 1
~ *Cirque* **307** 60
~, petite **97** 7
~ à trous **305** 15
~ de Berlin **97** 29
~ de croquet **292** 82
~ de graveur **108** 34
~ de la flèche **331** 5
~ de métal **352** 32
~ de neige *Hiver* **304** 15
~ de neige *Bot.* **373** 10
~ de papier **306** 55
~ de pierre **352** 32
~ de signaux **280** 4
~ de tempête **280** 4
~ horaire **280** 5
~ interchangeable **249** 28
~ lisse **36** 82
~ métallique striée **305** 24
~ mobile **249** 15
bouleau *Jard.* **51** 13
~ *Parc* **272** 40
~ *Bot.* **371** 9
~, verge de **281** 27
bouledogue **70** 1
boules, jeu de **305** 21
boulet **72** 24
boulier *Maison* **47** 14
~ *Marché puces* **309** 77
boulin **118** 27; **119** 49
bouline **218** 35
boulon *Constr.* **119** 75
~ *Méc.* **143** 13-50
~ à crochet **202** 10
~ à embase **143** 32
~ à tête carrée **143** 39
~ à tête cylindrique **143** 36
~ à tête en T **143** 41
~ à tête fraisée **143** 28
~ à tête hexagonale **143** 13
~ à tête six-pans **143** 13
~ de jumelage **202** 15
~ d'éclisse **202** 13
~ fileté **121** 98
boumarang **352** 39
boumerang **352** 39
bouquet **35** 7
~ de faîtage **120** 8
~ de fleurs **267** 37
~ de la mariée **332** 18
~ de myrte **332** 21
bouquetin **367** 7
bouquin **73** 18
bourdaine **380** 13
bourdon *Mus.* **322** 11; **326** 34
~ *Zool.* **358** 23
bourgeois sous Louis-Philippe **355** 73
bourgeon *Plantes* **54** 26
~ *Bot.* **59** 22
~ apical **59** 47
~ axillaire **370** 25
~ terminal **370** 22
Bourguignon **355** 40
bourrage **153** 45
bourre **87** 52
bourrelet **254** 2
~ du capot d'hélice **258** 63
~ en caoutchouc **207** 8; **208** 12
bourre-pipe **107** 46
bourriche **89** 28
Bourse **251** 1-10
bourse à pasteur **61** 9
~ à sonnette **330** 59
~ au-dessus du trou de sortie **86** 27
~ de capucin **61** 9
Bourse des effets **251** 1-10
~ des valeurs **251** 1-10
bousier **358** 39
bout **107** 13
~ amovible **213** 10
~ bombé **100** 58
~ coupé **107** 4
~ de botte **101** 16
~ d'entrait **121** 33
~ doré **107** 13
~ du doigt **19** 79
~ du goujon **143** 23
~ dur **100** 58
~ en attente **118** 61
~ en escalier **118** 61
~ renforcé *Coord.* **100** 58
~ renforcé *Chauss.* **101** 40
~ rond **143** 20
~ soufré **107** 23
~ sphérique **143** 50
bout-dehors **218** 51; **219** 1
~ d'artimon **218** 28
bouteille *Mar.* **218** 57
~ *Rest.* **266** 16
~ à collerette **328** 12
~ à oxygène **200** 40
~ à vin **79** 14
~ d'acétylène **141** 2, 22
~ d'air comprimé **279** 21
~ de bière *Brass.* **93** 26
~ de bière *Ch. de f.* **205** 50
~ de chianti **99** 77
~ de COg2 **138** 32
~ de gaz **278** 53
~ de gaz propane **278** 34
~ de jus de fruits **99** 74
~ de lait **266** 60
~ de limonade **265** 15
~ de shampooing **105** 32
~ de vin *Comm.* **99** 76
~ de vin *Rest.* **266** 43
~ de vin mousseux **99** 78
~ de whisky **42** 31
~ de Zug **89** 17
~ d'eau minérale **266** 61
~ d'oxygène *Méd.* **27** 45
~ d'oxygène *Soud.* **141** 3, 21
~ non consignée **93** 29
~ propre **93** 21
bouterolle **108** 19
bouteur *Nett.* **199** 16
~ *Constr. rout.* **200** 28
boutique de fleuriste **204** 48
~ d'orfèvre **215** 33
~ hors douane **233** 52
bout-liège **107** 13
boutoir **88** 53
bouton *Cost.* **33** 64
~ *Plantes* **54** 23
~ *Bot.* **61** 3
~ arrêt **243** 43
~ d'accord *Electr. gd public* **241** 9
~ d'accord *Marché puces* **309** 21

C

~ *Voit. chev.* **186** 5
~ *Autom.* **191** 2; **196** 29
~ *Ch. de f.* **207** 86
~ *Poste* **236** 23
~ *Banque* **250** 1
~ *Rest.* **266** 69
~ *Roulette* **275** 2
~ *Parc attr.* **308** 7
~, grosse **323** 55; **324** 47
~, petite **323** 51
~ à claire-voie **206** 5
~ à outils *Constr.* **120** 20
~ à outils *Ch. de f.* **212** 45
~ à terre glaise **339** 30
~ aspirante **173** 15
~ claire **324** 48
~ d'accumulateurs **211** 56
~ de chargement **118** 35
~ de diffuseur **172** 13
~ de mélange **172** 35; **173** 1
~ de résonance **322** 18, 29; **323** 3; **324** 2, 15, 30, 63
~ de tête **173** 11
~ de voiture **207** 2
~ de voiture à panneaux en tôle **208** 6
~ d'épargne **236** 25
~ des meules **91** 20
~ du cinéma **312** 2
~ du tympan **17** 60
~ enregistreuse *Comm.* **99** 93
~ enregistreuse *Magasin* **271** 2
~ grillagée **89** 1
~ roulante **323** 51
caissier **250** 2
caissière *Comm.* **99** 94
~ *Rest.* **266** 70
~ *Magasin* **271** 1
caisson *Ponts* **215** 5
~ *Mil.* **259** 19
~ à lumière **179** 25
~ à tiroirs du bureau-ministre **248** 37
~ de réacteur **1** 57
~ des parachutes auxiliaires **235** 59
~ des parachutes de récupération **235** 60
~ du parachute de freinage **257** 24
~ du réacteur **154** 22
~ horizontal **222** 38
~ insonore **310** 48; **313** 16-18, 27
~ vertical **222** 37
çaïtya **337** 27
cake **99** 21
calandre *Papet.* **173** 36
~ *Autom.* **191** 11
~, rouleau de **173** 38
~ du blé **81** 16
calcaire *Géogr.* **13** 71-83
~ *Ciment.* **160** 1
~ conchylien inférieur **154** 60
~ conchylien moyen **154** 59
~ conchylien supérieur **154** 58
~ marneux **160** 1
calcanéum **17** 27
calcite **351** 22
calcium, chlorure de **350** 43
calcul **344** 23-26
~, disque à **182** 19
~ algébrique **345** 4-5
~ des intérêt-s **345** 7
~ infinitésimal **345** 13-14
~ logarithmique **345** 6
calculateur de couleur **177** 51
~ de processus **236** 37
~ du posemètre **114** 57
calculateur-analyseur de photométrie **23** 53
calculatrice de bureau **245** 31
~ de poche **246** 12
~ électronique **246** 12
~ électronique de poche **247** 14
calculette **247** 14
cale **119** 15
~, épontille de **222** 61
~ à échafaudage **222** 19-21
~ à portique **222** 11-18
~ avant **259** 80
~ d'accordeur **325** 21
~ d'aération **55** 18
~ de construction **222** 11-26, 11-18
~ de serrage **133** 10
~ sèche *Mar.* **222** 31-33
~ sèche *Ports* **225** 17
calebasse **354** 27
calèche **186** 35
caleçon long **32** 29
cale-main pour la visée debout **305** 45
calendrier mural *Méd.* **22** 17
~ mural *Bureau* **245** 3; **248** 42
~ publicitaire **22** 10
cale-pied **290** 21
calepin **264** 36
calibrage *Agric.* **74** 44
~ *Porcel.* **161** 14
calibre, petit **305** 43, 44, 48
~ à lames **140** 53
~ à limites **149** 56
~ de joint d'angle **142** 36
~ de profondeur *Serr.* **140** 54
~ de profondeur *Mach.-out.* **149** 72
~ de verrier **162** 43
~ des rayures **87** 37
~ du fusil **87** 40
~ monté sur l'appareil **111** 26
calibre-mâchoires **149** 59
calice *Anat.* **20** 30
~ *Bot.* **58** 8; **59** 50
~ *Eglise* **332** 29, 49
~ *Bot.* **375** 33, 34
~ avec le fruit **374** 8
~ et calicule **58** 22
calicot **128** 17
calicule **58** 22
callune vulgaire **377** 19
calme **9** 11
~ équatorial **9** 46
~ subtropical **9** 47
calotte *Sports* **288** 38
~ *Mus.* **326** 35
~ crânienne du Pithecanthropus erectus **261** 16
~ crânienne du sinanthrope **261** 18
~ de gaz **12** 30
~ de la cuve **92** 45
~ diffusante pour mesure en lumière incidente **114** 60
~ glaciaire **9** 58
~ pivotante **91** 30
calumet de paix **352** 6
calvitie **34** 21
~ totale **34** 22
cambium **370** 10
cambrure **100** 68
cambuse **223** 43
came d'aiguille **167** 14
~ de pompe à vide **190** 60
caméléon **364** 33
camelot **308** 10, 12, 17, 64
caméra *Méd.* **27** 20
~ *Audiovis.* **243** 1
~ *Ciné* **313** 1-39
~ à film large **310** 47
~ à générateur d'impulsions de synchronisation **117** 71
~ à grande vitesse **313** 35
~ à son optique **310** 60
~ autosilencieuse **313** 15
~ Cinémascope **310** 47
~ d'amateur **117** 1
~ de prise de vues **310** 47
~ de reportage **117** 66; **313** 26
~ de 16 mm **117** 43; **313** 31
~ de télévision *Météor.* **10** 67
~ de télévision *Nucl.* **154** 78
~ de télévision *Télév.* **240** 26
~ électronique **5** 6
~ insonorisée **310** 47
~ légère professionnelle **313** 20
~ pour film de 35 mm **313** 1
~ pour film (de format) standard **313** 1
~ pour films de format réduit **313** 31
~ sonore **117** 22; **310** 60; **311** 6; **313** 26
~ sonore super 8 **117** 1
~ super 8 compacte **117** 51
~ synchrone pilotée par quartz **310** 19
~ vidéo avec enregistreur **243** 1-4
cameraman **117** 67; **310** 20, 41
camion *Peint.* **129** 9
~ *Autom.* **194**
~ *Jeux enf.* **273** 62
~ à triple mouvement de bascule de la benne **194** 24
~ chargé **226** 19
~ de collecte **199** 1
~ de déménagement **268** 47
~ de fret **206** 15
~ de lait **76** 2
~ de voirie **304** 8
~ d'enlèvement des ordures ménagères **199** 1
~ porte-conteneurs **225** 47
~ tout-terrain à quatre roues motrices **194** 1
camion-benne **47** 38
camion-citerne *Autom.* **194** 28
~ *Aéroport* **233** 22
~ d'eau fraîche **233** 22
camionnette **194** 5
~ fermée **194** 7
camionnette-plateau **194** 6
camionnette-plate-forme **194** 6
camion-tracteur **194** 21
camomille, petite **380** 1
~ commune **380** 1
~ romaine **380** 1
camp, feu de **278** 10
~ de naturisme **281** 15
~ de nudisme **281** 15
~ de scouts **278** 8-11
~ d'éclaireurs **278** 8-11
~ receveur **292** 73
campanile **334** 65; **337** 8
campanule **375** 14
campeur **278** 46
camphrier **380** 18
camping **278**
~, terrain de **278** 1-59
canadien **65** 55
canadienne arrière **302** 6
canal *Cartogr.* **15** 57
~ *Inst. fluv.* **217** 15-28
~ cholédoque **20** 37-38
~ cystique **20** 38
~ d'accès au bassin des bains bouillonnants en plein air **281** 9
~ d'amenée d'eau **155** 40
~ d'aspiration **145** 51
~ d'aspiration des poussières **163** 22
~ de circulation d'air **155** 35
~ de graissage **192** 22
~ de la cheminée **38** 40
~ de remplissage de la turbine côté mer **155** 40
~ de vaporisation **50** 14
~ de vidage de la turbine côté bassin **155** 41
~ d'éruption **11** 17
~ des eaux de trop-plein **269** 23
~ d'évacuation d'eau **155** 41
~ droit **241** 36
~ gauche **241** 35
~ hépatique **20** 37
~ ménagé le long d'un barrage **283** 60
~ principal du carter-cylindres **192** 21
~ secondaire du carter-cylindres **192** 27
canali **122** 58
canalisation à gaz **140** 12
~ d'acheminement du pétrole épuré **145** 35
~ d'aération **38** 51
~ d'air **281** 41
~ d'air comprimé **138** 5; **139** 22
~ d'alimentation **38** 74
~ d'amenée d'eau souterraine **155** 2
~ d'arrivée d'eau **126** 18
~ d'arrosage **149** 25
~ d'aspiration *Maison* **38** 55
~ d'aspiration *Théât.* **316** 52
~ de câbles électriques **234** 29, 47
~ de freinage **192** 53
~ de gasole sous pression **190** 52
~ de niveau de mazout **38** 53
~ de refoulement **316** 54
~ de réfrigérant **138** 26
~ de retour **38** 56, 79
~ de trop-plein **38** 69
~ d'eau *Text.* **168** 11
~ d'eau *Natation* **281** 40
~ d'eau de refroidissement **191** 10
~ d'écoulement d'eau **89** 8
~ d'électricité **235** 61
~ descendante **38** 79
~ d'évacuation de l'eau salée **145** 33
~ d'évacuation d'eau **155** 23
~ d'évacuation (des eaux usées) **199** 26
~ d'évacuation des vapeurs de solvant **182** 25
~ d'huile pour graissage de l'arbre à cames **190** 13
~ montante **155** 10

~ de la tige **89** 81
~ de niveau **15** 62
~ de profondeur **15** 11
~ des températures **7** 37
~ du second degré **347** 14
~ du troisième degré **347** 18
~ hypsométrique de la surface de la Terre **11** 6-12
~ inverse **305** 20
~ plane **347** 11
courbette **71** 6
courbure, centre de **346** 23
~, rayon de **346** 22
coureur *Sports* **290** 25
~ *Athl.* **298** 5
~ cycliste **290** 8
~ cycliste sur routes **290** 8
~ de demi-fond **298** 5
~ de fond *Sports* **290** 14
~ de fond *Athl.* **298** 5
~ de six jours **290** 2
~ sur piste **290** 2
couronne *Anat.* **19** 37
~ *Méd.* **24** 28, 33
~ *Argent* **252** 24, 25, 26, 27
~ *Hérald.* **254** 37,38,42-46
~ à pivot **24** 31
~ antipoussière **187** 57, 82
Couronne boréale **3** 31
couronne circulaire **346** 57
~ de baron **254** 44
~ de comte **254** 45
~ de démarreur **192** 31
~ de feuilles *Hérald.* **254** 12
~ de feuilles *Arts* **334** 25
~ de feuilles *Bot.* **384** 62
~ de fleurs d'oranger **332** 19
~ de forage **145** 21
~ de Francfort **97** 42
~ de l'arbre **370** 3
~ de noble non titré **254** 43
~ de pivotement **215** 64
~ de remontoir **110** 42
~ de rotation de la lame **200** 22
~ dentée *Méc.* **143** 90
~ dentée *Bicycl.* **187** 74
~ ducale **254** 39
~ en or **24** 28
~ héraldique **254** 43-45
~ impériale **254** 38
~ mobile **217** 52
~ murale **254** 46
~ royale anglaise **254** 42
~ solaire **4** 39
couronnement crénelé **329** 6
~ de la digue **216** 39
~ du barrage **217** 59
courre, chasse à **289** 41-49
courrier **236** 55
~, corbeille à **245** 30; **248** 41
~, court et moyen **231** 4, 11, 17
~, distribution du **236** 50-55
~, long **231** 13, 14
~, moyen *Aéron.* **231** 12
~, moyen *Mil.* **256** 14
~, tri du **236** 31-44
courroie *Chasse* **86** 45
~ *Ecole* **260** 11
~ *Sports* **290** 22
~ abrasive sans fin **133** 15
~ cloutée en caoutchouc **64** 79
~ de guidage **303** 4
~ de sécurité **301** 3
~ de transmission **103** 10
~ transporteuse **144** 40
~ trapézoïdale **180** 58
cours *Banque* **250** 8
~ *Univ.* **262** 1
~ de biologie **261** 14-34
~ de chimie **261** 1-13
~ de l'eau **216** 9
~ d'eau *Géogr.* **13** 61
~ d'eau *Cartogr.* **15** 76
~ d'eau *Parc* **272** 45
~ d'eau navigable **15** 45
~ élémentaire **260**
~ moyen **260** 1-85
course **298** 1-8
~, position de **295** 2
~ à l'aviron **283** 1-18
~ à voile sur patins **302** 27-28
~ au galop **289** 50
~ au trot attelé **289** 23-40
~ cycliste **290** 1-23
~ cycliste sur route **290** 8-10
~ de fond **290** 11-15
~ de haies **298** 7-8
~ de motocyclettes **290** 24-28
~ de six jours **290** 2-7
~ de slalom **301** 64
~ de taureaux **319** 1-33
~ de tout-terrain **290** 33
~ de véhicules à moteur **290** 24-38
~ en montagne **290** 24-28
~ motonautique **286** 21-44
~ sur gazon **290** 24-28
~ sur glace **290** 24-28
~ sur routes **290** 16, 24-28
coursie **218** 46
coursier **236** 17
court de tennis **293** 1
~ et moyen courrier **231** 4, 11, 17
courtier **251** 4
~ assermenté **251** 4
~ libre **251** 5
courtine **329** 19
couseuse à fil **185** 16
cousin **358** 16
cousoir **183** 9
coussin *Joaill.* **36** 56
~ *Maison* **42** 27; **46** 17
~ à or *Peint.* **129** 50
~ à or *Reliure* **183** 6
~ d'air *Audiovis.* **243** 27
~ d'air *Sports* **286** 63, 66
~ d'appui-tête **207** 68
~ de belle-mère **53** 14
~ de siège **42** 23
~ d'orfèvre **108** 29
coussinet *Méd.* **21** 13
~ *Mil.* **255** 47
~ amortisseur **100** 16
~ de câble porteur **214** 33
~ de glissement **202** 22
~ de volute **334** 24
~ élastique **192** 82
~ en caoutchouc **192** 67, 82
coussinet-peigne de filière **140** 61
couteau *Ust. table* **45** 50
~ *Reliure* **185** 8, 29
~ à araser **128** 43
~ à beurre **45** 73
~ à caviar **45** 81
~ à contours **340** 10
~ à découper *Piscic.* **89** 38
~ à découper *Bouch.* **96** 31
~ à dépecer **96** 35
~ à dépouiller **94** 13
~ à désosser **96** 36
~ à deux manches **120** 79
~ à écailler **89** 39
~ à écorcher **94** 13
~ à émarger **128** 38
~ à fromage **45** 72
~ à fruits **45** 71
~ à maraufler **128** 42
~ à mastiquer *Vitr.* **124** 27
~ à mastiquer *Peint.* **129** 24
~ à or *Peint.* **129** 51
~ à or *Reliure* **183** 7
~ à palette **338** 14
~ à plomb **124** 12
~ à pointe relevée **96** 37
~ à poisson **45** 64
~ à saigner **94** 14
~ à servir **45** 69
~ à viande **96** 35
~ de boucher à pointe relevée **94** 15
~ de bronze à manche de bronze **328** 31
~ de chasse **87** 42
~ de cordonnier **100** 50
~ de décolletage **64** 87
~ de peintre **338** 15
~ de plis croisés **185** 12
~ de plongeur **279** 8
~ de relieur **183** 13
~ décolleur de papier peint **128** 15
~ d'électricien **127** 63
~ étendeur **129** 23
~ frappeur **84** 33
~ pour couper les joints **201** 17
~ universel **134** 28
couteau-fendoir **94** 17
couteau-pochoir **129** 43
couteaux de boucher **96** 31-37
coutelas **87** 41
coutil **43** 10
coutre **65** 10
~ circulaire **64** 66; **65** 69
~ en disque **64** 66; **65** 69
~ rayonneux **65** 76
couture **183** 8, 34
couturier **18** 45
couturière **131** 8
couvée d'œufs d'autruche **359** 3
couvent *Cartogr.* **15** 63
~ *Eglise* **331** 52-58
couvercle *Ust. cuis.* **40** 13
~ *Lutte pestic.* **83** 40
~ *Orfèvre* **108** 9
~ *Tonell.* **130** 10
~ *Mus.* **322** 27
~ *Chim.* **350** 31
~ à robinet **350** 52
~ à succion **177** 35
~ à tige **130** 19
~ avec filtre **2** 14
~ coulissant **179** 2
~ de carter **143** 80
~ de cuve **178** 37
~ de la boule **249** 30
~ de la sphère **249** 30
~ de la tête d'impression **249** 30
~ de l'encensoir **332** 40
~ de l'essoreuse **168** 18
~ de pipe **107** 37
~ du battant **166** 6
~ du dôme **38** 48
~ du lecteur **243** 47
~ du puits **38** 46
~ vitré **269** 56
~ vitré du châssis **179** 15
couvert *Météor.* **9** 24
~ *Maison* **44** 5
~ *Ust. table* **45** 3-12, 7
~ *Ch. de f.* **207** 85
~ *Rest.* **266** 27
~ *Marché puces* **309** 47
~ à café **265** 18
~ à poisson **45** 8
~ à salade **45** 24
~ à servir **45** 69-70
couverture *Maison* **38** 1; **43** 8
~ *Constr.* **122**
~ *Reliure* **184** 6; **185** 40
~ d'ardoises **122** 78
~ de feutre **353** 20
~ de protection **185** 37
~ de selle **71** 44
~ de tuiles à recouvrement **122** 2
~ de tuiles plates chevauchantes **122** 2
~ en carton **184** 7
~ en coupoles **334** 72-73
~ en tuiles **122** 45-60
~ piquée **43** 8
couvre-chaîne **187** 37
couvre-cordes **324** 17
couvre-culbuteur **190** 48
couvre-cuvette **187** 55
couvre-joint **119** 65
couvre-lame **66** 18
couvre-nuque **270** 38
couvre-oreilles **304** 28
~ de fourrure **35** 32
couvre-radiateur **304** 11
couvre-roue **197** 11
couvreur **122**
~ en ardoise **122** 71
cow-boy *Carnaval* **306** 31
~ *Taurom.* **319** 36
cowper **147** 15
Cowper, glande de **20** 75
coyau extérieur **121** 31
crabe *Zool.* **358** 1
~ *Faune abyss.* **369** 16
cracheur de feu **308** 25
crachoir **23** 25; **24** 12
craie *Maison* **48** 15
~ *Peintre* **338** 5
~ *Arts graph.* **340** 26
~ (blanche) **260** 32
~ lithographique **340** 26
craie-tailleur *Cout.* **104** 24
~ *Magasin* **271** 39
crampon *Constr.* **119** 58
~ *Alpin.* **300** 48
~ *Bot.* **370** 80
~ d'acier **303** 24
~ vissé **291** 28
cran de marche **211** 36
~ de mire *Chasse* **87** 66
~ de mire *Mil.* **255** 22
~ de sureté **255** 14
~ du caractère **175** 47
crâne *Anat.* **16** 1; **17** 1, 30-41
~ *Ecole* **261** 15
~ de l'australopithèque **261** 20
~ de l'Homme de Néanderthal **261** 19
~ de l'Homo sapiens **261** 21
~ de l'Homo steinheimensis **261** 17
~ d'hominidé **261** 19
crantage pour distribution **174** 30
crapaud *Ch. de f.* **202** 9
~ *Zool.* **364** 23
crapaudine **91** 10
crassier **144** 19

cratère **11** 16
~ de météorite **6** 16
~ d'effondrement **11** 49; **13** 71
~ du charbon **312** 44
~ d'un volcan éteint **11** 25
cravache **289** 22
cravate *Cost.* **32** 41
~ *Drapeaux* **253** 9
~, épingle de **36** 22
crawl **282** 37
crayon **47** 26
~ à bille **47** 26
~ à dessin **260** 5
~ de charpentier **120** 77
~ de couleur **47** 26; **48** 11
~ de maçon **118** 51
~ gras *Maison* **48** 11
~ gras *Ecole* **260** 6
~ gras *Arts graph.* **340** 26
~ lithographique **340** 26
~ pastel **338** 19
crayon-feutre *Maison* **47** 26
~ *Ecole* **260** 19
crayon-gomme **151** 41
création de programmes **242** 7
crécelle **306** 47
crèche **62** 9
crémaillère *Opt.* **112** 39
~ *Ch. de f.* **214** 4, 4-5, 5, 7-11, 9
~ *Inst. fluv.* **217** 69
~ circulaire **143** 93
~ horizontale double **214** 11
crème **99** 46
~ aigre **76** 42
~ Chantilly **97** 28
~ de jour **99** 27
~ fouettée *Boul.-pâtiss.* **97** 28
~ fouettée *Café* **265** 5
~ hydratante **99** 27
~ pour les mains **99** 27
crémier *Maison* **44** 31
~ *Café* **265** 21
crémoir **148** 17
créneau *Chasse* **86** 52
~ *Chevalerie* **329** 7
crénelée **370** 46
crépi **123** 6
crépine *Autom.* **192** 18
~ *Serv. eaux* **269** 14, 32
~ à clapet de pied **269** 6, 43
~ d'aspiration **67** 12
crépuscule **4** 21
crescendo **321** 31
cresson de fontaine **378** 30
cressonnette **375** 11
crête *Géogr.* **12** 36
~ *Zool.* **73** 22
~ de la digue **216** 39
~ de l'épaulière **329** 44
~ dorsale **364** 21
~ du barrage **217** 59
creuset **174** 25
~, pince à **350** 32
~ de terre réfractaire **350** 31
~ en graphite **108** 10
creux, gravure en **340** 14-24
~ d'attaque **340** 55
~ poplité **16** 51
crevasse *Géogr.* **11** 52
~ *Alpin.* **300** 23
~ de glacier **12** 50
crevette abyssale **369** 12
criblage du coke grossier et du coke fin **156** 14
crible à béquille **55** 13
~ à grenure **340** 24
~ à terreau **55** 13
~ de menues pailles **64** 17
~ élévateur **64** 69
~ plus fin **64** 19
~ rond **91** 26
~ vibrant **158** 21
cricket **292** 70-76
cri-cri **81** 7
criée au poisson **225** 58
crieur **308** 64
crinière *Cheval* **72** 13
~ *Zool.* **368** 3
crinoline **355** 72
crins de cheval **323** 15
criquet **358** 8
criss **353** 44
cristal **351** 29
~ de chlorure de sodium **1** 9
~ de cristobalite **1** 12
cristallin **19** 48
~, édifice **351** 1-26
cristalline, association **351** 1-26
~, forme **351** 1-26
~, structure **351** 1-26
cristallographie **351**
cristallométrie **351** 27-33
cristobalite **1** 12
croc *Apicult.* **77** 55
~ *Abatt.* **94** 21
~ à fumier **66** 8
~ à incendie **270** 15
~ à pommes de terre **66** 6
~ à viande **96** 55
~ de remorquage **227** 27
croche **320** 16
~, double **320** 17
~, quadruple **320** 19
~, triple **320** 18
crochet *Coord.* **100** 62
~ *Constr.* **122** 32, 51
~ *Sports* **305** 18
~ *Mus.* **320** 5; **324** 67
~ *Arts* **335** 38
~ à ardillon **89** 80
~ à barbillon **89** 80
~ à grumes **85** 7, 9
~ à la face **299** 33
~ d'arrêt **122** 64
~ d'auget **122** 23
~ de broche **164** 49
~ de couvreur **38** 6
~ de faîtage **122** 65
~ de fixation **81** 38
~ de la corde à linge **38** 22
~ de levage **145** 9
~ de palan **139** 45
~ de service **122** 69
~ de suspension **94** 21
~ de traction *Mach. agric.* **65** 19
~ de traction *Pompiers* **270** 49
~ d'échelle **122** 15
~ du cordon d'alimentation **50** 65
~ du pare-neige **122** 16
crochets **342** 25
crocodile du Nil **356** 13
croisé *Ballet* **314** 16
~ *Chevalerie* **329** 72
croisée de fond **136** 21
~ d'ogives **336** 43
croisement du fil **165** 11
croiseur lance-missiles **259** 21, 41
~ lance-missiles à propulsion nucléaire **259** 41
croisillon *Constr.* **118** 88
~ *Mach.-out.* **149** 43
croissant *Boul.-pâtiss.* **97** 32
~ *Comm.* **99** 13
~ *Drapeaux* **253** 19
~ de Lune **4** 3, 7
croissante, Lune **4** 3
croix *Plomb.* **126** 50
~ *Ecole* **260** 28
~, chemin de **330** 54
~ à deux barres **224** 98
~ ancrée **332** 69
~ ansée **332** 63
~ cardinalice **332** 65
~ chrétienne **332** 55-72
~ constantinienne **332** 67
~ d'avertissement **202** 41
~ de faîte **331** 10
~ de fer aux anneaux **296** 50
~ de Lorraine **332** 62
~ de Malte **312** 38
~ de procession **330** 47; **331** 42
~ de Saint-André *Ch. de f.* **202** 41
~ de Saint-André *Gymnast.* **295** 35
~ de Saint-André *Eglise* **332** 60
~ de Saint-Antoine **332** 59
~ de Saint-Lazare **332** 71
~ de Saint-Pierre **332** 58
~ des larrons **332** 61
~ d'infamie **332** 61
~ du Saint-Sépulcre **332** 72
Croix du Sud **3** 44
croix en tau **332** 59
~ fourchue **332** 61
~ grecque **332** 56
~ latine **332** 55
~ papale **332** 66
~ pastorale double **332** 64
~ potencée **332** 70
~ recroisettée **332** 68
~ russe **332** 57
~ sur sphère **224** 90
~ tombale **331** 25
~ tréflée **332** 71
cromorne **322** 6
croque-mort **331** 40
croquet **292** 77-82
croquis **315** 40
~ au tableau **260** 33
cross, parcours de **289** 17
crosse *Chasse* **87** 3
~ *Viande* **95** 28
~ *Constr.* **119** 71
~ *Mil.* **255** 6, 38
~ *Ciné* **313** 37
~ à trou **305** 47
~ d'appui de l'épaule **255** 9, 39
~ de fusil **255** 24
~ de hockey **292** 13
~ de hockey sur glace **302** 30
~ de l'aorte **18** 10
crotte de chocolat **98** 80
croupe *Cheval* **72** 31
~ *Constr.* **121** 11; **122** 10
~ faîtière **121** 17
croupier **275** 4
~ de tête **275** 6
croupière **71** 34
croûte **97** 4
croûton **97** 5
cruche à anse **328** 35
~ en terre cuite **260** 78
crucifix **332** 33
~ de la table de communion **330** 12
~ du maître-autel **330** 35
crustacé *Zool.* **81** 6; **358** 1, 1-2
~ *Faune abyss.* **369** 1, 12, 15, 16
Crux **3** 44
cryothérapie **22** 63
cube *Math.* **347** 30
~ *Cristallogr.* **351** 2
~ à facettes octaèdriques **351** 16
~ de boulier **48** 17
~ de glace **266** 44
~ de mosaïque **338** 39
~ en bois **302** 40
cubilot **148** 1
cubital postérieur **18** 58
cubitière **329** 48
cubitus **17** 14
cueille-essaim **77** 54
cueille-fruits **56** 22
cuiller **89** 73
~ à encens **332** 43
~ à entremets **45** 66
~ à légumes **45** 74
~ à pommes de terre **45** 75
~ à salade **45** 67
~ à sauce **45** 18
~ à servir **45** 74
~ à soupe **45** 61
~ avec écailles **89** 74
~ écaillée **89** 75
~ tachetée **89** 74
cuillère en bois **40** 3
cuilleron **45** 63
cuir *Chasse* **88** 56
~ *Reliure* **184** 12
~ à semelle **100** 31
~ de chasse actionnant le sabre **166** 22
cuirasse **329** 62
cuisine *Maison* **39**
~ *Ch. de f.* **207** 29, 33, 80
~ *Mar.* **223** 42
~ de la charcuterie **96** 31-59
cuisinière à gaz **39** 12
~ électrique **39** 12; **46** 32
~ électrique à 8 plaques **207** 30
cuissard **329** 52
cuisse *Anat.* **16** 49
~ *Cheval* **72** 35
~ avec la jambe de derrière **95** 14
~ avec le jarret de derrière **95** 14
~ avec le trumeau de derrière **95** 14
~ de dinde **99** 59
~ emplumée **362** 3
cuisseau avec le jarret de derrière **95** 1
cuisson dans la salle de brassage **92** 42-53
cuissot **88** 21, 37
cuivre, cliché de **340** 53
~, plaque de **340** 53
~ gris **351** 1
cuivres **323** 39-48
cul brun **80** 28
~ doré **80** 28
culasse *Chasse* **87** 9
~ *Centr.* **153** 14
~ *Moteur* **190** 45
~ *Enseign.* **242** 47
~ *Mil.* **255** 54
~ mobile **87** 20
culbute **308** 43
culbuteur *Métall.* **147** 44, 59
~ *Moteur* **190** 33
culée *Ponts* **215** 29, 45
~ *Arts* **335** 27

D

E

F

feutre *Papet.* **173** 51
~ *Ecole* **260** 19
~ *Arts graph.* **340** 42
~, botte de **353** 30
~, couverture de **353** 20
~ à larges bords **355** 55
~ coucheur **173** 17, 18
~ de verre **162** 58
~ du marteau **325** 24
feux **224** 68-108
~ antibrouillard **191** 63
~ antibrouillard avant et arrière **191** 64
~ de croisement **191** 59
~ de détresse **191** 68
~ de position **257** 36
~ de route *Autom.* **191** 69
~ de route *Navig.* **224** 29
~ piétons **268** 55
fève **69** 15
~ de cacao **382** 19
FF **323** 6
F.I. **240** 4
fiacre **186** 26
fibre chimique **169; 170**
~ de polyamide **170** 1-62, 61, 62
~ de verre **151** 48
~ de viscose **169** 34
~ discontinue **169** 28-34
~ du nerf optique **77** 23
~ en nappes multiples **169** 31
~ végétale **352** 18
fibres de carbone **235** 20, 32
fibroscope urinaire **23** 20
fibule **328** 27
~ à deux pièces à spirales **328** 30
~ à plaques rondes **328** 30
~ en arbalète **328** 28
~ en archet **328** 27
~ en barque **328** 28
~ serpentiforme **328** 28
ficaire **375** 36
ficelage **206** 12
ficelle *Compos.* **174** 16
~ *Reliure* **183** 10
~ du cerf-volant **273** 44
fiche d'arrivée **267** 12
~ de caisse **98** 44
~ de caisse acquittée **271** 7
~ de dossier **248** 8
~ de travail **261** 27
~ femelle de prolongateur **127** 12
~ mâle à contact de terre **127** 9
~ mâle à 3 broches **127** 67
~ mâle de prolongateur **127** 11
~ mâle de sécurité **127** 9
~ mâle pour triphasé **127** 14
~ médicale **22** 8
~ médicale périmée **22** 7
~ multibroche normalisée **241** 70
fichier *Maison* **46** 10
~ *Bureau* **245** 23
~ *Univ.* **262** 23
~ central **248** 43
~ d'archivage **248** 2
~ de cartes programme **195** 10
~ (de la) clientèle **248** 24
~ des diabétiques **22** 26
~ des patients **22** 6
~ électoral **263** 18
fichu **355** 39
fidèle **330** 29, 61; **331** 17
fidélité, haute **241** 13-48
figue **384** 13
~ d'hévéa **383** 35
figuier **384** 11
figurant *Ciné* **310** 29
~ *Théât.* **316** 39
figuration des blasons **254** 17-23
figure de proue à tête de dragon **218** 16
~ de terre glaise **339** 7
~ de voltige **288** 50-51
~ d'école **289** 7
~ du portail **333** 36
~ en mosaïque **338** 38
~ imposée **302** 11-19
~ mythologique **327** 1-61
~ symbolique **327** 20
~ symétrique **346** 24
figurine de cire **308** 69
~ de terre cuite **328** 20
~ en cire **339** 26
fil *Piscic.* **89** 63
~ *Orfèvre* **108** 3
~ *Filat. coton* **164** 53
~ *Text.* **167** 17, 36
~ *Cirque* **307** 41
~ *Théât.* **316** 8
~ à coudre **103** 12
~ à filet **102** 24
~ à plomb **118** 50, 71
~ croisé **165** 8
~ d'argent **108** 3
~ de chaîne *Tiss.* **166** 39
~ de chaîne *Text.* **171** 2, 17, 18
~ de chaîne baissé **171** 8
~ de chaîne levé **171** 7
~ de commande de vol **288** 90
~ de contact **205** 58; **211** 28
~ de fer **143** 12
~ de rayonne viscose **169** 13-27
~ de réserve **89** 21
~ de silionne **162** 56
~ de soudure d'étain **134** 20
~ de trame **171** 3
~ de trame baissé **171** 15
~ de trame levé **171** 16
~ de verre **162** 54
~ de viscose **169** 13-27
~ de viscose sur cône pour mise en œuvre textile **169** 27
~ déroulé **89** 21
~ d'étendage **50** 33
~ d'or **108** 3
~ du cerf-volant **273** 44
~ du marteau **298** 44
~ du rasoir **106** 40
~ hygroscopique **10** 9
~ renvidé **164** 56
~ retors **164** 60
~ sur enrouleur **294** 31
~ tramé **171** 43
filage **169** 25
filament à double boudinage **127** 58
~ bispiralé **127** 58
~ de cellulose plastique **169** 15
~ de polyamide **170** 43, 46
~ primaire de verre **162** 52
filature de coton **163; 164**
fil-de-fériste **307** 40
filé de verre **162** 54
filer de l'huile à la surface de l'eau **228** 11
filet *Zool.* **71** 7-13
~ *Pêche* **90** 8
~ *Trav. fém.* **102** 22
~ *Text.* **167** 29
~ *Sports* **293** 13, 53
~ *Mus.* **323** 26
~ à bagages **207** 51; **208** 27
~ à chapeaux et petits bagages **208** 28
~ à encadrement **183** 3
~ au-dessus du trou de sortie **86** 27
~ cernant **90** 25
~ de bœuf **95** 24
~ de grimper **273** 50
~ de pêche **89** 31
~ de ping-pong **273** 3
~ de porc **95** 44
~ de protection **307** 14
~ de sécurité **259** 17
~ de tennis **293** 13
~ de veau **95** 7
~ dérivant **90** 2-10
~ tournant **90** 25
~ vertical **90** 8
filetage *App. mén.* **50** 50
~ *Agric.* **67** 38
~ *Méc.* **143** 16, 68
~, pas de **149** 9
~ à pas rapide **149** 4
~ pour bois **143** 47
filière *Orfèvre* **108** 15
~ *Briq.* **159** 13
~ *Text.* **169** 14; **170** 41, 42
~ à main **126** 85
~ brisée **140** 32
~ électrique **125** 12
filigrane *Trav. fém.* **102** 30
~ *Argent* **252** 31
filin d'amarrage **288** 66
~ de retenue **288** 66
filler **200** 51, 52
film *Atome* **2** 10, 13
~ *Photocomp.* **176** 25
~, cassette de **242** 18
~, projecteur de **311** 22
~ de format réduit **313** 31
~ (de format) standard **313** 1
~ de scanner **177** 72
~ de 35 mm **313** 1
~ exposé **117** 42
~ magnétique **311** 2
~ non exposé **117** 41
~ pornographique **318** 20
~ rétractable *Laiterie* **76** 25
~ rétractable *Ports* **226** 12
~ sonore pisté avec piste magnétique latérale **117** 82
~ vierge **117** 41
filmdosimètre **2** 8
~ personnel **2** 11
filmothèque **310** 5
filoir d'écoute **284** 29
filon **11** 31
filtration rapide **269** 9
filtre *Atome* **2** 9, 12
~ *Piscic.* **89** 10
~ *Text.* **170** 32
~ *Papet.* **172** 20
~ *Chim.* **349** 12
~ à air **191** 55
~ à air à bain d'huile *Mach. agric.* **65** 54
~ à air à bain d'huile *Ch. de f.* **212** 79
~ à bière **93** 15
~ à huile *Moteur* **190** 43
~ à huile *Autom.* **192** 20
~ à kieselguhr **93** 4
~ à lessive noire **172** 28
~ à manche **83** 54
~ à poussière **270** 59
~ à sédiments en acier **79** 8
~ coloré **316** 49
~ correcteur **311** 19
~ d'aiguillage **241** 14
~ de synchronisation **311** 27
~ du masque à gaz **270** 57
~ en papier plissé **350** 41
~ escamotable **116** 46
~ sécheur **173** 23
~ solaire **6** 22
filtre-presse *Porcel.* **161** 12
~ *Text.* **169** 12
fin d'alinéa **175** 15
fincelle **90** 7
finesse du filé **164** 40
finisseur **201** 1
~ de revêtements noirs **200** 43
Finn **284** 51
fiole d'Erlenmeyer *Papet.* **173** 2
~ d'Erlenmeyer *Chim.* **350** 39
~ jaugée *Papet.* **173** 3
~ jaugée *Chim.* **350** 28
~ pour filtration sous vide **350** 40
fission **1** 43
~ nucléaire **1** 34, 46
fissure *Géogr.* **11** 52
~ *Alpin.* **300** 3
five o'clock **267** 44-46
fixatif **105** 24
fixation à câble *Alpin.* **300** 52
~ à câble *Sports hiver* **301** 40
~ à sandows **278** 51
~ de la bougie de préchauffage **190** 55
~ de plaque **178** 27
~ de sécurité **301** 2
~ du cube à éclairs **114** 13
~ du flash-cube **114** 13
~ du tissu par chaînes à picots **168** 24
~ du tissu par chaînes à pinces **168** 24
~ rottefella **301** 15
flache **120** 89
flacon à épices **39** 32
~ à produits chimiques **261** 23
~ à tare **349** 24
~ à trois tubulures **350** 57
~ à whisky **42** 31
~ de parfum *Maison* **43** 27
~ de parfum *Coiff.* **105** 36
~ de perfusion **25** 12
~ d'eau de toilette **105** 37
~ d'encre de Chine **151** 63
~ laveur **350** 58
~ pour premier révélateur **116** 10
~ souple pour révélateur **116** 9
flacon-laveur **261** 32
flamant **272** 53
flambée **267** 25
flamme *Poste* **236** 56
~ *Plage* **280** 11
~ «Aperçu» **253** 29
~ chiffrée **253** 33-34
~ de la résurrection **327** 10
~ du Code international des signaux **253** 29
~ numérique **253** 33-34

G

~ basculante **210** 5
~ d'aération **194** 16
~ d'aspiration **100** 13
~ de coupage **141** 14
~ de déblaiement **264** 17
~ de la cage aux fauves **307** 50
~ de la rigole d'écoulement **89** 5
~ de microphone **241** 50
~ de microprismes **115** 54
~ de protection *Constr.* **118** 90
~ de protection *Motocycl.* **188** 16
~ de protection des feuilles margées **181** 24
~ de retenue **89** 10
~ de ventilation **258** 43
~ de vitesses **192** 47
~ d'égout **268** 8
~ du briseur **163** 54
~ du grand tambour **163** 55
~ en fer forgé **272** 31
~ essoreuse **129** 12
~ mobile **199** 34
~ protectrice **168** 45
grille-pain **40** 30
grille-panier **64** 11
grillon domestique **81** 7
grimpereau **361** 11
griotte **59** 5
gris, échelle des **343** 15
grive musicienne **361** 16
groin *Zool.* **73** 10
~ *Chasse* **88** 53
groom *Ch. de f.* **204** 17
~ *Hôtel* **267** 18
gros bétail **73** 1-2
~ fer **91** 12
~ gibier **88** 1-27
~ grain **332** 31
~ lot de la tombola **306** 11
~ œuvre **118** 1-49
~ orteil **18** 49; **19** 52
~ peigne **105** 15
~ pied **381** 16
~ porteur **231** 14, 17
~ romain **175** 30
groschen **252** 13
groseille **58** 12
~ à maquereau **58** 9
groseillier **52** 19
~ à grappe **58** 10
~ à maquereau *Jard.* **52** 19
~ à maquereau *Bot.* **58** 1
grosse caisse **323** 55; **324** 47
~ cylindrée **189** 31-58
grosses tenailles **100** 41
gros-texte **175** 29
grotte **272** 1
~ à concrétion calcaire **13** 79
~ à stalactites **13** 79
groupage **206** 4
groupe à retiration du cyan **180** 8-9
~ à retiration du jaune **180** 6-7
~ à retiration du magenta **180** 10-11
~ à retiration du noir **180** 12-13
~ auxiliaire **231** 33
~ de joueurs *Maison* **48** 20
~ de joueurs *Sports* **305** 25
~ de miroirs **176** 21
~ de pavillons **15** 28
~ de retiration **181** 52
~ de touristes **272** 28
~ Diesel **259** 94
~ imprimant **180** 6,8,10,12, 7,9,11,13, 41, 80
~ imprimant le recto **181** 48
~ imprimant le verso **181** 49
~ imprimant réversible **182** 26
~ moteur **145** 12
~ turbo-alternateur **154** 33
~ turbo-alternateur à vapeur **153** 23-30
Grue *Astr.* **3** 42
grue *Maison* **47** 39
~ *Mar.* **221** 5
~ *Mil.* **258** 88
~ à chevalet **222** 20
~ à flèche **225** 24
~ à portique *Scierie* **157** 27
~ à portique *Mar.* **222** 25, 34
~ à portique fixe **206** 55
~ à tour pivotante **119** 31
~ américaine **310** 49
~ automobile **270** 47
~ de bord **259** 10
~ de cale **222** 23
~ de chantier **119** 31
~ de chargement **85** 28, 44
~ de dépannage **270** 48
~ de dock **222** 34
~ de pont **221** 61
~ flottante **226** 48
~ marteau **222** 7
~ pivotante à volée variable **222** 23
~ tournante **146** 3
~ tripode **222** 6
~ volante **232** 16
grue-portique **222** 25
grume *Sylvic.* **85** 23
~ *Constr.* **120** 83
~ *Scierie* **157** 30
~ soulevée **85** 41
gruppetto **321** 21
Grus **3** 42
grutier **119** 35
~, cabine du **226** 52
guanaco **366** 30
guépard **368** 7
guêpe, taille de **355** 53
guêpier d'Europe **360** 2
guéridon à fleurs **267** 36
guerre, hache de **352** 16
~, peintures de **352** 13
~, trophée de **352** 15, 30
guerrier Masaï **354** 8
guet, tour de **329** 35
guêtre **289** 32
~ de montagne **300** 55
~ de protection **142** 12
guetteur **329** 9
gueule *Zool.* **70** 3
~ *Chasse* **88** 13, 45
~ à langue bifide **327** 5
gueule-de-loup **51** 32
gueules **254** 27
gueuse **147** 40
gui, balancine de **219** 48
~ d'artimon **219** 44
~ de brigantine **219** 44
guichet **236** 30
~ de change **250** 10
~ de cricket avec la barre horizontale **292** 70
~ de l'agence des spectacles **271** 26
~ de renseignements **250** 9
~ de vente des timbres **236** 15
~ des affranchissements **236** 15
~ des billets **204** 35
~ des colis **236** 1
~ des opérations financières **236** 25
guichetier **236** 16
guidage **303** 24
~ de la masse mobile **139** 8
~ de la remorque **227** 9
~ du câble **201** 7
guide **71** 25, 33
~ à onglets **133** 19
~ à roulettes **141** 19
~ d'enfilage automatique **165** 18
~ d'entrée **184** 23
~ d'onglet **132** 65
~ du rouleau de nappe **163** 48
guideau **89** 94
guide-bande **243** 22
guide-chaîne **85** 16
guide-champ **166** 13
guide-fil *Piscic.* **89** 60
~ *Coord.* **100** 30
~ *Text.* **167** 3, 54
~ de filage **169** 16
~ plaçant le fil sur l'aiguille **167** 64
guide-fils **167** 2
guide-ligne transparent **249** 19
guide-papier mobiles **249** 17
guiderope **288** 69
guide-tuyau **67** 25
guidon *Chasse* **87** 71
~ *Bicycl.* **187** 2
~ *Drapeaux* **253** 22
~ *Mil.* **255** 3
~ *Sports* **305** 42
~ à lame **305** 51
~ à trou **305** 50
~ de départ **205** 42
~ de randonnée **187** 2
~ (du vélo) de course **290** 18
~ réglable en hauteur **188** 3
~ relevé **188** 11
~ séparé en deux **188** 57
~ sport **188** 45
guigne **59** 5
guignette **86** 52
guignol de l'aileron de profondeur **257** 39
guillaume **132** 25
guillemets **342** 26
~ à la française **342** 27
guillemot de troïl **359** 13
guillochis *Argent* **252** 38
~ *Arts graph.* **340** 54
guimauve **380** 12
guimbarde **132** 26
guindant de la grand-voile **284** 42
guindeau *Mar.* **223** 49
~ *Mil.* **258** 6, 23
~ de remorque **258** 86
guirlande *Carnaval* **306** 5
~ *Arts* **335** 54
guiro **324** 60
guitare *Boîte nuit* **318** 8
~ *Mus.* **324** 12
~ de jazz **324** 73
guitariste **318** 9
Gulf stream **14** 30
gutta-percha **383** 37
gymkhana **290** 32
gymnastique, pas de **295** 41
~ aux agrès **296**; **297**
~ avec les engins manuels **297** 33-50
~ de club **296** 12-21; **297** 7-14
~ féminine **297**
~ scolaire **296** 12-21; **297** 7-14
gynécée **329** 10
gynérium **51** 8
gypse **351** 24, 25
gyro directionnel **230** 13
gyrocompas **224** 31, 51-53
gyrodyne **232** 29
gyrophare **264** 11

H

habit **33** 13
~ à basques **355** 76
~ du valet **186** 21
~ monacal **331** 55
habitacle *Atterr. Lune* **6** 41
~ *Astron.* **235** 16
~ *Sports* **288** 10, 19
habitation **37**
~ du gardien **224** 108
~ flottante **353** 31
~ individuelle **37** 1-53
~ seigneuriale **329** 30
habits, brosse à *App. mén.* **50** 44
~, brosse à *Cout.* **104** 31
habitué **266** 40
hache *Sylvic.* **85** 1
~ *Constr.* **120** 73
~ à douille **328** 23
~ de bronze emmanchée **328** 23
~ de combat en pierre **328** 19
~ de guerre **352** 16
~ de sapeur-pompier **270** 43
hache-marteau **328** 19
hachette de charpentier **120** 70
hache-viande **96** 53
hachis **96** 16, 41
hachoir **96** 53
~ à viande **40** 39
haie *Cartogr.* **15** 98
~ *Equitation* **289** 8
~ *Athl.* **298** 8
~ de clôture **62** 35
~ taillée **272** 37
~ vive *Maison* **37** 59
~ vive *Jard.* **51** 9; **52** 32
haies, course de **298** 7-8
halage **216** 27
hale-bas de bôme **284** 21
haléři **252** 27
hall central **271** 11
~ d'accueil **267** 1-26
~ d'attente **233** 28
~ de gare **204**
~ de l'hôtel **267** 18-26
~ du vestiaire **315** 5-11
halle à (aux) marchandises **206** 7, 26-39
~ de construction **222** 3-4
~ de montage **222** 4
halma, jeu de **276** 26-28
halothane **26** 26
halte *Cartogr.* **15** 27
~ *Tramw.* **197** 35
haltérophile **299** 2
haltérophilie **299** 1-5
hamac **278** 4
hameçon **89** 79-87
~, triple **89** 85
~ à anguille **89** 87

I

J

K

~, jeune *Apicult.* **77** 28
~, jeune *Agric.* **80** 54
~ dans son nid **82** 36
~ du taupin **80** 38
~ prête à la nymphose **80** 53
larynx **20** 2-3
laser **242** 81
~ à l'hélium - néon **243** 57
~ d'enseignement **242** 81
lasioderme de la cigarette **81** 25
~ du tabac **81** 25
lasso *Taurom.* **319** 40
~ *Ethnol.* **352** 5
~ de jet et de capture **352** 31
latine **342** 12
latitude **14** 6
latrines de chantier **118** 49
latte **284** 44
~ de garde *Constr.* **118** 29
~ de garde *Tiss.* **165** 31
~ de protection **165** 31
~ de recouvrement **123** 57
~ double **122** 43
lattis **122** 17; **123** 70
laurier-rose **373** 13
lavabo *Méd.* **24** 15
~ *Maison* **49** 24
~ *Ch. de f.* **207** 40
~ *Camping* **278** 6
~ *Arts* **334** 68
~ double **267** 32
~ pour le lavage des cheveux **105** 28; **106** 11
lavage **169** 19; **170** 56
~ des bobines **170** 48
lavande vraie **380** 7
lave, champ de **11** 14
~, coulée de **11** 18
~, nappe de **11** 14
lave-linge **50** 23
laveur **157** 21
~ d'acide sulfhydrique **156** 22
~ d'ammoniac **156** 23
~ de benzène **156** 24
lave-vaisselle **39** 40
laye **326** 12
layette *Puéricult.* **28**
~ *Cost.* **29** 1-12
~ de rangement des pièces de rechange **109** 22
lé **122** 91
~ de papier peint **128** 19
~ vertical de la bande de carton **122** 95
leçon de natation **282** 16-20
lecteur **262** 3, 24
~ de bande **176** 13, 15, 30
~ de journaux **265** 24
~ de microfilms **237** 36
~ de ruban **176** 13, 15, 30
~ de son magnétique **312** 28
~ de son magnétique à quatre pistes **312** 50
~ de son optique **312** 45
lecteur-perforateur de cartes **244** 12
lecture, livre de **260** 16
~, règle de **349** 35
~, salle de **262** 13
~, tête de **309** 33
~ de voyage **205** 18
lédon des marais **377** 21
legato **321** 33
légende *Cartogr.* **14** 27-29
~ *Cité* **268** 4
~ *Ecriture* **342** 59
legging **352** 17
légume **57**
~ en conserve **98** 17
légume-feuille **57** 28-34
légumes surgelés **99** 61
légumier **45** 25, 31
légumineuse **57** 1-11
lentille **242** 83
~ corrective **115** 72
~ de champ **115** 40
~ de Fresnel avec anneau dépoli et stigmomètre **115** 64
~ de l'objectif **113** 36
~ d'eau **378** 35
~ frontale **115** 7
~ macro **117** 55
lentilles d'éclairage **112** 7
Leo **3** 17; **4** 57
léopard **368** 6
lépidoptère *Bot.* **58** 62
~ *Zool.* **365**
lépiote élevée **381** 30
lépisme saccharin **81** 14
lepta **252** 39
lepton **252** 39
Lerne, Hydre de **327** 32
lés à joints vifs **128** 20
~ posés bord à bord **128** 20
lésène **335** 11
lessive de cuisson **172** 46
~ épaisse **172** 34
~ épuisée **172** 45
~ noire **172** 28, 29
~ verte **172** 43
~ verte non clarifiée **172** 41
lessiveur **172** 7
lest **285** 33; **288** 65
~ d'eau **223** 78
~ en plomb **285** 36
lettre «A» **253** 22
~ bas-de-casse **175** 12
~ commerciale **245** 33; **246** 7; **248** 30
~ de change **250** 12
~ de voiture **206** 30
~ haut-de-casse **175** 11
~ lumineuse **268** 45
lettres, boîte à **236** 50-55, 50
~, papier à **245** 12
~ et chiffres pour la désignation des cases de l'échiquier **276** 6
~ liées **175** 6
lettrine **175** 1
leucanthème vulgaire **376** 4
leucite **351** 12
leurre **89** 65-76
levade *Zool.* **71** 4
~ *Cirque* **307** 30
levain **97** 53
levé **171** 17
levée des boîtes à lettres **236** 50-55
lève-ligne **174** 14
levier *Serr.* **140** 5
~ *Carr.* **158** 32
~ à main *Menuis.* **132** 55
~ à main *Reliure* **183** 31
~ à pédale **163** 28
~ à plusieurs bras en étoile **340** 39
~ classeur **247** 42
~ correcteur de mélange **288** 16
~ d'aiguille **203** 55
~ d'aiguille et de signal **203** 62
~ d'armement *Chasse* **87** 22
~ d'armement *Mil.* **255** 12
~ d'armement du déclencheur à retardement **115** 15
~ d'arrêt **163** 40
~ d'arrêt de la machine **164** 6
~ d'arrêt du banc **164** 32
~ d'arrêt du frein **56** 38
~ d'avancement de la pellicule **115** 16
~ de blocage **188** 2
~ de changement de vitesse **150** 35
~ de changement de vitesse au plancher **191** 91
~ de changement du couple moteur **65** 34
~ de commande *Mach. agric.* **64** 59
~ de commande *Ciné* **117** 63
~ de commande *Mach.-out.* **149** 11
~ de commande *Text.* **167** 22
~ de commande *Constr. rout.* **201** 8
~ de commande *Navig.* **224** 19
~ de commande *Mil.* **257** 8
~ de commande *Magasin* **271** 48
~ de commande *Sports* **288** 14
~ de commande *Ciné* **313** 11
~ de commande *Théât.* **316** 58
~ de commande à main **202** 17
~ de commande de direction **192** 58
~ de commande du réducteur **149** 3
~ de commutation **50** 59
~ de débrayage **132** 56
~ de débrayage de l'arbre porte-meule **157** 46
~ de dégagement **10** 15
~ de dégagement de la bobine croisée **165** 13
~ de dégagement du papier **249** 20
~ de démarrage **163** 17
~ de filetage normal **149** 4
~ de frappe **249** 21
~ de frein à main **191** 93
~ de jambe **299** 10
~ de la chasse d'eau **49** 17
~ de la pompe à piston **83** 45
~ de l'écrou embrayable de vis mère **149** 19
~ de libération du cylindre **249** 24
~ de manœuvre *Plomb.* **126** 19
~ de manœuvre *Constr. rout.* **201** 12
~ de manœuvre du réducteur **149** 3
~ de marche arrière **249** 21
~ de marche-arrêt **181** 32
~ de mise en marche **178** 20
~ de mouvement longitudinal ou transversal **149** 17
~ de parcours **203** 58
~ de pas d'avance et de filetage **149** 9
~ de pression *Filat. coton* **163** 16
~ de pression *Arts graph.* **340** 61
~ de rappel **249** 21
~ de recul **249** 21
~ de réglage de la force d'impression **249** 10
~ de réglage d'excentrique **166** 58
~ de réglage du zoom **117** 54
~ de relevage et de descente du cylindre **181** 3
~ de renversement de marche de la vis mère **149** 6
~ de retour du chariot **249** 21
~ de serrage **132** 67
~ de serrage de la bande **133** 16
~ de signal **203** 56
~ de sûreté **2** 40
~ de touche **322** 38, 49
~ de variation de la focale **313** 22, 36
~ de verrouillage **87** 25
~ de verrouillage d'aiguille **203** 55
~ de vitesse **65** 35
~ de vitesses **191** 91; **192** 46
~ de zoom **313** 22, 36
~ d'échappement **325** 30
~ d'embrayage *Tiss.* **165** 17; **166** 8
~ d'embrayage *Text.* **167** 44
~ d'embrayage *Motocycl.* **188** 32; **189** 28
~ d'embrayage à deux vitesses **188** 12
~ d'embrayage-débrayage du groupe imprimant **180** 80
~ d'encrage des plaques offset **249** 50
~ d'itinéraire **203** 58
~ du frein **166** 62
~ du mécanisme d'avance **149** 10
~ du renversement de marche du dispositif d'avance **149** 14
~ du sifflet **211** 40
~ flottant **65** 43
~ oscillant **67** 34
~ régulateur d'alimentation **163** 28
~ régulateur d'aspiration **50** 74
~ régulateur de mélange **288** 16
lèvre **19** 25
~, plateau de **354** 23
~ inférieure *Anat.* **19** 26
~ inférieure *Cheval* **72** 10
~ inférieure *Mus.* **326** 26, 31
~ supérieure *Anat.* **19** 14
~ supérieure *Cheval* **72** 8
~ supérieure *Mus.* **326** 27
lèvres **20** 87
~, commissure des **16** 14; **19** 19
lévrier afghan **70** 23
levure de boulanger **97** 53
lexique **262** 17
lézard **364** 27
~ sans pattes **364** 37
liaison **321** 24
~ des modules **242** 70
~ intérieure **224** 27
~ téléphonique **242** 20
liant **200** 53
liasse de feuilles **249** 56, 57
libellule **358** 3

M

N

~ d'échafaudage **118** 30
~ du catogan **355** 78
~ du treillis **215** 37
~ papillon **32** 47; **33** 11
~ papillon blanc **33** 16
noir *Hérald.* **254** 26
Noir *Roulette* **275** 21
noir *Couleurs* **343** 13
Noir *Ethnol.* **354** 13
noire **320** 15
noirs **276** 5
noisetier **59** 44-51
noisette **59** 49
noix *Bot.* **59** 41, 43
~ *Filat. coton* **164** 48
~ *Bot.* **370** 98; **384** 60
~ d'Amérique **384** 53, 59
~ d'arec **380** 20
~ de coco **383** 53
~ de galle **82** 34
~ de jambon **95** 52
~ de muscade **382** 35
~ de réglage arrière **114** 55
~ de réglage frontale **114** 51
~ d'entraînement de la broche **164** 50
~ du Brésil **384** 53, 59
~ pâtissière **95** 12
nom de rue **268** 7
~ d'étoiles **3** 9-48
~ du bateau **286** 7
~ du club **286** 8
~ du joueur **293** 36
~ du malade **25** 5
nomade **353** 19
nombre **344** 1-22
~ à quatre chiffres **344** 3
~ abstrait **344** 3
~ cardinal **344** 5
~ complexe **344** 14
~ concret **344** 4
~ de sets joués **293** 37
~ entier **344** 10
~ fractionnaire **344** 10, 16
~ fractionnaire égal à l'inverse **344** 16
~ impair **344** 12
~ négatif **344** 8
~ ordinal **344** 6
~ pair **344** 11
~ positif **344** 7
~ premier **344** 13
nombril **16** 34
nomenclature **151** 32
~ des pièces de rechange **195** 32
nonne **82** 17
nonpareille **175** 23
non-tissé repassé **103** 27
nord **4** 16
Norvège **252** 26
notation du plain-chant **320** 1
~ médiévale **320** 1-2
~ mesurée **320** 2
~ musicale **320; 321**
~ sténographique **342** 13
note **185** 62
~ de musique **320** 3-7
~ en bas de page **185** 62
~ filée **321** 29
~ marginale **185** 68
~ tenue **321** 30
noue **121** 15, 64; **122** 11, 82
nougat **98** 81
nougatine **98** 85
nouilles **98** 34
noulet **121** 64; **122** 11
nourrisseur **62** 9
nourrisson **28** 5
nouveautés, rayon de **271** 63
nouvelle brève **342** 50
~ Lune **4** 2
~ sportive **342** 61
novillero **319** 2
novillo **319** 35
noyau *Bot.* **59** 7, 23
~ *Constr.* **123** 78
~ *Métall.* **148** 36
~ *Centr.* **153** 17
~ *Sports hiver* **301** 47
~ atomique **1** 2, 16, 29, 51
~ atomique lourd **1** 35
~ avant la fission **1** 43
~ avec la graine **384** 40
~ de coulée **178** 18
~ de la datte **384** 10
~ de plomb **326** 20
~ découvert **374** 12
~ d'hélium **1** 30-31
~ terrestre **11** 5
noyé **21** 34-38, 35
noyer **59** 37-43
nuage **8** 1-19
~, sans **9** 20
~ à développement vertical **8** 1
~ cumuliforme **8** 2
~ de beau temps **8** 1
~ de cristaux de glace **8** 6
~ de cristaux de glace en voile **8** 7
~ de front chaud **8** 5-12
~ de front froid **8** 13-17
~ de pluie **8** 10
~ de rotor **287** 18
~ déchiqueté **8** 11, 12
~ des masses d'air homogènes **8** 1-4
~ en banc **8** 3
~ en boule **8** 1
~ en nappe **8** 3, 4, 8, 9, 10
~ lumineux **7** 22
~ orageux **7** 2
nuageux **9** 23
nucléus **357** 2
nucule **59** 49
nudisme, camp de **281** 15
nudiste **281** 16
nuit, boîte de **318** 1-33
~, chemise de **32** 16
numérateur **344** 15
numéro **289** 33
~ d'appel **237** 38
~ de chaque partant **289** 36
~ de cirque **307** 25
~ de fabrication de la bicyclette **187** 51
~ de la prise **310** 35
~ de ligne **197** 20, 21
~ de mains-à-mains **307** 43
~ de page *Reliure* **185** 63
~ de page *Bourse* **251** 14
~ de plan **310** 35
~ de quai **205** 4
~ de réparation **195** 48
~ de série **252** 36
~ de strip-tease **318** 27-32
~ d'électeur **263** 19
~ d'emplacement **278** 42
~ d'immatriculation **286** 7
~ d'ordre **251** 13
~ du concurrent **290** 28
~ 1 **283** 12
nu-pied *Chauss.* **101** 48
~ *Plage* **280** 23
nuque *Anat.* **16** 21
~ *Cheval* **72** 12
Nurembergeoise **355** 38
nutation **4** 24
Nydam, barque de **218** 1-6
nylon **101** 4
nymphe *Apicult.* **77** 30
~ *Agric.* **80** 4, 25, 43
~ *Zool.* **81** 3, 21, 24; **82** 13, 21, 32
~ *Piscic.* **89** 66
~ *Parc* **272** 2
~ *Best. fabul.* **327** 23
~ *Zool.* **358** 20; **365** 11
~ de la mer **327** 23

O

oasis **354** 4
obélisque **333** 10
obi **353** 41
objectif *Photo* **115** 3-8, 32; **116** 32
~ *Photocomp.* **176** 23
~ *Audiovis.* **243** 2, 52
~ *Ciné* **313** 2
-objectif, barillet d' **115** 3
objectif à focale continûment variable **313** 23
~ à focale variable **112** 41
~ à miroir **115** 50
~ de caméra **313** 19
~ de focale moyenne **115** 47
~ de grande ouverture **115** 62
~ de prise de vue **114** 26
~ de projection **312** 35
~ de très grande focale **115** 49
~ de visée **114** 25
~ d'ouverture à partir de 1/3,5 **115** 63
~ en position inversée **115** 84
~ fish-eye **115** 44
~ grand angle *Photo* **115** 45
~ grand angle *Ciné* **117** 48
~ interchangeable *Opt.* **112** 62
~ interchangeable *Photo* **115** 43
~ macro-zoom **117** 53
~ normal *Photo* **115** 3-8, 46
~ normal *Ciné* **117** 49
~ primaire **5** 11
~ rentrant **114** 5
~ secondaire **5** 11
~ zoom interchangeable **117** 2
objet de céramique **308** 66
~ de fouilles préhistoriques **328** 1-40
~ en laque sculptée **337** 6
~ fabriqué par l'élève **260** 67-80
~ liturgique **332** 34-54
~ tourné **135** 19
obligation communale **251** 11-19
~ convertible **251** 11-19
~ hypothécaire **251** 11-19
~ industrielle **251** 11-19
oblitération par rouleau à main **236** 60
obsèques **331** 33-41
observateur **257** 7
observatoire **5** 1-16
~ austral européen **5** 1-16
~ solaire **5** 29-33
~ surélevé **86** 14
obstacle fixe **289** 20
~ semi-fixe **289** 8
obturateur **130** 21
~ de gaz brûlés **255** 34
obturation **24** 30
obusier M 109 G de 155 mm **255** 57
ocarina **324** 32
occipital **17** 32; **18** 50
occiput **16** 2
occlusion **9** 25
océan Antarctique **14** 22
~ Arctique **14** 21
~ Atlantique **14** 20
~ glacial Antarctique **14** 22
~ glacial Arctique **14** 21
~ Indien **14** 23
~ mondial **14** 19-26
~ Pacifique **14** 19
océanide **327** 23
ocelle *Zool.* **73** 32
~ *Apicult.* **77** 2
ocelot, manteau d' **131** 25
octaèdre **351** 6
~ à facettes cubiques **351** 14
Octans **3** 43
Octant **3** 43
octave **321** 13, 42-50
~, engagement en **294** 50
octogone **351** 17
oculaire *Opt.* **113** 20
~ *Photo* **115** 42
~ avec œilleton **117** 14
~ du microscope **14** 53
~ du viseur **313** 6
~ du viseur avec lentille correctrice **115** 22
~ pour contrôle visuel de l'enregistrement **311** 9
~ réglable **115** 74
oculus **335** 12
~ zénithal **334** 75
odalisque **306** 41
œil *Anat.* **16** 7; **19** 38-51
~ *Cheval* **72** 4
~ *Chasse* **88** 15, 33, 60
~ *Forge* **137** 29
~ à facettes *Apicult.* **77** 20-24
~ à facettes *Zool.* **358** 7
~ composé **77** 20-24
~ du caractère **174** 31; **175** 42
~ magique *Electr. gd public* **241** 39
~ magique *Marché puces* **309** 18
œil-de-bœuf **336** 2
œillard de meule **91** 19
œillère **71** 26
œillet *Piscic.* **89** 82
~ *Coord.* **100** 63
~ d'accrochage pour le transport **152** 48
~ de fixation de la courroie **115** 9
~ de lisse **166** 28
~ de navette **166** 29
~ des fleuristes **60** 7
~ des poètes **60** 6
~ d'Inde **60** 20
~ giroflée **60** 7
œilleton *Mil.* **255** 22
~ *Alpin.* **300** 35
~ *Sports* **305** 41
~ de l'oculaire **115** 73
~ d'oculaire **313** 34
œillette **380** 15
œnothéracée **53** 3
œsophage *Anat.* **17** 49; **20** 23, 40
~ *Apicult.* **77** 19
œuf *Apicult.* **77** 26
~ *Agric.* **80** 15, 55

P

pistolet-pulvérisateur **83** 18
piston *Moteur* **190** 37
~ *Enseign.* **242** 46
~ *Mus.* **323** 40; **324** 66
~ à déflecteur **242** 56
~ de la presse **133** 52
~ hydraulique *Forge* **139** 41
~ hydraulique *Théât.* **316** 60
pit **243** 60
Pithecanthropus erectus **261** 16
piton à anneau **300** 39
~ de fixation en caoutchouc **187** 84
~ de rappel **300** 39
~ universel **300** 38
Pitot, tube de **256** 11; **257** 1
pivot *Méd.* **24** 34
~ *Coiff.* **106** 36
~ *Ponts* **215** 69
~ central **91** 34
~ de fusée **192** 79
~ de l'essieu avant **65** 48
pivotement **215** 64, 65
placage **133** 2
placard *Ch. de f.* **207** 35
~ *Ecole* **260** 43
~ à portes glissantes **248** 38
~ publicitaire **204** 10
place assise **319** 8
~ assise individuelle **197** 17
~ de départ **298** 3
~ de théâtre **315** 20
~ debout **197** 18
~ du marché **15** 52
placement du dos jambes tendues au sol **296** 52
plafond **123**
~ à entrevous **120** 43; **123** 68
~ du ballast **222** 54
~ en béton armé **119** 8
plafonnier **24** 20
plage *Géogr.* **13** 35-44
~ *Plage* **280**
~ *Natation* **281** 2
~, chaussure de **280** 23
~, pantalon de **280** 22
~, sac de **280** 24
~, veste de **280** 21
~ arrière **223** 32
~ avant **259** 12
~ en terrasse **11** 54
plain-chant **320** 1
plaine de lave **11** 14
plan *Dess.* **151** 16
~ *Ch. de f.* **207** 10-21, 26-32, 38-42, 61-72, 76
~ carré **336** 50
~ de gauchissement **288** 28
~ de la locomotive **211** 10-18
~ de la ville *Ch. de f.* **204** 15
~ de la ville *Cité* **268** 2
~ de préparation des aliments **39** 11
~ de projection **261** 9
~ de repassage inclinable **103** 23
~ de sustentation **287** 29
~ de symétrie **351** 5
~ de travail **50** 31
~ de travail bureau **246** 3
~ de travail carrelé **261** 5
~ de travail principal **39** 11
~ directeur **268** 2
~ du pont **259** 12-20
~ du réseau ferroviaire **204** 33
~ fixe *Astron.* **234** 7
~ fixe *Mil.* **256** 22
~ fixe de direction **230** 59
~ fixe horizontal *Aéron.* **229** 26; **230** 62
~ fixe horizontal *Mil.* **256** 31
~ fixe horizontal *Sports* **288** 23
~ fixe vertical *Mil.* **256** 32
~ fixe vertical *Sports* **288** 21
~ fixe vertical à deux longerons **235** 1
~ horizontal de l'empennage **230** 61
~ vertical de l'empennage **230** 58
~ vertical longitudinal **259** 2-11
planche *Constr.* **120** 91
~ *Scierie* **157** 35
~ à arêtes vives **120** 95
~ à dessin **151** 1
~ à laver **309** 70
~ à modeler **48** 14
~ à roulettes **273** 51
~ à voile **284** 1-9, 5
~ avivée **120** 95
~ costale **295** 31
~ d'appel **298** 38
~ d'aquaplane **280** 15
~ d'asperges **52** 25
~ d'assemblage **273** 57
~ de balançoire **273** 40
~ de bois de bout **340** 1
~ de bois de fil **340** 2
~ de cœur **120** 93
~ de coffrage **118** 41; **119** 18, 76
~ de coffrage latéral **123** 10
~ de contre-marche **123** 56
~ de fleurs **55** 37
~ de garde **118** 29
~ de garde du banc d'étirage **164** 7
~ de hausse **87** 67
~ de légumes **52** 26; **55** 39
~ de moelle **120** 93
~ de plantes vivaces **52** 22
~ de recouvrement **55** 9
~ de revêtement **123** 56
~ de sortie **168** 7
~ de surf vue de dessus **279** 1
~ de surf vue en coupe **279** 2
~ de timbres **236** 21
~ de travail **136** 7
~ de vol **77** 49
~ en grume **120** 94
~ équarrie **120** 95
~ faciale dissymétrique **295** 30
~ mobile guide-nappe **163** 19
~ non équarrie **120** 94
planchéiage **120** 36; **121** 75
plancher **123**
~ avec poutre armée **119** 56
~ de filtre **269** 11
~ de forage **145** 3
~ de travail **120** 36
~ d'échafaudage **122** 70
~ du parc **28** 40
~ en dur **123** 28
~ massif **118** 16
~ nervuré en béton armé **123** 35
planchette de tête **284** 47
~ pour formage du pied de verre **162** 42
planchiste **284** 1
plane **120** 79
planétarium **5** 17-28
planète **4** 42-52
planeur à dispositif d'envol incorporé **287** 8
~ de haute performance **287** 9
~ remorqué **287** 3
planigraphe stéréoscopique **14** 66
planisphère **14** 10-45
~ céleste **3** 1-35
planning mural **151** 12
plant *Plantes* **54** 6
~ *Agric.* **68** 39
~, jeune repiqué **55** 23
~ de bouture **54** 24
~ de pépinière **83** 15
~ de tomates **55** 44
~ de vigne **83** 15
~ d'oranger **55** 49
plantain d'eau **378** 44
~ lancéolé **380** 11
plantation **84** 6
~ après repiquage **84** 10
plante **370** 15
~ à la floraison **382** 53
~ anémophile **59** 44-51
~ carnivore **377** 13
~ d'appartement *Maison* **42** 36
~ d'appartement *Plantes* **53**
~ d'appartement *Bureau* **248** 14
~ de rocaille **51** 7
~ des bois **377**
~ des landes **377**
~ des tourbières **377**
~ d'intérieur **248** 14
~ du pied **19** 62
~ en baquet **55** 47
~ en fleurs **378** 36
~ en fleurs et en fruits **58** 17
~ en pot *Maison* **39** 37; **44** 25
~ en pot *Jard.* **55** 25
~ femelle en fruits **383** 10
~ fourragère **69**
~ fourragère de culture **69** 1-28
~ grimpante *Jard.* **51** 5
~ grimpante *Agric.* **57** 8
~ industrielle **383**
~ médicinale **380**
~ mère **54** 15
~ ornementale **373; 374**
~ sarclée **68** 38-45
~ vénéneuse **379**
~ verte **39** 37
~ volubile **52** 5
plantoir **54** 7
~ à crosse **56** 1
plantule *Jard.* **52** 9
~ *Bot.* **382** 21
~ enracinée **54** 17
plaquage du battant **166** 42
plaque *Roulette* **275** 12
~ *Zool.* **364** 11
~ à colle-émail **179** 32
~ à dresser **125** 3
~ à planer **125** 4
~ arrière **85** 40
~ avec le numéro de départ **305** 84
~ chauffante **50** 4
~ cirière **77** 25
~ commémorative **331** 14
~ d'aluminium bitumée **155** 29
~ d'amiante **350** 19
~ d'assise *Métall.* **148** 56
~ d'assise *Filat. coton* **164** 36
~ d'assise *Text.* **167** 34
~ de base du moteur **164** 36
~ de butée **157** 18
~ de ceinture **328** 24
~ de cellulose **169** 1
~ de charbon de bois **108** 37
~ de compétition **290** 28
~ de couche **87** 14
~ de cuisson **39** 15
~ de cuivre *Imprim.* **179** 9
~ de cuivre *Arts graph.* **340** 53
~ de fixation sur la caisse **192** 72
~ de fond à trou **96** 54
~ de foulage **340** 31
~ de garde **123** 21
~ de glissement **202** 22
~ de magnésium **179** 9
~ de marbre **265** 12
~ de nom de rue **268** 7
~ (de numéro) **189** 18
~ de pierre **331** 61
~ de séparation **164** 43
~ de serrage **202** 9
~ de verre **54** 9
~ de zinc *Imprim.* **179** 9; **180** 53
~ de zinc *Arts graph.* **340** 52
~ de zinc gravée **178** 32, 40
~ d'entreprise **118** 47
~ des sonneries **267** 28
~ diazo **179** 32, 34
~ d'immatriculation *Motocycl.* **189** 8
~ d'immatriculation *Sports* **285** 46
~ d'impression **340** 59
~ d'itinéraire **205** 38
~ frontale **85** 35
~ numérotée avec le numéro de la chambre **267** 10
~ offset *Imprim.* **179** 1
~ offset *plaque offset* **249** 50
~ offset couchée **179** 16
~ ondulée **122** 98
~ optique droite **195** 18
~ photographique **309** 50
~ polie **116** 58
~ présensibilisée **179** 31
~ tournante *Autom.* **194** 31
~ tournante *Ports* **226** 56
plaquette *Opt.* **111** 12
~ *Sculpteur* **339** 38
~ à jeter **149** 45, 46
~ d'arrivée **123** 19
~ de coupe en carbure fixée par brasage **149** 50
plastron **329** 46
~ plissé **32** 44
plat *Méc.* **143** 10
~ *Rest.* **266** 17
~, gravure à **340** 25-26
~ à compartiments **40** 8
~ à gâteau **97** 25
~ à hors d'œuvre **40** 8
~ à rôti **45** 26
~ chaud **266** 67
~ cuisiné surgelé **96** 23
~ de côtes **95** 31
~ de côtes découvert **95** 21
~ de légumes **45** 33
~ de poisson **266** 53
~ de viande garni **266** 55
~ froid **266** 49
~ préparé surgelé **96** 23
platane **371** 67
plat-bord **283** 30
plateau *Géogr.* **13** 46
~ *Ust. cuis.* **40** 37
~ *Maison* **42** 30
~ *Constr.* **122** 70
~ *Electr. gd public* **241** 20
~ *Rest.* **266** 19, 63

Q

R

S

sapeur-pompier **270** 37
sapeurs tenant la toile de sauvetage **270** 17
sapin, aiguille de **372** 11
~ blanc **372** 1
sarbacane **352** 26
sarcodon imbriqué **381** 24
sardine à l'huile **98** 19
sarment **78** 2
sarrette **51** 31
sas *Moulins* **91** 26
~ *Inst. fluv.* **217** 33
~ *Astron.* **234** 30; **235** 27
~, écluse à **15** 58
~ à air *Min.* **144** 38
~ à air *Astron.* **235** 27
~ à furet **146** 31
~ adaptateur **235** 71
~ d'accès **6** 38
~ d'aérage **144** 38
~ d'amarrage **235** 71
~ de communication **235** 52, 71
~ d'écluse **217** 20, 32
~ personnel **154** 32
~ pour l'accès au réservoir **93** 13
~ supérieur **6** 45
satellite *Astr.* **4** 45
~ *Astron.* **234** 65
~ de télécommunication **237** 52
~ météorologique **10** 64
Saturne **4** 49
sauce anglaise **45** 43
~ remoulade **96** 29
saucière **45** 17
saucisse **99** 55
~ à bouillir **96** 8
~ à griller **96** 11
~ de Francfort **96** 8
~ de Lyon **96** 10
~ de Strasbourg **96** 8
~ de Vienne **96** 8
~ grillée **308** 34
~ longue en anneau **96** 10
saucisses **96** 6-11
saucisson **99** 54
saule pleureur **272** 63
sauna **281** 18
~ mixte **281** 18
saurien **364** 27, 30-37
saut *Equitation* **289** 21
~ *Athl.* **298** 9-41
~ *Sports hiver* **301** 35
~, ski de **286** 62
~ à la corde **273** 15
~ à la perche **298** 28-36
~ acrobatique **282** 40-45
~ avant carpé avec demi tire-bouchon **282** 44
~ avant carpé avec vrille **282** 44
~ avant carpé en équilibre sur les bras **282** 40
~ avant droit renversé **282** 41
~ avant renversé en partant de l'équilibre **282** 45
~ carpé **295** 38
~ costal au sol **297** 25
~ de biche *Gymnast.* **295** 40
~ de biche *Sports hiver* **302** 7
~ de brochet au cheval **296** 48
~ de haies **298** 7
~ de l'ange **282** 12
~ de lune au cheval **297** 22
~ de mains au sol **297** 27
~ de précision **288** 55
~ droit en extension **282** 12
~ écart **295** 37
~ en ciseaux **298** 22
~ en hauteur **298** 9-27
~ en longueur **298** 37-41
~ en parachute de style **288** 50-51
~ fléchi au cheval **296** 53
~ groupé *Sports* **282** 14
~ groupé *Gymnast.* **295** 36
~ groupé final **297** 40
~ périlleux arrière **288** 50
~ périlleux arrière groupé **282** 42
~ quantique **1** 20-25
~ quantique possible **1** 15
~ sur battement de corde **297** 45
~ tendu **295** 35
sautereau **322** 50
sauterelle *Piscic.* **89** 68
~ *Constr.* **120** 81
~ *Zool.* **358** 8
sauteur **289** 9
~ à la perche **298** 29
~ en hauteur **298** 10
~ en vol **301** 36
sauteuse **40** 4
sautoir **298** 32
sauvegarde **221** 103
sauvetage de naufragés **228**
~ de navires **227**
~ d'un blessé **21** 18-23
~ d'un navire échoué **227** 1
sauveteur *Méd.* **21** 29, 36
~ *Plage* **280** 1
savon **49** 22
saxhorn **323** 39
saxifrage à feuilles rondes **375** 1
saxophone **324** 69
scabieuse colombaire **375** 29
scaferlati **107** 25
scalp **352** 15
scanner **177** 39
scaphandre spatial **6** 18-27
scarabéidé **358** 24
scarole **57** 40
scène *Ciné* **312** 8
~ *Théât.* **315** 14; **316** 36
~ *Boîte nuit* **318** 22
~, metteur en *Ciné* **310** 40
~, metteur en *Théât.* **316** 40
~ d'exhibition des monstres **308** 19
~ nautique **310** 11
~ tournante **316** 31
sceptre de fou **306** 59
Scheidt, ballon de **349** 1
schéma *Ecole* **260** 34
~ *Bot.* **384** 35
~ de principe de la carde **163** 51
~ de principe de la peigneuse **163** 63
~ des voies **203** 66
~ fonctionnel **76** 9
schilling **252** 13
schnauzer **70** 35
schnorchel **259** 72, 90
Schwabach **342** 2
scie *Forge* **138** 23
~ *Scierie* **157** 2
~, lame de **260** 54
~ à archet *Bricol.* **134** 3
~ à archet *Vann.* **136** 40
~ à archet *Serr.* **140** 9
~ à archet *Mach.-out.* **150** 14
~ à chaîne **120** 14
~ à chantourner *Tourn.* **135** 12
~ à chantourner *Ecole* **260** 53
~ à châssis **157** 2
~ à découper **135** 12
~ à dépecer **94** 20
~ à désosser *Abatt.* **94** 19
~ à désosser *Bouch.* **96** 56
~ à dosseret **132** 44
~ à étrier **150** 14
~ à guichet *Constr.* **120** 63
~ à guichet *Plomb.* **126** 70
~ à guichet *Menuis.* **132** 3
~ à main **120** 61
~ à métaux **134** 17
~ à onglet **124** 30
~ à refendre **120** 61
~ à ruban horizontale **157** 48
~ articulée **120** 14
~ automatique pour le débitage du bois de chauffage **157** 54
~ bocfil **127** 52
~ circulaire *Sylvic.* **84** 33
~ circulaire *Constr.* **119** 19
~ circulaire *Ferbl.* **125** 24
~ circulaire *Bricol.* **134** 52
~ circulaire pour exécuter les plates-bandes **132** 68
~ circulaire pour mise au format et délignage **132** 57
~ circulaire pour tubes **126** 10
~ de bijoutier **108** 12
~ de boucher *Abatt.* **94** 19
~ de boucher *Bouch.* **96** 56
~ de dégagement **84** 32
~ de délignage **157** 24
~ de délignage à deux lames **157** 57
~ d'élagage **56** 16
~ d'encadreur **132** 44
~ égoïne *Plomb.* **126** 72
~ égoïne *Bricol.* **134** 27
~ mixte **134** 50
~ passe-partout dite «à 2 mains» **120** 68
~ rapide **138** 23
~ verticale à lames multiples **157** 2
science du blason **254** 1-36
scierie *Constr.* **120** 3
~ *Min.* **144** 6
~ *Scierie* **157** 1
sciure pour chat **99** 38
sclérote **68** 4
scolex **81** 36
scolyte **82** 22
scooter **188** 47
score **293** 38
Scorpion *Astr.* **3** 38; **4** 60
scorpion *Zool.* **358** 40
~ d'eau **358** 4
~ domestique **358** 40
Scorpius **3** 38; **4** 60
scorsonère **57** 35
scotie **334** 29
scout **278** 8-11, 11
scrapdozer **200** 16
scraper **200** 17
~ sur chenilles **200** 16
script **310** 45
scripte **310** 39
script-girl **310** 39
scrotum **20** 71
scrubber d'acide sulfhydrique **156** 22
~ d'ammoniac **156** 23
~ de benzène **156** 24
scrutin **263** 16-30
sculpteur **339** 1
~ en terre glaise **339** 6
~ sur bois **339** 28
sculpture **328** 7
~ en ronde-bosse **339** 32
~ moderne **272** 64
seau *App. mén.* **50** 54
~ *Mar.* **221** 113
~ à champagne **267** 59
~ à charbon **309** 9
~ à frapper **267** 59
~ à glace *Rest.* **266** 42
~ à glace *Hôtel* **267** 67
~ à miel **77** 62
~ à pansements **22** 70; **26** 22
~ de peinture **129** 10
~ de sable de remplissage du trou de mine **158** 29
sécante **346** 50
sécateur *Jard.* **56** 50
~ *Vitic.* **78** 12
séchage dans la salle de séchage **169** 24
~ du câble **170** 58
~ du gaz **156** 30
sèche-cheveux **105** 33; **106** 22
sèche-linge électrique **50** 28
sécheur de fibres en nappes multiples **169** 31
séchoir *Coiff.* **105** 25
~ *Text.* **168** 30; **170** 38
~ *Imprim.* **180** 14, 27
~ à cylindres **165** 50, 53
~ à éprouvettes **261** 31
~ à films **116** 23
~ centrifuge vertical **179** 27
~ de malt **92** 16-18
~ pour plaques photographiques **309** 49
~ sur pieds **50** 32
~ sur pieds en X **50** 34
second **299** 44
~ foc **219** 21
~ louvoyage **285** 20
~ pilote **230** 25, 28, 37
~ plateau de bande sonore pour le son secondaire **117** 101
seconde, engagement en **294** 50
~ majeure **321** 7
secoueur de paille **64** 14
secouriste **21** 19
secours, frein de **214** 3
~, issue de **307** 33
~, sortie de **312** 7
~ aux noyé **21** 34-38
secrétaire *Maison* **46** 22
~ *Ch. de f.* **209** 27
~ *Elect.* **263** 26
~ de direction **248** 31
secrétariat **245** 1-33
secteur à dents **163** 70
~ circulaire **346** 54
~ en cuir **163** 69
section arrière **286** 34, 37, 41
~ avant **286** 33, 36, 40
~ conique **347** 11-29
~ de block **203** 60
~ de ralentissement permanent **203** 41, 42
~ de ralentissement provisoire **203** 39, 40
~ transversale d'un pont **215** 1
~ transversale d'une route **200** 55
sedilia **330** 41
sédiment **23** 50
sédum **375** 21
segment **357** 25

T

~ bombée **36** 47
~ bombée à l'ancienne **36** 76
~ bombée rectangulaire à angles vifs **36** 77
~ circulaire indexable **150** 42
~ d'alimentation *Agric.* **74** 51
~ d'alimentation *Reliure* **185** 34
~ d'alimentation en feuilles **180** 67
~ d'alimentation en matières de recouvrement **184** 12
~ d'angiographie **27** 26
~ d'angle **246** 34
~ d'arrachage **163** 71
~ de banjo **324** 31
~ de billard **277** 14
~ de café **265** 11
~ de calibrage **74** 36
~ de camping **278** 44
~ de communion **330** 4
~ de conférence **246** 31
~ de coulée descendante **148** 24
~ de coupe **103** 4
~ de cuisine **39** 44
~ de décompression **279** 17
~ de délignage **132** 64
~ de dessinateur **151** 6
~ de fraiseuse **150** 33
~ de glacier **12** 56
~ de gravure **175** 52
~ de jardin **37** 50
~ de la salle à manger **45** 1
~ de machine à coudre **104** 17
~ de maquillage **315** 45
~ de marge *Imprim.* **180** 32, 49; **181** 4, 21
~ de marge *Reliure* **185** 9
~ de marge échancrée **184** 21
~ de marge portant la pile de feuilles vierges **181** 30
~ de mesures et d'essais **237** 40
~ de mirage **74** 48
~ de montage **311** 42
~ de montage sonore à six plateaux **117** 96
~ de pansements **22** 45
~ de ping-pong *Jeux enf.* **273** 2
~ de ping-pong *Sports* **293** 52
~ de ponçage **133** 35
~ de préparation *Mach. agric.* **64** 16
~ de préparation *Ecole* **261** 22
~ de présentation des cierges votifs **330** 52
~ de pressage **133** 51
~ de presse **139** 20
~ de projection **261** 13
~ de rabotage mobile **132** 46
~ de raboteuse **150** 11
~ de radiothérapie **2** 36
~ de rebobinage **238** 59
~ de rebobinage du film **312** 21
~ de réception *Imprim.* **181** 31
~ de réception *Reliure* **184** 14, 19
~ de rectifieuse **150** 7
~ de refroidissement **97** 67
~ de repassage **103** 18
~ de repassage à la vapeur **104** 26
~ de restaurant **266** 74
~ de rotation **145** 15
~ de roulette **275** 8
~ de Sainte-Cène **330** 4
~ de soudage **141** 13; **142** 21
~ de soudage à aspiration **142** 13
~ de trappe **316** 33
~ de travail *Boul.-pâtiss.* **97** 60, 62
~ de travail *Coord.* **100** 33
~ de travail *Cout.* **104** 7
~ de travail *Opt.* **111** 20
~ de travail *Vitr.* **124** 15
~ de visite et de triage **64** 81
~ d'élèves équipée pour les expériences **261** 11
~ d'enclenchements **203** 63
~ d'encrage **181** 62
~ des habitués **266** 39
~ des offres spéciales **271** 64
~ d'examen **22** 43; **23** 4
~ d'examen radiologique **27** 1
~ d'expérimentation **261** 3
~ d'harmonie **323** 24; **324** 3
~ d'hôte **266** 39
~ d'impression *Text.* **168** 63
~ d'impression *Arts graph.* **340** 41
~ d'instruments mobile **26** 37
~ disposée en fer à cheval **260** 1
~ d'opération articulée **26** 8
~ d'opération sur socle **26** 5
~ du comité **263** 3
~ du metteur en scène **316** 42
~ du présentateur **238** 29
~ Empire **336** 16
~ Louis XVI **336** 14
~ lumineuse de montage des films **179** 23
~ plate **36** 46
~ plate ovale **36** 72
~ plate rectangulaire **36** 73
~ plate rectangulaire à angles ronds **36** 74
~ plate tonneau **36** 75
~ pliante **278** 44
~ porte-objets **105** 31
~ porte-pièce **150** 20
~ porte-pièce amovible **132** 62
~ porte-pièce inclinable **133** 17
~ porte-pièces **157** 63
~ radiothérapique **2** 36
~ speaker **238** 29
tableau *Maison* **43** 20; **48** 16
~ *Constr.* **120** 31
~ *Bureau* **246** 28
~ *Roulette* **275** 17
~ à trois panneaux **260** 29
~ arrière *Mar.* **218** 58
~ arrière *Sports* **284** 35; **285** 49; **286** 26
~ avertisseur **267** 5
~ d'acuité visuelle **22** 32
~ d'affichage **293** 34, 70
~ d'affichage des départs **289** 35
~ d'affichage intérieur **289** 34
~ d'autel **330** 50
~ de bord *Motocycl.* **188** 40
~ de bord *Autom.* **191** 57-90
~ de bord *Tramw.* **197** 29
~ de bord *Ch. de f.* **212** 31
~ de bord *Aéron.* **230** 1
~ de bord *Sports* **288** 11
~ de calibres **111** 25
~ de chasse **86** 38
~ de commande *Maison* **38** 67
~ de commande *Photogr.* **177** 36
~ de commande *Imprim.* **180** 74
~ de commande du conditionnement d'air **26** 20
~ de commande et de contrôle **153** 1
~ de commande sélective **153** 4
~ de connexion des câbles **239** 3
~ de contrôle et de commande **238** 1, 7
~ de contrôle optique **203** 65
~ de fenêtre **118** 10
~ de limitation de vitesse **203** 18, 19
~ de marelle **276** 23
~ de marque **277** 18
~ de médicaments **22** 23
~ de prise micro **238** 36
~ de raccordement des câbles **239** 3
~ d'enregistrement avec indicateur du volume respiratoire **26** 28
~ des arrivées **204** 19
~ des clefs **267** 3
~ des cotes **289** 37
~ des départs **204** 20
~ des éléments figurés urinaires **23** 58
~ des marées **280** 7
~ des prix du jour **98** 73
~ des taux de change **204** 32
~ didactique **262** 8
~ du jeu **275** 9
~ indicateur des cantiques **330** 24
~ indicateur des feux de route **224** 29
~ indicateur du retard des trains **204** 12
~ lumineux **264** 30
~ mural *Ecole* **261** 36
~ mural *Eglise* **330** 13
~ mural de présentation **22** 16
~ noir **47** 13
~ représentant le Christ **330** 50
~ synoptique **76** 8
~ synoptique représentant l'état du réseau **153** 8
table-coiffeuse **105** 19
tablette **44** 19
~ à encoches **2** 45
~ d'appui pour annotations et gommage **249** 26
~ de chocolat **98** 78
~ porte-instrumentation **24** 4
~ rabattable **207** 53
tablier *Voit. chev.* **186** 6
~ *Ponts* **215** 2, 6, 8
~ à volants **31** 33
~ d'alimentation **163** 8
~ de cuir **142** 11
~ de cuisine **96** 39
~ de sortie **163** 13
~ de tender avec attelage **210** 2
~ du chariot **149** 16
~ du drapeau **253** 3, 11
~ élévateur **64** 7
~ paysanne **31** 31
tabouret **260** 58
~ de bar *Hôtel* **267** 53
~ de bar *Discoth.* **317** 3
~ de bar *Boîte nuit* **318** 16
~ de coiffeuse **43** 24
~ de dentiste **24** 14
~ du patient **27** 50
tache blanche **88** 74
~ du collier **364** 39
~ oculée **358** 54
~ solaire **4** 37, 38
tachéomètre électro-optique **112** 70
tachygraphe **210** 54
tachymètre *Tramw.* **197** 31
~ *Ch. de f.* **211** 35; **212** 9
tacle **291** 51
tacot en cuir ou résine synthétique **166** 64
tagète **60** 20
taie d'oreiller **43** 12
taille trapèze à facettes croisées **36** 58
taille *Anat.* **16** 31
~ *Joaill.* **36** 49
~, longue **144** 33-37
~ ancienne **36** 49
~ brillant **36** 44
~ carré à angles vifs **36** 51
~ dans le fil du bois **340** 4
~ de guêpe **355** 53
~ de lime **140** 28
~ de pierres **36** 42-86
~ des mailles **167** 42
~ émeraude **36** 52
~ en damiers **36** 66
~ en dressant à marteaux-piqueurs **144** 35
~ en dressant au bélier **144** 36
~ en triangles **36** 67
~ fantaisie **36** 68-71
~ horizontale à havage **144** 34
~ horizontale à rabot **144** 33
~ lacée **355** 53
~ losange à angles vifs **36** 59
~ octogonale à facettes croisées **36** 53
~ ovale normale **36** 48
~ poire **36** 54
~ rectangle à angles vifs **36** 50
~ rectangle à pans coupés **36** 52
~ ronde normale à facettes **36** 42-43
~ rose **36** 45
~ trapèze à angles vifs **36** 57
taille-crayon **247** 25
taille-crayons **247** 25
taille-douce, gravure en **340** 14-24
~, presse à **340** 36
taille-haies **134** 55
~ autonome **56** 17
tailleur *Cost.* **31** 1
~ *Cité* **268** 17
~, position en **295** 11
~ de pierres **158** 34
~ pour dames **103** 1
~ pour hommes **104** 22
tailloir **334** 20

U

W

X

Y

Z